U0281257

Machine Translation
Foundations and Models

机器翻译
基础与模型

肖桐　朱靖波　著

电子工业出版社·
Publishing House of Electronics Industry
北京·BEIJING

内 容 简 介

利用机器翻译技术实现不同语言之间的自由交流始终是最令人期待的计算机应用之一。本书全面回顾了近 30 年来机器翻译的技术发展历程，遵循机器翻译技术的发展脉络，对基于统计和基于端到端深度学习的机器翻译关键技术及原理进行了深入解析，力求做到简洁明了、全面透彻、图文结合。此外，本书着重介绍了近年来机器翻译领域的科研热点，旨在帮助读者全面了解机器翻译的前沿研究进展和关键技术。

本书可供计算机相关专业高年级本科生及研究生学习使用，也可作为自然语言处理，特别是机器翻译相关研究人员的案边手册。

图书在版编目（CIP）数据

机器翻译：基础与模型 / 肖桐，朱靖波著.—北京：电子工业出版社，2021.10
ISBN 978-7-121-33519-8
Ⅰ．①机… Ⅱ．①肖… ②朱… Ⅲ．①机器翻译 Ⅳ．①TP391.2

中国版本图书馆 CIP 数据核字（2021）第 154690 号

责任编辑：郑柳洁
印　　刷：中国电影出版社印刷厂
装　　订：三河市良远印务有限公司
出版发行：电子工业出版社
　　　　　北京市海淀区万寿路 173 信箱　　　邮编：100036
开　　本：787×980　1/16　　印张：40.5　　　字数：980 千字
版　　次：2021 年 10 月第 1 版
印　　次：2021 年 10 月第 1 次印刷
定　　价：299.00 元

凡所购买电子工业出版社图书有缺损问题，请向购买书店调换。若书店售缺，请与本社发行部联系，联系及邮购电话：（010）88254888，88258888。
质量投诉请发邮件至 zlts@phei.com.cn，盗版侵权举报请发邮件至 dbqq@phei.com.cn。
本书咨询联系方式：（010）51260888-819，faq@phei.com.cn。

推荐序一

我与本书作者及其导师姚天顺教授和王宝库教授相识多年，也曾多次就机器翻译技术的发展问题与东北大学自然语言处理实验室的研究团队进行交流。得知朱靖波教授、肖桐教授的《机器翻译：基础与模型》即将出版，非常高兴，欣喜之余，特提笔简记感想，是为序！

机器翻译是自然语言处理领域最活跃的、最充满希望的方向之一。自20世纪50年代以来，先后走过了基于规则、基于统计、基于表示学习等多个重要阶段。发展到今天，深度学习等方法已经在机器翻译中得到了广泛应用，取得了令人惊叹的成果。特别是20世纪末，数据驱动的机器翻译方法的兴起，使统计机器翻译和神经机器翻译崛起，新的模型和方法不断出现。无论是对自然语言处理领域的从业者，还是对刚入门的学生来说，系统梳理近年来机器翻译发展的技术脉络，并建立完整的知识体系都是十分必要的，甚至是十分迫切的。由于机器翻译发展之迅速，同时涵盖统计机器翻译和神经机器翻译的相关书籍及资料并不多。

在此背景下，朱靖波教授和肖桐教授将实验室在这个方向上40余年的科研成果凝结成本书。早在2007年，我就听朱靖波和肖桐讲过有写本书的想法，并和他们一起讨论了已经完成的部分内容（以统计机器翻译为主）。有些惊讶的是，本书直至2021年才出版，且内容较之前大大丰富了，涵盖了包括神经机器翻译在内的诸多前沿技术。

本书内容从机器翻译的发展历程到实例均有涉及，非常系统且通俗地讲解了机器翻译技术，并对机器翻译的统计建模和深度学习方法进行了较为系统的介绍。全书共18章，分为4部分。沿着机器翻译建模这一主线，对机器翻译中使用的各种模型和方法逐一展开介绍。

此外，由于二位作者多年来一直从事机器翻译的研究工作，亲自实现过多个机器翻译系统，这些经验使得本书不仅具有理论价值，而且可以作为机器翻译系统开发的实践参考。本书既可供计算机相关专业高年级本科生及研究生学习之用，也可作为自然语言处理，特别是机器翻译相关研究人员的参考资料，对于机器翻译领域来说，是一件幸事！

值得一提的是，本书的第1个版本选择以开源的方式与读者见面，让作者获得了很多反馈和宝贵的意见。确切地说，这种开放监督的方式更贴近读者；这种"开放、合作"的奉献精神也是人工智能发展不可或缺的。

希望阅读本书可以让读者有所收获！

黄昌宁教授

推荐序二

从 1946 年世界上第一台电子数字计算机诞生之日起，就一直有学者想要用它来实现自然语言的源语言到目标语言的自动翻译——机器翻译。机器翻译是自然语言处理中最具挑战的方向之一。很高兴看到，机器翻译在过去的几十年中得到了快速的发展。在这个过程中，也出现了大量的模型与方法，但总有个问题贯穿始终：如何用计算机来描述翻译过程。不论是早期基于规则的机器翻译方法，还是后来基于实例的机器翻译方法，或基于统计建模和如今广泛使用的基于多层人工神经网络的深度学习方法，本质上都是在寻找这个问题的答案。

因此，系统地了解甚至熟知机器翻译的模型与方法，是从事机器翻译的科研人员需要具备的知识基础。《机器翻译：基础与模型》，以机器翻译主流模型为线索，对 20 世纪 90 年代兴起的统计建模方法进行了系统地概述，其中包括了机器翻译的基础内容、统计机器翻译模型，以及神经机器翻译模型。不同于单纯介绍统计机器翻译或者神经机器翻译的书籍，本书描述了如何通过统计思想进行翻译建模。同时，探索了统计机器翻译和神经机器翻译这两种经典范式之间的联系和结合方式。此外，本书涵盖了很多值得深入研究的前沿技术，如模型结构优化、低资源机器翻译、多模态机器翻译等内容。书中还提供了大量的插图和实例，使读者可以深入浅出地学习这些技术内容。值得一提的是，作者能够用简单、平实的语言将机器翻译讲解得如此细致、全面，实属不易。

作为东北大学自然语言处理实验室创始人姚天顺教授的好友，我熟知本书的两位作者（肖桐教授和朱靖波教授），他们从事机器翻译相关的研究工作多年，带领团队研发的小牛翻译系统也获得了广泛应用。他们在系统研发中积累了几十年的经验也很好地体现在本书的内容中，换句话说，书中的内容能够帮助读者实现技术落地，这是其他书中不多见的。作为朋友、同行，我感到十分欣喜与骄傲！

最后，我衷心地希望，本书可以为机器翻译领域的相关科研人员提供有效的技术帮助，希望通过阅读本书，读者能对机器翻译的未来发展有更深入的思考。

李生教授

推荐序三

本人从事机器翻译领域的研究工作多年，十分关注这个领域的动向与发展。得知我与姚天顺教授的弟子朱靖波教授和肖桐教授撰写的《机器翻译：基础与模型》即将出版问世，分外高兴，作为他们的老师，我感到由衷的自豪。通读全书后我也有所收获，欣喜之余，特提笔简记感想。

从 20 世纪 80 年代起，"机器翻译"一直是东北大学自然语言处理实验室研究开发的重要课题之一。从 20 世纪 80 年代初期第一代"汉英机器翻译系统"的建立，到 20 世纪 80 年代中期参与由日本发起的亚洲五国机器翻译国际合作项目，再到 20 世纪 90 年代初期，参与由电子工业部与国防科工委支持的"905"工程项目中主研汉语分析器和集成系统的开发等工作，都为实验室机器翻译技术的发展奠定了良好的基础。

20 世纪 90 年代以来，统计机器翻译的理论研究和应用进入黄金期，东北大学自然语言处理实验室也发生了翻天覆地的变化。从姚天顺到朱靖波，再到肖桐，历经三代掌门人的更替：从少有问津到学子盈门，一代代不断地传承、创新和发展。天道酬勤，厚积薄发，小牛翻译的崛起，意味着东北大学自然语言处理"产学研"进入了更繁荣的新阶段。一个科研团队能够几十年如一日坚持在一个方向上探索，实在难得。我们已经一步一个脚印地走过了 40 余年，而且还将继续走下去！我衷心地赞赏朱靖波、肖桐，以及小牛团队的顽强奋斗精神！

随着机器学习技术的不断发展，机器翻译进入了基于神经网络建模的时代。虽然我早已离开科研一线，但读完本书依旧觉得受益匪浅。本书在内容上深度与广度兼备，不仅带领我回顾了统计机器翻译的经典模型，还增进了我对时下热门的深度学习方法的了解。最重要的是，书中对机器翻译相关技术的讲解不止步于抽象的理论方法，还提供了实际应用的指导，看到这里，着实让我十分兴奋。

近年来，机器翻译受到越来越广泛的关注，我作为一个从事机器翻译研究多年的"老兵"，对该领域的研究深度和应用现状感到欣慰，也希望本书可以给读者带来新的感悟和启发。

王宝库教授

前言

缘起

让计算机进行自然语言的翻译是人类长久以来的梦想，也是人工智能的重要目标之一。自 20 世纪 90 年代起，机器翻译迈入了基于统计建模的时代，发展到今天，已经大量应用了深度学习等机器学习方法，并取得了令人瞩目的进步。在这个时代背景下，对机器翻译的模型、方法和实现技术进行深入了解，是自然语言处理领域的研究者和实践者所渴望的。

与所有从事机器翻译研究的人一样，笔者也梦想着有朝一日，机器翻译能够完全实现。这个想法可以追溯到 1973 年，姚天顺教授和王宝库教授领衔创立了东北大学自然语言处理实验室，把机器翻译作为奋斗的目标。这一举动影响了包括笔者在内的许多人。虽然那时的机器翻译技术并不先进，研究条件也异常艰苦，但是努力实现机器翻译的梦想从未改变。

步入 21 世纪后，统计学习方法的兴起给机器翻译带来了全新的思路，也带来了巨大的技术进步。笔者有幸经历了那个时代，也加入了机器翻译研究的浪潮中。笔者从 2007 年开始研发 NiuTrans 开源系统，在 2012 年对 NiuTrans 机器翻译系统进行产业化，并创立了小牛翻译。在此过程中，笔者目睹了机器翻译的成长，并不断地被机器翻译所取得的进步感动。那时，笔者就考虑将机器翻译的模型和方法进行总结，形成资料供人阅读。虽然粗略写过一些文字，但是未成体系，只在教学环节使用，供实验室的同学在闲暇时参考。

机器翻译技术发展之快是无法预见的。2016 年之后，随着深度学习方法在机器翻译中的进一步应用，机器翻译迎来了前所未有的机遇。新的技术方法层出不穷，机器翻译系统也得到了广泛应用。这时，笔者心里又涌现出将机器翻译的技术内容编撰成书的想法。这种强烈的念头使笔者完成了本书的第一个版本（共 7 章），并将其开源，供人广泛阅读。承蒙同行厚爱，得到了很多反馈，包括一些批评和意见。这使笔者可以更全面地梳理写作思路。

最初，笔者的想法仅仅是将机器翻译的技术内容做成资料供人阅读。但是，朋友和同事们一直鼓励笔者将其内容正式出版。虽然担心书的内容不够精致，无法给同行作为参考，但最终还是下定决心重构内容。所幸，得到电子工业出版社的支持，出版本书。

写作中，每当笔者翻阅以前的资料时，都会想起当年的一些故事。与其说这本书是写给读者的，不如说是写给笔者自己及所有同笔者一样，经历过或正在经历机器翻译蓬勃发展年代的人的。希望本书可以作为一个时代的记录，但这个时代并未结束，它还将继续，并更加美好。

本书特色

本书全面回顾了近 30 年机器翻译技术的发展历程，并围绕**机器翻译的建模和深度学习方法**这两个主题对机器翻译的技术方法进行了全面介绍。在写作中，笔者力求用朴实的语言和简洁的实例来阐述机器翻译的基本模型，同时对相关的前沿技术进行讨论。其中涉及大量的实践经验，包括许多机器翻译系统开发的细节。从这个角度看，本书不仅是一本理论书，还结合了机器翻译的应用，给读者提供了很多机器翻译技术落地的思路。

本书可供计算机相关专业高年级本科生及研究生学习之用，也可作为自然语言处理领域，特别是机器翻译方向相关研究人员的参考资料。此外，本书各章主题明确，内容紧凑。因此，读者可将每章作为某一专题的学习资料。

用最简单的方式阐述机器翻译的基本思想是笔者期望达到的目标。虽然书中不可避免地使用了一些形式化的定义和算法的抽象描述，但笔者也尽所能地通过图例对其进行了解释（本书共 395 张插图）。本书所包含的内容较为广泛，难免会有疏漏，望读者海涵，并指出不当之处。

本书内容概要

本书分 4 个部分，共 18 章。章节的顺序参考了机器翻译技术发展的时间脉络，兼顾了机器翻译知识体系的内在逻辑。本书的主要内容包括：

第 1 部分：机器翻译基础

第 1 章 机器翻译简介

第 2 章 统计语言建模基础

第 3 章 词法分析和语法分析基础

第 4 章 翻译质量评价

第 2 部分：统计机器翻译

第 5 章 基于词的机器翻译建模

第 6 章 基于扭曲度和繁衍率的模型

第 7 章 基于短语的模型

第 8 章 基于句法的模型

第 3 部分：神经机器翻译

第 9 章 神经网络和神经语言建模

第 10 章 基于循环神经网络的模型

第 11 章 基于卷积神经网络的模型

第 12 章 基于自注意力的模型

第 4 部分：机器翻译前沿

第 13 章 神经机器翻译模型训练

第 14 章 神经机器翻译模型推断

第 15 章 神经机器翻译模型结构优化

第 1 部分是本书的基础知识部分，包含统计语言建模、词法分析和语法分析基础、翻译质量评价等。在第 1 章对机器翻译的历史及现状进行介绍之后，第 2 章通过语言建模任务将统计建模的思想阐述出来，这部分内容是机器翻译模型及方法的基础。第 3 章重点介绍了机器翻译涉及的词法分析和语法分析方法，旨在为后续相关概念的使用做铺垫，并展示了统计建模思想在相关问题上的应用。第 4 章相对独立，系统地介绍了机器翻译结果的评价方法。第 1 部分内容是机器翻译建模及系统设计所需的前置知识。

第 2 部分主要介绍统计机器翻译的基本模型。第 5 章是整个机器翻译建模的基础。第 6 章对扭曲度和繁衍率两个概念进行介绍，同时给出相关的翻译模型，这些模型在后续章节中都有涉及。第 7 章和第 8 章分别介绍了基于短语和句法的模型。它们都是统计机器翻译的经典模型，其思想也构成了机器翻译成长过程中最精华的部分。

第 3 部分主要介绍神经机器翻译模型，该模型是近年机器翻译的热点。第 9 章介绍了人工神经网络和深度学习的基础知识，以保证本书知识体系的完备性。同时，介绍了基于神经网络的语言模型，其建模思想在神经机器翻译中被大量使用。第 10 ~ 12 章分别对 3 种经典的神经机器翻译模型进行介绍，以模型提出的时间为序，从最初的基于循环网络的模型，到 Transformer 模型均有涉及。其中，也会对编码器-解码器框架、注意力机制等经典方法和技术进行介绍。

第 4 部分对机器翻译的前沿技术进行了讨论，以神经机器翻译为主。第 13 ~ 15 章介绍了神经机器翻译研发的 3 个主要方面，它们也是近年机器翻译领域讨论最多的方向。第 16 ~ 17 章介绍了机器翻译领域的热门方向，包括无监督翻译等主题。同时，对语音、图像翻译等多模态方法及篇章级翻译等方法进行介绍，它们可以被看作机器翻译在更多任务上的扩展。第 18 章结合笔者在各种机器翻译比赛和机器翻译产品研发中的经验，对机器翻译的应用技术进行讨论。

致谢

在此，感谢为本书做出贡献的人：曹润柘、曾信、孟霞、单韦乔、周涛、周书含、许诺、李北、许晨、林野、李垠桥、王子扬、刘辉、张裕浩、冯凯、罗应峰、魏冰浩、王屹超、李炎洋、胡驰、姜雨帆、田丰宁、刘继强、张哲旸、陈贺轩、牛蕊、杜权、张春良、王会珍、张俐、马安香、胡明涵。

特别感谢为本书提供技术指导的姚天顺教授和王宝库教授。

读者服务

微信扫码回复：33519

• 加入人工智能读者交流群，与更多读者互动

• 获取【百场业界大咖直播合集】（持续更新），仅需 1 元

本书学习路径

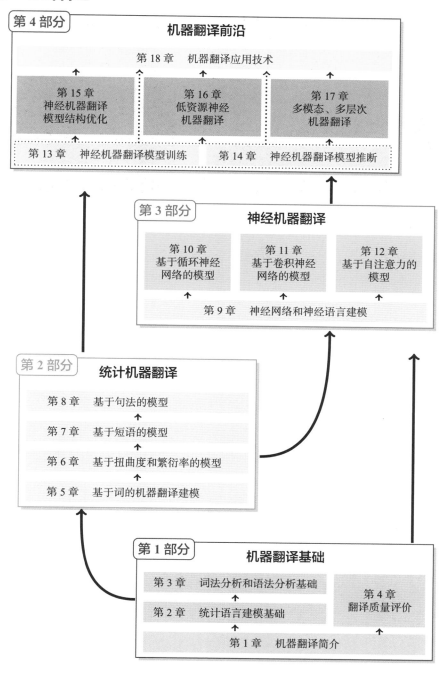

第 4 部分　机器翻译前沿

第 18 章　机器翻译应用技术

第 15 章　神经机器翻译模型结构优化

第 16 章　低资源神经机器翻译

第 17 章　多模态、多层次机器翻译

第 13 章　神经机器翻译模型训练　　第 14 章　神经机器翻译模型推断

第 3 部分　神经机器翻译

第 10 章　基于循环神经网络的模型

第 11 章　基于卷积神经网络的模型

第 12 章　基于自注意力的模型

第 9 章　神经网络和神经语言建模

第 2 部分　统计机器翻译

第 8 章　基于句法的模型

第 7 章　基于短语的模型

第 6 章　基于扭曲度和繁衍率的模型

第 5 章　基于词的机器翻译建模

第 1 部分　机器翻译基础

第 3 章　词法分析和语法分析基础

第 2 章　统计语言建模基础

第 4 章　翻译质量评价

第 1 章　机器翻译简介

目 录

12　基于自注意力的模型

第 4 部分　机器翻译前沿

13　神经机器翻译模型训练

第 1 部分　机器翻译基础

1. 机器翻译简介

1.1 机器翻译的概念

广义上讲，"翻译"是指把一个事物转化为另一个事物的过程。这个概念多使用在对序列的转化上，如计算机程序的编译、自然语言文字的翻译、生物蛋白质的合成等。在程序编译中，高级语言编写的程序经过一系列处理后，转化为可执行的目标程序，这是一种从高级程序语言到低级程序语言的"翻译"。在人类语言的翻译中，一种语言文字通过人脑转化为另一种语言表达，这是一种自然语言的"翻译"。蛋白质合成的第一步是 RNA 分子序列转化为特定的氨基酸序列，这是一种生物学遗传信息的"翻译"。甚至可以将给上联对出下联、给一幅图片写出图片的主题等行为都看作"翻译"的过程。

本书更关注人类语言之间的翻译问题，即自然语言的翻译。如图 1.1 所示，可以通过计算机将一句汉语自动翻译为英语，汉语被称为**源语言**（Source Language），英语被称为**目标语言**（Target Language）。

图 1.1 通过计算机将一句汉语自动翻译为英语

一直以来，文字的翻译往往是由人完成的。让计算机像人一样进行翻译似乎还是电影中的桥段，因为很难想象，语言的多样性和复杂性可以用计算机语言进行描述。时至今日，人工智能技术的发展已经大大超越了人类传统的认知，用计算机进行自动翻译不再是梦，它已经深入人们生活的很多方面，并发挥着重要作用。这种由计算机进行自动翻译的过程也被称为**机器翻译**（Machine Translation）。类似地，自动翻译、智能翻译、多语言自动转换等概念也是指同样的事情。对比如今的机器翻译和人工翻译，可以发现机器翻译系统所生成的译文还不够完美，甚至有时翻译质量非常差，但是它的生成速度快且成本低廉，更为重要的是，机器翻译系统可以从大量数据中不断学习和进化。

虽然人工翻译的精度很高，但是费时费力。当需要翻译大量的文本且精度要求不那么高时，如海量数据的浏览型任务，机器翻译的优势就体现出来了。人工翻译无法完成的事情，使用机器翻译可能只需花费几个小时甚至几分钟就能完成。这就类似于拿着锄头耕地种庄稼和使用现代化机器作业之间的区别。

实现机器翻译往往需要多个学科知识的融合，如数学、语言学、计算机科学、心理学等，而最终呈现给使用者的是一套软件系统——机器翻译系统。通俗地讲，机器翻译系统就是一个可以在计算机上运行的软件工具，与人们使用的其他软件一样，只不过机器翻译系统是由"不可见的程序"组成的。虽然这个系统非常复杂，但是呈现出来的形式很简单——输入是待翻译的句子或文本，输出是译文句子或文本。

用机器进行翻译的想法可以追溯到电子计算机产生之前。在机器翻译的发展过程中，搭建机器翻译系统所使用的技术也经历了多个范式的更替。现代机器翻译系统大多是基于数据驱动的方法——从数据中自动学习翻译知识，并运用这些知识对新的文本进行翻译。

从机器翻译系统的组成上看，通常可以将其抽象为两个部分，如图 1.2 所示。

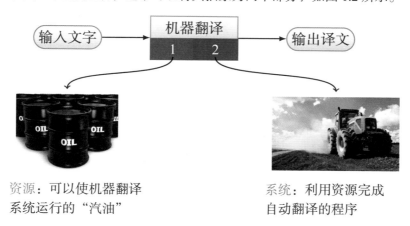

图1.2　机器翻译系统的组成

- **资源**：如果把机器翻译系统比作一辆汽车，则资源就是可以使汽车运行的"汽油"，它包括翻译规则、双（单）语数据、知识库等翻译知识，且这些"知识"都是计算机可读的。值得一提的是，如果没有翻译资源的支持，那么任何机器翻译系统都无法运行。
- **系统**：机器翻译算法的程序实现被称作系统，也就是机器翻译研究人员开发的软件。无论是翻译规则、翻译模板还是统计模型中的参数，都需要通过机器翻译系统进行读取和使用。

　　构建一个强大的机器翻译系统需要"资源"和"系统"两方面共同作用。在资源方面，随着语料库语言学的发展，已经有大量的、高质量的双语和单语数据（称为语料）被整理并被数字化存储，因此具备了研发机器翻译系统所需的语料基础。特别是英语、汉语等主流语种的语料资源已经非常丰富，这大大加速了相关研究的进展。当然，对于一些稀缺资源语种或特殊领域，语料库中的语料仍然匮乏，但这些并不影响机器翻译领域的整体发展速度。因此，在现有语料库的基础上，很多研究人员把精力集中在"系统"研发上。

1.2 机器翻译简史

　　虽然翻译这个概念在人类历史中已经存在了上千年，但机器翻译发展至今只有 70 余年的历史。纵观机器翻译的发展，历程曲折又耐人寻味，可以说，回顾机器翻译的历史对深入理解相关技术方法会有很好的启发，甚至对了解整个自然语言处理领域的发展也有启示作用。

1.2.1 人工翻译

　　在人类形成语言文字的过程中逐渐形成了翻译的概念。一个标志性的证据是罗塞塔石碑（Rosetta Stone），如图 1.3 所示。这个石碑制作于公元前 196 年，据说是可供考证的最久远的记载平行文字的历史遗迹。石碑由上至下刻有同一段埃及国王诏书的 3 种语言版本，最上面是古埃及象形文，中间是埃及草书，最下面是古希腊文。可以明显看出，石碑上中下雕刻的文字的纹理是不同的。尽管用不同的语言文字描述同一件事在今天看来很常见，但在生产力低下的两千年前是很罕见的。很多人认为罗塞塔石碑标志着翻译或人工翻译的开始。目前，罗塞塔石碑保存于大英博物馆，并成了该馆最具代表性的镇馆之宝之一。

图 1.3　罗塞塔石碑

在此之后，更多的翻译工作在文化和知识传播中开展。其中一个典型代表是宗教文献的翻译。宗教是人类意识形态的一个重要载体，为了宣传教义，人们编写了大量的宗教文献。在西方，一项最早被记录的翻译活动是将《圣经·旧约》（希伯来文及埃兰文）翻译为希腊文版本。迄今为止，人类历史上翻译版本最多的书就是《圣经》。在中国唐代，有一位世界性的文化人物——玄奘，他不仅是佛学家、旅行家，还是翻译家。玄奘西行求法归来后，把全部的心血和智慧奉献给了译经事业，在助手们的帮助下，共翻译佛教经论 74 部，1335 卷，每卷万字左右，合计 1335 万字，占整个唐代译经总数的一半以上[1]，树立了我国古代翻译思想的光辉典范。

翻译在人类的历史长河中起到了重要的作用。一方面，由于语言文字、文化和地理位置的差异性，使得翻译成了一个重要的需求；另一方面，翻译也加速了不同文明的融会贯通，促进了世界的发展。如今，翻译已经成为重要的行业之一，各高校也都设立了翻译及相关专业，相关人才不断涌现。据《2019 年中国语言服务行业发展报告》[2] 统计：全球语言服务产值预计将首次接近500 亿美元；中国涉及语言服务的在营企业有 360,000 余家，语言服务为主营业务的在营企业近万家，总产值超过 300 亿元，年增长 3% 以上；全国开设外语类专业的高校多达上千所，其中设立有翻译硕士（MTI）和翻译本科（BTI）专业的院校分别有 250 余所和 280 余所，其中仅 MTI 的累计招生数就高达 6 万余人[3]。当然，面对巨大的需求，如何使用机器辅助翻译等技术手段提高人工翻译效率，也是人工翻译和机器翻译共同探索的方向。

1.2.2 机器翻译的萌芽

人工翻译已经存在了上千年，而机器翻译起源于何时呢？机器翻译跌宕起伏的发展史可以分为萌芽期、受挫期、快速成长期和爆发期 4 个阶段。

早在 17 世纪，Descartes、Leibniz、Cave Beck、Athanasius Kircher 和 Johann Joachim Becher 等很多学者就提出利用机器词典（电子词典）克服语言障碍的想法[4]，这种想法在当时是很超前的。随着语言学、计算机科学等学科的发展，在 19 世纪 30 年代，使用计算模型进行自动翻译的思想开始萌芽。当时，法国科学家 Georges Artsrouni 提出了用机器进行翻译的想法。由于那时没有合适的实现手段，这种想法的合理性无法被证实。

随着第二次世界大战的爆发，对文字进行加密和解密成了重要的军事需求，这也推动了数学和密码学的发展。在战争结束一年后，世界上第一台通用电子数字计算机于 1946 年研制成功。至此，使用机器进行翻译有了真正实现的可能。

基于战时密码学领域与通信领域的研究，Claude Elwood Shannon 在 1948 年提出使用 "噪声信道" 描述语言的传输过程，并借用热力学中的 "熵"（Entropy）来刻画消息中的信息量[5]。次年，Shannon 与 Warren Weaver 合著了著名的 *The Mathematical Theory of Communication*[6]，这些工作都为后期的统计机器翻译奠定了理论基础。

1949 年，Weaver 撰写了一篇名为 *TRANSLATION* 的备忘录[7]。在这个备忘录中，Weaver 提出用密码学的方法解决人类语言翻译任务的想法，如把汉语看成英语的一个加密文本，将汉语翻译成英语就类似于解密的过程。在这篇备忘录中，第一次提出了机器翻译，正式创造了机器翻译的概念，这个概念一直沿用至今。虽然在那个年代进行机器翻译的研究条件并不成熟，包括使用加密解密技术进行自动翻译的很多尝试很快也被验证是不可行的，但是这些早期的探索为后来机器翻译的发展提供了思想的火种。

1.2.3 机器翻译的受挫

随着电子计算机的发展，研究人员开始尝试使用计算机进行自动翻译。1954 年，美国乔治敦大学在 IBM 公司的支持下，启动了第一次机器翻译实验。翻译的目标是将几个简单的俄语句子翻译成英语，翻译系统包含 6 条翻译规则和 250 个单词。这次翻译实验中测试了 50 个化学文本句子，取得了初步成功。在某种意义上，这个实验显示了采用基于词典和翻译规则的方法可以实现机器翻译过程。虽然只是取得了初步成功，却引发了苏联、英国和日本研究机构的机器翻译研究热，大大推动了早期机器翻译的研究进展。

1957 年，Noam Chomsky 在 *Syntactic Structures* 中描述了转换生成语法[8]，并使用数学方法研究自然语言，建立了包括上下文有关语法、上下文无关语法等 4 种类型的语法。这些工作为如今在计算机中广泛使用的"形式语言"奠定了基础，这种思想也深深地影响了同时期的语言学和自然语言处理领域的学者。特别是在早期基于规则的机器翻译中也大量使用了这些思想。

虽然在这段时间，使用机器进行翻译的议题越加火热，但是事情并不总是一帆风顺，怀疑论者对机器翻译一直存有质疑，并很容易找出一些机器翻译无法解决的问题。自然地，人们也期望能够客观地评估机器翻译的可行性。当时，美国基金资助组织委任自动语言处理咨询会承担了这项任务。经过近两年的调查与分析，该委员会于 1966 年 11 月公布了一个题为 *LANGUAGE AND MACHINES* 的报告（如图 1.4 所示），即 ALPAC 报告。该报告全面否定了机器翻译的可行性，为机器翻译的研究泼了一盆冷水。

随后，美国政府终止了对机器翻译研究的支持，这导致整个产业界和学术界都在回避机器翻译。没有了政府的支持，企业也无法进行大规模资金投入，机器翻译的研究就此受挫。

从历史上看，包括机器翻译在内，很多人工智能的细分领域在那个年代并不受"待见"，其主要原因在于当时的技术水平还比较低，而大家又对机器翻译等技术的期望过高。最后发现，当时的机器翻译水平无法满足实际需要，因此转而排斥它。也正是这一盆冷水，让研究人员可以更加冷静地思考机器翻译的发展方向，为后来的爆发蓄力。

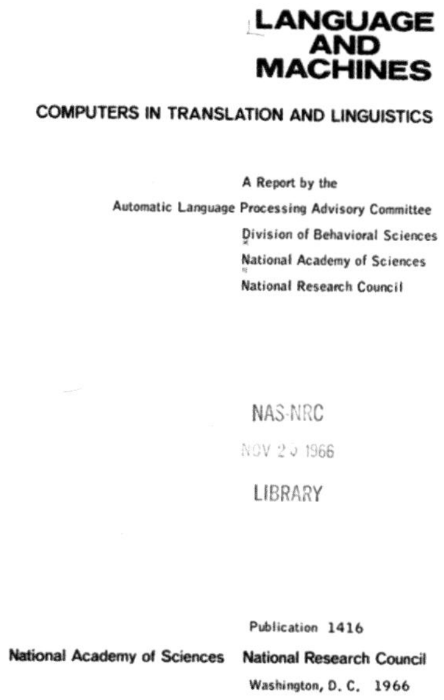

LANGUAGE AND MACHINES

COMPUTERS IN TRANSLATION AND LINGUISTICS

A Report by the
Automatic Language Processing Advisory Committee
Division of Behavioral Sciences
National Academy of Sciences
National Research Council

NAS-NRC

NOV 2 9 1966

LIBRARY

Publication 1416

National Academy of Sciences   National Research Council

Washington, D. C. 1966

图1.4 ALPAC 报告

1.2.4 机器翻译的快速成长

事物的发展都是螺旋式上升的，机器翻译也一样。早期，基于规则的机器翻译方法需要人来书写规则，虽然对少部分句子具有较高的翻译精度，但是对翻译现象的覆盖度有限，而且对规则或者模板中的噪声非常敏感，系统健壮性差。

20 世纪 70 年代中后期，特别是 80 年代到 90 年代初，国家之间的往来日益密切，而不同语言之间形成的交流障碍却愈发严重，传统的人工作业方式远不能满足需求。与此同时，语料库语言学的发展也为机器翻译提供了新的思路。一方面，随着传统纸质文字资料不断电子化，计算机可读的语料越来越多，这使得人们可以用计算机对语言规律进行统计分析；另一方面，随着可用数据越来越多，用数学模型描述这些数据中的规律并进行推理逐渐成为可能。这也衍生出了一类数学建模方法——**数据驱动**（Data-driven）的方法。同时，这类方法也成了随后出现的统计机器翻译的基础。例如，IBM 的研究人员提出的基于噪声信道模型的 5 种统计翻译模型[9, 10] 就使用了这类方法。

基于数据驱动的方法不依赖人书写的规则，机器翻译的建模、训练和推断都可以自动地从数据中学习。这使得整个机器翻译的范式发生了翻天覆地的变化，例如，日本学者长尾真提出的基于实例的方法[11, 12]和统计机器翻译[9, 10]就是在此期间兴起的。此外，这样的方法使得机器翻译系统的开发代价大大降低。

从 20 世纪 90 年代到本世纪初，随着语料库的完善与高性能计算机的发展，统计机器翻译很快成了当时机器翻译研究与应用的代表性方法。一个标志性的事件是谷歌公司推出了一个在线的免费自动翻译服务，也就是大家熟知的谷歌翻译。这使得机器翻译这种"高大上"的技术快速进入人们的生活，而不再是束之高阁的科研想法。随着机器翻译不断走向实用，机器翻译的应用也越来越多，这反过来促进了机器翻译的研究进程。例如，在 2005—2015 年，统计机器翻译这个主题几乎统治了 ACL 等自然语言处理领域的顶级会议，可见其在当时的影响力。

1.2.5 机器翻译的爆发

进入 21 世纪，统计机器翻译拉开了黄金发展期的序幕。在这一时期，基于统计机器翻译的模型层出不穷，经典的基于短语的模型和基于句法的模型也先后被提出。2013 年以后，机器学习的进步带来了机器翻译技术的进一步提升。特别是基于神经网络的深度学习方法在机器视觉、语音识别中被成功应用，带来性能的飞跃式提升。很快，深度学习方法也被用于机器翻译。

实际上，对于机器翻译任务来说，深度学习方法被广泛使用也是一种必然，原因如下：

（1）端到端学习不依赖于过多的先验假设。在统计机器翻译时代，模型设计或多或少会对翻译的过程进行假设，称为隐藏结构假设。例如，基于短语的模型假设源语言和目标语言都会被切分成短语序列，这些短语之间存在某种对齐关系。这种假设既有优点也有缺点：一方面，该假设有助于模型融入人类的先验知识，例如，统计机器翻译中一些规则的设计就借鉴了语言学的相关概念；另一方面，假设越多，模型受到的限制也越多。如果假设是正确的，模型就可以很好地描述问题；如果假设是错误的，那么模型对输入的处理就可能出现偏差。深度学习不依赖于先验知识，也不需要手工设计特征，模型直接从输入和输出的映射上学习（端到端学习），这也在一定程度上避免了隐藏结构假设造成的偏差。

（2）神经网络的连续空间模型有更强的表示能力。机器翻译中的一个基本问题是：如何表示一个句子？统计机器翻译把句子的生成过程看作短语或者规则的推导，这本质上是一个离散空间上的符号系统。深度学习把传统的基于离散化的表示变成连续空间的表示。例如，用实数空间的分布式表示代替离散化的词语表示，而整个句子可以被描述为一个实数向量。这使得翻译问题可以在连续空间上描述，进而大大缓解了传统离散空间模型里维度灾难等状况。更重要的是，连续空间模型可以用梯度下降等方法进行优化，具有很好的数学性质并且易于实现。

（3）深度网络学习算法的发展和**图形处理单元**（Graphics Processing Unit，GPU）等并行计算设备为训练神经网络提供了可能。早期的基于神经网络的方法一直没有在机器翻译甚至自然语言处理领域得到大规模应用，其中一个重要原因是这类方法需要大量的浮点运算，但是以前计算机的计算能力无法达到这个要求。随着 GPU 等并行计算设备的进步，训练大规模神经网络也变为可能。如今，已经可以在几亿、几十亿，甚至上百亿句对上训练机器翻译系统，系统研发的周期越来越短，进展日新月异。

　　如今，神经机器翻译已经成为新的范式，与统计机器翻译一同推动了机器翻译技术与应用产品的发展。从世界上著名的机器翻译比赛 WMT 和 CCMT 中就可以看出这个趋势。如图 1.5 所示，图 1.5(a) 所示为 WMT 19 国际机器翻译大赛的参赛队伍，这些参赛队伍基本上都在使用深度学习完成机器翻译的建模。而夺得 WMT 19 比赛各项目冠军的团队，多采用神经机器翻译系统，图 1.5(b) 所示为 WMT 19 比赛各项目的最高分。

　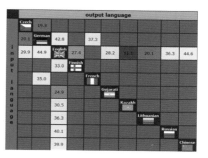

(a) WMT 19 国际机器翻译大赛的参赛队伍　　　　(b) WMT 19 比赛各项目的最高分

图 1.5　WMT 19 国际机器翻译大赛

　　值得一提的是，近年，神经机器翻译的快速发展也得益于产业界的关注。各大互联网企业和机器翻译技术研发机构都对神经机器翻译的模型和实践方法给予了很大贡献。很多企业凭借自身人才和基础设施方面的优势，先后推出了以神经机器翻译为内核的产品及服务，相关技术方法已经在大规模应用中得到验证，大大推动了机器翻译的产业化进程，而且这种趋势在不断加强，机器翻译的前景也更加宽广。

1.3 机器翻译现状及挑战

　　机器翻译技术发展到今天已经过无数次迭代，技术范式也经过若干次更替，机器翻译的应用也如雨后春笋相继浮现。如今，机器翻译的质量究竟如何呢？乐观地说，在很多特定的条件下，机器翻译的译文结果是非常不错的，甚至接近人工翻译的结果。然而，在开放式翻译任务中，机器翻译的结果并不完美。严格地说，机器翻译的质量远没有达到人们所期望的程度。"机器翻译将代替人工翻译"并不是事实。例如，在高精度同声传译任务中，机器翻译仍需要打磨；针对小说的翻译，机器翻译还无法做到与人工翻译媲美；甚至有人尝试用机器翻译系统翻译中国古代诗词，这种做法更多是娱乐。毫无疑问的是，机器翻译可以帮助人类，甚至有朝一日可以代替一些低端的人工翻译工作。

　　图 1.6 展示了机器翻译与人工翻译质量的对比结果。在汉语到英语的新闻翻译任务中，如果对译文进行人工评价（五分制），那么机器翻译的译文得 3.9 分，人工译文得 4.7 分（人的翻译也

不是完美的）。可见，虽然在这个任务中机器翻译表现得不错，但是与人还有一定差距。如果换一种方式评价，把人的译文作为参考答案，用机器翻译的译文与其进行比对（百分制），则会发现机器翻译的得分只有 47 分。当然，这个结果并不是说机器翻译的译文质量很差，而是表明机器翻译系统可以生成一些与人工翻译不同的译文，机器翻译也具有一定的创造性。这类似于很多围棋选手都想向 AlphaGo 学习，因为它能走出人类棋手从未"走过"的妙招。

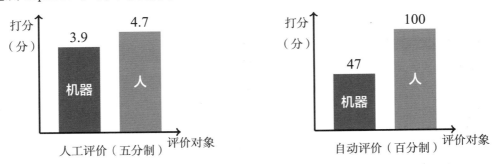

图 1.6　机器翻译与人工翻译质量的对比结果（汉英新闻领域翻译）

图 1.7 展示了一个汉译英的翻译实例。对比后可以发现，机器翻译与人工翻译还存在差距，特别是在翻译一些具有感情色彩的词语时，机器翻译的译文缺少一些"味道"。那么，机器翻译一点用都没有吗？显然不是。实际上，如果考虑翻译速度与翻译代价，则机器翻译的价值是无可比拟的。还是同一个例子，如果人工翻译一篇短文需要 30 分钟甚至更长时间，那么机器翻译仅需要两秒。换种情况思考，如果有 100 万篇这样的文档，那么其人工翻译的成本根本无法想象，消耗的时间更是难以计算，而计算机集群仅仅需要一天就能完成，而且只有电力的消耗。

> 源 语 言：从前有一个小岛，上面住着快乐、悲哀、知识和爱，还有其他各种情感。一天，情感们得知小岛快要下沉了。于是，大家都准备船只，离开小岛，只有爱决定留下来，她想坚持到最后一刻。过了几天，小岛真的要下沉了，爱想请人帮忙。
>
> 机器翻译：Once upon a time there was an island on which lived happiness,sorrow,knowledge,love and other emotions. One day, the emotions learned that the island was going to sink.As a result,everyone pre-pared the boat and left the island. Only Love decided to stay.She wanted to stick to it until the last moment. After a few days, the island was really going to sink and love wanted help.
>
> 人工翻译：Once upon a time, there was a small island where lived all kinds of emotions like JOY,SADNESS, KNOWLEDGE, and LOVE.One day, these emotions found that the island was sinking, so one by one they prepared the boat and planned to leave. None but LOVE chose to stay there. She was deter-mined to persist till the last moment.A few days later, almost the whole island sunk into the sea, and LOVE had to seek for help.

图 1.7　一个汉译英的翻译实例

虽然机器翻译有上述优点，但仍然面临如下挑战：

- **自然语言翻译问题的复杂性极高**。自然语言具有高度的概括性、灵活性和多样性，这些都很难用几个简单的模型和算法来描述。因此，翻译问题的数学建模和计算机程序的实现难度很大。虽然近几年 AlphaGo 等人工智能系统在围棋等领域取得了令人瞩目的成绩，但是相比翻译来说，围棋等棋类任务仍然"简单"。正如不同人对同一句话的理解不尽相同，一个句子往往不存在绝对的标准译文，其潜在的译文几乎是不可穷尽的。人类译员在翻译每个句子、每个单词时，都要考虑整个篇章的上下文语境。这些难点都不是传统棋类任务所具有的。

- **计算机的"理解"与人类的"理解"存在鸿沟**。人类一直希望把自己翻译时所使用的知识描述出来，并用计算机程序进行实现，如早期基于规则的机器翻译方法就源自这个思想。但是，经过实践发现，人和计算机在"理解"自然语言上存在明显差异。首先，人类的语言能力是经过长时间在多种外部环境因素共同作用形成的，这种能力很难用计算机准确地刻画。况且，人类的语言知识本身就很难描述，更不用说让计算机来理解；其次，人和机器翻译系统理解语言的目的不一样。人理解并使用语言是为了进行生活和工作，而机器翻译系统更多是为了对某些数学上定义的目标函数进行优化。也就是说，机器翻译系统关注的是翻译这个单一目标，并不像人一样进行复杂的活动。此外，人和计算机的运行方式有着本质区别。人类语言能力的生物学机理与机器翻译系统所使用的计算模型本质上是不同的，机器翻译系统使用的是其自身能够理解的"知识"，如统计学上的词语表示。这种"知识"并不需要人来理解，从系统开发的角度，计算机也并不需要理解人是如何思考的。

- **单一的方法无法解决多样的翻译问题**。首先，语种的多样性会导致任意两种语言之间的翻译实际上都是不同的翻译任务。例如，世界上存在的语言多达几千种，如果选择任意两种语言进行互译，就会产生上百万种翻译方向。虽然已经有研究人员尝试用同一个框架甚至同一个翻译系统进行全语种的翻译，但是这类系统离真正可用还有很远的距离。其次，不同的领域、不同的应用场景对翻译有不同的需求。例如，文学作品的翻译和新闻的翻译就有不同，口译和笔译也有不同，类似的情况不胜枚举。以上这些都增加了计算机对翻译进行建模的难度。再次，对于机器翻译来说，充足的高质量数据是必要的，但是不同语种、不同领域、不同应用场景所拥有的数据量有明显差异，很多语种甚至几乎没有可用的数据。这时，开发机器翻译系统的难度可想而知。值得注意的是，现在的机器翻译还无法像人类一样在学习少量样例的情况下举一反三，因此数据稀缺情况下的机器翻译也给研究人员带来了很大的挑战。

显然，实现机器翻译并不简单，甚至有人把机器翻译看作实现人工智能的终极目标。幸运的是，如今的机器翻译无论是在技术方法上，还是在应用上都有了巨大的飞跃，很多问题在不断被解决。如果读者看到过十年前机器翻译的结果，再对比如今的结果，一定会感叹翻译质量的今非昔比，很多译文已经非常准确且流畅。从当今机器翻译的前沿技术看，近 30 年机器翻译的进步更多是得益于使用基于数据驱动的方法和统计建模方法。特别是近些年深度学习等基于表示学习的端到端方法使得机器翻译的水平达到了新高度。因此，本书将对基于统计建模和深度学习方法的机器翻译模型、方法和系统实现进行全面介绍和分析，希望这些论述可以为读者的学习和科研提供参考。

1.4 基于规则的机器翻译方法

机器翻译技术大体上可以分为两种方法，分别为基于规则的机器翻译方法和数据驱动的机器翻译方法。数据驱动的机器翻译方法又可以分为统计机器翻译方法和神经机器翻译方法。第一代机器翻译技术主要使用基于规则的机器翻译方法，其主要思想是通过形式文法定义的规则引入源语言和目标语言中的语言学知识。此类方法在机器翻译技术诞生之初就被关注，特别是在 20 世纪 70 年代，以基于规则的方法为代表的专家系统是人工智能中最具代表性的研究领域。甚至到了统计机器翻译时代，很多系统中还大量地使用基于规则的翻译知识表达形式。

早期，基于规则的机器翻译大多依赖人工定义及书写的规则。主要有两类方法[13-15]：一类是基于转换规则的机器翻译方法，简称转换法；另一类是基于中间语言的方法。它们以词典和人工书写的规则库作为翻译知识，用一系列规则的组合完成翻译。

1.4.1 规则的定义

规则就像 "If-then" 语句，如果满足条件，则执行相应的语义动作。例如，可以用目标语言单词替换待翻译句子中的某个词，但这种替换并不是随意的，而是在语言学知识的指导下进行的。

图 1.8 展示了一个使用转换法进行翻译的实例。本例，利用一个简单的汉译英规则库完成对句子 "我对你感到满意" 的翻译。当翻译 "我" 时，从规则库中找到规则 1，该规则表示遇到单词 "我" 就翻译为 "I"。类似地，可以从规则库中找到规则 4，该规则表示翻译调序，即将单词 "you" 放到 "be satisfied with" 后面。这种通过规则表示单词之间对应关系的方式，也为统计机器翻译方法的发展提供了思路。例如，在统计机器翻译中，基于短语的翻译模型使用短语对对源语言进行替换，详细描述可以参考第 7 章。

在上述例子中可以发现，规则不仅仅可以翻译句子之间单词的对应，如规则 1，还可以表示句法甚至语法之间的对应，如规则 6。因此，基于规则的机器翻译方法可以分成 4 个层次，如图 1.9 所示。图中不同的层次表示采用不同的知识来书写规则，进而完成机器翻译的过程。图 1.9 包括 4 个层次，分别为词汇转换层、句法转换层、语义转换层和中间语言层。其中，上层可以继承下层的翻译知识，例如，句法转换层会利用词汇转换层的知识。早期，基于规则的机器翻译方法属于词汇转换层。

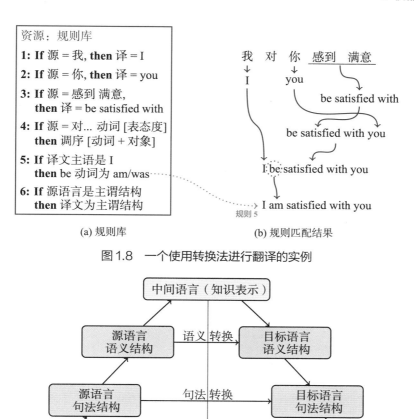

(a) 规则库　　　　　　　　(b) 规则匹配结果

图 1.8　一个使用转换法进行翻译的实例

图 1.9　基于规则的机器翻译方法的 4 个层次[16]

1.4.2 转换法

通常，一个典型的**基于转换规则的机器翻译**（Transfer-based Translation）的过程可以被视为"独立分析-相关转换-独立生成"的过程[17]。如图 1.10 所示，这个过程可以分成 6 步，其中每一个步骤都是通过相应的翻译规则完成的。例如，第 1 个步骤中需要构建源语言词法分析规则，第 2 个步骤中需要构建源语言句法分析规则，第 3 个和第 4 个步骤中需要构建转换规则，其中包括源语言-目标语言单词和结构转换规则等。

转换法的目标就是使用规则定义的词法和句法，将源语言句子分解成一个蕴含语言学标志的结构。例如，汉语句子"她把一束花放在桌上。"经过词法和句法分析，可以被表示成如图 1.11 所示的结构，这个结构就是图 1.10 中的源文结构。这种使用语言学提取句子结构化表示，并使用某种规则匹配源语言结构和目标语言结构的方式为第 8 章将要介绍的基于语言学句法的模型提供了思路。

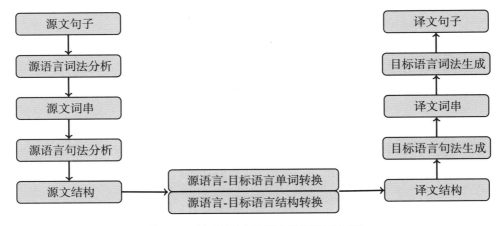

图 1.10　基于转换规则的机器翻译的过程

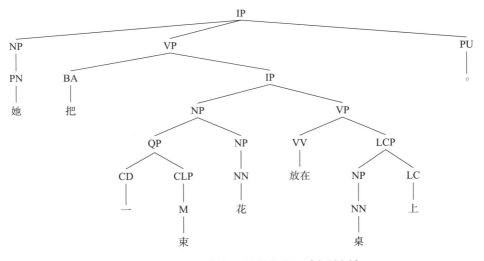

图 1.11　一个汉语句子的结构表示（句法树）

在转换法中，翻译规则通常会分成两类：通用规则和个性规则。所谓通用规则主要用于句法分析、语义分析、结构转换和句法生成，是不具体依赖某个源语言或者目标语言单词而设计的翻译规则；个性规则通常以具体源语言单词做索引，图 1.8 中的规则 5 就是针对主语是"I"的个性规则，它直接对某个具体单词进行分析和翻译。

1.4.3 基于中间语言的方法

基于转换的方法可以通过词汇层、句法层和语义层完成从源语言到目标语言的转换过程，虽然采用了独立分析和独立生成两个子过程，但中间包含一个从源语言到目标语言的相关转换过程。这就导致了一个问题：假设需要实现 N 个语言之间互译的机器翻译系统，采用基于转换的方法，需要构建 $N(N-1)$ 个不同的机器翻译系统，这样构建的代价是非常高的。为了解决这个问题，一种有效的解决方案是使用**基于中间语言的机器翻译**（Interlingua-based Translation）方法。

如图 1.12 所示，基于中间语言的方法的最大特点就是采用了一个称为"中间语言"的知识表示结构，将"中间语言"作为独立源语言分析和独立目标语言生成的桥梁，真正实现独立分析和独立生成的过程。此外，并在基于中间语言的方法中，不涉及"相关转换"这个过程，这一点与基于转换的方法有很大区别。

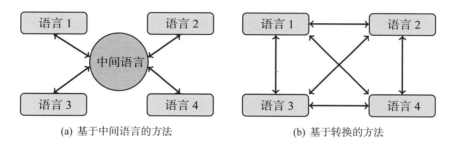

（a）基于中间语言的方法　　　　　　　　（b）基于转换的方法

图 1.12　基于中间语言的方法与基于转换的方法

从图 1.9 中可以发现，中间语言（知识表示）处于顶端，本质上是独立于源语言和目标语言的，这也是基于中间语言的方法可以将分析过程和生成过程分开的原因。

虽然基于中间语言的方法有上述优点，但如何定义中间语言是一个关键问题。严格来说，中间语言本身是一种知识表示结构，承载着源语言句子的分析结果，应该包含和体现尽可能多的源语言知识。如果中间语言的表示能力不强，就会导致源语言句子信息丢失，这自然会影响目标语言生成结果。

在基于规则的机器翻译方法中，构建中间语言结构的知识表示方式有很多，常见的是语法树、语义网、逻辑结构表示或者多种结构的融合。不管哪种方法，实际上都无法充分地表达源语言句子所携带的信息。因此，在早期的基于规则的机器翻译研究中，基于中间语言的方法明显弱于基于转换的机器翻译方法。近年，随着神经机器翻译等方法的兴起，使用统一的中间表示来刻画句子又受到了广泛关注。但是，神经机器翻译中的"中间表示"并不是规则系统中的中间语言，二者有着本质区别，这部分内容将在第 10 章介绍。

1.4.4 基于规则的方法的优缺点

在基于规则的机器翻译时代，机器翻译技术研究有一个特点——**语法**（Grammar）和**算法**（Algorithm）分开，相当于把语言分析和程序设计分开。传统方式使用程序代码来实现翻译规则，并把所谓的翻译规则隐含在程序代码实现中，其最大问题是一旦翻译规则被修改，程序代码也需要进行相应修改，导致维护成本非常高。此外，书写翻译规则的语言学家与编代码的程序员的沟通成本也非常高，有时会出现"鸡同鸭讲"的情况。将语法和算法分开，对基于规则的机器翻译技术来说，最大的好处就是可以将语言学家和程序员的工作分开，发挥各自的优势。

这种语言分析和程序设计分开的实现方式也使得基于人工书写翻译规则的机器翻译方法非常直观，语言学家可以很容易地将翻译知识用规则的方法表达出来，且不需要修改系统代码。例如，1991 年，东北大学自然语言处理实验室的王宝库教授提出的规则描述语言（CTRDL）[18]，以及1995 年，东北大学自然语言处理实验室的姚天顺教授提出的词汇语义驱动算法[19]，都是在这种思想上对机器翻译方法的一种改进。此外，使用规则本身就具有一定的优势：

- 翻译规则的书写颗粒度具有很大的可伸缩性。
- 较大颗粒度的翻译规则具有很强的概括能力，较小颗粒度的翻译规则具有精细的描述能力。
- 翻译规则便于处理复杂的句法结构并进行深层次的语义理解，如解决翻译过程中的长距离依赖问题。

从图 1.8 中可以看出，规则的使用和人类进行翻译时所使用的思想非常类似，可以说基于规则的方法实际上在试图描述人类进行翻译的思维过程。虽然直接模仿人类的翻译方式对翻译问题进行建模是合理的，但这在一定程度上暴露了基于规则的方法的弱点。在基于规则的机器翻译方法中，人工书写翻译规则的主观因素重，有时与客观事实有一定差距。另外，人工书写翻译规则的难度大，代价非常高，这也成了数据驱动的机器翻译方法需要改进的方向。

1.5 数据驱动的机器翻译方法

虽然基于规则的机器翻译方法有不少优势，但是该方法的人工代价过高。因此，研究人员开始尝试更好地利用数据，从数据中学习到某些规律，而不是完全依靠人类制定规则。在这样的思想下，数据驱动的机器翻译方法诞生了。

1.5.1 基于实例的机器翻译

在实际使用上，1.4 节提到的基于规则的方法常被用在受限翻译场景中，如受限词汇集的翻译。针对基于规则的方法存在的问题，基于实例的机器翻译于 20 世纪 80 年代中期被提出[11]。该方法的基本思想是在双语句库中找到与待翻译句子相似的实例，之后对实例的译文进行修改，如对译文进行替换、增加、删除等一系列操作，从而得到最终译文。这个过程可以类比人类学习并运用语言的过程：人会先学习一些翻译实例或者模板，当遇到新的句子时，会用以前的实例和模板做对比，之后得到新的句子的翻译结果。这也是一种举一反三的思想。

图 1.13 展示了一个基于实例的机器翻译过程。它利用简单的翻译实例库与翻译词典完成对句子"我对你感到满意"的翻译。首先，将待翻译句子的源语言端在翻译实例库中进行比较，根据相似度大小找到相似的实例"我对他感到失望"。然后，标记实例中不匹配的部分，即"你"和"他"，"满意"和"失望"。再查询翻译词典得到词"你"和"满意"对应的翻译结果"you"和"satisfied"，用这两个词分别替换实例中的"him"和"disappointed"，从而得到最终译文。

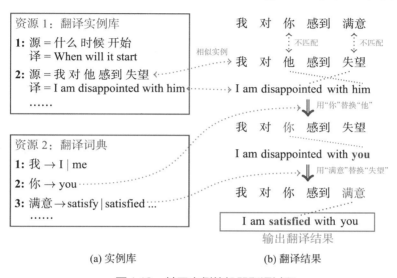

(a) 实例库　　　　　　　　　　　　(b) 翻译结果

图 1.13　基于实例的机器翻译过程

当然，基于实例的机器翻译并不完美：

- 这种方法对翻译实例的精确度要求非常高，一个错误的实例可能会导致整个句型都无法被正确翻译。
- 实例维护较为困难，实例库的构建通常需要单词级对齐的标注，而保证词对齐的质量是非常困难的工作，这大大增加了实例库维护的难度。
- 尽管可以通过实例或者模板进行翻译，但是其覆盖度仍然有限。在实际应用中，很多句子无法找到可以匹配的实例或者模板。

1.5.2　统计机器翻译

统计机器翻译兴起于 20 世纪 90 年代[9, 20]，它利用统计模型从单/双语语料中自动学习翻译知识。具体来说，可以使用单语语料学习语言模型，使用双语平行语料学习翻译模型，并使用这些统计模型完成对翻译过程的建模。整个过程不需要人工编写规则，也不需要从实例中构建翻译模板。无论是词还是短语，甚至是句法结构，统计机器翻译系统都可以自动学习。人要做的是定义翻译所需的特征和基本翻译单元的形式，而翻译知识都保存在模型的参数中。

　　图 1.14 展示了一个统计机器翻译系统运行的简单实例。整个系统需要两个模型：翻译模型和语言模型。翻译模型从双语平行语料中学习翻译知识，得到短语表，短语表包含了各种单词的翻译及其概率，这样可以判断源语言和目标语言片段之间互为翻译的可能性；语言模型从单语语料中学习目标语言的词序列生成规律，来衡量目标语言译文的流畅性。最后，将这两种模型联合使用，通过翻译引擎搜索尽可能多的翻译结果，并计算不同翻译结果的可能性大小，最后将概率最大的译文作为最终结果输出。这个过程并没有显性地使用人工翻译规则和模板，译文的生成仅仅依赖翻译模型和语言模型中的统计参数。

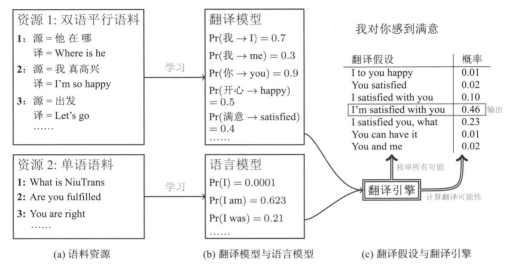

图 1.14　统计机器翻译系统运行的简单实例

　　统计机器翻译没有对翻译过程进行过多的限制，有很灵活的译文生成方式，因此系统可以处理结构更加多样的句子。这种方法也带来了一些问题：首先，虽然不需要人工定义翻译规则或模板，但仍然需要人工定义翻译特征。提升翻译品质往往需要大量的特征工程，这导致人工特征设计的好坏会对系统产生决定性影响；其次，统计机器翻译的模块较多，系统研发比较复杂；再次，随着训练数据的增多，统计机器翻译的模型（如短语翻译表）会明显增大，对系统存储资源消耗较大。

1.5.3　神经机器翻译

　　随着机器学习技术的发展，基于深度学习的神经机器翻译逐渐兴起。2014 年起，它在短短几年内已经在大部分任务上取得了明显的优势[21-25]。在神经机器翻译中，词串被表示成实数向量，即分布式向量表示。此时，翻译过程并不是在离散化的单词和短语上进行的，而是在实数向量空间上计算的。与之前的技术相比，它在词序列表示的方式上有着本质上的不同。通常，机器翻译被看作一个序列到另一个序列的转化。在神经机器翻译中，序列到序列的转化过程可以由**编码器-解码器**（Encoder-Decoder）框架实现。其中，编码器将源语言序列进行编码，并提取源语言中的信息进行分布式表示，再由解码器将这种信息转换为另一种语言的表达。

图 1.15 展示了一个神经机器翻译的实例。首先，通过编码器，源语言序列"我对你感到满意"经过多层神经网络编码生成一个向量表示，即图中的向量 $(0.2, -1, 6, 5, 0.7, -2)$。再将该向量作为输入送到解码器中，解码器把这个向量解码成目标语言序列。注意，目标语言序列的生成是逐词进行的（虽然图中展示的是解码器一次生成了整个序列，但是在具体实现时是由左至右逐个单词地生成目标语言译文），即在生成目标序列中的某个词时，该词的生成依赖之前生成的单词。

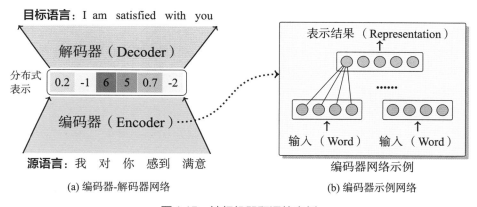

图 1.15　神经机器翻译的实例

与统计机器翻译相比，神经机器翻译的优势体现在其不需要特征工程，所有信息由神经网络自动从原始输入中提取。而且，相比于统计机器翻译所使用的离散化的表示，神经机器翻译中词和句子的分布式连续空间表示可以为建模提供更丰富的信息。同时，可以使用相对成熟的基于梯度的方法优化模型。此外，神经网络的存储需求较小，天然适合小设备上的应用。当然，神经机器翻译也存在问题：

- 虽然脱离了特征工程，但神经网络的结构需要人工设计，即使设计好结构，系统的调优、**超参数**（Hyperparameter）的设置等仍然依赖大量的实验。
- 神经机器翻译缺乏可解释性，其过程和人的认知差异很大，通过人的先验知识干预的程度差。
- 神经机器翻译对数据的依赖很强，数据规模、质量对其性能都有很大影响，特别是在数据稀缺的情况下，充分训练神经网络很有挑战性。

1.5.4 对比分析

不同机器翻译方法有不同的特点。表 1.1 对比了这些方法。

表 1.1 不同机器翻译方法的对比

特点	规则	实例	统计	神经网络
人工写规则	是	否	否	否
人工成本	高	一般	几乎没有	几乎没有
数据驱动	否	是	是	是
对数据质量的依赖	N/A	高	低	较低
抗噪声能力	低	低	高	较高
使用范围	受限领域	受限领域	通用领域	通用领域
翻译精度	高	较高	不确定	不确定

不难看出：

- 基于规则的方法需要人工书写规则并维护，人工成本较高。统计和神经网络方法仅需要设计特征或者神经网络结构，对人工的依赖较少（语言相关的）。
- 基于实例、统计和神经网络的方法都需要依赖语料库（数据），其中基于统计的和基于神经网络的方法具有一定的抗噪声能力，因此更适合用来搭建拥有大规模数据的机器翻译系统。
- 基于规则和基于实例的方法在受限领域下有较好的精度，但在通用领域的翻译上，基于统计的和基于神经网络的方法更具优势。

从机器翻译的研究和应用现状来看，基于统计建模的方法（统计机器翻译和神经机器翻译）是主流。这主要是由于它们的系统研发周期短，搜集一定量的数据即可实现快速原型。随着互联网等信息的不断开放，低成本的数据获取让神经机器翻译系统更快得以实现。因此，神经机器翻译凭借其高质量的译文，受到了越来越多研究人员和开发人员的青睐。当然，对不同方法进行融合也是有价值的研究方向，也有很多有趣的探索。例如，无指导机器翻译中会同时使用统计机器翻译和神经机器翻译方法，这也是一种典型的融合多种方法的思路。

1.6 推荐学习资源

1.6.1 经典书籍

Statistical Machine Translation[26] 一书的作者是机器翻译领域著名学者 Philipp Koehn 教授。该书是机器翻译领域的经典之作，介绍了统计机器翻译技术的进展。该书从语言学和概率学两方面介绍了统计机器翻译的构成要素，然后介绍了统计机器翻译的主要模型：基于词、基于短语和基于树的模型，以及机器翻译评价、语言建模、判别式训练等方法。此外，作者在该书的最新版本中增加了神经机器翻译的章节，方便研究人员全面了解机器翻译的最新发展趋势[27]。

Foundations of Statistical Natural Language Processing[28] 中文译名《统计自然语言处理基础》，作者是自然语言处理领域的权威 Chris Manning 教授和 Hinrich Schütze 教授。该书对统计自然语言处理方法进行了全面介绍。书中讲解了统计自然语言处理所需的语言学和概率论基础知识，介绍

了机器翻译评价、语言建模、判别式训练及整合语言学信息等基础方法。书中包含了构建自然语言处理工具所需的基本理论和算法，涵盖了数学和语言学的基础内容及相关的统计方法。

《统计自然语言处理》（第 2 版）[29] 由中国科学院自动化所宗成庆教授所著。该书系统介绍了统计自然语言处理的基本概念、理论方法和最新研究进展，既有对基础知识和理论模型的介绍，也有对相关问题的研究背景、实现方法和技术现状的详细阐述，可供从事自然语言处理、机器翻译等研究的相关人员参考。

由 Ian Goodfellow、Yoshua Bengio、Aaron Courville 三位机器学习领域的学者所著的 *Deep Learning*[30] 也是值得一读的参考书。书中讲解了深度学习常用的方法，其中很多方法都会在深度学习模型设计和使用中用到。同时，在该书的应用章节也简单讲解了神经机器翻译的任务定义和发展过程。

Neural Network Methods for Natural Language Processing[31] 是由 Yoav Goldberg 编写的面向自然语言处理的深度学习参考书。相比 *Deep Learning*，该书聚焦在介绍自然语言处理中的深度学习方法，内容更易读，非常适合自然语言处理及深度学习应用的入门者参考。

《机器学习》[32] 由南京大学周志华教授所著，作为机器学习领域的入门教材，该书尽可能地涵盖了机器学习基础知识的各个方面。

《统计学习方法》（第 2 版）[33] 由李航博士所著，该书对机器学习的有监督和无监督等方法进行了全面而系统的介绍，可以作为梳理机器学习的知识体系、了解相关基础概念的参考读物。

《神经网络与深度学习》[34] 由复旦大学邱锡鹏教授所著，该书全面介绍了神经网络和深度学习的基本概念、常用技术，同时涉及了许多深度学习的前沿方法。该书既适合初学者阅读，也适合专业人士参考。

1.6.2 相关学术会议

许多自然语言处理的相关学术组织会定期举办学术会议，以**计算语言学**（Computational Linguistics）和**自然语言处理**（Natural Language Processing）方面的会议为主。与机器翻译相关的部分会议有：

AACL，全称为 Conference of the Asia-Pacific Chapter of the Association for Computational Linguistics，为国际权威组织计算语言学会（Association for Computational Linguistics，ACL）的亚太地区分会。2020 年会议首次召开，是亚洲地区自然语言处理领域最具影响力的会议之一。

AAMT，全称为 Asia-Pacific Association for Machine Translation Annual Conference，为亚洲-太平洋地区机器翻译协会举办的年会，旨在推进亚洲及泛太平洋地区机器翻译的研究和产业化。特别是对亚洲国家语言的机器翻译研究有很好的促进作用，因此成为该地区十分受关注的会议之一。

ACL，全称为 Annual Conference of the Association for Computational Linguistics，是自然语言处理领域最高级别的会议。由计算语言学会组织，每年举办一次，主题涵盖计算语言学的所有方向。

AMTA，全称为 Biennial Conference of the Association for Machine Translation in the Americas，

是美国机器翻译协会组织的会议，每两年举办一次。AMTA 会议汇聚了学术界、产业界和政府的研究人员、开发人员和用户，为产业界和学术界提供了交流平台。

CCL，全称为 China National Conference on Computational Linguistics，是中国计算语言学大会。中国计算语言学大会创办于 1991 年，由中国中文信息学会计算语言学专业委员会组织。经过 20 余年的发展，中国计算语言学大会已成为国内自然语言处理领域最具权威性、规模和影响最大的学术会议。作为中国中文信息学会（国内一级学会）的旗舰会议，CCL 聚焦中国各类语言的智能计算和信息处理，为研讨和传播计算语言学的最新学术和技术成果提供了最广泛的高层次交流平台。

CCMT，全称为 China Conference on Machine Translation，是中国机器翻译研讨会，由中国中文信息学会主办，旨在为国内外机器翻译界同行提供一个平台，促进中国机器翻译事业发展。CCMT 不仅是国内机器翻译领域最具影响力、最权威的学术和评测会议，而且代表了汉语与民族语言翻译技术的最高水准，对民族语言技术发展起重要推动作用。

COLING，全称为 International Conference on Computational Linguistics，是自然语言处理领域的老牌顶级会议之一。该会议始于 1965 年，由 ICCL 国际计算语言学委员会主办。会议简称为 COLING，是谐音瑞典著名作家 Albert Engström 小说中的虚构人物 Kolingen。COLING 每两年举办一次。

EACL，全称为 Conference of the European Chapter of the Association for Computational Linguistics，为 ACL 欧洲分会。虽然在欧洲召开，但会议吸引了全世界大量学者投稿并参会。

EAMT，全称为 Annual Conference of the European Association for Machine Translation，是欧洲机器翻译协会的年会。该会议汇聚了欧洲机器翻译研究、产业化等方面的成果，也吸引了世界范围的关注。

EMNLP，全称为 Conference on Empirical Methods in Natural Language Processing，是自然语言处理领域顶级会议之一，由 ACL 中对语言数据和经验方法有特殊兴趣的团体主办，始于 1996 年。会议注重分享方法和经验性的结果。

MT Summit，全称为 Machine Translation Summit，是机器翻译领域的重要峰会。该会议的特色是与产业结合，在探讨机器翻译技术问题的同时，更多地关注机器翻译的应用落地工作，因此备受产业界关注。该会议每两年举办一次，通常由欧洲机器翻译协会（The European Association for Machine Translation）、美国机器翻译协会（The Association for Machine Translation in the Americas，AMTA）和亚洲-太平洋地区机器翻译协会（Asia-Pacific Association for Machine Translation，AAMT）举办。

NAACL，全称为 Annual Conference of the North American Chapter of the Association for Computational Linguistics，为 ACL 北美分会，是自然语言处理领域的顶级会议之一，每年会选择一个北美城市召开会议。

NLPCC，全称为 CCF International Conference on Natural Language Processing and Chinese Computing。NLPCC 是由中国计算机学会（CCF）主办的 CCF 中文信息技术专业委员会年度学术会议，专注于自然语言处理及中文处理领域的研究和应用创新。会议自 2012 年开始举办，主要活动有主题演讲、论文报告、技术测评等多种形式。

WMT，全称为 Conference on Machine Translation，前身为 Workshop on Statistical Machine Translation，是机器翻译领域一年一度的国际会议，其举办的机器翻译评测是国际公认的顶级机器翻译赛事之一。

除了会议，《中文信息学报》、*Computational Linguistics*、*Machine Translation*、*Transactions of the Association for Computational Linguistics*、*IEEE/ACM Transactions on Audio, Speech, and Language Processing*、*ACM Transactions on Asian and Low Resource Language Information Processing*、*Natural Language Engineering* 等期刊也发表了许多与机器翻译相关的重要论文。

2. 统计语言建模基础

世间万物的运行都是不确定的，大到宇宙的运转，小到分子的运动，都是如此。自然语言也同样充满着不确定性和灵活性。建立统计模型正是描述这种不确定性的一种手段，包括机器翻译在内的对众多自然语言处理问题的求解都很依赖这些统计模型。

本章将对统计建模的基础数学工具进行介绍，并在此基础上对语言建模问题展开讨论。而统计建模与语言建模任务的结合也产生了自然语言处理的一个重要方向——**统计语言建模**（Statistical Language Modeling）。它与机器翻译有很多相似之处，例如，二者都在描述单词串生成的过程，因此在解决问题的思路上是相通的。此外，统计语言模型常被作为机器翻译系统的组件，对于机器翻译系统研发有重要意义。本章所讨论的内容对本书后续章节有很好的铺垫作用。本书也会运用统计机器翻译的方法对自然语言处理问题进行描述。

2.1 概率论基础

为了便于后续内容的介绍，先对本书中使用的概率和统计学概念进行简要说明。

2.1.1 随机变量和概率

在自然界中，很多**事件**（Event）是否会发生是不确定的。例如，明天会下雨、掷一枚硬币是正面朝上、扔一个骰子的点数是 1 等。这些事件可能会发生，也可能不会发生。通过大量的重复试验，发现具有某种规律性的事件，叫作**随机事件**。

随机变量（Random Variable）是对随机事件发生可能状态的描述，是随机事件的数量表征。设 $\Omega = \{\omega\}$ 为一个随机试验的样本空间，$X = X(\omega)$ 就是定义在样本空间 Ω 上的单值实数函数，即 $X = X(\omega)$ 为随机变量，记为 X。随机变量是一种能随机选取数值的变量，常用大写的英文字母或希腊字母表示，其取值通常用小写字母表示。例如，用 A 表示一个随机变量，用 a 表示变量 A 的一个取值。根据随机变量可以选取的值的某些性质，将其划分为离散变量和连续变量。

离散变量是指在其取值区间内可以被一一列举、总数有限并且可计算的数值变量。例如，用随机变量 X 代表某次投骰子出现的点数，点数只可能取 1~6 这 6 个整数，X 就是一个离散变量。

连续变量是指在其取值区间内连续取值无法被一一列举、具有无限个取值的变量。例如，图书馆的开馆时间是 8:30—22:00，用 X 代表某人进入图书馆的时间，时间的取值范围是 [8:30, 22:00]，X 就是一个连续变量。

概率（Probability）是衡量随机事件呈现其每个可能状态的可能性的数值，本质上它是一个测度函数[35, 36]。概率的大小表征了随机事件在一次试验中发生的可能性大小。用 $P(\cdot)$ 表示一个随机事件的可能性，即事件发生的概率。例如，$P(太阳从东方升起)$ 表示"太阳从东方升起"的可能性，同理，$P(A = B)$ 表示的就是"$A = B$"这件事的可能性。

在实际问题中，往往需要得到随机变量的概率值。但是，经常无法准确知道真实的概率值，这就需要对概率进行**估计**（Estimation），得到的结果是概率的**估计值**（Estimate）。概率值的估计是概率论和统计学中的经典问题，有很多计算方法。例如，一个简单的方法是以相对频次为概率的估计值。如果 $\{x_1, x_2, \cdots, x_n\}$ 是一个试验的样本空间，在相同情况下重复试验 N 次，观察到样本 $x_i(1 \leqslant i \leqslant n)$ 的次数为 $n(x_i)$，那么 x_i 在这 N 次试验中的相对频率是 $\frac{n(x_i)}{N}$。N 越大，相对概率就越接近真实概率 $P(x_i)$，即 $\lim_{N \to \infty} \frac{n(x_i)}{N} = P(x_i)$。实际上，很多概率模型都等同于相对频次估计。例如，对于一个服从多项式分布的变量，它的极大似然估计就可以用相对频次估计实现。

概率函数是用函数形式给出离散变量每个取值发生的概率，其实就是将变量的概率分布转化为数学表达形式。如果把 A 看作一个离散变量，把 a 看作变量 A 的一个取值，那么 $P(A)$ 被称作变量 A 的概率函数，$P(A = a)$ 被称作 $A = a$ 的概率值，记为 $P(a)$。例如，在相同条件下掷一个骰子 50 次，用 A 表示投骰子出现的点数这个离散变量，a_i 表示点数的取值，P_i 表示 $A = a_i$ 的概率值。表 2.1 为离散变量 A 的概率分布，并给出了 A 的所有取值及概率。

表 2.1 离散变量 A 的概率分布

A	$a_1 = 1$	$a_2 = 2$	$a_3 = 3$	$a_4 = 4$	$a_5 = 5$	$a_6 = 6$
P_i	$P_1 = \frac{4}{25}$	$P_2 = \frac{3}{25}$	$P_3 = \frac{4}{25}$	$P_4 = \frac{6}{25}$	$P_5 = \frac{3}{25}$	$P_6 = \frac{5}{25}$

除此之外，概率函数 $P(\cdot)$ 还具有非负性、归一性等特点。非负性是指所有的概率函数 $P(\cdot)$ 的数值都大于或等于 0，概率函数中不可能出现负数，即 $\forall x, P(x) \geqslant 0$。归一性，又称规范性，即所有可能发生的事件的概率总和为 1，即 $\sum_x P(x) = 1$。

对于离散变量 A，$P(A = a)$ 是个确定的值，可以表示事件 $A = a$ 的可能性大小；而对于连续变量，求在某个定点处的概率是无意义的，只能求其落在某个取值区间内的概率。因此，用**概率分布函数** $F(x)$ 和**概率密度函数** $f(x)$ 来统一描述随机变量取值的分布情况（如图 2.1 所示）。概率分布函数 $F(x)$ 表示取值小于或等于某个值的概率，是概率的累加（或积分）形式。假设 A 是一个随机变量，a 是任意实数，将函数 $F(a) = P\{A \leqslant a\}$ 定义为 A 的分布函数。通过分布函数，可以清晰地表示任意随机变量的概率分布情况。

概率密度函数反映了变量在某个区间内的概率变化快慢，概率密度函数的值是概率的变化率，该连续变量的概率分布函数就是对概率密度函数求积分得到的结果。设 $f(x) \geqslant 0$ 是连续变量 X

的概率密度函数，X 的概率分布函数就可以用如下公式定义：

$$F(x) = \int_{-\infty}^{x} f(x)\mathrm{d}x \tag{2.1}$$

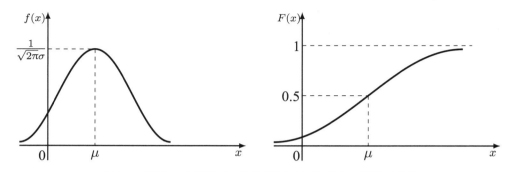

图 2.1　概率密度函数（左）与其对应的概率分布函数（右）

2.1.2 联合概率、条件概率和边缘概率

联合概率（Joint Probability）是指多个事件共同发生，每个随机变量满足各自条件的概率。例如，事件 A 和事件 B 的联合概率可以表示为 $P(AB)$ 或 $P(A \cap B)$。**条件概率**（Conditional Probability）是指 A、B 为任意的两个事件，在事件 A 已出现的前提下，事件 B 出现的概率，用 $P(B|A)$ 表示。

贝叶斯法则（见 2.1.4 节）是计算条件概率时的重要依据，条件概率可以表示为

$$\begin{aligned} P(B|A) &= \frac{P(A \cap B)}{P(A)} \\ &= \frac{P(A)P(B|A)}{P(A)} \\ &= \frac{P(B)P(A|B)}{P(A)} \end{aligned} \tag{2.2}$$

边缘概率（Marginal Probability）与联合概率相对应，它指的是 $P(X = a)$ 或 $P(Y = b)$，即仅与单个随机变量有关的概率。对于离散随机变量 X 和 Y，如果知道 $P(X, Y)$，则边缘概率 $P(X)$ 可以通过求和的方式得到。对于 $\forall x \in X$，有

$$P(X = x) = \sum_{y} P(X = x, Y = y) \tag{2.3}$$

对于连续变量，边缘概率 $P(X)$ 需要通过积分得到，即

$$P(X = x) = \int P(x, y)\mathrm{d}y \tag{2.4}$$

为了更好地区分边缘概率、联合概率和条件概率，这里用一个图形面积的计算来举例说明。如图 2.2 所示，矩形 A 代表事件 X 发生所对应的所有可能状态，矩形 B 代表事件 Y 发生所对应的所有可能状态，矩形 C 代表 A 和 B 的交集，则：

- 边缘概率：矩形 A 或者矩形 B 的面积。
- 联合概率：矩形 C 的面积。
- 条件概率：联合概率/对应的边缘概率。例如，$P(A|B)=$ 矩形 C 的面积/矩形 B 的面积。

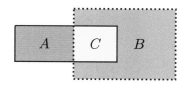

图 2.2　A、B、C 事件所对应概率的图形化表示

2.1.3 链式法则

条件概率公式 $P(A|B) = P(AB)/P(B)$ 反映了事件 B 发生的条件下事件 A 发生的概率。如果将其推广到三个事件 A、B、C 上，为了计算 $P(A, B, C)$，可以运用两次 $P(A|B) = P(AB)/P(B)$，计算过程如下：

$$\begin{aligned} P(A, B, C) &= P(A|B, C)P(B, C) \\ &= P(A|B, C)P(B|C)P(C) \end{aligned} \tag{2.5}$$

推广到 n 个事件上，可以得到**链式法则**（Chain Rule）的公式：

$$P(x_1, x_2, \cdots, x_n) = \prod_{i=1}^{n} P(x_i|x_1, \cdots, x_{i-1}) \tag{2.6}$$

链式法则经常被用于对事件序列的建模。例如，在事件 A 与事件 C 相互独立时，事件 A、B、C 的联合概率可以被表示为

$$\begin{aligned} P(A, B, C) &= P(A)P(B|A)P(C|A, B) \\ &= P(A)P(B|A)P(C|B) \end{aligned} \tag{2.7}$$

2.1.4 贝叶斯法则

首先介绍全概率公式：**全概率公式**（Law of Total Probability）是概率论中重要的公式，它可以将一个复杂事件发生的概率分解成不同情况的小事件发生概率的和。这里先介绍一个概念——划分。集合 Σ 的一个划分事件为 $\{B_1, \cdots, B_n\}$，是指它们满足 $\bigcup_{i=1}^{n} B_i = S$ 且 $B_i \cap B_j = \varnothing, i, j = 1, \cdots, n, i \neq j$。此时，事件 A 的全概率公式可以被描述为

$$P(A) = \sum_{k=1}^{n} P(A|B_k)P(B_k) \tag{2.8}$$

举个例子，从小张家到公司有 3 条路，分别为 a、b 和 c，选择每条路的概率分别为 0.5、0.3 和 0.2，令

- S_a：小张选择走 a 路去上班。
- S_b：小张选择走 b 路去上班。
- S_c：小张选择走 c 路去上班。
- S：小张去上班。

显然，S_a、S_b、S_c 是 S 的划分。如果 3 条路不拥堵的概率分别为 $P(S'_a) = 0.2$、$P(S'_b) = 0.4$、$P(S'_c) = 0.7$，那么事件 L——小张上班没有遇到拥堵的概率就是

$$\begin{aligned} P(L) &= P(L|S_a)P(S_a) + P(L|S_b)P(S_b) + P(L|S_c)P(S_c) \\ &= P(S'_a)P(S_a) + P(S'_b)P(S_b) + P(S'_c)P(S_c) \\ &= 0.36 \end{aligned} \tag{2.9}$$

贝叶斯法则（Bayes' Rule）是概率论中的一个经典公式，通常用于已知 $P(A|B)$ 求 $P(B|A)$。可以表述为：设 $\{B_1, \cdots, B_n\}$ 是某个集合 Σ 的一个划分，A 为事件，则对于 $i = 1, \cdots, n$，有

$$\begin{aligned} P(B_i|A) &= \frac{P(AB_i)}{P(A)} \\ &= \frac{P(A|B_i)P(B_i)}{\sum_{k=1}^{n} P(A|B_k)P(B_k)} \end{aligned} \tag{2.10}$$

其中，等式右端的分母部分使用了全概率公式。进一步，令 $\bar{B}$ 表示事件 B 不发生的情况，由式 (2.10)，可得到贝叶斯公式的另外一种写法：

$$\begin{aligned} P(B|A) &= \frac{P(A|B)P(B)}{P(A)} \\ &= \frac{P(A|B)P(B)}{P(A|B)P(B) + P(A|\bar{B})P(\bar{B})} \end{aligned} \tag{2.11}$$

贝叶斯公式常用于根据已知的结果推断使之发生的各因素的可能性。

2.1.5 KL 距离和熵

1. 信息熵

熵是热力学中的一个概念，也是对系统无序性的一种度量标准。在自然语言处理领域会使用到信息熵这一概念，如描述文字的信息量大小。一条信息的信息量可以被看作这条信息的不确定性。如果需要确认一件非常不确定甚至一无所知的事情，则需要理解大量的相关信息才能进行确认。同样地，如果对某件事已经非常确定，则不需要太多的信息就可以把它搞清楚。下面来看两个例子：

实例 2.1　确定性事件和不确定性事件

　　"太阳从东方升起"

　　"明天天气多云"

在这两句话中，"太阳从东方升起"是一个确定性事件（在地球上），因此这件事的信息熵相对较低；而"明天天气多云"这件事，需要关注天气预报才能大概率确定，它的不确定性很高，因此它的信息熵相对较高。因此，信息熵也是对事件不确定性的度量。进一步，事件 X 的**自信息**（Self-information）的表达式为

$$I(x) = -\log P(x) \tag{2.12}$$

其中，x 是 X 的一个取值，$P(x)$ 表示 x 发生的概率。自信息用来衡量单一事件发生时所包含的信息量，当底数为 e 时，单位为 nats，其中 1nats 是通过观察概率为 $1/e$ 的事件而获得的信息量；当底数为 2 时，单位为 bits 或 shannons。$I(x)$ 和 $P(x)$ 的函数关系如图 2.3 所示。

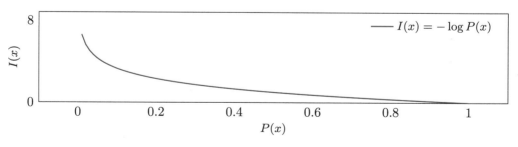

图2.3　$I(x)$ 和 $P(x)$ 的函数关系

自信息处理的是变量单一取值的问题。若量化整个概率分布中的不确定性或信息量，可以用信息熵，记为 $H(x)$。其公式为

$$
\begin{aligned}
H(x) &= \sum_{x \in X} [P(x) I(x)] \\
&= - \sum_{x \in X} [P(x) \log(P(x))]
\end{aligned}
\tag{2.13}
$$

一个分布的信息熵也就是从该分布中得到的一个事件的期望信息量。例如，有 a、b、c、d 4 支球队，他们夺冠的概率分别是 P_1、P_2、P_3、P_4。如果 4 支队伍的实力相当，则人们很难对比赛结果做出预测。但如果这 4 支球队中某支队伍的实力可以碾压其他球队，那么人们对比赛结果的预测将更具倾向性。因此，对于前面这种情况，预测球队夺冠的问题的信息量较高，信息熵也相对较高；对于后面这种情况，因为结果很容易猜到，信息量和信息熵也就相对较低。因此可以得知：分布越尖锐，熵越低；分布越均匀，熵越高。

2. KL 距离

如果同一个随机变量 X 上有两个概率分布 $P(x)$ 和 $Q(x)$，那么可以使用**Kullback-Leibler 距离**或**KL 距离**（KL Distance）来衡量这两个分布的不同（也称作 KL 散度）。这种度量就是**相对熵**（Relative Entropy），其公式为

$$
\begin{aligned}
D_{\mathrm{KL}}(P \parallel Q) &= \sum_{x \in X} [P(x) \log \frac{P(x)}{Q(x)}] \\
&= \sum_{x \in X} [P(x)(\log P(x) - \log Q(x))]
\end{aligned}
\tag{2.14}
$$

其中，概率分布 $P(x)$ 对应的是每个事件的可能性。相对熵的意义是：在一个事件空间里，相比于用概率分布 $P(x)$ 来编码 $P(x)$，用概率分布 $Q(x)$ 来编码 $P(x)$ 时，信息量增加的程度。它衡量的是同一个事件空间里两个概率分布的差异。KL 距离有两条重要的性质：

- **非负性**，即 $D_{\mathrm{KL}}(P \parallel Q) \geqslant 0$，等号成立的条件是 P 和 Q 相等。
- **不对称性**，即 $D_{\mathrm{KL}}(P \parallel Q) \neq D_{\mathrm{KL}}(Q \parallel P)$，因此 KL 距离并不是常用的欧氏空间中的距离。为了消除这种不确定性，有时也会使用 $D_{\mathrm{KL}}(P \parallel Q) + D_{\mathrm{KL}}(Q \parallel P)$ 作为度量两个分布差异性的函数。

3. 交叉熵

交叉熵（Cross-entropy）是一个与 KL 距离密切相关的概念，它的公式为

$$
H(P, Q) = - \sum_{x \in X} [P(x) \log Q(x)]
\tag{2.15}
$$

结合相对熵公式可知，交叉熵是 KL 距离公式中的右半部分。因此，当概率分布 $P(x)$ 固定时，求关于 Q 的交叉熵的最小值等价于求 KL 距离的最小值。从实践的角度看，交叉熵与 KL 距

离的目的相同：都是用来描述两个分布的差异。交叉熵在计算上更简便，因此在机器翻译中被广泛应用。

2.2 掷骰子游戏

在阐述统计建模方法前，先看一个有趣的实例（如图 2.4 所示）。掷骰子，一个生活中比较常见的游戏，掷一个骰子，玩家猜一个数字，猜中就算赢。按照常识，随便选哪个数字，获胜的概率都是一样的，即所有选择的获胜概率都是 1/6。因此，这个游戏玩家很难获胜，除非运气很好。假设玩家随意选了一个数字 1，当投掷 30 次骰子时，发现运气不错，命中 7 次，好于预期（$7/30 > 1/6$）。

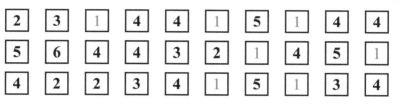

图 2.4　骰子结果

此时，玩家的胜利似乎只能来源于运气。不过，这里的假设"随便选一个数字，获胜的概率是一样的"本身就是一个概率模型，它对骰子 6 个面的出现做了均匀分布假设：

$$P(1) = P(2) = \cdots = P(5) = P(6) = 1/6 \tag{2.16}$$

但在这个游戏中，没有人规定骰子的 6 个面是均匀的。如果骰子的 6 个面不均匀呢？这里可以用更"聪明"的方式定义一种新的模型，即定义骰子的每一个面都以一定的概率出现，而不是相同的概率。描述如下：

$$
\begin{aligned}
P(1) &= \theta_1 \\
P(2) &= \theta_2 \\
P(3) &= \theta_3 \\
P(4) &= \theta_4 \\
P(5) &= \theta_5 \\
P(6) &= 1 - \sum_{1 \leqslant i \leqslant 5} \theta_i \qquad \triangleleft \text{归一性}
\end{aligned}
\tag{2.17}
$$

$\theta_1 \sim \theta_5$ 被看作模型的参数，因此这个模型的自由度是 5。对于这样的模型，参数确定了，模型也就确定了。但是一个新的问题出现了，在定义骰子每个面的概率后，如何求出具体的概率值呢？一种常用的方法是，从大量实例中学习模型参数，这个方法就是常说的**参数估计**（Parameter Estimation）。可以将这个不均匀的骰子先实验性地掷很多次，这可以被看作独立同分布的若干次采样。例如，投掷骰子 X 次，发现 1 出现 X_1 次，2 出现 X_2 次，依此类推，可以得到各个面出现的次数。假设掷骰子中每个面出现的概率符合多项式分布，那么通过简单的概率论知识可以知道每个面出现的概率的极大似然估计为

$$P(i) = \frac{X_i}{X} \tag{2.18}$$

当 X 足够大时，X_i/X 可以无限逼近 $P(i)$ 的真实值，因此可以通过大量的实验推算出掷骰子各个面的概率的准确估计值。

回归到原始的问题，如果在正式开始游戏前，预先掷骰子 30 次，得到如图 2.5 所示的结果。

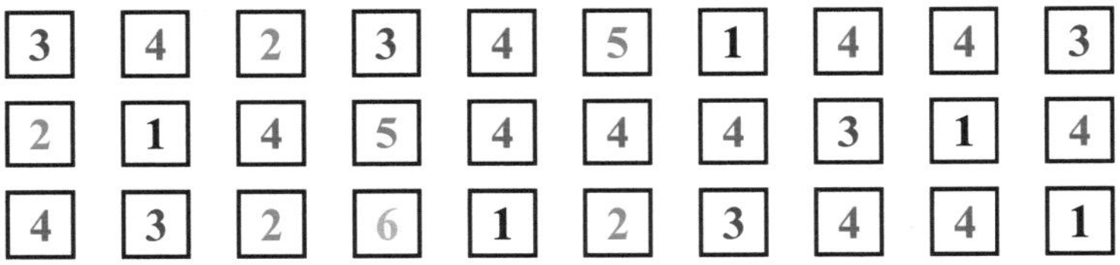
3 4 2 3 4 5 1 4 4 3
2 1 4 5 4 4 4 3 1 4
4 3 2 6 1 2 3 4 4 1

图 2.5　掷骰子 30 次的结果

可以注意到，这是一个有倾向性的模型（如图 2.6 所示）：在这样的预先实验的基础上，可以知道这个骰子是不均匀的，如果用这个骰子玩掷骰子游戏，则选择数字 4 获胜的可能性最大。

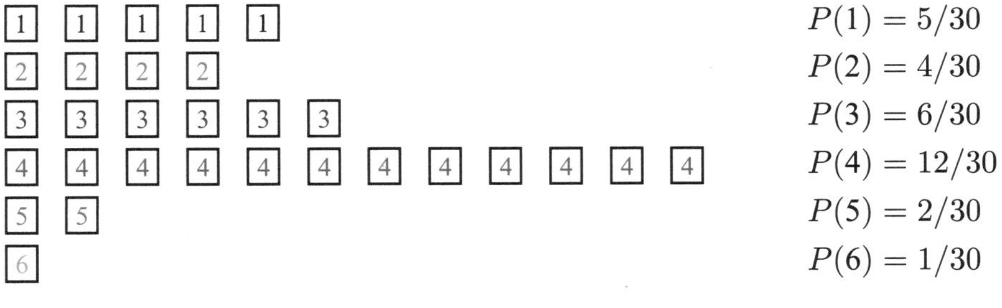
1 1 1 1 1
2 2 2 2
3 3 3 3 3 3
4 4 4 4 4 4 4 4 4 4 4 4
5 5
6
P(1) = 5/30
P(2) = 4/30
P(3) = 6/30
P(4) = 12/30
P(5) = 2/30
P(6) = 1/30

图 2.6　投骰子模型

与上面这个掷骰子游戏类似，世界上的事物并不是平等出现的。在“公平”的世界中，没有任何一个模型可以学到有价值的事情。从机器学习的角度看，所谓的“不公平”实际上是客观事物中蕴含的一种**偏置**（Bias），也就是很多事情天然地对某些情况有倾向。而在图像处理、自然语言处理等问题中，都存在着偏置。例如，当翻译一个英语单词时，它最可能的翻译结果往往就是那几个词。设计统计模型的目的正是要学习这种偏置，然后利用这种偏置对新的问题做出足够好

的决策。

在处理自然语言问题时，为了评价哪些词更容易在一个句子中出现，或者哪些句子在某些语境下更合理，常常会使用统计方法对词或句子出现的可能性建模。与掷骰子游戏类似，词出现的概率可以这样理解：每个单词的出现就好比掷一个巨大的骰子，与前面的例子有所不同的是：

- 骰子有很多个面，每个面代表一个单词。
- 骰子是不均匀的，代表常用单词的那些面的出现次数远多于罕见单词。

如果投掷这个新的骰子，则可能会得到如图 2.7 所示的结果。如果把这些数字换成汉语中的词，如：

88 = 这

87 = 是

45 = 一

……

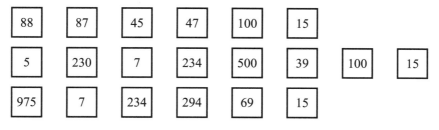

图 2.7　投掷一个很多面骰子的结果

就可以得到如图 2.8 所示的结果。于是，可以假设有一个不均匀的多面骰子，每个面都对应一个单词。在获取一些文本数据后，可以统计每个单词出现的次数，进而利用极大似然估计推算出每个单词在语料库中出现的概率的估计值。图 2.9 给出了一个实例。

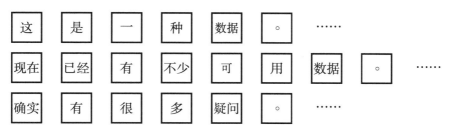

图 2.8　掷骰子游戏中把数字换成汉字后的结果

通过这个学习过程，可以得到每个词出现的概率，成功使用统计方法对"单词的频率"这个问题进行建模。那么，该如何计算一个句子的概率呢？在自然语言处理领域，句子可以被看作由单词组成的序列，因而句子的概率可以被建模为若干单词的联合概率，即 $P(w_1w_2\cdots w_m)$。其中，

w_i 表示句子中的一个单词。

总词数：$6+8+5=20$	更多数据–总词数：100 万个词
$P(很) = 1/20 = 0.05$	$P(很) = 0.000010$
$P(。) = 3/20 = 0.15$	$P(。) = 0.001812$
$P(确实) = 1/20 = 0.05$	$P(确实) = 0.000001$

图 2.9　单词概率的估计结果

为了求 $P(w_1 w_2 \cdots w_m)$，最直接的方式是统计所有可能出现的词串 $w_1 w_2 \cdots w_m$ 在数据中出现的次数 $c(w_1 w_2 \cdots w_m)$，之后利用极大似然估计计算 $P(w_1 w_2 \cdots w_m)$：

$$P(w_1 w_2 \cdots w_m) = \frac{c(w_1 w_2 \cdots w_m)}{\sum_{w_1', w_2', \cdots, w_m' \in V} c(w_1' w_2' \cdots w_m')} \tag{2.19}$$

其中，V 为词汇表。本质上，这个方法和计算单词出现概率 $P(w_i)$ 的方法是一样的。但这里的问题是：当 m 较大时，词串 $w_1 w_2 \cdots w_m$ 可能非常低频，甚至在数据中没有出现过。这时，由于 $c(w_1 w_2 \cdots w_m) \approx 0$，式 (2.19) 的结果会不准确，甚至出现 0 概率的情况。这是观测低频事件时经常出现的问题。对于这个问题，另一种解决思路是对多个联合出现的事件进行独立性假设，这里可以假设 $w_1, w_2, \cdots, w_m$ 的出现是相互独立的，于是：

$$P(w_1 w_2 \cdots w_m) = P(w_1) P(w_2) \cdots P(w_m) \tag{2.20}$$

这样，单词序列的出现概率被转化为每个单词概率的乘积。单词的概率估计是相对准确的，因此整个序列的概率会比较合理。这种独立性假设也破坏了句子中单词之间的依赖关系，造成概率估计结果的偏差。如何更合理地计算一个单词序列的概率呢？下面介绍的 n-gram 语言建模方法可以很好地回答这个问题。

2.3 n-gram 语言模型

在骰子游戏中，可以通过一种统计的方式，估计在文本中词和句子出现的概率。但在计算句子出现的概率时，往往会因为句子的样本过少而无法正确估计句子出现的概率。为了解决这个问题，这里引入了计算整个单词序列概率 $P(w_1 w_2 \cdots w_m)$ 的方法——统计语言模型。下面将重点介绍 n-gram 语言模型。它是一种经典的统计语言模型，而且在机器翻译及其他自然语言处理任务中有非常广泛的应用。

2.3.1 建模

　　语言模型（Language Model）的目的是描述文字序列出现的规律，其对问题建模的过程被称作**语言建模**（Language Modeling）。如果使用统计建模的方式，语言模型可以被定义为计算 $P(w_1 w_2 \cdots w_m)$ 的问题，也就是计算整个词序列 $w_1 w_2 \cdots w_m$ 出现的可能性大小。具体定义如下：

> **定义 2.1** 词汇表 V 上的语言模型是一个函数 $P(w_1 w_2 \cdots w_m)$，它表示 V^+ 上的一个概率分布。其中，对于任何词串 $w_1 w_2 \cdots w_m \in V^+$，有 $P(w_1 w_2 \cdots w_m) \geqslant 0$。而且，对于所有词串，函数满足归一化条件 $\sum_{w_1 w_2 \cdots w_m \in V^+} P(w_1 w_2 \cdots w_m) = 1$。

　　直接求 $P(w_1 w_2 \cdots w_m)$ 并不简单，因为如果把整个词串 $w_1 w_2 \cdots w_m$ 作为一个变量，模型的参数量会非常大。$w_1 w_2 \cdots w_m$ 有 $|V|^m$ 种可能性，这里 $|V|$ 表示词汇表大小。显然，当 m 增大时，模型的复杂度会急剧增加，甚至无法进行存储和计算。既然把 $w_1 w_2 \cdots w_m$ 作为一个变量不好处理，可以考虑对这个序列的生成过程进行分解。使用链式法则（见 2.1.3 节），很容易得到

$$P(w_1 w_2 \cdots w_m) = P(w_1)P(w_2|w_1)P(w_3|w_1 w_2) \cdots P(w_m|w_1 w_2 \cdots w_{m-1}) \tag{2.21}$$

　　这样，$w_1 w_2 \cdots w_m$ 的生成可以被看作逐个生成每个单词的过程，即先生成 w_1，然后根据 w_1 生成 w_2，再根据 $w_1 w_2$ 生成 w_3，依此类推，直到根据前 $m-1$ 个词生成序列的最后一个单词 w_m。这个模型把联合概率 $P(w_1 w_2 \cdots w_m)$ 分解为多个条件概率的乘积，虽然对生成序列的过程进行了分解，但是模型的复杂度和以前是一样的，例如，$P(w_m|w_1 w_2 \cdots w_{m-1})$ 仍然不好计算。

　　换一个角度看，$P(w_m|w_1 w_2 \cdots w_{m-1})$ 体现了一种基于"历史"的单词生成模型，也就是把前面生成的所有单词作为"历史"，并参考这个"历史"生成当前单词。这个"历史"的长度和整个序列的长度是相关的，也是一种长度变化的历史序列。为了简化问题，一种简单的想法是使用定长历史，例如，每次只考虑前面 $n-1$ 个历史单词来生成当前单词。这就是 n-gram 语言模型，其中 n-gram 表示 n 个连续单词构成的单元，也被称作 **n 元语法单元**。这个模型的数学描述如下：

$$P(w_m|w_1 w_2 \cdots w_{m-1}) = P(w_m|w_{m-n+1} \cdots w_{m-1}) \tag{2.22}$$

　　如表 2.2 所示，整个序列 $w_1 w_2 \cdots w_m$ 的生成概率可以被重新定义。

　　可以看到，1-gram 语言模型只是 n-gram 语言模型的一种特殊形式。基于独立性假设，1-gram 假定当前单词出现与否与任何历史都无关，这种方法大大化简了求解句子概率的复杂度。例如，式 (2.20) 就是一个 1-gram 语言模型。但是，句子中的单词并非完全相互独立，这种独立性假设并不能完美地描述客观世界的问题。如果需要更精确地获取句子的概率，就需要使用更长的"历史"信息，如 2-gram、3-gram、甚至更高阶的语言模型。

表 2.2　基于 n-gram 的序列生成概率

链式法则	1-gram	2-gram	$\cdots$	n-gram
$P(w_1w_2\cdots w_m) =$	$P(w_1w_2\cdots w_m) =$	$P(w_1w_2\cdots w_m) =$	$\cdots$	$P(w_1w_2\cdots w_m) =$
$P(w_1)\times$	$P(w_1)\times$	$P(w_1)\times$	$\cdots$	$P(w_1)\times$
$P(w_2|w_1)\times$	$P(w_2)\times$	$P(w_2|w_1)\times$	$\cdots$	$P(w_2|w_1)\times$
$P(w_3|w_1w_2)\times$	$P(w_3)\times$	$P(w_3|w_2)\times$	$\cdots$	$P(w_3|w_1w_2)\times$
$P(w_4|w_1w_2w_3)\times$	$P(w_4)\times$	$P(w_4|w_3)\times$	$\cdots$	$P(w_4|w_1w_2w_3)\times$
$\cdots$	$\cdots$	$\cdots$	$\cdots$	$\cdots$
$P(w_m|w_1\cdots w_{m-1})$	$P(w_m)$	$P(w_m|w_{m-1})$	$\cdots$	$P(w_m|w_{m-n+1}\cdots w_{m-1})$

n-gram 的优点在于，它所使用的历史信息是有限的，即 $n-1$ 个单词。这种性质也反映了经典的马尔可夫链的思想[37, 38]，有时也被称作马尔可夫假设或者马尔可夫属性。因此，n-gram 也可以被看作变长序列上的一种马尔可夫模型。例如，2-gram 语言模型对应一阶马尔可夫模型，3-gram 语言模型对应二阶马尔可夫模型，依此类推。

那么，如何计算 $P(w_m|w_{m-n+1}\cdots w_{m-1})$ 呢？有很多种选择，例如：

- **基于频次的方法**。直接利用词序列在训练数据中出现的频次计算 $P(w_m|w_{m-n+1}\cdots w_{m-1})$：

$$P(w_m|w_{m-n+1}\cdots w_{m-1}) = \frac{c(w_{m-n+1}\cdots w_m)}{c(w_{m-n+1}\cdots w_{m-1})} \tag{2.23}$$

其中，$c(\cdot)$ 是在训练数据中统计频次的函数。

- **人工神经网络的方法**。构建一个人工神经网络来估计 $P(w_m|w_{m-n+1}\cdots w_{m-1})$ 的值，例如，可以构建一个前馈神经网络对 n-gram 进行建模。

极大似然估计方法（基于频次的方法）和掷骰子游戏中介绍的统计单词概率的方法是一致的，它的核心思想是使用 n-gram 出现的频次进行参数估计。基于人工神经网络的方法在近年非常受关注，它直接利用多层神经网络对问题的输入 $w_{m-n+1}\cdots w_{m-1}$ 和输出 $P(w_m|w_{m-n+1}\cdots w_{m-1})$ 进行建模，而模型的参数通过网络中神经元之间连接的权重体现。严格来说，基于人工神经网络的方法并不算基于 n-gram 的方法，或者说，它并没有显性记录 n-gram 的生成概率，也不依赖 n-gram 的频次进行参数估计。为了保证内容的连贯性，接下来仍以传统的 n-gram 语言模型为基础进行讨论，基于人工神经网络的方法将在第 9 章详细介绍。

n-gram 语言模型的使用非常简单。可以直接用它对词序列出现的概率进行计算。例如，可以使用一个 2-gram 语言模型计算一个句子出现的概率，其中单词之间用斜杠分隔，如下：

$$P_{2\text{-gram}}(\text{确实/现在/数据/很/多})$$
$$= P(\text{确实}) \times P(\text{现在}|\text{确实}) \times P(\text{数据}|\text{现在}) \times P(\text{很}|\text{数据}) \times P(\text{多}|\text{很}) \tag{2.24}$$

以 n-gram 语言模型为代表的统计语言模型的应用非常广泛。除了第 3 章将介绍的全概率分词方法，在文本生成、信息检索、摘要等自然语言处理任务中，语言模型都占据举足轻重的地位。包括近年非常受关注的预训练模型，本质上也是统计语言模型。这些技术都会在后续章节进行介绍。值得注意的是，统计语言模型为解决自然语言处理问题提供了一个非常好的建模思路，即把整个序列生成的问题转化为逐个生成单词的问题。实际上，这种建模方式会被广泛地用于机器翻译建模，在统计机器翻译和神经机器翻译中都会有具体的体现。

2.3.2 参数估计和平滑算法

对于 n-gram 语言模型，每个 $P(w_m|w_{m-n+1} \cdots w_{m-1})$ 都可以被看作模型的**参数**（Parameter）。而 n-gram 语言模型的一个核心任务是估计这些参数的值，即参数估计。通常，参数估计可以通过在数据上的统计得到。一种简单的方法是：给定一定数量的句子，统计每个 n-gram 出现的频次，并利用式 (2.23) 得到每个参数 $P(w_m|w_{m-n+1} \cdots w_{m-1})$ 的值。这个过程也被称作模型的**训练**（Training）。对于自然语言处理任务来说，统计模型的训练是至关重要的。从本书后面的内容中也会看到，不同的问题可能需要不同的模型或不同的模型训练方法来解决，并且很多研究工作都集中在优化模型训练的效果上。

回到 n-gram 语言模型上。前面所使用的参数估计的方法并不完美，因为它无法很好地处理低频或者未见现象。例如，在式 (2.24) 所示的例子中，如果语料中从没有"确实"和"现在"两个词连续出现的情况，即 $c(确实/现在) = 0$，那么使用 2-gram 计算句子"确实/现在/数据/很/多"的概率时，会出现如下情况：

$$
\begin{aligned}
P(现在|确实) &= \frac{c(确实/现在)}{c(确实)} \\
&= \frac{0}{c(确实)} \\
&= 0
\end{aligned}
\tag{2.25}
$$

显然，这个结果是不合理的。因为即使语料中没有"确实"和"现在"两个词连续出现，这种搭配也是客观存在的。这时，简单地用极大似然估计得到概率 0，导致整个句子出现的概率为 0。更常见的问题是那些根本没有出现在词表中的词，称为**未登录词**（Out-of-vocabulary Word，OOV Word），如生僻词，可能在模型训练阶段从未出现过，这时模型仍然会给出 0 概率。图 2.10 展示了一个真实语料库中单词出现频次的分布，可以看到，绝大多数单词都是低频词。

为了解决未登录词引起的零概率问题，常用的做法是对模型进行**平滑**（Smoothing），也就是给可能出现零概率的情况一个非零的概率，使得模型不会对整个序列给出零概率。平滑可以用"劫富济贫"这一思想理解，在保证所有情况的概率和为 1 的前提下，使极低概率的部分可以从高概率的部分分配到一部分概率，从而达到平滑的目的。

单词出现总次数

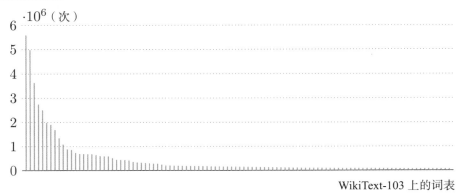

图 2.10　单词出现频次的分布

语言模型使用的平滑算法有很多。本节主要介绍 3 种平滑方法：加法平滑法、古德-图灵估计法和 Kneser-Ney 平滑法。这些方法也可以被应用到其他任务的概率平滑操作中。

1. 加法平滑法

加法平滑（Additive Smoothing）法是一种简单的平滑技术。通常，系统研发人员会利用采集到的语料库来模拟真实的全部语料库。当然，没有一个语料库能覆盖所有的语言现象。假设有一个语料库 C，其中从未出现"确实/现在"这样的 2-gram，现在要计算一个句子 $S =$ "确实/现在/物价/很/高"的概率。当计算"确实/现在"的概率时，$P(S) = 0$，导致整个句子的概率为 0。

加法平滑法假设每个 n-gram 出现的次数比实际统计次数多 θ 次，$0 < \theta \leqslant 1$。这样，计算概率的时候分子部分不会为 0。重新计算 $P(\text{现在}|\text{确实})$，可以得到

$$P(\text{现在}|\text{确实}) = \frac{\theta + c(\text{确实/现在})}{\sum_w^{|V|}(\theta + c(\text{确实/}w))}$$
$$= \frac{\theta + c(\text{确实/现在})}{\theta|V| + c(\text{确实})} \tag{2.26}$$

其中，V 表示词表，$|V|$ 为词表中单词的个数，w 为词表中的一个词，c 表示统计单词或短语出现的次数。有时，加法平滑法会将 θ 取 1，这时称之为加一平滑或拉普拉斯平滑。这种方法比较容易理解，也比较简单，因此常被用在对系统的快速原型中。

假设从一个英语文档中随机采样一些单词（词表大小 $|V| = 20$），各个单词出现的次数为："look" 出现 4 次，"people" 出现 3 次，"am" 出现 2 次，"what" 出现 1 次，"want" 出现 1 次，"do"出现 1 次。图 2.11 给出了平滑之前（无平滑）和平滑之后（有平滑）的概率分布。

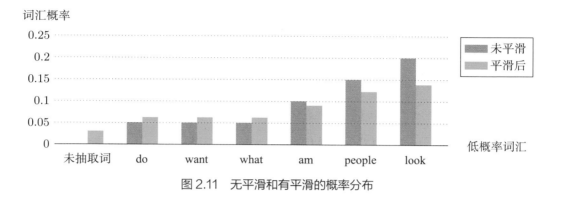

图 2.11　无平滑和有平滑的概率分布

2. 古德-图灵估计法

古德-图灵估计（Good-Turing Estimate）法由 Alan Turing 和他的助手 Irving John Good 开发，作为他们在二战期间破解德国密码机 Enigma 所使用方法的一部分。1953 年 Irving John Good 将其发表。这一方法也是很多平滑算法的核心，其基本思路是：把非零的 n 元语法单元的概率降低，匀给一些低概率 n 元语法单元，以减小最大似然估计与真实概率之间的偏离[39, 40]。

假定在语料库中出现 r 次的 n-gram 有 n_r 个，出现 0 次的 n-gram（即未登录词及词串）有 n_0 个。语料库中全部单词的总个数为 N，显然：

$$N = \sum_{r=1}^{\infty} r\, n_r \tag{2.27}$$

这时，出现 r 次的 n-gram 的相对频率为 r/N，也就是不做平滑处理时的概率估计。为了解决零概率问题，对于任意一个出现 r 次的 n-gram，古德-图灵估计法利用出现 $r+1$ 次的 n-gram 统计量重新假设它出现 r^* 次：

$$r^* = (r+1)\frac{n_{r+1}}{n_r} \tag{2.28}$$

基于这个公式，可以估计所有 0 次 n-gram 的频次 $n_0 r^* = (r+1)n_1 = n_1$。要把这个重新估计的统计数转化为概率，需要进行归一化处理。对于每个统计数为 r 的事件，其概率为

$$P_r = \frac{r^*}{N} \tag{2.29}$$

其中

$$N = \sum_{r=0}^{\infty} r^* n_r$$

$$= \sum_{r=0}^{\infty} (r+1) n_{r+1}$$

$$= \sum_{r=1}^{\infty} r \, n_r \tag{2.30}$$

也就是说，式 (2.30) 中使用的 N 仍然为整个样本分布最初的计数。所有出现事件（即 $r > 0$）的概率之和为

$$P(r > 0) = \sum_{r > 0} P_r$$

$$= 1 - \frac{n_1}{N}$$

$$< 1 \tag{2.31}$$

其中，n_1/N 是分配给所有出现为 0 次事件的概率。古德-图灵估计法最终通过出现 1 次的 n-gram 估计了出现 0 次的事件概率，达到了平滑的效果。

那么，如何对事件出现的可能性进行平滑呢？仍然以在加法平滑法中统计单词为例，用古德-图灵估计法对其进行修正，如表 2.3 所示。

表2.3 单词出现频次及古德–图灵估计法的平滑结果

r	n_r	r^*	P_r
0	14	0.21	0.018
1	3	0.67	0.056
2	1	3	0.25
3	1	4	0.333
4	1	–	–

在 r 很大时，经常会出现 $n_{r+1} = 0$ 的情况。通常，古德-图灵估计法可能无法很好地处理这种复杂的情况，不过该方法仍然是其他平滑法的基础。

3. Kneser-Ney 平滑法

Kneser-Ney 平滑法是由 Reinhard Kneser 和 Hermann Ney 于 1995 年提出的用于计算 n 元语法概率分布的方法[41, 42]，并被广泛认为是最有效的平滑方法之一。这种平滑方法改进了 Absolute Discounting[43, 44] 中与高阶分布相结合的低阶分布的计算方法，使不同阶分布得到充分的利用。这种算法综合利用了其他平滑算法的思想。

Absolute Discounting 平滑算法的公式如下:

$$P_{\text{AbsDiscount}}(w_i|w_{i-1}) = \frac{c(w_{i-1}w_i) - d}{c(w_{i-1})} + \lambda(w_{i-1})P(w_i) \tag{2.32}$$

其中,d 表示被裁剪的值,λ 是一个正则化常数。可以看到,第一项是经过减值调整后的 2-gram 的概率值,第二项则相当于一个带权重 λ 的 1-gram 的插值项。这种插值模型极易受原始 1-gram 模型 $P(w_i)$ 的干扰。

假设使用 2-gram 和 1-gram 的插值模型预测下面句子中下画线处的词

I cannot see without my reading ＿＿＿＿

读者可能会猜测下画线处的词是 "glasses",但在训练语料库中,"Francisco" 出现的频率非常高。如果在预测时仍然使用标准的 1-gram 模型,那么系统大概率会选择 "Francisco" 填入下画线处,这个结果显然是不合理的。当使用混合的插值模型时,如果 "reading Francisco" 这种二元语法并没有出现在语料中,就会导致 1-gram 对结果的影响变大,仍然会做出与标准 1-gram 模型相同的选择,犯下相同的错误。

观察语料中的 2-gram 后我们发现,"Francisco" 的前一个词仅可能是 "San",不会出现 "reading"。这个分析证实了,考虑前一个词的影响是有帮助的。例如,仅在前一个词是 "San" 时,才给 "Francisco" 赋予较高的概率值。基于这种想法,改进原有的 1-gram 模型,创造一个新的 1-gram 模型 $P_{\text{continuation}}$,简写为 P_{cont}。这个模型可以通过考虑前一个词的影响,评估当前词作为第二个词出现的可能性。

为了评估 P_{cont},统计使用当前词作为第二个词出现 2-gram 的种类,2-gram 的种类越多,这个词作为第二个词出现的可能性越高:

$$P_{\text{cont}}(w_i) \propto |\{w_{i-1} : c(w_{i-1}w_i) > 0\}| \tag{2.33}$$

其中,式 (2.33) 右端表示求出在 w_i 之前出现过的 w_{i-1} 的数量。接下来,通过对全部的二元语法单元的种类做归一化,可得评估公式:

$$P_{\text{cont}}(w_i) = \frac{|\{w_{i-1} : c(w_{i-1}w_i) > 0\}|}{|\{(w_{j-1}, w_j) : c(w_{j-1}w_j) > 0\}|} \tag{2.34}$$

分母中对二元语法单元种类的统计还可以写为另一种形式:

$$P_{\text{cont}}(w_i) = \frac{|\{w_{i-1} : c(w_{i-1}w_i) > 0\}|}{\sum_{w_i'} |\{w_{i-1}' : c(w_{i-1}'w_i') > 0\}|} \tag{2.35}$$

结合基础的 Absolute discounting 平滑算法的计算公式,可得到 Kneser-Ney 平滑法的公式:

$$P_{KN}(w_i|w_{i-1}) = \frac{\max(c(w_{i-1}w_i) - d, 0)}{c(w_{i-1})} + \lambda(w_{i-1})P_{cont}(w_i) \tag{2.36}$$

其中

$$\lambda(w_{i-1}) = \frac{d}{c(w_{i-1})}|\{w_i : c(w_{i-1}w_i) > 0\}| \tag{2.37}$$

这里，$\max(\cdot)$ 保证了分子部分为不小于 0 的数，原始的 1-gram 更新为 P_{cont} 概率分布，λ 是正则化项。

为了更具普适性，不局限于 2-gram 和 1-gram 的插值模型，利用递归的方式可以得到更通用的 Kneser-Ney 平滑法的公式：

$$P_{KN}(w_i|w_{i-n+1}\cdots w_{i-1}) = \frac{\max(c_{KN}(w_{i-n+1}\cdots w_i) - d, 0)}{c_{KN}(w_{i-n+1}\cdots w_{i-1})} +$$
$$\lambda(w_{i-n+1}\cdots w_{i-1})P_{KN}(w_i|w_{i-n+2}\cdots w_{i-1}) \tag{2.38}$$

$$\lambda(w_{i-n+1}\cdots w_{i-1}) = \frac{d}{c_{KN}(w_{i-n+1}^{i-1})}|\{w_i : c_{KN}(w_{i-n+1}\cdots w_{i-1}w_i) > 0\}| \tag{2.39}$$

$$c_{KN}(\cdot) = \begin{cases} c(\cdot) & \text{当计算最高阶模型时} \\ \text{catcount}(\cdot) & \text{当计算低阶模型时} \end{cases} \tag{2.40}$$

其中，catcount$(\cdot)$ 表示的是单词 w_i 作为 n-gram 中第 n 个词时 $w_{i-n+1}\cdots w_i$ 的种类数目。

Kneser-Ney 平滑是很多语言模型工具的基础[45, 46]。还有很多以此为基础衍生出来的算法，感兴趣的读者可以通过参考文献自行了解[17, 42, 44]。

2.3.3 语言模型的评价

在使用语言模型时，往往需要知道模型的质量。**困惑度**（Perplexity，PPL）是一种衡量语言模型好坏的指标。对于一个真实的词序列 $w_1\cdots w_m$，困惑度被定义为

$$\text{PPL} = P(w_1\cdots w_m)^{-\frac{1}{m}} \tag{2.41}$$

本质上，PPL 反映了语言模型对序列可能性预测能力的一种评估。如果 $w_1\cdots w_m$ 是真实的自然语言，"完美"的模型会得到 $P(w_1\cdots w_m) = 1$，它对应了最低的困惑度 PPL=1，这说明模型可以完美地对词序列出现的可能性进行预测。当然，真实的语言模型是无法达到 PPL=1 的，例如，在著名的 Penn Treebank（PTB）数据集上，最好的语言模型的 PPL 值也只能达到 35 左右。可见自然语言处理任务的困难程度。

2.4 预测与搜索

给定模型结构，统计语言模型的使用可以分为两个阶段：

- **训练阶段**：从训练数据上估计出语言模型的参数。
- **预测**（Prediction）**阶段**：用训练好的语言模型对新输入的句子进行概率评估，或者生成新的句子。

模型训练的内容已经在前文进行了介绍，这里重点讨论语言模型的预测。实际上，预测是统计自然语言处理中的常用概念。例如，深度学习中的**推断**（Inference）、统计机器翻译中的**解码**（Decoding）本质上都是预测。具体到语言建模的问题上，预测通常对应两类问题：

1）预测输入句子的可能性

例如，有如下两个句子：

The boy caught the cat.

The caught boy the cat.

可以先利用语言模型对其进行打分，即计算句子的生成概率，再将语言模型的得分作为判断句子合理性的依据。显然，在这个例子中，第一句的语言模型得分更高，因此句子更合理。

2）预测可能生成的单词或者单词序列

例如，对于例子：

The boy caught _____

下画线的部分是缺失的内容，现在要将缺失的部分生成出来。理论上，所有可能的单词串都可以构成缺失部分的内容。这时，可以先使用语言模型得到所有可能词串构成的句子的概率，再找到概率最高的词串填入下画线处。

从词序列建模的角度看，这两类预测问题本质上是一样的，它们都使用了语言模型对词序列进行概率评估。但从实现情况看，词序列的生成问题更难，它不仅要对所有可能的词序列进行打分，同时要"找到"最好的词序列。由于潜在的词序列不计其数，这个"找"最优词序列的过程并不简单。

实际上，生成最优词序列的问题也是自然语言处理中的一大类问题——**序列生成**（Sequence Generation）。机器翻译就是一个非常典型的序列生成问题：在机器翻译任务中，需要根据源语言词序列生成与之相对应的目标语言词序列。语言模型本身并不能"制造"单词序列，因此，序列生成问题的本质并非让语言模型凭空"生成"序列，而是使用语言模型，在所有候选的单词序列中"找出"最佳序列。这个过程对应着经典的**搜索问题**（Search Problem）。下面将着重介绍序列生成问题背后的建模方法，以及常用的搜索技术。

2.4.1 搜索问题的建模

基于语言模型的序列生成问题可以被定义为：在无数任意排列的单词序列中找到概率最高的序列。单词序列 $w = w_1 w_2 \cdots w_m$ 的语言模型得分 $P(w)$ 度量了这个序列的合理性和流畅性。在序列生成任务中，基于语言模型的搜索问题可以被描述为

$$\hat{w} = \arg \max_{w \in \chi} P(w) \tag{2.42}$$

其中，arg 即 argument（参数），$\arg \max_x f(x)$ 表示返回使 $f(x)$ 达到最大的 x。$\arg \max_{w \in \chi} P(w)$ 表示找到使语言模型得分 $P(w)$ 最高的单词序列 w。χ 是搜索问题的解空间，它是所有可能的单词序列 w 的集合。$\hat{w}$ 可以被看作该搜索问题中的 "最优解"，即概率最大的单词序列。

在序列生成任务中，最简单的策略就是对词表中的单词进行任意组合，通过这种枚举的方式得到全部可能的序列，但通常待生成序列的长度是无法预先知道的。例如，机器翻译中目标语言序列的长度是任意的。怎样判断一个序列何时完成了生成过程呢？借用现代人类书写中文和英文的过程：句子的生成先从一片空白开始，然后从左到右逐词生成，除了第一个单词，所有单词的生成都依赖前面已经生成的单词。为了方便计算机实现，通常定义单词序列从一个特殊的符号 <sos> 后开始生成。同样地，一个单词序列的结束也用一个特殊的符号 <eos> 表示。

对于一个序列 <sos> I agree <eos>，图 2.12 展示了语言模型视角下该序列的生成过程。该过程通过在序列的末尾不断附加词表中的单词逐渐扩展序列，直到这段序列结束。这种生成单词序列的过程被称作**自左向右生成**（Left-to-Right Generation）。注意，这种序列生成策略与 n-gram 的思想天然契合，在 n-gram 语言模型中，每个词的生成概率依赖前面（左侧）若干词，因此 n-gram 语言模型也是一种自左向右的计算模型。

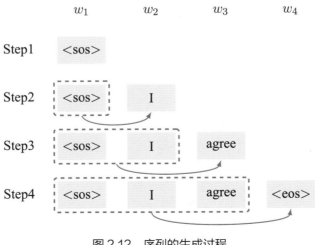

图 2.12　序列的生成过程

在这种序列生成方式的基础上，实现搜索通常有两种方法——深度优先遍历和宽度优先遍历[47]。在深度优先遍历中，每次可从词表中选择一个单词（可重复），然后从左至右地生成序列，直到 <eos> 被选择，此时一个完整的单词序列被生成。然后从 <eos> 回退到上一个单词，选择之前词表中未被选择的候选单词代替 <eos>，并继续挑选下一个单词，直到 <eos> 被选到。如果上一个单词的所有可能都被枚举过，那么回退到上上一个单词继续枚举，直到回退到 <sos>，枚举结束。在宽度优先遍历中，每次不只选择一个单词，而是枚举所有单词。

假设词表只含两个单词 $\{a, b\}$，从 <sos> 开始枚举所有候选，有三种可能：

$$\{<sos> a, <sos> b, <sos> <eos>\}$$

其中可以将其划分成长度为 0 的完整单词序列集合 $\{<sos> <eos>\}$ 和长度为 1 的未结束单词序列片段集合 $\{<sos> a, <sos> b\}$，然后对未结束的单词序列枚举词表中的所有单词，可以生成：

$$\{<sos> a\,a, <sos> a\,b, <sos> a\,<eos>, <sos> b\,a, <sos> b\,b, <sos> b\,<eos>\}$$

此时，可以划分出长度为 1 的完整单词序列集合 $\{<sos> a\,<eos>, <sos> b\,<sos>\}$，以及长度为 2 的未结束单词序列片段集合 $\{<sos> a\,a, <sos> a\,b, <sos> b\,a, <sos> b\,b\}$。依此类推，继续生成未结束序列，直到单词序列的长度达到允许的最大长度。

对于这两种搜索方法，通常可以从以下 4 个方面评价：
- 完备性：当问题有解时，使用该策略能否找到问题的解。
- 最优性：搜索策略能否找到最优解。
- 时间复杂度：找到最优解需要多长时间。
- 空间复杂度：执行策略需要多少内存。

当任务对单词序列长度没有限制时，采用上述两种方法枚举出的单词序列也是无穷无尽的。因此，这两种方法并不具备完备性且会导致枚举过程无法停止。日常生活中通常不会见到特别长的句子，因此可以通过限制单词序列的最大长度来避免这个问题。一旦单词序列的最大长度被确定，以上两种方法就可以在一定时间内枚举出所有可能的单词序列，因而一定可以找到最优的单词序列，即具备最优性。

此时，上述方法虽然可以满足完备性和最优性，但仍然算不上是优秀的生成策略，因为它们在时间复杂度和空间复杂度上的表现很差，如表 2.4 所示，其中 $|V|$ 为词表大小，m 为序列长度。值得注意的是，在之前的遍历过程中，除了在序列开头一定会挑选 <sos>，其他位置每次可挑选的单词并不只有词表中的单词，还有结束符号 <eos>，因此实际上，生成过程中每个位置的单词候选数量为 $|V| + 1$。

那么，是否有比枚举策略更高效的方法呢？答案是肯定的。一种直观的方法是将搜索的过程表示成树型结构，称为解空间树。它包含了搜索过程中可生成的全部序列。该树的根节点恒为 <sos>，

代表序列均从 <sos> 开始。该树结构中非叶子节点的兄弟节点有 $|V| + 1$ 个，由词表和结束符号 <eos> 构成。从图 2.13 中可以看出，对于一个最大长度为 4 的序列的搜索过程，生成某个单词序列的过程实际上就是访问解空间树中从根节点 <sos> 到叶子节点 <eos> 的某条路径，而这条路径上的节点按顺序组成了一段独特的单词序列。此时，对所有可能的单词序列的枚举就变成了对解空间树的遍历。枚举的过程与语言模型打分的过程一致，每枚举一个词 i，就是在图 2.13 中选择 w_i 一列的一个节点，语言模型就可以为当前的树节点 w_i 给出一个分值，即 $P(w_i|w_1w_2\cdots w_{i-1})$。对于 n-gram 语言模型，这个分值可以表示为 $P(w_i|w_1w_2\cdots w_{i-1}) = P(w_i|w_{i-n+1}\cdots w_{i-1})$。

表 2.4　两种枚举方法在时间复杂度和空间复杂度上的表现

遍历方式	时间复杂度	空间复杂度
深度优先遍历	$O((|V| + 1)^{m-1})$	$O(m)$
宽度优先遍历	$O((|V| + 1)^{m-1})$	$O((|V| + 1)^m)$

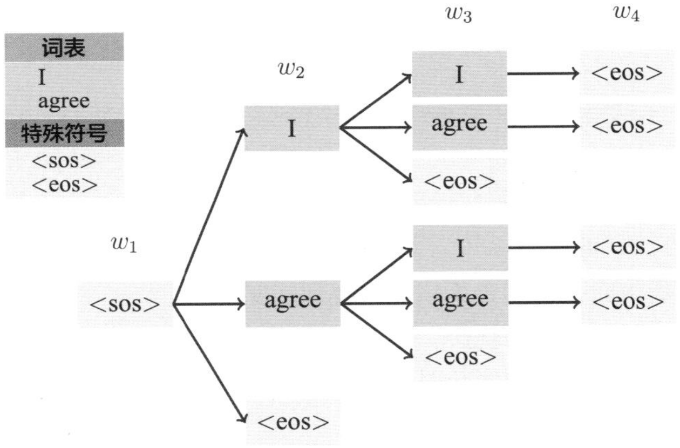

图 2.13　对有限长序列进行枚举搜索时的解空间树

从这个角度看，在树的遍历中，可以很自然地引入语言模型打分：在解空间树中引入节点的权重——将当前节点 i 的得分重设为语言模型打分 $\log P(w_i|w_1w_2\cdots w_{i-1})$，其中 $w_1w_2\cdots w_{i-1}$ 是该节点的全部祖先。与先前不同的是，在使用语言模型打分时，词的概率通常小于 1，这会导致当句子很长时概率会非常小，容易造成浮点误差，因此这里使用了概率的对数形式 $\log P(w_i|w_1w_2\cdots w_{i-1})$ 代替 $P(w_i|w_1w_2\cdots w_{i-1})$。此时，对于图中一条包含 <eos> 的完整序列来说，它的最终得分 score$(\cdot)$ 可以被定义为

$$
\begin{aligned}
\text{score}(w_1w_2\cdots w_m) &= \log P(w_1w_2\cdots w_m) \\
&= \sum_{i=1}^{m} \log P(w_i|w_1w_2\cdots w_{i-1})
\end{aligned} \tag{2.43}
$$

通常，score(·) 也被称作**模型得分**（Model Score）。如图 2.14 所示，可知红线所示单词序列
"<sos> I agree <eos>" 的模型得分为

$$\text{score}(\text{<sos>} \text{ I agree <eos>})$$
$$= \log P(\text{<sos>}) + \log P(\text{I}|\text{<sos>}) + \log P(\text{agree}|\text{<sos>} \text{ I}) + \log P(\text{<sos>}|\text{<sos>} \text{ I agree})$$
$$= 0 - 0.5 - 0.2 - 0.8$$
$$= -1.5$$

$$(2.44)$$

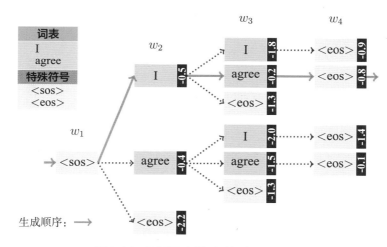

图 2.14　通过语言模型对解空间树打分

这样，语言模型的打分与解空间树的遍历就融合在一起了。于是，序列生成的问题可以被重新描述为：寻找所有单词序列组成的解空间树中权重总和最大的一条路径。在这个定义下，前面提到的两种枚举词序列的方法就是经典的**深度优先搜索**（Depth-first Search）和**宽度优先搜索**（Breadth-first Search）的雏形[48, 49]。在后面的内容中，从遍历解空间树的角度出发，可以对这些原始的搜索策略的效率进行优化。

2.4.2 经典搜索

人工智能领域有很多经典的搜索策略，本节将对无信息搜索和启发式搜索进行简要介绍。

1. 无信息搜索

在解空间树中，在每次对一个节点进行扩展的时候，可以借助语言模型计算当前节点的权重。因此一个很自然的想法是：使用权重信息帮助系统更快地找到合适的解。

在深度优先搜索中，每次总是先挑选一个单词，等枚举完当前单词的全部子节点构成的序列

后，才选择下一个兄弟节点继续搜索。但是，在挑选过程中先枚举词表中的哪个词是未定义的，也就是先选择哪个兄弟节点进行搜索是随机的。既然最终目标是寻找权重之和最大的路径，那么可以优先挑选分数较高的单词进行枚举。如图 2.15 所示，红色线表示第一次搜索的路径。在路径长度有限的情况下，权重和最大的路径上每个节点的权重也会比较大，先尝试分数较大的单词可以让系统更快地找到最优解，这是对深度优先搜索的一个自然的扩展。

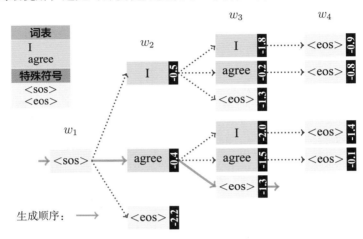

图 2.15　深度优先搜索扩展方法实例

类似的思想也可以应用于宽度优先搜索。宽度优先搜索每次都选择所有的单词，因此使用节点的权重来选择单词是不可行的。重新回顾宽度优先搜索的过程：它维护了一个未结束单词序列的集合，每次扩展单词序列后，根据长度往集合里加入单词序列。搜索问题关心的是单词序列的得分而非其长度，因此可以在搜索过程中维护未结束的单词序列集合里每个单词序列的得分，然后优先扩展该集合中得分最高的单词序列，使得扩展过程中未结束的单词序列集合包含的单词序列分数逐渐变高。如图 2.16 所示，"<sos> I"在图右侧的 5 条路径中分数最高，因此下一步将要扩展 w_2 一列"I"节点后的全部后继。图中绿色节点表示下一步将要扩展的节点。在普通宽度优先搜索中，扩展后生成的单词序列长度相同，分数却参差不齐。而改造后的宽度优先搜索则不同，它会优先生成得分较高的单词序列，这种宽度优先搜索也叫作**一致代价搜索**（Uniform-cost Search）[50]。

上面描述的两个改进后的搜索方法属于**无信息搜索**（Uninformed Search）[51]，因为它们依赖的信息仍然来自问题本身，而不是问题以外。虽然改进后的方法有机会更早地找到分数最高的单词序列（也就是最优解），但是没有一个通用的办法来判断当前找到的解是否为最优解，这种策略不会在找到最优解后自动停止，因此最终仍然需要枚举所有可能的单词序列，寻找最优解需要的时间复杂度没有发生任何改变。尽管如此，如果只是需要一个相对好的解而不是最优解，则改进后的搜索策略仍然是比原始的枚举策略更优秀的策略。

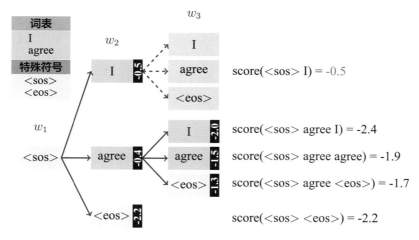

图 2.16　一致代价搜索实例

此外，由于搜索过程中将语言模型的打分作为搜索树的节点权重，另一种改进思路是：能否借助语言模型的特殊性质对搜索树进行**剪枝**（Pruning），从而避免在搜索空间中访问一些不可能产生比当前解更好的结果的区域，提高搜索策略在实际运用中的效率。简单来说，剪枝是一种可以缩小搜索空间的手段。例如，在搜索的过程中，动态地"丢弃"一些搜索路径，从而减少搜索的总代价。剪枝的程度在一定范围内影响了搜索系统的效率，剪枝越多，搜索效率越高，找到最优解的可能性越低；反之，搜索效率越低，找到最优解的可能性越大。2.4.3 节将介绍的贪婪搜索和束搜索都可以看作剪枝方法的一种特例。

2. 启发式搜索

在搜索问题中，一个单词序列的生成可以分为两部分：已生成部分和未生成部分。既然最终目标是使一个完整的单词序列得分最高，那么关注未生成部分的得分也许能为搜索策略的改进提供思路。

未生成部分来自搜索树中未被搜索过的区域，因此无法直接计算其得分。既然仅依赖问题本身的信息无法得到未生成部分的得分，那么是否可以通过一些外部信息来估计未生成部分的得分呢？在前面提到的剪枝技术中，借助语言模型的特性可以使搜索变得高效。与其类似，利用语言模型的其他特性也可以实现对未生成部分得分的估计。对未生成部分得分的估计通常被称为**启发式函数**（Heuristic Function）。在扩展假设过程中，可以优先挑选当前得分 $\log P(w_1 w_2 \cdots w_m)$ 和启发式函数值 $h(w_1 w_2 \cdots w_m)$ 最大的候选进行扩展，从而大大提高搜索的效率。这时，模型得分可以被定义为

$$\text{score}(w_1 w_2 \cdots w_m) = \log P(w_1 w_2 \cdots w_m) + h(w_1 w_2 \cdots w_m) \tag{2.45}$$

这种基于启发式函数的一致代价搜索被称为 A* 搜索或**启发式搜索**（Heuristic Search）[52]。通常，可以把启发式函数看成计算当前状态跟最优解的距离的一种方法，并把关于最优解的一些性质的猜测放到启发式函数里。例如，在序列生成中，一般认为最优序列应该在某个特定的长度附近，因此把启发式函数定义为该长度与当前单词序列长度的差值。这样，在搜索过程中，启发式函数会引导搜索优先生成当前得分高且序列长度接近预设长度的单词序列。

2.4.3 局部搜索

由于全局搜索策略要遍历整个解空间，所以它的时间复杂度和空间复杂度一般都比较高。在对完备性与最优性要求不那么严格的搜索问题上，可以使用非经典搜索策略。非经典搜索涵盖的内容非常广泛，其中包括局部搜索[53]、连续空间搜索[54]、信念状态搜索[55] 和实时搜索[56] 等。局部搜索是非经典搜索里的一个重要方面，局部搜索策略不必遍历完整的解空间，因此降低了时间复杂度和空间复杂度，但也导致可能丢失最优解甚至找不到解，所以局部搜索都是不完备的而且非最优的。自然语言处理中的很多问题由于搜索空间过大，无法使用全局搜索，因此使用局部搜索是非常普遍的。

1. 贪婪搜索

贪婪搜索（Greedy Search）基于一种思想：当一个问题可以拆分为多个子问题时，如果一直选择子问题的最优解就能得到原问题的最优解，就可以不遍历原始的解空间，而是使用这种"贪婪"的策略进行搜索。基于这种思想，它每次都优先挑选得分最高的词进行扩展，这一点与改进过的深度优先搜索类似。它们的区别在于，贪婪搜索搜索到一个完整的序列，也就是搜索到 <eos> 即停止，而改进的深度优先搜索会遍历整个解空间。因此，贪婪搜索非常高效，其时间和空间复杂度仅为 $O(m)$，这里 m 为单词序列的长度。

由于贪婪搜索并没有遍历整个解空间，该方法不保证一定能找到最优解。以图 2.17 所示的搜索结构为例，贪婪搜索将选择红线所示的序列，该序列的最终得分是 −1.7。但是，对比图 2.15 可以发现，在另一条路径上有得分更高的序列 "<sos> I agree <eos>"，它的得分为 −1.5。此时，贪婪搜索并没有找到最优解。贪婪搜索选择的单词是当前步骤得分最高的，但是最后生成的单词序列的得分取决于它未生成部分的得分。因此，当得分最高的单词的子树中未生成部分的得分远小于其他子树时，贪婪搜索提供的解的质量会非常差。同样的问题可以出现在使用贪婪搜索的任意时刻。即使是这样，凭借其简单的思想及在真实问题上的效果，贪婪搜索在很多场景中仍然得到了广泛应用。

2. 束搜索

贪婪搜索会产生质量比较差的解是由于错误地选择了当前单词。既然每次只挑选一个单词可能会出错，那么可以通过同时考虑多个候选单词来缓解这个问题，也就是对于一个位置，可以同时将其扩展到若干个节点。这样就扩大了搜索的范围，增大了优质解被找到的概率。

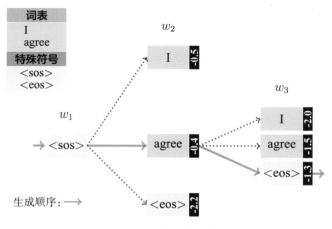

图 2.17　贪婪搜索实例

　　常见的做法是生成新单词时都挑选得分最高的前 B 个单词，然后扩展这 B 个单词的 T 个孩子节点，得到 BT 条新路径，最后保留其中得分最高的 B 条路径。从另一个角度理解，相当于束搜索比贪婪搜索"看"到了更多的路径，更有可能找到好的解。这个方法通常被称为**束搜索**（Beam Search）。图 2.18 展示了一个束大小为 3 的例子，其中束大小代表每次选择单词时保留的词数。比起贪婪搜索，束搜索在实践中表现得非常优秀，它的时间复杂度和空间复杂度仅为贪婪搜索的常数倍，也就是 $O(Bm)$。

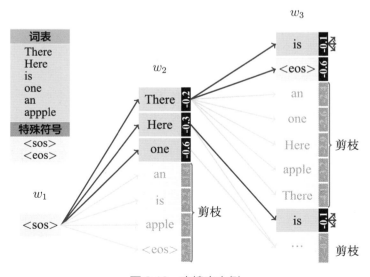

图 2.18　束搜索实例

束搜索也有很多的改进版本。回忆一下，在无信息搜索策略中可以使用剪枝技术提升搜索的效率。实际上，束搜索本身也是一种剪枝方法。因此，有时也把束搜索称作**束剪枝**（Beam Pruning）。在这里有很多其他的剪枝策略可供选择，例如，可以只保留与当前最佳路径得分相差在 θ 之内的路径，也就是进行搜索时只保留得分差距在一定范围内的路径，这种方法也被称作**直方图剪枝**（Histogram Pruning）。

对语言模型来说，当多个路径中最高得分比当前搜索到的最好的解的得分低时，可以立刻停止搜索。此时序列越长，语言模型得分 $\log P(w_1 w_2 \cdots w_m)$ 越低，继续扩展这些路径不会产生更好的结果。这个技术通常被称为**最佳停止条件**（Optimal Stopping Criteria）。类似的思想也被用于机器翻译等任务[57, 58]。

总的来说，虽然局部搜索没有遍历完整的解空间，使得这类方法无法保证找到最优解，但它大大降低了搜索过程的时间复杂度和空间复杂度。因此，在语言模型生成和机器翻译的解码过程中，常常使用局部搜索算法。第 7 章和第 10 章还将介绍这些算法的具体应用。

2.5 小结及拓展阅读

本章重点介绍了如何对自然语言处理问题进行统计建模，并从数据中自动学习统计模型的参数，最终用学习到的模型对新的问题进行处理。之后，将这种思想应用到语言建模任务中，该任务与机器翻译有着紧密的联系。通过系统化的建模可以发现：经过适当的假设和化简，统计模型可以很好地描述复杂的自然语言处理问题。本章对面向语言模型预测的搜索方法进行了介绍，相关概念和方法也将在后续章节广泛使用。

此外，读者可以深入了解以下几方面内容：

- 在 n-gram 语言模型中，由于语料中往往存在大量的低频词及未登录词，模型会产生不合理的概率预测结果。本章介绍了 3 种平滑方法，以解决上述问题。实际上，平滑方法是语言建模中的重要研究方向。除了本章介绍的 3 种平滑方法，还有如 Jelinek-Mercer 平滑[59]、Katz 平滑[60] 及 Witten-Bell 平滑等[61, 62] 平滑方法。相关研究工作对这些平滑方法进行了详细对比[42, 63]。

- 除了平滑方法，也有很多工作对 n-gram 语言模型进行改进。例如，对于形态学丰富的语言，可以考虑对单词的形态变化进行建模。这类语言模型在一些机器翻译系统中体现出了很好的潜力[64-66]。此外，如何使用超大规模数据进行语言模型训练也是备受关注的研究方向。例如，有研究人员探索了对超大语言模型进行压缩和存储的方法[45, 67, 68]。另一个有趣的方向是利用随机存储算法对大规模语言模型进行有效存储[69, 70]。例如，在语言模型中使用 Bloom Filter 等随机存储的数据结构。

- 本章更多地关注了语言模型的基本问题和求解思路，而基于 n-gram 的方法并不是语言建模的唯一方法。从自然语言处理的前沿趋势看，端到端的深度学习方法在很多任务中取得了领先的性能。语言模型同样可以使用这些方法[71]，而且在近些年取得了巨大成功。例如，最早提出的前馈神经语言模型[72] 和后来的基于循环单元的语言模型[73]、基于长短期记忆单元的语言模型[74] 及目前非常流行的 Transformer[23]。关于神经语言模型的内容，会在第 9 章进一步介绍。

- 本章结合语言模型的序列生成任务对搜索技术进行了介绍。类似地，机器翻译任务也需要从大量的翻译候选中快速寻找最优译文。因此，在机器翻译任务中也使用了搜索方法，这个过程通常被称作解码。例如，有研究人员尝试在基于词的翻译模型中使用启发式搜索[75–77] 及贪婪搜索方法[78][79]，也有研究人员在探索基于短语的栈解码方法[80, 81]。此外，解码方法还包括有限状态机解码[82][83] 及基于语言学约束的解码[84-88]。相关内容将在第 8 章和第 14 章介绍。

3. 词法分析和语法分析基础

机器翻译并非是一个孤立的系统，它依赖于很多模块，并且需要多个学科知识的融合。其中就会用自然语言处理工具对不同语言的文字进行分析。因此，在正式介绍机器翻译的内容之前，本章会对相关的词法分析和语法分析知识进行概述，包括分词、命名实体识别、短语结构句法分析。它们都是自然语言处理中的经典问题，而且在机器翻译中被广泛使用。本章会重点介绍这些任务的定义和求解问题的思路，其中会使用到统计建模方法，因此本章也被看作第 2 章内容的延伸。

3.1 问题概述

很多时候，机器翻译系统被看作孤立的"黑盒"（如图 3.1(a) 所示）。它将一段文本作为输入送入机器翻译系统之后，系统输出翻译好的译文。真实的机器翻译系统非常复杂，因为系统看到的输入和输出实际上只是一些符号串，这些符号并没有任何意义，因此需要对这些符号串做进一步处理才能更好地使用它们。例如，需要定义翻译中最基本的单元是什么。符号串是否具有结构信息？如何用数学工具刻画这些基本单元和结构？

图 3.1(b) 展示了一个机器翻译系统的输入和输出形式。可以看出，输入的中文词串"猫喜欢吃鱼"被加工成一个新的结构（如图 3.2 所示）。直觉上，这个结构有些奇怪，因为上面多了很多新的符号，而且还用一些线将不同符号连接起来。实际上，这就是一种常见的句法表示——短语结构树。生成这样的结构会涉及两方面问题：

- **分词**（Word Segmentation）：这个过程会对词串进行切分，将其切割成最小的、具有完整功能的单元——**单词**（Word）。因为只有知道了什么是单词，机器翻译系统才能完成对句子的表示、分析和生成。
- **句法分析**（Parsing）：这个过程会对分词的结果进行进一步分析。例如，可以对句子进行浅层分析，得到句子中实体的信息（如人名、地名等），也可以对句子进行更深层次的分析，得到完整的句法结构，类似于图 3.2 中的结果。这种结构可以被看作对句子的进一步抽象，被称为短语结构树。例如，NP+VP 可以表示由名词短语（Noun Phrase，NP）和动词短语（Verb Phrase，VP）构成的主谓结构。利用这些信息，机器翻译可以更准确地对句子的结构进行分析，有助于提高翻译的准确性。

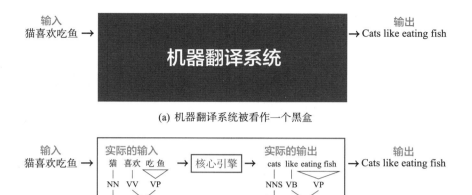

(a) 机器翻译系统被看作一个黑盒

(b) 机器翻译系统 = 前/后处理 + 核心引擎

图 3.1　机器翻译系统的结构

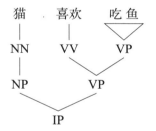

图 3.2　"猫喜欢吃鱼"的分析结果（分词和句法分析）

　　类似地，机器翻译输出的结果也可以包含同样的信息，甚至在系统输出英语译文之后，还有一个额外的步骤将部分英语单词的大小写恢复，如句首单词的首字母要大写。

　　通常，在送入机器翻译系统前，需要对文字序列进行处理和加工，这个过程被称为**预处理**（Pre-processing）。类似地，在机器翻译模型输出译文后进行的处理被称作**后处理**（Post-processing）。这两个过程对机器翻译性能的影响很大，例如，对于神经机器翻译系统来说，不同的分词策略会造成翻译性能的天差地别。

　　值得注意的是，有些观点认为，对于机器翻译来说，不论是分词还是句法分析，并不要求符合人的认知和语言学约束。换句话说，机器翻译所使用的"单词"和"结构"本身并不是为了符合人类的解释，它们更直接的目的是进行翻译。从系统开发的角度，有时即使使用一些与人类的语言习惯有差别的处理，仍然会带来性能的提升，如在神经机器翻译中，在传统分词的基础上使用**双字节编码**（Byte Pair Encoding，BPE）子词切分[89]，会使机器翻译的性能大幅提高。当然，自然语言处理中语言学信息的使用一直是学界关注的焦点，甚至关于语言学结构对机器翻译是否有作用这个问题也有一些不同的观点。不能否认的是，无论是语言学的知识，还是计算机自己学习到的知识，对机器翻译都是有价值的。后续章节会看到，这两种类型的知识对机器翻译帮助很大。

剩下的问题是如何进行句子的切分和结构的分析。一种常用的方法是对问题进行概率化，用统计模型描述问题并求解之。例如，一个句子切分的好坏，并不是非零即一的判断，而是要估计出这种切分的可能性大小，最终选择可能性最大的结果进行输出。这也是一种典型的用统计建模的方式描述自然语言处理问题的方法。

本章将对上述问题及求解问题的方法进行介绍，并将统计建模应用到中文分词、命名实体识别和短语结构句法分析等任务中。

3.2 中文分词

对机器翻译系统而言，输入的是已经切分好的单词序列，而不是原始的字符串（如图 3.3 所示）。例如，对于一个中文句子，单词之间是没有间隔的，因此需要对单词进行切分，使机器翻译系统可以区分不同的翻译单元。甚至，可以对语言学上的单词进行进一步切分，得到词片段序列（如中国人 → 中国/人）。广义上，可以把上述过程看作一种分词过程，即将一个输入的自然语言字符串切割成单元序列，每个**单元**（Token）都对应可以处理的最小单位。

$$猫喜欢吃鱼 \rightarrow \boxed{分词系统} \rightarrow 猫/喜欢/吃/鱼 \rightarrow \boxed{机器翻译系统} \rightarrow \cdots$$

图 3.3　一个简单的预处理流程

分词得到的单元序列既可以是语言学上的词序列，也可以是根据其他方式定义的基本处理单元。在本章中，把分词得到的一个个单元称为单词或词，尽管这些单元可能不是语言学上的完整单词。这个过程也被称作**词法分析**（Lexical Analysis）。除了汉语，词法分析在单词之间无明确分割符的语言中（如日语、泰语等）有着广泛的应用，芬兰语、维吾尔语等形态十分丰富的语言也需要使用词法分析来解决复杂的词尾、词缀变化等形态变化。

在机器翻译中，分词系统的好坏往往决定了译文的质量。分词的目的是定义系统处理的基本单元，那么什么叫作"词"呢？关于词的定义有很多，例如：

定义 3.1　词

  语言里最小的可以独立运用的单位。

——《新华字典》[90]

  语句中具有完整概念，能独立自由运用的基本单位。

——《国语辞典》[91]

从语言学的角度看，人们普遍认为词是可以单独运用的、包含意义的基本单位。这样可以使用有限的词组合出无限的句子，这也体现出自然语言的奇妙。不过，机器翻译不局限于语言学定义的单词。例如，神经机器翻译中广泛使用的 BPE 子词切分方法，可以被理解为将词的一部分切分出来，将得到的词片段送给机器翻译系统使用。以如下英语字符串为例，可以得到切分结果：

Interesting → Interest/ing	selection → se/lect/ion	procession → pro/cess/ion
Interested → Interest/ed	selecting → se/lect/ing	processing → pro/cess/ing
Interests → Interest/s	selected → se/lect/ed	processed → pro/cess/ed

　　词法分析的重要性在自然语言处理领域已有共识。如果切分的颗粒度很大，则获得单词的歧义通常比较小，如将"中华人民共和国"作为一个词不存在歧义。如果是单独的一个词"国"，可能会代表"中国""美国"等不同的国家，则存在歧义。随着切分颗粒度的增大，特定单词出现的频次也随之降低，低频词容易和噪声混淆，系统很难对其进行学习。因此，处理这些问题并开发适合翻译任务的分词系统是机器翻译的第一步。

3.2.1 基于词典的分词方法

　　计算机并不能像人类一样在概念上理解"词"，因此需要使用其他方式让计算机"学会"如何分词。一个最简单的方法就是给定一个词典，在这个词典中出现的汉字组合就是所定义的"词"。也就是说，可以通过一个词典定义一个标准，符合这个标准定义的字符串都是合法的"词"。

　　在使用基于词典的分词方法时，只需预先加载词典到计算机中，扫描输入句子，查询其中的每个词串是否出现在词典中。如图 3.4 所示，有一个包含 6 个词的词典，给定输入句子"确实现在物价很高"后，分词系统自左至右遍历输入句子的每个字，发现词串"确实"在词典中出现，说明"确实"是一个"词"。之后，重复这个过程。

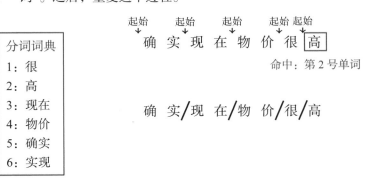

图 3.4　基于词典进行分词的实例

　　基于词典的分词方法很"硬"。这是因为自然语言非常灵活，容易出现歧义。图 3.5 就给出了图 3.4 所示的例子中的交叉型分词歧义，从词典中查看，"实现"和"现在"都是合法的单词，但在句子中二者有重叠，因此词典无法告诉系统哪个结果是正确的。

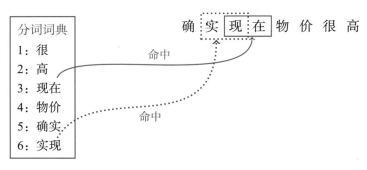

图 3.5　交叉型分词歧义

　　类似的例子在生活中也很常见，如句子"答辩结束的和尚未答辩的同学都请留在教室"，正常的分词结果是"答辩/结束/的/和/尚未/答辩/的/同学/都/请/留在/教室"，由于"尚未""和尚"都是常见词，使用基于词典的分词方法在这时很容易出现切分错误。

　　基于词典的分词方法是典型的基于规则的方法，完全依赖人工给定的词典。在遇到歧义时，需要人工定义消除歧义的规则，例如，可以自左向右扫描每次匹配最长的单词，这是一种简单的启发式消歧策略。图 3.4 中的例子实际上就是使用这种策略得到的分词结果。启发式的消歧方法仍然需要人工设计启发式规则，而且启发式规则也不能处理所有的情况，因此简单的基于词典的分词方法还不能很好地解决分词问题。

3.2.2　基于统计的分词方法

　　既然基于词典的分词方法有很多问题，那就需要一种更有效的方法。上文提到，想要搭建一个分词系统，就需要让计算机知道什么是"词"，那么可不可以给出已经切分好的分词数据，让计算机在这些数据中学习规律呢？答案是肯定的。利用"数据"让计算机明白"词"的定义，让计算机直接在数据中学到知识，这就是一个典型的基于统计建模的学习过程。

1. 统计模型的学习与推断

　　统计分词也是一种典型的数据驱动方法。这种方法将已经过分词的数据"喂"给系统，这个数据也被称作**标注数据**（Annotated Data）。在获得标注数据后，系统自动学习一个统计模型来描述分词的过程，而这个模型会把分词的"知识"作为参数保存在模型中。当送入一个新的需要分词的句子时，可以利用学习到的模型对可能的分词结果进行概率化的描述，最终选择概率最大的结果作为输出。这个方法就是基于统计的分词方法，其与第 2 章介绍的统计语言建模方法本质上是一样的。具体来说，可以分为两个步骤：

- **训练**。利用标注数据，对统计模型的参数进行学习。
- **预测**。利用学习到的模型和参数，对新的句子进行切分。这个过程也被看作利用学习到的模型在新的数据上进行推断。

　　图 3.6 给出了一个基于统计建模的汉语自动分词流程实例。左侧是标注数据，其中每个句子是已经过人工标注的分词结果（单词用斜杠分开）。之后，建立一个统计模型，记为 $P(\cdot)$。模型通过在标注数据上的学习对问题进行描述，即学习 $P(\cdot)$。最后，对于新的未分词的句子，使用模型 $P(\cdot)$ 对每个可能的切分方式进行概率估计，选择概率最大的切分结果输出。

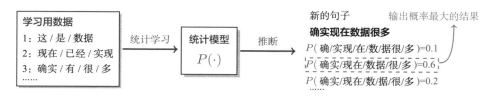

图 3.6　基于统计建模的汉语自动分词流程实例

2. 全概率分词方法

　　上述过程的核心在于从标注数据中学习一种对分词现象的统计描述，即句子的分词结果概率 $P(\cdot)$。如何让计算机利用分好词的数据学习到分词知识呢？第 2 章介绍过如何对单词概率进行统计建模，而对分词现象的统计描述就是在单词概率的基础上，基于独立性假设获取的[①]。虽然独立性假设并不能完美地描述分词过程中单词之间的关系，但是它大大化简了分词问题的复杂度。

　　如图 3.7 所示，可以利用大量人工标注好的分词数据，通过统计学习的方法获得一个统计模型 $P(\cdot)$，给定任意分词结果 $W = w_1 w_2 \cdots w_m$，都能通过 $P(W) = P(w_1) \cdot P(w_2) \cdot \cdots \cdot P(w_m)$ 计算这种切分的概率值。

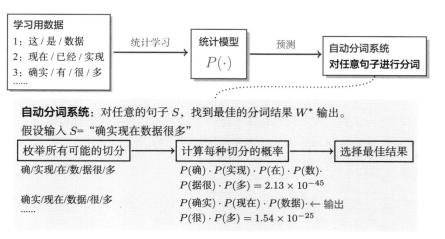

图 3.7　基于 1-gram 语言模型的中文分词实例

---

① 即假定所有词的出现都是相互独立的。

以"确实现在数据很多"为例，如果把这句话按照"确实/现在/数据/很/多"的方式进行切分，则句子切分的概率 P(确实/现在/数据/很/多) 可以通过每个词出现概率相乘的方式进行计算。

$$P(确实/现在/数据/很/多) = P(确实) \cdot P(现在) \cdot P(数据) \cdot P(很) \cdot P(多) \tag{3.1}$$

经过充分训练的统计模型 $P(\cdot)$ 就是本章介绍的分词模型。对于输入的新句子 S，通过这个模型找到最佳的分词结果输出。假设输入句子 S 是"确实现在数据很多"，可以通过列举获得不同切分方式的概率，其中概率最大的切分方式就是系统的目标输出。

这种分词方法也被称作基于 1-gram 语言模型的分词，或全概率分词[92, 93]。全概率分词最大的优点在于方法简单、效率高，因此被广泛应用在工业界。它本质上就是一个 1-gram 语言模型，因此可以直接复用 n-gram 语言模型的训练方法和未登录词处理方法。与传统的 n-gram 语言模型稍有不同的是，分词的预测过程需要找到一个在给定字符串所有可能切分中 1-gram 语言模型得分最高的切分。因此，可以使用第 2 章描述的搜索算法实现这个预测过程，也可以使用动态规划方法[94] 快速找到最优切分结果。本节的重点是介绍中文分词的基础方法和统计建模思想，因此不对相关搜索算法做进一步介绍，感兴趣的读者可以参考第 2 章和 3.5 节的相关文献做深入研究。

3.3 命名实体识别

在人类使用语言的过程中，单词往往不是独立出现的。很多时候，多个单词会组合成一个更大的单元来表达特定的意思。其中，最典型的代表是**命名实体**（Named Entity）。通常，命名实体是指名词性的专用短语，如公司名称、品牌名称、产品名称等专有名词和行业术语。准确地识别出这些命名实体，是提高机器翻译质量的关键。例如，在翻译技术文献时，往往需要对术语进行识别并进行准确翻译，因此引入**命名实体识别**（Named Entity Recognition）可以帮助系统对特定术语进行更加细致的处理。

从句法分析的角度看，命名实体识别是一种浅层句法分析任务。它在分词的基础上，进一步对句子的浅层结构进行识别，包括词性标注、组块识别在内的很多任务都可以被看作浅层句法分析的内容。本节将以命名实体识别为例，对基于序列标注的浅层句法分析方法进行介绍。

3.3.1 序列标注任务

命名实体识别是一种典型的**序列标注**（Sequence Labeling）任务，对于一个输入序列，它会生成一个相同长度的输出序列。输入序列的每一个位置，都有一个与之对应的输出，输出的内容是这个位置所对应的标签（或者类别）。例如，对于命名实体识别，每个位置的标签可以被看作一种命名实体"开始"和"结束"的标志，而命名实体识别的目标就是得到这种"开始"和"结束"标注的序列。不仅如此，分词、词性标注、组块识别等都可以被看作序列标注任务。

通常，在序列标注任务中，需要先定义标注策略，即使用什么样的格式对序列进行标注。为了便于描述，这里假设输入序列为一个个单词①。常用的标注格式有：

- **BIO 格式**（Beginning-inside-outside）。以命名实体识别为例，B 表示一个命名实体的开始，I 表示一个命名实体的其他部分，O 表示一个非命名实体单元。
- **BIOES 格式**。与 BIO 格式相比，BIOES 格式多了标签 E（End）和 S（Single）。仍然以命名实体识别为例，E 和 S 分别用于标注一个命名实体的结束位置和仅含一个单词的命名实体。

图 3.8 给出了两种标注格式对应的标注结果。可以看出，文本序列中的非命名实体直接被标注为"O"，而命名实体的标注则被分为两部分：位置和命名实体类别，图中的"B""I""E"等标注出了位置信息，而"CIT"和"CNT"则标注出了命名实体类别（"CIT"表示城市，"CNT"表示国家）。可以看出，命名实体的识别结果可以通过 BIO 和 BIOES 这类序列标注结果归纳。例如，在 BIOES 格式中，标签"B-CNT"后面的标签只会是"I-CNT"或"E-CNT"，而不会是其他的标签。同时，在命名实体识别任务中涉及实体边界的确定，而"BIO"或"BIOES"的标注格式本身就暗含着边界问题：在"BIO"格式下，实体左边界只能在"B"的左侧，右边界只能在"B"或"I"的右侧；在"BIOES"格式下，实体左边界只能在"B"或"S"的左侧，右边界只能在"E"或"S"的右侧。

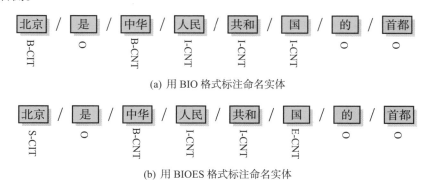

(a) 用 BIO 格式标注命名实体

(b) 用 BIOES 格式标注命名实体

图 3.8　两种标注格式对应的标注结果

需要注意的是，虽然图 3.8 中的命名实体识别以单词为基本单位进行标注，但在真实系统中，也可以在字序列上进行命名实体识别，其方法与基于词序列的命名实体识别是一样的。因此，这里仍然以基于词序列的方法为例进行介绍。

对于像命名实体识别这样的任务，早期的方法主要是基于词典和规则的方法。这些方法依赖人工构造的识别规则，通过字符串匹配的方式识别出文本中的命名实体[95-97]。严格意义上讲，那时，命名实体识别并没被看作一种序列标注问题。

序列标注这个概念更常出现在基于统计建模的方法中。许多统计机器学习方法都被成功应用于命名实体识别任务中，如**隐马尔可夫模型**（Hidden Markov Model，HMM）[98]、**条件随机场**（Condi-

①广义上，序列标注任务并不限制输入序列的形式，如字符、单词、多个单词构成的词组都可以作为序列标注的输入单元。

tional Random Fields，CRF）[99]、**最大熵**（Maximum Entropy，ME）模型[100] 和**支持向量机**（Support Vector Machine，SVM）[101]等。此外，近些年，深度学习的兴起也给命名实体识别带来了新的思路[102]。命名实体识别也成了验证机器学习方法有效性的重要任务之一。本节将对序列标注中几类基础的方法进行介绍，会涉及概率图模型、统计分类模型等方法。特别是统计分类的概念，在后续章节中也会被用到。

3.3.2 基于特征的统计学习

基于特征的统计学习是解决序列标注问题的有效方法之一。在这种方法中，系统研发人员先通过定义不同的特征来完成对问题的描述，再利用统计模型完成对这些特征的某种融合，并得到最终的预测结果。

在介绍序列标注模型之前，先来介绍统计学习的重要概念——**特征**（Feature）。简单地说，特征是指能够反映事物在某方面表现或行为的一种属性，如现实生活中小鸟的羽毛颜色、喙的形状、翼展长度等就是小鸟的特征。命名实体识别任务中的每个词的词根、词性和上下文组合也被看作识别出命名实体可以采用的特征。

从统计建模的角度看，特征的形式可以非常灵活。例如，可以分为连续型特征和离散型特征，前者通常用于表示取值蕴含数值大小关系的信息，如人的身高和体重；后者通常用于表示取值不蕴含数值大小关系的信息，如人的性别。正是由于这种灵活性，系统研发人员可以通过定义多样的特征，从不同的角度对目标问题进行建模。这种设计特征的过程也被称作**特征工程**（Feature Engineering）。

设计更好的特征也成了很多机器学习方法的关键。设计特征时通常有两个因素需要考虑：

- **样本在这些特征上的差异度**，即特征对样本的区分能力。例如，可以考虑优先选择样本特征值方差较大，即区分能力强的特征①。
- **特征与任务目标的相关性**。优先选择相关性高的特征。

回到命名实体识别任务上来。对于输入的每个单词，可以将其表示为一个单词和对应的**词特征**（Word Feature）的组合，记作 $< w, f >$。通过这样的表示，就可以将原始的单词序列转换为词特征序列。命名实体识别中的特征可以分为两大类，一类是单词对应各个标签的特征，另一类是标签之间组合的特征。常用的特征包括词根、词缀、词性或者标签的固定搭配等。表 3.1 展示了命名实体识别任务中的典型特征。

在相当长的一段时期内，基于特征工程的方法都是自然语言处理领域的主流范式。虽然深度学习技术的进步使系统研发人员逐步摆脱了繁重的特征设计工作，但是很多传统的模型和方法仍然被广泛使用。例如，在当今最先进的序列标注模型中[103]，条件随机场模型仍然是一个主要部件，本节将对其进行介绍。

---

① 如果方差很小，意味着样本在这个特征上基本没有差异，则这个特征对区分样本没有作用。

表 3.1　命名实体识别任务中的典型特征

特征名	示例文本	释义
LocSuffix	沈阳市	地名后缀
FourDigitYear	2020	四位数年份
OtherDigit	202020	其他数字
NamePrefix	张 三	姓名前缀
ShortName	东大 成立 120 周年	缩略词

3.3.3 基于概率图模型的方法

概率图模型（Probabilistic Graphical Model）是使用图表示变量及变量间概率依赖关系的方法。在概率图模型中，可以根据可观测变量推测出未知变量的条件概率分布等信息。如果把序列标注任务中的输入序列看作观测变量，把输出序列看作需要预测的未知变量，就可以把概率图模型应用于命名实体识别等序列标注任务中。

1. 隐马尔可夫模型

隐马尔可夫模型是一种经典的序列模型[98, 104, 105]。它在语音识别、自然语言处理等很多领域得到了广泛应用。隐马尔可夫模型的本质是概率化的马尔可夫过程，这个过程隐含着状态间转移和可见状态生成的概率。

这里用一个简单的"抛硬币"游戏对这些概念进行说明：假设有 3 枚质地不同的硬币 A、B、C，已知这 3 枚硬币抛出正面的概率分别为 0.3、0.5 和 0.7，在游戏中，游戏发起者在上述 3 枚硬币中选择一枚上抛，每枚硬币被挑选到的概率可能会受上次被挑选的硬币的影响，且每枚硬币正面向上的概率各不相同。重复挑选硬币、上抛硬币的过程，会得到一串硬币的正反序列，如抛硬币 6 次，得到：正正反反正反。游戏挑战者根据硬币的正反序列，猜测每次选择的究竟是哪一枚硬币。

在上面的例子中，每次挑选并上抛硬币后得到的"正面"或"反面"为"可见状态"，再次挑选并上抛硬币会获得新的"可见状态"，这个过程为"状态的转移"，经过 6 次反复挑选上抛，得到的硬币正反序列叫作可见状态序列，由每个回合的可见状态构成。此外，在这个游戏中还暗含着一个会对最终"可见状态序列"产生影响的"隐含状态序列"——每次挑选的硬币形成的序列，如 $CBABCA$。

实际上，隐马尔可夫模型在处理序列问题时的关键依据是两个至关重要的概率关系，并且这两个概率关系始终贯穿"抛硬币"的游戏中。一方面，隐马尔可夫模型用**发射概率**（Emission Probability）描述隐含状态和可见状态之间存在的输出概率（即 A、B、C 抛出正面的输出概率为 0.3、0.5 和 0.7）；另一方面，隐马尔可夫模型会描述系统隐含状态的**转移概率**（Transition Probability），在本例中，A 的下一个状态是 A、B、C 的转移概率都是 1/3，B、C 的下一个状态是 A、B、C 的转移概率同样是 1/3。图 3.9 展示了在"抛硬币"游戏中的转移概率和发射概率，它们都可以被看作条件概率矩阵。

转移概率 P(第 $i+1$ 次 | 第 i 次)			
第 $i+1$ 次 / 第 i 次	硬币 A	硬币 B	硬币 C
硬币 A	$\frac{1}{3}$	$\frac{1}{3}$	$\frac{1}{3}$
硬币 B	$\frac{1}{3}$	$\frac{1}{3}$	$\frac{1}{3}$
硬币 C	$\frac{1}{3}$	$\frac{1}{3}$	$\frac{1}{3}$

发射概率 P(可见状态 | 隐含状态)		
可见 / 隐含	正面	反面
硬币 A	0.3	0.7
硬币 B	0.5	0.5
硬币 C	0.7	0.3

图 3.9　"抛硬币"游戏中的转移概率和发射概率

　　由于隐含状态序列之间存在转移概率，且隐马尔可夫模型中隐含状态和可见状态之间存在着发射概率，根据可见状态的转移猜测隐含状态序列并非无迹可循。图 3.10 描述了如何使用隐马尔可夫模型，根据"抛硬币"的结果推测挑选的硬币序列。可见，通过隐含状态之间的联系（绿色方框及它们之间的连线）可以对有序的状态进行描述，进而得到隐含状态序列所对应的可见状态序列（红色圆圈）。

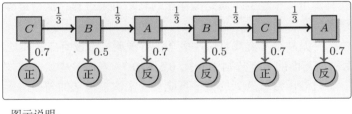

图示说明：

图 3.10　抛硬币的隐马尔可夫模型实例

　　从统计建模的角度看，上述过程本质上是在描述隐含状态和可见状态出现的联合概率。用 $x = (x_1, \cdots, x_m)$ 表示可见状态序列，用 $y = (y_1, \cdots, y_m)$ 表示隐含状态序列。（一阶）隐马尔可夫模型假设：

- 当前位置的隐含状态仅与前一个位置的隐含状态相关，即 y_i 仅与 y_{i-1} 相关。
- 当前位置的可见状态仅与当前位置的隐含状态相关，即 x_i 仅与 y_i 相关。
  于是，联合概率 $P(x,y)$ 可以被定义为

$$
\begin{aligned}
P(x,y) &= P(x|y)P(y) \\
&= P(x_1,\cdots,x_m|y_1,\cdots,y_m)P(y_1,\cdots,y_m) \\
&= \prod_{i=1}^{m} P(x_i|x_1,\cdots,x_{i-1},y_1,\cdots,y_m)\prod_{i=1}^{m} P(y_i|y_{i-1}) \\
&= \prod_{i=1}^{m} P(x_i|y_i)\prod_{i=1}^{m} P(y_i|y_{i-1}) \\
&= \prod_{i=1}^{m} P(x_i|y_i)P(y_i|y_{i-1})
\end{aligned}
\tag{3.2}
$$

其中，y_0 表示一个虚拟的隐含状态。这样，可以定义 $P(y_1|y_0) \equiv P(y_1)$[①]，它表示起始隐含状态出现的概率。隐马尔可夫模型的假设大大化简了问题，因此可以通过式 (3.2) 计算隐含状态序列和可见状态序列出现的概率。值得注意的是，发射概率和转移概率都可以被看作描述序列生成过程的"特征"。但是，这些"特征"并不是随便定义的，而是符合问题的概率解释。这种基于事件发生的逻辑定义的概率生成模型，通常被看作一种**生成模型**（Generative Model）。

一般来说，隐马尔可夫模型中包含下面 3 个问题：

- **隐含状态序列的概率计算**，给定模型（转移概率和发射概率），根据可见状态序列（抛硬币的结果）计算在该模型下得到这个结果的概率，这个问题的求解需要用到**前向-后向算法**（Forward-Backward Algorithm）[105]。

- **参数学习**，给定硬币种类（隐含状态数量），根据多个可见状态序列（抛硬币的结果）估计模型的参数（转移概率），这个问题的求解需要用到 EM 算法[106]。

- **解码**，给定模型（转移概率和发射概率）和可见状态序列（抛硬币的结果），根据可见状态序列，计算最可能出现的隐含状态序列，这个问题的求解需要用到基于**动态规划**（Dynamic Programming）的方法，常被称作**维特比算法**（Viterbi Algorithm）[107]。

隐马尔可夫模型处理序列标注问题的基本思路是：

（1）根据可见状态序列（输入序列）和其对应的隐含状态序列（标记序列）样本，估算模型的转移概率和发射概率。

（2）对于给定的可见状态序列，预测概率最大的隐含状态序列。例如，根据输入的词序列预测最有可能的命名实体标记序列。

一种简单的办法是使用相对频次估计得到转移概率和发射概率估计值。令 x_i 表示第 i 个位置的可见状态，y_i 表示第 i 个位置的隐含状态，$P(y_i|y_{i-1})$ 表示第 $i-1$ 个位置到第 i 个位置的状态转移概率，$P(x_i|y_i)$ 表示第 i 个位置的发射概率，于是有

---

① 数学符号 $\equiv$ 的含义为等价于。

$$P(y_i|y_{i-1}) = \frac{c(y_{i-1}, y_i)}{c(y_{i-1})} \tag{3.3}$$

$$P(x_i|y_i) = \frac{c(x_i, y_i)}{c(y_i)} \tag{3.4}$$

其中，$c(\cdot)$ 为统计训练集中某种现象出现的次数。

在获得转移概率和发射概率的基础上，对一个句子进行命名实体识别可以被描述为：在观测序列 x（可见状态，即输入的词序列）的条件下，最大化标签序列 y（隐含状态，即标记序列）的概率，即

$$\hat{y} = \arg\max_y P(y|x) \tag{3.5}$$

根据贝叶斯定理，该概率被分解为 $P(y|x) = \frac{P(x,y)}{P(x)}$，其中 $P(x)$ 是固定概率，因为 x 在这个过程中是确定的不变量。因此，只需考虑如何求解分子，即将求条件概率 $P(y|x)$ 的问题转化为求联合概率 $P(y,x)$ 的问题：

$$\hat{y} = \arg\max_y P(x, y) \tag{3.6}$$

将式 (3.2) 带入式 (3.6) 可以得到最终的计算公式：

$$\hat{y} = \arg\max_y \prod_{i=1}^{m} P(x_i|y_i)P(y_i|y_{i-1}) \tag{3.7}$$

图 3.11 展示了基于隐马尔可夫模型的命名实体识别模型。实际上，这种描述序列生成的过程也可以被应用于机器翻译，第 5 章将介绍隐马尔可夫模型在翻译建模中的应用。

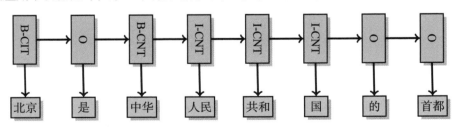

图 3.11　基于隐马尔可夫模型的命名实体识别模型

2. 条件随机场

隐马尔可夫模型有一个很强的假设：一个隐含状态出现的概率仅由上一个隐含状态决定。这个假设也会带来一些问题，例如，在某个隐马尔可夫模型中，隐含状态集合为 $\{A, B, C, D\}$，可见

状态集合为 $\{T, F\}$，其中隐含状态 A 可能的后继隐含状态集合为 $\{A, B\}$，隐含状态 B 可能的后继隐含状态集合为 $\{A, B, C, D\}$，于是有

$$P(A|A) + P(A|B) = 1 \tag{3.8}$$

$$P(A|B) + P(B|B) + P(C|B) + P(D|B) = 1 \tag{3.9}$$

其中，$P(b|a)$ 表示由状态 a 转移到状态 b 的概率，由于式 (3.8) 中的分式数量少于式 (3.9)，导致在统计中获得的 $P(A|A)$、$P(A|B)$ 的值很可能比 $P(A|B)$、$P(B|B)$、$P(C|B)$、$P(D|B)$ 的大。

　　以图 3.12 展示的实例为例，有一个可见状态序列 $TFFT$，假设初始隐含状态是 A，图中线上的概率值是对应的转移概率与发射概率的乘积。例如，时刻 1 从图中的隐含状态 A 开始，下一个隐含状态是 A 且可见状态是 F 的概率是 0.65，下一个隐含状态是 B 且可见状态是 F 的概率是 0.35。可以看出，由于有较大的值，当可见状态序列为 $TFFT$ 时，隐马尔可夫计算出的最有可能的隐含状态序列为 $AAAA$。对训练集进行统计会发现，当可见序列为 $TFFT$ 时，对应的隐含状态是 $AAAA$ 的概率可能是比较大的，也可能是比较小的。本例中出现预测偏差的主要原因是：由于比其他状态转移概率大得多，隐含状态的预测一直停留在状态 A。

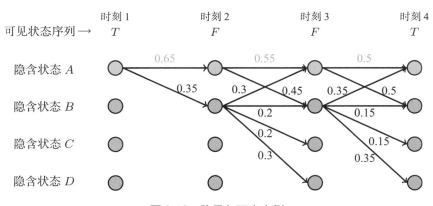

图 3.12　隐马尔可夫实例

　　上述现象也被称作**标注偏置**（Label Bias）。条件随机场模型在隐马尔可夫模型的基础上，解决了这个问题[99]。在条件随机场模型中，以全局范围的统计归一化代替了隐马尔可夫模型中的局部归一化。除此之外，条件随机场模型不使用概率计算，而是使用特征函数的方式对可见状态序列 x 对应的隐含状态序列 y 的概率进行计算。

　　条件随机场中一般有若干个特征函数，都是经过设计的、能够反映序列规律的二元函数①，并且每个特征函数都有其对应的权重 λ。特征函数一般由两部分组成：能够反映隐含状态序列之间转移规则的转移特征 $t(y_{i-1}, y_i, x, i)$ 和状态特征 $s(y_i, x, i)$。其中，y_i 和 y_{i-1} 分别是位置 i 和它前

---

① 二元函数的函数值一般非 1 即 0。

一个位置的隐含状态，x 则是可见状态序列。转移特征 $t(y_{i-1}, y_i, x, i)$ 反映了两个相邻的隐含状态之间的转换关系，而状态特征 $s(y_i, x, i)$ 则反映了第 i 个可见状态应该对应什么样的隐含状态，这两部分共同组成了一个特征函数 $F(y_{i-1}, y_i, x, i)$，即

$$F(y_{i-1}, y_i, x, i) = t(y_{i-1}, y_i, x, i) + s(y_i, x, i) \tag{3.10}$$

实际上，基于特征函数的方法更像是对隐含状态序列的一种打分：根据人为设计的模板（特征函数），测试隐含状态之间的转换及隐含状态与可见状态之间的对应关系是否符合这种模板。在处理序列问题时，假设可见状态序列 x 的长度和待预测隐含状态序列 y 的长度均为 m，且共设计了 k 个特征函数，则有

$$P(y|x) = \frac{1}{Z(x)} \exp(\sum_{i=1}^{m} \sum_{j=1}^{k} \lambda_j F_j(y_{i-1}, y_i, x, i)) \tag{3.11}$$

式 (3.11) 中的 $Z(x)$ 即为上面提到的实现全局统计归一化的归一化因子，其计算方式为

$$Z(x) = \sum_{y} \exp(\sum_{i=1}^{m} \sum_{j=1}^{k} \lambda_j F_j(y_{i-1}, y_i, x, i)) \tag{3.12}$$

由式 (3.12) 可以看出，归一化因子的求解依赖于整个可见状态序列和每个位置的隐含状态，因此条件随机场模型中的归一化是一种全局范围的归一化方式。图 3.13 为条件随机场模型处理序列问题的示意图。

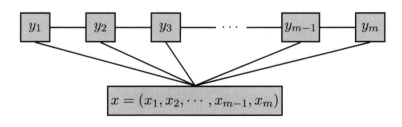

待预测的隐含状态序列

可见状态序列

图 3.13　条件随机场模型处理序列问题的示意图

虽然式 (3.11) 和式 (3.12) 的表述相较于隐马尔可夫模型更加复杂，但其实现有非常高效的方式。例如，可以使用动态规划的方法完成整个条件随机场模型的计算[99]。

当条件随机场模型处理命名实体识别任务时，可见状态序列对应着文本内容，隐含状态序列

对应着待预测的标签。对于命名实体识别任务，需要单独设计若干适合命名实体识别任务的特征函数。例如，在使用 BIOES 标准标注命名实体识别任务时，标签 "B-ORG"[①]后面的标签只能是"I-ORG" 或 "E-ORG"，不可能是 "O"，针对此规则可以设计相应的特征函数。

3.3.4 基于分类器的方法

基于概率图的模型将序列表示为有向图或无向图，如图 3.14(a) 和图 3.14(b) 所示。这种方法增加了建模的复杂度。既然要得到每个位置的类别输出，更直接的方法是使用分类器对每个位置进行独立预测。分类器是机器学习中广泛使用的方法，它可以根据输入自动地对类别进行预测。如图 3.14(c) 所示，对于序列标注任务，分类器把每一个位置对应的所有特征看作输入，把这个位置对应的标签看作输出。从这个角度看，隐马尔可夫模型等方法实际上也是在进行一种"分类"操作，只不过这些方法考虑了不同位置的输出（或隐含状态）之间的依赖。

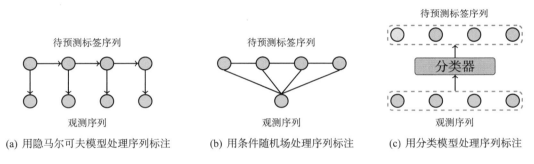

(a) 用隐马尔可夫模型处理序列标注   (b) 用条件随机场处理序列标注   (c) 用分类模型处理序列标注

图 3.14   隐马尔可夫模型、条件随机场和分类模型的方法对比

值得注意的是，分类模型可以被应用于序列标注之外的很多任务中，在后面的章节中会介绍，机器翻译中的很多模块也借鉴了统计分类的思想。其中使用到的基础数学模型和特征定义形式，与这里提到的分类器本质上是一样的。

1. 分类任务与分类器

无论在日常生活中还是在研究工作中，都会遇到各种各样的分类问题，如挑选西瓜时需要区分"好瓜"和"坏瓜"、编辑看到一篇新闻稿时要对稿件分门别类。事实上，在机器学习中，对"分类任务"的定义会更宽泛且不拘泥于"类别"的概念，在对样本进行预测时，只要预测标签集合是有限的且预测标签是离散的，就可认定其为分类任务。

具体来说，分类任务的目标是训练一个可以根据输入数据预测离散标签的**分类器**（Classifier），也可称为分类模型。在有监督的分类任务中[②]，训练数据集通常由形似 $(x^{[i]}, y^{[i]})$ 的带标注数据构

---

① ORG 表示机构实体。

② 与之相对应的，还有无监督、半监督分类任务。这些内容不是本书讨论的重点，读者可以参考文献 [32, 33] 了解相关概念。

成，$\boldsymbol{x}^{[i]} = (x_1^{[i]}, \cdots, x_k^{[i]})$ 作为分类器的输入数据（通常被称作一个训练样本），其中 $x_j^{[i]}$ 表示样本 $\boldsymbol{x}^{[i]}$ 的第 j 个特征；$y^{[i]}$ 作为输入数据对应的**标签**（Label），反映了输入数据对应的"类别"。若标签集合大小为 n，则分类任务的本质是通过对训练数据集的学习，建立一个从 k 维样本空间到 n 维标签空间的映射关系。更确切地说，分类任务的最终目标是学习一个条件概率分布 $P(y|\boldsymbol{x})$，这样对于输入 $\boldsymbol{x}$，可以找到概率最大的 y 作为分类结果输出。

与概率图模型一样，分类模型也依赖特征定义。其定义形式与 3.3.2 节的描述一致，这里不再赘述。分类任务一般根据类别数量分为二分类任务和多分类任务，二分类任务是最经典的分类任务，只需要对输出进行非零即一的预测。多分类任务则可以有多种处理手段，如可以将其"拆解"为多个二分类任务求解，或者直接让模型输出多个类别中的一个。在命名实体识别中，往往会使用多类别分类模型。例如，在 BIO 标注下，有 3 个类别（B、I 和 O）。一般来说，类别数量越大，分类的难度越大。例如，BIOES 标注包含 5 个类别，因此使用同样的分类器，它要比 BIO 标注下的分类问题难度大。此外，更多的类别有助于准确地刻画目标问题。因此，实践时需要平衡类别数量和分类难度。

在机器翻译和语言建模中也会遇到类似的问题，例如，生成单词的过程可以看作一个分类问题，类别数量就是词表的大小。显然，词表越大，可以覆盖的单词越多，且有更多种类的单词形态变化。过大的词表会包含很多低频词，其计算复杂度会显著增加；过小的词表又无法包含足够多的单词。因此，在设计这类系统时，对词表大小的选择（类别数量的选择）十分重要，往往要通过大量的实验得到最优的设置。

2. 经典的分类模型

经过多年的发展，研究人员提出了很多分类模型。由于篇幅所限，本书无法一一列举这些模型，仅列出部分经典的模型。关于分类模型，更全面的介绍可以参考文献 [33, 108]。

- **K-近邻分类算法**。K-近邻分类算法通过计算不同特征值之间的距离进行分类，这种方法适用于可以提取到数值型特征[①]的分类问题。该方法的基本思想为：将提取到的特征分别作为坐标轴，建立一个 k 维坐标系（对应特征数量为 k 的情况）。此时，每个样本都将成为该 k 维空间的一个点，将未知样本与已知类别样本的空间距离作为分类依据进行分类。例如，考虑与输入样本最近的 K 个样本的类别进行分类。
- **支持向量机**。支持向量机是一种二分类模型，其思想是通过线性超平面将不同输入划分为正例和负例，并使线性超平面与不同输入的距离都达到最大。与 K-近邻分类算法类似，支持向量机也适用于可以提取到数值型特征的分类问题。
- **最大熵模型**。最大熵模型是根据最大熵原理提出的一种分类模型，其基本思想是：将在训练数据集中学习到的经验知识作为一种"约束"，并在符合约束的前提下，在若干合理的条件概率分布中选择"使条件熵最大"的模型。

---

① 即可以用数值大小对某方面特征进行衡量。

- **决策树分类算法**。决策树分类算法是一种基于实例的归纳学习方法：将样本中某些决定性特征作为决策树的节点，根据特征表现对样本进行划分，最终根节点到每个叶子节点均形成一条分类的路径规则。这种分类方法适用于可以提取到离散型特征①的分类问题。
- **朴素贝叶斯分类算法**。朴素贝叶斯分类算法是以贝叶斯定理为基础并假设特征之间相互独立的方法，以特征之间相互独立作为前提假设，学习从输入到输出的联合概率分布，并以后验概率最大的输出作为最终类别。

3.4 句法分析

前面已经介绍了什么是"词"及如何对分词问题进行统计建模。同时，介绍了如何对多个单词构成的命名实体进行识别。无论是分词还是命名实体识别都是句子浅层信息的一种表示。对于一个自然语言句子来说，其更深层次的结构信息可以通过更完整的句法结构来描述，而句法信息也是机器翻译和自然语言处理其他任务时常用的知识之一。

3.4.1 句法树

句法（Syntax）研究的是句子的每个组成部分和它们之间的组合方式。一般来说，句法和语言是相关的。例如，英文是主谓宾结构，而日语是主宾谓结构，因此不同的语言也会有不同的句法描述方式。自然语言处理领域最常用的两种句法分析形式是**短语结构句法分析**（Phrase Structure Parsing）和**依存句法分析**（Dependency Parsing）。图 3.15 展示了这两种句法表示形式的实例。图 3.15(a) 所示为短语结构树，它描述的是短语的结构功能，如"吃"是动词（记为 VV），"鱼"是名词（记为 NN），"吃/鱼"组成动词短语，这个短语再与动词"喜欢"组成新的动词短语。短语结构树的每个子树都是一个句法功能单元，例如，子树 VP(VV(吃) NN(鱼)) 就表示了"吃/鱼"这个动词短语的结构，其中子树根节点 VP 是句法功能标记。短语结构树利用嵌套的方式描述了语言学的功能。在短语结构树中，每个词都有词性（或词类），不同的词或者短语可以组成名动结构、动宾结构等语言学短语结构。短语结构句法分析也被称为**成分句法分析**（Constituency Parsing）或**完全句法分析**（Full Parsing）。

图 3.15(b) 展示的是依存句法树。依存句法树表示了句子中单词和单词之间的依存关系。例如，"猫"依赖"喜欢"，"吃"依赖"喜欢"，"鱼"依赖"吃"。

短语结构树和依存句法树的结构和功能均有很大不同。短语结构树的叶子节点是单词，中间节点是词性或短语句法标记。在短语结构句法分析中，通常把单词称作**终结符**（Terminal），把词性称为**预终结符**（Pre-terminal），把其他句法标记称为**非终结符**（Non-terminal）。依存句法树没有预终结符和非终结符，所有的节点都是句子里的单词，通过不同节点间的连线表示句子中各个单词之间的依存关系。每个依存关系实际上都是有方向的，头和尾分别指向"接受"和"发出"依存关系的词。依存关系也可以进行分类，例如，图 3.15 中对每个依存关系的类型都有一个标记，这

---

① 即特征值是离散的。

也被称作有标记的依存句法分析。如果不生成这些标记，则这样的句法分析将被称作无标记的依存句法分析。

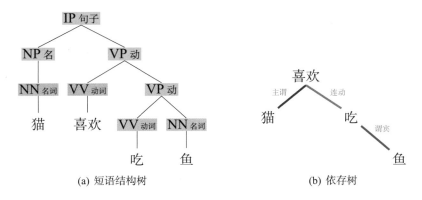

(a) 短语结构树　　　　　　　　　　　(b) 依存树

图 3.15　两种句法表示形式的实例

虽然短语结构树和依存树的句法表现形式有很大不同，但是它们在某些条件下能相互转化。例如，可以使用启发式规则将短语结构树自动转化为依存树。从应用的角度看，依存句法分析的形式更简单，而且直接建模词语之间的依赖，在自然语言处理领域中受到很多关注。在机器翻译中，无论是哪种句法树结构，都已经被证明会对机器翻译系统产生帮助。特别是短语结构树，在机器翻译中的应用历史更长，研究更为深入，因此本节将以短语结构句法分析为例，介绍句法分析的相关概念。

句法分析到底是什么？简单地说，句法分析就是小学语文课程中句子成分的分析，以及对句子中各个成分内部、外部关系的判断。更规范一些的定义，可以参照百度百科和维基百科中关于句法分析的解释。

定义 3.2 句法分析

句法分析就是指对句子中词语的语法功能进行分析。

——百度百科

在自然语言或者计算机语言中，句法分析是利用形式化的文法规则对一个符号串进行分析的过程。

——维基百科（译文）

在上面的定义中，句法分析包含 3 个重要的概念。

- 形式化的文法：描述语言结构的定义，由文法规则组成。
- 符号串：在本节中，符号串就是指词串，由前面提到的分词系统生成。
- 分析：使用形式文法对符号串进行分析的具体方法，在这里指实现分析的计算机算法。

以上 3 点是实现一个句法分析器的要素，本节的后半部分会对相关的概念和技术方法进行介绍。

3.4.2 上下文无关文法

句法树是对句子的一种抽象，这种树形结构是对句子结构的归纳。例如，从树的叶子开始，把每一个树节点看作一次抽象，最终形成一个根节点。如何用计算机来实现这个过程呢？这就需要用到形式文法。

形式文法是分析自然语言的一种重要工具。根据乔姆斯基的定义[8]，形式文法分为 4 种类型：无限制文法（0 型文法）、上下文有关文法（1 型文法）、上下文无关文法（2 型文法）和正规文法（3 型文法）。不同类型的文法有不同的应用，例如，正规文法可以用来描述有限状态自动机，因此也会被使用在语言模型等系统中。对于短语结构句法分析问题，常用的是**上下文无关文法**①（Context-free Grammar）。上下文无关文法的具体形式如下：

定义 3.3　上下文无关文法

　　一个上下文无关文法可以被视为一个系统 $G =< N, \Sigma, R, S >$，其中
- N 为一个非终结符集合。
- Σ 为一个终结符集合。
- R 为一个规则（产生式）集合，每条规则 $r \in R$ 的形式为 $X \to Y_1 Y_2 \cdots Y_n$，其中 $X \in N, Y_i \in N \cup \Sigma$。
- S 为一个起始符号集合且 $S \subseteq N$。

举例说明，假设有上下文无关文法 $G =< N, \Sigma, R, S >$，可以用它描述一个简单的汉语句法结构，其中非终结符集合为不同的汉语句法标记：

$$N = \{\text{NN}, \text{VV}, \text{NP}, \text{VP}, \text{IP}\}$$

其中，NN 代表名词，VV 代表动词，NP 代表名词短语，VP 代表动词短语，IP 代表单句。把终结符集合定义为

$$\Sigma = \{\text{猫}, \text{喜欢}, \text{吃}, \text{鱼}\}$$

再定义起始符集合为

$$S = \{\text{IP}\}$$

最后，文法的规则集定义如图 3.16 所示（其中 r_i 为规则的编号）。这个文法蕴含了不同"层

---

① 在上下文无关文法中，非终结符可以根据规则被终结符自由替换，无须考虑非终结符所处的上下文，因此这种文法被命名为"上下文无关文法"。

次"的句法信息。例如，规则 r_1、r_2、r_3 和 r_4 表达了词性对单词的抽象；规则 r_6、r_7 和 r_8 表达了短语结构的抽象，其中，规则 r_8 描述了汉语中名词短语（主语）+ 动词短语（谓语）的结构。在实际应用中，像 r_8 这样的规则可以覆盖很大的片段（试想，一个包含 50 个词的主谓结构的句子，可以使用 r_8 进行描述）。

r_1: NN → 猫 r_2: VV → 喜欢
r_3: VV → 吃 r_4: NN → 鱼
r_5: NP → NN r_6: VP → VV NN
r_7: VP → VV VP r_8: IP → NP VP

r_1, r_2, r_3, r_4 为生成单词词性的规则

r_5 为单变量规则，它将词性 NN 进一步抽象为名词短语 NP

r_6, r_7, r_8 为句法结构规则，例如 r_8 表示主 (NP) + 谓 (VP) 结构

图 3.16　文法的规则集定义

上下文无关文法的规则是一种**产生式规则**（Production Rule），形如 $\alpha \rightarrow \beta$，它表示把规则左端的非终结符 α 替换为规则右端的符号序列 β。通常，α 被称为规则的**左部**（Left-hand Side），β 被称为规则的**右部**（Right-hand Side）。使用右部 β 替换左部 α 的过程被称为规则的使用，而这个过程的逆过程被称为规约。上下文无关文法规则的使用可以定义为：

定义 3.4 上下文无关文法规则的使用

一个符号序列 u 可以通过使用规则 r 替换其中的某个非终结符，并得到符号序列 v，于是 v 是在 u 上使用 r 的结果，记为 $u \overset{r}{\Rightarrow} v$：

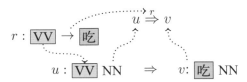

给定起始非终结符，可以不断地使用规则，最终生成一个终结符串，这个过程被称为**推导**（Derivation）。形式化的定义为：

定义 3.5 推导

给定一个文法 $G =< N, \Sigma, R, S >$，对于一个字符串序列 $s_0, s_1, \cdots, s_n$ 和规则序列 $r_1, r_2, \cdots, r_n$，满足

$$s_0 \overset{r_1}{\Rightarrow} s_1 \overset{r_2}{\Rightarrow} s_2 \overset{r_3}{\Rightarrow} \cdots \overset{r_n}{\Rightarrow} s_n$$

且

- $\forall i \in [0, n], s_i \in (N \cup \Sigma)^*$　　　$\triangleleft s_i$ 为合法的字符串
- $\forall j \in [1, n], r_j \in R$　　　$\triangleleft r_j$ 为 G 的规则
- $s_0 \in S$　　　$\triangleleft s_0$ 为起始非终结符
- $s_n \in \Sigma^*$　　　$\triangleleft s_n$ 为终结符序列

则 $s_0 \overset{r_1}{\Rightarrow} s_1 \overset{r_2}{\Rightarrow} s_2 \overset{r_3}{\Rightarrow} \cdots \overset{r_n}{\Rightarrow} s_n$ 为一个推导

例如，使用前面的示例文法，可以对"猫/喜欢/吃/鱼"进行分析，并形成句法分析树（如图 3.17 所示）。从起始非终结符 IP 开始，使用唯一拥有 IP 作为左部的规则 r_8 推导出 NP 和 VP，之后依次使用规则 r_5、r_1、r_7、r_2、r_6、r_3、r_4，得到完整的句法树。

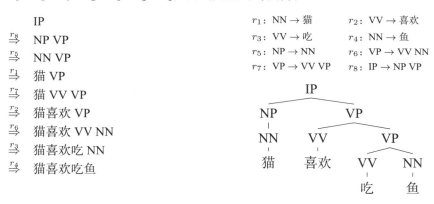

　IP
$\overset{r_8}{\Rightarrow}$　NP VP
$\overset{r_5}{\Rightarrow}$　NN VP
$\overset{r_1}{\Rightarrow}$　猫 VP
$\overset{r_7}{\Rightarrow}$　猫 VV VP
$\overset{r_2}{\Rightarrow}$　猫喜欢 VP
$\overset{r_6}{\Rightarrow}$　猫喜欢 VV NN
$\overset{r_3}{\Rightarrow}$　猫喜欢吃 NN
$\overset{r_4}{\Rightarrow}$　猫喜欢吃鱼

r_1: NN → 猫　　r_2: VV → 喜欢
r_3: VV → 吃　　r_4: NN → 鱼
r_5: NP → NN　　r_6: VP → VV NN
r_7: VP → VV VP　r_8: IP → NP VP

图 3.17　上下文无关文法推导实例

通常，可以把推导简记为 $d = r_1 \circ r_2 \circ \cdots \circ r_n$，其中 $\circ$ 表示规则的组合。显然，d 也对应了树形结构，也就是句法分析结果。从这个角度看，推导就是描述句法分析树的一种方式。此外，规则的推导也把规则的使用过程与生成的字符串对应起来。一个推导所生成的字符串，也被称作文法所产生的一个**句子**（Sentence）。而一个文法所能生成的所有句子的集合是这个文法所对应的**语言**（Language）。

但是，句子和规则的推导并不是一一对应的。同一个句子，往往有很多推导的方式，这种现象被称为**歧义**（Ambiguity）。甚至同一棵句法树，也可以对应不同的推导，图 3.18 给出了同一棵句法树所对应的两种不同的规则推导。

显然，规则顺序的不同会导致句法树的推导这一确定的过程变得不确定，因此需要进行**消歧**（Disambiguation）。这里，可以使用启发式方法：要求规则使用都服从最左优先原则，这样得到的推导被称为**最左优先推导**（Left-most Derivation）。图 3.18 中的推导 1 就是符合最左优先原则的推导。

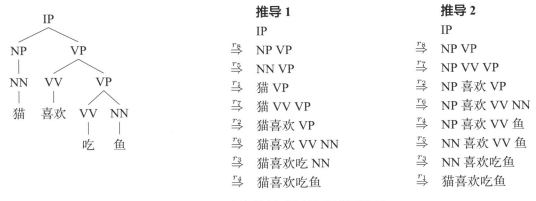

图 3.18　同一棵句法树对应的不同规则推导

　　这样，对于一个上下文无关文法，每一棵句法树都有唯一的最左推导与之对应。于是，句法分析可以被描述为：对于一个句子，找到能够生成它的最佳推导，这个推导所对应的句法树就是这个句子的句法分析结果。

　　问题又回来了，怎样才能知道什么样的推导或句法树是"最佳"的呢？如图 3.19 所示，语言学专家可以轻松地分辨出哪些句法树是正确的，哪些句法树是错误的，甚至普通人也可以通过从课本中学到的知识产生一些模糊的判断。而计算机如何进行判别呢？沿着前面介绍的统计建模的思想，计算机可以得出不同句法树出现的概率，进而选择概率最高的句法树作为输出，而这正是统计句法分析所做的事情。

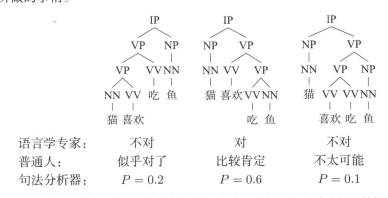

图 3.19　如何选择最佳的句法分析结果：专家、普通人和句法分析器的视角

　　在统计句法分析中，需要对每个推导进行统计建模，于是定义一个模型 $P(\cdot)$，对于任意的推导 d，都可以用 $P(d)$ 计算出推导 d 的概率。这样，给定一个输入句子，可以对所有可能的推导用 $P(d)$ 计算其概率值，并选择概率最大的结果作为句法分析的结果输出（如图 3.20 所示）。

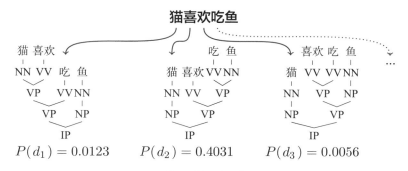

图 3.20　不同推导（句法树）对应的概率值

3.4.3 规则和推导的概率

对句法树进行概率化，首先要对使用的规则进行概率化。为了达到这个目的，可以使用**概率上下文无关文法**（Probabilistic Context-free Grammar），它是上下文无关文法的一种扩展。

定义 3.6　概率上下文无关文法

一个概率上下文无关文法可以被视为一个系统 $G = <N, \Sigma, R, S>$，其中

- N 为一个非终结符集合。
- Σ 为一个终结符集合。
- R 为一个规则（产生式）集合，每条规则 $r \in R$ 的形式为 $p: X \to Y_1 Y_2 \cdots Y_n$，其中 $X \in N, Y_i \in N \cup \Sigma$，每个 r 都对应一个概率 p，表示其生成的可能性。
- S 为一个起始符号集合且 $S \subseteq N$。

概率上下文无关文法与传统上下文无关文法的区别在于，每条规则都会有一个概率，描述规则生成的可能性。具体来说，规则 $P(\alpha \to \beta)$ 的概率可以被定义为

$$P(\alpha \to \beta) = P(\beta|\alpha) \tag{3.13}$$

即，在给定规则左部的情况下，生成规则右部的可能性。在上下文无关文法中，每条规则都是相互独立的[①]，因此可以把 $P(d)$ 分解为规则概率的乘积：

$$P(d) = P(r_1 \cdot r_2 \cdot \cdots \cdot r_n)$$
$$= P(r_1) \cdot P(r_2) \cdots P(r_n) \tag{3.14}$$

---

① 如果是上下文有关文法，规则会形如 $a\alpha b \to a\beta b$，这时 $\alpha \to \beta$ 的过程会依赖上下文 a 和 b。

这个模型可以很好地解释词串的生成过程。例如，对于规则集：

$$r_3 : \text{VV} \rightarrow \text{吃}$$
$$r_4 : \text{NN} \rightarrow \text{鱼}$$
$$r_6 : \text{VP} \rightarrow \text{VV NN}$$

可以得到 $d_1 = r_3 \cdot r_4 \cdot r_6$ 的概率为

$$
\begin{aligned}
P(d_1) &= P(r_3) \cdot P(r_4) \cdot P(r_6) \\
&= P(\text{VV} \rightarrow \text{吃}) \cdot P(\text{NN} \rightarrow \text{鱼}) \cdot P(\text{VP} \rightarrow \text{VV NN})
\end{aligned}
\tag{3.15}
$$

这也对应了词串"吃/鱼"的生成过程。首先，从起始非终结符 VP 开始，使用规则 r_6 生成两个非终结符 VV 和 NN；然后分别使用规则 r_3 和 r_4 对"VV"和"NN"进行进一步推导，生成单词"吃"和"鱼"。整个过程的概率等于 3 条规则概率的乘积。

新的问题又来了，如何得到规则的概率呢？这里仍然可以从数据中学习文法规则的概率。假设有人工标注的数据，它包含很多人工标注句法树的句法，称之为**树库**（Treebank）。对于规则 $r : \alpha \rightarrow \beta$，可以使用基于频次的方法：

$$
P(r) = \frac{\text{规则 } r \text{ 在树库中出现的次数}}{\alpha \text{ 在树库中出现的次数}}
\tag{3.16}
$$

图 3.21 展示了通过这种方法计算规则概率的过程。与词法分析类似，可以统计树库中规则左部和右部同时出现的次数，除以规则左部出现的全部次数，所得的结果就是所求规则的概率。这种方法也是典型的相对频次估计。如果规则左部和右部同时出现的次数为 0，那么是否代表这个规则的概率是 0 呢？遇到这种情况，可以使用平滑法对概率进行平滑处理，具体思路可参考第 2 章的相关内容。

图 3.22 展示了基于统计的句法分析的流程。先通过树库上的统计获得各个规则的概率，这样就得到了一个上下文无关句法分析模型 $P(\cdot)$。对于任意句法分析结果 $d = r_1 \circ r_2 \circ \cdots \circ r_n$，都能通过如下公式计算其概率值：

$$
P(d) = \prod_{i=1}^{n} P(r_i)
\tag{3.17}
$$

在获取统计分析模型后，就可以使用模型对任意句子进行分析，计算每个句法分析树的概率，并输出概率最高的树作为句法分析的结果。

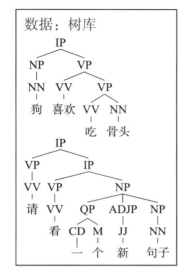

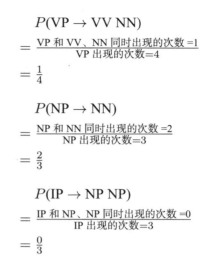

图 3.21　上下文无关文法规则概率估计

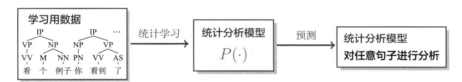

图 3.22　基于统计的句法分析的流程

3.5 小结及拓展阅读

本章将统计建模的思想应用到 3 个自然语言处理任务中，包括中文分词、命名实体识别、短语结构句法分析。它们和机器翻译有着紧密的联系，往往作为机器翻译系统输入和输出的数据加工方法。可以发现：经过适当的假设和化简，统计模型可以很好地描述复杂的自然语言处理问题。这种建模手段也会在后续章节中被广泛使用。

本章重点介绍了如何用统计方法对自然语言处理任务进行建模，因此并没有对具体的问题展开深入讨论。以下几方面内容，读者可以继续关注：

- 在建模方面，本章描述了基于 1-gram 语言模型的分词、基于上下文无关文法的句法分析等，它们的思路都是基于人工先验知识进行模型设计。这是一种典型的生成式建模思想，它把要解决的问题看作一些观测结果的隐含变量（例如，句子是观测结果，分词结果是隐含在其背后的变量），通过对隐含变量生成观测结果的过程进行建模，达到对问题进行数学描述的目的。这类模型一般需要依赖一些独立性假设，假设的合理性对最终的性能有较大影响。相对于生成模型，另一类方法是**判别模型**（Discriminative Model）。本章曾提到的一些模型就是判别模型，如条件随机场[99]。它直接描述了从隐含变量生成观测结果的过程，这样对问题的建模更加直接。同时，这类模型可以更灵活地引入不同的特征。判别模型在自然语言处理中也有广泛应用[109-113]。第 7 章会使用到判别模型。

- 事实上，本章并没有对分词、句法分析中的预测问题进行深入介绍。例如，如何找到概率最大的分词结果？可以借鉴第 2 章介绍的搜索方法来解决这个问题：对于基于 n-gram 语言模型的分词方法，可以使用动态规划方法[114] 进行搜索；在不满足动态规划的使用条件时，可以考虑使用更复杂的搜索策略，并配合一定的剪枝方法找到最终的分词结果。实际上，无论是基于 n-gram 语言模型的分词，还是简单的上下文无关文法，都有高效的推断方法。例如，n-gram 语言模型可以被视为概率有限状态自动机，因此可以直接使用成熟的自动机工具[115]。对于更复杂的句法分析问题，可以考虑使用**移进-规约算法**（Shift-Reduce Algorithms）来解决预测问题[116]。

- 从自然语言处理的角度看，词法分析和句法分析中的很多问题都是序列标注问题，如本章介绍的分词和命名实体识别。此外，序列标注还可以被扩展到词性标注[117]、组块识别[118]、关键词抽取[119]、词义角色标注[120] 等任务中，本章着重介绍了传统的方法，前沿方法大多与深度学习相结合，感兴趣的读者可以自行了解，其中比较有代表性的是使用双向长短时记忆网络对序列进行建模，然后与不同模型进行融合，得到最终的结果。例如，与条件随机场相结合的模型（BiLSTM-CRF）[121]、与卷积神经网络相结合的模型（BiLSTM-CNNs）[122]、与简单的 Softmax 结构相结合的模型[123] 等。此外，对于序列标注任务，模型性能在很大程度上依赖对输入序列的表示能力，因此基于预训练语言模型的方法也非常流行[124]，如 BERT[125]、GPT[126]、XLM[127] 等。

4. 翻译质量评价

使用机器翻译系统时，需要评估系统输出结果的质量。这个过程也被称作机器翻译译文质量评价，简称为**译文质量评价**（Quality Evaluation of Translation）。在机器翻译的发展进程中，译文质量评价有着非常重要的作用。无论是在系统研发的反复迭代中，还是在诸多的机器翻译应用场景中，都存在大量的译文质量评价环节。从某种意义上说，没有译文质量评价，机器翻译就不会发展成今天的样子。例如，21 世纪初，研究人员提出了译文质量自动评价方法 **BLEU**（Bilingual Evaluation Understudy）[128]。该方法使得机器翻译系统的评价变得自动、快速、便捷，而且评价过程可以重复。正是由于 BLEU 等自动评价方法的提出，机器翻译研究人员可以在更短的时间内得到译文质量的评价结果，加速系统研发的进程。

时至今日，译文质量评价方法已经非常丰富，针对不同的使用场景，研究人员陆续提出了不同的方法。本章将对其中的典型方法进行介绍，包括人工评价、有参考答案的自动评价、无参考答案的自动评价等。相关方法及概念也会在本章的后续章节中被广泛使用。

4.1 译文质量评价面临的挑战

一般来说，译文质量评价可以被看作一个对译文进行打分或者排序的过程，打分或者排序的结果代表翻译质量。例如，表 4.1 展示了一个汉译英的译文质量评价结果。这里采用 5 分制打分，1 代表最低分，5 代表最高分。可以看出，流畅的高质量译文得分较高，相反，存在问题的低质量译文得分较低。

表 4.1　汉译英的译文质量评价结果

源文	那/只/敏捷/的/棕色/狐狸/跳过/了/那/只/懒惰/的/狗/。	评价得分
机器译文 1	The quick brown fox jumped over the lazy dog.	5
机器译文 2	The fast brown fox jumped over a sleepy dog.	4
机器译文 3	The fast brown fox jumps over the dog.	3
机器译文 4	The quick brown fox jumps over dog.	2
机器译文 5	A fast fox jump dog.	1

　　这里的一个核心问题是：从哪个角度对译文质量进行评价？常用的标准有：**流畅度**（Fluency）**和忠诚度**（Fidelity）[129]。流畅度是指译文在目标语言中的流畅程度，越通顺的译文流畅度越高；忠诚度是指译文表达源文意思的程度，如果译文能够全面、准确地表达源文的意思，那么它就具有较高的翻译忠诚度。在一些极端情况下，译文可以非常流畅，但是与源文完全不对应。或者，译文可以非常好地对应源文，但是读起来非常不连贯。这些译文都不是好译文。

　　传统观点把翻译分为"信""达""雅"三个层次，忠诚度体现的是"信"的思想，流畅度体现的是"达"的思想。不过，"雅"在机器翻译质量评价中还不是一个常用的标准。机器翻译还没有达到"雅"的水平，这是未来追求的目标。

　　给定评价标准，译文质量评价有很多实现方式。例如，可以使用人工评价的方式让评委对每个译文进行打分（见 4.2 节），也可以用自动评价的方式让计算机比对译文和参考答案之间的匹配程度（见 4.3 节）。但是，自然语言的翻译是最复杂的人工智能问题之一。这不仅体现在相关问题的建模和系统实现的复杂性上，译文质量评价也同样面临如下挑战：

- **译文不唯一**。自然语言表达的丰富性决定了同一个意思往往有很多种表达方式。同一句话，由不同译者翻译，译文质量往往也存在差异。译者的背景、翻译水平、译文所处的语境，甚至译者的情绪都会对译文产生影响。如何在评价过程中尽可能地考虑多样的译文，是译文质量评价中最具挑战的问题之一。

- **评价标准不唯一**。虽然流畅度和忠诚度给译文质量评价提供了很好的参考依据，但在实践中往往有更多样的需求。例如，在专利翻译中，术语翻译的准确性就是必须要考虑的因素，翻译错一个术语会导致整个译文不可用。此外，术语翻译的一致性也非常重要，即使同一个术语有多种正确的译文，在同一个专利文档中，术语翻译也需要保持一致。不同的需求使得人们很难用统一的标准对译文质量进行评价。在实践中，往往需要针对不同的应用场景设计不同的评价标准。

- **自动评价与人工评价存在偏差**。使用人工的方式固然可以准确地评估译文质量，但是这种方式费时、费力。而且，由于人工评价的主观性，其结果不易重现，也就是不同人的评价结果会有差异。这些因素也造成了人工评价不能被过于频繁的使用。翻译质量的自动评价可以充分利用计算机的计算能力，对译文与参考答案进行比对，具有速度快、结果可重现的优点，但是其精度不如人工评价。使用何种评价方法也是实践中需要考虑的重要问题之一。

- **参考答案不容易获得**。在很多情况下，译文的正确答案并不容易获取。甚至对于某些低资源语种，相关的语言学家都很稀缺。这时，很难进行基于标准答案的评价。在没有参考答案的情况下对译文质量进行估计是极具应用前景且颇具挑战的方向。

　　针对以上问题，研究人员设计出了多种不同的译文质量评价方法。根据人工参与方式的不同，可以分为人工评价、有参考答案的自动评价、无参考答案的自动评价。这些方法也对应了不同的使用场景。

- **人工评价**。当需要对系统进行准确的评估时，往往采用人工评价的方法。例如，对于机器翻译的一些互联网应用，在系统上线前都会采用人工评价的方法对机器翻译系统的性能进行测试。当然，这种方法的时间和人力成本是最高的。

- **有参考答案的自动评价**。由于机器翻译系统在研发过程中需要频繁地对系统性能进行评价，这时可以让人标注一些正确的译文，将其作为参考答案与机器翻译系统输出的结果进行比对。这种自动评价的结果获取成本低，可以多次重复，而且可以用于对系统结果的快速反馈，指导系统优化的方向。
- **无参考答案的自动评价**。在很多应用场景中，在系统输出译文时，系统使用者希望提前知道译文的质量，即使这时并没有可比对的参考答案。这样，系统使用者可以根据对质量的"估计"结果有选择地使用机器翻译译文。严格意义上说，这并不是一个传统的译文质量评价方法，而是一种对译文置信度和可能性的估计。

图 4.1 给出了机器翻译译文质量评价方法的逻辑关系图。需要注意的是，很多时候，译文质量评价结果是用于机器翻译系统优化的。在随后的章节中也会提到，译文质量评价的结果会被用于不同的机器翻译模型优化中，甚至很多统计指标（如极大似然估计）也可以被看作一种对译文的"评价"，这样就可以把机器翻译的建模和译文评价联系在一起。本章的后半部分将重点介绍传统的译文质量评价方法。与译文质量评价相关的模型优化方法将会在后续章节详细论述。

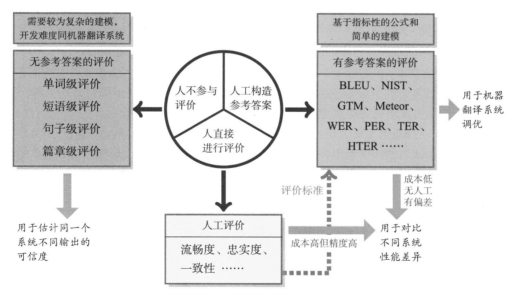

图 4.1　机器翻译译文质量评价方法的逻辑关系图

4.2 人工评价

顾名思义，人工评价是指评价者根据翻译结果好坏对译文进行评价。例如，可以根据句子的忠诚度和流畅度对其进行打分，这样能够准确评定译文是否准确翻译出源文的意思及译文是否通顺。在人工评价时，一般由多个评价者匿名对译文进行打分，之后综合所有评价者的评价结果给出最终得分。人工评价可以准确反映句子的翻译质量，是最权威、可信度最高的评价方法，但是其缺点也十分明显：耗费人力、物力，而且评价的周期长，不能及时得到有效的反馈。因此在实际系统开发中，纯人工评价不会被过于频繁地使用，它往往和自动评价配合使用，帮助系统研发人员准确地了解当前系统的状态。

4.2.1 评价策略

合理的评价指标是人工评价得以顺利进行的基础。机器译文质量的人工评价可以追溯到 1966 年，自然语言处理咨询委员会提出**可理解度**（Intelligibility）和忠诚度作为机器译文质量人工评价指标[130]。1994 年，**充分性**（Adequacy）、流畅度和**信息量**（Informativeness）成为 ARPA MT①的人工评价标准[131]。此后，有不少研究人员提出了更多的机器译文质量人工评价指标，如将**清晰度**（Clarity）和**连贯性**（Coherence）加入人工评价指标中[132]。甚至有人将各种人工评价指标集中在一起，组成了尽可能全面的机器翻译评估框架[133]。

人工评价的策略非常多。考虑的因素不同，使用的评价方案不同，例如：

- **是否呈现源语言文本**。在进行人工评价时，可以向评价者提供源语言文本或参考答案，也可以同时提供源语言文本和参考答案。从评价的角度，参考答案已经能够帮助评价者进行正确评价，但是源语言文本可以提供更多信息，帮助评估译文的准确性。
- **评价者选择**。在理想情况下，评价者应同时具有源语言和目标语言的语言能力。但是，很多时候具备双语能力的评价者很难招募，因此会考虑使用目标语言为母语的评价者。配合参考答案，单语评价者也可以准确地评价译文质量。
- **多个系统同时评价**。如果有多个不同系统的译文需要评价，可以直接使用每个系统单独打分的方法。如果仅仅是想了解不同译文之间的相对好坏，则可以采用竞评的方式：对每个待翻译的源语言句子，根据各个机器翻译系统输出的译文质量对所有待评价的机器翻译系统进行排序，这样做的效率会高于直接打分，而且评价准确性也能得到保证。
- **数据选择**。评价数据一般需要根据目标任务进行采集，为了避免与系统训练数据重复，往往会搜集最新的数据。而且，评价数据的规模越大，评价结果越科学。常用的做法是搜集一定量的评价数据，从中采样出所需的数据。由于不同的采样会得到不同的评价集合，这样的方法可以复用多次，得到不同的测试集。
- **面向应用的评价**。除了人工直接打分，一种更有效的方法是把机器翻译的译文嵌入下游应用，

---

① ARPA MT 计划是美国高级研究计划局软件和智能系统技术处人类语言技术计划的一部分。

通过机器翻译对下游应用的改善效果评估机器翻译的译文质量。例如，可以把机器翻译放入译后编辑流程，通过对比译员翻译效率的提升来评价译文质量。还可以将机器翻译放入线上应用，通过点击率或者用户反馈评价机器翻译的品质。

4.2.2　打分标准

如何对译文进行打分是机器翻译评价的核心问题。在人工评价方法中，一种被广泛使用的方法是**直接评估**（Direct Assessment，DA）[131]，这种评价方法需要评价者给出对机器译文的绝对评分：在给定一个机器译文和一个参考答案的情况下，评价者直接给出 1~100 的分数用来表征机器译文的质量。与其类似的策略是对机器翻译质量进行等级评定[134]，常见的是在 5 级或 7 级标准中指定单一等级用以反映机器翻译的质量。也有研究人员提出，利用语言测试技术对机器翻译质量进行评价[135]，其中涉及多等级内容的评价：第 1 等级测试简单的短语、成语、词汇等；第 2 等级利用简单的句子测试机器翻译在简单文本上的表现；第 3 等级利用稍复杂的句子测试机器翻译在复杂语法结构上的表现；第 4 等级测试引入更复杂的补语结构和附加语，等等。

除了对译文进行简单的打分，一种经典的人工评价方法是**相对排序**（Relative Ranking，RR）[136]。这种方法通过对不同机器翻译的译文质量进行相对排序，得到最终的评价结果。接下来，通过以下实例介绍相对排序的 3 个步骤：

（1）在每次评价过程中，若干个等待评价的机器翻译系统被分为 5 个一组，评价者被提供 3 个连续的源文片段和 1 组机器翻译系统的相应译文。

（2）评价者需要根据本组机器译文的质量对其进行排序，不过评价者并不需要一次性将 5 个译文排序，而是将其两两进行比较，判出胜负或是平局。在评价过程中，由于排序是两两一组进行的，为了评价的公平性，将采用排列组合的方式进行分组和比较，若共有 n 个机器翻译系统，则会被分为 C_n^5 组，组内每个系统都将与其他 4 个系统进行比较，由于需要针对 3 个连续的源文片段进行评价对比，意味着每个系统都需要被比较 $C_n^5 \times 4 \times 3$ 次。

（3）根据多次比较的结果，对所有参与评价的系统进行总体排名。对于如何获取合理的总体排序，有 3 种常见的策略：

- **根据系统胜出的次数进行排序**[137]。以系统 S_j 和系统 S_k 为例，两个系统都被比较了 $C_n^5 \times 4 \times 3$ 次，其中系统 S_j 获胜 20 次，系统 S_k 获胜 30 次，在总体排名中系统 S_k 优于系统 S_j。
- **根据冲突次数进行排序**[138]。第一种排序策略中存在冲突现象：在两两比较时，系统 S_j 胜过系统 S_k 的次数比系统 S_j 不敌系统 S_k 的次数多，若待评价系统仅有系统 S_j 和 S_k，则显然系统 S_j 的排名高于系统 S_k。当待评价系统很多时，可能系统 S_j 在所有比较中获胜的次数少于系统 S_k，此时就出现了总体排序与局部排序不一致的冲突。因此，有研究人员提出，与局部排序冲突最少的总体排序才是最合理的。令 O 表示一个对若干个系统的排序，该排序所对应的冲突定义为

$$\text{conflict}(O) = \sum_{S_j, S_k \in O, j \neq k} \max(0, \text{count}_{\text{win}}(S_j, S_k) - \text{count}_{\text{loss}}(S_j, S_k)) \tag{4.1}$$

其中，S_j 和 S_k 是成对比较的两个系统，$\text{count}_{\text{win}}(S_j, S_k)$ 和 $\text{count}_{\text{loss}}(S_j, S_k)$ 分别是 S_j 和 S_k 进行成对比较时系统 S_j 胜利和失败的次数，而使得 $\text{conflict}(O)$ 最低的 O 就是最终的系统排序结果。

- **根据某系统最终获胜的期望进行排序**[139]。以系统 S_j 为例，若共有 n 个待评价的系统，则进行总体排序时系统 S_j 的得分为其最终获胜的期望，即

$$\text{score}(S_j) = \frac{1}{n} \sum_{k, k \neq j} \frac{\text{count}_{\text{win}}(S_j, S_k)}{\text{count}_{\text{win}}(S_j, S_k) + \text{count}_{\text{loss}}(S_j, S_k)} \tag{4.2}$$

根据式 (4.2) 可以看出，该策略消除了平局的影响。

与相对排序相比，直接评估方法虽然更直观，但过度依赖评价者的主观性，因此，直接评估适用于直观反映某机器翻译系统的性能，而不适合用来比较机器翻译系统之间的性能差距。在需要对大量系统进行快速人工评价时，找出不同译文质量之间的相关关系要比直接准确评估译文质量简单得多，基于排序的评价方法可以大大降低评价者的工作量，因此经常被系统研发人员使用。

在实际应用中，研究人员可以根据实际情况选择不同的人工评价方案，人工评价也没有统一的标准。WMT [140] 和 CCMT [141] 机器翻译评测都有配套的人工评价方案，可以作为业界的参考标准。

4.3 有参考答案的自动评价

人工评价费时费力，同时具有一定的主观性，甚至不同人在不同时刻面对同一篇文章的理解都会不同。为了克服这些问题，一种思路是将人类专家翻译的结果看作参考答案，将译文与答案的近似程度作为评价结果，即译文与答案越接近，评价结果越好；反之，评价结果较差。这种评价方式叫作**自动评价**（Automatic Evaluation）。自动评价具有速度快、成本低、一致性高的优点，也是受机器翻译系统研发人员青睐的方法。

随着评价技术的不断发展，自动评价结果已经具有了比较好的指导性，可以帮助使用者快速了解当前译文的质量。在机器翻译领域，自动评价已经成了一个重要的研究分支。至今，已经有数十种自动评价方法被提出。为了便于读者理解后续章节中涉及的自动评价方法，本节仅对有代表性的方法进行简要介绍。

4.3.1 基于词串比对的评价方法

这种方法比较关注译文单词及 n-gram 的翻译准确性，其思想是将译文看成符号序列，通过计算参考答案与机器译文的序列相似性来评价机器翻译的质量。

1. 基于距离的方法

基于距离的自动评价方法的基本思想是：将机器译文转化为参考答案所需的最小编辑步骤数，作为译文质量的度量，基于此类思想的自动评价方法主要有**单词错误率**（Word Error Rate，WER）[142]、**与位置无关的单词错误率**（Position-independent word Error Rate，PER）[143]和**翻译错误率**（Translation Error Rate，TER）[144]等。下面介绍其中比较有代表性的方法——TER。

TER 是一种典型的基于距离的评价方法，通过评定机器译文的译后编辑工作量来衡量机器译文的质量。在这里，"距离"被定义为将一个序列转换成另一个序列所需要的最少编辑操作次数，操作次数越多，距离越大，序列之间的相似性越低；相反，距离越小，表示一个句子越容易改写成另一个句子，序列之间的相似性越高。TER 使用的编辑操作包括增加、删除、替换和移位。通过增加、删除、替换操作计算得到的距离被称为编辑距离。TER 根据错误率的形式给出评分：

$$\text{score} = \frac{\text{edit}(o, g)}{l} \tag{4.3}$$

其中，edit(o, g) 表示系统生成的译文 o 和参考答案 g 之间的距离，l 是归一化因子，通常为参考答案的长度。在距离计算中，所有操作的代价都为 1。在计算距离时，优先考虑移位操作，再计算编辑距离（即增加、删除和替换操作的次数）。直到增加、移位操作无法减少编辑距离时，才将编辑距离和移位操作的次数累加，得到 TER 计算的距离。

实例 4.1　机器译文：A cat is standing in the ground.

　　　　　参考答案：The cat is standing on the ground.

在实例 4.1 中，将机器译文序列转换为参考答案序列，需要进行两次替换操作，将"A"替换为"The"，将"in"替换为"on"，因此 edit$(o, g) = 2$，归一化因子 l 为参考答案的长度 8（包括标点符号），该机器译文的 TER 结果为 2/8。

WER 和 PER 的基本思想与 TER 相同。这 3 种方法的主要区别在于对"错误"的定义和考虑的操作类型略有不同。WER 使用的编辑操作包括增加、删除和替换，由于没有移位操作，当机器译文出现词序问题时，会发生多次替代，因而一般会低估译文质量；而 PER 只考虑增加和删除两个操作，计算两个句子中出现相同单词的次数，根据机器译文与参考答案的长度差距，其余操作无非是插入词或删除词，忽略了词序的错误，这样往往会高估译文质量。

2. 基于 n-gram 的方法

BLEU 是目前使用最广泛的自动评价指标。BLEU 是 Bilingual Evaluation Understudy 的缩写，由 IBM 的研究人员在 2002 年提出[128]，通过 n-gram 匹配的方式评定机器翻译结果和参考答案之间的相似度。机器译文越接近参考答案，质量越高。n-gram 是指 n 个连续单词组成的单元，称为 n 元语法单元（见第 3 章）。n 越大，表示评价时考虑的匹配片段越大。

在 BLEU 的计算过程中，先计算待评价机器译文中 n-gram 在参考答案中的匹配率，称为**n-**

gram **准确率**（n-gram Precision），其计算方法如下：

$$P_n = \frac{\text{count}_{\text{hit}}}{\text{count}_{\text{output}}} \tag{4.4}$$

其中，$\text{count}_{\text{hit}}$ 表示机器译文中 n-gram 在参考答案中命中的次数，$\text{count}_{\text{output}}$ 表示机器译文中总共有多少 n-gram。为了避免同一个词被重复计算，BLEU 的定义中使用截断的方式定义 $\text{count}_{\text{hit}}$ 和 $\text{count}_{\text{output}}$。

实例 4.2 机器译文：the the the the
参考答案：The cat is standing on the ground.

在实例 4.2 中，在引入截断方式之前，该机器译文的 1-gram 准确率为 4/4 = 1，这显然是不合理的。在引入截断方式之后，"the" 在译文中出现 4 次，在参考答案中出现 2 次，截断操作取二者的最小值，即 $\text{count}_{\text{hit}} = 2$, $\text{count}_{\text{output}} = 4$，该译文的 1-gram 准确率为 2/4。

令 N 表示最大 n-gram 的大小，则译文整体的准确率等于各 n-gram 的加权平均：

$$P_{\text{avg}} = \exp(\sum_{n=1}^{N} w_n \cdot \log P_n) \tag{4.5}$$

但是，该方法倾向于对短句打出更高的分数。一个极端的例子是译文只有很少的几个词，但是都命中答案，准确率很高，可显然不是好的译文。因此，BLEU 引入**短句惩罚因子**（Brevity Penalty，BP）的概念，对短句进行惩罚：

$$BP = \begin{cases} 1 & c > r \\ \exp(1 - \frac{r}{c}) & c \leqslant r \end{cases} \tag{4.6}$$

其中，c 表示机器译文的句子长度，r 表示参考答案的句子长度。最终，BLEU 的计算公式为

$$BLEU = BP \cdot \exp(\sum_{n=1}^{N} w_n \cdot \log P_n) \tag{4.7}$$

实际上，BLEU 的计算也是一种综合考虑**准确率**（Precision）和**召回率**（Recall）的方法。式 (4.7) 中，$\exp(\sum_{n=1}^{N} w_n \cdot \log P_n)$ 是准确率的表示；BP 是召回率的度量，它会惩罚过短的结果。这种设计与分类系统中的评价指标 F1 值有相通之处[145]。

从机器翻译的发展来看，BLEU 的意义在于为系统研发人员提供了一种简单、高效、可重复的自动评价手段，在研发机器翻译系统时可以不依赖人工评价。同时，BLEU 也有很多创新之处，包括引入 n-gram 的匹配、截断计数和短句惩罚等。NIST 等很多评价指标都受到 BLEU 的启发。

此外，BLEU 本身也有很多不同的实现方式，包括 IBM-BLEU[128]、NIST-BLEU①、BLEU-SBP[146]、ScareBLEU[147] 等，使用不同的实现方式得到的评价结果会有差异。因此，在使用 BLEU 进行评价时，需要确认其实现细节，以保证结果与相关工作评价要求相符。

还需要注意的是，BLEU 的评价结果与所使用的参考答案数量有很大相关性。如果参考答案数量多，则 n-gram 匹配的概率变大，BLEU 的结果也会偏高。同一个系统，在不同数量的参考答案下进行 BLEU 评价，结果相差 10 个点都十分正常。此外，考虑测试的同源性等因素，相似系统在不同测试条件下的 BLEU 结果的差异可能会更大，这时可以采用人工评价的方式得到更准确的评价结果。

虽然 BLEU 被广泛使用，但其并不完美，甚至经常被人诟病。例如，它需要依赖参考答案，而且评价结果有时与人工评价不一致。另外，BLEU 评价只是单纯地从词串匹配的角度思考翻译质量的好坏，并没有真正考虑句子的语义是否翻译正确。但毫无疑问，BLEU 仍然是机器翻译中最常用的评价方法。在没有找到更好的替代方案之前，BLEU 仍是机器翻译研究中最重要的评价指标之一。

4.3.2 基于词对齐的评价方法

基于词对齐的方法，顾名思义，就是根据参考答案中的单词与译文中的单词之间的对齐关系对机器翻译译文进行评价。词对齐的概念也被用于统计机器翻译的建模（见第 5 章），这里借用了相同的思想来度量机器译文与参考答案之间的匹配程度。在基于 n-gram 匹配的评价方法中（如 BLEU），BP 可以起到度量召回率的作用，但是这类方法并没有对召回率进行准确的定义。与其不同的是，基于词对齐的方法在机器译文的单词和参考答案的单词之间建立了一对一的对应关系，这种评价方法在引入准确率的同时，还能显性地引入召回率作为评价所考虑的因素。

在基于词对齐的自动评价方法中，一种典型的方法是 Meteor。该方法通过计算精确的**单词到单词**（Word-to-Word）的匹配来度量一个译文的质量[148]，并且在精确匹配之外，引入了"波特词干"匹配和"同义词"匹配。在下面的内容中，将利用实例对 Meteor 方法进行介绍。

实例 4.3　机器译文：Can I have it like he?
　　　　　参考答案：Can I eat this can like him?

在 Meteor 方法中，先在机器译文的单词与参考答案的单词之间建立对应关系，再根据其对应关系计算准确率和召回率。

（1）在机器译文与参考答案之间建立单词的对应关系。在建立单词之间的对应关系的过程中，主要涉及 3 个模型，在对齐过程中依次使用这 3 个模型进行匹配：

- **精确模型**（Exact Model）。精确模型在建立单词对应关系时，要求机器译文端的单词与参考答案端的单词完全一致，并且在参考答案端至多有 1 个单词与机器译文端的单词对应，否则会

①NIST-BLEU 是指美国国家标准与技术研究院（NIST）开发的机器翻译评价工具 mteval 中实现的一种 BLEU 计算的方法。

将其视为多种对应情况。对于实例 4.3，使用精确模型，共有两种匹配结果，如图 4.2 所示。

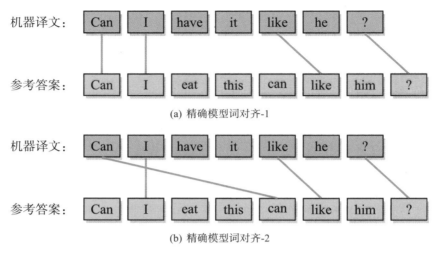

(a) 精确模型词对齐-1

(b) 精确模型词对齐-2

图 4.2　精确模型词对齐

- **"波特词干"模型**（Porter Stem Model）。该模型在精确匹配结果的基础上，对尚未对齐的单词进行基于词干的匹配，只需机器译文端单词与参考答案端单词的词干相同，如实例 4.3 中的"he"和"him"。对图 4.2 所示的词对齐结果使用"波特词干"模型，得到如图 4.3 所示的结果。

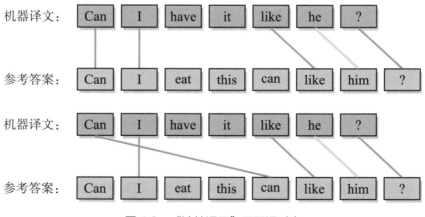

图 4.3　"波特词干"匹配词对齐

- **"同义词"模型**（WN Synonymy Model）。如图 4.4 所示，该模型在前两个模型匹配结果的基础上，对尚未对齐的单词进行同义词匹配，即基于 WordNet 词典匹配机器译文与参考答案中的同义词。如实例 4.3 中的"eat"和"have"。

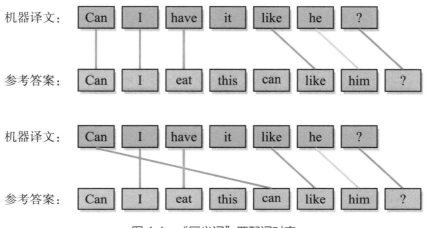

图4.4　"同义词"匹配词对齐

　　经过以上处理，可以得到机器译文与参考答案之间的单词对齐关系。下一步需要从中确定一个拥有最大的子集的对齐关系，即机器译文中被对齐的单词个数最多的对齐关系。在上例中，两种对齐关系的子集基数相同，在这种情况下，需要选择一个在对齐关系中交叉现象出现最少的对齐关系。于是，最终的词对齐关系如图 4.5 所示。

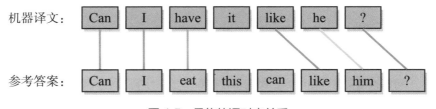

图4.5　最终的词对齐关系

（2）在得到机器译文与参考答案的对齐关系后，需要基于对齐关系计算准确率和召回率。
准确率：机器译文中命中单词数与机器译文单词总数的比值。即

$$P = \frac{\text{count}_{\text{hit}}}{\text{count}_{\text{candidate}}} \tag{4.8}$$

召回率：机器译文中命中单词数与参考答案单词总数的比值。即

$$R = \frac{\text{count}_{\text{hit}}}{\text{count}_{\text{reference}}} \tag{4.9}$$

（3）计算机器译文的得分。利用**调和均值**（Harmonic-mean）将准确率和召回率结合起来，并

加大召回率的重要性，将其权重调大，如将召回率的权重设为 9：

$$F_{\text{mean}} = \frac{10PR}{R + 9P} \tag{4.10}$$

在上文提到的评价指标中，无论是准确率、召回率还是 F_{mean}，都是基于单个词信息衡量译文质量的，忽略了语序问题。为了将语序问题考虑进来，Meteor 会考虑更长的匹配：将机器译文按照最长匹配长度分块。"块数"较多的机器译文与参考答案的对齐更加散乱，这意味着其语序问题更多，因此 Meteor 会对这样的译文给予惩罚。例如，在图 4.5 显示的最终词对齐结果中，机器译文被分为 3 个"块"——"Can I have it" "like he" "?"。在这种情况下，虽然得到的准确率、召回率都不错，但最终会受到很严重的惩罚。这种罚分机制能够识别出机器译文中的词序问题，因为当待测译文词序与参考答案相差较大时，机器译文将被分割得比较零散，这种惩罚机制的计算公式如式 (4.11)，其中 count$_{\text{chunks}}$ 表示匹配的块数。

$$\text{Penalty} = 0.5 \cdot \left(\frac{\text{count}_{\text{chunks}}}{\text{count}_{\text{hit}}} \right)^3 \tag{4.11}$$

Meteor 评价方法的最终评分为

$$\text{score} = F_{\text{mean}} \cdot (1 - \text{Penalty}) \tag{4.12}$$

Meteor 是经典的自动评价方法之一。它的创新点在于引入了词干匹配和同义词匹配，扩大了词汇匹配的范围。Meteor 评价方法被提出后，很多人尝试对其进行改进，使其评价结果与人工评价结果更相近。例如，Meteor-next 在 Meteor 的基础上增加**释义匹配器**（Paraphrase Matcher），利用该匹配器能够捕获机器译文中与参考答案意思相近的短语，从而在短语层面进行匹配。此外，这种方法还引入了**可调权值向量**（Tunable Weight Vector），用于调节每个匹配类型的相应贡献[149]。Meteor 1.3 在 Meteor 的基础上增加了改进的**文本规范器**（Text Normalizer），同时引入了更高精度的释义匹配及用来区分内容词和功能词的指标，其中文本规范器能够根据一些规范化规则，将机器译文中意义等价的标点减少到通用的形式；区分内容词和功能词能够得到更为准确的词汇对应关系[150]。Meteor Universal 则通过机器学习的方法学习不同语言的可调权值，在对低资源语言进行评价时可对其进行复用，从而实现对低资源语言的译文更准确的评价[151]。

由于召回率反映参考答案在何种程度上覆盖目标译文的全部内容，而 Meteor 在评价过程中显式引入召回率，所以 Meteor 的评价与人工评价更为接近。但 Meteor 评价方法需要借助同义词表、功能词表等外部数据，当外部数据中的目标词对应不正确或缺失相应的目标词时，评价水准就会降低。特别是，针对汉语等与英语差异较大的语言，使用 Meteor 评价方法也会面临很多挑战。不仅如此，超参数的设置和使用，对于评分也有较大影响。

4.3.3 基于检测点的评价方法

基于词串比对和基于词对齐的自动评价方法中提出的 BLEU、TER 等评价指标可以对译文的整体质量进行评估，但是缺乏对具体问题的细致评价。在很多情况下，研究人员需要知道系统是否能够处理特定类型的翻译问题，而不是得到一个笼统的评价结果。基于检测点的方法正是基于此想法[152]。这种评价方法的优点在于，在对机器翻译系统给出一个总体评价的同时，针对系统在具体问题上的翻译能力进行评估，方便比较不同翻译模型的性能。这种方法也被多次用于机器翻译比赛的译文质量评估。

基于检测点的评价方法根据事先定义好的语言学检测点对译文的相应部分进行打分。如下是几个英中翻译中的检测点实例：

实例 4.4 They got up at six this morning .

他们/今天/早晨/六点钟/起床/。

检测点：时间词的顺序

实例 4.5 There are nine cows on the farm .

农场/里/有/九/头/牛。

检测点：量词 "头"

实例 4.6 His house is on the south bank of the river .

他/的/房子/在/河/的/南岸/。

We keep our money in a bank .

我们/在/一家/银行/存钱/。

检测点：bank 的多义翻译

该方法的关键在于检测点的获取。有工作曾提出一种从平行双语句子中自动提取检查点的方法[153]，借助大量的双语词对齐平行语料，利用自然语言处理工具对其进行词性标注、句法分析等处理，利用预先构建的词典和人工定义的规则，识别语料中不同类别的检查点，从而构建检查点数据库。将检查点分别设计为单词级（如介词、歧义词等）、短语级（如固定搭配）、句子级（特殊句型、复合句型等），在对机器翻译系统进行评价时，在检查点数据库中分别选取不同类别的检查点对应的测试数据进行测试，从而了解机器翻译系统在各种重要语言现象中的翻译能力。除此之外，这种方法也能用于比较机器翻译系统的性能，通过为各个检查点分配合理的权重，用翻译系统在各个检查点得分的加权平均作为系统得分，从而对机器翻译系统的整体水平做出评价。

基于检测点的评价方法的意义在于，它并不是简单给出一个分数，反而更像是一种诊断型评估方法，能够帮助系统研发人员定位系统问题。因此，这类方法常被用在对机器翻译系统的翻译能力进行分析上，是对 BLEU 等整体评价指标的一种有益补充。

4.3.4 多策略融合的评价方法

前面介绍的几种自动评价方法大多是从某个单一的角度比对机器译文与参考答案之间的相似度，如 BLEU 更关注 n-gram 是否命中，Meteor 更关注机器译文与参考答案之间的词对齐信息，WER、PER 与 TER 等方法只关注机器译文与参考译文之间的编辑距离。此外，还有一些方法比较关注机器译文和参考译文在语法、句法方面的相似度。无一例外的是，每种自动评价的关注点都是单一的，无法对译文质量进行全面、综合的评价。为了克服这种限制，研究人员提出了一些基于多策略融合的译文质量评估方法，以期提高自动评价与人工评价结果的一致性。

基于策略融合的自动评价方法往往会将多个基于词汇、句法和语义的自动评价方法融合在内，其中比较核心的问题是如何将多个评价方法合理地组合。目前提出的方法中颇具代表性的是使用参数化方法和非参数化方法对多种自动评价方法进行筛选和组合。

参数化组合方法的实现主要有两种方式：一种方式是广泛使用不同的译文质量评价作为特征，借助回归算法实现多种评价策略的融合[154, 155]；另一种方式是对各种译文质量评价方法的结果进行加权求和，并借助机器学习算法更新内部的权重参数，从而实现多种评价策略的融合[156]。

非参数化组合方法的思想与贪心算法异曲同工：以与人工评价的相关度为标准，将多个自动评价方法降序排列，依次尝试将其加入最优策略集合中，如果能提高最优策略集合的"性能"，则将该自动评价方法加入最优策略集合中，否则不加入。其中，最优策略集合的"性能"用 QUEEN 定义[157]。该方法是首次尝试使用非参数的组合方式，将多种自动评价方法进行融合，不可避免地存在一些瑕疵。一方面，在评价最优策略集合性能时，一个源文至少需要 3 个参考答案；另一方面，这种"贪心"的组合策略很有可能得到局部最优的组合。

与单一的自动方法相比，多策略融合的自动评价方法能够从多角度对机器译文进行综合评价，这显然是一个模拟人工评价的过程，因而多策略融合的自动评价结果也与人工评价结果更接近。对于不同的语言，多策略融合的评价方法需要不断调整最优策略集合或调整组合方法内部的参数，才能达到最佳的评价效果，这个过程势必比单一的自动评价方法更烦琐。

4.3.5 译文多样性

在自然语言中，由于句子的灵活排序和大量同义词的存在，导致同一个源语言句子可能对应几百，甚至更多个合理的目标语言译文。然而，上文提到的几种人工评价仅仅比较机器译文与有限数量的参考答案之间的差距，得出的评价结果往往低估了机器译文的质量。为了改变这种窘况，一个很自然的想法是增大参考答案集或是直接比较机器译文与参考答案在词法、句法和语义等方面的差距。

1. 增大参考答案集

BLEU、Meteor、TER 等自动评价方法的结果往往与人工评价结果存在差距。这些自动评价方法直接比对机器译文与有限数量的参考答案之间的"外在差异"，由于参考答案集可覆盖的人类译文数量过少，当机器译文十分合理却未被包含在参考答案集中时，其质量会被过分低估。

HyTER 自动评价方法致力于得到所有可能译文的紧凑编码，从而实现在自动评价过程中访问所有合理的译文[158]的目的。这种评价方法的原理非常简单：

- 通过注释工具标记一个短语的所有备选含义（同义词）并将其存储在一起，作为一个同义单元。可以认为每个同义单元表达了一个语义概念。在生成参考答案时，可以用同义单元对某参考答案中的短语进行替换，生成一个新的参考答案。例如，将中文句子"对提案的支持率接近 0"翻译为英文，同义单元有以下几种：

[THE-SUPPORT-RATE]:
　　<the level of approval; the approval level; the approval rate ; the support rate>
[CLOSE-TO]:
　　<close to; about equal to; practically>

- 通过已有同义单元和附加单词的组合覆盖更大的语言片段。在生成参考答案时，采用这种方式不断覆盖更大的语言片段，直到将所有可能的参考答案都覆盖。例如，可以将短语 [THE-SUPPORT-RATE] 与 "the proposal" 组合为 "[THE-SUPPORT-RATE] for the proposal"。
- 利用同义单元的组合将所有合理的人类译文都编码出来。将中文句子"对提案的支持率接近 0"翻译为英文，图 4.6 展示了其参考答案集的表示方式。

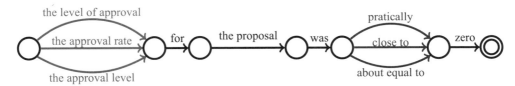

图 4.6　HyTER 中参考答案集的表示方式

HyTER 方法通过构造同义单元的方式，列举了译文中每个片段的所有可能的表示方式，从而增多参考答案的数量，图 4.6 中的每一条路径都代表一个参考答案。这种对参考答案集进行编码的方式存在的问题是：同义单元之间的组合往往存在一定的限制关系[159]，使用 HyTER 方法会导致参考答案集中包含错误的参考答案。

实例 4.7 *将中文"市政府批准了一项新规定"分别翻译为英语和捷克语，使用 HyTER 构造的参考答案集分别如图 4.7(a) 和图 4.7(b) 所示[159]。*

在捷克语中，主语"městská rada"或"zastupitelstvo města"的性别必须由动词反映，因此上述捷克语的参考答案集中存在语法错误。为了避免此类现象发生，研究人员在同义单元中加入了将同义单元组合在一起必须满足的限制条件[159]，从而在增大参考答案集的同时确保了每个参考答案的准确性。

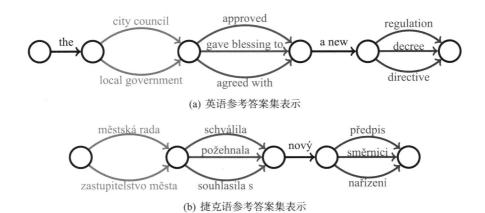

(a) 英语参考答案集表示

(b) 捷克语参考答案集表示

图 4.7 使用 HyTER 构造的参考答案集

将参考答案集扩大后，可以沿用 BLEU、NIST 等基于 n 元语法的方法进行自动评价，但传统方法往往会忽略多重参考答案中的重复信息，于是对每个 n 元语法进行加权的自动评价方法被提出[160]。该方法根据每个 n 元语法单元的长度、在参考答案集中出现的次数、被虚词（如"the""by""a"等）分开后的分散度，确定其在计算最终分数时所占的权重。以 BLEU 为例（见 4.3.1 节），可以将式 (4.7) 改写为

$$\text{BLEU} = \text{BP} \cdot \exp \left(\sum_{n=1}^{N} w_n \cdot \log(I_n \cdot P_n) \right) \tag{4.13}$$

$$I_n = n\text{-gram}_{\text{diver}} \cdot \log \left(n + \frac{M}{\text{count}_{\text{ref}}} \right) \tag{4.14}$$

其中，I_n 为某个 n 元语法单元分配的权重，M 为参考答案集中出现该 n-gram 中的参考答案的数量，$\text{count}_{\text{ref}}$ 为参考答案集大小。$n\text{-gram}_{\text{diver}}$ 为该 n-gram 的分散度，用 n-gram 种类的数量与语法单元总数的比值计算。

需要注意的是，HyTER 方法对参考译文的标注有特殊要求，因此需要单独培训译员并开发相应的标注系统。这在一定程度上增加了该方法被使用的难度。

2. 利用分布式表示进行质量评价

词嵌入（Word Embedding）技术是近些年自然语言处理领域的重要成果，其思想是把每个单词映射为多维实数空间中的一个点（具体表现为一个实数向量），这种技术也被称作单词的**分布式表示**（Distributed Representation）。在这项技术中，单词之间的关系可以通过空间的几何性质来刻画，意义相近的单词之间的欧氏距离也十分相近（单词分布式表示的具体内容将在第 9 章详细介绍，在此不再赘述）。

　　受词嵌入技术的启发，研究人员尝试借助参考答案和机器译文的分布式表示进行译文质量评价，为译文质量评价提供了新思路。在自然语言的上下文中，表示是与每个单词、句子或文档相关联的数学对象。这个对象通常是一个向量，其中每个元素的值在某种程度上描述了相关单词、句子或文档的语义或句法属性。基于这个想法，研究人员提出了**分布式表示评价度量**（Distributed Representations Evaluation Metrics，DREEM）[161]。这种方法将单词或句子的分布式表示映射到连续的低维空间，发现在该空间中，具有相似句法和语义属性的单词彼此接近，类似的结论也出现在相关工作中，可参考文献 [72, 162, 163]。这个特点可以被应用到译文质量评估中。

　　在 DREEM 中，分布式表示的选取十分关键，在理想情况下，分布式表示应该涵盖句子在词汇、句法、语法、语义、依存关系等各个方面的信息。目前，常见的分布式表示方式如表 4.2 所示。除此之外，还可以通过词袋模型、循环神经网络等将词向量表示转换为句子向量表示。

表 4.2　常见的分布式表示方式

单词分布表示	句子分布表示
One-hot 词向量	RAE 编码[162]
Word2Vec 词向量[164]	Doc2Vec 向量[165]
Prob-fasttext 词向量[166]	ELMO 预训练句子表示[167]
GloVe 词向量[168]	GPT 句子表示[126]
ELMO 预训练词向量[167]	BERT 预训练句子表示[125]
BERT 预训练词向量[125]	Skip-thought 向量[169]

　　DREEM 方法中选取了能够反映句子中使用的特定词汇的 One-hot 向量、能够反映词汇信息的词嵌入向量[72]、能够反映句子的合成语义信息的**递归自动编码**（Recursive Auto-encoder Embedding，RAE），将这 3 种表示级联在一起，最终形成句子的向量表示。得到机器译文和参考答案的上述分布式表示后，利用余弦相似度和长度惩罚对机器译文质量进行评价。机器译文 o 和参考答案 g 之间的相似度如式 (4.15) 所示，其中 $v_i(o)$ 和 $v_i(g)$ 分别是机器译文和参考答案的向量表示中的第 i 个元素，N 是向量表示的维度大小。

$$\cos(t, r) = \frac{\sum_{i=1}^{N} v_i(o) \cdot v_i(g)}{\sqrt{\sum_{i=1}^{N} v_i^2(o)} \sqrt{\sum_{i=1}^{N} v_i^2(g)}} \tag{4.15}$$

　　在此基础上，DREEM 方法还引入了长度惩罚项，对与参考答案长度相差太多的机器译文进行惩罚，长度惩罚项如式 (4.16) 所示，其中 l_o 和 l_g 分别为机器译文和参考答案的长度：

$$\mathrm{BP} = \begin{cases} \exp(1 - l_g/l_o) & l_o < l_g \\ \exp(1 - l_o/l_g) & l_o \geqslant l_g \end{cases} \tag{4.16}$$

机器译文的最终得分如下，其中 α 是一个需要手动设置的参数：

$$\mathrm{score}(o, g) = \cos^{\alpha}(o, g) \times \mathrm{BP} \tag{4.17}$$

本质上，分布式表示是一种对句子语义的统计表示。因此，它可以帮助评价系统捕捉一些在简单的词或句子片段中不易发现的现象，进而进行更深层的句子匹配。

在 DREEM 方法取得成功后，基于词嵌入的词对齐自动评价方法被提出[170]，该方法先得到机器译文与参考答案的词对齐关系，通过对齐关系中两者的词嵌入相似度计算机器译文与参考答案的相似度，公式如式 (4.18)。其中，o 是机器译文，g 是参考答案，m 表示译文 o 的长度，l 表示参考答案 g 的长度，函数 $\varphi(o, g, i, j)$ 用来计算 o 中第 i 个词和 g 中第 j 个词之间对齐关系的相似度：

$$\mathrm{ASS}(o, g) = \frac{1}{m \cdot l} \sum_{i=1}^{m} \sum_{j=1}^{l} \varphi(o, g, i, j) \tag{4.18}$$

此外，将分布式表示与相对排序融合也是一个很有趣的想法[171]，在这个尝试中，研究人员利用分布式表示提取参考答案和多个机器译文中的句法信息与语义信息，利用神经网络模型对多个机器译文进行排序。

在基于分布式表示的这类译文质量评价方法中，译文和参考答案的所有词汇信息、句法信息、语义信息都包含在句子的分布式表示中，虽然克服了单一参考答案的限制，但带来了新的问题：一方面，将句子转化成分布式表示，使评价过程变得不那么具有可解释性；另一方面，分布式表示的质量会对评价结果有较大的影响。

4.3.6 相关性与显著性

近年来，随着多种有参考答案的自动评价方法的提出，译文质量评价已经渐渐从大量的人力工作中解脱，转而依赖自动评价技术。然而，一些自动评价结果的可靠性、置信性及参考价值仍有待商榷。自动评价结果与人工评价结果的相关性及其自身的统计显著性，都是衡量其可靠性、置信性及参考价值的重要标准。

1. 自动评价与人工评价的相关性

相关性（Correlation）是统计学中的概念，当两个变量之间存在密切的依赖或制约关系，却无法确切地表示时，可以认为两个变量之间存在"相关关系"，常用"相关性"作为衡量关系密切程度的标准[172]。对于相关关系，虽然无法求解两个变量之间确定的函数关系，但通过大量的观测数据，能够发现变量之间存在的统计规律性，而"相关性"也同样可以利用统计手段获取。

在机器译文质量评价工作中，相比人工评价，有参考答案的自动评价具有效率高、成本低的优点，因而广受机器翻译系统研发人员青睐。在这种情况下，自动评价结果的可信度一般取决于它们与可靠的人工评价之间的相关性。随着越来越多有参考答案的自动评价方法的提出，"与可靠的人工评价之间的相关性"也被视为衡量一种新的自动评价方法是否可靠的标准。

很多工作都曾对 BLEU、NIST 等有参考答案的自动评价与人工评价的相关性进行研究和讨论，其中也有很多工作对"相关性"的统计过程做过比较详细的阐述。在"相关性"的统计过程中，一般会分别利用人工评价方法和某种有参考答案的自动评价方法对若干个机器翻译系统的输出进行等级评价[173] 或相对排序[174]，对比两种评价方法的评价结果是否一致。该过程中的几个关键问题可能会对最终结果产生影响：

- **源语言句子的选择**。机器翻译系统一般以单句作为翻译单元，因而评价过程中涉及的源语言句子是脱离上下文语境的单句[173]。
- **人工评估结果的产生**。人工评价过程采用只提供标准高质量参考答案的单语评价方法，由多位评委对译文质量做出评价后对结果进行平均，作为最终的人工评价结果[173]。
- **自动评价中参考答案的数量**。在有参考答案的自动评价过程中，为了使评价结果更准确，一般会设置多个参考答案。参考答案数量的设置会对自动评价与人工评价的相关性产生影响，也有很多工作对此进行了研究。例如，人们发现有参考答案的自动评价方法在区分人类翻译和机器翻译时，设置 4 个参考答案的区分效果远优于设置 2 个参考答案[175] 的；也有人曾专注于研究怎样设置参考答案数量才能产生最高的相关性[176]。
- **自动评价中参考答案的质量**。直觉上，自动评价中参考答案的质量会影响最终的评价结果，从而对相关性的计算产生影响。然而，有相关实验表明，只要参考答案的质量不过分低劣，在很多情况下，自动评价都能得到相同的评价结果[177]。

目前，在机器译文质量评价领域，有很多研究工作尝试比较各种有参考答案的自动评价方法（主要以 BLEU、NIST 等基于 n-gram 的方法为主）与人工评价方法的相关性。整体来看，这些方法与人工评价方法具有一定的相关性，自动评价结果能较好地反映译文质量[173, 178]。

也有相关研究指出，不应该对有参考答案的自动评价方法过于乐观，而应该持谨慎态度，因为目前的自动评价方法对于流利度的评价并不可靠，同时，参考答案的体裁和风格会对自动评价结果产生很大影响[175]。另外，有研究人员提出，在机器翻译研究过程中，在忽略实际示例翻译的前提下，BLEU 分数的提高并不意味着翻译质量的真正提高，而在一些情况下，为了实现翻译质量的显著提高，并不需要提高 BLEU 分数[179]。

2. 自动评价方法的统计显著性

使用自动评价方法的目的是比较不同系统之间性能的差别。例如，对某个机器翻译系统进行改进后，它的 BLEU 值从 40.0% 提升到 40.5%，能说改进后的系统真的比改进前的系统的翻译品质更好吗？实际上，这也是统计学中经典的**统计假设检验**（Statistical Hypothesis Testing）问题[180]。统计假设检验的基本原理是：如果对样本总体的某种假设是真的，那么不支持该假设的小概率事件几乎是不可能发生的；一旦这种小概率事件在某次试验中发生了，就有理由拒绝原始的假设。例如，对于上面提到的例子，可以假设：

- **原始假设**：改进后的翻译品质比改进前更好。

- **小概率事件**（备择假设）：改进后和改进前比，翻译品质相同甚至更差。

统计假设检验的流程如图 4.8 所示。其中的一个关键步骤是检验一个样本集合中是否发生了小概率事件。怎样才算是小概率事件呢？例如，可以定义概率不超过 0.1 的事件就是小概率事件，甚至可以定义这个概率为 0.05、0.01。通常，这个概率被记为 α，也就是常说的**显著性水平**（Significance Level），而显著性水平更准确的定义是"去真错误"的概率，即原假设为真但是拒绝了它的概率。

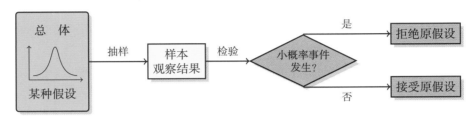

图 4.8　统计假设检验的流程

回到机器翻译评价的问题中来。一个更基础的问题是：一个系统评价结果的变化在多大范围内是不显著的。利用假设检验的原理，这个问题可以被描述为：评价结果落在 $[x-d, x+d]$ 区间的置信度是 $1-\alpha$。换句话说，当系统性能落在 $[x-d, x+d]$ 外时，就可以说这个结果与原始的结果有显著性差异。这里，x 通常是系统译文的 BLEU 计算结果，$[x-d, x+d]$ 是其对应的置信区间。d 和 α 有很多计算方法，例如，如果假设评价结果服从正态分布，则 d 为

$$d = t\frac{s}{\sqrt{n}} \tag{4.19}$$

其中，s 是标准差，n 是样本数。t 是一个统计量，它与假设检验的方式、显著性水平、样本数量有关。

在机器翻译评价中，使用假设检验的另一个关键是如何进行抽样。需要注意的是，这里的样本是指一个机器翻译的测试集，因为 BLEU 等指标都是在整个测试集上计算的，而非简单地通过句子级评价结果进行累加。为了保证假设检验的充分性，需要构建多个测试集，以模拟从所有潜在的测试集空间中采样的行为。

最常用的方法是使用 Bootstrap 重采样技术[181] 从一个固定测试集中采样不同的句子组成不同的测试集，之后在这些测试集上进行假设检验[182]。此后，有工作指出，Bootstrap 重采样方法存在隐含假设的不合理之处，并提出了使用近似随机化[183] 方法计算自动评价方法的统计显著性[184]。另有研究工作着眼于研究自动评价结果差距大小、测试集规模、系统相似性等因素对统计显著性的影响，以及在不同领域的测试语料中计算的统计显著性是否具有通用性的问题[185]。

在所有自然语言处理系统的结果对比中，显著性检验是十分必要的。很多时候，不同系统性能的差异性很小，因此需要确定一些微小的进步是"真"的，还是随机事件。但是从实践的角度看，当某个系统的性能提升到一个绝对值时，这种提升效果往往是显著的。例如，在机器翻译中，

BLEU 提升 0.5% 一般都是比较明显的进步。也有研究对这种观点进行了论证，也发现其中具有一定的科学性[185]。因此，在机器翻译系统研发中，类似的方式也是可以采用的。

4.4 无参考答案的自动评价

无参考答案自动评价在机器翻译领域又被称作**质量评估**（Quality Estimation，QE）。与传统的译文质量评价方法不同，质量评估旨在不参照标准译文的情况下，对机器翻译系统的输出（在单词、短语、句子、文档等层次上）进行评价。

人们对于无参考答案自动评价的需求大多来源于机器翻译的实际应用。例如，在机器翻译的译后编辑过程中，译员不仅希望了解机器翻译系统的整体翻译质量，还需要了解该系统在某个句子上的表现：该机器译文的质量是否很差？需要修改的内容有多少？是否值得进行后编辑？这时，译员更加关注系统在单个数据点上（如一段话）的可信度，而非系统在测试数据集上的平均质量。然而，过多的人工介入无法保证使用机器翻译所带来的高效性，因此在机器翻译输出译文的同时，需要质量评估系统给出对译文质量的预估结果。这些需求也促使研究人员在质量评估问题上投入更多的研究力量。WMT、CCMT 等知名机器翻译评测中都设置了相关任务，使其受到了业界的关注。

4.4.1 质量评估任务

质量评估任务本质上是通过预测一个能够反映评价单元的质量标签，在各个层次上对译文进行质量评价。上文提到，质量评估任务通常被划分为单词级、短语级、句子级和文档级，接下来将对各个级别的任务进行更加详细的介绍。

1. 单词级质量评估

机器翻译系统在翻译某个句子时，会出现各种类型的错误，这些错误大多是单词翻译问题，如单词出现歧义、单词漏译、单词错译、词形转化错误等。单词级质量评估以单词为评估单元，目的是确定译文句子中每个单词的所在位置是否存在翻译错误和单词漏译现象。

单词级质量评估任务可以被定义为：参照源语言句子，以单词为评价单位，自动标记机器译文中的错误。其中的"错误"包括单词错译、单词词形错误、单词漏译等。在单词级质量评估任务中，输入是机器译文和源语言句子，输出是一系列标签序列，即图 4.9 中的 Source tags、MT tags 和 Gap tags，标签序列中的每个标签对应翻译中的每个单词（或其间隙），并表明该位置是否出现错误。

下面以实例 4.8 为例介绍该任务的具体内容。在实例 4.8 中加入后编辑结果方便读者理解任务内容，实际上，质量评估任务在预测质量标签时并不依赖后编辑结果：

实例 4.8 单词级质量评估任务

　　　源句（Source）：Draw or select a line.（英语）

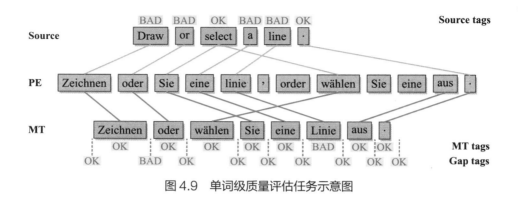

图 4.9　单词级质量评估任务示意图

机器译文（MT）：Zeichnen oder wählen Sie eine Linie aus.（德语）

后编辑结果（PE）：Zeichnen oder Sie eine Linie, oder wählen Sie eine aus.（德语）

单词级质量评估主要通过以下 3 类错误评价译文好坏：

- **找出译文中翻译错误的单词**。单词级质量评估任务要求预测一个与译文等长的质量标签序列，该标签序列反映译文端的每个单词是否能够准确表达出其对应的源端单词的含义，若可以，则标签为"OK"，反之则为"BAD"。图 4.9 中的连线表示单词之间的对齐关系，MT tags 为该过程中需要预测的质量标签序列。
- **找出源文中导致翻译错误的单词**。单词级质量评估任务还要求预测一个与源文等长的质量标签序列，该标签序列反映源文端的每个单词是否会导致本次翻译出现错误，若不会，则标签为"OK"，反之则为"BAD"。图 4.9 中的 Source tags 为该过程中的质量标签序列。在具体应用时，质量评估系统往往先预测译文端的质量标签序列，并根据源文与译文之间的对齐关系，推测源端的质量标签序列。
- **找出在翻译句子时出现漏译现象的位置**。单词级质量评估任务也要求预测一个能够捕捉到漏译现象的质量标签序列，在译文端单词的两侧位置进行预测，若某位置未出现漏译，则该位置的质量标签为"OK"，否则为"BAD"。图 4.9 中的 Gap tags 为该过程中的质量标签序列。为了检测句子翻译中的漏译现象，需要在译文中标记缺口，即译文中的每个单词两边各有一个"GAP"标记，如图 4.9 所示。

2. 短语级质量评估

短语级质量评估可以看作单词级质量评估任务的扩展：机器翻译系统引发的错误往往是相互关联的，在解码过程中，某个单词出错会导致更多的错误，特别是在其局部上下文中。以单词的"局部上下文"为基本单元进行质量评估即为短语级质量评估。

短语级质量评估与单词级质量评估类似，其目标是找出短语中的翻译错误、短语内部语序问题及漏译问题。短语级质量评估任务可以被定义为：以若干个连续单词组成的短语为基本评估单位，参照源语言句子，自动标记短语内部的短语错误及短语之间是否存在漏译。短语错误包括短语内部单词的错译和漏译、短语内部单词的语序错误；而漏译则特指短语之间的漏译错误。在短语级质量评估任务中，输入是机器译文和源语言句子，输出是一系列标签序列，即图 4.10 中的Phrase-target tags、Gap tags，标签序列中的每个标签对应翻译中的每个单词，并表明该位置是否出现错误。

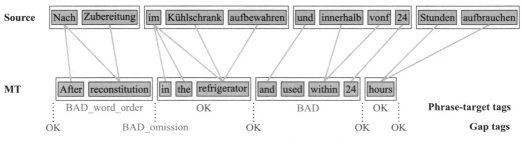

图 4.10　短语级质量评估任务示意图

下面以实例 4.9 为例介绍该任务的具体内容：

实例 4.9　短语级质量评估任务（短语间用 ‖ 分隔）

　　源句（Source）：Nach Zubereitung ‖ im Kühlschrank aufbewahren ‖ und innerhalb von 24 ‖ Stunden aufbrauchen.（德语）

　　机器译文（MT）：After reconstitution ‖ in the refrigerator ‖ and used within 24 ‖ hours.（英语）

短语级质量评估任务主要通过以下两类错误评价译文好坏：

- **找出译文中翻译错误的短语**。要求预测出一个能够捕捉短语内部单词翻译错误、单词漏译及单词顺序错误的标签序列。该序列中的每个标签都对应着一个短语，若短语不存在任何错误，则标签为 "OK"；若短语内部存在单词翻译错误和单词漏译，则标签为 "BAD"；若短语内部的单词顺序存在问题，则标签为 "BAD_word_order"。图 4.10 中的连线表示单词之间的对齐关系，每个短语由一个及以上单词组成，Phrase-target tags 为该过程中需要预测的质量标签序列。

- **找出译文中短语之间的漏译错误**。短语级质量评估任务也要求预测一个能够捕捉到短语间的漏译现象的质量标签序列，在译文端短语的两侧的位置进行预测，若某位置未出现漏译，则该位置的质量标签为 "OK"，否则为 "BAD_omission"。图 4.10 中的 Gap tags 为该过程中的质量标签序列。

为了检测句子翻译中的漏译现象，参与者也被要求在译文的短语之间标记缺口，即译文中的每对短语之间都有两个 "GAP" 标记，一个在短语前面，一个在短语后面，与单词级类似。

3. 句子级质量评估

迄今为止，质量评估的大部分工作都集中在句子层次的预测上，这是因为在多数情况下，机器翻译系统都是逐句处理的，系统用户每次也只是翻译一个句子或以句子为单位组成的文本块（段落、文档等），因此以句子作为质量评估的基本单元是很自然的。

句子级质量评估的目标是生成能够反映译文句子整体质量的标签——可以是离散型的表示某种质量等级的标签，也可以是连续型的基于评分的标签。虽然以不同的标准进行评估，同一个译文句子的质量标签可能有所不同，但可以肯定的是，句子的最终质量绝不是句子中单词质量的简单累加。因为与单词级质量评估相比，句子级质量评估也会关注是否保留源句的语义、译文的语义是否连贯、译文中的单词顺序是否合理等因素。

句子级质量评估系统需要根据某种评价标准，通过建立预测模型生成一个反映句子质量的标签。人们可以从句子翻译的目的、后编辑的工作难度、是否达到发表要求或能否让非母语者读懂等角度，用不同标准设定句子级质量评估标准。句子级质量评估任务有多种形式：

- **区分"人工翻译"和"机器翻译"**。在早期的工作中，研究人员试图训练一个能够区分人工翻译和机器翻译的二分类器来完成句子级的质量评估[186]，将被分类器判断为"人工翻译"的机器译文视为优秀的译文，将被分类器判断为"机器翻译"的机器译文视为较差的译文。一方面，这种评估方式不够直观；另一方面，这种评估方式并不十分准确，因为通过人工比对发现，很多被判定为"机器翻译"的译文具有与人们期望的人类翻译相同的质量。
- **预测反映译文句子质量的"质量标签"**。在同一时期，研究人员也尝试使用人工为机器译文分配能够反映译文质量的标签[187]，例如，"不可接受""一定程度上可接受""可接受""理想"等类型的质量标签。同时，将获取机器译文的质量标签作为句子级质量评估的任务目标。
- **预测译文句子的相对排名**。相对排序（见 4.2.2 节）的译文评价方法被引入后，给出机器译文的相对排名成为句子级质量评估的任务目标。
- **预测译文句子的后编辑工作量**。在最近的研究中，句子级的质量评估一直在尝试使用各种类型的离散或连续的后编辑标签。例如，通过测量以秒为单位的后编辑时间对译文句子进行评分；通过测量预测后编辑过程所需的击键数对译文句子进行评分；通过计算**人工译后错误率**（Human Translation Error Rate，HTER），即在后编辑过程中编辑（插入/删除/替换）数量与参考翻译长度的占比率对译文句子进行评分。HTER 的计算公式为

$$\text{HTER} = \frac{\text{编辑操作数目}}{\text{翻译后编辑结果长度}} \tag{4.20}$$

这种质量评估方式往往以单词级质量评估为基础，在此基础上进行计算。以实例 4.8 中词级质量评估结果为例，与编辑后结果相比，机器翻译译文中有 4 处漏译（"Mit""können""Sie""einzelne"）、3 处误译（"dem""Scharfzeichner""scharfzeichnen"分别被误译为"Der""Schärfen-Werkezug""Schärfer"）、1 处多译（"erscheint"），因而需要进行 4 次插入操作、

3 次替换操作和 1 次删除操作，而最终译文长度为 12，则有 HTER $= (4+3+1)/12 = 0.667$。需要注意的是，即便以单词级质量评估为基础，也不意味着句子级质量评估只是在单词级质量评估的结果上通过简单的计算获得其得分，在实际研究中，常将其视为一个回归问题，利用大量数据学习其评分规则。

4. 文档级质量评估

文档级质量评估的主要目的是对机器翻译得到的整个译文文档进行打分。在文档级质量评估中，"文档"不是指一整篇文档，而是指包含多个句子的文本，如包含 3~5 个句子的段落或是像新闻一样的长文本。

在传统的机器翻译任务中，往往以一个句子作为输入和翻译的单元，而忽略了文档中句子之间的联系，这可能会使文档的论述要素受到影响，最终导致整个文档的语义不连贯。如实例 4.10 所示，在机器译文中，"he"原应指代上文信息中的"housewife"，这里出现了错误，但这种错误在句子级的质量评估中并不会被发现。

实例 4.10 文档级质量评估任务

上文信息：A housewife won the first prize in the supermarket's anniversary celebration.

机器译文：A few days ago, he contacted the News Channel and said that the supermarket owner refused to give him the prize.

在文档级质量评估中，有两种衡量文档译文质量的方式：

- **阅读理解测试得分情况**。以往，衡量文档译文质量的主要方法是采用理解测试[188]，即利用提前设计好的与文档相关的阅读理解题目（包括多项选择题和问答题）对母语为目标语言的多个测试者进行测试，将测试者在给定文档上的问卷中的所有问题所得到的分数作为质量标签。

- **后编辑工作量**。在最近的研究工作中，多采用对文档译文进行后编辑工作量来评估文档译文的质量的方法。为了准确获取文档后编辑工作量，两阶段后编辑方法被提出[189]，即第一阶段对文档中的句子单独在无语境情况下进行后编辑，第二阶段将所有句子重新合并成文档后再进行后编辑。两阶段中，后编辑工作量的总和越多，意味着文档译文质量越差。

在文档级质量评估任务中，需要对译文文档做一些更细粒度的注释，注释内容包括错误位置、错误类型和错误的严重程度，最终在注释的基础上对译文文档质量进行评估。

与更细粒度的单词级和句子级的质量评价相比，文档级质量评估更复杂。其难点之一在于：在文档级的质量评估过程中，需要根据一些主观的质量标准对文档进行评分，例如在注释的过程中，对于错误的严重程度并没有严格的界限和规定，只能靠评测人员主观判断，这就意味着随着出现主观偏差的注释的增多，文档级质量评估的参考价值会大打折扣。另外，根据所有注释（错误位置、错误类型及其严重程度）对整个文档进行评分本身就具有不合理性，因为译文中有一些在抛开上下文语境时可以被判定为"翻译得不错"的单词和句子，一旦被放在上下文语境中就可能变得不合理，而某些在无语境条件下看起来"翻译得糟糕透了"的单词和句子，一旦被放在文档中的语境中可能会变得恰到好处。此外，构建一个质量评测模型势必需要大量的标注数据，而文档级质量评测所需要的带有注释的数据的获取代价相当高。

实际上，文档级质量评估与其他文档级自然语言处理任务面临的问题是一样的。由于数据稀缺，无论是系统研发，还是结果评价，都面临很大挑战。这些问题会在第 16 章和第 17 章讨论。

4.4.2 构建质量评估模型

不同于有参考答案的自动评价，质量评估方法的实现较为复杂。质量评估可以被看作一个统计推断问题，即如何根据以往得到的经验对从未见过的机器译文的质量做预测。从这个角度看，质量评估和机器翻译问题一样，都需要设计模型进行求解，而无法像 BLEU 计算一样，直接使用指标性的公式得到结果。

实际上，质量评估的灵感最初来自语音识别中的置信度评价，所以最初研究人员也尝试通过翻译模型中的后验概率直接评价翻译质量[190]，然而仅以概率值作为评价标准显然是不够的，其效果也让人大失所望。之后，质量评估被定义为一个有监督的机器学习问题。这也形成了质量评估的新范式：使用机器学习算法，利用句子的某种表示对译文质量进行评价。

研究人员将质量评估模型的基本框架设计为两部分：

- **表示/特征学习模块**：用于在数据中提取能够反映翻译结果质量的"特征"。
- **质量评估模块**：基于句子的表示结果，利用机器学习算法预测翻译结果的质量。

传统机器学习的观点是，句子都是由某些特征表示的。因此，需要人工设计能够对译文质量评估有指导作用的特征[191-195]。常用的特征有：

- **复杂度特征**：反映了翻译源文的难易程度，翻译难度越大，译文质量低的可能性就越大。
- **流畅度特征**：反映了译文的自然度、流畅度、语法合理程度。
- **置信度特征**：反映了机器翻译系统对输出的译文的置信程度。
- **充分度特征**：反映了源文和机器译文在不同语言层次上的密切程度或关联程度。

随着深度学习技术的发展，另一种思路是使用表示学习技术生成句子的分布式表示，并在此基础上，利用神经网络自动提取高度抽象的句子特征[196-198]，这样就避免了人工设计特征所带来的时间及人工代价。同时，表示学习所得到的分布式表示可以涵盖更多人工设计难以捕获的特征，更全面地反映句子的特点，因此在质量评估任务上取得了很好的效果[199-203]。例如，最近的一些工作中大量使用神经机器翻译模型获得双语句子的表示结果，并用于质量评估[204-207]。这样做的好处在于，质量评估可以直接复用机器翻译的模型，从某种意义上降低了质量评估系统开发的代价。此外，随着近几年各种预训练模型的出现，使用预训练模型获取用于质量评估的句子表示也成为一大趋势，这种方法大大减少了质量评估模型自身的训练时间，在质量评估领域的表现也十分亮眼[208-210]。表示学习、神经机器翻译、预训练模型的内容将在第 9 章和第 10 章介绍。

在得到句子表示之后，可以使用质量评估模块对译文质量进行预测。质量评估模型通常由回归算法或分类算法实现：

- 句子级和文档级质量评估目前大多通过回归算法实现。在句子级和文档级的质量评估任务中，标签是使用连续数字（得分情况）表示的，因此回归算法是最合适的选择。在最初的工作中，研究人员多采用传统的机器学习回归算法[191, 194, 211]，而近年来，研究人员更青睐使用神经网络方法进行句子级和文档级质量评估。
- 单词级和短语级质量评估多由分类算法实现。在单词级质量评估任务中，需要对每个位置的单词标记"OK"或"BAD"，这对应了经典的二分类问题，因此可以使用分类算法对其进行预测。自动分类算法在第 3 章已经涉及，质量评估中直接使用成熟的分类器即可。此外，使用神经网络方法进行分类也是不错的选择。

值得一提的是，在近年来的研究工作中，模型集成已经成了提高质量评估模型性能的重要手段之一，该方法能够有效减缓使用单一模型时可能存在的性能不稳定，提升译文质量评估模型在不同测试集中的鲁棒性，最终获得更高的预测准确度[197, 206–208, 212]。

4.4.3 质量评估的应用场景

在很多情况下，参考答案是很难获取的。例如，在很多人工翻译生产环节中，译员的任务就是"创造"翻译。如果已经有了答案，译员根本不需要工作，也谈不上应用机器翻译技术了。这时，希望通过质量评估，帮助译员有效地选择机器翻译结果。质量评估的应用场景还有很多，例如：

- **判断人工后编辑工作量**。人工后编辑工作中有两个不可避免的问题：一是待编辑的机器译文是否值得改；二是待编辑的机器译文需要修改哪里。对于一些质量较差的机器译文来说，人工重译远远比修改译文的效率高，后编辑人员可以借助质量评估系统提供的指标，筛选出值得进行后编辑的机器译文。另外，质量评估模型可以为每条机器译文提供错误内容、错误类型、错误严重程度的注释，这些内容将帮助后编辑人员准确定位到需要修改的位置，同时在一定程度上提示后编辑人员采取何种修改策略，能大大减少后编辑的工作内容。
- **自动识别并更正翻译错误**。质量评估和**自动后编辑**（Automatic Post-editing，APE）也是很有潜力的应用方向。因为质量评估可以预测出错的位置，进而使用自动方法修正这些错误。在这种应用模式中，质量评估的精度是非常关键的，如果预测错误可能会产生错误的修改，甚至带来整体译文质量的下降。
- **辅助外语交流和学习**。例如，在很多社交网站上，用户会用外语交流。质量评估模型可以提示该用户输入的内容中存在的用词、语法等问题，使用户可以对内容进行修改。质量评估甚至可以帮助外语学习者发现外语使用中的问题。对一个英语初学者来说，如果能提示他/她句子中的明显错误，对他/她的外语学习是非常有帮助的。

需要注意的是，质量评估的应用模式还没有完全得到验证。这一方面是由于质量评估的应用依赖与人的交互过程。然而，改变人的工作习惯是很困难的，因此质量评估系统在实际场景中的应用往往需要很长时间，或者说，人也要适应质量评估系统的行为。另一方面，质量评估的很多应用场景还没有完全被发掘，需要更长的时间进行探索。

4.5 小结及拓展阅读

　　译文的质量评价是机器翻译研究中不可或缺的环节。与其他任务不同，由于自然语言高度的歧义性和表达方式的多样性，机器翻译的参考答案本身就不唯一。此外，对译文准确、全面的评价准则很难制定，导致译文质量的自动评价变得异常艰难，因此这也成了广受关注的研究课题。本章系统阐述了译文质量评估的研究现状和主要挑战。从人类参与程度和标注类型两个角度对译文质量评价中的经典方法进行了介绍，力求让读者对领域内的经典及热点内容有更全面的了解。由于篇幅限制，笔者无法对译文评价的相关工作进行面面俱到的描述，还有很多研究方向值得关注：

- 基于句法和语义的机器译文质量自动评价方法。本章内容中介绍的自动评价多是基于表面字符串形式判定机器翻译结果和参考译文之间的相似度的，而忽略了更抽象的语言层次的信息。基于句法和语义的机器译文质量自动评价方法在评价度量标准中加入了能反映句法信息[213] 和语义信息[214] 的相关内容，通过比较机器译文与参考答案之间的句法相似度和语义等价性[215]，能够大大提高自动评价与人工评价之间的相关性。其中，句法信息往往能够对机器译文流利度方面的评价起到促进作用[213]，常见的句法信息包括语法成分[213]、依存关系[216-218] 等。语义信息则对机器翻译的充分性评价更有帮助[219, 220]。近年来，也有很多用于机器译文质量评估的语义框架被提出，如 AM-FM[219]、XMEANT[221] 等。

- 对机器译文中的错误进行分析和分类。无论是人工评价还是自动评价，其评价结果只能反映机器翻译系统的性能，无法确切表明机器翻译系统的优点和缺点、系统最常犯什么类型的错误、一个特定的修改是否改善了系统的某一方面、排名较好的系统是否在所有方面都优于排名较差的系统等。对机器译文进行错误分析和错误分类，有助于找出机器翻译系统中存在的主要问题，以便集中精力进行研究改进[222]。在相关的研究工作中，一些致力于错误分类方法的设计，如手动的机器译文错误分类框架[222]、自动的机器译文错误分类框架[223]、基于语言学的错误分类方法[224] 及目前被用作篇章级质量评估注释标准的 MQM 错误分类框架[225]；其他研究工作则致力于对机器译文进行错误分析，如引入形态句法信息的自动错误分析框架[226]、引入词错误率和位置无关词错误率的错误分析框架[227]、基于检索的错误分析工具 tSEARCH[228] 等。

- 译文质量的多角度评价。本章主要介绍的几种经典方法（如 BLEU、TER、METEOR 等），大多是从某个单一的角度计算机器译文和参考答案的相似性，如何从多个角度对译文进行综合评价是需要进一步思考的问题，4.3.4 节介绍的多策略融合评价方法就可以看作一种多角度评价方法，其思想是将各种评价方法的译文得分通过某种方式组合，从而实现对译文的综合评价。译文质量多角度评价的另一种思路是直接将 BLEU、TER、Meteor 等多种指标看作某种特征，使用分类[229, 230]、回归[231]、排序[232] 等机器学习手段形成一种综合度量。此外，也有相关工作专注于多等级的译文质量评价，使用聚类算法将大致译文按其质量分为不同等级，并对不同质量等级的译文按照不同权重组合成几种不同的评价方法[233]。

- 不同评价方法的应用场景有明显不同。人工评价主要用于需要对机器翻译系统进行准确评估的场合。例如，在系统对比中，利用人工评价方法对不同系统进行人工评价，给出最终排名；在上线机器翻译服务时，对翻译品质进行详细的测试；有参考答案的自动评价则可以为机器翻译系统提供快速、相对可靠的评价。在机器翻译系统的快速研发过程中，一般都使用有参考答案的自动评价方法对最终模型的性能进行评估。有相关研究工作专注于在机器翻译模型的训练过程中利用评价信息（如 BLEU 分数）进行参数调优，其中比较有代表性的工作包括最小错误率训练[234]、最小风险训练[235, 236] 等。这部分内容可以参考第 7 章和第 13 章。无参考答案的质量评估主要用来对译文质量做出预测，经常被应用在一些无法提供参考译文的实时翻译场景中，如人机交互过程、自动纠错、后编辑等[237]。

- 使模型更加鲁棒。通常，一个质量评估模型会受语种、评价策略等问题的约束，设计一个能应用于任何语种，同时从单词、短语、句子等各个等级出发，对译文质量进行评估的模型是很有难度的。Biçici 等人最先关注质量评估的鲁棒性问题，并设计开发了一种与语言无关的机器翻译性能预测器[238]。此后，在该工作的基础上研究如何利用外在的、与语言无关的特征对译文进行句子级别的质量评估[193]。该项研究的最终成果是一个与语言无关，可以从各个等级对译文质量进行评估的模型——RTMs（Referential Translation Machines）[239]。

第 2 部分　统计机器翻译

5. 基于词的机器翻译建模

使用统计方法对翻译问题进行建模是机器翻译发展中的重要里程碑。这种思想也影响了当今的统计机器翻译和神经机器翻译范式。虽然技术不断发展，传统的统计模型已经不再"新鲜"，但它对如今的机器翻译研究仍然有着重要的启示作用。在了解前沿、展望未来的同时，更要冷静地思考前人给我们带来了什么。基于此，本章将介绍统计机器翻译的开山之作——IBM 模型，它提出了使用统计模型进行翻译的思想，并在建模中引入了单词对齐这一重要概念。

IBM 模型由 Peter F. Brown 等人于 20 世纪 90 年代初提出[10]。客观地说，这项工作的视野和对问题的理解，已经超过当时很多人所能看到的东西，其衍生出来的一系列方法和新的问题还被后人花费将近 10 年的时间进行研究与讨论。时至今日，IBM 模型中的一些思想仍然影响着很多研究工作。本章将重点介绍一种简单的基于单词的统计翻译模型（IBM 模型 1），以及在这种建模方式下的模型训练方法。这些内容可以作为后续章节中统计机器翻译和神经机器翻译建模方法的基础。

5.1 词在翻译中的作用

在翻译任务中，我们希望得到源语言到目标语言的翻译。对于人类来说，这个问题很简单，但是让计算机做这样的工作却很困难。这里面临的第一个问题是：如何对翻译进行建模？从计算机的角度看，这就需要把自然语言的翻译问题转换为计算机可计算的问题。

那么，基于单词的统计机器翻译模型又是如何描述翻译问题的呢？Peter F. Brown 等人提出了一个观点[10]：在翻译一个句子时，可以把其中的每个单词翻译成对应的目标语言单词，然后调整这些目标语言单词的顺序，最后得到整个句子的翻译结果，而这个过程可以用统计模型来描述。尽管在人看来，用两种语言之间对应的单词进行翻译是很自然的事，但对计算机来说可是向前迈出了一大步。

图 5.1 展示了一个汉语翻译到英语的例子。首先，可以把源语言句子中的单词"我""对""你""感到""满意"分别翻译为"I""with""you""am""satisfied"，然后调整单词的顺序，如"am"放在译文的第 2 个位置，"you"放在最后，最后得到译文"I am satisfied with you"。

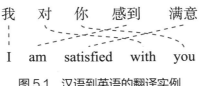

图 5.1　汉语到英语的翻译实例

　　上面的例子反映了人在做翻译时所使用的一些知识：首先，两种语言单词的顺序可能不一致，而且译文需要符合目标语言的习惯，这也就是常说的翻译的流畅度；其次，源语言单词需要被准确地翻译出来，也就是常说的翻译的准确性和充分性问题。为了达到以上目的，传统观点认为，翻译过程包含 3 步[17]：

- **分析**：将源语言句子表示为适合机器翻译的结构。在基于词的翻译模型中，处理单元是单词，因此也可以简单地将分析理解为分词①。
- **转换**：把源语言句子中的每个单词翻译成目标语言单词。
- **生成**：基于转换的结果，将目标语言译文变为通顺且合乎语法的句子。

　　图 5.2 给出了上述过程的一个示例。对于如今的自然语言处理研究来说，"分析、转换和生成"依然是一个非常深刻的观点，包括机器翻译在内的很多自然语言处理问题都可以用这个过程来解释。例如，对于现在比较前沿的神经机器翻译方法，从大的框架来说，依然在做分析（编码器）、转换（编码-解码注意力）和生成（解码器），只不过这些过程隐含在神经网络的设计中。当然，本章并不会对"分析、转换和生成"的架构展开过多的讨论，随着后面技术内容讨论的深入，这个观念会进一步体现。

图 5.2　翻译过程中的分析、转换和生成

---

① 在后续章节中，分析也包括对句子深层次结构的生成，但这里为了突出基于单词的概念，把问题简化为最简单的情况。

5.2 一个简单实例

本节先对比人工翻译和机器翻译流程的异同点，从中归纳出实现机器翻译过程的两个主要步骤：训练和解码。之后，会从学习翻译知识和运用翻译知识两个方面描述如何构建一个简单的机器翻译系统。

5.2.1 翻译的流程

1. 人工翻译的流程

当人翻译一个句子时，会先快速地分析出句子的（单词）构成，然后根据以往的知识，得到每个词可能的翻译，最后利用对目标语言的理解拼出一个译文。尽管这个过程并不是严格来自心理学或者脑科学的相关结论，但至少可以帮助我们理解人在翻译时的思考方式。

图 5.3 展示了人在翻译"我/对/你/感到/满意"时可能会思考的内容[①]。具体来说，有如下两方面：

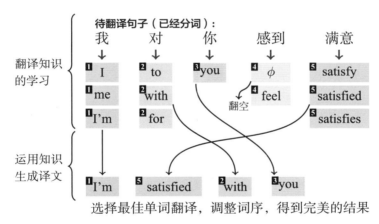

图 5.3　人工翻译的过程

- **翻译知识的学习**：对于输入的源语言句子，需要先知道每个单词可能的翻译有什么，这些翻译被称为**翻译候选**（Translation Candidate）。例如，汉语单词"对"可能的译文有"to""with""for"等。对人来说，可以通过阅读、背诵、做题或者老师教等途径获得翻译知识，这些知识就包含了源语言与目标语言单词之间的对应关系。通常，也把这个过程称为学习过程。
- **运用知识生成译文**：当翻译一个从未见过的句子时，可以运用学习到的翻译知识，得到新的句子中每个单词的译文，并处理常见的单词搭配、主谓一致等问题，例如，英语中"satisfied"后面常常使用介词"with"构成搭配。基于这些知识可以快速生成译文。

---

①这里用斜杠表示单词之间的分隔。

当然，每个人进行翻译时所使用的方法和技巧都不相同，所谓人工翻译也没有固定的流程，但可以确定的是，人在进行翻译时也需要"学习"和"运用"翻译知识。对翻译知识"学习"和"运用"的好与坏，直接决定了人工翻译结果的质量。

2. 机器翻译的过程

人进行翻译的过程比较容易理解，那计算机是如何完成翻译的呢？虽然人工智能这个概念显得很神奇，但是计算机远没有人那么智能，有时甚至还很"笨"。一方面，它没有能力像人一样，在教室里和老师一起学习语言知识；另一方面，即使能列举出每个单词的候选译文，也还是不知道这些译文是怎么拼装成句的，甚至不知道哪些译文是对的。为了更直观地理解机器在翻译时要解决的挑战，可以将问题归纳如下：

- 第一个问题：如何让计算机获得每个单词的译文，然后将这些单词的译文拼装成句？
- 第二个问题：如果可以形成整句的译文，如何让计算机知道不同译文的好坏？

对于第一个问题，可以给计算机一个翻译词典，使其发挥计算方面的优势，尽可能多地把翻译结果拼装出来。例如，可以把每个翻译结果看作对单词翻译的拼装，这可以被形象地比作贯穿多个单词的一条路径，计算机所做的就是尽可能多地生成这样的路径。图 5.4 中蓝色和红色的折线分别表示两条不同的译文选择路径，区别在于"满意"和"对"的翻译候选是不一样的，蓝色折线选择的是"satisfy"和"to"，而红色折线是"satisfied"和"with"。换句话说，不同的译文对应不同的路径（即使词序不同，也会对应不同的路径）。

对于第二个问题，尽管机器能够找到很多译文选择路径，但它并不知道哪些路径是好的。说得再直白一些，简单地枚举路径实际上就是一个体力活，没有太多的智能。因此，计算机还需要再聪明一些，运用它能够"掌握"的知识判断翻译结果的好与坏。这一步是最具挑战的，当然，解决这个问题的思路也很多。在统计机器翻译中，这个问题被定义为：设计一种统计模型，它可以给每个译文一个可能性，而这个可能性越高，表明译文越接近人工翻译。

如图 5.4 所示，每个单词翻译候选的下方黑色框里的数字就是单词的翻译概率，使用这些单词的翻译概率，可以得到整句译文的概率（用符号 P 表示）。这样，就用概率化的模型描述了每个翻译候选的可能性。基于这些翻译候选的可能性，机器翻译系统可以对所有的翻译路径进行打分。例如，图 5.4 中第一条路径的分数为 0.042，第二条路径的分数为 0.006，依此类推。最后，系统可以选择分数最高的路径作为源语言句子的最终译文。

3. 人工翻译 vs 机器翻译

人在翻译时的决策是非常确定并且快速的，但计算机处理这个问题时却充满了概率化的思想。当然，人与计算机也有类似的地方。首先，计算机使用统计模型的目的是把翻译知识变得可计算，并把这些"知识"存储在模型参数中，这个模型和人类大脑的作用是类似的[①]；其次，计算机对统计模型进行训练，相当于人类对知识的学习，二者都可以被看作理解、加工知识的过程；再有，

---

① 这里并非将统计模型等同于生物学或认知科学上的人脑，这里是指它们处理翻译问题时发挥的作用类似。

计算机使用学习到的模型对新句子进行翻译的过程相当于人运用知识的过程。在统计机器翻译中，模型学习的过程被称为训练，目的是从双语平行数据中自动学习翻译"知识"；而使用模型处理新句子的过程是一个典型的预测过程，也被称为解码或推断。图 5.4 的右侧标注了在翻译过程中训练和解码的作用。最终，统计机器翻译的核心由 3 部分构成——建模、训练和解码。本章后续内容会围绕这 3 个问题展开讨论。

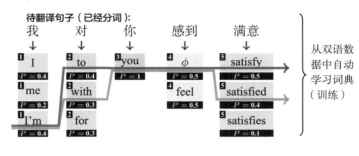

图 5.4　机器翻译的过程——把单词的译文进行拼装，并找到最优的拼装路径

5.2.2 统计机器翻译的基本框架

为了对统计机器翻译有一个直观的认识，下面将介绍如何构建一个非常简单的统计机器翻译系统，其中涉及的很多思想来自 IBM 模型。这里，仍然使用数据驱动的统计建模方法。图 5.5 展示了统计机器翻译的主要流程，包括两个步骤：

- **训练**：从双语平行数据中学习翻译模型，记为 $P(t|s)$，其中 s 表示源语言句子，t 表示目标语言句子。$P(t|s)$ 表示把 s 翻译为 t 的概率。简言之，这一步需要从大量的双语平行数据中学习到 $P(t|s)$ 的准确表达。
- **解码**：当面对一个新的句子时，需要使用学习到的模型进行预测。预测可以被视为一个搜索和计算的过程，即尽可能搜索更多的翻译结果，然后用训练好的模型对每个翻译结果进行打分，最后选择得分最高的翻译结果作为输出。

图 5.5 统计机器翻译的主要流程

接下来介绍统计机器翻译模型训练和解码的方法。在模型学习中，会分两小节进行描述——单词级翻译和句子级翻译。实现单词级翻译是实现句子级翻译的基础。换言之，句子级翻译的统计模型是建立在单词级翻译之上的。5.2.5 节将介绍一个高效的搜索算法，其中也使用到了剪枝和启发式搜索的思想。

5.2.3 单词级翻译模型

1. 什么是单词翻译概率

单词翻译概率描述的是一个源语言单词与目标语言译文构成正确翻译的可能性，这个概率越高，表明单词翻译越可靠。使用单词翻译概率，可以帮助机器翻译系统解决翻译时的"择词"问题，即选择什么样的目标语言译文是合适的。当人翻译某个单词时，可以利用积累的知识，快速得到它的高质量候选译文。

以汉译英为例，当翻译"我"这个单词时，可能会想到用"I""me""I'm"作为它的译文，而几乎不会选择"you""satisfied"等含义相差太远的译文。这是为什么呢？从统计学的角度看，无论是何种语料，包括教材、新闻、小说等，在绝大多数情况下，"我"都翻译成了"I""me"等，几乎不会看到我被翻译成"you"或"satisfied"。可以说，"我"翻译成"I""me"等属于高频事件，而翻译成"you""satisfied"等属于低频或小概率事件。因此，人在翻译时也是选择在统计意义上概率更大的译文，这也间接反映出统计模型可以在一定程度上描述人的翻译习惯和模式。

表 5.1 为一个汉译英的单词翻译概率实例。可以看到，"我"翻译成"I"的概率最高，为 0.50。这符合人类对翻译的认知。此外，这种概率化的模型避免了非 0 即 1 的判断，所有的译文都是可能的，只是概率不同。这也使得统计模型可以覆盖更多的翻译现象，甚至捕捉到一些人所忽略的情况。

表 5.1 汉译英的单词翻译概率实例

源语言	目标语言	翻译概率
	I	0.50
	me	0.20
我	I'm	0.10
	we	0.05
	am	0.10
……	……	……

2. 如何从双语平行数据中学习

假设有一定数量的双语对照的平行数据，是否可以从中自动获得两种语言单词之间的翻译概率呢？回忆第 2 章介绍的掷骰子游戏，其中使用了相对频次估计方法来自动获得骰子不同面出现概率的估计值。其中，重复投掷骰子很多次，然后统计"1"到"6"各面出现的次数，再除以投掷的总次数，最后得到它们出现的概率的极大似然估计。这里，可以使用类似的方式计算单词翻译概率。但是，现在有的是句子一级对齐的数据，并不知道两种语言之间单词的对应关系。也就是说，要从句子级对齐的平行数据中学习单词之间对齐的概率。这里，需要使用稍微"复杂"一些的模型来描述这个问题。

令 X 和 Y 分别表示源语言和目标语言的词汇表。对于任意源语言单词 $x \in X$，所有的目标语言单词 $y \in Y$ 都可能是它的译文。给定一个互译的句对 (s,t)，可以把 $P(x \leftrightarrow y; s, t)$ 定义为：在观测到 (s,t) 的前提下，x 和 y 互译的概率。其中 x 是属于句子 s 中的词，而 y 是属于句子 t 中的词。$P(x \leftrightarrow y; s, t)$ 的计算公式描述如下：

$$P(x \leftrightarrow y; s, t) \equiv P(x, y; s, t)$$
$$= \frac{c(x, y; s, t)}{\sum_{x', y'} c(x', y'; s, t)} \tag{5.1}$$

其中，$\equiv$ 表示定义式。分子 $c(x, y; s, t)$ 表示 x 和 y 在句对 (s,t) 中共现的总次数，分母 $\sum_{x', y'} c(x', y'; s, t)$ 表示任意的源语言单词 x' 和任意的目标语言单词 y' 在 (s,t) 共同出现的总次数。

如实例 5.1 所示，有一个汉英互译的句对 (s,t)。

实例 5.1　一个汉英互译的句对

　　　$s =$ 机器　翻译　就　是　用　计算机　来　生成　翻译　的　过程

　　　$t =$ machine translation is a process of generating a translation by computer

假设 $x =$ "翻译"，$y =$ "translation"，现在要计算 x 和 y 共现的总次数。"翻译"和"translation"分别在 s 和 t 中出现了 2 次，因此 $c($"翻译"，"translation"；$s, t)$ 等于 4。而对于 $\sum_{x', y'} c(x', y'; s, t)$，因为 x' 和 y' 分别表示的是 s 和 t 中的任意词，所以 $\sum_{x', y'} c(x', y'; s, t)$ 表示所有单词对的数量——即 s 的词数乘以 t 的词数。最后，"翻译"和"translation"的单词翻译概率为

$$P(\text{翻译}, \text{translation}; s, t) = \frac{c(\text{翻译}, \text{translation}; s, t)}{\sum_{x', y'} c(x', y'; s, t)}$$
$$= \frac{4}{|s| \times |t|}$$
$$= \frac{4}{121} \tag{5.2}$$

这里，运算 $|\cdot|$ 表示句子长度。类似地，可以得到"机器"和"translation"、"机器"和"look"的单词翻译概率：

$$P(\text{机器}, \text{translation}; s, t) = \frac{2}{121} \tag{5.3}$$

$$P(\text{机器}, \text{look}; s, t) = \frac{0}{121} \tag{5.4}$$

注意，"look"没有出现在数据中，因此 $P(\text{机器}, \text{look}; s, t) = 0$。这时，可以使用第 2 章介绍的加法平滑算法赋予它一个非零的值，以保证在后续的步骤中整个翻译模型不会出现零概率的情况。

3. 如何从大量的双语平行数据中学习

如果有更多的句子，上面的方法同样适用。假设有 K 个互译句对 $\{(s^{[1]}, t^{[1]}), \cdots, (s^{[K]}, t^{[K]})\}$，仍然可以使用基于相对频次的方法估计翻译概率 $P(x, y)$，具体方法如下：

$$P(x, y) = \frac{\sum_{k=1}^{K} c(x, y; s^{[k]}, t^{[k]})}{\sum_{k=1}^{K} \sum_{x', y'} c(x', y'; s^{[k]}, t^{[k]})} \tag{5.5}$$

与式 (5.1) 相比，式 (5.5) 的分子、分母都多了一项累加符号 $\sum_{k=1}^{K} \cdot$，它表示遍历语料库中所有的句对。换句话说，当计算词的共现次数时，需要对每个句对上的计数结果进行累加。从统计学习的角度看，使用更大规模的数据进行参数估计，可以提高结果的可靠性。计算单词的翻译概率也是一样的，从小规模的数据上看，很多翻译现象的特征并不突出，但是当使用的数据量增加到一定程度时，翻译的规律会很明显地体现出来。

实例 5.2 展示了一个由两个句对构成的平行语料库。

实例 5.2 两个汉英互译的句对

$s^{[1]} = $ 机器 翻译 就 是 用 计算机 来 生成 翻译 的 过程
$t^{[1]} = $ machine translation is a process of generating a translation by computer
$s^{[2]} = $ 那 人工 翻译 呢 ？
$t^{[2]} = $ So, what is human translation ?

其中，$s^{[1]}$ 和 $s^{[2]}$ 分别表示第一个句对和第二个句对的源语言句子，$t^{[1]}$ 和 $t^{[2]}$ 表示对应的目标语言句子。于是，"翻译"和"translation"的翻译概率为

$$\begin{aligned} P(\text{翻译}, \text{translation}) &= \frac{c(\text{翻译}, \text{translation}; s^{[1]}, t^{[1]}) + c(\text{翻译}, \text{translation}; s^{[2]}, t^{[2]})}{\sum_{x', y'} c(x', y'; s^{[1]}, t^{[1]}) + \sum_{x', y'} c(x', y'; s^{[2]}, t^{[2]})} \\ &= \frac{4 + 1}{|s^{[1]}| \times |t^{[1]}| + |s^{[2]}| \times |t^{[2]}|} \\ &= \frac{4 + 1}{11 \times 11 + 5 \times 7} = \frac{5}{156} \end{aligned} \tag{5.6}$$

式 (5.6) 所展示的计算过程很简单，分子是两个句对中"翻译"和"translation"共现次数的累计，分母是两个句对的源语言单词和目标语言单词的组合数的累加。显然，这个方法也很容易用在处理更多句子时。

5.2.4 句子级翻译模型

下面继续回答如何获取句子级翻译概率的问题，即对于源语言句子 s 和目标语言句子 t，计算 $P(t|s)$。这也是整个句子级翻译模型的核心。一方面，需要从数据中学习这个模型的参数；另一方面，对于新输入的句子，需要使用这个模型得到最佳的译文。下面介绍句子级翻译的建模方法。

1. 基础模型

计算句子级翻译概率并不简单。自然语言非常灵活，任何数据无法覆盖足够多的句子，因此，无法像式 (5.5) 那样直接用简单计数的方式对句子的翻译概率进行估计。这里，采用一个退而求其次的方法：找到一个函数 $g(s,t) \geqslant 0$ 来模拟翻译概率，用这个函数对译文出现的可能性进行估计。可以定义一个新的函数 $g(s,t)$，令其满足：给定 s，翻译结果 t 出现的可能性越大，$g(s,t)$ 的值越大；t 出现的可能性越小，$g(s,t)$ 的值越小。换句话说，$g(s,t)$ 和翻译概率 $P(t|s)$ 呈正相关。如果存在这样的函数 $g(s,t)$，则可以利用 $g(s,t)$ 近似表示 $P(t|s)$，如下：

$$P(t|s) \equiv \frac{g(s,t)}{\sum_{t'} g(s,t')} \tag{5.7}$$

式 (5.7) 相当于在函数 $g(\cdot)$ 上做了归一化，这样等式右端的结果就具有了一些概率的属性，如 $0 \leqslant \frac{g(s,t)}{\sum_{t'} g(s,t')} \leqslant 1$。具体来说，对于源语言句子 s，枚举其所有的翻译结果，并把所对应的函数 $g(\cdot)$ 相加作为分母，而分子是某个翻译结果 t 所对应的 $g(\cdot)$ 的值。

上述过程初步建立了句子级翻译模型，并没有直接求 $P(t|s)$，而是把问题转化为对 $g(\cdot)$ 的设计和计算。但是上述过程面临着两个新的问题：

- 如何定义函数 $g(s,t)$？即在知道单词翻译概率的前提下，如何计算 $g(s,t)$。
- 式 (5.7) 中的分母 $\sum_{t'} g(s,t')$ 需要累加所有翻译结果的 $g(s,t')$，但枚举所有 t' 是不现实的。

当然，这里最核心的问题还是函数 $g(s,t)$ 的定义。而第二个问题其实不需要解决，因为机器翻译只关注可能性最大的翻译结果，即 $g(s,t)$ 的计算结果最大时对应的译文。这个问题会在后面讨论。

回到设计 $g(s,t)$ 的问题上。这里采用"大题小作"的方法，第 2 章已经对其进行了充分的介绍。具体来说，直接对句子之间的对应关系进行建模比较困难，但可以利用单词之间的对应关系来描述句子之间的对应关系。这就用到了 5.2.3 节介绍的单词翻译概率。

先引入一个非常重要的概念——**词对齐**（Word Alignment），它是统计机器翻译中最核心的概念之一。词对齐描述了平行句对中单词之间的对应关系，它体现了一种观点：本质上，句子之间的对应是由单词之间的对应表示的。当然，这个观点在神经机器翻译或者其他模型中可能会有不同的理解，但是翻译句子的过程中考虑词级的对应关系是符合人类对语言的认知的。

图 5.6 展示了汉英互译句对 s 和 t 及其词对齐连接，单词的右下标数字表示了该词在句中的位置，而虚线表示的是句子 s 和 t 中的词对齐关系。例如，"满意"的右下标数字 5 表示其在句子 s 中处于第 5 个位置，"satisfied"的右下标数字 3 表示其在句子 t 中处于第 3 个位置，"满意"和"satisfied"之间的虚线表示两个单词之间是对齐的。为方便描述，用二元组 (j,i) 来描述词对齐，它表示源语言句子的第 j 个单词对应目标语言句子的第 i 个单词，即单词 s_j 和 t_i 对应。通常，会把 (j,i) 称作一条**词对齐连接**（Word Alignment Link）。图 5.6 中共有 5 条虚线，表示有 5 组单词之间的词对齐连接。可以把这些词对齐连接构成的集合作为词对齐的一种表示，记为 A，即 $A = \{(1,1),(2,4),(3,5),(4,2),(5,3)\}$。

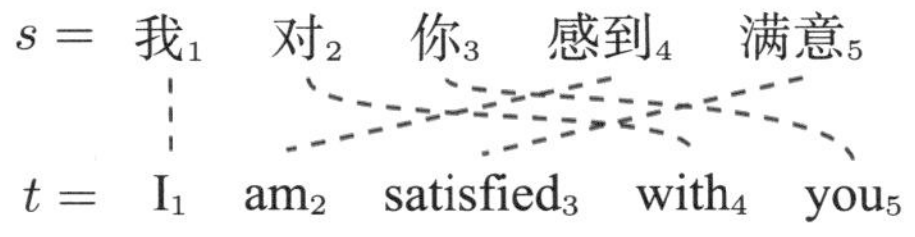

$$s = \text{我}_1 \quad \text{对}_2 \quad \text{你}_3 \quad \text{感到}_4 \quad \text{满意}_5$$

$$t = \text{I}_1 \quad \text{am}_2 \quad \text{satisfied}_3 \quad \text{with}_4 \quad \text{you}_5$$

图 5.6　汉英互译句对 s 和 t 及其词对齐连接（蓝色虚线）

对于句对 (s,t)，假设可以得到最优词对齐 $\widehat{A}$，于是可以使用单词翻译概率计算 $g(s,t)$，如下：

$$g(s,t) = \prod_{(j,i)\in\widehat{A}} P(s_j,t_i) \tag{5.8}$$

其中，$g(s,t)$ 被定义为句子 s 中的单词和句子 t 中的单词的翻译概率的乘积，并且这两个单词之间必须有词对齐连接。$P(s_j,t_i)$ 表示具有词对齐连接的源语言单词 s_j 和目标语言单词 t_i 的单词翻译概率。以图 5.6 中的句对为例，其中"我"与"I"、"对"与"with"、"你"与"you"等相互对应，可以把它们的翻译概率相乘，得到 $g(s,t)$ 的计算结果，如下：

$$g(s,t) = P(\text{我，I}) \times P(\text{对，with}) \times P(\text{你，you}) \times$$
$$P(\text{感到，am}) \times P(\text{满意，satisfied}) \tag{5.9}$$

显然，如果每个词对齐连接所对应的翻译概率变大，那么整个句子翻译的得分也会提高。也就是说，词对齐越准确，翻译模型的打分越高，s 和 t 之间存在翻译关系的可能性越大。

2. 生成流畅的译文

式 (5.8) 定义的 $g(s,t)$ 存在的问题是没有考虑词序信息。这里用一个简单的例子说明这个问题。如图 5.7 所示，源语言句子"我对你感到满意"有两个翻译结果，第一个翻译结果是"I am satisfied with you"，第二个翻译结果是"I with you am satisfied"。虽然这两个译文包含的目标语言单词是一样的，但词序存在很大差异。例如，它们都选择"satisfied"作为源语言单词"满意"的译文，但是在第一个翻译结果中"satisfied"处于第 3 个位置，而在第二个翻译结果中它处于最后的位置。显然，第一个翻译结果更符合英语的表达习惯，翻译的质量更高。遗憾的是，对于有明显差异的两个译文，式 (5.8) 计算得到的函数 $g(\cdot)$ 的得分是一样的。

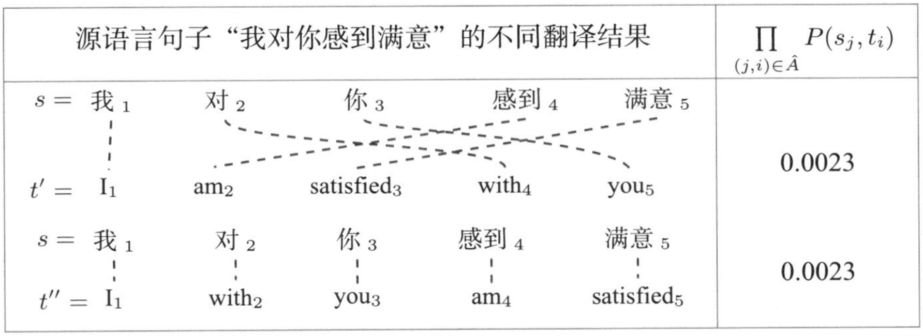

源语言句子"我对你感到满意"的不同翻译结果	$\prod\limits_{(j,i)\in\widehat{A}}P(s_j,t_i)$
$s =$ 我$_1$ 对$_2$ 你$_3$ 感到$_4$ 满意$_5$ $t' =$ I$_1$ am$_2$ satisfied$_3$ with$_4$ you$_5$	0.0023
$s =$ 我$_1$ 对$_2$ 你$_3$ 感到$_4$ 满意$_5$ $t'' =$ I$_1$ with$_2$ you$_3$ am$_4$ satisfied$_5$	0.0023

图 5.7　同一个源语言句子的不同译文对应的 $g(\cdot)$ 得分

　　如何在 $g(s,t)$ 中引入词序信息呢？在理想情况下，函数 $g(s,t)$ 对符合自然语言表达习惯的翻译结果给出更高的分数，对不符合的或不通顺的句子给出更低的分数。这里我们很自然地想到使用语言模型，因为语言模型可以度量一个句子出现的可能性。越流畅的句子，其语言模型得分越高，反之越低。

　　这里使用第 2 章介绍的 n-gram 语言模型，它也是统计机器翻译中确保流畅翻译结果的重要手段之一。n-gram 语言模型用概率化方法描述了句子的生成过程。以 2-gram 语言模型为例，可以使用如下公式计算一个词串的概率：

$$
\begin{aligned}
P_{\mathrm{lm}}(t) &= P_{\mathrm{lm}}(t_1\cdots t_l) \\
&= P(t_1)\times P(t_2|t_1)\times P(t_3|t_2)\times\cdots\times P(t_l|t_{l-1})
\end{aligned}
\tag{5.10}
$$

其中，$t = \{t_1\cdots t_l\}$ 表示由 l 个单词组成的句子，$P_{\mathrm{lm}}(t)$ 表示语言模型给句子 t 的打分。具体而言，$P_{\mathrm{lm}}(t)$ 被定义为 $P(t_i|t_{i-1})(i = 1, 2, \cdots, l)$ 的连乘[①]，其中 $P(t_i|t_{i-1})(i = 1, 2, \cdots, l)$ 表示前面一个单词为 t_{i-1} 时，当前单词为 t_i 的概率。语言模型的训练方法可以参见第 2 章。

　　回到建模问题上来。既然语言模型可以帮助系统度量每个译文的流畅度，那么可以使用它对翻译进行打分。一种简单的方法是将语言模型 $P_{\mathrm{lm}}(t)$ 和式 (5.8) 中的 $g(s,t)$ 相乘，这样就得到了一个新的 $g(s,t)$，它同时考虑了翻译准确性（$\prod_{j,i\in\widehat{A}}P(s_j,t_i)$）和流畅度（$P_{\mathrm{lm}}(t)$）：

$$
g(s,t) \equiv \prod_{j,i\in\widehat{A}}P(s_j,t_i)\times P_{\mathrm{lm}}(t)
\tag{5.11}
$$

　　如图 5.8 所示，语言模型 $P_{\mathrm{lm}}(t)$ 分别给 t' 和 t 赋予 0.0107 和 0.0009 的概率，这表明句子 t' 更

---

① 为了确保数学表达的准确性，本书中定义 $P(t_1|t_0) \equiv P(t_1)$

符合英文的表达，这与期望吻合。它们再分别乘以 $\prod_{j,i \in \hat{A}} P(s_j, t_i)$ 的值，就得到式 (5.11) 定义的函数 $g(\cdot)$ 的得分。显然，句子 t' 的分数更高。至此，完成了对函数 $g(s, t)$ 的一个简单定义，把它带入式 (5.7) 就得到了同时考虑准确性和流畅性的句子级统计翻译模型。

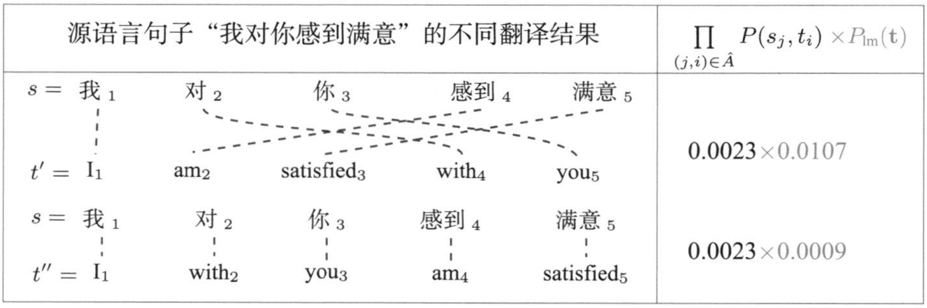

源语言句子"我对你感到满意"的不同翻译结果	$\prod\limits_{(j,i) \in \hat{A}} P(s_j, t_i) \times P_{\mathrm{lm}}(\mathbf{t})$
$s =$ 我$_1$ 对$_2$ 你$_3$ 感到$_4$ 满意$_5$ $t' =$ I$_1$ am$_2$ satisfied$_3$ with$_4$ you$_5$	0.0023×0.0107
$s =$ 我$_1$ 对$_2$ 你$_3$ 感到$_4$ 满意$_5$ $t'' =$ I$_1$ with$_2$ you$_3$ am$_4$ satisfied$_5$	0.0023×0.0009

图 5.8　同一个源语言句子的不同译文所对应的语言模型得分和翻译模型得分

5.2.5 解码

解码是指在得到翻译模型后，对新输入的句子生成最佳译文的过程。具体来说，当给定任意的源语言句子 s，解码系统要找到翻译概率最大的目标语言译文 $\hat{t}$。这个过程可以被形式化地描述为

$$\hat{t} = \arg\max_t P(t|s) \tag{5.12}$$

其中，$\arg\max_t P(t|s)$ 表示找到使 $P(t|s)$ 达到最大时的译文 t。结合 5.2.4 节中关于 $P(t|s)$ 的定义，把式 (5.7) 带入式 (5.12)，得到

$$\hat{t} = \arg\max_t \frac{g(s, t)}{\sum_{t'} g(s, t')} \tag{5.13}$$

在式 (5.13) 中，可以发现 $\sum_{t'} g(s, t')$ 是一个关于 s 的函数，当给定源语言句 s 时，它是一个常数，而且 $g(\cdot) \geqslant 0$，因此 $\sum_{t'} g(s, t')$ 不影响对 $\hat{t}$ 的求解，也不需要计算。基于此，式 (5.13) 可以被化简为

$$\hat{t} = \arg\max_t g(s, t) \tag{5.14}$$

式 (5.14) 定义了解码的目标，剩下的问题是实现 $\arg\max$，以快速准确地找到最佳译文 $\hat{t}$。但是，简单遍历所有可能的译文并计算 $g(s, t)$ 的值是不可行的，因为所有潜在译文构成的搜索空间是巨大的。为了便于读者理解机器翻译的搜索空间的规模，假设源语言句子 s 有 m 个词，每个词有 n 个可能的翻译候选。如果从左到右一步步翻译每个源语言单词，那么简单的顺序翻译会有 n^m

种组合。如果进一步考虑目标语言单词的任意调序，每一种对翻译候选进行选择的结果又会对应 $m!$ 种不同的排序。因此，源语言句子 s 至少有 $n^m \cdot m!$ 个不同的译文。

$n^m \cdot m!$ 是什么样的概念呢？如表 5.2 所示，当 m 和 n 分别为 2 和 10 时，译文只有 200 个，不算多。当 m 和 n 分别为 20 和 10 时，即源语言句子的长度为 20，每个词有 10 个候选译文，系统会面对 2.4329×10^{38} 个不同的译文，这几乎是不可计算的。

表 5.2　机器翻译搜索空间大小的示例

句子长度 m	单词翻译候选数量 n	译文数量 $n^m \cdot m!$
1	1	1
1	10	10
2	10	200
10	10	36288000000000000
20	10	$2.43290200817664 \times 10^{38}$
20	30	$8.48300477127188 \times 10^{47}$

已经有工作证明机器翻译问题是 NP 难的[240]。对于如此巨大的搜索空间，需要一种十分高效的搜索算法才能实现机器翻译的解码。第 2 章已经介绍了一些常用的搜索方法。这里使用一种贪婪的搜索方法实现机器翻译的解码。它把解码分成若干步骤，每步只翻译一个单词，并保留当前"最好"的结果，直至所有源语言单词都被翻译完毕。

图 5.9 给出了贪婪解码算法的伪代码。其中，π 保存所有源语言单词的候选译文，$\pi[j]$ 表示第 j 个源语言单词的翻译候选的集合，best 保存当前最好的翻译结果，h 保存当前步生成的所有译文候选。算法的主体有两层循环，在内层循环中，如果第 j 个源语言单词没有被翻译过，则用 best 和它的候选译文 $\pi[j]$ 生成新的翻译，再存于 h 中，即操作 h = h ∪ Join(best, $\pi[j]$)。外层循环从 h 中选择得分最高的结果存于 best 中，即操作 best = PruneForTop1(h)。同时，标记相应的源语言单词状态为已翻译，即 used[best.j] = true。

该算法的核心是，系统一直维护一个当前最好的结果，每一轮扩展这个结果的所有可能，并计算模型得分，再保留扩展后的最好结果。注意，在每一轮中，只有排名第一的结果才会被保留，其他结果都会被丢弃。这也体现了贪婪的思想。显然，这个方法不能保证搜索到全局最优的结果，但由于每次扩展只考虑一个最好的结果，该方法速度很快。图 5.10 给出了贪婪的机器翻译解码过程实例。当然，机器翻译的解码方法有很多，这里仅使用简单的贪婪搜索方法来解决机器翻译的解码问题，后续章节会对更优秀的解码方法进行介绍。

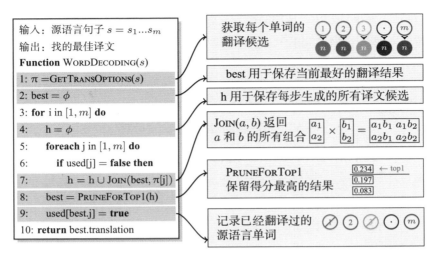

图 5.9　贪婪解码算法的伪代码

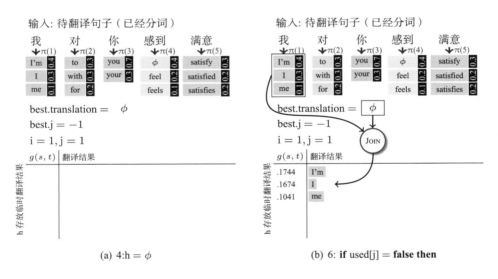

图 5.10　贪婪的机器翻译解码过程实例

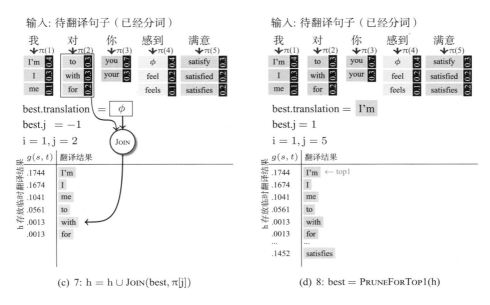

(c) 7: h = h ∪ Join(best, π[j])　　　(d) 8: best = PruneForTop1(h)

图 5.10　贪婪的机器翻译解码过程实例（续）

5.3 噪声信道模型

在 5.2 节中，我们实现了一个简单的基于词的统计机器翻译模型，内容涉及建模、训练和解码。但是，还有很多问题没有进行深入讨论，例如，如何处理空翻译？如何对调序问题进行建模？如何用更严密的数学模型描述翻译过程？如何对更复杂的统计模型进行训练？等等。针对以上问题，本节将系统地介绍 IBM 统计机器翻译模型。IBM 模型作为经典的机器翻译模型，有助于读者对自然语言处理问题建立系统化建模思想。同时，IBM 模型对问题的数学描述方法将成为理解本书后续内容的基础工具。

首先，重新思考人类进行翻译的过程。对于给定的源语言句子 s，人不会像计算机一样尝试很多的可能，而是快速准确地翻译出一个或者少数几个正确的译文。在人看来，除了正确的译文，其他的翻译都是不正确的，或者说，除了少数的译文，人甚至都不会考虑太多其他的可能性。但是，在统计机器翻译的世界里，没有译文是不可能的。换句话说，对于源语言句子 s，所有目标语言词串 t 都是可能的译文，只是可能性大小不同。这个思想可以通过统计模型实现：每对 (s,t) 都有一个概率值 $P(t|s)$ 来描述 s 翻译为 t 的好与坏（如图 5.11 所示）。

IBM 模型也是建立在如上的统计模型之上的。具体来说，IBM 模型的基础是**噪声信道模型**（Noise Channel Model），它是由 Shannon 在 20 世纪 40 年代末提出的[241]，并于 20 世纪 80 年代应用在语言识别领域，后来又被 Brown 等人用于统计机器翻译中[9, 10]。

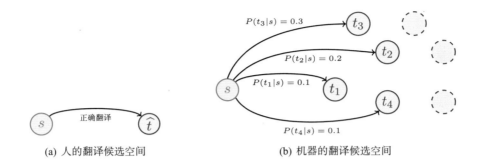

(a) 人的翻译候选空间　　　　　　　(b) 机器的翻译候选空间

图 5.11　不同翻译候选空间的对比

在噪声信道模型中，源语言句子 s（信宿）是由目标语言句子 t（信源）经过一个噪声信道得到的。如果知道了 s 和信道的性质，则可以通过 $P(t|s)$ 得到信源的信息，这个过程如图 5.12 所示。

$$\text{信宿}\ \ s\ \longrightarrow\ \boxed{\text{噪声信道}}\ \longrightarrow\ t\ \ \text{信源}$$

图 5.12　噪声信道模型

举个例子，对于汉译英的翻译任务，英语句子 t 可以被看作汉语句子 s 通过噪声信道后得到的结果。换句话说，汉语句子经过噪声-信道传输时发生了变化，在信道的输出端呈现为英语句子。于是，需要根据观察到的汉语特征，通过概率 $P(t|s)$ 猜测最为可能的英语句子。这个找到最可能的目标语句（信源）的过程也被称为**解码**。如今，解码这个概念被广泛地使用在机器翻译及相关任务中。这个过程也可以表述为：给定输入 s，找到最可能的输出 t，使得 $P(t|s)$ 达到最大：

$$\widehat{t} = \arg\max_{t} P(t|s) \tag{5.15}$$

式 (5.15) 的核心内容之一是定义 $P(t|s)$。在 IBM 模型中，可以使用贝叶斯准则对 $P(t|s)$ 进行如下变换：

$$\begin{aligned} P(t|s) &= \frac{P(s,t)}{P(s)} \\ &= \frac{P(s|t)P(t)}{P(s)} \end{aligned} \tag{5.16}$$

式 (5.16) 把 s 到 t 的翻译概率转化为 $\frac{P(s|t)P(t)}{P(s)}$，它包括 3 个部分：

第一部分是由译文 t 到源语言句子 s 的翻译概率 $P(s|t)$，也被称为翻译模型。它表示给定目标语言句子 t 生成源语言句子 s 的概率。需要注意是，翻译的方向已经从 $P(t|s)$ 转向了 $P(s|t)$，但无须刻意地区分，可以简单地理解为翻译模型描述了 s 和 t 的翻译对应程度。

第二部分是 $P(t)$，也被称为语言模型。它表示的是目标语言句子 t 出现的可能性。

第三部分是 $P(s)$，表示源语言句子 s 出现的可能性。因为 s 是输入的不变量，而且 $P(s) > 0$，所以省略分母部分 $P(s)$ 不会影响 $\frac{P(s|t)P(t)}{P(s)}$ 的最大值的求解。

于是，机器翻译的目标可以被重新定义为：给定源语言句子 s，寻找这样的目标语言译文 t，它使得翻译模型 $P(s|t)$ 和语言模型 $P(t)$ 的乘积最大：

$$
\begin{aligned}
\widehat{t} &= \arg\max_t P(t|s) \\
&= \arg\max_t \frac{P(s|t)P(t)}{P(s)} \\
&= \arg\max_t P(s|t)P(t)
\end{aligned}
\tag{5.17}
$$

式 (5.17) 展示了 IBM 模型最基础的建模方式，它把模型分解为两项：（反向）翻译模型 $P(s|t)$ 和语言模型 $P(t)$。仔细观察式 (5.17) 的推导过程，我们很容易发现一个问题：直接用 $P(t|s)$ 定义翻译问题不就可以了吗，为什么要用 $P(s|t)$ 和 $P(t)$ 的联合模型？理论上，正向翻译模型 $P(t|s)$ 和反向翻译模型 $P(s|t)$ 的数学建模可以是一样的，因为我们只需要在建模的过程中调换两个语言即可。使用 $P(s|t)$ 和 $P(t)$ 的联合模型的意义在于引入语言模型，它可以很好地对译文的流畅度进行评价，确保结果是通顺的目标语言句子。

回忆 5.2.4 节讨论的问题，如果只使用翻译模型可能会造成一个局面：译文的单词都和源语言单词对应得很好，但是由于语序的问题，读起来却不像人说的话。从这个角度看，引入语言模型是十分必要的。这个问题在 Brown 等人的论文中也有讨论[10]，他们提到单纯使用 $P(s|t)$ 会把概率分配给一些翻译对应得比较好，但是不通顺，甚至不合逻辑的目标语言句子，而分配给这类目标语言句子的概率很大，影响模型的决策。这也正体现了 IBM 模型的创新之处——作者用数学技巧引入 $P(t)$，保证了系统的输出是通顺的译文。语言模型也被广泛使用在语音识别等领域，以保证结果的流畅性，其应用历史甚至比机器翻译的长得多。

实际上，在机器翻译中引入语言模型这个概念十分重要。在 IBM 模型提出之后相当长的时间里，语言模型一直是机器翻译各个部件中最重要的部分。对译文连贯性的建模也是所有系统中需要包含的内容（即使隐形体现）。

5.4 统计机器翻译的 3 个基本问题

式 (5.17) 给出了统计机器翻译的数学描述。为了实现这个过程，面临如下 3 个基本问题：

- **建模**（Modeling）：如何建立 $P(s|t)$ 和 $P(t)$ 的数学模型。换句话说，需要用可计算的方式对翻译问题和语言建模问题进行描述，这也是最核心的问题。
- **训练**：如何获得 $P(s|t)$ 和 $P(t)$ 所需的参数，即从数据中得到模型的最优参数。
- **解码**：如何完成搜索最优解的过程，即完成 $\arg\max$。

为了理解以上问题，可以先回忆 5.2.4 节中的式 (5.11)，即 $g(s,t)$ 函数的定义，它用于评估一个译文的好与坏。如图 5.13 所示，$g(s,t)$ 函数与式 (5.17) 的建模方式非常一致，即 $g(s,t)$ 函数中红色部分描述译文 t 的可能性大小，对应翻译模型 $P(s|t)$；蓝色部分描述译文的平滑或流畅程度，对应语言模型 $P(t)$。尽管这种对应并不十分严格，但可以看出在处理机器翻译问题上，很多想法的本质是一样的。

$$g(s,t) \;=\; \underbrace{\prod\nolimits_{(j,i)\in\hat{A}} P(s_j,t_i)}_{\substack{P(s|t)\\ \text{翻译模型}}} \times \underbrace{P_{\text{lm}}(t)}_{\substack{P(t)\\ \text{语言模型}}}$$

图 5.13　IBM 模型与式 (5.11) 的对应关系

$g(s,t)$ 函数的建模很粗糙，而下面将介绍的 IBM 模型对问题有更严谨的定义与建模。对于语言模型 $P(t)$ 和解码过程，在前面的内容中都有介绍，所以本章的后半部分会重点介绍如何定义翻译模型 $P(s|t)$ 及如何训练模型参数。

5.4.1　词对齐

IBM 模型的一个基本假设是词对齐假设。词对齐描述了源语言句子和目标语言句子之间单词级别的对应。具体来说，给定源语言句子 $s = \{s_1 \cdots s_m\}$ 和目标语言译文 $t = \{t_1 \cdots t_l\}$，IBM 模型假设词对齐具有如下两个性质。

（1）一个源语言单词只能对应一个目标语言单词。如图 5.14 所示，图 5.14(a) 和图 5.14(c) 都满足该条件，尽管图 5.14(c) 中的"谢谢"和"你"都对应"thanks"，但并不违背这个约束条件。图 5.14(b) 不满足约束条件，因为"谢谢"同时对应了两个目标语言单词。这个约束条件也导致这里的词对齐变成了一种**非对称的词对齐**（Asymmetric Word Alignment），因为它只对源语言做了约束，没有约束目标语言。使用这样的约束的目的是减少建模的复杂度。在 IBM 模型之后的方法中也提出了双向词对齐，用于建模一个源语言单词对应到多个目标语言单词的情况[242]。

(a) 对齐实例 1　　　　　　(b) 对齐实例 2　　　　　　(c) 对齐实例 3

图 5.14　不同词对齐的对比

（2）源语言单词可以翻译为空，这时它对应到了一个虚拟或伪造的目标语言单词 t_0。在如图 5.15 所示的例子中，"在"没有对应到"on the table"中的任意一个词，而是把它对应到 t_0 上。这样，所有的源语言单词都能找到一个目标语言单词对应。这种设计很好地引入了**空对齐**（Empty

Alignment）的思想，即源语言单词不对应任何真实存在的单词的情况。这种空对齐的情况在翻译中频繁出现，如虚词的翻译。

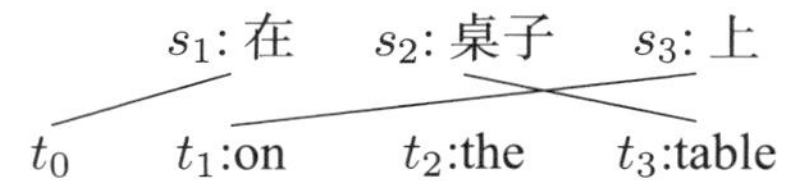

$$s_1:在 \quad s_2:桌子 \quad s_3:上$$

$$t_0 \quad t_1:on \quad t_2:the \quad t_3:table$$

图 5.15　词对齐实例（"在"对应到 t_0）

通常，把词对齐记为 a，它由 a_1 到 a_m 共 m 个词对齐连接组成，即 $a = \{a_1 \cdots a_m\}$。a_j 表示第 j 个源语言单词 s_j 对应的目标语言单词的位置。在图 5.15 所示的例子中，词对齐关系可以记为 $a_1 = 0, a_2 = 3, a_3 = 1$，即第 1 个源语言单词"在"对应到目标语言译文的第 0 个位置，第 2 个源语言单词"桌子"对应到目标语言译文的第 3 个位置，第 3 个源语言单词"上"对应到目标语言译文的第 1 个位置。

5.4.2 基于词对齐的翻译模型

直接准确估计 $P(s|t)$ 很难，训练数据只能覆盖整个样本空间非常小的一部分，绝大多数句子在训练数据中一次也没出现过。为了解决这个问题，IBM 模型假设：句子之间的对应可以由单词之间的对应表示。于是，翻译句子的概率可以被转化为词对齐生成的概率：

$$P(s|t) = \sum_a P(s, a|t) \tag{5.18}$$

式 (5.18) 使用了简单的全概率公式将 $P(s|t)$ 展开。通过访问 s 和 t 之间所有可能的词对齐 a，并将对应的对齐概率进行求和，得到 t 到 s 的翻译概率。这里，可以把词对齐看作翻译的隐含变量，这样从 t 到 s 的生成就变为从 t 同时生成 s 和隐含变量 a 的问题。引入隐含变量是生成模型常用的手段，通过使用隐含变量，可以把较为困难的端到端学习问题转化为分步学习问题。

举个例子说明式 (5.18) 的实际意义。如图 5.16 所示，可以把从"谢谢 你"到"thank you"的翻译分解为 9 种可能的词对齐。源语言句子 s 有 2 个词，目标语言句子 t 加上空标记 t_0 共 3 个词，因此每个源语言单词有 3 个可能对齐的位置，整个句子共有 $3 \times 3 = 9$ 种可能的词对齐。

接下来的问题是如何定义 $P(s, a|t)$——即定义词对齐的生成概率。隐含变量 a 仍然很复杂，因此直接定义 $P(s, a|t)$ 很困难。在 IBM 模型中，为了化简问题，$P(s, a|t)$ 被进一步分解。使用链式法则，可以得到

$$P(s, a|t) = P(m|t) \prod_{j=1}^{m} P(a_j|a_1^{j-1}, s_1^{j-1}, m, t) P(s_j|a_1^j, s_1^{j-1}, m, t) \tag{5.19}$$

其中，s_j 和 a_j 分别表示第 j 个源语言单词及第 j 个源语言单词对齐到的目标位置，s_1^{j-1} 表示前 $j-1$ 个源语言单词（即 $s_1^{j-1} = \{s_1 \cdots s_{j-1}\}$），$a_1^{j-1}$ 表示前 $j-1$ 个源语言的词对齐（即

$a_1^{j-1} = \{a_1 \cdots a_{j-1}\}$），$m$ 表示源语言句子的长度。式 (5.19) 将 $P(s,a|t)$ 分解为 4 个部分，具体含义如下：

- 根据译文 t 选择源文 s 的长度 m，用 $P(m|t)$ 表示。
- 当确定源语言句子的长度 m 后，循环每个位置 j，逐次生成每个源语言单词 s_j，也就是 $\prod_{j=1}^{m} \cdot$ 计算的内容。
- 对于每个位置 j，根据译文 t、源文长度 m、已经生成的源语言单词 s_1^{j-1} 和对齐 a_1^{j-1}，生成第 j 个位置的对齐结果 a_j，用 $P(a_j|a_1^{j-1},s_1^{j-1},m,t)$ 表示。
- 对于每个位置 j，根据译文 t、源文长度 m、已经生成的源语言单词 s_1^{j-1} 和对齐 a_1^{j}，生成第 j 个位置的源语言单词 s_j，用 $P(s_j|a_1^{j},s_1^{j-1},m,t)$ 表示。

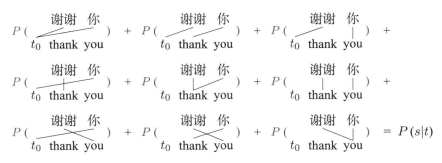

图 5.16　一个汉译英句对的所有词对齐可能

换句话说，当求 $P(s,a|t)$ 时，先根据译文 t 确定源语言句子 s 的长度 m；知道源语言句子有多少个单词后，循环 m 次，依次生成第 1 个到第 m 个源语言单词；当生成第 j 个源语言单词时，先确定它是由哪个目标语言译文单词生成的，即确定生成的源语言单词对应的译文单词的位置；当知道了目标语言译文单词的位置时，就能确定第 j 个位置的源语言单词。

需要注意的是，式 (5.19) 定义的模型并没有做任何化简和假设，也就是说，式 (5.19) 的左右两端是严格相等的。在后面的内容中会看到，这种将一个整体进行拆分的方法有助于分步骤化简并处理问题。

5.4.3　基于词对齐的翻译实例

用图 5.15 中的例子对式 (5.19) 进行说明。例子中，源语言句子"在 桌子 上"和目标语言译文"on the table"之间的词对齐为 $a = \{1\text{-}0, 2\text{-}3, 3\text{-}1\}$。式 (5.19) 的计算过程如下：

（1）根据译文确定源文 s 的单词数量（$m = 3$），即 $P(m = 3|\text{"}t_0 \text{ on the table"})$。

（2）确定源语言单词 s_1 是由谁生成的且生成的是什么。可以看到 s_1 由第 0 个目标语言单词生成，也就是 t_0，表示为 $P(a_1 = 0|\phi,\phi,3,\text{"}t_0 \text{ on the table"})$，其中 ϕ 表示空。当知道了 s_1 是由 t_0 生成的，就可以通过 t_0 生成源语言第 1 个单词"在"，即 $P(s_1 = \text{"在"} |\{1\text{-}0\},\phi,3,\text{"}t_0 \text{ on the table"})$。

（3）类似于生成 s_1，依次确定源语言单词 s_2 和 s_3 由谁生成且生成的是什么。

（4）得到基于词对齐 a 的翻译概率为

$$
\begin{aligned}
P(s, a|t) &= P(m|t) \prod_{j=1}^{m} P(a_j|a_1^{j-1}, s_1^{j-1}, m, t) P(s_j|a_1^j, s_1^{j-1}, m, t) \\
&= P(m = 3|t_0 \text{ on the table}) \times \\
&\quad P(a_1 = 0|\phi, \phi, 3, t_0 \text{ on the table}) \times \\
&\quad P(s_1 = 在|\{1\text{-}0\}, \phi, 3, t_0 \text{ on the table}) \times \\
&\quad P(a_2 = 3|\{1\text{-}0\}, 在, 3, t_0 \text{ on the table}) \times \\
&\quad P(s_2 = 桌子|\{1\text{-}0, 2\text{-}3\}, 在, 3, t_0 \text{ on the table}) \times \\
&\quad P(a_3 = 1|\{1\text{-}0, 2\text{-}3\}, 在\ 桌子, 3, t_0 \text{ on the table}) \times \\
&\quad P(s_3 = 上|\{1\text{-}0, 2\text{-}3, 3\text{-}1\}, 在\ 桌子, 3, t_0 \text{ on the table})
\end{aligned} \tag{5.20}
$$

5.5 IBM 模型 1

式 (5.18) 和式 (5.19) 把翻译问题定义为对译文和词对齐同时进行生成的问题。这其中有两个问题：

（1）虽然式 (5.18) 的右端（$\sum_a P(s, a|t)$）要求对所有的词对齐概率进行求和，但是词对齐的数量随句子长度呈指数增长，如何遍历所有的对齐 a 呢？

（2）虽然式 (5.19) 对词对齐的问题进行了描述，但是模型中的很多参数仍然很复杂，如何计算 $P(m|t)$、$P(a_j|a_1^{j-1}, s_1^{j-1}, m, t)$ 和 $P(s_j|a_1^j, s_1^{j-1}, m, t)$ 呢？

针对这两个问题，Brown 等人提出了 5 种解决方案，这就是被后人熟知的 5 个 IBM 翻译模型。第一个问题可以通过一定的数学或者工程技巧求解；第二个问题可以通过一些假设进行化简，依据化简的层次和复杂度，可以分为 IBM 模型 1、IBM 模型 2、IBM 模型 3、IBM 模型 4 及 IBM 模型 5。本节先介绍较为简单的 IBM 模型 1。

5.5.1 IBM 模型 1 的建模

IBM 模型 1 对式 (5.19) 中的 3 项进行了简化。具体方法如下：

- 假设 $P(m|t)$ 为常数 ε，即源语言句子长度的生成概率服从均匀分布，如下：

$$
P(m|t) \equiv \varepsilon \tag{5.21}
$$

- 假设对齐概率 $P(a_j|a_1^{j-1}, s_1^{j-1}, m, t)$ 仅依赖译文长度 l，即每个词对齐连接的生成概率也服从均匀分布。换句话说，对于任意源语言位置 j，对齐到目标语言任意位置都是等概率的。例如，译文为"on the table"，再加上 t_0 共 4 个位置，相应地，任意源语言单词对齐到这 4

个位置的概率是一样的。具体描述如下：

$$P(a_j|a_1^{j-1}, s_1^{j-1}, m, t) \equiv \frac{1}{l+1} \tag{5.22}$$

- 假设源语言单词 s_j 的生成概率 $P(s_j|a_1^j, s_1^{j-1}, m, t)$ 仅依赖与其对齐的译文单词 t_{a_j}，即单词翻译概率 $f(s_j|t_{a_j})$。此时，单词翻译概率满足 $\sum_{s_j} f(s_j|t_{a_j}) = 1$。例如，在图 5.17 所示的例子中，源语言单词"上"出现的概率只和与它对齐的单词"on"有关系，与其他单词没有关系。

$$P(s_j|a_1^j, s_1^{j-1}, m, t) \equiv f(s_j|t_{a_j}) \tag{5.23}$$

用一个简单的例子对式 (5.23) 进行说明。在图 5.17 中，"桌子"对齐到"table"，可被描述为 $f(s_2|t_{a_2}) = f($"桌子"|"table"$)$，表示给定"table"翻译为"桌子"的概率。通常，$f(s_2|t_{a_2})$ 被认为是一种概率词典，它反映了两种语言单词一级的对应关系。

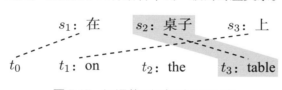

图 5.17　汉译英双语句对及词对齐

将上述 3 个假设和式 (5.19) 代入式 (5.18) 中，得到 $P(s|t)$ 的表达式：

$$\begin{aligned}
P(s|t) &= \sum_a P(s, a|t) \\
&= \sum_a P(m|t) \prod_{j=1}^m P(a_j|a_1^{j-1}, s_1^{j-1}, m, t) P(s_j|a_1^j, s_1^{j-1}, m, t) \\
&= \sum_a \varepsilon \prod_{j=1}^m \frac{1}{l+1} f(s_j|t_{a_j}) \\
&= \sum_a \frac{\varepsilon}{(l+1)^m} \prod_{j=1}^m f(s_j|t_{a_j})
\end{aligned} \tag{5.24}$$

在式 (5.24) 中，需要遍历所有的词对齐，即 $\sum_a \cdot$。这种表示不够直观，因此可以把这个过程重新表示为如下形式：

$$P(s|t) = \sum_{a_1=0}^l \cdots \sum_{a_m=0}^l \frac{\varepsilon}{(l+1)^m} \prod_{j=1}^m f(s_j|t_{a_j}) \tag{5.25}$$

式 (5.25) 分为两个主要部分。第一部分：遍历所有的对齐 a，其中 a 由 $\{a_1, \cdots, a_m\}$ 组成，每个 $a_j \in \{a_1, \cdots, a_m\}$ 从译文的开始位置 (0) 循环到截止位置 (l)。图 5.18 所示为源语言单词 s_3 从译文的开始 t_0 遍历到结尾 t_3，即 a_3 的取值范围。第二部分：对于每个 a 累加对齐概率 $P(s, a|t) = \frac{\varepsilon}{(l+1)^m} \prod_{j=1}^{m} f(s_j|t_{a_j})$。

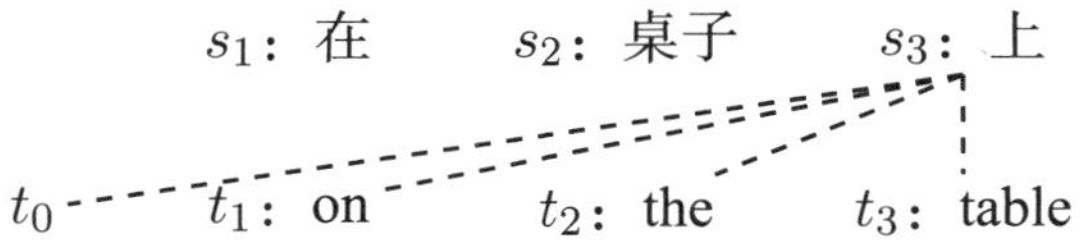

$$s_1: 在 \qquad s_2: 桌子 \qquad s_3: 上$$

$$t_0 \dashrightarrow t_1: on \qquad t_2: the \qquad t_3: table$$

图 5.18　式 (5.25) 第一部分的实例

这样就得到了 IBM 模型 1 中句子翻译概率的计算式。可以看出，IBM 模型 1 的假设把翻译模型化简成了非常简单的形式。对于给定的 s, a 和 t，只要知道 ε 和 $f(s_j|t_{a_j})$ 就可以计算出 $P(s|t)$。

5.5.2 解码及计算优化

如果模型参数给定，则可以使用 IBM 模型 1 对新的句子进行翻译。例如，可以使用 5.2.5 节描述的解码方法搜索最优译文。在搜索过程中，只需要通过式 (5.25) 计算每个译文候选的 IBM 模型翻译概率。但是，式 (5.25) 的高计算复杂度导致这些模型很难直接使用。以 IBM 模型 1 为例，这里把式 (5.25) 重写为

$$P(s|t) = \frac{\varepsilon}{(l+1)^m} \underbrace{\sum_{a_1=0}^{l} \cdots \sum_{a_m=0}^{l}}_{(l+1)^m 次循环} \underbrace{\prod_{j=1}^{m} f(s_j|t_{a_j})}_{m 次循环} \tag{5.26}$$

可以看到，遍历所有的词对齐需要 $(l+1)^m$ 次循环，遍历所有源语言位置累计 $f(s_j|t_{a_j})$ 需要 m 次循环，因此这个模型的计算复杂度为 $O((l+1)^m m)$。当 m 较大时，计算这样的模型几乎是不可能的。不过，经过仔细观察，可以发现式 (5.26) 右端的部分有另外一种计算方法，如下：

$$\sum_{a_1=0}^{l} \cdots \sum_{a_m=0}^{l} \prod_{j=1}^{m} f(s_j|t_{a_j}) = \prod_{j=1}^{m} \sum_{i=0}^{l} f(s_j|t_i) \tag{5.27}$$

式 (5.27) 的特点在于把若干个乘积的加法（等式左手端）转化为若干加法结果的乘积（等式右手端），这样省去了多次循环，把 $O((l+1)^m m)$ 的计算复杂度降为 $O((l+1)m)$。此外，式 (5.27) 相比式 (5.26) 的一个优点在于，式 (5.27) 中乘法的数量更少，现代计算机中乘法运算的代价要高于加法，因此式 (5.27) 的计算机实现效率更高。图 5.19 对这个过程进行了进一步解释。

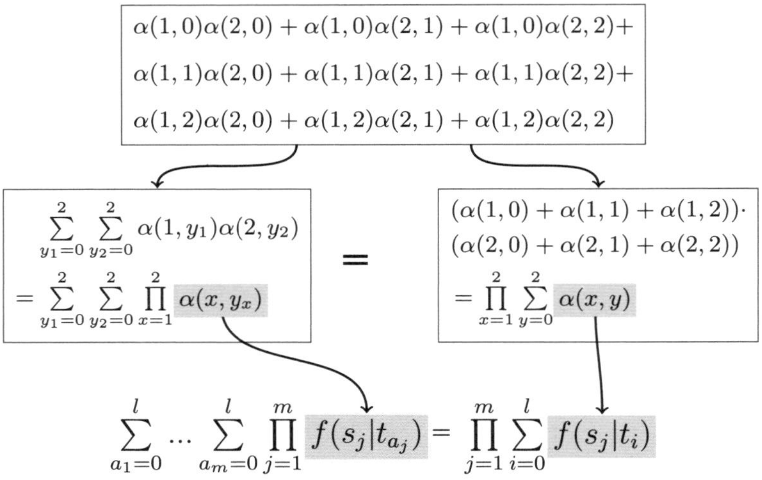

$$\alpha(1,0)\alpha(2,0) + \alpha(1,0)\alpha(2,1) + \alpha(1,0)\alpha(2,2) +$$
$$\alpha(1,1)\alpha(2,0) + \alpha(1,1)\alpha(2,1) + \alpha(1,1)\alpha(2,2) +$$
$$\alpha(1,2)\alpha(2,0) + \alpha(1,2)\alpha(2,1) + \alpha(1,2)\alpha(2,2)$$

$$\sum_{y_1=0}^{2}\sum_{y_2=0}^{2}\alpha(1,y_1)\alpha(2,y_2)$$
$$= \sum_{y_1=0}^{2}\sum_{y_2=0}^{2}\prod_{x=1}^{2}\alpha(x,y_x)$$

$$=$$

$$(\alpha(1,0) + \alpha(1,1) + \alpha(1,2)) \cdot$$
$$(\alpha(2,0) + \alpha(2,1) + \alpha(2,2))$$
$$= \prod_{x=1}^{2}\sum_{y=0}^{2}\alpha(x,y)$$

$$\sum_{a_1=0}^{l}\cdots\sum_{a_m=0}^{l}\prod_{j=1}^{m}f(s_j|t_{a_j}) = \prod_{j=1}^{m}\sum_{i=0}^{l}f(s_j|t_i)$$

图 5.19　$\sum_{a_1=0}^{l}\cdots\sum_{a_m=0}^{l}\prod_{j=1}^{m}f(s_j|t_{a_j}) = \prod_{j=1}^{m}\sum_{i=0}^{l}f(s_j|t_i)$ 的实例

接着，利用式 (5.27) 的方式，把式 (5.25) 重写为

$$\text{IBM 模型 1：}\quad P(s|t) = \frac{\varepsilon}{(l+1)^m}\prod_{j=1}^{m}\sum_{i=0}^{l}f(s_j|t_i) \tag{5.28}$$

式 (5.28) 是 IBM 模型 1 的最终表达式，在解码和训练中可以直接使用。

5.5.3 训练

在完成建模和解码的基础上，剩下的问题是如何得到模型的参数。这也是整个统计机器翻译里最重要的内容。下面将对 IBM 模型 1 的参数估计方法进行介绍。

1. 目标函数

统计机器翻译模型的训练是一个典型的优化问题。简单来说，训练是指在给定数据集（训练集）上调整参数，使得目标函数的值达到最大（或最小），此时得到的参数被称为该模型在该目标函数下的最优解（如图 5.20 所示）。

在 IBM 模型中，优化的目标函数被定义为 $P(s|t)$。也就是说，对于给定的句对 (s,t)，最大化翻译概率 $P(s|t)$。这里用符号 $P_\theta(s|t)$ 表示模型由参数 θ 决定，模型训练可以被描述为对目标函数 $P_\theta(s|t)$ 的优化过程：

$$\widehat{\theta} = \arg\max_{\theta} P_\theta(s|t) \tag{5.29}$$

其中，$\arg\max_\theta$ 表示求最优参数的过程（或优化过程）。

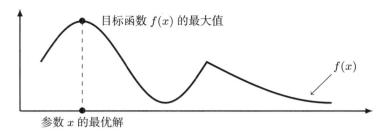

图 5.20　一个目标函数的最优解

实际上，式 (5.29) 也是一种基于极大似然的模型训练方法。这里，可以把 $P_\theta(s|t)$ 看作模型对数据描述的一个似然函数，记作 $L(s,t;\theta)$。也就是说，优化目标是对似然函数的优化：$\{\widehat{\theta}\} = \{\arg\max_{\theta \in \Theta} L(s,t;\theta)\}$，其中 $\{\widehat{\theta}\}$ 表示可能有多个结果，Θ 表示参数空间。

回到 IBM 模型的优化问题上。以 IBM 模型 1 为例，优化的目标是最大化翻译概率 $P(s|t)$。使用式 (5.28)，可以把这个目标表述为

$$\max\Big(\frac{\varepsilon}{(l+1)^m} \prod_{j=1}^{m} \sum_{i=0}^{l} f(s_j|t_i) \Big)$$

$$\text{s.t.}\quad \text{任意单词 } t_y: \quad \sum_{s_x} f(s_x|t_y) = 1$$

其中，$\max(\cdot)$ 表示最大化，$\frac{\varepsilon}{(l+1)^m} \prod_{j=1}^{m} \sum_{i=0}^{l} f(s_j|t_i)$ 是目标函数，$f(s_j|t_i)$ 是模型的参数，$\sum_{s_x} f(s_x|t_y) = 1$ 是优化的约束条件，以保证翻译概率满足归一化的要求。需要注意的是，$\{f(s_x|t_y)\}$ 对应了很多参数，每个源语言单词和每个目标语言单词的组合都对应一个参数 $f(s_x|t_y)$。

2. 优化

可以看到，IBM 模型的参数训练问题本质上是带约束的目标函数优化问题。由于目标函数是可微分函数，解决这类问题的一种常用方法是把带约束的优化问题转化为不带约束的优化问题。这里用到了**拉格朗日乘数法**（Lagrange Multiplier Method），它的基本思想是把含有 n 个变量和 m 个约束条件的优化问题转化为含有 $n+m$ 个变量的无约束优化问题。

这里的目标是 $\max(P_\theta(s|t))$，约束条件是对于任意的目标语言单词 t_y 有 $\sum_{s_x} P(s_x|t_y) = 1$。根据拉格朗日乘数法，可以将上述优化问题重新定义为最大化如下拉格朗日函数的问题：

$$L(f,\lambda) = \frac{\varepsilon}{(l+1)^m} \prod_{j=1}^{m} \sum_{i=0}^{l} f(s_j|t_i) - \sum_{t_y} \lambda_{t_y} \Big(\sum_{s_x} f(s_x|t_y) - 1 \Big) \tag{5.30}$$

$L(f,\lambda)$ 包含两部分，$\frac{\varepsilon}{(l+1)^m} \prod_{j=1}^{m} \sum_{i=0}^{l} f(s_j|t_i)$ 是原始的目标函数，$\sum_{t_y} \lambda_{t_y} (\sum_{s_x} f(s_x|t_y)-1)$ 是原始的约束条件乘以拉格朗日乘数 λ_{t_y}，拉格朗日乘数的数量和约束条件的数量相同。图 5.21

通过图例说明了 $L(f, \lambda)$ 函数各部分的意义。

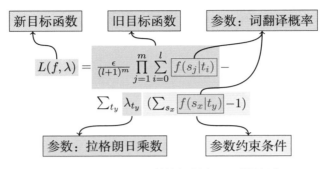

图 5.21 $L(f, \lambda)$ 函数的解释（IBM 模型 1）

$L(f, \lambda)$ 是可微分函数，因此可以通过计算 $L(f, \lambda)$ 导数为零的点得到极值点。这个模型里仅有 $f(s_x|t_y)$ 一种类型的参数，因此只需要对如下导数进行计算。

$$\frac{\partial L(f, \lambda)}{\partial f(s_u|t_v)} = \frac{\partial \left[\frac{\varepsilon}{(l+1)^m} \prod_{j=1}^{m} \sum_{i=0}^{l} f(s_j|t_i) \right]}{\partial f(s_u|t_v)} -$$

$$\frac{\partial \left[\sum_{t_y} \lambda_{t_y} (\sum_{s_x} f(s_x|t_y) - 1) \right]}{\partial f(s_u|t_v)}$$

$$= \frac{\varepsilon}{(l+1)^m} \cdot \frac{\partial \left[\prod_{j=1}^{m} \sum_{i=0}^{l} f(s_j|t_i) \right]}{\partial f(s_u|t_v)} - \lambda_{t_v} \tag{5.31}$$

s_u 和 t_v 分别表示源语言和目标语言词表中的某一个单词。为了求 $\frac{\partial [\prod_{j=1}^{m} \sum_{i=0}^{l} f(s_j|t_i)]}{\partial f(s_u|t_v)}$，这里引入一个辅助函数。令 $g(z) = \alpha z^\beta$ 为变量 z 的函数，显然，$\frac{\partial g(z)}{\partial z} = \alpha \beta z^{\beta-1} = \frac{\beta}{z} \alpha z^\beta = \frac{\beta}{z} g(z)$。可以把 $\prod_{j=1}^{m} \sum_{i=0}^{l} f(s_j|t_i)$ 看作 $g(z) = \alpha z^\beta$ 的实例。首先，令 $z = \sum_{i=0}^{l} f(s_u|t_i)$。注意，$s_u$ 为给定的源语言单词。然后，把 β 定义为 $\sum_{i=0}^{l} f(s_u|t_i)$ 在 $\prod_{j=1}^{m} \sum_{i=0}^{l} f(s_j|t_i)$ 中出现的次数，即源语言句子中与 s_u 相同的单词的个数。

$$\beta = \sum_{j=1}^{m} \delta(s_j, s_u) \tag{5.32}$$

其中，当 $x = y$ 时，$\delta(x, y) = 1$，否则为 0。

根据 $\frac{\partial g(z)}{\partial z} = \frac{\beta}{z} g(z)$，可以得到

$$\frac{\partial g(z)}{\partial z} = \frac{\partial [\prod_{j=1}^{m} \sum_{i=0}^{l} f(s_j|t_i)]}{\partial [\sum_{i=0}^{l} f(s_u|t_i)]}$$

$$= \frac{\sum_{j=1}^{m} \delta(s_j, s_u)}{\sum_{i=0}^{l} f(s_u|t_i)} \prod_{j=1}^{m} \sum_{i=0}^{l} f(s_j|t_i) \tag{5.33}$$

根据 $\frac{\partial g(z)}{\partial z}$ 和 $\frac{\partial z}{\partial f}$ 计算的结果，可以得到

$$\frac{\partial[\prod_{j=1}^{m} \sum_{i=0}^{l} f(s_j|t_i)]}{\partial f(s_u|t_v)} = \frac{\partial[\prod_{j=1}^{m} \sum_{i=0}^{l} f(s_j|t_i)]}{\partial[\sum_{i=0}^{l} f(s_u|t_i)]} \cdot \frac{\partial[\sum_{i=0}^{l} f(s_u|t_i)]}{\partial f(s_u|t_v)}$$

$$= \frac{\sum_{j=1}^{m} \delta(s_j, s_u)}{\sum_{i=0}^{l} f(s_u|t_i)} \prod_{j=1}^{m} \sum_{i=0}^{l} f(s_j|t_i) \cdot \sum_{i=0}^{l} \delta(t_i, t_v) \tag{5.34}$$

将 $\frac{\partial[\prod_{j=1}^{m} \sum_{i=0}^{l} f(s_j|t_i)]}{\partial f(s_u|t_v)}$ 代入 $\frac{\partial L(f,\lambda)}{\partial f(s_u|t_v)}$，得到 $L(f,\lambda)$ 的导数

$$\frac{\partial L(f,\lambda)}{\partial f(s_u|t_v)} = \frac{\varepsilon}{(l+1)^m} \cdot \frac{\partial[\prod_{j=1}^{m} \sum_{i=0}^{l} f(s_j|t_{a_j})]}{\partial f(s_u|t_v)} - \lambda_{t_v}$$

$$= \frac{\varepsilon}{(l+1)^m} \frac{\sum_{j=1}^{m} \delta(s_j, s_u) \cdot \sum_{i=0}^{l} \delta(t_i, t_v)}{\sum_{i=0}^{l} f(s_u|t_i)} \prod_{j=1}^{m} \sum_{i=0}^{l} f(s_j|t_i) - \lambda_{t_v} \tag{5.35}$$

令 $\frac{\partial L(f,\lambda)}{\partial f(s_u|t_v)} = 0$，有

$$f(s_u|t_v) = \frac{\lambda_{t_v}^{-1}\varepsilon}{(l+1)^m} \cdot \frac{\sum_{j=1}^{m} \delta(s_j, s_u) \cdot \sum_{i=0}^{l} \delta(t_i, t_v)}{\sum_{i=0}^{l} f(s_u|t_i)} \prod_{j=1}^{m} \sum_{i=0}^{l} f(s_j|t_i) \cdot f(s_u|t_v) \tag{5.36}$$

将式 (5.36) 稍作调整，得到

$$f(s_u|t_v) = \lambda_{t_v}^{-1} \frac{\varepsilon}{(l+1)^m} \prod_{j=1}^{m} \sum_{i=0}^{l} f(s_j|t_i) \sum_{j=1}^{m} \delta(s_j, s_u) \sum_{i=0}^{l} \delta(t_i, t_v) \frac{f(s_u|t_v)}{\sum_{i=0}^{l} f(s_u|t_i)} \tag{5.37}$$

可以看出，这不是一个计算 $f(s_u|t_v)$ 的解析式，因为等式右端仍含有 $f(s_u|t_v)$。不过，它蕴含着一种非常经典的方法 —— **期望最大化**（Expectation Maximization），简称 EM 方法（或算法）。使用 EM 方法，可以利用式 (5.37) 迭代地计算 $f(s_u|t_v)$，使其最终收敛到最优值。EM 方法的思想是：用当前的参数求似然函数的期望，之后最大化这个期望，同时得到一组新的参数值。对 IBM 模型来说，其迭代过程就是反复使用式 (5.37)，具体如图 5.22 所示。

为了化简 $f(s_u|t_v)$ 的计算，在此对式 (5.37) 进行了重新组织，如图 5.23 所示。其中，红色部分表示翻译概率 $P(s|t)$；蓝色部分表示 (s_u, t_v) 在句对 (s, t) 中配对的总次数，即"t_v 翻译为 s_u"在所有对齐中出现的次数；绿色部分表示 $f(s_u|t_v)$ 对于所有的 t_i 的相对值，即"t_v 翻译为 s_u"在所有对齐中出现的相对概率；蓝色与绿色部分相乘表示"t_v 翻译为 s_u"这个事件出现次数的期望

的估计，称为**期望频次**（Expected Count）。

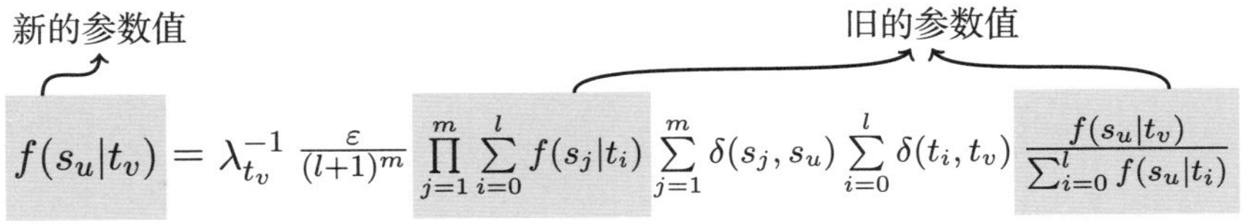

$$f(s_u|t_v) = \lambda_{t_v}^{-1} \frac{\varepsilon}{(l+1)^m} \prod_{j=1}^{m} \sum_{i=0}^{l} f(s_j|t_i) \sum_{j=1}^{m} \delta(s_j, s_u) \sum_{i=0}^{l} \delta(t_i, t_v) \frac{f(s_u|t_v)}{\sum_{i=0}^{l} f(s_u|t_i)}$$

新的参数值　　　　　　　　　　　　　　　　　　　　　　　旧的参数值

图 5.22　IBM 模型迭代过程示意图

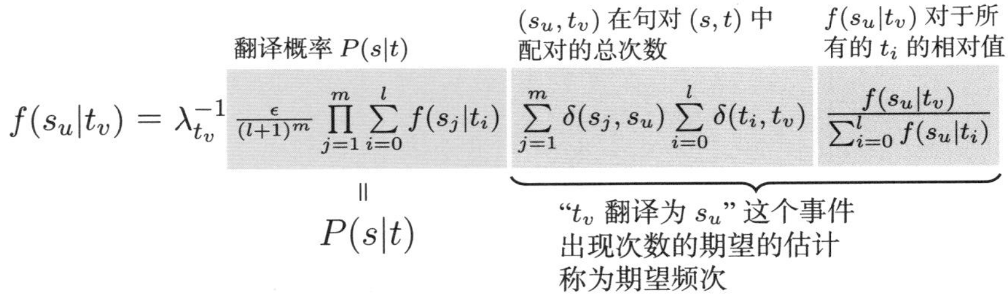

$$f(s_u|t_v) = \lambda_{t_v}^{-1} \frac{\epsilon}{(l+1)^m} \prod_{j=1}^{m} \sum_{i=0}^{l} f(s_j|t_i) \underbrace{\sum_{j=1}^{m} \delta(s_j, s_u) \sum_{i=0}^{l} \delta(t_i, t_v)}_{\text{“}t_v\text{ 翻译为 }s_u\text{” 这个事件}} \underbrace{\frac{f(s_u|t_v)}{\sum_{i=0}^{l} f(s_u|t_i)}}$$

翻译概率 $P(s|t)$　　　　(s_u, t_v) 在句对 (s,t) 中　　$f(s_u|t_v)$ 对于所
　　　　　　　　　　配对的总次数　　　　　有的 t_i 的相对值

$$\|$$
$$P(s|t)$$

"t_v 翻译为 s_u" 这个事件
出现次数的期望的估计
称为期望频次

图 5.23　对式 (5.37) 进行重新组织

期望频次是事件在其分布下出现次数的期望。令 $c_{\mathbb{E}}(X)$ 为事件 X 的期望频次，其计算公式为

$$c_{\mathbb{E}}(X) = \sum_i c(x_i) \cdot P(x_i) \tag{5.38}$$

其中，$c(x_i)$ 表示 X 取 x_i 时出现的次数，$P(x_i)$ 表示 $X = x_i$ 出现的概率。图 5.24 展示了事件 X 的期望频次的详细计算过程。其中，x_1、x_2 和 x_3 分别表示事件 X 出现 2 次、1 次和 5 次的情况。

x_i	$c(x_i)$		x_i	$c(x_i)$	$P(x_i)$	$c(x_i) \cdot P(x_i)$
x_1	2		x_1	2	0.1	0.2
x_2	1		x_2	1	0.3	0.3
x_3	5		x_3	5	0.2	1.0
总频次 = 8			$c_{\mathbb{E}}(X) = 0.2 + 0.3 + 1.0 = 1.5$			

图 5.24　总频次（左）和期望频次（右）的实例

因为在 $P(s|t)$ 中，t_v 翻译（连接）到 s_u 的期望频次为

$$c_{\mathbb{E}}(s_u|t_v; s, t) \equiv \sum_{j=1}^{m} \delta(s_j, s_u) \cdot \sum_{i=0}^{l} \delta(t_i, t_v) \cdot \frac{f(s_u|t_v)}{\sum_{i=0}^{l} f(s_u|t_i)} \tag{5.39}$$

所以式 (5.37) 可重写为

$$f(s_u|t_v) = \lambda_{t_v}^{-1} \cdot P(s|t) \cdot c_{\mathbb{E}}(s_u|t_v; s, t) \tag{5.40}$$

在此，如果令 $\lambda_{t_v}' = \frac{\lambda_{t_v}}{P(s|t)}$，则可得

$$\begin{aligned} f(s_u|t_v) &= \lambda_{t_v}^{-1} \cdot P(s|t) \cdot c_{\mathbb{E}}(s_u|t_v; s, t) \\ &= (\lambda_{t_v}')^{-1} \cdot c_{\mathbb{E}}(s_u|t_v; s, t) \end{aligned} \tag{5.41}$$

又因为 IBM 模型对 $f(\cdot|\cdot)$ 的约束如下：

$$\forall t_y : \sum_{s_x} f(s_x|t_y) = 1 \tag{5.42}$$

为了满足 $f(\cdot|\cdot)$ 的概率归一化约束，易得

$$\lambda_{t_v}' = \sum_{s_u'} c_{\mathbb{E}}(s_u'|t_v; s, t) \tag{5.43}$$

因此，$f(s_u|t_v)$ 的计算式可进一步变换成

$$f(s_u|t_v) = \frac{c_{\mathbb{E}}(s_u|t_v; s, t)}{\sum_{s_u'} c_{\mathbb{E}}(s_u'|t_v; s, t)} \tag{5.44}$$

假设有 K 个互译的句对（称作平行语料）：
$\{(s^{[1]}, t^{[1]}), \cdots, (s^{[K]}, t^{[K]})\}$，$f(s_u|t_v)$ 的期望频次为

$$c_{\mathbb{E}}(s_u|t_v) = \sum_{k=1}^{K} c_{\mathbb{E}}(s_u|t_v; s^{[k]}, t^{[k]}) \tag{5.45}$$

于是有 $f(s_u|t_v)$ 的计算公式和迭代过程如图 5.25 所示。完整的 EM 算法如代码 5.1 所示。其中，E-Step 对应第 4~5 行，目的是计算 $c_{\mathbb{E}}(\cdot)$；M-Step 对应第 6~9 行，目的是计算 $f(\cdot|\cdot)$。

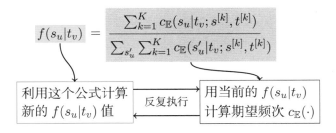

图 5.25　$f(s_u|t_v)$ 的计算公式和迭代过程

至此，本章完成了对 IBM 模型 1 训练方法的介绍，可以通过图 5.25 所示的算法实现。算法最终的形式并不复杂，只需要遍历每个句对，之后计算 $f(\cdot|\cdot)$ 的期望频次，最后估计新的 $f(\cdot|\cdot)$，迭代这个过程直至 $f(\cdot|\cdot)$ 收敛至稳定状态。

代码 5.1: IBM 模型 1 的训练（EM 算法）

Input: 平行语料 $(s^{[1]}, t^{[1]}), \cdots, (s^{[K]}, t^{[K]})$;
Output: 参数 $f(\cdot|\cdot)$ 的最优值;
Function EM$(\{(s^{[1]}, t^{[1]}), \cdots, (s^{[K]}, t^{[K]})\})$;
   Initialize $f(\cdot|\cdot)$ ▷ 例如，给 $f(\cdot|\cdot)$ 一个均匀分布;
   Loop until $f(\cdot|\cdot)$ converges;
foreach $k = 1$ *to* K **do**
   $\Big|$ $c_{\mathbb{E}}(s_u|t_v; s^{[k]}, t^{[k]}) = \sum_{j=1}^{|s^{[k]}|} \delta(s_j, s_u) \sum_{i=0}^{|t^{[k]}|} \delta(t_i, t_v) \cdot \frac{f(s_u|t_v)}{\sum_{i=0}^{l} f(s_u|t_i)}$;
end
foreach t_v appears at least one of $\{t^{[1]}, \cdots, t^{[K]}\}$ **do**
   $\Big|$ $\lambda'_{t_v} = \sum_{s'_u} \sum_{k=1}^{K} c_{\mathbb{E}}(s'_u|t_v; s^{[k]}, t^{[k]})$;
end
foreach s_u appears at least one of $\{s^{[1]}, \cdots, s^{[K]}\}$ **do**
   $\Big|$ $f(s_u|t_v) = \sum_{k=1}^{K} c_{\mathbb{E}}(s_u|t_v; s^{[k]}, t^{[k]}) \cdot (\lambda'_{t_v})^{-1}$;
end
return $f(\cdot|\cdot)$;

5.6 小结及拓展阅读

本章对 IBM 系列模型中的 IBM 模型 1 进行了详细的介绍和讨论，从一个简单的基于单词的翻译模型开始，本章从建模、解码、训练多个维度对统计机器翻译进行了描述，期间涉及了词对齐、优化等多个重要概念。IBM 模型共分为 5 个模型，对翻译问题的建模依次由浅入深，模型复杂度也依次增加，我们将在第 6 章对另外 4 个 IBM 模型进行详细的介绍和讨论。IBM 模型作为入门统计机器翻译的"必经之路"，其思想对如今的机器翻译仍然产生着影响。虽然单独使用 IBM 模型进行机器翻译已经不多见，甚至很多从事神经机器翻译等前沿研究的人已经将 IBM 模型淡忘，但不能否认，IBM 模型标志着一个时代的开始。从某种意义上讲，当使用公式 $\hat{t} = \arg\max_t P(t|s)$ 描述机器翻译问题时，或多或少都在使用与 IBM 模型相似的思想。

当然，本书无法涵盖 IBM 模型的所有内涵，很多内容需要读者继续研究和挖掘。其中最值得关注的是统计词对齐问题。词对齐是 IBM 模型训练的间接产物，因此 IBM 模型成了自动词对齐的重要方法。例如，IBM 模型训练装置 GIZA++ 常用于自动词对齐任务，而非简单的训练 IBM 模型参数[242]。

- 在 IBM 基础模型之上，有很多改进的工作。例如，对空对齐、低频词进行额外处理[243]；考虑源语言-目标语言和目标语言-源语言双向词对齐进行更好的词对齐对称化[244]；使用词典、命名实体等多种信息对模型进行改进[245]；通过引入短语增强 IBM 基础模型[246]；引入相邻单词对齐之间的依赖关系，增加模型健壮性[247] 等；也可以对 IBM 模型的正向和反向结果进行对称化处理，以得到更准确的词对齐结果[242]。

- 随着词对齐概念的不断深入，也有很多词对齐方面的工作并不依赖 IBM 模型。例如，可以直接使用判别模型，利用分类器解决词对齐问题[248]；使用带参数控制的动态规划方法提高词对齐的准确率[249]；甚至可以把对齐的思想用于短语和句法结构的双语对应[250]；无监督的对称词对齐方法，通过正向模型和反向模型联合训练，利用数据的相似性[251]；除了 GIZA++，研究人员还开发了很多优秀的自动对齐工具，如 FastAlign[252]、Berkeley Word Aligner[253] 等，这些工具都被广泛应用。

- 一种较为通用的词对齐评价标准是**对齐错误率**（Alignment Error Rate，AER）[254]。在此基础上，也可以对词对齐评价方法进行改进，以提高对齐质量与机器翻译评价得分 BLEU 的相关性[255–257]。也有工作通过统计机器翻译系统性能的提升来评价对齐质量[254]。不过，在相当长时间内，词对齐质量对机器翻译系统的影响究竟如何并没有统一的结论。有时，虽然词对齐的错误率下降了，但是机器翻译系统的译文品质并没有提升。这个问题比较复杂，需要进一步论证。可以肯定的是，词对齐可以帮助人们分析机器翻译的行为，甚至在最新的神经机器翻译中，在神经网络模型中寻求两种语言单词之间的对应关系也是对模型进行解释的有效手段之一[258]。

- 基于单词的翻译模型的解码问题也是早期研究人员所关注的。比较经典的方法是贪婪方法[79]。也有研究人员对不同的解码方法进行了对比[78]，并给出了一些加速解码的思路。随后，有工作进一步对这些方法进行了改进[259, 260]。实际上，基于单词的模型的解码是一个 NP 完全问题[240]，这也是为什么机器翻译的解码十分困难的原因。关于翻译模型解码算法的时间复杂度也有很多讨论[261–263]。

6. 基于扭曲度和繁衍率的模型

第 5 章展示了一种基于单词的翻译模型。这种模型的形式非常简单，而且其隐含的词对齐信息具有较好的可解释性。不过，语言翻译的复杂性远远超出人们的想象。语言翻译主要有两个问题——如何对"调序"问题进行建模，以及如何对"一对多翻译"问题进行建模。一方面，调序是翻译问题特有的现象，例如，将汉语翻译为日语需要对谓词进行调序。另一方面，一个单词在另一种语言中可能会被翻译为多个连续的词，例如，汉语"联合国"翻译为英语会对应 3 个单词"The United Nations"。这种现象也被称作一对多翻译，它与句子长度预测有密切的联系。

无论是调序还是一对多翻译，简单的翻译模型（如 IBM 模型 1）都无法对其进行很好的处理。因此，需要考虑对这两个问题单独建模。本章将对机器翻译中两个常用的概念进行介绍——扭曲度和繁衍率。它们被看作对调序和一对多翻译现象的一种统计描述。基于此，本章将进一步介绍基于扭曲度和繁衍率的翻译模型，建立相对完整的基于单词的统计建模体系。相关的概念和技术会在后续章节应用。

6.1 基于扭曲度的模型

本节介绍扭曲度在机器翻译中的定义及使用方法。这也带来了两个新的翻译模型——IBM 模型 2[10] 和隐马尔可夫模型[264]。

6.1.1 什么是扭曲度

调序（Reordering）是自然语言翻译中特有的语言现象。造成这个现象的主要原因在于不同语言之间语序的差异，如汉语是"主谓宾"结构，而日语是"主宾谓"结构。即使在句子整体结构相似的语言上进行翻译，调序也是频繁出现的现象。如图 6.1 所示，当一个主动语态的汉语句子被翻译为一个被动语态的英语句子时，如果直接顺序翻译，那么翻译结果"I with you am satisfied"很明显不符合英语语法。这时，就需要采取一些方法和手段在翻译过程中对词或短语进行调序，从而得到正确的翻译结果。

在对调序问题进行建模的方法中，最基本的方法是调序距离法。这里，可以假设完全进行顺序翻译时，调序的"代价"是最低的。当调序出现时，可以用调序相对于顺序翻译产生的位置偏移来

度量调序的程度，也被称为调序距离。图 6.2 展示了翻译时两种语言中词的对齐矩阵。在图 6.2(a)
中，系统需要跳过"对"和"你"翻译"感到"和"满意"，再回过头翻译"对"和"你"，这就完
成了对单词的调序。这时，可以简单地把需要跳过的单词数看作一种距离。

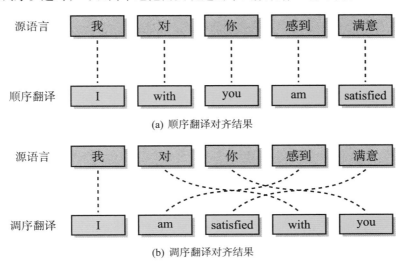

(a) 顺序翻译对齐结果

(b) 调序翻译对齐结果

图 6.1　顺序翻译和调序翻译的实例对比

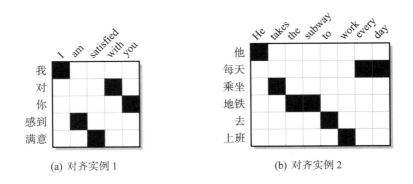

(a) 对齐实例 1　　　　　　　(b) 对齐实例 2

图 6.2　汉语到英语翻译的对齐矩阵

　　可以看到，调序距离实际上是在度量目标语言词序相对于源语言词序的一种扭曲程度。因此，
常把这种调序距离称作**扭曲度**（Distortion）。调序距离越大，对应的扭曲度也越大。例如，可以明
显看出图 6.2(b) 中调序的扭曲度比图 6.2(a) 中调序的扭曲度大，因此图 6.2(b) 所示实例的调序代
价更大。

在机器翻译中，使用扭曲度进行翻译建模是一种十分自然的想法。接下来，介绍两个基于扭曲度的翻译模型，分别是 IBM 模型 2 和隐马尔可夫模型。不同于 IBM 模型 1，它们利用了单词的位置信息定义扭曲度，并将扭曲度融入翻译模型中，使得对翻译问题的建模更加合理。

6.1.2 IBM 模型 2

IBM 模型 1 很好地化简了翻译问题，但由于使用了很强的假设，导致模型和实际情况有较大差异，其中一个比较严重的问题是假设词对齐的生成概率服从均匀分布。IBM 模型 2 抛弃了这个假设[10]。它认为词对齐是有倾向性的，它与源语言单词的位置和目标语言单词的位置有关。具体来说，对齐位置 a_j 的生成概率与位置 j、源语言句子长度 m 和目标语言句子长度 l 有关，形式化表述为

$$P(a_j|a_1^{j-1}, s_1^{j-1}, m, t) \equiv a(a_j|j, m, l) \tag{6.1}$$

还用第 5 章中的例子（图 6.3）来说明。在 IBM 模型 1 中，"桌子"对齐到目标语言 4 个位置的概率是一样的。但在 IBM 模型 2 中，"桌子"对齐到"table"被形式化为 $a(a_j|j, m, l) = a(3|2, 3, 3)$，意思是对于源语言位置 2（$j = 2$）的词，如果它的源语言和目标语言都是 3 个词（$l = 3, m = 3$），对齐到目标语言位置 3（$a_j = 3$）的概率是多少？$a(a_j|j, m, l)$ 也是模型需要学习的参数，因此"桌子"对齐到不同目标语言单词的概率也是不一样的。在理想情况下，通过 $a(a_j|j, m, l)$，"桌子"对齐到"table"应该得到更高的概率。

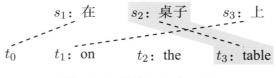

图 6.3 汉译英句对及词对齐

IBM 模型 2 的其他假设均与模型 1 相同，即源语言长度预测概率和源语言单词生成概率被定义为

$$P(m|t) \equiv \varepsilon \tag{6.2}$$

$$P(s_j|a_1^j, s_1^{j-1}, m, t) \equiv f(s_j|t_{a_j}) \tag{6.3}$$

把式 (6.1) ~ 式 (6.3) 重新带入式 $P(s, a|t) = P(m|t) \prod_{j=1}^{m} P(a_j|a_1^{j-1}, s_1^{j-1}, m, t) P(s_j|a_1^j, s_1^{j-1}, m, t)$ 和 $P(s|t) = \sum_a P(s, a|t)$，可以得到 IBM 模型 2 的数学描述：

$$P(s|t) = \sum_a P(s, a|t)$$

$$= \sum_{a_1=0}^{l} \cdots \sum_{a_m=0}^{l} \varepsilon \prod_{j=1}^{m} a(a_j|j,m,l) f(s_j|t_{a_j}) \tag{6.4}$$

类似于 IBM 模型 1，IBM 模型 2 的表达式 (6.4) 也能被拆分为两部分进行理解。第一部分：遍历所有的 a；第二部分：对于每个 a 累加对齐概率 $P(s,a|t)$，即计算对齐概率 $a(a_j|j,m,l)$ 和单词翻译概率 $f(s_j|t_{a_j})$ 对所有源语言位置的乘积。

同样地，IBM 模型 2 的解码及训练优化和 IBM 模型 1 的十分相似，在此不再赘述，详细的推导过程见 5.5 节。这里直接给出 IBM 模型 2 的最终表达式：

$$P(s|t) = \varepsilon \prod_{j=1}^{m} \sum_{i=0}^{l} a(i|j,m,l) f(s_j|t_i) \tag{6.5}$$

6.1.3 隐马尔可夫模型

IBM 模型把翻译问题定义为生成词对齐的问题，模型翻译质量的好坏与词对齐有非常紧密的联系。IBM 模型 1 假设对齐概率仅依赖目标语言句子长度，即对齐概率服从均匀分布；IBM 模型 2 假设对齐概率与源语言、目标语言的句子长度，以及源语言位置和目标语言位置相关。虽然 IBM 模型 2 已经覆盖了一部分词对齐问题，但该模型只考虑了单词的绝对位置，并未考虑相邻单词间的关系。图 6.4 展示了一个简单汉译英句对及对齐的实例，可以看出，汉语的每个单词都被分配给了英语句子中的一个单词，但是单词并不是任意分布在各个位置上的，而是倾向于生成簇。也就是说，源语言的两个单词位置越近，它们的译文在目标语言句子中的位置也越近。

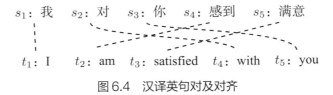

图 6.4　汉译英句对及对齐

针对此问题，基于隐马尔可夫模型的词对齐模型抛弃了 IBM 模型 1 和 IBM 模型 2 的绝对位置假设，将一阶隐马尔可夫模型用于词对齐问题[264]。基于隐马尔可夫模型的词对齐模型认为，单词与单词之间并不是毫无联系的，对齐概率应该取决于对齐位置的差异而不是单词所在的位置。具体来说，位置 j 的对齐概率 a_j 与前一个位置 $j-1$ 的对齐位置 a_{j-1} 和译文长度 l 有关，形式化的表述为

$$P(a_j|a_1^{j-1}, s_1^{j-1}, m, t) \equiv P(a_j|a_{j-1}, l) \tag{6.6}$$

用图 6.4 所示的例子对式 (6.6) 进行说明。在 IBM 模型 1 和 IBM 模型 2 中，单词的对齐都是

与单词所在的绝对位置有关的。但在基于隐马尔可夫模型的词对齐模型中，"你"对齐到"you"被形式化为 $P(a_j|a_{j-1},l) = P(5|4,5)$，意思是对于源语言位置 $3(j=3)$ 上的单词，如果它的译文是第 5 个目标语言单词，上一个对齐位置是 $4(a_2=4)$，对齐到目标语言位置 $5(a_j=5)$ 的概率是多少？在理想情况下，通过 $P(a_j|a_{j-1},l)$，"你"对齐到"you"应该得到更高的概率，并且源语言单词"对"和"你"距离很近，因此其对应的对齐位置"with"和"you"的距离也应该很近。

把公式 $P(s_j|a_1^j,s_1^{j-1},m,t) \equiv f(s_j|t_{a_j})$ 和式 (6.6) 重新带入公式 $P(s,a|t) = P(m|t)\prod_{j=1}^{m} P(a_j|a_1^{j-1},s_1^{j-1},m,t)P(s_j|a_1^j,s_1^{j-1},m,t)$ 和 $P(s|t) = \sum_a P(s,a|t)$，可得基于隐马尔可夫模型的词对齐模型的数学描述：

$$P(s|t) = \sum_a P(m|t)\prod_{j=1}^{m} P(a_j|a_{j-1},l)f(s_j|t_{a_j}) \tag{6.7}$$

此外，为了使得马尔可夫模型的对齐概率 $P(a_j|a_{j-1},l)$ 满足归一化的条件，这里还假设其对齐概率只取决于 $a_j - a_{j-1}$，即

$$P(a_j|a_{j-1},l) = \frac{\mu(a_j - a_{j-1})}{\sum_{i=1}^{l} \mu(i - a_{j-1})} \tag{6.8}$$

其中，$\mu(\cdot)$ 是隐马尔可夫模型的参数，可以通过训练得到。

需要注意的是，式 (6.7) 之所以被看作一种隐马尔可夫模型，是由于其形式与标准的一阶隐马尔可夫模型无异。$P(a_j|a_{j-1},l)$ 可以被看作一种状态转移概率，$f(s_j|t_{a_j})$ 可以被看作一种发射概率。关于隐马尔可夫模型具体的数学描述也可参考第 3 章中的相关内容。

6.2 基于繁衍率的模型

下面介绍翻译中的一对多问题，以及这个问题所带来的句子长度预测问题。

6.2.1 什么是繁衍率

从前面的介绍可知，IBM 模型 1 和 IBM 模型 2 把不同的源语言单词看作相互独立的单元进行词对齐和翻译。换句话说，即使某个源语言短语中的两个单词都对齐到同一个目标语言单词，它们之间也是相互独立的。这样，IBM 模型 1 和 IBM 模型 2 并不能很好地描述多个源语言单词对齐到同一个目标语言单词的情况。

这里将会给出另一个翻译模型，能在一定程度上解决上面提到的问题[10, 242]。该模型把目标语言生成源语言的过程分解为几个步骤：首先，确定每个目标语言单词生成源语言单词的个数，这里把它称为**繁衍率**或**产出率**（Fertility）；其次，决定目标语言句子中每个单词生成的源语言单词都是什么，即决定生成的第一个源语言单词是什么，生成的第二个源语言单词是什么，依此类推。这样，每个目标语言单词就对应了一个源语言单词列表；最后，把各组源语言单词列表中的每个单

词都放置到合适的位置上，完成目标语言译文到源语言句子的生成。

对于句对 (s, t)，令 φ 表示产出率，同时令 τ 表示每个目标语言单词对应的源语言单词列表。图6.5 描述了基于产出率的翻译模型的执行过程。

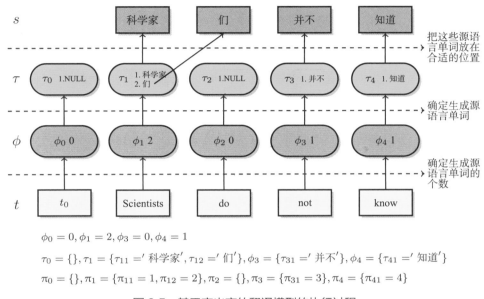

$$\phi_0 = 0, \phi_1 = 2, \phi_3 = 0, \phi_4 = 1$$

$$\tau_0 = \{\}, \tau_1 = \{\tau_{11} =' 科学家', \tau_{12} =' 们'\}, \phi_3 = \{\tau_{31} =' 并不'\}, \phi_4 = \{\tau_{41} =' 知道'\}$$

$$\pi_0 = \{\}, \pi_1 = \{\pi_{11} = 1, \pi_{12} = 2\}, \pi_2 = \{\}, \pi_3 = \{\pi_{31} = 3\}, \pi_4 = \{\pi_{41} = 4\}$$

图6.5 基于产出率的翻译模型的执行过程

（1）对于每个英语单词 t_i 确定它的产出率 φ_i。例如，"Scientists" 的产出率是 2，可表示为 $\varphi_1 = 2$。这表明它会生成 2 个汉语单词。

（2）确定英语句子中每个单词生成的汉语单词列表。例如，"Scientists" 生成 "科学家" 和 "们" 两个汉语单词，可表示为 $\tau_1 = \{\tau_{11} = "科学家", \tau_{12} = "们"\}$。这里用特殊的空标记 NULL 表示翻译对空的情况。

（3）把生成的所有汉语单词放在合适的位置。例如，将 "科学家" 和 "们" 分别放在 s 的位置 1 和位置 2。可以用符号 π 记录生成的单词在源语言句子 s 中的位置。例如，"Scientists" 生成的汉语单词在 s 中的位置表示为 $\pi_1 = \{\pi_{11} = 1, \pi_{12} = 2\}$。

为了表述清晰，这里重新说明每个符号的含义。s、t、m 和 l 分别表示源语言句子、目标语言译文、源语言单词数量及译文单词数量。φ、τ 和 π 分别表示产出率、生成的源语言单词及它们在源语言句子中的位置。φ_i 表示第 i 个目标语言单词 t_i 的产出率。τ_i 和 π_i 分别表示 t_i 生成的源语言单词列表及其在源语言句子 s 中的位置列表。

可以看出，一组 τ 和 π（记为 $<\tau, \pi>$）可以决定一个对齐 a 和一个源语言句子 s。相反，一个对齐 a 和一个源语言句子 s 可以对应多组 $<\tau, \pi>$。如图6.6所示，不同的 $<\tau, \pi>$ 对应同一个

源语言句子和词对齐。它们的区别在于目标语言单词"Scientists"生成的源语言单词"科学家"和"们"的顺序不同。这里把不同的 $<\tau,\pi>$ 对应到的相同的源语言句子 s 和对齐 a 记为 $<s,a>$。因此，计算 $P(s,a|t)$ 时需要把每个可能的结果的概率相加，如下：

$$P(s,a|t) = \sum_{<\tau,\pi>\in<s,a>} P(\tau,\pi|t) \tag{6.9}$$

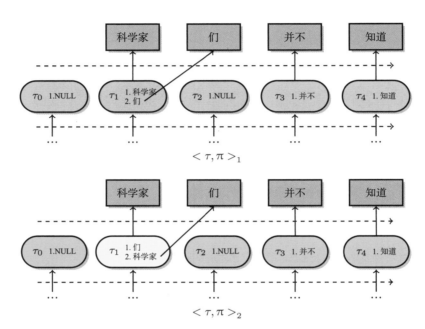

图 6.6　不同 τ 和 π 对应相同的源语言句子和词对齐的情况

$<s,a>$ 中有多少组 $<\tau,\pi>$ 呢？通过图 6.5 中的例子，可以推出 $<s,a>$ 应该包含 $\prod_{i=0}^{l} \varphi_i!$ 个不同的二元组 $<\tau,\pi>$。这是因为在给定源语言句子和词对齐时，对于每一个 τ_i 都有 $\varphi_i!$ 种排列。

进一步，$P(\tau,\pi|t)$ 可以被表示为如图 6.7 所示的形式。其中，τ_{i1}^{k-1} 表示 $\tau_{i1}\cdots\tau_{i(k-1)}$，$\pi_{i1}^{k-1}$ 表示 $\pi_{i1}\cdots\pi_{i(k-1)}$。可以把图 6.7 中的公式分为 5 个部分，并用不同的序号和颜色进行标注。每部分的具体含义如下。

第 1 部分：为每个 $i\in[1,l]$ 的目标语言单词的产出率建模（红色），即 φ_i 的生成概率。它依赖于 t 和区间 $[1,i-1]$ 的目标语言单词的产出率 φ_1^{i-1}[①]。

第 2 部分：对 $i=0$ 时的产出率建模（蓝色），即空标记 t_0 的产出率生成概率。它依赖于 t 和

---

① 这里约定，当 $i=1$ 时，φ_1^0 表示空。

区间 $[1, i-1]$ 的目标语言单词的产出率 φ_1^l。

$$
\begin{aligned}
P(\tau, \pi | t) = \prod_{i=1}^{l} & \; P(\varphi_i | \varphi_1^{i-1}, t) \times \; P(\varphi_0 | \varphi_1^l, t) \times \\
\prod_{i=0}^{l} \prod_{k=1}^{\varphi_i} & \; P(\tau_{ik} | \tau_{i1}^{k-1}, \tau_1^{i-1}, \varphi_0^l, t) \times \\
\prod_{i=1}^{l} \prod_{k=1}^{\varphi_i} & \; P(\pi_{ik} | \pi_{i1}^{k-1}, \pi_1^{i-1}, \tau_0^l, \varphi_0^l, t) \times \\
\prod_{k=1}^{\varphi_0} & \; P(\pi_{0k} | \pi_{01}^{k-1}, \pi_1^l, \tau_0^l, \varphi_0^l, t)
\end{aligned}
$$

图 6.7　$P(\tau, \pi | t)$ 的详细表达式

第 3 部分：对单词翻译建模（绿色），目标语言单词 t_i 生成第 k 个源语言单词 τ_{ik} 时的概率，依赖于 t、所有目标语言单词的产出率 φ_0^l、区间 $i \in [1, l]$ 的目标语言单词生成的源语言单词 τ_1^{i-1} 和目标语言单词 t_i 生成的前 k 个源语言单词 τ_{i1}^{k-1}。

第 4 部分：对每个 $i \in [1, l]$ 的目标语言单词生成的源语言单词的扭曲度建模（黄色），即第 i 个目标语言单词生成的第 k 个源语言单词在源文中的位置 π_{ik} 的概率。其中，π_1^{i-1} 表示区间 $[1, i-1]$ 的目标语言单词生成的源语言单词的扭曲度，π_{i1}^{k-1} 表示第 i 个目标语言单词生成的前 $k-1$ 个源语言单词的扭曲度。

第 5 部分：对 $i = 0$ 时的扭曲度建模（灰色），即空标记 t_0 生成源语言位置的概率。

6.2.2 IBM 模型 3

IBM 模型 3 通过一些假设对图 6.7 所示的基本模型进行了化简。具体来说，对于每个 $i \in [1, l]$，假设 $P(\varphi_i | \varphi_1^{i-1}, t)$ 仅依赖于 φ_i 和 t_i，$P(\pi_{ik} | \pi_{i1}^{k-1}, \pi_1^{i-1}, \tau_0^l, \varphi_0^l, t)$ 仅依赖于 π_{ik}、i、m 和 l。而对于所有的 $i \in [0, l]$，假设 $P(\tau_{ik} | \tau_{i1}^{k-1}, \tau_1^{i-1}, \varphi_0^l, t)$ 仅依赖于 τ_{ik} 和 t_i，则这些假设的形式化描述为

$$P(\varphi_i | \varphi_1^{i-1}, t) = P(\varphi_i | t_i) \tag{6.10}$$

$$P(\tau_{ik} = s_j | \tau_{i1}^{k-1}, \tau_1^{i-1}, \varphi_0^t, t) = t(s_j | t_i) \tag{6.11}$$

$$P(\pi_{ik} = j | \pi_{i1}^{k-1}, \pi_1^{i-1}, \tau_0^l, \varphi_0^l, t) = d(j | i, m, l) \tag{6.12}$$

通常，把 $d(j | i, m, l)$ 称为扭曲度函数。这里 $P(\varphi_i | \varphi_1^{i-1}, t) = P(\varphi_i | t_i)$ 和 $P(\pi_{ik} = j | \pi_{i1}^{k-1}, \pi_1^{i-1}, \tau_0^l, \varphi_0^l, t) = d(j | i, m, l)$ 仅对 $1 \leqslant i \leqslant l$ 成立。这样就完成了图 6.7 中第 1、3 和 4 部分的建模。

需要单独考虑 $i = 0$ 的情况。实际上，t_0 只是一个虚拟的单词。它要对应 s 中原本为空对齐的单词。这里假设：要等其他非空对齐单词都被生成（放置）后，才考虑这些空对齐单词的生成（放置），即非空对齐单词都被生成后，在那些还有空的位置上放置这些空对齐的源语言单词。此外，在任何空位置上放置空对齐的源语言单词都是等概率的，即放置空对齐源语言单词服从均匀

分布。这样在已经放置了 k 个空对齐源语言单词时，应该还有 $\varphi_0 - k$ 个空位置。如果第 j 个源语言位置为空，那么

$$P(\pi_{0k} = j|\pi_{01}^{k-1}, \pi_1^l, \tau_0^l, \varphi_0^l, t) = \frac{1}{\varphi_0 - k} \tag{6.13}$$

否则

$$P(\pi_{0k} = j|\pi_{01}^{k-1}, \pi_1^l, \tau_0^l, \varphi_0^l, t) = 0 \tag{6.14}$$

这样，对于 t_0 所对应的 τ_0，就有

$$\prod_{k=1}^{\varphi_0} P(\pi_{0k}|\pi_{01}^{k-1}, \pi_1^l, \tau_0^l, \varphi_0^l, t) = \frac{1}{\varphi_0!} \tag{6.15}$$

而上面提到的 t_0 所对应的这些空位置是如何生成的呢？即如何确定哪些位置是要放置空对齐的源语言单词。在 IBM 模型 3 中，假设在所有的非空对齐源语言单词都被生成后（共 $\varphi_1 + \cdots + \varphi_l$ 个非空对源语言单词），这些单词后面都以 p_1 概率随机产生一个"槽"，用来放置空对齐单词。这样，φ_0 就服从了一个二项分布。于是得到

$$P(\varphi_0|t) = \begin{pmatrix} \varphi_1 + \cdots + \varphi_l \\ \varphi_0 \end{pmatrix} p_0^{\varphi_1 + \cdots + \varphi_l - \varphi_0} p_1^{\varphi_0} \tag{6.16}$$

其中，$p_0 + p_1 = 1$。至此，已经完成了图 6.7 中第 2 部分和第 5 部分的建模。最终，根据这些假设可以得到 $P(s|t)$ 的形式为

$$P(s|t) = \sum_{a_1=0}^{l} \cdots \sum_{a_m=0}^{l} \left[\begin{pmatrix} m - \varphi_0 \\ \varphi_0 \end{pmatrix} p_0^{m-2\varphi_0} p_1^{\varphi_0} \prod_{i=1}^{l} \varphi_i! n(\varphi_i|t_i) \right.$$
$$\left. \times \prod_{j=1}^{m} t(s_j|t_{a_j}) \times \prod_{j=1, a_j \neq 0}^{m} d(j|a_j, m, l) \right] \tag{6.17}$$

其中，$n(\varphi_i|t_i) = P(\varphi_i|t_i)$ 表示产出率的分布。这里的约束条件为

$$\sum_{s_x} t(s_x|t_y) = 1 \tag{6.18}$$

$$\sum_{j} d(j|i, m, l) = 1 \tag{6.19}$$

$$\sum_{\varphi} n(\varphi|t_y) = 1 \tag{6.20}$$

$$p_0 + p_1 = 1 \qquad\qquad\qquad (6.21)$$

6.2.3 IBM 模型 4

IBM 模型 3 仍然存在问题，例如，它不能很好地处理一个目标语言单词生成多个源语言单词的情况。这个问题在 IBM 模型 1 和 IBM 模型 2 中也存在。如果一个目标语言单词对应多个源语言单词，则这些源语言单词往往会构成短语。IBM 模型 1 ~ 3 把这些源语言单词看成独立的单元，而实际上它们是一个整体。这就造成了在 IBM 模型 1 ~ 3 中这些源语言单词可能会"分散"开。为了解决这个问题，IBM 模型 4 对 IBM 模型 3 进行了进一步修正。

为了阐述得更清楚，这里引入新的术语——**概念单元**或**概念**（Concept）。词对齐可以被看作概念之间的对应。这里的概念是指具有独立语法或语义功能的一组单词。依照 Brown 等人的表示方法[10]，可以把概念记为 cept.。每个句子都可以被表示成一系列的 cept.。要注意的是，源语言句子中的 cept. 数量不一定等于目标句子中的 cept. 数量。有些 cept. 可以为空，因此可以把那些空对的单词看作空 cept.。例如，在图 6.8 所示的实例中，"了"就对应一个空 cept.。

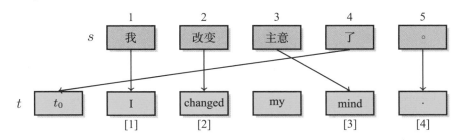

图 6.8　词对齐的汉译英句对及独立单词 cept. 的位置（记为 $[i]$）

在 IBM 模型的词对齐框架下，目标语言的 cept. 只能是那些非空对齐的目标语言单词，而且每个 cept. 只能由一个目标语言单词组成（通常，把这类由一个单词组成的 cept. 称为独立单词 cept.）。这里用 $[i]$ 表示第 i 个独立单词 cept. 在目标语言句子中的位置。换句话说，$[i]$ 表示第 i 个非空对的目标语言单词的位置。在本例中，"mind"在 t 中的位置表示为 [3]。

另外，可以用 $\odot_i$ 表示位置为 $[i]$ 的目标语言单词对应的源语言单词位置的平均值，如果这个平均值不是整数，则对它向上取整。在本例中，目标语言句子中第 4 个 cept.（"."）对应源语言句子中的第 5 个单词。可表示为 $\odot_4 = 5$。

利用这些新引进的概念，IBM 模型 4 对 IBM 模型 3 的扭曲度进行了修改，主要是把扭曲度分解为两类参数。对于 $[i]$ 对应的源语言单词列表（$\tau_{[i]}$）中的第一个单词（$\tau_{[i]1}$），且 $[i] > 0$，它的扭曲度用如下公式计算：

$$P(\pi_{[i]1} = j | \pi_1^{[i]-1}, \tau_0^l, \varphi_0^l, t) = d_1(j - \odot_{i-1} | A(t_{[i-1]}), B(s_j)) \qquad (6.22)$$

其中，第 i 个目标语言单词生成的第 k 个源语言单词的位置用变量 π_{ik} 表示。而对于列表 $(\tau_{[i]})$ 中的其他单词 $(\tau_{[i]k}, 1 < k \leqslant \varphi_{[i]})$ 的扭曲度，且 $[i] > 0$，用如下公式计算：

$$P(\pi_{[i]k} = j | \pi_{[i]1}^{k-1}, \pi_1^{[i]-1}, \tau_0^l, \varphi_0^l, t) = d_{>1}(j - \pi_{[i]k-1} | B(s_j)) \qquad (6.23)$$

这里的函数 $A(\cdot)$ 和函数 $B(\cdot)$ 分别把目标语言和源语言的单词映射到单词的词类。这么做的目的是减小参数空间的大小。词类信息通常可以通过外部工具得到，如 Brown 聚类等。另一种简单的方法是把单词直接映射为它的词性。这样可以直接用现在已经非常成熟的词性标注工具解决问题。

从改进的扭曲度模型可以看出，对于 $t_{[i]}$ 生成的第一个源语言单词，要考虑中心 $\odot_{[i]}$ 和这个源语言单词之间的绝对距离。实际上，也就是要把 $t_{[i]}$ 生成的所有源语言单词看成一个整体，并把它放置在合适的位置。这个过程要依据第一个源语言单词的词类和对应的源语言中心位置，以及前一个非空的目标语言单词 $t_{[i-1]}$ 的词类。而对于 $t_{[i]}$ 生成的其他源语言单词，只需要考虑它与前一个刚放置完的源语言单词的相对位置和这个源语言单词的词类。

实际上，上述过程要先用 $t_{[i]}$ 生成的第一个源语言单词代表整个 $t_{[i]}$ 生成的单词列表，并把第一个源语言单词放置在合适的位置。然后，相对于前一个刚生成的源语言单词，把列表中的其他单词放置在合适的地方。这样就可以在一定程度上保证由同一个目标语言单词生成的源语言单词之间可以相互影响，达到改进的目的。

6.2.4 IBM 模型 5

IBM 模型 3 和 IBM 模型 4 并不是"准确"的模型。这两个模型会把一部分概率分配给根本就不存在的句子。这个问题被称作 IBM 模型 3 和 IBM 模型 4 的**缺陷**（Deficiency）。说得具体一些，IBM 模型 3 和 IBM 模型 4 中并没有这样的约束：已经放置了某个源语言单词的位置不能再放置其他单词，也就是说，句子的任何位置只能放置一个词，不能多也不能少。由于缺乏这个约束，IBM 模型 3 和 IBM 模型 4 在所有合法的词对齐上的概率和不等于 1。这部分缺失的概率被分配到其他不合法的词对齐上。举例来说，如图 6.9 所示，"吃/早饭"和"have breakfast"之间的合法词对齐用直线表示。但是在 IBM 模型 3 和 IBM 模型 4 中，它们的概率和为 $0.9 < 1$。损失的概率被分配到像 a_5 和 a_6 这样的对齐上（红色）。虽然 IBM 模型并不支持一对多的对齐，但是 IBM 模型 3 和 IBM 模型 4 把概率分配给这些"不合法"的词对齐，也就产生了所谓的缺陷。

为了解决这个问题，IBM 模型 5 在模型中增加了额外的约束。基本想法是，在放置一个源语言单词时检查这个位置是否已经放置了单词。如果没有放置单词，则对这个放置过程赋予一定的概率，否则把它作为不可能事件。基于这个想法，就需要在逐个放置源语言单词时判断源语言句子的哪些位置为空。这里引入一个变量 $v(j, \tau_1^{[i]-1}, \tau_{[i]1}^{k-1})$，它表示在放置 $\tau_{[i]k}$ 之前（$\tau_1^{[i]-1}$ 和 $\tau_{[i]1}^{k-1}$ 已经被放置了），从源语言句子的第一个位置到位置 j（包含 j）为止，还有多少个空位置。这里，把这个变量简写为 v_j。于是，对于 $[i]$ 所对应的源语言单词列表（$\tau_{[i]}$）中的第一个单词（$\tau_{[i]1}$），有

$$P(\pi_{[i]1} = j|\pi_1^{[i]-1}, \tau_0^l, \varphi_0^l, t) = d_1(v_j|B(s_j), v_{\odot i-1}, v_m - (\varphi_{[i]} - 1))\cdot$$
$$(1 - \delta(v_j, v_{j-1})) \tag{6.24}$$

对于其他单词（$\tau_{[i]k}, 1 < k \leqslant \varphi_{[i]}$），有

$$P(\pi_{[i]k} = j|\pi_{[i]1}^{k-1}, \pi_1^{[i]-1}, \tau_0^l, \varphi_0^l, t)$$
$$= d_{>1}(v_j - v_{\pi_{[i]k-1}}|B(s_j), v_m - v_{\pi_{[i]k-1}} - \varphi_{[i]} + k) \cdot (1 - \delta(v_j, v_{j-1})) \tag{6.25}$$

这里，因子 $1 - \delta(v_j, v_{j-1})$ 是用来判断第 j 个位置是否为空的。如果第 j 个位置为空，则 $v_j = v_{j-1}$，这样 $P(\pi_{[i]1} = j|\pi_1^{[i]-1}, \tau_0^l, \varphi_0^l, t) = 0$。这就从模型上避免了 IBM 模型 3 和 IBM 模型 4 中生成不存在的字符串的问题。还要注意的是，对于放置第一个单词的情况，影响放置的因素有 v_j、$B(s_i)$ 和 v_{j-1}。此外，还要考虑位置 j 放置了第一个源语言单词以后它的右边是不是还有足够的位置留给剩下的 $k - 1$ 个源语言单词。参数 $v_m - (\varphi_{[i]} - 1)$ 可以解决这个问题，这里 v_m 表示整个源语言句子中还有多少空位置，$\varphi_{[i]} - 1$ 表示源语言位置 j 右边至少还要留出的空格数。对于放置非第一个单词的情况，主要考虑它和前一个放置位置的相对位置。这主要体现在参数 $v_j - v_{\varphi_{[i]}k-1}$ 上。式 (6.25) 的其他部分都可以用上面的理论解释，这里不再赘述。

吃早饭 ⇔ have breakfast

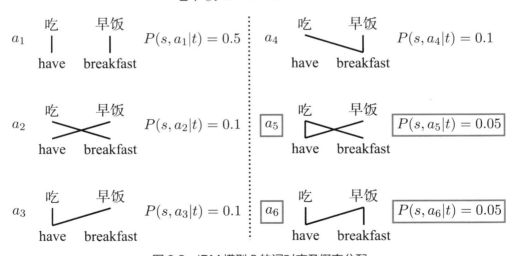

图6.9　IBM 模型 3 的词对齐及概率分配

实际上，IBM 模型 5 和 IBM 模型 4 的思想基本一致，即先确定 $\tau_{[i]1}$ 的绝对位置，再确定 $\tau_{[i]}$ 中剩余单词的相对位置。IBM 模型 5 消除了产生不存在的句子的可能性，不过 IBM 模型 5 的复杂性也大大增加了。

6.3 解码和训练

与 IBM 模型 1 一样，IBM 模型 2～5 和隐马尔可夫模型的解码可以直接使用第 5 章描述的方法。基本思路与第 2 章描述的自左向右搜索方法一致，即对译文自左向右生成，每次扩展一个源语言单词的翻译，即把源语言单词的译文放到已经生成的译文的右侧。每次扩展可以选择不同的源语言单词或者同一个源语言单词的不同翻译候选，这样就可以得到多个不同的扩展译文。在这个过程中，同时计算翻译模型和语言模型的得分，对每个得到的译文候选打分。最终，保留一个或者多个译文。重复执行这个过程，直至所有源语言单词被翻译完。

类似地，IBM 模型 2～5 和隐马尔可夫模型也都可以使用 EM 的方法进行模型训练。相关数学推导可参考附录 B。通常，可以使用这些模型获得双语句子间的词对齐结果，如使用 GIZA++ 工具。这时，往往会使用多个模型，把简单的模型训练后的参数作为初始值传给后面更加复杂的模型。例如，先用 IBM 模型 1 训练，把参数传给 IBM 模型 2，再训练，把参数传给隐马尔可夫模型等。值得注意的是，并不是所有的模型使用 EM 算法都能找到全局最优解。特别是在 IBM 模型 3～5 的训练中，使用一些剪枝和近似的方法，优化的真实目标函数会更加复杂。IBM 模型 1 是一个凸函数（Convex Function），因此理论上使用 EM 方法能够找到全局最优解。更实际的好处是，IBM 模型 1 训练的最终结果与参数的初始化过程无关。这就是为什么在使用 IBM 系列模型时，往往会使用 IBM 模型 1 作为起始模型的原因。

6.4 问题分析

虽然 IBM 模型是一个时代的经典模型，但也留下了一些值得思考的问题。IBM 模型既体现了科学技术发展需要一步步前行，而非简单的一蹴而就，也体现了机器翻译问题的困难程度。下面对 IBM 存在的问题进行分析，同时给出一些解决问题的思路，帮助读者对机器翻译问题有更深层次的理解。

6.4.1 词对齐及对称化

5 个 IBM 模型都是基于一个词对齐的假设———一个源语言单词最多只能对齐到一个目标语言单词。这个约束大大降低了建模的难度。在法英翻译中，一对多的对齐情况并不多见，这个假设带来的问题也不是那么严重。但是，在像汉英翻译这样的任务中，一个汉语单词对应多个英语单词的翻译很常见。这时，IBM 模型的词对齐假设就出现了明显的问题。例如，在翻译"我/会/试一试/。" → "I will have a try ."时，IBM 模型根本不能把单词"试一试"对齐到三个单词"have a try"，因而可能无法得到正确的翻译结果。

本质上，IBM 模型词对齐的"不完整"问题是 IBM 模型本身的缺陷。解决这个问题有很多思路。一种思路是，反向训练后，合并源语言单词，再正向训练。这里以汉英翻译为例来解释这个方法。首先反向训练，就是把英语当作待翻译语言，把汉语当作目标语言进行训练（参数估计）。

这样可以得到一个词对齐结果（参数估计的中间结果）。在这个词对齐结果里，一个汉语单词可对应多个英语单词。之后，扫描每个英语句子，如果有多个英语单词对应同一个汉语单词，就把这些英语单词合并成一个英语单词。处理完之后，再把汉语当作源语言，把英语当作目标语言进行训练。这样就可以把一个汉语单词对应到合并的英语单词上。虽然从模型上看，还是一个汉语单词对应一个英语"单词"，但实际上，已经把这个汉语单词对应到了多个英语单词上。训练完之后，再利用这些参数进行翻译（解码），就能把一个中文单词翻译成多个英文单词了。但是，反向训练后再训练也存在一些问题。首先，合并英语单词会使数据变得更稀疏，训练不充分。其次，由于IBM模型的词对齐结果并不是高精度的，利用它的词对齐结果合并一些英文单词可能会造成严重的错误，例如，把本来很独立的几个单词合在了一起。因此，还要考虑实际需要和问题的严重程度来决定是否使用该方法。

另一种思路是在双向对齐之后进行词对齐**对称化**（Symmetrization）。这个方法可以在IBM词对齐的基础上获得对称的词对齐结果。思路很简单，用正向（汉语为源语言，英语为目标语言）和反向（汉语为目标语言，英语为源语言）同时训练。这样可以得到两个词对齐结果。然后利用一些启发性方法用这两个词对齐生成对称的结果（如取"并集""交集"等），这样就可以得到包含一对多和多对多的词对齐结果[242]。例如，在基于短语的统计机器翻译中，已经很成功地使用了这种词对齐信息进行短语的获取。如今，对称化仍然是很多自然语言处理系统的一个关键步骤。

6.4.2　"缺陷"问题

IBM模型的缺陷是指翻译模型会把一部分概率分配给一些根本不存在的源语言字符串。如果用 $P(\text{well}|t)$ 表示 $P(s|t)$ 在所有的正确的（可以理解为语法上正确的）s 上的和，即

$$P(\text{well}|t) = \sum_{s \text{ is well formed}} P(s|t) \tag{6.26}$$

类似地，用 $P(\text{ill}|t)$ 表示 $P(s|t)$ 在所有的错误的（可以理解为语法上错误的）s 上的和。如果 $P(\text{well}|t) + P(\text{ill}|t) < 1$，就把剩余的部分定义为 $P(\text{failure}|t)$。它的形式化定义为

$$P(\text{failure}|t) = 1 - P(\text{well}|t) - P(\text{ill}|t) \tag{6.27}$$

本质上，IBM模型3和IBM模型4就是对应 $P(\text{failure}|t) > 0$ 的情况。这部分概率是模型损失的。有时，也把这类缺陷称为**物理缺陷**（Physical Deficiency）或**技术缺陷**（Technical Deficiency）。还有一种缺陷被称作**精神缺陷**（Spiritual Deficiency）或**逻辑缺陷**（Logical Deficiency），它是指 $P(\text{well}|t) + P(\text{ill}|t) = 1$ 且 $P(\text{ill}|t) > 0$ 的情况。IBM模型1和IBM模型2就有逻辑缺陷。可以注意到，技术缺陷只存在于IBM模型3和IBM模型4中，IBM模型1和IBM模型2并没有技术缺陷问题。根本原因在于IBM模型1和IBM模型2的词对齐是从源语言出发对应到目标语言的，t 到 s 的翻译过程实际上是从单词 s_1 开始到单词 s_m 结束，依次把每个源语言单词 s_j 对应到唯一一个目标语

言位置。显然，这个过程能够保证每个源语言单词仅对应一个目标语言单词。但是，IBM 模型 3 和 IBM 模型 4 中的对齐是从目标语言出发对应到源语言，t 到 s 的翻译过程是从 t_1 开始到 t_l 结束，依次把目标语言单词 t_i 生成的单词对应到某个源语言位置上。这个过程不能保证 t_i 中生成的单词所对应的位置没有被其他单词占用，因此也就产生了缺陷。

还要强调的是，技术缺陷是 IBM 模型 3 和 IBM 模型 4 本身的缺陷造成的，如果有一个"更好"的模型，就可以完全避免这个问题。而逻辑缺陷几乎是不能从模型上根本解决的，因为对于任意一种语言，都不能枚举所有的句子（$P(\text{ill}|t)$ 实际上是得不到的）。

IBM 模型 5 已经解决了技术缺陷的问题，但逻辑缺陷很难解决，因为即使对人来说，也很难判断一个句子是"良好"的句子。当然，可以考虑用语言模型来缓解这个问题，由于在翻译时源语言句子都是定义"良好"的句子，$P(\text{ill}|t)$ 对 $P(s|t)$ 的影响并不大。输入的源语言句子 s 的"良好性"并不能解决技术缺陷，因为技术缺陷是模型的问题或者模型参数估计方法的问题。无论输入什么样的 s，IBM 模型 3 和 IBM 模型 4 的技术缺陷问题都存在。

6.4.3 句子长度

在 IBM 模型中，$P(t)P(s|t)$ 会随目标语言句子长度的增加而减少，因为这种模型由多个概率化的因素组成，乘积项越多，结果的值越小。也就是说，IBM 模型更倾向于选择长度短一些的目标语言句子。显然，这种对短句子的偏向性并不是机器翻译所期望的。

这个问题在很多机器翻译系统中都存在。它实际上也是一种**系统偏置**（System Bias）的体现。为了消除这种偏置，可以通过在模型中增加一个短句子惩罚因子来抵消模型对短句子的倾向性。例如，可以定义一个惩罚因子，它的值随长度的减小而增加。不过，简单引入这样的惩罚因子会导致模型并不符合一个严格的噪声信道模型。它对应一个基于判别式框架的翻译模型，这部分内容将在第 7 章介绍。

6.4.4 其他问题

IBM 模型 5 的意义是什么？IBM 模型 5 的提出是为了消除 IBM 模型 3 和 IBM 模型 4 的缺陷。缺陷的本质是：$P(s,a|t)$ 在所有合理的对齐上概率和不为 1。在这里，我们更关心哪个对齐 a 使 $P(s,a|t)$ 达到最大，即使 $P(s,a|t)$ 不符合概率分布的定义，也并不影响我们寻找理想的对齐 a。从工程的角度看，$P(s,a|t)$ 不归一并不是一个十分严重的问题。到目前为止，有太多对 IBM 模型 3 和 IBM 模型 4 中的缺陷进行系统性的实验和分析，但对于这个问题到底有多严重并没有定论。当然，用 IBM 模型 5 是可以解决这个问题的。但如果用一个非常复杂的模型去解决一个并不产生严重后果的问题，那这个模型也就没有太大意义了（从实践的角度看）。

cept. 的意义是什么？经过前面的分析可知，IBM 模型的词对齐模型使用了 cept. 这个概念。在 IBM 模型中使用的 cept. 最多只能对应一个目标语言单词（模型并没有用到源语言 cept. 的概念），因此可以直接用单词代替 cept.。这样，即使不引入 cept. 的概念，也并不影响 IBM 模型的建模。实际上，cept. 的引入确实可以帮助我们从语法和语义的角度解释词对齐过程。不过，这个方法在

IBM 模型中的效果究竟如何还没有定论。

6.5 小结及拓展阅读

　　本章在 IBM 模型 1 的基础上进一步介绍了 IBM 模型 2 ~ 5 及隐马尔可夫模型。同时，引入了两个新的概念——扭曲度和繁衍率。它们都是机器翻译中的经典概念，也经常出现在机器翻译的建模中。另外，通过对上述模型的分析，本章进一步探讨了建模中的若干基础问题，例如，如何把翻译问题分解为若干步骤，并建立合理的模型解释这些步骤；如何对复杂问题进行化简，以得到可以计算的模型，等等。这些思想也在很多自然语言处理问题中被使用。此外，关于扭曲度和繁衍率还有一些问题值得关注：

- 扭曲度是机器翻译中的一个经典概念。广义上讲，事物位置的变换都可以用扭曲度进行描述，例如，在物理成像系统中，扭曲度模型可以帮助我们进行镜头校正[265, 266]。在机器翻译中，扭曲度本质上在描述源语言和目标语言单词顺序的偏差。这种偏差可以用于对调序的建模。因此，扭曲度的使用也被看作一种对调序问题的描述，这也是机器翻译区别于语音识别等任务的主要因素之一。在早期的统计机器翻译系统中，如 Pharaoh[81]，大量使用了扭曲度这个概念。虽然，随着机器翻译的发展，更复杂的调序模型被提出[23, 267–271]，但扭曲度所引发的对调序问题的思考是非常深刻的，这也是 IBM 模型最大的贡献之一。

- IBM 模型的另一个贡献是在机器翻译中引入了繁衍率的概念。本质上，繁衍率是一种对翻译长度的建模。在 IBM 模型中，通过计算单词的繁衍率就可以得到整个句子的长度。需要注意的是，在机器翻译中，译文长度对翻译性能有着至关重要的影响。虽然，在很多机器翻译模型中并没有直接使用繁衍率这个概念，但几乎所有的现代机器翻译系统中都有译文长度的控制模块。例如，在统计机器翻译和神经机器翻译中，都把译文单词数量作为一个特征，用于生成合理长度的译文[22, 80, 272]。此外，在神经机器翻译中，在非自回归的解码中也使用繁衍率模型对译文长度进行预测[273]。

7. 基于短语的模型

机器翻译的一个基本问题是定义翻译的基本单元。例如，可以像第 5 章介绍的那样，以单词为单位进行翻译，即把句子的翻译看作单词之间对应关系的一种组合。基于单词的模型是符合人类对翻译问题的认知的，因为单词本身就是人类加工语言的一种基本单元。在进行翻译时，也可以使用一些更"复杂"的知识。例如，很多词语间的搭配需要根据语境的变化进行调整，而且对于句子结构的翻译往往需要更上层的知识，如句法知识。因此，在对单词翻译进行建模的基础上，继续探索其他类型的翻译知识，才能使搭配和结构翻译等问题更好地被建模。

在过去 20 年中，基于短语的模型一直是机器翻译的主流方法。与基于单词的模型相比，基于短语的模型可以更好地对单词间的搭配和小范围依赖关系进行描述。这种方法也在相当长的一段时期内占据着机器翻译领域的统治地位。即使近些年神经机器翻译逐渐崛起，基于短语的模型仍然是机器翻译的主要框架之一，其中的思想和很多技术手段对如今的机器翻译研究仍然有很好的借鉴意义。

7.1 翻译中的短语信息

不难发现，基于单词的模型并不能很好地捕捉单词间的搭配关系。相比之下，使用更大颗粒度的翻译单元是一种对搭配进行处理的方法。下面介绍基于单词的模型所产生的问题及如何使用基于短语的模型来缓解该问题。

7.1.1 词的翻译带来的问题

首先，回顾基于单词的统计翻译模型是如何完成翻译的。图 7.1 展示了一个基于单词的翻译实例，其左侧是一个单词的"翻译表"，它记录了源语言（汉语）单词和目标语言（英语）单词之间的对应关系，以及这种对应的可能性大小（用 P 表示）。在翻译时，会使用这些单词级的对应生成译文。图 7.1 的右侧是一个基于词的模型生成的翻译结果，其中 s 和 t 分别表示源语言和目标语言句子，单词之间的连线表示两个句子中单词级的对应。

图 7.1 体现的是一个典型的基于单词对应关系的翻译方法。它非常适合**组合性翻译**（Compositional Translation）的情况，也就是通常说的直译。不过，自然语言作为人类创造的高级智能的载

体，远比想象的复杂。例如，即使是同一个单词，词义也会根据不同的语境产生变化。

单词翻译表	P
我 → I	0.6
喜欢 → like	0.3
绿 → green	0.9
茶 → tea	0.8

$s=$ 我　喜欢　绿　茶
$t=$ I　like　green　tea

图 7.1　基于单词的翻译实例

图 7.2 给出了一个新的例子，为了便于阅读，单词之间用空格或者斜杠进行分割。如果同样使用概率化的单词翻译对问题进行建模，则对于输入的句子"我/喜欢/红/茶"，翻译概率最大的译文是"I like red tea"。显然，"red tea"并不是英语中"红/茶"的译文，正确的译文应该是"black tea"。

单词翻译表	P
我 → I	0.6
喜欢 → like	0.3
红 → red	0.8
红 → black	0.1
茶 → tea	0.8

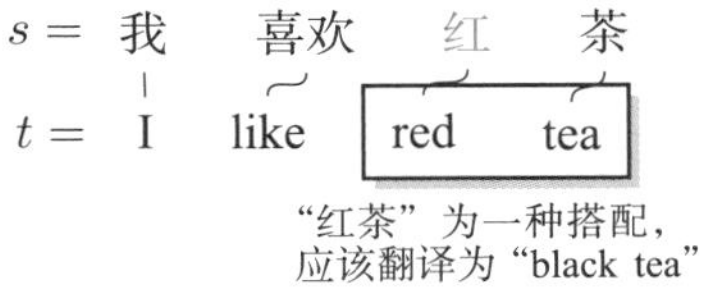

$s=$ 我　喜欢　红　茶
$t=$ I　like　red　tea

"红茶"为一种搭配，
应该翻译为"black tea"

图 7.2　基于单词的模型对固定搭配"红/茶"进行翻译

这里的问题在于，"black tea"不能通过"红"和"茶"这两个单词直译的结果组合而成，也就是说，把"红"翻译为"red"并不符合"红/茶"这种特殊搭配的翻译。虽然在训练数据中"红"有很高的概率被翻译为"red"，但在本例中，应该选择概率更低的译文"black"。那如何做到这一点呢？如果让人来做，则这个事不难，因为所有人学习英语时都知道"红"和"茶"放在一起构成了一个短语，或者说一种搭配，这种搭配的译文是固定的，记住就好。同理，如果机器翻译系统也能学习并记住这样的搭配，就可以做得更好。这也就形成了基于短语的机器翻译建模的基本思路。

7.1.2 更大粒度的翻译单元

既然仅仅使用单词的直译不能覆盖所有的翻译现象，那就考虑在翻译中使用更大颗粒度的单元，这样能够对更大范围的搭配和依赖关系进行建模。一种非常简单的方法是把单词扩展为 n-gram，这里视为**短语**（Phrase）。也就是说，翻译的基本单元是一个个连续的词串，而非一个个相互独立的单词。

图 7.3 展示了一个引入短语之后的翻译结果，其中的翻译表不仅包含源语言和目标语言单词

之间的对应，同时包括短语（n-gram）的翻译。这样，"红/茶"可以作为一个短语包含在翻译表中，它所对应的译文是"black tea"。对于待翻译句子，可以使用单词翻译的组合得到"红/茶"的译文"red tea"，也可以直接使用短语翻译得到"black tea"。短语翻译"红/茶 → black tea"的概率更高，因此最终会输出正确的译文"black tea"。

词串翻译表	P
我 → I	0.6
喜欢 → like	0.3
红 → red	0.8
红 → black	0.1
茶 → tea	0.8
我/喜欢 → I like	0.3
我/喜欢 → I liked	0.2
绿/茶 → green tea	0.5
绿/茶 → the green tea	0.1
红/茶 → black tea	0.7
......	

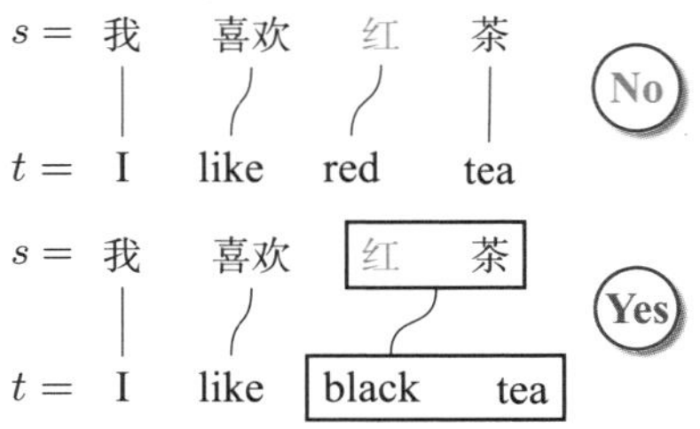

图 7.3　基于短语（n-gram）的翻译的实例

　　一般来说，统计机器翻译的建模对应着一个两阶段的过程：首先，得到每个翻译单元所有可能的译文；然后，通过对这些译文的组合得到可能的句子翻译结果，并选择最佳的目标语言句子输出。如果基本的翻译单元被定义下来，则机器翻译系统可以学习这些单元翻译所对应的翻译知识（对应训练过程），之后运用这些知识对新的句子进行翻译（对应解码过程）。

　　图 7.4 给出了基于单词的机器翻译过程的示例。首先，每个单词的候选译文都被列举出来，而机器翻译系统就是要找到覆盖所有源语言单词的一条路径，且对应的译文概率是最高的。例如，图中的红色折线代表了一条翻译路径，也就是一个单词译文的序列[①]。

　　在引入短语翻译之后，并不需要对上述过程进行太大的修改。仍然可以把翻译当作一条贯穿源语言所有单词译文的路径，只是这条路径中会包含短语，而非一个个单词。图 7.5 给出了一个实例，其中的蓝色折线表示包含短语的翻译路径。

　　实际上，单词本身也是一种短语。从这个角度看，基于单词的翻译模型是包含在基于短语的翻译模型中的。这里所说的短语包括多个连续的单词，可以直接捕捉翻译中的一些局部依赖。而且，由于引入了更多样的翻译单元，可选择的翻译路径的数量也大大增加。本质上，引入更大颗粒度的翻译单元增加了模型的灵活性，同时增大了翻译假设空间。如果建模合理，更多的翻译路径会增加找到高质量译文的机会。7.2 节还将介绍基于短语的模型，并从多个角度对翻译问题进行

---

① 为了简化问题，这里没有描述单词译文的调序。对于调序的建模，可以把它当作对目标语言单词串的排列，这个排列的好坏需要用额外的调序模型描述。详见 7.4 节。

描述，包括基础数学建模、调序等。

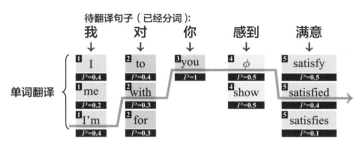

图 7.4　基于单词的翻译被看作一条"路径"

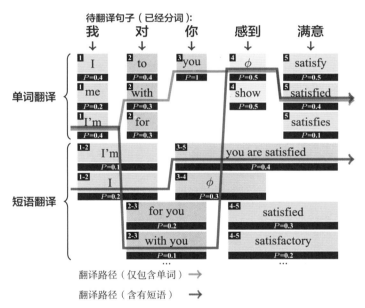

翻译路径（仅包含单词）→

翻译路径（含有短语）→

图 7.5　翻译被看作由单词和短语组成的"路径"

7.1.3 机器翻译中的短语

基于短语的机器翻译的基本假设是：双语句子的生成可以用短语之间的对应关系进行表示。图 7.6 展示了一个基于短语的汉英翻译实例。可以看到，这里的翻译单元是连续的词串。例如，"进口"的译文"The imports have"包含了 3 个单词，而"下降/了"也是一个包含两个单词的源语言片段。

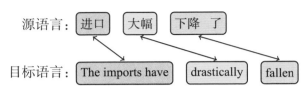

图 7.6　基于短语的汉英翻译实例

不过，这里所说的短语并不是语言学上的短语，也没有任何语言学句法的结构约束。在基于短语的模型中，可以把短语简单地理解为一个词串。具体来说，有如下定义。

定义 7.1　短语

对于一个句子 $w = \{w_1 \cdots w_n\}$，任意子串 $\{w_i \cdots w_j\}(i \leqslant j$ 且 $0 \leqslant i, j \leqslant n)$ 都是句子 w 的一个短语。

根据这个定义，对于一个由 n 个单词构成的句子，可以包含 $\frac{n(n-1)}{2}$ 个短语（子串）。进一步，可以把每个句子看作由一系列短语构成的序列。组成这个句子的短语序列也可以被看作句子的一个**短语切分**（Phrase Segmentation）。

定义 7.2　句子的短语切分

如果一个句子 $w = \{w_1 \cdots w_n\}$ 可以被切分为 m 个子串，则称 w 由 m 个短语组成，记为 $w = \{p_1 \cdots p_m\}$，其中 p_i 是 w 的一个短语，$\{p_1, \cdots, p_m\}$ 也被称作句子 w 的一个短语切分。

例如，对于一个句子，"机器/翻译/是/一/项/很有/挑战/的/任务"，一种可能的短语切分为：

$$p_1 = 机器/翻译$$
$$p_2 = 是/一/项$$
$$p_3 = 很有/挑战/的$$
$$p_4 = 任务$$

进一步，把单语短语的概念推广到双语的情况：

定义 7.3　双语短语对（或短语对）

对于源语言和目标语言句对 (s, t)，s 中的一个短语 $\bar{s}_i$ 和 t 中的一个短语 $\bar{t}_j$ 可以构成一个双语短语对 $(\bar{s}_i, \bar{t}_j)$，简称**短语对**（Phrase Pairs）$(\bar{s}_i, \bar{t}_j)$。

也就是说，源语言句子中任意的短语和目标语言句子中任意的短语都构成一个双语短语。这里用 ↔ 表示互译关系。对于一个双语句对"牛肉的/进口/大幅/下降/了 ↔ the import of beef has drastically fallen"，可以得到很多双语短语，例如：

大幅度　↔　drastically

大幅/下降　↔　has drastically fallen

牛肉的/进口　↔　import of beef

进口/大幅度　↔　import has drastically

大幅/下降/了　↔　drastically fallen

了　↔　have drastically

……

接下来的问题是，如何使用双语短语描述双语句子的生成，即句子翻译的建模问题。在基于词的翻译模型里，可以用词对齐来描述双语句子的对应关系。类似地，也可以使用双语短语描述句子的翻译。这里，借用形式文法中推导的概念。把生成双语句对的过程定义为一个基于短语的翻译推导：

定义 7.4　基于短语的翻译推导

对于源语言和目标语言句对 (s,t)，分别有短语切分 $\{\bar{s}_i\}$ 和 $\{\bar{t}_j\}$，且 $\{\bar{s}_i\}$ 和 $\{\bar{t}_j\}$ 之间存在一一对应的关系。令 $\{\bar{a}_j\}$ 表示 $\{\bar{t}_j\}$ 中每个短语对应到源语言短语的编号，则称短语对 $\{(\bar{s}_{\bar{a}_j}, \bar{t}_j)\}$ 构成了 s 到 t 的**基于短语的翻译推导**（简称推导），记为 $d(\{(\bar{s}_{\bar{a}_j}, \bar{t}_j)\}, s, t)$（简记为 $d(\{(\bar{s}_{\bar{a}_j}, \bar{t}_j)\})$ 或 d）。

基于短语的翻译推导定义了一种从源语言短语序列到目标语言短语序列的对应，其中源语言短语序列是源语言句子的一种切分，同样地，目标语言短语序列是目标语言句子的一种切分。翻译推导提供了一种描述翻译过程的手段：对于一个源语言句子，可以找到从它出发的翻译推导，推导中短语的目标语言部分就构成了译文。也就是说，每个源语言句子 s 上的一个推导 d 都蕴含着一个目标语言句子 t。

图 7.7 给出了一个由 3 个双语短语 $\{(\bar{s}_{\bar{a}_1}, \bar{t}_1), (\bar{s}_{\bar{a}_2}, \bar{t}_2), (\bar{s}_{\bar{a}_3}, \bar{t}_3)\}$ 构成的汉英互译句对，其中短语对齐信息为 $\bar{a}_1 = 1, \bar{a}_2 = 2, \bar{a}_3 = 3$。这里，可以把这 3 个短语对的组合看作翻译推导，形式化表示为

$$d = (\bar{s}_{\bar{a}_1}, \bar{t}_1) \circ (\bar{s}_{\bar{a}_2}, \bar{t}_2) \circ (\bar{s}_{\bar{a}_3}, \bar{t}_3) \tag{7.1}$$

其中，$\circ$ 表示短语的组合①。

---

① 短语的组合是指将两个短语 a 和 b 进行拼接，形成新的短语 ab。在机器翻译中，可以把双语短语的组合看作对目标语短语的组合。例如，对于两个双语短语 $(\bar{s}_{\bar{a}_1}, \bar{t}_1), (\bar{s}_{\bar{a}_2}, \bar{t}_2)$，短语的组合表示将 $\bar{t}_1$ 和 $\bar{t}_2$ 进行组合，而源语言端作为输入已经给定，因此直接匹配源语言句子中相应的部分即可。根据两个短语在源语言中位置的不同，通常又分为顺序翻译、反序翻译、不连续翻译。这部分内容将在 7.4 节介绍。

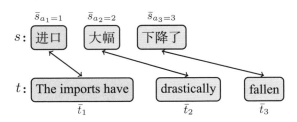

图 7.7　3 个双语短语 $\{(\bar{s}_{\bar{a}_1}, \bar{t}_1), (\bar{s}_{\bar{a}_2}, \bar{t}_2), (\bar{s}_{\bar{a}_3}, \bar{t}_3)\}$ 构成的汉英互译句对

　　至此，就得到了一个基于短语的翻译模型。对于每个双语句对 (s, t)，每个翻译推导 d 都对应了一个基于短语的翻译过程。而基于短语的机器翻译的目标就是对 d 进行描述。为了实现基于短语的翻译模型，有 4 个基本问题需要解决：

- 如何用统计模型描述每个翻译推导的好坏，即翻译的统计建模问题。
- 如何获得可使用的双语短语对，即短语翻译获取问题。
- 如何对翻译中的调序问题进行建模，即调序问题。
- 如何找到输入句子 s 的最佳译文，即解码问题。

这 4 个问题也构成了基于短语的翻译模型的核心，下面逐一展开介绍。

7.2 数学建模

　　对于统计机器翻译，其目的是找到输入句子的可能性最大的译文：

$$\hat{t} = \arg\max_t P(t|s) \tag{7.2}$$

其中，s 是输入的源语言句子，t 是一个目标语言译文。$P(t|s)$ 被称为翻译模型，它描述了把 s 翻译为 t 的可能性。通过 $\arg\max P(t|s)$ 可以找到使 $P(t|s)$ 达到最大的 t。

　　这里的第一个问题是如何定义 $P(t|s)$。直接描述 $P(t|s)$ 是非常困难的，因为 s 和 t 分别对应了巨大的样本空间，而在训练数据中能观测到的只是空间中的一小部分样本。直接用有限的训练数据描述这两个空间中样本的对应关系会面临严重的数据稀疏问题。对于这个问题，常用的解决办法是把复杂的问题转化为容易计算的简单问题。

7.2.1 基于翻译推导的建模

　　基于短语的翻译模型假设 s 到 t 的翻译可以用翻译推导进行描述，这些翻译推导都是由双语短语组成的。于是，两个句子之间的映射可以被看作一个个短语的映射。显然，短语翻译的建模要比整个句子翻译的建模简单得多。从模型上看，可以把翻译推导 d 当作从 s 到 t 翻译的一种隐含结构。这种结构定义了对问题的一种描述，即翻译由一系列短语组成。根据这个假设，可以把句子的翻译概率定义为

$$P(t|s) = \sum_d P(d,t|s) \tag{7.3}$$

式 (7.3) 中，$P(d,t|s)$ 表示翻译推导的概率。虽然式 (7.3) 把翻译问题转化成了翻译推导的生成问题，但由于翻译推导的数量十分巨大[①]，式 (7.3) 的右端需要对所有可能的推导进行枚举并求和，这几乎是无法计算的。

对于这个问题，一种常用的解决办法是利用一个化简的模型来近似完整的模型。如果把翻译推导的整体看作一个空间 D，则可以从 D 中选取一部分样本参与计算，而不是对整个 D 进行计算。例如，可以用最好的 n 个翻译推导代表整个空间 D。令 $D_{n\text{-best}}$ 表示最好的 n 个翻译推导所构成的空间，于是可以定义：

$$P(t|s) \approx \sum_{d \in D_{n\text{-best}}} P(d,t|s) \tag{7.4}$$

进一步，把式 (7.4) 带入式 (7.2)，可以得到翻译的目标为

$$\hat{t} = \arg\max_t \sum_{d \in D_{n\text{-best}}} P(d,t|s) \tag{7.5}$$

另一种常用的方法是直接用 $P(d,t|s)$ 的最大值代表整个翻译推导的概率和。这种方法假设翻译概率是非常尖锐的，"最好"的推导会占有概率的主要部分。它被形式化为

$$P(t|s) \approx \max P(d,t|s) \tag{7.6}$$

于是，翻译的目标可以被重新定义：

$$\hat{t} = \arg\max_t(\max P(d,t|s)) \tag{7.7}$$

值得注意的是，翻译推导中蕴含着译文的信息，因此每个翻译推导都与一个译文对应。可以把式 (7.7) 所描述的问题重新定义为

$$\hat{d} = \arg\max_d P(d,t|s) \tag{7.8}$$

也就是说，给定一个输入句子 s，找到从它出发的最优翻译推导 $\hat{d}$，把这个翻译推导对应的目标语言词串看作最优的译文。假设函数 $t(\cdot)$ 可以返回一个推导的目标语言词串，则最优译文也可以被看作：

[①] 如果把推导看作一种树结构，则推导的数量与词串的长度成指数关系。

$$\hat{t} = t(\hat{d}) \tag{7.9}$$

注意，式 (7.8)、式 (7.9) 和式 (7.7) 在本质上是一样的。它们构成了统计机器翻译中最常用的方法——Viterbi 方法[274]。在后面介绍机器翻译的解码时还会看到它们的应用。而式 (7.5) 也被称作 n-best 方法，常作为 Viterbi 方法的一种改进。

7.2.2 对数线性模型

对于如何定义 $P(d,t|s)$ 有很多种思路，例如，可以把 d 拆解为若干步骤，然后对这些步骤分别建模，最后形成描述 d 的生成模型。这种方法在第 5 章和第 6 章的 IBM 模型中也大量使用。但是，生成模型的每一步推导需要有严格的概率解释，这也限制了研究人员从更多的角度对 d 进行描述。这里，可以使用另一种方法——判别模型，对 $P(d,t|s)$ 进行描述[113]。其模型形式如下：

$$P(d,t|s) = \frac{\exp(\text{score}(d,t,s))}{\sum_{d',t'} \exp(\text{score}(d',t',s))} \tag{7.10}$$

其中，

$$\text{score}(d,t,s) = \sum_{i=1}^{M} \lambda_i \cdot h_i(d,t,s) \tag{7.11}$$

式 (7.11) 是一种典型的**对数线性模型**（Log-linear Model）。所谓"对数线性"体现在对多个量求和后进行指数运算（$\exp(\cdot)$）上，这相当于对多个因素进行乘法运算。式 (7.10) 的右端是一种归一化操作。分子部分可以被看作一种对翻译推导 d 的对数线性建模。具体来说，对于每个 d，用 M 个特征对其进行描述，每个特征用函数 $h_i(d,t,s)$ 表示，它对应一个权重 λ_i，表示特征 i 的重要性。$\sum_{i=1}^{M} \lambda_i \cdot h_i(d,t,s)$ 表示对这些特征的线性加权和，值越大表示模型得分越高，相应的 d 和 t 的质量越高。式 (7.10) 的分母部分实际上不需要计算，因为其值与求解最佳推导的过程无关。把式 (7.10) 带入式 (7.8)，得到

$$\begin{aligned}
\hat{d} &= \arg\max_{d} \frac{\exp(\text{score}(d,t,s))}{\sum_{d',t'} \exp(\text{score}(d',t',s))} \\
&= \arg\max_{d} \exp(\text{score}(d,t,s))
\end{aligned} \tag{7.12}$$

式 (7.12) 中，$\exp(\text{score}(d,t,s))$ 表示指数化的模型得分，记为 $\text{mscore}(d,t,s) = \exp(\text{score}(d,t,s))$。于是，翻译问题就可以被描述为：找到使函数 $\text{mscore}(d,t,s)$ 达到最大的 d。由于 $\exp(\text{score}(d,t,s))$ 和 $\text{score}(d,t,s)$ 是单调一致的，有时也直接把 $\text{score}(d,t,s)$ 当作模型得分。

7.2.3 判别模型中的特征

判别模型最大的好处在于它可以更灵活地引入特征。在某种意义上，每个特征都是在描述翻译的某方面属性。在各种统计分类模型中，也大量使用了"特征"这个概念（见第 3 章）。例如，要判断一篇新闻是体育方面的还是文化方面的，可以设计一个分类器，用词作为特征。这个分类器会有能力区分"体育"和"文化"两个类别的特征，最终决定这篇文章属于哪个类别。统计机器翻译也在做类似的事情。系统研发人员可以通过设计翻译相关的特征，来区分不同翻译结果的好坏。翻译模型会综合这些特征对所有可能的译文进行打分和排序，并选择得分最高的译文输出。

在判别模型中，系统开发人员可以设计任意的特征来描述翻译，特征的设计甚至都不需要统计上的解释，包括 0-1 特征、计数特征等。例如，可以设计特征来回答"you 这个单词是否出现在译文中？"如果答案为真，则这个特征的值为 1，否则为 0。再例如，可以设计特征来回答"译文里有多少个单词？"这个特征相当于一个统计目标语言单词数的函数，它的值为译文的长度。此外，还可以设计更复杂的实数特征，甚至具有概率意义的特征。在随后的内容中还将看到，翻译的调序、译文流畅度等都会被建模为特征，而机器翻译系统会融合这些特征，综合得到最优的输出译文。

此外，判别模型并不需要像生成模型那样对问题进行具有统计学意义的"分解"，更不需要对每个步骤进行严格的数学推导。相反，它直接对问题的后验概率进行建模。不像生成模型那样需要引入假设对每个生成步骤进行化简，判别模型对问题的刻画更加直接，因此也受到自然语言处理研究人员的青睐。

7.2.4 搭建模型的基本流程

对于翻译的判别式建模，需要回答两个问题：

- 如何设计特征函数 $\{h_i(d, t|s)\}$？
- 如何获得最好的特征权重 $\{\lambda_i\}$？

在基于短语的翻译模型中，通常包含 3 类特征：短语翻译特征、调序特征、语言模型相关的特征。这些特征都需要从训练数据中学习。

图 7.8 展示了一个基于短语的机器翻译模型的搭建流程。其中的训练数据包括双语平行语料和目标语言单语语料。首先，需要从双语平行数据中学习短语的翻译，并形成一个短语翻译表；然后，从双语平行数据中学习调序模型；最后，从目标语言单语数据中学习语言模型。短语翻译表、调序模型、语言模型都会作为特征送入判别模型，由解码器完成对新句子的翻译。这些特征的权重可以在额外的开发集上进行调优。关于短语抽取、调序模型和翻译特征的学习，将在 7.3 节 ~ 7.6 节介绍。

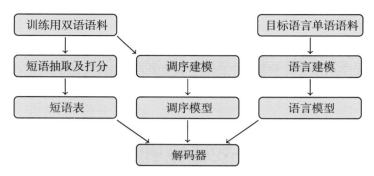

图 7.8　基于短语的机器翻译模型的搭建流程

7.3 短语抽取

在基于短语的模型中，学习短语翻译是重要的步骤之一。获得短语翻译的方法有很多种，最常用的方法是从双语平行语料中进行**短语抽取**（Phrase Extraction）。前面已经介绍过短语的概念，句子中任意的连续子串都被称为短语。在图 7.9 中，用点阵的形式表示双语之间的对应关系，那么图中任意一个矩形框都可以构成一个双语短语（或短语对），如"什么/都/没"对应"learned nothing ?"

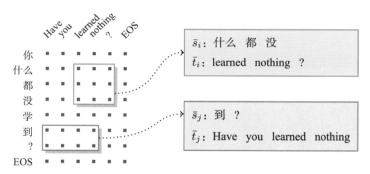

图 7.9　无限制的短语抽取

按照上述抽取短语的方式，可以找到所有可能的双语短语，但这种不加限制的抽取是十分低效的。一是可抽取的短语数量爆炸，二是抽取得到的大部分短语是没有意义的，如上面的例子中抽取到"到/?"对应"Have you learned nothing"这样的短语对在翻译中并没有什么意义。对于这个问题，一种解决方法是基于词对齐进行短语抽取，另一种解决方法是抽取与词对齐一致的短语。

7.3.1 与词对齐一致的短语

图 7.10 中大蓝色方块代表词对齐。通过词对齐信息，可以很容易地获得双语短语"天气 ↔ The weather"。这里称其为与词对齐一致（兼容）的双语短语。具体定义如下：

定义 7.5　**与词对齐一致（兼容）的双语短语**

对于源语言句子 s 和目标语言句子 t，存在 s 和 t 之间的词对齐。如果有 (s,t) 中的双语短语 $(\bar{s},\bar{t})$，且 $\bar{s}$ 中所有单词仅对齐到 $\bar{t}$ 中的单词，同时 $\bar{t}$ 中所有单词仅对齐到 $\bar{s}$ 中的单词，那么称 $(\bar{s},\bar{t})$ 是与词对齐一致的（兼容的）双语短语。

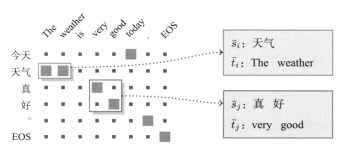

图 7.10　与词对齐一致的短语抽取

如图 7.11 所示，左边的例子中的 t_1 和 t_2 严格地对应到 s_1、s_2、s_3，所以短语是与词对齐一致的；中间例子中的 t_2 对应到短语 s_1 和 s_2 的外面，所以短语是与词对齐不一致的；类似地，右边的例子中短语与词对齐也是一致的。

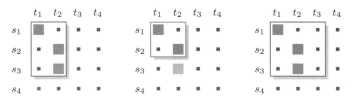

图 7.11　词对齐一致性示例

图 7.12 展示了与词对齐一致的短语抽取过程。首先，判断抽取得到的双语短语是否与词对齐保持一致，若一致，则抽取出来。在实际抽取过程中，通常需要对短语的最大长度进行限制，以免抽取过多的无用短语。例如，在实际系统中，最大短语长度一般是 5～7 个词。

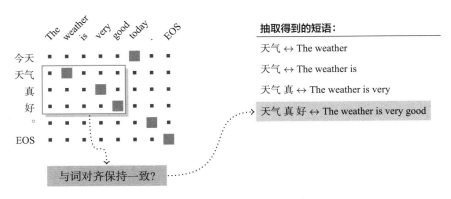

图 7.12 与词对齐一致的短语抽取

7.3.2 获取词对齐

如何获得词对齐呢？第 5 章和第 6 章介绍的 IBM 模型本身就是一个词对齐模型，因此一种常用的方法是直接使用 IBM 模型生成词对齐。IBM 模型约定每个源语言单词必须、也只能对应一个目标语言单词。因此，IBM 模型得到的词对齐结果是不对称的。在正常情况下，词对齐可以是一个源语言单词对应多个目标语言单词，或者多对一，甚至多对多。为了获得对称的词对齐，一种简单的方法是，分别进行正向翻译和反向翻译的词对齐，然后利用启发性方法生成对称的词对齐。例如，双向词对齐取交集、并集等。

如图 7.13 所示，左边两个图就是正向和反向两种词对齐的结果。右边的图是融合双向词对齐的结果，取交集是蓝色的方框，取并集是红色的方框。当然，还可以设计更多的启发性规则生成词对齐[275]。

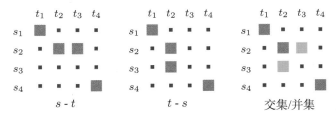

图 7.13 词对齐的获取

除此之外，一些外部工具也可以用来获取词对齐，如 Fastalign[252]、Berkeley Word Aligner[253]等。词对齐的质量通常使用词对齐错误率评价[276]，但词对齐并不是一个独立的系统，它一般会服务于其他任务。因此，也可以使用下游任务来评价词对齐的好坏。例如，改进词对齐后观察机器翻译系统性能的变化。

7.3.3 度量双语短语质量

　　抽取双语短语之后，需要对每个双语短语的质量进行评价。这样，在使用这些双语短语时，可以更有效地估计整个句子翻译的好坏。在统计机器翻译中，一般用双语短语出现的可能性大小来度量双语短语的好坏。这里，使用相对频次估计对短语的翻译条件概率进行计算，公式如下：

$$P(\bar{t}|\bar{s}) = \frac{c(\bar{s}, \bar{t})}{c(\bar{s})} \tag{7.13}$$

　　给定一个双语句对 (s, t)，$c(\bar{s})$ 表示短语 $\bar{s}$ 在 s 中出现的次数，$c(\bar{s}, \bar{t})$ 表示双语短语 $(\bar{s}, \bar{t})$ 在 (s, t) 中被抽取出来的次数。对于一个包含多个句子的语料库，$c(\bar{s})$ 和 $c(\bar{s}, \bar{t})$ 可以按句子进行累加。类似地，也可以用同样的方法，计算 $\bar{t}$ 到 $\bar{s}$ 的翻译概率，即 $P(\bar{s}|\bar{t})$。一般会同时使用 $P(\bar{t}|\bar{s})$ 和 $P(\bar{s}|\bar{t})$ 度量一个双语短语的好与坏。

　　当遇到低频短语时，短语翻译概率的估计可能会不准确。例如，短语 $\bar{s}$ 和 $\bar{t}$ 在语料中只出现了一次，且在一个句子中共现，那么 $\bar{s}$ 到 $\bar{t}$ 的翻译概率为 $P(\bar{t}|\bar{s}) = 1$，这显然是不合理的，因为 $\bar{s}$ 和 $\bar{t}$ 的出现完全可能是偶然事件。既然直接度量双语短语的好坏会面临数据稀疏问题，一个自然的想法就是把短语拆解成单词，利用双语短语中单词翻译的好坏间接度量双语短语的好坏。为了达到这个目的，可以使用**词汇化翻译概率**（Lexical Translation Probability）。前面借助词对齐信息完成了双语短语的抽取，而词对齐信息本身就包含了短语内部单词之间的对应关系。因此，同样可以借助词对齐来计算单词翻译概率，公式如下：

$$P_{\text{lex}}(\bar{t}|\bar{s}) = \prod_{j=1}^{|\bar{s}|} \frac{1}{|\{j|a(j,i) = 1\}|} \sum_{\forall(j,i):a(j,i)=1} \sigma(t_i|s_j) \tag{7.14}$$

　　它表达的意思是短语 $\bar{s}$ 和 $\bar{t}$ 存在单词级的对应关系，其中 $a(j, i) = 1$ 表示双语句对 (s, t) 中单词 s_j 和单词 t_i 对齐，σ 表示单词翻译概率，用来度量两个单词之间翻译的可能性大小（见第 5 章），作为两个词之间对应的强度。

　　来看一个具体的例子，如图 7.14 所示。对于一个双语短语，将它们的词对齐关系代入式 (7.14) 就会得到短语的单词翻译概率。对于单词翻译概率，可以使用 IBM 模型中的单词翻译表，也可以通过统计获得[277]。如果一个单词的词对齐为空，则用 N 表示它翻译为空的概率。和短语翻译概率一样，可以使用双向的单词化翻译概率来评价双语短语的好坏。

　　经过上面的介绍，可以从双语平行语料中把双语短语抽取出来，同时得到相应的翻译概率（即特征），组成**短语表**（Phrase Table）。图 7.15 所示为一个真实短语表的片段，其中包括源语言短语和目标语言短语，并用 ||| 进行分割。每个双语对应的得分，包括正向和反向的单词翻译概率及短语翻译概率，还包括词对齐信息（0-0、1-1）等其他信息。

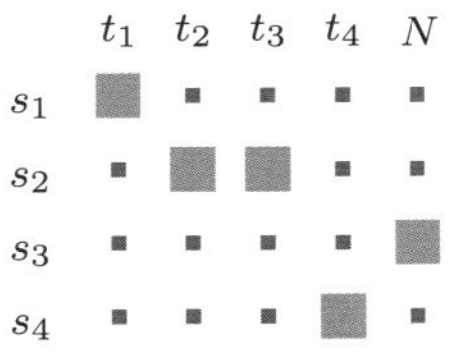

$$P_{\text{lex}}(\bar{t}|\bar{s}) = \sigma(t_1|s_1) \times$$
$$\frac{1}{2}(\sigma(t_2|s_2) + \sigma(t_3|s_2)) \times$$
$$\sigma(N|s_3) \times$$
$$\sigma(t_4|s_4) \times$$

图 7.14　单词翻译概率实例

......
报告认为 ||| report holds that ||| -2.62 -5.81 -0.91 -2.85 1 0 ||| 4 ||| 0-0 1-1 1-2
，悲伤 ||| , sadness ||| -1.946 -3.659 0 -3.709 1 0 ||| 1 ||| 0-0 1-1
，北京等 ||| , beijing , and other ||| 0 -7.98 0 -3.84 1 0 ||| 2 ||| 0-0 1-1 2-2 2-3 2-4
，北京及 ||| , beijing , and ||| -0.69 -1.45 -0.92 -4.80 1 0 ||| 2 ||| 0-0 1-1 2-2
一个世界 ||| one world ||| 0 -1.725 0 -1.636 1 0 ||| 2 ||| 1-1 2-2
......

图 7.15　一个真实短语表的片段

7.4 翻译调序建模

尽管已经知道了如何将一个源语言短语翻译成目标语言短语，但是想要获得一个高质量的译文，仅有互译的双语短语是远远不够的。

如图 7.16 所示，按照从左到右的顺序对一个句子"在/桌子/上/的/苹果"进行翻译，得到的译文"on the table the apple"的语序是不对的。虽然可以使用 n-gram 语言模型对语序进行建模，但是此处仍然需要用更准确的方式描述目标语短语间的次序。一般将这个问题称为短语调序，或者简称为**调序**。通常，基于短语的调序模型会作为判别模型的特征参与到翻译过程中。接下来，介绍 3 种不同的调序方法，分别是基于距离的调序、基于方向的调序和基于分类的调序。

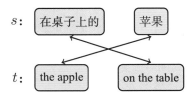

图 7.16　基于短语翻译的调序

7.4.1 基于距离的调序

基于距离的调序是一种最简单的调序模型。第 6 章讨论的"扭曲度"本质上就是一种调序模型，只不过第 6 章涉及的扭曲度描述的是单词的调序问题，而这里需要把类似的概念推广到短语。

基于距离的调序的一个基本假设是：语言的翻译基本上都是顺序的。也就是说，译文单词出现的顺序和源语言单词的顺序基本一致。反过来说，如果译文和源语言单词（或短语）的顺序差别很大，就认为出现了调序。

基于距离的调序方法的核心思想是度量当前翻译结果与顺序翻译之间的差距。对于译文中的第 i 个短语，令 start_i 表示它所对应的源语言短语中第一个词所在的位置，end_i 表示它所对应的源语言短语中最后一个词所在的位置。于是，这个短语（相对于前一个短语）的调序距离为

$$\text{dr} = \text{start}_i - \text{end}_{i-1} - 1 \tag{7.15}$$

在图 7.17 所示的例子中，"the apple" 所对应的调序距离为 4，"on the table" 所对应的调序距离为 -5。显然，如果两个源语短语按顺序翻译，则 $\text{start}_i = \text{end}_{i-1} + 1$，这时调序距离为 0。

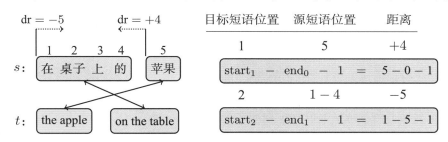

图 7.17　基于距离的调序

如果把调序距离作为特征，一般会使用指数函数 $f(\text{dr}) = a^{|\text{dr}|}$ 作为特征函数（或者调序代价的函数），其中 a 是一个参数，控制调序距离对整个特征值的影响。调序距离 dr 的绝对值越大，调序代价越高。基于距离的调序模型适用于法译英这样的任务，因为两种语言的语序基本上是一致的。对于汉译日，由于句子结构存在很大差异，使用基于距离的调序会带来一些问题。因此，具体应用时应该根据语言之间的差异性有选择地使用该模型。

7.4.2　基于方向的调序

基于方向的调序模型是另一种常用的调序模型。该模型是一种典型的单词化调序模型，因此调序的结果会根据不同短语有所不同。简单来说，在两个短语目标语言端连续的情况下，该模型会判断两个双语短语在源语言端的调序情况，包含 3 种调序类型：顺序的单调翻译（M）、与前一个短语交换位置（S）、非连续翻译（D）。因此，这个模型也被称作 MSD 调序模型，也是 Moses 等经典的机器翻译系统所采用的调序模型[80]。

图 7.18 展示了这 3 种调序类型，当两个短语对在源语言和目标语言中都按顺序排列时，它们就是单调的（如从左边数前两个短语）；如果对应的短语顺序在目标语言中是反过来的，则属于交换调序（如从左边数第 3 和第 4 个短语）；如果两个短语之间还有其他的短语，则属于非连续调序

（如从右边数的前两个短语）。

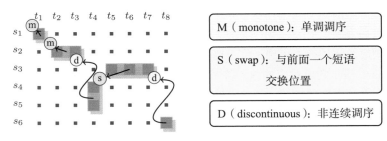

图 7.18　单词化调序模型的 3 种调序类型

对于每种调序类型，都可以定义一个调序概率，如下：

$$P(o|s,t,a) = \prod_{i=1}^{K} P(o_i|\bar{s}_{a_i}, \bar{t}_i, a_{i-1}, a_i) \tag{7.16}$$

其中，o_i 表示（目标语言）第 i 个短语的调序方向，$o = \{o_i\}$ 表示短语序列的调序方向，K 表示短语的数量。短语之间的调序概率是由双语短语及短语对齐决定的，o 表示调序的种类，可以取 M、S、D 中的任意一种。而整个句子调序的好坏就是把相邻的短语之间的调序概率相乘（对应取 log 后的加法）。这样，式 (7.16) 把调序的好坏定义为新的特征，对于 M、S、D 总共就有三个特征。除了当前短语和前一个短语的调序特征，还可以定义当前短语和后一个短语的调序特征，即将上述公式中的 a_{i-1} 换成 a_{i+1}。于是，又可以得到 3 个特征。因此，在 MSD 调序中总共可以有 6 个特征。

在具体实现时，通常使用词对齐的方法对两个短语间的调序关系进行判断。图 7.19 展示了这个过程。先判断短语的左上角和右上角是否存在词对齐关系，再根据其位置对调序类型进行划分。每个短语对应的调序概率都可以用相对频次估计进行计算。而 MSD 调序模型也相当于在短语表中的每个双语短语后添加 6 个特征。不过，调序模型一般并不会和短语表一起存储，因此在系统中通常会看到两个独立的模型文件，分别保存短语表和调序模型。

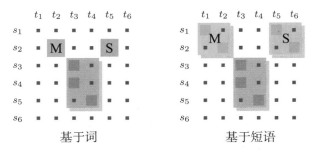

图 7.19　调序类型的判断

7.4.3 基于分类的调序

在 MSD 调序中，双语短语所对应的调序概率 $P(o_i|\bar{s}_{a_i}, \bar{t}_i, a_{i-1}, a_i)$ 是用极大似然估计法进行计算的。但是，这种方法也会面临数据稀疏的问题，而且并没有考虑对调序产生影响的细致特征。另一种有效的方法是直接用统计分类模型对调序进行建模，如可以使用最大熵、SVM 等分类器输出调序概率或者得分[268-270]。对基于分类的调序模型，有两方面问题需要考虑：

（1）训练样本的生成。可以把 M、S、D 看作类别标签，把所对应的短语及短语对齐信息看作输入。这就得到了大量分类器训练所需的样本。

（2）分类特征设计。这是传统统计机器学习中的重要组成部分，好的特征会对分类结果产生很大影响。在调序模型中，一般直接使用单词作为特征，如用短语的第一个单词和最后一个单词作为特征就可以达到很好的效果。

随着神经网络方法的兴起，也可以考虑使用多层神经网络构建调序模型[271]。这时，可以把短语直接送入一个神经网络，之后由神经网络完成对特征的抽取和表示，并输出最终的调序模型得分。

7.5 翻译特征

基于短语的模型使用判别模型对翻译推导进行建模，给定双语句对 (s,t)，每个翻译推导 d 都有一个模型得分，由 M 个特征线性加权得到，记为 $\text{score}(d,t,s) = \sum_{i=1}^{M} \lambda_i \cdot h_i(d,t,s)$，其中 λ_i 表示特征权重，$h_i(d,t,s)$ 表示特征函数（简记为 $h_i(d)$）。这些特征包含短语翻译概率、调序模型得分等。除此之外，还包含语言模型等其他特征，它们共同组成了特征集合。这里列出了基于短语的模型中的一些基础特征：

- 短语翻译概率（取对数），包含正向翻译概率 $\log(P(\bar{t}|\bar{s}))$ 和反向翻译概率 $\log(P(\bar{s}|\bar{t}))$，它们是基于短语的模型中最主要的特征。
- 词汇化翻译概率（取对数），同样包含正向词汇化翻译概率 $\log(P_{\text{lex}}(\bar{t}|\bar{s}))$ 和反向词汇化翻译概率 $\log(P_{\text{lex}}(\bar{s}|\bar{t}))$，它们用来描述双语短语中单词间对应的好坏。
- n-gram 语言模型，用来度量译文的流畅程度，可以通过大规模目标端单语数据得到。
- 译文长度，避免模型倾向于短译文，同时让系统自动学习对译文长度的偏好。
- 翻译规则数量，为了避免模型仅使用少量特征构成翻译推导（规则数量少，短语翻译概率相乘的因子也会少，得分一般会高），同时让系统自动学习对规则数量的偏好。
- 被翻译为空的源语言单词数量。注意，空翻译特征有时也被称作**有害特征**（Evil Feature），这类特征在一些数据上对 BLEU 有很好的提升作用，但会造成人工评价结果的下降，需要谨慎使用。
- 基于 MSD 的调序模型，包括与前一个短语的调序模型 $f_{\text{M-pre}}(d)$、$f_{\text{S-pre}}(d)$、$f_{\text{D-pre}}(d)$ 和与后一个短语的调序模型 $f_{\text{M-fol}}(d)$、$f_{\text{S-fol}}(d)$、$f_{\text{D-fol}}(d)$，共 6 个特征。

7.6 最小错误率训练

除了特征设计，统计机器翻译也需要找到每个特征所对应的最优权重 λ_i。这就是机器学习中所说的模型训练问题。不过，需要指出的是，统计机器翻译关于模型训练的定义与传统机器学习稍有不同。在统计机器翻译中，短语抽取和翻译概率的估计被看作**模型训练**（Model Training），这里的模型训练是指特征函数的学习；而特征权重的训练，一般被称作**权重调优**（Weight Tuning），这个过程才真正对应了传统机器学习（如分类任务）中的模型训练过程。在本章中，如果没有特殊说明，权重调优就是指特征权重的学习，模型训练是指短语抽取和特征函数的学习。

想要得到最优的特征权重，最简单的方法是枚举所有特征权重可能的取值，然后评价每组权重所对应的翻译性能，最后选择最优的特征权重作为调优的结果。特征权重是一个实数值，因此可以考虑量化实数权重，即把权重看作在固定间隔上的取值，如每隔 0.01 取值。即使是这样，同时枚举多个特征的权重也是非常耗时的工作，当特征数量增多时，这种方法的效率仍然很低。

这里介绍一种更加高效的特征权重调优方法——**最小错误率训练**（Minimum Error Rate Training，MERT）。最小错误率训练是统计机器翻译发展中具有代表性的工作，也是机器翻译领域原创的重要技术方法之一[234]。最小错误率训练假设：翻译结果相对于标准答案的错误是可度量的，进而可以通过降低错误数量的方式找到最优的特征权重。假设有样本集合 $S = \{(s^{[1]}, r^{[1]}), \cdots, (s^{[N]}, r^{[N]})\}$，$s^{[i]}$ 为样本中第 i 个源语言句子，$r^{[i]}$ 为相应的参考译文。注意，$r^{[i]}$ 可以包含多个参考译文。S 通常被称为**调优集合**（Tuning Set）。对于 S 中的每个源语言句子 $s^{[i]}$，机器翻译模型会解码出 n-best 推导 $\hat{d}^{[i]} = \{\hat{d}_j^{[i]}\}$，其中 $\hat{d}_j^{[i]}$ 表示对于源语言句子 $s^{[i]}$ 得到的第 j 个最好的推导。$\{\hat{d}_j^{[i]}\}$ 可以被定义为

$$\{\hat{d}_j^{[i]}\} = \arg\max_{\{d_j^{[i]}\}} \sum_{i=1}^{M} \lambda_i \cdot h_i(d, t^{[i]}, s^{[i]}) \tag{7.17}$$

对于每个样本都可以得到 n-best 推导集合，整个数据集上的推导集合被记为 $\hat{D} = \{\hat{d}^{[1]}, \cdots, \hat{d}^{[N]}\}$。进一步，令所有样本的参考译文集合为 $R = \{r^{[1]}, \cdots, r^{[N]}\}$。最小错误率训练的目标就是降低 $\hat{D}$ 相对于 R 的错误。也就是说，通过调整不同特征的权重 $\lambda = \{\lambda_i\}$，让错误率最小，形式化描述为

$$\hat{\lambda} = \arg\min_{\lambda} \text{Error}(\hat{D}, R) \tag{7.18}$$

其中，$\text{Error}(\cdot)$ 是错误率函数。$\text{Error}(\cdot)$ 的定义方式有很多。通常，$\text{Error}(\cdot)$ 会与机器翻译的评价指标相关，例如，词错误率（WER）、位置错误率（PER）、BLEU 值、NIST 值等都可以用于 $\text{Error}(\cdot)$ 的定义。这里使用 1−BLEU 作为错误率函数，即 $\text{Error}(\hat{D}, R) = 1 - \text{BLEU}(\hat{D}, R)$。则式 (7.18) 可改写为

$$\hat{\lambda} = \arg\min_{\lambda} (1 - \text{BLEU}(\hat{D}, R))$$

$$= \arg\max_{\lambda} \mathrm{BLEU}(\hat{D}, R) \tag{7.19}$$

需要注意的是，BLEU 本身是一个不可微分函数。因此，无法使用梯度下降等方法对式 (7.19) 进行求解。那么，如何快速得到最优解呢？这里使用一种特殊的优化方法，称作**线搜索**（Line Search），它是 Powell 搜索的一种形式[278]。这种方法也构成了最小错误率训练的核心。

首先，重新查看特征权重的搜索空间。按照前面的介绍，如果要进行暴力搜索，则需要把特征权重的取值按小的间隔进行划分。这样，所有特征权重的取值可以用图 7.20 所示的网格来表示。

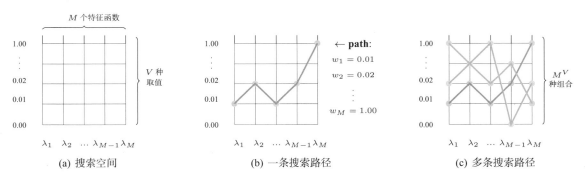

图 7.20　特征权重的搜索空间表示

其中，横坐标为所有的 M 个特征函数，纵坐标为权重可能的取值。假设每个特征都有 V 种取值，那么遍历所有特征权重取值的组合有 M^V 种。每组 $\lambda = \{\lambda_i\}$ 的取值实际上就是一个贯穿所有特征权重的折线，如图 7.20(b) 中蓝线所展示的路径。当然，可以通过枚举得到很多这样的折线（如图 7.20(c) 所示）。假设计算 BLEU 的时间开销为 B，那么遍历所有路径的时间复杂度为 $O(M^V \cdot B)$。其中，V 可能很大，B 也无法忽略，若对每一组特征权重都重新解码，得到 n-best 译文，则这种计算方式的时间成本极高，在现实中无法使用。

对全搜索的一种改进是使用局部搜索。循环处理每个特征，每一次只调整一个特征权重的值，找到使 BLEU 达到最大的权重。反复执行该过程，直到模型达到稳定状态（如 BLEU 不再降低）。

图 7.21(a) 展示了这种方法。图中蓝色部分为固定的权重，虚线部分为当前权重所有可能的取值，这样搜索一个特征权重的时间复杂度为 $O(V \cdot B)$。而整个算法的时间复杂度为 $O(L \cdot V \cdot B)$，其中 L 为循环访问特征的总次数。这种方法也被称作**格搜索**（Grid Search）。

格搜索的问题在于，每个特征都要访问 V 个点，V 个点无法对连续的特征权重进行表示，而且里面也会存在大量的无用访问。也就是说，这 V 个点中绝大多数点根本"不可能"成为最优的权重。可以把这样的点称为无效取值点。

能否避开这些无效的权重取值点呢？我们再重新看一下优化的目标 BLEU。实际上，当一个特征权重发生变化时，BLEU 的变化只会出现在系统 1-best 译文发生变化时。那么，可以只关注使 1-best 译文发生变化的取值点，因为其他取值点都不会使优化的目标函数发生变化。这也就构成了线搜索的思想。

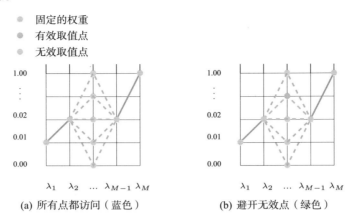

图 7.21　格搜索

假设对于每个输入的句子，翻译模型生成了两个推导 $d = \{d_1, d_2\}$，每个推导 d 的得分 score(d) 可以表示成关于第 i 个特征的权重 λ_i 的线性函数：

$$
\begin{aligned}
\text{score}(d) &= \sum_{k=1} \lambda_k \cdot h_k(d) \\
&= h_i(d) \cdot \lambda_i + \sum_{k \neq i} \lambda_k \cdot h_k(d) \\
&= a \cdot \lambda_i + b
\end{aligned}
\tag{7.20}
$$

这里，$a = h_i(d)$ 是直线的斜率，$b = \sum_{k \neq i}^{M} \lambda_k \cdot h_k(d)$ 是截距。有了关于权重 λ_i 的直线表示，可以将 d_1 和 d_2 分别画成两条直线，如图 7.22 所示。在两条直线交叉点的左侧，d_2 是最优的翻译结果；在交叉点右侧，d_1 是最优的翻译结果。也就是说，只需知道交叉点左侧和右侧谁的 BLEU 值高，λ_i 的最优值就应该落在相应的范围。例如，这个例子中交叉点右侧（即 d_2）对应的 BLEU 值更高，因此最优特征权重 $\hat{\lambda}_i$ 应该在交叉点右侧（$\lambda_x \sim \lambda_i$ 取任意值都可以）。

这样，最优权重搜索的问题就被转化为找到最优推导 BLEU 值发生变化的点的问题。理论上，对于 n-best 翻译，交叉点计算最多需要 $\frac{n(n-1)}{2}$ 次。由于 n 一般不会过大，这个时间成本完全是可以接受的。此外，在实现时还有一些技巧，例如，并不需要在每个交叉点处对整个数据集进行 BLEU 计算，可以只对 BLEU 产生变化的部分（如 n-gram 匹配的数量）进行调整，因此搜索的整体效率会进一步提高。相比格搜索，线搜索可以确保在单个特征维度上的最优值，同时保证搜索的效率。

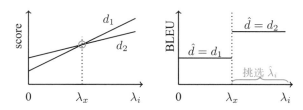

图 7.22　推导得分关于权重的函数（左）及对应的 BLEU 值变化（右）

还有一些经验性的技巧用来完善基于线搜索的 MERT。例如：

- 随机生成特征权重的起始点。
- 在搜索中，给权重加入一些微小的扰动，避免陷入局部最优。
- 随机选择特征优化的顺序。
- 使用先验知识指导 MERT（对权重的取值范围进行约束）。
- 使用多轮迭代训练，最终对权重进行平均。

最小错误率训练最大的优点在于可以用于目标函数不可微、甚至不连续的情况。对于优化线性模型，最小错误率训练是一种很好的选择。但是，也有研究发现，直接使用最小错误率训练无法处理特征数量过多的情况。例如，用最小错误率训练优化 10000 个稀疏特征的权重时，优化效果可能会不理想，而且收敛速度慢。这时，也可以考虑使用在线学习等技术对大量特征的权重进行调优，比较有代表性的方法包括 MIRA[279] 和 PRO[280]。受篇幅所限，这里不对这些方法做深入讨论，感兴趣的读者可以参考 7.8 节的内容，并查阅相关文献。

7.7 栈解码

解码的目的是根据模型及输入，找到模型得分最高的翻译推导，即

$$\hat{d} = \arg\max_{d} \text{score}(d, t, s) \tag{7.21}$$

想找到得分最高的翻译推导并不是一件简单的事情。对于每一句源语言句子，可能的翻译结果是指数级的。由于机器翻译解码是一个 NP 完全问题[240]，简单的暴力搜索显然不现实。因此，在机器翻译中会使用特殊的解码策略来确保搜索的效率。本节将介绍基于栈的自左向右解码方法。它是基于短语的模型中的经典解码方法，非常适用于处理语言生成的各种任务。

首先，看一下翻译一个句子的基本流程。如图 7.23 所示，先得到译文句子的第一个单词。在基于短语的模型中，可以从源语言端找出生成句首译文的短语，之后把译文放到目标语言端，如源语言的"有"对应的译文是"There is"。这个过程可以重复执行，直到生成完整句子的译文。但是，有两点需要注意：

- 源语言的每个单词（短语）只能被翻译一次。
- 译文的生成需自左向右连续进行。

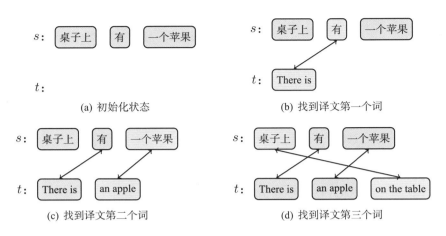

(a) 初始化状态　　　　　　　　　　(b) 找到译文第一个词

(c) 找到译文第二个词　　　　　　　(d) 找到译文第三个词

图 7.23　按目标语言短语自左向右生成的翻译实例

第一点对应了一种**覆盖度模型**（Coverage Model），第二点定义了解码的方向，以确保 n-gram 语言模型的计算是准确的。这样，就得到了一个简单的基于短语的机器翻译解码框架。每次从源语言句子中找到一个短语，作为译文最右侧的部分，重复执行直到整个译文被生成。

7.7.1　翻译候选匹配

在解码时，先要知道每个源语言短语可能的译文都是什么。对于一个源语言短语，每个可能的译文也被称作翻译候选。实现翻译候选的匹配很简单，只需要遍历输入的源语言句子中所有可能的短语，在短语表中找到相应的翻译即可。例如，图 7.24 展示了句子"桌子/上/有/一个/苹果"的翻译候选匹配结果。可以看到，不同的短语会对应若干翻译候选。这些翻译候选会保存在所对应的范围（被称为跨度）中。这里，跨度 $[a,b]$ 表示从第 $a+1$ 个词开始到第 b 个词为止所表示的词串。例如，"upon the table"是短语"桌子/上/有"的翻译候选，即对应源语言跨度 [0,3]。

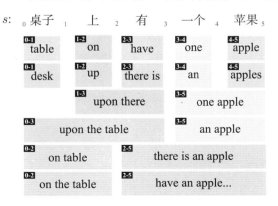

图 7.24　一个句子匹配的短语翻译候选

7.7.2 翻译假设扩展

接下来，需要使用这些翻译候选生成完整的译文。在机器翻译中，一个很重要的概念是**翻译假设**（Translation Hypothesis）。它可以被当作一个局部译文所对应的短语翻译推导。在解码开始时，只有一个空假设，也就是任何译文单词都没被生成。接着，可以挑选翻译选项来扩展当前的翻译假设。

图 7.25 展示了翻译假设扩展的过程。在翻译假设扩展时，需要保证新加入的翻译候选放置在旧翻译假设译文的右侧，也就是要确保翻译自左向右的连续性。而且，同一个翻译假设可以使用不同的翻译候选进行扩展。例如，扩展第一个翻译假设时，可以选择"桌子"的翻译候选"table"；也可以选择"有"的翻译候选"There is"。扩展完之后，需要记录输入句子中已翻译的短语，同时计算当前所有翻译假设的模型得分。这个过程相当于生成了一个图的结构，每个节点代表了一个翻译假设。当翻译假设覆盖了输入句子所有的短语，不能被继续扩展时，就生成了一个完整的翻译假设（译文）。最后，找到得分最高的完整翻译假设，它对应了搜索图中的最优路径。

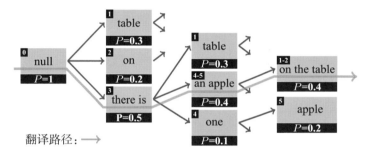

图 7.25　翻译假设扩展的过程

7.7.3 剪枝

假设扩展建立了解码算法的基本框架，但当句子变长时，这种方法还是面临着搜索空间爆炸的问题。解决这个问题常用的办法是剪枝，也就是在搜索图中排除一些节点。例如，可以使用束剪枝，确保每次翻译扩展时，最多生成 k 个新的翻译假设。这里 k 可以被看作束的宽度。通过控制 k 的大小，可以在解码精度和速度之间进行平衡。这种基于束宽度进行剪枝的方法也被称作直方图剪枝。另一种思路是，每次扩展时只保留与最优翻译假设得分相差在 δ 之内的翻译假设。δ 可以被看作一种与最优翻译假设之间距离的阈值，超过这个阈值就被剪枝。这种方法也被称作**阈值剪枝**（Threshold Pruning）。

即使引入束剪枝，解码过程中仍然会有很多冗余的翻译假设。有以下两种方法可以进一步加速解码。

- 对相同译文的翻译假设进行重新组合。
- 对低质量的翻译假设进行裁剪。

对翻译假设进行重新组合又被称作**假设重组**（Hypothesis Recombination），其核心思想是，把代表同一个译文的不同翻译假设融合为一个翻译假设。如图 7.26 所示，对于给定的输入短语"一个 苹果"，系统可能将两个单词"一个""苹果"分别翻译成"an"和"apple"，也可能将这两个单词作为一个短语直接翻译成"an apple"。虽然这两个翻译假设得到的译文相同，并且覆盖了相同的源语言短语，却是两个不同的翻译假设，模型给它们的打分也不一样。这时，可以舍弃两个翻译假设中分数较低的那个，因为分数较低的翻译假设永远不可能成为最优路径的一部分。这就相当于把两个翻译假设重组为一个假设。

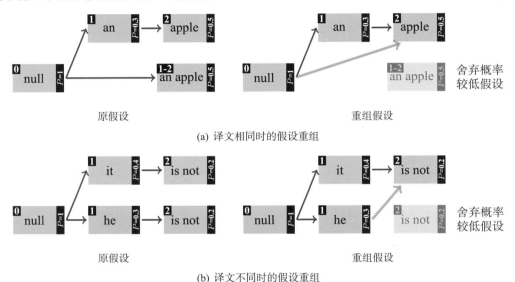

图 7.26　假设重组示例

即使翻译假设对应的译文不同也可以进行假设重组。图 7.26(b) 给出了一个这样的实例。在两个翻译假设中，第一个单词分别被翻译成了"it"和"he"，紧接着，它们后面的部分都被翻译成了"is not"。这两个翻译假设是非常相似的，因为它们译文的最后两个单词是相同的，而且翻译假设都覆盖了相同的源语言部分。这时，也可以对这两个翻译假设进行假设重组：如果得分较低的翻译假设和得分较高的翻译假设都使用相同的翻译候选进行扩展，且两个翻译假设都覆盖相同的源语言单词，则分数低的翻译假设可以被剪枝。此外，还有两点需要注意：

- n-gram 语言模型将前 $n-1$ 个单词作为历史信息，因此当两个假设中最后 $n-1$ 个单词不相同时，不能进行假设重组，因为后续的扩展可能会得到不同的语言模型得分，并影响最终的模型得分。
- 调序模型通常用来判断当前输入的短语与前一个输入短语之间的调序代价。因此，当两个翻译假设对应短语在源语言中的顺序不同时，也不能被重新组合。

在实际处理中，并不需要"删掉"分数低的翻译假设，而应将它们与分数高的翻译假设连在一起。对于搜索最优翻译，这些连接可能并没有什么作用，但是如果需要分数最高的前两个或前三个翻译，可能就需要用到这些连接。

翻译假设的重组有效地减少了解码过程中相同或者相似翻译假设带来的冗余。因此，这些方法在机器翻译中被广泛使用。第 8 章将介绍的基于句法的翻译模型解码，也可以使用假设重组进行系统加速。

7.7.4 解码中的栈结构

当质量较差的翻译假设在扩展早期出现时，这些翻译假设需要被剪枝，这样可以忽略所有从它扩展出来的翻译假设，进而有效地减小搜索空间，但是这样做也存在以下两个问题。

- 删除的翻译假设可能会在后续的扩展过程中被重新搜索出来。
- 过早地删除某些翻译假设可能会导致无法搜索到最优的翻译假设。

最好的情况是：尽早删除质量差的翻译假设，这样就不会对整个搜索结果产生过大影响。但是，这个"质量"从哪个方面来衡量，是一个需要思考的问题。理想情况是从早期的翻译假设中挑选一些可比的翻译假设进行筛选。

目前，比较通用的做法是将翻译假设进行整理，放进一种栈结构中。这里所说的"栈"是为了描述方便的一种说法。它实际上就是保存多个翻译假设的一种数据结构[1]。当放入栈的翻译假设超过一定阈值时（如 200），可以删除模型得分低的翻译假设。通常，会使用多个栈来保存翻译假设，每个栈代表覆盖源语言单词数量相同的翻译假设。

例如，第一个堆栈包含了覆盖一个源语言单词的翻译假设，第二个堆栈包含了覆盖两个源语言单词的翻译假设，依此类推。利用覆盖源语言单词数进行栈的划分的原因在于：翻译相同数量的单词所对应的翻译假设一般是"可比的"，因此在同一个栈里对它们进行剪枝带来的风险较小。

在基于栈的解码中，每次都会从所有的栈中弹出一个翻译假设，并选择一个或者若干个翻译假设进行扩展，之后把新得到的翻译假设重新压入解码栈中。这个过程不断执行，并配合束剪枝、假设重组等技术。最后，在覆盖所有源语言单词的栈中得到整个句子的译文。图 7.27 展示了一个简单的栈解码过程。第一个栈（0 号栈）用来存放空翻译假设。之后，通过假设扩展，不断地将翻译假设填入对应的栈中。

---

[1] 虽然被称作栈，但是实际上使用一个堆进行实现。这样可以根据模型得分对翻译假设进行排序。

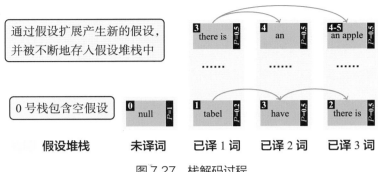

图 7.27 栈解码过程

7.8 小结及拓展阅读

　　统计机器翻译模型是近 30 年自然语言处理的重要里程碑之一，其统计建模的思想长期影响着自然语言处理的研究。无论是前面介绍的基于单词的模型，还是本章介绍的基于短语的模型，甚至后面章节将介绍的基于句法的模型，都在尝试着回答：究竟应该用什么样的知识对机器翻译进行统计建模？不过，这个问题至今还没有确定的答案。显而易见，统计机器翻译为机器翻译的研究提供了一种范式，即让计算机用概率化的"知识"描述翻译问题。这些"知识"体现在统计模型的结构和参数中，并且可以从大量的双语和单语数据中自动学习。这种建模思想在如今的机器翻译研究中仍然随处可见。

　　本章对统计机器翻译中的基于短语的模型进行了介绍。可以说，基于短语的模型是最成功的机器翻译模型之一，其结构简单，翻译速度快，因此被大量应用于机器翻译产品及服务中。此外，判别模型、最小错误率训练、短语抽取等经典问题都是源自基于短语的模型。基于短语的模型涉及的内容非常丰富，很难通过一章进行面面俱到的介绍。以下很多方向都值得读者进一步了解：

- 基于短语的机器翻译的想法很早就出现了，例如，直接将机器翻译看作基于短语的生成问题[269, 281, 282]，或者单独对短语翻译建模，之后集成到基于单词的模型中[283–285]。现在，最通用的框架是 Koehn 等人提出的模型[286]，与其类似的还有 Zens 等人的工作[287, 288]。这类模型把短语翻译分解为短语学习问题和解码问题。因此，在随后相当长的一段时间里，如何获取双语短语也是机器翻译领域的研究热点。例如，一些团队在研究如何直接从双语句对中学习短语翻译，而不是通过简单的启发性规则进行短语抽取[289, 290]。也有研究人员对短语边界的建模进行研究，以获得更高质量的短语，同时减小模型大小[291–293]。

- 调序是基于短语的模型中经典的问题之一。早期的模型都是单词化的调序模型，这类模型把调序定义为短语之间的相对位置建模问题[270, 294, 295]。后来，也有一些工作使用判别模型集成更多的调序特征[268, 296–298]。实际上，除了基于短语的模型，调序也在基于句法的模型中被广泛讨论。因此，一些工作尝试将基于短语的调序模型集成到基于句法的机器翻译系统中[268, 299–301]。此外，也有研究人员对不同的调序模型进行了系统化的对比和分析，可以作为相关研究的参考[302]。与在机器翻译系统中集成调序模型不同，预调序（Pre-ordering）也是一种解决调序问题的思路[303–306]。机器翻译中的预调序是指将输入的源语言句子按目标语言的顺序进行排列，在翻译中尽可能地减少调序操作。这种方法大多依赖源语言的句法树进行调序的建模，它与机器翻译系统的耦合很小，因此很容易进行系统集成。

• 统计机器翻译中使用的栈解码的方法源自 Tillmann 等人的工作[77]。这种方法在 Pharaoh[81]、Moses[80] 等开源系统中被成功应用，在机器翻译领域产生了很大的影响力。特别是，这种解码方法效率很高，在许多工业系统中也大量使用。对于栈解码也有很多改进工作，例如，早期的工作考虑剪枝或限制调序范围以加快解码速度[76, 307–309]。随后，也有研究人员从解码算法和语言模型集成方式的角度对这类方法进行改进[310–312]。

• 统计机器翻译的成功很大程度上来自判别模型引入任意特征的能力。因此，在统计机器翻译时代，很多工作都集中在新特征的设计上。例如，可以基于不同的统计特征和先验知识设计翻译特征[313–315]，也可以模仿分类任务设计大规模的稀疏特征[279]。模型训练和特征权重调优也是统计机器翻译中的重要问题，除了最小错误率训练，还有很多方法，如最大似然估计[10, 286]、判别式方法[316]、贝叶斯方法[317, 318]、最小风险训练[319, 320]、基于 Margin 的方法[314, 321] 及基于排序模型的方法[280, 322]。实际上，统计机器翻译的训练和解码也存在不一致的问题。例如，特征值由双语数据上的极大似然估计得到（没有剪枝），而解码时却使用束剪枝，而且模型的目标是最大化机器翻译评价指标。这个问题可以通过调整训练的目标函数缓解[323, 324]。

• 短语表是基于短语的系统中的重要模块，但是简单地利用基于频次的方法估计得到的翻译概率无法很好地处理低频短语。这就需要对短语表进行平滑[312, 325–327]。另外，随着数据量的增长和抽取短语长度的增大，短语表的体积会急剧膨胀，这也大大增加了系统的存储消耗，同时过大的短语表也会带来短语查询效率的降低。针对这个问题，很多工作尝试对短语表进行压缩。一种思路是限制短语的长度[328, 329]；另一种广泛使用的思路是使用一些指标或分类器对短语进行剪枝，其核心思想是判断每个短语的质量[330]，并过滤低质量的短语。代表性的方法有：基于假设检验的剪枝[331]、基于熵的剪枝[332]、两阶段短语抽取方法[333]、基于解码中短语使用频率的方法[334] 等。此外，短语表的存储方式也是实际使用中需要考虑的问题。因此，也有研究人员尝试使用更紧凑、高效的结构保存短语表，其中最具代表性的结构是后缀数组（Suffix Arrays），这种结构可以充分利用短语之间有重叠的性质，减少重复存储[335, 335–337]。

8. 基于句法的模型

人类的语言是有结构的，这种结构往往体现在句子的句法信息上。例如，人们进行翻译时会先将待翻译句子的主干确定下来，得到译文的主干，最后形成完整的译文。一个人学习外语时，也会先学习外语句子的基本构成，如主语、谓语等，再用这种句子结构知识生成外语句子。

使用句法分析可以很好地处理翻译中的结构调序、远距离依赖等问题。因此，基于句法的机器翻译模型长期受到研究人员关注。例如，早期基于规则的方法里就大量使用了句法信息来定义翻译规则。进入统计机器翻译时代，句法信息的使用同样是主要研究方向之一。这也产生了很多基于句法的机器翻译模型及方法，而且在很多任务上取得了非常出色的结果。本章将对这些模型和方法进行介绍，内容涉及机器翻译中句法信息的表示、基于句法的翻译建模、句法翻译规则的学习等。

8.1 翻译中句法信息的使用

使用短语的优点在于，可以捕捉到具有完整意思的连续词串，因此能够对局部上下文信息进行建模。当单词之间的搭配和依赖关系出现在连续词串中时，短语可以很好地对其进行描述。但是，当单词之间距离很远时，使用短语的"效率"很低。同 n-gram 语言模型一样，当短语长度变长时，数据会变得非常稀疏。例如，很多实验已经证明，如果在测试数据中有一个超过 5 个单词的连续词串，那么它在训练数据中往往是很低频的现象，更长的短语甚至都很难在训练数据中找到。

虽然可以使用平滑算法对长短语的概率进行估计，但是使用过长的短语在实际系统研发中仍然不现实。图 8.1 展示了汉译英中不同距离下的依赖。源语言的两个短语（蓝色和红色）在目标语言中产生了调序。但是，这两个短语在源语言句子中横跨 8 个单词。直接使用这 8 个单词构成的短语进行翻译，显然会有非常严重的数据稀疏问题，因为很难期望在训练数据中见到一模一样的短语。

仅使用连续词串不能处理所有的翻译问题，其根本原因在于句子的表层串很难描述片段之间大范围的依赖。一个新的思路是使用句子的层次结构信息进行建模。第 3 章已经介绍了句法分析基础。对于每个句子，都可以用句法树描述它的结构。

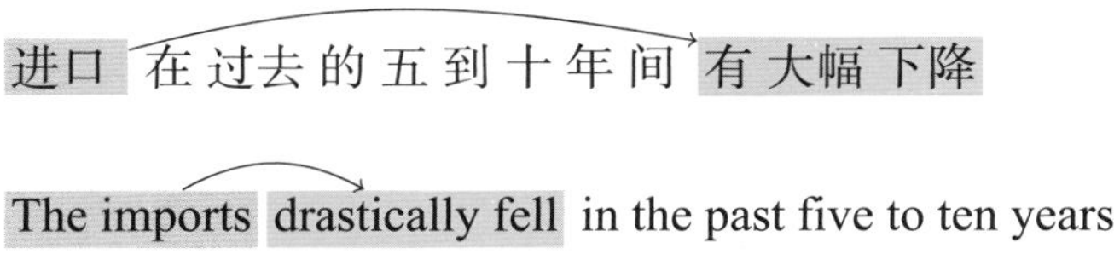

进口 在 过去 的 五 到 十 年 间 有 大幅 下降
The imports drastically fell in the past five to ten years

图 8.1 汉译英中不同距离下的依赖

图 8.2 展示了一棵英语句法树（短语结构树）。句法树描述了一种递归的结构，每个句法结构都可以用一个子树来描述，子树之间的组合可以构成更大的子树，最终完成整个句子的表示。相比线性的序列结构，树结构更容易处理大片段之间的关系。例如，两个在序列中距离“很远”的单词，在树结构中可能会“很近”。

S
NP
VP
NP
IN
NP
VBZ
ADVP
DT
NN
in
this area
have
RB
VBN
The
imports
drastically
fallen

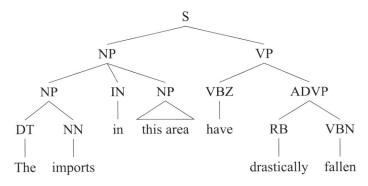

图 8.2 一棵英语句法树（短语结构树）

句法树结构可以赋予机器翻译对语言进一步抽象的能力，这样，可以不使用连续词串，而是通过句法结构对大范围的译文生成和调序进行建模。图 8.3 是一个在翻译中融入源语言（汉语）句法信息的实例。在这个例子中，介词短语“在……后”包含 11 个单词，因此，使用短语很难涵盖这样的片段。这时，系统会把“在……后”错误地翻译为“In ……”。通过句法树，可以知道“在……后”对应着一个完整的子树结构 PP（介词短语）。因此，很容易知道介词短语中“在……后”是一个模板（红色），而“在”和“后”之间的部分构成了从句（蓝色）。最终得到正确的译文“After ……”。

使用句法信息在机器翻译中并不罕见。在基于规则和模板的翻译模型中，就大量使用了句法等结构信息。只是由于早期句法分析技术不成熟，系统的整体效果并不突出。在数据驱动的方法中，句法可以很好地融合在统计建模中。通过概率化的句法设计，可以对翻译过程进行很好的描述。

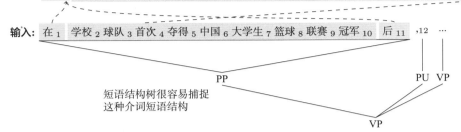

人工翻译： After the school team won the Championship of the China University Basketball Association for the first time ...

机器翻译： In the school team won the Chinese College Basketball League Championship for the first time ...

更好?: After the school team won the Championship of the China University Basketball Association for the first time ...

图 8.3　使用句法结构进行机器翻译的实例

8.2 基于层次短语的模型

在机器翻译中，如果翻译需要局部上下文的信息，则把短语作为翻译单元是一种理想的方案。但是，单词之间的关系并不总是"局部"的，很多时候需要距离更远一些的搭配。比较典型的例子是含有从句的情况。例如：

> 我 在 今天 早上 没有 吃 早 饭 的 情况 下 还是 正常 去 上班 了。

这句话的主语"我"和谓语"去上班"构成了主谓搭配，而二者之间的部分是状语。显然，用短语去捕捉这个搭配需要覆盖很长的词串，也就是整个"我……去上班"的部分。如果把这样的短语考虑到建模中，则会面临非常严重的数据稀疏问题，因为无法保证在训练数据中能够出现这么长的词串。

实际上，随着短语长度变长，短语在数据中会变得越来越低频，相关的统计特征也会越来越不可靠。表 8.1 就展示了不同长度的短语在一个训练数据中出现的频次。可以看到，长度超过 3 的短语已经非常低频了，更长的短语甚至在训练数据中一次也没有出现过。

表 8.1　不同短语在训练数据中出现的频次

短语（中文）	训练数据中出现的频次
包含	3341
包含 多个	213
包含 多个 词	12
包含 多个 词 的	8
包含 多个 词 的 短语	0
包含 多个 词 的 短语 太多	0

　　显然，利用过长的短语来处理长距离的依赖并不是一种十分有效的方法。过于低频的长短语无法提供可靠的信息，而且使用长短语会导致模型体积急剧增加。

　　再来看一个翻译实例，图 8.4 是一个基于短语的机器翻译系统的翻译结果。这个例子中的调序有一些复杂，如"众多/高校/之一"和"与/东软/有/合作"的英文翻译都需要进行调序，分别是"one of the many universities"和"have collaborative relations with Neusoft"。虽然基于短语的系统可以很好地处理这些调序问题（因为它们仅使用了局部的信息），但却无法在这两个短语（1 和 2）之间进行正确的调序。

源语言句子：东北大学 是 与 东软 有 合作 的 众多 高校 之一

系统输出：NEU is collaborative relations with Neusoft **1**

　　　　　is one of the many universities **2**

参考译文：NEU is one of the many universities that have

　　　　　collaborative relations with Neusoft

图 8.4　基于短语的机器翻译系统的翻译结果

　　这个例子也在一定程度上说明了长距离的调序需要额外的机制才能得到更好的处理。实际上，两个短语（1 和 2）之间的调序现象本身对应了一种结构，或者说模板。也就是汉语中的：

与 [什么 东西] 有 [什么 事]

可以翻译成：

have [什么 事] with [什么 东西]

　　这里 [什么 东西] 和 [什么 事] 表示模板中的变量，可以被其他词序列替换。通常，可以把这个模板形式化地描述为

$$\langle\ 与\ X_1\ 有\ X_2,\quad \text{have } X_2 \text{ with } X_1\ \rangle$$

其中，逗号分隔了源语言和目标语言部分，X_1 和 X_2 表示模板中需要替换的内容，即变量。源语言中的变量和目标语言中的变量是一一对应的，如源语言中的 X_1 和目标语言中的 X_1 代表这两个变量可以"同时"被替换。假设给定短语对：

$$\langle\ 东软,\quad \text{Neusoft}\ \rangle$$

$$\langle\ 合作,\quad \text{collaborative relations}\ \rangle$$

可以使用第一个短语替换模板中的变量 X_1，得到

$$\langle\ 与\ [东软]\ 有\ X_2, \quad \text{have } X_2 \text{ with [Neusoft]}\ \rangle$$

其中，[·] 表示被替换的部分。可以看到，在源语言和目标语言中，X_1 被同时替换为相应的短语。进一步，可以用第二个短语替换 X_2，得到

$$\langle\ 与\ 东软\ 有\ [合作], \quad \text{have [collaborative relations] with Neusoft}\ \rangle$$

至此，就得到了一个完整词串的译文。类似地，还可以写出其他的翻译模板，如下：

$$\langle\ X_1\ 是\ X_2, \quad X_1 \text{ is } X_2\ \rangle$$
$$\langle\ X_1\ 之一, \quad \text{one of } X_1\ \rangle$$
$$\langle\ X_1\ 的\ X_2, \quad X_2 \text{ that have } X_1\ \rangle$$

使用上面这种变量替换的方式，就可以得到一个完整句子的翻译。

这个过程如图 8.5 所示。其中，左右相连的方框表示翻译模板的源语言和目标语言部分。可以看到，模板中两种语言中的变量会被同步替换，替换的内容可以是其他模板生成的结果。这就对应了一种层次结构，或者说互译的句对可以被双语的层次结构同步生成。

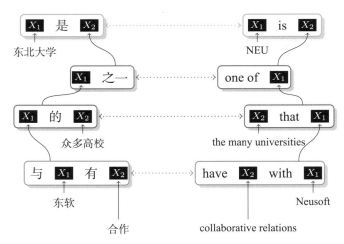

图 8.5　使用短语和翻译模板进行双语句子的同步生成

实际上，在翻译中使用这样的模板就构成了层次短语模型的基本思想。接下来介绍如何对翻译模板进行建模，以及如何自动学习并使用这些模板。

8.2.1　同步上下文无关文法

基于层次短语的模型（Hierarchical Phrase-based Model）是一个经典的统计机器翻译模型[88, 338]。这个模型可以很好地解决短语系统对翻译中长距离调序建模不足的问题。基于层次短语的系统也在多项机器翻译比赛中取得了很好的成绩。基于这项工作的论文也获得了自然语言处理领域顶级会议 ACL 2015 的最佳论文奖。

层次短语模型的核心是把翻译问题归结为两种语言词串的同步生成问题。实际上，词串的生成问题是自然语言处理中的经典问题，早期的研究更关注单语句子的生成，例如，如何使用句法树描述一个句子的生成过程。层次短语模型的创新之处是把传统单语词串的生成推广到双语词串的同步生成上。这使得机器翻译可以使用类似句法分析的方法求解。

1. 文法定义

层次短语模型中一个重要的概念是**同步上下文无关文法**（Synchronous Context-free Grammar，SCFG）。SCFG 可以被看作对源语言和目标语言上下文无关文法的融合，它要求源语言和目标语言的产生式及产生式中的变量具有对应关系。具体定义如下：

定义 8.1　同步上下文无关文法

一个同步上下文无关文法由 5 部分构成 (N, T_s, T_t, I, R)，其中：

- N 是非终结符集合。
- T_s 和 T_t 分别是源语言和目标语言的终结符集合。
- $I \subseteq N$ 是起始非终结符集合。
- R 是规则集合，每条规则 $r \in R$ 有如下形式：

$$\text{LHS} \rightarrow <\alpha, \beta, \sim> \tag{8.1}$$

其中，$\text{LHS} \in N$ 表示规则的左部，它是一个非终结符；规则的右部由 3 部分组成，$\alpha \in (N \bigcup T_s)^*$ 表示由源语言终结符和非终结符组成的串；$\beta \in (N \bigcup T_t)^*$ 表示由目标语言终结符和非终结符组成的串；$\sim$ 表示 α 和 β 中非终结符的 1-1 对应关系。

根据这个定义，源语言和目标语言有不同的终结符集合（单词），但是它们会共享同一个非终结符集合（变量）。每个产生式包括源语言和目标语言两个部分，分别表示由规则左部生成的源语言和目标语言符号串。产生式会同时生成两种语言的符号串，因此这是一种"同步"生成，可以很好地描述翻译中两个词串之间的对应。

下面是一个简单的 SCFG 实例：

$$S \rightarrow \langle \text{NP}_1 \text{ 希望 VP}_2, \quad \text{NP}_1 \text{ wish to VP}_2 \rangle$$

$$\text{VP} \rightarrow \langle \text{对 NP}_1 \text{ 感到 VP}_2, \quad \text{be VP}_2 \text{ wish NP}_1 \rangle$$

$$NN \rightarrow \langle \text{强大}, \quad \text{strong} \rangle$$

这里的 S、NP、VP 等符号可以被看作具有句法功能的标记，因此这个文法和传统句法分析中的 CFG 很像，只不过 CFG 是单语文法，而 SCFG 是双语同步文法。非终结符的下标表示对应关系，如源语言的 NP_1 和目标语言的 NP_1 是对应的。因此，在上面这种表示形式中，两种语言间非终结符的对应关系 ~ 是隐含在变量下标中的。当然，复杂的句法功能标记并不是必需的。例如，也可以使用更简单的文法形式：

$$X \rightarrow \langle X_1 \text{ 希望 } X_2, \quad X_1 \text{ wish to } X_2 \rangle$$
$$X \rightarrow \langle \text{对 } X_1 \text{ 感到 } X_2, \quad \text{be } X_2 \text{ wish } X_1 \rangle$$
$$X \rightarrow \langle \text{强大}, \quad \text{strong} \rangle$$

这个文法只有一种非终结符 X，因此所有的变量都可以使用任意的产生式进行推导。这就给翻译提供了更大的自由度，也就是说，规则可以被任意使用，进行自由组合。这也符合基于短语的模型中对短语进行灵活拼接的思想。基于此，层次短语系统中也使用这种并不依赖语言学句法标记的文法。在本章中，如果没有特殊说明，则把这种没有语言学句法标记的文法称作**基于层次短语的文法**（Hierarchical Phrase-based Grammar），或简称为层次短语文法。

2. 推导

下面是一个完整的层次短语文法：

$$r_1: \quad X \rightarrow \langle \text{进口 } X_1, \quad \text{The imports } X_1 \rangle$$
$$r_2: \quad X \rightarrow \langle X_1 \text{ 下降 } X_2, \quad X_2 \ X_1 \text{ fallen} \rangle$$
$$r_3: \quad X \rightarrow \langle \text{大幅}, \quad \text{drastically} \rangle$$
$$r_4: \quad X \rightarrow \langle \text{了}, \quad \text{have} \rangle$$

其中，规则 r_1 和 r_2 是含有变量的规则，这些变量可以被其他规则的右部替换；规则 r_2 是调序规则；规则 r_3 和 r_4 是纯单词化规则，表示单词或者短语的翻译。

对于一个双语句对：

源语言： 进口 大幅 下降 了

目标语言：The imports have drastically fallen

可以进行如下推导（假设起始符号是 X）：

$$\langle X_1, X_1 \rangle$$

$$\xrightarrow{r_1} \langle \text{进口 } X_2, \text{ The imports } X_2 \rangle$$

$$\xrightarrow{r_2} \langle \text{进口 } X_3 \text{ 下降 } X_4, \text{ The imports } X_4 \ X_3 \text{ fallen} \rangle$$

$$\xrightarrow{r_3} \langle \text{进口 大幅 下降 } X_4,$$

$$\text{The imports } X_4 \text{ drastically fallen} \rangle$$

$$\xrightarrow{r_4} \langle \text{进口 大幅 下降 了},$$

$$\text{The imports have drastically fallen} \rangle$$

其中，每使用一次规则就会同步替换源语言和目标语言符号串中的一个非终结符，替换结果用红色表示。通常，将上面这个过程称作翻译推导，记为

$$d = r_1 \circ r_2 \circ r_3 \circ r_4 \tag{8.2}$$

在层次短语模型中，每个翻译推导都唯一地对应一个目标语言译文。因此，可以用推导的概率 $P(d)$ 描述翻译的好坏。同基于短语的模型一样（见 7.2 节），层次短语翻译的目标是：求概率最高的翻译推导 $\hat{d} = \arg\max P(d)$。值得注意的是，基于推导的方法在句法分析中十分常用。层次短语翻译实质上也是通过生成翻译规则的推导来对问题的表示空间进行建模。在 8.3 节还将看到，这种方法可以被扩展到语言学上基于句法的翻译模型中，而且这些模型都可以用一种被称作超图的结构建模。从某种意义上讲，基于规则推导的方法将句法分析和机器翻译进行了形式上的统一，因此机器翻译也借用了很多句法分析的思想。

3. 胶水规则

由于翻译现象非常复杂，在实际系统中往往需要把两个局部翻译线性拼接到一起。在层次短语模型中，这个问题通过引入**胶水规则**（Glue Rule）来解决，形式如下：

$$S \to \langle S_1 \ X_2, \ S_1 \ X_2 \rangle$$

$$S \to \langle X_1, \ X_1 \rangle$$

胶水规则引入了一个新的非终结符 S，S 只能和 X 进行顺序拼接，或者 S 由 X 生成。如果把 S 看作文法的起始符，使用胶水规则后，相当于把句子划分为若干个部分，每个部分都被归纳为 X。之后，顺序地把这些 X 拼接到一起，得到最终的译文。例如，在最极端的情况下，整个句子会生成一个 X，再归纳为 S，这时并不需要进行胶水规则的顺序拼接；另一种极端的情况是，每个单词都被独立翻译，被归纳为 X，再把最左边的 X 归纳为 S，把剩下的 X 拼到一起。这样的推导形式如下：

$$S \to \langle S_1 \ X_2, \ S_1 \ X_2 \rangle$$

$$\rightarrow \langle\, S_3\ X_4\ X_2,\ S_3\ X_4\ X_2\, \rangle$$
$$\rightarrow \cdots$$
$$\rightarrow \langle\, X_n\ \cdots\ X_4\ X_2,\ X_n\ \cdots\ X_4\ X_2\, \rangle$$

实际上，胶水规则在很大程度上模拟了基于短语的系统中对字符串顺序翻译的操作，而且在实践中发现，这个步骤是十分必要的。特别是对法英翻译这样的任务，语言的结构基本上是顺序翻译的，因此引入顺序拼接的操作符合翻译的整体规律。同时，这种拼接给翻译增加了灵活性，系统会更加健壮。

需要说明的是，使用同步文法进行翻译时，单词的顺序是内嵌在翻译规则内的，因此这种模型并不依赖额外的调序模型。一旦文法确定下来，系统就可以进行翻译。

4. 处理流程

层次短语系统的处理流程如图 8.6 所示，其核心是从双语数据中学习同步翻译文法，并进行翻译特征的学习，形成翻译模型（即规则 + 特征）。同时，要从目标语言数据中学习语言模型。最终，把翻译模型和语言模型一起送入解码器，在特征权重调优后，完成对新输入句子的翻译。

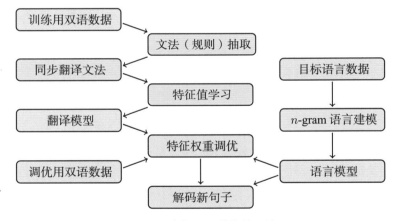

图 8.6　层次短语系统的处理流程

8.2.2 层次短语规则抽取

层次短语系统所使用的文法包括两部分：
- 不含变量的层次短语规则（短语翻译）。
- 含有变量的层次短语规则。短语翻译的抽取直接复用基于短语的系统即可。

此处，重点讨论如何抽取含有变量的层次短语规则。7.3 节已经介绍了短语与词对齐兼容的概念。这里，所有层次短语规则也是与词对齐兼容（一致）的。

定义 8.2　与词对齐兼容的层次短语规则

对于句对 (s,t) 和它们之间的词对齐 a，令 Φ 表示在句对 (s,t) 上与 a 兼容的双语短语集合。则：

（1）如果 $(x,y) \in \Phi$，则 $X \rightarrow \langle x,y,\Phi \rangle$ 是与词对齐兼容的层次短语规则。

（2）对于 $(x,y) \in \Phi$，存在 m 个双语短语 $(x_i,y_j) \in \Phi$，同时存在 $(1,\cdots,m)$ 上面的一个排序 $\sim = \{\pi_1,\cdots,\pi_m\}$，且：

$$x = \alpha_0 x_1 \cdots \alpha_{m-1} x_m \alpha_m \tag{8.3}$$

$$y = \beta_0 y_{\pi_1} \cdots \beta_{m-1} y_{\pi_m} \beta_m \tag{8.4}$$

其中，$\{\alpha_0,\cdots,\alpha_m\}$ 和 $\{\beta_0,\cdots,\beta_m\}$ 表示源语言和目标语言的若干个词串（包含空串），$X \rightarrow \langle x,y,\sim \rangle$ 是与词对齐兼容的层次短语规则。这条规则包含 m 个变量，变量的对齐信息是 $\sim$。

在这个定义中，所有规则都是由双语短语生成的。如果规则中含有变量，则变量部分也需要满足与词对齐兼容的定义。按上述定义实现层次短语规则抽取也很简单，只需要对短语抽取系统进行改造：对于一个短语，可以通过挖"槽"的方式生成含有变量的规则。每个"槽"代表一个变量。

图 8.7 展示了一个通过双语短语抽取层次短语的示意图。可以看到，在获取一个"大"短语的基础上（红色），直接在其内部抽取得到另一个"小"短语（绿色），这样就生成了一个层次短语规则。

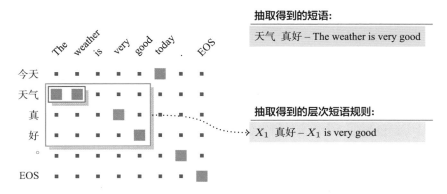

图 8.7　通过双语短语抽取层次短语的示意图

通过这种方式可以抽取出大量的层次短语规则。但是，不加限制地抽取会带来规则集合的过度膨胀，对解码系统造成很大负担。例如，如果考虑任意长度的短语，则会使层次短语规则过大，一方面，这些规则很难在测试数据上被匹配；另一方面，抽取这样的"长"规则会使抽取算法变慢，而且规则数量猛增再难以存储。另外，如果一个层次短语规则中含有过多的变量，也会导致解码算法变得更复杂，不利于系统实现和调试。针对这些问题，在标准的层次短语系统中会考虑一些限制[338]，包括：

- 抽取的规则最多可以跨越 10 个词。
- 规则的（源语言端）变量个数不能超过 2。
- 规则的（源语言端）变量不能连续出现。

在具体实现时，还会考虑其他的限制，如限定规则的源语言端终结符数量的上限等。

8.2.3 翻译特征

在层次短语模型中，每个翻译推导都有一个模型得分 $\text{score}(d,t,s)$。$\text{score}(d,t,s)$ 是若干特征的线性加权之和：$\text{score}(d,t,s) = \sum_{i=1}^{M} \lambda_i \cdot h_i(d,t,s)$，其中 λ_i 是特征权重，$h_i(d,t,s)$ 是特征函数。层次短语模型的特征包括与规则相关的特征和语言模型特征。

对于每一条翻译规则 $\text{LHS} \rightarrow \langle \alpha, \beta, \sim \rangle$，有：

- (h_{1-2}) 短语翻译概率（取对数），即 $\log(P(\alpha|\beta))$ 和 $\log(P(\beta|\alpha))$，特征的计算与基于短语的模型完全一样。
- (h_{3-4}) 单词化翻译概率（取对数），即 $\log(P_{\text{lex}}(\alpha|\beta))$ 和 $\log(P_{\text{lex}}(\beta|\alpha))$，特征的计算与基于短语的模型完全一样。
- (h_5) 翻译规则数量，让模型自动学习对规则数量的偏好，同时避免使用过少规则造成分数偏高的现象。
- (h_6) 胶水规则数量，让模型自动学习使用胶水规则的偏好。
- (h_7) 短语规则数量，让模型自动学习使用纯短语规则的偏好。

这些特征可以被具体描述为

$$h_i(d,t,s) = \sum_{r \in d} h_i(r) \tag{8.5}$$

式 (8.5) 中，r 表示推导 d 中的一条规则，$h_i(r)$ 表示规则 r 上的第 i 个特征。可以看出，推导 d 的特征值就是所有包含在 d 中规则的特征值的和。进一步，可以定义：

$$\text{rscore}(d,t,s) = \sum_{i=1}^{7} \lambda_i \cdot h_i(d,t,s) \tag{8.6}$$

最终，模型得分被定义为

$$\text{score}(d,t,s) = \text{rscore}(d,t,s) + \lambda_8 \log\left(P_{\text{lm}}(t)\right) + \lambda_9 |t| \tag{8.7}$$

其中：

- $\log(P_{\text{lm}}(t))$ 表示语言模型得分。

- $|t|$ 表示译文的长度。

在定义特征函数之后，特征权重 $\{\lambda_i\}$ 可以通过最小错误率训练在开发集上进行调优。最小错误率训练方法可以参考第 7 章的相关内容。

8.2.4 CKY 解码

层次短语模型解码的目标是找到模型得分最高的推导，即

$$\hat{d} = \arg\max_d \text{ score}(d, t, s) \tag{8.8}$$

这里，$\hat{d}$ 的目标语言部分即最佳译文 $\hat{t}$。令函数 $t(\cdot)$ 返回翻译推导的目标语言词串，于是有

$$\hat{t} = t(\hat{d}) \tag{8.9}$$

层次短语规则本质上就是 CFG 规则，因此式 (8.8) 代表了一个典型的句法分析过程。需要做的是，用模型源语言端的 CFG 对输入句子进行分析，同时用模型目标语言端的 CFG 生成译文。基于 CFG 的句法分析是自然语言处理中的经典问题。一种广泛使用的方法是：先将 CFG 转化为 ε-free 的**乔姆斯基范式**（Chomsky Normal Form）[①]，再采用 CKY 方法进行分析。

CKY 是形式语言中一种常用的句法分析方法[339–341]。它主要用于分析符合乔姆斯基范式的句子。乔姆斯基范式中每个规则最多包含两叉（或者说两个变量），因此 CKY 方法也可以被看作基于二叉规则的一种分析方法。对于一个待分析的字符串，CKY 方法从小的"范围"开始，不断扩大分析的"范围"，最终完成对整个字符串的分析。在 CKY 方法中，一个重要的概念是**跨度**（Span），所谓跨度表示了一个符号串的范围。这里可以把跨度简单地理解为从一个起始位置到一个结束位置中间的部分。

如图 8.8 所示，每个单词左右都有一个数字来表示序号。可以用序号的范围来表示跨度，例如：

$$\text{span}[0,1] = \text{"猫"}$$

$$\text{span}[2,4] = \text{"吃 鱼"}$$

$$\text{span}[0,4] = \text{"猫 喜欢 吃 鱼"}$$

CKY 方法是按跨度由小到大的次序执行的，这也对应了一种**自下而上的分析**（Bottom-Up Parsing）过程。对于每个跨度，检查：

[①] 能够证明任意的 CFG 都可以被转换为乔姆斯基范式，即文法只包含形如 A→BC 或 A→a 的规则。这里，假设文法中不包含空串产生式 A→ ε，其中 ε 表示空字符串。

猫　喜欢　吃　鱼

0　　1　　2　3　4

图 8.8　一个单词串及位置索引

- 是否有形如 A→a 的规则可以匹配。
- 是否有形如 A→BC 的规则可以匹配。

对于第一种情况，简单匹配字符串即可；对于第二种情况，需要把当前的跨度进一步分割为两部分，并检查左半部分是否已经被归纳为 B，右半部分是否已经被归纳为 C。如果可以匹配，则将在这个跨度上保存匹配结果。后面，可以访问这个结果（也就是 A）来生成更大跨度上的分析结果。

CKY 算法的伪代码如代码 8.1 所示。整个算法的执行顺序是按跨度的长度（l）组织的。对于每个 $\text{span}[j, j + l]$，会在位置 k 进行切割。之后，判断 $\text{span}[j, k]$ 和 $\text{span}[k, j + l]$ 是否可以形成一个规则的右部。也就是判断 $\text{span}[j, k]$ 是否生成了 B，同时判断 $\text{span}[k, j + l]$ 是否生成了 C，如果文法中有规则 A→BC，则把这个规则放入 $\text{span}[j, j + l]$。这个过程由 Compose 函数完成。如果 $\text{span}[j, j + l]$ 可以匹配多条规则，则所有生成的推导都会被记录在 $\text{span}[j, j + l]$ 所对应的一个列表里[①]。

代码 8.1: CKY 算法的伪代码

Input: 符合乔姆斯基范式的待分析字符串和一个 CFG

Output: 全部可能的字符串语法分析结果

Parameter: s 为输入字符串。G 为输入 CFG。J 为待分析字符串长度。

Function CKY-Algorithm(s, G)

for $j = 0$ *to* $J - 1$ **do**
| span$[j, j + 1]$.Add($A \rightarrow a \in G$)
end

for $l = 1$ *to* J **do**　　//跨度长度
| **for** $j = 0$ *to* $J - l$ **do**　　//跨度起始位置
| | **for** $k = j$ *to* $j + l$ **do**　　//跨度结束位置
| | | hypos = Compose(span$[j, k]$, span$[k, j + l]$)
| | | span$[j, j + l]$.Update(hypos)
| | **end**
| **end**
end

return span $[0, J]$

---

① 通常，这个列表会用优先队列实现。这样可以对推导按模型得分进行排序，方便后续的剪枝操作。

图 8.9 展示了 CKY 方法的一个运行实例（输入词串是 aabbc）。算法在处理完最后一个跨度后会得到覆盖整个词串的分析结果，即句法树的根节点 S。

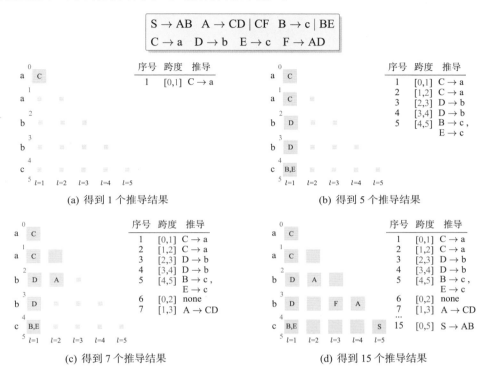

图 8.9 CKY 方法的一个运行实例

CKY 算法不能直接用于层次短语模型，主要有两个原因：
- 层次短语模型的文法不符合乔姆斯基范式。
- 机器翻译需要语言模型。计算当前词的语言模型得分需要前面的词做条件，因此机器翻译的解码过程并不是上下文无关的。

解决第一个问题有两个思路：
- 把层次短语文法转化为乔姆斯基范式，就可以直接使用原始的 CKY 算法进行分析。
- 对 CKY 方法进行改造。解码的核心任务是要知道每个跨度能否匹配规则的源语言部分。实际上，层次短语模型的文法是一种特殊的文法。这种文法规则的源语言部分最多包含两个变量，而且变量不能连续。这样的规则会对应一种特定类型的模板，例如，对于包含两个变量的规则，它的源语言部分形如 $\alpha_0 X_1 \alpha_1 X_2 \alpha_2$。其中，$\alpha_0$、$\alpha_1$ 和 α_2 表示终结符串，X_1 和 X_2 是变量。显然，如果 α_0、α_1 和 α_2 确定下来，那么 X_1 和 X_2 的位置也就确定下来了。因此，对于每一个词串，都可以很容易地生成这种模板，进而完成匹配，而 X_1、X_2 和原始的 CKY

中的匹配二叉规则本质上是一样的。这种方法并不需要对 CKY 方法进行过多调整，因此层次短语系统中广泛使用这种改造的 CKY 方法进行解码。

对于语言模型在解码中的集成问题，一种简单的解决办法是：在 CKY 分析的过程中，用语言模型对每个局部的翻译结果进行评价，并计算局部翻译（推导）的模型得分。注意，局部的语言模型得分可能是不准确的，例如，局部翻译片段最左边单词的概率计算需要依赖前面的单词，但是每个跨度下生成的翻译是局部的，当前跨度下看不到前面的译文。这时，会用 1-gram 语言模型的得分代替真实的高阶语言模型得分。等这个局部翻译片段和其他片段组合之后，可以知道前文的内容，这时才会得出最终的语言模型得分。

另一种解决问题的思路是，先不加入语言模型，这样可以直接使用 CKY 方法进行分析。在得到最终的结果后，对最好的多个推导用含有语言模型的完整模型进行打分，选出最终的最优推导。

在实践中发现，由于语言模型在机器翻译中起到至关重要的作用，对最终结果进行重排序会带来一定的性能损失。不过，这种方法的优势是速度快，而且容易实现。另外，在实践时，还需要考虑以下两方面。

（1）**剪枝**：在 CKY 中，每个跨度都可以生成非常多的推导（局部翻译假设）。理论上，这些推导的数量会和跨度大小成指数关系。显然，不可能保存如此大量的翻译推导。对于这个问题，常用的办法是只保留 top-k 个推导。也就是每个局部结果只保留最好的 k 个，即束剪枝。在极端情况下，当 $k=1$ 时，这个方法就变成了贪婪的方法。

（2）n-**best 结果的生成**：n-best 推导（译文）的生成是统计机器翻译必要的功能。例如，最小错误率训练中就需要最好的 n 个结果用于特征权重调优。在基于 CKY 的方法中，整个句子的翻译结果会被保存在最大跨度所对应的结构中。因此，一种简单的 n-best 生成方法是从这个结构中取出排名最靠前的 n 个结果。另外，也可以考虑自上而下遍历 CKY 生成的推导空间，得到更好的 n-best 结果[342]。

8.2.5 立方剪枝

与基于短语的模型相比，基于层次短语的模型引入了"变量"的概念。这样，可以根据变量周围的上下文信息对变量进行调序。变量的内容由其所对应的跨度上的翻译假设进行填充。图 8.10 展示了一个层次短语规则匹配词串的实例。可以看到，规则匹配词串之后，变量 X 的位置对应了一个跨度。这个跨度上所有标记为 X 的局部推导都可以作为变量的内容。

真实的情况会更加复杂。对于一个规则的源语言端，可能会有多个不同的目标语言端与之对应。例如，如下规则的源语言端完全相同，但译文不同：

$$X \rightarrow \langle\, X_1 \text{ 大幅 下降 了}, X_1 \text{ have drastically fallen}\,\rangle$$

$$X \rightarrow \langle\, X_1 \text{ 大幅 下降 了}, X_1 \text{ have fallen drastically}\,\rangle$$

$$X \rightarrow \langle\, X_1 \text{ 大幅 下降 了}, X_1 \text{ has drastically fallen}\,\rangle$$

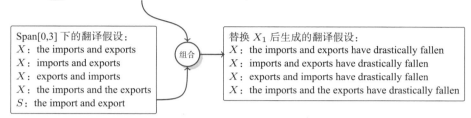

图 8.10 层次短语规则匹配词串的实例

也就是说，当匹配规则的源语言部分"X_1 大幅 下降 了"时，会有 3 个译文可以选择，而变量 X_1 部分又有很多不同的局部翻译结果。不同的规则译文和不同的变量译文都可以组合出一个局部翻译结果。图 8.11 展示了这种情况的实例。

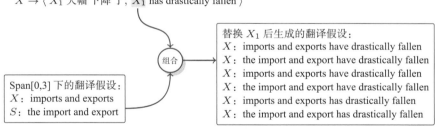

图 8.11 不同规则目标语言端及变量译文的组合

假设 n 个规则的源语言端相同，规则中的每个变量可以被替换为 m 个结果，对于只含有一个变量的规则，一共有 nm 种不同的组合。如果规则中含有两个变量，则这种组合的数量是 nm^2。由于翻译中会进行大量的规则匹配，如果每个匹配的源语言端都考虑所有 nm^2 种译文的组合，那么解码速度会很慢。

层次短语系统会进一步对搜索空间剪枝。简言之，此时并不需要对所有 nm^2 种组合进行遍历，而是只考虑其中的一部分组合。这种方法也被称作**立方剪枝**（Cube Pruning）。所谓"立方"是指组合译文时的 3 个维度：规则的目标语言端、第一个变量所对应的翻译候选、第二个变量所对应的翻译候选。立方剪枝假设所有的译文候选都经过排序，如按照短语翻译概率排序。这样，每个译文都对应一个坐标，如 (i,j,k) 就表示第 i 个规则目标语言端、第一个变量的第 j 个翻译候选、第二个变量的第 k 个翻译候选的组合。于是，可以把每种组合看作三维空间中的一个点。在立方剪枝中，开始的时候会看到 $(0,0,0)$ 这个翻译假设，并把这个翻译假设放入一个优先队列中。之后，每次从这个优先队列中弹出最好的结果，然后沿着 3 个维度分别将坐标加 1，例如，如果优先队列中弹出 (i,j,k)，则会生成 $(i+1,j,k)$、$(i,j+1,k)$ 和 $(i,j,k+1)$ 这 3 个新的翻译假设。然后，计算它们的模型得分并压入优先队列。这个过程被不断执行，直到达到终止条件，如扩展次数达到一个上限。

图 8.12 展示了立方剪枝的执行过程（规则只含有一个变量的情况）。可以看到，在每个步骤中，算法只会扩展当前最好结果周围的两个点（对应两个维度，横轴对应变量被替换的内容，纵轴对应规则的目标语言端）。

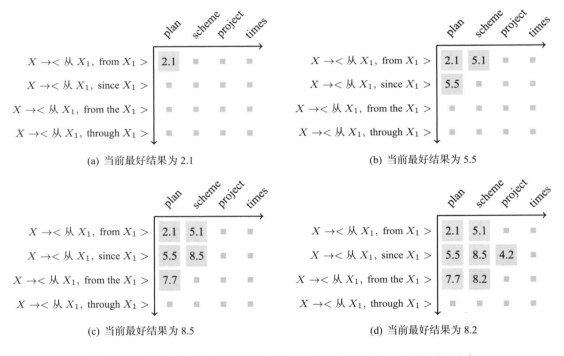

图 8.12　立方剪枝的执行过程（行表示规则，列表示变量可替换的内容）

理论上，立方剪枝最多访问 nm^2 个点。在实践中发现，如果终止条件设计的合理，则搜索的代价基本上与 m 或者 n 呈线性关系。因此，立方剪枝可以大大提高解码速度。立方剪枝实际上是一种启发性的搜索方法。它把搜索空间表示为一个三维空间。它假设：如果空间中某个点的模型得分较高，那么它"周围"的点的得分也很可能较高。这也是对模型得分沿着空间中不同维度具有连续性的一种假设。这种方法也被使用在句法分析中，并取得了很好的效果。

8.3 基于语言学句法的模型

层次短语模型是一种典型的基于翻译文法的模型。它把翻译问题转化为语言分析问题。在翻译一个句子时，模型会生成一个树形结构，这样也就得到了句子结构的层次化表示。图 8.13 展示了一个使用层次短语模型进行翻译时所生成的翻译推导 d，以及这个推导所对应的树形结构（源语言）。这棵树体现了机器翻译视角下的句子结构，尽管这个结构并不是人类语言学中的句法树。

$$d = r_3 \circ r_1 \circ r_4 \circ r_2 \circ r_5 \circ r_2 \circ r_7 \circ r_6 \circ r_2$$

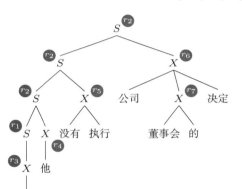

层次短语翻译规则：

r_1　$S \rightarrow \langle X_1,\ X_1 \rangle$
r_2　$S \rightarrow \langle S_1\ X_2,\ S_1\ X_2 \rangle$
r_3　$X \rightarrow \langle$ 但，but $\rangle$
r_4　$X \rightarrow \langle$ 他，he $\rangle$
r_5　$X \rightarrow \langle$ 没有 执行,
　　　　　　did not implemente $\rangle$
r_6　$X \rightarrow \langle$ 公司 X_1 决定,
　　　　　the decision X_1 the board of directors $\rangle$
r_7　$X \rightarrow \langle$ 董事会 的，of $\rangle$

图 8.13　层次短语模型所对应的翻译推导及树结构（源语言）

在翻译中使用树结构的好处在于，模型可以更有效地对句子的层次结构进行抽象，而且树结构可以作为对序列结构的一种补充，例如，在句子中距离较远的两个单词，在树结构中可以很近。不过，传统的层次短语模型也存在一些不足：

- 层次短语规则没有语言学句法标记，很多规则并不符合语言学认知，因此译文的生成和调序也无法保证遵循语言学规律。例如，层次短语系统经常把完整的句法结构打散，或者"破坏"句法成分进行组合。

- 层次短语系统中有大量的工程化约束条件。例如，规则的源语言部分不允许两个变量连续出现，而且变量个数也不能超过两个。这些约束在一定程度上限制了模型处理翻译问题的能力。

实际上，基于层次短语的方法可以被看作一种介于基于短语的方法和基于语言学句法的方法之间的折中方法。它的优点在于，短语模型简单且灵活，同时，由于同步翻译文法可以对句子的层次结构进行表示，也能够处理一些较长距离的调序问题。但是，层次短语模型并不是一种"精细"的句法模型，当需要翻译复杂的结构信息时，这种模型可能会无能为力。

图 8.14 展示了一个翻译实例，对图中句子进行翻译需要通过复杂的调序才能生成正确译文。为了完成这样的翻译，需要对多个结构（超过两个）进行调序，但是这种情况在标准的层次短语系统中是不允许的。

参考答案： The Xiyanghong star performance troupe presented a wonderful Peking opera as well as singing and dancing performance to the national audience .

层次短语系统： Star troupe of Xiyanghong, highlights of Peking opera and dance show to the audience of the national .

句法系统： The XYH star troupe presented a wonderful Peking opera singing and dancing to the national audience .

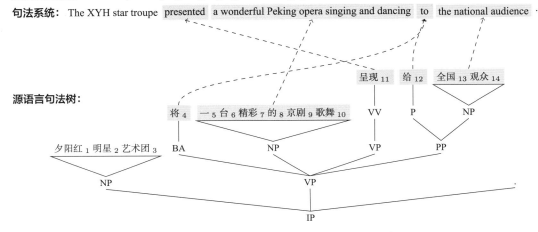

图 8.14　含有复杂调序的翻译实例（汉译英）

从这个例子中可以发现，如果知道源语言的句法结构，则翻译其实并不"难"。例如，语言学句法结构可以告诉模型句子的主要成分是什么，而调序实际上是在这些成分之间进行的。从这个角度看，语言学句法可以帮助模型进行更上层结构的表示和调序。

显然，使用语言学句法对机器翻译进行建模也是一种不错的选择。不过，语言学句法有很多种，需要先确定使用何种形式的句法。例如，在自然语言处理中经常使用的是短语结构句法分析和依存句法分析（如图 8.15 所示）。二者的区别已经在第 2 章讨论过了。

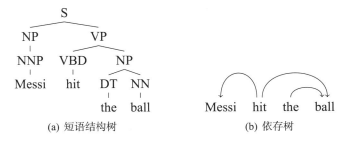

图 8.15　短语结构树 vs 依存树

在机器翻译中，上述两种句法信息都可以被使用。不过，为了后续讨论的方便，这里仅介绍基于短语结构树的机器翻译建模。使用短语结构树的原因在于，它提供了较为丰富的句法信息，而且相关句法分析工具比较成熟。如果没有特殊说明，本章提到的句法树都是指短语结构树（或成分句法树）。有时，也会把句法树简称为树。此外，这里也假设所有句法树都可以由句法分析器自动生成①。

8.3.1 基于句法的翻译模型分类

可以说，基于句法的翻译模型贯穿了现代统计机器翻译的发展历程。从概念上讲，不管是层次短语模型，还是语言学句法模型，都是基于句法的模型。基于句法的机器翻译模型种类繁多，这里先对相关概念进行简要介绍，以避免后续论述中产生歧义。表 8.2 给出了基于句法的机器翻译中的常用概念。

表 8.2　基于句法的机器翻译中的常用概念

术语	说明
翻译规则	翻译的最小单元（或步骤）
推导	由一系列规则组成的分析或翻译过程，推导可以被看作规则的序列
规则表	翻译规则的存储表示形式，可以高效的进行查询
层次短语模型	基于同步上下文无关文法的翻译模型，非终结符只有 S 和 X 两种，文法并不需要符合语言学句法约束
树到串模型	一类翻译模型，它使用源语语言学句法树，因此翻译可以被看作从句法树到词串的转换
串到树模型	一类翻译模型，它使用目标语语言学句法树，因此翻译可以被看作从词串到句法树的转换
树到树模型	一类翻译模型，它同时使用源语言和目标语语言学句法树，因此翻译可以看作从句法树到句法树的转换
基于句法	使用语言学句法
基于树	（源语言）使用树结构（大多指句法树）
基于串	（源语言）使用词串。例如，串到树翻译系统的解码器一般都是基于串的解码方法
基于森林	（源语言）使用句法森林，这里森林只是对多个句法树的一种压缩结构表示
单词化规则	含有终结符的规则
非单词规则	不含终结符的规则
句法软约束	不强制规则推导匹配语言学句法树，通常把句法信息作为特征使用
句法硬约束	要求推导必须符合语言学句法树，不符合的推导会被过滤

---

① 对于汉语、英语等大语种，句法分析器的选择有很多。而一些小语种，因句法标注数据有限，句法分析可能并不成熟，这时在机器翻译中使用语言学句法信息会面临较大的挑战。

基于句法的翻译模型可以被分为两类：基于形式文法的模型和基于语言学句法的模型（如图 8.16 所示）。基于形式文法的模型的典型代表包括：基于反向转录文法的模型[343] 和基于层次短语的模型[338]。而基于语言学句法的模型包括：树到串的模型[86, 344]、串到树的模型[87, 345]、树到树的模型[346, 347] 等。

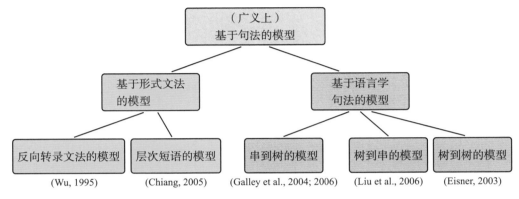

图 8.16　基于句法的机器翻译模型的分类

通常，基于形式化文法的模型并不需要句法分析技术的支持。这类模型只是把翻译过程描述为一系列形式化文法规则的组合过程，而基于语言学句法的模型则需要源语言和（或者）目标语言句法分析的支持，以获取更丰富的语言学信息来提高模型的翻译能力。这也是本节所关注的重点。当然，所谓分类也没有唯一的标准，例如，还可以把句法模型分为基于软约束的模型和基于硬约束的模型，或者分为基于树的模型和基于串的模型。

表 8.3 进一步对比了不同模型的区别。其中，树到串和树到树模型都使用了源语言句法信息，串到树和树到树模型使用了目标语言句法信息。不过，这些模型都依赖句法分析器的输出，因此会对句法分析的错误比较敏感。相比之下，基于形式化文法的模型并不依赖句法分析器，因此会更健壮。

表 8.3　基于句法的机器翻译模型对比

模型	形式句法	语言学句法		
		树到串	串到树	树到树
源语言句法	否	是	否	是
目标语言句法	否	否	是	是
基于串的解码	是	否	是	是
基于树的解码	否	是	否	是
健壮性	高	中	中	低

8.3.2 基于树结构的文法

　　基于句法的翻译模型的一个核心问题是要对树结构进行建模，进而完成树之间或者树与串之间的转换。在计算机领域，所谓树就是由一些节点组成的层次关系的集合。计算机领域的树和自然界中的树没有任何关系，只是借用了相似的概念，因为它的层次结构很像一棵倒过来的树。在使用树时，经常会把树的层次结构转化为序列结构，称为树结构的**序列化**或者**线性化**（Linearization）。

　　例如，使用树的先序遍历就可以得到一个树的序列表示。图 8.17 对比了树结构的不同表示形式。实际上，树的序列表示是非常适合计算机进行读取和处理的。因此，本章也会使用树的序列化结果表示句法结构。

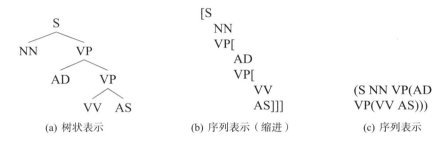

(a) 树状表示　　　　(b) 序列表示（缩进）　　　　(c) 序列表示

图 8.17　树结构的不同表示形式

　　在基于语言学句法的机器翻译中，两个句子间的转化仍然需要使用文法规则进行描述。有两种类型的规则：

- **树到串翻译规则**（Tree-to-String Translation Rule）：在树到串、串到树模型中使用。
- **树到树翻译规则**（Tree-to-Tree Translation Rule）：在树到树模型中使用。

　　树到串规则描述了一端是树结构而另一端是串的情况，因此树到串模型和串到树模型都可以使用这种形式的规则。树到树模型需要在两种语言上同时使用句法树结构，需要树到树翻译规则。

1. 树到树翻译规则

　　虽然树到串翻译规则和树到树翻译规则蕴含了不同类型的翻译知识，但是它们都在描述一个结构（树/串）到另一个结构（树/串）的映射。这里采用了一种更通用的文法——基于树结构的文法——将树到串翻译规则和树到树翻译规则进行统一。定义如下：

定义 8.3　基于树结构的文法

　　一个基于树结构的文法由 7 部分构成 $(N_s, N_t, T_s, T_t, I_s, I_t, R)$，其中

（1）N_s 和 N_t 是源语言和目标语言非终结符集合。

（2）T_s 和 T_t 是源语言和目标语言终结符集合。

（3）$I_s \subseteq N_s$ 和 $I_t \subseteq N_t$ 是源语言和目标语言起始非终结符集合。

（4）R 是规则集合，每条规则 $r \in R$ 有如下形式：

$$\langle \alpha_{\mathrm{h}}, \beta_{\mathrm{h}} \rangle \rightarrow \langle \alpha_r, \beta_r, \sim \rangle \tag{8.10}$$

其中，规则左部由非终结符 $\alpha_{\mathrm{h}} \in N_{\mathrm{s}}$ 和 $\beta_{\mathrm{h}} \in N_{\mathrm{t}}$ 构成；规则右部由 3 部分组成，α_r 表示由源语言终结符和非终结符组成的树结构；β_r 表示由目标语言终结符和非终结符组成的树结构；$\sim$ 表示 α_r 和 β_r 中叶子非终结符的 1-1 对应关系。

基于树结构的规则非常适合于用描述树结构到树结构的映射。例如，图 8.18 是一个汉语句法树结构到一个英语句法树结构的对应。其中的树结构可以被看作完整句法树上的一个片段，称为**树片段**（Tree Fragment）。

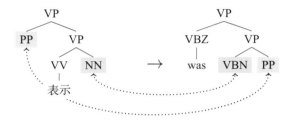

图 8.18　一个汉语句法树结构到一个英语句法树结构的对应

树片段的叶子节点既可以是终结符（单词），也可以是非终结符。当叶子节点为非终结符时，表示这个非终结符会被进一步替换，因此它可以被看作变量。而源语言树结构和目标语言树结构中的变量是一一对应的，对应关系用虚线表示。

这个双语映射关系可以被表示为一个基于树结构的文法规则，套用规则的定义 $\langle \alpha_{\mathrm{h}}, \beta_{\mathrm{h}} \rangle \rightarrow \langle \alpha_r, \beta_r, \sim \rangle$ 形式，可以知道：

$$\alpha_{\mathrm{h}} = \mathrm{VP}$$
$$\beta_{\mathrm{h}} = \mathrm{VP}$$
$$\alpha_r = \mathrm{VP(PP}{:}x \ \mathrm{VP(VV(表示)} \ \mathrm{NN}{:}x))$$
$$\beta_r = \mathrm{VP(VBZ(was)} \ \mathrm{VP(VBN}{:}x \ \mathrm{PP}{:}x))$$
$$\sim = \{1-2, 2-1\}$$

这里，α_{h} 和 β_{h} 表示规则的左部，对应树片段的根节点；α_r 和 β_r 是两种语言的树结构（序列化表示），其中标记为 x 的非终结符是变量。$\sim = \{1-2, 2-1\}$ 表示源语言的第一个变量对应目标语言的第二个变量，而源语言的第二个变量对应目标语言的第一个变量，这也反映出两种语言句法结构中的调序现象。类似于层次短语规则，可以把规则中变量的对应关系用下标表示。例如，上面的规则也可以被写为如下形式：

$$\langle\, \text{VP}, \text{VP} \,\rangle \;\rightarrow\; \langle\, \text{PP}_1\ \text{VP}(\text{VV}(表示)\ \text{NN}_2)),\ \ \text{VP}(\text{VBZ}(was)\ \text{VP}(\text{VBN}_2\ \text{PP}_1))\, \rangle$$

其中，两种语言中变量的对应关系为 $\text{PP}_1 \leftrightarrow \text{PP}_1$，$\text{NN}_2 \leftrightarrow \text{VBN}_2$。

2. 基于树结构的翻译推导

规则中的变量预示着一种替换操作，即变量可以被其他树结构替换。实际上，上面的树到树翻译规则就是一种**同步树替换文法**（Synchronous Tree-substitution Grammar）规则。不论是源语言端还是目标语言端，都可以通过这种替换操作不断地生成更大的树结构，也就是通过树片段的组合得到更大的树片段。图 8.19 就展示了树替换操作的一个实例。

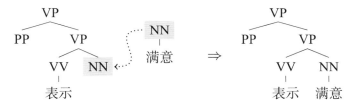

图 8.19　树替换操作（将 NN 替换为一个树结构）

也可以将这种方法扩展到双语的情况。图 8.20 给出了一个使用基于树结构的同步文法生成双语句对的实例。其中，每条规则都同时对应源语言和目标语言的一个树片段（用矩形表示）。变量部分可以被替换，这个过程不断执行。最后，4 条规则组合在一起，形成了源语言和目标语言的句法树。这个过程也被称作规则的推导。

规则的推导对应了一种源语言和目标语言树结构的同步生成过程。例如，使用下面的规则集：

r_3：　　AD(大幅) $\rightarrow$ RB(drastically)

r_4：　　VV(减少) $\rightarrow$ VBN(fallen)

r_6：　　AS(了) $\rightarrow$ VBP(have)

r_7：　　NN(进口) $\rightarrow$ NP(DT(the) NNS(imports))

r_8：　　VP(AD$_1$ VP(VV$_2$ AS$_3$)) $\rightarrow$ VP(VBP$_3$ ADVP(RB$_1$ VBN$_2$))

r_9：　　IP(NN$_1$ VP$_2$) $\rightarrow$ S(NP$_1$ VP$_2$)

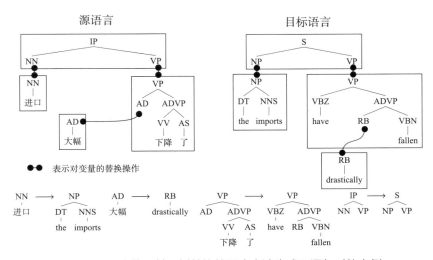

图 8.20 一个使用基于树结构的同步文法生成双语句对的实例

可以得到一个翻译推导：

$$\langle\ \mathrm{IP}^{[1]},\ S^{[1]}\ \rangle$$

$$\xrightarrow[r_9]{\mathrm{IP}^{[1]}\Leftrightarrow S^{[1]}}\langle\ \mathrm{IP(NN^{[2]}\ VP^{[3]})},\ \mathrm{S(NP^{[2]}\ VP^{[3]})}\ \rangle$$

$$\xrightarrow[r_7]{\mathrm{NN}^{[2]}\Leftrightarrow \mathrm{NP}^{[2]}}\langle\ \mathrm{IP(NN(\text{进口})\ VP^{[3]})},\ \mathrm{S(NP(DT(the)\ NNS(imports))\ VP^{[3]})}\ \rangle$$

$$\xrightarrow[r_8]{\mathrm{VP}^{[3]}\Leftrightarrow \mathrm{VP}^{[3]}}\langle\ \mathrm{IP(NN(\text{进口})\ VP(AD^{[4]}\ VP(VV^{[5]}\ AS^{[6]})))},$$

$$\mathrm{S(NP(DT(the)\ NNS(imports))\ VP(VBP^{[6]}\ ADVP(RB^{[4]}\ VBN^{[5]})))}\ \rangle$$

$$\xrightarrow[r_3]{\mathrm{AD}^{[4]}\Leftrightarrow \mathrm{RB}^{[4]}}\langle\ \mathrm{IP(NN(\text{进口})\ VP(AD(\text{大幅})\ VP(VV^{[5]}\ AS^{[6]})))},$$

$$\mathrm{S(NP(DT(the)\ NNS(imports))\ VP(VBP^{[6]}\ ADVP(RB(drastically)\ VBN^{[5]})))}\ \rangle$$

$$\xrightarrow[r_4]{\mathrm{VV}^{[5]}\Leftrightarrow \mathrm{VBN}^{[5]}}\langle\ \mathrm{IP(NN(\text{进口})\ VP(AD(\text{大幅})\ VP(VV(\text{减少})\ AS^{[6]})))},$$

$$\mathrm{S(NP(DT(the)\ NNS(imports))\ VP(VBP^{[6]}}$$

$$\mathrm{ADVP(RB(drastically)\ VBN(fallen))))}\ \rangle$$

$$\xrightarrow[r_6]{\mathrm{AS}^{[6]}\Leftrightarrow \mathrm{VBP}^{[6]}}\langle\ \mathrm{IP(NN(\text{进口})\ VP(AD(\text{大幅})\ VP(VV(\text{减少})\ AS(\text{了}))))},$$

$$\mathrm{S(NP(DT(the)\ NNS(imports))\ VP(VBP(have)}$$

$$\mathrm{ADVP(RB(drastically)\ VBN(fallen))))}\ \rangle$$

其中，→ 表示推导。显然，可以把翻译看作基于树结构的推导过程（记为 d）。与层次短语模型一样，基于语言学句法的机器翻译也是要找到最佳的推导 $\hat{d} = \arg\max_d P(d)$。

3. 树到串翻译规则

基于树结构的文法可以很好地表示两个树片段之间的对应关系，即树到树翻译规则。那树到串翻译规则该如何表示呢？实际上，基于树结构的文法也同样适用于树到串模型。例如，图 8.21 所示为一个树片段到串的映射，它可以被看作树到串规则的一种表示。

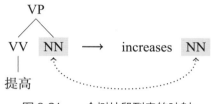

图 8.21　一个树片段到串的映射

在图 8.21 中，源语言树片段中的叶子节点 NN 表示变量，它与右手端的变量 NN 对应。这里仍然可以使用基于树结构的规则对上面这个树到串的映射进行表示。参照规则形式 $\langle \alpha_{\mathrm{h}}, \beta_{\mathrm{h}} \rangle \rightarrow \langle \alpha_r, \beta_r, \sim \rangle$，有

$$\alpha_{\mathrm{h}} = \text{VP}$$
$$\beta_{\mathrm{h}} = \text{VP}$$
$$\alpha_r = \text{VP(VV(提高) NN:}x\text{)}$$
$$\beta_r = \text{VP(increases NN:}x\text{)}$$
$$\sim = \{1 - 1\}$$

这里，源语言部分是一个树片段，因此 α_{h} 和 α_r 很容易确定。对于目标语言部分，可以把这个符号串当作一个单层的树片段，根节点直接共享源语言树片段的根节点，叶子节点就是符号串本身。这样，也可以得到 β_{h} 和 β_r。从某种意义上说，树到串翻译仍然体现了一种双语的树结构，只是目标语言部分不是语言学句法驱动的，而是一种借用源语言句法标记形成的层次结构。

这里也可以把变量的对齐信息用下标表示。同时，由于 α_{h} 和 β_{h} 是一样的，可以将左部两个相同的非终结符合并，于是规则可以被写作：

$$\text{VP} \rightarrow \langle \text{VP(VV(提高) NN}_1\text{)}, \ \text{increases NN}_1 \rangle$$

另外，在机器翻译领域，大家习惯把规则看作源语言结构（树/串）到目标语言结构（树/串）的一种映射，因此常常会把上面的规则记为

$$\text{VP(VV(提高) NN}_1\text{)} \rightarrow \text{increases NN}_1$$

后面的章节中也会使用这种形式来表示基于句法的翻译规则。

8.3.3 树到串翻译规则抽取

基于句法的机器翻译包括两个步骤：文法归纳和解码。其中，文法归纳是指从双语平行数据中自动学习翻译规则及规则所对应的特征；解码是指利用得到的文法对新的句子进行分析，并获取概率最高的翻译推导。

本节先介绍树到串文法归纳的经典方法——GHKM[87, 345]。GHKM 是 4 位作者名字的首字母。GHKM 方法的输入包括：

- 源语言句子及其句法树。
- 目标语言句子。
- 源语言句子和目标语言句子之间的词对齐。

它的输出是这个双语句对上的树到串翻译规则。GHKM 不是一套单一的算法，它还包括很多技术手段，用于增加规则的覆盖度和准确性。下面详细介绍 GHKM 是如何工作的。

1. 树的切割与最小规则

获取树到串规则就是要找到源语言树片段与目标语言词串之间的对应关系。一棵句法树会有很多个树片段，那么哪些树片段可以和目标语言词串产生对应关系呢？

在 GHKM 方法中，源语言树片段和目标语言词串的对应是由词对齐决定的。GHKM 假设：一个合法的树到串翻译规则，不应该违反词对齐。这个假设和双语短语抽取中的词对齐一致性约束是一样的（见 7.3 节）。简单来说，规则中两种语言互相对应的部分不应包含对齐到外部的词对齐连接。

为了说明这个问题，我们来看一个例子。图 8.22 包含了一棵句法树、一个词串和它们之间的词对齐结果，规则如下：

$$PP(P(对) NP(NN(回答))) \rightarrow with\ the\ answer$$

该规则是一条满足词对齐约束的规则（对应图 8.22 中红色部分），因为不存在从规则的源语言或目标语言部分对齐到规则外部的情况。但如下规则却是一条不合法的规则：

$$NN(满意) \rightarrow satisfied$$

这是因为，"satisfied"除了对齐到"满意"，还对齐到"表示"。也就是说，这条规则会产生歧义，因为"satisfied"不应该只由"满意"生成。

为了能够获得与词对齐兼容的规则，GHKM 引入了几个概念。首先，GHKM 方法中定义了可达范围（Span）和补充范围（Complement Span）：

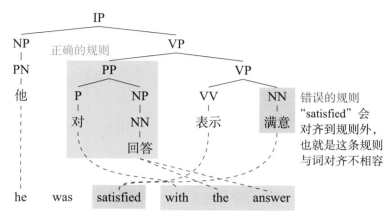

图 8.22　树到串规则与词对齐兼容性示例

定义 8.4　可达范围

　　对于一个源语言句法树节点，它的可达范围是这个节点对应到的目标语言第一个单词和最后一个单词所构成的索引范围。

定义 8.5　补充范围

　　对于一个源语言句法树节点，它的补充范围是除了它的祖先和子孙节点的其他节点可达范围的并集。

　　可达范围定义了每个节点覆盖的源语言片段所对应的目标语言片段。实际上，它表示了目标语言句子上的一个跨度，这个跨度代表了这个源语言句法树节点所能达到的最大范围。因此，可达范围实际上是一个目标语言单词索引的范围。补充范围是与可达范围相对应的一个概念，它定义了句法树中一个节点之外的部分对应到目标语言的范围，但是这个范围并非必须是连续的。

　　有了可达范围和补充范围的定义之后，可以进一步定义：

定义 8.6　可信节点

　　对于源语言树节点 node，如果它的可达范围和补充范围不相交，则节点 node 就是一个可信节点（Admissible Node），否则是一个不可信节点。

　　可信节点表示这个树节点 node 和树中的其他部分（不包括 node 的祖先和孩子）没有任何词对齐上的歧义。也就是说，这个节点可以完整地对应到目标语言句子的一个连续范围，不会出现在这个范围中的词对应到其他节点的情况。如果节点不是可信节点，则表示它会引起词对齐的歧义，因此不能作为树到串规则中源语言树片段的根节点或者变量部分。图 8.23 给出了一个标注了可信节点信息的句法树实例。

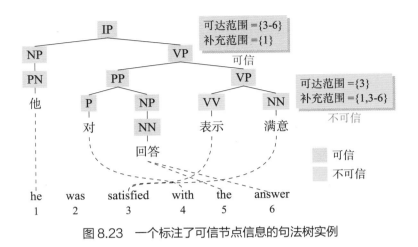

图 8.23　一个标注了可信节点信息的句法树实例

进一步，可以定义树到串模型中合法的树片段：

定义 8.7　合法的树片段

  如果一个树片段的根节点是可信节点，同时它的叶子节点中的非终结符节点也是可信节点，那么这个树片段就是不产生词对齐歧义的树片段，也被称为合法的树片段。

图 8.24 是一个基于可信节点得到的树到串翻译规则：

$$\text{VP(PP(P(对) NP(NN(回答))) VP}_1) \rightarrow \text{VP}_1 \text{ with the answer}$$

其中，蓝色部分表示可以抽取到的规则，显然它的根节点和叶子非终结符节点都是可信节点。源语言树片段中包含一个变量（VP），因此需要对 VP 节点的可达范围进行泛化（红色方框部分）。

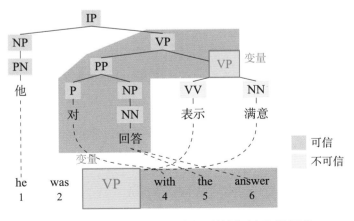

图 8.24　一个基于可信节点得到的树到串翻译规则

至此，对于任何一个树片段，都能使用上述方法判断它是否合法。如果合法，就可以抽取相应的树到串规则。但是，枚举句子中的所有树片段并不是一个很高效的方法，因为对于任何一个节点，以它为根的树片段数量随着其深度和宽度的增加呈指数增长。在 GHKM 方法中，为了避免低效的枚举操作，可以使用另一种方法抽取规则。

实际上，可信节点确定了哪些地方可以作为规则的边界（合法树片段的根节点或者叶子节点），可以把所有的可信节点看作一个**边缘集合**（Frontier Set）。所谓边缘集合就是定义了哪些地方可以被"切割"，通过这种切割可以得到一个个合法的树片段，这些树片段无法再被切割为更小的合法树片段。图 8.25(a) 给出了一个通过边缘集合定义的树切割。图 8.25(b) 中的矩形框表示切割得到的树片段。

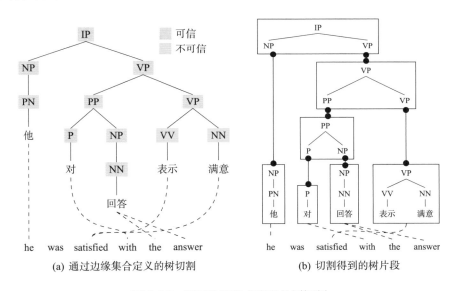

(a) 通过边缘集合定义的树切割   (b) 切割得到的树片段

图 8.25 根据边缘节点定义的树切割

需要注意的是，因为"NP→PN→ 他"对应着一个单目生成的过程，所以"NP(PN (他))"被看作一个最小的树片段。当然，也可以把它当作两个树片段"NP(PN)"和"PN(他)"，不过这种单目产生式往往会导致解码时推导数量的膨胀。因此，这里约定把连续的单目生成看作一个生成过程，它对应一个树片段，而不是多个。

将树进行切割之后，可以得到若干树片段，每个树片段都可以对应一个树到串规则。这些树片段不能被进一步切割，因此这样得到的规则也被称作**最小规则**（Minimal Rules）。它们构成了树到串模型中最基本的翻译单元。图 8.26 展示了一个基于树切割得到的最小规则实例，其中左侧的每条规则都对应着右侧相同编号的树片段。

r_1 NP(PN(他)) → he

r_2 P(对) → with

r_3 NP(NN(回答)) → the answer

r_4 VP(VV(表示) NN(满意) →
       satisfied

r_5 PP(P$_1$ NP$_2$) →
       P$_1$ NP$_2$

r_6 VP(PP$_1$ VP$_2$) →
       VP$_2$ PP$_1$

r_7 IP(NP$_1$ VP$_2$) →
       NP$_1$ VP$_2$

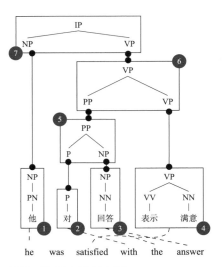

图 8.26　一个基于树切割得到的最小规则实例

2. 空对齐处理

空对齐是翻译中的常见现象。例如，一些虚词经常找不到在另一种语言中的对应，因此不会被翻译，这种情况也被称作空对齐。图 8.26 中目标语言中的 "was" 就是一个空对齐单词。空对齐的使用可以大大增加翻译的灵活度。具体到树到串规则抽取任务，需要把空对齐考虑进来，这样能够覆盖更多的语言现象。

处理空对齐单词的手段非常简单。只需要把空对齐单词附着在它周围的规则上即可。也就是说，检查每条最小规则，如果空对齐单词能够作为规则的一部分进行扩展，就可以生成一条新的规则。

图 8.27 展示了前面例子中 "was" 被附着在周围的规则上的结果。其中，含有红色 "was" 的规则是通过附着空对齐单词得到的新规则。例如，对于规则：

$$NP(PN(他)) → he$$

"was" 紧挨着这个规则目标端的单词 "he"，因此可以把 "was" 包含在规则的目标端，形成新的规则：

$$NP(PN(他)) → he\ was$$

通常，在规则抽取中考虑空对齐可以大大增加规则的覆盖度。

r_1 NP(PN(他)) → he
r_4 VP(VV(表示) NN(满意) → satisfied
r_6 VP(PP$_1$ VP$_2$) → VP$_2$ PP$_1$
r_7 IP(NP$_1$ VP$_2$) → NP$_1$ VP$_2$
r_8 NP(PN(他)) → he was
r_9 VP(VV(表示) NN(满意)) → was satisfied
r_{10} VP(PP$_1$ VP$_2$) → was VP$_2$ PP$_1$
r_{11} IP(NP$_1$ VP$_2$) → NP$_1$ was VP$_2$

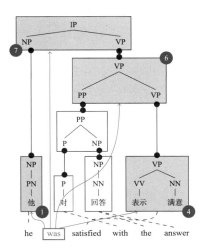

图 8.27　树到串规则抽取中空对齐单词的处理（绿色矩形）

3. 组合规则

最小规则是基于句法的翻译模型中最小的翻译单元。但是，在翻译复杂句子时，往往需要更大范围的上下文信息，如图 8.14 所示的例子，需要一条规则同时处理多个变量的调序，而这种规则很可能不是最小规则。为了得到"更大"的规则，一种方法是对最小规则进行组合，得到的规则称为 composed-m 规则，其中 m 表示这个规则是由 m 条最小规则组合而成。

规则的组合非常简单。只需要在得到最小规则之后，对相邻的规则进行拼装。也就是说，如果某个树片段的根节点出现在另一个树片段的叶子节点处，就可以把它们组合成更大的树片段。图 8.28 给出了最小规则组合的实例。其中，规则 1、5、6、7 可以组合成一条 composed-4 规则，这个规则可以进行非常复杂的调序。

在真实的系统开发中，组合规则一般会带来明显的性能提升。不过，随着组合规则数量的增加，规则集也会膨胀。因此，往往需要在翻译性能和文法大小之间找到一种平衡。

4. SPMT 规则

组合规则固然有效，但并不是所有组合规则都非常好用。例如，在机器翻译中已经发现，如果一个规则含有连续词串（短语），则这种规则往往会比较可靠。由于句法树结构复杂，获取这样的规则可能会需要很多次规则的组合，规则抽取的效率很低。

针对这个问题，一种解决方法是直接从词串出发进行规则抽取。这种方法被称为 SPMT 方法[348]。它的核心思想是：对于任意一个与词对齐兼容的短语，可以找到包含它的"最小"翻译规则，即 SPMT 规则。如图 8.29 所示，可以得到短语翻译：

对 形式 → about the situation

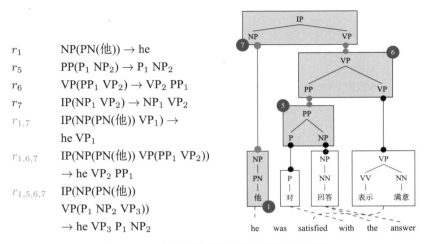

r_1	NP(PN(他)) $\rightarrow$ he
r_5	PP(P$_1$ NP$_2$) $\rightarrow$ P$_1$ NP$_2$
r_6	VP(PP$_1$ VP$_2$) $\rightarrow$ VP$_2$ PP$_1$
r_7	IP(NP$_1$ VP$_2$) $\rightarrow$ NP$_1$ VP$_2$
$r_{1,7}$	IP(NP(PN(他)) VP$_1$) $\rightarrow$ he VP$_1$
$r_{1,6,7}$	IP(NP(PN(他)) VP(PP$_1$ VP$_2$)) $\rightarrow$ he VP$_2$ PP$_1$
$r_{1,5,6,7}$	IP(NP(PN(他)) VP(P$_1$ NP$_2$ VP$_3$)) $\rightarrow$ he VP$_3$ P$_1$ NP$_2$

图 8.28　对最小规则进行组合（绿色矩形）

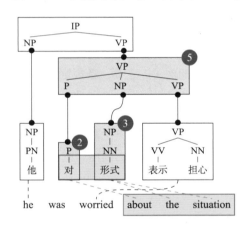

图 8.29　短语（红色）所对应的树片段（绿色）

　　然后，从这个短语出发向上搜索，找到覆盖这个短语的最小树片段，再生成规则即可。在这个例子中，可以得到 SPMT 规则：

$$\text{VP(P(对)　NP(NN(形式))　VP}_1) \rightarrow \text{VP}_1 \text{ about the situation}$$

　　这条规则需要组合 3 条最小规则才能得到，但在 SPMT 中却可以直接得到。相比规则组合的方法，SPMT 方法可以更有效地抽取包含短语的规则。

5. 句法树二叉化

句法树是使用人类语言学知识归纳出来的一种解释句子结构的工具。例如，CTB[349]、PTB[350]等语料就是常用的训练句法分析器的数据。

但是，在这些数据的标注中会含有大量的扁平结构，如图 8.30 所示，多个分句可能会导致一个根节点下有很多个分支。这种扁平的结构会给规则抽取带来麻烦。

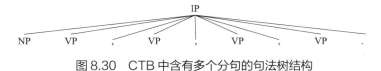

图 8.30　CTB 中含有多个分句的句法树结构

图 8.31 给出了一个实例，其中的名词短语（NP）包含 4 个词，都在同一层树结构中。由于"乔治 华盛顿"并不是一个独立的句法结构，无法抽取类似于下面这样的规则：

$$NP(NN(乔治)) NN(华盛顿)) \rightarrow Washington$$

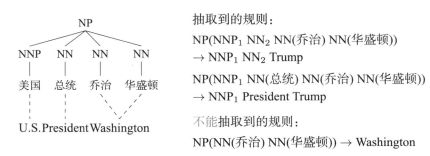

抽取到的规则：

$NP(NNP_1 NN_2 NN(乔治) NN(华盛顿))$
$\rightarrow NNP_1 NN_2 Trump$

$NP(NNP_1 NN(总统) NN(乔治) NN(华盛顿))$
$\rightarrow NNP_1 President Trump$

不能抽取到的规则：

$NP(NN(乔治) NN(华盛顿)) \rightarrow Washington$

图 8.31　一个扁平的句法结构对应的规则抽取结果

对于这个问题，一种解决办法是把句法树变得更深，使局部的翻译片段更容易被抽取出来。常用的手段是树**二叉化**（Binarization）。例如，图 8.32 就是一个句法树二叉化的实例。二叉化生成了一些新的节点（记为 X-BAR），其中"乔治 华盛顿"被作为一个独立的结构体现。这样就能抽取到规则：

$$NP\text{-}BAR(NN(乔治)) NN(华盛顿)) \rightarrow Washington$$

$$NP\text{-}BAR(NN_1 NP\text{-}BAR_2) \rightarrow NN_1 NP\text{-}BAR_2$$

树二叉化可以帮助规则抽取到更细颗粒度的规则，提高规则抽取的召回率，因此成了基于句法的机器翻译中的常用方法。二叉化方法也有很多不同的实现策略[351-353]，如左二叉化、右二叉化、基于中心词的二叉化等。具体实现时可以根据实际情况进行选择。

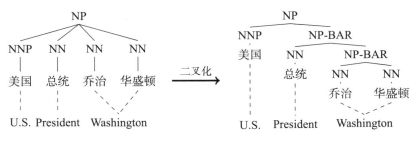

图 8.32　一个句法树二叉化的实例

8.3.4 树到树翻译规则抽取

树到串/串到树模型只在一个语言端使用句法树，而树到树模型可以同时利用源语言和目标语言的句法信息，因此可以更细致地刻画两种语言结构的对应关系，进而更好地完成句法结构的调序和生成。在树到树翻译中，需要两端都有树结构的规则，例如：

$$\langle\, VP, VP\,\rangle \rightarrow \langle\, VP(PP_1\ VP(VV(表示)\ NN_2)),$$
$$VP(VBZ(was)\ VP(VBN_2\ PP_1))\,\rangle$$

也可以把它写为如下形式：

$$VP(PP_1\ VP(VV(表示)\ NN_2)) \rightarrow VP(VBZ(was)\ VP(VBN_2\ PP_1))$$

其中，规则的左部是源语言句法树结构，右部是目标语言句法树结构，变量的下标表示对应关系。为了获取这样的规则，需要进行树到树规则抽取。最直接的办法是把 GHKM 方法推广到树到树翻译的情况。例如，可以利用双语结构的约束和词对齐，定义树的切割点，再找到两种语言树结构的映射关系[354]。

1. 基于节点对齐的规则抽取

GHKM 方法的问题在于过于依赖词对齐结果。在树到树翻译中，真正需要的是树结构（节点）之间的对应关系，而不是词对齐。特别是在两端都加入句法树结构约束的情况下，词对齐的错误可能会导致较为严重的规则抽取错误。图 8.33 就给出了一个实例，其中，中文的"了"被错误地对齐到了英文的"the"，导致很多高质量的规则无法被抽取。

换一个角度看，词对齐实际上只是帮助模型找到两种语言句法树中节点的对应关系。如果能够直接得到句法树节点的对应，就可以避免词对齐的错误。也就是说，可以直接使用节点对齐进行树到树规则的抽取。首先，利用外部的节点对齐工具获得两棵句法树节点之间的对齐关系。然后，将每个对齐的节点看作树片段的根节点，再进行规则抽取。图 8.34 展示了基于节点对齐的树到树规则抽取结果。

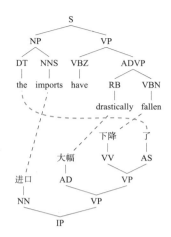

抽取得到的规则

r_1　AS(了) → DT(the)

r_2　NN(进口) → NNS(imports)

r_3　AD(大幅) → RB(drastically)

r_4　VV(下降) → VBN(fallen)

r_6　IP(NN$_1$ VP(AD$_2$ VP(VV$_3$ AS$_4$))) →
　　　S(NP(DT$_4$ NNS$_1$) VP(VBZ(have) ADVP(RB$_2$ VBN$_3$)))

无法得到的规则

$r_?$　AS(了) → VBZ(have)

$r_?$　NN(进口) →NP(DT(the) NNS(imports))

$r_?$　IP(NN$_1$ VP$_2$) → S(NP$_1$ VP$_2$)

图 8.33　基于词对齐的树到树规则抽取

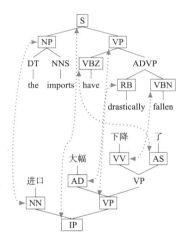

抽取得到的规则（子树对齐）

r_1　AS(了) → DT(the)

r_2　NN(进口) → NNS(imports)

r_3　AD(大幅) → RB(drastically)

r_4　VV(下降) → VBN(fallen)

r_5　IP(NN$_1$ VP(AD$_2$ VP(VV$_3$ AS$_4$))) →
　　　S(NP(DT$_4$ NNS$_1$) VP(VBZ(have) ADVP(RB$_2$ VBN$_3$)))

r_6　AS(了) → VBZ(have)

r_7　NN(进口) →
　　　NP(DT(the) NNS(imports))

r_8　VP(AD$_1$ VP(VV$_2$ AS$_3$)) →
　　　VP(VBZ$_3$ ADVP(RB$_1$ VBN$_2$))

r_9　IP(NN$_1$ VP$_2$) → S(NP$_1$ VP$_2$)

图 8.34　基于节点对齐的树到树规则抽取结果

可以看到，节点对齐可以避免词对齐错误造成的影响。不过，节点对齐需要开发额外的工具，有很多方法可以参考，如可以基于启发性规则[355]、基于分类模型[356]、基于无指导的方法[250] 等。

2. 基于对齐矩阵的规则抽取

同词对齐一样，节点对齐也会存在错误，这就不可避免地造成了规则抽取的错误。既然单一的对齐中含有错误，那能否让系统看到更多样的对齐结果，进而提高正确规则被抽取到的概率呢？答案是肯定的。实际上，在基于短语的模型中就有基于多个词对齐（如 n-best 词对齐）进行规则抽取的方法[357]，这种方法可以在一定程度上提高短语的召回率。在树到树规则抽取中也可以使用多个节点对齐结果进行规则抽取，但简单地使用多个对齐结果会使系统运行代价线性增长，而且

即使是 n-best 对齐，也无法保证涵盖到正确的对齐结果。针对这个问题，另一种思路是使用对齐矩阵进行规则的"软"抽取。

所谓对齐矩阵，是描述两个句法树节点之间对应强度的数据结构。矩阵的每个单元中都是一个 0 到 1 之间的数字。当规则抽取时，可以认为所有节点之间都存在对齐，这样可以抽取出很多 n-best 对齐中无法覆盖的规则。图 8.35 展示了一个用对齐矩阵进行规则抽取的实例，其中矩阵 1（Matrix 1）表示的是标准的 1-best 节点对齐，矩阵 2（Matrix 2）表示的是一种概率化的对齐矩阵。可以看到，使用矩阵 2 可以抽取到更多样的规则。值得注意的是，基于对齐矩阵的方法同样适用于短语和层次短语规则的抽取。关于对齐矩阵的生成可以参考相关论文[250, 356–358]。

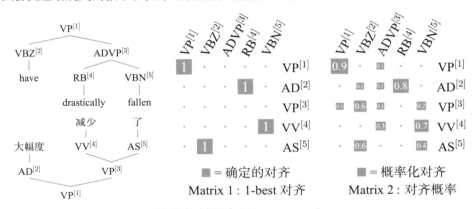

(a) 节点对齐矩阵（1-best vs Matrix）

最小规则
Matrix 1（基于 1-best 对齐）

r_3 AD(大幅度) → RB(drastically)

r_4 VV(减少) → VBN(fallen)

r_6 AS(了) → VBZ(have)

r_8 VP(AD$_1$ VP(VV$_2$ AS$_3$)) →
        VP(VBZ$_3$ ADVP(RB$_1$ VBN$_2$))

最小规则
Matrix 2（基于对齐概率）

r_3 AD(大幅度) → RB(drastically)

r_4 VV(减少) → VBN(fallen)

r_6 AS(了) → VBZ(have)

r_8 VP(AD$_1$ VP(VV$_2$ AS$_3$)) →
        VP(VBZ$_3$ ADVP(RB$_1$ VBN$_2$))

r_{10} VP(VV(减少) AS(了)) → VBN(fallen)

r_{11} VP(AD$_1$ VP$_2$) → VP(VBZ$_1$ ADVP$_2$)

......

(b) 抽取得到的树到树翻译规则

图 8.35   一个用对齐矩阵进行规则抽取的实例[250]

此外，在基于句法的规则抽取中，一般会对规则进行一些限制，以避免规则数量过大，系统无法处理。例如，可以限制树片段的深度、变量个数、规则组合的次数等。这些限制往往需要根据具体任务进行设计和调整。

8.3.5 句法翻译模型的特征

基于语言学句法的翻译模型使用判别模型对翻译推导进行建模（见 7.2 节）。给定双语句对 (s,t)，由 M 个特征经过线性加权，得到每个翻译推导 d 的得分，记为 $\mathrm{score}(d,t,s) = \sum_{i=1}^{M} \lambda_i \cdot h_i(d,t,s)$，其中 λ_i 表示特征权重，$h_i(d,t,s)$ 表示特征函数。翻译的目标就是找到使 $\mathrm{score}(d,t,s)$ 达到最高的推导 d。

这里，可以使用最小错误率训练对特征权重进行调优（见 7.6 节），而特征函数可参考如下定义：

1. 基于短语的特征（对应每条规则 $r : \langle \alpha_{\mathrm{h}}, \beta_{\mathrm{h}} \rangle \rightarrow \langle \alpha_r, \beta_r, \sim \rangle$）

- (h_{1-2}) 短语翻译概率（取对数），即规则源语言和目标语言树覆盖的序列翻译概率。令函数 $\tau(\cdot)$ 返回一个树片段的叶子节点序列。对于规则：

$$\mathrm{VP}(\mathrm{PP}_1 \ \mathrm{VP}(\mathrm{VV}(\text{表示}) \ \mathrm{NN}_2)) \rightarrow \mathrm{VP}(\mathrm{VBZ}(\mathrm{was}) \ \mathrm{VP}(\mathrm{VBN}_2 \ \mathrm{PP}_1))$$

可以得到

$$\tau(\alpha_r) = \mathrm{PP} \ \text{表示} \ \mathrm{NN}$$
$$\tau(\beta_r) = \mathrm{was} \ \mathrm{VBN} \ \mathrm{PP}$$

于是，可以定义短语翻译概率特征为 $\log(P(\tau(\alpha_r)|\tau(\beta_r)))$ 和 $\log(P(\tau(\beta_r)|\tau(\alpha_r)))$。它们的计算方法与基于短语的系统是完全一样的[①]。

- (h_{3-4}) 单词化翻译概率（取对数），即 $\log(P_{\mathrm{lex}}(\tau(\alpha_r)|\tau(\beta_r)))$ 和 $\log(P_{\mathrm{lex}}(\tau(\beta_r)|\tau(\alpha_r)))$。这两个特征的计算方法与基于短语的系统一样。

2. 基于句法的特征（对应每条规则 $r : \langle \alpha_{\mathrm{h}}, \beta_{\mathrm{h}} \rangle \rightarrow \langle \alpha_r, \beta_r, \sim \rangle$）

- (h_5) 基于根节点句法标签的规则生成概率（取对数），即 $\log(P(r|\mathrm{root}(r)))$。这里，$\mathrm{root}(r)$ 是规则所对应的双语根节点 $(\alpha_{\mathrm{h}}, \beta_{\mathrm{h}})$。
- (h_6) 基于源语言端的规则生成概率（取对数），即 $\log(P(r|\alpha_r))$，给定源语言端生成整个规则的概率。
- (h_7) 基于目标语言端的规则生成概率（取对数），即 $\log(P(r|\beta_r))$，给定目标语言端生成整个规则的概率。

3. 其他特征（对应整个推导 d）

- (h_8) 语言模型得分（取对数），即 $\log(P_{\mathrm{lm}}(t))$，用于度量译文的流畅度。
- (h_9) 译文长度，即 $|t|$，用于避免模型过于倾向生成短译文（因为短译文的语言模型分数高）。

---

① 对于树到串规则，$\tau(\beta_r)$ 就是规则目标语言端的符号串。

- (h_{10}) 翻译规则数量，学习对使用规则数量的偏好。例如，如果这个特征的权重较高，则表明系统更喜欢使用数量多的规则。
- (h_{11}) 组合规则的数量，学习对组合规则的偏好。
- (h_{12}) 单词化规则的数量，学习对含有终结符规则的偏好。
- (h_{13}) 低频规则的数量，学习对训练数据中出现频次低于 3 的规则的偏好。低频规则大多不可靠，设计这个特征的目的是区分不同质量的规则。

8.3.6 基于超图的推导空间表示

在完成建模后，剩下的问题是：如何组织这些翻译推导，高效地完成模型所需的计算？本质上，基于句法的机器翻译与句法分析是一样的，因此关于翻译推导的组织可以借用句法分析中的一些概念。

在句法分析中，CFG 的分析过程可以被组织成一个叫**有向超图**（Directed Hyper-graph）的结构，简称为**超图**[359]：

定义 8.8 有向超图

一个有向超图 G 包含一个节点集合 N 和一个有向**超边**（Hyper-edge）集合 E。每个有向超边包含一个头（Head）和一个尾（Tail），头指向 N 中的一个节点，尾是由若干个 N 中的节点构成的集合。

与传统的有向图不同，超图中的每一个边（超边）的尾可以包含多个节点。也就是说，每个超边从若干个节点出发最后指向同一个节点。这种定义完美契合了 CFG 的要求。例如，如果把节点看作一个推导所对应树结构的根节点（含有句法标记），那么每个超边就可以表示一条 CFG 规则。

图 8.36 就展示了一个简单的超图，其中每个节点都有一个句法标记，句法标记下面记录了这个节点的跨度。超边 edge1 和 edge2 分别对应了两条 CFG 规则：

$$VP \rightarrow VV\ NP$$
$$NP \rightarrow NN\ NP$$

对于规则 "VP → VV NP"，超边的头指向 VP，超边的尾表示规则右部的两个变量 VV 和 NP。规则 "NP → NN NP" 也可以进行类似的解释。

不难发现，超图提供了一种非常紧凑的数据结构来表示多个推导，因为不同推导之间可以共享节点。如果把图 8.36 中的绿色和红色部分看作两个推导，那么它们就共享了同一个节点 NP[1,2]，其中 NP 是句法标记，[1,2] 是跨度。能够想象，简单枚举一个句子的所有推导几乎是不可能的，但用超图的方式却可以很有效地对指数级数量的推导进行表示。另外，超图上的运算常常被看作一种基于半环的代数系统，而且人们发现许多句法分析和机器翻译问题本质上都是**半环分析**（Semi-ring Parsing）。由于篇幅有限，这里不会对半环等结构展开讨论。感兴趣的读者可以查阅相关文献[360, 361]。

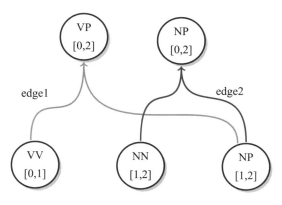

图 8.36　超图实例

　　从句法分析的角度看，超图最大程度地复用了局部的分析结果，使得分析可以"结构化"。例如，有两个推导：

$$d_1 = r_1 \circ r_2 \circ r_3 \circ r_4 \tag{8.11}$$

$$d_2 = r_1 \circ r_2 \circ r_3 \circ r_5 \tag{8.12}$$

其中，$r_1 - r_5$ 分别表示不同的规则。$r_1 \circ r_2 \circ r_3$ 是两个推导的公共部分。在超图表示中，$r_1 \circ r_2 \circ r_3$ 可以对应一个子图，显然这个子图也是一个推导，记为 $d' = r_1 \circ r_2 \circ r_3$。这样，$d_1$ 和 d_2 不需要重复记录 $r_1 \circ r_2 \circ r_3$，重新写作：

$$d_1 = d' \circ r_4 \tag{8.13}$$

$$d_2 = d' \circ r_5 \tag{8.14}$$

　　引入 d' 的意义在于，整个分析过程具有了递归性。从超图上看，d' 可以对应以一个（或几个）节点为"根"的子图，因此只需要在这个（或这些）子图上增加新的超边就可以得到更大的推导。不断执行这个过程，最终完成对整个句子的分析。

　　在句法分析中，超图的结构往往被组织为一种**表格**（Chart）结构。表格的每个单元代表了一个跨度，因此可以把所有覆盖这个跨度的推导都放入相应的**表格单元**（Chart Cell）。对于 CFG，表格里的每一项还会增加一个句法标记，用来区分不同句法功能的推导。

　　如图 8.37 所示，覆盖相同跨度的节点会被放入同一个表格单元，但是不同句法标记的节点会被看作不同的项（Item）。这种组织方式建立了一个索引，通过索引可以很容易地访问同一个跨度下的所有推导。例如，如果采用自下而上的分析，可以从小跨度的表格单元开始，构建推导，并填写表格单元。在这个过程中，可以访问之前的表格单元来获得所需的局部推导（类似于前面提到的 d'）。重复执行该过程，直到处理完最大跨度的表格单元，而最后一个表格单元就保存了完整推导的根节点。通过回溯的方式，能够把所有推导都生成出来。

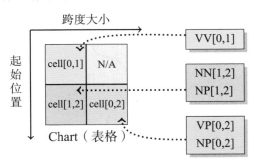

图 8.37　句法分析表格结构的实例

基于句法的机器翻译仍然可以使用超图进行翻译推导的表示。和句法分析一样，超图的每条边可以对应一个基于树结构的文法，超边的头代表文法的左部，超边的尾代表规则中变量所对应的超图中的节点[①]。图 8.38 给出了一个使用超图来表示机器翻译推导的实例。可以看到，超图的结构是按源语言组织的，但是每个规则（超边）会包含目标语言的信息。同步翻译文法可以确保规则的源语言端和目标语言端都覆盖连续的词串，因此超图中的每个节点都对应一个源语言跨度，同时对应一个目标语言的连续译文。这样，每个节点实际上代表了一个局部的翻译结果。

机器翻译与句法分析也有不同之处。最主要的区别在于机器翻译将语言模型作为一个特征，如 n-gram 语言模型。语言模型并不是上下文无关的，因此机器翻译中计算最优推导的方法和句法分析会有不同。常用的方法是直接在每个表格单元中融合语言模型的分数，保留前 k 个结果；或者，在构建超图时不计算语言模型得分，等构建完整个超图再对最好的若干个推导用语言模型重新排序；再或者，将译文和语言模型都转化为加权有限状态自动机，再直接对两个自动机做**组合**（Composition）得到新的自动机，最后得到融合语言模型得分的译文表示。

基于超图的推导表示方法有着很广泛的应用。例如，8.2 节介绍的层次短语系统也可以使用超图进行建模，因为它也使用了同步文法。从这个角度看，基于层次短语的模型和基于语言学句法的模型本质上是一样的。它们的主要区别在于规则中的句法标记和抽取规则的方法不同。

---

① 也可以把每个终结符看作一个节点，这样一个超边的尾就对应规则的树片段中所有的叶子。

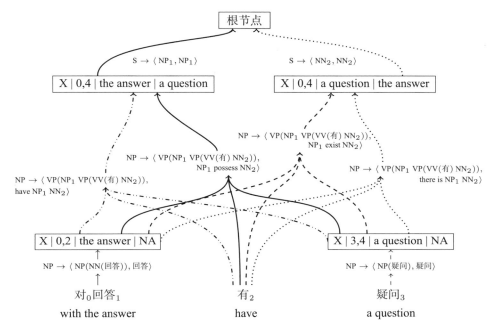

图 8.38　机器翻译推导的超图表示

8.3.7 基于树的解码 vs 基于串的解码

解码的目标是找到得分 score(d) 最高的推导 d。这个过程通常被描述为

$$\hat{d} = \arg\max_d \ \text{score}(d, s, t) \tag{8.15}$$

这也是一种标准的**基于串的解码**（String-based Decoding），即通过句法模型对输入的源语言句子进行翻译得到译文串。不过，搜索所有的推导会导致出现巨大的解码空间。对于树到串和树到树翻译来说，源语言句法树是可见的，因此可以使用另一种解码方法——**基于树的解码**（Tree-based Decoding），即把输入的源语言句法树翻译为目标语言串。

表 8.4 对比了基于串和基于树的解码方法。可以看到，基于树的解码方法只考虑了与源语言句法树兼容的推导，因此搜索空间更小，解码速度更快。

需要注意的是，无论是基于串的解码方法还是基于树的解码方法，都是使用句法模型的方法，在翻译过程中都会生成翻译推导和树结构。二者的本质区别在于，基于树的解码把句法树作为显式输入，而基于串的解码把句法树看作翻译过程中的隐含变量。图 8.39 进一步解释了这个观点。

表 8.4　基于串的解码 vs 基于树的解码

对比维度	基于树的解码	基于串的解码
解码方法	$\hat{d} = \arg\max_{d \in D_{\text{tree}}} \text{score}(d)$	$\hat{d} = \arg\max_{d \in D} \text{score}(d)$
搜索空间	与输入的源语言句法树兼容的推导 D_{tree}	所有的推导 D
适用模型	树到串、树到树	所有的基于句法的模型
解码算法	Chart 解码	CKY + 规则二叉化
速度	快	一般较慢

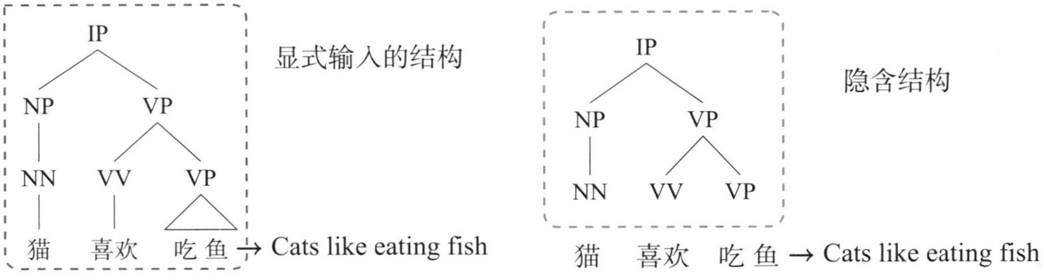

(a) 基于树的解码　　　　　　　　　　　(b) 基于串的解码

图 8.39　句法树在不同解码方法中的角色

1. 基于树的解码

　　基于树和基于串的解码都可以使用前面的超图结构进行推导的表示。基于树的解码方法相对简单，直接使用表格结构组织解码空间即可。这里采用自底向上的策略，具体步骤如下：

- 从源语言句法树的叶子节点开始，自下而上地访问输入句法树的节点。
- 对于每个树节点，匹配相应的规则。
- 从树的根节点可以得到翻译推导，最终生成最优推导对应的译文。

　　这个过程如图 8.40 所示，可以看到，不同的表格单元对应不同跨度，每个表格单元会保存相应的句法标记（还有译文的信息）。

　　这里的问题在于规则匹配。对于每个树节点，需要知道以它为根可以匹配的规则有哪些。比较直接的解决方法是遍历这个节点下一定深度的句法树片段，用每个树片段在文法中找出相应的匹配规则，如图 8.41 所示。这种匹配是一种严格匹配，它要求句法树片段内的所有内容都要与规则的源语言部分严格对应。有时，句法结构中的细微差别都会导致规则匹配不成功。因此，也可以考虑采用模糊匹配的方式提高规则的命中率，进而增加可以生成推导的数量[362]。

序号	跨度	标记	源语言句子片段
1	[0,1]	NN & NP	猫
2	[1,2]	VV	喜欢
3	[2,3]	VV	吃
4	[3,4]	NN & NP	鱼
5	[0,2]	N/A	猫喜欢
6	[1,3]	N/A	喜欢吃
7	[2,4]	VP	吃鱼
8	[0,3]	N/A	猫喜欢吃
9	[1,4]	VP	喜欢吃鱼
10	[0,4]	IP (root)	猫喜欢吃鱼

图 8.40　基于树的解码中表格的内容

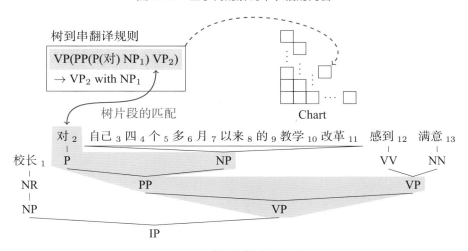

图 8.41　基于树的规则匹配

2. 基于串的解码

基于串的解码过程和句法分析几乎一样。对于输入的源语言句子，基于串的解码需要找到这个句子上的最优推导。唯一不同的地方在于，机器翻译需要考虑译文的生成（语言模型的引入会使问题稍微复杂一些），但是源语言部分的处理和句法分析是一样的。因为不要求用户输入句法树，所以这种方法同时适用于树到串、串到树、树到树等多种模型。本质上，基于串的解码可以探索更多潜在的树结构，并增大搜索空间（相比基于树的解码），因此该方法更有可能找到高质量的翻译结果。

基于串的解码仍然可以用表格结构组织翻译推导。不过，一个比较有挑战的问题是如何找到每个规则能够匹配的源语言跨度。也就是说，对于每个表格单元，需要知道哪些规则可以被填入其中。因为没有用户输入的句法树做指导，所以理论上输入句子的所有子串要与所有规则进行匹配。匹配时，需要考虑规则中源语言端的符号串（或者树结构的叶子序列）与输入词串匹配的全部可能性。

图 8.42 展示了规则匹配输入句子（包含 13 个词）的所有可能。可以看到，规则源语言端的连续变量会使得匹配情况变得复杂。对于长度为 n 的词串，匹配含有 m 个连续变量的规则的时间复杂度是 $O(n^{m-1})$。显然，当变量个数增加时，规则匹配是相当耗时的操作，甚至当变量个数过多时，解码无法在可接受的时间内完成。

在跨度 [0,13] 上匹配 "NP 对 NP VP"

校长 $_1$ 对 $_2$ 自己 $_3$ 四 $_4$ 个 $_5$ 多 $_6$ 月 $_7$ 以来 $_8$ 的 $_9$ 教学 $_{10}$ 改革 $_{11}$ 感到 $_{12}$ 满意 $_{13}$

校长 $_1$ 对 $_2$ 自己 $_3$ 四 $_4$ 个 $_5$ 多 $_6$ 月 $_7$ 以来 $_8$ 的 $_9$ 教学 $_{10}$ 改革 $_{11}$ 感到 $_{12}$ 满意 $_{13}$

校长 $_1$ 对 $_2$ 自己 $_3$ 四 $_4$ 个 $_5$ 多 $_6$ 月 $_7$ 以来 $_8$ 的 $_9$ 教学 $_{10}$ 改革 $_{11}$ 感到 $_{12}$ 满意 $_{13}$

...

校长 $_1$ 对 $_2$ 自己 $_3$ 四 $_4$ 个 $_5$ 多 $_6$ 月 $_7$ 以来 $_8$ 的 $_9$ 教学 $_{10}$ 改革 $_{11}$ 感到 $_{12}$ 满意 $_{13}$

█ NP（第二个） █ VP

图 8.42 在一个词串上匹配 "NP 对 NP VP"。连续变量的匹配对应了对词串不同位置的切割

针对这个问题，有两种常用的解决办法：

- 对文法进行限制。例如，可以限制规则中变量的数量；或者不允许连续的变量，这样的规则也被称作满足**单词化标准形式**（Lexicalized Norm Form，LNF）的规则，如层次短语规则就是 LNF 规则。LNF 中的单词（终结符）可以作为锚点，因此规则匹配时所有变量的匹配范围是固定的。
- 对规则进行二叉化，使用 CKY 方法进行分析。这个方法也是句法分析中常用的策略。所谓规则二叉化是把规则转化为最多只含两个变量或连续词串的规则（串到树规则）。例如，对于如下的规则：

$$\text{喜欢} \ \text{VP}_1 \ \text{NP}_2 \rightarrow \text{VP}(\text{VBZ}(\text{likes}) \ \text{VP}_1 \ \text{NP}_2)$$

二叉化的结果为

$$\text{喜欢} \ \text{V103} \rightarrow \text{VP}(\text{VBZ}(\text{likes}) \ \text{V103})$$
$$\text{VP}_1 \ \text{NP}_2 \rightarrow \text{V103}(\ \text{VP}_1 \ \text{NP}_2)$$

可以看到，这两条新的规则中源语言端只有两个部分，代表两个分叉。V103 是一个新的标签，没有任何句法含义。不过，为了保证二叉化后规则目标语言部分的连续性，需要考虑源

语言和目标语言二叉化的同步性[351, 352]。这样的规则与 CKY 方法一起使用完成解码，具体内容参考 8.2.4 节。

总的来说，基于句法的解码器较为复杂，无论是算法的设计还是工程技巧的运用，对开发人员的能力都有一定要求。因此，开发一个优秀的基于句法的机器翻译系统是一项有挑战的工作。

8.4 小结及拓展阅读

自基于规则的方法开始，如何使用句法信息就是机器翻译研究人员关注的热点。在统计机器翻译时代，句法信息与机器翻译的结合成了最具时代特色的研究方向之一。句法结构具有高度的抽象性，因此可以缓解基于词串方法不善于处理句子上层结构的问题。

本章对基于句法的机器翻译模型进行了介绍，并重点讨论了相关的建模、翻译规则抽取及解码问题。从某种意义上说，基于句法的模型与基于短语的模型同属一类模型，因为二者都假设两种语言间存在由短语或规则构成的翻译推导，而机器翻译的目标就是找到最优的翻译推导。但是，由于句法信息有其独特的性质，因此也给机器翻译带来了新的问题。有几方面问题值得关注：

• 从建模的角度看，早期的统计机器翻译模型已经涉及了树结构的表示问题[283, 363]。不过，基于句法的翻译模型的真正崛起是在同步文法提出后。初期的工作大多集中在反向转录文法和括号转录文法方面[343, 364, 365]，这类方法也被用于短语获取[366, 367]。进一步，研究人员提出了更通用的层次模型来描述翻译过程[88, 368, 369]，本章介绍的层次短语模型就是其中典型的代表。之后，使用语言学句法的模型逐渐兴起。最具代表性的是在单语言端使用语言学句法信息的模型[86, 87, 348, 370-373]，即树到串翻译模型和串到树翻译模型。值得注意的是，除了直接用句法信息定义翻译规则，也有研究人员将句法信息作为软约束改进层次短语模型[374, 375]。这类方法具有很大的灵活性，既保留了层次短语模型比较健壮的特点，同时兼顾了语言学句法对翻译的指导作用。在同一时期，也有研究人员提出同时使用双语两端的语言学句法树对翻译进行建模，比较有代表性的工作是使用同步树插入文法（Synchronous Tree-Insertion Grammars）和同步树替换文法（Synchronous Tree-Substitution Grammars）进行树到树翻译的建模[354, 376, 377]。不过，树到树翻译假设两种语言间的句法结构能相互转换，而这个假设并不总成立。因此，树到树翻译系统往往要配合一些技术，如树二叉化，来提升系统的健壮性。

• 在基于句法的模型中，常常会使用句法分析器完成句法分析树的生成。句法分析器会产生错误，而这些错误会对机器翻译系统产生影响。针对这个问题，一种解决思路是同时考虑更多的句法树，从而增加正确句法分析结果被使用到的概率。其中，比较典型的方式是基于句法森林的方法[378, 379]，例如，在规则抽取或者解码阶段使用句法森林，而不是仅使用一棵单独的句法树。另一种解决思路是，对句法结构进行松弛操作，即在翻译的过程中并不严格遵循句法结构[362, 380]。实际上，前面提到的基于句法软约束的模型也是这类方法的一种体现[374, 375]。事实上，机器翻译领域长期存在一个问题：使用什么样的句法结构最适合机器翻译？因此，有研究人员尝试对比不同的句法分析结果对机器翻译系统的影响[381, 382]。也有研究人员针对机器翻译任务提出了自动归纳句法结构[383]的方法，而不是直接使用从单语小规模树库学习到的句法分析器，这样可以提高系统的健壮性。

- 本章所讨论的模型大多基于短语结构树。另一个重要的方向是使用依存树进行翻译建模[384-386]。依存树比短语结构树有更简单的结构，而且依存关系本身也是对"语义"的表征，因此也可以捕捉到短语结构树无法涵盖的信息。同其他基于句法的模型类似，基于依存树的模型大多需要进行规则抽取、解码等步骤，因此这方面的研究工作大多涉及翻译规则的抽取、基于依存树的解码等[387-391]。此外，基于依存树的模型也可以与句法森林结构相结合，对系统性能进行进一步提升[392, 393]。

- 不同模型往往有不同的优点，为了融合这些优点，系统融合是很受关注的研究方向。从某种意义上说，系统融合的兴起源于 20 世纪初的各种机器翻译比赛，因为当时提升翻译性能的主要方法之一就是将多个翻译引擎进行融合。系统融合的出发点是：多样的翻译候选有助于生成更好的译文。系统融合的思路很多，一种比较简单的方法是假设选择（Hypothesis Selection），即从多个翻译系统的输出中直接选择一个译文[394-396]；另一种方法是用多个系统的输出构建解码格（Decoding Lattice）或者混淆网络（Confusion Networks），这样可以生成新的翻译结果[397-399]。此外，还可以在解码过程中动态融合不同模型[400, 401]。也有研究人员探讨了如何让不同的模型在一个翻译系统中互补，而不是简单的融合。例如，可以控制句法在机器翻译中使用的程度，让句法模型和层次短语模型处理各自擅长的问题[402]。

- 语言模型是统计机器翻译系统所使用的重要特征。但是，即使引入 n-gram 语言模型，机器翻译系统仍然会产生语法上不正确的译文，甚至会生成结构完全错误的译文。针对这个问题，研究人员尝试使用基于句法的语言模型。早期的探索有 Charniak 等人[403] 和 Och 等人[313] 的工作作为支持，当时的结果并没有显示出基于句法的语言模型可以显著提升机器翻译的品质。后来，BBN 的研究团队提出了基于依存树的语言模型[404]，这个模型可以显著提升层次短语模型的性能。除此之外，也有研究工作探索基于树替换文法等结构的语言模型[405]。实际上，树到树、串到树模型也可以被看作一种对目标语言句法合理性的度量，只不过目标语言的句法信息被隐含在翻译规则中。这时，可以在翻译规则上设计相应的特征，以达到引入目标语言句法语言模型的目的。

9. 神经网络和神经语言建模

人工神经网络（Artificial Neural Networks）或**神经网络**（Neural Networks）是描述客观世界的一种数学模型。尽管这种模型和生物学上的神经系统在行为上有相似之处，但人们更倾向于把它作为一种计算工具，而非一个生物学模型。近些年，随着机器学习领域的快速发展，神经网络被大量使用在对图像和自然语言的处理上。特别是，当研究人员发现深层神经网络可以被成功训练后，学术界逐渐形成了一种新的机器学习范式——**深度学习**（Deep Learning）。可以说，深度学习是近几年最受瞩目的研究领域之一，其应用十分广泛。例如，深度学习模型的使用，为图像识别领域提供了新思路，带来了很多重要进展。包括机器翻译在内的很多自然语言处理任务中，深度学习也已经成了一种标准模型。基于深度学习的表示学习方法也为自然语言处理开辟了新的思路。

本章将对深度学习的概念和技术进行介绍，目的是为本书后面神经机器翻译的内容进行铺垫。此外，本章也会对深度学习在语言建模方面的应用进行介绍，以便读者可以初步了解如何使用深度学习方法描述自然语言处理问题。

9.1 深度学习与神经网络

深度学习是机器学习研究中一个非常重要的分支，其概念来源于对神经网络的研究：通过神经元之间的连接建立一种数学模型，使计算机可以像人一样进行分析、学习和推理。

近年来，随着深度学习技术的广泛传播与使用，"人工智能"这个名词在有些场合下甚至与"深度学习"划上了等号。这种理解非常片面，准确地说，"深度学习"是实现"人工智能"的一种技术手段。这种现象反映了深度学习的火爆。深度学习的技术浪潮以惊人的速度席卷世界，也改变了很多领域的现状，在数据挖掘、自然语言处理、语音识别、图像识别等各个领域随处可见深度学习的身影。在自然语言处理领域，深度学习在很多任务中已经取得令人震撼的效果。特别是，基于深度学习的表示学习方法已经成了自然语言处理的新范式，在机器翻译任务中更是衍生出了"神经机器翻译"这样全新的模型。

9.1.1 发展简史

神经网络最早出现在控制论中，随后更多地在联结主义中被提及。神经网络被提出的初衷并不是做一个简单的计算模型，而是希望将神经网络应用到一些自动控制相关的场景中。然而，随着神经网络技术的持续发展，神经网络方法已经被广泛应用到各行各业的研究和实践工作中。

神经网络诞生至今，经历了多次高潮和低谷，这是任何一种技术都无法绕开的命运。然而，好的技术和方法终究不会被埋没，如今，神经网络和深度学习迎来了最好的时代。

1. 早期的神经网络和第一次寒冬

最初，神经网络设计的初衷是用计算模型模拟生物大脑中神经元的运行机理，这种想法哪怕是现在看来也是十分超前的。例如，目前很多机构关注的概念——"类脑计算"就是希望研究人脑的运行机制及相关的计算机实现方法。然而，模拟大脑这件事并没有想象中的那么简单，众所周知，生物学中对人脑机制的研究是十分困难的。因此，神经网络技术一直在摸索着前行，发展到现在，其计算过程与人脑的运行机制已经大相径庭。

神经网络的第一个发展阶段是在 20 世纪 40 年代到 20 世纪 70 年代，这个时期的神经网络还停留在利用线性模型模拟生物神经元的阶段。虽然线性模型在现在看来比较"简陋"，但是这类模型对后来的随机梯度下降等经典方法产生了深远影响。显而易见的是，这种结构存在着非常明显的缺陷，单层结构限制了它的学习能力，使它无法描述非线性问题，如著名的异或函数（XOR）学习问题。此后，神经网络的研究陷入了很长一段时间的低迷期。

2. 神经网络的第二次高潮和第二次寒冬

虽然第一代神经网络受到了打击，但是在 20 世纪 80 年代，第二代神经网络开始萌发新的生机。在这个发展阶段，生物属性已经不再是神经网络的唯一灵感来源，在**联结主义**（Connectionism）和分布式表示两种思潮的影响下，神经网络方法再次走入了人们的视线。

1）符号主义与联结主义

人工智能领域始终存在着符号主义和联结主义之争。早期的人工智能研究在认知学中被称为**符号主义**（Symbolicism）。符号主义认为人工智能源于数理逻辑，希望将世界万物的所有运转方式归纳成像文法一样符合逻辑规律的推导过程。符号主义的支持者们坚信基于物理符号系统（即符号操作系统）假设和有限合理性原理，就能通过逻辑推理来模拟智能。但被他们忽略的一点是，模拟智能的推理过程需要大量的先验知识支持，哪怕是在现代，生物学界也很难准确解释大脑中神经元的工作原理，因此也很难用符号系统刻画人脑逻辑。另外，联结主义侧重于利用神经网络中神经元的连接去探索并模拟输入与输出之间存在的某种关系，这个过程不需要任何先验知识，其核心思想是"大量简单的计算单元连接到一起，可以实现智能行为"，这种思想也推动了反向传播等多种神经网络方法的应用，并发展出了包括长短时记忆模型在内的经典建模方法。2019 年 3 月 27 日，ACM 正式宣布将图灵奖授予 Yoshua Bengio、Geoffrey Hinton 和 Yann LeCun，以表彰他们提出的概念和工作使深度学习神经网络有了重大突破。这三位获奖人均是人工智能联结主义学派的主要代表，从这件事中也可以看出联结主义对当代人工智能和深度学习的巨大影响。

2）分布式表示

分布式表示的主要思想是"一个复杂系统的任何部分的输入都应该是多个特征共同表示的结果"，这种思想在自然语言处理领域的影响尤其深刻，它改变了刻画语言世界的角度，将语言文字从离散空间映射到多维连续空间。例如，在现实世界中，"张三"这个代号就代表着一个人。因为有"如果 A 和 B 姓氏相同且在同一个家谱中，那么 A 和 B 是本家"这个先验知识，若想知道这个人的亲属都有谁，在知道代号"张三"的情况下，可以得知"张三"的亲属是谁。如果不依靠这个先验知识，就无法得知"张三"的亲属是谁。在分布式表示中，可以用一个实数向量，如 $(0.1, 0.3, 0.4)$ 来表示"张三"这个人，这个人的所有特征信息都包含在这个实数向量中，通过在向量空间中的一些操作（如计算距离等），哪怕没有任何先验知识的存在，也完全可以找到这个人的所有亲属。在自然语言处理中，一个单词也用一个实数向量（词向量或词嵌入）表示，通过这种方式将语义空间重新刻画，将这个离散空间转化成了一个连续空间，这时单词就不再是一个简单的词条，而是由成百上千个特征共同描述出来的，其中每个特征分别代表这个词的某个"方面"。

随着第二代神经网络的"脱胎换骨"，学者们又对神经网络方法燃起了希望之火，这也导致有时过分夸大了神经网络的能力。20 世纪 90 年代后期，在语音识别、自然语言处理等应用中，人们对神经网络方法期望过高，训练结果并没有达到预期，这也让很多人丧失了对神经网络方法的信任。相反，核方法、图模型等机器学习方法取得了很好的效果，这导致神经网络研究又一次进入低谷。

3. 深度学习和神经网络方法的崛起

21 世纪初，随着深度学习浪潮席卷世界，神经网络又一次出现在人们的视野中。深度学习的流行源于 2006 年 Hinton 等人成功训练了一个**深度信念网络**（Deep Belief Network），在深度神经网络方法完全不受重视的情况下，大家突然发现深度神经网络完全是一个魔鬼般的存在，可以解决很多当时其他方法无法解决的问题。神经网络方法终于在一次又一次的被否定后，迎来了它的春天。随后，针对神经网络和深度学习的一系列研究陆续展开，并延续至今。

回头看，现代深度学习的成功主要有三方面的原因：

（1）模型和算法的不断完善和改进。这是现代深度学习能够获得成功的最主要原因。

（2）并行计算能力的提升使大规模的实践成为可能。早期的计算机设备根本无法支撑深度神经网络训练所需的计算量，导致实践变得十分困难。而设备的进步、计算能力的提升则彻底改变了这种窘境。

（3）以 Geoffrey Hinton 等人为代表的学者的坚持和持续努力。

另外，从应用的角度看，数据量的快速提升和模型容量的增加也为深度学习的成功提供了条件，数据量的增加使得深度学习有了用武之地。例如，自 2000 年，无论在学术研究还是在工业实践中，双语数据的使用数量都在逐年上升（如图 9.1 所示）。现在的深度学习模型参数量都十分巨大，因此需要大规模数据才能保证模型学习的充分性，而大数据时代的到来为训练这样的模型提供了数据基础。

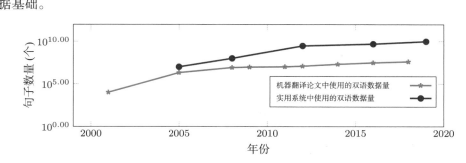

图 9.1　机器翻译系统所使用的双语数据量变化趋势

9.1.2 为什么需要深度学习

深度神经网络提供了一种简单的学习机制，即直接学习输入与输出的关系，通常把这种机制称为**端到端学习**（End-to-End Learning）。与传统方法不同，端到端学习并不需要人工定义特征或者进行过多的先验性假设，所有的学习过程都由一个模型完成。从外面看这个模型只是建立了一种输入到输出的映射，而这种映射具体是如何形成的完全由模型的结构和参数决定。这样做的最大好处是，模型可以更加"自由"地学习。此外，端到端学习也引发了一个新的思考——如何表示问题？这也就是所谓的**表示学习**（Representation Learning）问题。在深度学习时代，问题输入和输出的表示已经不再是人类通过简单总结得到的规律，而是可以让计算机进行描述的一种可计算"量"，如一个实数向量。这种表示可以被自动学习，因此大大提升了计算机对语言文字等复杂现象的处理能力。

1. 端到端学习和表示学习

端到端学习使机器学习不再依赖传统的特征工程方法，因此不需要烦琐的数据预处理、特征选择、降维等过程，而是直接利用神经网络自动从输入数据中提取、组合更复杂的特征，大大提升了模型能力和工程效率。以图 9.2 中的图像分类为例，在传统方法中，图像分类需要很多阶段的处理。首先，需要提取一些手工设计的图像特征，在将其降维之后，需要利用 SVM 等分类算法对其进行分类。与这种多阶段的流水线似的处理流程相比，端到端深度学习只训练一个神经网络，输入就是图片的像素表示，输出是图片的类别。

传统的机器学习需要人工定义特征，这个过程往往需要对问题的隐含假设。这种方法存在 3 方面的问题：

- **特征的构造需要耗费大量的时间和精力**。在传统机器学习的特征工程方法中，特征提取都是基于人力完成的，该过程往往依赖大量的先验假设，会大大增加相关系统的研发周期。
- **最终的系统性能强弱非常依赖特征的选择**。有一句话在业界广泛流传："数据和特征决定了机器学习的上限"，人的智力和认知是有限的，因此人工设计的特征的准确性和覆盖度会存在瓶颈。

- **通用性差**。针对不同的任务，传统的机器学习的特征工程方法需要选择不同的特征，在某个任务上表现出很好的特征，在其他任务上可能没有效果。

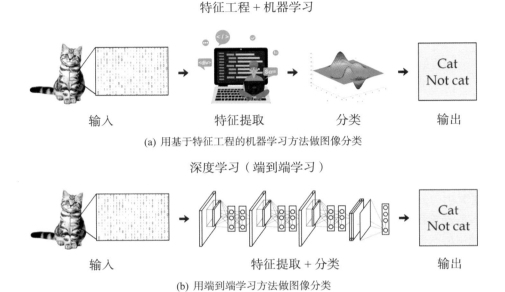

图 9.2　特征工程 vs 端到端学习

　　端到端学习将人们从大量的特征提取工作中解放出来，可以不需要太多人的先验知识。从某种意义上讲，对问题的特征提取完全是自动完成的，这意味着即使系统开发人员不是该任务的"专家"，也可以完成相关系统的开发。此外，端到端学习实际上隐含了一种新的对问题的表示形式——分布式表示。在这种框架下，模型的输入可以被描述为分布式的实数向量，这样模型可以有更多的维度描述一个事物，同时避免传统符号系统对客观事物离散化的刻画。例如，在自然语言处理中，表示学习重新定义了什么是词、什么是句子。在本章后面也会提到，表示学习可以让计算机对语言文字的描述更加准确和充分。

　　2. 深度学习的效果

　　相比于传统的基于特征工程的方法，基于深度学习的模型更加方便、通用，在系统性能上也普遍更优。这里以语言建模任务为例。语言建模的目的是开发一个模型来描述词串出现的可能性（见第 2 章）。这个任务有很长的历史。表 9.1 给出了不同方法在常用的 PTB 数据集上的困惑度结果[①]。由于传统的 n-gram 语言模型面临维度灾难和数据稀疏问题，最终的性能并不是很好。而在

――――――――――――――――――
① 困惑度越低，表明语言建模的效果越好。

深度学习模型中，通过引入循环神经网络等结构，所得到的语言模型可以更好地描述序列生成的问题。基于 Transformer 架构的语言模型将困惑度下降到惊人的 35.7。可见，深度学习为这个任务带来的进步是巨大的。

表9.1   不同方法在常用的 PTB 数据集上的困惑度结果

模型	作者	年份	困惑度
3-gram LM[406]	Brown 等	1992	178.0
Feed-forward Neural LM[72]	Bengio 等	2003	162.2
Recurrent NN-based LM[73]	Mikolov 等	2010	124.7
Recurrent NN-LDA[407]	Mikolov 等	2012	92.0
LSTM [408]	Zaremba 等	2014	78.4
RHN[409]	Zilly 等	2016	65.4
AWD-LSTM[410]	Merity 等	2018	58.8
GPT-2 (Transformer)[411]	Radford 等	2019	35.7

9.2 神经网络基础

神经网络是一种由大量的节点（或称神经元）相互连接构成的计算模型。那么什么是神经元？神经元之间又是如何连接的？神经网络的数学描述是什么样的？本节将围绕这些问题系统地对神经网络的基础知识进行介绍。

9.2.1 线性代数基础

线性代数作为一个数学分支，广泛应用于科学和工程中，神经网络的数学描述中也大量使用了线性代数工具。因此，本节将对线性代数的一些概念进行简要介绍，以方便后续对神经网络进行数学描述。

1. 标量、向量和矩阵

标量（Scalar）：标量亦称"无向量"，是一种只具有数值大小而没有方向的量。通俗地说，一个标量就是一个单独的数，这里特指实数①。例如，对于 $a = 5$，a 就是一个标量。

向量（Vector）：向量是由一组实数组成的有序数组。与标量不同，向量既有大小也有方向。可以把向量看作空间中的点，每个元素是不同坐标轴上的坐标。式 (9.1) 和式 (9.2) 分别展示了一个行向量和一个列向量：

$$\boldsymbol{a} = (1 \ 2 \ 5) \tag{9.1}$$

---

① 严格意义上，标量可以是复数等其他形式。为了方便讨论，这里仅以实数为对象。

$$\boldsymbol{a}^{\mathrm{T}} = \begin{pmatrix} 1 \\ 2 \\ 5 \\ 7 \end{pmatrix} \tag{9.2}$$

本章默认使用行向量，如 $\boldsymbol{a} = (a_1, a_2, a_3)$，$\boldsymbol{a}$ 对应的列向量记为 $\boldsymbol{a}^{\mathrm{T}}$。

矩阵（Matrix）：矩阵是一个按照长方阵列排列的实数集合，最早来自方程组的系数及常数所构成的方阵。在计算机领域，通常将矩阵看作二维数组。这里用符号 $\boldsymbol{A}$ 表示一个矩阵，如果该矩阵有 m 行 n 列，那么有 $\boldsymbol{A} \in \mathbb{R}^{m \times n}$。矩阵中的每个元素都由一个行索引和一个列索引确定。例如，a_{ij} 表示第 i 行、第 j 列的矩阵元素。式 (9.3) 中的 $\boldsymbol{A}$ 定义了一个 2 行 2 列的矩阵。

$$\begin{aligned} \boldsymbol{A} &= \begin{pmatrix} a_{11} & a_{12} \\ a_{21} & a_{22} \end{pmatrix} \\ &= \begin{pmatrix} 1 & 2 \\ 3 & 4 \end{pmatrix} \end{aligned} \tag{9.3}$$

2. 矩阵的转置

转置（Transpose）是矩阵的重要操作之一。矩阵的转置可以看作将矩阵以对角线为镜像进行翻转：假设 $\boldsymbol{A}$ 为 m 行 n 列的矩阵，第 i 行、第 j 列的元素是 a_{ij}，即 $\boldsymbol{A} = (a_{ij})_{m \times n}$，把 $m \times n$ 矩阵 $\boldsymbol{A}$ 的行换成同序数的列得到一个 $n \times m$ 矩阵，则得到 $\boldsymbol{A}$ 的转置矩阵，记为 $\boldsymbol{A}^{\mathrm{T}}$，且 $\boldsymbol{A}^{\mathrm{T}} = (a_{ji})_{n \times m}$。例如，对于式 (9.4) 中的矩阵，

$$\boldsymbol{A} = \begin{pmatrix} 1 & 3 & 2 & 6 \\ 5 & 4 & 8 & 2 \end{pmatrix} \tag{9.4}$$

它转置的结果如下：

$$\boldsymbol{A}^{\mathrm{T}} = \begin{pmatrix} 1 & 5 \\ 3 & 4 \\ 2 & 8 \\ 6 & 2 \end{pmatrix} \tag{9.5}$$

向量可以看作只有一行（列）的矩阵。对应地，向量的转置可以看作只有一列（行）的矩阵。标量可以看作只有一个元素的矩阵。因此，标量的转置等于它本身，即 $a^{\mathrm{T}} = a$。

3. 矩阵加法和数乘

矩阵加法又被称作**按元素加法**（Element-wise Addition）。它是指两个矩阵把其相对应的元素加在一起的运算，通常的矩阵加法被定义在两个形状相同的矩阵上。两个 $m \times n$ 矩阵 $\boldsymbol{A}$ 和 $\boldsymbol{B}$ 的和，标记为 $\boldsymbol{A} + \boldsymbol{B}$，它也是个 $m \times n$ 矩阵，其内的各元素为其相对应的元素相加后的值，即如果矩阵 $\boldsymbol{C} = \boldsymbol{A} + \boldsymbol{B}$，则 $c_{ij} = a_{ij} + b_{ij}$。式 (9.6) 展示了矩阵之间进行加法的计算过程：

$$\begin{pmatrix} 1 & 3 \\ 1 & 0 \\ 1 & 2 \end{pmatrix} + \begin{pmatrix} 0 & 0 \\ 7 & 5 \\ 2 & 1 \end{pmatrix} = \begin{pmatrix} 1+0 & 3+0 \\ 1+7 & 0+5 \\ 1+2 & 2+1 \end{pmatrix} = \begin{pmatrix} 1 & 3 \\ 8 & 5 \\ 3 & 3 \end{pmatrix} \tag{9.6}$$

矩阵加法满足以下运算规律：

- 交换律：$\boldsymbol{A} + \boldsymbol{B} = \boldsymbol{B} + \boldsymbol{A}$。
- 结合律：$(\boldsymbol{A} + \boldsymbol{B}) + \boldsymbol{C} = \boldsymbol{A} + (\boldsymbol{B} + \boldsymbol{C})$。
- $\boldsymbol{A} + \boldsymbol{0} = \boldsymbol{A}$，其中 $\boldsymbol{0}$ 指的是零矩阵，即元素皆为 0 的矩阵。
- $\boldsymbol{A} + (-\boldsymbol{A}) = \boldsymbol{0}$，其中 $-\boldsymbol{A}$ 是矩阵 $\boldsymbol{A}$ 的负矩阵，即将矩阵 $\boldsymbol{A}$ 的每个元素取负得到的矩阵。

矩阵的**数乘**（Scalar Multiplication）也称**标量乘法**，是指标量（实数）与矩阵的乘法运算，计算过程是将标量与矩阵的每个元素相乘，最终得到与原矩阵形状相同的矩阵。例如，矩阵 $\boldsymbol{A} = (a_{ij})_{m \times n}$ 与标量 k 进行数乘运算，其结果矩阵 $\boldsymbol{B} = (ka_{ij})_{m \times n}$，即 $k(a_{ij})_{m \times n} = (ka_{ij})_{m \times n}$。式 (9.7) 和式 (9.8) 展示了矩阵数乘的计算过程：

$$\boldsymbol{A} = \begin{pmatrix} 3 & 2 & 7 \\ 5 & 8 & 1 \end{pmatrix} \tag{9.7}$$

$$2\boldsymbol{A} = \begin{pmatrix} 6 & 4 & 14 \\ 10 & 16 & 2 \end{pmatrix} \tag{9.8}$$

矩阵的数乘满足以下运算规律，其中 k 和 l 是实数，$\boldsymbol{A}$ 和 $\boldsymbol{B}$ 是形状相同的矩阵：

- 右分配律：$k(\boldsymbol{A} + \boldsymbol{B}) = k\boldsymbol{A} + k\boldsymbol{B}$。
- 左分配律：$(k + l)\boldsymbol{A} = k\boldsymbol{A} + l\boldsymbol{A}$。
- 结合律：$(kl)\boldsymbol{A} = k(l\boldsymbol{A})$。

4. 矩阵乘法和矩阵点乘

矩阵乘法是矩阵运算中最重要的操作之一，为了与矩阵点乘区分，通常把矩阵乘法叫作矩阵叉乘。假设 $\boldsymbol{A}$ 为 $m \times p$ 的矩阵，$\boldsymbol{B}$ 为 $p \times n$ 的矩阵，对 $\boldsymbol{A}$ 和 $\boldsymbol{B}$ 做矩阵乘法的结果是一个 $m \times n$ 的矩阵 $\boldsymbol{C}$，其中矩阵 $\boldsymbol{C}$ 中第 i 行、第 j 列的元素可以表示为

$$(\boldsymbol{AB})_{ij} = \sum_{k=1}^{p} a_{ik}b_{kj} \tag{9.9}$$

只有当第一个矩阵的列数与第二个矩阵的行数相等时，两个矩阵才可以做矩阵乘法。式 (9.10) 展示了矩阵乘法的运算过程，若 $\boldsymbol{A} = \begin{pmatrix} a_{11} & a_{12} & a_{13} \\ a_{21} & a_{22} & a_{23} \end{pmatrix}$，$\boldsymbol{B} = \begin{pmatrix} b_{11} & b_{12} \\ b_{21} & b_{22} \\ b_{31} & b_{32} \end{pmatrix}$，则有

$$\begin{aligned} \boldsymbol{C} &= \boldsymbol{AB} \\ &= \begin{pmatrix} a_{11}b_{11} + a_{12}b_{21} + a_{13}b_{31} & a_{11}b_{12} + a_{12}b_{22} + a_{13}b_{32} \\ a_{21}b_{11} + a_{22}b_{21} + a_{23}b_{31} & a_{21}b_{12} + a_{22}b_{22} + a_{23}b_{32} \end{pmatrix} \end{aligned} \tag{9.10}$$

矩阵乘法满足以下运算规律：

- 结合律：若 $\boldsymbol{A} \in \mathbb{R}^{m \times n}, \boldsymbol{B} \in \mathbb{R}^{n \times p}, \boldsymbol{C} \in \mathbb{R}^{p \times q}$，则 $(\boldsymbol{AB})\boldsymbol{C} = \boldsymbol{A}(\boldsymbol{BC})$。
- 左分配律：若 $\boldsymbol{A} \in \mathbb{R}^{m \times n}, \boldsymbol{B} \in \mathbb{R}^{m \times n}, \boldsymbol{C} \in \mathbb{R}^{n \times p}$，则 $(\boldsymbol{A} + \boldsymbol{B})\boldsymbol{C} = \boldsymbol{AC} + \boldsymbol{BC}$。
- 右分配律：若 $\boldsymbol{A} \in \mathbb{R}^{m \times n}, \boldsymbol{B} \in \mathbb{R}^{n \times p}, \boldsymbol{C} \in \mathbb{R}^{n \times p}$，则 $\boldsymbol{A}(\boldsymbol{B} + \boldsymbol{C}) = \boldsymbol{AB} + \boldsymbol{AC}$。

可以将线性方程组用矩阵乘法表示，如对于线性方程组 $\begin{cases} 5x_1 + 2x_2 = y_1 \\ 3x_1 + x_2 = y_2 \end{cases}$，可以表示为 $\boldsymbol{Ax}^{\mathrm{T}} = \boldsymbol{y}^{\mathrm{T}}$，其中 $\boldsymbol{A} = \begin{pmatrix} 5 & 2 \\ 3 & 1 \end{pmatrix}$，$\boldsymbol{x}^{\mathrm{T}} = \begin{pmatrix} x_1 \\ x_2 \end{pmatrix}$，$\boldsymbol{y}^{\mathrm{T}} = \begin{pmatrix} y_1 \\ y_2 \end{pmatrix}$。

矩阵的点乘就是两个形状相同的矩阵的各对应元素相乘，矩阵点乘也被称为**按元素乘积**（Element-wise Product）或 Hadamard 乘积，记为 $\boldsymbol{A} \odot \boldsymbol{B}$。例如，对于式 (9.11) 和式 (9.12) 所示的两个矩阵，

$$\boldsymbol{A} = \begin{pmatrix} 1 & 0 \\ -1 & 3 \end{pmatrix} \tag{9.11}$$

$$\boldsymbol{B} = \begin{pmatrix} 3 & 1 \\ 2 & 1 \end{pmatrix} \tag{9.12}$$

矩阵点乘的计算方式为

$$\begin{aligned} \boldsymbol{C} &= \boldsymbol{A} \odot \boldsymbol{B} \\ &= \begin{pmatrix} 1 \times 3 & 0 \times 1 \\ -1 \times 2 & 3 \times 1 \end{pmatrix} \end{aligned} \tag{9.13}$$

5. 线性映射

线性映射（Linear Mapping）或**线性变换**（Linear Transformation）是一个向量空间 V 到另一个向量空间 W 的映射函数 $f : v \to w$，且该映射函数保持加法运算和数量乘法运算，即对于空间 V 中任意两个向量 u 和 v，以及任意标量 c，始终符合式 (9.14) 和式 (9.15)：

$$f(u + v) = f(u) + f(v) \tag{9.14}$$

$$f(cv) = cf(v) \tag{9.15}$$

利用矩阵 $A \in \mathbb{R}^{m \times n}$，可以实现两个有限维欧氏空间的映射函数 $f : \mathbb{R}^n \to \mathbb{R}^m$。例如，$n$ 维列向量 x^T 与 $m \times n$ 的矩阵 A，向量 x^T 左乘矩阵 A，可将向量 x^T 映射为 m 列向量。式 (9.16) ~ 式 (9.18) 所示为一个具体的例子，

$$x^\mathrm{T} = \begin{pmatrix} x_1 \\ x_2 \\ \vdots \\ x_n \end{pmatrix} \tag{9.16}$$

$$A = \begin{pmatrix} a_{11} & a_{12} & \cdots & a_{1n} \\ a_{21} & \cdots & \cdots & \cdots \\ \vdots & \vdots & \ddots & \vdots \\ a_{m1} & \cdots & \cdots & a_{mn} \end{pmatrix} \tag{9.17}$$

可以得到

$$
\begin{aligned}
y^\mathrm{T} &= A x^\mathrm{T} \\
&= \begin{pmatrix} a_{11}x_1 + a_{12}x_2 + \cdots + a_{1n}x_n \\ a_{21}x_1 + a_{22}x_2 + \cdots + a_{2n}x_n \\ \vdots \\ a_{m1}x_1 + a_{m2}x_2 + \cdots + a_{mn}x_n \end{pmatrix}
\end{aligned} \tag{9.18}
$$

上例中矩阵 A 定义了一个从 $\mathbb{R}^n$ 到 $\mathbb{R}^m$ 的线性映射：向量 $x^\mathrm{T} \in \mathbb{R}^n$ 和 $y^\mathrm{T} \in \mathbb{R}^m$ 分别为两个空间中的列向量，即大小为 $n \times 1$ 和 $m \times 1$ 的矩阵。

6. 范数

在工程领域，经常会用被称为**范数**（Norm）的函数来衡量向量大小，范数为向量空间内的所有向量赋予非零的正长度。对于一个 n 维向量 x，一个常见的范数函数为 l_p 范数，通常表示为

$\|\boldsymbol{x}\|_p$，其中 $p \geqslant 0$，是一个标量形式的参数。常用的 p 的取值有 1、2、∞ 等。范数的计算方式为

$$l_p(\boldsymbol{x}) = \|\boldsymbol{x}\|_p = \left(\sum_{i=1}^{n} |x_i|^p\right)^{\frac{1}{p}} \tag{9.19}$$

l_1 范数为向量的各个元素的绝对值之和：

$$\|\boldsymbol{x}\|_1 = \sum_{i=1}^{n} |x_i| \tag{9.20}$$

l_2 范数为向量的各个元素平方和的二分之一次方：

$$\|\boldsymbol{x}\|_2 = \sqrt{\sum_{i=1}^{n} x_i^2} = \sqrt{\boldsymbol{x}\boldsymbol{x}^{\mathrm{T}}} \tag{9.21}$$

l_2 范数被称为**欧几里得范数**（Euclidean Norm）。从几何的角度看，向量也可以表示为从原点出发的一个带箭头的有向线段，其 l_2 范数为线段的长度，也常被称为向量的模。l_2 范数在机器学习中非常常用。向量 $\boldsymbol{x}$ 的 l_2 范数经常简化表示为 $\|\boldsymbol{x}\|$，可以通过点积 $\boldsymbol{x}\boldsymbol{x}^{\mathrm{T}}$ 进行计算。

l_∞ 范数为向量的各个元素的最大绝对值，如 (9.22) 所示：

$$\|\boldsymbol{x}\|_\infty = \max\{|x_1|, |x_2|, \cdots, |x_n|\} \tag{9.22}$$

广义上讲，范数是将向量映射到非负值的函数，其作用是衡量向量 $\boldsymbol{x}$ 到坐标原点的距离。更严格地说，范数并不拘于 l_p 范数，任何一个同时满足下列性质的函数都可以作为范数：

- 若 $f(\boldsymbol{x}) = 0$，则 $\boldsymbol{x} = \boldsymbol{0}$。
- 三角不等式：$f(\boldsymbol{x} + \boldsymbol{y}) \leqslant f(\boldsymbol{x}) + f(\boldsymbol{y})$。
- 任意实数 α，$f(\alpha\boldsymbol{x}) = |\alpha|f(\boldsymbol{x})$。

在深度学习中，有时希望衡量矩阵的大小，这时可以考虑使用**Frobenius 范数**（Frobenius Norm），其计算方式为

$$\|\boldsymbol{A}\|_F = \sqrt{\sum_{i,j} a_{i,j}^2} \tag{9.23}$$

9.2.2 神经元和感知机

生物学中，神经元是神经系统的基本组成单元。同样，人工神经元是人工神经网络的基本单元。在人们的想象中，人工神经元应该与生物神经元类似，但事实上，二者在形态上是有明显差别的。图 9.3 所示为一个典型的人工神经元，其本质是一个形似 $y = f(\boldsymbol{x} \cdot \boldsymbol{w} + b)$ 的函数。显而易

见，一个神经元主要由 x, w, b, f 四部分构成。其中 x 是一个形如 $(x_1, x_2, \cdots, x_n)$ 的实数向量，在一个神经元中担任"输入"的角色。w 通常被理解为神经元连接的**权重**（Weight）（对于一个人工神经元，权重是一个向量，表示为 w；对于由多个神经元组成的神经网络，权重是一个矩阵，表示为 W），其中的每一个元素都对应着一个输入和一个输出，代表着"某输入对某输出的贡献程度"。b 被称作偏置（对于一个人工神经元，偏置是一个实数，表示为 b；对于神经网络中的某一层，偏置是一个向量，表示为 b）。f 被称作激活函数，用于对输入向量各项加权和后进行某种变换。可见，一个人工神经元的功能是将输入向量与权重矩阵右乘（做内积）后，加上偏置量，经过一个激活函数得到一个标量结果。

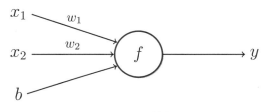

图 9.3　人工神经元

1. 感知机：最简单的人工神经元模型

感知机是人工神经元的一种实例，在 20 世纪 50 年代被提出，对神经网络研究产生了深远的影响。感知机的模型如图 9.4 所示，其输入是一个 n 维二值向量 $x = (x_1, x_2, \cdots, x_n)$，其中 $x_i = 0$ 或 1。权重 $w = (w_1, w_2, \cdots, w_n)$，每个输入变量对应一个权重 w_i。偏置 b 是一个实数变量（$-\sigma$）。输出也是一个二值结果，即 $y = 0$ 或 1。y 值的判定由输入的加权和是否大于（或小于）一个阈值 σ 决定：

$$y = \begin{cases} 0 & \sum_i (x_i \cdot w_i) - \sigma < 0 \\ 1 & \sum_i (x_i \cdot w_i) - \sigma \geqslant 0 \end{cases} \tag{9.24}$$

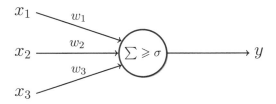

图 9.4　感知机的模型

感知机可以做一些简单的决策。举一个非常简单的例子，有一场音乐会，你正在纠结是否参加，有 3 个因素会影响你的决定：

- x_1：剧场是否离你足够近（是，则 $x_1 = 1$；否则 $x_1 = 0$）。
- x_2：票价是否低于 300 元（是，则 $x_2 = 1$；否则 $x_2 = 0$）。
- x_3：女友是否喜欢听音乐会（是，则 $x_3 = 1$；否则 $x_3 = 0$）。

在这种情况下，应该如何做出决定呢？例如，女友很希望和你一起去听音乐会，但是剧场很远而且票价 500 元，如果这些因素对你都是同等重要的（即 $w_1 = w_2 = w_3$，假设这 3 个权重都设置为 1），那么会得到一个综合得分：

$$
\begin{aligned}
x_1 \cdot w_1 + x_2 \cdot w_2 + x_3 \cdot w_3 &= 0 \cdot 1 + 0 \cdot 1 + 1 \cdot 1 \\
&= 1
\end{aligned} \tag{9.25}
$$

如果你不是爱纠结的人，能够接受不完美的事情，你可能会把 σ 设置为 1，于是 $\sum (w_i \cdot x_i) - \sigma \geqslant 0$，那么你会去听音乐会。本例的本质如图 9.5 所示。

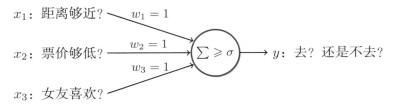

图 9.5　预测是否去听音乐会的感知机（权重相同）

2. 神经元内部权重

在上面的例子中，连接权重代表每个输入因素对最终输出结果的重要程度，为了得到令人满意的决策，需要不断调整权重。如果你更看重票价，则会用不均匀的权重计算每个因素的影响，如 $w_1 = 0.5, w_2 = 2, w_3 = 0.5$。此时的感知机模型如图 9.6 所示。在这种情况下，女友很希望和你一起去听音乐会，但是剧场很远而且票价 500 元，会导致你不去听音乐会，该决策过程如下：

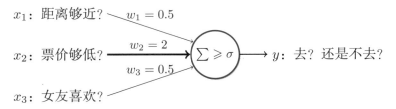

图 9.6　预测是否去听音乐会的感知机（权重不同）

$$\sum_i (x_i \cdot w_i) = 0 \cdot 0.5 + 0 \cdot 2 + 1 \cdot 0.5$$

$$= 0.5$$

$$< \sigma = 1 \tag{9.26}$$

当然，结果是女友对这个决定非常不满意。

3. 神经元的输入：离散 vs 连续

在受到女友的"批评教育"之后，你意识到决策考虑的因素（即输入）不应该非 0 即 1，而应该把"程度"也考虑进来，于是你改变了 3 个输入的形式：

x_1：10/距离（km）

x_2：150/票价（元）

x_3：女友是否喜欢

在新修改的模型中，x_1 和 x_2 变成了连续变量，x_3 仍然是离散变量，如图 9.7 所示。

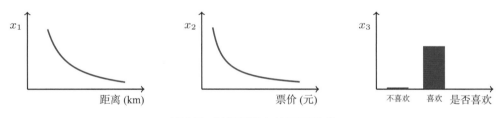

图 9.7　神经元输入的不同形式

使用修改后的模型做决策：女友很希望和你一起，但是剧场距你们 20 公里且票价 500 元。于是有 $x_1 = 10/20, x_2 = 150/500, x_3 = 1$。此时，决策过程如下：

$$\sum_i (x_i \cdot w_i) = 0.5 \cdot 0.5 + 0.3 \cdot 2 + 1 \cdot 0.5$$

$$= 1.35$$

$$> \sigma = 1 \tag{9.27}$$

虽然剧场很远，价格有点贵，但是女友很满意，你就很高兴。

4. 神经元内部的参数学习

一次成功的音乐会之旅之后，你似乎掌握了一个真理：其他什么都不重要，女友的喜好最重要，所以你又对决策模型的权重做了调整：最简单的方式就是 $w_1 = w_2 = 0$，同时令 $w_3 > 0$，相当于只考虑 x_3 的影响而忽略其他因素，于是得到了如图 9.8 所示的决策模型。

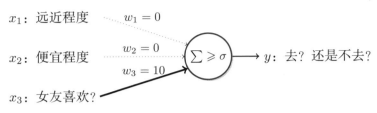

图9.8　预测是否去听音乐会的决策模型（只考虑女友喜好）

很快，又要举办一场音乐会，距你 1000 公里，票价 3000 元，当然女友是一直喜欢听音乐会的。根据新的决策模型，你义无反顾地选择去听音乐会。女友又不高兴了，喜欢浪漫的女友觉得去听这场音乐会太奢侈了。从这两次听音乐会的经历中，你发现需要准确地设置每个因素的权重才能达到最好的决策效果。

那么如何确定最好的权重呢？方法其实很简单，不断地尝试，根据结果不断地调整权重。在经过成百上千次的尝试后，终于找到了一组合适的权重，使每次决策的正确率都很高。上面这个过程就类似于参数训练的过程，利用大量的数据模拟成百上千次的尝试，根据输出的结果不断地调整权重。

可以看到，在"是否参加音乐会"这个实际问题中，主要涉及 3 方面的问题：

- **对问题建模**，即定义输入 $\{x_i\}$ 的形式。
- **设计有效的决策模型**，即定义 y。
- **得到模型参数**（如权重 $\{w_i\}$）的最优值。

上面的例子对这 3 个问题都简要地做出了回答。下面的内容将继续对它们进行详细阐述。

9.2.3 多层神经网络

感知机是一种最简单的单层神经网络。一个很自然的问题是：能否把多个这样的网络叠加在一起，获得对更复杂问题建模的能力？如果可以，那么在多层神经网络的每一层，神经元之间是怎么组织、工作的呢？单层网络又是通过什么方式构造成多层的呢？

1. 线性变换和激活函数

为了建立多层神经网络，需要先对前面提到的简单的神经元进行扩展，把多个神经元组成一"层"神经元。例如，很多实际问题需要同时有多个输出，这时可以把多个相同的神经元并列起来，每个神经元都会有一个单独的输出，这就构成一"层"，形成了单层神经网络。单层神经网络中的每一个神经元都对应着一组权重和一个输出，可以把单层神经网络中的不同输出看作对一个事物不同角度的描述。

举个简单的例子，预报天气时，往往需要预测温度、湿度和风力，这就意味着如果使用单层神经网络进行预测，需要设置 3 个神经元。如图 9.9 所示，此时权重矩阵如下：

$$\boldsymbol{W} = \begin{pmatrix} w_{11} & w_{12} & w_{13} \\ w_{21} & w_{22} & w_{23} \end{pmatrix} \tag{9.28}$$

它的第一列元素 $\begin{pmatrix} w_{11} \\ w_{21} \end{pmatrix}$ 是输入相对于第一个输出 y_1 的权重，参数向量 $\boldsymbol{b} = (b_1, b_2, b_3)$ 的第一个元素 b_1 是对应于第一个输出 y_1 的偏置量。类似地，可以得到 y_2 和 y_3。预测天气的单层模型如图 9.10 所示（在本例中，假设输入 $\boldsymbol{x} = (x_1, x_2)$）。

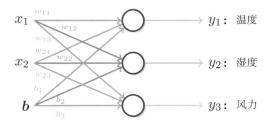

图 9.9　权重矩阵中的元素与输出的对应关系

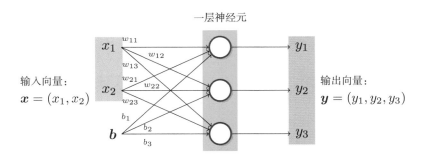

图 9.10　预测天气的单层神经网络

在神经网络中，对于输入向量 $\boldsymbol{x} \in \mathbb{R}^m$，一层神经网络先将其经过线性变换映射到 $\mathbb{R}^n$，再经过激活函数变成 $\boldsymbol{y} \in \mathbb{R}^n$。还是上面天气预测的例子，每个神经元获得相同的输入，权重矩阵 $\boldsymbol{W}$ 是一个 2×3 矩阵，矩阵中每个元素 w_{ij} 代表第 j 个神经元中 x_i 对应的权重值，假设编号为 1 的神经元负责预测温度，则 w_{i1} 的含义为预测温度时输入 x_i 对其的影响程度。此外，所有神经元的偏置 b_1, b_2, b_3 组成了最终的偏置向量 $\boldsymbol{b}$。在该例中则有权重矩阵 $\boldsymbol{W} = \begin{pmatrix} w_{11} & w_{12} & w_{13} \\ w_{21} & w_{22} & w_{23} \end{pmatrix}$，偏置向量 $\boldsymbol{b} = (b_1, b_2, b_3)$。

那么，线性变换的本质是什么？图 9.11 正是线性变换的简单示意。

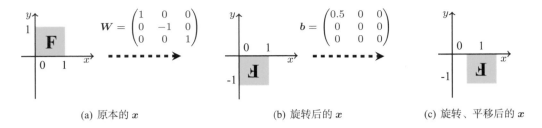

(a) 原本的 x (b) 旋转后的 x (c) 旋转、平移后的 x

图 9.11　线性变换示意图

- 从代数角度看，对于线性空间 V，任意 $a, a \in V$ 和数域中的任意 α，线性变换 $T(\cdot)$ 需满足：$T(a + b) = T(a) + T(b)$，且 $T(\alpha a) = \alpha T(a)$。
- 从几何角度看，公式中的 $xW + b$ 将 x 右乘 W 相当于对 x 进行旋转变换，如对 3 个点 $(0,0), (0,1), (1,0)$ 及其围成的矩形区域右乘如下矩阵：

$$W = \begin{pmatrix} 1 & 0 & 0 \\ 0 & -1 & 0 \\ 0 & 0 & 1 \end{pmatrix} \tag{9.29}$$

这样，矩形区域由第一象限旋转 $90°$ 到了第四象限，如图 9.11(a) 所示。公式 $xW + b$ 中的 b 相当于对其进行平移变换，其过程如图 9.11(b) 所示，偏置矩阵 $b = \begin{pmatrix} 0.5 & 0 & 0 \\ 0 & 0 & 0 \\ 0 & 0 & 0 \end{pmatrix}$ 将矩形区域沿 x 轴向右平移了一段距离。

线性变换提供了对输入数据进行空间中旋转、平移的能力。线性变换也适用于更加复杂的情况，这也为神经网络提供了拟合不同函数的能力。例如，可以利用线性变换将三维图形投影到二维平面上，或者将二维平面上的图形映射到三维空间。如图 9.12 所示，通过一个简单的线性变换，可以将三维图形投影到二维平面上。

$$\underbrace{\left\{ \begin{pmatrix} 1 & 0 & 0 \\ 0 & 1 & 0 \\ 0 & 0 & 1 \end{pmatrix} \cdots \begin{pmatrix} 1 & 0 & 0 \\ 0 & 1 & 0 \\ 0 & 0 & 1 \end{pmatrix} \right\}}_{5} \times \begin{bmatrix} 1 \\ 1 \\ 1 \end{bmatrix} = \underbrace{\left\{ \begin{pmatrix} 1 \\ 1 \\ 1 \end{pmatrix} \cdots \begin{pmatrix} 1 \\ 1 \\ 1 \end{pmatrix} \right\}}_{5}$$

图 9.12　线性变换：三维 → 二维数学示意

那激活函数又是什么？一个神经元在接收到经过线性变换的结果后，通过激活函数的处理，得到最终的输出 y。激活函数的目的是解决实际问题中的非线性变换，线性变换只能拟合直线，而激活函数的加入使神经网络具有了拟合曲线的能力。特别是在实际问题中，很多现象都无法用简单的线性关系描述，这时可以使用非线性激活函数来描述更加复杂的问题。常见的非线性激活函数有 Sigmoid、ReLU、Tanh 等。图 9.13 和图 9.14 列举了几种常见的激活函数的形式。

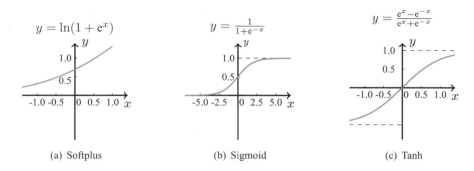

图 9.13　几种常见的激活函数的形式 1

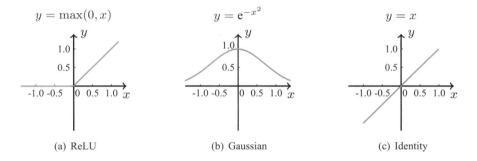

图 9.14　几种常见的激活函数的形式 2

2. 单层神经网络 → 多层神经网络

单层神经网络由线性变换和激活函数两部分构成，但在实际问题中，单层网络并不能很好地拟合复杂函数。因此，很自然地想到将单层网络扩展到多层神经网络，即深层神经网络。将一层神经网络的最终输出向量作为另一层神经网络的输入向量，通过这种方式可以将多个单层神经网络连接在一起。

在多层神经网络中，通常包括输入层、输出层和至少一个隐藏层。图 9.15 展示了一个 3 层神经网络，包括输入层[①]、输出层和两个隐藏层。

---

① 输入层不存在神经元，因此在计算神经网络层数时不将其包含在内。

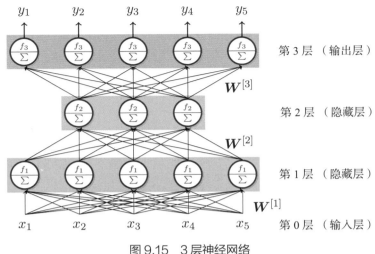

图 9.15　3 层神经网络

9.2.4 函数拟合能力

神经网络方法之所以受到青睐，一方面是由于它提供了端到端学习的模式，另一方面是由于它强大的函数拟合能力。理论上，神经网络可以拟合任何形状的函数。下面就来介绍为什么神经网络会有这样的能力。

众所周知，单层神经网络无法解决线性不可分问题，如经典的异或问题。但理论上，具有一个隐藏层的两层神经网络就可以拟合所有的函数了。接下来，分析为什么仅仅多了一层，神经网络就能变得如此强大。对于二维空间（平面），"拟合"是指把平面上一系列的点，用一条光滑的曲线连接起来，并用函数表示这条拟合的曲线。这个概念可以推广到更高维的空间上。在用神经网络解决问题时，可以通过拟合训练数据中的"数据点"获得输入与输出之间的函数关系，并利用其对未知数据做出判断。可以假设输入与输出之间存在一种函数关系，而神经网络的"拟合"是要尽可能地逼近原函数的输出值，越逼近，意味着拟合得越好。

图 9.16 所示为一个以 Sigmoid 为隐藏层激活函数的两层神经网络。通过调整参数 $\boldsymbol{W}^{[1]} = (w_{11}, w_{12})$, $\boldsymbol{b} = (b_1, b_2)$ 和 $\boldsymbol{W}^{[2]} = (w'_{11}, w'_{21})$ 的值，可以不断地改变目标函数的形状。

设置 $w'_{11} = 1, w_{11} = 1, b_1 = 0$，其他参数设置为 0。可以得到如图 9.17(a) 所示的目标函数，此时的目标函数比较平缓。通过调大 w_{11}，可以将图 9.17(a) 中函数的坡度调得更陡：当 $w_{11} = 10$ 时，如图 9.17(b) 所示，目标函数的坡度与图 9.17(a) 相比变得更陡了；当 $w_{11} = 100$ 时，如图 9.17(c) 所示，目标函数的坡度变得更陡、更尖锐，已经逼近一个阶梯函数。

设置 $w'_{11} = 1, w_{11} = 100, b_1 = 0$，其他参数设置为 0。可以得到如图 9.18(a) 所示的目标函数，此时目标函数是一个阶梯函数，其"阶梯"恰好与 y 轴重合。通过改变 b_1，可以将整个函数沿 x 轴向左右平移：当 $b_1 = -2$ 时，如图 9.18(b) 所示，与图 9.18(a) 相比，目标函数的形状没有发生改变，但其位置沿 x 轴向右平移；当 $b_1 = -4$ 时，如图 9.18(c) 所示，目标函数的位置继续沿 x 轴向右平移。

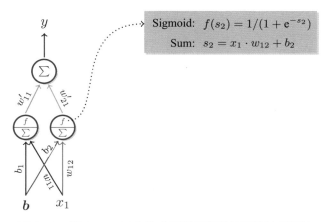

图 9.16　以 Sigmoid 为隐藏层激活函数的两层神经网络

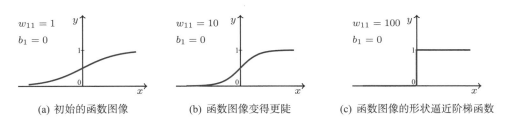

(a) 初始的函数图像　　　　(b) 函数图像变得更陡　　　　(c) 函数图像的形状逼近阶梯函数

图 9.17　通过调整权重 w_{11} 改变目标函数平滑程度

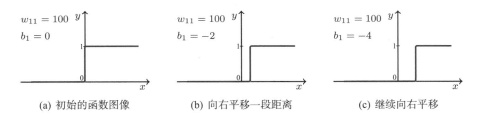

(a) 初始的函数图像　　　　(b) 向右平移一段距离　　　　(c) 继续向右平移

图 9.18　通过调整偏置量 b_1 改变目标函数位置

设置 $w'_{11} = 1, w_{11} = 100, b_1 = -4$，其他参数设置为 0。可以得到如图 9.19(a) 所示的目标函数，此时目标函数是一个阶梯函数，该阶梯函数取得最大值的分段处为 $y = 1$。通过改变 w'_{11}，可以将目标函数"拉高"或"压扁"。如图 9.19(b) 和图 9.19(c) 所示，目标函数变得"扁"了。最终，该阶梯函数取得最大值的分段处约为 $y = 0.7$。

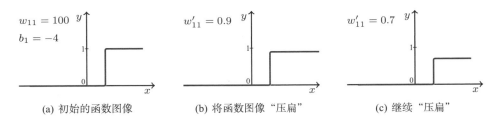

(a) 初始的函数图像　　　　(b) 将函数图像"压扁"　　　　(c) 继续"压扁"

图 9.19　通过改变权重 w'_{11}，将目标函数"拉高"或"压扁"

设置 $w'_{11} = 0.7$，$w_{11} = 100$，$b_1 = -4$，其他参数设置为 0。可以得到如图 9.20(a) 所示的目标函数，此时目标函数是一个阶梯函数。若是将其他参数设置为 $w'_{21} = 0.7$，$w'_{11} = 100$，$b_2 = 16$，由图 9.20(b) 可以看出，原来目标函数的"阶梯"由一级变成了两级，由此可以推测，对第二组参数进行设置，可以使目标函数分段数增多。若将第二组参数中的 w'_{21} 由原来的 0.7 设置为 -0.7，可得到如图 9.20(c) 所示的目标函数，与图 9.20(b) 相比，原目标函数的"第二级阶梯"向下翻转，由此可见，$\boldsymbol{W}^{[2]}$ 的符号决定了目标函数的翻转方向。

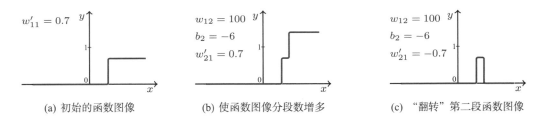

(a) 初始的函数图像　　　　(b) 使函数图像分段数增多　　　　(c) "翻转"第二段函数图像

图 9.20　通过设置第二组参数（b_2 和 w'_{21}）增加目标函数分段数

从以上内容看出，通过设置神经元中的参数将目标函数的形状做各种变换，但目标函数类型还是比较简单的。在实际问题中，输入与输出之间的函数关系甚至复杂到无法人为构造或书写，神经网络又是如何拟合这种复杂的函数关系的呢？

以图 9.21(a) 所示的目标函数为例，为了拟合该函数，可以将其看成分成无数小段的分段函数，如图 9.21(b) 所示。

如图 9.22(a) 所示，上例中两层神经网络的函数可以拟合出目标函数的一小段。为了使两层神经网络可以拟合出目标函数更多的一小段，需要增加隐藏层神经元的个数。如图 9.22(b) 所示，将原本的两层神经网络神经元个数增加一倍，由两个神经元扩展到 4 个，其函数的分段数也增加一倍，此时的函数恰好可以拟合目标函数中的两个小段。依此类推，理论上，该两层神经网络便可以通过不断地增加隐藏层神经元数量拟合任意函数。

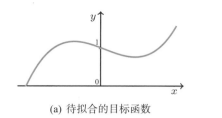

(a) 待拟合的目标函数

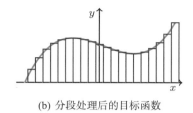

(b) 分段处理后的目标函数

图 9.21　对目标函数做分段处理

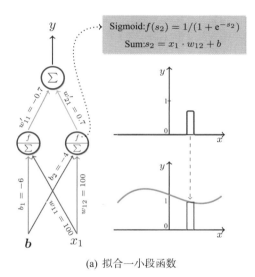

(a) 拟合一小段函数

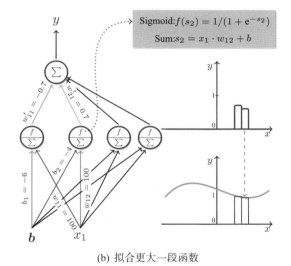

(b) 拟合更大一段函数

图 9.22　扩展隐藏层神经元个数，拟合目标函数更多的一小段

　　理论上，两层神经元的神经网络可以拟合所有函数，但在实际问题中所使用的神经网络都远远超过了两层，这也是对深度学习这个概念中"深度"的一种体现。使用深层神经网络主要有以下两方面的原因。

　　（1）使用较浅的神经网络去拟合一个比较复杂的函数关系，需要数量极其庞大的神经元和参数，训练难度大。从上面的例子中可以看出，两层神经元仅拟合目标函数的两小段，其隐藏层就需要 4 个神经元。从另一个角度看，加深网络也可能达到与宽网络（更多神经元）类似的效果。

　　（2）更多层的网络可以提供更多的线性变换和激活函数，对输入的抽象程度更好，因而可以更好地表示数据的特征。

　　在本书后面的内容中还会看到，深层网络可以为机器翻译带来明显的性能提升。

9.3 神经网络的张量实现

在神经网络内部，输入经过若干次变换，最终得到输出的结果。这个过程类似于一种逐层的数据"流动"。我们不禁会产生这样的疑问：在神经网络中，数据是以哪种形式"流动"的？如何通过编程实现这种数据"流动"呢？

为了解决上面的问题，本节将介绍神经网络更加通用的描述形式——张量计算。随后介绍如何使用基于张量的数学工具搭建神经网络。

9.3.1 张量及其计算

1. 张量

对于神经网络中的某层神经元 $y = f(xW + b)$，其中 W 是权重矩阵，如 $\begin{pmatrix} 1 & 2 \\ 3 & 4 \end{pmatrix}$，$b$ 是偏置向量，如 $(1,3)$。在这里，输入 x 和输出 y，可以不是简单的向量或矩阵形式，而是深度学习中更加通用的数学量——**张量**（Tensor），式 (9.30) 中的几种情况都可以看作深度学习中定义数据的张量：

$$ x = \begin{pmatrix} -1 & 3 \end{pmatrix} \qquad x = \begin{pmatrix} -1 & 3 \\ 0.2 & 2 \end{pmatrix} \qquad x = \begin{pmatrix} \begin{pmatrix} -1 & 3 \\ 0.2 & 2 \end{pmatrix} \\ \begin{pmatrix} -1 & 3 \\ 0.2 & 2 \end{pmatrix} \end{pmatrix} \tag{9.30} $$

简单来说，张量是一种通用的工具，用于描述由多个数据构成的量。例如，输入的量有 3 个维度在变化，用矩阵不容易描述，用张量却很容易。

从计算机实现的角度看，所有深度学习框架都把张量定义为"多维数组"。张量有一个非常重要的属性——**阶**（Rank）。可以将多维数组中"维"的属性与张量的"阶"的属性做类比，这两个属性都表示多维数组（张量）有多少个独立的方向。例如，3 是一个标量，相当于一个 0 维数组或 0 阶张量；$\begin{pmatrix} 2 & -3 & 0.8 & 0.2 \end{pmatrix}^{\mathrm{T}}$ 是一个向量，相当于一个一维数组或一阶张量；$\begin{pmatrix} -1 & 3 & 7 \\ 0.2 & 2 & 9 \end{pmatrix}$ 是一个矩阵，相当于一个二维数组或二阶张量。图 9.23 所示为一个三维数组或三阶张量，其中每个 3×3 的方形代表一个二阶张量，这样的方形有 4 个，最终形成三阶张量。

这里所使用的张量出于编程实现的视角，而数学中的张量有严格的定义。从数学的角度看，"张量并不是向量和矩阵的简单扩展，多维数组也并不是张量所必需的表达形式"。从某种意义上讲，矩阵才是张量的扩展。当然，这个逻辑可能和人们在深度学习中的认知不一致。但是，本书仍然遵循深度学习中常用的概念，把张量理解为多维数组，在保证数学表达的简洁性的同时，使程序实现接口更加统一。

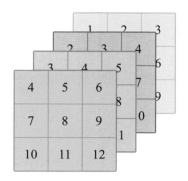

图 9.23　三阶张量示例（$4 \times 3 \times 3$）

2. 张量的矩阵乘法

对于一个单层神经网络，$\boldsymbol{y} = f(\boldsymbol{xW} + \boldsymbol{b})$ 中的 $\boldsymbol{xW}$ 表示对输入 $\boldsymbol{x}$ 进行线性变换，其中 $\boldsymbol{x}$ 是输入张量，$\boldsymbol{W}$ 是权重矩阵。$\boldsymbol{xW}$ 表示的是矩阵乘法，需要注意的是，这里是矩阵乘法而不是张量乘法。

张量乘以矩阵怎样计算呢？回忆 9.2.1 节的线性代数的知识。假设 $\boldsymbol{A}$ 为 $m \times p$ 的矩阵，$\boldsymbol{B}$ 为 $p \times n$ 的矩阵，对 $\boldsymbol{A}$ 和 $\boldsymbol{B}$ 做矩阵乘积的结果是一个 $m \times n$ 的矩阵 $\boldsymbol{C}$，其中矩阵 $\boldsymbol{C}$ 中第 i 行、第 j 列的元素可以表示为

$$(\boldsymbol{AB})_{ij} = \sum_{k=1}^{p} a_{ik}b_{kj} \tag{9.31}$$

如 $\boldsymbol{A} = \begin{pmatrix} a_{11} & a_{12} & a_{13} \\ a_{21} & a_{22} & a_{23} \end{pmatrix}$，$\boldsymbol{B} = \begin{pmatrix} b_{11} & b_{12} \\ b_{21} & b_{22} \\ b_{31} & b_{32} \end{pmatrix}$，两个矩阵做乘法运算的过程为

$$\begin{aligned} \boldsymbol{C} &= \boldsymbol{AB} \\ &= \begin{pmatrix} a_{11}b_{11} + a_{12}b_{21} + a_{13}b_{31} & a_{11}b_{12} + a_{12}b_{22} + a_{13}b_{32} \\ a_{21}b_{11} + a_{22}b_{21} + a_{23}b_{31} & a_{21}b_{12} + a_{22}b_{22} + a_{23}b_{32} \end{pmatrix} \end{aligned} \tag{9.32}$$

将矩阵乘法扩展到高阶张量中：一个张量 $\boldsymbol{x}$ 若要与矩阵 $\boldsymbol{W}$ 做矩阵乘法，则 $\boldsymbol{x}$ 的最后一维需要与 $\boldsymbol{W}$ 的行数大小相等，即若张量 $\boldsymbol{x}$ 的形状为 $\cdot \times n$，$\boldsymbol{W}$ 须为 $n \times \cdot$ 的矩阵。式 (9.33) 是一个例子：

$$\boldsymbol{x}(1:4, 1:4, 1:4) \times \boldsymbol{W}(1:4, 1:2) = \boldsymbol{s}(1:4, 1:4, 1:2) \tag{9.33}$$

其中，张量 x 沿第一阶所在的方向与矩阵 W 进行矩阵运算（张量 x 第一阶的每个维度都可以看作一个 4×4 的矩阵）。图 9.24 演示了这个计算过程。张量 x 中编号为① 的子张量（可看作矩阵）与矩阵 W 进行矩阵乘法，其结果对应张量 s 中编号为①的子张量。这个过程会循环 4 次，因为有 4 个这样的矩阵（子张量）。最终，图 9.24 给出了运算结果的形式（$4 \times 4 \times 2$）。

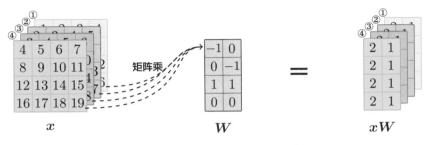

图 9.24　张量与矩阵的矩阵乘法

3. 张量的单元操作

对于神经网络中的某层神经元 $y = f(xW + b)$，也包含其他张量单元操作：

（1）加法：$s + b$，其中张量 $s = xW$。

（2）激活函数：$f(\cdot)$。具体来说：

• $s + b$ 中的单元加就是对张量中的每个位置都进行加法。在上例中，s 是形状为 $(1:4, 1:4, 1:2)$ 的三阶张量，而 b 是含有 4 个元素的向量，在形状不同的情况下是怎样进行单元加的呢？在这里需要引入**广播机制**（Broadcast Mechanism）：如果两个数组的后缘维度（即从末尾算起的维度）的轴长度相符或其中一方的长度为 1，则认为它们是广播兼容的。广播会在缺失或长度为 1 的维度上进行，它是深度学习框架中常用的计算方式。来看一个具体的例子，如图 9.25 所示，s 是一个 2×4 的矩阵，b 是一个长度为 4 的向量，当它们进行单元加运算时，广播机制会将 b 沿第一个维度复制，再与 s 做加法运算。

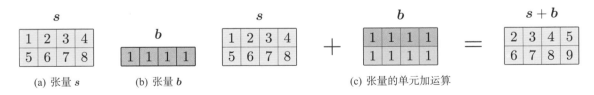

图 9.25　广播机制

• 除了单元加，张量之间也可以使用减法操作和乘法操作。此外，也可以对张量做激活操作，这里将其称为函数的**向量化**（Vectorization）。例如，对向量（一阶张量）做 ReLU 激活，ReLU 激活函数表达式为

$$f(x) = \begin{cases} 0 & x \leqslant 0 \\ x & x > 0 \end{cases} \tag{9.34}$$

例如，$\text{ReLU}\left(\begin{pmatrix} 2 \\ -0.3 \end{pmatrix} \right) = \begin{pmatrix} 2 \\ 0 \end{pmatrix}$。

9.3.2 张量的物理存储形式

在深度学习的世界中，张量就是多维数组。因此，张量的物理存储方式也与多维数组相同。如下是一些实例：

- 张量 $t(1{:}3)$ 表示一个含有三个元素的向量（一阶张量），其物理存储如图 9.26(a) 所示。
- 张量 $t(1{:}2, 1{:}3)$ 表示一个大小为 2×3 的矩阵（二阶张量），其物理存储如图 9.26(b) 所示。
- 张量 $t(1{:}2, 1{:}2, 1{:}3)$ 表示一个大小为 $2 \times 2 \times 3$ 的三阶张量，其物理存储如图 9.26(c) 所示。

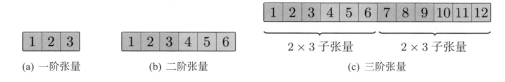

(a) 一阶张量　　　(b) 二阶张量　　　(c) 三阶张量

图 9.26　不同阶的张量的物理存储方式

实际上，高阶张量的物理存储方式也与多维数组在 C++、Python 中的物理存储方式相同。

9.3.3 张量的实现手段

实现神经网络的开源系统有很多，可以使用经典的 Python 工具包 Numpy，也可以使用成熟的深度学习框架，例如，TensorFlow 和 PyTorch 就是非常受欢迎的深度学习工具包。此外，还有很多优秀的框架，如 CNTK、MxNet、PaddlePaddle、Keras、Chainer、DL4j、NiuTensor 等。开发人员可以根据自身的喜好和开发项目的要求选择框架。

这里以 NiuTensor 为例，对张量计算库进行简单介绍。这类库需要提供张量计算接口，如张量的声明、定义和张量的各种代数运算，各种单元算子，如 +、−、∗、/、Log（取对数）、Exp（指数运算）、Power（幂方运算）、Absolute（绝对值）等，还有 Sigmoid、Softmax 等激活函数。除了上述单元算子，张量计算库还支持张量之间的高阶运算，其中最常用的是矩阵乘法。表 9.2 展示了 NiuTensor 支持的部分函数。

表 9.2　NiuTensor 支持的部分函数

函数	描述
a.Reshape(o,s)	把张量 a 变换成阶为 o、形状为 s 的张量
a.Get(pos)	取张量 a 中位置为 pos 的元素
a.Set(v,pos)	把张量 a 中位置为 pos 的元素值设为 v
a.Dump(file)	把张量 a 存到 file 中，file 为文件句柄
a.Read(file)	从 file 中读取张量 a，file 为文件句柄
Power(a,p)	计算指数 a^p
Linear(a,s,b)	计算 $a \cdot s + b$，s 和 b 都是一个实数
CopyValue(a)	构建张量 a 的一个拷贝
ReduceMax(a,d)	对张量 a 沿着方向 d 进行规约，得到最大值
ReduceSum(a,d)	对张量 a 沿着方向 d 进行规约，得到和
Concatenate(a,b,d)	把两个张量 a 和 b 沿 d 方向级联
Merge(a,d)	对张量 a 沿 d 方向合并
Split(a,d,n)	对张量 a 沿 d 方向分裂成 n 份
Sigmoid(a)	对张量 a 进行 Sigmoid 变换
Softmax(a)	对张量 a 进行 Softmax 变换，沿最后一个方向
HardTanh(a)	对张量 a 进行 HardTanh 变换（双曲正切的近似）
Rectify(a)	对张量 a 进行 ReLU 变换

9.3.4 前向传播与计算图

有了张量这个工具，就可以很容易地实现任意的神经网络。反过来，神经网络都可以被看作张量的函数。一种经典的神经网络计算模型是：给定输入张量，各神经网络层逐层进行张量计算之后，得到输出张量。这个过程也被称作**前向传播**（Forward Propagation），它常被用在使用神经网络对新的样本进行推断中。

看一个具体的例子：图 9.27 展示了一个根据天气情况判断穿衣指数（穿衣指数是人们穿衣薄厚的依据）的过程，将当天的天空状况、低空气温、水平气压作为输入，通过一层神经元在输入数据中提取温度、风速两方面的特征，并根据这两方面的特征判断穿衣指数。需要注意的是，在实际的神经网络中，并不能准确地知道神经元究竟可以提取哪方面的特征，以上表述是为了让读者更好地理解神经网络的建模过程和前向传播过程。这里将上述过程建模为如图 9.27 所示的两层神经网络。

它可以被描述为式 (9.35)，其中隐藏层的激活函数是 Tanh 函数，输出层的激活函数是 Sigmoid 函数，$\boldsymbol{W}^{[1]}$ 和 $\boldsymbol{b}^{[1]}$ 分别表示第一层的权重矩阵和偏置，$\boldsymbol{W}^{[2]}$ 和 $b^{[2]}$ 分别表示第二层的权重矩阵和偏置[①]：

$$y = \mathrm{Sigmoid}(\tanh(\boldsymbol{x}\boldsymbol{W}^{[1]} + \boldsymbol{b}^{[1]})\boldsymbol{W}^{[2]} + b^{[2]}) \tag{9.35}$$

---

① 注意这里 $\boldsymbol{b}^{[1]}$ 是向量而 $b^{[2]}$ 是标量，因而前者加粗后者未加粗。

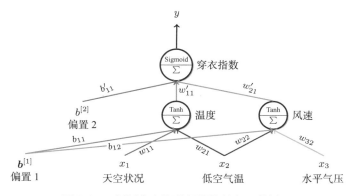

图 9.27　判断穿衣指数问题的神经网络过程

前向计算示例如图 9.28 所示，图中对各张量和其他参数的形状做了详细说明。输入 $\boldsymbol{x} = (x_1,$ $x_2, x_3)$ 是一个 1×3 的张量，其 3 个维度分别对应天空状况、低空气温、水平气压 3 个方面的数据。输入数据经过隐藏层的线性变换 $\boldsymbol{x}\boldsymbol{W}^{[1]} + \boldsymbol{b}^{[1]}$ 和 Tanh 函数的激活，得到新的张量 $\boldsymbol{a} = (a_1, a_2)$，其中 a_1, a_2 分别对应从输入数据中提取出的温度和风速两方面特征。神经网络在获取到天气情况的特征 $\boldsymbol{a}$ 后，继续对其进行线性变换 $\boldsymbol{a}\boldsymbol{W}^{[2]} + b^{[2]}$ 和 Sigmoid 函数的激活操作，得到神经网络的最终输出 y，即神经网络此时预测的穿衣指数。

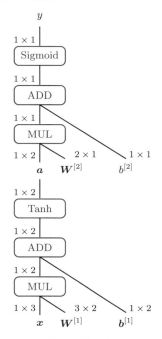

图 9.28　前向计算示例（计算图）

图 9.28 实际上是神经网络的一种**计算图**（Computation Graph）表示。很多深度学习框架都把神经网络转化为计算图，这样可以把复杂的运算分解为简单的运算，称为**算子**（Operator）。通过对计算图中节点的遍历，可以方便地完成神经网络的计算。例如，可以对图中节点进行拓扑排序（由输入到输出），之后依次访问每个节点，同时完成相应的计算，这就实现了一个前向计算的过程。

使用计算图的另一个优点在于，这种方式易于参数梯度的计算。在后面的内容中会看到，计算神经网络中参数的梯度是模型训练的重要步骤。在计算图中，可以使用**反向传播**（Backward Propagation）的方式逐层计算不同节点上的梯度信息。在 9.4.2 节会看到使用计算图这种结构可以非常方便、高效地计算反向传播中所需的梯度信息。

9.4 神经网络的参数训练

简单来说，神经网络可以被看作由变量和函数组成的表达式，如 $y = x + b$、$y = \text{ReLU}(xW + b)$、$y = \text{Sigmoid}(\text{ReLU}(xW^{[1]} + b^{[1]})W^{[2]} + b^{[2]})$ 等，其中的 x 和 y 作为输入和输出向量，W、b 等其他变量作为**模型参数**（Model Parameters）。确定了函数表达式和模型参数，也就确定了神经网络模型。通常，表达式的形式需要系统开发人员设计，而模型参数的数量有时会非常巨大，因此需要自动学习，这个过程也被称为模型学习或训练。为了实现这个目标，通常会准备一定量的带有标准答案的数据，称之为有标注数据。这些数据会用于对模型参数的学习，这也对应了统计模型中的参数估计过程。在机器学习中，一般把这种使用有标注数据进行统计模型参数训练的过程称为**有指导的训练**或**有监督的训练**（Supervised Training）。在本章中，如果没有特殊说明，模型训练都是指有监督的训练。那么，神经网络内部是怎样利用有标注数据对参数进行训练的呢？

为了回答这个问题，可以把模型参数的学习过程看作一个优化问题，即找到一组参数，使得模型达到某种最优的状态。这个问题又可以被转化为两个新的问题：

- 优化的目标是什么？
- 如何调整参数以达到优化目标？

下面会围绕这两个问题对神经网络的参数学习方法展开介绍。

9.4.1 损失函数

在神经网络的有监督学习中，训练模型的数据是由输入和正确答案所组成的样本构成的。假设有多个输入样本 $\{x^{[1]}, \cdots, x^{[n]}\}$，每一个 $x^{[i]}$ 都对应一个正确答案 $y^{[i]}$，$\{x^{[i]}, y^{[i]}\}$ 就构成了一个优化神经网络的**训练数据集**（Training Data Set）。对于一个神经网络模型 $y = f(x)$，每个 $x^{[i]}$ 也会有一个输出 $\hat{y}^{[i]}$。如果可以度量正确答案 $y^{[i]}$ 和神经网络输出 $\hat{y}^{[i]}$ 之间的偏差，进而通过调整网络参数减小这种偏差，就可以得到更好的模型。

通常，可以通过设计**损失函数**（Loss Function）来度量正确答案 $y^{[i]}$ 和神经网络输出 $\hat{y}^{[i]}$ 之间的偏差。而这个损失函数往往充当训练的**目标函数**（Objective Function），神经网络训练就是通过不断调整神经网络内部的参数使损失函数最小化。图 9.29 展示了绝对值损失函数中正确答案与神经网络输出之间的偏差实例。

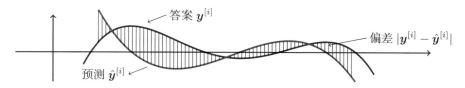

图 9.29　正确答案与神经网络输出之间的偏差实例

这里用 $\text{Loss}(\boldsymbol{y}^{[i]}, \hat{\boldsymbol{y}}^{[i]})$ 表示网络输出 $\hat{\boldsymbol{y}}^{[i]}$ 相对于答案 $\boldsymbol{y}^{[i]}$ 的损失，简记为 L。表 9.3 是几种常见的损失函数的定义。需要注意的是，没有一种损失函数可以适用于所有的问题。损失函数的选择取决于许多因素，包括数据中是否有离群点、模型结构的选择、是否易于找到函数的导数及预测结果的置信度等。对于相同的神经网络，不同的损失函数会对训练得到的模型产生不同的影响。对于新的问题，如果无法找到已有的、适合该问题的损失函数，则研究人员可以自定义损失函数。因此，设计新的损失函数也是神经网络中有趣的研究方向。

表 9.3　几种常见的损失函数的定义

名称	定义	应用
0-1 损失	$L = \begin{cases} 0 & \boldsymbol{y}^{[i]} = \hat{\boldsymbol{y}}^{[i]} \\ 1 & \boldsymbol{y}^{[i]} \neq \hat{\boldsymbol{y}}^{[i]} \end{cases}$	感知机
Hinge 损失	$L = \max(0, 1 - \boldsymbol{y}^{[i]} \cdot \hat{\boldsymbol{y}}^{[i]})$	SVM
绝对值损失	$L = \|\boldsymbol{y}^{[i]} - \hat{\boldsymbol{y}}^{[i]}\|$	回归
Logistic 损失	$L = \log(1 + \boldsymbol{y}^{[i]} \cdot \hat{\boldsymbol{y}}^{[i]})$	回归
平方损失	$L = (\boldsymbol{y}^{[i]} - \hat{\boldsymbol{y}}^{[i]})^2$	回归
指数损失	$L = \exp(-\boldsymbol{y}^{[i]} \cdot \hat{\boldsymbol{y}}^{[i]})$	AdaBoost
交叉熵损失	$L = -\sum_k y_k^{[i]} \log \hat{y}_k^{[i]}$ 其中，$y_k^{[i]}$ 表示 $\boldsymbol{y}^{[i]}$ 的第 k 维	多分类

在实际系统开发中，损失函数中除了损失项（即用来度量正确答案 $\boldsymbol{y}^{[i]}$ 和神经网络输出 $\hat{\boldsymbol{y}}^{[i]}$ 之间的偏差的部分），还可以包括正则项，如 L1 正则和 L2 正则。设置正则项的目的是要加入一些偏置，使模型在优化的过程中偏向某个方向多一些。关于正则项的内容将在 9.4.5 节介绍。

9.4.2 基于梯度的参数优化

对于第 i 个样本 $(\boldsymbol{x}^{[i]}, \boldsymbol{y}^{[i]})$，把损失函数 $L(\boldsymbol{y}^{[i]}, \hat{\boldsymbol{y}}^{[i]})$ 看作参数 $\boldsymbol{\theta}$ 的函数[1]，因为模型输出 $\hat{\boldsymbol{y}}^{[i]}$ 是由输入 $\boldsymbol{x}^{[i]}$ 和模型参数 $\boldsymbol{\theta}$ 决定的，所以也把损失函数写为 $L(\boldsymbol{x}^{[i]}, \boldsymbol{y}^{[i]}; \boldsymbol{\theta})$。式 (9.36) 描述了参数学习的过程：

---

[1] 为了简化描述，可以用 $\boldsymbol{\theta}$ 表示神经网络中的所有参数，包括各层的权重矩阵 $\boldsymbol{W}^{[1]} \ldots \boldsymbol{W}^{[n]}$ 和偏置向量 $\boldsymbol{b}^{[1]} \ldots \boldsymbol{b}^{[n]}$ 等。

$$\widehat{\boldsymbol{\theta}} = \arg\min_{\boldsymbol{\theta}} \frac{1}{n}\sum_{i=1}^{n} L(\boldsymbol{x}^{[i]}, \boldsymbol{y}^{[i]}; \boldsymbol{\theta}) \tag{9.36}$$

其中，$\widehat{\boldsymbol{\theta}}$ 表示在训练数据上使损失的平均值达到最小的参数，n 为训练数据总量。$\frac{1}{n}\sum_{i=1}^{n} L(\boldsymbol{x}^{[i]}, \boldsymbol{y}^{[i]}; \boldsymbol{\theta})$ 也被称作**代价函数**（Cost Function），它是损失函数均值期望的估计，记为 $J(\boldsymbol{\theta})$。

参数优化的核心问题是：找到使代价函数 $J(\boldsymbol{\theta})$ 达到最小的 $\boldsymbol{\theta}$。然而，$J(\boldsymbol{\theta})$ 可能会包含大量的参数，例如，基于神经网络的机器翻译模型的参数量可能会超过一亿个。这时，不可能用手动方法进行调参。为了实现高效的参数优化，比较常用的方法是使用**梯度下降法**（The Gradient Descent Method）。

1. 梯度下降法

梯度下降法是一种常用的优化方法，非常适用于解决目标函数可微分的问题。它的基本思想是：给定函数上的第一个点，找到使函数值变化最大的方向，然后前进一"步"，这样模型就可以朝着更大（或更小）的函数值以最快的速度移动[1]。具体来说，梯度下降通过迭代更新参数 $\boldsymbol{\theta}$，不断沿着梯度的反方向让参数 $\boldsymbol{\theta}$ 朝着损失函数更小的方向移动：如果 $J(\boldsymbol{\theta})$ 对 $\boldsymbol{\theta}$ 可微分，则 $\frac{\partial J(\boldsymbol{\theta})}{\partial \boldsymbol{\theta}}$ 将指向 $J(\boldsymbol{\theta})$ 在 $\boldsymbol{\theta}$ 处变化最大的方向，这里将其称为梯度方向。$\boldsymbol{\theta}$ 沿着梯度方向更新，新的 $\boldsymbol{\theta}$ 可以使函数更接近极值，其过程如图 9.30 所示[2]。

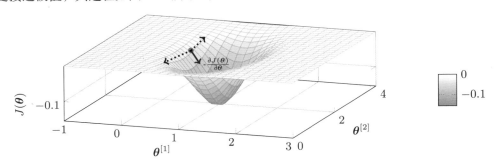

图 9.30　函数上一个点沿着不同方向移动的示例

应用梯度下降法时，需要先初始化参数 $\boldsymbol{\theta}$。一般情况下，深度学习中的参数应该初始化为一个不太大的随机数。一旦初始化 $\boldsymbol{\theta}$，就开始对模型进行不断的更新，**参数更新的规则**（Paramater Update Rule）如下：

$$\boldsymbol{\theta}_{t+1} = \boldsymbol{\theta}_t - \alpha \cdot \frac{\partial J(\boldsymbol{\theta})}{\partial \boldsymbol{\theta}} \tag{9.37}$$

---

[1] 梯度下降的一种实现是**最速下降**（Steepest Descent）。该方法的每一步移动都选取合适的步长，进而使目标函数能得到最大程度的增长（或下降）。

[2] 图中的 $\boldsymbol{\theta}^{[1]}$ 和 $\boldsymbol{\theta}^{[2]}$ 分别是参数 $\boldsymbol{\theta}$ 的不同变化方向。

其中 t 表示更新的步数，α 是一个超参数，被称作**学习率**（Learning Rate），表示更新步幅的大小。α 的设置需要根据任务进行调整。

从优化的角度看，梯度下降法是一种典型的**基于梯度的方法**（The Gradient-based Method），属于基于一阶导数的方法。其他类似的方法还有牛顿法、共轭方向法、拟牛顿法等。在具体实现时，式 (9.37) 可以有以下不同的形式。

1）批量梯度下降

批量梯度下降（Batch Gradient Descent）是梯度下降法中最原始的形式，这种梯度下降法在每一次迭代时使用所有的样本进行参数更新。参数优化的目标函数如下：

$$J(\boldsymbol{\theta}) = \frac{1}{n} \sum_{i=1}^{n} L(\boldsymbol{x}^{[i]}, \boldsymbol{y}^{[i]}; \boldsymbol{\theta}) \tag{9.38}$$

式 (9.38) 是式 (9.37) 的严格实现，也就是将全部训练样本的平均损失作为目标函数。由全数据集确定的方向能够更好地代表样本总体，从而朝着模型在数据上整体优化所在的方向更新参数。

不过，这种方法的缺点也十分明显，因为要在全部训练数据上最小化损失，每一次参数更新都需要计算在所有样本上的损失。在使用海量数据进行训练时，这种计算是非常消耗时间的。当训练数据规模很大时，很少使用这种方法。

2）随机梯度下降

随机梯度下降（Stochastic Gradient Descent，SGD）不同于批量梯度下降，它每次迭代只使用一个样本对参数进行更新。随机梯度下降的目标函数如下：

$$J(\boldsymbol{\theta}) = L(\boldsymbol{x}^{[i]}, \boldsymbol{y}^{[i]}; \boldsymbol{\theta}) \tag{9.39}$$

由于每次只随机选取一个样本 $(\boldsymbol{x}^{[i]}, \boldsymbol{y}^{[i]})$ 进行优化，这样更新的计算代价小，参数更新的速度大大加快，而且适用于利用少量样本进行在线学习的情况[①]。

因为随机梯度下降法每次优化的只是某一个样本上的损失，所以它的问题也非常明显：单个样本上的损失无法代表在全部样本上的损失，因此参数更新的效率低，方法收敛速度极慢。即使在目标函数为强凸函数的情况下，随机梯度下降仍旧无法做到线性收敛。

3）小批量梯度下降

为了综合批量梯度下降和随机梯度下降的优缺点，在实际应用中一般采用这两个算法的折中——小批量梯度下降（Mini-batch Gradient Descent）。其思想是：每次迭代计算一小部分训练数据的损失函数，并对参数进行更新。这一小部分数据被称为一个批次（mini-batch 或 batch）。小批量梯度下降的参数优化的目标函数如下：

[①] 例如，训练数据不是一次给定的，而是随着模型的使用不断追加的。这时，需要不断地用新的训练样本更新模型，这种模式也被称作**在线学习**（Online Learning）。

$$J(\boldsymbol{\theta}) = \frac{1}{m} \sum_{i=j}^{j+m-1} L(\boldsymbol{x}^{[i]}, \boldsymbol{y}^{[i]}; \boldsymbol{\theta}) \tag{9.40}$$

其中，m 表示一个批次中的样本的数量，j 表示这个批次在全体训练数据的起始位置。这种方法可以更充分地利用 GPU 设备，因为批次中的样本可以一起计算，而且每次使用多个样本可以大大减小使模型收敛所需要的参数更新次数。需要注意的是，批次大小的选择对模型的最终性能存在一定影响。

2. 梯度获取

梯度下降法的一个核心是要得到目标函数相对于参数的梯度。下面介绍 3 种常见的求梯度的方法：**数值微分**（Numerical Differentiation）、**符号微分**（Symbolic Differentiation）和**自动微分**（Automatic Differentiation），深度学习实现过程中多采用自动微分方法计算梯度[412]。

1）数值微分

在数学中，梯度的求解其实就是求函数偏导的问题。导数是用极限来定义的，如式 (9.41) 所示：

$$\frac{\partial L(\boldsymbol{\theta})}{\partial \boldsymbol{\theta}} = \lim_{\Delta \boldsymbol{\theta} \to 0} \frac{L(\boldsymbol{\theta} + \Delta \boldsymbol{\theta}) - L(\boldsymbol{\theta} - \Delta \boldsymbol{\theta})}{2\Delta \boldsymbol{\theta}} \tag{9.41}$$

其中，$\boldsymbol{\theta}$ 表示参数的一个很小的变化值。式 (9.41) 也被称作导数的双边定义。如果一个函数是初等函数，则可以用求导法则求得其导函数。如果不知道函数导的解析式，则必须利用数值方法求解该函数在某个点上的导数，这种方法就是数值微分。

数值微分根据导数的原始定义完成，根据公式可知，要得到损失函数在某个参数状态 $\boldsymbol{\theta}$ 下的梯度，可以将 $\boldsymbol{\theta}$ 增大或减小一点（$\Delta \boldsymbol{\theta}$）。例如，取 $|\Delta \boldsymbol{\theta}| = 0.0001$，之后观测损失函数的变化与 $\Delta \boldsymbol{\theta}$ 的比值。$\Delta \boldsymbol{\theta}$ 的取值越小，计算的结果越接近导数的真实值，对计算的精度要求也越高。

这种求梯度的方法很简单，但是计算量很大，求解速度非常慢，而且这种方法会造成**截断误差**（Truncation Error）和**舍入误差**（Round-off Error）。在网络比较复杂、参数量稍微有点大的模型上，一般不会使用这种方法。

截断误差和舍入误差是如何造成的呢？当用数值微分方法求梯度时，需用极限或无穷过程求得。然而，计算机需要将求解过程化为一系列有限的算术运算和逻辑运算。这样就要对某种无穷过程进行"截断"，即仅保留无穷过程的前段有限序列，而舍弃它的后段。这就带来截断误差；舍入误差，是指运算得到的近似值和精确值之间的差异。由于数值微分方法计算复杂函数的梯度问题时，经过无数次的近似，每一次近似都产生了舍入误差，在这样的情况下，误差会随着运算次数的增加而积累得很大，最终得出没有意义的运算结果。实际上，截断误差和舍入误差在训练复杂神经网络中，特别是使用低精度计算时，也会出现，因此是实际系统研发中需要注意的问题。

尽管数值微分不适用于大模型中的梯度求解，但由于其非常简单，因此经常被用于检验其他梯度计算方法的正确性。例如，在实现反向传播的时候（详见 9.4.6 节），可以检验求导是否正确

（Gradient Check），这个过程就是利用数值微分实现的。

2）符号微分

顾名思义，符号微分就是通过建立符号表达式求解微分的方法：借助符号表达式和求导公式，推导出目标函数关于自变量的微分表达式，最后代入具体数值得到微分结果。例如，对于表达式 $L(\theta) = x\theta + 2\theta^2$，可以手动推导出微分表达式 $\frac{\partial L(\theta)}{\partial \theta} = x + 4\theta$，最后将具体数值 $x = (2 \ -3)$ 和 $\theta = (-1 \ 1)$ 代入，得到微分结果 $\frac{\partial L(\theta)}{\partial \theta} = (2 \ -3) + 4(-1 \ 1) = (-2 \ 1)$。

使用这种求梯度的方法，要求必须将目标函数转化成一种完整的数学表达式，这个过程中存在**表达式膨胀**（Expression Swell）的问题，很容易导致符号微分求解的表达式急速"膨胀"，大大增加系统存储和处理表达式的负担。关于这个问题的一个实例如表 9.4 所示。在深层的神经网络中，神经元的数量和参数量极大，损失函数的表达式会非常冗长，不易存储和管理，而且，仅仅写出损失函数的微分表达式就是一个很庞大的工作量。另外，这里真正需要的是微分的结果值，而不是微分表达式，推导微分表达式仅仅是求解的中间产物。

表 9.4 符号微分的表达式随函数的规模增加而膨胀

函数	微分表达式	化简的微分表达式
x	1	1
$x \cdot (x+1)$	$(x+1) + x$	$2x + 1$
$x \cdot (x+1) \cdot$ $(x^2 + x + 1)$	$(x+1) \cdot (x^2 + x + 1)$ $+ x \cdot (x^2 + x + 1)$ $+ x \cdot (x+1) \cdot (2x+1)$	$4x^3 + 6x^2$ $+ 4x + 1$
$(x^2 + x) \cdot$ $(x^2 + x + 1) \cdot$ $(x^4 + 2x^3$ $+ 2x^2 + x + 1)$	$(2x+1) \cdot (x^2 + x + 1) \cdot$ $(x^4 + 2x^3 + 2x^2 + x + 1)$ $+ (2x+1) \cdot (x^2 + x) \cdot$ $(x^4 + 2x^3 + 2x^2 + x + 1)$ $+ (x^2 + x) \cdot (x^2 + x + 1) \cdot$ $(4x^3 + 6x^2 + 4x + 1)$	$8x^7 + 28x^6$ $+ 48x^5 + 50x^4$ $+ 36x^3 + 18x^2$ $+ 6x + 1$

3）自动微分

自动微分是一种介于数值微分和符号微分之间的方法：将符号微分应用于最基本的算子，如常数、幂函数、指数函数、对数函数、三角函数等，然后代入数值，保留中间结果，再应用于整个函数。通过这种方式，将复杂的微分变成简单的步骤，这些步骤完全自动化，而且容易进行存储和计算。

它只对基本函数或常数运用符号微分法则，因此非常适合嵌入编程语言的循环条件等结构中，形成一种程序化的微分过程。在具体实现时，自动微分往往被当作一种基于图的计算，相关的理论和技术方法相对成熟，因此是深度学习中使用最广泛的一种方法。不同于一般的编程模式，图计算先生成计算图，然后按照计算图执行计算过程。

自动微分可以用一种**反向模式**（Reverse Mode/Backward Mode），即反向传播思想进行描述[412]。令 $\boldsymbol{h}_i$ 为神经网络的计算图中第 i 个节点的输出。反向模式的自动微分是要计算

$$\bar{\boldsymbol{h}}_i = \frac{\partial L}{\partial \boldsymbol{h}_i} \tag{9.42}$$

这里，$\bar{\boldsymbol{h}}_i$ 表示损失函数 L 相对于 $\boldsymbol{h}_i$ 的梯度信息，它会被保存在节点 i 处。为了计算 $\bar{\boldsymbol{h}}_i$，需要从网络的输出反向计算每一个节点处的梯度。具体实现时，这个过程由一个包括前向计算和反向计算的两阶段方法实现。

从神经网络的输入，逐层计算每层网络的输出值。如图 9.31 所示，第 i 层的输出 $\boldsymbol{h}_i$ 作为第 $i+1$ 层的输入，数据流在神经网络内部逐层传递。

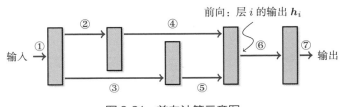

图 9.31　前向计算示意图

前向计算实际上就是网络构建的过程，所有的计算都会被转化为计算图上的节点，前向计算和反向计算都依赖计算图来完成。构建计算图有以下两种实现方式：

- 动态图：前向计算与计算图的搭建同时进行，函数表达式写完即能得到前向计算的结果，有着灵活、易于调试的优点。
- 静态图：先搭建计算图，后执行运算，函数表达式完成后，并不能得到前向计算结果，需要显性调用一个 Forward 函数。但是计算图可以进行深度优化，执行效率较高。

对于反向计算的实现，一般从神经网络的输出开始，逆向逐层计算每层网络输入所对应的微分结果。如图 9.32 所示，在第 i 层计算此处的梯度 $\frac{\partial L}{\partial h_i}$，并将微分值向前一层传递，根据链式法则继续计算梯度。

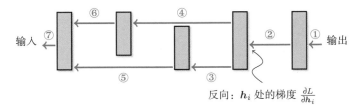

图 9.32　反向计算示意图

反向计算是深度学习中反向传播方法的基础，其实现的细节将在 9.4.6 节详细阐述。

3. 基于梯度的方法的变种和改进

参数优化通常基于梯度下降法，即在每个更新步骤 t，沿梯度反方向更新参数，该过程如下：

$$\boldsymbol{\theta}_{t+1} = \boldsymbol{\theta}_t - \alpha \cdot \frac{\partial J(\boldsymbol{\theta}_t)}{\partial \boldsymbol{\theta}_t} \tag{9.43}$$

其中，α 是一个超参数，表示更新步幅的大小，称作学习率。当然，这是一种最基本的梯度下降法。如果函数的形状非均向，如呈延伸状，搜索最优点的路径就会非常低效，因为这时梯度的方向并没有指向最小值的方向，并且随着参数的更新，梯度方向往往呈锯齿状，这将是一条相当低效的路径。此外，这种梯度下降法并不是总能到达最优点，而是在其附近徘徊。还有一个最令人苦恼的问题——设置学习率，如果学习率设置得比较小，会导致训练收敛速度慢；如果学习率设置得比较大，会导致训练因优化幅度过大而频频跳过最优点。我们希望在优化网络时损失函数有一个很好的收敛速度，又不至于摆动幅度太大。

针对以上问题，很多学者尝试对梯度下降法做出改进，如 Momentum[413]、AdaGrad[414]、Adadelta[415]、RMSProp[416]、Adam[417]、AdaMax[417]、Nadam[418]、AMSGrad[419]，等等。本节将介绍 Momentum、AdaGrad、RMSProp、Adam 这 4 种方法。

1）Momentum

Momentum 梯度下降法的参数更新方式如式 (9.44) 和式 (9.45) 所示[①]：

$$v_t = \beta v_{t-1} + (1 - \beta) \frac{\partial J}{\partial \theta_t} \tag{9.44}$$

$$\theta_{t+1} = \theta_t - \alpha v_t \tag{9.45}$$

该算法引入了一个"动量"的理念[413]，它是基于梯度的移动指数加权平均。公式中的 v_t 是损失函数在前 $t-1$ 次更新中累积的梯度动量，β 是梯度累积的一个指数，这里一般设置值为 0.9。Momentum 梯度下降算法的主要思想就是对网络的参数进行平滑处理，让梯度的摆动幅度变得更小。

这里的"梯度"不再只是现在的损失函数的梯度，而是之前的梯度的加权和。在原始的梯度下降法中，如果在某个参数状态下，梯度方向变化特别大，甚至与上一次参数更新的梯度方向成 90° 夹角，则下一次参数更新的梯度方向可能又是一次 90° 的改变，这时参数优化路径将会成"锯齿"状（如图 9.33 所示），优化效率极慢。而 Momentum 梯度下降法不会让梯度发生 90° 的变化，而是让梯度慢慢发生改变：如果当前的梯度方向与之前的梯度方向相同，则在原梯度方向上加速更新参数；如果当前的梯度方向与之前的梯度方向相反，则并不会产生一个急转弯，而是尽量平滑地改变优化路径。这样做的优点也非常明显，一方面杜绝了"锯齿"状优化路径的出现，另一方面将优化幅度变得更平滑，不会导致频频跳过最优点。

---

① 在梯度下降法的几种改进方法的公式中，其更新对象是某个具体参数而非参数矩阵，因此不再使用加粗样式。

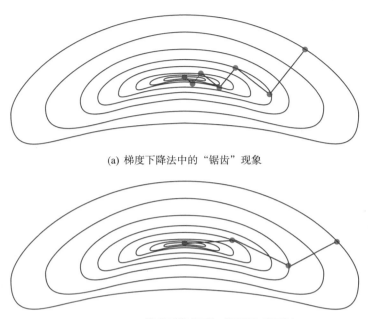

(a) 梯度下降法中的"锯齿"现象

(b) Momentum 梯度下降法更加"平滑"地更新

图 9.33　Momentum 梯度下降 vs 普通梯度下降

2）AdaGrad

在神经网络的学习中，学习率的设置很重要。学习率过小，会导致学习花费过多时间；反过来，学习率过大，则会导致学习发散，甚至造成模型的"跑偏"。在深度学习实现过程中，有一种被称为学习率**衰减**（Decay）的方法，即最初设置较大的学习率，随着学习的进行，使学习率逐渐减小，这种方法相当于将"全体"参数的学习率的值一起降低。AdaGrad 梯度下降法继承了这个思想[414]。

AdaGrad 会为参数的每个元素适当地调整学习率，并进行学习。其参数更新方式如式 (9.46) 和式 (9.47) 所示：

$$z_t = z_{t-1} + \frac{\partial J}{\partial \theta_t} \cdot \frac{\partial J}{\partial \theta_t} \tag{9.46}$$

$$\theta_{t+1} = \theta_t - \eta \frac{1}{\sqrt{z_t}} \cdot \frac{\partial J}{\partial \theta_t} \tag{9.47}$$

这里新出现了变量 z，它保存了以前的所有梯度值的平方和。如式 (9.47) 所示，在更新参数时，通过除以 $\sqrt{z_t}$，就可以调整学习的尺度。这意味着，变动较大（被大幅度更新）的参数的学习率将变小。也就是说，可以按参数的元素进行学习率衰减，使变动大的参数的学习率逐渐减小。

3）RMSProp

RMSProp 算法是一种自适应学习率的方法[416]，它是对 AdaGrad 算法的一种改进，可以避免 AdaGrad 算法中学习率不断单调下降以至于过早衰减。

RMSProp 算法沿袭了 Momentum 梯度下降法中指数加权平均的思路，不过 Momentum 算法加权平均的对象是梯度（即 $\frac{\partial J}{\partial \theta}$），而 RMSProp 算法加权平均的对象是梯度的平方（即 $\frac{\partial J}{\partial \theta} \cdot \frac{\partial J}{\partial \theta}$）。RMSProp 算法的参数更新方式如式 (9.48) 和式 (9.49) 所示：

$$z_t = \gamma z_{t-1} + (1 - \gamma)\frac{\partial J}{\partial \theta_t} \cdot \frac{\partial J}{\partial \theta_t} \tag{9.48}$$

$$\theta_{t+1} = \theta_t - \frac{\eta}{\sqrt{z_t + \epsilon}} \cdot \frac{\partial J}{\partial \theta_t} \tag{9.49}$$

公式中的 ϵ 是为了维持数值稳定性而添加的常数，一般可设为 10^{-8}。与 AdaGrad 的想法类似，模型参数中每个元素都拥有各自的学习率。

RMSProp 与 AdaGrad 相比，学习率的分母部分（即两种梯度下降法迭代公式中的 z）的计算由累积方式变成了指数衰减移动平均。于是，每个参数的学习率并不是呈衰减趋势，而是既可以变小也可以变大，从而避免了 AdaGrad 算法中学习率不断单调下降导致过早衰减的问题。

4）Adam

Adam 梯度下降法是在 RMSProp 算法的基础上改进的，可以将其看成带有动量项的 RMSProp 算法[417]。该算法在自然语言处理领域非常流行。Adam 算法的参数更新方式如式 (9.50) ~ 式 (9.52) 所示：

$$v_t = \beta v_{t-1} + (1 - \beta)\frac{\partial J}{\partial \theta_t} \tag{9.50}$$

$$z_t = \gamma z_{t-1} + (1 - \gamma)\frac{\partial J}{\partial \theta_t} \cdot \frac{\partial J}{\partial \theta_t} \tag{9.51}$$

$$\theta_{t+1} = \theta_t - \frac{\eta}{\sqrt{z_t + \epsilon}} v_t \tag{9.52}$$

可以看到，Adam 算法相当于在 RMSProp 算法中引入了 Momentum 算法中的动量项，这样做使得 Adam 算法兼具了 Momentum 算法和 RMSProp 算法的优点：既能使梯度更为"平滑"地更新，也可以为神经网络中的每个参数设置不同的学习率。

需要注意的是，包括 Adam 在内的很多参数更新算法中的学习率都需要人为设置，而且模型学习的效果与学习率的关系极大，甚至在研发实际系统时，需要工程师进行大量的实验才能得到最佳的模型。

9.4.3 参数更新的并行化策略

当神经网络较为复杂时，模型训练需要几天甚至几周。如果希望尽可能缩短一次学习所需的时间，最直接的方法就是把不同的训练样本分配给多个 GPU 或 CPU，然后在这些设备上同时进行训练，即实现并行化训练。这种方法也被称作**数据并行**。具体实现时，有两种常用的并行化策略：（参数）同步更新和（参数）异步更新。

- **同步更新**（Synchronous Update）是指所有计算设备完成计算后，统一汇总并更新参数。当所有设备的反向传播算法完成之后，同步更新参数，不会出现单个设备单独对参数进行更新的情况。虽然这种方法效果稳定，但是效率比较低，在同步更新时，每一次参数更新都需要所有设备统一开始、统一结束，如果设备的运行速度不一致，那么每一次参数更新都需要等待运行速度最慢的设备结束运行才能开始。

- **异步更新**（Asynchronous Update）是指每个计算设备可以随时更新参数。不同设备可以随时读取参数的最新值，然后根据当前参数值和分配的训练样本，各自执行反向传播过程并独立更新参数。由于设备间不需要相互等待，这种方法并行度高。但是不同设备读取参数的时间可能不同，会造成不同设备上的参数不同步，导致这种方法不太稳定，有可能无法达到较好的训练结果。

图 9.34 对比了同步更新和异步更新的区别，在这个例子中，使用 4 台设备对一个两层神经网络中的参数进行更新，其中使用了一个**参数服务器**（Parameter Server）来保存最新的参数，不同设备（图中的 G1、G2、G3）可以通过同步或者异步的方式访问参数服务器。图中的 θ_o 和 θ_h 分别代表输出层和隐藏层的全部参数，操作 Push($\cdot$) 表示设备向参数服务器传送梯度，操作 Fetch($\cdot$) 表示参数服务器向设备传送更新后的参数。

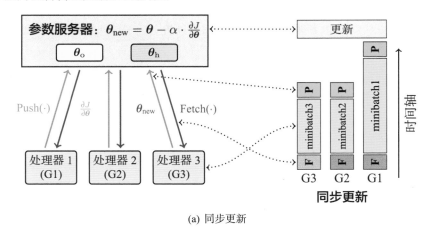

(a) 同步更新

图 9.34　同步更新与异步更新的对比

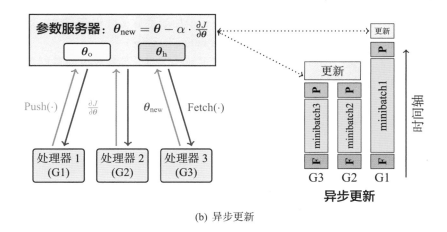

(b) 异步更新

图 9.34 同步更新与异步更新的对比（续）

此外，在使用多个设备进行并行训练时，由于设备间带宽的限制，大量的数据传输会有较高的延时。对于复杂神经网络来说，设备间参数和梯度传递的时间消耗也会成为一个不得不考虑的因素。有时，设备间数据传输的时间甚至比模型计算的时间都长，大大降低了并行度[420]。针对这种问题，可以考虑对数据进行压缩或者减少传输的次数来缓解问题。

9.4.4 梯度消失、梯度爆炸和稳定性训练

深度学习中随着神经网络层数的增加，导数可能会出现指数级的下降或指数级的增长，这种现象分别称为**梯度消失**（Gradient Vanishing）和**梯度爆炸**（Gradient Explosion）。出现这两种现象的根本原因是反向传播过程中链式法则导致梯度矩阵的多次相乘。这类问题很容易导致训练的不稳定。

1. 易于优化的激活函数

在网络训练过程中，如果每层网络的梯度都小于 1，各层梯度的偏导数会与后面层传递而来的梯度相乘，得到本层的梯度，并向前一层传递。该过程循环进行，最后导致梯度指数级减小，这就产生了梯度消失现象。这种情况会导致神经网络层数较浅的部分梯度接近 0。一般来说，产生很小梯度的原因是使用了类似于 Sigmoid 这样的激活函数，当输入的值过大或者过小时，这类函数曲线会趋于直线，梯度近似为零。针对这个问题，主要的解决办法是使用更易于优化的激活函数，例如，用 ReLU 代替 Sigmoid 和 Tanh 作为激活函数。

2. 梯度裁剪

在网络训练过程中，如果参数的初始值过大，而且每层网络的梯度都大于 1，则在反向传播过程中，各层梯度的偏导数都会比较大，会导致梯度呈指数级增长，直至超出浮点数表示的范围，这就产生了梯度爆炸现象。如果发生这种情况，模型中离输入近的部分比离输入远的部分参数更

新得更快，使网络变得非常不稳定。在极端情况下，模型的参数值变得非常大，甚至溢出。针对梯度爆炸的问题，常用的解决办法为**梯度裁剪**（Gradient Clipping）。

梯度裁剪的思想是设置一个梯度剪切阈值。在更新梯度时，如果梯度超过这个阈值，就将其强制限制在这个范围内。假设梯度为 g，梯度剪切阈值为 σ，梯度裁剪过程可描述为

$$g' = \min\left(\frac{\sigma}{\|g\|}, 2\right) g \tag{9.53}$$

其中，$\|\cdot\|$ 表示 l_2 范数。梯度裁剪经常被使用在层数较多的模型中，如循环神经网络。

3. 稳定性训练

为了使神经网络模型训练更加稳定，通常会考虑其他策略。

- **批量标准化**（Batch Normalization）。批量标准化，顾名思义，是以进行学习时的小批量样本为单位进行标准化[421]。具体而言，就是对神经网络隐藏层输出的每一个维度，沿着批次的方向进行均值为 0、方差为 1 的标准化。在深层神经网络中，每一层网络都可以使用批量标准化操作。这使神经网络任意一层的输入不至于过大或过小，从而防止隐藏层中异常值导致模型状态的巨大改变。

- **层标准化**（Layer Normalization）。类似地，层标准化更多是针对自然语言处理这种序列处理任务[422]，它和批量标准化的原理是一样的，只是标准化操作是在序列上同一层网络的输出结果上进行的。也就是说，标准化操作沿着序列方向进行。这种方法可以很好地避免序列上不同位置神经网络输出结果的不可比。同时，由于标准化后所有的结果都转化到一个可比的范围，使得隐藏层状态可以在不同层之间进行自由组合。

- **残差网络**（Residual Networks）。最初，残差网络是为了解决神经网络持续加深时的模型退化问题[423]而设计的，但是残差结构对解决梯度消失和梯度爆炸问题也有所帮助。有了残差结构，可以轻松地构建几十甚至上百层的神经网络，不用担心层数过深造成的梯度消失问题。残差网络的结构如图 9.35 所示。图 9.35 中右侧的曲线叫作**跳接**（Skip Connection），通过跳接在激活函数前，将前一层（或前几层）的输出，与本层的输出相加，将求和的结果输入激活函数中作为本层的输出。假设残差结构的输入为 x_l，输出为 x_{l+1}，则有

$$x_{l+1} = F(x_l) + x_l \tag{9.54}$$

与简单的多层堆叠的结构相比，残差网络提供了跨层连接的结构。这种结构在反向传播中有很大的好处。例如，对于一个训练样本，损失函数为 L，x_l 处的梯度的计算方式如式 (9.55) 所示。残差网络可以将后一层的梯度 $\frac{\partial L}{\partial x_{l+1}}$ 不经过任何乘法项直接传递到 $\frac{\partial L}{\partial x_l}$，从而缓解梯度经过每一层后多次累乘造成的梯度消失问题。在第 12 章还会看到，在机器翻译中，残差结构可以和层标准化一起使用，而且这种组合可以取得很好的效果。

$$\frac{\partial L}{\partial \boldsymbol{x}_l} = \frac{\partial L}{\partial \boldsymbol{x}_{l+1}} \cdot \frac{\partial \boldsymbol{x}_{l+1}}{\partial \boldsymbol{x}_l}$$

$$= \frac{\partial L}{\partial \boldsymbol{x}_{l+1}} \cdot \left(1 + \frac{\partial F(\boldsymbol{x}_l)}{\partial \boldsymbol{x}_l}\right)$$

$$= \frac{\partial L}{\partial \boldsymbol{x}_{l+1}} + \frac{\partial L}{\partial \boldsymbol{x}_{l+1}} \cdot \frac{\partial F(\boldsymbol{x}_l)}{\partial \boldsymbol{x}_l} \tag{9.55}$$

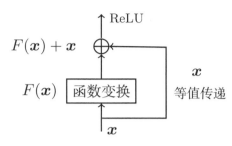

图 9.35　残差网络的结构

9.4.5 过拟合

在理想情况下，我们总是希望尽可能地拟合输入和输出之间的函数关系，即让模型尽量模拟训练数据中根据输入预测答案的行为。然而，在实际应用中，模型在训练数据上的表现不一定代表了其在未见数据上的表现。如果模型训练过程中过度拟合训练数据，最终可能无法对未见数据做出准确的判断，这种现象叫作**过拟合**（Overfitting）。随着模型复杂度的增加，特别是在神经网络变得更深、更宽时，过拟合问题会表现得更为突出。如果训练数据量较小，而模型又很复杂，就可以"完美"地拟合这些数据，这时过拟合也很容易发生。所以在模型训练时，往往不希望其"完美"地拟合训练数据中的每一个样本。

正则化（Regularization）是常见的缓解过拟合问题的手段，通过在损失函数中加上用来刻画模型复杂程度的正则项来惩罚过度复杂的模型，避免神经网络过度学习造成过拟合。引入正则化处理之后，目标函数变为 $J(\boldsymbol{\theta}) + \lambda R(\boldsymbol{\theta})$，其中 $J(\boldsymbol{\theta})$ 是原来的代价函数，$R(\boldsymbol{\theta})$ 为正则项，λ 用来调节正则项对结果影响的程度。

过拟合的模型通常会表现为部分非零参数过多或者参数的值过大。这种参数产生的原因在于模型需要复杂的参数才能匹配样本中的个别现象甚至噪声。基于此，常见的正则化方法有 L1 正则化和 L2 正则化，其命名方式是由 $R(\boldsymbol{\theta})$ 的计算形式决定的。在 L1 正则化中，$R(\boldsymbol{\theta})$ 为参数 $\boldsymbol{\theta}$ 的 l_1 范数，即 $R(\boldsymbol{\theta}) = \|\boldsymbol{\theta}\|_1 = \sum_{i=1}^{n} |\theta_i|$；在 L2 正则化中，$R(\boldsymbol{\theta})$ 为参数 $\boldsymbol{\theta}$ 的 l_2 范数的平方，即 $R(\boldsymbol{\theta}) = (\|\boldsymbol{\theta}\|_2)^2 = \sum_{i=1}^{n} \theta_i^2$。L1 正则化中的正则项衡量了模型中参数的绝对值的大小，倾向于生成值为 0 的参数，从而让参数变得更加稀疏；而 L2 正则化由于平方的加入，当参数中的某一项小到一定程度，比如 0.001 时，参数的平方结果已经可以忽略不计了，因此 L2 正则化会倾向于生成

很小的参数。在这种情况下，即便训练数据中含有少量随机噪声，模型也不太容易通过增加个别参数的值对噪声进行过度拟合，即提高了模型的抗扰动能力。

此外，第 12 章中将介绍的 Dropout 和标签平滑方法也可以被看作一种正则化操作。它们都可以提高模型在未见数据上的泛化能力。

9.4.6 反向传播

为了获取梯度，最常用的做法是使用自动微分技术。该技术通常通过反向传播实现。该方法分为两个计算过程：前向计算和反向计算。前向计算的目的是从输入开始，逐层计算，得到网络的输出，并记录计算图中每个节点的局部输出。反向计算过程从输出端反向计算梯度，这个过程可以被看作一种梯度的"传播"，最终计算图中所有节点都会得到相应的梯度结果。

这里先对反向传播算法中涉及的符号进行统一说明。图 9.36 所示为一个多层神经网络，其中层 $k-1$、层 k、层 $k+1$ 均为神经网络中的隐藏层，层 K 为神经网络中的输出层。为了化简问题，这里每层网络没有使用偏置项。

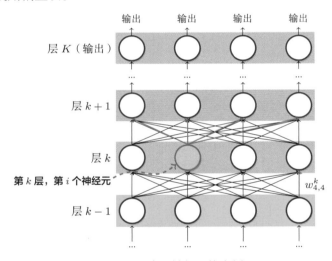

图 9.36　多层神经网络实例

下面是一些符号的定义：

- h_i^k：第 k 层第 i 个神经元的输出。
- $\boldsymbol{h}^k$：第 k 层的输出。若第 k 层有 n 个神经元，则

$$\boldsymbol{h}^k = (h_1^k, h_2^k, \cdots, h_n^k) \tag{9.56}$$

- $w_{j,i}^k$：第 $k-1$ 层神经元 j 与第 k 层神经元 i 的连接权重。
- $\boldsymbol{W}^k$：第 $k-1$ 层与第 k 层的连接权重。若第 $k-1$ 层有 m 个神经元，第 k 层有 n 个神经元，

则

$$\boldsymbol{W}^k = \begin{pmatrix} w_{1,1}^k & w_{1,2}^k & \cdots & w_{1,n}^k \\ w_{2,1}^k & \cdots & \cdots & \cdots \\ \vdots & \vdots & \ddots & \vdots \\ w_{m,1}^k & \cdots & \cdots & w_{m,n}^k \end{pmatrix} \tag{9.57}$$

- $\boldsymbol{h}^K$：整个网络的输出。
- $\boldsymbol{s}^k$：第 k 层的线性变换结果，其计算方式如下：

$$\begin{aligned} \boldsymbol{s}^k &= \boldsymbol{h}^{k-1}\boldsymbol{W}^k \\ &= \sum h_j^{k-1} w_{j,i}^k \end{aligned} \tag{9.58}$$

- f^k：第 k 层的激活函数，$\boldsymbol{h}^k = f^k(\boldsymbol{s}^k)$。

　　于是，在神经网络的第 k 层，前向计算过程可以描述为

$$\begin{aligned} \boldsymbol{h}^k &= f^k(\boldsymbol{s}^k) \\ &= f^k(\boldsymbol{h}^{k-1}\boldsymbol{W}^k) \end{aligned} \tag{9.59}$$

1. 输出层的反向传播

　　反向传播是由输出层开始计算梯度，之后逆向传播到每一层网络，直至到达输入层。这里先讨论输出层的反向传播机制。输出层（即第 K 层）可以被描述为式 (9.60) 和式 (9.61)：

$$\boldsymbol{h}^K = f^K(\boldsymbol{s}^K) \tag{9.60}$$

$$\boldsymbol{s}^K = \boldsymbol{h}^{K-1}\boldsymbol{W}^K \tag{9.61}$$

也就是说，输出层（第 K 层）的输入 $\boldsymbol{h}^{K-1}$ 先经过线性变换右乘 $\boldsymbol{W}^K$ 转换为中间状态 $\boldsymbol{s}^K$，之后 $\boldsymbol{s}^K$ 经过激活函数 $f^K(\cdot)$ 变为 $\boldsymbol{h}^K$，$\boldsymbol{h}^K$ 为第 K 层（输出层）的输出。最后，$\boldsymbol{h}^K$ 和标准答案一起计算得到损失函数的值[①]，记为 L。以上过程如图 9.37 所示，这里将输出层的前向计算过程细化为两个阶段：线性变换阶段和激活函数 + 损失函数阶段。

　　在前向过程中，计算次序为 $\boldsymbol{h}^{K-1} \rightarrow \boldsymbol{s}^K \rightarrow \boldsymbol{h}^K \rightarrow L$，而反向计算中节点访问的次序与之相反：

　　（1）获取 $\frac{\partial L}{\partial \boldsymbol{h}^K}$，即计算损失函数 L 关于网络输出结果 $\boldsymbol{h}^K$ 的梯度，并将梯度向前传递。

　　（2）获取 $\frac{\partial L}{\partial \boldsymbol{s}^K}$，即计算损失函数 L 关于中间状态 $\boldsymbol{s}^K$ 的梯度，并将梯度向前传递。

---

① 反向传播算法部分是以某一个训练样本为例进行讲解的，因而不再计算代价函数 J，而是计算损失函数 L。

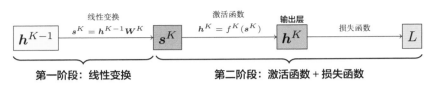

图 9.37 输出层的前向计算过程

（3）获取 $\frac{\partial L}{\partial \boldsymbol{h}^{K-1}}$ 和 $\frac{\partial L}{\partial \boldsymbol{W}^K}$，即计算损失函数 L 关于第 $K-1$ 层输出结果 $\boldsymbol{h}^{K-1}$ 的梯度，并将梯度向前传递。同时，计算损失函数 L 关于第 K 层参数 $\boldsymbol{W}^K$ 的梯度，并用于参数更新。

前两个步骤如图 9.38 所示。在第一阶段，计算的目标是得到损失函数 L 关于第 K 层中间状态 $\boldsymbol{s}^K$ 的梯度，令 $\boldsymbol{\pi}^K = \frac{\partial L}{\partial \boldsymbol{s}^K}$，利用链式法则有

$$
\begin{aligned}
\boldsymbol{\pi}^K &= \frac{\partial L}{\partial \boldsymbol{s}^K} \\
&= \frac{\partial L}{\partial \boldsymbol{h}^K} \cdot \frac{\partial \boldsymbol{h}^K}{\partial \boldsymbol{s}^K} \\
&= \frac{\partial L}{\partial \boldsymbol{h}^K} \cdot \frac{\partial f^K(\boldsymbol{s}^K)}{\partial \boldsymbol{s}^K}
\end{aligned}
\tag{9.62}
$$

其中：

- $\frac{\partial L}{\partial \boldsymbol{h}^K}$ 表示损失函数 L 相对网络输出 $\boldsymbol{h}^K$ 的梯度。例如，对于平方损失 $L = \frac{1}{2}\|\boldsymbol{y} - \boldsymbol{h}^K\|^2$，有 $\frac{\partial L}{\partial \boldsymbol{h}^K} = \boldsymbol{y} - \boldsymbol{h}^K$。计算结束后，将 $\frac{\partial L}{\partial \boldsymbol{h}^K}$ 向前传递。
- $\frac{\partial f^K(\boldsymbol{s}^K)}{\partial \boldsymbol{s}^K}$ 表示激活函数相对于其输入 $\boldsymbol{s}^K$ 的梯度。例如，对于 Sigmoid 函数 $f(\boldsymbol{s}) = \frac{1}{1+\mathrm{e}^{-\boldsymbol{s}}}$，有 $\frac{\partial f(\boldsymbol{s})}{\partial \boldsymbol{s}} = f(\boldsymbol{s})(1 - f(\boldsymbol{s}))$

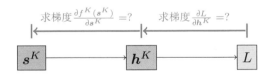

图 9.38 从损失到中间状态的反向传播（输出层）

这个过程可以得到 $\boldsymbol{s}^K$ 节点处的梯度 $\boldsymbol{\pi}^K = \frac{\partial L}{\partial \boldsymbol{s}^K}$，在后续的过程中，可以直接使用它作为前一层提供的梯度计算结果，而不需要从 $\boldsymbol{h}^K$ 节点处重新计算。这也体现了自动微分与符号微分的差别，对于计算图的每一个阶段，并不需要得到完整的微分表达式，而是通过前一层提供的梯度，直接计算当前的梯度即可，这样避免了大量的重复计算。

在得到 $\boldsymbol{\pi}^K = \frac{\partial L}{\partial \boldsymbol{s}^K}$ 之后，下一步的目标是：

（1）计算损失函数 L 相对于第 $K-1$ 层与输出层之间连接权重 $\boldsymbol{W}^K$ 的梯度。

（2）计算损失函数 L 相对于神经网络第 $K-1$ 层输出结果 $\boldsymbol{h}^{K-1}$ 的梯度。这部分内容如图 9.39 所示。

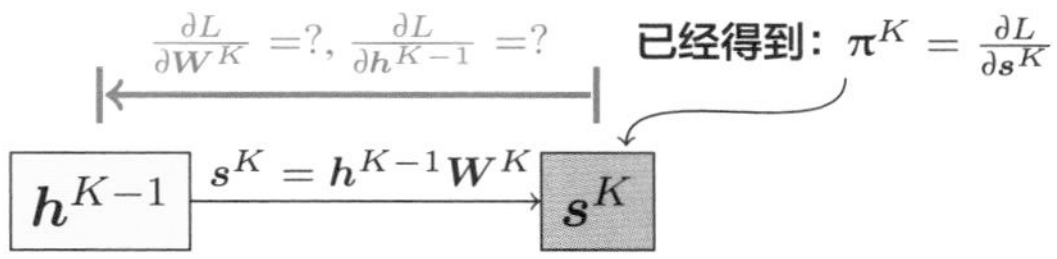

图 9.39　从中间状态到输入的反向传播（输出层）

具体来说：

- 计算 $\frac{\partial L}{\partial \boldsymbol{W}^K}$：由于 $\boldsymbol{s}^K = \boldsymbol{h}^{K-1}\boldsymbol{W}^K$，且损失函数 L 关于 $\boldsymbol{s}^K$ 的梯度 $\boldsymbol{\pi}^K = \frac{\partial L}{\partial \boldsymbol{s}^K}$ 已经得到，于是有

$$\frac{\partial L}{\partial \boldsymbol{W}^K} = \left[\boldsymbol{h}^{K-1}\right]^{\mathrm{T}}\boldsymbol{\pi}^K \tag{9.63}$$

其中，$[\cdot]^{\mathrm{T}}$ 表示转置操作[①]。

- 计算 $\frac{\partial L}{\partial \boldsymbol{h}^{K-1}}$：与求解 $\frac{\partial L}{\partial \boldsymbol{W}^K}$ 类似，可以得到

$$\frac{\partial L}{\partial \boldsymbol{h}^{K-1}} = \boldsymbol{\pi}^K \left[\boldsymbol{W}^K\right]^{\mathrm{T}} \tag{9.64}$$

梯度 $\frac{\partial L}{\partial \boldsymbol{h}^{K-1}}$ 需要继续向前一层传递，用于计算网络中间层的梯度。$\frac{\partial L}{\partial \boldsymbol{W}^K}$ 会作为参数 $\boldsymbol{W}^K$ 的梯度计算结果，用于模型参数的更新[②]。

2. 隐藏层的反向传播

对于第 k 个隐藏层，有

$$\boldsymbol{h}^k = f^k(\boldsymbol{s}^k) \tag{9.65}$$

$$\boldsymbol{s}^k = \boldsymbol{h}^{k-1}\boldsymbol{W}^k \tag{9.66}$$

其中，$\boldsymbol{h}^k$、$\boldsymbol{s}^k$、$\boldsymbol{h}^{k-1}$ 和 $\boldsymbol{W}^k$ 分别表示隐藏层的输出、中间状态、隐藏层的输入和参数矩阵。隐藏层的前向计算过程如图 9.40 所示，第 $k-1$ 层神经元的输出 $\boldsymbol{h}^{k-1}$ 经过线性变换和激活函数后，将计算结果 $\boldsymbol{h}^k$ 向后一层传递。

图 9.40　隐藏层的前向计算过程

[①] 如果 $\boldsymbol{h}^{K-1}$ 是一个向量，则 $\left[\boldsymbol{h}^{K-1}\right]^{\mathrm{T}}$ 表示向量的转置，如行向量变成列向量。如果 $\boldsymbol{h}^{K-1}$ 是一个高阶张量，则 $\left[\boldsymbol{h}^{K-1}\right]^{\mathrm{T}}$ 表示沿着张量最后两个方向的转置。

[②] $\boldsymbol{W}^K$ 可能会在同一个网络中被多次使用（类似于网络不同部分共享同一个参数），这时需要累加相关计算节点处得到的 $\frac{\partial L}{\partial \boldsymbol{W}^K}$。

与输出层类似，隐藏层的反向传播也是逐层逆向计算的。

（1）获取 $\frac{\partial L}{\partial \boldsymbol{s}^k}$，即计算损失函数 L 关于第 k 层中间状态 $\boldsymbol{s}^k$ 的梯度，并将梯度向前传递。

（2）获取 $\frac{\partial L}{\partial \boldsymbol{h}^{k-1}}$ 和 $\frac{\partial L}{\partial \boldsymbol{W}^k}$，即计算损失函数 L 关于第 $k-1$ 层输出结果 $\boldsymbol{h}^{k-1}$ 的梯度，并将梯度向前传递。同时，计算损失函数 L 关于参数 $\boldsymbol{W}^k$ 的梯度，并用于参数更新。

这两步和输出层的反向传播十分类似。可以利用链式法则得到

$$
\begin{aligned}
\frac{\partial L}{\partial \boldsymbol{s}^k} &= \frac{\partial L}{\partial \boldsymbol{h}^k} \cdot \frac{\partial \boldsymbol{h}^k}{\partial \boldsymbol{s}^k} \\
&= \frac{\partial L}{\partial \boldsymbol{h}^k} \cdot \frac{\partial f^k(\boldsymbol{s}^k)}{\partial \boldsymbol{s}^k}
\end{aligned}
\tag{9.67}
$$

其中，$\frac{\partial L}{\partial \boldsymbol{h}^k}$ 表示损失函数 L 相对该隐藏层输出 $\boldsymbol{h}^k$ 的梯度。进一步，由于 $\boldsymbol{s}^k = \boldsymbol{h}^{k-1}\boldsymbol{W}^k$，可以得到

$$
\frac{\partial L}{\partial \boldsymbol{W}^k} = \left[\boldsymbol{h}^{k-1}\right]^{\mathrm{T}} \cdot \frac{\partial L}{\partial \boldsymbol{s}^k}
\tag{9.68}
$$

$$
\frac{\partial L}{\partial \boldsymbol{h}^{k-1}} = \frac{\partial L}{\partial \boldsymbol{s}^k} \cdot \left[\boldsymbol{W}^k\right]^{\mathrm{T}}
\tag{9.69}
$$

$\frac{\partial L}{\partial \boldsymbol{h}^{k-1}}$ 需要继续向第 $k-1$ 隐藏层传递。$\frac{\partial L}{\partial \boldsymbol{W}^k}$ 会作为参数的梯度用于参数更新。图 9.41 展示了隐藏层反向传播的计算过程。

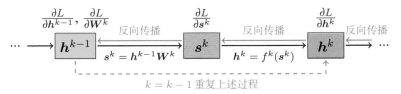

图 9.41　隐藏层的反向传播

综合输出层和隐藏层的反向传播方法，可以得到神经网络中任意位置和任意参数的梯度信息。只需要根据网络的拓扑结构，逆向访问每一个节点，并执行上述反向计算过程。

9.5 神经语言模型

神经网络提供了一种工具，只要将问题的输入和输出定义好，就可以学习输入和输出之间的对应关系。显然，很多自然语言处理任务都可以用神经网络进行实现。例如，在机器翻译中，可以把输入的源语言句子和输出的目标语言句子用神经网络建模；在文本分类中，可以把输入的文本内容和输出的类别标签进行神经网络建模，等等。

为了更好地理解神经网络和深度学习在自然语言处理中的应用。本节介绍一种基于神经网络的语言建模方法——**神经语言模型**（Neural Language Model）。可以说，神经语言模型是深度学习

时代自然语言处理的标志性成果，它所涉及的许多概念至今仍是研究的热点，如词嵌入、表示学习、预训练等。此外，神经语言模型也为机器翻译的建模提供了很好的思路。从某种意义上讲，机器翻译的深度学习建模的很多灵感均来自神经语言模型，二者在一定程度上是统一的。

9.5.1 基于前馈神经网络的语言模型

回顾第 2 章的内容，语言建模的问题被定义为：对于一个词序列 $w_1w_2\cdots w_m$，如何计算该词序列的可能性？词序列出现的概率可以通过链式法则得到

$$P(w_1w_2\cdots w_m) = P(w_1)P(w_2|w_1)P(w_3|w_1w_2)\cdots P(w_m|w_1\cdots w_{m-1}) \tag{9.70}$$

$P(w_m|w_1\cdots w_{m-1})$ 需要建模 $m-1$ 个词构成的历史信息，因此这个模型仍然很复杂。于是就有了基于局部历史的 n-gram 语言模型：

$$P(w_m|w_1\cdots w_{m-1}) = P(w_m|w_{m-n+1}\cdots w_{m-1}) \tag{9.71}$$

$P(w_m|w_{m-n+1}\cdots w_{m-1})$ 可以通过相对频次估计进行计算，如式 (9.72) 所示，其中 count($\cdot$) 表示在训练数据上的频次：

$$P(w_m|w_{m-n+1}\cdots w_{m-1}) = \frac{\text{count}(w_{m-n+1}\cdots w_m)}{\text{count}(w_{m-n+1}\cdots w_{m-1})} \tag{9.72}$$

这里，$w_{m-n+1}\cdots w_m$ 也被称作 n-gram，即 n 元语法单元。n-gram 语言模型是一种典型的基于离散表示的模型。在这个模型中，所有的词都被看作离散的符号。因此，不同单词之间是"完全"不同的。另外，语言现象是十分多样的，即使在很大的语料库上也无法得到所有 n-gram 的准确统计，甚至很多 n-gram 在训练数据中从未出现过。由于不同 n-gram 间没有建立直接的联系，n-gram 语言模型往往面临数据稀疏的问题。例如，虽然在训练数据中见过"景色"这个词，但测试数据中却出现了"风景"这个词，恰巧"风景"在训练数据中没有出现过。即使"风景"和"景色"表达的是相同的意思，n-gram 语言模型仍然会把"风景"看作未登录词，赋予一个很低的概率值。

上面这个问题的本质是 n-gram 语言模型对词使用了离散化表示，即每个单词都孤立地对应词表中的一个索引，词与词之间在语义上没有任何"重叠"。神经语言模型重新定义了这个问题。这里并不需要显性地统计离散的 n-gram 的频度，而是直接设计一个神经网络模型 $g(\cdot)$ 来估计单词生成的概率，如下所示：

$$P(w_m|w_1\cdots w_{m-1}) = g(w_1\cdots w_m) \tag{9.73}$$

$g(w_1\cdots w_m)$ 实际上是一个多层神经网络。与 n-gram 语言模型不同的是，$g(w_1\cdots w_m)$ 并不包含对 $w_1\cdots w_m$ 的任何假设，例如，在神经网络模型中，单词不再是离散的符号，而是连续空间

上的点。这样，两个单词之间也不再是简单的非 0 即 1 的关系，而是具有可计算的距离。此外，由于没有对 $w_1 \cdots w_m$ 进行任何结构性的假设，神经语言模型对问题进行端到端学习。通过设计不同的神经网络 $g(\cdot)$，可以从不同的角度"定义"序列的表示问题。当然，这么说可能还有一些抽象，下面就一起看看神经语言模型究竟是什么样子的。

1. 模型结构

最具代表性的神经语言模型是**前馈神经网络语言模型**（Feed-forward Neural Network Language Model，FNNLM）。这种语言模型的目标是用神经网络计算 $P(w_m|w_{m-n+1} \cdots w_{m-1})$，之后将多个 n-gram 的概率相乘，得到整个序列的概率[72]。

为了有一个直观的认识，这里以 4-gram 的 FNNLM 为例，即根据前 3 个单词 w_{i-3}、w_{i-2}、w_{i-1} 预测当前单词 w_i 的概率。模型结构如图 9.42 所示。从结构上看，FNNLM 是一个典型的多层神经网络结构。主要有 3 层：

- **输入层**（词的分布式表示层），把输入的离散的单词变为分布式表示对应的实数向量。
- **隐藏层**，将得到的词的分布式表示进行线性和非线性变换。
- **输出层**（Softmax 层），根据隐藏层的输出预测单词的概率分布。

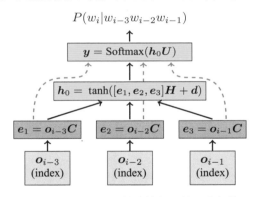

图 9.42　4-gram 前馈神经网络语言架构

这 3 层堆叠在一起构成了整个网络，而且可以加入从词的分布式表示直接到输出层的连接（红色虚线箭头）。

2. 输入层

o_{i-3}、o_{i-2}、o_{i-1} 为该语言模型的输入（绿色方框），输入为每个词（如上文的 w_{i-1}、w_{i-2} 等）的 One-hot 向量表示（维度大小与词表大小一致），每个 One-hot 向量仅一维为 1，其余为 0，例如 $(0,0,1,\cdots,0)$ 表示词表中第 3 个单词。之后把 One-hot 向量乘以一个矩阵 C 得到单词的分布式表示（蓝色方框）。令 o_i 为第 i 个词的 One-hot 表示，e_i 为第 i 个词的分布式表示，则分布式表示 e_i 的计算方式如下：

$$e_i = o_i C \tag{9.74}$$

这里的 C 可以被理解为一个查询表，根据 o_i 中为 1 的那一维，在 C 中索引到相应的行进行输出（结果是一个行向量）。通常，把 e_i 这种单词的实数向量表示称为词嵌入，把 C 称为词嵌入矩阵。

3. 隐藏层和输出层

把得到的 e_1、e_2、e_3 三个向量级联在一起，经过两层网络，最后通过 Softmax 函数（橙色方框）得到输出，具体过程为

$$y = \text{Softmax}(h_0 U) \tag{9.75}$$

$$h_0 = \tanh([e_{i-3}, e_{i-2}, e_{i-1}]H + d) \tag{9.76}$$

这里，输出 y 是词表 V 上的一个分布，表示 $P(w_i|w_{i-1}, w_{i-2}, w_{i-3})$。$U$、$H$ 和 d 是模型的参数。这样，对于给定的单词 w_i 可以用 y_i 得到其概率，其中 y_i 表示向量 y 的第 i 维。

Softmax$(\cdot)$ 的作用是根据输入的 $|V|$ 维向量（即 $h_0 U$），得到一个 $|V|$ 维的分布。令 τ 表示 Softmax$(\cdot)$ 的输入向量，Softmax 函数可以被定义为

$$\text{Softmax}(\tau_i) = \frac{\exp(\tau_i)}{\sum_{i'=1}^{|V|} \exp(\tau_{i'})} \tag{9.77}$$

这里，exp$(\cdot)$ 表示指数函数。Softmax 函数是一个典型的归一化函数，它可以将输入的向量的每一维都转化为 0~1 之间的数，同时保证所有维的和等于 1。Softmax 的另一个优点是，它本身（对于输出的每一维）都是可微的（如图 9.43 所示），因此可以直接使用基于梯度的方法进行优化。实际上，Softmax 经常被用于分类任务。也可以把机器翻译中目标语言单词的生成看作一个分类问题，它的类别数是 $|V|$。

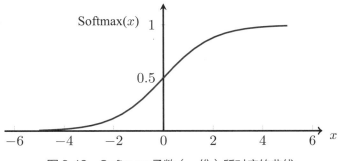

图 9.43　Softmax 函数（一维）所对应的曲线

4. 连续空间表示能力

值得注意的是，在 FNNLM 中，单词已经不再是一个孤立的符号串，而是被表示为一个实数向量。这样，两个单词之间可以通过向量计算某种相似度或距离。这导致相似的单词会具有相似的分布，进而缓解 n-gram 语言模型的问题——明明意思很相近的两个词，概率估计的结果差异性却很大。

在 FNNLM 中，所有的参数、输入、输出都是连续变量，因此 FNNLM 也是一个典型的连续空间模型。通过使用交叉熵等损失函数，可以很容易地对 FNNLM 进行优化。例如，可以使用梯度下降法对 FNNLM 的模型参数进行训练。

虽然 FNNLM 的形式简单，却为处理自然语言提供了一个全新的视角。首先，该模型重新定义了"词是什么"——它并非词典的一项，而是可以用一个连续实数向量进行表示的可计算的"量"。此外，n-gram 不再是离散的符号序列，模型不需要记录 n-gram，因此很好地缓解了上面提到的数据稀疏问题，模型体积也大大减小。

当然，FNNLM 也引发了后人的许多思考。例如：神经网络每一层都学到了什么？是词法、句法，还是一些其他知识？如何理解词的分布式表示？等等。在随后的内容中读者将看到，随着近几年深度学习和自然语言处理的发展，部分问题已经得到了很好的解答，但是仍有许多问题需要进一步探索。

9.5.2 对于长序列的建模

FNNLM 固然有效，但是和传统的 n-gram 语言模型一样需要依赖有限上下文假设，也就是 w_i 的生成概率只依赖于之前的 $n-1$ 个单词。一个很自然的想法是引入更大范围的历史信息，从而捕捉单词间的长距离依赖。

1. 基于循环神经网络的语言模型

对于长距离依赖问题，可以通过**循环神经网络**（Recurrent Neural Network，RNN）求解。通过引入循环单元这种特殊的结构，循环神经网络可以对任意长度的历史进行建模，因此在一定程度上解决了传统 n-gram 语言模型有限历史的问题。正是基于这个优点，**循环神经网络语言模型**（RNNLM）应运而生[73]。

在循环神经网络中，输入和输出都是一个序列，分别记为 $(\boldsymbol{x}_1, \cdots, \boldsymbol{x}_m)$ 和 $(\boldsymbol{y}_1, \cdots, \boldsymbol{y}_m)$。它们都可以被看作时序序列，其中每个时刻 t 都对应一个输入 $\boldsymbol{x}_t$ 和输出 $\boldsymbol{y}_t$。循环神经网络的核心是**循环单元**（RNN Cell），它读入前一个时刻循环单元的输出和当前时刻的输入，生成当前时刻循环单元的输出。图 9.44 展示了一个简单的循环单元结构，对于时刻 t，循环单元的输出被定义为

$$\boldsymbol{h}_t = \tanh(\boldsymbol{x}_t \boldsymbol{U} + \boldsymbol{h}_{t-1} \boldsymbol{W}) \tag{9.78}$$

其中，$\boldsymbol{h}_t$ 表示 t 时刻循环单元的输出，$\boldsymbol{h}_{t-1}$ 表示 $t-1$ 时刻循环单元的输出，$\boldsymbol{U}$ 和 $\boldsymbol{W}$ 是模型的

参数。可以看出，循环单元的结构其实很简单，只是一个对 $\boldsymbol{h}_{t-1}$ 和 $\boldsymbol{x}_t$ 的线性变换，再加上一个 Tanh 函数。通过读入上一时刻的输出，可以在当前时刻访问历史信息。这个过程可以循环执行，这样就完成了对所有历史信息的建模。$\boldsymbol{h}_t$ 可以被看作序列在 t 时刻的一种表示，也可以被看作网络的一个隐藏层。进一步，$\boldsymbol{h}_t$ 可以被送入输出层，得到 t 时刻的输出：

$$\boldsymbol{y}_t = \text{Softmax}(\boldsymbol{h}_t \boldsymbol{V}) \tag{9.79}$$

其中，$\boldsymbol{V}$ 是输出层的模型参数。

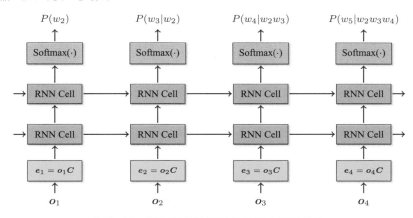

图 9.44　基于循环神经网络的语言模型结构

图 9.44 展示了一个基于循环神经网络的语言模型结构。首先，所有输入的单词会被转换成分布式表示（红色部分），这个过程和 FNNLM 是一样的。之后，该模型堆叠了两层循环神经网络（绿色部分）。最后，通过 Softmax 层（蓝色部分）得到每个时刻的预测结果 $\boldsymbol{y}_t = P(w_t|w_1 \cdots w_{t-1})$。

RNNLM 体现了一种"记忆"的能力。对于每一个时刻，循环单元都会保留一部分"以前"的信息，并加入"现在"的信息。从这个角度看，RNNLM 本质上是一种记忆模型。在简单的循环单元结构的基础上，也有很多改进工作，如 LSTM、GRU 等模型，这部分内容将在第 10 章介绍。

2. 其他类型的语言模型

通过引入记忆历史的能力，RNNLM 缓解了 n-gram 模型中有限上下文的局限性，但依旧存在一些问题。随着序列变长，不同单词之间信息传递路径变长，信息传递的效率变低。对于长序列，很难通过很多次的循环单元操作保留很长的历史信息。过长的序列还容易引起梯度消失和梯度爆炸问题（详见 9.4.4 节），增加模型训练的难度。

针对这个问题，一种解决方法是使用卷积神经网络[424]。卷积神经网络的特点是可以对一定窗口大小内的连续单词进行统一建模，这样非常易于捕捉窗口内单词之间的依赖，同时对它们进行整体的表示。进一步，卷积操作可以被多次叠加使用，通过更多层的卷积神经网络捕捉更大范围的依赖关系。卷积神经网络及其在机器翻译中的应用，第 11 章会有详细论述。

此外，研究人员也提出了另一种新的结构——**自注意力机制**（Self-attention Mechanism）。自注意力是一种特殊的神经网络结构，它可以对序列上任意两个词的相互作用直接进行建模，避免了循环神经网络中随着距离变长、信息传递步骤增多的缺陷。在自然语言处理领域，自注意力机制被成功地应用在机器翻译任务上，著名的 Transformer 模型[23] 就是基于该原理工作的。第 12 章会系统地介绍自注意力机制和 Transformer 模型。

9.5.3 单词表示模型

在神经语言建模中，每个单词都会被表示为一个实数向量。这对应了一种单词的表示模型。下面介绍传统的单词表示模型和这种基于实数向量的单词表示模型有何不同。

1. One-hot 编码

One-hot 编码（也称**独热编码**）是传统的单词表示方法。One-hot 编码把单词表示为词汇表大小的 0-1 向量，其中只有该词所对应的那一项是 1，其余所有项都是 0。举个简单的例子，假如有一个词典，里面包含 10k 个单词，并进行编号。那么，每个单词都可以表示为一个 10k 维的 One-hot 向量，它仅在对应编号那个维度为 1，其他维度都为 0，如图 9.45 所示。

$$\cos(\text{'桌子'}, \text{'椅子'}) = 0$$

	桌子	椅子
你$_1$	0	0
桌子$_2$	1	0
他$_3$	0	0
椅子$_4$	0	1
我们$_5$	0	0
...	...	...
你好$_{10k}$	0	0

图 9.45　单词的 One-hot 表示

One-hot 编码的优点是形式简单、易于计算，而且这种表示与词典具有很好的对应关系，因此每个编码都可以进行解释。但是，One-hot 编码把单词都看作相互正交的向量。这导致所有单词之间没有任何的相关性。只要是不同的单词，在 One-hot 编码下都是完全不同的。例如，大家可能会期望诸如"桌子""椅子"之类的词具有相似性，但是 One-hot 编码把它们看作相似度为 0 的两个单词。

2. 分布式表示

神经语言模型中使用的是一种分布式表示。在神经语言模型中，每个单词不再是完全正交的 0-1 向量，而是多维实数空间中的一个点，具体表现为一个实数向量。在很多时候，也会把单词的这种分布式表示称作词嵌入。

　　单词的分布式表示可以被看作欧氏空间中的一个点,因此单词之间的关系也可以通过空间的几何性质进行刻画。如图 9.46 所示,可以在一个 512 维空间上表示不同的单词。在这种表示下,"桌子"与"椅子"之间具有一定的联系。

$$\text{cos('桌子','椅子')} = 0.5$$

$$
\begin{array}{ccc}
 & \text{桌子} & \text{椅子} \\
\text{属性}_1 & \begin{bmatrix} 0.1 \\ -1 \\ 2 \\ \cdots \\ 0 \end{bmatrix} & \begin{bmatrix} 1 \\ 2 \\ 0.2 \\ \cdots \\ -1 \end{bmatrix} \\
\text{属性}_2 & & \\
\text{属性}_3 & & \\
\cdots & & \\
\text{属性}_{512} & &
\end{array}
$$

图 9.46　单词的分布式表示(词嵌入)

　　那么,分布式表示中每个维度的含义是什么呢? 可以把每个维度都理解为一种属性,如一个人的身高、体重等。但是,神经网络模型更多的是把每个维度看作单词的一种抽象"刻画",是一种统计意义上的"语义",而非简单的人工归纳的事物的一个个属性。使用这种连续空间的表示的好处在于,表示的内容(实数向量)可以进行计算和学习,因此可以通过模型训练得到更适用于自然语言处理的单词表示结果。

　　为了方便理解,看一个简单的例子。假如现在有个"预测下一个单词"的任务:有这样一个句子"屋里/要/摆放/一个/____",其中下画线的部分表示需要预测的下一个单词。如果模型在训练数据中看到过类似于"摆放一个桌子"这样的片段,就可以很自信地预测出"桌子"。实际上与"桌子"相近的单词,如"椅子",也是可以预测的单词。但是,"椅子"恰巧没有出现在训练数据中,这时,如果用 One-hot 编码来表示单词,显然无法把"椅子"填到下画线处;而如果使用单词的分布式表示,很容易就知道"桌子"与"椅子"是相似的,因此预测"椅子"在一定程度上也是合理的。

　　实例 9.1　屋里/要/摆放/一个/____　　　　　预测下个词

　　　　　　屋里/要/摆放/一个/桌子　　　　　见过

　　　　　　屋里/要/摆放/一个/椅子　　　　　没见过,但是仍然是合理预测

　　关于单词的分布式表示,还有一个经典的例子:通过词嵌入可以得到如下关系:"国王" = "女王" – "女人" + "男人"。从这个例子可以看出,词嵌入也具有一些代数性质,如词的分布式表示可以通过加、减等代数运算相互转换。图 9.47 展示了词嵌入在一个二维平面上的投影,不难发现,含义相近的单词分布比较近。

　　语言模型的词嵌入是通过词嵌入矩阵进行存储的,矩阵中的每一行对应一个词的分布式表示结果。图 9.48 展示了一个词嵌入矩阵的实例。

图 9.47　分布式表示的可视化

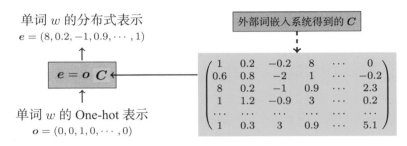

图 9.48　词嵌入矩阵 C

通常有两种方法得到词嵌入矩阵。一种方法是把词嵌入作为语言模型的一部分进行训练，由于语言模型往往较复杂，这种方法非常耗时；另一种方法使用更加轻便的外部训练方法，如 word2vec[425]、Glove[168] 等。由于这些方法的效率较高，因此可以使用更大规模的数据得到更好的词嵌入结果。

9.5.4 句子表示模型

目前，词嵌入已经成为诸多自然语言处理系统的标配，也衍生出了很多有趣的研究方向。但是，冷静地看，词嵌入依旧存在一些问题：每个词都对应唯一的向量表示，那么对于一词多义现象，词义需要通过上下文进行区分，这时使用简单的词嵌入式是无法处理的。有一个著名的例子：

实例 9.2 Aaron is an employee of apple.

　　　　He finally ate the apple.

这两句中"apple"的语义显然是不同的。第一句中的上下文"Jobs"和"CEO"可以帮助我们判断"apple"是一个公司名，而不是水果。词嵌入只有一个结果，因此无法区分这两种情况。这个例子给我们一个启发：在一个句子中，不能孤立地看待单词，应同时考虑其上下文信息。也就是需要一个能包含句子中上下文信息的表示模型。

回忆一下神经语言模型的结构，它需要在每个位置预测单词生成的概率。这个概率是由若干层神经网络进行计算后，通过输出层得到的。实际上，在送入输出层之前，系统已经得到了这个位置的一个向量（隐藏层的输出），因此可以把它看作含有一部分上下文信息的表示结果。

　　以 RNNLM 为例，图 9.49 展示了一个由 4 个词组成的句子，这里使用了一个两层循环神经网络络对其进行建模。可以看到，对于第 3 个位置，RNNLM 已经积累了从第 1 个单词到第 3 个单词的信息，因此可以看作单词 1-3（"乔布斯 就职 于"）的一种表示。另外，第 4 个单词的词嵌入可以看作"苹果"自身的表示。这样，可以把第 3 个位置 RNNLM 的输出和第 4 个位置的词嵌入合并，得到第 4 个位置上含有上下文信息的表示结果。换个角度看，这里得到了"苹果"的一种新的表示，它不仅包含苹果这个词自身的信息，也包含它前文的信息。

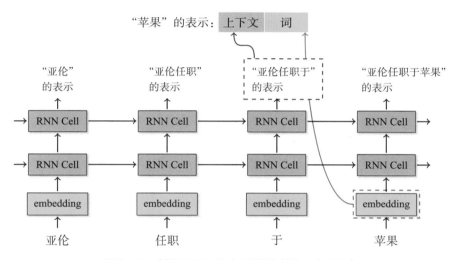

图 9.49　基于 RNN 的表示模型（词 + 上下文）

　　在自然语言处理中，**句子表示模型**是指将输入的句子进行分布式表示。不过，表示的形式不一定是一个单独的向量。广泛使用的句子表示模型可以被描述为：给定一个输入的句子 $\{w_1, \cdots, w_m\}$，得到一个表示序列 $\{\boldsymbol{h}_1, \cdots, \boldsymbol{h}_m\}$，其中 $\boldsymbol{h}_i$ 是句子在第 i 个位置的表示结果。$\{\boldsymbol{h}_1, \cdots, \boldsymbol{h}_m\}$ 被看作**句子的表示**，它可以被送入下游模块。例如，在机器翻译任务中，可以用这种模型表示源语言句子，然后通过这种表示结果进行目标语言译文的生成；在序列标注（如词性标注）任务中，可以对输入的句子进行表示，然后在这个表示之上构建标签预测模块。很多自然语言处理任务都可以用句子表示模型进行建模。因此，句子的表示模型也是应用最广泛的深度学习模型之一，而学习这种表示的过程也被称为表示学习。

　　句子表示模型有两种训练方法。最简单的方法是把它作为目标系统中的一个模块进行训练，如把句子表示模型作为机器翻译系统的一部分。也就是说，并不单独训练句子表示模型，而是把它作为一个内部模块放到其他系统中。另一种方法是将句子表示作为独立的模块，用外部系统进行训练，把训练好的表示模型放入目标系统中，再进行微调。这种方法构成了一种新的范式：预训练 + 微调（pre-training + fine-tuning）。图 9.50 对比了这两种不同的方法。

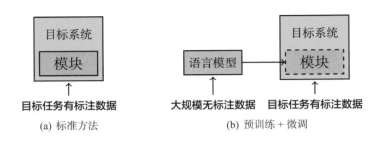

图 9.50　表示模型的训练方法（与目标任务联合训练 vs 用外部任务预训练）

　　目前，句子表示模型的预训练方法在多项自然语言处理任务上取得了很好的效果。预训练模型成了当今自然语言处理中的热点方向，相关系统在很多评测任务上"刷榜"。不过，上面介绍的模型是一种最简单的句子表示模型，第 16 章会对一些前沿的预训练方法和句子表示模型进行介绍。

9.6 小结及拓展阅读

　　神经网络为解决自然语言处理问题提供了全新的思路。深度学习也是建立在多层神经网络结构之上的一系列模型和方法。本章对神经网络的基本概念及其在语言建模中的应用进行了概述。由于篇幅所限，无法覆盖所有神经网络和深度学习的相关内容，感兴趣的读者可以进一步阅读专著 *Neural Network Methods in Natural Language Processing*[31] 和 *Deep Learning*[30]。此外，还有一些研究方向值得关注：

- 端到端学习是神经网络方法的特点之一。一方面，系统开发人员不需要设计输入和输出的隐含结构，甚至连特征工程都不再需要；另一方面，由于这种端到端学习完全由神经网络自行完成，整个学习过程没有人的先验知识做指导，导致学习的结构和参数很难进行解释。针对这个问题，也有很多研究人员进行了**可解释机器学习**（Explainable Machine Learning）的研究[426-428]。对于自然语言处理，方法的可解释性是十分必要的。从另一个角度看，如何使用先验知识改善端到端学习也是很多人关注的方向[429, 430]，例如，如何使用句法知识改善自然语言处理模型[431-435]。

- 为了进一步提高神经语言模型的性能，除了改进模型，还可以在模型中引入新的结构或其他有效信息，该领域也有很多典型工作值得关注。例如，在神经语言模型中引入除了词嵌入的单词特征，如语言特征（形态、语法、语义特征等）[436, 437]、上下文信息[407, 438]、知识图谱等外部知识[439]；或是在神经语言模型中引入字符级信息，将其作为字符特征单独[440, 441] 或与单词特征一起[442, 443] 送入模型中。在神经语言模型中，引入双向模型也是一种十分有效的尝试，在单词预测时可以同时利用来自过去和未来的文本信息[22, 167, 444]。

- 词嵌入是自然语言处理近些年的重要进展。所谓"嵌入"是一类方法，理论上，把一个事物进行分布式表示的过程都可以被看作广义上的"嵌入"。基于这种思想的表示学习也成了自然语言处理中的前沿方法。例如，如何对树结构，甚至图结构进行分布式表示成了分析自然语言的重要方法[445-449]。此外，除了语言建模，还有很多方式可以进行词嵌入的学习，如SENNA[102]、word2vec[164, 425]、Glove[168]、CoVe[450] 等。

10. 基于循环神经网络的模型

神经机器翻译（Neural Machine Translation）是机器翻译的前沿方法。近年，随着深度学习技术的发展和在各领域中的深入应用，基于端到端表示学习的方法正在改变着我们处理自然语言的方式，神经机器翻译在这种趋势下应运而生。一方面，神经机器翻译延续着统计建模和基于数据驱动的思想，在基本问题的定义上与前人的研究是一致的；另一方面，神经机器翻译脱离了统计机器翻译中对隐含翻译结构的假设，同时使用分布式表示对文字序列进行建模，这使得它可以从一个全新的视角看待翻译问题。现在，神经机器翻译已经成了机器翻译研究及应用的热点，译文质量得到了巨大的提升。

本章将介绍神经机器翻译中的一种基础模型——基于循环神经网络的模型。该模型是神经机器翻译中最早被成功应用的模型之一。基于这个模型框架，研究人员进行了大量的探索和改进工作，包括使用 LSTM 等循环单元结构、引入注意力机制等。这些内容都将在本章进行讨论。

10.1 神经机器翻译的发展简史

纵观机器翻译的发展历程，神经机器翻译诞生较晚。无论是早期的基于规则的方法，还是逐渐发展起来的基于实例的方法，再或是 20 世纪末基于统计的方法，每次机器翻译框架级的创新都需要很长时间的酝酿，而技术走向成熟甚至需要更长时间。但是，神经机器翻译的出现和后来的发展速度有些"出人意料"。神经机器翻译的概念出现在 2013—2014 年，当时机器翻译领域的主流方法仍然是统计机器翻译。虽然那个时期深度学习已经在图像、语音等领域取得了令人瞩目的效果，但对自然语言处理来说，深度学习仍然不是主流。

研究人员也意识到了神经机器翻译在表示学习等方面的优势。这一时期，很多研究团队对包括机器翻译在内的序列到序列问题进行了广泛而深入的研究，注意力机制等新的方法不断被推出。这使得神经机器翻译系统在翻译品质上逐渐体现出优势，甚至超越了当时的统计机器翻译系统。当大家讨论神经机器翻译能否取代统计机器翻译成为下一代机器翻译范式的时候，一些互联网企业推出了以神经机器翻译技术为内核的在线机器翻译服务，在很多场景下的翻译品质显著超越了当时最好的统计机器翻译系统。这也引发了学术界和产业界对神经机器翻译的讨论。随着关注度的不断升高，神经机器翻译的研究吸引了更多科研机构和企业的投入，神经机器翻译系统的翻译品质得到了进一步提升。

在短短 5～6 年间，神经机器翻译从一个新生的概念成长为机器翻译领域的最前沿技术之一，在各种机器翻译评测和应用中呈全面替代统计机器翻译之势。例如，从近几年 WMT、CCMT 等评测的结果看，神经机器翻译已经处于绝对的统治地位，在不同语种和领域的翻译任务中，成为各参赛系统的标配。此外，从 ACL 等自然语言处理顶级会议发表的论文看，神经机器翻译在论文数量上呈明显的增长趋势，这也体现了学术界对该方法的关注。至今，国内外的很多机构都推出了自己研发的神经机器翻译系统，整个研究和产业生态欣欣向荣。图 10.1 展示了机器翻译发展简史。

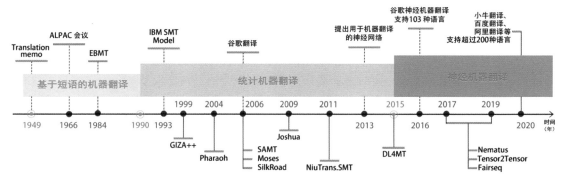

图 10.1　机器翻译发展简史

神经机器翻译的迅速崛起让所有研究人员措手不及，甚至有一种一觉醒来天翻地覆的感觉。也有研究人员评价，神经机器翻译的出现给整个机器翻译领域带来了前所未有的发展机遇。客观地看，机器翻译达到如今的状态也是历史的必然，其中有几方面原因：

- 20 世纪末，所发展起来的基于数据驱动的方法为神经机器翻译提供了很好的基础。本质上，神经机器翻译仍然是一种基于统计建模的数据驱动的方法，因此无论是对问题的基本建模方式，还是训练统计模型用到的带标注数据，都可以复用机器翻译领域以前的研究成果。特别是机器翻译长期的发展已经积累了大量的双语、单语数据，这些数据在统计机器翻译时代就发挥了很大作用。随着时间的推移，数据规模和质量又得到进一步提升，包括一些评测基准、任务设置都已经非常完备，研究人员可以直接在数据条件全部具备的情况下开展神经机器翻译的研究工作，这些都节省了大量的时间成本。从这个角度看，神经机器翻译是站在巨人的肩膀上才发展起来的。

- 深度学习经过长时间的酝酿终于爆发，为机器翻译等自然语言处理任务提供了新的思路和技术手段。神经机器翻译的不断壮大伴随着深度学习技术的发展。在深度学习的视角下，语言文字可以被表示成抽象的实数向量，这种文字的表示结果可以被自动学习，为机器翻译建模提供了更大的灵活性。与神经机器翻译相比，深度学习的发展更加曲折。深度学习经历了漫长的起伏，神经机器翻译恰好出现在深度学习逐渐走向成熟的阶段。反过来说，受到深度学习及相关技术空前发展的影响，自然语言处理的范式也发生了变化，神经机器翻译的出现只是这种趋势下的一种必然。

- 计算机算力的提升也为神经机器翻译提供了很好的支撑。与很多神经网络方法一样，神经机器翻译依赖大量基于浮点数的矩阵运算。甚至在 21 世纪初，大规模的矩阵运算仍然依赖非常昂贵的 CPU 集群系统，但随着 GPU 等相关技术的发展，在相对低成本的设备上已经可以完成非常复杂的浮点并行运算。这使得包括神经机器翻译在内的很多基于深度学习的系统可以进行大规模实验，随着实验周期的缩短，相关研究和系统的迭代周期也大大缩短。实际上，计算机硬件的运算能力一直是稳定提升的，神经机器翻译只是受益于运算能力的阶段性突破。

- 翻译需求的不断增加也为机器翻译技术提供了新的机会。近年，无论是更高的翻译品质需求，还是翻译语种的增多，甚至不同翻译场景的出现，都对机器翻译有了更高的要求。人们迫切需要一种品质更高、翻译效果稳定的机器翻译方法，神经机器翻译恰好满足了这些要求。当然，应用端需求的增加也会反推机器翻译技术的发展，二者相互促进。

至今，神经机器翻译已经成为带有时代特征的标志性方法。当然，机器翻译的发展也远没有达到终点。下面将介绍神经机器翻译的起源和优势，以便读者在正式了解神经机器翻译的技术方法前对其现状有一个充分的认识。

10.1.1 神经机器翻译的起源

从广义上讲，神经机器翻译是一种基于人工神经网络的方法，它把翻译过程描述为可以用人工神经网络表示的函数，所有的训练和推断都在这些函数上进行。神经机器翻译中的神经网络可以用连续可微函数表示，因此这类方法也可以用基于梯度的方法进行优化，相关技术非常成熟。更为重要的是，在神经网络的设计中，研究人员引入了分布式表示的概念，这也是近些年自然语言处理领域的重要成果之一。传统统计机器翻译仍然把词序列看作离散空间里的由多个特征函数描述的点，类似于 n-gram 语言模型，这类模型对数据稀疏问题非常敏感。此外，人工设计特征也在一定程度上限制了模型对问题的表示能力。神经机器翻译把文字序列表示为实数向量，一方面避免了特征工程繁重的工作，另一方面使得系统可以对文字序列的"表示"进行学习。可以说，神经机器翻译的成功很大程度上源自"表示学习"这种自然语言处理的新范式的出现。在表示学习的基础上，注意力机制、深度神经网络等技术都被应用于神经机器翻译，使其得以进一步发展。

虽然神经机器翻译中大量使用了人工神经网络方法，但它并不是最早在机器翻译中使用人工神经网络的框架。实际上，人工神经网络在机器翻译中应用的历史要远早于现在的神经机器翻译。在统计机器翻译时代，也有很多研究人员利用人工神经网络进行机器翻译系统模块的构建[451, 452]，例如，研究人员成功地在统计机器翻译系统中使用了基于神经网络的联合表示模型，取得了很好的效果[451]。

　　以上这些工作大多都是在系统的局部模块中使用人工神经网络和深度学习方法。与之不同的是，神经机器翻译是用人工神经网络完成整个翻译过程的建模，这样做的一个好处是，整个系统可以进行端到端学习，无须引入对任何翻译的隐含结构假设。这种利用端到端学习对机器翻译进行神经网络建模的方式也就成了现在大家所熟知的神经机器翻译。这里简单列出部分代表性的工作：

- 2013 年，Nal Kalchbrenner 和 Phil Blunsom 提出了一个基于编码器-解码器结构的新模型[453]。该模型用卷积神经网络（Convolutional Neural Networks，CNN）将源语言编码成实数向量，之后用循环神经网络将连续向量转换成目标语言。这使得模型不需要进行词对齐、特征提取等工作，就能够自动学习源语言的信息。这也是一种端到端学习的方法。不过，这项工作的实现较复杂，而且方法存在梯度消失/爆炸等问题[454, 455]，因此并没有成为后来神经机器翻译的基础框架。

- 2014 年，Ilya Sutskever 等人提出了序列到序列（seq2seq）学习的方法，同时将长短时记忆结构（LSTM）引入神经机器翻译中，这个方法缓解了梯度消失/爆炸的问题，并通过遗忘门的设计让网络选择性地记忆信息，缓解了序列中长距离依赖的问题[21]。该模型在进行编码的过程中，将不同长度的源语言句子压缩成一个固定长度的向量，句子越长，损失的信息越多，同时该模型无法对输入和输出序列之间的对齐进行建模，因此并不能有效地保证翻译质量。

- 2014 年，Dzmitry Bahdanau 等人首次将**注意力机制**（Attention Mechanism）应用到机器翻译领域，在机器翻译任务上同时对翻译和局部翻译单元之间的对应关系建模[22]。这项工作的意义在于，使用了更有效的模型来表示源语言的信息，同时使用注意力机制对两种语言不同部分之间的相互联系进行建模。这种方法可以有效地处理长句子的翻译，而且注意力的中间结果具有一定的可解释性①。然而，与前人的神经机器翻译模型相比，注意力模型也引入了额外的成本，计算量较大。

- 2016 年，谷歌公司发布了基于多层循环神经网络方法的 GNMT 系统。该系统集成了当时的神经机器翻译技术，并进行了诸多的改进。它的性能明显优于基于短语的机器翻译系统[456]，引起了研究人员的广泛关注。在之后不到一年的时间里，脸书公司采用卷积神经网络研发了新的神经机器翻译系统[24]，实现了比基于循环神经网络的系统更高的翻译水平，并大幅提升了翻译速度。

- 2017 年，Ashish Vaswani 等人提出了新的翻译模型 Transformer，其完全摒弃了循环神经网络和卷积神经网络，仅通过多头注意力机制和前馈神经网络，不需要使用序列对齐的循环框架就展示出强大的性能，并且巧妙地解决了翻译中长距离依赖的问题[23]。Transformer 是第一个完全基于注意力机制搭建的模型，不仅训练速度更快，在翻译任务上也获得了更好的结果，一跃成为目前最主流的神经机器翻译框架。

　　当然，神经机器翻译的工作远不止以上这些[457]。随着本书内容的逐渐深入，很多经典的模型和方法都会被讨论。

---

① 例如，目标语言和源语言句子不同单词之间的注意力强度能够在一定程度上反映单词之间的互译程度。

10.1.2 神经机器翻译的品质

图 10.2 展示了用机器翻译把一段英语翻译为汉语的结果。其中译文 1 是统计机器翻译系统的结果，译文 2 是神经机器翻译系统的结果。为了保证公平性，两个系统使用完全相同的数据进行训练。

原文：This has happened for a whole range of reasons, not least because we live in a culture where people are encouraged to think of sleep as a luxury - something you can easily cut back on. After all, that's what caffeine is for - to jolt you back into life. But while the average amount of sleep we are getting has fallen, rates of obesity and diabetes have soared. Could the two be connected?
译文 1：这已经发生了一系列的原因，不仅仅是因为我们生活在一个文化鼓励人们认为睡眠是一种奢侈的东西，你可以很容易地削减。毕竟，这就是咖啡因是你回到生命的震动。但是，尽管我们得到的平均睡眠量下降，肥胖和糖尿病率飙升。可以两个连接？
译文 2：这种情况的发生有各种各样的原因，特别是因为我们生活在一种鼓励人们把睡眠看作是一种奢侈的东西—你可以很容易地减少睡眠的文化中。毕竟，这就是咖啡因的作用让你重新回到生活中。但是，当我们的平均睡眠时间减少时，肥胖症和糖尿病的发病率却猛增。这两者有联系吗？

图 10.2 机器翻译实例对比

可以看出，译文 2 更通顺，意思的表达更准确，翻译质量明显高于译文 1。这个例子基本反映出统计机器翻译和神经机器翻译的差异性。当然，这里并不是要讨论统计机器翻译和神经机器翻译孰优孰劣，只是发现，在很多场景中神经机器翻译系统可以生成非常流畅的译文，易于人工阅读和修改。

在很多量化的评价中，也可以看到神经机器翻译的优势。回忆第 4 章提到的机器翻译质量的自动评估指标，使用最广泛的一种评估指标是 BLEU。2010 年前，在由 NIST 举办的汉英机器翻译评测中（如汉英 MT08 数据集），30% 以上的 BLEU 值对基于统计方法的翻译系统来说就已经是当时最顶尖的结果了，而现在的神经机器翻译系统，可以轻松地将 BLEU 提高至 45% 以上。

同样，在机器翻译领域著名的评测比赛 WMT 中，使用统计机器翻译方法的参赛系统也在逐年减少。如今，获得比赛冠军的系统，几乎没有只使用纯统计机器翻译模型的系统[①]。图 10.3 展示了近年来 WMT 比赛冠军系统的数量，可见神经机器翻译系统的占比在逐年提高。

神经机器翻译在其他评价指标上的表现也全面超越统计机器翻译。例如，在 IWSLT 2015 英语-德语任务中，研究人员搭建了如下 4 个较为先进的机器翻译系统[458]。

- PBSY：基于短语和串到树模型的混合系统，其中也使用了一些稀疏的词汇化特征。
- HPB：层次短语系统，其中使用了基于句法的预调序和基于神经语言模型的重排序模块。
- SPB：标准的基于短语的模型，其中使用了基于神经语言模型的重排序模块。

---

① 但是，仍然有大量的统计机器翻译和神经机器翻译融合的方法。例如，在无指导机器翻译中，统计机器翻译仍然被作为初始模型。

- **NMT**：神经机器翻译系统，其中使用了长短时记忆模型、注意力机制、稀有词处理机制等。

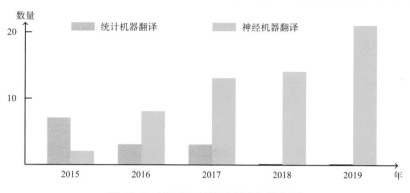

图 10.3　WMT 比赛冠军系统的数量

　　与这些系统相比，首先，神经机器翻译系统的 mTER 得分在不同长度的句子上都有明显下降，如图 10.4 所示①。其次，神经机器翻译的单词形态错误率和单词词义错误率（用 HTER 度量）都远低于统计机器翻译系统（如表 10.1 所示）。

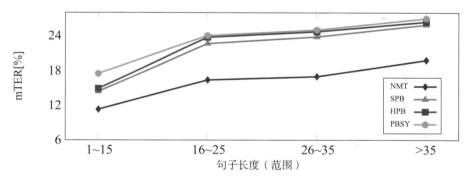

图 10.4　不同系统在不同长度的句子上的 mTER[%] 分值（得分越低越好）[458]

　　此外，神经机器翻译在某些任务上的结果已经相当优秀。例如，在一些汉英新闻翻译任务中，神经机器翻译取得了至少和专业翻译人员相媲美的效果[459]。在该任务中，神经机器翻译系统（Combo-4、Combo-5 和 Combo-6）的人工评价得分与 Reference-HT（专业翻译人员翻译）的得分无显著差别，且远超 Reference-WMT（WMT 的参考译文，也是由人类翻译）的得分（如表 10.2 所示）。

　　近几年，神经机器翻译的发展更加迅速，新的模型及方法层出不穷。表 10.3 给出了 2017 年至 2020 年，主流的神经机器翻译模型在 WMT14 英德数据集上的表现。

---

①mTER、HTER 等都是错误率度量，值越低表明译文质量越高。

表 10.1　神经机器翻译与统计机器翻译系统的译文错误率 HTER[%]（忽略编辑距离中的移动操作）[458]

系统	单词	词根	Δ
PBSY	27.1	22.5	-16.9
HPB	28.7	23.5	-18.4
SPB	28.3	23.2	-18.0
NMT	21.7	18.7	-13.7

表 10.2　不同机器翻译系统人类评价结果[459]

#	Ave%（平均原始分数）	系统
1	69.0	Combo-6
	68.5	Reference-HT
	68.9	Combo-5
	68.6	Combo-4
2	62.1	Reference-WMT

表 10.3　WMT14 英德数据集上不同神经机器翻译模型的表现

模型	作者	年份	BLEU[%]
ConvS2S [24]	Gehring 等	2017	25.2
Transformer-Base [23]	Vaswani 等	2017	27.3
Transformer-Big [23]	Vaswani 等	2017	28.4
RNMT+ [460]	Chen 等	2018	28.5
Layer-Wise Coordination [461]	He 等	2018	29.0
Transformer-RPR [462]	Shaw 等	2018	29.2
Transformer-DLCL [463]	Wang 等	2019	29.3
SDT [464]	Li 等	2020	30.4
MSC [465]	Wei 等	2020	30.5

10.1.3 神经机器翻译的优势

既然神经机器翻译如此强大，它的优势在哪里呢？表 10.4 给出了统计机器翻译与神经机器翻译的特点对比。

表 10.4　统计机器翻译与神经机器翻译的特点对比

统计机器翻译的特点	神经机器翻译的特点
基于离散空间的表示模型	基于连续空间的表示模型
自然语言处理问题的隐含结构假设	无隐含结构假设，端到端学习
特征工程为主	不需要特征工程，但需要设计网络
特征、规则的存储耗资源	模型存储相对小，但计算量大

具体来说，神经机器翻译有如下特点：

- 基于连续空间的表示模型，能捕获更多隐藏信息。神经机器翻译与统计机器翻译最大的区别在于对语言文字串的表示方法。在统计机器翻译中，所有词串本质上都是由更小的词串（短语、规则）组合而成的，即统计机器翻译模型利用词串之间的不同组合来表示更大的词串。统计机器翻译使用多个特征描述翻译结果，但其仍然对应着离散的字符串的组合，因此可以把模型对问题的表示空间看作由一个离散结构组成的集合。在神经机器翻译中，词串的表示已经被神经网络转化为多维实数向量，而且不依赖任何可组合性假设等其他假设来刻画离散的语言结构。从这个角度看，所有的词串分别对应了一个连续空间上的点（如对应多维实数空间中一个点）。这样，模型可以更好地进行优化，而且对未见样本有更好的泛化能力。此外，基于连续可微函数的机器学习算法已经相对完备，可以很容易地对问题进行建模和优化。

- 无隐含结构假设，端到端学习对问题建模更加直接。传统的自然语言处理任务会对问题进行隐含结构假设。例如，进行翻译时，统计机器翻译会假设翻译过程由短语的拼装完成。这些假设可以大大化简问题的复杂度，但也带来了各种各样的约束条件，并且错误的隐含假设往往会导致建模错误。神经机器翻译是一种端到端模型，它并不依赖任何隐含结构假设。这样，模型并不会受到错误的隐含结构的引导。从某种意义上说，端到端学习可以让模型更加"自由"的进行学习，因此往往可以学到很多传统认知上不容易理解或者不容易观测到的现象。

- 不需要特征工程，特征学习更加全面。经典的统计机器翻译可以通过判别式模型引入任意特征，不过这些特征需要人工设计，因此这个过程也被称为特征工程。特征工程依赖大量的人工，特别是对不同语种、不同场景的翻译任务，所采用的特征不尽相同，这也使得设计有效的特征成了统计机器翻译时代最主要的工作之一。但是，由于人类自身的思维和认知水平的限制，人工设计的特征可能不全面，甚至会遗漏一些重要的翻译现象。神经机器翻译并不依赖任何人工特征的设计，或者说，它的特征都隐含在分布式表示中。这些"特征"都是自动学习得到的，因此神经机器翻译并不会受到人工思维的限制，学习到的特征将问题描述得更全面。

- 模型结构统一，存储相对更小。统计机器翻译系统依赖很多模块，如词对齐、短语（规则）表和目标语言模型等，因为所有的信息（如 n-gram）都是离散化表示的，所以模型需要消耗大量的存储资源。同时，由于系统模块较多，开发的难度也较大。神经机器翻译的模型都是用神经网络进行表示的，模型参数大多是实数矩阵，因此存储资源的消耗很小。而且，神经网络可以作为一个整体进行开发和调试，系统搭建的代价相对较低。实际上，由于模型体积小，神经机器翻译也非常适于离线小设备上的翻译任务。

当然，神经机器翻译并不完美，很多问题有待解决。首先，神经机器翻译需要大规模浮点运算的支持，模型的推断速度较低。为了获得优质的翻译结果，往往需要大量 GPU 设备的支持，计算资源成本很高；其次，由于缺乏人类的先验知识对翻译过程的指导，神经机器翻译的运行过程缺乏可解释性，系统的可干预性也较差；此外，虽然脱离了繁重的特征工程，神经机器翻译仍然需要人工设计网络结构，在模型的各种超参数的设置、训练策略的选择等方面，仍然需要大量的人工参与。这也导致很多实验结果不容易复现。显然，完全不依赖人工的机器翻译还很遥远。不过，随着研究人员的不断攻关，很多问题也得到了解决。

10.2 编码器−解码器框架

说到神经机器翻译就不得不提**编码器-解码器模型**，或**编码器-解码器框架**（Encoder-Decoder Paradigm）。本质上，编码器-解码器模型是描述输入-输出之间关系的一种方式。编码器-解码器这个概念在日常生活中并不少见。例如，在电视系统上为了便于视频的传播，会使用各种编码器将视频编码成数字信号，在客户端，相应的解码器组件会把收到的数字信号解码为视频。另一个更贴近生活的例子是电话，它通过对声波和电信号进行相互转换，达到传递声音的目的。这种"先编码，再解码"的思想被应用到密码学、信息论等多个领域。

不难看出，机器翻译问题也完美地贴合了编码器-解码器结构的特点。可以将源语言编码为类似信息传输中的数字信号，然后利用解码器对其进行转换，生成目标语言。下面就来介绍神经机器翻译是如何在编码器-解码器框架下工作的。

10.2.1 框架结构

编码器-解码器框架是一种典型的基于"表示"的模型。编码器的作用是将输入的文字序列通过某种转换变为一种新的"表示"形式，这种"表示"包含了输入序列的所有信息。之后，解码器把这种"表示"重新转换为输出的文字序列。这其中的一个核心问题是表示学习，即如何定义对输入文字序列的表示形式，并自动学习这种表示，同时应用它生成输出序列。一般来说，不同的表示学习方法对应不同的机器翻译模型，例如，在最初的神经机器翻译模型中，源语言句子都被表示为一个独立的向量，这时表示结果是静态的；而在注意力机制中，源语言句子的表示是动态的，也就是翻译目标语言的每个单词时都会使用不同的表示结果。

图 10.5 是一个使用编码器-解码器框架处理汉英翻译的过程。给定一个中文句子"我/对/你/感到/满意"，编码器会将这句话编码成一个实数向量 $(0.2, -1, 6, 5, 0.7, -2)$，这个向量就是源语言句子的"表示"结果。虽然有些不可思议，但是神经机器翻译模型把这个向量等同于输入序列。向量中的数字并没有实际意义，解码器却能从中提取源语言句子中所包含的信息。也有研究人员把向量的每一个维度看作一个"特征"，这样源语言句子就被表示成多个"特征"的联合，而且这些特征可以被自动学习。有了这样的源语言句子的"表示"，解码器可以把这个实数向量作为输入，然后逐词生成目标语言句子"I am satisfied with you"。

在源语言句子的表示形式确定之后，需要设计相应的编码器和解码器结构。在当今主流的神经机器翻译系统中，编码器由词嵌入层和中间网络层组成。当输入一串单词序列时，词嵌入层会将每个单词映射到多维实数表示空间，这个过程也被称为词嵌入。之后，中间层会对词嵌入向量进行更深层的抽象，得到输入单词序列的中间表示。中间层的实现方式有很多，如循环神经网络、卷积神经网络、自注意力机制等都是模型常用的结构。解码器的结构基本上和编码器一致，在基于循环神经网络的翻译模型中，解码器只比编码器多了输出层，用于输出每个目标语言位置的单词生成概率，而在基于自注意力机制的翻译模型中，除了输出层，解码器还比编码器多一个编码-解码注意力子层，用于帮助模型更好地利用源语言信息。

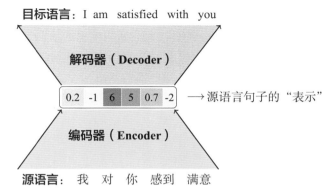

目标语言：I am satisfied with you

解码器（Decoder）

| 0.2 | -1 | 6 | 5 | 0.7 | -2 | → 源语言句子的"表示"

编码器（Encoder）

源语言：我 对 你 感到 满意

图10.5　使用编码器–解码器框架处理汉英翻译的过程

如今，编码器-解码器框架已经成了神经机器翻译系统的标准架构。当然，也有一些研究工作在探索编码器-解码器框架之外的结构[466]，但还没有太多颠覆性的进展。因此，本章仍然以编码器-解码器框架为基础对相关模型和方法进行介绍。

10.2.2 表示学习

编码器-解码器框架的创新之处在于，将传统的基于符号的离散型知识转化为分布式的连续型知识。例如，对于一个句子，它可以由离散的符号所构成的文法规则来生成，也可以被直接表示为一个实数向量，记录句子的各个"属性"。这种分布式的实数向量可以不依赖任何离散化的符号系统，简单来讲，它就是一个函数，把输入的词串转化为实数向量。更为重要的是，这种分布式表示可以被自动学习。从某种意义上讲，编码器-解码器框架的作用之一就是学习输入序列的表示。表示结果学习的好与坏很大程度上会影响神经机器翻译系统的性能。

图 10.6 对比了统计机器翻译和神经机器翻译的表示空间。传统的统计机器翻译如图 10.6(a) 所示，通过短语或规则组合来获得更大的翻译片段，直至覆盖整个句子。这本质上是在一个离散的结构空间中不断组合的过程。神经机器翻译如图 10.6(b) 所示，它并没有所谓的"组合"的过程，整个句子的处理是直接在连续空间上进行计算得到的。二者的区别也体现了符号系统与神经网络系统的区别。前者更适合处理离散化的结构表示，后者更适合处理连续化的表示。

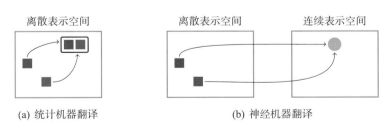

(a) 统计机器翻译　　　　　　(b) 神经机器翻译

图10.6　统计机器翻译和神经机器翻译的表示空间

　　实际上，编码器-解码器框架并不是表示学习实现的唯一途径。例如，在第 9 章提到的神经语言模型实际上也是一种有效的学习句子表示的方法，它所衍生出的预训练模型可以从大规模单语数据上学习句子的表示形式。这种学习会比使用少量的双语数据进行编码器和解码器的学习更加充分。相比机器翻译任务，语言模型相当于一个编码器的学习[①]，可以无缝嵌入神经机器翻译模型中。值得注意的是，机器翻译的目的是解决双语字符串之间的映射问题，因此它所使用的句子表示是为了更好地进行翻译。从这个角度看，机器翻译中的表示学习又和语言模型中的表示学习有不同。本节不会深入讨论神经语言模型和预训练与神经机器翻译之间的异同，后续章节会有相关讨论。

　　另外，在神经机器翻译中，句子的表示形式可以有很多选择。使用单个向量表示一个句子是一种最简单的方法。当然，也可以用矩阵、高阶张量完成表示。甚至，可以在解码时动态地生成源语言的表示结果。

10.2.3 简单的运行实例

　　为了对编码器-解码器框架和神经机器翻译的运行过程有一个直观的认识，这里采用标准的循环神经网络作为编码器和解码器的结构，演示一个简单的翻译实例。假设系统的输入和输出为：

输入（汉语）：我　很　好　<eos>

输出（英语）：I　am　fine　<eos>

令 <eos>（End of Sequence）表示序列的终止，<sos>（Start of Sequence）表示序列的开始。

　　神经机器翻译的运行过程如图 10.7 所示，其中左边是编码器，右边是解码器。编码器会顺序处理源语言单词，将每个单词都表示成一个实数向量，也就是每个单词的词嵌入结果（绿色方框）。在词嵌入的基础上运行循环神经网络（蓝色方框）。在编码下一个时间步状态时，上一个时间步的隐藏状态会作为历史信息传入循环神经网络。这样，句子中每个位置的信息都被向后传递，最后一个时间步的隐藏状态（红色方框）就包含了整个源语言句子的信息，也就得到了编码器的编码结果——源语言句子的分布式表示。

　　解码器直接将源语言句子的分布式表示作为输入的隐藏层状态，之后像编码器一样依次读入目标语言单词，这是一个标准的循环神经网络的执行过程。与编码器不同的是，解码器会有一个输出层，用于根据当前时间步的隐层状态生成目标语言单词及其概率分布。可以看到，解码器当前时刻的输出单词与下一个时刻的输入单词是一样的。从这个角度看，解码器也是一种神经语言模型，只不过它会从另一种语言（源语言）获得一些信息，而不是仅生成单语句子。具体来说，当生成第一个单词"I"时，解码器利用了源语言句子表示（红色方框）和目标语言的起始词"<sos>"。在生成第二个单词"am"时，解码器利用了上一个时间步的隐藏状态和已经生成的"I"的信息。这个过程会循环执行，直到生成完整的目标语言句子。

[①] 相比神经机器翻译的编码器，神经语言模型会多出一个输出层，这时可以直接把神经语言模型的中间层的输出作为编码器的输出。

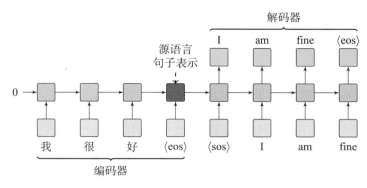

图 10.7　神经机器翻译的运行过程

从这个例子可以看出，神经机器翻译的过程其实并不复杂：首先，通过编码器神经网络将源语言句子编码成实数向量，然后解码器神经网络利用这个向量逐词生成译文。现在几乎所有的神经机器翻译系统都采用类似的架构。

10.2.4　机器翻译范式的对比

对于不同类型的机器翻译方法，人类所扮演的作用是不同的。在统计机器翻译时代，往往需要人工定义所需要的特征和翻译单元，翻译中的每一个步骤对于人来说都是透明的，翻译过程具有一定的可解释性。而在神经机器翻译时代，神经机器翻译将所有的工作都交给神经网络，翻译的过程完全由神经网络计算得到。在整个神经网络的运行过程中，并不需要人工先验知识，其中所生成的中间表示也只有神经网络自身才能理解。有时，也会把神经机器翻译系统看作"黑盒"。所谓"黑盒"，并不是指神经网络计算的过程不可见，而是这种复杂的计算过程无法控制，也很难解释。那么，是神经机器翻译会魔法吗，不需要任何人为的干预就可以进行翻译吗？其实不然，相对于统计机器翻译，真正变化的是人类使用知识的形式。

在机器翻译的不同时期，人类参与到机器翻译中的形式并不相同，如表 10.5 所示。具体来说：

表 10.5　不同机器翻译范式中人类的作用

机器翻译方法	人类参与方式
基于规则的机器翻译方法	设计翻译规则
统计机器翻译方法	设计翻译特征
神经机器翻译方法	设计网络架构

- 在早期基于规则的机器翻译方法中，规则的编写、维护均需要人来完成，也就是人类直接提供了计算机可读的知识形式。
- 在统计机器翻译方法中，则需要人为地设计翻译特征，并定义基本翻译单元的形式，剩下的事情（如翻译过程）交由统计机器翻译算法完成，也就是人类间接地提供了翻译所需要的

知识。

- 在神经机器翻译方法中，特征的设计完全不需要人的参与，但进行特征提取的网络结构仍然需要人为设计，训练网络所需要的参数也需要工程师的不断调整才能发挥神经机器翻译的强大性能。

可见，不管是基于规则的机器翻译方法，还是统计机器翻译方法，甚至最新的神经机器翻译方法，人类的作用是不可替代的。虽然神经机器翻译很强大，但是它的成功仍然依赖人工设计网络结构和调参。纵然，也有一些研究工作通过结构搜索的方法自动获得神经网络结构，但是搜索的算法和模型仍然需要人工设计。道理很简单：机器翻译是人类设计的，脱离了人的工作，机器翻译是不可能成功的。

10.3 基于循环神经网络的翻译建模

早期，神经机器翻译的进展主要来自两个方面：

（1）使用循环神经网络对单词序列进行建模。

（2）注意力机制的使用。

表 10.6 列出了 2013—2015 年间有代表性的部分研究工作。从这些工作的内容上看，当时的研究重点是如何有效地使用循环神经网络进行翻译建模，以及使用注意力机制捕捉双语单词序列间的对应关系。

表 10.6　2013—2015 年间神经机器翻译方面的部分论文

时间（年）	作者	论文（名称）
2013	Kalchbrenner 和 Blunsom	*Recurrent Continuous Translation Models* [453]
2014	Sutskever 等	*Sequence to Sequence Learning with neural networks* [21]
2014	Bahdanau 等	*Neural Machine Translation by Jointly Learning to Align and Translate* [22]
2014	Cho 等	*On the Properties of Neural Machine Translation* [467]
2015	Jean 等	*On Using Very Large Target Vocabulary for Neural Machine Translation* [468]
2015	Luong 等	*Effective Approches to Attention-based Neural Machine Translation* [25]

可以说，循环神经网络和注意力机制构成了当时神经机器翻译的标准框架。例如，2016 年出现的 GNMT（Google's Neural Machine Translation）系统就是由多层循环神经网络（长短时记忆模型）和注意力机制搭建的，且在当时展示出了很出色的性能[456]，其中的很多技术都为其他神经机器翻译系统的研发提供了很好的依据。

下面将从基于循环神经网络的翻译模型入手，介绍神经机器翻译的基本方法。之后，会对注意力机制进行介绍，同时介绍其在 GNMT 系统中的应用。

10.3.1 建模

同大多数自然语言处理任务一样，神经机器翻译要解决的一个基本问题是如何描述文字序列，即序列表示问题。例如，语音数据、文本数据的处理问题都可以被看作典型的序列表示问题。如果把一个序列看作时序上的一系列变量，不同时刻的变量之间往往存在相关性。也就是说，一个时序中某个时刻变量的状态会依赖其他时刻变量的状态，即上下文的语境信息。下面是一个简单的例子，假设有一个句子，最后的单词被擦掉了，猜测被擦掉的单词是什么？

中午 没 吃饭 ，又 刚 打 了 一 下午 篮球 ，我 现在 很 饿 ，我 想 _____ 。

显然，根据上下文中提到的"没/吃饭""很/饿"，最佳答案是"吃饭"或者"吃东西"。也就是说，对序列中某个位置的答案进行预测时，需要记忆当前时刻之前的序列信息，因此，循环神经网络应运而生。实际上，循环神经网络有着极为广泛的应用，如应用在语音识别、语言建模及神经机器翻译中。

第 9 章已经对循环神经网络的基本知识进行过介绍，这里再回顾一下。简单来说，循环神经网络由循环单元组成。对于序列中的任意时刻，都有一个循环单元与之对应，它会融合当前时刻的输入和上一时刻循环单元的输出，生成当前时刻的输出。这样，每个时刻的信息都会被传递到下一时刻，这也间接达到了记录历史信息的目的。例如，对于序列 $x = \{x_1, \cdots, x_m\}$，循环神经网络会按顺序输出一个序列 $h = \{h_1, \cdots, h_m\}$，其中 h_i 表示 i 时刻循环神经网络的输出（通常为一个向量）。

图 10.8 展示了一个循环神经网络处理序列问题的实例。当前时刻，循环单元的输入由上一个时刻的输出和当前时刻的输入组成，因此也可以理解为，网络当前时刻计算得到的输出是由之前的序列共同决定的，即网络在不断传递信息的过程中记忆了历史信息。以最后一个时刻的循环单元为例，它在对"开始"这个单词的信息进行处理时，参考了之前所有词（"<sos> 让 我们"）的信息。

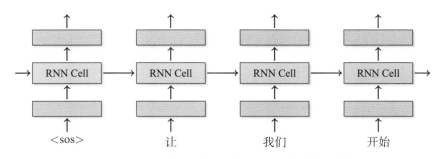

图 10.8　一个循环神经网络处理序列问题的实例

在神经机器翻译中使用循环神经网络也很简单，只需要将源语言句子和目标语言句子分别看作两个序列，之后使用两个循环神经网络分别对其进行建模。这个过程如图 10.9 所示。图的下半部分是编码器，上半部分是解码器。编码器利用循环神经网络对源语言序列逐词进行编码处理，同时利用循环单元的记忆能力，不断累积序列信息，遇到终止符 <eos> 后便得到了包含源语言句子全部信息的表示结果。解码器利用编码器的输出和起始符 <sos> 逐词进行解码，即逐词翻译，每得到一个译文单词，便将其作为当前时刻解码器端循环单元的输入，这也是一个典型的神经语言模型的序列生成过程。解码器通过循环神经网络不断地累积已经得到的译文的信息，并继续生成下一个单词，直到遇到结束符 <eos>，便得到了最终完整的译文。

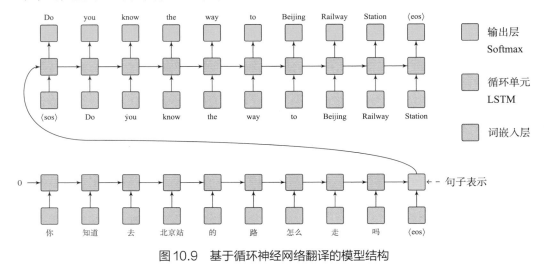

图 10.9　基于循环神经网络翻译的模型结构

　　从数学模型上看，神经机器翻译模型与统计机器翻译模型的目标是一样的：在给定源语言句子 x 的情况下，找出翻译概率最大的目标语言译文 $\hat{y}$，其计算如下：

$$\hat{y} = \arg\max_{y} P(y|x) \tag{10.1}$$

这里，用 $x = \{x_1, \cdots, x_m\}$ 表示输入的源语言单词序列，$y = \{y_1, \cdots, y_n\}$ 表示生成的目标语言单词序列。神经机器翻译在生成译文时采用的是自左向右逐词生成的方式，并在翻译每个单词时考虑已经生成的翻译结果，因此对 $P(y|x)$ 的求解可以转换为

$$P(y|x) = \prod_{j=1}^{n} P(y_j|y_{<j}, x) \tag{10.2}$$

其中，$y_{<j}$ 表示目标语言第 j 个位置之前已经生成的译文单词序列。$P(y_j|y_{<j}, x)$ 可以被解释为：根据源语言句子 x 和已生成的目标语言译文片段 $y_{<j} = \{y_1, \cdots, y_{j-1}\}$，生成第 j 个目标语言单词 y_j 的概率。

求解 $P(y_j|y_{<j}, x)$ 有 3 个关键问题（如图 10.10 所示）。

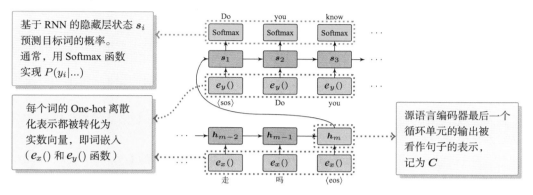

图 10.10　求解 $P(y_j|y_{<j}, x)$ 的 3 个关键问题

- 如何对 x 和 $y_{<j}$ 进行分布式表示即词嵌入。首先，将由 One-hot 向量表示的源语言单词，即由 0 和 1 构成的离散化向量表示转化为实数向量。可以把这个过程记为 $e_x(\cdot)$。类似地，对目标语言序列 $y_{<j}$ 中的每个单词，用同样的方式进行表示，记为 $e_y(\cdot)$。

- 如何在词嵌入的基础上获取整个序列的表示，即句子的表示学习。可以把词嵌入的序列作为循环神经网络的输入，循环神经网络最后一个时刻的输出向量便是整个句子的表示结果。以图 10.10 为例，编码器最后一个循环单元的输出 $\boldsymbol{h}_m$ 被看作一种包含了源语言句子信息的表示结果，记为 $\boldsymbol{C}$。

- 如何得到每个目标语言单词的概率，即译文单词的**生成**（Generation）。与神经语言模型一样，可以用一个 Softmax 输出层来获取当前时刻所有单词的分布，即利用 Softmax 函数计算目标语言词表中每个单词的概率。令目标语言序列 j 时刻的循环神经网络的输出向量（或状态）为 $\boldsymbol{s}_j$。根据循环神经网络的性质，y_j 的生成只依赖前一个状态 $\boldsymbol{s}_{j-1}$ 和当前时刻的输入（即词嵌入 $e_y(y_{j-1})$）。同时，考虑源语言信息 $\boldsymbol{C}$，$P(y_j|y_{<j}, x)$ 可以被重新定义为

$$P(y_j|y_{<j}, x) = P(y_j|\boldsymbol{s}_{j-1}, y_{j-1}, \boldsymbol{C}) \tag{10.3}$$

$P(y_j|\boldsymbol{s}_{j-1}, y_{j-1}, \boldsymbol{C})$ 由 Softmax 实现，Softmax 的输入是循环神经网络 j 时刻的输出。在具体实现时，$\boldsymbol{C}$ 可以被简单地作为第一个时刻循环单元的输入，即当 $j=1$ 时，解码器的循环神经网络会读入编码器最后一个隐藏层状态 $\boldsymbol{h}_m$（也就是 $\boldsymbol{C}$），而其他时刻的隐藏层状态不直接与 $\boldsymbol{C}$ 相关。最终，$P(y_j|y_{<j}, x)$ 被表示为

$$P(y_j|y_{<j}, x) = \begin{cases} P(y_j|\boldsymbol{C}, y_{j-1}) & j=1 \\ P(y_j|\boldsymbol{s}_{j-1}, y_{j-1}) & j>1 \end{cases} \tag{10.4}$$

输入层（词嵌入）和输出层（Softmax）的内容已在第 9 章介绍过，因此这里的核心内容是设计循环神经网络结构，即设计循环单元的结构。至今，研究人员已经提出了很多优秀的循环单元结构，其中 RNN 是最原始的循环单元结构。在 RNN 中，对于序列 $x = \{\boldsymbol{x}_1, \cdots, \boldsymbol{x}_m\}$，每个时刻 t 都对应一个循环单元，它的输出是一个向量 $\boldsymbol{h}_t$，可以被描述为

$$\boldsymbol{h}_t = f(\boldsymbol{x}_t \boldsymbol{U} + \boldsymbol{h}_{t-1} \boldsymbol{W} + \boldsymbol{b}) \tag{10.5}$$

其中，$\boldsymbol{x}_t$ 是当前时刻的输入，$\boldsymbol{h}_{t-1}$ 是上一时刻循环单元的输出，$f(\cdot)$ 是激活函数，$\boldsymbol{U}$ 和 $\boldsymbol{W}$ 是参数矩阵，$\boldsymbol{b}$ 是偏置。

虽然 RNN 的结构很简单，但是已经具有了对序列信息进行记忆的能力。实际上，基于 RNN 结构的神经语言模型已经能够取得比传统 n-gram 语言模型更优异的性能。在机器翻译中，RNN 也可以作为入门或者快速原型所使用的神经网络结构。后面会进一步介绍更先进的循环单元结构，以及搭建循环神经网络的常用技术。

10.3.2 长短时记忆网络

RNN 结构使得当前时刻循环单元的状态包含了之前时间步的状态信息，但这种对历史信息的记忆并不是无损的，随着序列变长，RNN 的记忆信息的损失越来越严重。在很多长序列处理任务中（如长文本生成）都观测到了类似现象。针对这个问题，研究人员提出了**长短时记忆**（Long Short-term Memory）模型，也就是常说的 LSTM 模型[469]。

LSTM 模型是 RNN 模型的一种改进。相比 RNN 仅传递前一时刻的状态 $\boldsymbol{h}_{t-1}$，LSTM 会同时传递两部分信息：状态信息 $\boldsymbol{h}_{t-1}$ 和记忆信息 $\boldsymbol{c}_{t-1}$。这里，$\boldsymbol{c}_{t-1}$ 是新引入的变量，也是循环单元的一部分，用于显性地记录需要记录的历史内容，$\boldsymbol{h}_{t-1}$ 和 $\boldsymbol{c}_{t-1}$ 在循环单元中会相互作用。LSTM 通过"门"单元动态地选择遗忘多少以前的信息和记忆多少当前的信息。LSTM 中的门控结构如图 10.11 所示，包括遗忘门、输入门、记忆更新和输出门。图中 σ 代表 Sigmoid 函数，它将函数输入映射为 0–1 范围内的实数，用来充当门控信号。

LSTM 的结构主要分为 3 个部分：

- **遗忘**。顾名思义，遗忘的目的是忘记一些历史，在 LSTM 中通过遗忘门实现，其结构如图 10.11(a) 所示。$\boldsymbol{x}_t$ 表示时刻 t 的输入向量，$\boldsymbol{h}_{t-1}$ 是时刻 $t-1$ 的循环单元的输出，$\boldsymbol{x}_t$ 和 $\boldsymbol{h}_{t-1}$ 都作为 t 时刻循环单元的输入。σ 将对 $\boldsymbol{x}_t$ 和 $\boldsymbol{h}_{t-1}$ 进行筛选，以决定遗忘的信息，其计算如下：

$$\boldsymbol{f}_t = \sigma([\boldsymbol{h}_{t-1}, \boldsymbol{x}_t] \boldsymbol{W}_{\mathrm{f}} + \boldsymbol{b}_{\mathrm{f}}) \tag{10.6}$$

这里，$\boldsymbol{W}_{\mathrm{f}}$ 是权值，$\boldsymbol{b}_{\mathrm{f}}$ 是偏置，$[\boldsymbol{h}_{t-1}, \boldsymbol{x}_t]$ 表示两个向量的拼接。该公式可以解释为对 $[\boldsymbol{h}_{t-1}, \boldsymbol{x}_t]$ 进行变换，并得到一个实数向量 $\boldsymbol{f}_t$。$\boldsymbol{f}_t$ 的每一维都可以被理解为一个"门"，它决定可以有多少信息被留下（或遗忘）。

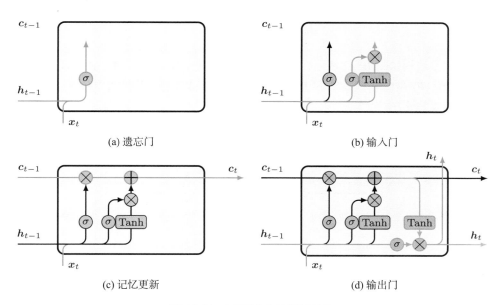

图 10.11　LSTM 中的门控结构

- **记忆更新**。首先，要生成当前时刻需要新增加的信息，该部分由输入门完成，其结构如图 10.11(b) 红色部分所示，"$\otimes$"表示进行点乘操作。输入门的计算分为两部分，先利用 σ 决定门控参数 $\boldsymbol{i}_t$，如式 (10.7)，再通过 Tanh 函数得到新的信息 $\hat{\boldsymbol{c}}_t$，如式 (10.8)：

$$\boldsymbol{i}_t = \sigma([\boldsymbol{h}_{t-1}, \boldsymbol{x}_t]\boldsymbol{W}_{\mathrm{i}} + \boldsymbol{b}_{\mathrm{i}}) \tag{10.7}$$

$$\hat{\boldsymbol{c}}_t = \tanh([\boldsymbol{h}_{t-1}, \boldsymbol{x}_t]\boldsymbol{W}_{\mathrm{c}} + \boldsymbol{b}_{\mathrm{c}}) \tag{10.8}$$

之后，用 $\boldsymbol{i}_t$ 点乘 $\hat{\boldsymbol{c}}_t$，得到当前需要记忆的信息，记为 $\boldsymbol{i}_t \odot \hat{\boldsymbol{c}}_t$。接下来，需要更新旧的信息 $\boldsymbol{c}_{t-1}$，得到新的记忆信息 $\boldsymbol{c}_t$，更新操作如图 10.11(c) 红色部分所示，"$\oplus$"表示相加。具体规则是通过遗忘门选择忘记一部分上文信息 $\boldsymbol{f}_t \odot \boldsymbol{c}_{t-1}$，通过输入门计算新增的信息 $\boldsymbol{i}_t \odot \hat{\boldsymbol{c}}_t$，然后根据"$\otimes$"门与"$\oplus$"门进行相应的点乘和加法计算，如式 (10.9)：

$$\boldsymbol{c}_t = \boldsymbol{f}_t \odot \boldsymbol{c}_{t-1} + \boldsymbol{i}_t \odot \hat{\boldsymbol{c}}_t \tag{10.9}$$

- **输出**。该部分使用输出门计算最终的输出信息 $\boldsymbol{h}_t$，其结构如图 10.11(d) 红色部分所示。在输出门中，先将 $\boldsymbol{x}_t$ 和 $\boldsymbol{h}_{t-1}$ 通过 σ 函数变换得到 $\boldsymbol{o}_t$，如式 (10.10)。再将上一步得到的新记忆信息 $\boldsymbol{c}_t$ 通过 Tanh 函数进行变换，得到值在 $[-1, 1]$ 范围的向量。最后，将这两部分进行点乘，如式 (10.11)：

$$\boldsymbol{o}_t = \sigma([\boldsymbol{h}_{t-1}, \boldsymbol{x}_t]\boldsymbol{W}_{\mathrm{o}} + \boldsymbol{b}_{\mathrm{o}}) \tag{10.10}$$

$$\boldsymbol{h}_t = \boldsymbol{o}_t \odot \tanh(\boldsymbol{c}_t) \tag{10.11}$$

LSTM 的完整结构如图 10.12 所示，模型的参数包括参数矩阵 $\boldsymbol{W}_{\mathrm{f}}$, $\boldsymbol{W}_{\mathrm{i}}$, $\boldsymbol{W}_{\mathrm{c}}$, $\boldsymbol{W}_{\mathrm{o}}$ 和偏置 $\boldsymbol{b}_{\mathrm{f}}$, $\boldsymbol{b}_{\mathrm{i}}$, $\boldsymbol{b}_{\mathrm{c}}$, $\boldsymbol{b}_{\mathrm{o}}$。可以看出，$\boldsymbol{h}_t$ 是由 $\boldsymbol{c}_{t-1}$、$\boldsymbol{h}_{t-1}$ 与 $\boldsymbol{x}_t$ 共同决定的。此外，本节公式中激活函数的选择是根据函数各自的特点决定的。

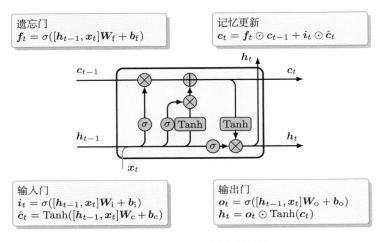

图 10.12　LSTM 的完整结构

10.3.3 门控循环单元

LSTM 通过门控单元控制传递状态，忘记不重要的信息，记住必要的历史信息，在长序列上取得了很好的效果，但是其进行了许多门信号的计算，较为烦琐。**门控循环单元**（Gated Recurrent Unit，GRU）作为一个 LSTM 的变种，继承了 LSTM 中利用门控单元控制信息传递的思想，并对 LSTM 进行了简化[470]。它把循环单元状态 $\boldsymbol{h}_t$ 和记忆 $\boldsymbol{c}_t$ 合并成一个状态 $\boldsymbol{h}_t$，同时使用更少的门控单元，大大提升了计算效率。

GRU 的输入和 RNN 一样，由输入 $\boldsymbol{x}_t$ 和 $t-1$ 时刻的状态 $\boldsymbol{h}_{t-1}$ 组成。GRU 只有两个门信号，分别是重置门和更新门。重置门 $\boldsymbol{r}_t$ 用来控制前一时刻隐藏状态的记忆程度，其结构如图 10.13(a) 所示，其计算如式 (10.12)。更新门用来更新记忆，使用一个门同时完成遗忘和记忆两种操作，其结构如图 10.13(b) 所示，其计算如式 (10.13)。

$$\boldsymbol{r}_t = \sigma([\boldsymbol{h}_{t-1}, \boldsymbol{x}_t]\boldsymbol{W}_{\mathrm{r}}) \tag{10.12}$$

$$\boldsymbol{u}_t = \sigma([\boldsymbol{h}_{t-1}, \boldsymbol{x}_t]\boldsymbol{W}_{\mathrm{u}}) \tag{10.13}$$

完成重置门和更新门的计算后，需要更新当前隐藏状态，如图 10.13(c) 所示。计算得到重置门的权重 $\boldsymbol{r}_t$ 后，使用其对前一时刻的状态 $\boldsymbol{h}_{t-1}$ 进行重置 $(\boldsymbol{r}_t \odot \boldsymbol{h}_{t-1})$，将重置后的结果与 $\boldsymbol{x}_t$ 拼接，

通过 Tanh 激活函数将数据变换到 $[-1, 1]$ 范围内，具体计算为

$$\hat{h}_t = \tanh([r_t \odot h_{t-1}, x_t]W_{\mathrm{h}})\tag{10.14}$$

$\hat{h}_t$ 在包含了输入信息 x_t 的同时，引入了 h_{t-1} 的信息，可以理解为：记忆了当前时刻的状态。下一步是计算更新后的隐藏状态也就是更新记忆，公式为

$$h_t = h_{t-1} \odot (1 - u_t) + \hat{h}_t \odot u_t\tag{10.15}$$

这里，u_t 是更新门中得到的权重，将 u_t 作用于 $\hat{h}_t$，表示对当前时刻的状态进行"遗忘"，舍弃一些不重要的信息，将 $(1 - u_t)$ 作用于 h_{t-1}，用于对上一时刻的隐藏状态进行选择性记忆。

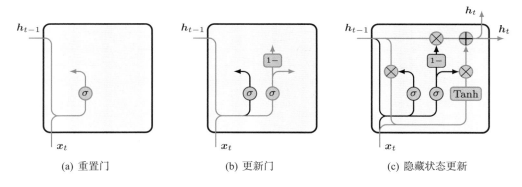

| (a) 重置门 | (b) 更新门 | (c) 隐藏状态更新 |

图 10.13　GRU 中的门控结构

　　GRU 的输入和输出与 RNN 的类似，其采用与 LSTM 类似的门控思想，达到捕获长距离依赖信息的目的。此外，GRU 比 LSTM 少了一个门结构，而且参数只有 W_{r}、W_{u} 和 W_{h}。因此，GRU 具有比 LSTM 高的运算效率，经常被用在系统研发中。

10.3.4　双向模型

　　前面提到的循环神经网络都是自左向右运行的，也就是说，在处理一个单词时，只能访问它前面的序列信息。但是，只根据句子的前文生成一个序列的表示是不全面的，因为从最后一个词来看，第一个词的信息可能已经很微弱了。为了同时考虑前文和后文的信息，一种解决办法是使用双向循环网络，其结构如图 10.14 所示。这里，编码器可以看作由两个循环神经网络构成：第一个网络，即红色虚线框里的网络，从句子的右边开始处理，第二个网络从句子左边开始处理。最终，融合正向和反向得到的结果，传递给解码器。

双向模型是自然语言处理领域的常用模型，包括前几章提到的词对齐对称化、语言模型等都大量地使用了类似的思路。实际上，这也体现了建模时的非对称思想。也就是说，建模时，如果设计一个对称模型可能会导致问题复杂度增加，那么往往先对问题进行化简，从某一个角度解决问题。再融合多个模型，从不同角度得到相对合理的最终方案。

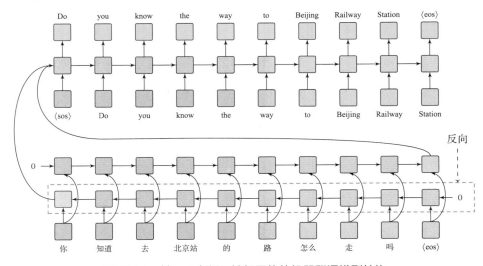

图 10.14　基于双向循环神经网络的机器翻译模型结构

10.3.5 多层神经网络

实际上，单词序列所使用的循环神经网络是一种很"深"的网络，因为从第一个单词到最后一个单词需要经过至少与句子长度相当的层数的神经元。例如，一个包含几十个词的句子也会对应几十个神经元层。但是，在很多深度学习应用中，更习惯把对输入序列的同一种处理作为"一层"。例如，对于输入序列，构建一个循环神经网络，那么这些循环单元就构成了网络的"一层"。当然，这里并不是要混淆概念，只是要明确，在随后的讨论中，"层"并不是指一组神经元的全连接，它一般指的是网络结构中逻辑上的一层。

单层循环神经网络对输入序列进行了抽象，为了得到更深入的抽象能力，可以把多个循环神经网络叠在一起，构成多层循环神经网络。图 10.15 就展示了基于双层循环神经网络的解码器和编码器结构。通常，层数越多，模型的表示能力越强，因此在很多基于循环神经网络的机器翻译系统中，会使用 4~8 层的网络。但是，过多的层也会增加模型训练的难度，甚至导致模型无法进行训练。第 13 章还会对这个问题进行深入讨论。

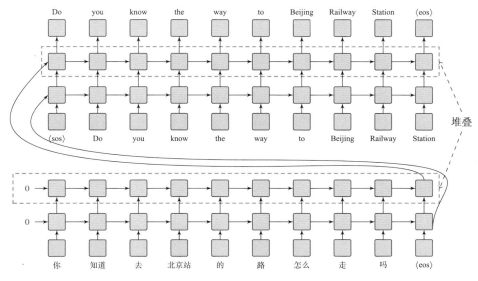

图 10.15　基于双层循环神经网络的解码器和编码器

10.4 注意力机制

前面提到的 GNMT 系统就使用了注意力机制，那么注意力机制究竟是什么？回顾第 2 章提到的一个观点：世界上不同事物之间的相关性是不一样的，有些事物之间的联系很强，而其他的联系可能很弱。自然语言也完美地契合了这个观点。再重新思考前面提到的根据上下文补全缺失单词的例子：

中午 没 吃饭 ， 又 刚 打 了 一 下午 篮球 ， 我 现在 很 饿 ， 我 想 ＿＿＿＿ 。

之所以能想到在横线处填"吃饭""吃东西"，可能是因为看到了"没/吃饭""很/饿"等关键信息。这些关键信息对预测缺失的单词起着关键性作用。而预测"吃饭"与前文中的"中午""又"之间的联系似乎不那么紧密。也就是说，在形成"吃饭"的逻辑时，在潜意识里会更注意"没/吃饭""很/饿"等关键信息，即我们的关注度并不是均匀地分布在整个句子上的。

这个现象可以用注意力机制来解释。注意力机制的概念来源于生物学的一些现象：当待接收的信息过多时，人类会选择性地关注部分信息而忽略其他信息。它在人类的视觉、听觉、嗅觉等方面均有体现，当我们感受事物时，大脑会自动过滤或衰减部分信息，仅关注其中少数几个部分。例如，当看到图 10.16 时，往往最先注意到小狗的嘴，然后才关注图片中其他部分。注意力机制是如何解决神经机器翻译问题的呢？下面将详细介绍。

图 10.16　戴帽子的狗

10.4.1 翻译中的注意力机制

早期的神经机器翻译只使用循环神经网络最后一个单元的输出作为整个序列的表示，这种方式有两个明显的缺陷：

（1）虽然编码器把一个源语言句子的表示传递给解码器，但一个维度固定的向量所能包含的信息是有限的，随着源语言序列的增长，将整个句子的信息编码到一个固定维度的向量中可能会造成源语言句子信息的丢失。显然，在翻译较长的句子时，解码器可能无法获取完整的源语言信息息，降低了翻译性能。

（2）当生成某一个目标语言单词时，并不是均匀地使用源语言句子中的单词信息。更普遍的情况是，系统会参考与这个目标语言单词相对应的源语言单词进行翻译。这有些类似于词对齐的作用，即翻译是基于单词之间的某种对应关系。但是，使用单一的源语言表示根本无法区分源语言句子的不同部分，更不用说对源语言单词和目标语言单词之间的联系进行建模了。

举个更直观的例子，如图 10.17 所示，目标语言中的"very long"仅依赖源语言中的"很长"。这时，如果将所有源语言编码成一个固定的实数向量，"很长"的信息就很可能被其他词的信息淹没。

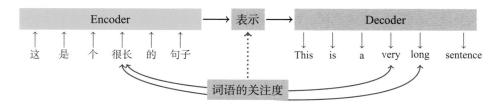

图 10.17　源语言单词和目标语言单词的关注度

显然，以上问题的根本原因在于所使用的表示模型还比较"弱"。因此，需要一个更强大的表示模型，在生成目标语言单词时能够有选择地获取源语言句子中更有用的部分。更准确地说，对于要生成的目标语言单词，相关性更高的源语言片段应该在源语言句子的表示中体现，而不是将所有的源语言单词一视同仁。在神经机器翻译中引入注意力机制正是为了达到这个目的[22, 25]。实际上，除了机器翻译，注意力机制也被成功地应用于图像处理、语音识别、自然语言处理等其他任务中。也正是注意力机制的引入，使得包括机器翻译在内的很多自然语言处理系统得到了飞速发展。

　　神经机器翻译中的注意力机制并不复杂。对于每个目标语言单词 y_j，系统生成一个源语言表示向量 C_j 与之对应，C_j 会包含生成 y_j 所需的源语言的信息，而 C_j 是一种包含目标语言单词与源语言单词对应关系的源语言表示。不同于用一个静态的表示 C，注意机制使用的是动态的表示 C_j。C_j 也被称作对于目标语言位置 j 的**上下文向量**（Context Vector）。图 10.18 对比了未引入注意力机制和引入注意力机制的编码器-解码器框架。可以看出，在注意力模型中，对于每一个目标语言单词的生成，都会额外引入一个单独的上下文向量参与运算。

(a) 简单的编码器-解码器框架

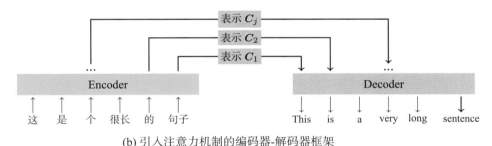

(b) 引入注意力机制的编码器-解码器框架

图 10.18　未引入注意力机制和引入注意力机制的编码器–解码器框架对比

10.4.2 上下文向量的计算

　　在神经机器翻译中，注意力机制的核心是：针对不同目标语言单词生成不同的上下文向量。这里，可以将注意力机制看作一种对接收到的信息的加权处理。对于更重要的信息赋予更高的权重，即更高的关注度，对于贡献度较低的信息，分配较低的权重，弱化其对结果的影响。这样，C_j 可以包含更多对当前目标语言位置有贡献的源语言片段的信息。

　　根据这种思想，上下文向量 C_j 被定义为对不同时间步编码器输出的状态序列 $\{\boldsymbol{h}_1, \cdots, \boldsymbol{h}_m\}$ 进行加权求和，如：

$$C_j = \sum_i \alpha_{i,j} \boldsymbol{h}_i \tag{10.16}$$

其中，$\alpha_{i,j}$ 是**注意力权重**（Attention Weight），它表示目标语言第 j 个位置与源语言第 i 个位置之间的相关性大小。这里，将每个时间步编码器的输出 $\boldsymbol{h}_i$ 看作源语言位置 i 的表示结果。进行翻译时，解码器可以根据当前的位置 j，通过控制不同 $\boldsymbol{h}_i$ 的权重得到 $\boldsymbol{C}_j$，使得对目标语言位置 j 贡献大的 $\boldsymbol{h}_i$ 对 $\boldsymbol{C}_j$ 的影响增大。也就是说，$\boldsymbol{C}_j$ 实际上就是 $\{\boldsymbol{h}_1, \cdots, \boldsymbol{h}_m\}$ 的一种组合，只不过不同的 $\boldsymbol{h}_i$ 会根据对目标端的贡献给予不同的权重。图 10.19 展示了上下文向量 $\boldsymbol{C}_j$ 的计算过程。

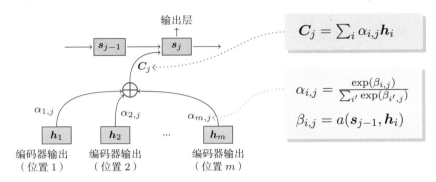

图 10.19　上下文向量 $\boldsymbol{C}_j$ 的计算过程

如图 10.19 所示，注意力权重 $\alpha_{i,j}$ 的计算分为两步：

（1）使用目标语言上一时刻循环单元的输出 $\boldsymbol{s}_{j-1}$ 与源语言第 i 个位置的表示 $\boldsymbol{h}_i$ 之间的相关性，来表示目标语言位置 j 对源语言位置 i 的关注程度，记为 $\beta_{i,j}$，由函数 $a(\cdot)$ 实现，其具体计算如下：

$$\beta_{i,j} = a(\boldsymbol{s}_{j-1}, \boldsymbol{h}_i) \tag{10.17}$$

$a(\cdot)$ 可以被看作目标语言表示和源语言表示的一种"统一化"，即把源语言和目标语言表示映射在同一个语义空间，使语义相近的内容有更大的相似性。该函数有多种计算方式，如向量乘、向量夹角和单层神经网络等，具体数学表达如式 (10.18)：

$$a(\boldsymbol{s}, \boldsymbol{h}) = \begin{cases} \boldsymbol{s}\boldsymbol{h}^{\mathrm{T}} & \text{向量乘} \\ \cos(\boldsymbol{s}, \boldsymbol{h}) & \text{向量夹角} \\ \boldsymbol{s}\boldsymbol{W}\boldsymbol{h}^{\mathrm{T}} & \text{线性模型} \\ \tanh(\boldsymbol{W}[\boldsymbol{s}, \boldsymbol{h}])\boldsymbol{v}^{\mathrm{T}} & \text{拼接}[\boldsymbol{s}, \boldsymbol{h}] + \text{单层网络} \end{cases} \tag{10.18}$$

其中，$\boldsymbol{W}$ 和 $\boldsymbol{v}$ 是可学习的参数。

（2）利用 Softmax 函数，将相关性系数 $\beta_{i,j}$ 进行指数归一化处理，得到注意力权重 $\alpha_{i,j}$，具体计算如下：

$$\alpha_{i,j} = \frac{\exp(\beta_{i,j})}{\sum_{i'} \exp(\beta_{i',j})} \tag{10.19}$$

最终，$\{\alpha_{i,j}\}$ 可以被看作一个矩阵，它的长为目标语言句子长度，宽为源语言句子长度，矩阵中的每一项对应一个 $\alpha_{i,j}$。图 10.20 给出了一个汉英句对之间的注意力权重 $\alpha_{i,j}$ 的矩阵表示。图中蓝色方框的大小表示不同的注意力权重 $\alpha_{i,j}$ 的大小，方框越大，源语言位置 i 和目标语言位置 j 的相关性越高。能够看到，对于互译的中英文句子，$\{\alpha_{i,j}\}$ 可以较好地反映两种语言之间不同位置的对应关系。

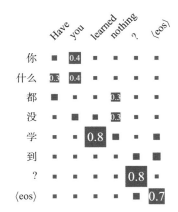

图 10.20　一个汉英句对之间的注意力权重 $\alpha_{i,j}$ 的矩阵表示

图 10.21 展示了一个上下文向量的计算过程实例。首先，计算目标语言第一个单词"Have"与源语言中的所有单词的相关性，即注意力权重，对应图中第一列 $\alpha_{i,1}$，则当前时刻所使用的上下文向量 $C_1 = \sum_{i=1}^{8} \alpha_{i,1} h_i$；然后，计算第二个单词"you"的注意力权重对应的第二列 $\alpha_{i,2}$，其上下文向量 $C_2 = \sum_{i=1}^{8} \alpha_{i,2} h_i$。依此类推，得到任意目标语言位置 j 的上下文向量 C_j。很容易看出，不同目标语言单词的上下文向量对应的源语言词的权重 $\alpha_{i,j}$ 是不同的，不同的注意力权重为不同位置赋予的重要性不同。

在 10.3.1 节中，式 (10.4) 描述了目标语言单词生成概率 $P(y_j|\boldsymbol{y}_{<j}, \boldsymbol{x})$。在引入注意力机制后，不同时刻的上下文向量 C_j 替换了传统模型中固定的句子表示 C。描述如下：

$$P(y_j|\boldsymbol{y}_{<j}, \boldsymbol{x}) = P(y_j|\boldsymbol{s}_{j-1}, y_{j-1}, C_j) \tag{10.20}$$

这样，可以在生成每个 y_j 时，动态地使用不同的源语言表示 C_j，并更准确地捕捉源语言和目标语言不同位置之间的相关性。表 10.7 展示了引入注意力机制前后译文单词生成公式的对比。

表 10.7   引入注意力机制前后译文单词生成公式的对比

引入注意力机制之前	引入注意力机制之后
have $= \arg\max_{y_1} P(y_1 \vert \boldsymbol{C}, y_0)$	have $= \arg\max_{y_1} P(y_1 \vert \boldsymbol{C}_1, y_0)$
you $= \arg\max_{y_2} P(y_2 \vert \boldsymbol{s}_1, y_1)$	you $= \arg\max_{y_2} P(y_2 \vert \boldsymbol{s}_1, \boldsymbol{C}_2, y_1)$

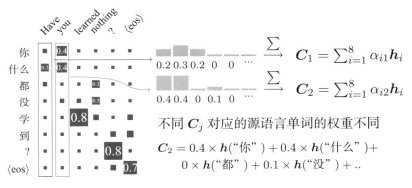

图 10.21   一个上下文向量的计算过程实例

10.4.3 注意力机制的解读

从前面的描述可以看出，注意力机制在机器翻译中就是要回答一个问题：给定一个目标语言位置 j 和一系列源语言的不同位置上的表示 $\{\boldsymbol{h}_i\}$，如何得到一个新的表示 $\hat{\boldsymbol{h}}$，使得它与目标语言位置 j 对应得最好？

如何理解这个过程？注意力机制的本质又是什么呢？换一个角度看，实际上，目标语言位置 j 可以被看作一个查询，我们希望从源语言端找到与之最匹配的源语言位置，并返回相应的表示结果。为了描述这个问题，可以建立一个查询系统。假设有一个库，里面包含若干个 key-value 单元，其中 key 代表这个单元的索引关键字，value 代表这个单元的值。例如，对于学生信息系统，key 可以是学号，value 可以是学生的身高。当输入一个查询 query 时，我们希望这个系统返回与之最匹配的结果，即找到匹配的 key，并输出其对应的 value。例如，当查询某个学生的身高信息时，可以输入学生的学号，在库中查询与这个学号匹配的记录，并把这个记录中的 value（即身高）作为结果返回。

图 10.22 展示了一个这样的学生信息查询系统。这个系统包含 4 个 key-value 单元，当输入查询 query 时，就把 query 与这 4 个 key 逐个进行匹配，如果完全匹配就返回相应的 value。这里，query 和 key_3 是完全匹配的（因为都是横纹），因此系统返回第三个单元的值，即 value_3。如果库中没有与 query 匹配的 key，则返回一个空结果。

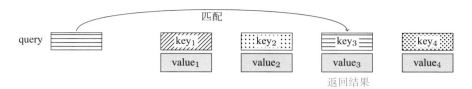

图 10.22　学生信息查询系统

也可以用这个系统描述翻译中的注意力问题。query 即目标语言位置 j 的某种表示，key 和 value 即源语言每个位置 i 上的 $\boldsymbol{h}_i$（这里 key 和 value 是相同的），但这样的系统在解决机器翻译问题上并不好用，因为目标语言的表示和源语言的表示都在多维实数空间上，所以无法要求两个实数向量像字符串一样进行严格匹配。或者说，这种严格匹配的模型可能会导致 query 几乎不会命中任何的 key。既然无法严格精确匹配，注意力机制就采用了"模糊"匹配的方法。定义每个 key_i 和 query 都有一个 $0 \sim 1$ 的匹配度，这个匹配度描述了 key_i 和 query 之间的相关程度，记为 α_i。查询的结果（记为 $\overline{\text{value}}$）也不再是某一个单元的 value，而是所有单元 value 用 α_i 的加权和，具体计算如下：

$$\overline{\text{value}} = \sum_i \alpha_i \cdot \text{value}_i \tag{10.21}$$

也就是说，所有的 value_i 都会对查询结果有贡献，只是贡献度不同罢了。可以通过设计 α_i 来捕捉 key 和 query 之间的相关性，以达到相关度越大的 key 所对应的 value 对结果的贡献越大的目的。

重新回到神经机器翻译问题上来。这种基于模糊匹配的查询模型可以很好地满足对注意力建模的要求。实际上，式 (10.21) 中的 α_i 就是前面提到的注意力权重，它可以由注意力函数 $a(\cdot)$ 计算得到。这样，$\overline{\text{value}}$ 就是得到的上下文向量，它包含了所有 $\{\boldsymbol{h}_i\}$ 的信息，只是不同 $\boldsymbol{h}_i$ 的贡献度不同。图 10.23 展示了将基于模糊匹配的查询模型应用于注意力机制的实例。

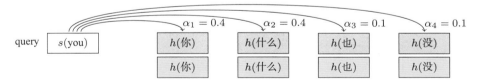

图 10.23　将基于模糊匹配的查询模型应用于注意力机制的实例

从统计学的角度看，如果把 α_i 作为每个 value_i 出现的概率的某种估计，即 $P(\text{value}_i) = \alpha_i$，则可以把式 (10.21) 重写为

$$\overline{\text{value}} = \sum_i P(\text{value}_i) \cdot \text{value}_i \tag{10.22}$$

显然，$\overline{\text{value}}$ 就是 value_i 在分布 $P(\text{value}_i)$ 下的期望，即

$$\mathbb{E}_{\sim P(\text{value}_i)}(\text{value}_i) = \sum_i P(\text{value}_i) \cdot \text{value}_i \qquad (10.23)$$

从这个角度看，注意力机制实际上是得到了变量 value 的期望。当然，严格意义上，α_i 并不是从概率角度定义的，在实际应用中也不必追求严格的统计学意义。

10.4.4 实例：GNMT

循环神经网络在机器翻译中有很多成功的应用，如 RNNSearch[22]、Nematus[471] 等系统就被很多研究人员作为实验系统。在众多基于循环神经网络的系统中，GNMT 系统是非常成功的一个[456]。GNMT 是谷歌于 2016 年发布的神经机器翻译系统。

GNMT 使用了编码器-解码器结构，构建了一个 8 层的深度网络，每层网络均由 LSTM 组成，且使用了多层注意力连接编码器-解码器，其结构如图 10.24 所示，编码器只有最下面 2 层为双向 LSTM。GNMT 在束搜索中加入了长度惩罚和覆盖度因子，以确保输出高质量的翻译结果。

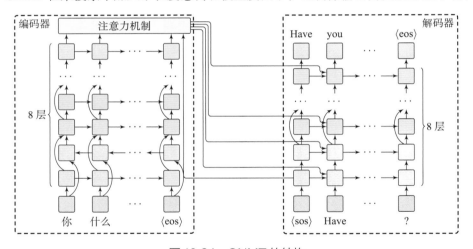

图 10.24　GNMT 的结构

实际上，GNMT 的主要贡献在于集成了多种优秀的技术，而且在大规模数据上证明了神经机器翻译的有效性。在引入注意力机制之前，神经机器翻译在较大规模的任务上的性能弱于统计机器翻译。加入注意力机制和深层网络后，神经机器翻译的性能有了很大的提升。在英德和英法的任务中，GNMT 的 BLEU 值不仅超过了优秀的神经机器翻译模型 RNNSearch 和 LSTM（6 层），还超过了当时处于领导地位的基于短语的统计机器翻译模型（PBMT）（如表 10.8 所示）。相比基于短语的统计机器翻译模型，在人工评价中，GNMT 能将翻译错误平均减少 60%。这一结果充分表明了神经机器翻译带来的巨大性能提升。

表 10.8　GNMT 与其他翻译模型对比[456]

| 翻译模型 | BLEU[%] | |
	英德 EN-DE	英法 EN-FR
PBMT	20.7	37.0
RNNSearch	16.5	–
LSTM(6 layers)	–	31.5
Deep-Att	20.6	37.7
GNMT	24.6	39.0

10.5 训练及推断

神经机器翻译模型的训练大多使用基于梯度的方法（见第 9 章），本节将介绍用这种方法训练循环神经网络的应用细节。进一步，会介绍神经机器翻译模型的推断方法。

10.5.1 训练

在基于梯度的方法中，模型参数可以通过损失函数 L 不断对参数的梯度进行更新。对于第 step 步参数更新，先进行神经网络的前向计算，再进行反向计算，并得到所有参数的梯度信息，最后使用下面的规则进行参数更新：

$$\boldsymbol{w}_{\text{step}+1} = \boldsymbol{w}_{\text{step}} - \alpha \cdot \frac{\partial L(\boldsymbol{w}_{\text{step}})}{\partial \boldsymbol{w}_{\text{step}}} \tag{10.24}$$

其中，$\boldsymbol{w}_{\text{step}}$ 表示更新前的模型参数，$\boldsymbol{w}_{\text{step}+1}$ 表示更新后的模型参数，$L(\boldsymbol{w}_{\text{step}})$ 表示模型相对于 $\boldsymbol{w}_{\text{step}}$ 的损失，$\frac{\partial L(\boldsymbol{w}_{\text{step}})}{\partial \boldsymbol{w}_{\text{step}}}$ 表示损失函数的梯度，α 是更新的步长。也就是说，给定一定量的训练数据，不断执行式 (10.24) 的过程，反复使用训练数据，直至模型参数达到收敛或损失函数不再变化。通常，把公式的一次执行称为"一步"更新/训练，把访问完所有样本的训练称为"一轮"训练。将式 (10.24) 应用于神经机器翻译有几个基本问题需要考虑：

（1）损失函数的选择。

（2）参数初始化的策略，也就是如何设置 $\boldsymbol{w}_0$。

（3）优化策略和学习率调整策略。

（4）训练加速。

下面我们针对这些问题进行讨论。

1. 损失函数

神经机器翻译在目标端的每个位置都会输出一个概率分布，表示这个位置上不同单词出现的可能性。设计损失函数时，需要知道当前位置输出的分布与标准答案相比的"差异"。在神经机器翻译中，常用的损失函数是交叉熵损失函数。令 $\hat{\boldsymbol{y}}$ 表示机器翻译模型输出的分布，$\boldsymbol{y}$ 表示标准答案，则交叉熵损失可以被定义为

$$L_{\mathrm{ce}}(\hat{\boldsymbol{y}}, \boldsymbol{y}) = -\sum_{k=1}^{|V|} \hat{\boldsymbol{y}}[k] \log(\boldsymbol{y}[k]) \tag{10.25}$$

其中，$\boldsymbol{y}[k]$ 和 $\hat{\boldsymbol{y}}[k]$ 分别表示向量 $\boldsymbol{y}$ 和 $\hat{\boldsymbol{y}}$ 的第 k 维，$|V|$ 表示输出向量的维度（等于词表大小）。假设有 n 个训练样本，模型输出的概率分布为 $\hat{\boldsymbol{Y}} = \{\hat{\boldsymbol{y}}_1, \cdots, \hat{\boldsymbol{y}}_n\}$，标准答案的分布 $\boldsymbol{Y} = \{\boldsymbol{y}_1, \cdots, \boldsymbol{y}_n\}$。这个训练样本集合上的损失函数可以被定义为

$$L(\hat{\boldsymbol{Y}}, \boldsymbol{Y}) = \sum_{j=1}^{n} L_{\mathrm{ce}}(\hat{\boldsymbol{y}}_j, \boldsymbol{y}_j) \tag{10.26}$$

式 (10.26) 是一种非常通用的损失函数形式，除了交叉熵，也可以使用其他的损失函数，只需要替换 $L_{\mathrm{ce}}(\cdot)$ 即可。这里使用交叉熵损失函数的好处在于，它非常容易优化，特别是与 Softmax 组合，其反向传播的实现非常高效。此外，交叉熵损失（在一定条件下）也对应了极大似然的思想，这种方法在自然语言处理中已经被证明是非常有效的。

除了交叉熵，很多系统也使用了面向评价的损失函数，如直接利用评价指标 BLEU 定义损失函数[235]。不过，这类损失函数往往不可微分，因此无法直接获取梯度。这时，可以引入强化学习技术，通过策略梯度等方法进行优化。这类方法需要采样等手段，这里不做重点讨论，相关内容会在第 13 章进行介绍。

2. 参数初始化

神经网络的参数主要是各层中的线性变换矩阵和偏置。在训练开始时，需要对参数进行初始化。由于神经机器翻译的网络结构复杂，损失函数往往不是凸函数，不同的初始化会导致不同的优化结果。而且，在大量实践中发现，神经机器翻译模型对初始化方式非常敏感，性能优异的系统往往需要特定的初始化方式。

因为 LSTM 是神经机器翻译中的常用模型，所以下面以 LSTM 模型为例（见 10.3.2 节），介绍机器翻译模型的初始化方法，这些方法也可以推广到 GRU 等结构。具体内容如下：

• LSTM 遗忘门偏置初始化为 1，也就是始终选择遗忘记忆 $\boldsymbol{c}$，这样可以有效防止初始化时 $\boldsymbol{c}$ 里包含的错误信号传播到后面的时刻。

• 网络中的其他偏置一般都初始化为 0，可以有效地防止加入过大或过小的偏置后，激活函数的输出跑到"饱和区"，也就是梯度接近 0 的区域，防止训练一开始就无法跳出局部极小的区域。

- 网络的权重矩阵 $\boldsymbol{w}$ 一般使用 Xavier 参数初始化方法[472]，可以有效地稳定训练过程，特别是对于比较"深"的网络。令 d_{in} 和 d_{out} 分别表示 $\boldsymbol{w}$ 的输入和输出的维度大小①，则该方法的具体实现如下：

$$\boldsymbol{w} \sim U\left(-\sqrt{\frac{6}{d_{\text{in}} + d_{\text{out}}}}, \sqrt{\frac{6}{d_{\text{in}} + d_{\text{out}}}}\right) \tag{10.27}$$

其中，$U(a,b)$ 表示以 $[a,b]$ 为范围的均匀分布。

3. 优化策略

式 (10.24) 展示了最基本的优化策略，也被称为标准的 SGD 优化器。实际上，训练神经机器翻译模型时，还有非常多的优化器可以选择，在第 9 章也有详细介绍，本章介绍的循环神经网络使用 Adam 优化器[417]。Adam 通过对梯度的**一阶矩估计**（First Moment Estimation）和**二阶矩估计**（Second Moment Estimation）进行综合考虑，计算出更新步长。

通常，Adam 收敛得比较快，不同任务基本上可以使用同一套配置进行优化，虽然性能不算差，但是难以达到最优效果。相反，SGD 虽能通过在不同的数据集上进行调整达到最优的结果，但是收敛速度慢。因此，需要根据不同的需求选择合适的优化器。若需要快速得到模型的初步结果，选择 Adam 较为合适，若需要在一个任务上得到最优的结果，选择 SGD 更合适。

4. 梯度裁剪

需要注意的是，训练循环神经网络时，反向传播使得网络层之间的梯度相乘。在网络层数过深时，如果连乘因子小于 1 可能造成梯度指数级的减少，甚至趋近于 0，则网络无法优化，也就是梯度消失问题。当连乘因子大于 1 时，可能会导致梯度的乘积变得异常大，产生梯度爆炸的问题。在这种情况下，需要使用"梯度裁剪"，防止梯度超过阈值。梯度裁剪在第 9 章已经介绍过，这里仅简单回顾。梯度裁剪的具体公式为

$$\boldsymbol{w}' = \boldsymbol{w} \cdot \frac{\gamma}{\max(\gamma, \|\boldsymbol{w}\|_2)} \tag{10.28}$$

其中，γ 是手工设定的梯度大小阈值，$\|\cdot\|_2$ 是 l_2 范数，$\boldsymbol{w}'$ 表示梯度裁剪后的参数。这个公式的含义在于只要梯度大小超过阈值，就按照阈值与当前梯度大小的比例进行放缩。

5. 学习率策略

在式 (10.24) 中，α 决定了每次参数更新时更新的步幅大小，称之为学习率。学习率是基于梯度方法中的重要超参数，决定了目标函数能否收敛到较好的局部最优点及收敛的速度。合理的学习率能够使模型快速、稳定地达到较好的状态。但是，如果学习率太小，则收敛过程会很慢；而如果学习率太大，则模型的状态可能会出现震荡，很难达到稳定，甚至使模型无法收敛。图 10.25

---

① 对于变换 $\boldsymbol{y} = \boldsymbol{x}\boldsymbol{w}$，$\boldsymbol{w}$ 的列数为 d_{in}，行数为 d_{out}。

对比了不同学习率对优化过程的影响。

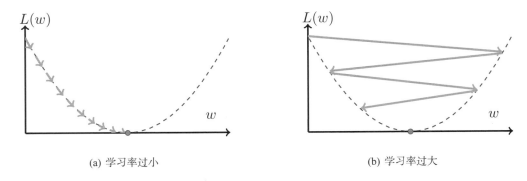

(a) 学习率过小　　　　　　　　　　　　(b) 学习率过大

图 10.25　不同学习率对优化过程的影响

　　不同优化器需要的学习率不同，例如 Adam 一般使用 0.001 或 0.0001，而 SGD 则在 0.1~1 之间进行挑选。在梯度下降法中，都是给定的统一的学习率，整个优化过程中都以确定的步长进行更新。因此，无论使用哪个优化器，为了保证训练又快又好，通常都需要根据当前的更新次数，动态地调整学习率的大小。

　　图 10.26 展示了一种常用的学习率调整策略。它分为两个阶段：预热阶段和衰减阶段。模型训练初期梯度通常很大，如果直接使用较大的学习率很容易让模型陷入局部最优。学习率的预热阶段是指在训练初期使学习率从小到大逐渐增加的阶段，目的是减缓在初始阶段模型"跑偏"的现象。一般来说，初始学习率太高会使模型进入一种损失函数曲面非常不平滑的区域，进而使模型进入一种混乱的状态，后续的优化过程很难取得很好的效果。一种常用的学习率预热方法是**逐渐预热**（Gradual Warmup）。假设预热的更新次数为 N，初始学习率为 α_0，则预热阶段第 step 次更新的学习率计算为

$$\alpha_t = \frac{\text{step}}{N}\alpha_0 \quad , \quad 1 \leqslant t \leqslant T' \tag{10.29}$$

另外，当模型训练逐渐接近收敛时，使用太大的学习率会很容易让模型在局部最优解附近震荡，从而错过局部极小，因此需要通过减小学习率来调整更新的步长，以此来不断地逼近局部最优，这一阶段也称为学习率的衰减阶段。使学习率衰减的方法有很多，如指数衰减、余弦衰减等，图 10.26 右侧下降部分的曲线展示了**分段常数衰减**（Piecewise Constant Decay），即每经过 m 次更新，学习率衰减为原来的 β_m（$\beta_m < 1$）倍，其中 m 和 β_m 为经验设置的超参。

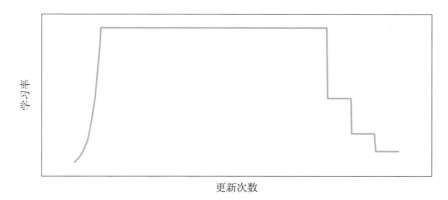

图 10.26　一种常用的学习率调整策略

6. 并行训练

机器翻译是自然语言处理中很"重"的任务。因为数据量巨大而且模型较为复杂，所以模型训练的时间往往很长。例如，使用一千万句数据进行训练，性能优异的系统往往也需要几天甚至一周。更大规模的数据会导致训练时间更长。特别是使用多层网络同时增加模型容量时（如增加隐藏层宽度时），神经机器翻译的训练会更加缓慢。针对这个问题，一种思路是从模型训练算法上进行改进，如前面提到的 Adam 就是一种高效的训练策略；另一种思路是利用多设备进行加速，也称作分布式训练。

常用的多设备并行化加速方法有数据并行和模型并行，其优缺点的简单对比如表 10.9 所示。数据并行是指把同一个批次的不同样本分到不同设备上进行并行计算，其优点是并行度高，理论上有多大的批次就可以有多少个设备并行计算，但模型体积不能大于单个设备容量的极限。模型并行是指把"模型"切分成若干模块后分配到不同设备上并行计算，其优点是可以对很大的模型进行运算，但只能有限并行，例如，如果按层对模型进行分割，那么有多少层就需要多少个设备。这两种方法可以一起使用，进一步提高神经网络的训练速度。

表 10.9　数据并行与模型并行优缺点对比

多设备并行方法	优点	缺点
数据并行	并行度高，理论上有多大的批次（Batch），就可以有多少个设备并行计算	模型不能大于单个设备的极限
模型并行	可以对很大的模型进行运算	只能有限并行，有多少层就有多少个设备

- **数据并行**。如果一台设备能完整放下一个神经机器翻译模型，那么数据并行可以把一个大批次均匀切分成 n 个小批次，然后分发到 n 个设备上并行计算，最后把结果汇总，相当于把运算时间变为原来的 $1/n$，数据并行的过程如图 10.27 所示。需要注意的是，多设备并行需要

将数据在不同设备间传输。特别是在多个 GPU 的情况下，设备间传输的带宽十分有限，设备间传输数据往往会造成额外的时间消耗[420]。通常，数据并行的训练速度无法随设备数量增加呈线性增长。不过，这个问题也有很多优秀的解决方案，如采用多个设备的异步训练。这些内容已经超出本章范畴，这里不做过多讨论。

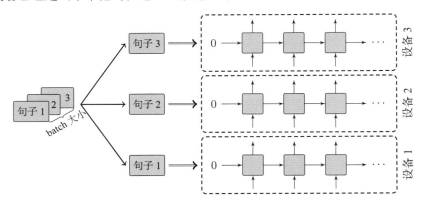

图 10.27　数据并行的过程

- **模型并行**。把较大的模型分成若干小模型，之后在不同设备上训练小模型。对于循环神经网络，不同层的网络天然就是一个相对独立的模型，因此非常适合使用这种方法。例如，对于 l 层的循环神经网络，把每层都看作一个小模型，然后分发到 l 个设备上并行计算。在序列较长时，该方法使其运算时间变为原来的 $1/l$。图 10.28 以 3 层循环神经网络为例，展示了对句子"你 很 不错。"进行模型并行的过程。其中，每一层网络都被放到一个设备上。当模型根据已经生成的第一个词"你"预测下一个词时（如图 10.28(a) 所示），同层的下一个时刻的计算和对"你"的第二层的计算可以同时开展（如图 10.28(b) 所示）。依此类推，就完成了模型的并行计算。

图 10.28　一个 3 层循环神经网络的模型并行过程

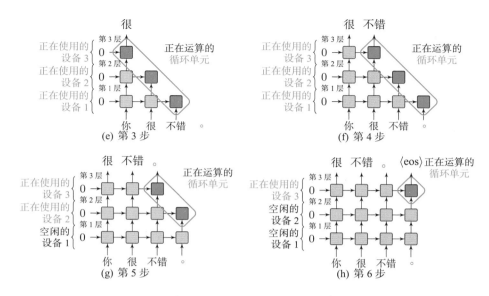

图 10.28　一个 3 层循环神经网络的模型并行过程（续）

10.5.2 推断

神经机器翻译的推断是一个典型的搜索问题（见第 2 章）。这个过程是指：利用已经训练好的模型对新的源语言句子进行翻译。具体来说，先利用编码器生成源语言句子的表示，再利用解码器预测目标语言译文。也就是说，对于源语言句子 x，生成一个使翻译概率 $P(y|x)$ 最大的目标语言译文 $\hat{y}$，具体计算如下（详细过程见 10.3.1 节）：

$$
\hat{y} = \arg\max_y P(y|x)
$$

$$
= \arg\max_y \prod_{j=1}^{n} P(y_j|y_{<j}, x) \tag{10.30}
$$

在具体实现时，当前目标语言单词的生成需要依赖前面单词的生成，因此无法同时生成所有的目标语言单词。理论上，可以枚举所有的 y，然后利用 $P(y|x)$ 的定义对每个 y 进行评价，找出最好的 y。这也被称作**全搜索**（Full Search）。但是，枚举所有的译文单词序列显然是不现实的。因此，在具体实现时，并不会访问所有可能的译文单词序列，而是用某种策略进行有效的搜索。常用的做法是自左向右逐词生成。例如，对于每一个目标语言位置 j，可以执行：

$$
\hat{y}_j = \arg\max_{y_j} P(y_j|\hat{y}_{<j}, x) \tag{10.31}
$$

其中，$\hat{y}_j$ 表示位置 j 概率最高的单词，$\hat{y}_{<j} = \{\hat{y}_1, \cdots, \hat{y}_{j-1}\}$ 表示已经生成的最优译文单词序列。也就是说，把最优的译文看作所有位置上最优单词的组合。显然，这是一种贪婪搜索，因为无法保证 $\{\hat{y}_1, \cdots, \hat{y}_n\}$ 是全局最优解。一种缓解这个问题的方法是，在每步中引入更多的候选。$\hat{y}_{jk}$ 表示在目标语言第 j 个位置排名在第 k 位的单词。在每一个位置 j，可以生成 k 个最可能的单词，而不是 1 个，这个过程可以被描述为

$$\{\hat{y}_{j1}, \cdots, \hat{y}_{jk}\} = \underset{\{\hat{y}_{j1}, \cdots, \hat{y}_{jk}\}}{\arg\max}\ P(y_j|\{\hat{y}_{<j*}\}, x) \tag{10.32}$$

其中，$\{\hat{y}_{j1}, \cdots, \hat{y}_{jk}\}$ 表示对于位置 j 翻译概率最大的前 k 个单词，$\{\hat{y}_{<j*}\}$ 表示前 $j-1$ 步 top-k 单词组成的所有历史。$\hat{y}_{<j*}$ 可以被看作一个集合，里面每一个元素都是一个目标语言单词序列，这个序列是前面生成的一系列 top-k 单词的某种组合。$P(y_j|\{\hat{y}_{<j*}\}, x)$ 表示基于 $\{\hat{y}_{<j*}\}$ 的某一条路径生成 y_j 的概率[①]。这种方法也被称为束搜索，意思是搜索时始终考虑一个集束内的候选。

不论是贪婪搜索还是束搜索，都是自左向右的搜索过程，也就是每个位置的处理需要等前面位置处理完才能执行。这是一种典型的**自回归模型**（Autoregressive Model），它通常用来描述时序上的随机过程，其中每一个时刻的结果对时序上其他部分的结果有依赖[473]。相应地，也有**非自回归模型**（Non-autoregressive Model），它消除了不同时刻结果之间的直接依赖[273]。由于自回归模型是当今神经机器翻译主流的推断方法，这里仍以自回归的贪婪搜索和束搜索为基础进行讨论。

1. 贪婪搜索

图 10.29 展示了一个基于贪婪方法的神经机器翻译解码过程。每一个时间步的单词预测都依赖其前一步单词的生成。在解码第一个单词时，由于没有之前的单词信息，会用 <sos> 进行填充作为起始的单词，且会用一个零向量（可以理解为没有之前时间步的信息）表示第 0 步的中间层状态。

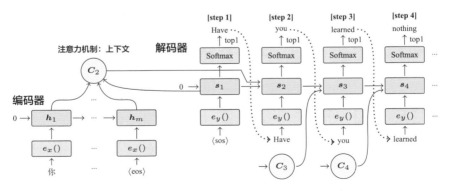

图 10.29　基于贪婪方法的神经机器翻译解码过程

---

① 严格来说，$P(y_j|\hat{y}_{<j*})$ 不是一个准确的数学表达，式 (10.32) 的写法强调 y_j 是由 $\{\hat{y}_{<j*}\}$ 中的某个译文单词序列作为条件生成的。

解码器的每一步 Softmax 层会输出所有单词的概率，由于是基于贪心的方法，这里会选择概率最大（top-1）的单词作为输出。这个过程可以参考图 10.30。选择分布中概率最大的单词 "Have" 作为得到的第一个单词，并再次送入解码器，作为第二步的输入，同时预测下一个单词。依此类推，直到生成句子的终止符，就得到了完整的译文。

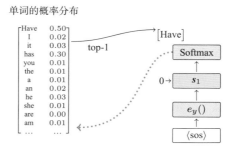

图 10.30　解码第一个位置输出的单词概率分布（"Have" 的概率最高）

贪婪搜索的优点在于速度快。在对翻译速度有较高要求的场景中，贪婪搜索是一种十分有效的系统加速方法，而且原理非常简单，易于快速实现。不过，由于每一步只保留一个最好的局部结果，贪婪搜索往往会带来翻译品质上的损失。

2. 束搜索

束搜索是一种启发式图搜索算法。相比于全搜索，它可以减少搜索所占用的空间和时间，在每一步扩展的时候，剪掉一些质量比较差的节点，保留一些质量较高的节点。具体到机器翻译任务，对于每一个目标语言位置，束搜索选择了概率最大的前 k 个单词进行扩展（其中 k 叫作束宽度，或称为束宽）。如图 10.31 所示，假设 $\{y_1, \cdots, y_n\}$ 表示生成的目标语言序列，且 $k = 3$，则束搜索的具体过程为：在预测第一个位置时，可以通过模型得到 y_1 的概率分布，选取概率最大的前 3 个单词作为候选结果（假设分别为 "have" "has" "it"）。在预测第二个位置的单词时，模型针对已经得到的三个候选结果（"have" "has" "it"）计算第二个单词的概率分布。因为 y_2 对应 $|V|$ 种可能，所以总共可以得到 $3 \times |V|$ 种结果。然后，从中选取使序列概率 $P(y_2, y_1|x)$ 最大的前三个 y_2 作为新的输出结果，这样便得到了前两个位置的 top-3 译文。在预测其他位置时也是如此，不断重复此过程直到推断结束。可以看到，束搜索的搜索空间大小与束宽度有关，即束宽度越大，搜索空间越大，更有可能搜索到质量更高的译文，但搜索会更慢。束宽度等于 3，意味着每次只考虑 3 个最有可能的结果，贪婪搜索实际上是束宽度为 1 的情况。在神经机器翻译系统实现中，一般束宽度设置在 4 ~ 8。

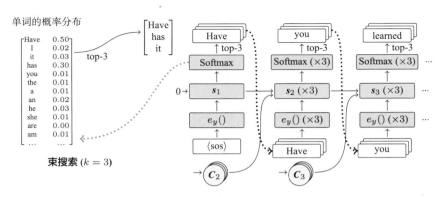

图 10.31　束搜索的过程

3. 长度惩罚

这里用 $P(y|x) = \prod_{j=1}^{n} P(y_j|y_{<j}, x)$ 作为翻译模型。这个公式有一个明显的缺点：当句子过长时，乘法运算容易溢出，也就是多个数相乘可能会产生浮点数无法表示的运算结果。为了解决这个问题，可以利用对数操作将乘法转换为加法，得到新的计算方式：$\log P(y|x) = \sum_{j=1}^{n} \log P(y_j|y_{<j}, x)$。对数函数不会改变函数的单调性，因此在具体实现时，通常用 $\log P(y|x)$ 表示句子的得分，而不用 $P(y|x)$。

不管是使用 $P(y|x)$ 还是 $\log P(y|x)$ 计算句子得分，还面临两个问题：

- $P(y|x)$ 的范围是 $[0,1]$，如果句子过长，那么句子的得分就是很多个小于 1 的数相乘，或者取 $\log$ 之后很多个小于 0 的数相加。这就是说，句子的得分会随着长度的增加而变小，即模型倾向于生成短句。

- 模型本身并没有考虑每个源语言单词被使用的程度，如一个单词可能会被翻译很多"次"。这个问题在统计机器翻译中并不存在，因为所有词在翻译中必须被"覆盖"到。早期的神经机器翻译模型没有所谓覆盖度的概念，因此无法保证每个单词被翻译的"程度"是合理的[474, 475]。

为了解决上面提到的问题，可以使用其他特征与 $\log P(y|x)$ 一起组成新的模型得分 $\text{score}(y, x)$。针对模型倾向于生成短句的问题，常用的做法是引入惩罚机制。例如，可以定义一个惩罚因子，形式为

$$\text{lp}(y) = \frac{(5 + |y|)^{\alpha}}{(5 + 1)^{\alpha}} \tag{10.33}$$

其中，$|y|$ 代表已经得到的译文长度，α 是一个固定的常数，用于控制惩罚的强度。在计算句子得分时，额外引入表示覆盖度的因子：

$$\mathrm{cp}(y, x) = \beta \cdot \sum_{i=1}^{|x|} \log \big(\min(\sum_{j}^{|y|} \alpha_{ij}, 1)\big) \tag{10.34}$$

$\mathrm{cp}(\cdot)$ 会惩罚把某些源语言单词对应到很多目标语言单词的情况（覆盖度），被覆盖的程度用 $\sum_{j}^{|y|} \alpha_{ij}$ 度量。β 是根据经验设置的超参数，用于对覆盖度惩罚的强度进行控制。

最终，模型得分定义为

$$\mathrm{score}(y, x) = \frac{\log P(y|x)}{\mathrm{lp}(y)} + \mathrm{cp}(y, x) \tag{10.35}$$

显然，目标语言 y 越短，$\mathrm{lp}(y)$ 的值越小，因为 $\log P(y|x)$ 是负数，所以句子得分 $\mathrm{score}(y, x)$ 越小。也就是说，模型会惩罚译文过短的结果。当覆盖度较高时，同样会使得分变低。通过这样的惩罚机制，使模型的得分更合理，从而帮助模型选择质量更高的译文。

10.6 小结及拓展阅读

神经机器翻译是近几年的热门方向。无论是前沿性的技术探索，还是面向应用落地的系统研发，神经机器翻译已经成为当下最好的选择之一。研究人员对神经机器翻译的热情使得这个领域得到了快速的发展。本章作为神经机器翻译的入门章节，对神经机器翻译的建模思想和基础框架进行了描述。同时，对常用的神经机器翻译架构——循环神经网络进行了讨论与分析。

经过几年的积累，神经机器翻译的细分方向已经十分多样，由于篇幅所限，本节无法覆盖所有内容（虽然笔者尽所能全面地介绍了相关的基础知识，但难免会有疏漏）。很多神经机器翻译的模型和方法值得进一步学习和探讨：

- 循环神经网络有很多变种结构。除了 RNN、LSTM、GRU，还有其他改进的循环单元结构，如 LRN[476]、SRU[477]、ATR[478]。

- 注意力机制的使用是机器翻译乃至整个自然语言处理领域近几年获得成功的重要因素之一[22, 25]。早期，有研究人员尝试将注意力机制和统计机器翻译的词对齐进行统一[479–481]。最近，也有大量的研究工作对注意力机制进行改进，如使用自注意力机制构建翻译模型等[23]，而对注意力模型的改进也成了自然语言处理领域的热点问题之一。第 15 章将对机器翻译中不同的注意力模型进行进一步讨论。

- 一般来说，神经机器翻译的计算过程是没有人工干预的，翻译流程也无法用人类的知识直接解释，因此一个有趣的方向是在神经机器翻译中引入先验知识，使机器翻译的行为更"像"人。例如，可以使用句法树引入人类的语言学知识[433, 482]，基于句法的神经机器翻译也包含大量的树结构的神经网络建模[445, 483]。此外，可以把用户定义的词典或者翻译记忆加入翻译过程中[430, 484–486]，使用户的约束直接反映到机器翻译的结果上。先验知识的种类还有很多，包括词对齐[481, 487, 488]、篇章信息[489–491] 等，都是神经机器翻译中能够使用的信息。

11. 基于卷积神经网络的模型

卷积神经网络是一种经典的神经计算模型，在计算机视觉等领域已经得到广泛应用。通过卷积、池化等一系列操作，卷积神经网络可以很好地对输入数据进行特征提取。这个过程与图像和语言加工中局部输入信号的处理有着天然的联系。卷积操作还可以被多次执行，形成多层卷积神经网络，进而进行更高层次的特征抽象。

在自然语言处理中，卷积神经网络也是备受关注的模型之一。本章将介绍基于卷积神经网络的机器翻译模型。本章不仅会重点介绍如何利用卷积神经网络构建端到端翻译模型，还会对一些机器翻译中改进的卷积神经网络结构进行讨论。

11.1 卷积神经网络

卷积神经网络是一种前馈神经网络，由若干的卷积层与池化层组成。早期，卷积神经网络被应用在语音识别任务上[492]，之后在图像处理领域取得了很好的效果[493, 494]。近年来，卷积神经网络已经成为语音、自然语言处理、图像处理任务的基础框架[423, 495-498]。在自然语言处理领域，卷积神经网络已经得到广泛应用，在文本分类[497-499]、情感分析[500]、语言建模[501, 502]、机器翻译[24, 451, 453, 503, 504] 等任务中取得了不错的成绩。

图 11.1 展示了全连接层和卷积层的结构对比。可以看出，在全连接层中，模型考虑了所有的输入，层输出中的每一个元素都依赖于所有输入。这种全连接层适用于大多数任务，但是当处理图像这种网格数据时，规模过大的数据会导致模型参数量过大，难以处理。另外，在一些网格数据中，通常具有局部不变性的特征，如图像中不同位置的相同物体，语言序列中相同的 n-gram 等，而全连接网络很难提取这些局部不变性特征。为此，一些研究人员提出使用卷积层来替换全连接层[505, 506]。

与全连接网络相比，卷积神经网络最大的特点在于具有**局部连接**（Locally Connected）和**权值共享**（Weight Sharing）的特性。如图 11.1(b) 所示，卷积层中每个神经元只响应周围部分的局部输入特征，大大减少了网络中的连接数和参数量。另外，卷积层使用相同的卷积核对不同位置进行特征提取，换句话说，就是采用权值共享来减少参数量，共享的参数对应图中相同颜色的连接。

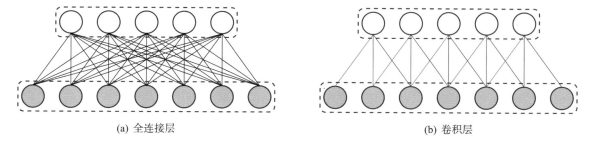

(a) 全连接层　　　　　　　　　　　　　　　(b) 卷积层

图 11.1　全连接层和卷积层的结构对比

图 11.2 展示了一个标准的卷积神经网络结构，其中包括了卷积层、激活函数和池化层 3 个部分。本节将对卷积神经网络中的基本结构进行介绍。

图 11.2　标准的卷积神经网络结构

11.1.1 卷积核与卷积操作

卷积操作作为卷积神经网络的核心部分，其本质是一种特殊的线性运算。区别于全连接的方式，卷积使用一系列**卷积核**（Convolution Kernel，也称为滤波器）对局部输入数据进行特征提取，然后通过在输入数据的空间维度上移动卷积核获取所有位置的特征信息。卷积的输入可以是任意维度形式的数据。由于其在图像处理领域应用最为广泛，这里以二维图像为例对卷积核和卷积操作进行简单介绍。

在图像卷积中，卷积核是一组 $Q \times U \times O$ 的参数（如图 11.3 所示）。其中 Q 和 U 表示卷积核窗口的宽度与长度，分别对应图像中的宽和长两个维度，$Q \times U$ 决定了该卷积核窗口的大小。O 是该卷积核的深度，它的取值和输入数据通道数保持一致。通道可以看作图像不同的特征，如灰色图像只有灰度信息，通道数为 1；而 RGB 格式的图像有 3 个通道，分别对应红绿蓝 3 种颜色的信息。

在卷积计算中，不同深度下卷积核不同但执行操作相同，这里以二维卷积核为例展示卷积计算。设输入矩阵为 $\boldsymbol{x}$，输出矩阵为 $\boldsymbol{y}$，卷积滑动步幅为 stride，卷积核为 $\boldsymbol{w}$，且 $\boldsymbol{w} \in \mathbb{R}^{Q \times U}$，那么卷积计算过程为

$$y_{i,j} = \sum \sum \left(\boldsymbol{x}_{[i \times \text{stride}:i \times \text{stride}+Q-1, j \times \text{stride}:j \times \text{stride}+U-1]} \odot \boldsymbol{w} \right) \tag{11.1}$$

其中 i 是输出矩阵的行下标，j 是输出矩阵的列下标，$\odot$ 表示矩阵点乘，具体见第 9 章。图 11.4 展示了一个图像卷积操作示例，其中 Q 为 2，U 为 2，stride 为 1，根据式 (11.1)，图中蓝色位置 $y_{0,0}$ 的计算如下：

$$
\begin{aligned}
y_{0,0} &= \sum\sum (\boldsymbol{x}_{[0\times 1:0\times 1+2-1,0\times 1:0\times 1+2-1]} \odot \boldsymbol{w}) \\
&= \sum\sum (\boldsymbol{x}_{[0:1,0:1]} \odot \boldsymbol{w}) \\
&= \sum\sum \begin{pmatrix} 0\times 0 & 1\times 1 \\ 3\times 2 & 4\times 3 \end{pmatrix} \\
&= 0\times 0 + 1\times 1 + 3\times 2 + 4\times 3 \\
&= 19
\end{aligned} \tag{11.2}
$$

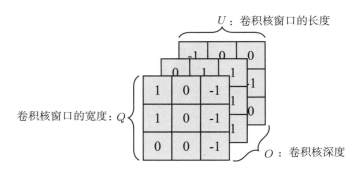

图 11.3　图像卷积中的卷积核

输入：3×3　　卷积核：2×2　　输出：2×2

图 11.4　图像卷积操作（$*$ 表示卷积计算）

卷积计算的作用是提取特征，用不同的卷积核计算可以获取不同的特征，如图 11.5 所示，通过设计的特定卷积核就可以获取图像边缘信息。在卷积神经网络中，不需要手动设计卷积核，只需要指定卷积层中卷积核的数量及大小，模型就可以自己学习卷积核具体的参数。

图 11.5　通过设计的特定卷积核获取图像边缘信息

11.1.2 步长与填充

在卷积操作中，步长是指卷积核每次滑动的距离，与卷积核的大小共同决定了卷积输出的大小，如图 11.6 所示。步长越大，对输入数据的压缩程度越高，其输出的维度越小；反之，步长越小，对输入数据的压缩程度越低，输出的尺寸和输入越接近。若使用一个 $3 \times 3 \times 1$ 的卷积核在 $6 \times 6 \times 1$ 的图像上进行卷积，设置步长为 1，其对应的输出大小就为 $4 \times 4 \times 1$。这种做法最简单，但会导致两个问题：一是在输入数据中，由于边缘区域的像素只会被计算一次，与中心区域相比，这些像素被考虑的次数会更少，导致图像边缘信息丢失；二是在经历多次卷积之后，其输出特征的维度会不断减小，影响模型的泛化能力。

输入：6×6　　　卷积核：3×3　　　输出：4×4

图 11.6　卷积操作的维度变换

为了解决这两个问题，可以采用填充的操作对图像的边缘进行扩充，填充一些元素，如 0。在图 11.7 中，将 $6 \times 6 \times 1$ 的图像填充为 $8 \times 8 \times 1$ 的图像，然后在 $8 \times 8 \times 1$ 的图像上进行卷积操作。这样可以得到与输入数据大小一致的输出结果，同时缓解图像边缘信息丢失的问题。

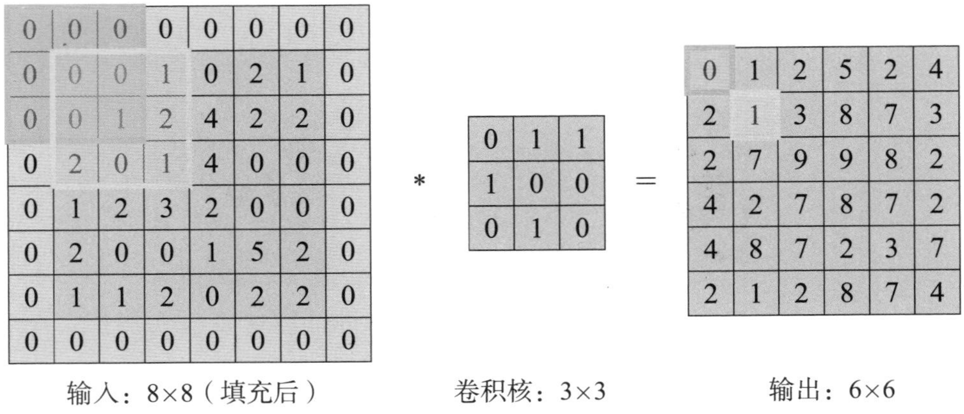

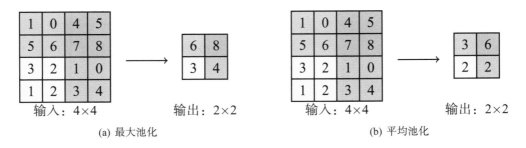

输入：8×8（填充后）　　　　卷积核：3×3　　　　输出：6×6

图 11.7　填充和卷积操作

11.1.3 池化

在图 11.2 所示的网络结构中，卷积层输出会通过一个非线性的激活函数，之后会通过**池化层**（也称为汇聚层）。池化过程和卷积类似，都是根据设定的窗口进行滑动，选取局部信息进行计算。不同的是，池化层的计算是无参数化的，不需要额外的权重矩阵。常见的池化操作有**最大池化**（Max Pooling）和**平均池化**（Average Pooling）。前者获取窗口内最大的值，后者获取窗口内矩阵的平均值。图 11.8 展示了窗口大小为 2×2、步长为 2 的两种池化方法的计算过程。

输入：4×4　　　　　　输出：2×2　　　　　　输入：4×4　　　　　　输出：2×2

(a) 最大池化　　　　　　　　　　　　　　　　(b) 平均池化

图 11.8　池化方法的计算过程

池化计算选取每个滑动窗口内最突出的值或平均值作为局部信息，压缩了卷积层输出的维度大小，有效地减少了神经网络的计算量，是卷积神经网络中必不可少的操作。在网络建模时，通常，在较低层时会使用最大池化，仅保留特征中最显著的部分。当网络更深时，特征信息都具有一定意义，如在自然语言处理任务中，深层网络的特征向量包含的语义信息较多，选取平均池化方法更合适。

11.1.4 面向序列的卷积操作

与图像处理任务中的二维图像数据相比，自然语言处理任务主要处理一维序列，如单词序列。单词序列的长度往往是不固定的，很难使用全连接网络处理它，因为长序列无法用固定大小的全连接网络直接建模，而且过长的序列也会导致全连接网络参数量的急剧增加。

针对不定长序列，一种可行的方法是使用之前介绍过的循环神经网络进行信息提取，其本质也是基于权重共享的想法，在不同的时间步复用相同的循环神经网络单元进行处理。但是，循环神经网络最大的弊端在于每一时刻的计算都依赖于上一时刻的结果，因此只能对序列进行串行处理，无法充分利用硬件设备进行并行计算，导致效率相对较低。此外，在处理较长的序列时，这种串行的方式很难捕捉长距离的依赖关系。相比之下，卷积神经网络采用共享参数的方式处理固定大小窗口内的信息，且不同位置的卷积操作之间没有相互依赖，因此可以对序列进行高效的并行处理。同时，针对序列中距离较长的依赖关系，可以通过堆叠多层卷积层来扩大感受野（Receptive Field），这里感受野指能够影响神经元输出的原始输入数据区域的大小。图 11.9 对比了这两种结构，可以看出，为了捕捉 e_2 和 e_8 之间的联系，串行结构需要顺序地进行 6 次操作，操作次数与序列长度相关。在该卷积神经网络中，卷积操作每次对 3 个词进行计算，仅需要 4 层卷积计算就能得到 e_2 和 e_8 之间的联系，其操作数与卷积核的大小相关，与串行的方式相比，具有更短的路径和更少的非线性计算，更容易进行训练。因此，也有许多研究人员在许多自然语言处理任务上尝试使用卷积神经网络进行序列建模[497, 498, 500, 507, 508]。

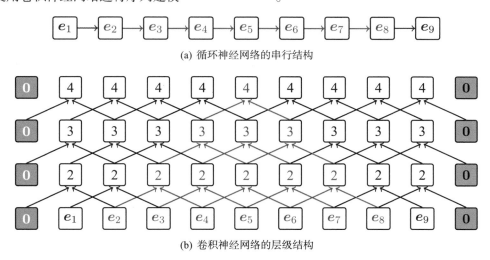

(a) 循环神经网络的串行结构

(b) 卷积神经网络的层级结构

图 11.9　串行及层级结构对比（e_i 表示词嵌入，$\mathbf{0}$ 表示 0 向量，方框里的 2、3、4 表示层次编号）

区别于传统图像上的卷积操作，在面向序列的卷积操作中，卷积核只在序列这一维度移动，用来捕捉连续的多个词之间的特征。需要注意的是，单词通常由一个实数向量表示（词嵌入），因此可以将词嵌入的维度看作卷积操作中的通道数。图 11.10 就是一个基于序列卷积的文本分类模型，模型的输入是维度大小为 $m \times O$ 的句子表示，m 表示句子长度，O 表示卷积核通道数，其值等于词嵌入维度，模型使用多个不同（对应图中不同的颜色）的卷积核对序列进行特征提取，得到了多个不同的特征序列。然后，使用池化层降低表示维度，得到一组和序列长度无关的特征表示。最后，模型基于这组压缩过的特征表示，使用全连接网络和 Softmax 函数进行类别预测。在这个过程中，卷积层和池化层分别起特征提取和特征压缩的作用，将一个不定长的序列转化为一组固定大小的特征表示。

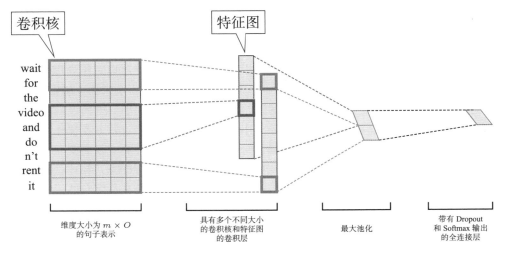

图 11.10　序列卷积在文本分类模型中的应用[498]

　　与其他自然语言处理任务不同的是，机器翻译需要对序列进行全局表示，换句话说，模型需要捕捉序列中各个位置之间的关系。因此，基于卷积神经网络的神经机器翻译模型需要堆叠多个卷积层进行远距离的依赖关系的建模。同时，为了在多层网络中维持序列的原有长度，需要在卷积操作前对输入序列进行填充。图 11.11 是一个简单的示例，针对一个长度 $m = 6$ 的句子，其隐藏层表示维度，即卷积操作的输入通道数是 $O = 4$，卷积核大小为 $K = 3$。先对序列进行填充，得到一个长度为 8 的序列，然后使用这些卷积核在这之上进行特征提取。一共使用了 $N = 4$ 个卷积核，整体的参数量为 $K \times O \times N$，最后的卷积结果为 $m \times N$ 的序列表示。

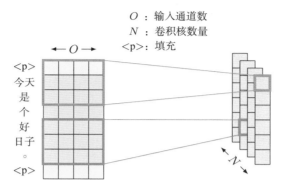

图 11.11　机器翻译中的序列卷积操作

11.2 基于卷积神经网络的翻译建模

正如之前所讲，卷积神经网络可以用于序列建模，同时具有并行性高和易于学习的特点，于是一个很自然的想法就是将其用作神经机器翻译模型中的特征提取器。在神经机器翻译被提出之初，研究人员就已经开始利用卷积神经网络对句子进行特征提取。比较经典的模型是使用卷积神经网络作为源语言句子的编码器，使用循环神经网络作为目标语言译文生成的解码器[453, 503]。之后，有研究人员提出完全基于卷积神经网络的翻译模型（ConvS2S）[24]，或针对卷积层进行改进，提出效率更高、性能更好的模型[504, 509]。本节将基于 ConvS2S 模型，阐述如何使用卷积神经网络搭建端到端神经机器翻译模型。

ConvS2S 模型是一种高并行的、序列到序列的神经计算模型。该模型利用卷积神经网络分别对源语言端与目标语言端的序列进行特征提取，并使用注意力机制捕获两个序列之间的映射关系。与基于多层循环神经网络的 GNMT 模型[456] 相比，其主要优势在于每一层的网络计算是完全并行的，避免了循环神经网络中计算顺序对时序的依赖。同时，利用多层卷积神经网络的层级结构可以有效地捕捉序列不同位置之间的依赖。即使是远距离依赖，也可以通过若干层卷积单元进行有效的捕捉，而且其信息传递的路径相比循环神经网络更短。除此之外，模型同时使用门控线性单元、残差网络和位置编码等技术进一步提升模型性能，达到和 GNMT 模型相媲美的翻译性能，同时大大缩短了训练时间。

图 11.12 为 ConvS2S 模型的结构示意图，其内部由若干不同的模块组成，包括：

- **位置编码**（Position Encoding）：图中绿色背景框表示源语言端的词嵌入部分。与 RNN 中的词嵌入相比，该模型还引入了位置编码，帮助模型获得词位置信息。位置编码的具体实现在图 11.12 中并没有显示，详见 11.2.1 节。

- **卷积层**与**门控线性单元**（Gated Linear Units，GLU）：黄色背景框是卷积模块，这里使用门控线性单元作为非线性函数，之前的研究工作[502] 表明，这种非线性函数更适于序列建模任务。为了简化，图中只展示了一层卷积，实践时为了更好地捕获句子信息，通常使用多层卷积的叠加。

- **残差连接**（Residual Connection）：源语言端和目标语言端的卷积层网络之间都存在一个从输入到输出的额外连接，即跳接[423]。该连接方式确保了每个隐藏层输出都能包含输入序列中的更多信息，同时能够有效提高深层网络的信息传递效率（该部分在图 11.12 中没有显示，具体结构详见 11.2.3 节）。

- **多步注意力机制**（Multi-step Attention）：蓝色框内部展示了基于多步结构的注意力机制模块[510]。ConvS2S 模型同样使用注意力机制来捕捉两个序列之间不同位置的对应关系。区别于之前的做法，多步注意力在解码器端的每一层都会执行注意力操作。下面将以此模型为例，对基于卷积神经网络的机器翻译模型进行介绍。

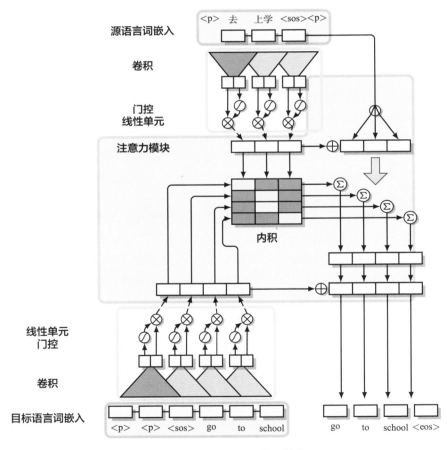

图 11.12　ConvS2S 模型结构

11.2.1 位置编码

与基于循环神经网络的翻译模型类似，基于卷积神经网络的翻译模型同样用词嵌入序列表示输入序列，记为 $\boldsymbol{w} = \{\boldsymbol{w}_1, \cdots, \boldsymbol{w}_m\}$。序列 $\boldsymbol{w}$ 是维度大小为 $m \times d$ 的矩阵，第 i 个单词 $\boldsymbol{w}_i$ 是维度为 d 的向量，其中 m 为序列长度，d 为词嵌入向量维度。与循环神经网络不同的是，基于卷积神经网络的模型需要对每个输入单词的位置进行表示。这是由于，在卷积神经网络中，受限于卷积核的大小，单层的卷积神经网络只能捕捉序列局部的相对位置信息。虽然多层的卷积神经网络可以扩大感受野，但是对全局的位置表示并不充分。相较于基于卷积神经网络的模型，基于循环神经网络的模型按时间步对输入的序列进行建模，这样间接地对位置信息进行了建模，而词序又是自然语言处理任务中的重要信息，因此这里需要单独考虑。

为了更好地引入序列的词序信息，该模型引入了位置编码 $\boldsymbol{p} = \{\boldsymbol{p}_1, \ldots, \boldsymbol{p}_m\}$，其中 $\boldsymbol{p}_i$ 的维度大小为 d，一般和词嵌入维度相等，具体数值作为网络可学习的参数。简单来说，$\boldsymbol{p}_i$ 是一个可学习的参数向量对应位置 i 的编码。这种编码的作用就是对位置信息进行表示，不同序列中的相同位置都对应一个唯一的位置编码向量。之后将词嵌入矩阵和位置编码相加，得到模型的输入序列 $\boldsymbol{e} = \{\boldsymbol{w}_1 + \boldsymbol{p}_1, \ldots, \boldsymbol{w}_m + \boldsymbol{p}_m\}$。也有研究人员发现卷积神经网络本身具备一定的编码位置信息的能力[511]，而这里额外的位置编码模块可以被看作对卷积神经网络位置编码能力的一种补充。

11.2.2 门控卷积神经网络

单层卷积神经网络的感受野受限于卷积核的大小，因此只能捕捉序列中局部的上下文信息，不能很好地进行长序列建模。为了捕捉更长的上下文信息，最简单的做法就是堆叠多个卷积层。相比于循环神经网络的链式结构，对相同的上下文跨度，多层卷积神经网络的层级结构可以通过更少的非线性计算对其进行建模，缓解了长距离建模中的梯度消失问题。因此，卷积神经网络相对更容易进行训练。

在 ConvS2S 模型中，编码器和解码器分别使用堆叠的门控卷积神经网络对源语言和目标语言序列进行建模，在传统卷积神经网络的基础上引入了门控线性单元[502]，通过门控机制对卷积输出进行控制，它在模型中的位置如图 11.13 中黄色框所示。

门控机制在第 10 章介绍 LSTM 模型时提到过。在 LSTM 模型中，可以通过引入 3 个门控单元来控制信息流，使隐藏层状态能够获得长时间记忆。同时，门控单元的引入简化了不同时间步间状态更新的计算，只包括一些线性计算，缓解了长距离建模中梯度消失的问题。在多层卷积神经网络中，同样可以通过门控机制起到相同的作用。

图 11.14 是单层门控卷积神经网络的基本结构，$\boldsymbol{x} \in \mathbb{R}^{m \times d}$ 为单层网络的输入，$\boldsymbol{y} \in \mathbb{R}^{m \times d}$ 为单层网络的输出，网络结构主要包括卷积计算和 GLU 非线性单元两部分。形式上，卷积操作可以分成两部分，分别使用两个卷积核得到两个卷积结果，具体计算如式 (11.3) 和式 (11.4) 所示：

$$\boldsymbol{A} = \boldsymbol{x} * \boldsymbol{W} + b_{\boldsymbol{W}} \tag{11.3}$$

$$B = x * V + b_V \tag{11.4}$$

其中，$A, B \in \mathbb{R}^d$，$W \in \mathbb{R}^{K \times d \times d}$，$V \in \mathbb{R}^{K \times d \times d}$，$b_W$、$b_V \in \mathbb{R}^d$，$W$、$V$ 在此表示卷积核，b_W、b_V 为偏置矩阵。在卷积操作之后，引入非线性变换，具体计算如下：

$$y = A \otimes \sigma(B) \tag{11.5}$$

其中，σ 为 Sigmoid 函数，$\otimes$ 为按位乘运算。Sigmoid 将 B 映射为 0-1 范围内的实数，用来充当门控。可以看到，门控卷积神经网络的核心部分是 $\sigma(B)$，通过这个门控单元对卷积输出进行控制，确定保留哪些信息。同时，在梯度反向传播的过程中，这种机制使得不同层之间存在线性通道，梯度传导更加简单，利于深层网络的训练。这种思想和残差网络的很类似。

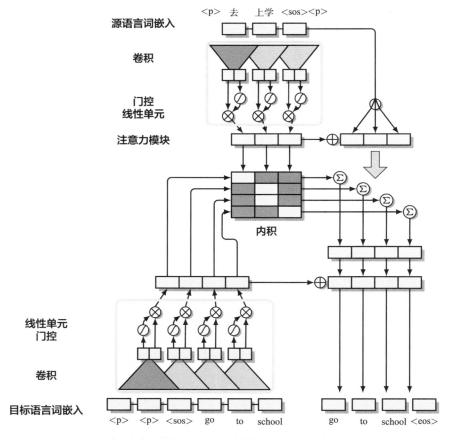

图 11.13　门控卷积神经网络机制在模型中的位置（黄色框部分）

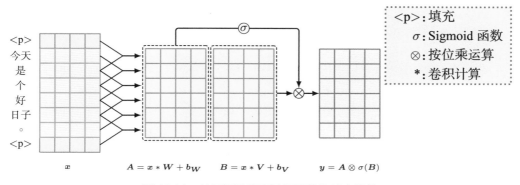

图 11.14 单层门控卷积神经网络的基本结构

在 ConvS2S 模型中，为了保证卷积操作之后的序列长度不变，需要对输入进行填充，这一点已经在之前的章节中讨论过了。因此，在编码端，每一次卷积操作前，需要对序列的头部和尾部分别做相应的填充（如图 11.14 左侧部分所示）。在解码器中，由于需要训练和解码保持一致，模型在训练过程中不能使用未来的信息，需要对未来的信息进行屏蔽，也就是屏蔽当前译文单词右侧的译文信息。从实践角度看，只需要对解码器输入序列的头部填充 $K-1$ 个空元素，其中 K 为卷积核的宽度（图 11.15 展示了卷积核宽度 $K=3$ 时，解码器对输入序列的填充情况，图中三角形表示卷积操作）。

图 11.15 解码器的填充方法

11.2.3 残差网络

残差连接是一种训练深层网络的技术，其内容在第 9 章已经进行了介绍，即在多层神经网络之间，通过增加直接连接的方式，将底层信息直接传递给上层。通过增加这样的直接连接，可以让不同层之间的信息传递得更高效，有利于深层神经网络的训练，其计算公式为

$$\boldsymbol{h}^{l+1} = F(\boldsymbol{h}^l) + \boldsymbol{h}^l \tag{11.6}$$

其中，$\boldsymbol{h}^l$ 表示 l 层神经网络的输入向量，$F(\boldsymbol{h}^l)$ 是 l 层神经网络的运算。如果 $l=2$，则式 (11.6) 可以解释为：第 3 层的输入 $\boldsymbol{h}^3$ 等于第 2 层的输出 $F(\boldsymbol{h}^2)$ 加上第 2 层的输入 $\boldsymbol{h}^2$。

在 ConvS2S 中，残差连接主要应用在门控卷积神经网络和多步自注意力机制中，例如，在编码器的多层门控卷积神经网络中，在每一层的输入和输出之间增加残差连接，具体的数学描述为

$$\boldsymbol{h}^{l+1} = \boldsymbol{A}^l \otimes \sigma(\boldsymbol{B}^l) + \boldsymbol{h}^l \tag{11.7}$$

11.2.4 多步注意力机制

ConvS2S 模型也采用了注意力机制来获取每个目标语言位置相应的源语言上下文信息，其仍然沿用传统的点乘注意力机制[25]，其中图 11.16 所示的蓝色框代表多步注意力机制在 ConvS2S 模型中的位置。

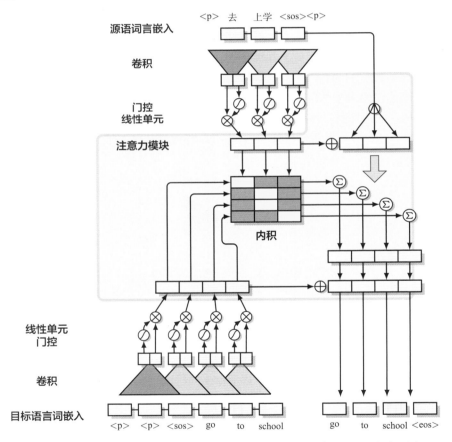

图 11.16 多步注意力机制在 ConvS2S 模型中的位置（蓝色背景框部分）

在基于循环神经网络的翻译模型中，注意力机制已经被广泛使用[22]。一方面，用于避免循环神经网络将源语言序列压缩成一个固定维度的向量表示带来的信息损失；另一方面，注意力机

制同样能够帮助解码器区分源语言中不同位置对当前目标语言位置的贡献度，其具体计算过程如式 (11.8) 和式 (11.9) 所示。

$$C_j = \sum_i \alpha_{i,j} \boldsymbol{h}_i \tag{11.8}$$

$$\alpha_{i,j} = \frac{\exp(\alpha(\boldsymbol{s}_{j-1}, \boldsymbol{h}_i))}{\sum_{i'} \exp(\alpha(\boldsymbol{s}_{j-1}, \boldsymbol{h}_{i'}))} \tag{11.9}$$

其中，$\boldsymbol{h}_i$ 表示源语言端第 i 个位置的隐藏层状态，即编码器在第 i 个位置的输出。$\boldsymbol{s}_j$ 表示目标端第 j 个位置的隐藏层状态。给定 $\boldsymbol{s}_j$ 和 $\boldsymbol{h}_i$，注意力机制通过函数 $a(\cdot)$ 计算目标语言表示 $\boldsymbol{s}_j$ 与源语言表示 $\boldsymbol{h}_i$ 之间的注意力权重 $\alpha_{i,j}$，通过加权平均得到当前目标语言端位置所需的上下文表示 C_j。其中，$a(\cdot)$ 的具体计算方式在第 10 章已详细讨论。

在 ConvS2S 模型中，解码器同样采用堆叠的多层门控卷积神经网络对目标语言进行序列建模。区别于编码器，解码器在每一层卷积网络之后引入注意力机制，用来参考源语言信息。ConvS2S 选用了点乘注意力，并且通过类似残差连接的方式将注意力操作的输入与输出同时作用于下一层计算，称为多步注意力。具体计算方式如下：

$$\alpha_{ij}^l = \frac{\exp(\boldsymbol{h}_i \boldsymbol{d}_j^l)}{\sum_{i'=1}^m \exp(\boldsymbol{h}_{i'} \boldsymbol{d}_j^l)} \tag{11.10}$$

不同于式 (11.9) 中使用的目标语言端隐藏层表示 $\boldsymbol{s}_{j-1}$，式 (11.10) 中的 $\boldsymbol{d}_j^l$ 同时结合了 $\boldsymbol{s}_j$ 的卷积计算结果和目标语言端的词嵌入 $\boldsymbol{g}_j$，其具体计算如式 (11.11) 和式 (11.12) 所示。

$$\boldsymbol{d}_j^l = \boldsymbol{z}_j^l \boldsymbol{W}_d^l + \boldsymbol{b}_d^l + \boldsymbol{g}_j \tag{11.11}$$

$$\boldsymbol{z}_j^l = \mathrm{Conv}(\boldsymbol{s}_j^l) \tag{11.12}$$

其中，$\boldsymbol{z}_j^l$ 表示第 l 层卷积网络输出中第 j 个位置的表示，$\boldsymbol{W}_d^l$ 和 $\boldsymbol{b}_d^l$ 是模型可学习的参数，$\mathrm{Conv}(\cdot)$ 表示卷积操作。在获得第 l 层的注意力权重之后，就可以得到对应的上下文表示 C_j^l，具体计算如下：

$$C_j^l = \sum_i \alpha_{ij}^l (\boldsymbol{h}_i + \boldsymbol{e}_i) \tag{11.13}$$

模型使用了更全面的源语言信息，同时考虑了源语言端编码表示 $\boldsymbol{h}_i$ 及词嵌入表示 $\boldsymbol{e}_i$。在获得第 l 层的上下文向量 C_j^l 后，模型将其与 $\boldsymbol{z}_j^l$ 相加，然后送入下一层网络，这个过程可以被描述为

$$\boldsymbol{s}_j^{l+1} = C_j^l + \boldsymbol{z}_j^l \tag{11.14}$$

与循环网络中的注意力机制相比，该机制能够帮助模型甄别已经考虑了哪些先前的输入。也就是说，多步注意力机制会考虑模型之前更关注哪些单词，并且在之后的层中执行多次注意力的"跳跃"。

11.2.5 训练与推断

与基于循环神经网络的翻译模型一样，ConvS2S 模型会计算每个目标语言位置上不同单词的概率，并以交叉熵作为损失函数，来衡量模型预测分布与标准分布之间的差异。同时，采用基于梯度的方法对网络中的参数进行更新（见第 9 章）。

ConvS2S 模型的训练与基于循环神经网络的翻译模型的训练的主要区别是：

- ConvS2S 模型使用了**Nesterov 加速梯度下降法**（ Nesterov Accelerated Gradient，NAG ），动量累计的系数设置为 0.99。当梯度范数超过 0.1 时，重新进行规范化[512]。
- 将 ConvS2S 模型的学习率设置为 0.25，当模型在校验集上的困惑度不再下降时，便在每轮的训练后将学习率降低一个数量级，直至学习率小于一定的阈值（ 如 0.0004 ）。

Nesterov 加速梯度下降法和第 9 章介绍的 Momentum 梯度下降法类似，都使用了历史梯度信息。先回忆 Momentum 梯度下降法，具体计算如式 (11.15) 和式 (11.16) 所示：

$$w_{t+1} = w_t - \alpha v_t \tag{11.15}$$

$$v_t = \beta v_{t-1} + (1 - \beta) \frac{\partial J(w_t)}{\partial w_t} \tag{11.16}$$

其中，w_t 表示第 t 步更新时的模型参数；$J(w_t)$ 表示损失函数均值期望的估计；$\frac{\partial J(w_t)}{\partial w_t}$ 将指向 $J(w_t)$ 在 w_t 处变化最大的方向，即梯度方向；α 为学习率；v_t 为损失函数在前 $t-1$ 步更新中累积的梯度动量，利用超参数 β 控制累积的范围。

而在 Nesterov 加速梯度下降法中，使用的梯度不是来自当前参数位置，而是按照之前的梯度方向更新一小步的位置，以便于更好地"预测未来"，提前调整更新速率。因此，其动量的更新方式如下：

$$v_t = \beta v_{t-1} + (1 - \beta) \frac{\partial J(w_t)}{\partial (w_t - \alpha \beta v_{t-1})} \tag{11.17}$$

Nesterov 加速梯度下降法利用了二阶导数的信息，可以做到"向前看"，加速收敛过程[513]。ConvS2S 模型也采用了一些网络正则化和参数初始化的策略，使得模型在前向计算和反向计算的过程中，方差尽可能保持一致，模型训练更稳定。

此外，为了进一步提升训练效率及性能，ConvS2S 模型还使用了小批量训练，即每次从样本中选择一小部分数据进行训练。同时，ConvS2S 模型中也使用了 Dropout 方法[514]。除了在词嵌入层和解码器输出层应用 Dropout，ConvS2S 模型还对卷积块的输入层应用了 Dropout。

ConvS2S 模型的推断过程与第 10 章中描述的推断过程一样。其基本思想是：依靠源语言句子和前面已经生成的译文单词预测下一个译文单词。这个过程也可以结合贪婪搜索或者束搜索等解码策略。

11.3 局部模型的改进

在序列建模中，卷积神经网络可以通过参数共享，高效地捕捉局部上下文特征，如图 11.11 所示。通过进一步分析发现，在标准卷积操作中包括了不同词和不同通道之间两种信息的交互，每个卷积核都是对相邻词的不同通道进行卷积操作，参数量为 $K \times O$，其中，K 为卷积核大小，O 为输入的通道数，即单词表示的维度大小。如果使用 N 个卷积核，得到 N 个特征（即输出通道数），则总共的参数量为 $K \times O \times N$。这里涉及卷积核大小、输入通道数和输出通道数三个维度，因此计算复杂度较高。为了进一步提升计算效率，降低参数量，一些研究人员提出**深度可分离卷积**（Depthwise Separable Convolution），将空间维度和通道间的信息交互分离成**深度卷积**（Depthwise Convolution，也叫逐通道卷积）和**逐点卷积**（Pointwise Convolution）两部分[515, 516]。除了直接将深度可分离卷积应用到神经机器翻译中[504]，研究人员还提出使用更高效的**轻量卷积**（Lightweight Convolution）和**动态卷积**（Dynamic Convolution）进行不同词之间的特征提取[509]。本节主要介绍这些改进的卷积操作。在后续章节中也会看到这些模型在神经机器翻译中的应用。

11.3.1 深度可分离卷积

根据前面的介绍可以看出，卷积神经网络适用于局部检测和处理位置不变的特征。对于特定的表达，如地点、情绪等，使用卷积神经网络能达到不错的识别效果，因此它常被用在文本分类中[497, 498, 507, 517]。不过，机器翻译所面临的情况更复杂，除了局部句子片段信息，研究人员还希望模型能够捕获句子结构、语义等信息。虽然单层卷积神经网络在文本分类中已经取得了很好的效果[498]，但是神经机器翻译等任务仍然需要有效的卷积神经网络。随着深度可分离卷积在机器翻译中的探索[504]，更高效的网络结构被设计出来，获得了比 ConvS2S 模型更好的性能。

深度可分离卷积由深度卷积和逐点卷积两部分组成[518]。图 11.17 对比了标准卷积、深度卷积和逐点卷积，为了方便显示，图中只画出了部分连接。

给定输入序列表示 $\boldsymbol{x} = \{\boldsymbol{x}_1, \cdots, \boldsymbol{x}_m\}$，其中 m 为序列长度，$\boldsymbol{x}_i \in \mathbb{R}^O$，$O$ 为输入序列的通道数。为了获得与输入序列长度相同的卷积输出结果，需要先进行填充。为了方便描述，这里在输入序列尾部填充 $K - 1$ 个元素（K 为卷积核窗口的长度），其对应的卷积结果为 $\boldsymbol{z} = \{\boldsymbol{z}_1, \cdots, \boldsymbol{z}_m\}$。在标准卷积中，若使用 N 表示卷积核的个数，也就是标准卷积输出序列的通道数，那么对于第 i 个位置的第 n 个通道 $\boldsymbol{z}_{i,n}^{\mathrm{std}}$，其标准卷积具体计算如下：

$$\boldsymbol{z}_{i,n}^{\mathrm{std}} = \sum_{o=1}^{O} \sum_{k=0}^{K-1} \boldsymbol{x}_{i+k,o} \boldsymbol{W}_{k,o,n}^{\mathrm{std}} \tag{11.18}$$

其中，$\boldsymbol{z}^{\mathrm{std}}$ 表示标准卷积的输出，$\boldsymbol{z}_i^{\mathrm{std}} \in \mathbb{R}^N$，$\boldsymbol{W}^{\mathrm{std}} \in \mathbb{R}^{K \times O \times N}$ 为标准卷积的参数。可以看出，标准卷积中每个输出元素需要考虑卷积核尺度内所有词的所有特征，参数量相对较多，对应图 11.17 中的连接数也最多。

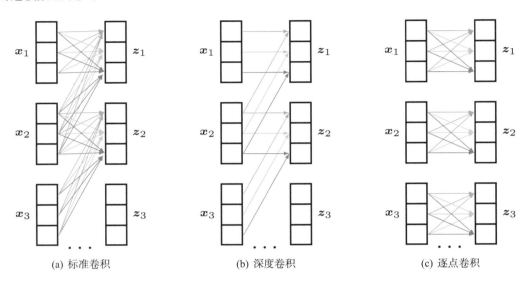

(a) 标准卷积　　　　　　　　(b) 深度卷积　　　　　　　　(c) 逐点卷积

图 11.17　标准卷积、深度卷积和逐点卷积示意图

相应地，深度卷积只考虑不同词之间的依赖性，而不考虑不同通道之间的关系，相当于使用 O 个卷积核逐个通道地对不同的词进行卷积操作。因此，深度卷积不改变输出的表示维度，输出序列表示的通道数与输入序列一致，其计算如下：

$$\boldsymbol{z}_{i,o}^{\mathrm{dw}} = \sum_{k=0}^{K-1} \boldsymbol{x}_{i+k,o} \boldsymbol{W}_{k,o}^{\mathrm{dw}} \tag{11.19}$$

其中，$\boldsymbol{z}^{\mathrm{dw}}$ 表示深度卷积的输出，$\boldsymbol{z}_i^{\mathrm{dw}} \in \mathbb{R}^O$，$\boldsymbol{W}^{\mathrm{dw}} \in \mathbb{R}^{K \times O}$ 为深度卷积的参数，参数量只涉及卷积核大小及输入表示维度。

与深度卷积互为补充的是，逐点卷积只考虑不同通道之间的依赖性，不考虑不同词之间的依赖。换句话说，逐点卷积对每个词表示做了一次线性变换，将输入表示 $\boldsymbol{x}_i$ 从 $\mathbb{R}^O$ 的空间映射到 $\mathbb{R}^N$ 的空间，其具体计算如下：

$$\begin{aligned} \boldsymbol{z}_{i,n}^{\mathrm{pw}} &= \sum_{o=1}^{O} \boldsymbol{x}_{i,o} \boldsymbol{W}_{o,n}^{\mathrm{pw}} \\ &= \boldsymbol{x}_i \boldsymbol{W}^{\mathrm{pw}} \end{aligned} \tag{11.20}$$

其中，z^{pw} 表示逐点卷积的输出，$z_i^{\text{pw}} \in \mathbb{R}^N$，$\boldsymbol{W}^{\text{pw}} \in \mathbb{R}^{O \times N}$ 为逐点卷积的参数。

表 11.1 展示了这几种不同类型卷积的参数量。深度可分离卷积通过将标准卷积进行分解，降低了整体模型的参数量。在相同参数量的情况下，深度可分离卷积可以采用更大的卷积窗口，考虑序列中更大范围的依赖关系。因此，与标准卷积相比，深度可分离卷积具有更强的表示能力，在机器翻译任务中也能获得更好的性能。

表 11.1 不同类型卷积的参数量（K 表示卷积核大小，O 表示输入通道数，N 表示输出通道数）[457]

卷积类型	参数量
标准卷积	$K \times O \times N$
深度卷积	$K \times O$
逐点卷积	$O \times N$
深度可分离卷积	$K \times O + O \times N$

11.3.2 轻量卷积和动态卷积

在深度可分离卷积中，深度卷积的作用是捕捉相邻词之间的依赖关系，这和第 12 章即将介绍的基于自注意力机制的模型类似。基于深度卷积，一些研究人员提出了轻量卷积和动态卷积，用来替换注意力机制，并将其应用于基于自注意力机制的模型中[509]。同时，卷积操作的线性复杂度使得它具有较高的运算效率，相比注意力机制的平方复杂度，卷积操作是一种更加"轻量"的方法。接下来，分别介绍轻量卷积与动态卷积的思想。

1. 轻量卷积

在序列建模的模型中，一个很重要的模块就是对序列中不同位置的信息的提取，如 ConvS2S 模型中的卷积神经网络等。虽然考虑局部上下文的卷积神经网络只在序列这一维度进行操作，具有线性的复杂度，但是由于标准卷积操作中考虑了不同通道的信息交互，整体复杂度依旧较高。一种简化的策略就是采取通道独立的卷积操作，也就是 11.3.1 节介绍的深度卷积。

在神经机器翻译模型中，神经网络不同层的维度通常一致，即 $O = N = d$。因此，深度卷积可以使卷积神经网络的参数量从 Kd^2 降到 Kd（参考表 11.1）。从形式上看，深度卷积和注意力机制很类似，区别在于注意力机制考虑了序列全局上下文信息，权重来自当前位置对其他位置的"注意力"，而深度卷积中仅考虑了局部的上下文信息，权重采用了在不同通道上独立的固定参数。为了进一步降低参数量，轻量卷积共享了部分通道的卷积参数。如图 11.18 所示，深度卷积中 4 种颜色的连接代表了 4 个通道上独立的卷积核，而在轻量卷积中，第 1 和第 3 通道，第 2 和第 4 通道分别采用了共享的卷积核参数。通过共享，可以将参数量压缩到 Ka，其中压缩比例为 d/a（a 为压缩后保留的共享通道数）。

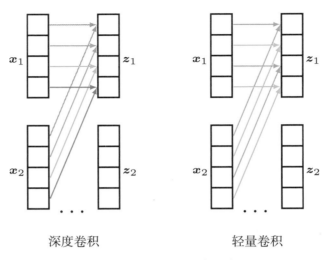

深度卷积   轻量卷积

图 11.18 深度卷积 vs 轻量卷积

此外，与标准卷积不同的是，轻量卷积之前需要先对卷积参数进行归一化，具体计算过程为

$$
z_{i,o}^{\mathrm{lw}} = \sum_{k=0}^{K-1} x_{i+k,o} \mathrm{Softmax}(\boldsymbol{W}^{\mathrm{lw}})_{k,\left[\frac{oa}{d}\right]} \tag{11.21}
$$

其中，z^{lw} 表示轻量卷积的输出，$z_i^{\mathrm{lw}} \in \mathbb{R}^d$，$\boldsymbol{W}^{\mathrm{lw}} \in \mathbb{R}^{K \times a}$ 为轻量卷积的参数。这里，轻量卷积用来捕捉相邻词的特征，通过 Softmax 可以在保证关注到不同词的同时，对输出大小进行限制。

2. 动态卷积

轻量卷积和动态卷积的概念最早在图像领域被提出，大大减少了卷积神经网络模型中的参数和计算量[494, 519, 520]。虽然轻量卷积在存储和速度上具有优势，但其参数量的减少也导致了表示能力的下降，损失了一部分模型性能。为此，研究人员提出了动态卷积，希望在不增加网络深度和宽度的情况下增强模型的表示能力，其思想就是根据输入动态地生成卷积参数[509, 521]。

在轻量卷积中，模型使用的卷积参数是静态的，与序列位置无关，维度大小为 $K \times a$；而在动态卷积中，为了增强模型的表示能力，卷积参数来自当前位置输入的变换，具体计算为

$$
f(\boldsymbol{x}_i) = \sum_{c=1}^{d} \boldsymbol{W}_{:,:,c} \odot \boldsymbol{x}_{i,c} \tag{11.22}
$$

这里采用了最简单的线性变换，其中 $\odot$ 表示矩阵的点乘（详见第 9 章），d 为通道数，$\boldsymbol{x}_i$ 是序列第 i 个位置的表示，c 表示某个通道，$\boldsymbol{W} \in \mathbb{R}^{K \times a \times d}$ 为变换矩阵，$\boldsymbol{W}_{:,:,c}$ 表示其只在 d 这一维进行计算，最后生成的 $f(\boldsymbol{x}_i) \in \mathbb{R}^{K \times a}$ 就是与输入相关的卷积核参数。通过这种方式，模型可以根据

不同位置的表示来确定如何关注其他位置信息的"权重"，更好地提取序列信息。同时，与注意力机制中两两位置确定出来的注意力权重相比，动态卷积线性复杂度的做法具有更高的计算效率。

11.4 小结及拓展阅读

卷积是一种高效的神经网络结构，在图像、语音处理等领域取得了令人瞩目的成绩。本章介绍了卷积的概念及其特性，并对池化、填充等操作进行了讨论。本章介绍了具有高并行计算能力的机器翻译范式，即基于卷积神经网络的编码器-解码器框架。其在机器翻译任务上表现出色，并大幅缩短了模型的训练周期。除了基础部分，本章还针对卷积计算进行了延伸，内容涉及逐通道卷积、逐点卷积、轻量卷积和动态卷积等。除了上述内容，卷积神经网络及其变种在文本分类、命名实体识别、关系分类、事件抽取等其他自然语言处理任务上也有许多应用[102, 498, 522–524]。

与机器翻译任务不同的是，文本分类任务侧重于对序列特征的提取，然后通过压缩后的特征表示做出类别预测。卷积神经网络可以对序列中一些 n-gram 特征进行提取，也可以用在文本分类任务中，其基本结构包括输入层、卷积层、池化层和全连接层。除了本章介绍过的 TextCNN 模型[498]，不少研究工作在此基础上对其进行改进。例如，通过改变输入层引入更多特征[525, 526]，对卷积层[523, 527] 及池化层进行改进[497, 523]。在命名实体识别任务中，同样可以使用卷积神经网络进行特征提取[102, 522]，或者使用更高效的空洞卷积对更长的上下文进行建模[528]。此外，也有一些研究工作尝试使用卷积神经网络提取字符级特征[529–531]。

12. 基于自注意力的模型

循环神经网络和卷积神经网络是两种经典的神经网络结构，在机器翻译中进行应用也是较为自然的想法。但是，这些模型在处理文字序列时也有问题：它们对序列中不同位置之间的依赖关系的建模并不直接。以卷积神经网络为例，如果要对长距离依赖进行描述，需要多层卷积操作，而且不同层之间的信息传递也可能有损失，这些都限制了模型的能力。

为了更好地描述文字序列，研究人员提出了一种新的模型 Transformer。Transformer 并不依赖任何循环单元或者卷积单元，而是使用一种被称作自注意力网络的结构对序列进行表示。自注意力机制可以非常高效地描述任意距离之间的依赖关系，因此非常适合处理语言文字序列。Transformer 一经提出就受到广泛关注，现在已经成了机器翻译中最先进的架构之一。本章将对 Transformer 的基本结构和实现技术进行介绍。这部分知识也会在本书的前沿部分（第 13 章～第 18 章）大量使用。

12.1 自注意力机制

回顾循环神经网络处理文字序列的过程。如图 12.1 所示，对于单词序列 $\{w_1, \cdots, w_m\}$，处理第 m 个单词 w_m 时（绿色方框部分），需要输入前一时刻的信息（即处理单词 w_{m-1}），而 w_{m-1} 又依赖于 w_{m-2}，依此类推。也就是说，如果想建立 w_m 和 w_1 之间的关系，需要 $m-1$ 次信息传递。对于长序列来说，单词之间信息传递距离过长会导致信息在传递过程中丢失。同时，这种按顺序建模的方式也使得系统对序列的处理十分缓慢。

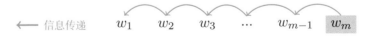

$$\longleftarrow \text{信息传递} \quad w_1 \quad w_2 \quad w_3 \quad \cdots \quad w_{m-1} \quad \boxed{w_m}$$

图 12.1　循环神经网络中单词之间的依赖关系

那么，能否摆脱这种顺序传递信息的方式，直接对不同位置单词之间的关系进行建模，即将信息传递的距离拉近为 1 呢？自注意力机制的提出有效地解决了这个问题[532]。图 12.2 给出了自注意力机制对序列进行建模的示例。对于单词 w_m，自注意力机制直接建立它与前 $m-1$ 个单词之间的关系。也就是说，w_m 与序列中所有其他单词的距离都是 1。这种方式很好地解决了长距离依赖问题。同时，由于单词之间的联系都是相互独立的，大大提高了模型的并行度。

图 12.2　自注意力机制中单词之间的依赖关系

自注意力机制也可以被看作一个序列表示模型。例如，对于每个目标位置 j，都生成一个与之对应的源语言句子表示，它的形式如下：

$$C_j = \sum_i \alpha_{i,j} \boldsymbol{h}_i \tag{12.1}$$

其中，$\boldsymbol{h}_i$ 为源语言句子每个位置的表示结果，$\alpha_{i,j}$ 是目标位置 j 对 $\boldsymbol{h}_i$ 的注意力权重。以源语言句子为例，自注意力机制将序列中每个位置的表示 $\boldsymbol{h}_i$ 看作 query（查询），并将所有位置的表示看作 key（键）和 value（值）。自注意力模型通过计算当前位置与所有位置的匹配程度，也就是注意力机制中提到的注意力权重，对各个位置的 value 进行加权求和。得到的结果可以被看作在这个句子中当前位置的抽象表示。这个过程可以叠加多次，形成多层注意力模型，对输入序列中各个位置进行更深层的表示。

举个例子，如图 12.3 所示，一个汉语句子包含 5 个词。这里，用 $h(\text{他})$ 表示"他"当前的表示结果，其中 $h(\cdot)$ 是一个函数，用于返回输入单词所在位置对应的表示结果（向量）。如果把"他"看作目标，这时 query 就是 $h(\text{他})$，key 和 value 是图中所有位置的表示，即 $h(\text{他})$、$h(\text{什么})$、$h(\text{也})$、$h(\text{没})$、$h(\text{学})$。在自注意力模型中，先计算 query 和 key 的相关度，这里用 α_i 表示 $h(\text{他})$ 和位置 i 的表示之间的相关性。然后，把 α_i 作为权重，对不同位置上的 value 进行加权求和。最终，得到新的表示结果 $\tilde{h}(\text{他})$，其具体计算如下：

$$\tilde{h}(\text{他}) = \alpha_1 h(\text{他}) + \alpha_2 h(\text{什么}) + \alpha_3 h(\text{也}) + $$
$$\alpha_4 h(\text{没}) + \alpha_5 h(\text{学}) \tag{12.2}$$

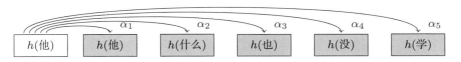

图 12.3　自注意力机制的计算实例

同理，也可以用同样的方法处理这个句子中的其他单词。可以看出，在自注意力机制中，并不是使用类似于循环神经网络的记忆能力去访问历史信息。序列中所有单词之间的信息都是通过同一种操作（query 和 key 的相关度）进行处理的。这样，表示结果 $\tilde{h}(\text{他})$ 在包含"他"这个单词的信息的同时，也包含了序列中其他词的信息。也就是说，在序列中，每一个位置的表示结果都包含了其他位置的信息。从这个角度看，$\tilde{h}$(他) 已经不再是单词"他"自身的表示结果，而是一种在单词"他"的位置上的全局信息的表示。

通常，也把生成 $\tilde{h}(w_i)$ 的过程看作特征提取，而实现这个过程的模型被称为特征提取器。循环神经网络、卷积神经网络和自注意力模型都是典型的特征提取器。特征提取是神经机器翻译系统的关键步骤，在随后的内容中可以看到，自注意力模型是一个非常适合机器翻译任务的特征提取器。

12.2 Transformer 模型

下面对 Transformer 模型的由来及总体架构进行介绍。

12.2.1 Transformer 的优势

先回顾第 10 章介绍的循环神经网络。虽然它很强大，但也存在一些弊端，其中比较突出的问题是，循环神经网络的每个循环单元都有向前依赖性，也就是当前时间步的处理依赖前一时间步处理的结果。这个性质虽然可以使序列的"历史"信息被不断传递，但也造成了模型运行效率的下降。特别是对于自然语言处理任务，序列往往较长，无论是传统的 RNN 结构，还是更为复杂的 LSTM 结构，都需要很多次循环单元的处理才能捕捉到单词之间的长距离依赖。由于需要多个循环单元的处理，距离较远的两个单词之间的信息传递变得很复杂。

针对这些问题，研究人员提出了一种全新的模型——Transformer[23]。与循环神经网络等传统模型不同，Transformer 模型仅仅使用自注意力机制和标准的前馈神经网络，完全不依赖任何循环单元或者卷积操作。自注意力机制的优点在于可以直接对序列中任意两个单元之间的关系进行建模，这使得长距离依赖等问题可以更好地被求解。此外，自注意力机制非常适合在 GPU 上进行并行化，因此模型训练的速度更快。表 12.1 对比了 RNN、CNN 和 Transformer 的层类型复杂度①。

表 12.1　RNN、CNN 和 Transformer 的层类型复杂度对比[23]

模型	层类型	复杂度	最小顺序操作数	最大路径长度
RNN	循环单元	$O(n \cdot d^2)$	$O(n)$	$O(n)$
CNN	空洞卷积	$O(k \cdot n \cdot d^2)$	$O(1)$	$O(\log_k(n))$
Transformer	自注意力	$O(n^2 \cdot d)$	$O(1)$	$O(1)$

注：n 表示序列长度，d 表示隐藏层大小，k 表示卷积核大小

Transformer 被提出之后，席卷了整个自然语言处理领域。也可以将 Transformer 当作一种表示模型，因此它也被大量地使用在自然语言处理的其他领域，甚至在图像处理[533] 和语音处理[534, 535]

---

① 顺序操作数指模型处理一个序列需要的操作数。Transformer 和 CNN 都可以进行并行计算，所以顺序操作数是 1。路径长度指序列中任意两个单词在网络中的距离。

中也能看到它的影子。例如，目前非常流行的 BERT 等预训练模型就是基于 Transformer 的。表 12.2
展示了 Transformer 在 WMT 英德和英法机器翻译任务上的性能。它能用更少的计算量（FLOPs）
达到比其他模型更好的翻译品质[①]。

表 12.2　不同翻译模型性能的对比[23]

系统	BLEU[%]		模型训练代价（FLOPs）
	英德	英法	
GNMT+RL	24.6	39.92	1.4×10^{20}
ConvS2S	25.16	40.46	1.5×10^{20}
MoE	26.03	40.56	1.2×10^{20}
Transformer（Base Model）	27.3	38.1	3.3×10^{18}
Transformer（Big Model）	**28.4**	**41.8**	2.3×10^{19}

注意，Transformer 并不简单地等同于自注意力机制。Transformer 模型还包含了很多优秀的技
术，如多头注意力、新的训练学习率调整策略等。这些因素一起组成了真正的 Transformer。下面
就一起看看自注意力机制和 Transformer 是如何工作的。

12.2.2 总体结构

图 12.4 展示了 Transformer 的结构。编码器由若干层组成（绿色虚线框代表一层）。每一层
（Layer）的输入都是一个向量序列，输出是同样大小的向量序列，而 Transformer 层的作用是对输
入进行进一步的抽象，得到新的表示结果。这里的层并不是指单一的神经网络结构，它由若干个
不同的模块组成，包括：

- **自注意力子层**（Self-Attention Sub-layer）：使用自注意力机制对输入的序列进行新的表示。
- **前馈神经网络子层**（Feed-Forward Sub-layer）：使用全连接的前馈神经网络对输入向量序列进
  行进一步变换。
- **残差连接**（标记为"Add"）：对于自注意力子层和前馈神经网络子层，都有一个从输入直接到
  输出的额外连接，也就是一个跨子层的直连。残差连接可以使深层网络的信息传递更有效。
- **层标准化**（Layer Normalization）：在自注意力子层和前馈神经网络子层进行最终输出之前，
  会对输出的向量进行层标准化，规范结果向量的取值范围，易于后面的处理。

以上操作就构成了 Transformer 的一层，各个模块执行的顺序可以简单地描述为：Self-Attention
→ Residual Connection → Layer Normalization → Feed Forward Network → Residual Connection →
Layer Normalization。编码器中可以包含多个这样的层，如可以构建一个 6 层编码器，每层都执行
上面的操作。最上层的结果作为整个编码的结果，会被传入解码器。

[①] FLOPs = Floating Point Operations，即浮点运算数。它是度量算法/模型复杂度的常用单位。

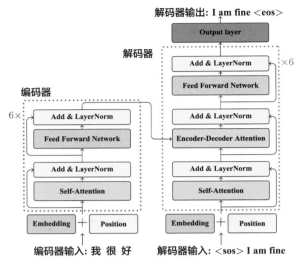

图 12.4　Transformer 的结构

　　解码器的结构与编码器十分类似。它也是由若干层组成的，每一层包含编码器中的所有结构，即自注意力子层、前馈神经网络子层、残差连接和层标准化模块。此外，为了捕捉源语言的信息，解码器引入了一个额外的**编码-解码注意力子层**（Encoder-Decoder Attention Sub-layer）。这个新的子层，可以帮助模型使用源语言句子的表示信息生成目标语言不同位置的表示。编码-解码注意力子层仍然基于自注意力机制，因此它和自注意力子层的结构是相同的，只是 query、key、value 的定义不同。例如，在解码器端，自注意力子层的 query、key、value 是相同的，它们都等于解码器每个位置的表示；而在编码-解码注意力子层中，query 是解码器每个位置的表示，此时 key 和 value 是相同的，等于编码器每个位置的表示。图 12.5 给出了这两种不同注意力子层输入的区别。

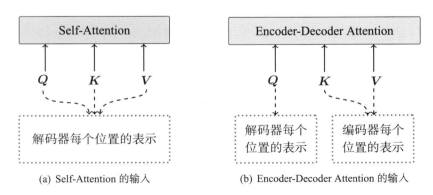

图 12.5　注意力模型的输入（自注意力子层 vs 编码-解码注意力子层）

此外，编码器和解码器都有输入的词序列。编码器的词序列输入是为了对其进行表示，进而能从编码器访问到源语言句子的全部信息。解码器的词序列输入是为了进行目标语言的生成，本质上它和语言模型是一样的，在得到前 $n-1$ 个单词的情况下输出第 n 个单词。除了输入词序列的词嵌入，Transformer 中也引入了位置嵌入，以表示每个位置信息。原因是，自注意力机制没有显性地对位置进行表示，因此无法考虑词序。在输入中引入位置信息可以让自注意力机制间接地感受到每个词的位置，进而保证对序列表示的合理性。最终，整个模型的输出由一个 Softmax 层完成，它和循环神经网络中的输出层是完全一样的。

在进行更详细的介绍前，先通过图 12.4 简单了解 Transformer 模型是如何进行翻译的。首先，Transformer 将源语言句子"我/很/好"的词嵌入融合位置编码后作为输入。然后，编码器对输入的源语言句子进行逐层抽象，得到包含丰富的上下文信息的源语言表示并传递给解码器。解码器的每一层，使用自注意力子层对输入解码器的表示进行加工，再使用编码-解码注意力子层融合源语言句子的表示信息。就这样逐词生成目标语言译文单词序列。解码器每个位置的输入是当前单词（如"I"），而输出是下一个单词（如"am"），这个设计和标准的神经语言模型是完全一样的。

当然，读者可能还有很多疑惑，如什么是位置编码？Transformer 的自注意力机制具体是怎么计算的，其结构是怎样的？层标准化又是什么？等等。下面就一一展开介绍。

12.3 位置编码

在使用循环神经网络对序列的信息进行提取时，每个时刻的运算都要依赖前一个时刻的输出，具有一定的时序性，这也与语言具有顺序的特点契合。而采用自注意力机制对源语言和目标语言序列进行处理时，直接对当前位置和序列中的任意位置进行建模，忽略了词之间的顺序关系，例如，图 12.6 中两个语义不同的句子，通过自注意力得到的表示 $\tilde{h}$(机票) 是相同的。

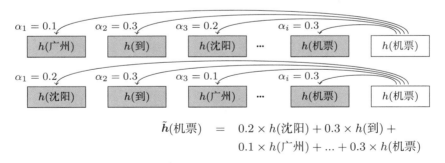

$$\tilde{h}(\text{机票}) = 0.2 \times h(\text{沈阳}) + 0.3 \times h(\text{到}) + \\ 0.1 \times h(\text{广州}) + \dots + 0.3 \times h(\text{机票})$$

图12.6　"机票"的更进一步抽象表示 $\tilde{h}$ 的计算

为了解决这个问题，Transformer 在原有的词向量输入基础上引入了位置编码，表示单词之间的顺序关系。位置编码在 Transformer 结构中的位置如图 12.7 所示，它是 Transformer 成功的一个重要因素。

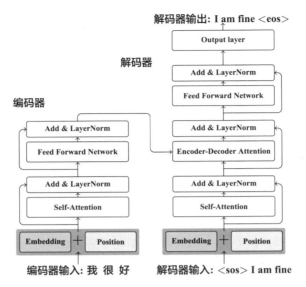

图 12.7　位置编码在 Transformer 结构中的位置

位置编码的计算方式有很多种，Transformer 使用不同频率的正余弦函数，如式 (12.3) 和式 (12.4) 所示：

$$\mathrm{PE}(\mathrm{pos}, 2i) = \sin\left(\frac{\mathrm{pos}}{10000^{2i/d_{\mathrm{model}}}}\right) \tag{12.3}$$

$$\mathrm{PE}(\mathrm{pos}, 2i+1) = \cos\left(\frac{\mathrm{pos}}{10000^{2i/d_{\mathrm{model}}}}\right) \tag{12.4}$$

式中，$\mathrm{PE}(\cdot)$ 表示位置编码的函数，pos 表示单词的位置，i 代表位置编码向量中的第几维，d_{model} 是 Transformer 的一个基础参数，表示每个位置的隐层大小。正余弦函数的编码各占一半，因此当位置编码的维度为 512 时，i 的范围是 0 ~ 255。在 Transformer 中，位置编码的维度和词嵌入向量的维度相同（均为 d_{model}），模型将二者相加作为模型输入，如图 12.8 所示。

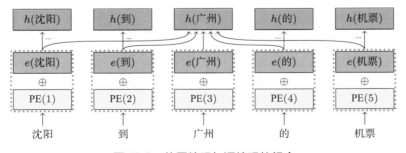

图 12.8　位置编码与词编码的组合

为什么通过这种计算方式可以很好地表示位置信息呢？有几方面原因。首先，正余弦函数是具有上下界的周期函数，用正余弦函数可将长度不同的序列的位置编码的范围固定到 $[-1, 1]$，这样在与词的编码相加时，不至于产生太大差距。另外，位置编码的不同维度对应不同的正余弦曲线，这为多维的表示空间赋予了一定意义。最后，根据三角函数的性质，如式 (12.5) 和式 (12.6)：

$$\sin(\alpha + \beta) = \sin\alpha \cdot \cos\beta + \cos\alpha \cdot \sin\beta \tag{12.5}$$

$$\cos(\alpha + \beta) = \cos\alpha \cdot \cos\beta - \sin\alpha \cdot \sin\beta \tag{12.6}$$

可以得到第 pos+k 个位置的编码，如式 (12.7) 和式 (12.8)：

$$PE(pos + k, 2i) = PE(pos, 2i) \cdot PE(k, 2i + 1) +$$
$$PE(pos, 2i + 1) \cdot PE(k, 2i) \tag{12.7}$$

$$PE(pos + k, 2i + 1) = PE(pos, 2i + 1) \cdot PE(k, 2i + 1) -$$
$$PE(pos, 2i) \cdot PE(k, 2i) \tag{12.8}$$

即对于任意固定的偏移量 k，$PE(pos + k)$ 能被表示成 $PE(pos)$ 的线性函数。换句话说，位置编码可以表示词之间的距离。在实践中发现，位置编码对 Transformer 系统的性能有很大影响，对其进行改进也会对性能有进一步提升[462]。

12.4 基于点乘的多头注意力机制

Transformer 模型摒弃了循环单元和卷积等结构，完全基于注意力机制构造模型，其中包含着大量的注意力计算。例如，可以通过自注意力机制对源语言和目标语言序列进行信息提取，并通过编码-解码注意力对双语句对之间的关系进行建模。图 12.9 中红色方框部分是 Transformer 中使用注意力机制的模块，而这些模块都是由基于点乘的多头注意力机制实现的。

12.4.1 点乘注意力机制

12.1 节中已经介绍，自注意力机制中至关重要的是获取相关性系数，也就是在融合不同位置的表示向量时各位置的权重。Transformer 模型采用了一种基于点乘的方法计算相关性系数。这种方法也称为**缩放的点乘注意力**（Scaled Dot-product Attention）机制。它的运算并行度高，同时并不消耗太多的存储空间。

在注意力机制的计算过程中，包含 3 个重要的参数，分别是 query、key 和 value。在下面的描述中，分别用 Q, K, V 对它们进行表示，其中 Q 和 K 的维度为 $L \times d_{k}$，V 的维度为 $L \times d_{v}$。这里，L 为序列的长度，d_{k} 和 d_{v} 分别表示每个 key 和 value 的大小，通常设置为 $d_{k} = d_{v} = d_{model}$。

在自注意力机制中，Q, K, V 都是相同的，对应着源语言或目标语言序列的表示。而在编码-解码注意力机制中，要对双语之间的信息进行建模，因此将目标语言每个位置的表示视为编码-解

码注意力机制的 $\boldsymbol{Q}$, 源语言句子的表示视为 $\boldsymbol{K}$ 和 $\boldsymbol{V}$。

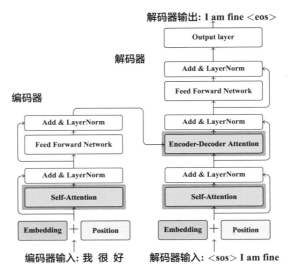

图 12.9 自注意力机制在模型中的位置

在得到 $\boldsymbol{Q}, \boldsymbol{K}$ 和 $\boldsymbol{V}$ 后, 便可以进行注意力的运算, 这个过程可以被形式化为

$$\text{Attention}(\boldsymbol{Q}, \boldsymbol{K}, \boldsymbol{V}) = \text{Softmax}\left(\frac{\boldsymbol{Q}\boldsymbol{K}^{\text{T}}}{\sqrt{d_{\text{k}}}} + \textbf{Mask}\right)\boldsymbol{V} \tag{12.9}$$

首先, 通过对 $\boldsymbol{Q}$ 和 $\boldsymbol{K}$ 的转置进行矩阵乘法操作, 得到一个维度大小为 $L \times L$ 的相关性矩阵, 即 $\boldsymbol{Q}\boldsymbol{K}^{\text{T}}$, 它表示一个序列上任意两个位置的相关性。再通过系数 $1/\sqrt{d_{\text{k}}}$ 进行放缩操作, 放缩可以减少相关性矩阵的方差, 具体体现在运算过程中, 实数矩阵中的数值不会过大, 有利于模型训练。

在此基础上, 通过对相关性矩阵累加一个掩码矩阵 **Mask** 来屏蔽矩阵中的无用信息。例如, 在编码器端, 如果需要同时处理多个句子, 由于这些句子长度不统一, 需要对句子进行补齐。再例如, 在解码器端, 训练的时候需要屏蔽当前目标语言位置右侧的单词, 因此这些单词在推断的时候是看不到的。

随后, 使用 Softmax 函数对相关性矩阵在行的维度上进行归一化操作, 这可以理解为对第 i 行进行归一化, 结果对应了 $\boldsymbol{V}$ 中不同位置上向量的注意力权重。对于 value 的加权求和, 可以直接用相关性系数和 $\boldsymbol{V}$ 进行矩阵乘法得到, 即用 $\text{Softmax}(\frac{\boldsymbol{Q}\boldsymbol{K}^{\text{T}}}{\sqrt{d_{\text{k}}}} + \textbf{Mask})$ 和 $\boldsymbol{V}$ 进行矩阵乘。最终, 得到自注意力的输出, 它和输入的 $\boldsymbol{V}$ 的大小一模一样。图 12.10 展示了点乘注意力的计算过程。

下面举个简单的例子介绍点乘注意力的具体计算过程。如图 12.11 所示, 用黄色、蓝色和橙色的矩阵分别表示 $\boldsymbol{Q}, \boldsymbol{K}$ 和 $\boldsymbol{V}$。$\boldsymbol{Q}, \boldsymbol{K}$ 和 $\boldsymbol{V}$ 中的每一个小格都对应一个单词在模型中的表示 (即一个向量)。首先, 通过点乘、放缩、掩码等操作得到相关性矩阵, 即粉色部分; 其次, 对得到的中间结果矩阵（粉色）的每一行用 Softmax 激活函数进行归一化操作，得到最终的权重矩阵，也就是图中的红色矩阵。红色矩阵中的每一行都对应一个注意力分布；最后，按行对 V 进行加权求和，得到每个单词通过点乘注意力计算得到的表示。这里，主要的计算消耗是两次矩阵乘法，即 Q 与 K^T 的乘法、相关性矩阵和 V 的乘法。这两个操作都可以在 GPU 上高效地完成，因此可以一次性地计算出序列中所有单词之间的注意力权重，并完成所有位置表示的加权求和过程，大大提高了模型计算的并行度。

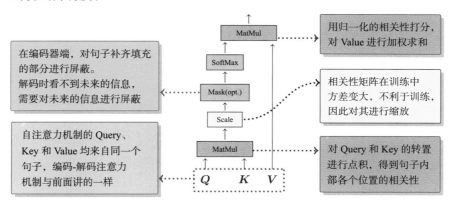

图 12.10　点乘注意力的计算过程

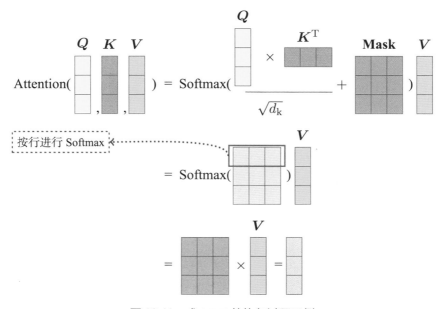

图 12.11　式 (12.9) 的执行过程示例

12.4.2 多头注意力机制

Transformer 中使用的另一项重要技术是**多头注意力机制**（Multi-head Attention）。"多头"可以理解成将原来的 Q, K, V 按照隐层维度平均切分成多份。假设切分 h 份，那么最终会得到 $Q = \{Q_1, \cdots, Q_h\}, K = \{K_1, \cdots, K_h\}, V = \{V_1, \cdots, V_h\}$。多头注意力就是用每一个切分得到的 Q, K, V 独立地进行注意力计算，即第 i 个头的注意力计算结果 $\mathbf{head}_i = \text{Attention}(Q_i, K_i, V_i)$。

图 12.12 所示为多头注意力机制的计算过程。

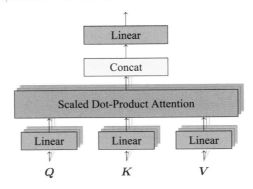

图 12.12　多头注意力机制的计算过程

首先，将 Q, K, V 分别通过线性（Linear）变换的方式映射为 h 个子集，即 $Q_i = QW_i^{\text{Q}}, K_i = KW_i^{\text{K}}, V_i = VW_i^{\text{V}}$，其中 i 表示第 i 个头，$W_i^{\text{Q}} \in \mathbb{R}^{d_{\text{model}} \times d_{\text{k}}}, W_i^{\text{K}} \in \mathbb{R}^{d_{\text{model}} \times d_{\text{k}}}, W_i^{\text{V}} \in \mathbb{R}^{d_{\text{model}} \times d_{\text{v}}}$ 是参数矩阵；$d_{\text{k}} = d_{\text{v}} = d_{\text{model}}/h$，对于不同的头采用不同的变换矩阵，这里 d_{model} 表示每个隐层向量的维度。

其次，对每个头分别执行点乘注意力操作，并得到每个头的注意力操作的输出 $\mathbf{head}_i$。

最后，将 h 个头的注意力输出在最后一维 d_{v} 中进行拼接（Concat），重新得到维度为 hd_{v} 的输出，并通过对其右乘一个权重矩阵 W^{o} 进行线性变换，从而对多头计算得到的信息进行融合，且将多头注意力输出的维度映射为模型的隐藏层大小（即 d_{model}），这里参数矩阵 $W^{\text{o}} \in \mathbb{R}^{hd_{\text{v}} \times d_{\text{model}}}$。

多头注意力机制可以被形式化地描述为式 (12.10) 和式 (12.11)：

$$\text{MultiHead}(Q, K, V) = \text{Concat}(\mathbf{head}_1, \cdots, \mathbf{head}_h)W^{\text{o}} \tag{12.10}$$

$$\mathbf{head}_i = \text{Attention}(QW_i^{\text{Q}}, KW_i^{\text{K}}, VW_i^{\text{V}}) \tag{12.11}$$

多头注意力机制的好处是允许模型在不同的表示子空间里学习。在很多实验中发现，不同表示空间的头捕获的信息是不同的，例如，在使用 Transformer 处理自然语言时，有的头可以捕捉句法信息，有的头可以捕捉词法信息。

12.4.3 掩码操作

在式 (12.9) 中提到了**掩码**（Mask），它的目的是对向量中的某些值进行掩盖，避免无关位置的数值对运算造成影响。Transformer 中的掩码主要应用在注意力机制中的相关性系数计算，具体方式是在相关性系数矩阵上累加一个掩码矩阵。该矩阵在需要掩码的位置的值为负无穷 $-inf$（具体实现时是一个非常小的数，如 $-1e9$），其余位置为 0，这样在进行了 Softmax 归一化操作之后，被掩码的位置计算得到的权重便近似为 0。也就是说，对无用信息分配的权重为 0，从而避免了其对结果产生影响。Transformer 包含两种掩码：

- **句长补全掩码**（Padding Mask）。在批量处理多个样本时（训练或解码），由于要对源语言和目标语言的输入进行批次化处理，而每个批次内序列的长度不一样，为了方便对批次内序列进行矩阵表示，需要进行对齐操作，即在较短的序列后面填充 0 来占位（padding 操作）。这些填充 0 的位置没有实际意义，不参与注意力机制的计算，因此需要进行掩码操作，屏蔽其影响。

- **未来信息掩码**（Future Mask）。对解码器来说，由于在预测时是自左向右进行的，即第 t 时刻解码器的输出只能依赖 t 时刻之前的输出，且为了保证训练解码一致，避免在训练过程中观测到目标语言端每个位置未来的信息，因此需要对未来信息进行屏蔽。具体做法是：构造一个上三角值全为-inf 的 Mask 矩阵，即在解码器计算中，在当前位置，通过未来信息掩码把序列之后的信息屏蔽，避免 t 时刻之后的位置对当前的计算产生影响。图 12.13 给出了 Transformer 模型对未来位置进行屏蔽的掩码实例。

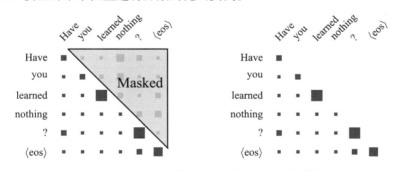

图 12.13　Transformer 模型对未来位置进行屏蔽的掩码实例

12.5 残差网络和层标准化

Transformer 编码器、解码器分别由多层网络组成（通常为 6 层），每层网络又包含多个子层（自注意力网络、前馈神经网络）。因此，Transformer 实际上是一个很深的网络结构。再加上点乘注意力机制中包含很多线性和非线性变换，且注意力函数 Attention(·) 的计算也涉及多层网络，整个网络的信息传递非常复杂。从反向传播的角度看，每次回传的梯度都会经过若干步骤，容易产生梯度爆炸或者消失。解决这个问题的一种办法就是使用残差连接[423]，此部分内容在第 9 章介绍过，这里不再赘述。

在 Transformer 模型的训练过程中，引入了残差操作，因此将前面所有层的输出加到一起，如下：

$$x^{l+1} = F(x^l) + x^l \tag{12.12}$$

其中，x^l 表示第 l 层网络的输入向量，$F(x^l)$ 是子层运算，这样会导致不同层（或子层）的结果之间的差异性很大，造成训练过程不稳定、训练时间较长。为了避免这种情况，在每层中加入了层标准化操作[422]。图 12.14 中的红色框展示了 Transformer 模型中残差和层标准化的位置。层标准化的计算如下：

$$\mathrm{LN}(x) = g \cdot \frac{x - \mu}{\sigma} + b \tag{12.13}$$

式 (12.13) 使用均值 μ 和方差 σ 对样本进行平移缩放，将数据规范化为均值为 0，方差为 1 的标准分布。g 和 b 是可学习的参数。

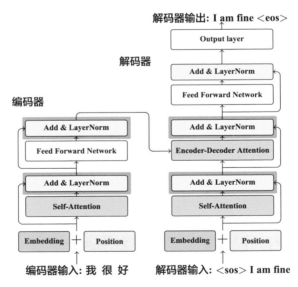

图 12.14　残差和层标准化在 Transformer 模型中的位置

在 Transformer 模型中，经常使用的层标准化操作有两种结构，分别是**后标准化**（Post-norm）和**前标准化**（Pre-norm），结构如图 12.15 所示。在后标准化中，先进行残差连接再进行层标准化，而前标准化则是在子层输入之前进行层标准化操作。在很多实践中已经发现，前标准化的方式更有利于信息传递，因此适合训练深层的 Transformer 模型[463]。

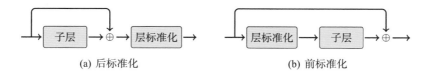

(a) 后标准化   (b) 前标准化

图 12.15   不同的标准化方式

12.6 前馈全连接网络子层

在 Transformer 模型的结构中，每一个编码层或者解码层中都包含一个前馈神经网络，它在模型中的位置如图 12.16 中红色框所示。

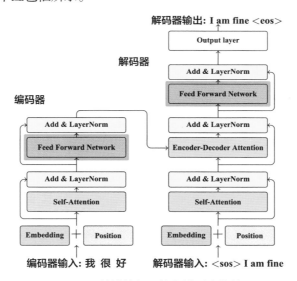

图 12.16   前馈神经网络在模型中的位置

Transformer 模型使用了全连接网络。全连接网络的作用主要体现在将注意力计算后的表示映射到新的空间中，新的空间会有利于接下来的非线性变换等操作。实验证明，去掉全连接网络会对模型的性能造成很大影响。Transformer 模型的全连接前馈神经网络包含两次线性变换和一次非线性变换（ReLU 激活函数：$\text{ReLU}(\boldsymbol{x}) = \max(0, \boldsymbol{x})$），每层的前馈神经网络参数不共享，具体计算如下：

$$\text{FFN}(\boldsymbol{x}) = \max(0, \boldsymbol{x}\boldsymbol{W}_1 + \boldsymbol{b}_1)\boldsymbol{W}_2 + \boldsymbol{b}_2 \tag{12.14}$$

其中，$\boldsymbol{W}_1, \boldsymbol{W}_2, \boldsymbol{b}_1$ 和 $\boldsymbol{b}_2$ 为模型的参数。通常，前馈神经网络的隐藏层维度要比注意力部分的隐藏

层维度大，而且研究人员发现，这种设置对 Transformer 模型至关重要。例如，注意力部分的隐藏层维度为 512，前馈神经网络部分的隐藏层维度为 2048。当然，继续增大前馈神经网络的隐藏层大小，例如设为 4096，甚至 8192，还可以带来性能的增益，但是前馈部分的存储消耗较大，需要更大规模 GPU 设备的支持。因此在具体实现时，往往需要在翻译准确性和存储/速度之间找平衡。

12.7 训练

与前面介绍的神经机器翻译模型的训练一样，Transformer 模型的训练流程为：先对模型进行初始化，然后在编码器中输入包含结束符的源语言单词序列。前面已经介绍过，解码器每个位置单词的预测都要依赖已经生成的序列。在解码器输入包含起始符号的目标语言序列，通过起始符号预测目标语言的第一个单词，用真实的目标语言的第一个单词预测第二个单词，依此类推，然后用真实的目标语言序列和预测的结果比较，计算它的损失。Transformer 模型使用了交叉熵损失函数，损失越小，说明模型的预测越接近真实输出。然后，利用反向传播来调整模型中的参数。Transformer 模型将任意时刻输入的信息之间的距离拉近为 1，摒弃了 RNN 中每一个时刻的计算都要基于前一时刻的计算这种具有时序性的训练方式，因此 Transformer 模型中训练的不同位置可以并行化训练，大大提高了训练效率。

需要注意的是，Transformer 模型也包含很多工程方面的技巧。首先，在训练优化器方面，需要注意以下几点：

- Transformer 模型使用 Adam 优化器优化参数，并设置 $\beta_1 = 0.9$，$\beta_2 = 0.98$，$\epsilon = 10^{-9}$。
- Transformer 模型在学习率中同样应用了学习率**预热**（Warmup）策略，其计算公式为

$$\text{lrate} = d_{\text{model}}^{-0.5} \cdot \min(\text{step}^{-0.5}, \text{step} \cdot \text{warmup\_steps}^{-1.5}) \tag{12.15}$$

其中，step 表示更新的次数（或步数）。通常设置网络更新的前 4000 步为预热阶段，即 warmup_steps = 4000。Transformer 模型的学习率曲线如图 12.17 所示。在训练初期，学习率从一个较小的初始值逐渐增大（线性增长），当到达一定的步数，学习率再逐渐减小。这样做可以减缓训练初期的不稳定现象，同时在模型达到相对稳定之后，通过逐渐减小的学习率，让模型进行更细致的调整。这种学习率的调整方法是 Transformer 模型的一大工程贡献。

另外，为了提高模型训练的效率和性能，Transformer 模型进行了以下几方面的操作：

- **小批量训练**（Mini-batch Training）：每次使用一定数量的样本进行训练，即每次从样本中选择一小部分数据进行训练。这种方法的收敛速度较快，易于提高设备的利用率。批次大小通常设置为 2048 或 4096（token 数即每个批次中的单词个数）。每一个批次中的句子并不是随机选择的，模型通常会根据句子长度进行排序，选取长度相近的句子组成一个批次。这样做可以减少 padding 数量，提高训练效率，如图 12.18 所示。

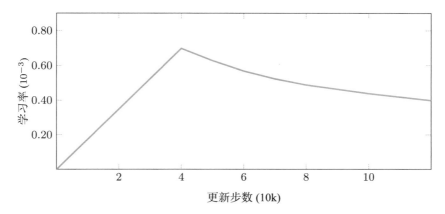

图 12.17　Transformer 模型的学习率曲线

图 12.18　不同批次生成方法对比（白色部分为 padding）

- **丢弃法**（Dropout）[514]：由于 Transformer 模型的网络结构较复杂，会导致过度拟合训练数据，从而对未见数据的预测结果变差。这种现象也被称作过拟合。为了避免这种现象，Transformer 模型加入了 Dropout 操作。Transformer 模型中有 4 个地方用到了 Dropout：词嵌入和位置编码、残差连接、注意力操作和前馈神经网络。Dropout 的比例通常设置为 0.1。

- **标签平滑**（Label Smoothing）[536]：在计算损失的过程中，需要用预测概率拟合真实概率。在分类任务中，往往使用 One-hot 向量代表真实概率，即真实答案所在位置那一维对应的概率为 1，其余维为 0，而拟合这种概率分布会造成两个问题：

  第 1 个问题，无法保证模型的泛化能力，容易造成过拟合。

  第 2 个问题，1 和 0 概率鼓励所属类别和其他类别之间的差距尽可能加大，会造成模型过于相信预测的类别。因此，Transformer 模型引入标签平滑来缓解这种现象，简单地说，就是给正确答案以外的类别分配一定的概率，而不是采用非 0 即 1 的概率。这样，可以学习一个比较平滑的概率分布，从而提升模型的泛化能力。

不同的 Transformer 模型可以适应不同的任务，常见的 Transformer 模型有 Transformer Base、Transformer Big 和 Transformer Deep[23, 463]，具体设置如下：

- Transformer Base：标准的 Transformer 结构，解码器编码器均包含 6 层，隐藏层的维度为 512，前馈神经网络的维度为 2048，多头注意力机制为 8 头，Dropout 设为 0.1。

- Transformer Big：为了提升网络的容量，使用更宽的网络。在 Base 的基础上增大隐藏层维度至 1024，前馈神经网络的维度变为 4096，多头注意力机制为 16 头，Dropout 设为 0.3。

- Transformer Deep：加深编码器的网络层数可以进一步提升网络的性能，它的参数设置与 Transformer Base 基本一致，但是层数增加到 48 层，同时使用 Pre-Norm 作为层标准化的结构。

这些 Transformer 模型在 WMT16 数据上的实验对比如表 12.3 所示。可以看出，Transformer Base 的 BLEU 得分虽不如另外两种模型，但其参数量是最少的，而 Transformer Deep 的性能整体上强于 Transformer Big。

表 12.3　3 种 Transformer 模型的对比

模型	BLEU[%]		模型参数量
	英德	英法	
Transformer Base（6 层）	27.3	38.1	65×10^6
Transformer Big（6 层）	28.4	41.8	213×10^6
Transformer Deep（48 层）	30.2	43.1	194×10^6

12.8 推断

Transformer 模型解码器生成译文词序列的过程和其他神经机器翻译系统类似，都是从左往右生成，且下一个单词的预测依赖已经生成的单词，其具体推断过程如图 12.19 所示，其中，C_i 是编码-解码注意力的结果，解码器先根据 "<sos>" 和 C_1 生成第一个单词 "how"，然后根据 "how" 和 C_2 生成第二个单词 "are"，依此类推，当解码器生成 "<eos>" 时结束推断。

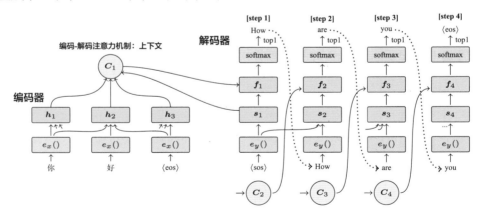

图 12.19　Transformer 模型的推断过程示例

但是，Transformer 模型在推断阶段无法对所有位置进行并行化操作，对于每一个目标语言单词，都需要对前面的所有单词进行注意力操作，因此它的推断速度非常慢。可以采用的加速手段有：Cache（缓存需要重复计算的变量）[537]、低精度计算[538, 539]、共享注意力网络等[540]。关于

Transformer 模型的推断加速方法将在第 14 章深入讨论。

12.9 小结及拓展阅读

　　编码器-解码器框架提供了一个非常灵活的机制，使开发人员只需设计编码器和解码器的结构就能完成机器翻译。但是，架构的设计是深度学习中最具挑战的工作，优秀的架构往往需要长时间的探索和大量的实验验证，而且还需要一点点"灵感"。前面介绍的基于循环神经网络的翻译模型和注意力机制就是研究人员通过长期实践发现的神经网络架构。本章介绍了一个全新的模型——Transformer，同时对很多优秀的技术进行了介绍。除了基础知识，自注意力机制和模型结构还有很多值得讨论的地方：

- 近年，有研究已经发现注意力机制可以捕捉一些语言现象[541]。在 Transformer 模型的多头注意力机制中，不同头往往会捕捉到不同的信息，例如，有些头对低频词更加敏感，有些头更适合词义消歧，甚至有些头可以捕捉句法信息。此外，注意力机制增加了模型的复杂性，而且随着网络层数的增多，神经机器翻译中也存在大量的冗余，因此研发轻量的注意力模型也是具有实践意义的方向[540, 542–545]。

- 神经机器翻译依赖成本较高的 GPU 设备，因此对模型的裁剪和加速也是很多系统研发人员感兴趣的方向。从工程上，可以考虑减少运算强度，如使用低精度浮点数[546]或者整数[539, 547]进行计算，或者引入缓存机制加速模型的推断[537]；也可以通过对模型参数矩阵的剪枝，减小整个模型的体积[548]；还可以使用知识蒸馏[549, 550]的方法。利用大模型训练小模型，往往可以得到比单独训练小模型更好的效果[551]。

- 自注意力网络作为 Transformer 模型的重要组成部分，近年来，虽然受到研究人员的广泛关注，但因其存在很多不足，研究人员也尝试设计更高效的操作来替代它。例如，利用动态卷积网络替换编码器与解码器的自注意力网络，在保证推断效率的同时取得了和 Transformer 模型相当，甚至略好的翻译性能[509]；为了加速 Transformer 模型处理较长输入文本的效率，利用局部敏感哈希替换自注意力机制的 Reformer 模型也吸引了广泛的关注[545]。此外，在自注意力网络中引入额外的编码信息，能够提高模型的表示能力。例如，引入固定窗口大小的相对位置编码信息[462, 552]，或利用动态系统的思想从数据中学习特定的位置编码表示，具有更好的泛化能力[553]。通过对 Transformer 模型中各层输出进行可视化分析，研究人员发现 Transformer 模型自底向上各层网络依次聚焦于词级-语法级-语义级的表示[464, 554]，因此，在底层的自注意力网络中，引入局部编码信息有助于模型对局部特征的抽象[555, 556]。

- 除了针对 Transformer 模型中子层的优化，网络各层之间的连接方式在一定程度上也能影响模型的表示能力。近年来，针对网络连接优化的工作如下：在编码器顶部利用平均池化或权重累加等融合手段得到编码器各层的全局表示[557–560]，利用之前各层的表示来生成当前层的输入表示[463, 465, 561]。

第 4 部分　机器翻译前沿

13. 神经机器翻译模型训练

模型训练是机器翻译领域的重要研究方向，其中的很多成果对其他自然语言处理任务也有很好的借鉴意义。特别是，训练神经机器翻译模型仍然面临一些挑战，包括：

- 如何对大容量模型进行有效的训练？例如，避免过拟合问题，并让模型更健壮，同时有效地处理更大的词汇表。
- 如何设计更好的模型训练策略？例如，在训练中更好地利用机器翻译评价指标，同时选择对翻译更有价值的样本进行模型训练。
- 如何让模型学习到的"知识"在模型之间迁移？例如，把一个"强"模型的能力迁移到一个"弱"模型上，而这种能力可能无法通过直接训练"弱"模型得到。

本章将针对这些问题展开讨论，内容会覆盖开放词表、正则化、对抗样本训练、知识蒸馏等多个主题。需要注意的是，神经机器翻译模型训练涉及的内容十分广泛。在很多情况下，模型训练问题会和建模问题强相关。因此，本章的内容主要集中在相对独立的基础模型训练问题上。在后续章节中，仍然会有模型训练方面的介绍，主要针对机器翻译的特定主题，如深层神经网络训练、无指导训练等。

13.1 开放词表

对神经机器翻译而言，研究人员通常希望使用更大的词表完成模型训练，因为大词表可以覆盖更多的语言现象，使模型对不同的语言现象有更强的区分能力。但是，人类的语言表达方式十分多样，这也体现在单词的构成上，人们甚至无法想象数据中存在的不同单词的数量。例如，在WMT、CCMT 等评测数据上，英语词表的大小都在 100 万以上。如果不加限制，则机器翻译的词表将会很"大"。这会导致模型参数量变大，模型训练变得极为困难。更严重的问题是，测试数据中的一些单词根本就没在训练数据中出现过，这时，会出现未登录词翻译问题（即 OOV 问题），即系统无法对未见单词进行翻译。在神经机器翻译中，通常会考虑使用更小的翻译单元来缓解数据稀疏问题。

13.1.1 大词表和未登录词问题

先来分析神经机器翻译的大词表问题。神经机器翻译的模型训练和推断都依赖于源语言和目标语言的词表（见第 10 章）。在建模中，词表中的每一个单词都会被转换为分布式（向量）表示，即词嵌入。如果每个单词都对应一个向量，那么单词的各种变形（时态、语态等）都会导致词表增大，同时增加学习词嵌入的难度。如果要覆盖更多的翻译现象，则词表会不断膨胀，并带来两个问题：

- **数据稀疏**。很多不常见的低频词包含在词表中，而这些低频词的词嵌入表示很难得到充分学习。
- **参数及计算量的增大**。大词表会增加词嵌入矩阵的大小，同时显著增加输出层中线性变换和 Softmax 的计算量。

理想情况下，机器翻译应该是一个**开放词表**（Open Vocabulary）的翻译任务，即无论测试数据中包含什么样的词，机器翻译系统都能够正常运行。但现实情况是，即使不断扩充词表，也不可能覆盖所有可能出现的单词。这个问题在使用受限词表时会更加严重，因为低频词和未见过的词都会被看作未登录词。这时，会将这些单词用符号 <UNK> 代替。通常，数据中 <UNK> 的数量会直接影响翻译性能，过多的 <UNK> 会造成欠翻译、句子结构混乱等问题。因此，神经机器翻译需要额外的机制来解决大词表和未登录词问题。

13.1.2 子词

一种解决开放词表翻译问题的思路是改造输出层结构[468, 562]，例如，替换原始的 Softmax 层，用更高效的神经网络结构对超大规模词表进行预测。模型结构和训练方法的调整使得系统开发与调试的工作量增加，并且这类方法仍然无法解决未登录词问题，因此在实际系统中并不常用。

另一种思路是不改变机器翻译系统，而是从数据处理的角度缓解未登录词问题。既然使用单词会带来数据稀疏问题，那么自然会想到使用更小的单元，通过更小的单元的多种排列组合表示更多的单词。例如，把字符作为最小的翻译单元①——也就是基于字符的翻译模型[563]。以英语为例，只需要构造一个包含 26 个英文字母、数字和一些特殊符号的字符表，便可以表示所有的单词。

字符级翻译也面临着新的问题——使用字符增加了系统捕捉不同语言单元之间搭配关系的难度。假设平均一个单词由 5 个字符组成，系统所处理的序列长度便增大 5 倍。这使得具有独立意义的不同语言单元需要跨越更远的距离才能产生联系。此外，基于字符的方法也破坏了单词中天然存在的构词规律，或者说破坏了单词内字符的局部依赖。例如，英语单词 "telephone" 中的 "tele" 和 "phone" 都是有具体含义的词缀，但如果把它们打散为字符，就失去了这些含义。

那么，有没有一种方式能够兼顾基于单词和基于字符方法的优点呢？有两种常用方式：一种是采用字词融合的方式构建词表，将未知单词转换为字符的序列，并通过特殊的标记将其与普通的单词区分[564]；另一种是将单词切分为**子词**（Sub-word），它是介于单词和字符之间的一种语言

---

① 汉语里的字符可以被看作汉字。

单元表示形式。例如，将英语单词 "doing" 切分为 "do" + "ing"。对于形态学丰富的语言来说，子词体现了一种具有独立意义的构词基本单元。如图 13.1 所示，子词 "do" 和 "new" 可以用于组成其他不同形态的单词。

图 13.1　不同单词共享相同的子词（前缀）

在极端情况下，子词可以包含所有的字母和数字。理论上，所有的单词都可以用子词进行组装。当然，理想的状况是在子词词表不太大的前提下，使用尽可能少的子词单元拼装出每个单词。在神经机器翻译中，基于子词的切分是很常用的数据处理方法，称为子词切分。主要包括 3 个步骤：
- 对原始数据进行分词操作。
- 构建符号合并表。
- 根据合并表，将字符合并为子词。

这里的核心是构建符号合并表，下面对一些常用方法进行介绍。

13.1.3 双字节编码

字节对编码或双字节编码（BPE）是一种常用的子词词表构建方法。BPE 算法最早用于数据压缩，该方法先将数据中常见的连续字符串替换为一个不存在的字符，然后通过构建一个替换关系的对应表，对压缩后的数据进行还原[565]。机器翻译借用了这种思想，即将子词切分的过程看作学习对自然语言句子的压缩编码表示的过程[89]，其目的是保证编码（即子词切分）后的结果占用的字节尽可能少。这样，子词单元既可以尽可能地被不同单词复用，又不会因为使用过小的单元，使子词切分后的序列过长。

使用 BPE 算法进行子词切分包含两个步骤。第 1 步，通过统计的方法构造符号合并表（如图 13.2 所示），具体方式为：先对分过词的文本进行统计，得到词表和频次，同时将词表中的单词分割为字符表示；第 2 步，统计词表中出现的所有二元组的频次，选择当前频次最高的二元组加入符号合并表，并将所有词表中出现的该二元组合并为一个单元。不断地重复这两步，直到合并表的大小达到预先设定的大小，或没有二元组可以被合并。图 13.3 给出了 BPE 中的子词切分过程。红色单元为每次合并后得到的新符号，这些新符号会持续更新，直到切分后的词表中没有可以合并的子词或遍历结束，才会得到最终的合并结果。其中每一个单元为一个子词。

使用 BPE 算法后，翻译模型的输出也是子词序列，因此需要对最终得到的翻译结果进行子词还原，即将由子词形式表达的单元重新组合为原本的单词。这一步操作也十分简单，只需要不断地将每个子词向后合并，直至遇到表示单词边界的终结符，便得到了一个完整的单词。

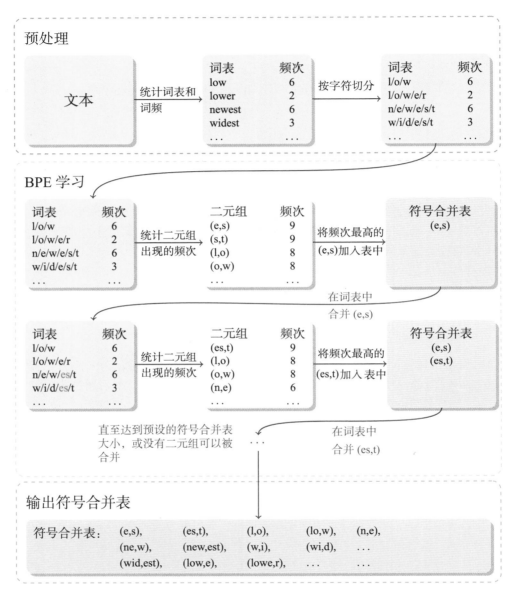

图 13.2　BPE 算法中符号合并表的生成过程

使用 BPE 算法的策略有很多。不仅可以单独对源语言和目标语言句子进行子词的切分，还可以联合两种语言，共同进行子词切分，即**双字节联合编码**（Joint-BPE）[89]。相比单语 BPE，Joint-BPE可以增加两种语言子词切分的一致性。对于相似语系中的语言，如英语和德语，常使用 Joint-BPE的方法联合构建词表。而对于汉语和英语这些差异比较大的语种，则需要独立地进行子词切分。

符号合并表

(r,<e>),　(e,s),　(l,o),　(es,t),　(lo,w),　(est,<e>),　(e,r<e>)

(a) 符号合并表

样例 1：l o w e r <e> ⟶ l o w e r<e> ⟶ lo w e r<e> ⟶ low e r<e> ⟶ low er<e>

样例 2：l o w e s t <e> → l o w e s t <e> → lo w e s t <e> → lo w est <e> → low est <e> → low est<e>

(b) 合并样例

图 13.3　BPE 中的子词切分过程

BPE 还有很多变种算法。例如，可以设计更合理的符号合并优先级。这种方法的出发点在于，在不考虑优先级的情况下，在对一个单词用同一个合并表切分子词时，可能存在多种结果。如 hello，可以被切分为 "hell" 和 "o"，也可以被切分为 "h" 和 "ello"。这种切分方式的多样性可以提高神经机器翻译系统的健壮性[566]。此外，尽管 BPE 也被命名为双字节编码，但是在实践中，该方法一般处理的是 Unicode 编码，而不是字节。相应地，在预训练模型 GPT2 中，也探索了字节级别的 BPE，这种方法在机器翻译、自动问答等任务中取得了很好的效果[411]。

13.1.4 其他方法

与基于统计的 BPE 算法不同，基于 Word Piece 的子词切分方法利用语言模型进行子词词表的构造[567]。本质上，基于语言模型的方法和基于 BPE 的方法的思路相同，即通过合并字符和子词不断生成新的子词。它们的区别在于合并子词的方式，基于 BPE 的方法选择出现频次最高的连续字符进行合并，而基于语言模型的方法则是根据语言模型输出的概率选择要合并哪些子词。具体来说，基于 Word Piece 的方法先将句子切割为字符表示的形式[567]，并利用该数据训练一个 1-gram 语言模型，记为 $\log P(\cdot)$。假设两个相邻的子词单元 a 和 b 被合并为新的子词 c，则整个句子的语言模型得分的变化为 $\triangle = \log P(c) - \log P(a) - \log P(b)$。这样，可以不断地选择使 $\triangle$ 最大的两个子词单元进行合并，直到达到预设的词表大小或句子概率的增量低于某个阈值。

目前，比较主流的子词切分方法都作用于分词后的序列，对一些没有明显词边界且资源稀缺的语种并不友好。相比之下，Sentence Piece 方法可以作用于未经分词处理的输入序列[568]，同时囊括了双字节编码和语言模型的子词切分方法，更加灵活易用。

在以 BPE 为代表的子词切分方法中，每个单词都对应一种唯一的子词切分方式，因此输入的数据经过子词切分后的序列表示也是唯一的。一旦切分出现错误，整句话的翻译效果可能会变得很差。为此，研究人员提出了一些规范化方法[566, 569]。

- **子词规范化方法**[566]。其做法是根据 1-gram 语言模型采样出多种子词切分候选。之后，以最大化整个句子的概率为目标来构建词表。

- **BPE-Dropout**[569]。在训练时，按照一定概率 p 随机丢弃一些可行的合并操作，从而产生不同的子词切分结果。在推断阶段，将 p 设置为 0，等同于标准的 BPE。总的来说，上述方法相当于在子词的粒度上对输入的序列进行扰动，进而达到增加训练健壮性的目的。
- **动态规划编码**（Dynamic Programming Encoding，DPE）[570]。引入了混合字符-子词的切分方式，将句子的子词切分看作一种隐含变量。机器翻译解码端的输入是基于字符表示的目标语言序列，推断时将每个时间步的输出映射到预先设定好的子词词表上，得到当前最可能的子词结果。

13.2 正则化

正则化是机器学习中的经典技术，通常用于缓解过拟合问题。正则化的概念源自线性代数和代数几何。在实践中，它更多是指对**反问题**（The Inverse Problem）的一种求解方式。假设输入 x 和输出 y 之间存在一种映射 f：

$$y = f(x) \tag{13.1}$$

反问题是指：当观测到 y 时，能否求出 x。反问题对应了很多实际问题，如可以将 y 看作经过美化的图片，将 x 看作原始的图片，反问题对应了图片还原。机器翻译的训练也是一种反问题，因为可以将 y 看作正确的译文，将 x 看作输入句子或模型参数①。

理想情况下，研究人员希望反问题的解是**适定的**（Well-posed）。所谓适定解，需要满足 3 个条件：解是存在的、解是唯一的、解是稳定的（即 y 微小的变化会导致 x 微小的变化，也被称作解连续）。所有不存在唯一稳定解的问题都被称作**不适定问题**（Ill-posed Problem）。对于机器学习问题，解的存在性比较容易理解。解的唯一性大多由问题决定。例如，如果把描述问题的函数 $f(\cdot)$ 看作一个 $n \times n$ 矩阵 $\boldsymbol{A}$，x 和 y 都看作 n 维向量，那么 x 不唯一的原因在于 $\boldsymbol{A}$ 不满秩（非奇异矩阵）。不过，存在性和唯一性并不会对机器学习方法造成太大困扰，因为在实践中往往会找到近似的解。但是，解的稳定性给神经机器翻译带来了很大的挑战。神经机器翻译模型非常复杂，里面存在大量的矩阵乘法和非线性变换。这导致 $f(\cdot)$ 往往是不稳定的，也就是说，神经机器翻译中输出 y 的微小变化会导致输入 x 的巨大变化。例如，在系统研发中经常会发现，即使训练样本发生很小的变化，模型训练得到的参数都会有非常明显的区别。不仅如此，在神经机器翻译模型中，稳定性训练还面临两方面的挑战：

- **观测数据不充分**。由于语言表达的多样性，训练样本只能覆盖非常有限的翻译现象。从样本的表示空间上看，对于没有观测样本的区域，根本无法知道真实解的样子，因此很难描述这些样本的性质，更不用说稳定性训练了。
- **数据中存在噪声**。噪声问题是稳定性训练最大的挑战之一。即使是很小的噪声，也可能导致

---

① 在训练中，如果把源语言句子看作不变的量，则这时函数 $f(\cdot)$ 的输入只有模型参数。

解的巨大变化。

以上问题带来的现象就是过拟合。训练数据有限且存在噪声，因此模型参数会过分拟合噪声数据。而且，这样的模型参数与理想的模型参数相差很远。正则化正是一种解决过拟合现象的方法。有时，正则化也被称作**降噪**（Denoising），虽然它的出发点并不只是去除噪声的影响。图 13.4 对比了不同函数对二维空间中一些数据点的拟合情况。在过拟合现象中，函数可以完美地拟合所有的数据点，即使有些数据点是噪声。

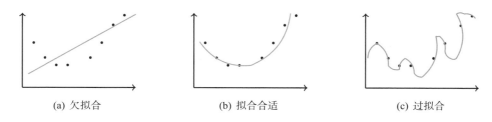

图 13.4　不同函数对二维空间中一些数据点的拟合情况

(a) 欠拟合　　　　　(b) 拟合合适　　　　　(c) 过拟合

正则化的一种实现是在训练目标中引入一个正则项。在神经机器翻译中，引入正则项的训练目标为

$$\widehat{\boldsymbol{w}} = \arg\min_{\boldsymbol{w}} \mathrm{Loss}(\boldsymbol{w}) + \lambda R(\boldsymbol{w}) \tag{13.2}$$

其中，$\boldsymbol{w}$ 是模型参数，$\mathrm{Loss}(\boldsymbol{w})$ 是损失函数，$R(\boldsymbol{w})$ 是正则项，λ 是正则项的系数，用于控制正则化对训练影响的程度。$R(\boldsymbol{w})$ 也可以被看作一种先验，因为在数据不充分且存在噪声的情况下，可以根据一些先验知识让模型偏向正确的方向，而不是一味地根据受噪声影响的 $\mathrm{Loss}(\boldsymbol{w})$ 进行优化。相应地，引入正则化后的模型可以获得更好的**泛化**（Generalization）能力，即模型在新的未见数据上的表现会更好。

实践证明，正则化方法有助于使像神经机器翻译模型这样复杂的模型获得稳定的模型参数。甚至在一些情况下，如果不引入正则化，则训练得到的翻译模型根本无法使用。此外，正则化方法不仅可以用于提高模型的泛化能力，也可以作为干预模型学习的一种手段，例如，可以将一些先验知识作为正则项，约束机器翻译模型的学习。类似的手段会在本书后续章节中使用。

13.2.1　L1/L2 正则化

L1/L2 正则化是常用的正则化方法，虽然这种方法并不针对机器翻译模型。L1/L2 正则化分别对应正则项是 l_1 和 l_2 范数的情况。具体来说，L1 正则化是指

$$R(\boldsymbol{w}) = \|\boldsymbol{w}\|_1 = \sum_{w_i} |w_i| \tag{13.3}$$

L2 正则化是指

$$R(\boldsymbol{w}) = (\|\boldsymbol{w}\|_2)^2 = \sum_{w_i} {w_i}^2 \tag{13.4}$$

第 9 章已经介绍了 L1 和 L2 正则化方法，本节进一步展开。从几何的角度看，L1 和 L2 正则项都是有物理意义的。二者都可以被看作空间上的一个区域，例如，在二维平面上，l_1 范数表示一个以 0 点为中心的菱形，l_2 范数表示一个以 0 点为中心的圆。此时，$L(\boldsymbol{w})$ 和 $R(\boldsymbol{w})$ 叠加在一起，构成一个新的区域，优化问题可以被看作在这个新的区域上进行优化。L1 和 L2 正则项在解空间中形成的区域都在 0 点（坐标原点）附近，因此优化的过程可以确保参数不会偏离 0 点太多。也就是说，L1 和 L2 正则项引入了一个先验：模型的解不应该离 0 点太远，而 L1 和 L2 正则项实际上是在度量这个距离。

为什么要用 L1 和 L2 正则项惩罚离 0 点远的解呢？这还要从模型复杂度谈起。实际上，对神经机器翻译这样的模型来说，模型的容量是足够的。所谓容量，可以简单地理解为独立参数的个数①。也就是说，理论上，存在一种模型，可以完美地描述问题。但是，从目标函数拟合的角度看，如果一个模型可以拟合很复杂的目标函数，那么模型所表示的函数形态也会很复杂。这往往体现在模型中参数的值"偏大"。例如，用一个多项式函数拟合一些空间中的点，如果希望拟合得很好，则各个项的系数往往是非零的。为了对每个点进行拟合，通常需要多项式中的某些项具有较大的系数，以期望函数在局部有较大的斜率。显然，这样的模型是很复杂的。模型的复杂度可以用函数中参数（如多项式中各项的系数）的"值"进行度量，这也体现在模型参数的范数上。

因此，L1 和 L2 正则项的目的是防止模型为了匹配少数（噪声）样本而学习过大的参数。反过来说，L1 和 L2 正则项会鼓励那些参数值在 0 点附近的情况。从实践的角度看，这种方法可以很好地对统计模型的训练进行校正，得到泛化能力更强的模型。

13.2.2 标签平滑

神经机器翻译在每个目标语言位置 j 会输出一个分布 $\hat{\boldsymbol{y}}_j$，这个分布描述了每个目标语言单词出现的可能性。在训练时，每个目标语言位置上的答案是一个单词，也就对应了 One-hot 分布 $\boldsymbol{y}_j$，它仅在正确答案那一维为 1，其他维均为 0。模型训练可以被看作一个调整模型参数让 $\hat{\boldsymbol{y}}_j$ 逼近 $\boldsymbol{y}_j$ 的过程。但是，$\boldsymbol{y}_j$ 的每一个维度是一个非 0 即 1 的目标，这就无法考虑类别之间的相关性。具体来说，除非模型在答案那一维输出 1，否则都会得到惩罚。即使模型把一部分概率分配给与答案相近的单词（如同义词），这个相近的单词仍被视为完全错误的预测。

标签平滑的思想很简单[536]：答案所对应的单词不应该"独享"所有的概率，其他单词应该有机会作为答案。这个观点与第 2 章中语言模型的平滑非常类似。在复杂模型的参数估计中，往往需要给未见或者低频事件分配一些概率，以保证模型具有更好的泛化能力。具体实现时，标签平

---

① 另一种定义是把容量看作神经网络所能表示的假设空间大小[571]，也就是神经网络能表示的不同函数所构成的空间。

滑使用了一个额外的分布 $\boldsymbol{q}$，它是在词汇表 V 上的一个均匀分布，即 $q_k = \frac{1}{|V|}$，其中 q_k 表示分布的第 k 维。然后，标准答案的分布被重新定义为 $\boldsymbol{y}_j$ 和 $\boldsymbol{q}$ 的线性插值：

$$\boldsymbol{y}_j^{\text{ls}} = (1-\alpha) \cdot \boldsymbol{y}_j + \alpha \cdot \boldsymbol{q} \tag{13.5}$$

这里，α 表示一个系数，用于控制分布 $\boldsymbol{q}$ 的重要性，$\boldsymbol{y}_j^{\text{ls}}$ 表示使用标签平滑后的学习目标。

　　标签平滑实际上定义了一种"软"标签，使得所有标签都可以分到一些概率。一方面可以缓解数据中噪声的影响，另一方面可以使目标分布更合理（显然，真实的分布不应该是 One-hot 分布）。图 13.5 展示了未使用标签平滑和使用标签平滑的损失函数计算结果。

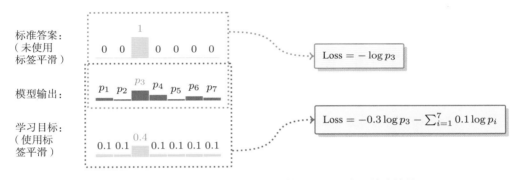

图 13.5　未使用标签平滑 vs 使用标签平滑的损失函数计算结果

　　标签平滑也可以被看作对损失函数的一种调整，并引入了额外的先验知识（即与 $\boldsymbol{q}$ 相关的部分）。只不过，这种先验知识并不是通过式 (13.2) 所示的线性插值方式与原始损失函数进行融合的。

13.2.3 Dropout

　　神经机器翻译模型是一种典型的多层神经网络模型。每一层都包含若干神经元，负责接收前一层所有神经元的输出，之后进行诸如乘法、加法等变换操作，并有选择地使用非线性的激活函数，最终得到当前层每个神经元的输出。从模型最终预测的角度看，每个神经元都在参与最终的预测。理想情况下，研究人员希望每个神经元都能相互独立地做出"贡献"。这样的模型会更加健壮，因为即使一部分神经元不能正常工作，其他神经元仍然可以独立地做出合理的预测。随着每一层神经元数量的增加及网络结构的复杂化，神经元之间会出现**相互适应**（Co-adaptation）的现象。所谓相互适应，是指一个神经元对输出的贡献与同一层其他神经元的行为相关，即这个神经元已经与它周围的"环境"相适应。

　　一方面，相互适应的好处在于神经网络可以处理更复杂的问题，因为联合使用两个神经元要比单独使用每个神经元的表示能力强。这类似于传统机器学习任务中往往会设计一些高阶特征，如自然语言序列标注中对 2-gram 和 3-gram 的使用。另一方面，相互适应会导致模型变得更加"脆弱"。虽然相互适应的神经元可以更好地描述训练数据中的现象，但是在测试数据上，由于很多现象是未见的，细微的扰动会导致神经元无法适应。具体体现出来就是过拟合问题。

Dropout 是解决过拟合问题的一种常用方法[572]。该方法很简单，在训练时，让一部分神经元随机停止工作，这样在每次进行参数更新时，神经网络中每个神经元周围的环境都在变化，不会过分地适应到环境中。图 13.6 给出了某次参数更新时使用 Dropout 之前和之后神经网络状态的对比。

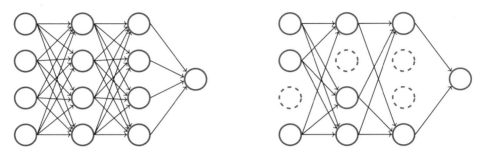

图 13.6　使用 Dropout 之前（左）和之后（右）神经网络状态的对比

在具体实现时，可以设置一个参数 $p \in (0,1)$。在每次参数更新时，每个神经元都以概率 p 停止工作。相当于每层神经网络会有以 p 为概率的神经元被"屏蔽"，每次参数更新时会随机屏蔽不同的神经元。图 13.7 展示了使用 Dropout 方法之前和使用该方法之后的一层神经网络在计算方式上的不同。其中，x_i^l 代表第 l 层神经网络的第 i 个输入，w_i^l 为输入所对应的权重，b^l 表示第 l 层神经网络输入的偏置，z_i^{l+1} 表示第 l 层神经网络的线性运算的结果，$f(\cdot)$ 表示激活函数，r_i^l 的值服从参数为 $1-p$ 的伯努利分布。

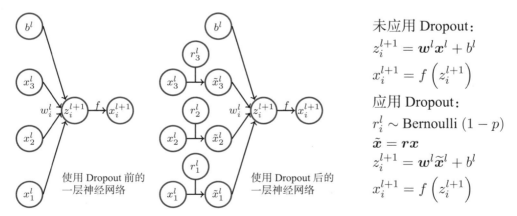

未应用 Dropout：
$$z_i^{l+1} = \boldsymbol{w}^l \boldsymbol{x}^l + b^l$$
$$x_i^{l+1} = f\left(z_i^{l+1}\right)$$

应用 Dropout：
$$r_i^l \sim \text{Bernoulli}\,(1-p)$$
$$\tilde{\boldsymbol{x}} = \boldsymbol{r}\boldsymbol{x}$$
$$z_i^{l+1} = \boldsymbol{w}^l \tilde{\boldsymbol{x}}^l + b^l$$
$$x_i^{l+1} = f\left(z_i^{l+1}\right)$$

使用 Dropout 前的一层神经网络

使用 Dropout 后的一层神经网络

图 13.7　使用 Dropout 之前（左）和之后（右）的一层神经网络

对于新的样本，可以使用 Dropout 训练过的模型对其进行推断，但是每个神经元的输出要乘以 $1-p$，以保证每层神经元输出的期望和训练时是一样的。另一种常用的做法是，在训练时对每个神经元的输出乘以 $\frac{1}{1-p}$，然后在推断时神经网络可以不经过任何调整就直接使用。

Dropout 方法的另一种解释是，在训练中屏蔽一些神经元相当于从原始的神经网络中抽取出了一个子网络。这样，每次训练都在一个随机生成的子网络上进行，而不同子网络之间的参数是共享的。在推断时，则把所有的子网络集成到一起。这种思想也有一些**集成学习**（Ensemble Learning）的味道，只不过 Dropout 中的子模型（或子网络）是在指数级空间中采样出来的。Dropout 可以很好地缓解复杂神经网络模型的过拟合问题，因此也成了大多数神经机器翻译系统的标配。

随着网络层数的增多，相互适应也会出现在不同层之间，甚至会出现在多头注意力机制的不同头之间。因此，Dropout 方法也可以用于对模型局部结构的屏蔽，例如，对多层神经网络中的层进行屏蔽，可以使用 Layer Dropout 方法。特别是对深层神经网络，Layer Dropout 也是一种有效的防止过拟合的方法。Layer Dropout 的内容将在第 15 章详细介绍。

13.3 对抗样本训练

同其他基于神经网络的方法一样，提高**健壮性**（Robustness）也是神经机器翻译研发中需要关注的。虽然大容量模型可以很好地拟合训练数据，但当测试样本与训练样本差异较大时，翻译结果可能会很糟糕[514, 573]。甚至有时输入只受到微小的扰动，神经网络模型的输出就会产生巨大变化。或者说，神经网络模型在输入样本上容易受到攻击（Attack）[574-576]。表 13.1 展示了一个神经机器翻译系统的翻译结果，可以看到，把输入句子中的单词 "jumped" 换成 "sunk" 会得到完全不同的译文。这时，神经机器翻译系统就存在健壮性问题。

表 13.1　一个神经机器翻译系统的翻译结果

原始输入	When shot at, the dove jumped into the bushes
原始输出	当鸽子被射中时，它跳进了灌木丛
扰动的输入	When shot at, the dove sunk into the bushes
扰动的输出	当有人开枪射击时，那只鸽子陷进了灌木丛中

决定神经网络模型健壮性的因素主要包括训练数据、模型结构、正则化方法等。仅从模型的角度来改善健壮性一般是较为困难的，因为如果输入数据是"干净"的，模型就会学习如何在这样的数据上进行预测。无论模型的能力是强还是弱，当推断时的输入数据出现扰动时，模型可能就无法适应这种它从未见过的新数据。因此，一种简单、直接的方法是从训练样本出发，让模型在学习的过程中能对样本中的扰动进行处理，进而在推断时更加健壮。具体来说，可以在训练过程中构造有噪声的样本，即基于**对抗样本**（Adversarial Examples）进行**对抗训练**（Adversarial Training）。

13.3.1 对抗样本与对抗攻击

图像识别领域的研究人员发现，输入图像的细小扰动（如像素变化等），会使模型以高置信度给出错误的预测[577-579]，但这种扰动并不会造成人类的错误判断。也就是说，虽然样本中的微小变化"欺骗"了图像识别系统，但是"欺骗"不了人类。这种现象背后的原因很多，一种可能的原因是：系统并没有理解图像，而是在拟合数据，因此拟合能力越强，反而对数据中的微小变化越敏感。从统计学习的角度看，既然新的数据中可能会有扰动，那更好的学习方式就是在训练中显性地把这种扰动建模出来，让模型对输入样本中包含的细微变化表现得更加健壮。

这种通过在原样本上增加一些难以察觉的扰动，从而使模型得到错误输出的样本被称为对抗样本。对于模型的输入 $\boldsymbol{x}$ 和输出 $\boldsymbol{y}$，对抗样本可以被描述为

$$C(\boldsymbol{x}) = \boldsymbol{y} \tag{13.6}$$

$$C(\boldsymbol{x}') \neq \boldsymbol{y} \tag{13.7}$$

$$\text{s.t.} \quad \Psi(\boldsymbol{x}, \boldsymbol{x}') < \varepsilon \tag{13.8}$$

其中，$(\boldsymbol{x}', \boldsymbol{y})$ 为输入中含有扰动的对抗样本，函数 $C(\cdot)$ 为模型。式 (13.8) 中的 $\Psi(\boldsymbol{x}, \boldsymbol{x}')$ 表示扰动后的输入 $\boldsymbol{x}'$ 和原输入 $\boldsymbol{x}$ 之间的距离，ε 表示扰动的受限范围。当模型无法对包含噪声的输入给出正确的输出时，往往意味着该模型的抗干扰能力差，因此可以利用对抗样本检测现有模型的健壮性[580]。同时，采用类似数据增强的方式将对抗样本混合至训练数据中，使模型得到稳定的预测能力，这种方式也被称为对抗训练[579, 581, 582]。

通过对抗样本训练来提升模型健壮性的首要问题是：如何生成对抗样本。通过当前模型 C 和样本 $(\boldsymbol{x}, \boldsymbol{y})$ 生成对抗样本的过程被称为**对抗攻击**（Adversarial Attack）。对抗攻击可以分为黑盒攻击和白盒攻击。在白盒攻击中，攻击算法可以访问模型的完整信息，包括模型结构、网络参数、损失函数、激活函数、输入和输出数据等。黑盒攻击通常依赖启发式方法生成对抗样本[580]，这种攻击方法不需要知道神经网络的详细信息，仅通过访问模型的输入和输出就可以达到攻击的目的。由于神经网络本身就是一个黑盒模型，在神经网络的相关应用中黑盒攻击方法更实用。

在神经机器翻译中，训练数据中含有的细微扰动会使模型比较脆弱[583]。研究人员希望借鉴图像任务中的一些对抗攻击方法，并将其应用于自然语言处理任务中。然而，对计算机而言，以像素值等表示的图像数据本身就是连续的[584]，而文本中的一个个单词本身是离散的，这种图像与文本数据间的差异使得这些方法在自然语言处理上并不适用。例如，如果将图像任务中对一幅图片的局部图像进行替换的方法用于自然语言处理中，那么可能会生成语法错误或者语义错误的句子。而且，简单替换单词产生的扰动过大，模型很容易判别。即使对词嵌入等连续表示的部分进行扰动，也会产生无法与词嵌入空间中的任何词匹配的向量[585]。针对这些问题，下面着重介绍在神经机器翻译任务中如何有效生成、使用对抗样本。

13.3.2 基于黑盒攻击的方法

一个好的对抗样本应该具有这种性质：对文本做最少的修改，并最大程度地保留原文的语义。一种简单的实现方式是对文本加噪声。这里，噪声可以分为自然噪声和人工噪声[583]。自然噪声一般是指在语料库中自然出现的错误，如输入错误、拼写错误等。人为噪声是指通过人工设计的自动方法修改文本，例如，可以通过规则或是噪声生成器，在干净的数据中以一定的概率引入拼写错误、语法错误等[586–588]。此外，也可以在文本中加入人为设计过的毫无意义的单词序列。

除了单纯地在文本中引入各种扰动，还可以通过文本编辑的方式，在不改变语义的情况下尽可能地修改文本，从而构建对抗样本[589, 590]。文本的编辑方式主要包括替换、插入、删除和交换操作。表 13.2 给出了通过这几种方式生成的对抗样本实例。

表 13.2　对抗样本实例

原始输入	We are really looking forward to the holiday
替换操作	We are really looking forward to the vacation
插入操作	We are really looking forward to the holiday tomorrow
删除操作	We are really looking forward to the holiday
交换操作	We are really forward looking to the holiday

可以利用 FGSM 等算法[579]，验证文本中每一个单词的贡献度，同时为每一个单词构建一个候选池，包括该单词的近义词、拼写错误词、同音词等。对于贡献度较低的词，如语气词、副词等，可以使用插入、删除操作进行扰动。对于其他的单词，可以在候选池中选择相应的单词并进行替换。其中，交换操作可以是基于词级别的，如交换序列中的单词，也可以是基于字符级别的，如交换单词中的字符[591]。重复上述编辑操作，直至编辑出的文本可以误导模型做出错误的判断。

在机器翻译中，常用的回译技术也是生成对抗样本的一种有效方式。回译是指通过反向模型将目标语言翻译成源语言，并将翻译得到的双语数据用于模型训练（见第 16 章）。除了翻译模型，语言模型也可以用于生成对抗样本。第 2 章已经介绍过，语言模型可以用于检测句子的流畅度，它根据上文预测当前位置可能出现的单词。因此，可以使用语言模型预测当前位置最可能出现的多个单词，并用这些单词替换序列中原本的单词。在机器翻译任务中，可以通过与神经机器翻译系统联合训练，共享词向量矩阵的方式得到语言模型[592]。

此外，**生成对抗网络**（Generative Adversarial Networks，GANs）也可以被用来生成对抗样本[593]。与回译方法类似，基于生成对抗网络的方法将原始的输入映射为潜在分布 P，并在其中搜索出服从相同分布的文本构成对抗样本。一些研究也对这种方法进行了优化[593]，在稠密的向量空间中进行搜索，也就是说，在定义 P 的基础稠密向量空间中找到对抗性表示 z'，然后利用生成模型将其映射回 x'，使最终生成的对抗样本在语义上接近原始输入。

13.3.3 基于白盒攻击的方法

除了在单词级别增加扰动，还可以在模型内部增加扰动。一种简单的方法是在每一个词的词嵌入上，累加一个正态分布的变量，之后将其作为模型的最终输入。同时，可以在训练阶段增加额外的训练目标。例如，迫使模型在接收到被扰动的输入后，模型的编码器能够生成与正常输入类似的表示，同时解码器也能够输出正确的翻译结果[594]。

还可以根据机器翻译的具体问题增加扰动。例如，针对同音字错误问题，将单词的发音转换为一个包含 n 个发音单元的发音序列，如音素、音节等，并训练相应的嵌入矩阵，将每一个发音单元转换为对应的向量表示。对发音序列中发音单元的嵌入表示进行平均后，得到当前单词的发音表示。最后，将词嵌入与单词的发音表示进行加权求和，并将结果作为模型的输入[595]。通过这种方式可以提高模型对同音异形词的处理能力。除了在词嵌入层增加扰动，也可以在编码器输出中引入额外的噪声，达到与在层输入中增加扰动类似的效果[491]。

此外，对于训练样本 $(\boldsymbol{x}, \boldsymbol{y})$，还可以使用基于梯度的方法生成对抗样本 $(\boldsymbol{x}', \boldsymbol{y}')$。例如，可以利用替换词与原始单词词向量之间的差值，以及候选词的梯度之间的相似度生成对抗样本[576]。以源语言为例，生成 $\boldsymbol{x}'$ 中第 i 个词的过程可以被描述为

$$x'_i = \underset{x \in V}{\arg\max} \, \text{sim}(e(x) - e(x_i), \boldsymbol{g}_{x_i}) \tag{13.9}$$

$$\boldsymbol{g}_{x_i} = \nabla_{e(x_i)} - \log P(\boldsymbol{y}|\boldsymbol{x}; \theta) \tag{13.10}$$

其中，x_i 为输入序列中的第 i 个词，$e(\cdot)$ 用于获取词向量，$\boldsymbol{g}_{x_i}$ 为翻译概率相对于 $e(x_i)$ 的梯度，$\text{sim}(\cdot, \cdot)$ 是用于评估两个向量之间相似度（距离）的函数，V 为源语言的词表。对词表中所有单词进行枚举的计算成本较大，因此可以利用语言模型以最可能的 n 个词为候选，并从中采样出单词完成替换。同时，为了保护模型不受解码器预测误差的影响，需要对模型目标语言端的输入做同样的调整。与源语言端的操作不同，此时会将式 (13.10) 中的损失替换为 $-\log P(\boldsymbol{y}|\boldsymbol{x}')$，即使用生成的对抗样本 $\boldsymbol{x}'$ 计算翻译概率。

在进行对抗性训练时，可以在原有的训练损失上增加 3 个额外的损失，最终的损失函数被定义为

$$\text{Loss}(\theta_{\text{mt}}, \theta_{\text{lm}}^{\boldsymbol{x}}, \theta_{\text{lm}}^{\boldsymbol{y}}) = \text{Loss}_{\text{clean}}(\theta_{\text{mt}}) + \text{Loss}_{\text{lm}}(\theta_{\text{lm}}^{\boldsymbol{x}}) + \\ \text{Loss}_{\text{robust}}(\theta_{\text{mt}}) + \text{Loss}_{\text{lm}}(\theta_{\text{lm}}^{\boldsymbol{y}}) \tag{13.11}$$

其中，$\text{Loss}_{\text{clean}}(\theta_{\text{mt}})$ 为正常情况下的损失，$\text{Loss}_{\text{lm}}(\theta_{\text{lm}}^{\boldsymbol{x}})$ 和 $\text{Loss}_{\text{lm}}(\theta_{\text{lm}}^{\boldsymbol{y}})$ 为生成对抗样本所用到的源语言与目标语言的模型的损失，$\text{Loss}_{\text{robust}}(\theta_{\text{mt}})$ 是以修改后的源语言 $\boldsymbol{x}'$ 为输入，以原始的译文 $\boldsymbol{y}$ 作为答案时计算得到的损失。假设有 N 个样本，则损失函数的具体形式为

$$\text{Loss}_{\text{robust}}(\theta_{\text{mt}}) = \frac{1}{N} \sum_{(\boldsymbol{x}, \boldsymbol{y})} -\log P(\boldsymbol{y}|\boldsymbol{x}', \boldsymbol{y}'; \theta_{\text{mt}}) \tag{13.12}$$

无论是黑盒方法还是白盒方法，本质上都是通过增加噪声使得模型训练更加健壮。类似的思想在很多机器学习方法中都有体现，例如，在最大熵模型中使用高斯噪声就是常用的增加模型健壮性的手段之一[596]。从噪声信道模型的角度看（见第 5 章），翻译过程也可以被理解为加噪和去噪的过程，不论这种噪声是天然存在于数据中的，还是人为添加的。除了对抗样本训练，机器翻译所使用的降噪自编码方法和基于重构的损失函数[597, 598]，也都体现了类似的思想。广义上，这些方法也可以被看作利用"加噪 + 去噪"进行健壮性训练的方法。

13.4 学习策略

尽管极大似然估计在神经机器翻译中取得了巨大的成功，但仍然面临着许多问题。例如，似然函数并不是评估翻译系统性能的指标，这使得即使在训练数据上优化似然函数，应用模型时也并不一定能获得更好的翻译结果。本节将先对极大似然估计的问题进行论述，再介绍一些解决相关问题的方法。

13.4.1 极大似然估计的问题

极大似然估计已成为机器翻译乃至整个自然语言处理领域使用最广泛的训练用目标函数。但是，使用极大似然估计存在**曝光偏置**（Exposure Bias）问题和训练目标函数与任务评价指标不一致问题。

- **曝光偏置问题**。在训练过程中，模型使用标注数据进行训练，因此模型在预测下一个单词时，解码器的输入是正确的译文片段，即预测第 j 个单词时，系统使用了标准答案 $\{y_1, \cdots, y_{j-1}\}$ 作为历史信息。对新的句子进行翻译时，预测第 j 个单词时使用的是模型自己生成的前 $j-1$ 个单词，即 $\{\hat{y}_1, \cdots, \hat{y}_{j-1}\}$。这意味着，训练时使用的输入数据（目标语言端）与真实翻译时的情况不符，如图 13.8 所示。由于模型在训练过程中一直使用标注数据作为解码器的输入，使得模型逐渐适应了标注数据。因此在推断阶段，模型无法很好地适应模型本身生成的数据。这就是曝光偏置问题[599, 600]。

- **训练目标函数与任务评价指标不一致问题**。通常，在训练过程中，模型采用极大似然估计对训练数据进行学习，而在推断过程中，使用 BLEU 等外部评价指标来评价模型在新数据上的性能。在机器翻译任务中，这个问题的一种体现是：训练数据上更低的困惑度不一定能带来 BLEU 的提升。更加理想的情况是，模型应该直接使性能评价指标最大化，而不是训练集数据上的似然函数[235]。但是，很多模型性能评价指标不可微分，这使得研究人员无法直接利用基于梯度的方法来优化这些指标。

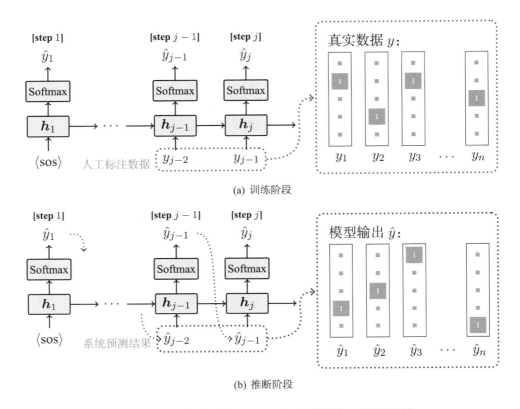

(a) 训练阶段

(b) 推断阶段

图 13.8 曝光偏置问题（基于循环神经网络的翻译模型）

13.4.2 非 Teacher-forcing 方法

所谓 Teacher-forcing 方法，即要求模型预测的结果和标准答案完全对应。Teacher-forcing 是一种深度学习中的训练策略，在序列处理任务上被广泛使用[571]。以序列生成任务为例，Teacher-forcing 要求模型在训练时不使用上一时刻的模型输出作为下一时刻的输入，而是使用训练数据中上一时刻的标准答案作为下一时刻的输入。显然，这会导致曝光偏置问题。为了解决这个问题，可以使用非 Teacher-forcing 方法。例如，在训练中使用束搜索，这样可以让训练过程模拟推断时的行为。具体来说，非 Teacher-forcing 方法可以用调度采样和生成对抗网络实现。

1. 调度采样

对于一个目标语言序列 $y = \{y_1, \cdots, y_n\}$，在预测第 j 个单词时，训练过程与推断过程之间的主要区别在于：训练过程中使用的是标准答案 $\{y_1, \cdots, y_{j-1}\}$，而推断过程使用的是来自模型本身的预测结果 $\{\hat{y}_1, \cdots, \hat{y}_{j-1}\}$。此时，可以采取一种**调度采样**（Scheduled Sampling）机制[599]。以基于循环神经网络的模型为例，在训练中预测第 j 个单词时，随机决定使用 y_{j-1} 还是 $\hat{y}_{j-1}$ 作为输入。假设训练时使用的是基于小批量的随机梯度下降法，在第 i 个批次中，对序列的每一个位置进行预测时，会以概率 ϵ_i 使用标准答案 y_{j-1}，或以概率 $1 - \epsilon_i$ 使用来自模型本身的预测 $\hat{y}_{j-1}$。具体到序列中的一个位置 j，可以根据模型单词预测的概率进行采样，在 ϵ_i 控制的调度策略下，同 y_{j-1} 一起作为输入。此过程如图 13.9 所示，并且这个过程可以很好地与束搜索融合。

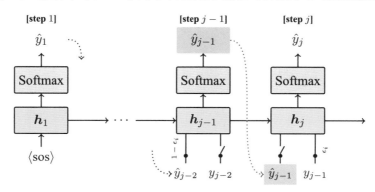

图 13.9　调度采样方法的示意图

当 $\epsilon_i = 1$ 时，模型的训练与原始的训练策略完全相同，而当 $\epsilon_i = 0$ 时，模型的训练则与推断时使用的策略完全一样。这里使用了一种**课程学习**（Curriculum Learning）策略[601]，该策略认为学习应该循序渐进，从一种状态逐渐过渡到另一种状态。在训练开始时，由于模型训练不充分，如果以模型预测结果为输入，则会导致收敛速度非常慢。因此，在模型训练的前期，通常会选择使用标准答案 $\{y_1, \cdots, y_{j-1}\}$。在模型训练的后期，更倾向于使用自模型本身的预测 $\{\hat{y}_1, \cdots, \hat{y}_{j-1}\}$。关于课程学习的内容在 13.6.2 节还会有详细介绍。

在使用调度策略时，需要调整关于训练批次 i 的函数来降低 ϵ_i，与梯度下降法中降低学习率的方式相似。调度策略可以采用如下几种方式：

- **线性衰减**。$\epsilon_i = \max(\epsilon, k - ci)$，其中 ϵ（$0 \leqslant \epsilon < 1$）是 ϵ_i 的最小数值，而 k 和 c 代表衰减的偏移量和斜率，取决于预期的收敛速度。
- **指数衰减**。$\epsilon_i = k^i$，其中 k 是一个常数，一般为 $k < 1$。
- **反向 Sigmoid 衰减**。$\epsilon_i = k/(k + \exp(i/k))$，其中 $k \geqslant 1$。

2. 生成对抗网络

调度采样解决曝光偏置的方法是将模型前 $j-1$ 步的预测结果作为输入，来预测第 j 步的输出。但是，如果模型预测的结果中有错误，那么再用错误的结果预测未来的序列也会产生问题。解决这个问题就需要知道模型预测的好与坏，并在训练中有效地使用它们。如果生成好的结果，则可以使用它进行模型训练，否则就不使用。生成对抗网络就是这样一种技术，它引入了一个额外的模型（判别器）对原有模型（生成器）的生成结果进行评价，并根据评价结果同时训练两个模型。

13.3 节已经提到了生成对抗网络，这里稍做展开。在机器翻译中，基于对抗神经网络的架构被命名为**对抗神经机器翻译**（Adversarial-NMT）[602]。令 (x, y) 表示一个训练样本，令 $\hat{y}$ 表示神经机器翻译系统对源语言句子 x 的翻译结果。此时，对抗神经机器翻译的总体框架如图 13.10 所示。其中，绿色部分表示神经机器翻译模型 G，该模型将源语言句子 x 翻译为目标语言句子 $\hat{y}$。红色部分是对抗网络 D，它的作用是判别目标语言句子是否为源语言句子 x 的真实翻译。G 和 D 相互对抗，用 G 生成的翻译结果 $\hat{y}$ 来训练 D，并生成奖励信号，再使用奖励信号通过策略梯度训练 G。

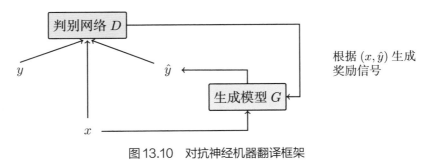

图 13.10　对抗神经机器翻译框架

实际上，对抗神经机器翻译的训练目标就是强制 $\hat{y}$ 与 y 相似。在理想情况下，$\hat{y}$ 与人类标注的答案 y 非常相似，以至于人类也无法分辨 $\hat{y}$ 是由机器还是由人类产生的。

13.4.3 强化学习方法

强化学习（Reinforcement Learning, RL）方法是机器学习中的经典方法，它可以同时解决 13.4.1 节提到的曝光偏置问题和训练目标函数与任务评价指标不一致问题。本节主要介绍基于策略的方法和基于演员-评论家的方法[603]。

1. 基于策略的方法

最小风险训练（Minimum Risk Training，MRT）可以被看作一种基于策略的方法。与极大似然估计不同，最小风险训练引入了评价指标作为损失函数，并优化模型，将预期风险降至最低[235]。

最小风险训练的目标是找到模型参数 $\hat{\theta}_{\mathrm{MRT}}$，满足式 (13.13)：

$$\hat{\theta}_{\mathrm{MRT}} = \arg\min_{\theta}\{R(\theta)\} \tag{13.13}$$

其中，$R(\theta)$ 表示预期风险，通常用风险函数的期望表示。假设有 N 个训练样本 $\{(x^{[1]}, y^{[1]}), \cdots, (x^{[N]}, y^{[N]})\}$，$R(\theta)$ 被定义为

$$R(\theta) = \sum_{k=1}^{N} \mathbb{E}_{\hat{y}|x^{[k]};\theta}[\Delta\,(\hat{y}, y^{[k]})]$$

$$= \sum_{k=1}^{N} \sum_{\hat{y} \in \chi(x^{[k]})} P(\hat{y}|x^{[k]};\theta) \triangle (\hat{y}, y^{[k]}) \tag{13.14}$$

这里，$\hat{y}$ 是模型预测的译文，$\chi(x^{[k]})$ 是 $x^{[k]}$ 对应的所有候选翻译的集合。损失函数 $\triangle (\hat{y}, y^{[k]})$ 用来衡量模型预测 $\hat{y}$ 与标准答案 $y^{[k]}$ 间的差异，损失函数一般用翻译质量评价指标定义，如 BLEU、TER 等①。在最小风险训练中，模型参数 θ 的偏导数为

$$\begin{aligned}
\frac{\partial R(\theta)}{\partial \theta} &= \sum_{k=1}^{N} \mathbb{E}_{\hat{y}|x^{[k]};\theta} [\triangle (\hat{y}, y^{[k]}) \times \frac{\partial P(\hat{y}|x^{[k]};\theta)/\partial \theta}{P(\hat{y}|x^{[k]};\theta)}] \\
&= \sum_{k=1}^{N} \mathbb{E}_{\hat{y}|x^{[k]};\theta} [\triangle (\hat{y}, y^{[k]}) \times \frac{\partial \log P(\hat{y}|x^{[k]};\theta)}{\partial \theta}]
\end{aligned} \tag{13.15}$$

式 (13.15) 使用了**策略梯度**（Policy Gradient）的手段将 $\triangle (\hat{y}, y^{[k]})$ 提到微分操作之外[604, 605]。因为无须对 $\triangle (\hat{y}, y^{[k]})$ 进行微分，所以在最小风险训练中允许使用任意不可微的损失函数，包括 BLEU 等常用的评价函数。同时，等式右侧会将概率的求导操作转化为对 log 函数的求导，更易于模型进行优化。因此，使用式 (13.15) 就可以求出模型参数相对于风险函数的损失，进而进行基于梯度的优化。

这里需要注意的是，式 (13.15) 中求期望的过程是无法直接实现的，因为无法遍历所有的译文句子。通常，会使用采样的方法搜集一定数量的译文，来模拟译文空间。例如，可以使用推断系统生成若干译文。同时，为了保证生成的译文之间具有一定的差异性，也可以对推断过程进行一些"干扰"。从实践的角度看，采样方法是影响强化学习系统的重要因素，因此往往需要对不同的任务设计相应的采样方法。最简单的方法就是在产生译文的每一个词时，根据模型产生的下一个词的分布，随机选取词当作模型预测，直到选到句子结束符或达到特定长度时停止[606]。其他方法还包括随机束搜索，它把束搜索中选取 Top-k 的操作替换成随机选取 k 个词，这个方法不会采集到重复的样本。还可以使用基于 Gumbel-Top-k 的随机束搜索更好地控制样本中的噪声[607]。

相比于极大似然估计，最小风险训练有以下优点：

- 使用模型自身产生的数据进行训练，避免了曝光偏置问题。
- 直接优化 BLEU 等评价指标，解决了训练目标函数与任务评价指标不一致的问题。
- 不涉及具体的模型结构，可以应用于任意的机器翻译模型。

2. 基于演员–评论家的方法

基于策略的强化学习是要寻找一个策略 $p(a|\hat{y}_{1 \cdots j-1}, x)$，使得该策略选择的行动 a 未来可以获得的奖励期望最大化，也被称为**动作价值函数**（Action-value Function）最大化。这个过程通常用函

---

① 当选择 BLEU 作为损失函数时，损失函数可以被定义为 1−BLEU。

数 Q 来描述：

$$Q(a; \hat{y}_{1\ldots j-1}, y) = \mathbb{E}_{\hat{y}_{j+1\ldots J} \sim p(\cdot|\hat{y}_{1\ldots j-1}a,x)}[r_j(a; \hat{y}_{1\ldots j-1}, y) +$$
$$\sum_{i=j}^{J} r_i(\hat{y}_i; \hat{y}_{1\ldots j-1}a\hat{y}_{j+1\ldots i}, y)] \tag{13.16}$$

其中，$r_j(a; \hat{y}_{1\ldots j-1}, y)$ 是 j 时刻做出行动 a 获得的奖励，$r_i(\hat{y}_i; \hat{y}_{1\ldots j-1}a\hat{y}_{j+1\ldots i}, y)$ 是在 j 时刻的行动为 a 的前提下，i 时刻做出的行动 $\hat{y}_i$ 获得的奖励，$\hat{y}_{j+1\ldots J} \sim p(\cdot|\hat{y}_{1\ldots j-1}a,x)$ 表示序列 $\hat{y}_{j+1\ldots J}$ 是根据 $p(\cdot|\hat{y}_{1\ldots j-1}a,x)$ 得到的采样结果，概率函数 p 中的 $\cdot$ 表示序列 $\hat{y}_{j+1\ldots J}$ 服从的随机变量，x 是源语言句子，y 是正确译文，$\hat{y}_{1\ldots j-1}$ 是策略 p 产生的译文的前 $j-1$ 个词，J 是生成译文的长度。对于式 (13.16) 中的 $\hat{y}_{j+1\ldots i}$ 来说，如果 $i < j+1$，则 $\hat{y}_{j+1\ldots i}$ 不存在，对于源语言句子 x，最优策略 $\hat{p}$ 可以被定义为

$$\hat{p} = \arg\max_p \mathbb{E}_{\hat{y} \sim p(\hat{y}|x)} \sum_{j=1}^{J} \sum_{a \in A} p(a|\hat{y}_{1\ldots j}, x) Q(a; \hat{y}_{1\ldots j}, y) \tag{13.17}$$

其中，A 表示所有可能的行动组成的空间，也就是词表 V。式 (13.17) 的含义是，最优策略 $\hat{p}$ 的选择需要同时考虑当前决策的"信心"（即 $p(a|\hat{y}_{1\ldots j}, x)$）和未来可以获得的"价值"（即 $Q(a; \hat{y}_{1\ldots j}, y)$）。

计算动作价值函数 Q 需要枚举 j 时刻以后所有可能的序列，而可能的序列数目随着其长度呈指数级增长，因此只能采用估计的方法计算 Q 的值。基于策略的强化学习方法，如最小风险训练（风险 $\triangle = -Q$）等都使用了采样的方法来估计 Q。采样的结果是 Q 的无偏估计，它的缺点是使用这种方法得到的估计结果的方差比较大。而 Q 直接关系到梯度更新的大小，不稳定的数值会导致模型更新不稳定，难以优化。

为了避免采样的开销和随机性带来的不稳定，基于**演员-评论家**（Actor-critic）的强化学习方法引入了一个可学习的函数 $\tilde{Q}$，通过函数 $\tilde{Q}$ 逼近动作价值函数 Q[603]。由于 $\tilde{Q}$ 是一个人工设计的函数，该函数有着自身的偏置，因此 $\tilde{Q}$ 不是 Q 的一个无偏估计，使用 $\tilde{Q}$ 来指导 p 的优化，无法达到理论上的最优解。尽管如此，得益于神经网络强大的拟合能力，基于演员-评论家的强化学习方法在实践中仍然非常流行。

在基于演员-评论家的强化学习方法中，演员就是策略 p，评论家就是动作价值函数 Q 的估计 $\tilde{Q}$。对于演员，它的目标是找到最优的决策：

$$\hat{p} = \arg\max_p \mathbb{E}_{\hat{y} \sim p(\hat{y}|x)} \sum_{j=1}^{J} \sum_{a \in A} p(a|\hat{y}_{1\ldots j}, x) \tilde{Q}(a; \hat{y}_{1\ldots j}, y) \tag{13.18}$$

与式 (13.17) 对比可以发现，基于演员-评论家的强化学习方法与基于策略的强化学习方法类似，式 (13.18) 对动作价值函数 Q 的估计变成了一个可学习的函数 $\tilde{Q}$。对于目标函数里期望的计

算，通常使用采样的方式来逼近，这与最小风险训练十分类似。例如，选择一定量的 $\hat{y}$ 来计算期望，而不是遍历所有的 $\hat{y}$。借助与最小风险训练类似的方法，可以计算对 p 的梯度来优化演员。

对评论家而言，它的优化目标并不是那么显而易见。尽管可以通过采样的方式来估计 Q，然后使用该估计作为目标，让 $\tilde{Q}$ 进行拟合，但会导致非常高的（采样）代价。可以想象，既然有了一个无偏估计，为什么还要用有偏估计 $\tilde{Q}$ 呢？

回顾动作价值函数的定义，可以对它做适当的展开，得到如下等式：

$$
\begin{aligned}
Q(\hat{y}_j; \hat{y}_{1\cdots j-1}, y) = r_j(\hat{y}_j; \hat{y}_{1\cdots j-1}, y) + \\
\sum_{a\in A} p(a|\hat{y}_{1\cdots j}, x) Q(a; \hat{y}_{1\cdots j}, y)
\end{aligned}
\tag{13.19}
$$

这个等式也被称为**贝尔曼方程**（Bellman Equation）[608]。它表达了 $j-1$ 时刻的动作价值函数 $Q(\hat{y}_j; \hat{y}_{1\cdots j-1}, y)$ 跟下一时刻 j 的动作价值函数 $Q(a; \hat{y}_{1\cdots j}, y)$ 之间的关系。在理想情况下，动作价值函数 Q 应该满足式 (13.19)。因此，可以使用该等式作为可学习的函数 $\tilde{Q}$ 的目标。于是，可以定义 j 时刻动作价值函数为

$$
q_j = r_j(\hat{y}_j; \hat{y}_{1\cdots j-1}, y) + \sum_{a\in A} p(a|\hat{y}_{1\cdots j}, x)\tilde{Q}(a; \hat{y}_{1\cdots j}, y)
\tag{13.20}
$$

相应地，评论家对应的目标定义为

$$
\hat{\tilde{Q}} = \arg\min_{\tilde{Q}} \sum_{j=1}^{J} \left(\tilde{Q}(\hat{y}_j; \hat{y}_{1\cdots j-1}, y) - q_j \right)^2
\tag{13.21}
$$

此时，式 (13.20) 与式 (13.21) 共同组成了评论家的学习目标，使得可学习的函数 $\tilde{Q}$ 逼近理想的 Q。最后，通过同时优化演员和评论家直到收敛，获得的演员（也就是策略 p）是我们期望的翻译模型。图 13.11 展示了演员和评论家的关系。

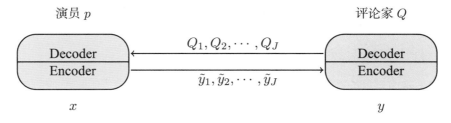

图 13.11　演员和评论家的关系

使用基于演员-评论家的强化学习方法还有许多细节，包括但不限于以下技巧：

- **多目标学习**。演员的优化通常会引入额外的极大似然估计目标函数，同时会使用极大似然估

计进行预训练。这样会简化训练，因为随机初始化的演员性能很差，很难获得有效的奖励。同时，极大似然估计也可以被当作一种先验知识，通过正则项的形式约束机器翻译模型的学习，防止模型陷入很差的局部最优，并加速模型收敛。

- **优化目标**。评论家的优化目标是由自身输出构造的。当模型更新比较快时，模型的输出变化也会很快，导致构造的优化目标不稳定，影响模型的收敛效果。一个解决方案是，在一定更新次数内，先固定构造优化目标使用的模型，再使用比较新的模型来构造后续一定更新次数内的优化目标，如此往复[609]。

- **方差惩罚**。在机器翻译中使用强化学习方法的一个问题是动作空间过大，这是由词表过大造成的。因为模型只根据被采样到的结果进行更新，很多动作很难得到更新，因此对不同动作的动作价值函数估计值会有很大差异。此时，通常引入一个正则项 $C_j = \sum_{a \in A}(\tilde{Q}(a; \hat{y}_{1 \cdots j-1}, y) - \frac{1}{|A|} \sum_{b \in A} \tilde{Q}(b; \hat{y}_{1 \cdots j-1}, y))^2$ 来约束不同动作的动作函数估计值，使其不会偏离均值太远[610]。

- **奖励塑形**。在机器翻译里使用强化学习方法的另一个问题是奖励的稀疏性。评价指标（如 BLEU 等）只能对完整的句子进行打分，也就是奖励只有在句子结尾有值，在句子中间为 0。这种情况意味着模型在生成句子的过程中没有任何信号来指导它的行为，从而大大增加了学习难度。常见的解决方案是进行**奖励塑形**（Reward Shaping），使奖励在生成句子的过程中变得稠密，同时不会改变模型的最优解[611]。

13.5 知识蒸馏

理想的机器翻译系统应该是品质好、速度快、存储占用少的。不过，为了追求更好的翻译品质，往往需要更大的模型，但是相应的翻译速度会降低，模型的体积会变大。在很多场景下，这样的模型无法直接使用。例如，Transformer-Big 等"大"模型通常在专用服务器上运行，在手机等受限环境下仍很难应用。

直接训练"小"模型的效果往往并不理想，其翻译品质与"大"模型相比仍有比较明显的差距。既然直接训练小模型无法达到很好的效果，一种有趣的做法是把"大"模型的知识传递给"小"模型。这类似于教小孩学数学：不是请一个权威数学家（即数据中的标准答案）进行教学，而是请一个小学数学教师（即"大"模型）。这就是知识蒸馏的基本思想。

13.5.1 什么是知识蒸馏

通常，知识蒸馏可以被看作一种知识迁移的手段[549]。如果把"大"模型的知识迁移到"小"模型，这种方法的直接结果就是**模型压缩**（Model Compression）。当然，理论上，也可以将"小"模型的知识迁移到"大"模型，例如，将迁移后得到的"大"模型作为初始状态，之后继续训练该模型，以期望取得加速收敛的效果。在实践中更多是使用"大"模型到"小"模型的迁移，这也是本节讨论的重点。

知识蒸馏基于两个假设：

- "知识"在模型间是可迁移的。也就是说，一个模型中蕴含的规律可以被另一个模型使用。最典型的例子就是预训练语言模型（见第 9 章）。使用单语数据学习到的表示模型，在双语的翻译任务中仍然可以发挥很好的作用，即将单语语言模型学习到的知识迁移到双语模型对句子的表示中。

- 模型所蕴含的"知识"比原始数据中的"知识"更容易被学习到。例如，机器翻译中大量使用的回译（伪数据）方法，就把模型的输出作为数据让系统学习。

这里所说的第 2 个假设对应了机器学习中的一大类问题——**学习难度**（Learning Difficulty）。所谓难度是指：在给定一个模型的情况下，需要花费多大代价对目标任务进行学习。如果目标任务很简单，同时模型与任务很匹配，则学习难度会降低。如果目标任务很复杂，同时模型与其匹配程度很低，则学习难度会很大。在自然语言处理任务中，这个问题的一种表现是：在质量很高的数据中学习的模型的翻译质量可能仍然很差。即使训练数据是完美的，模型仍然无法做到完美的学习。这可能是因为建模的不合理，导致模型无法描述目标任务中复杂的规律。在机器翻译中这个问题体现得尤为明显。例如，在机器翻译系统输出的 n-best 结果中挑选最好的译文（称为 Oracle）作为训练样本，让系统重新学习，仍然达不到 Oracle 的水平。

知识蒸馏本身也体现了一种"自学习"的思想，即利用模型（自己）的预测来教模型（自己）。这样，既保证了知识可以向更轻量的模型迁移，也避免了模型从原始数据中学习难度大的问题。虽然"大"模型的预测中也会有错误，但这种预测更符合建模的假设，因此"小"模型反倒更容易从不完美的信息中学到更多的知识①。类似于，刚开始学习围棋的人从职业九段身上可能什么也学不到，向一个业余初段的选手学习可能更容易入门。另外，也有研究表明：在机器翻译中，相比于"小"模型，"大"模型更容易优化，也更容易找到更好的模型收敛状态[612]。因此，在需要一个性能优越、存储较小的模型时，也会考虑将大模型压缩得到更轻量的模型[613]。

通常，把"大"模型看作传授知识的"教师"，被称作**教师模型**（Teacher Model）；把"小"模型看作接收知识的"学生"，被称作**学生模型**（Student Model）。例如，可以把 Transformer-Big 看作教师模型，把 Transformer-Base 看作学生模型。

13.5.2 知识蒸馏的基本方法

知识蒸馏的基本思路是让学生模型尽可能地拟合教师模型[549]，通常有两种实现方式[550]：

- **单词级的知识蒸馏**（Word-level Knowledge Distillation）。该方法的目标是使学生模型的预测（分布）尽可能逼近教师模型的预测（分布）。令 $x = \{x_1, \cdots, x_m\}$ 和 $y = \{y_1, \cdots, y_n\}$ 分别表示输入和输出（数据中的答案）序列，V 表示目标语言词表，则基于单词的知识蒸馏的损失函数被定义为

$$L_{\text{word}} = -\sum_{j=1}^{n} \sum_{y_j \in V} P_t(y_j|x) \log P_s(y_j|x) \tag{13.22}$$

---

① 很多时候，"大"模型和"小"模型都基于同一种架构，因此，二者对问题的假设和模型结构都是相似的。

这里，$P_s(y_j|x)$ 和 $P_t(y_j|x)$ 分别表示学生模型和教师模型在 j 位置输出的概率。实际上，式 (13.22) 在最小化教师模型和学生模型输出分布之间的交叉熵。

- **序列级的知识蒸馏**（Sequence-level Knowledge Distillation）。除了单词一级输出的拟合，基于序列的知识蒸馏希望在序列整体上进行拟合，其损失函数被定义为

$$L_{\text{seq}} = -\sum_y P_t(y|x) \log P_s(y|x) \tag{13.23}$$

式 (13.23) 要求遍历所有可能的译文序列，并进行求和。当词表大小为 V，序列长度为 n 时，序列的数量有 V^n 个。因此，会考虑用教师模型的真实输出序列 $\hat{y}$ 代替整个空间，即假设 $P_t(\hat{y}|x) = 1$。于是，目标函数变为

$$L_{\text{seq}} = -\log P_s(\hat{y}|x) \tag{13.24}$$

这样的损失函数最直接的好处是，知识蒸馏的流程会非常简单。因为只需要利用教师模型将训练数据（源语言）翻译一遍，再用它的输入与输出构造新的双语数据。然后，利用新得到的双语数据训练学生模型即可。图 13.12 对比了词级和序列级知识蒸馏方法的差异。

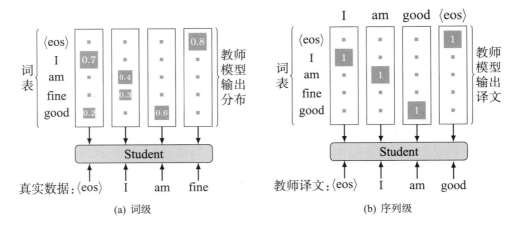

图 13.12 词级和序列级知识蒸馏方法的差异

本质上，单词级的知识蒸馏与语言建模等问题的建模方式是一致的。在传统方法中，训练数据中的答案会被看作一个 One-hot 分布，然后让模型尽可能地拟合这种分布。而这里，答案不再是一个 One-hot 分布，而是由教师模型生成的真实分布，但是损失函数的形式是一模一样的。在具体实现时，一个容易出现的问题是在词级的知识蒸馏方法中，教师模型的 Softmax 可能会生成非常尖锐的分布。这时，需要考虑对分布进行平滑，提高模型的泛化能力，例如，可以在 Softmax

函数中加入一个参数 α，如 $\text{Softmax}(s_i) = \frac{\exp(s_i/\alpha)}{\sum_{i'} \exp(s_{i'}/\alpha)}$。这样可以通过 α 控制分布的平滑程度。

除了在模型最后输出的分布上进行知识蒸馏，同样可以使用教师模型对学生模型的中间层输出和注意力分布进行约束。这种方法在第 14 章中会有具体应用。

13.5.3 机器翻译中的知识蒸馏

在神经机器翻译中，通常使用式 (13.24) 的方法进行知识蒸馏，即通过教师模型构造伪数据，让学生模型从伪数据中学习。这样做的好处在于，系统研发人员不需要对系统进行任何修改，整个过程只需要调用教师模型和学生模型的标准训练、推断模块即可。

那么，如何构造教师模型和学生模型呢？以 Transformer 为例，通常有两种思路：

- 固定教师模型，通过减少模型容量的方式设计学生模型。例如，可以使用容量较大的模型作为教师模型（如 Transformer-Big 或 Transformer-Deep），然后通过将神经网络变"窄"、变"浅"的方式得到学生模型。例如，可以用 Transformer-Big 做教师模型，然后把 Transformer-Big 的解码器变为一层网络，作为学生模型。
- 固定学生模型，通过模型集成的方式设计教师模型。可以组合多个模型生成更高质量的译文。例如，先融合多个使用不同参数初始化方式训练得到的 Transformer-Big 模型，再学习一个 Transformer-Base 模型。

此外，还可以采用迭代式知识蒸馏的方式。首先，通过模型集成得到较强的教师模型，再将知识迁移到不同的学生模型上，随后，继续使用这些学生模型集成新的教师模型。不断重复上述过程，可以逐步提升集成模型的性能，如图 13.13 所示。值得注意的是，随着迭代次数的增加，集成所带来的收益也会随着子模型之间差异的减小而减少。

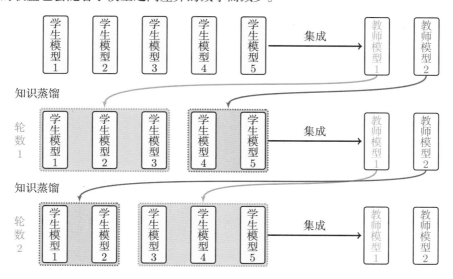

图 13.13　迭代式知识蒸馏

如果倾向于使用更少的存储、更快的推理速度，则可以使用更小的学生模型。值得注意的是，对于 Transformer 模型来说，减少解码端的层数会大幅提升推理速度。特别是对于基于深层编码器的 Transformer-Deep，适当减少解码端的层数，不会带来翻译品质的下降。可以根据不同任务的需求，选择适当大小的学生模型，来平衡存储空间、推断速度和模型品质之间的关系。

13.6 基于样本价值的学习

当人学习知识时，通常会遵循循序渐进、由易到难的原则，这是一种很自然的学习策略。当训练机器翻译模型时，通常是将全部样本以随机的方式输入模型中，换句话说，就是让模型平等地对待所有的训练样本。这种方式忽略了样本对于模型训练的"价值"。显然，更理想的方式是优先使用价值高的样本对模型进行训练。围绕训练样本的价值差异产生了诸如数据选择、主动学习、课程学习等一系列的样本使用方法，这些学习策略本质上是在不同任务、不同背景、不同假设下，对如何高效地利用训练样本这一问题进行求解，本节即对这些技术进行介绍。

13.6.1 数据选择

模型学习的目的是学习训练数据中的分布，以期望模型学到的分布和真实的分布越接近越好。然而，训练数据是从真实世界中采样得来的，这导致训练数据无法完整地描述客观世界的真实规律。这种分布的不匹配有许多不同的表现形式，例如，类别不平衡、领域差异、存在标签噪声等，这导致模型在实践中表现不佳。

类别不平衡在分类任务中更为常见，可以通过重采样、代价敏感训练等手段来解决。数据选择则是缓解领域差异和标签噪声等问题的一种有效手段，它的学习策略是让模型有选择地使用样本进行学习。此外，在一些稀缺资源场景下，还会面临标注数据稀少的情况。此时，可以利用主动学习，选择那些最有价值的样本优先进行人工标注，从而降低标注成本。

显然，上述方法都基于一个假设：在训练过程中，每个样本都是有价值的，且这种价值可以计算。价值在不同任务背景下有不同的含义，这与任务的特性有关。例如，在选择与目标领域相关的数据时，样本的价值表示这个样本与领域的相关性；在数据降噪中，价值表示样本的可信度；在主动学习中，价值表示样本的难易程度。

1. 领域相关的数据选择

当机器翻译系统应用于不同领域时，训练语料与所应用领域的相关性就显得非常重要[614, 615]。不同领域往往具有自己独特的属性，如语言风格、句子结构、专业术语等。以"bank"这个英语单词为例，在金融领域，它通常被翻译为"银行"，而在计算机领域，一般被解释为"库""存储体"。这就导致使用通用领域的数据训练出来的模型在特定领域上的翻译效果不理想。本质上，是训练数据和测试数据的领域属性不匹配造成的。

一种解决办法是只使用特定领域的数据进行模型训练，这种数据往往比较稀缺。那能不能利用通用领域的数据来帮助数据稀少的领域呢？这个研究方向被称为机器翻译的**领域适应**（Domain

Adaptation），即把数据从资源丰富的领域（称为**源领域**，Source Domain）向资源稀缺的领域（称为**目标领域**，Target Domain）迁移。这本身也对应着资源稀缺场景下的机器翻译问题，这类问题会在第 16 章进行详细讨论。本章更关注如何有效地利用训练样本，以更好地适应目标领域。具体来说，可以使用**数据选择**（Data Selection），从源领域的训练数据中选择与目标领域更相关的样本进行模型训练。这样做的一个好处是，源领域中混有大量与目标领域不相关的样本，数据选择可以有效降低这部分数据的比例，这样可以更加突出与领域相关样本的作用。

数据选择要解决的核心问题是：给定一个目标领域/任务数据集（如目标任务的开发集），如何衡量原始训练样本与目标领域/任务的相关性？主要方法可以分为以下几类：

- **基于交叉熵差**（Cross-entropy Difference，CED）**的方法**[616-619]。该方法在目标领域数据和通用数据上分别训练语言模型，然后用这两个语言模型给句子打分并做差，差越小，说明句子与目标领域越相关。
- **基于文本分类的方法**[620-623]。将问题转化为文本分类问题，先构造一个领域分类器，再利用分类器对给定的句子进行领域分类，最后用输出的概率打分，选择得分高的样本。
- **基于特征衰减算法**（Feature Decay Algorithms，FDA）**的方法**[624-626]。该算法基于特征匹配，试图从源领域中提取一个句子集合，这些句子能够最大程度地覆盖目标领域的语言特征。

上述方法实际上描述了一种静态的学习策略，即先利用评分函数对源领域的数据进行打分排序，然后选取一定数量的数据合并到目标领域数据集中，再用目标领域数据集训练模型[616, 617, 620, 621]。这个过程扩大了目标领域的数据规模，此时，对于使用目标领域数据集训练出的模型来说，其性能的增加主要来自数据量的增加。研究人员也发现静态方法存在两方面的缺陷：

- 在选定的子集上进行训练会导致词表覆盖率的降低，并加剧单词长尾分布问题[617, 627]。
- 静态方法可以看作一种数据过滤技术，它对数据的判定方式是"非黑即白"的，即接收或拒绝。一方面，这种方式会受到评分函数的影响；另一方面，被拒绝的数据可能对训练模型仍然有用，而且样本的价值可能会随着训练过程的推进而改变[628]。

使用动态学习策略可以有效地缓解上述问题。它的基本想法是：不直接抛弃领域相关性低的样本，而是让模型给予相关性高的样本以更高的关注度，使它更容易参与训练过程中。在实现上，主要有两种方法，一种是将句子的领域相似性表达成概率分布，在训练时根据该分布对数据进行动态采样[627, 629]；另一种是在计算损失函数时根据句子的领域相似性，以加权的方式进行训练[618, 622]。相比于静态方法的二元选择方式，动态方法是一种"软"选择的方式，使模型有机会使用到其他数据，提高了训练数据的多样性，因此性能也更稳定。

2. 数据降噪

除了领域差异，训练数据中也存在噪声，如机器翻译所使用的数据中经常出现句子未对齐、多种语言文字混合、单词丢失等问题。相关研究表明，神经机器翻译对于噪声数据很敏感[630]，因此无论是从训练效果还是训练效率出发，数据降噪都是很有意义的。事实上，在统计机器翻译时代，就有很多数据降噪方面的研究工作[631-633]，因此，许多方法也可以应用到神经机器翻译中来。

含有噪声的数据通常都具有较为明显的特征，因此可以用诸如句子长度比、词对齐率、最长连续未对齐序列长度等特征对句子进行综合评分[634-636]；也可以将该问题转化为分类任务，对句子进行筛选[637,638]。此外，从某种意义上讲，数据降噪也算是一种领域数据选择，因为它的目标是选择可信度高的样本，所以可以人工构建一个可信度高的小数据集，然后利用该数据集和通用数据集之间的差异进行选择[628]。

早期的工作主要关注过滤噪声样本，较少探讨如何利用噪声样本。事实上，噪声是有强度的，有些噪声样本对于模型可能是有价值的，而且它们的价值可能会随着模型的状态而改变[628]。对于一个双语句对"我/喜欢/那个/地方/。↔ I love that place. It's very beautiful." 一方面，虽然这两个句子都很流畅，但汉语句子中缺少一部分翻译，因此简单地基于长度或双语词典的方法可以很容易将其过滤掉；另一方面，这个样本对于训练机器翻译模型仍然有用，特别是在数据稀缺的情况下，因为汉语句子和英语句子的前半部分仍然是正确的互译结果。这体现了噪声数据的微妙之处，它对应的不是简单的二元分类问题（一个训练样本有用或没有用）：一些训练样本可能部分有用。因此，简单的过滤并不是很好的办法，一种更理想的学习策略应该是既可以合理地利用这些数据，又不让其对模型产生负面影响。例如，在训练过程中，对批量数据的噪声水平进行**退火**（Anneal），使得模型在越来越干净的数据上进行训练[628,639]。宏观上，整个训练过程其实是一个持续微调的过程，这和微调的思想基本一致。这种学习策略不仅充分利用了训练数据，而且避免了噪声数据对模型的负面影响，因此取得了不错的效果。

3. 主动学习

主动学习（Active Learning）也是一种数据选择策略。它最初被应用，是因为标注大量数据的成本过高，应该优先标注对模型最有价值的数据，这样可以最大化模型学习的效率，同时降低数据标注的整体代价[640]。主动学习主要由 5 个部分组成，包括未标注样本池、筛选策略、标注者、标注样本集、目标模型。在主动学习过程中，会根据当前的模型状态找到未标注样本池中最有价值的样本，送给标注者。标注结束后，会把标注的样本加入标注样本集中，再用这些标注的样本更新模型。之后，重复这个过程，直到到达某种收敛状态。

主动学习的一个核心问题是：如何选择那些最有价值的未标注样本？通常，假设模型认为最"难"的样本是最有价值的。具体实现时有很多思路，如基于置信度的方法、基于分类错误的方法等[641,642]。

在机器翻译中，主动学习可以被用于低资源翻译，以减少人工标注的成本[643,644]。也可以被用于交互式翻译，让模型持续从外界反馈中受益[645-647]。总的来说，主动学习在机器翻译中应用得不算广泛。这是由于，机器翻译任务很复杂，设计样本价值的评价函数较为困难。而且，在很多场景中，并不是简单地选择样本，而是希望训练装置能够考虑样本的价值，以充分发挥所有数据的优势。这也正是即将介绍的课程学习等方法要解决的问题。

13.6.2 课程学习

课程学习的基本思想是：先学习简单的、具有普适性的知识，再逐渐增加难度，学习更复杂、更专业化的知识。在统计模型训练中，这种思想可以体现在让模型按照由"易"到"难"的顺序对样本进行学习[648]，这本质上是一种样本使用策略。以神经机器翻译使用的随机梯度下降法为例，在传统的方法中，所有训练样本都是随机呈现给模型的，换句话说，就是让模型平等地对待所有的训练样本，忽略样本的复杂性和当前模型的学习状态。因此，模拟人类由易到难的学习过程就是一种很自然的想法，这样做的好处在于：

- **加速模型训练**。课程学习可以在不降低模型性能的前提下，加速模型的训练，减少迭代步数。
- **使模型获得更好的泛化性能**。通过对简单样本的学习，让模型不至于过早地进入拟合复杂样本的状态。

课程学习是符合直觉的。可以想象，对于一个数学零基础的人来说，如果一开始就同时学习加减乘除和高等数学，则效率自然比较低；如果按照正常的学习顺序，先学习加减乘除，再学习各种函数，最后学习高等数学，则效率会高。事实上，课程学习自从被提出就受到研究人员的极大关注，除了想法本身有趣，还因为它作为一种和模型无关的训练策略，具有即插即用的特点。神经机器翻译就是一种契合课程学习的任务，这是因为神经机器翻译往往需要大规模的平行语料来训练模型，训练成本很高，所以使用课程学习来加快收敛是一个很自然的想法。

那么，如何设计课程学习方法呢？有两个核心问题：

- **如何评估每个样本的难度**？即设计评估样本学习难易度的准则，简称**难度评估准则**（Difficulty Criteria）。
- **以何种策略规划训练数据**？即何时为训练提供更复杂的样本，以及提供多少样本等，称为**课程规划**（Curriculum Schedule）。

把这两个问题抽象成两个模块：难度评估器和训练调度器，那么课程学习的框架如图 13.14 所示。首先，难度评估器按照由易到难的顺序对训练样本进行排序，最开始，调度器从相对容易的数据块中采样训练样本，发送给模型进行训练，随着训练时间的推移，训练调度器将逐渐从更困难的数据块中采样（何时、选择何种采样方式取决于设定的策略），持续这个过程，直到得到整个训练集的均匀采样结果。

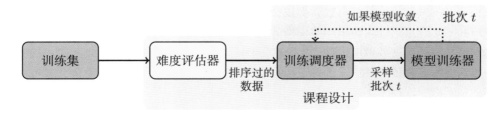

图 13.14　课程学习的框架

实际上，评估样本的难度的方式和具体的任务相关，在神经机器翻译中，有很多种评估方法，可以利用语言学上的困难准则，如句子长度、句子平均词频、句法树深度等[649,650]。这些准则本质上属于人类的先验知识，符合人类的直觉，但不一定和模型相匹配。对人类来说简单的句子，对模型来说可能并不简单，因此研究人员也提出了基于模型的方法，如语言模型[639,651]或神经机器翻译模型[601,652]，都可以用于评价样本的难度。值得注意的是，利用神经机器翻译来打分的方法分为静态和动态两种。静态的方法是利用在小数据集上训练的、更小的翻译模型来打分[652]。动态的方法则是利用当前模型的状态来打分，这在广义上也叫作**自步学习**（Self-paced Learning），通常可以利用模型的训练误差或变化率等指标进行样本难度的估计[601]。

虽然样本难度的度量在不同任务中有所不同，但课程规划通常与数据和任务无关。在各种场景中，大多数课程学习都利用了类似的调度策略。具体而言，调度策略可以分为预定义的和自动的两种。预定义的调度策略通常将按照难易程度排序好的样本划分为块，每个块中包含一定数量的难度相似的样本。然后，按照"先易后难"的原则人工定义一个调度策略，一种较为流行的方法是：在训练早期，模型只在简单块中采样，随着训练过程的进行，将下一个块的样本合并到当前训练子集中，继续训练，直到合并了整个数据块，即整个训练集可见为止，之后继续训练直到收敛。这个过程如图 13.15 所示。类似的还有一些其他变体，如训练到模型可见整个数据集之后，再将最难的样本块复制并添加到训练集中，或者将最容易的数据块逐渐删除，再添加回来等，这些方法的基本想法都是想让模型在具备一定的能力之后，更关注困难样本。

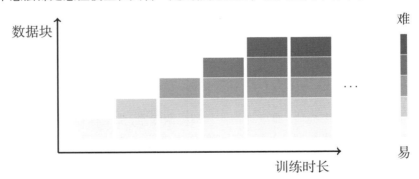

图13.15 "先易后难"数据块选择

尽管预定义的调度策略简单有效，但也会面临方法不够灵活、数据块划分不合理等问题，而且这种策略在一定程度上也忽略了当前模型的反馈。因此，另一种方法是自动的方法，根据模型的反馈动态调整样本的难度或调度策略，模型的反馈可以是模型的不确定性[653]、模型的能力[601,649]等。这些方法在一定程度上使整个训练过程和模型的状态相匹配，同时，样本的选择过渡得更加平滑，因此在实践中取得了不错的效果。

13.6.3 持续学习

人类具有不断学习、调整和转移知识的能力，这种能力被称为**持续学习**（Continual Learning），也叫**终生学习**（Lifelong Learning）或**增量式学习**（Incremental Learning）。人类学习新任务时，会很自然地利用以前的知识，并将新学习的知识整合到以前的知识中。然而，对机器学习系统来说，尤其在联结主义的范式下（如深度神经网络模型），这是一个很大的挑战，是由神经网络的特性决定的。当前的神经网络模型依赖标注的训练样本，通过反向传播算法对模型参数进行训练更新，最终达到拟合数据分布的目的。当把在某个任务上训练的模型应用到新的任务上时，本质上是模型输入数据的分布发生了变化，从这种分布差异过大的数据中不断获取可用信息，很容易导致**灾难性遗忘**（Catastrophic Forgetting）问题，即用新数据训练模型时会干扰先前学习的知识。甚至，在最坏的情况下，会导致旧知识被新知识完全重写。在机器翻译领域，类似的问题经常发生在不断增加数据的场景中：当用户使用少量数据对模型进行更新时，发现模型在旧数据上的性能下降了（见第 18 章）。

为克服灾难性遗忘问题，学习系统必须能连续获取新知识和完善现有知识，还应防止新数据的输入干扰现有的知识，这个问题称作**稳定性-可塑性**（Stability-Plasticity）问题。可塑性指整合新知识的能力，稳定性指保留先前的知识不至于遗忘。要解决这些问题，就需要模型在保留先前任务的知识与学习当前任务的新知识之间取得平衡。目前的解决方法可以分为以下几类：

- **基于正则化的方法**。通过对模型参数的更新施加约束来减轻灾难性的遗忘，通常是在损失函数中引入一个额外的正则化项，使得模型在学习新数据时巩固先前的知识[654, 655]。
- **基于实例的方法**。在学习新任务的同时混合训练先前的任务样本以减轻遗忘，这些样本可以是从先前任务的训练数据中精心挑选出的子集，或者是利用生成模型生成的伪样本[656, 657]。
- **基于动态模型架构的方法**。例如，增加神经元或新的神经网络层重新训练，或者在新任务上训练模型时，只更新模型的部分参数[658, 659]。

从某种程度上看，多领域、多语言机器翻译等都可以被看作广义上的持续学习。在多领域神经机器翻译中，研究人员期望一个在通用数据上学习的模型可以继续在新的领域有良好的表现。在多语言神经机器翻译中，研究人员期望一个模型可以支持更多语种的翻译，甚至当新的语言到来时不需要修改模型结构。以上这些问题在第 16 章和第 18 章中会详细介绍。

13.7 小结及拓展阅读

本章从不同角度讨论了神经机器翻译模型的训练问题。不仅可以作为第 9 章 ~ 第 12 章内容的扩展，而且为本书后续章节的内容进行了铺垫。从机器学习的角度看，本章介绍的很多内容不仅适用于机器翻译，大多数内容同样适用于其他自然语言处理任务。此外，本章也讨论了许多与机器翻译相关的问题（如大词表），这又使得本章的内容具有机器翻译的特性。总的来说，模型训练是一个非常开放的问题，在后续章节中还会频繁涉及。同时，还有一些方向可以关注：

- 对抗样本除了用于提高模型的健壮性，还有很多其他的应用场景，如评估模型。通过构建由对抗样本构造的数据集，可以验证模型对不同类型噪声的健壮性[660]。在生成对抗样本时，常常要考虑很多问题，如扰动是否足够细微[575, 577]，能在人类难以察觉的同时达到欺骗模型的目的；对抗样本在不同的模型结构或数据集上是否具有足够的泛化能力[661, 662]；生成的方法是否足够高效，等等[580, 663]。

- 机器翻译中的很多算法使用了强化学习方法，如 MIXER 算法用混合策略梯度和极大似然估计的目标函数更新模型[600]，DAgger[664] 及 DAD[665] 等算法在训练过程中逐渐让模型适应推断阶段的模式。此外，强化学习的效果目前还相当不稳定，研究人员提出了大量的方法对其进行改善，如降低对动作价值函数 Q 的估计的方差[603, 666]、使用单语语料[667, 668]，等等。

- 广义上讲，大多数课程学习方法都遵循由易到难的原则。然而，在实践过程中，人们逐渐赋予了课程学习更多的内涵，课程学习的含义早已超越了最原始的定义。一方面，课程学习可以与许多任务结合，此时，评估准则并不一定总是样本的困难度，这取决于具体的任务。或者说，我们更关心的是样本带给模型的"价值"，而非简单的难易标准。另一方面，在一些任务或数据中，由易到难并不总是有效的，有时困难优先反而会取得更好的效果[652, 669]。实际上，这和人类的直觉不太相符，一种合理的解释是课程学习更适合标签噪声、离群值较多或目标任务难以拟合的场景，该方法能够提高模型的健壮性和收敛速度，而困难优先的策略则更适合数据集干净的场景[670]。

14. 神经机器翻译模型推断

推断是神经机器翻译中的核心问题。训练时双语句子对模型是可见的，但是在推断阶段，模型需要根据输入的源语言句子预测译文，因此神经机器翻译的推断和训练过程有着很大的不同。特别是，推断系统往往对应着机器翻译实际部署的需要，因此机器翻译推断系统的精度和速度等因素也是实践中需要考虑的。

本章对神经机器翻译模型推断中的若干问题进行讨论。主要涉及 3 方面内容：

- 神经机器翻译的基本问题，如推断方向、译文长度控制等。
- 神经机器翻译的推断加速方法，如轻量模型、非自回归翻译模型等。
- 多模型集成推断。

14.1 面临的挑战

神经机器翻译的推断是指：对于输入的源语言句子 x，使用已经训练好的模型找到最佳译文 $\hat{y}$ 的过程，其中 $\hat{y} = \arg\max_y P(y|x)$。这个过程也被称作解码。为了避免与神经机器翻译中的编码器-解码器在概念上的混淆，这里统一把翻译新句子的操作称作推断。以上过程是一个典型的搜索问题（见第 2 章），例如，可以使用贪婪搜索或者束搜索完成神经机器翻译的推断（见第 10 章）。

通用的神经机器翻译推断包括如下几步：

- 对输入的源语言句子进行编码。
- 使用源语言句子的编码结果，在目标语言端自左向右逐词生成译文。
- 在目标语言的每个位置计算模型得分，同时进行剪枝。
- 当满足某种条件时终止搜索。

这个过程与统计机器翻译中自左向右翻译是一样的（见第 7 章），即在目标语言的每个位置，根据已经生成的部分译文和源语言的信息，生成下一个译文单词[80, 81]。它可以由两个模块实现[671]：

- **预测模块**，根据已经生成的部分译文和源语言信息，预测下一个要生成的译文单词的概率分布①。因此，预测模块实际上就是一个模型打分装置。

---

① 在统计机器翻译中，也可以同时预测若干个连续的单词，即短语。在神经机器翻译中也有类似于生成短语的方法，但是主流的方法还是以单词为单位生成。

- **搜索模块**，它会利用预测结果，对当前的翻译假设进行打分，并根据模型得分对翻译假设进行排序和剪枝。

预测模块是由模型决定的，而搜索模块可以与模型无关。也就是说，不同的模型可以共享同一个搜索模块完成推断。例如，对于基于循环神经网络的模型，预测模块需要读入前一个状态的信息和前一个位置的译文单词，然后预测当前位置单词的概率分布；对于 Transformer 模型，预测模块需要先对前面的所有位置做注意力运算，再预测当前位置单词的概率分布。这两个模型都可以使用同一个搜索模块。图 14.1 给出了神经机器翻译推断系统的结构。

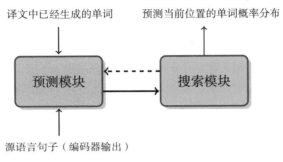

图 14.1　神经机器翻译推断系统的结构

这是一个非常通用的结构框架，同样适用于统计机器翻译模型。因此，神经机器翻译推断中的很多问题与统计机器翻译是一致的，如束搜索的宽度、解码终止条件等。

一般来说，设计机器翻译推断系统需要考虑 3 个因素：搜索的准确性、搜索的时延、搜索所需要的存储。通常，准确性是研究人员最关心的问题，如可以通过增大搜索空间找到模型得分更高的结果。而搜索的时延和存储消耗是实践中必须要考虑的问题，如可以设计更小的模型和更高效的推断方法来提高系统的可用性。

虽然上述问题在统计机器翻译中均涉及，但是在神经机器翻译中又面临着新的挑战。

- 搜索中的某些现象在统计机器翻译和神经机器翻译中完全相反。例如，在统计机器翻译中，减少搜索错误是提升翻译品质的一种手段。但是在神经机器翻译中，只减少搜索错误可能无法带来性能的提升，甚至会造成翻译品质的下降[474, 672]。
- 搜索的时延很高，系统实际部署的成本很高。与统计机器翻译系统不同的是，神经机器翻译系统依赖大量的浮点运算。这导致神经机器翻译系统的推断比统计机器翻译系统慢很多。虽然可以使用 GPU 来提高神经机器翻译的推断速度，但也大大增加了成本。
- 神经机器翻译在优化过程中容易陷入局部最优，单模型的表现并不稳定。由于神经机器翻译优化的目标函数非常不光滑，每次训练得到的模型往往只是一个局部最优解。在新数据上使用这个局部最优模型进行推断时，模型的表现可能不稳定。

　　研究人员也针对以上问题开展了大量的研究工作。14.2 节将对神经机器翻译推断中所涉及的一些基本问题进行讨论。虽然这些问题在统计机器翻译中也有涉及，但在神经机器翻译中却有着不同的现象和解决思路。14.3 节 ∼ 14.5 节将围绕如何改进神经机器翻译的推断效率和怎样进行多模型融合这两个问题进行讨论。

14.2 基本问题

　　下面将对神经机器翻译推断中的若干基本问题进行讨论，包括推断方向、译文长度控制、搜索终止条件、译文多样性和搜索错误。

14.2.1 推断方向

　　机器翻译有两种常用的推断方式——自左向右推断和自右向左推断。自左向右推断符合现实世界中人类的语言使用规律，因为人在翻译一个句子时，总是习惯从句子开始的部分向后生成[1]。当然，人有时也会使用当前单词后面的译文信息。也就是说，翻译也需要"未来"的文字信息，即自右向左对译文进行生成。

　　以上两种推断方式在神经机器翻译中都有应用，对于源语言句子 $x = \{x_1, \cdots, x_m\}$ 和目标语言句子 $y = \{y_1, \cdots, y_n\}$，自左向右推断可以被描述为

$$P(y|x) = \prod_{j=1}^{n} P(y_j|y_{<j}, x) \tag{14.1}$$

　　自右向左推断可以被描述为

$$P(y|x) = \prod_{j=1}^{n} P(y_{n+1-j}|y_{>n+1-j}, x) \tag{14.2}$$

其中，$y_{<j} = \{y_1, \cdots, y_{j-1}\}$，$y_{>n+1-j} = \{y_{n+1-j}, \cdots, y_n\}$。可以看到，自左向右推断和自右向左推断本质上是一样的。第 10 章 ∼ 第 12 章均使用了自左向右的推断方法。自右向左推断比较简单的实现方式是：在训练过程中直接将双语数据中的目标语言句子进行反转，之后仍然使用原始模型进行训练即可。在推断的时候，生成的目标语言词串也需要进行反转得到最终的译文。有时，使用自右向左的推断方式会取得更好的效果[673]。不过，更多情况下，需要同时使用词串左端（历史）和右端（未来）的信息。有多种思路可以融合左右两端的信息：

- **重排序**（Reranking）。可以先用一个基础模型（如自左向右的模型）得到每个源语言句子的 n-best 翻译结果，再同时用基础模型的得分和自右向左模型的得分对 n-best 翻译结果进行重排序[673–675]。也有研究人员利用最小贝叶斯风险的方法进行重排序[676]。这类方法不会改变基础模型的翻译过程，因此相对"安全"，不会对系统性能产生副作用。

---

[1] 在有些语言中，文字是自右向左书写的，这时自右向左推断更符合人类使用这种语言的习惯。

- **双向推断**（Bidirectional Inference）。除了自左向右推断和自右向左推断，另一种方法是让自左向右和自右向左模型同步进行，也就是同时考虑译文左侧和右侧的文字信息[677, 677, 678]。例如，可以同时对左侧和右侧生成的译文进行注意力计算，得到当前位置的单词预测结果。这种方法能够更加充分地融合双向翻译的优势。

- **多阶段推断**（Multi-stage Inference）。在第一阶段，通过一个基础模型生成一个初步的翻译结果。在第二阶段，同时使用第一阶段生成的翻译结果和源语言句子，进一步生成更好的译文[679–681]。第一阶段的结果已经包含了完整的译文信息，因此在第二阶段中，系统实际上已经同时使用了整个译文串的两端信息。上述过程可以扩展为迭代式的译文生成方法，配合掩码等技术，可以在生成每个译文单词时，同时考虑左右两端的上下文信息[682–684]。

不论是自左向右推断还是自右向左推断，本质上都是在对上下文信息进行建模。此外，研究人员也提出了许多新的译文生成策略，如从中部向外生成[685]、按源语言顺序生成[686]、基于插入的方式生成[687, 688] 等。或者将翻译问题松弛化为一个连续空间模型的优化问题，进而在推断的过程中同时使用译文左右两端的信息[681]。

最近，以 BERT 为代表的预训练语言模型已经证明，一个单词的"历史"和"未来"信息对于生成当前单词都是有帮助的[125]。类似的观点也在神经机器翻译编码器设计中得到了验证。例如，在基于循环神经网络的模型中，经常同时使用自左向右和自右向左的方式对源语言句子进行编码；在 Transformer 模型中，编码器会使用整个句子的信息对每一个源语言位置进行表示。因此，神经机器翻译的推断采用类似的策略是有其合理性的。

14.2.2 译文长度控制

机器翻译推断的一个特点是译文长度需要额外的机制进行控制[689–692]。这是因为机器翻译在建模时仅考虑了将训练样本（即标准答案）上的损失最小化，但是推断的时候会看到从未见过的样本，甚至这些未见样本占据了大量样本空间。该问题会导致：直接使用训练好的模型会翻译出长度短得离谱的译文。神经机器翻译模型使用单词概率的乘积表示整个句子的翻译概率，它天然就倾向于生成短译文，因为概率为大于 0 小于 1 的常数，短译文会使用更少的概率因式相乘，倾向于得到更高的句子得分，而模型只关心每个目标语言位置是否被正确预测，对于译文长度没有考虑。统计机器翻译模型中也存在译文长度不合理的问题，解决该问题的常见策略是在推断过程中引入译文长度控制机制[80]。神经机器翻译也借用了类似的思想来控制译文长度，有以下几种方法：

- **长度惩罚因子**。用译文长度来归一化翻译概率是最常用的方法：对于源语言句子 x 和译文句子 y，模型得分 $score(x, y)$ 的值会随着译文 y 的长度增大而减小。为了避免此现象，可以引入一个长度惩罚因子 $lp(y)$，并定义模型得分，如式 (14.3) 所示：

$$score(x, y) = \frac{\log P(y|x)}{lp(y)} \tag{14.3}$$

通常，$lp(y)$ 随译文长度 $|y|$ 的增大而增大，因此这种方式相当于对 $\log P(y|x)$ 按长度进行归

一化[693]。lp(y) 的定义方式有很多，表 14.1 列出了一些常用的形式，其中 α 是需要人为设置的参数。

表14.1　长度惩罚因子 lp(y) 的定义（$|y|$ 表示译文长度）

名称	lp(y)
句子长度	$\text{lp}(y) = |y|^{\alpha}$
GNMT 惩罚因子	$\text{lp}(y) = \frac{(5+|y|)^{\alpha}}{(5+1)^{\alpha}}$
指数化长度惩罚因子	$\text{lp}(y) = \alpha \cdot \log(|y|)$

- **译文长度范围约束**。为了让译文的长度落在合理的范围内，神经机器翻译的推断也会设置一个译文长度约束[537, 694]。令 $[a, b]$ 表示一个长度范围，可以定义：

$$a = \omega_{\text{low}} \cdot |x| \tag{14.4}$$

$$b = \omega_{\text{high}} \cdot |x| \tag{14.5}$$

其中，ω_{low} 和 ω_{high} 分别表示译文长度的下限和上限，在很多系统中设置为 $\omega_{\text{low}} = 1/2, \omega_{\text{high}} = 2$，表示译文至少有源语言句子一半长，最多有源语言句子两倍长。ω_{low} 和 ω_{high} 的设置对推断效率的影响很大，ω_{high} 可以被看作一个推断的终止条件，最理想的情况是 $\omega_{\text{high}} \cdot |x|$ 恰巧等于最佳译文的长度，这说明没有浪费任何计算资源。反过来，$\omega_{\text{high}} \cdot |x|$ 远大于最佳译文的长度，这说明很多计算都是无用的。为了找到长度预测的准确率和召回率之间的平衡点，一般需要大量的实验最终确定 ω_{low} 和 ω_{high}。当然，利用统计模型预测 ω_{low} 和 ω_{high} 也是非常值得探索的方向，如基于繁衍率的模型[273, 695]。

- **覆盖度模型**。译文长度过长或过短的问题，本质上对应着**过翻译**（或翻译过度，Over Translation）和**欠翻译**（或翻译不足，Under Translation）的问题[696]。这两种问题出现的原因是：神经机器翻译没有对过翻译和欠翻译建模，即机器翻译覆盖度问题[475]。针对此问题，最常用的方法是在推断的过程中引入一个度量覆盖度的模型。例如，使用 GNMT 覆盖度模型定义模型得分[456]，如下：

$$\text{score}(x, y) = \frac{\log P(y|x)}{\text{lp}(y)} + \text{cp}(x, y) \tag{14.6}$$

$$\text{cp}(x, y) = \beta \cdot \sum_{i=1}^{|x|} \log(\min(\sum_{j}^{|y|} a_{ij}, 1)) \tag{14.7}$$

其中，$\text{cp}(x, y)$ 表示覆盖度模型，它度量了译文对源语言每个单词的覆盖程度。在 $\text{cp}(x, y)$ 的定义中，β 是一个需要自行设置的超参数，a_{ij} 表示源语言第 i 个位置与译文第 j 个位置的注意力权重，这样 $\sum_{j}^{|y|} a_{ij}$ 就可以用来衡量源语言第 i 个单词中的信息被翻译的程度，如果它

大于 1，则表明出现了过翻译问题；如果它小于 1，则表明出现了欠翻译问题。式 (14.7) 会惩罚那些欠翻译的翻译假设。覆盖度模型的一种改进形式是[474]：

$$
\mathrm{cp}(x,y) = \sum_{i=1}^{|x|} \log(\max(\sum_{j}^{|y|} a_{ij}, \beta)) \tag{14.8}
$$

式 (14.8) 将式 (14.7) 中的向下截断方式改为向上截断。这样，模型可以对过翻译（或重复翻译）有更好的建模能力。不过，这个模型需要在开发集上细致地调整 β，也带来了额外的工作量。此外，也可以将这种覆盖度单独建模并进行参数化，与翻译模型一同训练[475,697,698]。这样可以得到更加精细的覆盖度模型。

14.2.3 搜索终止条件

在机器翻译推断中，何时终止搜索是一个非常基础的问题。如第 2 章所述，系统研发人员既希望尽可能遍历更大的搜索空间，找到更好的结果，又希望在尽可能短的时间内得到结果。这时，搜索的终止条件就是一个非常关键的指标。在束搜索中，有很多终止条件可以使用，例如，在生成一定数量的译文之后就终止搜索，或者当最佳译文与排名第二的译文之间的分值差距超过一个阈值时就终止搜索，等等。

在统计机器翻译中，搜索的终止条件相对容易设计。因为所有的翻译结果都可以用相同步骤的搜索过程生成，例如，在 CYK 推断中，搜索的步骤仅与构建的分析表大小有关。在神经机器翻译中，这个问题更加复杂。当系统找到一个完整的译文之后，可能还有很多译文没有被生成完，这时就面临着一个问题——如何决定是否继续搜索。

针对这些问题，研究人员设计了很多新的方法。例如，可以在束搜索中使用启发性信息让搜索尽可能早地停止，同时保证搜索结果是"最优的"[57]。也可以将束搜索建模为优化问题[58,699]，进而设计出新的终止条件[700]。很多开源机器翻译系统也都使用了简单有效的终止条件，例如，在 Open-NMT 系统中，当搜索束中当前最好的假设生成了完整的译文搜索就会停止[694]，在 RNNSearch 系统中，当找到预设数量的译文时搜索就会停止，同时，在这个过程中会不断减小搜索束的大小[22]。

实际上，设计搜索终止条件反映了搜索时延和搜索精度的一种折中[701,702]。在很多应用中，这个问题都非常关键。例如，在同声传译中，对于输入的长文本，何时开始翻译、何时结束翻译都是十分重要的[703,704]。在很多线上翻译应用中，翻译结果的响应不能超过一定的时间，这时就需要一种**时间受限搜索**（Time-constrained Search）策略[671]。

14.2.4 译文多样性

机器翻译系统的输出并不仅限于单个译文。在很多情况下，需要多个译文。例如，译文重排序中通常需要系统的 n-best 输出，在交互式机器翻译中，往往也需要提供多个译文供用户选择[645,705]。但是，无论是统计机器翻译还是神经机器翻译，都面临一个同样的问题：n-best 输出中的译文十分相似。实例 14.1 就展示了一个神经机器翻译系统输出的多个翻译结果，可以看出，这些译文的区别很小。这也被看作机器翻译缺乏译文多样性的问题[396, 706–709]。

实例 14.1 源语言句子：我们/期待/安理会/尽早/就此/做出/决定/ 。

机器译文 1 ： We look forward to the Security Council making a decision on this as soon as possible .

机器译文 2 ： We look forward to the Security Council making a decision on this issue as soon as possible .

机器译文 3 ： We hope that the Security Council will make a decision on this issue as soon as possible .

　　机器翻译的输出缺乏多样性会带来很多问题。一个直接的问题是在重排序时很难选出更好的译文，因为所有候选都没有太大的差别。此外，当需要利用 n-best 输出来表示翻译假设空间时，缺乏多样性的译文会使翻译后验概率的估计不够准确，造成建模的偏差。在一些模型训练方法中，这种后验概率估计的偏差也会造成较大的影响[235]。从人工翻译的角度，同一个源语言句子的译文应该是多样的，过于相似的译文无法反映足够多的翻译现象。

　　因此，增加译文多样性成了机器翻译中一个有价值的研究方向。在统计机器翻译中就有很多尝试[396, 708, 709]，主要思路是通过加入一些"扰动"让翻译模型的行为发生变化，进而得到区别更大的译文。类似的方法同样适用于神经机器翻译。例如，可以在推断过程中引入额外的模型，用于惩罚出现相似译文的情况[707, 710]。也可以在翻译模型中引入新的隐含变量或加入新的干扰，进而控制多样性译文的输出[711–713]。类似地，也可以利用模型中局部结构的多样性来生成多样的译文[714]。除了考虑每个译文之间的多样性，也可以对译文进行分组，之后增加不同组之间的多样性[715]。

14.2.5 搜索错误

　　机器翻译的错误分为两类：搜索错误和模型错误。搜索错误是指由于搜索算法的限制，即使潜在的搜索空间中有更好的解，模型也无法找到。比较典型的例子是，在对搜索结果进行剪枝时，如果剪枝过多，则找到的结果很有可能不是最优的，这时就出现了搜索错误。而模型错误则是指由于模型学习能力的限制，即使搜索空间中存在最优解，模型也无法将该解排序在前面。

　　在统计机器翻译中，搜索错误可以通过减少剪枝来缓解。比较简单的方式是增加搜索束宽度，这往往会带来一定的性能提升[716]，也可以对搜索问题进行单独建模，以保证学习到的模型出现更少的搜索错误[717, 718]。但是，在神经机器翻译中，这个问题却表现出不同的现象：在很多神经机器翻译系统中，随着搜索束的增大，系统的 BLEU 值不升反降。图 14.2 展示了神经机器翻译系统中 BLEU 值随搜索束大小的变化曲线，为了使该图更加规整直观，横坐标处束大小取对数。这个现象与传统的常识相背，有一些研究正在尝试解释这个现象[672, 719]。

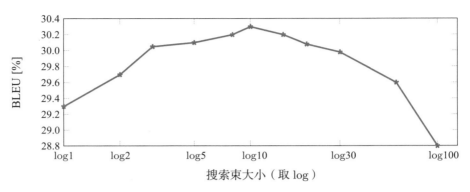

图 14.2　神经机器翻译系统中 BLEU 值随搜索束大小的变化曲线[720]

　　在实验中，研究人员发现增加搜索束的大小会导致翻译生成的结果变得更短。他们将这个现象归因于：神经机器翻译的建模基于局部归一的最大似然估计，增加搜索束的大小，会导致更多的模型错误[457, 691, 692]。此外，也有研究人员把这种翻译过短的现象归因于搜索错误[672]：搜索时面临的搜索空间是十分巨大的，因此搜索时可能无法找到模型定义的"最好"的译文。在某种意义上，这也反映了训练和推断不一致的问题（见第 13 章）。一种解决该问题的思路是从"训练和推断行为不一致"的角度切入。例如，为了解决曝光偏置问题[600]，可以让系统使用前面步骤的预测结果，作为预测下一个词需要的历史信息，而不是依赖于标准答案[599, 721]。为了解决训练和推断目标不一致的问题，可以在训练时模拟推断的行为，同时让模型训练的目标与评价系统的标准尽可能一致[235]。

　　此外，还有其他方法能解决增大搜索束造成的翻译品质下降的问题。例如，可以通过对结果重排序来缓解这个问题[58]，也可以通过设计更好的覆盖度模型来生成长度更加合理的译文[474]。从这个角度看，上述问题的成因也较为复杂，因此需要同时考虑模型错误和搜索错误。

14.3 轻量模型

　　翻译速度和翻译精度之间的平衡是机器翻译系统研发中的常见问题。即使是以提升翻译品质为目标的任务（如用 BLEU 进行评价），也不得不考虑翻译速度的影响。例如，在很多任务中会构造伪数据，该过程涉及对大规模单语数据的翻译；无监督机器翻译中也会频繁地使用神经机器翻译系统构造训练数据。在这些情况下，如果翻译速度过慢会增大实验的周期。从应用的角度看，在很多场景下，翻译速度甚至比翻译品质更重要。例如，在线翻译和一些小设备上的机器翻译系统都需要保证相对低的翻译时延，以满足用户体验的最基本要求。虽然我们希望能有一套又好又快的翻译系统，但现实情况是：需要通过牺牲一些翻译品质来换取翻译速度的提升。下面就列举一些常用的神经机器翻译轻量模型和加速方法。这些方法通常应用在神经机器翻译的解码器上，因为相比编码器，解码器是推断过程中最耗时的部分。

14.3.1 输出层的词汇选择

神经机器翻译需要对输入和输出的单词进行分布式表示。但是，由于真实的词表通常很大，计算并保存这些单词的向量表示会消耗较多的计算和存储资源，特别是对基于 Softmax 的输出层来说，大词表的计算十分耗时。虽然可以通过 BPE 和限制词汇表规模的方法降低输出层计算的负担[89]，但是为了获得可接受的翻译品质，词汇表也不能过小，因此输出层的计算代价仍然很高。

通过改变输出层的结构，可以在一定程度上缓解这个问题[468]。一种比较简单的方法是对可能输出的单词进行筛选，即词汇选择。这里，可以利用类似于统计机器翻译的翻译表，获得每个源语言单词最可能的译文。在翻译过程中，利用注意力机制找到每个目标语言位置对应的源语言位置，之后获得这些源语言单词最可能的翻译候选。之后，只需要在这个有限的翻译候选单词集合上进行 Softmax 计算，此方法大大降低了输出层的计算量。尤其对于 CPU 上的系统，这个方法往往会带来明显的速度提升。图 14.3 对比了标准方法中的 Softmax 与词汇选择方法中的 Softmax。

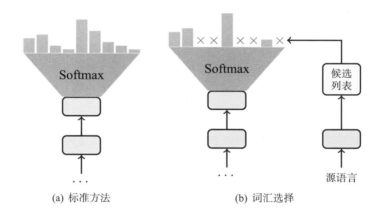

(a) 标准方法　　　　　　(b) 词汇选择

图 14.3　标准方法中的 Softmax 与词汇选择方法中的 Softmax

实际上，词汇选择也是一种典型的处理大词表的方法（见第 13 章）。这种方法最大的优点在于，它可以与其他方法结合（如与 BPE 等方法结合）。本质上，这种方法与传统的基于统计的机器翻译中的短语表剪枝有类似之处[330–332]，当翻译候选过多时，可以根据翻译候选对候选集进行剪枝。这种技术已经在统计机器翻译系统中得到了成功应用。

14.3.2 消除冗余计算

消除不必要的计算是加速机器翻译系统的另一种方法。例如，在统计机器翻译时代，假设重组就是一种典型的避免冗余计算的手段（见第 7 章）。在神经机器翻译中，消除冗余计算的一种简单有效的方法是对解码器的注意力结果进行缓存。以 Transformer 为例，在生成每个译文时，Transformer 模型会对当前位置之前的所有位置进行自注意力操作，但是这些计算里，只有和当前位置相关的计算是"新"的，前面位置之间的注意力结果已经在之前的解码步骤里计算过，因此可以对其进行缓存。

此外，Transformer 模型较为复杂，还存在很多冗余。例如，Transformer 的每一层会包含自注意力机制、层正则化、残差连接、前馈神经网络等多种不同的结构。同时，不同结构之间还会包含一些线性变换。多层 Transformer 模型会更加复杂。但是，这些层可能在做相似的事情，甚至有些计算根本就是重复的。图 14.4 展示了解码器自注意力和编码-解码注意力中不同层之间注意力权重的相似性。这里的相似性利用 Jensen-Shannon 散度进行度量[722]。可以看出，在自注意力中，2 ∼ 6 层之间的注意力权重的分布非常相似。编码-解码注意力也有类似的现象，临近的层之间有非常相似的注意力权重。这个现象说明：在多层神经网络中有些计算是冗余的，因此很自然的想法是消除这些冗余，使机器翻译变得更"轻"。

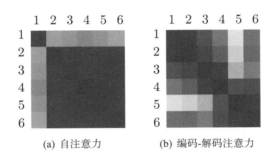

(a) 自注意力　　　　(b) 编码-解码注意力

图 14.4　解码器自注意力和编码–解码注意力中不同层之间注意力权重的相似性（深色表示相似）

一种消除冗余计算的方法是将不同层的注意力权重进行共享，这样顶层的注意力权重可以复用底层的注意力权重[540]。在编码-解码注意力中，注意力机制中输入的 Value 都是一样的①，甚至可以直接复用前一层注意力计算的结果。图 14.5 给出了标准的多层自注意力、共享自注意力、共享编码-解码注意力方法的对比，其中 S 表示注意力权重，A 表示注意力模型的输出。可以看出，使用共享的思想，可以大大减少冗余的计算。

另一种方法是对不同层的参数进行共享。这种方法虽然不能带来直接的提速，但是可以大大减小模型的体积。例如，可以重复使用同一层的参数完成多层的计算。在极端情况下，6 层网络可以只使用一层网络的参数[723]。不过，在深层模型中（层数 > 20），浅层部分的差异往往较大，而深层（远离输入）之间的相似度会更高。这时，可以考虑对深层的部分进行更多的共享。

减少冗余计算也代表了一种剪枝的思想。本质上，这类方法利用了模型参数的稀疏性假设[724, 725]：一部分参数对模型整体的行为影响不大，因此可以直接抛弃。这类方法也被使用在神经机器翻译模型的不同部分。例如，对于 Transformer 模型，也有研究发现多头注意力中的有些头是有冗余的[726]，因此可以直接对其进行剪枝[541]。

①在 Transformer 解码器中，编码-解码注意力输入的 Value 是编码器的输出，因此是相同的（见第 12 章）。

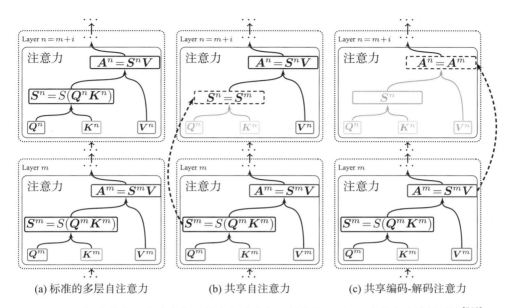

(a) 标准的多层自注意力   (b) 共享自注意力   (c) 共享编码-解码注意力

图 14.5　标准的多层自注意力、共享自注意力、共享编码-解码注意力方法的对比[540]

14.3.3 轻量解码器及小模型

在推断时，神经机器翻译的解码器是最耗时的，因为每个目标语言位置需要单独输出单词的分布，同时在搜索过程中，每一个翻译假设都要被扩展成多个翻译假设，进一步增加了计算量。因此，提高推断速度的一种思路是使用更轻量的解码器加快翻译假设的生成速度[549, 727]。

比较简单的做法是把解码器的网络变得更"浅"、更"窄"。所谓浅网络是指使用更少的层构建神经网络，例如，使用 3 层，甚至一层网络的 Transformer 解码器。所谓窄网络是指将网络中某些层中神经元的数量减少。不过，直接训练这样的小模型会造成翻译品质下降。这时，会考虑使用知识蒸馏等技术来提升小模型的品质（见第 13 章）。

化简 Transformer 解码器的神经网络也可以提高推断速度。例如，可以使用平均注意力机制代替原始 Transformer 模型中的自注意力机制[542]，也可以使用运算更轻的卷积操作代替注意力模块[509]。前面提到的基于共享注意力机制的模型也是一种典型的轻量模型[540]。这些方法本质上也是对注意力模型结构的优化，这类思想在近几年也受到了很多关注 [545, 728, 729]，在第 15 章会进一步讨论。

此外，使用异构神经网络也是一种平衡精度和速度的有效方法。在很多研究中发现，基于 Transformer 的编码器对翻译品质的影响更大，而解码器的作用会小一些。因此，一种想法是使用速度更快的解码器结构，例如，用基于循环神经网络的解码器代替 Transformer 模型中基于注意力机制的解码器[460]。这样，既能发挥 Transformer 模型在编码上的优势，也能利用循环神经网络在解码器速度上的优势。使用类似的思想，也可以用卷积神经网络等结构进行解码器的设计。

针对轻量级 Transformer 模型的设计也包括层级的结构剪枝，这类方法试图通过跳过某些操作或者某些层来降低计算量。典型的相关工作是样本自适应神经网络结构，如 FastBERT[730]、Depth Adaptive Transformer[731] 等，与传统的 Transformer 模型的解码过程不同，这类神经网络结构在推断时不需要计算全部的解码层，而是根据输入自动选择模型的部分层进行计算，达到加速和减少参数量的目的。

14.3.4 批量推断

在深度学习时代，使用 GPU 已经成为大规模使用神经网络方法的前提。特别是对于机器翻译这样的复杂任务，GPU 的并行运算能力会带来明显的速度提升。为了充分利用 GPU 的并行能力，可以同时对多个句子进行翻译，即**批量推断**（Batch Inference）。

第 10 章已经介绍了神经机器翻译中批量处理的基本概念，其实现并不困难，不过有两方面问题需要注意：

- **批次生成策略**。在源语言文本预先给定的情况下，通常按句子长度组织每个批次，即把长度相似的句子放到一个批次里。这样做的好处是可以尽可能地保证一个批次中的内容是"满"的，如果句长差异过大，则会造成批次中有很多位置用占位符填充，产生无用计算。对于实时翻译的情况，批次的组织较为复杂。在机器翻译系统的实际应用中，由于有翻译时延的限制，可能待翻译句子未积累到标准批次数量就要进行翻译。常见的做法是，设置一个等待的时间，在同一个时间段中的句子可以放到一个批次中（或者几个批次中）。在高并发的情况下，也可以考虑先使用不同的**桶**（Bucket）保存不同长度范围的句子，再将同一个桶中的句子进行批量推断。这个问题在第 18 章还会进一步讨论。

- **批次大小的选择**。一个批次中的句子数量越多，GPU 设备的利用率越高，系统吞吐量越大。一个批次中所有句子翻译结束才能拿到翻译结果，因此即使批次中有些句子的翻译已经结束，也要等待其他没有完成翻译的句子。也就是说，从单个句子看，批次越大，翻译的延时越长，这也导致在翻译实时性要求较高的场景中，不能使用过大的批次。而且，大批次对 GPU 显存的消耗更大，因此也需要根据具体任务，合理地选择批次大小。为了说明这些问题，图 14.6 展示了不同批次大小下的时延和显存消耗。

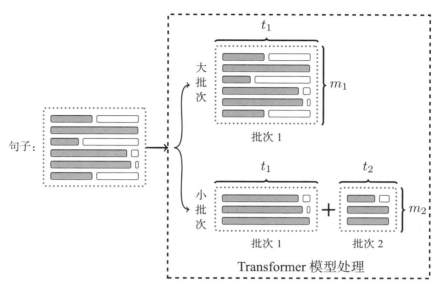

图 14.6　不同批次大小下的时延和显存消耗

14.3.5 低精度运算

降低运算强度也是计算密集型任务的加速手段之一。标准的神经机器翻译系统大多基于单精度浮点运算。从计算机的硬件发展看，单精度浮点运算还是很"重"的。当计算能容忍一些精度损失时，可以考虑采用以下方法降低运算精度，达到加速的目的。

- **半精度浮点运算**。半精度浮点运算是随着近几年 GPU 技术发展而逐渐流行的一种运算方式。简单来说，半精度的表示需要的存储单元要比单精度少，所表示的浮点数范围也相应地变小。不过，实践证明神经机器翻译中的许多运算用半精度计算就可以满足对精度的要求。因此，直接使用半精度运算可以大大加速系统的训练和推断进程，同时对翻译品质的影响很小。需要注意的是，在分布式训练时，由于参数服务器需要对多个计算节点上的梯度进行累加，所以保存参数时仍然会使用单精度浮点以保证多次累加之后不会造成过大的精度损失。

- **整型运算**。整型运算是一种比浮点运算"轻"很多的运算。相比浮点运算，无论是芯片占用面积、能耗还是处理单次运算的时钟周期数，整型运算都有明显的优势。不过，整数的表示和浮点数有很大的不同。一个基本问题是，整数是不连续的，因此无法准确地刻画浮点数中很小的小数。对于这个问题，一种解决方法是利用"量化 + 反量化 + 缩放"的策略让整型运算达到与浮点运算近似的效果[547, 732, 733]。所谓"量化"就是把一个浮点数离散化为一个整数，"反量化"是这个过程的逆过程。由于浮点数可能超出整数的范围，因此会引入一个缩放因子：在量化前将浮点数缩放到整数可以表示的范围，反量化前再缩放回原始浮点数的表示范围。这种方法在理论上可以带来很好的加速效果。不过，由于量化和反量化的操作本身也有时间消耗，而且在不同处理器上的表现差异较大，所以不同实现方式带来的加速效果并不相同，需要通过实验测算。

- **低精度整型运算**。使用更低精度的整型运算是进一步加速的手段之一。如使用 16 位整数、8 位整数，甚至 4 位整数在理论上都会带来速度的提升，如表 14.2 所示。不过，并不是所有处理器都支持低精度整型的运算。开发这样的系统，一般需要硬件和特殊低精度整型计算库的支持，而且相关计算大多是在 CPU 上实现，应用会受到一定的限制。

表 14.2 不同计算精度的运算速度对比[①]

指标	FP32	INT32	INT16	INT8	INT4
速度	$1\times$	$3\sim4\times$	$\approx4\times$	$4\sim6\times$	$\approx8\times$

实际上，低精度运算的另一个好处是可以减少模型存储的体积。例如，如果要把机器翻译模型作为软件的一部分打包存储，则可以考虑用低精度的方式保存模型参数，使用时再恢复成原始精度的参数。值得注意的是，参数的离散化表示（如整型表示）的一个极端例子是**二值神经网络**（Binarized Neural Networks）[734]，即只用 -1 和 $+1$ 表示神经网络的每个参数[②]。二值化可以被看作一种极端的量化手段。不过，这类方法还没有在机器翻译中得到大规模验证。

14.4 非自回归翻译

目前，大多数神经机器翻译模型都使用自左向右逐词生成译文的策略，即第 j 个目标语言单词的生成依赖于先前生成的 $j-1$ 个词。这种翻译方式也被称作**自回归解码**（Autoregressive Decoding）。虽然以 Transformer 为代表的模型使得训练过程高度并行化，加快了训练速度，但由于推断过程自回归的特性，模型无法同时生成译文中的所有单词，导致模型的推断过程非常缓慢，这对于神经机器翻译的实际应用是个很大的挑战。因此，如何设计一个能够并行训练阶段和推断阶段的模型是目前研究的热点之一。

14.4.1 自回归 vs 非自回归

目前，主流的神经机器翻译的推断是一种**自回归翻译**（Autoregressive Translation）过程。所谓自回归，是一种描述时间序列生成的方式：对于目标序列 $y = \{y_1, \cdots, y_n\}$，如果 j 时刻状态 y_j 的生成依赖之前的状态 $\{y_1, \cdots, y_{j-1}\}$，而且 y_j 与 $\{y_1, \cdots, y_{j-1}\}$ 构成线性关系，那么称目标序列 y 的生成过程是自回归的。神经机器翻译借用了这个概念，但是并不要求 y_j 与 $\{y_1, \cdots, y_{j-1}\}$ 构成线性关系，14.2.1 节提到的自左向右翻译模型和自右向左翻译模型都属于自回归翻译模型。自回归翻译模型在机器翻译任务上也有很好的表现，特别是配合束搜索往往能够有效地寻找近似最

[①] 表 14.2 中比较了几种通用数据类型的乘法运算速度，不同硬件和架构上不同类型的数据的计算速度略有不同。总体来看，整型数据和浮点型数据相比，具有显著的计算速度优势，INT4 相比于 FP32 数据类型的计算最高能达到 8 倍的速度提升。

[②] 也存在使用 0 或 1 表示神经网络参数的二值神经网络。

优译文。但是，由于解码器的每个步骤必须顺序地而不是并行地运行，所以自回归翻译模型会阻碍不同译文单词生成的并行化。特别是在 GPU 上，翻译的自回归性会大大降低计算的并行度和设备利用率。

对于这个问题，研究人员也考虑移除翻译的自回归性，进行**非自回归翻译**（Non-Autoregressive Translation，NAT）[273]。一个简单的非自回归翻译模型将问题建模为

$$P(y|x) = \prod_{j=1}^{n} P(y_j|x) \tag{14.9}$$

对比式 (14.1) 可以看出，式 (14.9) 中位置 j 上的输出 y_j 只依赖输入句子 x，与其他位置上的输出无关。于是，可以并行生成所有位置上的 y_j。理想情况下，这种方式一般可以带来几倍甚至十几倍的速度提升。

14.4.2 非自回归翻译模型的结构

在介绍非自回归翻译模型的具体结构之前，先来介绍如何实现一个简单的非自回归翻译模型。这里用标准的 Transformer 举例。为了一次性生成所有的词，需要丢弃解码器对未来信息屏蔽的矩阵，从而去掉模型的自回归性。此外，还要考虑生成译文的长度。在自回归翻译模型中，每步的输入是上一步解码出的结果，当预测到终止符 <eos> 时，序列的生成就自动停止了。然而，非自回归翻译模型没有这样的特性，因此还需要一个长度预测器来预测其长度，之后再用这个长度得到每个位置的表示，将其作为解码器的输入，进而完成整个序列的生成。

图 14.7 对比了自回归翻译模型和简单的非自回归翻译模型。可以看出，这种自回归翻译模型可以一次性生成完整的译文。不过，高并行性也带来了翻译品质的下降。例如，对于 IWSLT 英德等数据，非自回归翻译模型的 BLEU 值只有个位数，而目前最好的自回归翻译模型的 BLEU 值已经能够达到 30 以上。这是因为每个位置的词的预测只依赖源语言句子 x，使得预测不准确。需要注意的是，图 14.7(b) 中将位置编码作为非自回归翻译模型解码器的输入只是一个最简单的例子，在真实的系统中，非自回归解码器的输入一般是复制编码器端的输入，即源语言句子词嵌入与位置编码的融合。

完全独立地对每个词建模，会出现什么问题呢？来看一个例子，将汉语句子"干/得/好/！"翻译成英文，可以翻译成"Good job！"或者"Well done！"。假设生成这两种翻译的概率是相等的，即一半的概率是"Good job！"，另一半的概率是"Well done！"。由于非自回归翻译模型的条件独立性假设，推断时第一个词是"Good"或"Well"的概率是差不多大的，如果第二个词"job"和"done"的概率也差不多，会使模型生成"Good done！"或"Well job！"这样错误的翻译，如图 14.8 所示。这便是影响句子质量的关键问题，称之为**多峰问题**（Multimodality Problem）[273]。如何有效处理非自回归翻译模型中的多峰问题是提升非自回归翻译模型质量的关键。

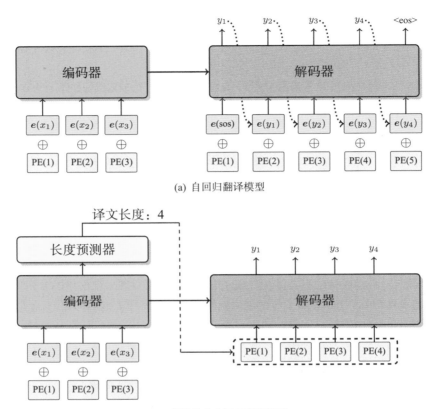

(a) 自回归翻译模型

(b) 简单的非自回归翻译模型

图 14.7　自回归翻译模型和简单的非自回归翻译模型

因此，非自回归翻译的研究大多集中在针对以上问题的求解。有 3 类方法有助于解决以上问题：基于繁衍率的非自回归翻译模型、句子级知识蒸馏、自回归翻译模型打分。下面将依次对这些方法进行介绍。

1. 基于繁衍率的非自回归翻译模型

图 14.9 给出了基于繁衍率的 Transformer 非自回归翻译模型的结构[273]，其由编码器、解码器和繁衍率预测器 3 个模块组成。类似于标准的 Transformer 模型，这里编码器和解码器完全由前馈神经网络和多头注意力模块组成。唯一的不同是解码器中新增了位置注意力模块（图 14.9 中被红色虚线框住的模块），用于更好地捕捉目标语言端的位置信息。

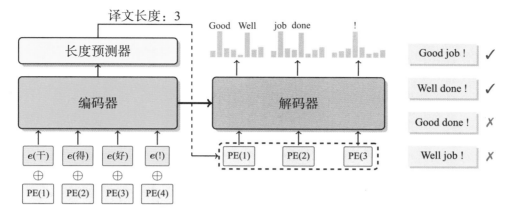

图 14.8　非自回归翻译模型中的多峰问题

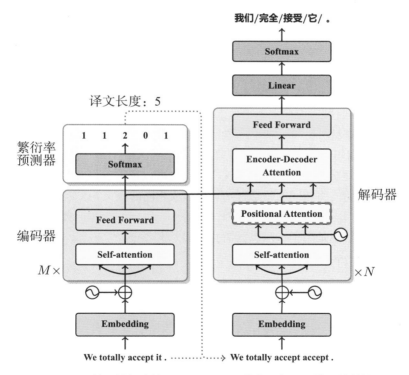

图 14.9　基于繁衍率的 Transformer 非自回归翻译模型的结构

繁衍率预测器的一个作用是预测整个译文句子的长度，以便并行地生成所有译文单词。可以通过计算每个源语言单词的繁衍率来估计最终译文的长度。具体来说，繁衍率指的是：根据每个源语言单词预测其对应的目标语言单词的个数（见第 6 章），如图 14.9 所示，翻译过程中英语单词"We"对应一个汉语单词"我们"，其繁衍率为1。于是，可以得到源语言句子对应的繁衍率序列（图14.9中的数字1 1 2 0 1），最终的译文长度由源语言单词的繁衍率之和决定。之后，将源语言单词按该繁衍率序列进行复制，本例中，将"We""totally""."复制一次，将"accept""it"分别复制两次和零次，就得到了最终解码器的输入"We totally accept accept ."。在模型训练阶段，繁衍率序列可以通过外部词对齐工具得到，用于之后训练繁衍率预测器。由于外部词对齐系统会出现错误，在模型收敛之后，可以对繁衍率预测器进行额外的微调。

实际上，使用繁衍率的另一个好处是可以缓解多峰问题，因为繁衍率本身可以看作模型的一个隐变量。使用这个隐变量，本质上是在对可能的译文空间进行剪枝，因为只有一部分译文满足给定的繁衍率序列。从这个角度看，在繁衍率的作用下，不同单词译文组合的情况变少了，因此多峰问题也就被缓解了。

另外，在每个解码器层中还新增了额外的位置注意力模块，该模块与其他部分中使用的多头注意力机制相同，其仍然是基于 Q, K, V 之间的计算（见第12章），只是把位置编码作为 Q 和 K，解码器端前一层的输出作为 V。这种方法提供了更强的位置信息。

2. 句子级知识蒸馏

知识蒸馏的基本思路是把教师模型的知识传递给学生模型，让学生模型更好地学习（见第13章）。通过这种方法，可以降低非自回归翻译模型的学习难度。具体来说，可以将自回归翻译模型作为"教师"，非自回归翻译模型作为"学生"。把自回归翻译模型生成的句子作为新的训练样本，送给非自回归翻译模型进行学习[682, 735, 736]。有研究发现，自回归翻译模型生成的结果的"确定性"更高，也就是不同句子中相同源语言片段翻译的多样性相对低一些[273]。虽然从人工翻译的角度看，这可能并不是理想的译文，但使用这样的译文可以在一定程度上缓解多峰问题。经过训练的自回归翻译模型会始终将相同的源语言句子翻译成相同的译文。这样得到的数据集噪声更少，能够降低非自回归翻译模型学习的难度。此外，相比人工标注的译文，自回归翻译模型输出的译文更容易让模型学习，这也是句子级知识蒸馏有效的原因之一。

3. 自回归翻译模型打分

通过采样不同的繁衍率序列，可以得到多个不同的翻译候选。之后，用自回归翻译模型对这些不同的翻译候选进行评分，选择评分最高的翻译候选作为最终的翻译结果。通常，这种方法能够很有效地提升非自回归翻译模型的译文质量，并保证较高的推断速度[273, 737–740]。缺点是需要同时部署自回归和非自回归两套翻译系统。

14.4.3 更好的训练目标

虽然非自回归翻译可以显著提升翻译速度，但是在很多情况下，其翻译质量还是低于传统的自回归翻译[273, 736, 741]。因此，很多工作致力于缩小自回归翻译模型和非自回归翻译模型的性能差距[742–744]。

一种直接的方法是层级知识蒸馏[745]。自回归翻译模型和非自回归翻译模型的结构相差不大，因此可以将翻译质量更高的自回归翻译模型作为"教师"，通过给非自回归翻译模型提供监督信号，使其逐块地学习前者的分布。研究人员发现了两点非常有意思的现象：

（1）非自回归翻译模型容易出现"重复翻译"的现象，这些相邻的重复单词所对应的位置的隐藏状态非常相似。

（2）非自回归翻译模型的注意力分布比自回归翻译模型的分布更加尖锐。

这两点发现启发了研究人员，他们可以使用自回归翻译模型中的隐层状态和注意力矩阵等中间表示来指导非自回归翻译模型的学习过程。可以计算两个模型隐层状态的距离及注意力矩阵的KL 散度①，将它们作为额外的损失指导非自回归翻译模型的训练。类似的做法也出现在基于模仿学习的方法中[737]，它也可以被看作对自回归翻译模型不同层行为的模拟。不过，基于模仿学习的方法会使用更复杂的模块来完成自回归翻译模型对非自回归翻译模型的指导，例如，在自回归翻译模型和非自回归翻译模型中，都使用一个额外的神经网络，用于传递自回归翻译模型提供给非自回归翻译模型的层级监督信号。

此外，也可以使用基于正则化因子的方法[739]。非自回归翻译模型的翻译结果中存在着两种非常严重的错误：重复翻译和不完整的翻译。重复翻译问题是指解码器隐层状态中相邻的两个位置过于相似，因此翻译出来的单词也一样。不完整翻译，即欠翻译问题，通常是由于非自回归翻译模型在翻译的过程中丢失了一些源语言句子的信息。针对这两个问题，可以通过在相邻隐层状态间添加相似度约束来计算一个重构损失。具体实践时，对于翻译 $x \to y$，通过一个反向的自回归翻译模型将 y 翻译成 x'，最后计算 x 与 x' 的差异性作为损失。

14.4.4 引入自回归模块

非自回归翻译消除了序列生成过程中不同位置预测结果间的依赖，在每个位置都进行独立的预测，但这会导致翻译质量显著下降，因为缺乏不同单词间依赖关系的建模。因此，也有研究聚焦于在非自回归翻译模型中添加一些自回归组件。

一种做法是将句法信息作为目标语言句子的框架[746]。具体来说，先自回归地预测出一个目标语言的句法块序列，将句法块作为序列信息的抽象，然后根据句法块序列非自回归地生成所有目标语言单词。如图 14.10 所示，该模型由一个编码器和两个解码器组成。其中，编码器和第一个解码器与标准的 Transformer 模型相同，用来自回归地预测句法树信息；第二个解码器将第一个解码器的句法信息作为输入，再非自回归地生成整个译文。在训练过程中，通过使用外部句法分析器获得对句法预测任务的监督信号。虽然可以简单地让模型预测整个句法树，但这种方法会显著增加自回归步骤的数量，从而增大时间开销。因此，为了维持句法信息与解码时间的平衡，这里预测一些由句法标记和子树大小组成的块标识符（如 VP3）而不是整个句法树。第15章还会进一步讨论基于句法的神经机器翻译模型。

---

① KL 散度即相对熵。

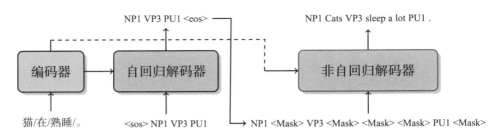

图 14.10　基于句法结构的非自回归翻译模型

另一种做法是半自回归地生成译文[747]。如图 14.11 所示，自回归翻译模型从左到右依次生成译文，具有"最强"的自回归性；而非自回归翻译模型完全独立地生成每个译文单词，具有"最弱"的自回归性；半自回归翻译模型则是将整个译文分成 k 个块，在块内执行非自回归解码，在块间执行自回归解码，能够在每个时间步并行产生多个连续的单词。通过调整块的大小，半自回归翻译模型可以灵活地调整为自回归翻译（当 k 等于 1）和非自回归翻译（当 k 大于或等于最大的译文长度）。

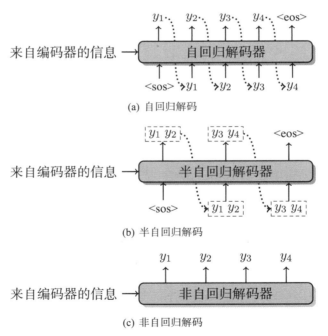

(a) 自回归解码

(b) 半自回归解码

(c) 非自回归解码

图 14.11　自回归、半自回归和非自回归解码对比[747]

还有一种做法引入了轻量级的自回归调序模块[748]。为了解决非自回归翻译模型解码搜索空间过大的问题，可以使用调序技术在相对较少的翻译候选上进行自回归翻译模型的计算。如图 14.12

所示，该方法对源语言句子进行重新排列，转换成由源语言单词组成但位于目标语言结构中的伪译文，然后将伪译文进一步转换成目标语言以获得最终的翻译。其中，这个调序模块可以是一个轻量自回归翻译模型，如一层的循环神经网络。

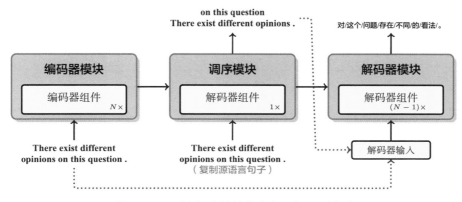

图 14.12　引入调序模块的非自回归翻译模型

14.4.5 基于迭代精化的非自回归翻译模型

如果一次性并行地生成整个译文序列，则往往很难捕捉单词之间的关系，而且即便生成了错误的译文单词，这类方法也无法修改。针对这些问题，可以使用迭代式的生成方式[682, 749, 750]。这种方法放弃了一次生成最终的译文句子，而是将解码出的译文再重新送给解码器，在每次迭代中改进之前生成的译文单词，可以理解为句子级的自回归翻译模型。这样做的好处在于，在每次迭代的过程中，可以利用已经生成的部分翻译结果，指导其他部分的生成。

图 14.13 展示了这种方法的运行示例。它拥有一个编码器和 N 个解码器。编码器先预测出译文的长度，然后将输入 x 按照长度复制出 x'，作为第一个解码器的输入，再生成 $y^{[1]}$ 作为第一轮迭代的输出。接下来，把 $y^{[1]}$ 输入给第二个解码器，然后输出 $y^{[2]}$，依此类推。那么，迭代到什么时候结束呢？一种简单的做法是提前制定好迭代次数，这种方法能够自主地对生成句子的质量和效率进行平衡。另一种称之为"自适应"的方法，具体是通过计算当前生成的句子与上一次生成句子之间的变化量来判断是否停止。例如，使用杰卡德相似系数作为变化量函数[1]。需要说明的是，图 14.13 是使用多个解码器的一种逻辑示意，真实的系统仅需要一个解码器，并运行多次，就达到了迭代精化的目的。

除了使用上一个步骤的输出，当前解码器的输入还使用了添加噪声的正确目标语言句子[682]。另外，对于译文长度的预测，也可以使用编码器的输出单独训练一个独立的长度预测模块，这种方法也推广到了目前大多数非自回归翻译模型上。

---

[1] 杰卡德相似系数是衡量有限样本集之间的相似性与差异性的一种指标，杰卡德相似系数值越大，样本相似度越高。

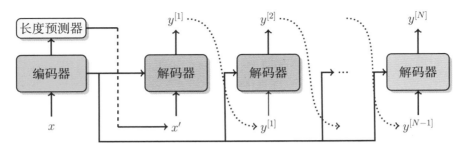

图 14.13 基于迭代精化的非自回归翻译模型的运行示例

另一种方法借鉴了 BERT 的思想[125]，称为 Mask-Predict[749]。类似于 BERT 中的 <CLS> 标记，该方法在源语言句子的最前面加上了一个特殊符号 <LEN> 作为输入，用来预测目标句的长度 n。之后，将特殊符 <Mask>（与 BERT 中的 <Mask> 有相似的含义）复制 n 次作为解码器的输入，然后用非自回归的方式生成所有的译文单词。这样生成的翻译质量可能比较差，因此可以将第一次生成的这些词中不确定（即生成概率比较低）的词"擦"掉，依据剩余的译文单词及源语言句子重新预测，不断迭代，直到满足停止条件为止。图 14.14 给出了一个示例。

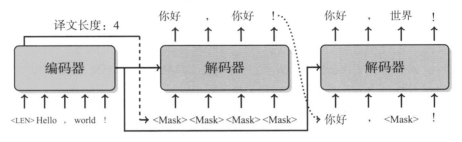

图 14.14 Mask-Predict 方法的运行示例

14.5 多模型集成

在机器学习领域，把多个模型融合成一个模型是提升系统性能的一种有效方法。例如，在经典的 AdaBoost 方法中[751]，用多个"弱"分类器构建的"强"分类器可以使模型在训练集上的分类错误率无限接近 0。类似的思想也被应用到机器翻译中[709, 752–754]，被称为**系统融合**（System Combination）。在各种机器翻译比赛中，系统融合已经成为经常使用的技术之一。许多模型融合方法都是在推断阶段完成的，因此此类方法的开发代价较低。

广义上讲，使用多个特征组合的方式可以被看作一种模型的融合。融合多个神经机器翻译系统的方法有很多，可以分为假设选择、局部预测融合、译文重组 3 类，下面分别进行介绍。

14.5.1 假设选择

假设选择（Hypothesis Selection）是最简单的系统融合方法[708]，其思想是：给定一个翻译假设集合，综合多个模型对每一个翻译假设进行打分，之后选择得分最高的假设作为结果输出。

假设选择中需要先考虑的问题是假设生成。构建翻译假设集合是假设选择的第一步，也是最重要的一步。理想情况下，这个集合应该尽可能地包含更多高质量的翻译假设，这样后面有更大的概率选出更好的结果。不过，单个模型的性能是有上限的，因此无法期望这些翻译假设的品质超越单个模型的上限。研究人员更关心的是翻译假设的多样性，因为已经证明，多样的翻译假设非常有助于提升系统融合的性能[396, 755]。生成多样的翻译假设，通常有两种思路：

（1）使用不同的模型生成翻译假设。

（2）使用同一个模型的不同参数和设置生成翻译假设。

图 14.15 展示了二者的区别。例如，可以使用基于循环神经网络的模型和 Transformer 模型生成不同的翻译假设，都放入集合中；也可以只用 Transformer 模型，但用不同的模型参数构建多个系统，分别生成翻译假设。在神经机器翻译中，经常采用的是第二种方式，因为其系统开发的成本更低。

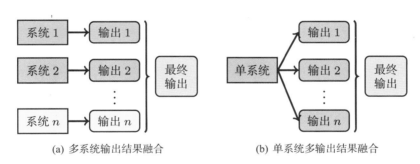

(a) 多系统输出结果融合　　　　　　(b) 单系统多输出结果融合

图14.15　多模型翻译假设生成 vs 单模型翻译假设生成

此外，模型的选择也十分重要。所谓假设选择实际上就是要用一个更强的模型在候选中进行选择。这个"强"模型一般由更多、更复杂的子模型组合而成。常用的方法是直接使用翻译假设生成时的模型构建"强"模型。例如，使用两个模型生成了翻译假设集合，之后对所有翻译假设分别用这两个模型进行打分。最后，综合两个模型的打分（如线性插值），得到翻译假设的最终得分，并进行选择。当然，也可以使用更强大的统计模型对多个子模型进行组合，如使用更深、更宽的神经网络。

假设选择也可以被看作一种简单的投票模型，对所有的候选用多个模型投票，选出最好的结果输出，包括重排序在内的很多方法也是假设选择的一种特例。例如，在重排序中，可以把生成 n-best 列表的过程看作翻译假设生成过程，而重排序的过程可以被看作融合多个子模型进行最终结果选择的过程。

14.5.2 局部预测融合

神经机器翻译模型对每个目标语言位置 j 的单词的概率分布进行预测[1]，假设有 K 个神经机器翻译系统，那么每个系统 k 都可以独立计算这个概率分布，记为 $P_k(y_j|y_{<j},x)$。于是，可以融合这 K 个系统的预测：

$$P(y_j|y_{<j},x) = \sum_{k=1}^{K} \gamma_k \cdot P_k(y_j|y_{<j},x) \tag{14.10}$$

其中，γ_k 表示第 k 个系统的权重，且满足 $\sum_{k=1}^{K} \gamma_k = 1$。权重 $\{\gamma_k\}$ 可以在开发集上自动调整，如使用最小错误率训练得到最优的权重（见第 7 章）。实践中发现，如果这 K 个模型都是由一个基础模型衍生出来的，则权重 $\{\gamma_k\}$ 对最终结果的影响并不大。因此，有时也简单地将权重设置为 $\gamma_k = \frac{1}{K}$。图 14.16 展示了对 3 个模型预测结果的集成。

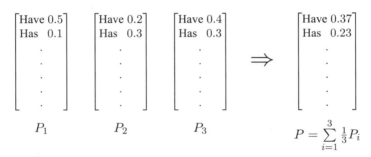

图 14.16　对 3 个模型预测结果的集成

式 (14.10) 是一种典型的线性插值模型，这类模型在语言建模等任务中已经得到了成功应用。从统计学习的角度看，多个模型的插值可以有效地降低经验错误率。不过，多模型集成依赖一个假设：这些模型之间需要有一定的互补性。这种互补性有时也体现在多个模型预测的上限上，称为 Oracle。例如，可以把这 K 个模型输出中 BLEU 最高的结果作为 Oracle，也可以选择每个预测结果中使 BLEU 值最高的译文单词，这样构成的句子作为 Oracle。当然，并不是说 Oracle 提高了，模型集成的结果一定会变好。Oracle 是最理想情况下的结果，而实际预测的结果往往与 Oracle 有很大差异。如何使用 Oracle 进行模型优化也是很多研究人员在探索的问题。

此外，如何构建集成用的模型也是非常重要的，甚至可以说，这部分工作会成为模型集成方法中最困难的一环[673, 675, 756]。为了增加模型的多样性，常用的方法有：

- 改变模型宽度和深度，即用不同层数或不同隐藏层大小得到多个模型。
- 使用不同的参数进行初始化，即用不同的随机种子初始化参数，训练多个模型。
- 不同模型（局部）架构的调整，如使用不同的位置编码模型[462]、多层融合模型[463] 等。

---

[1] 即对目标语言词汇表中的每个单词 w_r，计算 $P(y_j = w_r|y_{<j},x)$。

- 利用不同数量的伪数据，以及不同数据增强方式产生的伪数据训练模型[757]。
- 利用多分支、多通道的模型，使得模型能有更好的表示能力[757]。
- 利用预训练方法进行参数共享，然后对模型进行微调。

14.5.3 译文重组

假设选择是直接从已经生成的译文中进行选择，因此无法产生"新"的译文，也就是说，它的输出只能是某个单模型的输出。此外，预测融合需要同时使用多个模型进行推断，对计算和内存消耗较大。这两种方法有一个共性：搜索都是基于一个个字符串，相比指数级的译文空间，所看到的结果还是非常小的一部分。对于这个问题，一种方法是利用更加紧凑的数据结构对指数级的译文串进行表示。例如，可以使用**词格**（Word Lattice）对多个译文串进行表示[758]。图 14.17 展示了基于 n-best 词串的表示方法和基于词格的表示方法。可以看到，词格中从起始状态到结束状态的每一条路径都表示一个译文，不同译文的不同部分可以通过词格中的节点共享①。理论上，词格可以把指数级数量的词串用线性复杂度的结构表示出来。

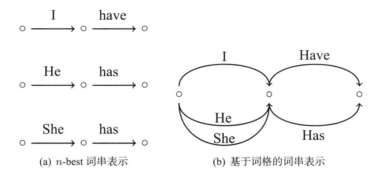

(a) n-best 词串表示　　　　(b) 基于词格的词串表示

图 14.17　基于 n-best 词串的表示方法和基于词格的表示方法

有了词格这样的结构，多模型集成又有了新的思路。首先，可以将多个模型的译文融合为词格。注意，这个词格会包含这些模型无法生成的完整译文句子。然后，用一个更强的模型在词格上搜索最优的结果。这个过程有可能找到一些"新"的译文，即结果可能是从多个模型的结果中重组而来的。词格上的搜索模型可以基于多模型的融合，也可以使用一个简单的模型，将神经机器翻译模型调整为基于词格的词串表示，再进行推断[759]。其过程基本与原始的模型推断没有区别，只是需要把模型预测的结果附着到词格中的每条边上，再进行推断。

图 14.18 对比了不同的模型集成方法。从系统开发的角度看，假设选择和预测融合的复杂度较低，适合快速开发原型系统，而且性能稳定。译文重组需要更多的模块，系统调试的复杂度较高，但由于看到了更大的搜索空间，因此系统性能提升的潜力较大②。

---

① 本例中的词格也是一个**混淆网络**（Confusion Network）。
② 一般来说，词格上的 Oracle 要比 n-best 译文上的 Oracle 的质量高。

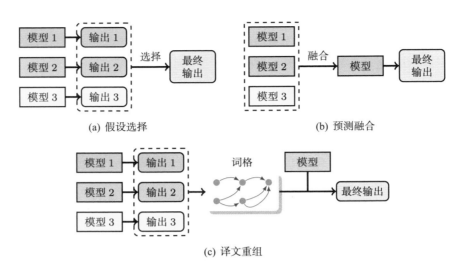

图 14.18　不同的模型集成方法对比

14.6 小结与拓展阅读

推断系统（或解码系统）是神经机器翻译的重要组成部分。在神经机器翻译研究中，单独针对推断问题开展的讨论并不多见，更多的工作是将其与实践结合，常见于开源系统和评测比赛中。但是，从应用的角度看，研发高效的推断系统是机器翻译能够被大规模使用的前提。本章从神经机器翻译推断的基本问题出发，重点探讨了推断系统的效率、非自回归翻译、多模型集成等问题。但是，推断问题涉及的问题十分广泛，因此本章也无法对其进行全面覆盖。关于神经机器翻译模型推断还有以下若干研究方向值得关注：

- 机器翻译系统中的推断也借用了**统计推断**（Statistical Inference）的概念。传统意义上讲，这类方法都是在利用样本数据推测总体的趋势和特征。因此，从统计学的角度看，也有很多不同的思路。例如，贝叶斯学习等方法就在自然语言处理中得到了广泛应用[760, 761]，其中比较有代表性的是**变分方法**（Variational Methods）。这类方法通过引入新的隐含变量对样本的分布进行建模，从某种意义上说，它是在描述"分布的分布"，因此这类方法对事物的统计规律描述得更加细致[762]，也被成功地用于统计机器翻译[405, 763]和神经机器翻译[764–767]。

- 推断系统也可以受益于更加高效的神经网络结构。这方面的工作集中在结构化剪枝、减少模型的冗余计算、低秩分解等方向。结构化剪枝中的代表性工作是 LayerDrop[768–770]，这类方法在训练时随机选择部分子结构，在推断时根据输入选择模型中的部分层进行计算，而跳过其余层，达到加速的目的。有关减少模型的冗余计算的研究主要集中在改进注意力机制上，本章已经有所介绍。低秩分解则针对词向量或注意力的映射矩阵进行改进，以词频自适应表示[771] 为例，词频越高，则对应的向量维度越大，反之则越小；或者层数越高，注意力映射矩阵维度越小[729, 772–774]。在实践中比较有效的是用较深的编码器与较浅的解码器结合的方式，在极端情况下，解码器仅使用一层神经网络即可取得与多层神经网络相媲美的翻译品质，从而极大地提升翻译效率[775–777]。第 15 章还会进一步对高效神经机器翻译的模型结构进行讨论。

- 在对机器翻译推断系统进行实际部署时，对存储的消耗也是需要考虑的因素。因此，如何让模型变得更小也是研发人员关注的方向。当前的模型压缩方法主要分为剪枝、量化、知识蒸馏和轻量方法，其中轻量方法的研究重点集中在更轻量模型结构的设计，这类方法已经在本章进行了介绍。剪枝主要包括权重大小剪枝[778–781]、面向多头注意力的剪枝[541, 726]、网络层及其他结构剪枝等[782, 783]，还有一些方法也通过在训练期间采用正则化的方式来提升剪枝能力[768]。量化方法主要通过截断浮点数减少模型的存储大小，使其仅使用几个比特位的数字表示方法便能存储整个模型，虽然会导致舍入误差，但压缩效果显著[547, 784–786]。利用知识蒸馏方法，一些方法还将 Transformer 模型蒸馏成如 LSTMs 等推断速度更快的结构[549, 727, 787]。

- 如今，翻译模型使用交叉熵损失作为优化函数，这在自回归翻译模型上取得了非常优秀的性能。交叉熵是一个严格的损失函数，每个预测错误的单词所对应的位置都会受到惩罚，即使是编辑距离很小的输出序列[788]。自回归翻译模型会在很大程度上避免这种惩罚，因为当前位置的单词是根据先前生成的词得到的，而非自回归翻译模型无法获得这种信息。如果在预测时漏掉一个单词，就可能会将正确的单词放在错误的位置上。为此，一些研究工作通过改进损失函数来提高非自回归翻译模型的性能。一种做法是使用一种新的交叉熵函数[788]，它通过忽略绝对位置、关注相对顺序和词汇匹配为非自回归翻译模型提供更精确的训练信号。另外，也可以使用基于 n-gram 的训练目标[789] 最小化模型与参考译文之间的 n-gram 差异。该训练目标在 n-gram 的层面上评估预测结果，因此能够建模目标序列单词之间的依赖关系。

- 当自回归翻译模型解码时，当前位置单词的生成依赖于先前生成的单词，已生成的单词提供了较强的目标端上下文信息。与自回归翻译模型相比，非自回归翻译模型的解码器需要在信息更少的情况下执行翻译任务。一些研究工作通过将条件随机场引入非自回归翻译模型，对序列依赖进行建模[740]。也有工作引入了词嵌入转换矩阵，将源语言端的词嵌入转换为目标语言端的词嵌入，为解码器提供更好的输入[738]。此外，研究人员也提出了轻量级的调序模块来显式地建模调序信息，以指导非自回归翻译模型的推断[748]。大多数非自回归翻译模型可以被看作一种基于隐含变量的模型，因为目标语言单词的并行生成是基于源语言编码器生成的一个（一些）隐含变量。因此，也有很多方法用来生成隐含变量，例如，利用自编码生成一个较短的离散化序列，将其作为隐含变量，之后，在这个较短的变量上并行生成目标语言序列[741]。类似的思想也可以用于局部块内的单词并行生成[790]。

15. 神经机器翻译模型结构优化

模型结构的设计是机器翻译系统研发中最重要的工作之一。在神经机器翻译时代，虽然系统研发人员脱离了烦琐的特征工程，但是神经网络结构的设计仍然耗时耗力。无论是像循环神经网络、Transformer 这样的整体架构的设计，还是注意力机制等局部结构的设计，都对机器翻译性能有很大的影响。

本章主要讨论神经机器翻译中结构优化的若干研究方向，包括注意力机制的改进、神经网络连接优化及深层模型、基于句法的神经机器翻译模型、基于结构搜索的翻译模型优化。这些内容可以指导神经机器翻译系统的深入优化，其中涉及的一些模型和方法也可以应用于其他自然语言处理任务中。

15.1 注意力机制的改进

注意力机制是神经机器翻译成功的关键。以 Transformer 模型为例，由于使用了自注意力机制，该模型展现了较高的训练并行性。同时，在机器翻译、语言建模等任务上，该模型也取得了很好的表现。当然，Transformer 模型也存在许多亟待解决的问题，如在处理长文本序列时（假设文本长度为 N），自注意力机制的时间复杂度为 $O(N^2)$，当 N 过大时，翻译速度很低。此外，尽管 Transformer 模型的输入中包含了绝对位置编码表示，但是现有的自注意力机制仍然无法显性地捕获局部窗口下不同位置之间的关系。而且，注意力机制也需要更多样的手段进行特征提取，如采用多头或多分支结构对不同空间特征进行提取。针对以上问题，本节将介绍注意力机制的优化策略，并重点讨论 Transformer 模型的若干改进方法。

15.1.1 局部信息建模

使用循环神经网络进行序列建模时，每一个时刻的计算都依赖于上一时刻循环单元的状态。这种模式天然具有一定的时序性，同时具有**归纳偏置**（Inductive Bias）的特性[791]，即每一时刻的状态仅基于当前时刻的输入和前一时刻的状态。这种归纳偏置的好处在于，模型并不需要对绝对位置进行建模，因此模型可以很容易地处理任意长度的序列，即使测试样本显著长于训练样本。

但是，Transformer 模型中的自注意力机制本身并不具有这种性质，而且它直接忽略了输入单元之间的位置关系。虽然 Transformer 模型中引入了基于正余弦函数的绝对位置编码（见第 12 章），但是该方法仍然无法显性地区分局部依赖与长距离依赖①。

　　针对上述问题，研究人员尝试引入"相对位置"信息，对原有的"绝对位置"信息进行补充，强化了局部依赖[462, 552]。此外，模型中每一层均存在自注意力机制计算，因此模型捕获位置信息的能力也逐渐减弱，这种现象在深层模型中尤为明显。利用相对位置表示能够把位置信息显性地加入每一层的注意力机制的计算中，进而强化深层模型的位置表示能力[464]。图 15.1 对比了 Transformer 模型中绝对位置编码和相对位置表示的方法。

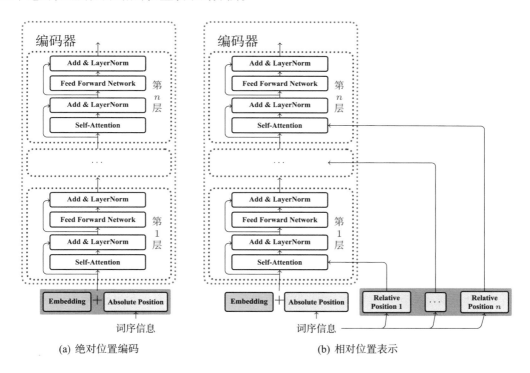

图15.1　Transformer 模型中绝对位置编码和相对位置表示的方法对比

1. 位置编码

　　在介绍相对位置表示之前，先简要回顾自注意力机制的计算流程（见第 12 章）。对于 Transformer 模型中的某一层神经网络，可以定义：

$$\boldsymbol{Q} = \boldsymbol{x}\boldsymbol{W}_{\mathrm{Q}} \tag{15.1}$$

$$\boldsymbol{K} = \boldsymbol{x}\boldsymbol{W}_{\mathrm{K}} \tag{15.2}$$

①局部依赖指当前位置与局部相邻位置的联系。

$$V = xW_{\mathrm{V}} \tag{15.3}$$

其中，x 为上一层的输出①，$W_{\mathrm{Q}}, W_{\mathrm{K}}, W_{\mathrm{V}}$ 为模型参数，可以通过自动学习得到。此时，对于整个模型输入的向量序列 $x = \{x_1, \cdots, x_m\}$，通过点乘计算，可以得到当前位置 i 和序列中所有位置间的关系，记为 z_i，计算公式如下：

$$z_i = \sum_{j=1}^{m} \alpha_{ij}(x_j W_{\mathrm{V}}) \tag{15.4}$$

这里，z_i 可以被看作输入序列的线性加权表示结果。权重 α_{ij} 通过 Softmax 函数得到

$$\alpha_{ij} = \frac{\exp(e_{ij})}{\sum_{k=1}^{m} \exp(e_{ik})} \tag{15.5}$$

进一步，e_{ij} 被定义为

$$e_{ij} = \frac{(x_i W_{\mathrm{Q}})(x_j W_{\mathrm{K}})^{\mathrm{T}}}{\sqrt{d_k}} \tag{15.6}$$

其中，d_k 为模型中隐藏层的维度②。e_{ij} 实际上就是 Q 和 K 的向量积缩放后的结果。

基于上述描述，相对位置模型可以按如下方式实现：

- **相对位置表示**（Relative Positional Representation）[462]，其核心思想是在能够捕获全局依赖的自注意力机制中引入相对位置信息。该方法可以有效补充绝对位置编码的不足，甚至完全取代绝对位置编码。对于 Transformer 模型中的任意一层，假设 x_i 和 x_j 是位置 i 和 j 的输入向量（也就是来自上一层位置 i 和 j 的输出向量），二者的位置关系可以通过向量 a_{ij}^{V} 和 a_{ij}^{K} 表示，定义为

$$a_{ij}^{\mathrm{K}} = w_{\mathrm{clip}(j-i,k)}^{\mathrm{K}} \tag{15.7}$$

$$a_{ij}^{\mathrm{V}} = w_{\mathrm{clip}(j-i,k)}^{\mathrm{V}} \tag{15.8}$$

$$\mathrm{clip}(x, k) = \max(-k, \min(k, x)) \tag{15.9}$$

其中，$w^{\mathrm{K}} \in \mathbb{R}^{d_k}$ 和 $w^{\mathrm{V}} \in \mathbb{R}^{d_k}$ 是模型中可学习的参数矩阵；$\mathrm{clip}(\cdot, \cdot)$ 表示截断操作，由式 (15.9) 定义。可以看出，a^{K} 与 a^{V} 是根据输入的相对位置信息（由 $\mathrm{clip}(j-i,k)$ 确定）对 w^{K} 和 w^{V} 进行查表得到的向量，即相对位置表示，如图 15.2 所示。通过预先设定的最大相

---

① 这里，K, Q, V 的定义与第 12 章略有不同。这里的 K, Q, V 是指对注意力模型输入进行线性变换后的结果，而第 12 章中的 K, Q, V 直接表示输入。这两种描述方式本质上相同，区别在于对输入的线性变换是放在输入自身中描述，还是作为输入之后的一个额外操作。

② 在多头注意力机制中，d_k 为经过多头分割后每个头的维度。

对位置 k，强化模型对以当前词为中心的左右各 k 个词的注意力进行计算。因此，最终的窗口大小为 $2k+1$。对于边缘位置窗口大小不足 $2k$ 的单词，采用裁剪的机制，即只对有效的临近词进行建模。此时，注意力模型的计算可以调整为

$$z_i = \sum_{j=1}^{m} \alpha_{ij}(x_j W_V + a_{ij}^V) \tag{15.10}$$

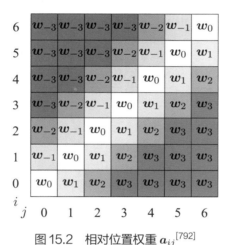

图 15.2　相对位置权重 a_{ij} [792]

与式 (15.4) 相比，式 (15.10) 在计算 z_i 时引入了额外的向量 a_{ij}^V，用它来表示位置 i 与位置 j 之间的相对位置信息。同时，在计算注意力权重时对 K 进行修改，同样引入 a_{ij}^K 向量表示位置 i 与位置 j 之间的相对位置。在式 (15.6) 的基础上，将注意力权重的计算方式调整为

$$\begin{aligned} e_{ij} &= \frac{x_i W_Q (x_j W_K + a_{ij}^K)^T}{\sqrt{d_k}} \\ &= \frac{x_i W_Q (x_j W_K)^T + x_i W_Q (a_{ij}^K)^T}{\sqrt{d_k}} \end{aligned} \tag{15.11}$$

可以注意到，与标准的 Transformer 模型只将位置编码信息作为模型的输入不同，式 (15.10) 和式 (15.11) 将位置编码信息直接融入每一层注意力机制的计算中。

- **Transformer-XL**[552]。在 Transformer 模型中，输入由词嵌入表示与绝对位置编码组成。对于输入层，有 $x_i = E_{x_i} + U_i, x_j = E_{x_j} + U_j$，其中 E_{x_i} 和 E_{x_j} 表示词嵌入，U_i 和 U_j 表示绝对位置编码（正余弦函数）。将 x_i 与 x_j 代入式 (15.6) 可以得到

$$e_{ij} = \frac{(\boldsymbol{E}_{\boldsymbol{x}_i} + \boldsymbol{U}_i)\boldsymbol{W}_Q((\boldsymbol{E}_{\boldsymbol{x}_j} + \boldsymbol{U}_j)\boldsymbol{W}_K)^T}{\sqrt{d_k}} \tag{15.12}$$

这里，使用 A_{ij}^{abs} 表示式 (15.12) 中右侧的分子部分，并对其进行展开：

$$A_{ij}^{\text{abs}} = \underbrace{\boldsymbol{E}_{\boldsymbol{x}_i}\boldsymbol{W}_Q\boldsymbol{W}_K^T\boldsymbol{E}_{\boldsymbol{x}_j}^T}_{(a)} + \underbrace{\boldsymbol{E}_{\boldsymbol{x}_i}\boldsymbol{W}_Q\boldsymbol{W}_K^T\boldsymbol{U}_j^T}_{(b)} + \underbrace{\boldsymbol{U}_i\boldsymbol{W}_Q\boldsymbol{W}_K^T\boldsymbol{E}_{\boldsymbol{x}_j}^T}_{(c)} + \underbrace{\boldsymbol{U}_i\boldsymbol{W}_Q\boldsymbol{W}_K^T\boldsymbol{U}_j^T}_{(d)} \tag{15.13}$$

其中，abs 代表使用绝对位置编码计算得到的 A_{ij}，$\boldsymbol{W}_Q$ 与 $\boldsymbol{W}_K$ 表示线性变换矩阵。为了引入相对位置信息，可以将式 (15.13) 修改为

$$A_{ij}^{\text{rel}} = \underbrace{\boldsymbol{E}_{\boldsymbol{x}_i}\boldsymbol{W}_Q\boldsymbol{W}_K^T\boldsymbol{E}_{\boldsymbol{x}_j}^T}_{(a)} + \underbrace{\boldsymbol{E}_{\boldsymbol{x}_i}\boldsymbol{W}_Q\boldsymbol{W}_K^T\boldsymbol{R}_{i-j}^T}_{(b)} + \underbrace{\boldsymbol{u}\boldsymbol{W}_{K,E}^T\boldsymbol{E}_{\boldsymbol{x}_j}^T}_{(c)} + \underbrace{\boldsymbol{v}\boldsymbol{W}_{K,R}^T\boldsymbol{R}_{i-j}^T}_{(d)} \tag{15.14}$$

其中，A_{ij}^{rel} 为使用相对位置表示后位置 i 与 j 关系的表示结果，$\boldsymbol{R}$ 是一个固定的正弦矩阵。不同于式 (15.13)，式 (15.14) 对 (c) 中的 $\boldsymbol{E}_{\boldsymbol{x}_j}^T$ 与 (d) 中的 $\boldsymbol{R}_{i-j}^T$ 采用了不同的映射矩阵，分别为 $\boldsymbol{W}_{K,E}^T$ 和 $\boldsymbol{W}_{K,R}^T$，这两项分别代表了键 $\boldsymbol{K}$ 中的词嵌入表示和相对位置表示，此时只采用了相对位置表示，因此式 (15.14) 在 (c) 与 (d) 中使用了 $\boldsymbol{u}$ 和 $\boldsymbol{v}$ 两个可学习的矩阵代替 $\boldsymbol{U}_i\boldsymbol{W}_Q$ 与 $\boldsymbol{U}_i\boldsymbol{W}_Q$，即查询 $\boldsymbol{Q}$ 中的绝对位置编码部分。此时，式 (15.14) 中各项的含义为：(a) 表示位置 i 与位置 j 之间词嵌入的相关性，可以看作基于内容的表示；(b) 表示基于内容的位置偏置；(c) 表示全局内容的偏置；(d) 表示全局位置的偏置。式 (15.13) 中的 (a) 和 (b) 两项与前面介绍的绝对位置编码一致[462]，并针对相对位置表示引入了额外的线性变换矩阵。同时，这种方法兼顾了全局内容偏置和全局位置偏置，可以更好地利用正余弦函数的归纳偏置特性。

- **结构化位置表示**（Structural Position Representations）[793]。通过对输入句子进行依存句法分析得到句法树，根据叶子节点在句法树中的深度表示其绝对位置，并在此基础上利用相对位置表示的思想计算节点之间的相对位置信息。

- **基于连续动态系统**（Continuous Dynamic Model）**的位置编码**[553]。使用神经常微分方程**求解器**（Solver）建模位置信息[794]，使模型具有更好的归纳偏置能力，可以处理变长的输入序列，同时能够从不同的数据中进行自适应学习。

2. 注意力分布约束

局部注意力机制一直是机器翻译中受关注的研究方向[25]。通过对注意力权重的可视化，可以观测到不同位置的词受关注的程度相对平滑。这样的建模方式有利于全局建模，但在一定程度上分散了注意力，导致模型忽略了邻近单词之间的关系。为了提高模型对局部信息的感知，有以下几种方法：

- **引入高斯约束**[555]。如图 15.3 所示，这类方法的核心思想是引入可学习的高斯分布 $\boldsymbol{G}$，将其作为局部约束，与注意力权重进行融合。

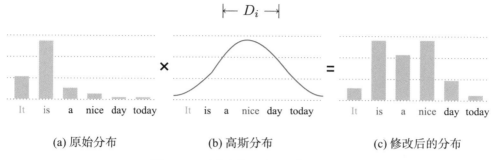

$$\longleftarrow D_i \longrightarrow$$

(a) 原始分布　　　　　　(b) 高斯分布　　　　　　(c) 修改后的分布

图15.3　融合高斯分布的注意力分布

具体形式如下：

$$e_{ij} = \frac{(\boldsymbol{x}_i \boldsymbol{W}_{\mathrm{Q}})(\boldsymbol{x}_j \boldsymbol{W}_{\mathrm{K}})^{\mathrm{T}}}{\sqrt{d_k}} + G_{ij} \tag{15.15}$$

其中，G_{ij} 表示位置 j 和预测的中心位置 P_i 之间的关联程度，G_{ij} 是 $\boldsymbol{G}$ 中的一个元素，$\boldsymbol{G} \in \mathbb{R}^{m \times m}$。计算公式为

$$G_{ij} = -\frac{(j - P_i)^2}{2\sigma_i^2} \tag{15.16}$$

其中，σ_i 表示偏差，被定义为第 i 个词的局部建模窗口大小 D_i 的一半，即 $\sigma_i = \frac{D_i}{2}$。中心位置 P_i 和局部建模窗口 D_i 的计算方式为

$$\begin{pmatrix} P_i \\ D_i \end{pmatrix} = m \cdot \mathrm{Sigmoid}(\begin{pmatrix} p_i \\ v_i \end{pmatrix}) \tag{15.17}$$

其中，m 表示序列长度，p_i 和 v_i 为计算的中间结果，被定义为

$$p_i = \boldsymbol{I}_p^{\mathrm{T}} \tanh(\boldsymbol{W}_p \boldsymbol{Q}_i) \tag{15.18}$$

$$v_i = \boldsymbol{I}_d^{\mathrm{T}} \tanh(\boldsymbol{W}_d \boldsymbol{Q}_i) \tag{15.19}$$

其中，$\boldsymbol{W}_p, \boldsymbol{W}_d, \boldsymbol{I}_p, \boldsymbol{I}_d$ 均为模型中可学习的参数矩阵。

- **多尺度局部建模**[795]。不同于上述方法直接作用于注意力权重，多尺度局部建模通过赋予多头不一样的局部感受野，间接地引入局部约束，如图 15.4 所示。

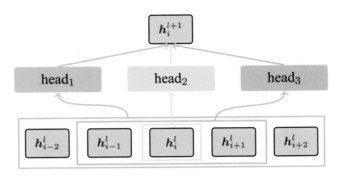

图 15.4　多尺度局部建模[795]

于是，在计算第 i 个词对第 j 个词的相关系数时，通过超参数 ω 控制实际的感受野为 $j - \omega, \cdots, j + \omega$，注意力计算中 e_{ij} 的计算方式与式 (15.6) 相同，权重 α_{ij} 的具体计算公式为

$$\alpha_{ij} = \frac{\exp(e_{ij})}{\sum_{k=j-\omega}^{j+\omega} \exp(e_{ik})} \tag{15.20}$$

在计算注意力输出时，同样利用上述思想进行局部约束：

$$z_i = \sum_{j=j-\omega}^{j+\omega} \alpha_{ij}(x_j W_{\mathrm{V}}) \tag{15.21}$$

其中，约束的具体作用范围会根据实际句长进行一定的裁剪，通过对不同的头设置不同的超参数来控制感受野的大小，最终实现多尺度局部建模。

值得注意的是，上述两种添加局部约束的方法都更适用于 Transformer 模型的底层网络。这是由于模型离输入更近的层更倾向于捕获局部信息[554, 555]，伴随着神经网络的加深，模型更倾向于逐渐加强全局建模的能力。类似的结论在针对 BERT 模型的解释性研究工作中也有论述[554, 796]。

3. 卷积 vs 注意力

第 11 章已经提到，卷积神经网络能够很好地捕捉序列中的局部信息。因此，充分地利用卷积神经网络的特性，也是进一步优化注意力模型的思路。常见的做法是在注意力模型中引入卷积操作，甚至用卷积操作替换注意力模型，例如：

- **使用轻量卷积和动态卷积神经网络**[509, 535]。使用轻量卷积或动态卷积神经网络（见第 9 章）替换 Transformer 中编码器和解码器的自注意力机制，同时保留解码器的编码-解码注意力机制，一定程度上加强了模型对局部信息的建模能力，同时提高了计算效率。
- **使用一维卷积注意力网络**[556]（如图 15.5 (b) 所示）。可以使用一维的卷积自注意力网络（1D-CSAN）将关注的范围限制在相近的元素窗口中，其形式十分简单，只需预先设定好局部建

模的窗口大小 D，并在进行注意力权重计算和对 Value 值进行加权求和时，将其限制在设定好的窗口范围内。

- **使用二维卷积注意力网络**（如图 15.5 (c) 所示）。在一维卷积注意力网络的基础上，对多个注意力头之间的信息进行交互建模，打破了注意力头之间的界限。1D-CSAN 的关注区域为 $1 \times D$，当将其扩展为二维矩形 $D \times N$ 时，长和宽分别为局部窗口的大小和参与建模的自注意力头的个数。这样，模型可以计算某个头中的第 i 个元素和另一个头中的第 j 个元素之间的相关性系数，实现了对不同子空间之间关系的建模，所得到的注意力分布表示了头之间的依赖关系。

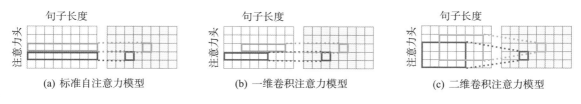

(a) 标准自注意力模型   (b) 一维卷积注意力模型   (c) 二维卷积注意力模型

图 15.5　卷积注意力模型示意图[556]

15.1.2　多分支结构

在神经网络模型中，可以使用多个平行的组件从不同角度捕捉输入的特征，这种结构被称为**多分支**（Multi-branch）**结构**。多分支结构在图像处理领域被广泛应用[797]，在许多人工设计或者自动搜索获得的神经网络结构中也有它的身影[798–800]。

在自然语言处理领域，多分支结构同样也有很多应用。一个典型的例子是，第 10 章介绍过的为了更好地对源语言进行表示，编码器可以采用双向循环神经网络。这种模型可以被看作一个两分支的结构，分别用来建模正向序列和反向序列的表示，之后将这两种表示进行拼接，得到更丰富的序列表示结果。另一个典型的例子是第 12 章介绍的多头注意力机制。在 Transformer 模型中，多头注意力将输入向量分割成多个子向量，然后分别进行点乘注意力的计算，最后将多个输出的子向量拼接，并通过线性变换进行不同子空间信息的融合。在这个过程中，多个不同的头对应着不同的特征空间，可以捕捉到不同的特征信息。

近年，在 Transformer 模型的结构基础上，研究人员探索了更为丰富的多分支结构。下面介绍几种在 Transformer 模型中引入多分支结构的方法：

- **基于权重的方法**[801]。其主要思想是在多头自注意力机制的基础上保留不同表示空间的特征。传统方法使用级联操作，并通过线性映射矩阵融合不同头之间的信息，而基于权重的 Transformer 直接利用线性映射将维度为 d_k 的向量表示映射到 d_{model} 维的向量。然后，将这个 d_{model} 维向量分别送入每个分支中的前馈神经网络，最后对不同分支的输出进行线性加权。这种模型的计算复杂度要大于标准的 Transformer 模型。

- **基于多分支注意力的方法**[800]。不同于基于权重的 Transformer 模型，多分支注意力模型直接利用每个分支独立地进行自注意力模型的计算（如图 15.6 所示）。同时，为了避免结构相同的多个多头注意力机制之间的协同适应，这种模型使用 Dropout 方法在训练过程中以一定的概率随机丢弃一些分支。

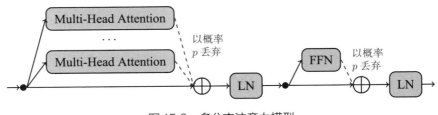

图 15.6　多分支注意力模型

- **基于多单元的方法**。为了进一步加强不同分支的作用，基于多单元的 Transformer 模型进行了序列不同位置表示结果的交换，或使用不同的掩码策略对不同分支的输入进行扰动，保证分支间的多样性与互补性[799]。本质上，所谓的多单元思想与集成学习十分相似，类似于在训练过程中同时训练多个编码器。此外，通过增大子单元之间的结构差异性，也能够进一步增大分支之间的多样性[802]。

此外，在 15.1.1 节中曾提到过，卷积神经网络可以与自注意力机制一同使用，相互补充。类似的想法在多分支结构中也有体现。如图 15.7 所示，可以使用自注意力机制和卷积神经网络分别提取全局和局部两种依赖关系[544]。具体的做法是将输入的特征向量切分成等同维度的两部分，分别送入两个分支进行计算。其中，全局信息用自注意力机制提取，局部信息用轻量卷积网络提取[509]。此外，由于每个分支的维度只有原始的一半，采用并行计算方式可以显著提升系统的运行速度。

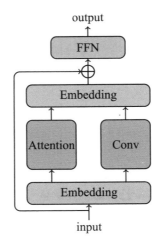

图 15.7　基于自注意力和卷积神经网络的两分支结构

15.1.3 引入循环机制

虽然 Transformer 模型完全摒弃了循环单元与卷积单元，仅通过位置编码来区分序列中的不同位置，但是循环神经网络并非没有存在的价值，它非常适用于处理序列结构，且其结构成熟、易于优化。因此，有研究人员尝试将其与 Transformer 模型融合。这种方式一方面能够发挥循环神经网络简单高效的特点，另一方面能够发挥 Transformer 模型在特征提取方面的优势，是一种非常值得探索的思路[460]。

在 Transformer 模型中，引入循环神经网络的一种方法是，对深层网络的不同层使用循环机制。早在残差网络提出时，研究人员已经开始尝试探讨残差网络成功背后的原因[803–805]。本质上，在卷积神经网络中引入残差连接后，神经网络从深度上隐性地利用了循环的特性。也就是说，多层 Transformer 模型的不同层本身也可以被看作一个处理序列，只是序列中不同位置（对应不同层）的模型参数独立，而非共享。Transformer 模型的编码器与解码器分别由 N 个结构相同但参数独立的层堆叠而成，其中，编码器包含 2 个子层，解码器包含 3 个子层。同时，子层之间引入了残差连接，保证了网络信息传递的高效性。因此，一个很自然的想法是通过共享不同层之间的参数，引入循环神经网络中的归纳偏置[806]。其中，每层的权重是共享的，并引入了基于时序的编码向量，用于显著区分不同深度下的时序信息，如图 15.8 所示。在训练大容量预训练模型时，也采取了共享层间参数的方式[807]。

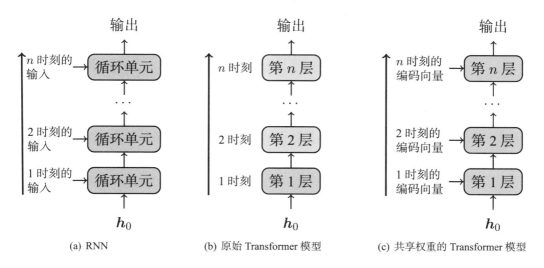

(a) RNN　　　　　　(b) 原始 Transformer 模型　　　　(c) 共享权重的 Transformer 模型

图 15.8　在 Transformer 模型中引入循环机制

另一种方法是，利用循环神经网络对输入序列进行编码，通过门控机制将得到的结果与 Transformer 模型进行融合[808]。融合机制可以采用串行计算或并行计算。

15.1.4 高效的自注意力模型

除了机器翻译，Transformer 模型同样被广泛应用于自然语言理解、图像处理、语音处理等任务中。但是，自注意力机制的时间复杂度是序列长度 N 的平方项，同时其对内存（显存）的消耗巨大，当处理较长序列的文本时，这种问题尤为严重。因此，如何提高 Transformer 模型的效率受到广泛关注。第 14 章已经从模型推断的角度介绍了 Transformer 模型的加速方法，这里重点讨论一些高效的 Transformer 变种模型。

由于自注意力机制需要计算序列中的每一个位置与其他所有位置的相关性，因此其时间复杂度较高。一个想法是限制自注意力机制的作用范围，大体上可以分为如下几种方式：

- **分块注意力**：顾名思义，就是将序列划分为固定大小的片段，注意力模型只在对应的片段内执行。这样，每一个片段内的注意力计算成本是固定的，可以大大降低处理长序列时的总体计算时间[809, 810]。

- **跨步注意力**：该模型是一种稀疏的注意力机制，通常会设置一个固定的间隔，也就是说，在计算注意力表示时，每次跳过固定数量的词，并将下一个词纳入注意力计算的考虑范围内[811]。与分片段进行注意力计算类似，假设最终参与注意力计算的间隔长度为 N/B，每次参与注意力计算的单词数为 B，那么注意力的计算复杂度将从 $O(N^2)$ 缩减为 $O(N/B \times B^2)$，即 $O(NB)$。

- **内存压缩注意力**：这种方式的主要思想是使用一些操作，如卷积、池化等对序列进行**下采样**（Subsampled），以便缩短序列长度。例如，使用**跨步卷积**（Stride Convolution）来减少 Key 和 Value 的数量，即减少表示序列长度的维度的大小，Query 的数量保持不变，从而减少了注意力权重计算时的复杂度[810]。其计算复杂度取决于跨步卷积时步幅的大小 K，可以理解为每 K 个单元做一次特征融合后，将关注的目标缩减为 N/K，整体的计算复杂度为 N^2/K。相比于使用前两种方式对局部进行注意力计算，该方式仍是对全局的建模。

在不同的任务中，可以根据不同的需求使用不同的注意力模型，甚至可以采用多种注意力模型的结合。例如，对 BERT 中的特殊标签 <CLS> 来说，需要使用其表示全局信息，因此使用全局注意力来计算它。而对于其他位置，则可以使用局部注意力提高计算效率。同样地，也可以针对多头机制中的不同注意力头采用不同的计算方式，或者对不同的头设置不同的局部窗口大小，以此增大感受野，在提高模型计算效率的同时使模型保留全局建模能力。

上述方法都基于预先设定好的超参数来限制注意力机制的作用范围，因此可以称这些方法是静态的。除此之外，还有以数据驱动的方法，这类方法通过模型学习注意力机制的作用范围。例如，可以将序列分块，并对序列中的不同单元进行排序或者聚类，之后采用稀疏注意力的计算。下面对部分相关的模型进行介绍：

- Reformer 模型在计算 Key 和 Value 时使用相同的线性映射，共享 Key 和 Value 的值[545]，降低了自注意力机制的复杂度。Reformer 引入了一种**局部敏感哈希注意力机制**（Locality Sensitive Hashing Attention，LSH Attention），其提高效率的方式和固定模式中的局部建模一致，减少了注意力机制的计算范围。对于每一个 Query，通过局部哈希敏感机制找出和其较为相关的 Key，并进行注意力的计算。局部哈希敏感注意力机制的基本思路就是距离相近的向量以较大的概率被哈希分配到一个桶内，距离较远的向量被分配到一个桶内的概率较低。此外，Reformer 中还采用了一种**可逆残差网络结构**（The Reversible Residual Network）和分块计算前馈神经网络层的机制，即将前馈层的隐藏层维度拆分为多个块并独立地进行计算，最后进行拼接操作，得到前馈层的输出，这种方式大幅减少了内存（显存）占用。

- Routing Transformer 通过聚类算法对序列中的不同单元进行分组，分别在组内进行自注意力机制的计算[812]。该方法是将 Query 和 Key 映射到聚类矩阵 $\boldsymbol{S}$：

$$\boldsymbol{S} = \boldsymbol{QW} + \boldsymbol{KW} \tag{15.22}$$

其中，$\boldsymbol{W}$ 为映射矩阵。为了保证每个簇内的单词数量一致，利用聚类算法将 $\boldsymbol{S}$ 中的向量分配到 $\sqrt{N}$ 个簇中，其中 N 为序列长度，即分别计算 $\boldsymbol{S}$ 中每个向量与质心（聚类中心）的距离，并对每个质心取距离最近的若干个节点。

另外，在注意力机制中，对计算效率影响很大的一个因素是 Softmax 函数的计算。第 12 章已经介绍过自注意力机制的计算公式为

$$\text{Attention}(\boldsymbol{Q}, \boldsymbol{K}, \boldsymbol{V}) = \text{Softmax}\left(\frac{\boldsymbol{QK}^{\text{T}}}{\sqrt{d_k}}\right)\boldsymbol{V} \tag{15.23}$$

由于 Softmax 函数的存在，要先进行 $\boldsymbol{QK}^{\text{T}}$ 的计算，得到 $N \times N$ 的矩阵，其时间复杂度是 $O(N^2)$。假设能够移除 Softmax 操作，便可以将注意力机制的计算调整为 $\boldsymbol{QK}^{\text{T}}\boldsymbol{V}$。由于矩阵的运算满足结合律，可以先进行 $\boldsymbol{K}^{\text{T}}\boldsymbol{V}$ 的运算，得到 $d_k \times d_k$ 的矩阵，再左乘 $\boldsymbol{Q}$。在长文本处理中，由于多头机制的存在，一般有 $d_k \ll N$，最终的计算复杂度便可以近似为 $O(N)$，从而将注意力机制简化为线性模型[728, 813]。

15.2 神经网络连接优化及深层模型

除了对 Transformer 模型中的局部组件进行改进，改进不同层之间的连接方式也十分重要。常见的做法是融合编码器/解码器的中间层表示，得到信息更丰富的编码/解码输出[557, 559–561]。同时，利用稠密连接等更丰富的层间连接方式强化或替换残差连接。

与此同时，虽然采用宽网络的模型（如 Transformer-Big）在机器翻译、语言模型等任务上表现得十分出色，但伴随而来的是快速增长的参数量与更大的训练代价。受限于任务的复杂度与计算设备的算力，进一步探索更宽的神经网络显然不是特别高效的手段。因此，研究人员普遍选择增加神经网络的深度对句子进行更充分地表示。但是，简单地堆叠很多层的 Transformer 模型并不能带来性能上的提升，反而会面临更加严重的梯度消失/梯度爆炸的问题。这是由于随着神经网络变深，梯度无法有效地从输出层回传到底层神经网络，造成浅层部分的参数无法得到充分训

练[463, 558, 814, 815]。针对这些问题，可以设计更有利于深层信息传递的神经网络连接和恰当的参数初始化等方法。

如何设计一个足够"深"的机器翻译模型仍然是业界关注的热点问题之一。此外，伴随着神经网络的继续变深，将会面临一些新的问题，例如，如何加速深层神经网络的训练，如何解决深层神经网络的过拟合问题等。下面将对以上问题展开讨论。先对 Transformer 模型的内部信息流进行分析，然后分别从模型结构和参数初始化两个角度求解为什么深层网络难以训练，并介绍相应的解决方案。

15.2.1 Post-Norm vs Pre-Norm

为了探究为何深层 Transformer 模型很难直接训练，先对 Transformer 的模型结构进行简单回顾，详细内容可以参考第 12 章。以 Transformer 的编码器为例，在多头自注意力和前馈神经网络中间，Transformer 模型利用残差连接[423] 和层标准化操作[422] 提高信息的传递效率。Transformer 模型大致分为图 15.9 中的两种结构——**后作方式**（Post-Norm）的残差连接单元和**前作方式**（Pre-Norm）的残差连接单元。

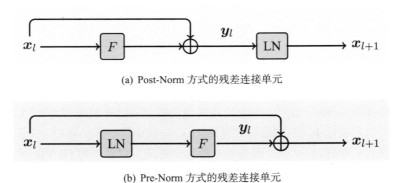

(a) Post-Norm 方式的残差连接单元

(b) Pre-Norm 方式的残差连接单元

图 15.9　Post-Norm Transformer 与 Pre-Norm Transformer

令 x_l 和 x_{l+1} 表示第 l 个子层的输入和输出①，y_l 表示中间的临时输出；$\text{LN}(\cdot)$ 表示层标准化操作，帮助减小子层输出的方差，让训练变得更稳定；$F(\cdot)$ 表示子层所对应的函数，如前馈神经网络、自注意力等。下面分别对 Post-Norm 和 Pre-Norm 进行简单的描述。

- **Post-Norm**：早期的 Transformer 遵循的是 Post-Norm 结构[23]。也就是层标准化作用于每一个子层的输入和输出的残差结果上，如图 15.9 (a) 所示。可以表示为

$$x_{l+1} = \text{LN}(x_l + F(x_l; \theta_l)) \tag{15.24}$$

---

① 这里沿用 Transformer 中的定义，每一层包含多个子层。例如，对于 Transformer 编码器，每一层包含一个自注意力子层和一个前馈神经网络子层。所有子层都需要进行层标准化和残差连接。

其中，$\boldsymbol{\theta}_l$ 是子层 l 的参数。

- **Pre-Norm**：通过调整层标准化的位置，将其放置于每一子层的输入之前，得到 Pre-Norm 结构[816]，如图 15.9 (b) 所示。这种结构也被广泛应用于最新的 Transformer 开源系统中[537, 694, 817]，公式为

$$\boldsymbol{x}_{l+1} = \boldsymbol{x}_l + F(\text{LN}(\boldsymbol{x}_l); \boldsymbol{\theta}_l) \tag{15.25}$$

从式 (15.24) 与式 (15.25) 中可以发现，在前向传播的过程中，Pre-Norm 结构可以通过残差路径将底层神经网络的输出直接暴露给上层神经网络。此外，在反向传播过程中，使用 Pre-Norm 结构也可以使得顶层网络的梯度更容易反馈到底层网络。以一个含有 L 个子层的结构为例，令 Loss 表示整个神经网络输出上的损失，$\boldsymbol{x}_L$ 为顶层的输出。对于 Post-Norm 结构，根据链式法则，损失 Loss 相对于 $\boldsymbol{x}_l$ 的梯度可以表示为

$$\frac{\partial \text{Loss}}{\partial \boldsymbol{x}_l} = \frac{\partial \text{Loss}}{\partial \boldsymbol{x}_L} \times \prod_{k=l}^{L-1} \frac{\partial \text{LN}(\boldsymbol{y}_k)}{\partial \boldsymbol{y}_k} \times \prod_{k=l}^{L-1} \left(1 + \frac{\partial F(\boldsymbol{x}_k; \boldsymbol{\theta}_k)}{\partial \boldsymbol{x}_k}\right) \tag{15.26}$$

其中，$\prod_{k=l}^{L-1} \frac{\partial \text{LN}(\boldsymbol{y}_k)}{\partial \boldsymbol{y}_k}$ 表示在反向传播过程中，经过层标准化得到的复合函数导数。$\prod_{k=l}^{L-1}(1+\frac{\partial F(\boldsymbol{x}_k;\boldsymbol{\theta}_k)}{\partial \boldsymbol{x}_k})$ 表示每个子层间残差连接的导数。

类似地，也能得到 Pre-Norm 结构的梯度计算结果为

$$\frac{\partial \text{Loss}}{\partial \boldsymbol{x}_l} = \frac{\partial \text{Loss}}{\partial \boldsymbol{x}_L} \times \left(1 + \sum_{k=l}^{L-1} \frac{\partial F(\text{LN}(\boldsymbol{x}_k); \boldsymbol{\theta}_k)}{\partial \boldsymbol{x}_l}\right) \tag{15.27}$$

对比式 (15.26) 和式 (15.27) 可以看出，Pre-Norm 结构直接把顶层的梯度 $\frac{\partial \text{Loss}}{\partial \boldsymbol{x}_L}$ 传递给下层，如果将式 (15.27) 的右侧展开，可以发现 $\frac{\partial \text{Loss}}{\partial \boldsymbol{x}_l}$ 中直接含有 $\frac{\partial \text{Loss}}{\partial \boldsymbol{x}_L}$ 部分。这个性质弱化了梯度计算对模型深度 L 的依赖；而如式 (15.26) 右侧所示，Post-Norm 结构包含一个与 L 相关的多项导数的积，伴随着 L 的增大，更容易发生梯度消失和梯度爆炸问题。因此，Pre-Norm 结构更适于堆叠多层神经网络的情况。例如，使用 Pre-Norm 结构可以很轻松地训练一个 30 层（60 个子层）编码器的 Transformer 网络，并带来可观的 BLEU 提升。这个结果相当于标准 Transformer 编码器深度的 6 倍，而用 Post-Norm 结构训练深层网络时，训练结果很不稳定。当编码器的深度超过 12 层后，很难完成有效训练[463]，尤其是在使用低精度参数进行训练时，更容易出现损失函数发散的情况。这里，将使用 Pre-Norm 的深层 Transformer 模型称为 Transformer-Deep。

另一个有趣的发现是，使用深层网络后，网络可以更有效地利用较大的学习率和较大的批量训练，大幅缩短了模型达到收敛状态的时间。相比于 Transformer-Big 等宽网络，Transformer-Deep 并不需要太大的隐藏层维度就可以取得更优的翻译品质[463]。也就是说，Transformer-Deep 是一个更"窄"、更"深"的神经网络。这种结构的参数量比 Transformer-Big 少，系统运行的效率更高。

此外，研究人员发现，当编码器使用深层模型之后，解码器使用更浅的模型依然能够维持很好的翻译品质。这是由于解码器也会对源语言信息进行加工和抽象，当编码器变深之后，解码器对源语言的加工就不那么重要了，因此，可以减少解码器的深度。这样做的一个直接好处是：可以通过减少解码器的深度提高翻译速度。在一些对翻译延时敏感的场景中，这种架构是极具潜力的[775, 776, 818]。

15.2.2 高效信息传递

尽管使用 Pre-Norm 结构可以很容易地训练深层 Transformer 模型，但从信息传递的角度看，Transformer 模型中第 l 层的输入仅依赖于前一层的输出。虽然残差连接可以跨层传递信息，但是对于很深（模型层数多）的模型，整个模型的输入和输出之间仍需要经过很多次残差连接。

为了使上层的神经网络可以更方便地访问下层神经网络的信息，最简单的方法是引入更多的跨层连接。引入跨层连接的一种方式是直接将所有层的输出连接到最上层，达到聚合多层信息的目的[557-559]。另一种更有效的方式是在网络前向计算的过程中建立当前层表示与之前层表示之间的关系，例如，使用**动态线性聚合方法**[463]（Dynamic Linear Combination of Layers，DLCL）和动态层聚合方法[561]。这两种方法的共性在于，在每一层的输入中不仅考虑前一层的输出，而且将前面所有层的中间结果（包括词嵌入表示）进行聚合，利用稠密的层间连接提高了网络中信息传递的效率（前向计算和反向计算）。DLCL 利用线性的层融合手段来保证计算的时效性，主要用于深层神经网络的训练，它在理论上等价于常微分方程中的高阶求解方法[463]。此外，为了进一步增强上层神经网络对底层表示的利用，研究人员从多尺度的角度对深层的编码器进行分块，并使用 GRU 来捕获不同块之间的联系，得到更高层次的表示。该方法可以看作对动态线性聚合网络的延伸。接下来，分别对上述改进方法展开讨论。

1. 使用更多的跨层连接

图 15.10 描述了一种引入更多跨层连接的结构的方法，即层融合方法。在模型的前向计算过程中，假设编码器的总层数为 L，当完成编码器 L 层的逐层计算后，通过线性平均、加权平均等机制对模型的中间层表示进行融合，得到蕴含所有层信息的表示 g，作为编码-解码注意力机制的输入，与总共有 M 层的解码器共同处理解码信息。

令 h^i 是编码器第 i 层的输出，s_j^k 是解码器生成第 j 个单词时第 k 层的输出。层融合机制可以大致分为如下几种：

- **线性平均**，即平均池化，对各层中间表示进行累加，取平均值，表示如下：

$$g = \frac{1}{L} \sum_{l=1}^{L} h^l \tag{15.28}$$

- **权重平均**。在线性平均的基础上，为每一个中间层表示赋予一个相应的权重。权重的值通常采用可学习的参数矩阵 W_l 表示。这种方法通常会略优于线性平均方法。可以用如下方式描述：

$$g = \sum_{l=1}^{L} \boldsymbol{W}_l \boldsymbol{h}^l \qquad (15.29)$$

- **前馈神经网络**。将之前中间层的表示进行级联，之后利用前馈神经网络得到融合的表示，为

$$g = \mathrm{FNN}([\boldsymbol{h}^1, \cdots, \boldsymbol{h}^L]) \qquad (15.30)$$

其中，$[\cdot]$ 表示级联操作。这种方式具有比权重平均更强的拟合能力。

- **基于多跳注意力**（Multi-hop Attemtion）**机制**。图 15.11 展示了一种基于多跳注意力机制的层融合方法，其做法与前馈神经网络类似，先将不同层的表示拼接成二维的句子级矩阵表示[532]，再利用类似于前馈神经网络的思想将维度为 $\mathbb{R}^{d_{\mathrm{model}} \times L}$ 的矩阵映射到维度为 $\mathbb{R}^{d_{\mathrm{model}} \times n_{\mathrm{hop}}}$ 的矩阵，为

$$\boldsymbol{o} = \sigma([\boldsymbol{h}^1, \cdots, \boldsymbol{h}^L]^{\mathrm{T}} \boldsymbol{W}_1) \boldsymbol{W}_2 \qquad (15.31)$$

其中，$[\boldsymbol{h}^1, \cdots, \boldsymbol{h}^L]$ 是输入矩阵，$\boldsymbol{o}$ 是输出矩阵，$\boldsymbol{W}_1 \in \mathbb{R}^{d_{\mathrm{model}} \times d_{\mathrm{a}}}$，$\boldsymbol{W}_2 \in \mathbb{R}^{d_{\mathrm{a}} \times n_{\mathrm{hop}}}$，$d_{\mathrm{a}}$ 表示前馈神经网络隐藏层的大小，n_{hop} 表示跳数。然后，使用 Softmax 函数计算不同层沿相同维度的归一化结果 $\boldsymbol{u}_l$：

$$\boldsymbol{u}_l = \frac{\exp(\boldsymbol{o}_l)}{\sum_{i=1}^{L} \exp(\boldsymbol{o}_i)} \qquad (15.32)$$

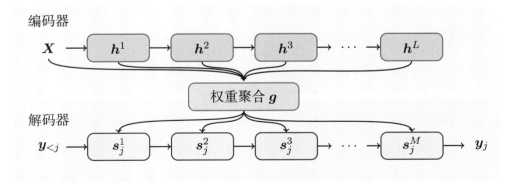

图 15.10   层融合方法

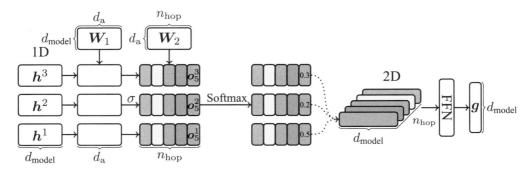

图 15.11　基于多跳注意力机制的层融合方法

通过向量积操作得到维度为 $\mathbb{R}^{d_{\text{model}} \times n_{\text{hop}}}$ 的稠密表示 $\boldsymbol{v}_l$：

$$\boldsymbol{v}_l = [\boldsymbol{h}^1, \cdots, \boldsymbol{h}^L]\boldsymbol{u}_l \tag{15.33}$$

通过单层的前馈神经网络得到最终的融合表示：

$$\boldsymbol{g} = \text{FNN}([\boldsymbol{v}_1, \cdots, \boldsymbol{v}_L]) \tag{15.34}$$

上述工作更多应用于浅层的 Transformer 模型中，这种仅在编码器顶部使用融合机制的方法并没有在深层 Transformer 模型上得到有效的验证。主要原因是融合机制仅作用于编码器或解码器的顶层，对中间层的信息传递效率并没有显著提升。因此，当网络深度较深时，这种方法的信息传递仍然不够高效，但这种"静态"的融合方式为深层 Transformer 模型的研究奠定了基础。例如，可以使用透明注意力网络[558]，即在权重平均的基础上，引入了一个权重矩阵，其核心思想是，让解码器中每一层的编码-解码注意力模块都接收不同比例的编码信息，而不是使用相同的融合表示。

2. 动态层融合

如何进一步提高信息的传递效率？本节介绍的动态层融合可以更充分地利用之前层的信息，其神经网络连接更加稠密，模型表示能力更强[463, 464, 558]。以基于 Pre-Norm 结构的 DLCL 中的编码器为例，具体做法如下：

- 对于每一层的输出 $\boldsymbol{x}_l$，对其进行层标准化，得到每一层的信息表示，为

$$\boldsymbol{h}^l = \text{LN}(\boldsymbol{x}_l) \tag{15.35}$$

$\boldsymbol{h}^0$ 表示词嵌入层的输出 $\boldsymbol{X}$，$\boldsymbol{h}^l$（$l > 0$）代表 Transformer 模型第 l 层的隐藏层表示。

- 定义一个维度为 $(L+1) \times (L+1)$ 的权值矩阵 $\boldsymbol{W}$，矩阵中每一行表示之前各层对当前层的贡献度。令 $W_{l,i}$ 代表权值矩阵 $\boldsymbol{W}$ 第 l 行第 i 列的权重，则第 $0 \sim l$ 层的聚合结果为 $\boldsymbol{h}_i$ 的线性加权和：

$$g^l = \sum_{i=0}^{l} \boldsymbol{h}^i \times W_{l,i} \tag{15.36}$$

$\boldsymbol{g}^l$ 会作为输入的一部分送入第 $l+1$ 层，其网络结构如图 15.12 所示。

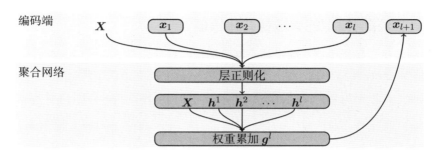

图 15.12　线性层聚合网络结构

根据上述描述可以发现，权值矩阵 $\boldsymbol{W}$ 的每个位置的值由先前层对应位置的值计算得到，因此，该矩阵是一个下三角矩阵。开始时，对权值矩阵的每行进行平均初始化，即初始化矩阵 $\boldsymbol{W}_0$ 的每一行各个位置的值为 $\frac{1}{\lambda}$，$\lambda \in (1, 2, \cdots, l+1)$。伴随着神经网络的训练，不断更新 $\boldsymbol{W}$ 中每一行不同位置权重的大小。

动态线性层聚合的一个好处是，系统可以自动学习不同层对当前层的贡献度。在实验中也发现，离当前层更近的部分的贡献度（权重）会更大，图 15.13 展示了对收敛的 DLCL 网络进行权重可视化的结果，在每一行中，颜色越深，代表对当前层的贡献度越大。

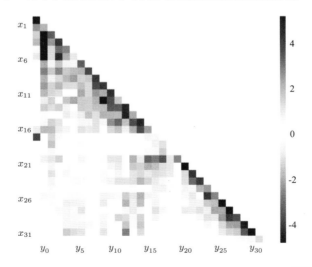

图 15.13　对收敛的 DLCL 网络进行权重可视化的结果[463]

除了动态层线性聚合方法，也可以利用更复杂的胶囊网络[561]、树状层次结构[559]、多尺度协同框架[819]等作为层间的融合方式。然而，也有研究发现，进一步增加模型编码器的深度并不能取得更优的翻译性能。因此，如何进一步突破神经网络深度的限制是值得关注的研究方向，类似的话题在图像处理领域也引起了广泛讨论[820–823]。

15.2.3 面向深层模型的参数初始化策略

对于深层神经机器翻译模型，除了神经网络结构的设计，合适的模型参数初始化策略同样十分重要，如 Transformer 模型中的参数矩阵采用了 Xavier 初始化方法[472]。该方法可以保证在训练过程中各层激活函数的输出和梯度的方差的一致性，即同时保证每层在前向和反向传播时输入和输出的方差相同。这类方法常用于初始化浅层神经网络，在训练深层 Transformer 模型时表现不佳[472]。因此，研究人员针对深层网络的参数初始化方法进行了探索：

1. 基于深度缩放的初始化策略

随着神经网络层数的加深，输入的特征要经过很多的线性及非线性变换，受神经网络中激活函数导数值域范围和连乘操作的影响，常常会带来梯度爆炸或梯度消失的问题。出现这个问题的原因是过多地堆叠网络层数时，无法保证反向传播过程中每层梯度方差的一致性，因此在深层模型中，采用的很多标准化方式（如层标准化、批次标准化等）都是从方差一致性的角度来解决问题，即将各层输出的取值范围控制在激活函数的梯度敏感区域，从而维持神经网络中梯度传递的稳定性。

为了说明问题，先来介绍 Xavier 初始化方法如何对参数矩阵 $\boldsymbol{W}$ 进行初始化[472]。具体做法是从一个均匀分布中进行随机采样：

$$\boldsymbol{W} \in \mathbb{R}^{n_i \times n_o} \sim u(-\gamma, \gamma) \tag{15.37}$$

$$\gamma = \sqrt{\frac{6}{n_i + n_o}} \tag{15.38}$$

其中，$u(-\gamma, \gamma)$ 表示 $-\gamma$ 与 γ 间的均匀分布，n_i 和 n_o 分别为线性变换 $\boldsymbol{W}$ 中输入和输出的维度，也就是上一层神经元的数量和下一层神经元的数量。通过使用这种初始化方式，可维持神经网络在前向与反向计算过程中，每一层的输入与输出方差的一致性[824]。

令模型中某层神经元的输出表示为 $Z = \sum_{j=1}^{n_i} w_j x_j$。可以看出，$Z$ 的核心是计算两个变量 w_j 和 x_j 的乘积。两个变量乘积的方差的展开式为

$$\mathrm{Var}(w_j x_j) = E[w_j]^2 \mathrm{Var}(x_j) + E[x_j]^2 \mathrm{Var}(w_j) + \mathrm{Var}(w_j)\mathrm{Var}(x_j) \tag{15.39}$$

其中，$\mathrm{Var}(\cdot)$ 表示求方差操作，在大多数情况下，现有模型中的各种标准化方法可以维持 $E[w_j]^2$ 和 $E[x_j]^2$ 等于或近似 0。并且，此时可以假设输入 $x_j(1 < j < n_j)$ 独立同分布，因此可以使用 x

表示输入服从的分布，并且对于参数 w_j 也可以有同样的表示 w。此时，模型中一层神经元输出的方差可以表示为

$$\text{Var}(Z) = \sum_{j=1}^{n_i} \text{Var}(x_j)\text{Var}(w_j)$$

$$= n_i\text{Var}(w)\text{Var}(x) \tag{15.40}$$

通过观察式 (15.40) 可以发现，在前向传播的过程中，当 $\text{Var}(w) = \frac{1}{n_i}$ 时，可以保证每层的输入和输出的方差一致。类似地，通过相关计算可知，为了保证模型中每一层的输入和输出的方差一致，反向传播时应有 $\text{Var}(w) = \frac{1}{n_o}$，通过对两种情况取平均值，控制参数 w 的方差为 $\frac{2}{n_i+n_o}$，则可以维持神经网络在前向与反向计算过程中，每一层的输入与输出方差的一致性。若将参数初始化为一个服从边界为 $[-a, b]$ 的均匀分布，那么其方差为 $\frac{(b+a)^2}{12}$。为了达到 w 的取值要求，初始化时应有 $a = b = \sqrt{\frac{6}{n_i+n_o}}$。

随着神经网络层数的增加，上述初始化方法已经不能很好地约束基于 Post-Norm 的 Transformer 模型的输出方差。当神经网络堆叠很多层时，模型顶层输出的方差较大，同时，反向传播时，顶层的梯度范数也要大于底层的。因此，一个很自然的想法是根据网络的深度对不同层的参数矩阵采取不同的初始化方式，进而强化对各层输出方差的约束，可以描述为

$$\boldsymbol{W} \in \mathbb{R}^{n_i \times n_o} \sim u\left(-\gamma\frac{\alpha}{\sqrt{l}}, \gamma\frac{\alpha}{\sqrt{l}}\right) \tag{15.41}$$

其中，l 为对应的神经网络的深度，α 为预先设定的超参数，用来控制缩放的比例。可以通过缩减顶层神经网络输出与输入之间的差异，让激活函数的输入分布保持在一个稳定状态，尽可能地避免它们陷入梯度饱和区。

2. Lipschitz 初始化策略

15.2.1 节已经介绍了，在 Pre-Norm 结构中，每一个子层的输入为 $\boldsymbol{x}_{l+1}^{\text{pre}} = \boldsymbol{x}_l + \boldsymbol{y}_l$，其中 $\boldsymbol{x}_l$ 为当前子层的输入，$\boldsymbol{y}_l$ 为 $\boldsymbol{x}_l$ 经过自注意力或前馈神经网络计算后得到的子层输出。在 Post-Norm 结构中，在残差连接之后还要进行层标准化操作，具体计算流程为

- **计算均值**：$\boldsymbol{\mu} = \text{mean}(\boldsymbol{x}_l + \boldsymbol{y}_l)$
- **计算方差**：$\boldsymbol{\sigma} = \text{std}(\boldsymbol{x}_l + \boldsymbol{y}_l)$
- **根据均值和方差对输入进行放缩**，如下：

$$\boldsymbol{x}_{l+1}^{\text{post}} = \frac{\boldsymbol{x}_l + \boldsymbol{y}_l - \boldsymbol{\mu}}{\boldsymbol{\sigma}} \cdot \boldsymbol{w} + \boldsymbol{b} \tag{15.42}$$

其中，$\boldsymbol{w}$ 和 $\boldsymbol{b}$ 为可学习参数。进一步将式 (15.42) 展开，可得

$$\begin{aligned}
\boldsymbol{x}_{l+1}^{\mathrm{post}} &= \frac{\boldsymbol{x}_l + \boldsymbol{y}_l}{\boldsymbol{\sigma}} \cdot \boldsymbol{w} - \frac{\boldsymbol{\mu}}{\boldsymbol{\sigma}} \cdot \boldsymbol{w} + \boldsymbol{b} \\
&= \frac{\boldsymbol{w}}{\boldsymbol{\sigma}} \cdot \boldsymbol{x}_{l+1}^{\mathrm{pre}} - \frac{\boldsymbol{w}}{\boldsymbol{\sigma}} \cdot \boldsymbol{\mu} + \boldsymbol{b}
\end{aligned} \tag{15.43}$$

可以看出，相比于 Pre-Norm 的计算方式，基于 Post-Norm 的 Transformer 模型中子层的输出为 Pre-Norm 形式的 $\frac{w}{\sigma}$ 倍。当 $\frac{w}{\sigma} < 1$ 时，$\boldsymbol{x}_l$ 较小，输入与输出之间的差异过大，导致深层 Transformer 模型难以收敛。Lipschitz 初始化策略通过维持条件 $\frac{w}{\sigma} > 1$，保证网络输入与输出范数一致，进而缓解梯度消失的问题[825]。一般情况下，$\boldsymbol{w}$ 可以被初始化为 1，因此，Lipschitz 初始化方法最终的约束条件为

$$0 < \boldsymbol{\sigma} = \mathrm{std}(\boldsymbol{x}_l + \boldsymbol{y}_l) \leqslant 1 \tag{15.44}$$

3. T-Fixup 初始化策略

另一种初始化方法是从神经网络结构与优化器的计算方式入手。Post-Norm 结构在 Warmup 阶段难以精确地估计参数的二阶动量，这导致了训练不稳定的问题[826]。也就是说，层标准化是导致深层 Transformer 模型难以优化的主要原因之一[463]。在 Post-Norm 结构下，Transformer 模型的底层网络，尤其是编码器的词嵌入层面临严重的梯度消失问题。出现该问题的原因在于，在不改变层标准化位置的前提下，Adam 优化器利用滑动平均的方式估计参数的二阶矩，其方差是无界的。在训练阶段的前期，模型只能看到有限数量的样本，因此很难有效地估计参数的二阶矩，导致反向更新参数时参数的梯度方差过大。

除了用 Pre-Norm 代替 Post-Norm 结构来训练深层网络，也可以采用去除 Warmup 策略并移除层标准化机制的方式，并对神经网络中不同的参数矩阵制定相应的缩放机制，来保证训练的稳定性[826]。具体的缩放策略如下：

- 类似于标准的 Transformer 模型初始化方式，使用 Xavier 初始化方式来初始化除词嵌入以外的所有参数矩阵。词嵌入矩阵服从 $\mathbb{N}(0, d^{-\frac{1}{2}})$ 的高斯分布，其中 d 代表词嵌入的维度。
- 对编码器中部分自注意力机制的参数矩阵及前馈神经网络的参数矩阵进行缩放因子为 0.67 $L^{-\frac{1}{4}}$ 的缩放，对编码器中词嵌入的参数矩阵进行缩放因子为 $(9L)^{-\frac{1}{4}}$ 的缩放，其中 L 为编码器的层数。
- 对解码器中部分注意力机制的参数矩阵、前馈神经网络的参数矩阵，以及解码器词嵌入的参数矩阵进行缩放因子为 $(9M)^{-\frac{1}{4}}$ 的缩放，其中 M 为解码器的层数。

这种初始化方法由于没有 Warmup 策略，学习率会从峰值退火，并且退火过程由参数的更新次数决定，这种方法大幅增加了模型收敛的时间。因此，如何进一步加快该初始化方法下模型的收敛速度是比较关键的问题。

4. ADMIN 初始化策略

也有研究发现，Post-Norm 结构在训练过程中过度依赖残差支路，在训练初期很容易发生参

数梯度方差过大的现象[815]。经过分析发现，虽然底层神经网络发生梯度消失是导致训练不稳定的重要因素，但并不是唯一因素。例如，在标准 Transformer 模型中，梯度消失的原因是使用了 Post-Norm 结构的解码器。虽然通过调整模型结构解决了梯度消失问题，但模型训练不稳定的问题仍然没有被很好地解决。研究人员观测到 Post-Norm 结构在训练过程中过于依赖残差支路，而 Pre-Norm 结构在训练过程中逐渐呈现出对残差支路的依赖性，这更易于网络的训练。从参数更新的角度看，在 Pre-Norm 结构中，参数更新后网络输出的方差与参数更新前网络输出的方差变化了 $O(\log L)$，而 Post-Norm 结构对应的变化为 $O(L)$。因此，可以尝试减小 Post-Norm 结构中由于参数更新导致的输出的方差值，从而达到稳定训练的目的。针对该问题，可以采用两阶段的初始化方法。这里，可以重新定义子层之间的残差连接为

$$\boldsymbol{x}_{l+1} = \boldsymbol{x}_l \odot \boldsymbol{\omega}_{l+1} + F_{l+1}(\boldsymbol{x}_l) \tag{15.45}$$

其两阶段的初始化方法如下：

- **Profiling 阶段**：$\boldsymbol{\omega}_{l+1} = 1$，只进行前向计算，无须进行梯度计算。在训练样本上计算 $F_{l+1}(\boldsymbol{x}_l)$ 的方差。
- **Initialization 阶段**：通过 Profiling 阶段得到的 $F_{l+1}(\boldsymbol{x}_l)$ 的方差来初始化 $\boldsymbol{\omega}_{l+1}$：

$$\boldsymbol{\omega}_{l+1} = \sqrt{\sum_{j<l} \mathrm{Var}[F_{l+1}(\boldsymbol{x}_l)]} \tag{15.46}$$

这种动态的参数初始化方法不受限于具体的模型结构，有较好的通用性。

15.2.4 深层模型的训练加速

尽管窄而深的神经网络比宽网络有更快的收敛速度[463]，但伴随着训练数据的增加，以及模型的不断加深，训练代价成为不可忽视的问题。例如，在几千万甚至上亿的双语平行句对上训练一个 48 层的 Transformer 模型需要几周才能收敛①。因此，在保证模型性能不变的前提下，高效地完成深层模型的训练也是至关重要的。

1. 渐进式训练

所谓渐进式训练是指从浅层神经网络开始，在训练过程中逐渐增加模型的深度。一种比较简单的方式是将模型分为浅层部分和深层部分，之后分别进行训练，最终达到提高模型翻译性能的目的[827]。

另一种方式是动态构建深层模型，并尽可能地复用浅层部分的训练结果[464]。假设开始时模型包含 l 层神经网络，然后训练这个模型至收敛。之后，直接复制这 l 层神经网络（包括参数），并堆叠出一个 $2l$ 层的模型。继续训练，重复这个过程。进行 n 次之后就得到了 $(n+1) \times l$ 层的模

---

① 训练时间的估算是在单台 8 卡 Titan V GPU 服务器上得到的。

型。图 15.14 给出了在编码器上使用渐进式训练的示意图。

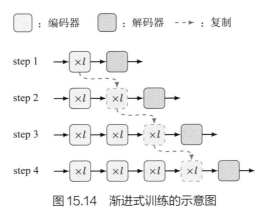

图 15.14 渐进式训练的示意图

渐进式训练的好处在于深层模型并不是从头开始训练的。每一次堆叠，都相当于利用"浅"模型给"深"模型提供一个很好的初始状态，这样深层模型的训练会更容易。

2. 分组稠密连接

很多研究工作表明，深层模型不同层之间的稠密连接能够很明显地提高信息传递的效率[463, 559, 827, 828]。与此同时，对之前层信息的不断复用有助于得到更好的表示，但也带来了计算代价过大的问题。在 DLCL 中，每一次聚合时都需要重新计算之前每一层表示对当前层输入的贡献度，因此，伴随着编码器整体深度的增加，这部分的计算代价变得不可忽略。例如，一个基于动态层聚合的 48 层 Transformer 模型比不使用动态层聚合的模型在进行训练时的速度慢近 2 倍。同时，缓存中间结果也增加了显存的使用量。例如，即使在使用半精度计算的情况下，每张 12GB 显存的 GPU 上计算的词也不能超过 2048 个，否则会导致训练开销急剧增大。

缓解这个问题的一种方法是使用更稀疏的层间连接方式，其核心思想与 DLCL 类似，不同点在于可以通过调整层之间连接的稠密程度降低训练代价。例如，可以将每 p 层分为一组，DLCL 只在不同组之间进行。这样，通过调节 p 值的大小可以控制神经网络中连接的稠密程度，作为训练代价与翻译性能之间的权衡。显然，标准的 Transformer 模型[23] 和 DLCL 模型[463] 都可以看作该方法的一种特例。如图 15.15 所示，当 $p = 1$ 时，每一个单独的块被看作一个独立的组，它等价于基于动态层聚合的 DLCL 模型；当 $p = \infty$ 时，它等价于正常的 Transformer 模型。值得注意的是，如果配合渐进式训练，则在分组稠密连接中可以设置 p 等于模型层数。

3. 学习率重置

尽管渐进式训练策略与分组稠密连接结构都可以加速深层模型的训练，但使用传统的学习率衰减策略会导致训练深层模型时的学习率较小，因此模型无法快速达到收敛状态，同时影响最终的模型性能。

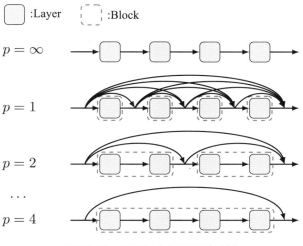

图 15.15　不同组之间的稀疏连接

图 15.16 对比了使用学习率重置与不使用学习率重置的学习率曲线，其中的红色曲线描绘了在 WMT 英德翻译任务上标准 Transformer 模型的学习率曲线，可以看出，模型训练到 40k 步时的学习率与学习率的峰值有明显的差距，而此时刚开始训练最终的深层模型，过小的学习率并不利于后期深层网络的充分训练。

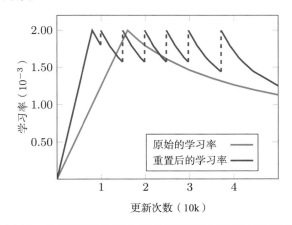

图 15.16　使用学习率重置与不使用学习率重置的学习率曲线

针对该问题的一个解决方案是修改学习率曲线的衰减策略，如图 15.16 所示，图中蓝色的曲线是修改后的学习率曲线。先在训练的初期让模型快速达到学习率的峰值（线性递增），然后神经网络的深度每增加 l 层，都会将当前的学习率的值重置到峰值点。之后，根据训练的步数对其进行相应的衰减。具体步骤如下：

（1）在训练初期，模型会先经历一个学习率预热的过程：

$$\text{lr} = d_{\text{model}}^{-0.5} \cdot \text{step\_num} \cdot \text{warmup\_steps}^{-0.5} \tag{15.47}$$

这里，step_num 表示参数更新的次数，warmup_step 表示预热的更新次数，d_{model} 表示 Transformer 模型的隐藏层大小，lr 是学习率。

（2）在之后的训练过程中，每当增加模型深度时，学习率都会重置到峰值，并进行相应的衰减：

$$\text{lr} = d_{\text{model}}^{-0.5} \cdot \text{step\_num}^{-0.5} \tag{15.48}$$

step_num 代表学习率重置后更新的步数。

综合使用渐进式训练、分组稠密连接、学习率重置策略，可以在翻译品质不变的前提下，缩减近 40% 的训练时间[464]。同时，伴随着模型的加深与数据集的增大，由上述方法带来的加速比也会进一步增大。

15.2.5 深层模型的健壮性训练

伴随着网络的加深，模型的训练还会面临另一个比较严峻的问题——过拟合。由于参数量的增大，深层模型的输入与输出分布之间的差异会越来越大，不同子层之间的相互适应也会更加明显，这将导致任意子层网络对其他子层的依赖过大。这种现象在训练阶段是有帮助作用的，因为不同子层可以协同工作，从而更好地拟合训练数据。然而，这种方式也降低了模型的泛化能力，即深层模型更容易过拟合。

通常，可以使用 Dropout 方法来缓解过拟合问题（见第 13 章）。不幸的是，尽管目前 Transformer 模型使用了多种 Dropout 方法（如 Residual Dropout、Attention Dropout、ReLU Dropout 等），但过拟合问题在深层模型中仍然存在。图 15.17 展示了 WMT16 英德翻译任务的校验集与训练集的困惑度，从中可以看出，图 15.17(a) 所示的深层模型与图 15.17(b) 所示的浅层模型相比，深层模型在训练集和校验集的 PPL 上都有明显的优势，并且在训练一段时间后出现校验集 PPL 上涨的现象，说明模型在训练数据上过拟合。

第 13 章提到的 Layer Dropout 方法可以有效地缓解过拟合的问题。以编码器为例，Layer Dropout 方法的操作过程可以被描述为：在训练过程中，对自注意力子层或前馈神经网络子层进行随机丢弃，以减少不同子层之间的相互适应。这里选择 Pre-Norm 结构作为基础架构，它可以被描述为

$$\boldsymbol{x}_{l+1} = F(\text{LN}(\boldsymbol{x}_l)) + \boldsymbol{x}_l \tag{15.49}$$

其中，LN($\cdot$) 表示层标准化函数，$F(\cdot)$ 表示自注意力机制或前馈神经网络，$\boldsymbol{x}_l$ 表示第 l 个子层的输入。之后，使用一个掩码 Mask（值为 0 或 1）来控制每个子层的计算方式。于是，该子层的计

算公式可以被重写为

$$\boldsymbol{x}_{l+1} = \text{Mask} \cdot F(\text{LN}(\boldsymbol{x}_l)) + \boldsymbol{x}_l \tag{15.50}$$

Mask = 0 代表该子层被丢弃，而 Mask = 1 代表正常进行当前子层的计算。图 15.18 展示了这个方法与标准的 Pre-Norm 结构的区别。

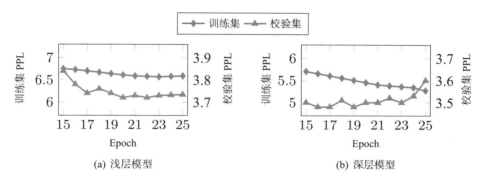

(a) 浅层模型　　　　　　　　　　　(b) 深层模型

图 15.17　WMT16 英德翻译任务的校验集与训练集的困惑度

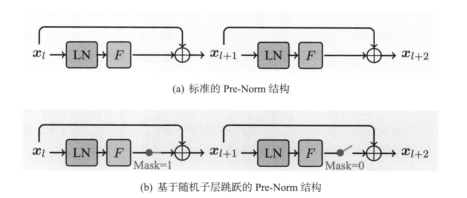

(a) 标准的 Pre-Norm 结构

(b) 基于随机子层跳跃的 Pre-Norm 结构

图 15.18　标准的 Pre-Norm 结构与基于随机子层跳跃的 Pre-Norm 结构

除此之外，在残差网络中，研究人员已经发现底层神经网络的作用是对输入进行抽象表示，而上层神经网络会进一步修正这种表示来拟合训练目标，因此，底层神经网络对模型最终的输出有很大的影响[804]。该结论同样适用于 Transformer 模型，例如，在训练中，残差支路及底层的梯度范数通常比较大，这也间接表明底层神经网络在整个优化过程中需要更大的更新。考虑到这个因素，在设计每一个子层被丢弃的概率时，可以采用自底向上线性增大的策略，保证底层的神经网络相比于顶层更容易保留。

15.3 基于句法的神经机器翻译模型

在统计机器翻译时代，使用句法信息是一种非常有效的机器翻译建模手段（见第 8 章）。由于句法是人类运用语言的高级抽象结果，使用句法信息（如句法树）可以帮助机器翻译系统对句子结构进行建模。例如，利用句法树提升译文语法结构的正确性。在神经机器翻译中，大多数框架均基于词串进行建模，因此在模型中引入句法树等结构也很有潜力[829]。具体来说，由于传统神经机器翻译模型缺少对句子结构的理解，会导致一些翻译问题：

- **过度翻译问题**，如：

$$\text{"两/个/女孩" } \rightarrow \text{ "two girls and two girls"}$$

- **翻译不连贯问题**，如：

$$\text{"新生/银行/申请/上市" } \rightarrow \text{ "new listing bank"}$$

显然，神经机器翻译系统并没有按照合理的句法结构生成译文。也就是说，模型并没有理解句子的结构[829]，甚至对于一些语言差异很大的语言对，会出现将介词短语翻译成一个词的情况。虽然可以通过很多手段对上述问题进行求解，但是使用句法树是解决该问题的一种最直接的方法[830]。

那么在神经机器翻译中，如何将这种离散化的树结构融入基于分布式表示的翻译模型中呢？有以下两种策略：

- **将句法信息加入编码器**，使编码器更充分地表示源语言句子。
- **将句法信息加入解码器**，使翻译模型生成更符合句法的译文。

15.3.1 在编码器中使用句法信息

在编码器中，使用句法信息有两种思路，一种思路是在编码器中显性地使用树结构进行建模，另一种思路是把句法信息作为特征，输入传统的序列编码器中。这两种思路与统计机器翻译中基于句法树结构的模型和基于句法特征的模型十分相似（见第 8 章）。

1. 基于句法树结构的模型

使用句法信息的一种简单的方法是将源语言句子编码成一个二叉树结构[①]，树节点的信息是由左子树和右子树变换而来，如式 (15.51) 所示：

$$\boldsymbol{h}_{\mathrm{p}} = f_{\mathrm{tree}}(\boldsymbol{h}_{\mathrm{l}}, \boldsymbol{h}_{\mathrm{r}}) \tag{15.51}$$

其中，$\boldsymbol{h}_{\mathrm{l}}$ 和 $\boldsymbol{h}_{\mathrm{r}}$ 分别代表了左孩子节点和右孩子节点的神经网络输出（隐藏层状态），通过一个非线性函数 $f_{\mathrm{tree}}(\cdot, \cdot)$ 得到父节点的状态 $\boldsymbol{h}_{\mathrm{p}}$。图 15.19 展示了一个基于树结构的循环神经网络编码器[830]。

[①] 所有句法树都可以通过二叉化的方法转化为二叉树（见第 8 章）。

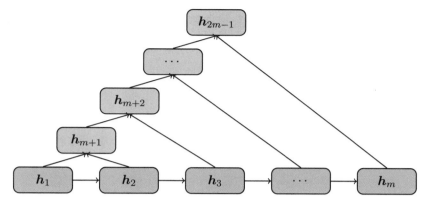

图 15.19 基于树结构的循环神经网络编码器

这些编码器自下而上组成了一个树型结构，这种树结构的具体连接形式由句法分析决定。其中，$\{\boldsymbol{h}_1, \cdots, \boldsymbol{h}_m\}$ 是输入序列对应的循环神经单元（绿色部分），$\{\boldsymbol{h}_{m+1}, \cdots, \boldsymbol{h}_{2m-1}\}$ 对应着树中的节点（红色部分），它的输出由其左右子节点通过式 (15.51) 计算得到。对于注意力模型，图中所有的节点都会参与上下文向量的计算，因此仅需要对第 10 章描述的计算方式稍加修改，如下：

$$\boldsymbol{C}_j = \sum_{i=1}^{m} \alpha_{i,j} \boldsymbol{h}_i + \sum_{i=m+1}^{2m-1} \alpha_{i,j} \boldsymbol{h}_i \tag{15.52}$$

其中，$\boldsymbol{C}_j$ 代表生成第 j 个目标语言单词所需的源语言上下文表示。这样做的好处是编码器更容易将一个短语结构表示成一个单元，进而在解码器中映射成一个整体。例如，对于英语句子：

"I am having a cup of green tea. "

可以翻译成

"私/は/绿茶/を/飲んでいます。"

在标准的英译日中，英语短语"a cup of green tea"只会被翻译为"绿茶"一词。在加入句法树后，"a cup of green tea"会作为树中的一个节点，这样更容易把这个英语短语作为一个整体进行翻译。

这种自底而上的树结构表示方法也存在问题：每个树节点的状态并不能包含树中其他位置的信息。也就是说，从每个节点上看，其表示结果没有很好地利用句法树中的上下文信息。因此，可以同时使用自下而上和自上而下的信息传递方式进行句法树的表示[433, 831]，这样增加了树中每个节点对其覆盖的子树及周围上下文的建模能力。如图 15.20 所示，$\boldsymbol{h}^{\text{up}}$ 和 $\boldsymbol{h}^{\text{down}}$ 分别代表向上传输节点和向下传输节点的状态，虚线框代表 $\boldsymbol{h}^{\text{up}}$ 和 $\boldsymbol{h}^{\text{down}}$ 会拼接到一起，并作为这个节点的整体表示参与注意力模型的计算。显然，自下而上的传递可以保证句子的浅层信息（如短距离单词搭配）被传递给上层节点，而自上而下的传递可以保证句子上层结构的抽象被有效地传递给下层节点。这样，每个节点就同时含有浅层和深层句子表示的信息。

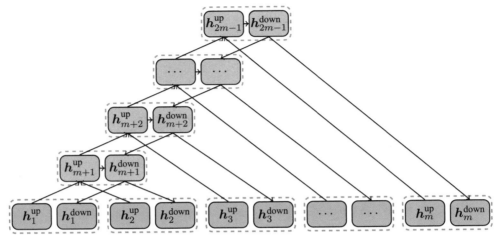

图 15.20　双向树结构编码模型

2. 基于句法特征的模型

除了直接对树结构进行编码，将单词、句法信息等直接转换为特征向量拼接到一起，作为机器翻译系统的输入也是一种在编码器中使用句法信息的方法[832]。这种方法的优点在于，句法信息可以无缝融入现有神经机器翻译框架，对系统结构的修改很小。以基于循环神经网络的翻译模型为例，可以用如下方式计算输入序列第 i 个位置的表示结果：

$$\boldsymbol{h}_i = \tanh(\boldsymbol{W}(\|_{k=1}^{F} \boldsymbol{E}_k x_{ik}) + \boldsymbol{U} \boldsymbol{h}_{i-1}) \tag{15.53}$$

其中，$\boldsymbol{W}$ 和 $\boldsymbol{U}$ 是线性变换矩阵，F 代表了特征的数量；而 $\boldsymbol{E}_k$ 是一个特征嵌入矩阵，记录了第 k 个特征不同取值对应的分布式表示；x_{ik} 代表了第 i 个词在第 k 个特征上的取值，于是 $\boldsymbol{E}_k x_{ik}$ 就得到了所激活特征的嵌入结果。$\|$ 操作为拼接操作，它将所有特征的嵌入结果拼接为一个向量。这种方法十分灵活，可以很容易地融合不同的句法特征，如词根、子词、形态、词性及依存关系等。

此外，还可以将句法信息的表示转化为基于序列的编码，与原始的词串融合。这样做的好处是，并不需要使用基于树结构的编码器，而是直接复用基于序列的编码器，句法信息可以在对句法树的序列化表示中学习到。如图 15.21 (a) 所示，对于英语句子 "I love dogs"，可以得到如图 15.21 (a) 所示的句法树。这里，用 w_i 表示第 i 个单词，如图 15.21 (b) 所示。通过对句法树进行先序遍历，可以得到句法树节点的序列 $\{l_1, \cdots, l_T\}$，其中 T 表示句法树中节点的个数，l_j 表示树中的第 j 个节点，如图 15.21 (c) 所示。

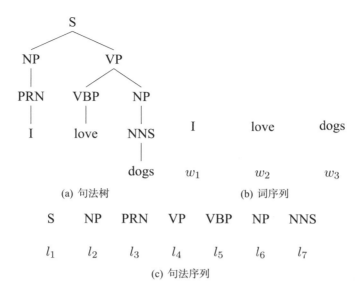

(a) 句法树　　　　　　(b) 词序列

(c) 句法序列

图 15.21　一个句子的句法树、词序列、句法树节点序列

　　在对句法树的树结构进行序列化的基础上，可以用句法树节点与原始的词信息一同构造新的融合表示 $\boldsymbol{h}'_i$，并使用这种新的表示计算上下文向量，如下：

$$\boldsymbol{C}_j = \sum_{i=1}^{m} \alpha_{i,j} \boldsymbol{h}'_i \tag{15.54}$$

其中，m 是源语言句子的长度。新的融合表示 $\boldsymbol{h}'_i$ 有如下几种计算方式[829]：

- **平行结构**。利用两个编码器分别对源语言单词序列和线性化的句法树进行建模，之后在句法树节点序列中寻找每个单词的父节点（或祖先节点），将这个单词和它的父节点（或祖先节点）的状态融合，得到新的表示。如图 15.22(a) 所示，图中 $\boldsymbol{h}_{w_i}$ 为词 w_i 在单词序列中的状态，$\boldsymbol{h}_{l_j}$ 为树节点 l_j 在句法节点序列中的状态。如果单词 w_i 是节点 l_j 在句法树（如图 15.21(a) 所示）中的子节点，则将向量 $\boldsymbol{h}_{w_i}$ 和 $\boldsymbol{h}_{l_j}$ 拼接到一起，作为这个词的新的融合表示向量 $\boldsymbol{h}'_i$。
- **分层结构**。将句法表示结果与源语言单词的词嵌入向量融合，如图 15.22(b) 所示，其中 $\boldsymbol{e}_{w_i}$ 为第 i 个词的词嵌入。类似地，如果单词 w_i 是节点 l_j 在句法树（如图 15.21 (a) 所示）中的子节点，则将向量 $\boldsymbol{e}_{w_i}$ 和 $\boldsymbol{h}_{l_j}$ 拼接到一起，作为原始模型的输入，这样 $\boldsymbol{h}'_i$ 直接参与注意力计算。注意，分层结构和平行结构的区别在于，分层结构最终还是使用了一个编码器，句法信息只与词嵌入进行融合，因此最终的结构和原始的模型是一致的；平行结构相当于使用了两个编码器，因此单词和句法信息的融合是在两个编码器的输出上进行的。
- **混合结构**。先对图 15.21(a) 中的句法树进行先序遍历，将句法标记和源语言单词融合到同一个序列中，得到如图 15.22(c) 所示的序列。然后，使用传统的序列编码器对这个序列进行编

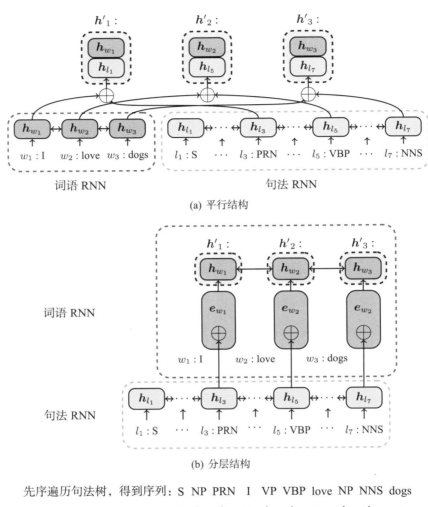

(a) 平行结构

(b) 分层结构

先序遍历句法树，得到序列：S NP PRN I VP VBP love NP NNS dogs

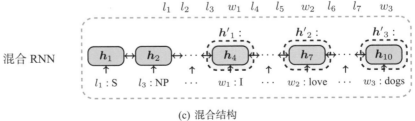

(c) 混合结构

图 15.22 三种对树结构信息的融合方式

码，使用序列中源语言单词所对应的状态参与注意力模型的计算。有趣的是，相比于前两种方法，这种方法的参数量少而且十分有效[829]。

需要注意的是，句法分析的错误会在很大程度上影响源语言句子的表示结果。如果获得的句法分析结果不够准确，则可能会对翻译系统带来负面影响。此外，也有研究发现，基于词串的神经机器翻译模型本身就能学习到一些源语言的句法信息[833]，这表明神经机器翻译模型也有一定的归纳句子结构的能力。除了在循环神经网络中引入树结构，研究人员还探索了如何在 Transformer 模型中引入树结构信息。例如，可以将词与词之间的依存关系距离作为额外的语法信息，融入注意力模型中[834]。

15.3.2 在解码器中使用句法信息

为了在解码器中使用句法信息，一种最直接的方式是将目标语言句法树结构进行线性化，线性化后的目标语言句子变成了一个含有句法标记和单词的混合序列。这样，神经机器翻译系统不需要进行修改，就可以直接使用句法树序列化的结果进行训练和推断[447]。图 15.23 展示了一个目标语言的句法树线性化示例。

直接使用序列化的句法树也会带来新的问题。例如，在推断时，生成的译文序列可能根本不对应合法的句法树。此时，需要额外的模块对结果进行修正或调整，以得到合理的译文。

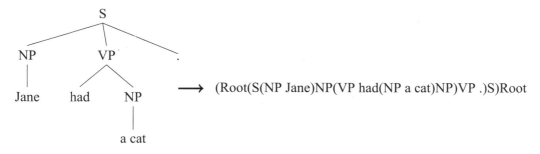

图 15.23　一个目标语言的句法树线性化示例

另一种方法是直接在目标语言端使用句法树进行建模。与源语言句法树的建模不同，目标语言句法树的生成伴随着译文的生成，因此无法像源语言端一样，将整个句法树一起处理。这样，译文生成问题就变成了目标语言树结构的生成，从这个角度看，这个过程与统计机器翻译中串到树的模型是类似的（见第 8 章）。树结构的生成有很多种策略，但基本思想类似，可以根据已经生成的局部结构预测新的局部结构，并将这些局部结构拼装成更大的结构，直到得到完整的句法树结构[835]。

实现目标语言句法树生成的一种手段是将形式文法扩展，以适应分布式表示学习框架。这样，可以使用形式文法描述句法树的生成过程（见第 3 章），同时，利用分布式表示进行建模和学习。例如，可以使用基于循环神经网络的文法描述方法，把句法分析过程看作一个循环神经网络的执行过程[836]。此外，可以从**多任务学习**（Multitask Learning）出发，用多个解码器共同完成目标语言句子的生成[837]。图 15.24 展示了一个融合句法信息的多任务学习过程，其中使用了由一个编码器（汉语）和多个解码器组成的序列生成模型。其中，不同解码器负责不同的任务：第一个解码器用于预测翻译结果，即翻译任务；第二个解码器用于句法分析任务；第三个解码器用于语言理解任务，生成汉语上下文，其设计思想是各个任务之间能够相互辅助，使编码器的表示能包含更多的信息，进而让多个任务都获得性能提升。这种方法也可以使用在多个编码器上，其思想是类似的。

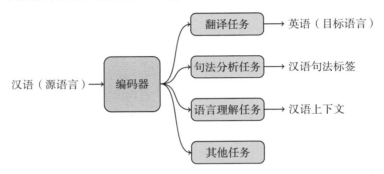

图 15.24　融合句法信息的多任务学习过程

融合树结构和目标语言词串的方法也存在问题——它会导致目标语言端的序列过长，使得模型难以训练。为了缓解这个问题，可以使用两个模型，一个用于生成句子，另一个用于生成树结构[483, 838]。以生成目标语言依存树为例，生成依存树的模型是一个生成移进-规约序列的生成模型，称为动作模型；另一个模型负责预测目标语言词序列，称为词预测模型，它只有在第一个模型进行移位操作时才会预测下一个词，同时会将当前词的状态送入第一个模型中。整个过程如图 15.25 所示，这里使用循环神经网络构建了动作模型和词预测模型。h_i^{action} 表示动作模型的隐藏层状态，h_i^{word} 表示词预测模型的隐藏层状态。动作模型会结合词预测模型的状态预测"移位""左规约""右规约"三种动作，只有当动作模型预测出"移位"操作时，词预测模型才会预测下一时刻的词语；而动作模型预测"左规约"和"右规约"相当于完成了依存关系的预测（依存树见图 15.25 右侧）。最后，当词预测模型预测出结束符号 <eos> 时，整个过程结束。

相较于在编码器中融入句法信息，在解码器中融入句法信息更为困难。由于树结构与单词的生成是一个相互影响的过程，如果先生成树结构，再根据树得到译文单词串，那么一旦树结构有误，翻译结果就会有问题。在统计机器翻译中，句法信息究竟应该使用到什么程度已经有一些讨论[372, 402]。而在神经机器翻译中，如何更有效地引入树结构信息，以及如何平衡树结构信息与词串的作用还有待确认。如前文所述，虽然有些信息是不容易通过人的先验知识进行解释的，但是基于词串的神经机器翻译模型已经能够捕捉到一些句法结构信息[833]。这时，使用人工总结的句法结构来约束或者强化翻译模型，是否可以补充模型无法学到的信息，还需要进一步研究。

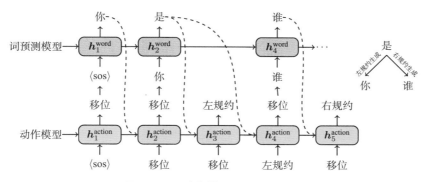

图 15.25　动作模型和词预测模型

15.4 基于结构搜索的翻译模型优化

人们希望计算机能够自动地找到最适用于当前任务的神经网络模型结构。这种方法也被称作**神经架构搜索**（Neural Architecture Search），有时也被称作神经网络结构搜索，或简称为网络结构搜索[839–841]。

15.4.1 网络结构搜索

网络结构搜索属于**自动机器学习**（Automated Machine Learning）的范畴，其目的是根据对应任务上的数据找到最合适的模型结构。在这个过程中，模型结构就像神经网络中的参数一样被自动地学习。图 15.26 (a) 展示了人工设计的 Transformer 编码器的局部结构，图 15.26 (b) 给出了使用进化算法优化后得到的结构[798]。可以看出，在使用网络结构搜索方法得到的模型中，出现了与人工设计的结构不同的跨层连接，还搜索到了全新的多分支结构，这种结构也是人工不易设计出来的。

那么，网络结构搜索究竟是一种什么样的技术呢？如图 15.27 所示，在传统的机器学习方法中，研究人员需要设计大量的特征来描述待解决的问题，即"特征工程"。而在深度学习时代，神经网络模型可以完成特征的抽取和学习，但需要人工设计神经网络结构，这项工作仍然十分繁重。因此，一些科研人员开始思考，能否将设计模型结构的工作也交由机器自动完成？深度学习方法中模型参数能够通过梯度下降等方式进行自动优化，那么模型结构是否可以看作一种特殊的参数，使用搜索算法自动找到最适用于当前任务的模型结构？基于上述想法，网络结构搜索应运而生。

早在 20 世纪 80 年代，研究人员就开始使用进化算法对神经网络结构进行设计[842]，也引发了之后的很多探索[843–845]。近年，随着深度学习技术的发展，网络结构搜索技术在很多任务中受到关注。例如，网络结构搜索很好地应用在了语言建模上，并取得了很好的效果[846–848]。下面将对网络结构搜索的基本方法和其在机器翻译中的应用进行介绍。

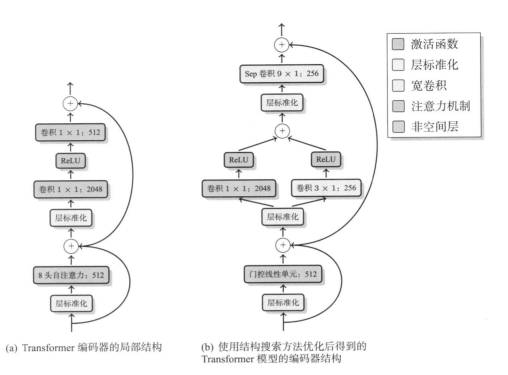

(a) Transformer 编码器的局部结构　　　(b) 使用结构搜索方法优化后得到的
　　　　　　　　　　　　　　　　　Transformer 模型的编码器结构

图 15.26　传统的 Transformer 模型和使用网络结构搜索方法优化后的 Transformer 模型[798]

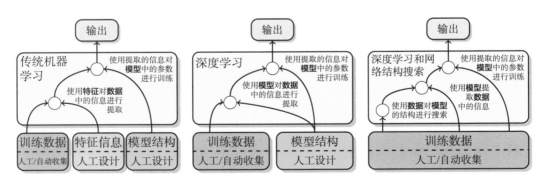

图 15.27　机器学习范式对比

15.4.2　网络结构搜索的基本方法

对网络结构搜索任务来说，目标是通过数据驱动的方式自动地找到最合适的模型结构。以有监督学习为例，给定训练集合 $\{(\boldsymbol{x}_1, \boldsymbol{y}_1), \cdots, (\boldsymbol{x}_n, \boldsymbol{y}_n)\}$（其中，$\boldsymbol{x}_i$ 表示的是第 i 个样本的输入，$\boldsymbol{y}_i$ 表示该样本的答案，并假设 $\boldsymbol{x}_i$ 和 $\boldsymbol{y}_i$ 均为向量表示），网络结构搜索过程可以被建模为根据数据找

到最佳模型结构 $\hat{a}$ 的过程：

$$\hat{a} = \arg\max_a \sum_{i=1}^n P(\boldsymbol{y}_i | \boldsymbol{x}_i; a) \tag{15.55}$$

其中，$P(\boldsymbol{y}_i | \boldsymbol{x}_i; a)$ 为模型 a 观察到数据 $\boldsymbol{x}_i$ 后预测 $\boldsymbol{y}_i$ 的概率，而模型结构 a 本身可以看作输入 $\boldsymbol{x}$ 到输出 $\boldsymbol{y}$ 的映射函数。图 15.28 展示了网络结构搜索方法的主要流程，其中包括 3 个部分：设计搜索空间、选择搜索策略及进行性能评估，下面将对上述各个部分进行简要介绍。

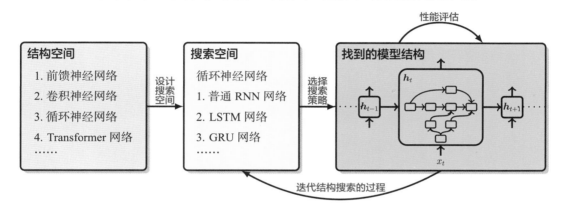

图 15.28　网络结构搜索方法的主要流程

1. 搜索空间

对搜索空间建模是结构搜索任务中的基础部分。如图 15.29 所示，结构空间中包含所有潜在的模型结构。图 15.29 以结构之间的相似性为衡量指标对模型结构在搜索空间中的相对位置进行了刻画。同时，颜色的深浅表示该结构在指定任务下的性能情况。可以看出，对特定任务来说，性能较好的模型结构往往会聚集在一起。因此，在研究人员设计搜索空间时，为了增加找到最优结构的可能性，往往会根据经验或者通过实验将易产出高性能模型结构的区域设定为搜索空间。以自然语言处理任务为例，最初的网络结构搜索工作主要对基于循环神经网络构成的搜索空间进行探索[839, 846, 849]，而近年，在 Transformer 模型的基础上进行结构搜索也引起了研究人员的广泛关注[798, 850, 851]。

另一个很重要的问题是如何表示一个网络结构。在目前的结构搜索方法中，通常将模型结构分为整体框架和内部结构（元结构）两部分。整体框架将若干内部结构的输出按照特定的方式组织起来，最终得到模型输出。

- **整体框架**。如图 15.29 所示，整体框架一般基于经验进行设计。例如，对包括机器翻译在内的自然语言处理任务而言，会更倾向于使用循环神经网络或 Transformer 模型的相关结构作为搜索空间[798, 839, 846]。

- **内部结构**。对于内部结构的设计需要考虑搜索过程中的最小搜索单元，以及搜索单元之间的连接方式。最小搜索单元指在结构搜索过程中可被选择的最小独立计算单元。在不同搜索空间的设计中，最小搜索单元的颗粒度各有不同，较小的搜索粒度主要包括矩阵乘法、张量缩放等基本数学运算[852]，更大粒度的搜索单元包括常见的激活函数及一些局部结构，如ReLU、注意力机制等[515, 847, 853]。对于搜索颗粒度的问题，目前还缺乏有效的方法针对不同任务进行自动优化。

图 15.29　结构空间中结构之间的关系

2. 搜索策略

在定义好搜索空间之后，如何进行网络结构的搜索也同样重要。该过程被称为搜索策略的设计，其主要目的是根据已找到的模型结构计算下一个最有潜力的模型结构。为保证模型的有效性，在一些方法中也会引入外部知识（如经验性的模型结构或张量运算规则）对搜索过程进行剪枝。目前，常见的搜索策略包括基于进化算法的结构搜索方法、基于强化学习的结构搜索方法及基于梯度的结构搜索方法等。

- **基于进化算法的结构搜索方法**。进化算法最初被用来对神经网络模型结构及其中的权重参数进行优化[842, 854, 855]。随着最优化算法的发展，近年来，对于网络参数的学习开始更多地采用梯度下降的方式，但进化算法依旧被用于对模型结构进行优化[856-858]。从结构优化的角度看，一般是将模型结构看作遗传算法中种群的个体，使用轮盘赌或锦标赛等抽取方式，对种群中的结构进行取样并将取样得到的结构作为亲本，之后通过亲本模型的突变产生新的模型结构。最终，对这些新的模型结构进行适应度评估。根据模型结构在校验集上的性能确定是否将其加入种群。

- **基于强化学习的结构搜索方法**。强化学习方法已经在第 13 章进行了介绍，这里可以将神经网络结构的设计看作一种序列生成任务，使用字符序列对网络结构进行表述[839]。图 15.30 所示为基于强化学习的结构搜索方法，其执行过程为由智能体生成模型结构，再将生成的模型结构应用于对应的任务中（如机器翻译、语言建模等），根据模型在对应任务中的输出及表现水平进一步对智能体进行反馈，促使智能体生成更适用于当前任务的模型结构。

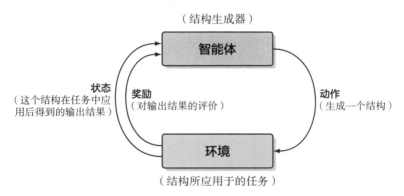

图 15.30　基于强化学习的结构搜索方法

- **基于梯度的结构搜索方法**。这种方法的思想是在连续空间中对模型结构进行表示[846]，通常将模型结构建模为超网络中的结构参数，接下来，使用基于梯度的方法对超网络中的参数进行优化，最终根据其中的结构参数离散出最终的模型结构，达到结构搜索的目的，整体过程如图 15.31 所示。基于梯度的方法十分高效，因此受到了广泛关注[847, 859, 860]。

图 15.31　基于梯度的结构搜索方法

3. 性能评估

结构搜索过程中会产生大量的中间结构，因此需要快速评估这些结构的性能优劣，以保证在搜索中可以有效地挑选高质量的模型结构。对于该问题，可以从以下 3 个方面来考虑：

- **数据及超参数的调整**。具体来说，可以用少量的数据训练模型，以便快速评估其性能[861, 862]。在超参数的调整方面，可以通过减少模型训练轮数、减少模型的层数等方式简化模型参数，达到加速训练、评估的目的[840, 841, 863]。
- **现有参数的继承及复用**。通过在现有的模型参数的基础上，继续优化中间过程产生的模型结构，加快待评价模型的收敛进程[856, 857, 864]。这种方式无须从头训练搜索过程中产生的中间结构，通过"热启动"的方式对模型参数进行优化，能大幅减少性能评估过程的时间消耗。
- **模型性能的预测**。这种方式使用训练过程中的性能变化曲线来预估模型是否具有潜力，从而快速终止低性能模型的训练过程[865-867]。

15.4.3 机器翻译任务下的网络结构搜索

对自然语言处理任务来说，大多数网络结构搜索方法选择在语言建模、命名实体识别等任务上进行尝试[847, 848]。其中，大多数工作是在基于循环神经网络的模型结构上进行探索的，与目前在机器翻译领域中广泛使用的 Transformer 模型结构相比，这些搜索到的结构在性能上并没有体现出绝对的优势。此外，由于机器翻译任务的复杂性，针对基于 Transformer 的机器翻译模型的结构搜索方法会更少。不过，仍有部分工作在机器翻译任务上取得了很好的表现。例如，在 WMT19 机器翻译比赛中，神经网络结构优化方法在多个任务上取得了很好的成绩[868, 869]。对于结构搜索在机器翻译领域的应用，目前主要包括两个方面：对模型性能的改进和模型效率的优化。

1. 模型性能的改进

结构搜索任务中一个非常重要的目标是找到更适用于当前任务的模型结构。目前来看，有两种思路：

- **搜索模型中的局部结构**。在机器翻译任务中，一种典型的局部模型结构搜索方法是面向激活函数的搜索[870]，该方法将激活函数看作一元函数、二元函数的若干次复合。例如，Swish 激活函数就是用结构搜索方法找到的新函数：

$$f(x) = x \cdot \delta(\beta x) \tag{15.56}$$

$$\delta(z) = (1 + \exp(-z))^{-1} \tag{15.57}$$

与人工设计的激活函数 ReLU 相比，Swish 函数在多个机器翻译任务中取得了不错的效果。

- **搜索模型中局部结构的组合**。在基于 Transformer 模型的网络结构搜索任务中，对局部结构的组合方式的学习也受到了关注，其中包括基于进化算法的方法和基于梯度对现有 Transformer 模型结构的改良[798, 853]。与前文所述的对局部结构的改良不同，此处更多是对现有的人工设计出来的局部结构进行组合，找到最佳的整体结构。在模型结构的表示方法上，这些方法会根据先验知识为搜索单元设定一个部分框架，例如，每当信息传递过来，先进行层标准化，再对候选位置上的操作使用对应的搜索策略进行搜索。这类方法也会在 Transformer 结构中引入多分支结构，一个搜索单元的输出可以被多个后续单元所使用，这种方式有效扩大了结构搜索过程中的搜索空间，能够在现有的 Transformer 结构的基础上找到更优的模型结构。

此外，对模型结构中超参数的自动搜索能够有效提升模型的性能[871]，这种方法在机器翻译中也有应用[466]。

2. 模型效率的优化

网络结构搜索除了能提高机器翻译模型的性能，也能优化模型的执行效率。从实用的角度出发，可以在进行结构搜索的同时考虑设备的计算能力，希望找到更适合运行设备的模型结构。同时，网络结构搜索也可以用来对大模型进行压缩，增加其在推断过程中的效率，这方面的工作不仅限于机器翻译模型，也有部分工作对基于注意力机制的预训练模型进行压缩。

- **面向特定设备的模型结构优化**。可以在结构优化的过程中将设备的算力作为一个约束[851]。具体来说，可以将搜索空间中的各种结构建模在同一个超网络中，通过权重共享的方式进行训练。使用设备算力约束子模型，并通过进化算法对子模型进行搜索，搜索到适用于目标设备的模型结构。该方法搜索到的模型能够在保证模型性能不变的前提下获得较大的效率提升。
- **模型压缩**。此外，在不考虑设备算力的情况下，也可以通过结构搜索的方法对基于 Transformer 的预训练模型进行压缩。例如，将 Transformer 模型拆分为若干小组件，通过基于采样的结构搜索的方法对压缩后的模型结构进行搜索，尝试找到最优且高效的推断模型[872]。类似地，也可以在基于 BERT 的预训练模型上通过结构搜索的方法进行模型压缩，通过基于梯度的结构搜索的方法，针对不同的下游任务将 BERT 模型压缩为小模型[850]。

虽然受算力等条件的限制，很多网络结构搜索方法没有直接在机器翻译任务中实践，但这些方法也被广泛应用。例如，可微分结构搜索方法被成功地用于学习更好的循环单元结构，这类方法完全可以应用在机器翻译任务上。

此外，受预训练模型的启发，网络结构预搜索可能是一个极具潜力的方向。例如，有研究人员在大规模语言模型上进行网络结构搜索[847]，然后将搜索到的模型结构应用于更多的自然语言处理任务中，这种方式有效提升了模型结构的可复用性。同时，相较于使用受到特定任务限制的数据，使用大规模的单语数据可以更充分地学习语言的规律，更好地指导模型结构的设计。此外，对机器翻译任务而言，结构的预搜索同样是一个值得关注的研究方向。

15.5 小结及拓展阅读

模型结构优化一直是机器翻译研究的重要方向。一方面，对于通用框架（如注意力机制）的结构改良可以服务于多种自然语言处理任务；另一方面，针对机器翻译中存在的问题设计相应的模型结构也是极具价值的。本章重点介绍了神经机器翻译中的几种结构优化方法，内容涉及注意力机制的改进、深层神经网络的构建、句法结构的使用及自动结构搜索等几个方面。此外，还有若干问题值得关注：

- 多头注意力是近年神经机器翻译中常用的结构。多头机制可以让模型从更多维度提取特征，也反映了一种多分支建模的思想。研究人员针对 Transformer 编码器的多头机制进行了分析，发现部分头在神经网络的学习过程中扮演了至关重要的角色，并且蕴含语言学解释[541]；而另一部分头本身不具备很好的解释性，对模型的帮助也不大，因此可以被剪枝。也有研究人员发现，在 Transformer 模型中并不是头数越多模型的性能就越强。如果在训练过程中使用多头机制，并在推断过程中去除大部分头，则可以在模型性能不变的前提下提高模型在 CPU 上的执行效率[726]。

- 也可以利用正则化手段，在训练过程中增大不同头之间的差异[873]，或引入多尺度的思想，对输入的特征进行分级表示，并引入短语的信息[874]。还可以通过对注意力权重进行调整来区分序列中的实词与虚词[875]。除了上述基于编码器端-解码器端的建模范式，还可以定义隐变量模型来捕获句子中潜在的语义信息[766, 876]，或直接对源语言和目标语言序列进行联合表示[466]。

- 对 Transformer 等模型来说，处理超长序列是较为困难的。一种比较直接的解决办法是优化自注意力机制，降低模型计算复杂度。例如，采用基于滑动窗口的局部注意力的 Longformer 模型[811]、基于随机特征的 Performer[729]、使用低秩分解的 Linformer[813] 和应用星形拓扑排序的 Star-Transformer[877]。

16. 低资源神经机器翻译

神经机器翻译带来的性能提升是显著的，但随之而来的问题是对海量双语训练数据的依赖。不同语言可使用的数据规模不同，汉语、英语这种使用范围广泛的语言，存在着大量的双语平行句对，这些语言被称为**富资源语言**（High-resource Language）。而其他使用范围稍小的语言，如斐济语、古吉拉特语等，相关的数据非常稀少，这些语言被称为**低资源语言**（Low-resource Language）。世界上现存语言超过 5000 种，仅有很少一部分为富资源语言，绝大多数为低资源语言。即使在富资源语言中，对于一些特定的领域，双语平行语料也是十分稀缺的。有时，一些特殊的语种或领域甚至会面临"零资源"的问题。因此，**低资源机器翻译**（Low-resource Machine Translation）是当下急需解决且颇具挑战的问题。

本章将对低资源神经机器翻译的相关问题、模型和方法展开介绍，内容涉及数据的有效使用、双向翻译模型、多语言翻译模型、无监督机器翻译和领域适应。

16.1 数据的有效使用

数据稀缺是低资源机器翻译面临的主要问题，充分使用既有数据是一种解决问题的思路。例如，在双语训练不充足时，可以对双语数据的部分单词用近义词进行替换，达到丰富双语数据的目的[878, 879]，也可以考虑用转述等方式生成更多的双语训练数据[880, 881]。

另一种思路是使用更容易获取的单语数据。实际上，在统计机器翻译时代，使用单语数据训练语言模型是构建机器翻译系统的关键步骤，好的语言模型往往会带来性能的增益。这个现象在神经机器翻译中似乎并不明显，因为在大多数神经机器翻译的范式中，并不要求使用大规模单语数据来帮助机器翻译系统，甚至连语言模型都不会作为一个独立的模块。这一方面是由于神经机器翻译系统的解码端本身就起着语言模型的作用，另一方面是由于双语数据的增多，使翻译模型可以很好地捕捉目标语言的规律。但是，双语数据是有限的，在很多场景下，单语数据的规模会远大于双语数据，如果能够让这些单语数据发挥作用，显然是一种非常好的选择。针对以上问题，下面将从数据增强、基于语言模型的方法等方面展开讨论。

16.1.1 数据增强

数据增强（Data Augmentation）是一种增加训练数据的方法，通常通过对既有数据进行修改或者生成新的伪数据等方式实现。有时，数据增强也可以被看作一种防止模型过拟合的手段[882]。在机器翻译中，典型的数据增强方法包括回译、修改双语数据、双语句对挖掘等。

1. 回译

回译（Back Translation，BT）是目前机器翻译任务上最常用的一种数据增强方法[606, 667, 883]。回译的主要思想是：利用目标语言-源语言翻译模型（反向翻译模型）生成伪双语句对，用于训练源语言-目标语言翻译模型（正向翻译模型）。假设现在需要训练一个英汉翻译模型。首先，使用双语数据训练汉英翻译模型，即反向翻译模型。然后，通过该模型将额外的汉语单语句子翻译为英语句子，从而得到大量的英语-真实汉语伪双语句对。将回译得到的伪双语句对和真实双语句对混合，训练得到最终的英汉翻译模型。回译方法只需要训练一个反向翻译模型，就可以利用单语数据增加训练数据的数量，因此得到了广泛使用[459, 884, 885]。图 16.1 给出了回译方法的简要流程。

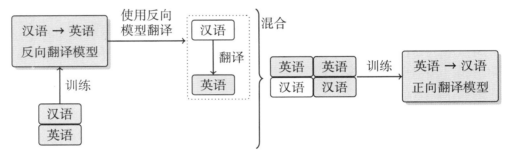

图 16.1　回译方法的简要流程

围绕如何利用回译方法生成伪双语数据这一问题，研究人员进行了详细的分析探讨。一般认为，反向翻译模型的性能越好，生成的伪数据的质量就越高，对正向翻译模型的性能提升就越大[667, 883]。不过，在实践中发现，即使一些简单的策略也能带来性能的提升。例如，对于一些低资源翻译任务，通过将目标语言句子复制到源语言端构造伪数据能带来增益[886]。原因在于，即使构造的双语伪数据是不准确的，其目标语言端仍然是真实数据，可以使解码器训练得更充分，进而提升神经机器翻译模型生成结果的流畅度。相比这些简单的伪数据生成策略，利用目标语言单语数据进行回译可以带来更大的性能提升[886]。一种可能的解释是，双语伪数据的源语言是模型生成的翻译结果，保留了两种语言之间的互译信息，相比真实数据又存在一定的噪声。神经机器翻译模型在伪双语句对上进行训练，可以学习到如何处理带有噪声的输入，提高了模型的健壮性。

在回译方法中，反向翻译模型的训练只依赖于有限的双语数据，因此生成的源语言端伪数据的质量难以保证。为此，可以采用**迭代式回译**（Iterative Back Translation）的方法[883]。同时，利用源语言端和目标语言端的单语数据，不断通过回译的方式提升正向和反向翻译模型的性能。图 16.2 展示了迭代式回译方法的流程，图中带圈的数字代表迭代式回译方法执行的顺序。首先，使用双语数据训练一个正向翻译模型，然后利用额外的源语言单语数据，通过回译的方式生成伪双语数据，提升反向翻译模型的性能。之后，利用反向翻译模型和额外的目标语言单语数据生成伪双语数据，用于提升正向翻译模型的性能。可以看出，迭代式回译的过程是完全闭环的，因此可以一直重复进行，直到正向和反向翻译模型的性能均不再提升。

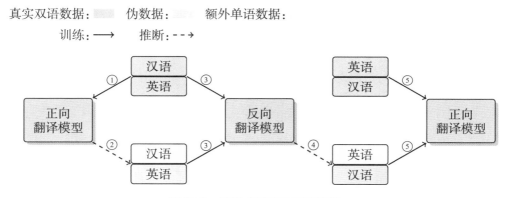

图 16.2　迭代式回译方法的流程

　　研究人员发现，在低资源场景中，由于缺乏双语数据，高质量的伪双语数据对于模型来说更有帮助。而在富资源场景中，在回译产生的源语言句子中添加一些噪声，提高翻译结果的多样性，反而可以达到更好的效果，常使用采样解码、Top-k 解码和加噪[606, 887, 888] 的方法。回译中常用的解码方式为束搜索，在生成每个词时，只考虑预测概率最高的几个词，因此生成的翻译结果质量更高，但导致的问题是翻译结果主要集中在部分高频词上，生成的伪数据缺乏多样性，也就很难准确地覆盖真实的数据分布[889]。采样解码是指在解码过程中，对词表中所有的词按照预测概率进行随机采样，因此整个词表中的词都有可能被选中，从而使生成结果的多样性更强，但翻译质量和流畅度也会明显下降。Top-k 解码是束搜索和采样解码的一个折中方法。在解码过程中，Top-k 对解码词表中预测概率最高的前 k 个词进行随机采样，这样在保证翻译结果准确的前提下，提高了结果的多样性。加噪方法在束搜索的解码结果中加入了一些噪声，如丢掉或屏蔽部分词、打乱句子顺序等。这些方法在生成的源语言句子中引入了噪声，不仅增加了对包含低频词或噪声句子的训练次数，也提高了模型的健壮性和泛化能力[597]。

　　与回译方法类似，源语言单语数据也可以通过一个双语数据训练的正向翻译模型获得对应的目标语言翻译结果，从而构造正向翻译的伪数据[890]。与回译方法相反，这时的伪数据中源语言句子是真实的，而目标语言句子是自动生成的，构造的伪数据对译文的流畅性并没有太大帮助，其主要作用是提升编码器的特征提取能力。然而，由于伪数据中生成的译文质量很难保证，利用正向翻译模型生成伪数据的方法带来的性能提升效果要弱于回译，甚至可能是有害的[888]。

2. 修改双语数据

回译方法是利用单语数据来生成伪数据，而另一种数据增强技术是对原始双语数据进行修改，得到伪双语数据，常用的方法包括加噪和转述等。

加噪是自然语言处理任务中广泛使用的一种方法[125, 597, 884, 891]。例如，在广泛使用的**降噪自编码器**（Denoising Autoencoder）中，向原始数据中加入噪声作为模型的输入，模型通过学习如何预测原始数据进行训练。在神经机器翻译中，通过加噪进行数据增强的常用方法是：在保证句子整体语义不变的情况下，对原始的双语数据适当加入一些噪声，从而生成伪双语数据来增加训练数据的规模。常用的加噪方法有以下 3 种：

- **丢弃单词**：句子中的每个词均有 P_{Drop} 的概率被丢弃。
- **掩码单词**：句子中的每个词均有 P_{Mask} 的概率被替换为一个额外的 <Mask> 词。<Mask> 的作用类似于占位符，可以理解为一个句子中的部分词被屏蔽，无法得知该位置词的准确含义。
- **打乱顺序**：将句子中距离较近的某些词的位置进行随机交换。

图 16.3 展示了 3 种加噪方法的示例。P_{Drop} 和 P_{Mask} 均设置为 0.1，表示每个词有 10% 的概率被丢弃或掩码。打乱句子内部顺序的操作略微复杂，一种实现方法是：先通过一个数字来表示每个词在句子中的位置，如"我"是第一个词，"你"是第三个词，然后，在每个位置生成一个 1 到 n 的随机数，n 一般设置为 3，再将每个词的位置数和对应的随机数相加，即图中的 S。按照从小到大排序 S，根据排序后每个位置的索引，从原始句子中选择对应的词，从而得到最终打乱顺序后的结果。例如，计算后，若除了 S_2 的值小于 S_1，其余单词的 S 值均为递增顺序，则将原句中第一个词和第二个词进行交换，其他词保持不变。

和回译方法相似，加噪方法一般仅在源语言句子上操作，既保证了目标语言句子的流畅度，又可以增加数据的多样性，提高模型的健壮性和泛化能力[597]。加噪作为一种简单有效的方法，实际的应用场景很多，例如：

- **对单语数据加噪**。通过一个端到端模型预测源语言句子的调序结果，该模型和神经机器翻译模型的编码器共享参数，从而增强编码器的特征提取能力[890]。
- **训练降噪自编码器**。将加噪后的句子作为输入，原始句子作为输出，用来训练降噪自编码器，这一思想在无监督机器翻译中得到了广泛应用，详细方法参考 16.4.3 节。
- **对伪数据进行加噪**。通常，使用上述 3 种加噪方法提高伪数据的多样性。

另一种加噪方法是进行词替换：将双语数据中的部分词替换为词表中的其他词，在保证句子的语义或语法正确的前提下，增加了训练数据的多样性。例如，对于"我/出去/玩。"这句话，将"我"替换为"你""他""我们"，或者将"玩"替换为"骑车""学习""吃饭"等，虽然改变了语义，但句子在语法上仍然是合理的。

词替换的另一种策略是将源语言中的稀有词替换为语义相近的词[878]。词表中的稀有词由于出现次数较少，很容易导致训练不充分的问题[89]。通过语言模型将源语言句子中的某个词替换为满足语法或语义条件的稀有词，再通过词对齐工具找到源语言句子中被替换的词在目标语言句子中对应的位置，借助翻译词典，将这个目标语言位置的单词替换为词典中的翻译结果，从而得到伪双语数据。

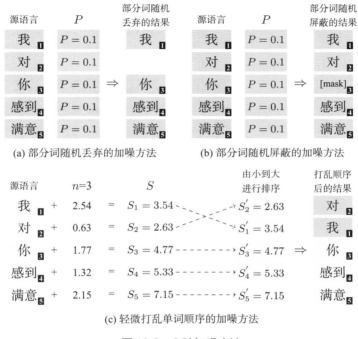

(a) 部分词随机丢弃的加噪方法　　(b) 部分词随机屏蔽的加噪方法

(c) 轻微打乱单词顺序的加噪方法

图16.3　3种加噪方法

此外，通过在源语言或目标语言中随机选择某些词，将这些词替换为词表中一个随机词，也可以得到伪双语数据[879]。随机选择句子中的某个词，将这个词的词嵌入替换为其他词的词嵌入的加权结果。相比直接替换单词，同一个词在不同的上下文中也会被替换为不同的上下文表示结果[592]，这种丰富的分布式表示相比直接使用词嵌入可以包含更多的语义信息。

相比上述两种方法只是对句子做轻微的修改，**转述**（Paraphrasing）方法考虑到了自然语言表达的多样性：通过对原始句子进行改写，使用不同的句式来传达相同含义的信息[892, 893]。对"东北大学的校训是自强不息、知行合一"这句话，可以使用其他的句式来表达同样的含义，如"自强不息、知行合一是东北大学的校训"。转述在机器翻译任务上得到了广泛使用[881, 894, 895]，通过转述方法对原始的双语数据进行改写，使训练数据可以覆盖更多的语言学现象。同时，由于每个句子可以对应多个不同的翻译，转述方法可以避免模型过拟合，提高模型的泛化能力。

3. 双语句对挖掘

在双语平行语料缺乏时，从可比语料中挖掘可用的双语句对也是一种有效的方法[896-898]。可比语料是指源语言和目标语言虽然不是完全互译的文本，但是蕴含了丰富的双语对照知识，可以从中挖掘出可用的双语句对来训练。相比双语平行语料，可比语料相对容易获取 [如从多种语言报道的新闻事件、多种语言的维基百科词条（如图 16.4 所示）和多种语言翻译的书籍中获取]。

WIKIPEDIA

Machine Translation, sometimes referred to by the abbreviation **MT** (not to be confused with computer-aided translation,machine-aided human translation inter-active translation), is a subfield of computational linguistics that investigates the use of software to translate text or speech from one language to another.

维基百科

机器翻译（Machine Translation，简写为 MT，简称机译或机翻）属于计算语言学的范畴，其研究借助计算机程序将文字或演说从一种自然语言翻译成另一种自然语言。

图 16.4　维基百科中的可比语料

可比语料大多存在于网页中，内容较复杂，可能会存在较大比例的噪声，如 HTML 标签、乱码等。先对内容进行充分的数据清洗，得到干净的可比语料，然后从中抽取可用的双语句对。传统的抽取方法一般通过统计模型或双语词典得到双语句对。例如，计算两个不同语言句子之间的单词重叠数或 BLEU 值[896, 899]；或者通过排序模型或二分类器判断一个目标语言句子和一个源语言句子互译的可能性[897, 900]。

另一种比较有效的方法是根据两种语言中每个句子的表示向量抽取数据[898]。首先，对于两种语言的每个句子，分别使用词嵌入加权平均等方法计算得到句子的表示向量，然后计算每个源语言句子和目标语言句子之间的余弦相似度，相似度大于一定阈值的句对被认为是可用的双语句对[898]。然而，不同语言单独训练得到的词嵌入可能对应不同的表示空间，因此得到的表示向量无法用于衡量两个句子的相似度[901]。为了解决这个问题，一般使用同一表示空间的跨语言词嵌入来表示两种语言的单词[902]。在跨语言词嵌入中，不同语言相同意思的词对应的词嵌入具有较高的相似性，因此得到的句子表示向量也就可以用于衡量两个句子是否表示相似的语义[165]。跨语言词嵌入的具体内容参考 16.4.1 节。

16.1.2 基于语言模型的方法

除了构造双语数据进行数据增强，直接利用单语数据也是机器翻译中的常用方法。通常，单语数据会被用于训练语言模型（见第 2 章）。对于机器翻译系统而言，在目标语言端，语言模型可以帮助系统选择更流畅的译文；在源语言端，语言模型可以用于句子编码，进而更好地生成句子的表示结果。在传统方法中，语言模型常被用在目标语言端。近些年，随着预训练技术的发展，语言模型也被使用在神经机器翻译的编码器端。下面从语言模型在目标语言端的融合、预训练词嵌入、预训练模型和多任务学习 4 方面介绍基于语言模型的单语数据使用方法。

1. 语言模型在目标语言端的融合

融合目标语言端的语言模型是一种最直接的使用单语数据的方法[903–905]。实际上，神经机器翻译模型本身也具备了语言模型的作用，因为解码器本质上也是一个语言模型，用于描述生成译文词串的规律。对于一个双语句对 (x, y)，神经机器翻译模型可以被描述为

$$\log P(y|x;\theta) = \sum_t \log P(y_j|y_{<j}, x; \theta) \tag{16.1}$$

这里，θ 是神经机器翻译模型的参数，$y_{<j}$ 表示第 j 个位置前面已经生成的词序列。可以看出，模型的翻译过程与两部分信息有关，分别是源语言句子 x 及前面生成的译文序列 $y_{<j}$。语言模型可以与解码过程融合，根据 $y_{<j}$ 生成流畅度更高的翻译结果。常用的融合方法主要分为浅融合和深融合[903]。

浅融合方法独立训练翻译模型和语言模型，在生成每个词时，对两个模型的预测概率进行加权求和得到最终的预测概率。浅融合的不足在于，解码过程对每个词均采用相同的语言模型权重，缺乏灵活性。针对这个问题，深融合联合翻译模型和语言模型进行训练，从而在解码过程中动态地计算语言模型的权重，更好地融合翻译模型和语言模型，计算预测概率。

大多数情况下，目标语言端语言模型的使用可以提高译文的流畅度，但并不会增加翻译结果对源语言句子表达的充分性，即源语言句子的信息是否被充分体现在了译文中。也有一些研究发现，神经机器翻译过于关注译文的流畅度，没有考虑充分性的问题，例如，神经机器翻译系统的结果中经常出现漏译等问题。也有一些研究人员提出了控制翻译充分性的方法，让译文在流畅度和充分性之间达到平衡[474, 475, 906]。

2. 预训练词嵌入

神经机器翻译模型所使用的编码器-解码器框架天然包含了对输入（源语言）和输出（目标语言）进行表示学习的过程。在编码端，需要学习一种分布式表示来表示源语言句子的信息，这种分布式表示可以包含序列中每个位置的表示结果（见第 9 章）。从结构上看，神经机器翻译所使用的编码器与语言模型无异，或者说，神经机器翻译的编码器其实就是一个源语言的语言模型。唯一的区别在于，神经机器翻译的编码器并不直接输出源语言句子的生成概率，而传统语言模型是

建立在序列生成任务上的。既然神经机器翻译的编码器可以与解码器一起在双语数据上联合训练，那为什么不使用更大规模的数据单独对编码器进行训练呢？或者说，直接使用一个预先训练好的编码器，与机器翻译的解码器配合完成翻译过程。

实现上述想法的一种手段是**预训练**（Pre-training）[125, 126, 167, 907]。预训练的做法相当于将句子的表示学习任务从目标任务中分离，这样可以利用额外的更大规模的数据进行学习。一种常用的方法是使用语言建模等方式在大规模单语数据上进行训练，得到神经机器翻译模型中的部分模型（如词嵌入和编码器等）的参数初始值。然后，神经机器翻译模型在双语数据上进行**微调**（Fine-tuning），得到最终的翻译模型。

词嵌入可以被看作对每个独立单词进行的表示学习的结果，在自然语言处理的众多任务中都扮演着重要角色[102, 908, 909]。到目前为止，已经有大量的词嵌入学习方法被提出（见第 9 章），因此可以直接应用这些方法在海量的单语数据上训练，得到词嵌入，用来初始化神经机器翻译模型的词嵌入参数矩阵[910, 911]。

需要注意的是，在神经机器翻译中使用预训练词嵌入有两种方法。一种方法是直接将词嵌入作为固定的输入，也就是在训练神经机器翻译模型的过程中，并不调整词嵌入的参数。这样做的目的是完全将词嵌入模块独立出来，将机器翻译看作在固定的词嵌入输入上进行的建模，从而降低机器翻译模型学习的难度。另一种方法是仍然遵循"预训练 + 微调"的策略，将词嵌入作为机器翻译模型部分参数的初始值。在之后的机器翻译训练过程中，词嵌入模型的结果会被更新。近年，在词嵌入预训练的基础上进行微调的方法越来越受研究人员的青睐。因为在实践中发现，完全用单语数据学习的单词表示，与双语数据上的翻译任务并不完全匹配。同时，目标语言的信息也会影响源语言的表示学习。

虽然预训练词嵌入在海量的单语数据上学习到了丰富的表示，但词嵌入的一个主要缺点是无法解决一词多义问题。在不同的上下文中，同一个单词经常表示不同的意思，而它的词嵌入却是完全相同的，模型需要在编码过程中通过上下文理解每个词在当前语境下的含义。因此，上下文词向量在近年得到了广泛的关注[167, 450, 912]。上下文词嵌入是指一个词的表示不仅依赖于单词自身，还依赖于上下文语境。在不同的上下文中，每个词对应的词嵌入是不同的，因此无法简单地通过词嵌入矩阵来表示。通常，使用海量的单语数据预训练语言模型任务，期望句子中每个位置对应的表示结果包含一定的上下文信息[125, 126, 167]。这本质上和下面即将介绍的句子级预训练模型一样。

3. 预训练模型

与固定的词嵌入相比，上下文词嵌入包含了当前语境中的语义信息，丰富了模型的输入表示，降低了训练难度。但是，模型仍有大量的参数需要从零学习，以便提取整个句子的表示。一种可行的方案是在预训练阶段直接得到预训练好的模型参数，在下游任务中，仅通过任务特定的数据对模型参数进行微调，得到一个较强的模型。基于这个想法，有大量的预训练模型被提出。例如，**生成式预训练**（Generative Pre-training，GPT）和**来自 Transformer 的双向编码器表示**（Bidirectional Encoder Representations From Transformers，BERT）就是两种典型的预训练模型。图 16.5 对比了二者的模型结构。

TRM：标准 Transformer 模块

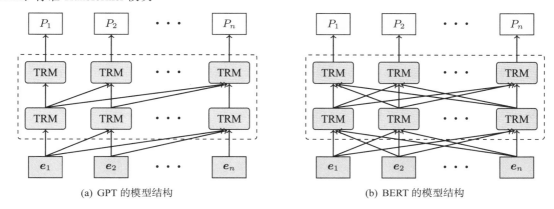

(a) GPT 的模型结构　　　　　　　　　　(b) BERT 的模型结构

图16.5　GPT 的模型结构和 BERT 的模型结构对比

GPT 通过 Transformer 模型自回归地训练单向语言模型[126]，类似于神经机器翻译模型的解码器，相比双向 LSTM 等模型，Tranformer 模型的表示能力更强。之后提出的 BERT 模型更是将预训练的作用提升到了新的水平[125]。GPT 模型的一个缺陷在于模型只能进行单向编码，也就是前面的文本在建模时无法获取后面的信息。而 BERT 提出了一种自编码的方式，使模型在预训练阶段可以通过双向编码的方式进行建模，进一步增强了模型的表示能力。

BERT 的核心思想是通过**掩码语言模型**（Masked Language Model，MLM）任务进行预训练。掩码语言模型的思想类似于完形填空，随机选择输入句子中的部分词进行掩码，之后让模型预测这些被掩码的词。掩码的具体做法是将被选中的词替换为一个特殊的词 <Mask>，这样模型在训练过程中就无法得到掩码位置词的信息，需要联合上下文内容进行预测，因此提高了模型对上下文的特征提取能力。而使用掩码的方式进行训练也给神经机器翻译提供了新的思路，在本章也会使用到类似方法。

在神经机器翻译任务中，预训练模型可以用于初始化编码器的模型参数[913-915]。之所以用在编码器端而不是解码器端，主要原因是编码器的作用主要是特征提取，训练难度相对较高，而解码器的作用主要是生成，和编码器提取到的表示是强依赖的，相对比较脆弱[916]。

在实践中发现，参数初始化的方法在一些富资源语种上的提升效果并不明显，甚至会带来性能的下降[917]。原因可能在于，预训练阶段的训练数据规模非常大，因此在下游任务的数据量较少的情况下帮助较大。而在一些富资源语种上，双语句对的数据足够充分，因此简单地通过预训练模型来初始化模型参数无法带来明显的效果提升。此外，预训练模型的训练目标并没有考虑到序列到序列的生成，与神经机器翻译的训练目标并不完全一致，两者训练得到的模型参数可能存在一些区别。

因此，一种做法是将预训练模型和翻译模型进行融合，把预训练模型作为一个独立的模块为编码器或者解码器提供句子级表示结果[917, 918]；另一种做法是针对生成任务进行预训练。机器翻译是一种典型的语言生成任务，不仅包含源语言表示学习的问题，而且包含序列到序列的映射、目标语言端序列生成的问题，这些知识是无法单独通过（源语言）单语数据学习到的。因此，可以使用单语数据对编码器-解码器结构进行预训练[919–921]。

以**掩码端到端预训练**（Masked Sequence to Sequence Pre-training，MASS）方法为例[919]，其思想与 BERT 十分相似，也是通过在预训练过程中采用掩码的方式，随机选择编码器输入句子中的连续片段替换为特殊词 <Mask>，然后在解码器中预测这个连续片段，如图 16.6 所示。这种做法可以使编码器捕捉上下文信息，同时迫使解码器依赖编码器进行自回归的生成，从而学习到编码器和解码器之间的注意力。为了适配下游的机器翻译任务，使预训练模型可以学习到不同语言的表示，MASS 对不同语言的句子采用共享词汇表和模型参数的方法，利用同一个预训练模型进行不同语言句子的预训练。通过这种方式，模型既学习到了对源语言句子的编码，也学习到了对目标语言句子的生成方法，再通过双语句对对预训练模型进行微调，模型可以快速收敛到较好的状态。

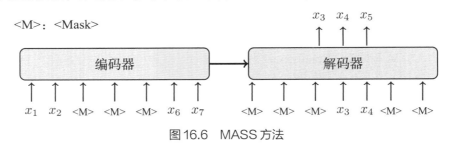

图 16.6　MASS 方法

此外，还有很多问题值得探讨。例如，为何预训练词嵌入在神经机器翻译模型中有效[911]；如何在神经机器翻译模型中利用预训练的 BERT 模型[913, 914, 914, 918, 922]；如何针对神经机器翻译任务进行预训练[920, 923, 924]；如何针对机器翻译中的 Code-switching 问题进行预训练[925]；如何在微调过程中避免灾难性遗忘[926]。

4. 多任务学习

在训练一个神经网络时，如果过分地关注单个训练目标，可能会使模型忽略其他有帮助的信息，这些信息可能来自一些其他相关的任务[927]。通过联合多个独立但相关的任务共同学习，任务之间相互"促进"，就是多任务学习[927–929]。多任务学习的常用做法是，针对多个相关的任务，共享模型的部分参数来学习不同任务之间相似的特征，并通过特定的模块来学习每个任务独立的特征（见第 15 章）。常用的策略是对底层的模型参数进行共享，顶层的模型参数用于独立学习各个不同的任务。

在神经机器翻译中，应用多任务学习的主要策略是将翻译任务作为主任务，同时设置一些仅使用单语数据的子任务，通过这些子任务来捕捉单语数据中的语言知识[837, 890, 930]。一种多任务学习的方法是利用源语言单语数据，通过单个编码器对源语言数据进行建模，再分别使用两个解码器学习源语言排序和翻译任务。源语言排序任务是指利用预排序规则对源语言句子中词的顺序进行调整[305]，可以通过单语数据构造训练数据，从而使编码器被训练得更充分[890]，如图 16.7 所示，图中 $y_<$ 表示当前时刻之前的单词序列，$x_<$ 表示源语言句子中词的顺序调整后的句子。

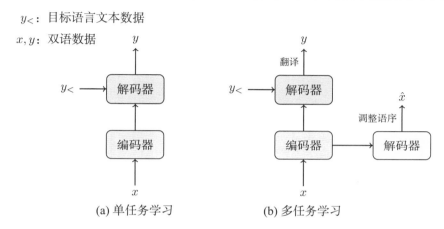

$y_<$：目标语言文本数据

x, y：双语数据

(a) 单任务学习　　　　　　(b) 多任务学习

图 16.7　使用源语言单语数据的多任务学习

　　虽然神经机器翻译模型可以看作一种语言生成模型，但生成过程却依赖于源语言信息，因此无法直接利用目标语言单语数据进行多任务学习。针对这个问题，可以对原有翻译模型结构进行修改，在解码器底层增加一个语言模型子层，这个子层用于学习语言模型任务，与编码器端是完全独立的，如图 16.8 所示[930]，图中 $y_<$ 表示当前时刻之前的单词序列，$z_<$ 表示当前时刻之前的单语数据。在训练过程中，分别将双语数据和单语数据送入翻译模型和语言模型进行计算，双语数据训练产生的梯度用于对整个模型进行参数更新，而单语数据训练产生的梯度只对语言模型子层进行参数更新。

　　此外，一种策略是利用多任务学习的思想来训练多到一模型（多个编码器、单个解码器）、一到多模型（单个编码器、多个解码器）和多到多模型（多个编码器、多个解码器），从而借助单语数据或其他数据使编码器或解码器训练得更充分[837]，任务的形式包括翻译任务、句法分析任务、图像分类等。另一种策略是利用多任务学习的思想同时训练多个语言的翻译任务[931, 932]，同样包括多到一翻译（多个语种到一个语种）、一到多翻译（一个语种到多个语种）及多到多翻译（多个语种到多个语种），这种方法可以利用多种语言的训练数据进行学习，具有较大的潜力，逐渐受到了研究人员的关注，具体内容可以参考 16.3 节。

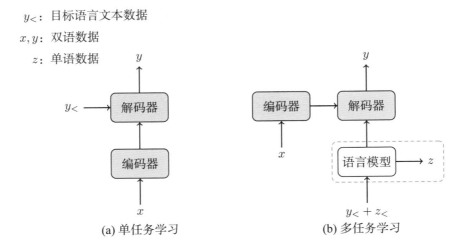

图16.8　使用语言模型的多任务学习

16.2 双向翻译模型

在机器翻译任务中，对于给定的双语数据，可以同时学习源语言到目标语言和目标语言到源语言的翻译模型，因此机器翻译可被视为一种双向任务。那么，两个方向的翻译模型能否联合起来，相辅相成呢？下面将从双向训练和对偶学习两方面对双向翻译模型进行介绍。这些方法被大量使用在低资源翻译系统中，如可以用双向翻译模型反复迭代构造伪数据。

16.2.1 双向训练

回顾神经机器翻译系统的建模过程，给定一个互译的句对 (x, y)，一个从源语言句子 x 到目标语言句子 y 的翻译表示，求条件概率 $P(y|x)$。类似地，一个从目标语言句子 y 到源语言句子 x 的翻译可以表示为 $P(x|y)$。通常，神经机器翻译的训练一次只得到一个方向的模型，也就是 $P(y|x)$ 或者 $P(x|y)$。这意味着 $P(y|x)$ 和 $P(x|y)$ 之间是互相独立的。但 $P(y|x)$ 和 $P(x|y)$ 是否真的没有关系呢？这里以最简单的情况为例，假设 x 和 y 被表示为相同大小的两个向量 $\boldsymbol{E}_x$ 和 $\boldsymbol{E}_y$，且 $\boldsymbol{E}_x$ 到 $\boldsymbol{E}_y$ 的变换是一个线性变换，也就是与一个方阵 $\boldsymbol{W}$ 做矩阵乘法：

$$\boldsymbol{E}_y = \boldsymbol{E}_x \boldsymbol{W} \tag{16.2}$$

这里，$\boldsymbol{W}$ 应当是一个满秩矩阵，否则对于任意一个 $\boldsymbol{E}_x$ 经过 $\boldsymbol{W}$ 变换得到的 $\boldsymbol{E}_y$ 只落在所有可能的 $\boldsymbol{E}_y$ 的一个子空间内，即在给定 $\boldsymbol{W}$ 的情况下有些 y 不能被任何一个 x 表达，而这不符合常识，因为不管是什么句子，总能找到它的一种译文。若 $\boldsymbol{W}$ 是满秩矩阵，则说明 $\boldsymbol{W}$ 可逆，也就是给定 $\boldsymbol{E}_x$ 到 $\boldsymbol{E}_y$ 的变换 $\boldsymbol{W}$，$\boldsymbol{E}_y$ 到 $\boldsymbol{E}_x$ 的变换必然是 $\boldsymbol{W}$ 的逆，而不是其他矩阵。

　　这个例子说明 $P(y|x)$ 和 $P(x|y)$ 应当存在联系。虽然 x 和 y 之间是否存在简单的线性变换关系并没有结论，但是上面的例子给出了一种对源语言句子和目标语言句子进行相互转化的思路。实际上，研究人员已经通过一些数学技巧用目标函数把 $P(y|x)$ 和 $P(x|y)$ 联系起来，这样训练神经机器翻译系统一次就可以同时得到两个方向的翻译模型，使训练变得更加高效[459, 933, 934]。双向联合训练的基本思想是：使用两个方向的翻译模型对单语数据进行推断，之后将翻译结果和原始的单语数据作为训练语料，通过多次迭代更新两个方向上的机器翻译模型。

　　图 16.9 给出了一个翻译模型的双向训练流程，其中 $M_{x \to y}^k$ 表示第 k 轮得到的 x 到 y 的翻译模型，$M_{y \to x}^k$ 表示第 k 轮得到的 y 到 x 的翻译模型。这里只展示了前两轮迭代。在第 1 次迭代开始之前，先使用双语数据对两个初始翻译模型进行训练。为了保持一致性，这里称之为第 0 轮迭代。在第 1 轮迭代中，先使用这两个翻译模型 $M_{x \to y}^0$ 和 $M_{y \to x}^0$ 翻译单语数据 $X = \{x_i\}$ 和 $Y = \{y_i\}$，得到译文 $\{\hat{y}_i^0\}$ 和 $\{\hat{x}_i^0\}$。构建伪训练数据集 $\{x_i, \hat{y}_i^0\}$ 与 $\{\hat{x}_i^0, y_i\}$。然后用上面的两个伪训练数据集和原始双语数据混合，训练得到模型 $M_{x \to y}^1$ 和 $M_{y \to x}^1$ 并进行参数更新，即用 $\{\hat{x}_i^0, y_i\} \bigcup \{x_i, y_i\}$ 训练 $M_{x \to y}^1$，用 $\{\hat{y}_i^0, x_i\} \bigcup \{y_i, x_i\}$ 训练 $M_{y \to x}^1$。第 2 轮迭代继续重复上述过程，使用更新参数后的翻译模型 $M_{x \to y}^1$ 和 $M_{y \to x}^1$ 得到新的伪数据集 $\{x_i, \hat{y}_i^1\}$ 与 $\{\hat{x}_i^1, y_i\}$。然后得到翻译模型 $M_{x \to y}^2$ 和 $M_{y \to x}^2$。这种方式本质上是一种自学习的过程，逐步生成更好的伪数据，同时提升模型质量。

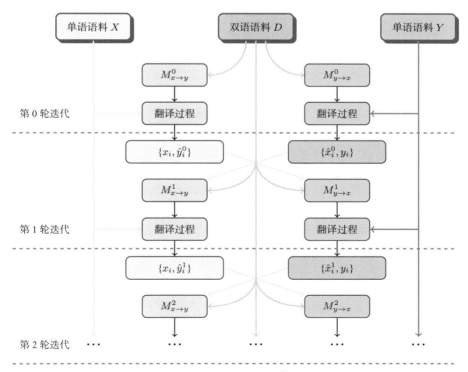

图 16.9　翻译模型的双向训练流程

16.2.2 对偶学习

对称，也许是人类最喜欢的美，其贯穿于整个人类文明的诞生与发展之中。古语"夫美也者，上下、内外、大小、远近皆无害焉，故曰美"描述的即是这样的美。在人工智能的任务中，也存在着这样的对称结构，如机器翻译中的英译汉和汉译英、图像处理中的图像标注和图像生成，以及语音处理中的语音识别和语音合成等。利用这些任务的对称性质（也称对偶性），可以使互为对偶的两个任务获得更有效的反馈，从而使对应的模型相互学习、相互提高。

目前，对偶学习的思想已经广泛应用于低资源机器翻译领域，它不仅能提升在有限双语资源下的翻译模型的性能，而且能利用未标注的单语数据进行学习。下面将从**有监督对偶学习**（Dual Supervised Learning）[935, 936] 与**无监督对偶学习**（Dual Unsupervised Learning）[937–939] 两方面，对对偶学习的思想进行介绍。

1. 有监督对偶学习

对偶学习涉及两个任务，分别是原始任务和它的对偶任务。在机器翻译任务中，给定一个互译的句对 (x, y)，原始任务学习一个条件概率 $P(y|x)$，将源语言句子 x 翻译成目标语言句子 y；对偶任务同样学习一个条件概率 $P(x|y)$，将目标语言句子 y 翻译成源语言句子 x。除了使用条件概率建模翻译问题，还可以使用联合分布 $P(x, y)$ 进行建模。根据条件概率定义，有

$$P(x, y) = P(x)P(y|x) = P(y)P(x|y) \tag{16.3}$$

式 (16.3) 很自然地把两个方向的翻译模型 $P(y|x)$ 和 $P(x|y)$ 及两个语言模型 $P(x)$ 和 $P(y)$ 联系起来：$P(x)P(y|x)$ 应该与 $P(y)P(x|y)$ 接近，因为它们都表达了同一个联合分布 $P(x, y)$。因此，在构建训练两个方向的翻译模型的目标函数时，除了它们单独训练时各自使用的极大似然估计目标函数，可以额外增加一个目标项来激励两个方向的翻译模型，例如：

$$L_{\mathrm{dual}} = (\log P(x) + \log P(y|x) - \log P(y) - \log P(x|y))^2 \tag{16.4}$$

通过该正则化项，互为对偶的两个任务可以被放在一起学习，通过任务对偶性加强监督学习的过程，就是有监督对偶学习[935, 937]。这里，$P(x)$ 和 $P(y)$ 两个语言模型是预先训练好的，并不参与翻译模型的训练。可以看到，对于单独的一个模型来说，其目标函数增加了与另一个方向的模型相关的损失项。这样的形式与 L1/L2 正则化非常类似（见第 13 章），因此可以把这个方法看作一种正则化的手段（受翻译任务本身的性质启发）。有监督对偶学习需要优化如下损失函数：

$$L = \log P(y|x) + \log P(x|y) + L_{\mathrm{dual}} \tag{16.5}$$

由于两个方向的翻译模型和语言模型相互影响，这种共同训练、共同提高的方法能得到比基于单个方向训练效果更好的模型。

2. 无监督对偶学习

有监督的对偶学习需要使用双语数据来训练两个翻译模型，但是有些低资源语言仅有少量双语数据可以训练。因此，如何使用资源相对丰富的单语数据来提升翻译模型的性能也是一个关键问题。

无监督对偶学习提供了一个解决问题的思路[937]。假设目前有两个比较弱的翻译模型，一个原始翻译模型 f 将源语言句子 x 翻译成目标语言句子 y，一个对偶任务模型 g 将目标语言句子 y 翻译成源语言句子 x。翻译模型可由有限的双语训练，或者使用无监督机器翻译得到（见 16.4 节）。如图 16.10 所示，无监督对偶学习的流程是，先通过原始任务模型 f 将一个源语言单语句子 x 翻译为目标语言句子 y，随后，通过对偶任务模型 g 将目标语言句子 y 翻译为源语言句子 x'。如果模型 f 和 g 的翻译性能较好，则 x' 和 x 会十分相似。通过计算二者的**重构损失**（Reconstruction Loss），可以优化模型 f 和 g 的参数。这个过程可以多次迭代，从大量的无标注单语数据上不断提升性能。

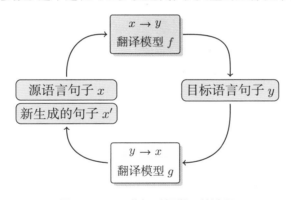

图 16.10　无监督对偶学习的流程

无监督对偶学习的过程与强化学习的过程非常相似（见第 13 章）。在训练过程中，模型无法知道某个状态下正确的行为是什么，只能通过这种试错-反馈的机制反复调整。训练这两个模型可以用已有的强化学习算法，如策略梯度方法[940]。策略梯度的基本思想是：如果在执行某个动作之后，获得了一个不错的反馈，那么会调整策略来增加这个状态下执行该动作的概率；反之，如果采取某个动作后获得了一个负反馈，就需要调整策略来降低这个状态下执行该动作的概率。

16.3 多语言翻译模型

低资源机器翻译面临的主要挑战是缺乏大规模、高质量的双语数据。这个问题往往伴随着多语言的翻译任务[941]。也就是说，要同时开发多个不同语言之间的机器翻译系统，其中少部分语言是富资源语言，而其他语言是低资源语言。针对低资源语言双语数据稀少或缺失的情况，一种常见的解决思路是利用富资源语言的数据或系统，帮助低资源机器翻译系统。这也构成了多语言翻译的思想，并延伸出大量的研究工作，其中有 3 个典型的研究方向：基于枢轴语言的方法[942]、基于知识蒸馏的方法[551]、基于迁移学习的方法[932, 943]。

16.3.1 基于枢轴语言的方法

在传统的多语言翻译中，**基于枢轴语言的翻译**（Pivot-based Translation）[942, 943] 被广泛使用。这种方法会使用一种数据丰富的语言作为**枢轴语言**（Pivot Language）。翻译过程分为两个阶段：源语言到枢轴语言的翻译和枢轴语言到目标语言的翻译。这样，通过资源丰富的枢轴语言将源语言和目标语言桥接在一起，解决源语言-目标语言双语数据缺乏的问题。例如，想要得到泰语到波兰语的翻译，可以通过英语做枢轴语言。通过"泰语 → 英语 → 波兰语"的翻译过程完成泰语到波兰语的转换。

在统计机器翻译中，有很多基于枢轴语言的方法[944-947]，这些方法已经广泛用于低资源翻译任务[942, 948-950]。基于枢轴语言的方法与模型结构无关，因此这些方法也适用于神经机器翻译，并取得了不错的效果[943, 951]。

基于枢轴语言的翻译过程如图 16.11 所示。这里，使用虚线表示具有双语平行语料库的语言对，并使用带有箭头的实线表示翻译方向，令 x、y 和 p 分别表示源语言、目标语言和枢轴语言，对于输入源语言句子 x 和目标语言句子 y，其翻译过程可以被建模为

$$P(y|x) = \sum_p P(p|x)P(y|p) \tag{16.6}$$

其中，p 表示一个枢轴语言句子。$P(p|x)$ 和 $P(y|p)$ 的求解可以直接复用既有的模型和方法。不过，枚举所有的枢轴语言句子 p 是不可行的。因此，一部分研究工作也探讨了如何选择有效的路径，从 x 经过少量 p 到达 y[952]。

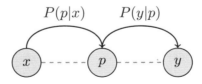

图 16.11　基于枢轴语言的翻译过程

虽然基于枢轴语言的方法简单且易于实现，但该方法也有一些不足。例如，它需要两次翻译，时间开销较大。在两次翻译中，翻译错误会累积，从而产生错误传播，导致模型翻译准确性降低。此外，基于枢轴语言的方法仍然假设源语言和枢轴语言（或目标语言和枢轴语言）之间存在一定规模的双语平行数据，但这个假设在很多情况下并不成立。例如，对于一些资源极度稀缺的语言，其到英语或汉语的双语数据仍然十分匮乏，这时使用基于枢轴语言的方法的效果往往并不理想。虽然存在以上问题，但是基于枢轴语言的方法仍然受到工业界的青睐，很多在线翻译引擎也在大

量使用这种方法进行多语言的翻译。

16.3.2 基于知识蒸馏的方法

为了缓解基于枢轴语言的方法中存在的错误传播等问题带来的影响，可以采用基于知识蒸馏的方法[551, 953]。知识蒸馏是一种常用的模型压缩方法[549]，基于教师-学生框架，在第 13 章已经进行了详细介绍。针对低资源翻译任务，基于教师-学生框架的翻译过程如图 16.12 所示。其中，虚线表示具有平行语料库的语言对，带有箭头的实线表示翻译方向。这里，将枢轴语言（p）到目标语言（y）的翻译模型 $P(y|p)$ 当作教师模型，源语言（x）到目标语言（y）的翻译模型 $P(y|x)$ 当作学生模型。然后，用教师模型指导学生模型的训练，这个过程中学习的目标是让 $P(y|x)$ 尽可能接近 $P(y|p)$，这样学生模型就可以学习到源语言到目标语言的翻译知识。举个例子，假设图 16.12 中 x 为源语言德语 "hallo"，p 为中间语言英语 "hello"，y 为目标语言法语 "bonjour"，则德语 "hallo" 翻译为法语 "bonjour" 的概率应该与英语 "hello" 翻译为法语 "bonjour" 的概率相近。

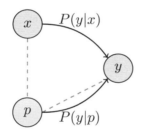

图 16.12　基于教师-学生框架的翻译过程

需要注意的是，基于知识蒸馏的方法基于一个假设：如果源语言句子 x、枢轴语言句子 p 和目标语言句子 y 这三者互译，则 $P(y|x)$ 应接近 $P(y|p)$，即

$$P(y|x) \approx P(y|p) \tag{16.7}$$

和基于枢轴语言的方法相比，基于知识蒸馏的方法无须训练源语言到枢轴语言的翻译模型，也就无须经历两次翻译过程。不过，基于知识蒸馏的方法仍然需要显性地使用枢轴语言进行桥接，因此仍然面临着"源语言 → 枢轴语言 → 目标语言"转换中信息丢失的问题。例如，当枢轴语言到目标语言的翻译效果较差时，由于教师模型无法提供准确的指导，学生模型也无法取得很好的学习效果。

16.3.3 基于迁移学习的方法

迁移学习（Transfer Learning）是一种基于机器学习的方法，指的是一个预训练的模型被重新用在另一个任务中，而并不是从头训练一个新的模型[549]。迁移学习的目标是将某个领域或任务上学习到的知识应用到新的领域或问题中。在机器翻译中，可以用富资源语言的知识改进低资源语言上的机器翻译性能，也就是将富资源语言中的知识迁移到低资源语言中。

基于枢轴语言的方法需要显性地建立"源语言 → 枢轴语言 → 目标语言"的路径。这时，如果路径中某处出现了问题，就会成为整个路径的瓶颈。如果使用多个枢轴语言，这个问题就会更加严重。不同于基于枢轴语言的方法，迁移学习无须进行两次翻译，也就避免了翻译路径中错误累积的问题。如图 16.13 所示，迁移学习将所有任务分类为源任务和目标任务，目的是将源任务中的知识迁移到目标任务中。

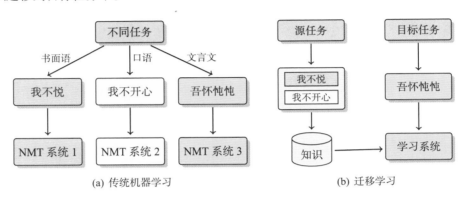

图 16.13　传统机器学习和迁移学习方法对比

1. 参数初始化方法

在解决多语言翻译问题时，需要先在富资源语言上训练一个翻译模型，将其称为**父模型**（Parent Model）。在对父模型的参数进行初始化的基础上，训练低资源语言的翻译模型，称为**子模型**（Child Model），这意味着低资源翻译模型将不会从随机初始化的参数开始学习，而是从父模型的参数开始[954-956]。这时，也可以把参数初始化过程看作迁移学习。在图 16.14 中，左侧模型为父模型，右侧模型为子模型。这里假设从英语到汉语的翻译为富资源翻译，从英语到西班牙语的翻译为低资源翻译，则先用英中双语平行语料库训练出一个父模型，再用英语到西班牙语的数据在父模型上微调，得到子模型，这个子模型即迁移学习的模型。此过程可以看作在富资源语言训练模型上使用低资源语言的数据进行微调，将富资源语言中的知识迁移到低资源语言中，从而提升低资源语言的模型性能。

尽管这种方法在某些低资源语言上取得了成功，但在资源极度匮乏或零资源的翻译任务中仍然表现不佳[957]。具体而言，如果子模型训练数据过少，无法通过训练弥补父模型与子模型之间的差异，那么微调的结果将很差。一种解决方案是先预训练一个多语言模型，然后固定这个预训练模型的部分参数，训练父模型，最后从父模型中微调子模型[958]。这样做的好处在于先用预训练提取父模型的任务和子模型的任务之间通用的信息（保存在模型参数里），然后强制在训练父模型时保留这些信息（通过固定参数），这样，最后微调子模型时就可以利用这些通用信息，减少父模型和子模型之间的差异，提升微调的结果[959]。

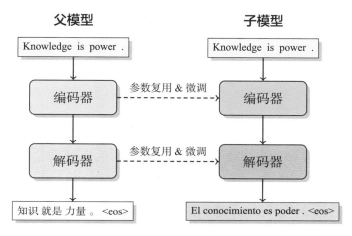

图 16.14　参数初始化方法示意图

2. 多语言单模型方法

多语言单模型方法（Multi-lingual Single Model-based Method）也被看作一种迁移学习。多语言单模型方法尤其适用于翻译方向较多的情况，因为为每一个翻译方向单独训练一个模型是不现实的。不仅受设备资源和时间的限制，而且很多翻译方向都没有双语平行数据[932, 941, 960]。例如，要得到 100 个语言之间互译的系统，理论上就需要训练 100×99 个翻译模型，代价巨大。这时，最佳的解决方案是使用多语言单模型方法。

多语言单模型系统是指具有多个语言方向翻译能力的单模型系统。对于源语言集合 G_x 和目标语言集合 G_y，多语言单模型的学习目标是学习一个单一的模型，这个模型可以进行任意源语言到任意目标语言的翻译，即同时支持所有 $\{(l_x, l_y)|x \in G_x, y \in G_y)\}$ 的翻译。多语言单模型方法又可以进一步分为一对多[931]、多对一[563] 和多对多[961] 的方法。这些方法本质上是相同的，因此这里以多对多翻译为例进行介绍。

在模型结构方面，多语言模型与普通的神经机器翻译模型相同，都是标准的编码器-解码器结构。多语言单模型方法的一个假设是：不同语言可以共享同一个表示空间。因此，该方法使用同一个编码器处理所有源语言句子，使用同一个解码器处理所有目标语言句子。为了使多个语言共享同一个解码器（或编码器），一种简单的方法是直接在输入句子上加入语言标记，让模型显性地知道当前句子属于哪个语言。如图 16.15 所示，在此示例中，标记"<spanish>"表示目标语言句子为西班牙语，标记"<german>"表示目标语言句子为德语，则模型在进行翻译时会将开头加有"<spanish>"标签的句子翻译为西班牙语[932]。假设训练时有英语到西班牙语"<spanish> Hello"→ "Hola"和法语到德语"<german> Bonjour"→ "Hallo"的双语句对，则在解码时，输入英语

"<german> Hello"就会得到解码结果"Hallo"。

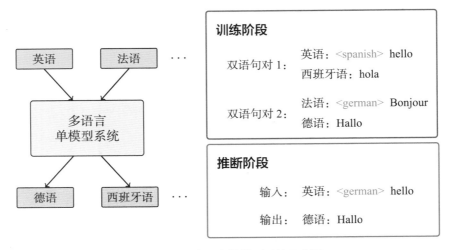

图 16.15　多语言单模型系统示意图

多语言单模型系统无须显性训练基于枢轴语言的翻译系统，而是共享多个语言的编码器和解码器，因此极大地提升了数据资源的利用效率，其适用的极端场景是零资源翻译，即源语言和目标语言之间没有任何平行数据。以法语到德语的翻译为例，假设此翻译语言方向为零资源，即没有法语到德语的双语平行数据，但是有法语到其他语言（如英语）的双语平行数据，也有其他语言（如英语）到德语的双语平行数据。这时，直接运行图 16.15 所示的模型，可以学习法语到英语、英语到德语的翻译能力，同时具备了法语到德语的翻译能力，即零资源翻译能力。从这个角度看，零资源神经机器翻译也需要枢轴语言，只是这些枢轴语言数据仅在训练期间使用[932]，无须生成伪并行语料库。这种使用枢轴语言的方式也被称作**隐式桥接**（Implicit Bridging）。

另外，使用多语言单模型系统进行零资源翻译的一个优势在于，它可以在最大程度上利用其他语言的数据。还是以上面提到的法语到德语的零资源翻译任务为例，除了使用法语到英语、英语到德语的数据，所有法语到其他语言、其他语言到德语的数据都是有价值的，这些数据可以强化对法语句子的表示能力，同时强化对德语句子的生成能力。这个优点也是 16.3.1 节介绍的传统的基于枢轴语言的方法所不具备的。

多语言单模型系统经常面临脱靶翻译的问题，即把源语言翻译成错误的目标语言，如要求翻译成英语，翻译结果却是汉语或英语中夹杂其他语言的字符。这是因为多语言单模型系统对所有语言都使用一样的参数，导致模型不容易区分出不同语言字符混合的句子属于哪种语言。针对这个问题，可以在原来共享参数的基础上为每种语言添加额外的独立参数，使每种语言拥有足够的建模能力，以便更好地完成特定语言的翻译[962, 963]。

16.4 无监督机器翻译

低资源机器翻译的一种极端情况是：没有任何可以用于模型训练的双语平行数据。一种思路是借用多语言翻译方面的技术（见 16.3 节），利用基于枢轴语言或零资源的方法构建翻译系统，但这类方法仍然需要多个语种的平行数据。对于某一个语言对，在只有源语言和目标语言单语数据的前提下，能否训练一个翻译模型呢？这里称这种不需要双语数据的机器翻译方法为**无监督机器翻译**（Unsupervised Machine Translation）。

直接进行无监督机器翻译是很困难的。一个简单可行的思路是将问题分解，然后分别解决各个子问题，最后形成完整的解决方案。在无监督机器翻译中，可以先使用无监督方法寻找词与词之间的翻译，在此基础上，进一步得到句子到句子的翻译模型。这种"由小到大"的建模思路十分类似于统计机器翻译中的方法（见第 7 章）。

16.4.1 无监督词典归纳

双语词典归纳（Bilingual Dictionary Induction，BDI）可用于处理不同语言间单词级别的翻译任务。在统计机器翻译中，词典归纳是一项核心任务，它从双语平行语料中发掘互为翻译的单词，是翻译知识的主要来源[964]。在神经机器翻译中，词典归纳通常被用在无监督机器翻译、多语言机器翻译等任务中。这里，单词通过实数向量进行表示，即词嵌入。所有单词分布在一个多维空间中，而且研究人员发现：词嵌入空间在一些语言中显示出类似的结构，这使得直接利用词嵌入构建双语词典成为可能[901]，其基本思想是先将来自不同语言的词嵌入投影到共享嵌入空间中，然后在这个共享空间中归纳双语词典，原理如图 16.16 所示。较早的尝试是用一个包含数千词对的种子词典作为锚点，学习从源语言到目标语言词嵌入空间的线性映射，将两个语言的单词投影到共享的嵌入空间后，执行一些对齐算法即可得到双语词典[901]。最近的研究表明，词典归纳可以在更弱的监督信号下完成，这些监督信号来自更小的种子词典[965]、相同的字符串[966]，甚至仅仅是共享的数字[967]。

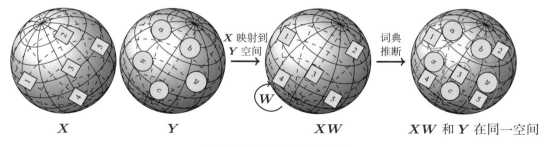

X　　　　　Y　　　　　　XW　　　　XW 和 Y 在同一空间

图 16.16　词典归纳原理图

研究人员也提出了完全无监督的词典归纳方法，这类方法不依赖于任何种子词典即可实现词典归纳，下面对其进行介绍。

1. 基本框架

无监督词典归纳的核心思想是充分利用词嵌入空间近似同构的假设[968]，基于一些无监督匹配的方法得到一个初始化的种子词典，再以该种子词典为起始监督信号，不断微调提高性能。总结起来，无监督词典归纳系统通常包括以下两个阶段：

- **基于无监督的分布匹配**。该阶段利用一些无监督方法得到一个包含噪声的初始化词典 D。
- **基于有监督的微调**。利用两个单语词嵌入和第一阶段中学习到的种子字典执行一些对齐算法来迭代微调，如**普氏分析**（Procrustes Analysis）[969]。

无监督词典归纳流程如图 16.17 所示，主要步骤包括：

- 对于图 16.17(a) 中分布在不同空间中的两个单语词嵌入 X 和 Y，基于两者近似同构的假设，利用无监督匹配的方法得到一个粗糙的线性映射 W，使得两个空间能大致对齐，结果如图 16.17(b) 所示。
- 在这个共享空间中执行对齐算法，从而归纳出一个种子词典，如图 16.17(c) 所示。
- 利用种子词典不断迭代微调，进一步提高映射 W 的性能，最终的映射效果如图 16.17(d) 所示，之后即可从中推断出词典，并作为最后的结果。

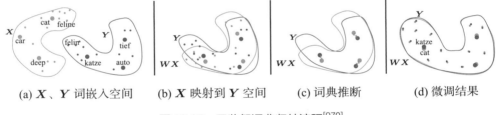

(a) X、Y 词嵌入空间　　(b) X 映射到 Y 空间　　(c) 词典推断　　(d) 微调结果

图 16.17　无监督词典归纳流程[970]

不同的无监督方法的最大区别主要在于第一阶段，获得初始种子词典的手段，而第二阶段微调的原理都大同小异。第一阶段的主流方法主要有两大类：

- **基于生成对抗网络的方法**[968, 970–972]。通过生成器产生映射 W，鉴别器负责区分随机抽样的元素 WX 和 Y，两者共同优化收敛，即可得到映射 W。
- **基于 Gromov-wasserstein 的方法**[968, 973–975]。Wasserstein 距离是度量空间中定义两个概率分布之间距离的函数。在这个任务中，用它来衡量不同语言中单词对之间的相似性，利用空间近似同构的信息可以定义一些目标函数，之后通过优化该目标函数得到映射 W。

在得到映射 W 之后，对于 X 中的任意一个单词 x_i，通过 $WE(x_i)$ 将其映射到空间 Y 中（$E(x_i)$ 表示的是单词 x_i 的词嵌入向量），然后在 Y 中找到该点的最近邻点 y_j，于是 y_j 就是 x_i 的翻译词，重复该过程即可归纳出种子词典 D，第一阶段结束。实际上，第一阶段缺乏监督信号，得到的种子词典 D 会包含大量的噪声，因此需要进一步微调。

微调的原理普遍基于普氏分析[901]。假设现在有一个种子词典 $D = \{x_i, y_i\}$（其中 $i \in \{1, n\}$）

和两个单语词嵌入 $\boldsymbol{X}$ 和 $\boldsymbol{Y}$，就可以将 D 作为**映射锚点**（Anchor）学习一个转移矩阵 $\boldsymbol{W}$，使得 $\boldsymbol{W}\boldsymbol{X}$ 与 $\boldsymbol{Y}$ 这两个空间尽可能相近。此外，通过对 $\boldsymbol{W}$ 施加正交约束可以显著提高性能[976]，于是这个优化问题就转变成了**普鲁克问题**（Procrustes Problem）[966]，可以通过**奇异值分解**（Singular Value Decomposition，SVD）获得近似解。这里用 $\boldsymbol{X}'$ 和 $\boldsymbol{Y}'$ 表示 D 中源语言单词和目标语言单词的词嵌入矩阵，优化 $\boldsymbol{W}$ 的过程可以被描述为

$$\widehat{\boldsymbol{W}} = \arg\min_{\boldsymbol{W} \in O_d(\mathbb{R})} \|\boldsymbol{W}\boldsymbol{X}' - \boldsymbol{Y}'\|_{\mathrm{F}}$$
$$= \boldsymbol{U}\boldsymbol{V}^{\mathrm{T}} \tag{16.8}$$
$$\text{s.t.} \quad \boldsymbol{U}\boldsymbol{\Sigma}\boldsymbol{V}^{\mathrm{T}} = \mathrm{SVD}\left(\boldsymbol{Y}'\boldsymbol{X}'^{\mathrm{T}}\right) \tag{16.9}$$

其中，$\boldsymbol{\Sigma}$ 表示对角矩阵，$\|\cdot\|_{\mathrm{F}}$ 表示矩阵的 Frobenius 范数，即矩阵元素绝对值的平方和再开方，d 是词嵌入的维度，$O_d(\mathbb{R})$ 表示 $d \times d$ 的实数空间，SVD($\cdot$) 表示奇异值分解。用式 (16.8) 可以获得新的 $\boldsymbol{W}$，通过 $\boldsymbol{W}$ 可以归纳出新的 D，如此迭代的微调，最后可以得到收敛的 D。

较早的无监督方法是基于生成对抗网络的方法[970, 971, 977]，利用生成器产生单词间的映射，然后用判别器区别两个空间。然而研究表明，生成对抗网络缺乏稳定性，容易在低资源语言对上失败[978]，因此有不少改进工作，如利用**变分自编码器**（Variational Autoencoders，VAEs）捕获更深层次的语义信息并结合对抗训练的方法[972, 979]；通过改进最近邻点的度量函数提升性能的方法[980, 981]；利用多语言信号提升性能的方法[975, 982–984]；也有一些工作舍弃生成对抗网络，通过直接优化空间距离进行单词的匹配[968, 973, 985, 986]。

2. 健壮性问题

很多无监督词典归纳方法在相似语言对（如英-法、英-德）上已经取得了不错的结果，然而，在远距离语言对（如英-中、英-日）上的性能仍然很差[987, 988]。因此，研发健壮的无监督词典归纳方法仍然面临许多挑战：

- 词典归纳依赖于基于大规模单语数据训练出来的词嵌入，而词嵌入会受单语数据的来源、数量、词向量训练算法、超参数配置等多方面因素的影响，容易导致不同情况下词嵌入结果的差异很大。
- 词典归纳强烈依赖于词嵌入空间近似同构的假设，然而许多语言之间天然的差异导致该假设并不成立。无监督系统通常是基于两阶段的方法，由于起始阶段缺乏监督信号，很难得到质量较高的种子词典，进而导致后续阶段无法完成准确的词典归纳[988, 989]。
- 由于词嵌入这种表示方式的局限性，模型无法实现单词多对多的对齐，而且对于一些相似的词或实体，模型也很难实现对齐。

无监督方法的健壮性是一个很难解决的问题。对于词典推断这个任务来说，是否有必要进行完全无监督的学习仍然值得商榷。因为其作为一个底层任务，不仅可以利用词嵌入，还可以利用单语、甚至是双语信息。此外，基于弱监督的方法的代价也不是很大，只需要数千个词对即可。有

了监督信号的引导，健壮性问题就能得到一定的缓解。

16.4.2 无监督统计机器翻译

在无监督词典归纳的基础上，可以进一步得到句子间的翻译，实现无监督机器翻译[990]。统计机器翻译作为机器翻译的主流方法，对其进行无监督学习有助于构建初始的无监督机器翻译系统，从而进一步训练更先进的无监督神经机器翻译系统。以基于短语的统计机器翻译系统为例，系统主要包含短语表、语言模型、调序模型及权重调优等模块（见第 7 章）。其中，短语表和模型调优需要双语数据，而语言模型和（基于距离的）调序模型只依赖于单语数据。因此，如果可以通过无监督的方法完成短语归纳和权重调优，就得到了无监督统计机器翻译系统[991]。

1. 无监督短语归纳

回顾统计机器翻译中的短语表，它类似于一个词典，对一个源语言短语给出相应的译文[287]。只不过词典的基本单元是词，而短语表的基本单元是短语（或 n-gram）。此外，短语表还提供短语翻译的得分。既然短语表跟词典如此相似，可以把无监督词典归纳的方法移植到短语上，也就是把词典里面的词替换成短语，就可以无监督地得到短语表。

如 16.4.1 节所述，无监督词典归纳的方法依赖于词的分布式表示，也就是词嵌入。因此，当把无监督词典归纳拓展到短语上时，需要先获得短语的分布式表示。比较简单的方法是把词换成短语，然后借助与无监督词典归纳相同的算法得到短语的分布式表示。最后，直接应用无监督词典归纳方法，得到源语言短语与目标语言短语之间的对应。

在得到短语翻译的基础上，需要确定短语翻译的得分。在无监督词典归纳中，在推断词典时会为一对源语言单词和目标语言单词打分（词嵌入之间的相似度），再根据打分决定哪一个目标语言单词更有可能是当前源语言单词的翻译。在无监督短语归纳中，这样一个打分已经提供了对短语对质量的度量，因此经过适当的归一化处理就可以得到短语翻译的得分。

2. 无监督权重调优

有了短语表之后，剩下的问题是如何在没有双语数据的情况下进行模型调优，从而把短语表、语言模型、调序模型等模块融合起来[234]。在统计机器翻译系统中，短语表可以提供短语的翻译，而语言模型可以保证从短语表中翻译得到的句子的流畅度，因此统计机器翻译模型即使在没有权重调优的基础上也已经具备了一定的翻译能力。一个简单而有效的无监督方法就是使用未经模型调优的统计机器翻译模型进行回译，也就是将目标语言句子翻译成源语言句子后，再将翻译得到的源语言句子当成输入，将目标语言句子当成标准答案，完成权重调优。

经过上述无监督模型调优后，获得了一个效果更好的翻译模型。这时，可以使用这个翻译模型产生质量更高的数据，再用这些数据继续对翻译模型进行调优，如此反复迭代一定次数后停止。这个方法也被称为**迭代优化**（Iterative Refinement）[991]。

迭代优化会带来一个问题：在每一次迭代中都会产生新的模型，应该什么时候停止生成新模型，挑选哪一个模型呢？在无监督的场景中，没有任何真实的双语数据可以使用，因此无法使用监督学习里的校验集对每个模型进行检验并筛选。另外，即使有很少量的双语数据（如数百条双语句对），直接在上面挑选模型和调整超参数会导致过拟合问题，使得最后的结果越来越差。一个非常高效的模型选择方法是：先从训练集里挑选一部分句子作为校验集（不参与训练），再使用当前模型翻译这些句子，再翻译回来（源语言 → 目标语言 → 源语言，或者目标语言 → 源语言 → 目标语言），将得到的结果与原始的结果计算 BLEU 的值，得分越高则效果越好。这种方法已被证明与使用大规模双语校验集的结果高度相关[885]。

16.4.3　无监督神经机器翻译

既然神经机器翻译已经在很多任务上优于统计机器翻译，为什么不直接做无监督神经机器翻译呢？实际上，由于神经网络的黑盒特性，使其无法像统计机器翻译那样进行拆解，并定位问题。因此，需要借用其他无监督翻译系统来训练神经机器翻译模型。

1. 基于无监督统计机器翻译的方法

一个简单的方法是，借助已经成功的无监督方法为神经机器翻译模型提供少量双语监督信号。初始的监督信号可能很少或者包含大量噪声，因此需要逐步优化数据，重新训练出更好的模型。这也是目前绝大多数无监督神经机器翻译方法的核心思路。这个方案最简单的实现就是，借助已经构建的无监督统计机器翻译模型，用它产生伪双语数据来训练神经机器翻译模型，然后进行迭代回译，以便数据优化[992]。这个方法的优点是直观、性能稳定且容易调试（所有模块都互相独立）；缺点是复杂烦琐，涉及许多超参数调整工作，而且训练代价较大。

2. 基于无监督词典归纳的方法

另一个思路是，直接从无监督词典归纳中得到神经机器翻译模型，从而避免烦琐的无监督统计机器翻译模型的训练，同时避免神经机器翻译模型继承统计机器翻译模型的错误。这种方法的核心就是，把翻译看成一个两阶段的过程：

（1）无监督词典归纳通过双语词典把一个源语言句子转换成一个不通顺但意思完整的目标语言句子。

（2）把这样一个不通顺的句子改写成一个流畅的句子，同时保留原来的含义，最后达到翻译的目的。

第二阶段的改写任务其实是一个特殊的翻译任务，只不过现在的源语言和目标语言是使用不同的方式表达同一种语言的句子。因此，可以使用神经机器翻译模型完成这个任务，而且由于这里只需要单语数据不涉及双语数据，模型的训练是无监督的。这样的方法不再需要无监督统计机器翻译，并且适应能力很强。对于新语种，不需要重新训练神经机器翻译模型，只需要训练无监督词典，归纳进行词的翻译，再使用相同的模型进行改写。

目前，训练数据需要使用其他语种的双语数据进行构造（对源语言句子中的每个词使用双语词典进行翻译并作为输入，输出的目标语言句子不变）。虽然可以通过将单语句子根据规则或随机打乱的方式生成训练数据，但这些句子与真实句子的差异较大，导致训练-测试不一致的问题。而且，这样一个两阶段的过程会产生错误传播的问题，如无监督词典归纳对一些词进行了错误的翻译，那么这些错误的翻译会被送入下一阶段进行改写，因为翻译模型这时已经无法看到源语言句子，所以最终的结果将继承无监督词典归纳的错误[993]。

3. 更深层的融合

为了获得更好的神经机器翻译模型，可以对训练流程和模型做更深度的整合。第 10 章已经介绍过，神经机器翻译模型的训练包含两个阶段：初始化和优化。无监督神经机器翻译的核心思路也对应这两个阶段，因此可以考虑在模型的初始化阶段使用无监督方法提供初始的监督信号，然后不但优化模型的参数，还优化训练使用的数据，从而避免流水线带来的错误传播。其中，初始的监督信号可以通过两种方法提供给模型。一种是直接使用无监督方法提供最初的伪双语数据，然后训练最初的翻译模型；另一种则是借助无监督方法初始化模型，得到最初的翻译模型后，直接用初始化好的翻译模型产生伪双语数据，然后训练自己，如图 16.18 所示。图 16.18 (a) 的一个简单实现是利用无监督词典归纳得到词典，用这个词典对单语数据进行逐词的翻译，得到最初的伪双语数据，再在这些数据上训练最初的翻译模型，最后不断地交替优化数据和模型，得到更好的翻译模型和质量更好的伪数据[884]。通过不断优化训练用的双语数据，摆脱了无监督词典归纳在最初的伪双语数据中遗留下来的错误，同时避免了使用无监督统计机器翻译模型的代价。图 16.18 (b) 的实现则依赖于具体的翻译模型初始化方法，接下来将讨论翻译模型的不同初始化方法。

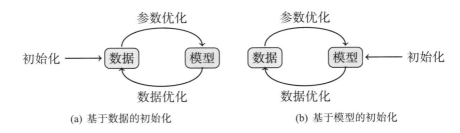

(a) 基于数据的初始化   (b) 基于模型的初始化

图 16.18   模型参数初始化策略

4. 其他问题

一般认为，在生成的伪数据上优化模型会使模型变得更好，这时对这个更好的模型使用数据增强的手段（如回译等）就可以生成更好的训练数据。这样的数据优化过程依赖一个假设：模型经过优化后会生成比原始数据更好的数据。在数据优化和参数优化的共同影响下，模型非常容易拟合数据中的简单模式，使模型倾向于产生包含这种简单模式的数据，造成模型对这种类型数据过拟合的现象。一个常见的问题是模型对任何输入都输出相同的译文，这时翻译模型无法产生任何有意义的结果，也就是说，在数据优化产生的数据里，无论什么目标语言对应的源语言都是同一个句子。在这种情况下，翻译模型虽然能降低过拟合的影响，但不能学会任何源语言跟目标语言之间的对应关系，也就无法进行正确翻译。这个现象也反映出无监督机器翻译训练的脆弱性。

比较常见的解决方案是，在双语数据对应的目标函数外增加一个语言模型目标函数。在初始阶段，由于数据中存在大量不通顺的句子，额外的语言模型目标函数能把部分句子纠正过来，使模型逐渐生成更好的数据[885]。这个方法在实际应用中非常有效，尽管目前还没有太多理论上的支持。

无监督神经机器翻译还有两个关键的技巧：

- **词表共享**：对于源语言和目标语言里都一样的词使用同一个词嵌入，而不是源语言和目标语言各自对应一个词嵌入，如阿拉伯数字或者一些实体名字。这相当于告诉模型这个词在源语言和目标语言里表达同一个意思，隐式地引入了单词翻译的监督信号。在无监督神经机器翻译里，词表共享搭配子词切分会更有效，因为子词的覆盖范围广，如多个不同的词可以包含同一个子词。

- **模型共享**：与多语言翻译系统类似，模型共享使用同一个翻译模型进行正向翻译（源语言 → 目标语言）和反向翻译（目标语言 → 源语言）。这样做降低了模型的参数量。另外，两个翻译方向可以为对方起到正则化的作用，减小了过拟合的风险。

图 16.19 总结了无监督神经机器翻译模型训练的流程。接下来，将讨论无监督神经机器翻译里模型参数初始化和语言模型的使用两个问题。

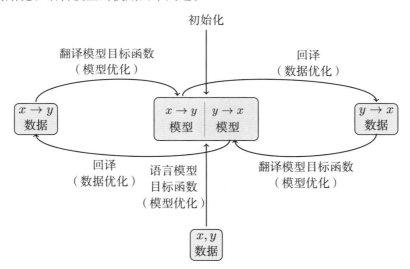

图 16.19　无监督神经机器翻译模型训练的流程

1）模型参数初始化

无监督神经机器翻译的关键在于，如何提供最开始的监督信号，从而启动后续的迭代流程。无监督词典归纳已经可以提供一些可靠的监督信号，那么如何在模型初始化中融入这些信息？既然神经机器翻译模型都使用词嵌入作为输入，而且无监督词典归纳也是基于两种语言共享的词嵌入空间，那么可以使用共享词嵌入空间的词嵌入结果来初始化模型的词嵌入层，然后在这个基础上训练模型。例如，两个语言里意思相近的词对应的词嵌入会比其他词更靠近对方[891]。为了防止机器翻译训练过程中模型参数的更新破坏词嵌入中蕴含的信息，通常初始化后会固定模型的词嵌入层不让其更新[991]。

无监督神经机器翻译能在提供更少监督信号的情况下启动，也就是可以去除无监督词典归纳这一步[994]。这时，模型的初始化直接使用共享词表的预训练模型的参数作为起始点。这个预训练模型直接使用前面提到的预训练方法（如 MASS）进行训练，区别在于模型的结构需要严格匹配翻译模型。此外，这个模型不仅在一个语言的单语数据上进行训练，而是同时在两个语言的单语数据上进行训练，并且两个语言的词表共享。前面提到，在共享词表特别是共享子词词表的情况下，已经隐式地告诉模型源语言和目标语言里一样的（子）词互为翻译，相当于模型使用了少量的监督信号。在此基础上，使用两个语言的单语数据进行预训练，通过模型共享进一步挖掘语言之间共通的部分。因此，使用预训练模型进行初始化，无监督神经机器翻译模型已经得到大量的监督信号，可以通过不断优化提升模型性能。

2）语言模型的使用

无监督神经机器翻译的一个重要部分来自语言模型的目标函数。因为翻译模型本质上是在完成文本生成任务，所以只有文本生成类型的语言模型建模方法才可以应用到无监督神经机器翻译中。例如，给定前文预测下一词就是一个典型的自回归生成任务（见第 2 章），因此可以应用到无监督神经机器翻译中。目前，预训练时流行的 BERT 等模型是掩码语言模型[125]，不能直接在无监督神经机器翻译里使用。

另一个在无监督神经机器翻译中比较常见的语言模型目标函数是降噪自编码器，它也是文本生成类型的语言模型建模方法。对于一个句子 x，先使用一个噪声函数 $x' = \text{noise}(x)$ 对 x 注入噪声，产生一个质量较差的句子 x'。然后，让模型学习如何从 x' 还原 x。这样的目标函数比预测下一词更贴近翻译任务，因为它是一个序列到序列的映射，并且输入、输出两个序列在语义上是等价的。这里之所以采用 x' 而不是 x 来预测 x，是因为模型可以通过简单的复制输入作为输出，来完成从 x 预测 x 的任务，很难学到有价值的信息。并且，在输入中注入噪声会让模型更加健壮，因此模型可以学会如何利用句子中噪声以外的信息得到正确的输出。通常，噪声函数有 3 种形式，如表 16.1 所示。

表16.1　噪声函数的3种形式（原句为"我 喜欢 吃 苹果 。"）

噪声函数	描述	例子
交换	将句子中的任意两个词进行交换	"我 喜欢 苹果 吃 。"
删除	句子中的词按一定概率被删除	"我 喜欢 吃 。"
空白	句子中的词按一定概率被替换成空白符	"我 ___ 吃 苹果 。"

　　在实际应用中，以上 3 种形式的噪声函数都会被使用到。在交换形式中，距离越近的词越容易被交换，并且要保证交换次数有上限，而删除和空白方法里词的删除和替换概率通常都非常低，如 0.1。

16.5 领域适应

　　机器翻译经常面临训练与应用所处领域不一致的问题，如将在新闻类数据上训练的翻译系统应用在医学文献翻译任务上会有很大问题。不同领域的语言表达方式存在很大的区别，例如，日常用语的句子结构较为简单，而在化学领域的学术论文中，单词和句子结构较为复杂。此外，不同领域之间存在较为严重的一词多义问题，即同一个词在不同领域中经常会有不同的含义。实例 16.1 展示了英语单词 pitch 在不同领域的不同词义。

> **实例 16.1**　单词 pitch 在不同领域的不同词义
>
> 　　体育领域：The rugby tour was a disaster both on and off the pitch.
> 　　　　　　　这次橄榄球巡回赛在场上、场下都彻底失败。
> 　　化学领域：The timbers of similar houses were painted with pitch.
> 　　　　　　　类似房屋所用的栋木刷了沥青。
> 　　声学领域：A basic sense of rhythm and pitch is essential in a music teacher.
> 　　　　　　　基本的韵律感和音高感是音乐教师的必备素质。

　　在机器翻译任务中，新闻等领域的双语数据相对容易获取，所以机器翻译在这些领域表现较佳。然而，即使在富资源语种上，化学、医学等专业领域的双语数据也十分有限。如果直接使用这些低资源领域的数据训练机器翻译模型，则由于数据稀缺问题，会导致模型的性能较差[995]。如果混合多个领域的数据增大训练数据的规模，则不同领域数据量之间的不平衡会导致数据较少的领域训练得不充分，使得在低资源领域上的翻译结果不尽如人意[996]。

　　领域适应方法是利用源领域的知识改进目标领域模型效果的方法，该方法可以有效地减少模型对目标领域数据的依赖。领域适应主要有两类方法：

- **基于数据的方法**。利用源领域的双语数据或目标领域的单语数据进行数据选择或数据增强，来增加模型训练的数据量。
- **基于模型的方法**。针对领域适应开发特定的模型结构、训练策略和推断方法。

16.5.1 基于数据的方法

　　在统计机器翻译时代，如何有效地利用外部数据来改善目标领域的翻译效果已经备受关注。其中的绝大多数方法与翻译模型无关，因此这些方法同样适用于神经机器翻译。基于数据的领域适应方法可以分为基于数据加权的方法、基于数据选择的方法和基于伪数据的方法。图 16.20 展示了这 3 种方法的示意图。

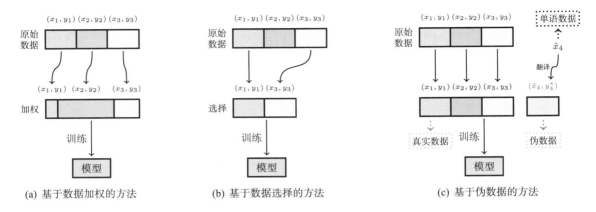

图 16.20　基于数据的领域适应方法的示意图

1. 基于数据加权/数据选择的方法

一种观点认为，数据量较少的领域数据应该在训练过程中获得更大的权重，从而使这些更有价值的数据发挥出更大的作用[997, 998]。实际上，基于数据加权的方法与第 13 章中基于样本价值的学习方法是一致的，只是描述的场景略有不同。这类方法本质上在解决**类别不均衡问题**（Class Imbalance Problem）[999]。数据加权的一种方法是可以通过修改损失函数，将其缩放 α 倍来实现（α 是样本的权重）。在实践中，也可以直接复制①低资源的领域数据达到与该方法相同的效果[1000]。

数据选择是数据加权的一种特殊情况，它可以被看作样本权重"非 0 即 1"的情况。具体来说，可以直接选择与领域相关的数据参与训练[996]。这种方法并不需要使用全部数据进行训练，因此模型的训练成本较低。第 13 章已经对数据加权和数据选择方法进行了详细介绍，这里不再赘述。

2. 基于伪数据的方法

数据选择方法可以从源领域中选择和目标领域相似的样本用于训练，但可用的数据是较为有限的。因此，另一种思路是，对现有的双语数据进行修改[1001]（如抽取双语短语对等）或通过单语数据生成伪数据来增加数据量[1002]。这个问题和 16.1 节中的场景基本一致，可以直接复用 16.1 节所描述的方法。

3. 多领域数据的使用

领域适应中的目标领域往往不止一个，想要同时提升多个目标领域的效果，一种简单的思路是，使用前文所述的单领域适应方法对每一个目标领域进行领域适应。不过，与多语言翻译一样，多领域适应往往伴随着严重的数据稀缺问题，大多数领域的数据量很小，因此无法保证单个领域的领域适应效果。

---

① 相当于对数据进行重采样。

　　解决该问题的一种思路是，将所有数据混合使用，并训练一个能够同时适应所有领域的模型。同时，为了区分不同领域的数据，可以在样本上增加领域标签[1003]。事实上，这种方法与基于知识蒸馏的方法一样。它也是一种典型的小样本学习策略，旨在让模型从不同类型的样本中寻找联系，进而更加充分地利用数据，改善模型在低资源任务上的表现。

16.5.2　基于模型的方法

对于神经机器翻译模型，可以在训练和推断阶段进行领域适应。具体来说，有如下方法：

1. 多目标学习

　　在使用多领域数据时，混合多个相差较大的领域数据进行训练会使单个领域的翻译性能下降[1004]。为了解决这一问题，可以对所有训练数据的来源领域进行区分。一个比较典型的做法是，在使用多领域数据训练时，在神经机器翻译模型的编码器顶部添加一个判别器[615]，该判别器以源语言句子 x 的编码器表示作为输入，预测句子所属的领域标签 d，如图 16.21 所示。为了使预测领域标签 d 的正确概率 $P(d|\boldsymbol{H})$ 最大（其中 $\boldsymbol{H}$ 为编码器的隐藏状态），模型在训练过程中应最小化损失函数 L_{disc}：

$$L_{\mathrm{disc}} = -\log P(d|\boldsymbol{H}) \tag{16.10}$$

在此基础上，加上原始的翻译模型损失函数 L_{gen}：

$$L_{\mathrm{gen}} = -\log P(y|x) \tag{16.11}$$

最终，得到融合后的损失函数：

$$L = L_{\mathrm{disc}} + L_{\mathrm{gen}} \tag{16.12}$$

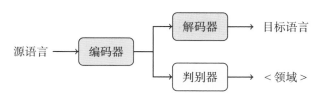

图 16.21　领域判别器示意图

2. 训练阶段的领域适应

　　实际上，16.5.1 节描述的数据加权和数据选择方法本身也是与模型训练相关的，例如，数据选择方法会降低训练数据的数据量。在具体实现时，需要对训练策略进行调整。一种方法是在不同的训练轮次动态地改变训练数据集。动态数据选择既可以使每轮的训练数据均小于全部数据量，从而加快训练进程，又可以缓解训练数据覆盖度不足的问题带来的影响，具体做法有两种：

- 将完整的数据送入模型，再根据其与目标领域数据的相似度逐次减少每轮的数据量[627]。
- 先将与目标领域数据相似度最高的句子送入模型，让模型可以最先学到目标领域最相关的知识，再逐渐增加数据量[651]。

另一种方法是，不从随机状态开始训练网络，而是以翻译性能较好的源领域模型为初始状态，因为源领域模型中包含一些通用知识，可以被目标领域借鉴。例如，想获得口语的翻译模型，可以使用新闻的翻译模型作为初始状态进行训练。这也被看作一种预训练-微调方法。

不过，这种方法经常带来灾难性遗忘问题，即在目标领域上过拟合，导致在源领域上的翻译性能大幅下降（见第 13 章）。如果想保证模型在目标领域和源领域上都有较好的性能，一个比较常用的方法是进行混合微调[1003]。具体做法是，先在源领域数据上训练一个神经机器翻译模型，然后将目标领域数据复制数倍，使其和源领域的数据量相当，再将数据混合，对神经机器翻译模型进行微调。混合微调方法既降低了目标领域数据量小导致的过拟合问题的影响，又带来了更好的微调性能。除了混合微调，也可以使用知识蒸馏的方法缓解灾难性遗忘问题（见 16.3 节），即对源领域和目标领域进行多次循环知识蒸馏，迭代学习对方领域的知识，保证在源领域和目标领域上的翻译性能共同逐步上升[1005]。此外，还可以使用 L2 正则化和 Dropout 方法来缓解这个问题[1006]。

3. 推断阶段的领域适应

在神经机器翻译中，领域适应的另一种典型思路是优化推断算法[1007]。不同领域的数据既存在共性，又有各自的特点，因此对于使用多领域数据训练出的模型，分情况进行推断可能会带来更好的效果。例如，在统计机器翻译中，对疑问句和陈述句分别使用两个模型进行推断可以使翻译效果更好[1008]。在神经机器翻译模型中，可以采用集成推断（见第 14 章）达到同样的效果，即把多个领域的模型融合为一个模型用于推断[1009]。集成推断方法的主要优势在于实现简单，多个领域的模型可以独立训练，大大缩短了训练时间。集成推断也可以结合加权的思想，对不同领域的句子，赋予每个模型不同的先验权重进行推断，获得最佳的推断结果[1010]。此外，也可以在推断过程中融入语言模型[903, 930]或目标领域的罕见词[1011]。

16.6 小结及拓展阅读

低资源机器翻译是机器翻译大规模应用面临的挑战之一，因此备受关注。一方面，小样本学习技术的发展，使研究人员可以用更多的方法对问题进行求解；另一方面，从多语言之间的联系出发，也可以进一步挖掘不同语言背后的知识，并应用于低资源机器翻译任务中。本章从多个方面介绍了低资源机器翻译方法，并结合多语言、零资源翻译等问题给出了不同场景下解决问题的思路。除此之外，还有 4 方面工作值得进一步关注。

- 如何更高效地利用已有双语数据或单语数据进行数据增强始终是一个热点问题。研究人员分别探索了源语言单语数据和目标语言单语数据的使用方法[888, 890, 1012]，以及如何对已有双语数据进行修改的问题[592, 879]。经过数据增强得到的伪数据的质量时好时坏，如何提高伪数据的质量，更好地利用伪数据进行训练也是十分重要的问题[1013–1017]。此外，还有一些工作对数据增强技术进行了理论分析[1018, 1019]。

- 预训练模型也是自然语言处理的重要突破之一，也给低资源机器翻译提供了新的思路。除了基于语言模型或掩码语言模型的方法，还有很多新的架构和模型被提出，如排列语言模型、降噪自编码器等[920, 1020–1022]。预训练技术也逐渐向多语言领域扩展[919, 994, 1023]，甚至不再局限于文本任务[1024–1026]。本章也对如何将预训练模型高效地应用到下游任务中，进行了很多经验性的对比与分析[167, 1027, 1028]。

- 多任务学习是多语言翻译的一种典型方法。通过共享编码器模块或注意力模块进行一对多[931]或多对一[563]或多对多[961]的学习。然而，这些方法需要为每个翻译语言对设计单独的编码器和解码器，限制了其扩展性。为了解决以上问题，研究人员进一步探索了用于多语言翻译的单个机器翻译模型的方法，也就是本章提到的多语言单模型系方法[932, 1029]。为了弥补多语言单模型方法中缺乏语言表示多样性的问题，可以重新组织多语言共享模块，设计特定任务相关模块[1030–1033]；也可以将多语言单词编码和语言聚类分离，用一种多语言词典编码框架共享单词级别的信息，有助于语言间的泛化[1034]；还可以将语言聚类为不同的组，并为每个聚类单独训练一个多语言模型[1035]。

- 零资源翻译也是近年受到广泛关注的研究方向[1036, 1037]。在零资源翻译中，仅使用少量并行语料库（覆盖 k 个语言），一个模型就能在任何 $k(k-1)$ 个语言对之间进行翻译[1038]。但是，零资源翻译的性能通常很不稳定并且明显落后于有监督的翻译方法。为了改善零资源翻译的稳定性，可以开发新的跨语言正则化方法，如对齐正则化方法[1039]、一致性正则化方法[1038]，也可以通过反向翻译或基于枢轴语言的翻译生成伪数据[1036, 1040, 1041]。

17. 多模态、多层次机器翻译

基于上下文的翻译是机器翻译的一个重要分支。在传统方法中，机器翻译通常被定义为对一个句子进行翻译的任务，但在现实中，每句话都不是独立出现的。例如，人们会使用语音进行表达，或通过图片来传递信息，这些语音和图片内容都可以伴随文字一起出现在翻译场景中。此外，句子往往存在于段落或篇章之中，如果要理解这个句子，也需要整个段落或篇章的信息，而这些上下文信息都是机器翻译可以利用的。

本章在句子级翻译的基础上将问题扩展为上下文中的翻译，具体包括语音翻译、图像翻译、篇章翻译三个主题。这些问题均为机器翻译应用中的真实需求。同时，使用多模态等信息也是当下自然语言处理的热点研究方向之一。

17.1 机器翻译需要更多的上下文

长期以来，机器翻译都是指句子级翻译。主要原因是，句子级的翻译建模可以大大简化问题，使机器翻译方法更容易被实践和验证，但是人类使用语言的过程并不是孤立地在一个个句子上进行的。这个问题可以类比于人类学习语言的过程：小孩成长过程中会接受视觉、听觉、触觉等多种信号，这些信号的共同作用使他们产生了对客观世界的"认识"，同时促进他们使用"语言"进行表达。从这个角度看，语言能力并不是由单一因素形成的，它往往伴随着其他信息的相互作用，例如，当人们翻译一句话时，会用到看到的画面、听到的语调，甚至前面说过的句子中的信息。

广义上，当前句子以外的信息都可以被看作一种上下文。以图 17.1 为例，需要把英语句子 "A girl jumps off a bank." 翻译为汉语。其中的 "bank" 有多个含义，仅仅使用英语句子本身的信息可能会将其翻译为 "银行"，而非正确的译文 "河床"。图 17.1 中也提供了这个英语句子所对应的图片，图片中直接展示了河床，这时，句子中的 "bank" 是没有歧义的。通常，也会把这种用图片和文字一起进行机器翻译的任务称作**多模态机器翻译**（Multi-Modal Machine Translation）。

模态（Modality）指某一种信息来源，如视觉、听觉、嗅觉、味觉都可以被看作不同的模态。因此，视频、语音、文字等都可以看作承载这些模态的媒介。在机器翻译中使用多模态这个概念，是为了区分某些不同于文字的信息。除了图像等视觉模态信息，机器翻译也可以利用听觉模态信息。例如，直接对语音进行翻译，甚至直接用语音表达翻译结果。

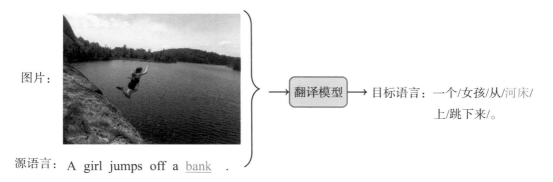

图片：

源语言：A girl jumps off a bank .

图 17.1　多模态机器翻译实例

　　除了不同信息源所引入的上下文，机器翻译也可以利用文字本身的上下文。例如，翻译一篇文章中的某个句子时，可以根据整个篇章的内容进行翻译。显然，这种篇章的语境是有助于机器翻译的。本章将对机器翻译中使用不同上下文（多模态和篇章信息）的方法展开讨论。

17.2 语音翻译

　　语音，是人类交流中最常用的一种信息载体。从日常聊天、出国旅游，到国际会议、跨国合作，对语音翻译的需求不断增加，甚至在有些场景下，用语音进行交互要比用文本进行交互频繁得多。因此，**语音翻译**（Speech Translation）也成了语音处理和机器翻译相结合的重要产物。根据目标语言的载体类型，可以将语音翻译分为**语音到文本翻译**（Speech-to-Text Translation）和**语音到语音翻译**（Speech-to-Speech Translation）；基于翻译的实时性，还可以分为**实时语音翻译**（即同声传译，Simultaneous Translation）和**离线语音翻译**（Offline Speech Translation）。本节主要关注离线语音到文本翻译的方法（简称语音翻译），分别从音频处理、级联语音翻译和端到端语音翻译几个维度展开讨论。

17.2.1 音频处理

　　为了保证对相关内容描述的完整性，这里对语音处理的基本知识做简要介绍。不同于文本，音频本质上是经过若干信号处理之后的**波形**（Waveform）。具体来说，声音是一种空气的震动，因此可以被转换为模拟信号。模拟信号是一段连续的信号，经过采样变为离散的数字信号。采样是指每隔固定的时间记录一下声音的振幅，采样率表示每秒的采样点数，单位是赫兹（Hz）。采样率越高，采样的结果与原始的语音越像。通常，采样的标准是能够通过离散化的数字信号重现原始语音。日常生活中使用的手机和电脑设备的采样率一般为 16kHz，表示每秒 16000 个采样点；而音频 CD 的采样率可以达到 44.1kHz。经过进一步的量化，将采样点的值转换为整型数值保存，从而减少占用的存储空间，通常采用的是 16 位量化。将采样率和量化位数相乘，就可以得到**比特率**（bits per second，bps，中文表示为 b/s 或 bit/s），表示音频每秒占用的位数。例如，16kHz 采样率和 16 位（bit）量化的音频，比特率为 256kb/s。音频处理过程如图 17.2 所示[1042, 1043]。

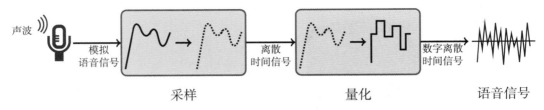

图 17.2　音频处理过程

经过上面的描述可以看出，音频的表示实际上是一个非常长的采样点序列，这导致了直接使用现有的深度学习技术处理音频序列较为困难。并且，原始的音频信号中可能包含着较多的噪声、环境声或冗余信息，也会对模型产生干扰。因此，一般会对音频序列进行处理来提取声学特征，即将长序列的采样点序列转换为短序列的特征向量序列，再用于下游系统。虽然已有一些工作不依赖特征提取，直接在原始的采样点序列上进行声学建模和模型训练[1044]，但目前的主流方法仍然是基于声学特征进行建模[1045]。

声学特征提取的第一步是预处理，其流程主要是对音频进行**预加重**（Pre-emphasis）、**分帧**（Framing）和**加窗**（Windowing）。预加重是通过增强音频信号中的高频部分来减弱语音中对高频信号的抑制，使频谱更加顺滑。分帧（原理如图 17.3 所示）基于短时平稳假设，即根据生物学特征，语音信号是一个缓慢变化的过程，10ms～30ms 的信号片段是相对平稳的。基于这个假设，一般将每 25ms 作为一帧来提取特征，这个时间称为**帧长**（Frame Length）。同时，为了保证不同帧之间的信号平滑性，使每两个相邻帧之间存在一定的重合部分。一般每隔 10ms 取一帧，这个时长称为**帧移**（Frame Shift）。为了缓解分帧带来的频谱泄漏问题，需要对每帧的信号进行加窗处理，使其幅度在两端渐变到 0，一般采用的是**汉明窗**（Hamming Window）[1042]。

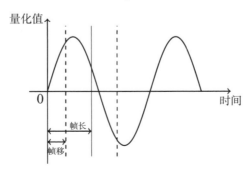

图 17.3　分帧原理图

经过上述预处理操作，可以得到音频对应的帧序列，之后通过不同的操作提取不同类型的声学特征。在语音翻译中，比较常用的声学特征为**滤波器组**（Filter-bank，Fbank）和 **Mel** 频率倒谱系数（Mel-frequency Cepstral Coefficient，MFCC）[1042]。实际上，提取到的声学特征可以类比于计算机视觉中的像素特征，或者自然语言处理中的词嵌入表示。不同之处在于，声学特征更加复杂多变，可能存在着较多的噪声和冗余信息。此外，与对应的文字序列相比，音频提取到的特征序列的长度要大 10 倍以上。例如，人类正常交流时每秒一般可以说 2 ~ 3 个字，而每秒的语音能提取到 100 帧的特征序列。巨大的长度比差异也为声学特征建模带来了挑战。

17.2.2 级联语音翻译

实现语音翻译最简单的思路是基于级联的方式，即先通过**自动语音识别**（Automatic Speech Recognition，ASR）系统将语音转化为源语言文本，然后利用机器翻译系统将源语言文本翻译为目标语言文本。这种做法的好处在于，语音识别和机器翻译模型可以分别进行训练，有很多数据资源及成熟技术可以分别运用到两个系统中。因此，级联语音翻译是很长时间以来的主流方法，深受工业界的青睐。级联语音翻译的流程如图 17.4 所示。

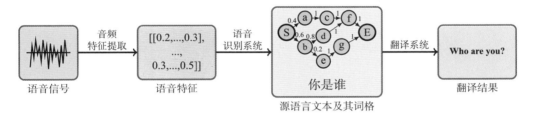

图 17.4　级联语音翻译的流程

17.2.1 节已经对声学特征提取进行了描述，而且文本翻译可以直接使用本书介绍的统计机器翻译或者神经机器翻译方法。因此，下面简要介绍语音识别模型，以便读者对级联式语音翻译系统有一个完整的认识，其中的部分概念在后续介绍的端到端语言翻译中也会有所涉及。

传统的语音识别模型和统计机器翻译相似，需要利用声学模型、语言模型和发音词典进行联合识别，系统较为复杂[1046-1048]。而近年来，随着神经网络的发展，基于神经网络的端到端语音识别模型逐渐受到关注，训练流程也被简化[1049, 1050]。目前的端到端语音识别模型主要基于序列到序列结构，编码器根据输入的声学特征进一步提取高级特征，解码器根据编码器提取的特征识别对应的文本。17.2.3 节介绍的端到端语音翻译模型也是基于十分相似的结构。因此，从某种意义上说，语音识别和翻译所使用的端到端方法与神经机器翻译的一致。

语音识别广泛使用基于 Transformer 的模型结构（见第 12 章），如图 17.5 所示。可以看出，与文本翻译相比，在结构上，语音识别模型的编码器的输入为声学特征，而编码器底层会使用额外的卷积层来减小输入序列的长度。这是由于语音对应的特征序列过长，在计算注意力模型时，会占用大量的内存和显存，并增加训练时间。因此，一个常用的做法是，在语音特征上进行两层步长为 2 的卷积操作，从而将输入序列的长度缩小为之前的 1/4。通过使用大量的语音-标注平行数据对模型进行训练，可以得到高质量的语音识别模型。

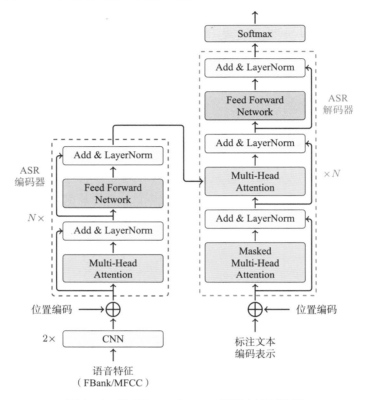

图 17.5 基于 Transformer 的语音识别模型

降低语音识别的错误对下游系统的影响通常有 3 种思路。第一种思路是，会用词格取代 One-best 语音识别的结果。第二种思路是，通过一个后处理模型修正识别结果中的错误，再送给文本翻译模型进行翻译。也可以进一步对文本做**顺滑**（Disfluency Detection）处理，使得送给翻译系统的文本更加干净、流畅，如删除一些表示停顿的语气词。这一做法在工业界得到了广泛应用，但每个模型只能串行地计算，因此会带来额外的计算代价及运算时间。第三种思路是，训练更加健壮的文本翻译模型，使其可以处理输入中存在的噪声或误差[594]。

17.2.3 端到端语音翻译

级联语音翻译模型的结构简单、易于实现，但不可避免地存在一些缺陷：
- **错误传播问题**。级联模型导致的一个很严重的问题是，如果语音识别模型得到的文本存在错误，则这些错误很可能在翻译过程中被放大，从而使最后的翻译结果出现较大的偏差。例如，识别时在句尾少生成了个"吗"字，会导致翻译模型将疑问句翻译为陈述句。

- **翻译效率问题**。语音识别模型和文本标注模型只能串行地计算，因此翻译效率相对较低，而实际上，很多场景中都需要实现低延时的翻译。
- **语音中的副语言信息丢失问题**。在将语音识别为文本的过程中，语音中包含的语气、情感、音调等信息会丢失，而同一句话在不同的语气中表达的意思很可能不同，尤其是在实际应用中，由于语音识别的结果通常不包含标点，所以需要额外的后处理模型将标点还原，这也会带来额外的计算代价。

针对级联语音翻译模型存在的缺陷，研究人员提出了**端到端的语音翻译模型**（End-to-End Speech Translation，E2E-ST）[1051–1053]，该模型的输入是源语言语音，输出是对应的目标语言文本。相比级联模型，端到端模型有如下优点：

- 端到端模型不需要多阶段的处理，避免了错误的传播问题。
- 端到端模型涉及的模块更少，容易控制模型体积。
- 端到端模型的语音信号可以直接作用于翻译过程，使副语言信息得以体现。

图 17.6 展示了基于 Transformer 的端到端语音翻译模型（下文中的语音翻译模型均指端到端的模型）。该模型采用的也是序列到序列的架构，编码器的输入是从语音中提取的特征（如 FBank 特征）。编码器底层采用和语音识别模型相同的卷积结构来缩短序列的长度（见 17.2.2 节）。之后的流程和标准的神经机器翻译完全一致，编码器对语音特征进行编码，解码器根据编码结果生成目标语言的翻译结果。

虽然端到端语音翻译模型解决了级联模型存在的问题，但也面临着两个严峻的问题：

- **训练数据稀缺**。虽然语音识别和文本翻译的训练数据都很多，但直接由源语言语音到目标语言文本的平行数据十分有限。因此，端到端语音翻译是一种天然的低资源翻译任务。
- **建模复杂度更高**。在语音识别中，模型要学习如何生成与语音对应的文字序列，而输入和输出的对齐比较简单，并不涉及调序的问题。在文本翻译中，模型要学习如何生成源语言序列对应的目标语言序列，仅需要学习不同语言之间的映射，不涉及模态的转换；而语音翻译模型需要学习从语音到目标语言文本的生成，任务更加复杂。

针对这两个问题，研究人员提出了很多解决方法，包括多任务学习、迁移学习等，主要思想都是，利用语音识别或文本翻译数据来指导模型的学习。并且，文本翻译的很多方法为语音翻译技术的发展提供了思路。如何将其他领域现有的工作在语音翻译任务上验证，也是语音翻译研究人员当前关注的焦点[1054]。

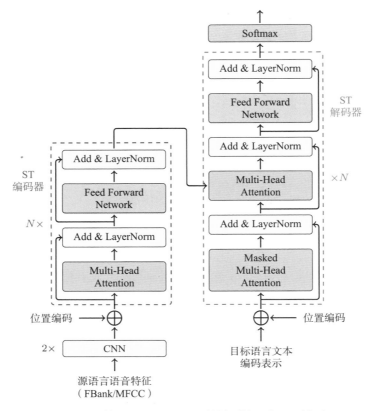

图 17.6　基于 Transformer 的端到端语音翻译模型

1. 多任务学习

一种解决办法是进行多任务学习，让模型在训练过程中得到更多的监督信息，使用多个任务强化主任务（机器翻译），第 15 章和第 16 章也有所涉及。从这个角度看，机器翻译中很多问题的解决方法都是一致的。

在语音翻译中，多任务学习主要借助语音对应的标注信息，也就是源语言文本。**连接时序分类**（Connectionist Temporal Classification，CTC）[1055]是语音处理中最简单有效的一种多任务学习方法[1056, 1057]，被广泛应用于文本识别任务中[1058]。CTC 可以将输入序列的每一个位置都对应到标注文本中，学习语音和文字之间的软对齐关系。对于如图 17.7 所示的音频序列，CTC 可以将每个位置分别对应到同一个词。需要注意的是，CTC 会额外新增一个词 ϵ，类似于一个空白词，表示这个位置没有声音或者没有任何对应的预测结果。对齐完成之后，将相同且连续的词合并，并丢弃 ϵ，得到预测结果。

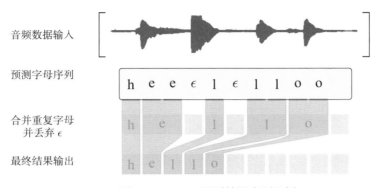

音频数据输入

预测字母序列

合并重复字母
并丢弃 ϵ

最终结果输出

图 17.7　CTC 预测单词序列示例

CTC 的一些特性使其可以很好地完成输入和输出之间的对齐，例如：

- **输入和输出之间的对齐是单调的**。对于音频输入序列 $\{s_1, \cdots, s_m\}$，其对应的预测输出序列为 $\{x_1, \cdots, x_n\}$。假设 s_i 对应的预测输出结果为 x_j，那么 s_{i+1} 对应的预测结果只能是 x_j、x_{j+1} 或 ϵ 中的一个。以图 17.7 所示的例子为例，如果输入的位置 s_i 已经对齐了字符 "e"，那么 s_{i+1} 的对齐结果只能是 "e"、"l" 或 ϵ 中的一个。

- **输入和输出之间是多对一的关系**。也就是多个输入会对应到同一个输出上。这对语音序列来说是非常自然的一件事情，输入的每个位置只包含非常短的语音特征，因此多个输入才可以对应一个输出字符。

将 CTC 应用到语音翻译中的方法非常简单，只需要在编码器的顶层加上一个额外的输出层即可（如图 17.8 所示）。通过这种方式，不需要增加过多的参数，就可以给模型加入一个较强的监督信息。

另一种解决方法是通过两个解码器，分别预测语音对应的源语言句子和目标语言句子，具体的三种方式[1059, 1060] 如图 17.9 所示。图 17.9 (a) 中采用了单编码器-双解码器的方式，两个解码器根据编码器的表示，分别预测源语言句子和目标语言句子，从而使编码器训练得更充分。这种做法的好处是源语言的文本生成任务可以辅助翻译过程，相当于为源语言语音提供了额外的"模态"信息。图 17.9 (b) 则使用两个级联的解码器，先利用第一个解码器生成源语言句子，再利用它的表示通过第二个解码器，生成目标语言句子。这种方法通过增加一个中间输出，降低了模型的训练难度，但也带来了额外的解码耗时，因为两个解码器需要串行地进行生成。图 17.9 (c) 中的模型更进一步，利用了编码器的输出结果，第二个解码器联合编码器和第一个解码器的表示进行生成，更充分地利用了已有信息。

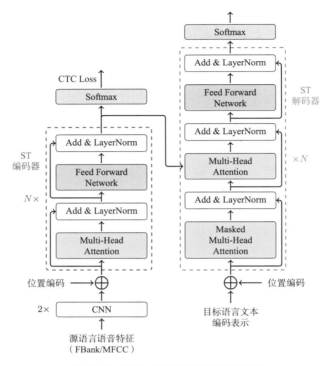

图 17.8　基于 CTC 的语音翻译模型

x：源语言文本数据

y：目标语言文本数据

s：源语言语音数据

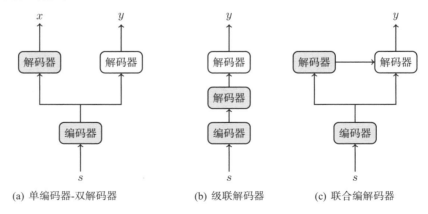

(a) 单编码器-双解码器　　　(b) 级联解码器　　　(c) 联合编解码器

图 17.9　双解码器进行语音翻译的三种方式

2. 迁移学习

相比语音识别和文本翻译，端到端语音翻译的训练数据量要小很多，因此，如何利用其他数据来增加可用的数据量是语音翻译的一个重要方向。与文本翻译中的方法相似，一种方法是利用迁移学习或预训练。这种方法将其他语言的双语数据进行预训练，得到模型参数，然后迁移到生成目标语言的任务上[1061]，或者利用语音识别数据或文本翻译数据，分别预训练编码器和解码器的参数，用于初始化语音翻译模型的参数[1062]。预训练的编码器对语音翻译模型的学习尤为重要[1061]，相比文本数据，语音数据的复杂性更高，仅使用小规模语音翻译数据很难学习充分。此外，模型对声学特征的学习与语言并不是强相关的，使用其他语种预训练得到的编码器对模型学习也是有帮助的。

3. 数据增强

数据增强是增加训练数据最直接的一种方法。不同于文本翻译的回译等方法（见第 16 章），语音翻译并不具有直接的"可逆性"。要利用回译的思想，需要通过一个模型，将目标语言文本转化为源语言语音，但实际上，这种模型是不能直接得到的。因此，一个思路是，通过一个反向翻译模型和语音合成模型级联，生成伪数据[1063]。另外，正向翻译模型生成的伪数据在文本翻译中也被验证对模型训练是有一定帮助的，因此，同样可以利用语音识别和文本翻译模型，将源语言的语音翻译成目标语言文本，得到伪平行语料。

此外，也可以利用在海量的无标注语音数据上预训练的**自监督**（Self-supervised）模型，将其作为一个特征提取器，将从语音中提取的特征作为语音翻译模型的输入，可以有效提高模型的性能[1064]。相比语音翻译模型的任务，文本翻译模型的任务更加简单，因此一种思想是利用文本翻译模型指导语音翻译模型，例如，使用知识蒸馏[1065]、正则化[1066] 等方法。为了简化语音翻译模型的学习，也可以使用课程学习方法（见第 13 章），使模型从语音识别任务，逐渐过渡到语音翻译任务，这种由易到难的训练策略可以使模型训练得更充分[1067, 1068]。

17.3 图像翻译

在人类所接收的信息中，视觉信息所占的比重不亚于语音和文本信息，甚至更多。视觉信息通常以图像的形式存在，近几年，结合图像的多模态机器翻译受到了广泛的关注。简单来说，多模态机器翻译（如图 17.10 (a) 所示）就是结合源语言和其他模态（如图像等）的信息生成目标语言的过程。这种结合图像的机器翻译是一种狭义上的"翻译"，它本质上还是从源语言到目标语言，或者说从文本到文本的翻译。实际上，从图像到文本（如图 17.10 (b) 所示）的转换，即给定图像，生成与图像内容相关的描述，也是广义上的"翻译"。例如，**图片描述生成**（Image Captioning）就是一种典型的图像到文本的翻译。当然，这种广义上的翻译形式不仅包括图像到文本的转换，还包括从图像到图像的转换（如图 17.10 (c) 所示），甚至是从文本到图像的转换（如图 17.10 (d) 所示），等等。这里将这些与图像相关的翻译任务统称为图像翻译。

(a) 多模态机器翻译   (b) 图像到文本的翻译   (c) 图像到图像的翻译   (d) 文本到图像的翻译

图 17.10　图像翻译任务

17.3.1 基于图像增强的文本翻译

在文本翻译中引入图像信息是最典型的多模态机器翻译任务。虽然多模态机器翻译还是一种从源语言文本到目标语言文本的转换，但是在转换的过程中，融入了其他模态的信息，减少了歧义的产生。例如，前文提到的通过与源语言相关的图像信息，将 "A girl jumps off a bank ." 中的 "bank" 翻译为 "河岸" 而不是 "银行"，因为图像中出现了河岸，因此 "bank" 的歧义大大降低。换句话说，对于同一图像或视觉场景的描述，源语言和目标语言描述的信息是一致的，只不过，体现在不同语言上会有表达方法上的差异。那么，图像就会存在一些源语言和目标语言的隐含对齐 "约束"，而这种 "约束" 可以捕捉语言中不易表达的隐含信息。

如何融入视觉信息，更好地理解多模态上下文语义是多模态机器翻译研究的重点[1069-1071]，主要方向包括基于特征融合的方法[1072-1074] 和基于联合模型的方法[1075, 1076]。

1. 基于特征融合的方法

早期，通常将图像信息作为输入句子的一部分[1072, 1077]，或者用其对编码器和解码器的状态进行初始化[1072, 1078, 1079]。如图 17.11 所示，图中 $y_<$ 表示当前时刻之前的单词序列，对图像特征的提取通常是基于卷积神经网络的（有关卷积神经网络的内容，可以参考第 11 章）。通过卷积神经网络得到全局图像特征，在进行维度变换后，将其作为源语言输入的一部分或初始化状态，引入模型中。这种图像信息的引入方式有以下两个缺点：

- 图像信息不全都是有用的，往往存在一些与源语言或目标语言无关的信息，将它们作为全局特征会引入噪声。
- 图像信息作为源语言的一部分或者初始化状态，间接地参与了译文的生成，在神经网络的计算过程中，图像信息会有一定的损失。

讲到噪声问题，就不得不提到注意力机制的引入，前面章节中提到过这样的一个例子：

中午/没/吃饭/，/又/刚/打/了/ 一/下午/篮球/，/我/现在/很/饿/ ，/我/想____ 。

想在横线处填写 "吃饭" "吃东西" 的原因是在读句子的过程中，关注到了 "没/吃饭" "很/饿" 等关键信息。这是在语言生成中注意力机制所解决的问题，即对于要生成的目标语言单词，相关性更高的语言片段应该更"重要"，而不是将所有单词一视同仁地对待。同样地，注意力机制也应用在多模态机器翻译中，即在生成目标单词时，更应该关注与目标单词相关的图像部分，弱化对其他部分的关注。另外，注意力机制的引入，也使图像信息更加直接地参与目标语言的生成，解决了在不使用注意力机制的方法中图像信息传递损失的问题。

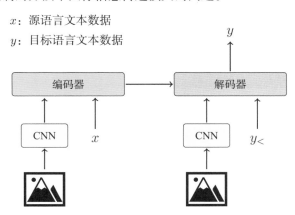

图 17.11   基于全局视觉特征的多模态翻译方法

那么，多模态机器翻译是如何计算上下文向量的呢? 这里仿照第 10 章的内容给出描述。假设编码器输出的状态序列为 $\{\boldsymbol{h}_1, \cdots, \boldsymbol{h}_m\}$，需要注意的是，这里的状态序列不是源语言句子的状态序列，而是通过基于卷积等操作提取的图像的状态序列。假设图像的特征维度是 $16 \times 16 \times 512$，其中前两个维度分别表示图像的高和宽，这里将图像映射为 256×512 的状态序列，其中 512 为每个状态的维度。对于目标语言位置 j，上下文向量 $\boldsymbol{C}_j$ 被定义为对序列的编码器输出进行加权求和:

$$\boldsymbol{C}_j = \sum_i \alpha_{i,j} \boldsymbol{h}_i \tag{17.1}$$

其中，$\alpha_{i,j}$ 是注意力权重，表示目标语言第 j 个位置与图片编码状态序列第 i 个位置的相关性大小，计算方式与第 10 章描述的注意力函数一致。

这里，将 $\boldsymbol{h}_i$ 看作图像表示序列位置 i 上的表示结果。图 17.12 给出了模型在生成目标单词"bank"时，图像经过注意力机制对图像区域关注度改变的可视化效果对比。可以看出，经过注意力机制后，模型更关注与目标单词相关的图像部分。当然，多模态机器翻译的输入还包括源语言文字序列。通常，源语言文字对翻译的作用比图像大[1080]。从这个角度看，在当下的多模态翻译任务中，图像信息主要作为文字信息的补充，而不是替代。除此之外，注意力机制在多模态机器翻译中也有很多应用，例如，在编码器端将源语言文本与图像信息进行注意力建模，得到更好的源语言的表示结果[1073, 1080]。

图 17.12 使用注意力机制前后，图像中对单词 "bank" 的关注度对比

2. 基于联合模型的方法

基于联合模型的方法通常将翻译任务与其他视觉任务结合，进行联合训练。这种方法也被看作一种多任务学习，只不过在图像翻译任务中，仅关注翻译和视觉任务。一种常见的方法是共享模型的部分参数来学习不同任务之间相似的部分，并通过特定的模块来学习每个任务特有的部分。

如图 17.13 所示，图中 $y_<$ 表示当前时刻之前的单词序列，可以将多模态机器翻译任务分解为两个子任务：机器翻译和图片生成[1075]，其中机器翻译作为主任务，图片生成作为子任务。这里的图片生成指的是从一个图片描述生成对应图片的过程，图片生成任务后面章节会介绍。通过单个编码器对源语言数据进行建模，然后通过两个解码器（翻译解码器和图像解码器）分别学习翻译任务和图像生成任务。顶层学习每个任务的独立特征，底层共享参数能够学习到更丰富的文本表示。

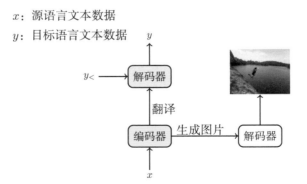

图 17.13 "翻译 + 图片生成"联合学习模型

在视觉问答领域有研究表明，在多模态任务中，不宜引入过多层的注意力机制，因为过深的模型会导致多模态模型的过拟合[1081]。这一方面是由于深层模型本身对数据的拟合能力较强，另

一方面是由于多模态任务的数据普遍较少，容易造成复杂模型的过拟合。从另一个角度看，利用多任务学习的方式，提高模型的泛化能力，也是一种有效防止过拟合现象的方式。类似的思想，也大量使用在多模态自然语言处理任务中，如图像描述生成、视觉问答等[1082]。

17.3.2 图像到文本的翻译

图像到文本的转换也可以看作广义上的翻译，简单来说，就是把图像作为唯一的输入，而输出是文本。其中，图像描述生成是最典型的图像到文本的翻译任务[1083]。虽然这部分内容并不是本书的重点，但为了保证多模态翻译内容的完整性，这里对相关技术进行简要介绍。图像描述有时也被称为看图说话、图像字幕生成，它在图像检索、智能导盲、人机交互等领域有着广泛的应用场景。

传统图像描述生成有两种范式：基于检索的方法和基于模板的方法。图 17.14(a) 展示了一个基于检索的图像描述生成实例，这种方法在图像描述的候选中选择一个描述输出。弊端是所选择的句子可能会和图像在很大程度上不相符。而图 17.14(b) 展示的是一个基于模板的图像描述生成实例，这种方法需要在图像上提取视觉特征，然后将内容填在设计好的模板中，这种方法的缺点是生成的图像描述过于呆板，"像是一个模子刻出来的"说的就是这个意思。近年来，受到机器翻译领域等任务的启发，图像描述生成任务也开始大量使用编码器-解码器框架。本节从基础的图像描述范式编码器-解码器框架展开[1084, 1085]，并从编码器的改进和解码器的改进两个方面进行介绍。

(a) 基于检索的图像描述生成　　　　　(b) 基于模板的图像描述生成

图 17.14　传统图像描述生成方法

1. 基础框架

在编码器-解码器框架中，编码器将输入的图像转换为一种新的"表示"形式，这种"表示"包含了输入图像的所有信息。之后，解码器将这种"表示"转换为自然语言描述。例如，可以通过卷积神经网络提取图像特征为一个向量表示，利用 LSTM 解码生成文字描述，这个过程与机器翻译的解码过程类似。这种建模方式存在与 17.3.1 节一样的问题，即图像信息不全都是有用的。生成的描述单词不一定需要所有的图像信息，将全局的图像信息送入模型，可能会引入噪声。这时，可以使用注意力机制来缓解该问题[1085]。

2. 编码器的改进

为了使编码器-解码器框架在图像描述生成中充分发挥作用，编码器需要更好地表示图像信息。对编码器的改进，通常体现在向编码器中添加图像的语义信息[1086-1088]和位置信息[1087, 1089]。

图像的语义信息一般是指图像中存在的实体、属性、场景等。如图 17.15 所示，利用属性或实体检测器从图像中提取"jump""girl""river""bank"等属性词和实体词，将它们作为图像的语义信息编码的一部分，再利用注意力机制计算目标语言单词与这些属性词或实体词之间的注意力权重[1086]。当然，除了将图像中的实体和属性作为语义信息，还可以将图片的场景信息加入编码器中[1088]。做属性、实体和场景的检测涉及目标检测任务的工作，如 Faster-RCNN[506]、YOLO[1090, 1091]等，这里不再赘述。

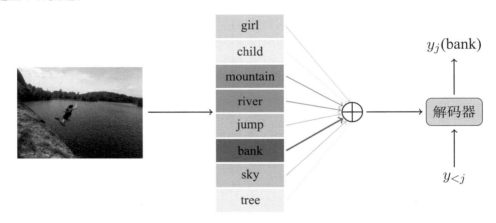

图 17.15　编码器"显式"融入语义信息

以上方法大多是将图像中的实体、属性、场景等映射到文字上，并把这些信息显式地输入编码器中。除此之外，一种方法是将图像中的语义特征隐式地引入编码中[1087]。例如，图像信息可以分解为 3 个通道（红、绿、蓝），简单来说，就是将图像的每一个像素点按照红色、绿色、蓝色分解成 3 个部分，这样就将图像分成了 3 个通道。在很多图像中，不同通道伴随的特征是不一样的，可以将其作用于编码器。另一种方法是基于位置信息的编码增强。位置信息指的是图像中对象（物体）的位置。利用目标检测技术检测系统，获得图中的对象和对应的特征，这样就确定了图中的对象位置。显然，这些信息可以增强编码器的表示能力[1092]。

3. 解码器的改进

解码器输出的是语言文字序列，因此需要考虑语言的特点对其进行改进。例如，解码过程中，"the""on""at"这种介词或冠词与图像的相关性较低[1093]。因此，可以通过门控单元，控制视觉信号作用于文字生成的程度。另外，在解码过程中，生成的每个单词对应的图像的区域可能是不同的。因此，可以设计更为有效的注意力机制来捕捉解码器端对不同图像局部信息的关注程度[1094]。

除了使生成文本与图像特征更好的相互作用，还有一些改进方法。例如，用卷积神经网络或者 Transformer 模型代替解码器使用的循环神经网络[1095]。或者使用更深层的神经网络学习动词或形容词等视觉中不易表现出来的单词[1096]，其思想与深层神经机器翻译模型有相通之处（见第 15 章）。

17.3.3 图像、文本到图像的翻译

当生成的目标对象是图像时，问题就变为了图像生成任务。虽然这个领域本身并不属于机器翻译，但其使用的基本方法与机器翻译有类似之处。二者可以相互借鉴。

在计算机视觉中，图像风格变换、图像超分辨率重建等任务，都可以被归类为**图像到图像的翻译**（Image-to-Image Translation）问题。与机器翻译类似，这些问题的共同目标是学习从一个对象到另一个对象的映射，只不过这里的对象是指图像，而非机器翻译中的文字。例如，给定物体的轮廓，生成真实物体图片，或者给出白天的照片，生成夜晚的照片等。图像到图像的翻译有着非常广阔的应用场景，如图片补全、风格迁移等。**文本到图像的翻译**（Text-to-Image Translation）是指给定描述物体颜色和形状等细节的自然语言文字，生成对应的图像。该任务也被看作图像描述生成的逆任务。

无论是图像到图像的生成，还是文本到图像的生成，均可直接使用编码器-解码器框架实现。例如，在文本到图像的生成中，可以使用机器翻译中的编码器对输入文本进行编码，之后用对抗生成网络将编码结果转化为图像[1097]。近年，图像生成类任务也取得了很大的进展，这主要得益于生成对抗网络的使用[1098–1100]。第 13 章已经介绍了生成对抗网络，而且图像生成也不是本书的重点，感兴趣的读者可以参考第 13 章的内容或自行查阅相关文献。

17.4 篇章级翻译

目前，大多数机器翻译系统是句子级的。由于缺少对篇章上下文信息的建模，在需要依赖上下文的翻译场景中，模型的翻译效果常常不尽如人意。篇章级翻译的目的就是，对篇章上下文信息进行建模，进而改善机器翻译在整个篇章上的翻译质量。篇章级翻译的概念很早就已经出现[1101]，随着近几年神经机器翻译取得了巨大进展，篇章级神经机器翻译也成了重要的研究方向[1102, 1103]。基于此，本节将对篇章级神经机器翻译的若干问题展开讨论。

17.4.1 篇章级翻译的挑战

"篇章"在这里是指一系列连续的段落或句子所构成的整体，从形式上和内容上看，篇章中各个句子间都具有一定的连贯性和一致性[142]。这些联系主要体现在"衔接"及"连贯"两个方面。其中，衔接体现在显性的语言成分和结构上，包括篇章中句子之间的语法和词汇的联系，而连贯体现在各个句子之间的逻辑和语义的联系上。因此，篇章级翻译就是要将这些上下文之间的联系

考虑在内，从而生成比句子级翻译更连贯、更准确的翻译结果。实例 17.1 就展示了一个使用篇章信息进行机器翻译的实例。

实例 17.1 上下文句子：我/上周/针对/这个/问题/做出/解释/并/咨询/了/他的/意见/。

待翻译句子：他/也/同意/我的/看法/。

句子级翻译结果：He also agrees with me .

篇章级翻译结果：And he agreed with me .

由于不同语言的特性多种多样，上下文信息在篇章级翻译中的作用也不尽相同。例如，在德语中，名词是分词性的，因此在代词翻译的过程中需要根据其先行词的词性进行区分，而这种现象在其他不区分名词词性的语言中是不存在的。这意味着篇章级翻译在不同的语种中可能对应不同的上下文现象。

正是这种上下文现象的多样性，使评价篇章级翻译模型的性能变得相对困难。目前，篇章级机器翻译主要针对一些常见的上下文现象进行优化，如代词翻译、省略、连接和词汇衔接等，而第 4 章介绍的 BLEU 等通用自动评价指标通常对这些上下文依赖现象不敏感，因此篇章级翻译需要采用一些专用方法对这些具体现象进行评价。

在统计机器翻译时代，就已经有大量的研究工作专注于篇章信息的建模，这些工作大多针对某一具体的上下文现象，如篇章结构[1104–1106]、代词回指[1107–1109]、词汇衔接[1110–1113] 和篇章连接词[1114, 1115] 等。区别于篇章级统计机器翻译，篇章级神经机器翻译不需要针对某一具体的上下文现象构造相应的特征，而是通过翻译模型从上下文句子中抽取并融合上下文信息。通常，篇章级机器翻译可以采用局部建模的方法将前一句或周围几句作为上下文送入模型。如果篇章翻译中需要利用长距离的上下文信息，则可以使用全局建模的手段直接从篇章的所有句子中提取上下文信息。近年，多数研究工作都在探索更有效的局部建模或全局建模方法，主要包括改进输入[1116–1119]、多编码器结构[490, 1120, 1121]、层次结构[1122–1125]、基于缓存的方法[1126, 1127] 等。

此外，篇章级机器翻译面临的另一个挑战是数据稀缺。篇章级机器翻译所需要的双语数据需要保留篇章边界，与句子级双语数据相比，数量要少很多。除了在端到端方法中采用预训练或参数共享的方法（见第 16 章），也可以采用新的建模方法来缓解数据稀缺问题。这类方法通常将篇章级翻译流程进行分离：先训练一个句子级的翻译模型，再通过一些额外的模块引入上下文信息。例如，在句子级翻译模型的推断过程中，通过在目标端结合篇章级语言模型引入上下文信息[1128–1130]，或者基于句子级的翻译结果，使用两阶段解码等手段引入上下文信息，进而对句子级翻译结果进行修正[1131–1133]。

17.4.2 篇章级翻译的评价

BLEU 等自动评价指标能够在一定程度上反映译文的整体质量，但并不能有效地评估篇章级翻译模型的性能。这是由于很多标准测试集中需要篇章上下文的情况相对较少，而且，n-gram 的匹配很难检测到一些具体的语言现象，这使得研究人员很难通过 BLEU 得分来判断篇章翻译模型的效果。

为此,研究人员总结了机器翻译任务中存在的上下文现象,并基于此设计了相应的自动评价指标。例如,针对篇章中代词的翻译问题,可以先借助词对齐工具确定源语言中的代词在译文和参考答案中的对应位置,然后通过计算译文中代词的准确率和召回率等指标对代词翻译质量进行评价[1107, 1134]。针对篇章中的词汇衔接,使用**词汇链**(Lexical Chain)①获取能够反映词汇衔接质量的分数,然后通过加权的方式与常规的 BLEU 或 METEOR 等指标结合[1135, 1136]。针对篇章中的连接词,使用候选词典和词对齐工具对源文中连接词的正确翻译结果进行计数,计算其准确率[1137]。

除了直接对译文进行打分,也有一些工作针对特有的上下文现象手工构造了相应的测试套件,用于评价翻译质量。测试套件中每一个测试样例都包含一个正确翻译的结果,以及多个错误结果,一个理想的翻译模型应该对正确的翻译结果评价最高,排名在所有错误结果之上,此时,可以根据模型是否能挑选出正确翻译结果来评估其性能。这种方法可以很好地衡量翻译模型在某一特定上下文现象上的处理能力,如词义消歧[1138]、代词翻译[1117, 1139] 和一些衔接问题[1132] 等。该方法也存在使用范围受限于测试集的语种和规模的缺点,因此扩展性较差。

17.4.3 篇章级翻译的建模

在理想情况下,篇章级翻译应该以整个篇章为单位,作为模型的输入和输出。现实中,篇章对应的序列过长,因此直接为整个篇章序列建模难度很大,这使得主流的序列到序列模型很难直接使用。一种思路是采用能够处理超长序列的模型对篇章序列建模,如使用第 15 章提到的处理长序列的 Transformer 模型就是一种解决方法[545]。不过,这类模型并不针对篇章级翻译的具体问题,因此并不是篇章级翻译中的主流方法。

现在,常见的端到端做法还是从句子级翻译出发,通过额外的模块对篇章中的上下文句子进行表示,然后提取相应的上下文信息,并融入当前句子的翻译中。形式上,篇章级翻译的建模方式如下:

$$P(Y|X) = \prod_{i=1}^{T} P(Y_i|X_i, D_i) \tag{17.2}$$

其中,X 和 Y 分别为源语言篇章和目标语言篇章,X_i 和 Y_i 分别为源语言篇章和目标语言篇章中的第 i 个句子,T 表示篇章中句子的数目。为了简化问题,这里假设源语言和目标语言具有相同的句子数目 T,而且两个篇章间的句子是顺序对应的。D_i 表示翻译第 i 个句子时所对应的上下文句子集合,理想情况下,D_i 中包含源语言篇章和目标语言篇章中所有除第 i 句之外的句子,但实践中通常仅使用其中的部分句子作为上下文。

上下文范围的选取是篇章级神经机器翻译需要着重考虑的问题,如上下文句子的多少[489, 1122, 1140],是否考虑目标端上下文句子[1116, 1140] 等。此外,不同的上下文范围也对应着不同的建模方法,接

---

① 词汇链指篇章中语义相关的词所构成的序列。

下来，将对一些典型的方法进行介绍，包括改进输入[1116–1119]、多编码器结构[490, 1120, 1121]、层次结构模型[489, 1141, 1142] 及基于缓存的方法[1126, 1127]。

1. 改进输入

一种简单的方法是，直接复用传统的序列到序列模型，将篇章中待翻译的句子与其上下文的句子拼接后，作为模型输入。如实例 17.2 所示，这种做法不需要改动模型结构，操作简单，适用于大多数神经机器翻译系统[1116, 1140, 1143]。但过长的序列会导致模型难以训练，通常只会选取局部的上下文句子进行拼接，如只拼接源语言端前一句或者周围几句[1116]。此外，也可以引入目标语言端的上下文[1117, 1140, 1143]，在解码时，将目标语言端的当前句与上下文拼接在一起，同样会带来一定的性能提升。过大的窗口会造成推断速度的下降[1140]，因此通常只考虑前一个目标语言句子。

实例 17.2 传统模型训练输入：

源语言：你/看到/了/吗/?

目标语言：Do you see them ?

改进后模型训练输入：

源语言：他们/在/哪/? <sep> 你/看到/了/吗/?

目标语言：Do you see them ?

其他改进输入的做法相比于拼接的方法要复杂一些，需要先对篇章进行处理，得到词汇链或篇章嵌入等信息[1118, 1119]，然后将这些信息与当前句子一起送入模型中。目前，这种预先提取篇章信息的方法是否适合机器翻译还有待论证。

2. 多编码器结构

另一种思路是，对传统的编码器-解码器框架进行更改，引入额外的编码器对上下文句子进行编码，该结构被称为多编码器结构[491, 1144]。这种结构最早被应用在基于循环神经网络的篇章级翻译模型中[1117, 1120, 1145, 1146]，后期证明，在 Transformer 模型上同样适用[490, 1121]。图 17.16 展示了一个基于 Transformer 模型的多编码器结构，基于源语言当前待翻译句子的编码表示 $\boldsymbol{h}$ 和上下文句子的编码表示 $\boldsymbol{h}^{\mathrm{pre}}$，模型先通过注意力机制提取句子间上下文信息 $\boldsymbol{d}$：

$$\boldsymbol{d} = \mathrm{Attention}(\boldsymbol{h}, \boldsymbol{h}^{\mathrm{pre}}, \boldsymbol{h}^{\mathrm{pre}}) \tag{17.3}$$

其中，$\boldsymbol{h}$ 为 Query（查询），$\boldsymbol{h}^{\mathrm{pre}}$ 为 Key（键）和 Value（值）。通过门控机制将待翻译句子中每个位置的编码表示和该位置对应的上下文信息进行融合，具体方式如下：

$$\lambda_t = \sigma([\boldsymbol{h}_t; \boldsymbol{d}_t]\boldsymbol{W}_\lambda + \boldsymbol{b}_\lambda) \tag{17.4}$$

$$\widetilde{\boldsymbol{h}_t} = \lambda_t \boldsymbol{h}_t + (1 - \lambda_t)\boldsymbol{d}_t \tag{17.5}$$

其中，$\widetilde{h}$ 为融合了上下文信息的最终序列表示结果，$\widetilde{h_t}$ 为其第 t 个位置的表示。$\boldsymbol{W}_\lambda$ 和 $\boldsymbol{b}_\lambda$ 为模型可学习的参数，σ 为 Sigmoid 函数，用来获取门控权值 λ。除了在编码端融合源语言上下文信息，还可以直接用类似机制在解码器内完成源语言上下文信息的融合[1121]。

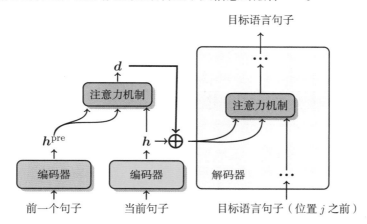

图 17.16　基于 Transformer 模型的多编码器结构[491]

此外，由于多编码器结构引入了额外的模块，模型整体参数量大大增加，同时增加了模型训练的难度。为此，一些研究人员提出使用句子级模型预训练的方式来初始化模型参数[1120, 1121]，或者将两个编码器的参数进行共享，来降低模型复杂度[490, 1145, 1146]。

3. 层次结构模型

多编码器结构通过额外的编码器对前一句进行编码，但是当处理更多上下文句子时，仍然面临效率低下的问题。为了捕捉更大范围的上下文，可以采用层次结构对更多的上下文句子进行建模。层次结构是一种有效的序列表示方法，而且人类语言中天然具有层次性，如句法树、篇章结构树等。类似的思想也成功地应用在基于树的句子级翻译模型中（见第 8 章和第 15 章）。

图 17.17 描述了一个基于层次注意力的模型结构[489]。首先，通过翻译模型的编码器获取前 K 个句子的词序列编码表示 $(\boldsymbol{h}^{\mathrm{pre}1}, \cdots, \boldsymbol{h}^{\mathrm{pre}K})$，然后，针对前文每个句子的词序列编码表示 $\boldsymbol{h}^{\mathrm{pre}k}$，使用词级注意力提取当前句子内部的注意力信息 $\boldsymbol{s}^k$，然后在这 K 个句子级上下文信息 $\boldsymbol{s} = (\boldsymbol{s}^1, \cdots, \boldsymbol{s}^K)$ 的基础上，使用句子级注意力提取篇章上下文信息 $\boldsymbol{d}$。上下文信息 $\boldsymbol{d}$ 的获取涉及词级和句子级两个不同层次的注意力操作，因此将该过程称为层次注意力。实际上，这种方法并没有使用语言学的篇章层次结构。但是，句子级注意力归纳了统计意义上的篇章结构，因此这种方法也可以捕捉不同句子之间的关系。

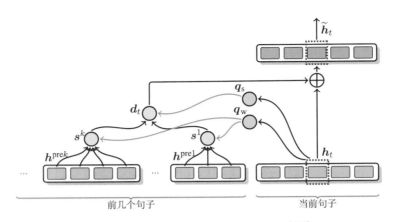

图 17.17　基于层次注意力的模型结构[489]

　　为了增强模型的表示能力，层次注意力中并未直接使用当前句子第 t 个位置的编码表示 h_t 作为注意力操作的 Query，而是通过两个线性变换，分别获取词级注意力和句子级注意力的查询 q_w 和 q_s，定义如式 (17.6) 和式 (17.7)，其中 W_w, W_s, b_w, b_s 分别是两个线性变换的权重和偏置。

$$q_w = h_t W_w + b_w \tag{17.6}$$

$$q_s = h_t W_s + b_s \tag{17.7}$$

之后，分别计算词级和句子级注意力模型。需要注意的是，句子级注意力添加了一个前馈全连接网络子层 FFN。其具体计算方式如下：

$$s^k = \text{WordAttention}(q_w, h^{\text{pre}k}, h^{\text{pre}k}) \tag{17.8}$$

$$d_t = \text{FFN}(\text{SentAttention}(q_s, s, s)) \tag{17.9}$$

其中，WordAttention() 和 SentAttention() 都是标准的自注意力模型。在得到最终的上下文信息 d 后，模型同样采用门控机制［如式 (17.5) 和式 (17.4)］与 h 进行融合，得到一个上下文相关的当前句子表示 $\tilde{h}$。

　　通过层次注意力，模型可以在词级和句子级两个维度，从多个句子中提取更充分的上下文信息，除了使用编码器，也可以使用解码器来获取目标语言的上下文信息。为了进一步编码整个篇章的上下文信息，研究人员提出通过选择性注意力对篇章的整体上下文进行有选择的信息提取[1122]。此外，也有研究人员使用循环神经网络[1141]、记忆网络[1123]、胶囊网络[1124] 和片段级相对注意力[1125] 等结构对多个上下文句子进行上下文信息提取。

4. 基于缓存的方法

除了以上建模方法，还有一类基于缓存的方法[1126, 1127]。这类方法最大的特点在于将篇章翻译看作一个连续的过程，即依次翻译篇章中的每一个句子，该方法通过一个额外的缓存记录一些相关信息，且在每个句子的推断过程中都使用这个缓存来提供上下文信息。图 17.18 描述了一种基于缓存的解码器结构[1127]。这里的翻译模型基于循环神经网络（见第 10 章），但这种方法同样适用于包括 Transformer 模型在内的其他神经机器翻译模型。

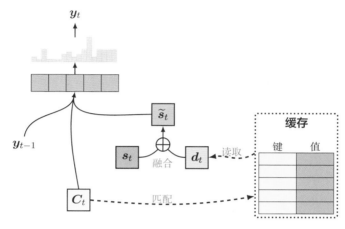

图 17.18　基于缓存的解码器结构[1127]

模型中篇章上下文的建模依赖于缓存的读和写操作。缓存的写操作指的是：按照一定规则，将翻译历史中一些译文单词对应的上下文向量作为键，将其解码器端的隐藏状态作为值，共同写入缓存中。而缓存的读操作是指将待翻译句子中第 t 个单词的上下文向量 C_t 作为 Query，与缓存中的所有键分别进行匹配，并根据其匹配程度进行带权相加，最后得到当前待翻译句子的篇章上下文信息 d。该方法中，解码器端隐藏状态 s_t 与对应位置的上下文信息 d_t 的融合也是基于门控机制的。事实上，由于该方法中的缓存空间是有限的，其内容的更新也存在一定的规则：在当前句子的翻译结束后，如果单词 y_t 的对应信息未曾写入缓存，则写入其中的空槽或替换最久未使用的键值对；如果 y_t 已作为翻译历史存在于缓存中，则将对应的键值对按照以下规则进行更新：

$$k_i = \frac{k_i + c_t}{2} \tag{17.10}$$

$$v_i = \frac{v_i + s_t}{2} \tag{17.11}$$

其中，i 表示 y_t 在缓存中的位置，k_i 和 v_i 分别为缓存中对应的键和值。这种方法缓存的都是目标语言历史的词级表示，因此能够解决一些词汇衔接的问题，如词汇一致性和一些搭配问题，产生更连贯的翻译结果。

17.4.4 在推断阶段结合篇章上下文

前面介绍的方法主要是，对篇章中待翻译句子的上下文句子进行建模，通过端到端的方式对上下文信息进行提取和融合。由于篇章级双语数据相对稀缺，这种复杂的篇章级翻译模型很难得到充分训练，通常可以采用两阶段训练或参数共享的方式来缓解这个问题。此外，由于句子级双语数据更为丰富，一个自然的想法是以高质量的句子级翻译模型为基础，通过在推断过程中结合上下文信息来构造篇章级翻译模型。

在句子级翻译模型中引入目标语言端的篇章级语言模型是一种结合上下文信息的常用方法[1128-1130]。与篇章级双语数据相比，篇章级单语数据更容易获取。在双语数据稀缺的情况下，通过引入目标语言端的篇章级语言模型，可以更充分地利用这些单语数据，如可以将这个语言模型与翻译模型做插值，也可以将其作为重排序阶段的一种特征。

另一种方法是两阶段翻译。这种方法不影响句子级翻译模型的推断过程，而是在完成翻译后使用额外的模块进行第二阶段的翻译[1131, 1132]。如图 17.19 所示，这种两阶段翻译的做法相当于将篇章级翻译的问题进行了分离和简化：在第一阶段的翻译中，使用句子级翻译模型完成对篇章中某个句子的翻译。为了进一步引入篇章上下文信息，第二阶段的翻译过程在第一阶段翻译结果的基础上，利用两次注意力操作，融合并引入源语言和目标语言的篇章上下文信息和当前句子信息。该方法适用于篇章级双语数据稀缺的场景。基于类似的思想，也可以使用后编辑的做法对翻译结果进行修正。区别于两阶段翻译的方法，后编辑的方法无须参考源语言信息，只利用目标语言端的上下文信息对译文结果进行修正[1133]。

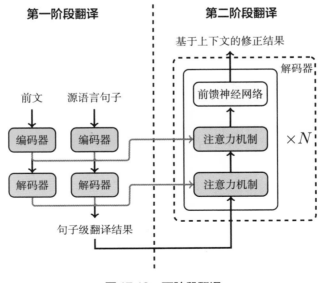

图 17.19　两阶段翻译

17.5 小结及拓展阅读

使用更多的上下文进行机器翻译建模是极具潜力的研究方向，在包括多模态翻译在内的多个领域中也非常活跃。有许多问题值得进一步思考与讨论：

- 本章仅对音频处理和语音识别进行了简单的介绍，具体内容可以参考一些经典书籍，学习关于信号处理的基础知识[1147, 1148]、语音识别的传统方法[1149, 1150] 和基于深度学习的最新方法[1151]。

- 语音翻译的一个重要应用是机器同声传译。机器同声传译的一个难点在于不同语言的文字顺序不同。目前，同声传译的一种思路是基于目前已经说出的话进行翻译[1152]，例如，积累 k 个源语单词后再进行翻译，同时改进束搜索方式来预测未来的词序列，从而提升准确度[1153]。或者，对当前语音进行翻译，但需要判断翻译的词是否能够作为最终结果，再决定是否根据之后的语音重新翻译[1154, 1155]。第二种思路是，动态预测当前时刻是应该继续等待还是开始翻译，这种方式更符合人类进行同传的行为。这种策略的难点在于标注每一时刻的决策状态十分耗时且标准难以统一，目前主流的方式是利用强化学习方法[1156, 1157]，对句子进行不同决策方案的采样，最终学到最优的决策方案。此外，还有一些工作通过设计不同的学习策略[1158–1160] 或改进注意力机制[1161]，来提升机器同声传译的性能。

- 在多模态机器翻译任务和篇章级机器翻译任务中，数据规模往往受限，导致模型训练困难，很难取得较好的性能。例如，在篇章级机器翻译中，一些研究工作对这类模型的上下文建模能力进行了探索[491, 1162]，发现模型在小数据集上对上下文信息的利用并不能带来明显的性能提升。针对数据稀缺导致的训练问题，一些研究人员通过调整训练策略，使得模型更容易捕获上下文信息[1163–1165]。除了训练策略的调整，也可以使用数据增强的方式（如构造伪数据）来提升整体数据量[1144, 1166, 1167]，或通过预训练的方法，利用额外的单语或图像数据[1168–1170]。

18. 机器翻译应用技术

随着机器翻译品质的不断提升，越来越多的应用需求被挖掘出来。但是，具有一个优秀的机器翻译引擎并不意味着机器翻译可以被成功应用。机器翻译技术落地需要"额外"考虑很多因素，如数据处理方式、交互方式、应用的领域等，甚至机器翻译模型也要经过改造才能适应不同的场景。

本章将重点介绍机器翻译应用中所面临的一些实际问题，以及解决这些问题可以采用的策略。本章涉及的内容较为广泛，一方面会大量使用本书前 17 章介绍的模型和方法，另一方面会介绍新的技术手段。最终，本章会结合机器翻译的特点展示一些机器翻译的应用场景。

18.1 机器翻译的应用并不简单

近年来，无论从评测比赛的结果看，还是从论文发表数量上看，机器翻译的研究可谓火热。但是，客观地说，我们离完美的机器翻译应用还有相当长的距离。这主要是因为，成熟的系统需要很多技术的融合。因此，机器翻译系统研发也是一项复杂的系统工程，而机器翻译研究大多是对局部模型和方法的调整，这也会产生一个现象：很多论文里报道的技术方法可能无法直接应用于真实场景中。机器翻译面临以下几方面挑战：

- 机器翻译模型很脆弱。在实验环境下，给定翻译任务，甚至给定训练和测试数据，机器翻译模型可以表现得很好。但是，应用场景是不断变化的，会经常出现缺少训练数据、应用领域与训练数据不匹配、用户的测试方法与开发人员不同等一系列问题。特别是，对于不同的任务，神经机器翻译模型需要进行非常细致的调整，现实中"一套包打天下"的模型和设置是不存在的。这些都导致一个结果：直接使用既有机器翻译模型很难满足不断变化的应用需求。

- 机器翻译缺少针对场景的应用技术。目前，机器翻译的研究进展已经为我们提供了很好的机器翻译基础模型。但是，用户并不是简单地与这些模型"打交道"，他们更加关注如何解决自身的业务需求，例如，机器翻译应用的交互方式、系统是否可以自己预估翻译可信度等。甚至，在某些场景中，用户对翻译模型占用的存储空间和运行速度都有非常严格的要求。

- 优秀系统的研发需要长时间的打磨。工程打磨也是研发优秀机器翻译系统的必备过程，有时甚至是决定性的。从科学研究的角度看，我们需要对更本质的科学问题进行探索，而非简单的工程开发与调试。但是，对一个初级的系统进行研究往往会掩盖"真正的问题"，因为很多问题在优秀、成熟的系统中并不存在。

本章将重点对机器翻译应用中的若干技术问题展开讨论，旨在为机器翻译应用提供一些可落地的思路。

18.2 增量式模型优化

机器翻译的训练数据不是一成不变的。系统研发人员可以使用自有数据训练得到基础的翻译模型（或初始模型）。当应用这个基础模型时，可能会有新的数据出现，例如：

- 虽然应用的目标领域和场景可能是研发系统时无法预见的，但是用户会有一定量的自有数据，可以用于系统优化。
- 系统在应用中会产生新的数据，这些数据经过筛选和修改也可以用于模型训练。

这就产生了一个问题，能否使用新的数据让系统变得更好？简单且直接的方式是，将新的数据和原始数据混合后重新用来训练系统，但是使用全量数据训练模型的周期很长，这种方法的成本很高。而且，新的数据可能是不断产生的，甚至是流式的。这时就需要用一种快速、低成本的方式对模型进行更新。

增量训练就是满足上述需求的一种方法。第 13 章已经就增量训练这个概念进行了讨论，这里重点介绍一些具体的实践手段。本质上，神经机器翻译中使用的随机梯度下降法就是典型的增量训练方法，其基本思想是：每次选择一个样本对模型进行更新，这个过程反复不断执行，每次模型更新都是一次增量训练。当多个样本构成了一个新数据集时，可以将这些新样本作为训练数据，将当前的模型作为初始模型，之后，正常执行机器翻译的训练过程即可。如果新增加的数据量不大（如几万个句对），则训练的代价非常低。

新的数据虽然能代表一部分翻译现象，但如果仅依赖新数据进行更新，会使模型对新数据过分拟合，从而无法很好地处理新数据之外的样本。这也可以被当作一种灾难性遗忘的问题[1171]，即模型过分注重对新样本的拟合，丧失了旧模型的一部分能力。在实际开发时，有几种常用的增量训练方法：

- 数据混合[1172]。在增量训练时，除了使用新的数据，可以再混合一定量的旧数据，混合的比例可以根据训练的代价进行调整。这样，模型相当于在全量数据的一个采样结果上进行更新。
- 模型插值[618]。在增量训练之后，将新模型与旧模型进行插值。
- 多目标训练[1006, 1173, 1174]。在增量训练时，除了在新数据上定义损失函数，可以再定义一个在旧数据上的损失函数，确保模型可以在两个数据上都有较好的表现。也可以在损失函数中引入正则化项，使新模型的参数不会偏离旧模型的参数太远。

图 18.1 给出了上述方法的对比。在实际应用中，还有很多细节会影响增量训练的效果，例如，学习率大小的选择等。另外，新的数据积累到何种规模可以进行增量训练也是实践中需要解决的问题。一般来说，增量训练使用的数据量越大，训练的效果越稳定，但并不是说数据量少就不可以进行增量训练，而是如果数据量过少，需要考虑训练代价和效果之间的平衡。而且，过于频繁的增量训练也会带来更多的灾难性遗忘的风险，因此合理进行增量训练也是机器翻译应用中需要

考虑的问题。

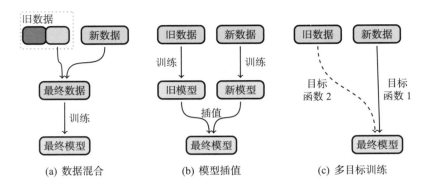

图 18.1　增量式模型优化方法

　　需要注意的是，在理想状态下，系统使用者希望系统看到少量句子就可以很好地解决一类翻译问题，即进行真正的小样本学习。现实情况是，如今的机器翻译系统还无法很好地做到"举一反三"。增量训练也需要专业人士的参与才能得到相对较好的效果。

　　另一个实际问题是，当应用场景没有双语句子对时是否可以优化系统？这个问题在第 16 章的低资源翻译部分进行了讨论。一般来说，如果目标任务没有双语数据，则可以使用单语数据进行优化。常用的方法有数据增强、基于语言模型的方法等。具体方法见第 16 章。

18.3 交互式机器翻译

　　机器翻译的结果会存在错误，因此经常需要人工修改才能使用。例如，在**译后编辑**（Post-editing）中，翻译人员对机器翻译的译文进行修改，最终使译文达到要求。不过，译后编辑的成本很高，因为它需要翻译人员阅读机器翻译的结果，同时做出修改的动作。有时，由于译文修改的内容较为复杂，译后编辑的时间甚至比人工直接翻译源语言句子的时间还要长。因此在机器翻译应用中，需要更高效的方式调整机器翻译的结果，使其达到可用的程度。例如，一种思路是，可以使用质量评估方法（见第 4 章），选择模型置信度较高的译文进行译后编辑，对置信度低的译文直接进行人工翻译。另一种思路是，让人的行为直接影响机器翻译生成译文的过程，让人和机器翻译系统进行交互，在不断的修正中生成更好的译文。这种方法也被称作**交互式机器翻译**（Interactive Machine Translation，IMT）。

　　交互式机器翻译的大致流程如下：机器翻译系统根据用户输入的源语言句子预测可能的译文并交给用户，用户在现有翻译的基础上进行接受、修改或删除等操作，然后翻译系统根据用户的反馈信息再次生成比前一次更好的翻译译文并交给用户。如此循环，直到得到最终满意的译文。

　　图 18.2 给出了一个使用 TranSmart 系统进行交互式机器翻译的实例，这里要将一个汉语句子"疼痛/也/可能/会/在/夜间/使/你/醒来。"翻译成英语"Pain may also wake you up during the night ."。

在开始交互之前，系统先推荐一个可能的译文"Pain may also wake you up at night ."。第一次交互时，用户将单词 at 替换成 during，然后系统根据用户修改后的译文立即给出新的译文候选，提供给用户选择。循环往复，直到用户接受了系统当前推荐的译文。

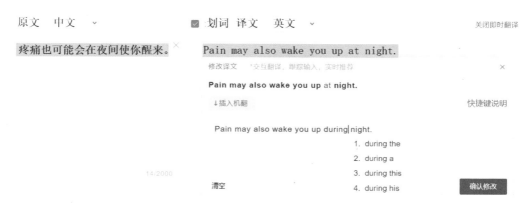

图18.2　使用 TranSmart 系统进行交互式机器翻译的实例

交互式机器翻译系统主要通过用户的反馈来提升译文的质量，不同类型的反馈信息影响着系统最终的性能。根据反馈形式的不同，可以将交互式机器翻译分为以下几种：

- 基于前缀的交互式机器翻译。早期的交互式机器翻译系统都是采用基于前缀的方式。翻译人员使用翻译系统生成的初始译文，从左到右检查翻译的正确性，并在第一个错误的位置进行更正。这为系统提供了一种双重信号：表明该位置上的单词必须是翻译人员修改过的，并且该位置之前的单词（即前缀）都是正确的。之后，系统根据已经检查过的前缀再生成后面的译文[647, 1175–1177]。

- 基于片段的交互式机器翻译。根据用户提供的反馈生成更好的翻译结果是交互式翻译系统的关键，而基于前缀的系统则存在一个严重的缺陷，当翻译系统获得确定的翻译前缀之后，再重新生成译文时会将原本正确的翻译后缀（即该位置之后的单词）遗漏，因此会引入新的错误。在基于片段的交互式机器翻译系统中，翻译人员除了纠正第一个错误的单词，还可以指定在未来迭代中保留的单词序列。之后，系统根据这些反馈信号生成新的译文[705, 1178]。

- 基于评分的交互式机器翻译。随着计算机算力的提升，有时会出现"机器等人"的现象，因此提升人参与交互的效率也是需要考虑的问题。与之前的系统不同，基于评分的交互式机器翻译系统不需要翻译人员选择、纠正或删除某个片段，而是使用翻译人员对译文的评分来强化机器翻译的学习过程[666, 1179]。

除此之外，基于在线学习的方法也受到了关注，这类方法被看作交互式翻译与增量训练的一种结合。用户总是希望翻译系统能从反馈中自动纠正以前的错误。当用户最终确认一个修改过的译文后，翻译系统将源语言句子和该修正后的译文作为训练语料继续训练[1180]。实际上，交互式机器翻译是机器翻译大规模应用的重要途径之一，它为打通翻译人员和机器翻译系统之间的障碍提供了手段。不过，交互式机器翻译还有许多挑战等待解决。一个是如何设计交互方式。理想的交互方式应该更贴近翻译人员输入文字的习惯，如利用输入法完成交互；另一个是如何把交互式翻译嵌入翻译的生产流程。这本身不完全是一个技术问题，可能需要更多的产品设计。

18.4 翻译结果的可干预性

交互式机器翻译体现了一种用户的行为"干预"机器翻译结果的思想。实际上，在机器翻译出现错误时，人们总是希望用一种直接、有效的方式"改变"译文，在最短时间内达到改善翻译质量的目的。例如，如果机器翻译系统可以输出多个候选译文，则用户可以在其中挑选最好的译文进行输出。也就是说，人为干预了译文候选的排序过程。另一个例子是**翻译记忆**（Translation Memory，TM）。翻译记忆记录了高质量的源语言-目标语言句对，有时也被看作一种先验知识或"记忆"。因此，当进行机器翻译时，使用翻译记忆指导翻译过程也被看作一种干预手段[1181, 1182]。

虽然干预机器翻译系统的方式很多，最常用的还是对源语言特定片段翻译的干预，以期望最终句子的译文满足某些约束。这个问题也被称作**基于约束的翻译**（Constraint-based Translation）。例如，在翻译网页时，需要保持译文中的网页标签与源文一致。另一个典型例子是术语翻译。在实际应用中，经常会遇到公司名称、品牌名称、产品名称等专有名词和行业术语，以及不同含义的缩写。对于"小牛翻译"这个专有名词，不同的机器翻译系统给出的结果不一样。例如，"Maverick translation""Calf translation""The mavericks translation"等，而它正确的翻译应该为"NiuTrans"。类似这样的特殊词汇，机器翻译引擎很难准确翻译。一方面，模型大多是在通用数据集上训练出来的，并不能保证数据集能涵盖所有的语言现象；另一方面，即使这些术语在训练数据中出现，通常也是低频的，模型不容易捕捉它们的规律。为了保证翻译的准确性，对术语翻译进行干预是十分必要的，对领域适应等问题的求解也是非常有意义的。

就**词汇约束翻译**（Lexically Constrained Translation）而言，在不干预的情况下，让模型直接翻译出正确术语是很难的，因为术语的译文很可能是未登录词，必须人为提供额外的术语词典，那么我们的目标就是让模型的翻译输出遵守用户提供的术语约束。这个过程如图 18.3 所示。

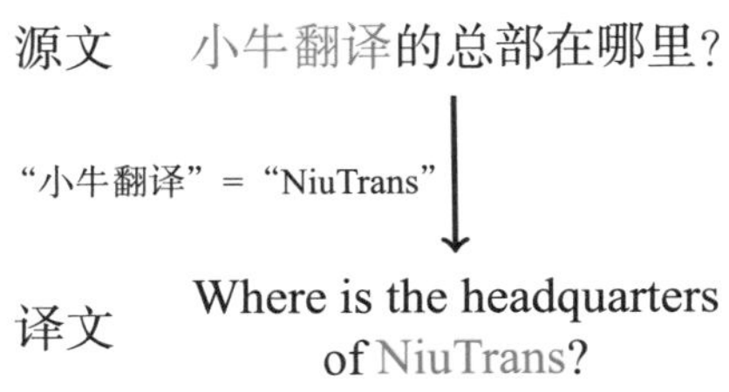

源文　　小牛翻译的总部在哪里？

"小牛翻译" = "NiuTrans"

译文　　Where is the headquarters
　　　　of NiuTrans?

图 18.3　词汇约束翻译过程

　　在统计机器翻译中，翻译本质上是由短语和规则构成的推导过程，因此修改译文比较容易，例如，可以在一个源语言片段所对应的翻译候选集中添加希望得到的译文。而神经机器翻译是一个端到端模型，翻译过程本质上是连续空间中元素的一系列映射、组合和代数运算。虽然在模型训练阶段仍然可以通过修改损失函数等手段引入约束，但是在推断阶段进行直接干预并不容易，因为我们无法像修改符号系统那样直接修改模型（如短语翻译表）来影响译文生成。实践中主要有两种解决思路：

- 强制生成。这种方法并不改变模型，而是在推断过程中按照一定策略来实施约束，一般是修改束搜索算法以确保输出必须包含指定的词或者短语[1183-1186]，例如，在获得译文输出后，利用注意力机制获取词对齐，再通过词对齐得到源语言和目标语言片段的对应关系，最后对指定译文片段进行强制替换。或者，对包含正确术语的翻译候选进行额外的加分，以确保推断时这样的翻译候选的排名足够靠前。
- 数据增强。这类方法通过修改机器翻译模型的训练数据来实现术语约束。通常根据术语词典对训练数据进行一定的修改，例如，先将术语的译文添加到源文句子中，再将原始语料库和合成语料库进行混合训练，期望模型能够学会自动利用术语信息来指导解码，或者在训练数据中利用占位符来替换术语，待翻译完成后再进行还原[1187-1190]。

　　强制生成的方法是在搜索策略上进行限制，与模型结构无关，这类方法能保证输出满足约束，但会影响翻译速度。数据增强的方法是通过构造特定格式的数据让模型训练，从而让模型具有自动适应术语约束的能力，通常不会影响翻译速度，但并不能保证输出能满足约束。

　　此外，机器翻译在应用时通常还需要进行译前、译后的处理，译前处理指的是，在翻译前对源语言句子进行修改和规范，从而生成比较通顺的译文，提高译文的可读性和准确率。在实际应用时，由于用户输入的形式多样，可能会包含术语、缩写、数学公式等，有些甚至包含网页标签，因此对源文进行预处理是很有必要的。常见的处理工作包括格式转换、标点符号检查、术语编辑、标签识别等，待翻译完成后，则需要对机器译文进行进一步的编辑和修正，从而使其符合使用规范，如进行标点、格式检查、术语、标签还原等修正，这些过程通常都是按照设定的处理策略自动完成的。另外，译文长度的控制、译文多样性的控制等也可以丰富机器翻译系统干预的手段（见第 14 章）。

18.5 小设备机器翻译

　　在机器翻译研究中，一般会假设计算资源是充足的。但是，在很多应用场景中，可供机器翻译系统使用的计算资源非常有限，例如，一些离线设备上没有 GPU，而且 CPU 的处理能力也很弱，甚至内存也非常有限。这时，让模型变得更小、系统变得更快就成了重要的需求。

　　本书已经讨论了大量的可用在小设备上的机器翻译技术方法，例如：

- 知识蒸馏（第 13 章）。这种方法可以有效地将翻译能力从大模型迁移到小模型。
- 低精度存储及计算（第 14 章）。可以使用量化的方式将模型压缩，同时整型计算也非常适合在 CPU 等设备上执行。

- 轻量模型结构（第 14 章和第 15 章）。对机器翻译模型的局部结构进行优化也是非常有效的手段，例如，使用更轻量的卷积计算模块，或者使用深编码器-浅解码器等高效的结构。

- 面向设备的模型结构学习（第 15 章）。可以把设备的存储及延时作为目标函数的一部分，自动搜索高效的翻译模型结构。

- 动态适应性模型[769, 1191, 1192]。模型可以动态调整大小或者计算规模，以达到在不同设备上平衡延时和精度的目的。例如，可以根据延时的要求，动态生成合适深度的神经网络进行翻译。

此外，机器翻译系统的工程实现方式也十分重要，例如，编译器的选择、底层线性代数库的选择等。有时，使用与运行设备相匹配的编译器，会带来明显的性能提升[1]。如果追求更极致的性能，甚至需要对一些热点模块进行修改。例如，在神经机器翻译中，矩阵乘法就是一个非常耗时的运算。但是这部分计算又与设备、矩阵的形状有很大关系。对于不同设备，根据不同的矩阵形状可以设计相应的矩阵乘法算法。不过，这部分工作对系统开发和硬件指令的使用水平要求较高。

另外，在很多系统中，机器翻译模块并不是单独执行的，而是与其他模块并发执行的。这时，由于多个计算密集型任务存在竞争，处理器要进行更多的进程切换，会造成程序变慢。例如，机器翻译和语音识别两个模块一起运行时[2]，机器翻译的速度会有较明显的下降。对于这种情况，需要设计更好的调度机制。因此，在一些同时具有 CPU 和 GPU 的设备上，可以考虑合理调度 CPU 和 GPU 的资源，增加两种设备可并行处理的内容，避免在某个处理器上的拥塞。

除了硬件资源限制，模型过大也是限制其在小设备上运行的因素。在模型体积上，神经机器翻译模型具有天然的优势。因此，在对模型规模有苛刻要求的场景中，神经机器翻译是不二的选择。另外，通过量化、剪枝、参数共享等方式，可以将模型大幅度压缩。

18.6 机器翻译系统的部署

除了在一些离线设备上使用机器翻译，更多时候，机器翻译系统会部署在运算能力较强的服务器上。一方面，随着神经机器翻译的大规模应用，在 GPU 服务器上部署机器翻译系统已经成了常态；另一方面，GPU 服务器的成本较高，而且很多应用中需要同时部署多个语言方向的系统。这时，如何充分利用设备以满足大规模的翻译需求就成了不可回避的问题。机器翻译系统的部署，有几个方向值得尝试：

- 对于多语言翻译的场景，使用多语言单模型翻译系统是一种很好的选择（第 16 章）。当多个语种的数据量有限、使用频度不高时，这种方法可以很有效地解决翻译需求中的长尾问题。例如，一些线上机器翻译服务已经支持超过 100 种语言的翻译，其中大部分语言之间的翻译需求是相对低频的，因此使用同一个模型进行翻译可以大大节约部署和运维的成本。

---

[1] 以神经机器翻译为例，张量计算部分大多使用 C++ 等语言编写，因此编译器与设备的适配程度对程序的执行效率影响很大。

[2] 在一些语音翻译场景中，由于采用了语音识别和翻译异步执行的方式，两个程序可能会并发。

- 使用基于枢轴语言的翻译也可以有效地解决多语言翻译问题（第 16 章）。这种方法同时适合统计机器翻译和神经机器翻译，因此很早就使用在大规模机器翻译部署中。

- 在 GPU 部署中，由于 GPU 的成本较高，可以考虑在单个 GPU 设备上部署多套不同的系统。如果这些系统之间的并发不频繁，则翻译延时不会有明显增加。这种多个模型共享一个设备的方法更适合翻译请求相对低频但翻译任务多样的情况。

- 机器翻译的大规模 GPU 部署对显存的使用也很严格。GPU 显存较为有限，因此要考虑模型运行时的显存消耗问题。一般来说，除了对模型进行模型压缩和结构优化（第 14 章和第 15 章），还需要对模型的显存分配和使用进行单独的优化。例如，使用显存池来缓解频繁申请和释放显存空间造成的延时问题。另外，也可以尽可能地让同一个显存不复用与显存块保存生命期不重叠的数据，避免重复开辟新的存储空间。图 18.4 展示了一个显存不复用与显存复用的示例。

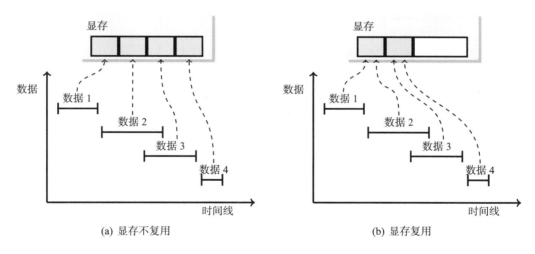

(a) 显存不复用　　　　　　　　　　　　　　(b) 显存复用

图 18.4　显存不复用与显存复用的示例

- 在翻译请求高并发的场景中，使用批量翻译也是有效利用 GPU 设备的方式。不过，机器翻译是一个处理不定长序列的任务，输入的句子长度差异较大。而且，由于译文长度无法预知，进一步增加了不同长度的句子所消耗计算资源的不确定性。这时，可以让长度相近的句子在一个批次里处理，减少由于句子长度不统一造成的补全过多、设备利用率低的问题，如可以按输入句子长度范围分组，也可以设计更加细致的方法对句子进行分组，以最大化批量翻译中设备的利用率[1193]。

除了上述问题，如何在多设备环境下进行负载均衡、容灾处理等都是大规模机器翻译系统部署中要考虑的。有时，甚至统计机器翻译系统也可以与神经机器翻译系统混合使用。统计机器翻译系统对 GPU 资源的要求较低，纯 CPU 部署的方案也相对成熟，可以作为 GPU 机器翻译服务的灾备。此外，在有些任务，特别是某些低资源翻译任务上，统计机器翻译仍然具有优势。

18.7 机器翻译的应用场景

机器翻译的应用十分广泛，下面列举一些常见的应用场景：

网页翻译。进入信息爆炸的时代，互联网上海量的数据随处可得，由于不同国家和地区语言的差异，网络上的数据也呈现出多语言的特点。当人们遇到包含不熟悉语言的网页时，无法及时有效地获取其中的信息。因此，对不同语言的网页进行翻译是必不可少的一步。由于网络上的网页数不胜数，依靠人工对网页进行翻译是不切实际的，相反，机器翻译十分适合这个任务。目前，市场上有很多浏览器提供网页翻译的服务，极大地降低了人们从网络上获取不同语言信息的难度。

科技文献翻译。在专利等科技文献翻译中，往往需要将文献翻译为英语或其他语言。以往，这种翻译工作通常由人工来完成。由于对翻译结果的质量要求较高，而具有较强专业背景知识的人员较少，导致翻译人员稀缺。特别是，近几年，国内专利申请数不断增加，这给人工翻译带来了很大的负担。相比人工翻译，机器翻译可以在短时间内完成大量的专利翻译，同时结合术语词典和人工校对等方式，保证专利的翻译质量。另外，以专利为代表的科技文献往往具有很强的领域性，如果针对各类领域文本进行单独优化，则机器翻译的品质可以大大提高。因此，机器翻译在专利翻译等行业有十分广泛的应用前景。

视频字幕翻译。随着互联网的普及，人们可以通过互联网接触到大量其他语种的影视作品。由于人们可能没有相应的外语能力，通常需要翻译人员对字幕进行翻译。因此，这些境外视频的传播受限于字幕翻译的速度和准确度。如今，一些视频网站在使用语音识别为视频生成源语言字幕的同时，还利用机器翻译技术为各种语言的受众提供质量尚可的目标语言字幕，这种方式为人们提供了极大的便利。

社交。社交是人们的重要社会活动。人们可以通过各种各样的社交软件做到即时通信，进行协作或者分享自己的观点。然而，受限于语言问题，人们的社交范围往往难以超出自己掌握的语种范围，因此很难进行跨语言社交。随着机器翻译技术的发展，越来越多的社交软件开始支持自动翻译，用户可以轻易地将各种语言的内容翻译成自己的母语，方便人们交流，让语言问题不再成为社交的障碍。

同声传译。在一些国际会议中，与会者来自不同的国家，为了保证会议的流畅，通常需要专业的翻译人员进行同声传译。同声传译需要在不打断演讲的同时，不间断地将讲话内容进行口译，对翻译人员的要求极高。如今，一些会议用语音识别将语音转换成文本，同时使用机器翻译技术，达到同步翻译的目的。这项技术已经得到了很多企业的关注，并在很多重要会议上进行尝试，取得了很好的效果。不过，同声传译达到可以真正使用的程度还需再打磨，特别是在大型会议场景下，准确地进行语音识别和翻译仍然具有挑战性。

中国传统语言文化的翻译。中国几千年的历史留下了极为宝贵的文化遗产，文言文作为古代书面语，具有言文分离、行文简练的特点，易于流传。言文分离的特点使得文言文和现在的标准汉语具有一定的区别。为了更好地发扬中国传统文化，需要对文言文进行翻译。而文言文深奥难懂，需要人们具备一定的文言文知识背景才能准确翻译。机器翻译技术不仅可以帮助人们快速完成文言文的翻译，还可以完成古诗生成和对联生成等任务。

全球化。在经济全球化的今天，很多企业都有国际化的需求，企业员工会遇到一些跨语言阅读和交流的情况，如阅读进口产品的说明书、跨国公司之间的邮件、说明文件等。与成本较高的人工翻译相比，机器翻译往往是更好的选择。在一些质量要求不高的翻译场景中，机器翻译可以得到应用。

翻译机/翻译笔。出于商务、学术交流或旅游的目的，人们在出国时会面临跨语言交流的问题。近年，随着出境人数的增加，不少企业推出了翻译机产品。通过结合机器翻译、语音识别和图像识别技术，翻译机实现了图像翻译和语音翻译的功能。用户不仅可以便捷地获取外语图像文字和语音信息，还可以通过翻译机进行对话，降低跨语言交流的门槛。类似地，翻译笔等应用产品可以通过划词翻译的方式，对打印材料中的外语文字进行翻译。

译后编辑。译后编辑是指在机器翻译的结果之上，通过少量的人工编辑来完善机器译文。在传统的人工翻译过程中，翻译人员完全依靠人工的方式进行翻译，虽然保证了翻译质量，但时间成本高。相应地，机器翻译具有速度快和成本低的优势。在一些领域，目前的机器翻译质量已经可以在很大程度上减少翻译人员的工作量，翻译人员可以在机器翻译的辅助下，花费相对较小的代价来完成翻译。

随笔

自计算机诞生，机器翻译，即利用计算机实现不同语言自动翻译，就是人们最先想到的计算机的主要应用。很多人说，人工智能时代是"得语言者得天下"，并将机器翻译当作认知智能的终极梦想之一。接下来，笔者将分享自己对机器翻译技术和应用的思考，有些想法不一定正确，有些想法也许需要十年或更久才能被验证。

简单来说，机器翻译技术至少可以满足 3 种用户需求。一是实现外文资料辅助阅读，帮助不同母语的人无障碍地交流；二是通过计算机辅助翻译，帮助人工翻译降本增效；三是通过大数据分析和处理，实现对多语言文字资料（也可以是图像资料或语音资料）的加工处理。仅凭人工，是无法完成海量数据的翻译工作的，而机器翻译是大数据翻译的唯一有效解决方案。从上述 3 种需求可以看出，机器翻译和人工翻译在本质上不存在冲突，两者可以和谐共存、相互帮助，处于平行轨道上。对机器翻译来说，至少有两个应用场景是其无法独立胜任的。一是对翻译结果的质量要求非常高的场景，如诗歌、小说的翻译出版；二是不允许出现低级实时翻译错误的场景，如国际会议的发言。因此，对译文准确性要求很高的应用场景不可能只采用机器翻译，必须有高水平的人工翻译参与。

如何构建一套好的机器翻译系统呢？假设我们需要为用户提供一套翻译品质不错的机器翻译系统，至少需要考虑 3 个方面：有足够大规模的双语句对集合用于训练、有强大的机器翻译技术和错误驱动的打磨过程。从技术应用和产业化的角度看，对于构建一套好的机器翻译系统来说，上述 3 个方面缺一不可。仅拥有强大的机器翻译技术是必要条件，但不是充分条件，更具体地：

- 从数据角度看，大部分语言对的电子化双语句对集合的规模非常小，有的甚至只有一个小规模双语词典。因此，针对资源稀缺语种的机器翻译技术研究也成了学术界的研究热点，相信这个课题的突破能大大推动机器翻译技术落地。早些年，机器翻译市场的规模较小，其主要原因之一是数据规模有限，同时机器翻译的品质不够理想。就算采用最先进的神经机器翻译技术，在缺乏足够大规模的双语句对集合作为训练数据的情况下，研究人员也是巧妇难为无米之炊。从技术研究和应用可行性的角度看，解决资源稀缺语种的机器翻译问题非常有价值。解决资源稀缺语种机器翻译问题的思路，已经在第 16 章详细介绍过，这里不再赘述。
- 从机器翻译技术的角度看，可实用的机器翻译系统的构建，需要多技术互补融合。做研究可以搞单点突破，但它很难应对实际问题或改善真实应用中的翻译品质。有很多关于多技术互补融合的研究工作，例如，有的业内研究人员提出采用知识图谱来改善机器翻译模型的性能，并希望将其用于解决稀缺资源语种机器翻译问题；有的研究工作引入语言分析技术来改善机器翻译；有的研究工作将基于规则的方法、统计机器翻译技术与神经机器翻译技术进行融合；有的研究工作引入预训练技术来改善机器翻译的品质，等等。总的来说，这些思路都具有良好的研究价值，但从应用角度看，构建可实用的机器翻译系统，还需要考虑技术落地的可行性，如大规模知识图谱构建的成本和语言分析技术的精度，预训练技术对富资源场景下机器翻译的价值等。

- 错误驱动，即根据用户对机器翻译译文的反馈与纠正，完善机器翻译模型的过程。机器翻译一直被诟病：用户不知道如何有效地干预纠错，来帮助机器翻译系统越做越好，毕竟谁都不希望它"屡教不改"。基于规则的方法和统计机器翻译方法相对容易实现人工干预纠错，实现手段也比较丰富，而神经机器翻译方法常被看作"黑箱"技术，其运行机理与离散的符号系统有很大差别，难以用传统方式有效地实现人工干预纠错。目前，有研究人员通过引入外部知识库（用户双语术语库）来实现对未登录词翻译的干预纠错；也有研究人员提出使用增量式训练的方法不断地迭代优化模型，并取得了一些进展；还有研究人员通过融合不同技术来实现更好的机器翻译效果，如引入基于规则的翻译前处理和后处理，或者引入统计机器翻译技术优化译文选择等。这些方法的代价不低，甚至很高，并且无法保障对机器翻译性能提升的效果，有时可能会降低翻译品质（有点像"跷跷板"现象）。总的来说，这个方向的研究成果还不够丰富，但对用户体验来说非常重要。如果能采用隐性反馈学习方法，在用户不知不觉中不断改善、优化机器翻译品质，就非常酷了，这也许会成为将来的研究热点。

除了翻译品质这个维度，机器翻译还可以从以下 3 个维度来讨论：语种维度、领域维度和应用模式维度。关于语种维度，机器翻译技术应该为全球用户服务，提供所有国家（至少一种官方语言）到其他国家语言的自动互译功能。该维度面临的最大问题是双语数据稀缺。关于领域维度，通用领域翻译系统的翻译能力，对于垂直领域数据来说是不足的。最典型的问题是不能恰当地翻译垂直领域术语，计算机翻译不能无中生有。比较直接可行的解决方案至少有两个，一是引入垂直领域术语双语词典来改善机器翻译效果；二是收集加工一定规模的垂直领域双语句对来优化翻译模型。这两种工程方法虽然简单，但效果不错，将两者结合对翻译模型的性能提升帮助更大。通常，垂直领域双语句对的收集代价太高，可行性低，因此垂直领域翻译问题就转换成了垂直领域资源稀缺问题和领域自适应学习问题。除此之外，小样本学习、迁移学习等机器学习技术也被研究人员用来解决垂直领域翻译问题。关于应用模式维度，可以从下面几个方面进行讨论：

- 通常，机器翻译的典型应用包括在线翻译公有云服务，用户接入非常简单，只需要联网使用浏览器就可以自由、免费地使用。在某些行业，用户对数据翻译安全性和保密性的要求非常高，其中可能还会涉及个性化定制，这是在线翻译公有云服务难于满足的。于是，在本地部署机器翻译用的私有云，应用离线机器翻译技术和服务成了新的应用模式。在本地部署私有云的问题在于：需要用户自己购买高性能服务器并建设机房，硬件投入较高。也许将来，机器翻译领域会出现新的应用模式：类似服务托管模式的在线私有云或专有云，以及混合云服务（公有云、私有云和专有云的混合体）。

- 离线机器翻译技术可以为更小型的智能翻译终端设备提供服务，如大家熟知的翻译机、翻译笔、翻译耳机等智能翻译设备。在不联网的情况下，这些设备能实现高品质机器翻译功能，这类应用模式具有很大的潜力。但这类应用模式需要解决的问题也很多：首先是模型大小、翻译速度和翻译品质的问题；其次，考虑不同操作系统（如 Linux、Android 和 iOS）和不同的处理架构（如 x86、MIPS、ARM 等）的适配兼容问题。将来，离线翻译系统还可以通过芯片安装到办公设备上，如传真机、打印机和复印机等，辅助人们实现支持多语言的智能办公。目前，人工智能芯片的发展速度非常快，而机器翻译芯片研发面临的最大问题是缺少应用场景和上下游的应用支撑，一旦时机成熟，机器翻译芯片的研发和应用也有可能爆发。

- 机器翻译可以与文档解析、语音识别、光学字符识别（OCR）和视频字幕提取等技术结合，丰富机器翻译的应用模式。具体来说：

  - 文档解析技术可以实现 Word 文档翻译、PDF 文档翻译、WPS 文档翻译、邮件翻译等更多格式文档自动翻译的目标，也可以作为插件嵌入各种办公平台中，成为智能办公好助手。

  - 语音识别与机器翻译是绝配，语音翻译用途广泛，如用于翻译机、语音翻译 APP 和会议 AI 同传。但目前存在一些问题，如很多实际应用场景中语音识别的效果欠佳，造成错误蔓延，导致机器翻译的结果不够理想；另外，就算小语种的语音识别效果很好，如果资源稀缺型小语种的翻译性能不够好，最终的语音翻译效果就不会好。

  - OCR 技术可以实现扫描笔和翻译笔的应用、出国旅游的拍照翻译功能，将来还可以与穿戴式设备（如智能眼镜）相结合。翻译视频字幕能够帮助我们理解非母语电影和电视节目的内容，如果到达任何一个国家，打开电视就能看到中文字幕，也是非常酷的事情。

- 上面提到的机器翻译技术大多采用串行流水线，只是简单地将两个或多个不同的技术连接在一起，如语音翻译过程可以分两步：语音识别和机器翻译。其他翻译模式也大同小异。简单的串行流水线技术框架的最大问题是错误蔓延，一旦某个技术环节的准确率不高，最后的结果就不会太好（类似于 $90\% \times 90\% = 81\%$）。并且，后续的技术环节不一定有能力纠正前面技术环节引入的错误，最终导致用户体验不够好。很多人认为，英语—中文的人工智能会议同传的用户体验不够好，问题出在机器翻译技术上。其实，问题主要出在语音识别环节。学术界正在研究的端到端的语音机器翻译技术，不是采用串行流水线技术架构，而是采用一步到位的方式，这样理论上能够缓解错误蔓延的问题，但目前的效果还不够理想，期待学术界取得新的突破。

- 机器翻译技术可以辅助人工翻译。即使双语句对训练集合规模已经非常大、机器翻译技术也在不断优化，机器翻译的结果仍然不可能完美，出现译文错误是难免的。如果我们想利用机器翻译技术辅助人工翻译，比较常见的方式是译后编辑，即由人对自动译文进行修改（详见第 4 章）。这就很自然地产生了两个实际问题：第一个问题是，自动译文是否具有编辑价值？一个简便的计算方法就是编辑距离，即人工需要通过多少次增、删、改动作完成译后编辑。其次数越少，说明机器翻译对人工翻译的帮助越大。编辑距离本质上是一种译文质量评价的方法，可以考虑推荐具有较高译后编辑价值的自动译文给人工译员。第二个问题是，当机器翻译出现错误，且被人工译后编辑修正后，能否通过一种有效的错误反馈机制帮助机器翻译系统提高性能。学术界也有很多人研究这个问题，目前还没有取得令人满意的结果。除此之外，还有一些问题，如人机交互的用户体验，该需求很自然地带起了交互式机器翻译技术（详见第 18 章）研究的热潮，希望在最大程度上发挥人机协同合作的效果，这也是值得研究的课题。

接下来，简单谈谈笔者对第四代机器翻译技术发展趋势的看法。通常，我们将基于规则的方法、统计机器翻译和神经机器翻译分别称为第一代、第二代和第三代机器翻译技术。有人说，第四代机器翻译技术会是基于知识的机器翻译技术；也有人说，是无监督机器翻译技术或新的机器翻译范式，等等。在讨论第四代机器翻译技术这个问题之前，我们先思考一个问题：在翻译品质上，新一代机器翻译技术是否能打破现有技术的瓶颈？现在的实验结果显示，用商用的"英汉、汉英"新闻机器翻译系统，经过几亿双语句对的训练学习，译文准确率的人工评估得分可以达到 80%～90%（100% 为满分，分值越高，说明译文准确率越高），那么，所谓的第四代机器翻译技术能在新闻领域达到怎样的翻译准确率呢？若只比现在高几个百分点，则当不起新一代机器翻译技术这一称谓。

从历史发展观的维度考虑，新一代的技术必然存在，换句话说，第四代机器翻译技术一定会出现，只是不知道何时出现。神经机器翻译的红利还没有被挖尽，还存在很大的发展空间，在可预期的将来，神经机器翻译技术还属于主流技术，但会产生大量变种。我们愿意把新一代机器翻译技术称为面向具体应用场景的第四代机器翻译技术，它在本质上是针对不同应用条件、不同应用场景提出的能力更强的机器翻译技术。它将不是一个简单的技术，而是一个技术集合，这是完全可能的。从另一方面讲，当前的机器翻译不具有很好的解释性，其与语言学的关系并不明确。那么在第四代机器翻译技术中，是否能让研究人员或使用者更方便地了解它的工作原理，并根据其原理对其进行干预。甚至，我们还可以研究更合理的面向机器翻译解释性的方法，笔者相信这也是未来需要突破的点。

最后，简单谈谈笔者对机器翻译市场发展趋势的看法。机器翻译本身是个"刚性需求"，用于解决全球用户多语言交流障碍的问题。机器翻译产业真正热起来，应该归功于神经机器翻译技术的应用，虽然基于规则的方法和统计机器翻译技术也在工业界得到了应用，但翻译品质没有达到用户预期，用户付费欲望比较低，没有直接的商业变现能力，导致机器翻译产业在早些年有些"鸡肋"。严格来说，近年，神经机器翻译技术在工业界的广泛应用快速激活了用户需求，用户对机器翻译的认可度急剧上升，越来越丰富的应用模式和需求被挖掘出来。除了传统计算机辅助翻译，语音和 OCR 与机器翻译技术结合，使得语音翻译 APP、翻译机、翻译笔、会议 AI 同传和垂直行业（专利、医药、旅游等）的机器翻译解决方案逐渐得到了广泛应用。总的来说，机器翻译的"产学研用"正处于快速上升期，市场规模持续增长。随着多模态机器翻译和大数据翻译技术的应用，机器翻译的应用场景会越来越丰富。随着 5G，甚至 6G 技术的发展，视频翻译和电话通信翻译等应用会进一步爆发。另外，随着人工智能芯片领域的发展，机器翻译芯片也会被广泛应用，如嵌入到手机、打印机、复印机、传真机和电视机等智能终端设备中，实现所有内容皆可翻译，任何场景皆可运行的愿景。机器翻译服务将进入人们的日常生活，无处不在，让生活更美好！

朱靖波　肖桐
2020.12.16
于东北大学

后记

我知道这里本应再写点什么，例如感慨蹉跎岁月，致敬所有人。

不过，我还是最想说：

谢谢你，我的妻子，刘彤冉。没有你的支持与照顾，我应该没有勇气完成本书。爱你！

肖桐

2020.12.27

附录

附录 A

从实践的角度，机器翻译的发展离不开开源系统的推动。开源系统通过代码共享的方式使得最新的研究成果可以快速传播；同时，实验结果可以复现。此外，开源项目也促进了不同团队之间的协作，让研究人员在同一个平台上集中力量攻关。

A.1 统计机器翻译开源系统

NiuTrans.SMT。NiuTrans[1194] 是由东北大学自然语言处理实验室自主研发的统计机器翻译系统，该系统支持基于短语的模型、基于层次短语的模型及基于句法的模型。由于使用 C++ 语言开发，所以该系统运行速度快，所占存储空间少。系统中内嵌 n-gram 语言模型，无须使用其他系统即可完成语言建模。

Moses。Moses[80] 是统计机器翻译时代最著名的系统之一，（主要）由爱丁堡大学的机器翻译团队开发。最新的 Moses 系统支持很多功能，例如，它既支持基于短语的模型，也支持基于句法的模型。Moses 提供因子化翻译模型（Factored Translation Model），因此很容易对不同层次的信息进行建模。此外，Moses 允许将混淆网络和字格作为输入，可以缓解系统的 1-best 输出中的错误。Moses 还提供了很多有用的脚本和工具，被机器翻译研究人员广泛使用。

Joshua。Joshua[1195] 是由约翰霍普金斯大学的语言和语音处理中心开发的层次短语翻译系统。Joshua 由 Java 语言开发，因此在不同的平台上运行或开发时，具有良好的可扩展性和可移植性。Joshua 是使用非常广泛的开源机器翻译系统之一。

SilkRoad。SilkRoad 是由 5 个国内机构（中科院计算所、中科院软件所、中科院自动化所、厦门大学和哈尔滨工业大学）联合开发的基于短语的统计机器翻译系统。该系统是中国乃至亚洲地区第一个开源的统计机器翻译系统。SilkRoad 支持多种解码器和规则提取模块，可以组合成不同的系统，提供多样的选择。

SAMT。SAMT[85] 是由卡内基梅隆大学机器翻译团队开发的基于语法增强的统计机器翻译系统。SAMT 在解码时使用目标树生成翻译规则，而不严格遵守目标语言的语法。SAMT 的一个亮点是通过简单但高效的方式在机器翻译中使用句法信息。由于 SAMT 在 Hadoop 中实现，所以具有 Hadoop 处理大数据集的优势。

HiFST。HiFST[1196] 是由剑桥大学开发的统计机器翻译系统。该系统完全基于有限状态自动机实现，因此非常适合对搜索空间进行有效的表示。

cdec。cdec[1197] 是一个强大的解码器，由 Chris Dyer 和他的合作者一起开发。cdec 使用了翻译模型的一个统一的内部表示，并为结构预测问题的各种模型和算法提供了实现框架。因此，cdec 可以被用做一个对齐系统或一个更通用的学习框架。由于使用 C++ 语言编写，cdec 的运行速度较快。

Phrasal。Phrasal[1198] 是由斯坦福大学自然语言处理小组开发的系统。除了传统的基于短语的模型，Phrasal 还支持基于非层次短语的模型，这种模型将基于短语的翻译延伸到非连续的短语翻译，增强了模型的泛化能力。

Jane。Jane[1199] 是一个基于层次短语的机器翻译系统，由亚琛工业大学的人类语言技术与模式识别小组开发。Jane 提供了系统融合模块，可以非常方便地对多个系统进行融合。

GIZA++。GIZA++[242] 是由 Franz Och 研发的用于训练 IBM 模型 1 ～ IBM 模型 5 和 HMM 单词对齐模型的工具包。早期，GIZA++ 是所有统计机器翻译系统中词对齐的标配工具。

FastAlign。FastAlign[252] 是一个快速、无监督的词对齐工具，由卡内基梅隆大学开发。

A.2 神经机器翻译开源系统

GroundHog。GroundHog[22] 基于 Theano[1200] 框架，是蒙特利尔大学 LISA 实验室用 Python 语言编写的一个框架，旨在通过灵活且高效的方式，实现复杂的循环神经网络模型。它提供了包括 LSTM 在内的多种模型。Bahdanau 等人在此框架的基础上编写了 GroundHog 神经机器翻译系统。该系统是很多论文的基线系统。

Nematus。Nematus[471] 由爱丁堡大学开发，是基于 Theano 框架的神经机器翻译系统。该系统用 GRU 作为隐藏层单元，支持多层网络。Nematus 编码端有正向和反向两种编码方式，可以同时提取源语言句子中的上下文信息。该系统的一个优点是，支持输入端有多个特征的输入（如词的词性等）。

ZophRNN。ZophRNN[1201] 是由南加州大学的 Barret Zoph 等人用 C++ 语言开发的系统。Zoph 既可以训练序列表示模型（如语言模型），也可以训练序列到序列的模型（如神经机器翻译模型）。当训练神经机器翻译系统时，ZophRNN 也支持多源输入。

Fairseq。Fairseq[817] 由脸书开发，是基于 PyTorch 框架的用以解决序列到序列问题的工具包，其中包括基于卷积神经网络、基于循环神经网络、基于 Transformer 的模型。Fairseq 是当今使用最广泛的神经机器翻译开源系统之一。

Tensor2Tensor。Tensor2Tensor[537] 由谷歌推出，是基于 TensorFlow 框架的开源系统。该系统基于 Transformer 模型，支持大多数序列到序列任务。得益于 Transformer 模型特殊的网络结构，系统的训练速度较快。Tensor2Tensor 也是机器翻译领域广泛使用的开源系统之一。

OpenNMT。OpenNMT[694] 系统由哈佛大学自然语言处理研究组开源，是基于 Torch 框架的神经机器翻译系统。OpenNMT 系统的早期版本使用 Lua 语言编写，如今扩展到基于 Python 的 TensorFlow 和 PyTorch，其设计简单易用，易于扩展，同时保持效率和翻译精度。

斯坦福神经机器翻译开源代码库。斯坦福大学自然语言处理组（Stanford NLP）发布了一篇教程，介绍了该研究组在神经机器翻译上的研究，同时实现了多种翻译模型[564]。

THUMT。清华大学自然语言处理团队实现的神经机器翻译系统，支持 Transformer 等模型[1202]。该系统主要基于 TensorFlow 和 Theano 实现，其中 Theano 版本包含了 RNNsearch 模型，训练方式包括 MLE（Maximum Likelihood Estimate）、MRT（Minimum Risk Training）、SST（Semi-Supervised Training）。TensorFlow 版本实现了 Seq2Seq、RNNsearch、Transformer 这 3 种基本模型。

NiuTrans.NMT，是由小牛翻译团队基于 NiuTensor 实现的神经机器翻译系统。该系统支持循环神经网络、Transformer 模型等结构，并支持语言建模、序列标注、机器翻译等任务。该系统为开发人员提供了快速的二次开发基础，支持 GPU 与 CPU 训练及解码，小巧易用。此外，NiuTrans.NMT 已经得到了大规模应用，可用于 304 种语言翻译。

MARIAN。MARIAN 主要由微软翻译团队搭建[1203]，其使用 C++ 语言实现的可用于 GPU/CPU 训练和解码的引擎，支持多 GPU 训练和批量解码，最小限度地依赖第三方库，静态编译一次之后，复制其二进制文件就能在其他平台使用。

Sockeye。Sockeye 是 Awslabs 开发的神经机器翻译框架[1204]。Sockeye 支持 RNNsearch、Transformer、CNN 等翻译模型。同时，提供了从图片翻译到文字的模块及 WMT 德英新闻翻译、领域适应任务、多语言零资源翻译任务的教程。

CytonMT。CytonMT 是 NICT 开发的一种用 C++ 语言实现的神经机器翻译开源工具包[1205]，主要支持 Transformer 模型和一些常用的训练方法及解码方法。

OpenSeq2Seq。OpenSeq2Seq 是 NVIDIA 团队开发的[1206]基于 TensorFlow 的模块化架构，用于序列到序列的模型，允许从可用组件中组装新模型，支持利用 NVIDIA Volta Turing GPU 中的 Tensor 核心进行混合精度训练，基于 Horovod 的快速分布式训练，支持多 GPU，多节点多模式。

NMTPyTorch。NMTPyTorch 是勒芒大学语言实验室发布的基于序列到序列框架的神经网络翻译系统[1207]，NMTPyTorch 的核心部分依赖 Numpy、PyTorch 和 tqdm。NMTPyTorch 可以训练各种端到端神经体系结构，包括但不限于神经机器翻译、图像字幕和自动语音识别系统。

附录 B

除了开源系统，机器翻译的发展离不开评测比赛。通过评测比赛，各个研究组织的成果可以进行科学的对比，共同推动机器翻译的发展与进步。在构建机器翻译系统的过程中，数据是必不可少的，尤其是主流的神经机器翻译系统，其性能往往受限于语料库的规模和质量。幸运的是，随着语料库语言学的发展，一些主流语种的相关语料资源已经十分丰富。

为了方便读者进行相关研究，本书汇总了常见的公开评测任务、常用的基准数据集和常用的平行语料。

B.1 公开评测任务

机器翻译相关评测主要有两种组织形式，一种是由政府及国家相关机构组织，权威性强。例如，由美国国家标准技术研究所组织的 NIST 评测、日本国家科学咨询系统中心主办的 NACSIS Test Collections for IR（NTCIR）PatentMT、日本科学振兴机构（Japan Science and Technology Agency，JST）等组织联合举办的 Workshop on Asian Translation（WAT），以及国内由中文信息学会主办的全国机器翻译大会（China Conference on Machine Translation，CCMT）；另一种是由相关学术机构组织，具有领域针对性的特点，如倾向新闻领域的 Conference on Machine Translation（WMT）和面向口语的 International Workshop on Spoken Language Translation（IWSLT）。下面将针对上述评测进行简要介绍。

CCMT。前身为 CWMT，是国内机器翻译领域的旗舰会议。2005 年起，已经组织了多次机器翻译评测，对国内机器翻译相关技术的发展产生了深远影响。该评测主要对汉语、英语及国内的少数民族语言（蒙古语、藏语、维吾尔语等）进行评测，领域包括新闻、口语、政府文件等，不同语言方向对应的领域也有所不同。不同届的评价方式略有不同，主要采用自动评价的方式。自 CWMT 2013 起，针对某些领域增设人工评价。自动评价的指标一般包括 BLEU-SBP、BLEU-NIST、TER、METEOR、NIST、GTM、mWER、mPER、ICT 等，其中以 BLEU-SBP 为主，汉语为目标语言的翻译采用基于字符的评价方式，面向英语的翻译则采用基于词的评价方式。每年，该评测吸引国内外近数十家企业及科研机构参赛，业内认可度极高。关于 CCMT 的更多信息可参考中文信息学会机器翻译专业委员会相关网页。

WMT。WMT 由 Special Interest Group for Machine Translation（SIGMT）主办，会议自 2006 年起每年召开一次，是机器翻译领域的综合性会议。WMT 公开评测任务包括多领域翻译评测任务、质量评价任务及其他与机器翻译相关的任务（如文档对齐评测等）。如今，WMT 已经成为机器翻译领域的旗舰评测会议，很多研究工作都以 WMT 评测结果为基准。WMT 评测涉及的语言范围较广，包括英语、德语、芬兰语、捷克语、罗马尼亚语等 10 多种语言，翻译方向一般以英语为核心，探索英语与其他语言之间的翻译性能，翻译领域包括新闻、信息技术、生物医学。如今，也增加了无指导机器翻译等热门问题。WMT 在评价方面类似于 CCMT，也采用人工评价与自动评价相结合的方式，自动评价的指标一般为 BLEU、TER 等。此外，WMT 公开了所有评测数据，因此经常被机器翻译相关人员使用。关于 WMT 的机器翻译评测相关信息可参考 SIGMT 官网。

NIST。NIST 机器翻译评测始于 2001 年，是早期机器翻译公开评测中颇具代表性的任务。如今，WMT 和 CCMT 中很多任务的设置大量参考了当年 NIST 评测的内容。NIST 评测由美国国家标准技术研究所主办，作为美国国防高级计划署（DARPA）中 TIDES 计划的重要组成部分。早期，NIST 评测主要评价阿拉伯语和汉语等语言到英语的翻译效果，评价方法一般采用人工评价与自动评价相结合的方式。人工评价采用 5 分制评价。自动评价有多种方式，包括 BLEU、METEOR、TER、HyTER。此外，NIST 自 2016 年起开始对稀缺语言资源技术进行评估，其中机器翻译作为其重要组成部分共同参与评测，评测指标主要为 BLEU。除了对机器翻译系统进行评测，NIST 在 2008 年和 2010 年还对机器翻译的自动评价方法（MetricsMaTr）进行了评估，以鼓励更多研究人员对现有评价方法进行改进或提出更贴合人工评价的方法。同时，NIST 评测所提供的数据集由于数据质量较高受到众多科研人员喜爱，如 MT04、MT06 等（汉英）平行语料经常被科研人员在实验中使用。不过，近几年，NIST 评测已经停止。更多与 NIST 的机器翻译评测相关的信息可参考官网。

IWSLT。从 2004 年开始举办的 IWSLT 也是颇具特色的机器翻译评测，它主要关注口语相关的机器翻译任务，测试数据包括 TED talks 的多语言字幕及 QED 教育讲座的影片字幕等，涉及英语、法语、德语、捷克语、汉语、阿拉伯语等众多语言。此外，在 IWSLT 2016 中还加入了对日常对话的翻译评测，尝试将微软 Skype 中一种语言的对话翻译成其他语言。评价方式采用自动评价的模式，评价标准和 WMT 类似，一般为 BLEU 等指标。另外，IWSLT 除了包含文本到文本的翻译评测，还有自动语音识别及语音转另一种语言的文本的评测。更多 IWSLT 的机器翻译评测相关信息可参考 IWSLT 官网。

WAT。日本举办的机器翻译评测 WAT 是亚洲范围内的重要评测之一，由日本科学振兴机构（JST）、情报通信研究机构（NICT）等多家机构共同组织，旨在为亚洲各国之间的交流融合提供便利。语言方向主要包括亚洲主流语言（汉语、韩语、印地语等）及英语对日语的翻译，领域丰富多样，包括学术论文、专利、新闻、食谱等。评价方式包括自动评价（BLEU、RIBES 及 AMFM 等）、人工评价，其特点在于，将测试语料以段落为单位进行评价，考察其上下文关联的翻译效果。更多 WAT 的机器翻译评测信息可参考官网。

NTCIR。NTCIR 计划是由日本国家科学咨询系统中心策划主办的，旨在建立一个用在自然语言处理及信息检索相关任务上的日文标准测试集。在 NTCIR-9 和 NTCIR-10 中开设的 Patent Machine Translation（PatentMT）任务主要针对专利领域进行翻译测试，其目的在于促进机器翻译在专利领域的发展和应用。在 NTCIR-9 中，采取人工评价与自动评价相结合，以人工评价为主导的评测方式。人工评价主要根据准确度和流畅度进行评估，自动评价采用 BLEU、NIST 等方式进行。NTCIR-10 评价方式在此基础上增加了专利审查评估、时间评估及多语种评估，分别考察机器翻译系统在专利领域翻译的实用性、耗时情况及不同语种的翻译效果等。更多 NTCIR 评测相关信息可参考官网。

以上评测数据大多可以从评测网站上下载。此外，部分数据也可以从 LDC（Lingu-istic Data Consortium）上申请。ELRA（European Language Resources Association）上也有一些免费的语料库供研究使用。从机器翻译发展的角度看，这些评测任务给相关研究提供了基准数据集，让不同的系统可以在同一个环境下进行比较和分析，进而建立了机器翻译研究所需的实验基础。此外，公开评测也使得研究人员可以第一时间了解机器翻译研究的最新成果，例如，有多篇 ACL 会议最佳论文的灵感就来自当年参加机器翻译评测任务的系统。

B.2 基准数据集

表 B.1 所示的数据集已经在机器翻译领域广泛使用，已有很多相关工作使用了这些数据集，读者可以复现这些工作，或将其在数据集上的结果与自己的工作成果进行比较。

表 B.1　基准数据集

任务	语种	领域	描述
WMT	En-Zh、En-De 等	新闻、医学、翻译	以英语为核心的多语种机器翻译数据集，涉及多种任务
IWSLT	En-De、En-Zh 等	口语翻译	文本翻译数据集来自 TED 演讲，数据规模较小
NIST	Zh-En、En-Cs 等	新闻翻译	评测集包括 4 句参考译文，质量较高
TVsub	Zh-En	字幕翻译	数据抽取自电视剧字幕，用于对话中长距离上下文研究
Flickr30K	En-De	多模态翻译	31783 张图片，每张图片 5 个语句标注
Multi30K	En-De、En-Fr	多模态翻译	31014 张图片，每张图片 5 个语句标注
IAPRTC-12	En-De	多模态翻译	20000 张图片及对应标注
IKEA	En-De、En-Fr	多模态翻译	3600 张图片及对应标注

B.3 平行语料

神经机器翻译系统的训练需要大量的双语数据，本节汇总了一些公开的平行语料，方便读者获取。

News Commentary Corpus。包括汉语、英语等 12 个语种，64 个语言对的双语数据，爬取自 Project Syndicate 网站的政治、经济评论。

CWMT Corpus。中国计算机翻译研讨会社区收集和共享的中英平行语料，涵盖多个领域，如新闻、电影字幕、小说和政府文档等。

Common Crawl Corpus。包括捷克语、德语、俄语、法语 4 种语言到英语的双语数据，爬取自互联网网页。

Europarl Corpus。包括保加利亚语、捷克语等 20 种欧洲语言到英语的双语数据，来源于欧洲议会记录。

ParaCrawl Corpus。包括 23 种欧洲语言到英语的双语语料，数据来源于网络爬取。

United Nations Parallel Corpus。包括阿拉伯语、英语、西班牙语、法语、俄语、汉语 6 种联合国正式语言，30 种语言对的双语数据，来源于联合国公共领域的官方记录和其他会议文件。

TED Corpus。TED 大会在其网站公布了自 2007 年以来的演讲字幕，以及超过 100 种语言的翻译版本。WIT 收集并整理了这些数据，以方便科研工作者使用。同时，为每年的 IWSLT 评测比赛提供评测数据集。

OpenSubtitle。由 P. Lison 和 J. Tiedemann 收集自 OpenSubtitles 电影字幕网站，包含 62 种语言、1782 个语种对的平行语料，资源相对比较丰富。

Wikititles Corpus。包括古吉拉特语等 14 个语种，11 个语言对的双语数据，数据来自维基百科的标题。

CzEng。捷克语和英语的平行语料，数据来自欧洲法律、信息技术和小说领域。

Yandex Corpus。俄语和英语的平行语料，数据爬取自互联网网页。

Tilde MODEL Corpus。欧洲语言的多语言开放数据，包含多个数据集，数据来自经济、新闻、政府、旅游等门户网站。

Setimes Corpus。包括克罗地亚语、阿尔巴尼亚等 9 种巴尔干语言，72 个语言对的双语数据，数据来自东南欧时报的新闻报道。

TVsub。收集来自电视剧集字幕的中英文对话语料，包含超过 200 万的句对，可用于对话领域和长距离上下文信息的研究。

Recipe Corpus。由 Cookpad 公司创建的日英食谱语料库，包含 10 万多个句对。

附录 C

C.1 IBM 模型 2 的训练方法

IBM 模型 2 与 IBM 模型 1 的训练过程完全一样，本质上都是基于 EM 方法，因此可以复用第 5 章中训练模型 1 的流程。对于源语言句子 $s = \{s_1, \cdots, s_m\}$ 和目标语言句子 $t = \{t_1, \cdots, t_l\}$，E-Step 的计算公式如下：

$$c(s_u|t_v; s, t) = \sum_{j=1}^{m} \sum_{i=0}^{l} \frac{f(s_u|t_v)a(i|j, m, l)\delta(s_j, s_u)\delta(t_i, t_v)}{\sum_{k=0}^{l} f(s_u|t_k)a(k|j, m, l)} \tag{C.1}$$

$$c(i|j, m, l; s, t) = \frac{f(s_j|t_i)a(i|j, m, l)}{\sum_{k=0}^{l} f(s_j|t_k)a(k, j, m, l)} \tag{C.2}$$

M-Step 的计算公式如下：

$$f(s_u|t_v) = \frac{c(s_u|t_v; s, t)}{\sum_{s'_u} c(s'_u|t_v; s, t)} \tag{C.3}$$

$$a(i|j, m, l) = \frac{c(i|j, m, l; s, t)}{\sum_{i'} c(i'|j, m, l; s, t)} \tag{C.4}$$

其中，$f(s_u|t_v)$ 与 IBM 模型 1 中的一样，表示目标语言单词 t_v 到源语言单词 s_u 的翻译概率，$a(i|j, m, l)$ 表示调序概率。

对于由 K 个样本组成的训练集 $\{(s^{[1]}, t^{[1]}), \cdots, (s^{[K]}, t^{[K]})\}$，可以将 M-Step 的计算调整为

$$f(s_u|t_v) = \frac{\sum_{k=1}^{K} c(s_u|t_v; s^{[k]}, t^{[k]})}{\sum_{s'_u} \sum_{k=1}^{K} c(s'_u|t_v; s^{[k]}, t^{[k]})} \tag{C.5}$$

$$a(i|j, m, l) = \frac{\sum_{k=1}^{K} c(i|j, m^{[k]}, l^{[k]}; s^{[k]}, t^{[k]})}{\sum_{i'} \sum_{k=1}^{K} c(i'|j, m^{[k]}, l^{[k]}; s^{[k]}, t^{[k]})} \tag{C.6}$$

其中，$m^{[k]} = |s^{[k]}|$，$l^{[k]} = |t^{[k]}|$。

C.2 IBM 模型 3 的训练方法

IBM 模型 3 采用与 IBM 模型 1 和 IBM 模型 2 相同的参数估计方法，辅助函数被定义为

$$
\begin{aligned}
h(t,d,n,p,\lambda,\mu,\nu,\zeta) = & P_\theta(s|t) - \sum_{t_v} \lambda_{t_v} \Big(\sum_{s_u} t(s_u|t_v) - 1 \Big) \\
& - \sum_i \mu_{iml} \Big(\sum_j d(j|i,m,l) - 1 \Big) \\
& - \sum_{t_v} \nu_{t_v} \Big(\sum_\varphi n(\varphi|t_v) - 1 \Big) - \zeta(p_0 + p_1 - 1)
\end{aligned}
\tag{C.7}
$$

这里略去推导步骤，直接给出不同参数对应的期望频次的计算公式：

$$
c(s_u|t_v,s,t) = \sum_a \Big[P_\theta(s,a|t) \times \sum_{j=1}^m (\delta(s_j,s_u) \cdot \delta(t_{a_j},t_v)) \Big]
\tag{C.8}
$$

$$
c(j|i,m,l;s,t) = \sum_a \Big[P_\theta(s,a|t) \times \delta(i,a_j) \Big]
\tag{C.9}
$$

$$
c(\varphi|t_v;s,t) = \sum_a \Big[P_\theta(s,a|t) \times \sum_{i=1}^l \delta(\varphi,\varphi_i)\delta(t_v,t_i) \Big]
\tag{C.10}
$$

$$
c(0|s,t) = \sum_a \Big[P_\theta(s,a|t) \times (m - 2\varphi_0) \Big]
\tag{C.11}
$$

$$
c(1|s,t) = \sum_a \Big[P_\theta(s,a|t) \times \varphi_0 \Big]
\tag{C.12}
$$

更进一步，对于由 K 个样本组成的训练集，有

$$
t(s_u|t_v) = \lambda_{t_v}^{-1} \times \sum_{k=1}^K c(s_u|t_v; s^{[k]}, t^{[k]})
\tag{C.13}
$$

$$
d(j|i,m,l) = \mu_{iml}^{-1} \times \sum_{k=1}^K c(j|i,m,l; s^{[k]}, t^{[k]})
\tag{C.14}
$$

$$
n(\varphi|t_v) = \nu_{t_v}^{-1} \times \sum_{k=1}^K c(\varphi|t_v; s^{[k]}, t^{[k]})
\tag{C.15}
$$

$$
p_x = \zeta^{-1} \sum_{k=1}^K c(x; s^{[k]}, t^{[k]})
\tag{C.16}
$$

由于繁衍率的引入，IBM 模型 3 并不能像模型 1 那样，通过简单的数学技巧加速参数估计的过程（见第 5 章）。因此，在计算式 (C.8) ~ 式(C.12) 时，我们不得不面对大小为 $(l+1)^m$ 的词对

齐空间。遍历所有 $(l+1)^m$ 个词对齐所带来的高时间复杂度显然是不能被接受的。因此，就要考虑能否仅利用词对齐空间中的部分词对齐对这些参数进行估计。比较简单的方法是仅使用 Viterbi 词对齐进行参数估计，这里 Viterbi 词对齐可以被看作搜索到的最好词对齐。遗憾的是，在 IBM 模型 3 中，并没有方法能直接获得 Viterbi 词对齐，因此只能采用一种折中的策略，即仅考虑那些使得 $P_\theta(s,a|t)$ 达到较高值的词对齐。这里把这部分词对齐组成的集合记为 S。以式 (C.8) 为例，它可以被修改为

$$c(s_u|t_v,s,t) \approx \sum_{a \in S}[P_\theta(s,a|t) \times \sum_{j=1}^m (\delta(s_j,s_u) \cdot \delta(t_{a_j},t_v))] \tag{C.17}$$

可以以同样的方式修改式 (C.9) ～ 式 (C.12) 的结果。在 IBM 模型 3 中，可以定义 S 为

$$S = N(b^\infty(V(s|t;2))) \cup (\bigcup_{ij} N(b_{i \leftrightarrow j}^\infty(V_{i \leftrightarrow j}(s|t;2)))) \tag{C.18}$$

为了理解式 (C.18)，先介绍几个概念。

- $V(s|t)$ 表示 Viterbi 词对齐，$V(s|t;1)$、$V(s|t;2)$ 和 $V(s|t;3)$ 分别对应了 IBM 模型 1、IBM 模型 2 和 IBM 模型 3 的 Viterbi 词对齐。
- 把那些满足第 j 个源语言单词对应第 i 个目标语言单词（$a_j = i$）的词对齐构成的集合记为 $a_{i \leftrightarrow j}(s,t)$。通常，称这些对齐中 j 和 i 被"钉"在了一起。在 $a_{i \leftrightarrow j}(s,t)$ 中，使 $P(s,a|t)$ 达到最大的那个词对齐被记为 $V_{i \leftrightarrow j}(s|t)$。
- 如果两个词对齐，通过交换两个词对齐连接就能互相转化，则称它们为邻居。一个词对齐 a 的所有邻居记为 $N(a)$。

在式 (C.18) 中，应该使用 $V(s|t;3)$ 和 $V_{i \leftrightarrow j}(s|t;3)$ 进行计算，但其复杂度较高，因此使用 $b^\infty(V(s|t;2))$ 和 $b_{i \leftrightarrow j}^\infty(V_{i \leftrightarrow j}(s|t;2))$ 分别对 $V(s|t;3)$ 和 $V_{i \leftrightarrow j}(s|t;3)$ 进行估计。在计算 S 的过程中，需要知道一个对齐 a 的邻居 a' 的概率，即通过 $P_\theta(a,s|t)$ 计算 $P_\theta(a',s|t)$。在 IBM 模型 3 中，如果 a 和 a' 仅区别于某个源语言单词 s_j，对齐从 a_j 变到 a'_j，且 a_j 和 a'_j 均不为零，令 $a_j = i$，$a'_j = i'$，那么

$$P_\theta(a',s|t) = P_\theta(a,s|t) \cdot \frac{\varphi_{i'}+1}{\varphi_i} \cdot \frac{n(\varphi_{i'}+1|t_{i'})}{n(\varphi_{i'}|t_{i'})} \cdot \frac{n(\varphi_i-1|t_i)}{n(\varphi_i|t_i)} \cdot \frac{t(s_j|t_{i'})}{t(s_j|t_i)} \cdot \frac{d(j|i',m,l)}{d(j|i,m,l)} \tag{C.19}$$

如果 a 和 a' 区别于两个位置 j_1 和 j_2 的对齐，即 $a_{j_1} = a'_{j_2}$ 且 $a_{j_2} = a'_{j_1}$，那么

$$P_\theta(a',s|t) = P_\theta(a,s|t) \cdot \frac{t(s_{j_1}|t_{a_{j_2}})}{t(s_{j_1}|t_{a_{j_1}})} \cdot \frac{t(s_{j_2}|t_{a_{j_1}})}{t(s_{j_2}|t_{a_{j_2}})} \cdot \frac{d(j_1|a_{j_2},m,l)}{d(j_1|a_{j_1},m,l)} \cdot \frac{d(j_2|a_{j_1},m,l)}{d(j_2|a_{j_2},m,l)} \tag{C.20}$$

与整个词对齐空间相比，S 只是一个非常小的子集，因此计算时间还可以被大大降低。可以

看出，IBM 模型 3 的参数估计过程是建立在 IBM 模型 1 和 IBM 模型 2 的参数估计结果上的。这不仅因为 IBM 模型 3 要利用 IBM 模型 2 的 Viterbi 对齐，还因为 IBM 模型 3 参数的初值也要直接利用 IBM 模型 2 的参数。从这个角度看，IBM 模型 1 ~ IBM 模型 3 都是有序的且向前依赖的。单独对 IBM 模型 3 的参数进行估计是较困难的。实际上，IBM 模型 4 和 IBM 模型 5 也具有这样的性质，即它们都可以用前一个模型的参数估计的结果作为自身参数的初始值。

C.3 IBM 模型 4 的训练方法

IBM 模型 4 的参数估计基本与 IBM 模型 3 一致，需要修改的是扭曲度的估计公式，目标语言的第 i 个 cept. 生成的第一个单词为（假设有 K 个训练样本）

$$d_1(\Delta_j|ca,cb) = \mu_{1cacb}^{-1} \times \sum_{k=1}^{K} c_1(\Delta_j|ca,cb;s^{[k]},t^{[k]}) \tag{C.21}$$

其中，

$$c_1(\Delta_j|ca,cb;s,t) = \sum_a [P_\theta(s,a|t) \times z_1(\Delta_j|ca,cb;a,s,t)] \tag{C.22}$$

$$z_1(\Delta_j|ca,cb;a,s,t) = \sum_{i=1}^{l} [\varepsilon(\varphi_i) \cdot \delta(\pi_{i1} - \odot_i, \Delta_j) \cdot$$
$$\delta(A(t_{i-1}),ca) \cdot \delta(B(\tau_{i1}),cb)] \tag{C.23}$$

且

$$\varepsilon(x) = \begin{cases} 0 & x \leqslant 0 \\ 1 & x > 0 \end{cases} \tag{C.24}$$

对于目标语言的第 i 个 cept. 生成的其他单词（非第一个单词），可以得到

$$d_{>1}(\Delta_j|cb) = \mu_{>1cb}^{-1} \times \sum_{k=1}^{K} c_{>1}(\Delta_j|cb;s^{[k]},t^{[k]}) \tag{C.25}$$

其中，

$$c_{>1}(\Delta_j|cb;s,t) = \sum_a [P_\theta(s,a|t) \times z_{>1}(\Delta_j|cb;a,s,t)] \tag{C.26}$$

$$z_{>1}(\Delta_j|cb;a,s,t) = \sum_{i=1}^{l} [\varepsilon(\varphi_i - 1) \sum_{k=2}^{\varphi_i} \delta(\pi_{[i]k} - \pi_{[i]k-1}, \Delta_j) \cdot$$

$$\delta(B(\tau_{[i]k}), cb)] \tag{C.27}$$

这里，ca 和 cb 分别表示目标语言和源语言的某个词类。注意，在式 (C.23) 和式 (C.27) 中，求和操作 $\sum_{i=1}^{l}$ 是从 $i=1$ 开始计算的，而不是从 $i=0$。这实际上与 IBM 模型 4 的定义相关，因为 $d_1(j - \odot_{i-1}|A(t_{[i-1]}), B(s_j))$ 和 $d_{>1}(j - \pi_{[i]k-1}|B(s_j))$ 是从 $[i] > 0$ 开始定义的，详细信息可以参考第 6 章的内容。

IBM 模型 4 需要像 IBM 模型 3 那样，通过定义一个词对齐集合 S，使每次训练迭代都在 S 上进行，进而降低运算量。IBM 模型 4 中 S 的定义为

$$S = N(\tilde{b}^{\infty}(V(s|t;2))) \cup (\bigcup_{ij} N(\tilde{b}_{i\leftrightarrow j}^{\infty}(V_{i\leftrightarrow j}(s|t;2)))) \tag{C.28}$$

对于一个对齐 a，可用 IBM 模型 3 对它的邻居进行排名，即按 $P_\theta(b(a)|s,t;3)$ 排序，其中 $b(a)$ 表示 a 的邻居。$\tilde{b}(a)$ 表示这个排名表中满足 $P_\theta(a'|s,t;4) > P_\theta(a|s,t;4)$ 的最高排名的 a'。同理，可知 $\tilde{b}_{i\leftrightarrow j}^{\infty}(a)$ 的意义。这里，之所以不用 IBM 模型 3 中采用的方法，而是直接利用 $b^{\infty}(a)$ 得到 IBM 模型 4 中高概率的对齐，是因为要想在 IBM 模型 4 中获得某个对齐 a 的邻居 a'，必须做很大调整，如调整 $\tau_{[i]1}$ 和 $\odot_i$ 等。这个过程比 IBM 模型 3 的相应过程复杂得多。因此，在 IBM 模型 4 中，只能借助 IBM 模型 3 的中间步骤进行参数估计。

C.4 IBM 模型 5 的训练方法

IBM 模型 5 的参数估计过程和 IBM 模型 4 的基本一致，二者的区别在于扭曲度的估计公式。在 IBM 模型 5 中，目标语言的第 i 个 cept. 生成的第一个单词为（假设有 K 个训练样本）

$$d_1(\Delta_j|cb) = \mu_{1cb}^{-1} \times \sum_{k=1}^{K} c_1(\Delta_j|cb; s^{[k]}, t^{[k]}) \tag{C.29}$$

其中，

$$c_1(\Delta_j|cb, v_x, v_y; s, t) = \sum_{a} [P(s,a|t) \times z_1(\Delta_j|cb, v_x, v_y; a, s, t)] \tag{C.30}$$

$$z_1(\Delta_j|cb, v_x, v_y; a, s, t) = \sum_{i=1}^{l} \Big[\varepsilon(\varphi_i) \cdot \delta(v_{\pi_{i1}}, \Delta_j) \cdot \delta(v_{\odot_{i-1}}, v_x)$$
$$\cdot \delta(v_m - \varphi_i + 1, v_y) \cdot \delta(v_{\pi_{i1}}, v_{\pi_{i1}-1})\Big] \tag{C.31}$$

目标语言的第 i 个 cept. 生成的其他单词（非第 1 个单词）为

$$d_{>1}(\Delta_j|cb,v) = \mu_{>1cb}^{-1} \times \sum_{k=1}^{K} c_{>1}(\Delta_j|cb,v;s^{[k]},t^{[k]}) \tag{C.32}$$

其中，

$$c_{>1}(\Delta_j|cb,v;s,t) = \sum_{a}[P(a,s|t) \times z_{>1}(\Delta_j|cb,v;a,s,t)] \tag{C.33}$$

$$\begin{aligned}
z_{>1}(\Delta_j|cb,v;a,s,t) = \sum_{i=1}^{l}[\varepsilon(\varphi_i-1) \sum_{k=2}^{\varphi_i}[\delta(v_{\pi_{ik}}-v_{\pi_{[i]k}-1},\Delta_j) \\
\cdot \delta(B(\tau_{[i]k}),cb) \cdot \delta(v_m-v_{\pi_{i(k-1)}}-\varphi_i+k,v) \\
\cdot \delta(v_{\pi_{i1}},v_{\pi_{i1}-1})]]
\end{aligned} \tag{C.34}$$

从式 (C.30) 中可以看出，因子 $\delta(v_{\pi_{i1}},v_{\pi_{i1}-1})$ 保证了即使对齐 a 不合理（一个源语言位置对应多个目标语言位置），也可以避免在这个不合理的对齐上计算结果。也就是因子 $\delta(v_{\pi_{p1}},v_{\pi_{p1}-1})$ 确保了 a 中不合理的部分不产生坏的影响，而 a 中其他正确的部分仍会参与迭代。

不过，上面的参数估计过程与 IBM 模型 1～IBM 模型 4 的参数估计过程并不完全一样。IBM 模型 1～IBM 模型 4 在每次迭代中，可以在给定 s、t 和一个对齐 a 的情况下直接计算并更新参数。但是在 IBM 模型 5 的参数估计过程中（如式 (C.30)），需要模拟出由 t 生成 s 的过程，才能得到正确的结果，因为从 t、s 和 a 中是不能直接得到正确结果的。具体来说，就是要从目标语言句子的第一个单词开始到最后一个单词结束，依次生成每个目标语言单词对应的源语言单词，每处理完一个目标语言单词就要暂停，然后才能计算式 (C.30) 中求和符号里的内容。

从前面的分析可以看出，虽然 IBM 模型 5 比 IBM 模型 4 更精确，但是 IBM 模型 5 过于复杂，以至于给参数估计增加了计算量（对于每组 t、s 和 a，都要模拟 t 生成 s 的翻译过程）。因此，IBM 模型 5 的系统实现是一个挑战。

IBM 模型 5 同样需要定义一个词对齐集合 S，使得每次迭代都在 S 上进行。可以对 S 进行如下定义

$$S = N(\tilde{\tilde{b}}^{\infty}(V(s|t;2))) \cup (\bigcup_{ij} N(\tilde{\tilde{b}}_{i\leftrightarrow j}^{\infty}(V_{i\leftrightarrow j}(s|t;2)))) \tag{C.35}$$

其中，$\tilde{b}(a)$ 借用了 IBM 模型 4 中 $\tilde{b}(a)$ 的概念。不过，$\tilde{\tilde{b}}(a)$ 表示在利用 IBM 模型 3 进行排名的列表中满足 $P_\theta(a'|s,t;5)$ 的最高排名的词对齐，这里 a' 表示 a 的邻居。

参考文献

[1] 慧立, 彦悰, 道宣. 大慈恩寺三藏法师傳: 第 2 卷[M]. 北京: 中华书局, 2000.

[2] 中国翻译协会. 2019 中国语言服务行业发展报告[M]. 北京: 中国翻译协会, 2019.

[3] 赵军峰, 姚恺璇. 深化改革探讨创新推进发展——全国翻译专业学位研究生教育 2019 年会综述[C]//北京: 中国翻译, 2019.

[4] Knowlson J. Universal language schemes in england and france 1600-1800[M]. [S.l.]: University of Toronto Press, 1975.

[5] SHANNON C E. A mathematical theory of communication[C]//volume 27. [S.l.]: Bell System Technical Journal, 1948: 379-423.

[6] Shannon C E, Weaver W. The mathematical theory of communication[C]//volume 13. [S.l.]: IEEE Transactions on Instrumentation and Measurement, 1949.

[7] WEAVER W. Translation[C]//volume 14. [S.l.]: Machine translation of languages, 1955: 10.

[8] CHOMSKY N. Syntactic structures[C]//volume 33. [S.l.]: Language, 1957.

[9] BROWN P F, COCKE J, PIETRA S D, et al. A statistical approach to machine translation[C]//volume 16. [S.l.]: Computational Linguistics, 1990: 79-85.

[10] BROWN P F, PIETRA S D, PIETRA V J D, et al. The mathematics of statistical machine translation: Parameter estimation[C]//volume 19. [S.l.]: Computational Linguistics, 1993: 263-311.

[11] NAGAO M. A framework of a mechanical translation between japanese and english by analogy principle[C]// [S.l.]: Artificial and human intelligence, 1984: 351-354.

[12] SATO S, NAGAO M. Toward memory-based translation[C]//[S.l.]: International Conference on Computational Linguistics, 1990: 247-252.

[13] NIRENBURG S. Knowledge-based machine translation[C]//volume 4. [S.l.]: Machine Translation, 1989: 5-24.

[14] HUTCHINS W J. Machine translation: past, present, future[M]. [S.l.]: Ellis Horwood Chichester, 1986.

[15] ZARECHNAK M. The history of machine translation[C]//volume 1979. [S.l.]: Machine Translation, 1979: 1-87.

[16] 冯志伟. 机器翻译研究[M]. 北京: 中国对外翻译出版公司, 2004.

[17] JURAFSKY D, MARTIN J H. Speech and language processing: an introduction to natural language processing, computational linguistics, and speech recognition, 2nd edition[M]. [S.l.]: Prentice Hall, Pearson Education International, 2009.

[18] 王宝库, 张中义, 姚天顺. 机器翻译系统中一种规则描述语言 (CTRDL)[C]//第 5 卷. 北京: 中文信息学报, 1991.

[19] 唐泓英, 姚天顺. 基于搭配词典的词汇语义驱动算法[C]//第 6 卷. 北京: 软件学报, 1995: 78-85.

[20] Gale W A, Church K W. A program for aligning sentences in bilingual corpora[C]//volume 19. [S.l.]: Computational Linguistics, 1993: 75-102.

[21] SUTSKEVER I, VINYALS O, LE Q V. Sequence to sequence learning with neural networks[C]//[S.l.]: Advances in Neural Information Processing Systems, 2014: 3104-3112.

[22] BAHDANAU D, CHO K, BENGIO Y. Neural machine translation by jointly learning to align and translate [C]//[S.l.]: International Conference on Learning Representations, 2015.

[23] Vaswani A, Shazeer N, Parmar N, et al. Attention is all you need[C]//[S.l.]: International Conference on Neural Information Processing, 2017: 5998-6008.

[24] GEHRING J, AULI M, GRANGIER D, et al. Convolutional sequence to sequence learning[C]//volume 70. [S.l.]: International Conference on Machine Learning, 2017: 1243-1252.

[25] LUONG T, PHAM H, MANNING C D. Effective approaches to attention-based neural machine translation [C]//[S.l.]: Conference on Empirical Methods in Natural Language Processing, 2015: 1412-1421.

[26] KOEHN P. Statistical machine translation[M]. [S.l.]: Cambridge University Press, 2010.

[27] KOEHN P. Neural machine translation[M]. [S.l.]: Cambridge University Press, 2020.

[28] MANNING C D, MANNING C D, SCHÜTZE H. Foundations of statistical natural language processing[M]. [S.l.]: Massachusetts Institute of Technology Press, 1999.

[29] 宗成庆. 统计自然语言处理: 第 2 版[M]. 北京: 清华大学出版社, 2013.

[30] GOODFELLOW I J, BENGIO Y, COURVILLE A C. Deep learning[M]. [S.l.]: MIT Press, 2016.

[31] GOLDBERG Y. Neural network methods for natural language processing[C]//volume 10. [S.l.]: Synthesis Lectures on Human Language Technologies, 2017: 1-309.

[32] 周志华. 机器学习[M]. 北京: 清华大学出版社, 2016.

[33] 李航. 统计学习方法: 第 2 版[M]. 北京: 清华大学出版社, 2019.

[34] 邱锡鹏. 神经网络与深度学习[M]. 北京: 机械工业出版社, 2020.

[35] 魏宗舒. 概率论与数理统计教程: 第 2 版[M]. 北京: 高等教育出版社, 2011.

[36] KOLMOGOROV A N, BHARUCHA-REID A T. Foundations of the theory of probability: Second english edition[M]. [S.l.]: Courier Dover Publications, 2018.

[37] 刘克. 实用马尔可夫决策过程[M]. 北京: 清华大学出版社, 2004.

[38] BARBOUR A, RESNICK S. Adventures in stochastic processes.[C]//volume 88. [S.l.]: Journal of the American Statistical Association, 1993: 1474.

[39] GOOD I J. The population frequencies of species and the estimation of population parameters[C]//volume 40. [S.l.]: Biometrika, 1953: 237-264.

[40] GALE W A, SAMPSON G. Good-turing frequency estimation without tears[C]//volume 2. [S.l.]: Journal of Quantitative Linguistics, 1995: 217-237.

[41] KNESER R, NEY H. Improved backing-off for m-gram language modeling[C]//[S.l.]: International Conference on Acoustics, Speech, and Signal Processing, 1995: 181-184.

[42] CHEN S F, GOODMAN J. An empirical study of smoothing techniques for language modeling[C]//volume 13. [S.l.]: Computer Speech & Language, 1999: 359-393.

[43] NEY H, ESSEN U. On smoothing techniques for bigram-based natural language modelling[C]//[S.l.]: International Conference on Acoustics, Speech, and Signal Processing, 1991: 825-828.

[44] NEY H, ESSEN U, KNESER R. On structuring probabilistic dependences in stochastic language modelling [C]//volume 8. [S.l.]: Computer Speech & Language, 1994: 1-38.

[45] Heafield K. Kenlm: Faster and smaller language model queries[C]//[S.l.]: Annual Meeting of the Association for Computational Linguistics, 2011: 187-197.

[46] STOLCKE A. SRILM-an extensible language modeling toolkit[C]//[S.l.]: International Conference on Spoken Language Processing, 2002.

[47] CORMEN T H, LEISERSON C E, RIVEST R L. Introduction to algorithms[M]. [S.l.]: The MIT Press and McGraw-Hill Book Company, 1989.

[48] EVEN S. Graph algorithms[M]. [S.l.]: Cambridge University Press, 2011.

[49] Tarjan R E. Depth-first search and linear graph algorithms[C]//volume 1. [S.l.]: SIAM Journal on Computing, 1972: 146-160.

[50] SABHARWAL A, SELMAN B. S. russell, p. norvig, artificial intelligence: A modern approach, third edition [C]//volume 175. [S.l.]: Artificial Intelligence, 2011: 935-937.

[51] Sahni S, Horowitz E. Fundamentals of computer algorithms[M]. [S.l.]: Computer Science Press, 1978.

[52] Hart P E, Nilsson N J, Raphael B. A formal basis for the heuristic determination of minimum cost paths[C]//volume 4. [S.l.]: IEEE Transactions on Systems Science and Cybernetics, 1968: 100-107.

[53] Lowerre B T. The harpy speech recognition system[M]. [S.l.]: Carnegie Mellon University, 1976.

[54] Bishop C M. Neural networks for pattern recognition[M]. [S.l.]: Oxford university press, 1995.

[55] Åström K J. Optimal control of markov processes with incomplete state information[C]//volume 10. [S.l.]: Journal of Mathematical Analysis and Applications, 1965: 174-205.

[56] Korf R E. Real-time heuristic search[C]//volume 42. [S.l.]: Artificial Intelligence, 1990: 189-211.

[57] HUANG L, ZHAO K, MA M. When to finish? optimal beam search for neural text generation (modulo beam size)[C]//[S.l.]: Annual Meeting of the Association for Computational Linguistics, 2017: 2134-2139.

[58] YANG Y, HUANG L, MA M. Breaking the beam search curse: A study of (re-)scoring methods and stopping criteria for neural machine translation[C]//[S.l.]: Annual Meeting of the Association for Computational Linguistics, 2018: 3054-3059.

[59] Jelinek F. Interpolated estimation of markov source parameters from sparse data[C]//[S.l.]: Pattern Recognition in Practice, 1980: 381-397.

[60] Katz S. Estimation of probabilities from sparse data for the language model component of a speech recognizer [C]//volume 35. [S.l.]: International Conference on Acoustics, Speech and Signal Processing, 1987: 400-401.

[61] Bell T C, Cleary J G, Witten I H. Text compression[M]. [S.l.]: Prentice Hall, 1990.

[62] Witten I, Bell T. The zero-frequency problem: estimating the probabilities of novel events in adaptive text compression[C]//volume 37. [S.l.]: IEEE Transactions on Information Theory, 1991: 1085-1094.

[63] Goodman J T. A bit of progress in language modeling[C]//volume 15. [S.l.]: Computer Speech & Language, 2001: 403-434.

[64] Kirchhoff K, Yang M. Improved language modeling for statistical machine translation[C]//[S.l.]: Annual Meeting of the Association for Computational Linguistics, 2005: 125-128.

[65] Sarikaya R, Deng Y. Joint morphological-lexical language modeling for machine translation[C]//[S.l.]: Annual Meeting of the Association for Computational Linguistics, 2007: 145-148.

[66] Koehn P, Hoang H. Factored translation models[C]//[S.l.]: Annual Meeting of the Association for Computational Linguistics, 2007: 868-876.

[67] Federico M, Cettolo M. Efficient handling of n-gram language models for statistical machine translation[C]// [S.l.]: Annual Meeting of the Association for Computational Linguistics, 2007: 88-95.

[68] Federico M, Bertoldi N. How many bits are needed to store probabilities for phrase-based translation?[C]// [S.l.]: Annual Meeting of the Association for Computational Linguistics, 2006: 94-101.

[69] Talbot D, Osborne M. Smoothed bloom filter language models: Tera-scale lms on the cheap[C]//[S.l.]: Annual Meeting of the Association for Computational Linguistics, 2007: 468-476.

[70] Talbot D, Osborne M. Randomised language modelling for statistical machine translation[C]//[S.l.]: Annual Meeting of the Association for Computational Linguistics, 2007: 512-519.

[71] Jing K, Xu J. A survey on neural network language models.[C]//[S.l.]: arXiv preprint arXiv:1906.03591, 2019.

[72] Bengio Y, Ducharme R, Vincent P, et al. A neural probabilistic language model[C]//volume 3. [S.l.]: Journal of Machine Learning Research, 2003: 1137-1155.

[73] MIKOLOV T, KARAFIÁT M, BURGET L, et al. Recurrent neural network based language model[C]//[S.l.]: International Speech Communication Association, 2010: 1045-1048.

[74] SUNDERMEYER M, SCHLÜTER R, NEY H. LSTM neural networks for language modeling[C]//[S.l.]: International Speech Communication Association, 2012: 194-197.

[75] OCH F J, UEFFING N, NEY H. An efficient a* search algorithm for statistical machine translation[C]//[S.l.]: Proceedings of the ACL Workshop on Data-Driven Methods in Machine Translation, 2001.

[76] WANG Y Y, WAIBEL A. Decoding algorithm in statistical machine translation[C]//[S.l.]: Morgan Kaufmann Publishers, 1997: 366-372.

[77] Tillmann C, Vogel S, Ney H, et al. A dp-based search using monotone alignments in statistical translation[C]//[S.l.]: Morgan Kaufmann Publishers, 1997: 289-296.

[78] Germann U, Jahr M, Knight K, et al. Fast decoding and optimal decoding for machine translation[C]//[S.l.]: Morgan Kaufmann Publishers, 2001: 228-235.

[79] Germann U. Greedy decoding for statistical machine translation in almost linear time[C]//[S.l.]: Annual Meeting of the Association for Computational Linguistics, 2003: 1-8.

[80] KOEHN P, HOANG H, BIRCH A, et al. Moses: Open source toolkit for statistical machine translation[C]//[S.l.]: Annual Meeting of the Association for Computational Linguistics, 2007.

[81] KOEHN P. Pharaoh: A beam search decoder for phrase-based statistical machine translation models[C]//volume 3265. [S.l.]: Springer, 2004: 115-124.

[82] Bangalore S, Riccardi G. A finite-state approach to machine translation[C]//[S.l.]: Annual Meeting of the Association for Computational Linguistics, 2001: 381-388.

[83] BANGALORE S, RICCARDI G. Stochastic finite-state models for spoken language machine translation[C]//volume 17. [S.l.]: Machine Translation, 2002: 165-184.

[84] Venugopal A, Zollmann A, Stephan V. An efficient two-pass approach to synchronous-cfg driven statistical mt[C]//[S.l.]: Annual Meeting of the Association for Computational Linguistics, 2007: 500-507.

[85] ZOLLMANN A, VENUGOPAL A, PAULIK M, et al. The syntax augmented MT (SAMT) system at the shared task for the 2007 ACL workshop on statistical machine translation[C]//[S.l.]: Annual Meeting of the Association for Computational Linguistics, 2007: 216-219.

[86] LIU Y, LIU Q, LIN S. Tree-to-string alignment template for statistical machine translation[C]//[S.l.]: Annual Meeting of the Association for Computational Linguistics, 2006.

[87] GALLEY M, GRAEHL J, KNIGHT K, et al. Scalable inference and training of context-rich syntactic translation models[C]//[S.l.]: Annual Meeting of the Association for Computational Linguistics, 2006.

[88] CHIANG D. A hierarchical phrase-based model for statistical machine translation[C]//[S.l.]: Annual Meeting of the Association for Computational Linguistics, 2005: 263-270.

[89] SENNRICH R, HADDOW B, BIRCH A. Neural machine translation of rare words with subword units[C]//[S.l.]: Annual Meeting of the Association for Computational Linguistics, 2016.

[90] 中国社会科学院语言研究所词典编辑室. 新华字典（第 11 版）[M]. 北京: 中国商务印书馆, 2011.

[91] 中国大辞典编纂处. 国语辞典[M]. 北京: 中国商务印书馆, 2011.

[92] 刘挺, 吴岩, 王开铸. 最大概率分词问题及其解法[C]//第 06 册. 哈尔滨: 哈尔滨工业大学学报, 1998: 37-41.

[93] 丁洁. 基于最大概率分词算法的中文分词方法研究[C]//第 21 册. 济南: 科技信息, 2010: I0075-I0075.

[94] BELLMAN R. Dynamic programming[C]//volume 153. [S.l.]: Science, 1966: 34-37.

[95] HUMPHREYS K, GAIZAUSKAS R J, AZZAM S, et al. University of sheffield: Description of the lasie-ii system as used for muc-7[M]. [S.l.]: Annual Meeting of the Association for Computational Linguistics, 1995.

[96] KRUPKA G, HAUSMAN K. Isoquest inc.: Description of the netowl™ extractor system as used for muc-7 [C]//[S.l.]: Annual Meeting of the Association for Computational Linguistics, 1998.

[97] BLACK W J, RINALDI F, MOWATT D. FACILE: description of the NE system used for MUC-7[C]//[S.l.]: Annual Meeting of the Association for Computational Linguistics, 1998.

[98] EDDY S R. Hidden markov models.[C]//volume 6. Current Opinion in Structural Biology, 1996: 361-5.

[99] LAFFERTY J D, MCCALLUM A, PEREIRA F C N. Conditional random fields: Probabilistic models for segmenting and labeling sequence data[C]//[S.l.]: proceedings of the Eighteenth International Conference on Machine Learning, 2001: 282-289.

[100] KAPUR J N. Maximum-entropy models in science and engineering[M]. [S.l.]: John Wiley & Sons, 1989.

[101] HEARST M A, DUMAIS S T, OSUNA E, et al. Support vector machines[C]//volume 13. [S.l.]: IEEE Intelligent Systems & Their Applications, 1998: 18-28.

[102] COLLOBERT R, WESTON J, BOTTOU L, et al. Natural language processing (almost) from scratch[C]// volume 12. [S.l.]: Journal of Machine Learning Research, 2011: 2493-2537.

[103] LAMPLE G, BALLESTEROS M, SUBRAMANIAN S, et al. Neural architectures for named entity recognition[C]//[S.l.]: Annual Meeting of the Association for Computational Linguistics, 2016: 260-270.

[104] BAUM L E, PETRIE T. Statistical inference for probabilistic functions of finite state markov chains[C]// volume 37. [S.l.]: Annals of Mathematical Stats, 1966: 1554-1563.

[105] BAUM L E, PETRIE T, SOULES G, et al. A maximization technique occurring in the statistical analysis of probabilistic functions of markov chains[C]//volume 41. [S.l.]: Annals of Mathematical Stats, 1970: 164-171.

[106] DEMPSTER A P, LAIRD N M, RUBIN D B. Maximum likelihood from incomplete data via the em algorithm [C]//volume 39. [S.l.]: Journal of the Royal Statistical Society: Series B (Methodological), 1977: 1-22.

[107] VITERBI A. Error bounds for convolutional codes and an asymptotically optimum decoding algorithm[C]// volume 13. [S.l.]: IEEE Transactions on Information Theory, 1967: 260-269.

[108] HARRINGTON P. 机器学习实战[C]//北京: 人民邮电出版社, 2013.

[109] NG A Y, JORDAN M I. On discriminative vs. generative classifiers: A comparison of logistic regression and naive bayes[C]//[S.l.]: MIT Press, 2001: 841-848.

[110] MANNING C D, SCHÜTZE H, RAGHAVAN P. Introduction to information retrieval[M]. [S.l.]: Cambridge university press, 2008.

[111] BERGER A, DELLA PIETRA S A, DELLA PIETRA V J. A maximum entropy approach to natural language processing[C]//volume 22. [S.l.]: Computational linguistics, 1996: 39-71.

[112] MITCHELL T. Machine learning[M]. [S.l.]: McCraw Hill, 1996.

[113] OCH F J, NEY H. Discriminative training and maximum entropy models for statistical machine translation [C]//[S.l.]: Annual Meeting of the Association for Computational Linguistics, 2002: 295-302.

[114] HUANG L. Coling 2008: Advanced dynamic programming in computational linguistics: Theory, algorithms and applications-tutorial notes[C]//[S.l.]: International Conference on Computational Linguistics, 2008.

[115] MOHRI M, PEREIRA F, RILEY M. Speech recognition with weighted finite-state transducers[M]//[S.l.]: Springer, 2008: 559-584.

[116] AHO A V, ULLMAN J D. The theory of parsing, translation, and compiling[M]. [S.l.]: Prentice-Hall Englewood Cliffs, NJ, 1973.

[117] BRANTS T. Tnt - A statistical part-of-speech tagger[C]//[S.l.]: Annual Meeting of the Association for Computational Linguistics, 2000: 224-231.

[118] TSURUOKA Y, TSUJII J. Chunk parsing revisited[C]//[S.l.]: Annual Meeting of the Association for Computational Linguistics, 2005: 133-140.

[119] LI S, WANG H, YU S, et al. News-oriented automatic chinese keyword indexing[C]//[S.l.]: Annual Meeting of the Association for Computational Linguistics, 2003: 92-97.

[120] CHOMSKY N. Lectures on government and binding: The pisa lectures[M]. [S.l.]: Walter de Gruyter, 1993.

[121] HUANG Z, XU W, YU K. Bidirectional lstm-crf models for sequence tagging[C]//[S.l.]: CoRR, 2015.

[122] CHIU J P, NICHOLS E. Named entity recognition with bidirectional lstm-cnns[C]//volume 4. [S.l.]: Transactions of the Association for Computational Linguistics, 2016: 357-370.

[123] GREGORIC A Z, BACHRACH Y, COOPE S. Named entity recognition with parallel recurrent neural networks[C]//[S.l.]: Annual Meeting of the Association for Computational Linguistics, 2018: 69-74.

[124] LI J, SUN A, HAN J, et al. A survey on deep learning for named entity recognition[C]//PP. [S.l.]: IEEE Transactions on Knowledge and Data Engineering, 2020: 1-1.

[125] DEVLIN J, CHANG M W, LEE K, et al. Bert: Pre-training of deep bidirectional transformers for language understanding[C]//[S.l.]: Annual Meeting of the Association for Computational Linguistics, 2019: 4171-4186.

[126] RADFORD A, NARASIMHAN K, SALIMANS T, et al. Improving language understanding by generative pre-training[C]//[S.l.: s.n.], 2018.

[127] CONNEAU A, KHANDELWAL K, GOYAL N, et al. Unsupervised cross-lingual representation learning at scale[C]//[S.l.]: Annual Meeting of the Association for Computational Linguistics, 2020: 8440-8451.

[128] PAPINENI K, ROUKOS S, WARD T, et al. Bleu: a method for automatic evaluation of machine translation [C]//[S.l.]: Annual Meeting of the Association for Computational Linguistics, 2002: 311-318.

[129] CHURCH K W, HOVY E H. Good applications for crummy machine translation[C]//volume 8. [S.l.]: Springer, 1993: 239-258.

[130] CARROLL J B. An experiment in evaluating the quality of translations[C]//volume 9. [S.l.]: Mech. Transl. Comput. Linguistics, 1966: 55-66.

[131] WHITE J S, O'CONNELL T A, O'MARA F E. The arpa mt evaluation methodologies: evolution, lessons, and future approaches[C]//[S.l.]: Proceedings of the First Conference of the Association for Machine Translation in the Americas, 1994.

[132] MILLER K J, VANNI M. Inter-rater agreement measures, and the refinement of metrics in the plato mt evaluation paradigm[C]//[S.l.]: The tenth Machine Translation Summit, 2005: 125-132.

[133] KING M, POPESCU-BELIS A, HOVY E. Femti: creating and using a framework for mt evaluation[C]//[S.l.]: Proceedings of MT Summit IX, New Orleans, LA, 2003: 224-231.

[134] PRZYBOCKI M A, PETERSON K, BRONSART S, et al. The NIST 2008 metrics for machine translation challenge - overview, methodology, metrics, and results[C]//volume 23. [S.l.]: Machine Translation, 2009: 71-103.

[135] REEDER F. Direct application of a language learner test to mt evaluation[C]//[S.l.]: Proceedings of AMTA, 2006.

[136] CALLISON-BURCH C, FORDYCE C S, KOEHN P, et al. (meta-) evaluation of machine translation[C]//[S.l.]: Annual Meeting of the Association for Computational Linguistics, 2007: 136-158.

[137] CALLISON-BURCH C, KOEHN P, MONZ C, et al. Findings of the 2012 workshop on statistical machine translation[C]//[S.l.]: Annual Meeting of the Association for Computational Linguistics, 2012: 10-51.

[138] LOPEZ A. Putting human assessments of machine translation systems in order[C]//[S.l.]: Annual Meeting of the Association for Computational Linguistics, 2012: 1-9.

[139] KOEHN P. Simulating human judgment in machine translation evaluation campaigns[C]//[S.l.]: International Workshop on Spoken Language Translation, 2012: 179-184.

[140] BOJAR O, CHATTERJEE R, FEDERMANN C, et al. Findings of the 2015 workshop on statistical machine translation[C]//[S.l.]: Annual Meeting of the Association for Computational Linguistics, 2015: 1-46.

[141] HUANG S, KNIGHT K. Machine translation: 15th china conference, ccmt 2019, nanchang, china, september 27–29, 2019, revised selected papers: volume 1104[M]. [S.l.]: Springer Nature, 2019.

[142] JURAFSKY D. Speech & language processing[M]. [S.l.]: Pearson Education India, 2000.

[143] TILLMANN C, VOGEL S, NEY H, et al. Accelerated dp based search for statistical translation[C]//[S.l.]: European Conference on Speech Communication and Technology, 1997.

[144] SNOVER M, DORR B, SCHWARTZ R, et al. A study of translation edit rate with targeted human annotation [C]//volume 200. [S.l.]: Proceedings of association for machine translation in the Americas, 2006.

[145] CHINCHOR N. MUC-4 evaluation metrics[C]//[S.l.]: Annual Meeting of the Association for Computational Linguistics, 1992: 22-29.

[146] CHIANG D, DENEEFE S, CHAN Y S, et al. Decomposability of translation metrics for improved evaluation and efficient algorithms[C]//[S.l.]: Annual Meeting of the Association for Computational Linguistics, 2008: 610-619.

[147] POST M. A call for clarity in reporting BLEU scores[C]//[S.l.]: Annual Meeting of the Association for Computational Linguistics, 2018: 186-191.

[148] BANERJEE S, LAVIE A. METEOR: an automatic metric for MT evaluation with improved correlation with human judgments[C]//[S.l.]: Annual Meeting of the Association for Computational Linguistics, 2005: 65-72.

[149] DENKOWSKI M J, LAVIE A. METEOR-NEXT and the METEOR paraphrase tables: Improved evaluation support for five target languages[C]//[S.l.]: Annual Meeting of the Association for Computational Linguistics, 2010: 339-342.

[150] DENKOWSKI M J, LAVIE A. Meteor 1.3: Automatic metric for reliable optimization and evaluation of machine translation systems[C]//[S.l.]: Annual Meeting of the Association for Computational Linguistics, 2011: 85-91.

[151] DENKOWSKI M J, LAVIE A. Meteor universal: Language specific translation evaluation for any target language[C]//[S.l.]: Annual Meeting of the Association for Computational Linguistics, 2014: 376-380.

[152] YU S. Automatic evaluation of output quality for machine translation systems[C]//volume 8. [S.l.]: Mach. Transl., 1993: 117-126.

[153] ZHOU M, WANG B, LIU S, et al. Diagnostic evaluation of machine translation systems using automatically constructed linguistic check-points[C]//[S.l.]: International Conference on Computational Linguistics, 2008: 1121-1128.

[154] ALBRECHT J, HWA R. A re-examination of machine learning approaches for sentence-level MT evaluation [C]//[S.l.]: Annual Meeting of the Association for Computational Linguistics, 2007.

[155] ALBRECHT J, HWA R. Regression for sentence-level MT evaluation with pseudo references[C]//[S.l.]: Annual Meeting of the Association for Computational Linguistics, 2007.

[156] LIU D, GILDEA D. Source-language features and maximum correlation training for machine translation evaluation[C]//[S.l.]: Annual Meeting of the Association for Computational Linguistics, 2007: 41-48.

[157] GIMÉNEZ J, MÀRQUEZ L. Heterogeneous automatic MT evaluation through non-parametric metric combinations[C]//[S.l.]: Annual Meeting of the Association for Computational Linguistics, 2008: 319-326.

[158] DREYER M, MARCU D. Hyter: Meaning-equivalent semantics for translation evaluation[C]//[S.l.]: Annual Meeting of the Association for Computational Linguistics, 2012: 162-171.

[159] BOJAR O, MACHÁCEK M, TAMCHYNA A, et al. Scratching the surface of possible translations[C]//volume 8082. [S.l.]: Springer, 2013: 465-474.

[160] QIN Y, SPECIA L. Truly exploring multiple references for machine translation evaluation[C]//[S.l.]: European Association for Machine Translation, 2015.

[161] CHEN B, GUO H. Representation based translation evaluation metrics[C]//[S.l.]: Annual Meeting of the Association for Computational Linguistics, 2015: 150-155.

[162] SOCHER R, PENNINGTON J, HUANG E H, et al. Semi-supervised recursive autoencoders for predicting sentiment distributions[C]//[S.l.]: Annual Meeting of the Association for Computational Linguistics, 2011: 151-161.

[163] SOCHER R, PERELYGIN A, WU J, et al. Recursive deep models for semantic compositionality over a sentiment treebank[C]//[S.l.]: Annual Meeting of the Association for Computational Linguistics, 2013: 1631-1642.

[164] MIKOLOV T, CHEN K, CORRADO G, et al. Efficient estimation of word representations in vector space [C]//[S.l.]: arXiv preprint arXiv:1301.3781, 2013.

[165] LE Q, MIKOLOV T. Distributed representations of sentences and documents[C]//[S.l.]: International conference on machine learning, 2014: 1188-1196.

[166] ATHIWARATKUN B, WILSON A G. Multimodal word distributions[C]//[S.l.]: Annual Meeting of the Association for Computational Linguistics, 2017: 1645-1656.

[167] PETERS M, NEUMANN M, IYYER M, et al. Deep contextualized word representations[C]//[S.l.]: Annual Conference of the North American Chapter of the Association for Computational Linguistics, 2018: 2227-2237.

[168] PENNINGTON J, SOCHER R, MANNING C D. Glove: Global vectors for word representation[C]//[S.l.]: Annual Meeting of the Association for Computational Linguistics, 2014: 1532-1543.

[169] KIROS R, ZHU Y, SALAKHUTDINOV R R, et al. Skip-thought vectors[C]//[S.l.]: Advances in neural information processing systems, 2015: 3294-3302.

[170] MATSUO J, KOMACHI M, SUDOH K. Word-alignment-based segment-level machine translation evaluation using word embeddings[C]//abs/1704.00380. [S.l.]: CoRR, 2017.

[171] GUZMÁN F, JOTY S, MÀRQUEZ L, et al. Machine translation evaluation with neural networks[C]// volume 45. [S.l.]: Computer Speech & Language, 2017: 180-200.

[172] PEARSON K. Notes on the history of correlation[C]//volume 13. [S.l.]: Biometrika, 1920: 25-45.

[173] COUGHLIN D. Correlating automated and human assessments of machine translation quality[C]//[S.l.: s.n.], 2003.

[174] POPESCU-BELIS A. An experiment in comparative evaluation: humans vs. computers[C]//[S.l.]: Proceedings of the Ninth Machine Translation Summit. New Orleans, 2003.

[175] CULY C, RIEHEMANN S Z. The limits of n-gram translation evaluation metrics[C]//[S.l.]: MT Summit IX, 2003: 71-78.

[176] FINCH A, AKIBA Y, SUMITA E. Using a paraphraser to improve machine translation evaluation[C]//[S.l.]: International Joint Conference on Natural Language Processing, 2004.

[177] HAMON O, MOSTEFA D. The impact of reference quality on automatic MT evaluation[C]//[S.l.]: International conference on machine learning, 2008: 39-42.

[178] DODDINGTON G. Automatic evaluation of machine translation quality using n-gram co-occurrence statistics [C]//[S.l.]: Proceedings of the second international conference on Human Language Technology Research, 2002: 138-145.

[179] CALLISON-BURCH C, OSBORNE M, KOEHN P. Re-evaluation the role of bleu in machine translation research[C]//[S.l.]: 11th Conference of the European Chapter of the Association for Computational Linguistics, 2006.

[180] AKAIKE H. A new look at the statistical model identification[C]//volume 19. [S.l.]: IEEE, 1974: 716-723.

[181] EFRON B, TIBSHIRANI R. An introduction to the bootstrap[M]. [S.l.]: Springer, 1993.

[182] KOEHN P. Statistical significance tests for machine translation evaluation[C]//[S.l.]: ACL, 2004: 388-395.

[183] NOREEN E W. Computer-intensive methods for testing hypotheses[M]. [S.l.]: Wiley New York, 1989.

[184] RIEZLER S, III J T M. On some pitfalls in automatic evaluation and significance testing for MT[C]//[S.l.]: Annual Meeting of the Association for Computational Linguistics, 2005: 57-64.

[185] BERG-KIRKPATRICK T, BURKETT D, KLEIN D. An empirical investigation of statistical significance in NLP[C]//[S.l.]: Annual Meeting of the Association for Computational Linguistics, 2012: 995-1005.

[186] GAMON M, AUE A, SMETS M. Sentence-level mt evaluation without reference translations: Beyond language modeling[C]//[S.l.]: Proceedings of EAMT, 2005: 103-111.

[187] QUIRK C. Training a sentence-level machine translation confidence measure[C]//[S.l.]: European Language Resources Association, 2004.

[188] JONES D A, GIBSON E, SHEN W, et al. Measuring human readability of machine generated text: three case studies in speech recognition and machine translation[C]//[S.l.]: IEEE, 2005: 1009-1012.

[189] SCARTON C, ZAMPIERI M, VELA M, et al. Searching for context: a study on document-level labels for translation quality estimation[C]//[S.l.]: European Association for Machine Translation, 2015.

[190] FETTER P, DANDURAND F, REGEL-BRIETZMANN P. Word graph rescoring using confidence measures [C]//volume 1. [S.l.]: Proceeding of Fourth International Conference on Spoken Language Processing, 1996: 10-13.

[191] BIÇICI E. Referential translation machines for quality estimation[C]//[S.l.]: Annual Meeting of the Association for Computational Linguistics, 2013: 343-351.

[192] DE SOUZA J G C, BUCK C, TURCHI M, et al. Fbk-uedin participation to the WMT13 quality estimation shared task[C]//[S.l.]: Annual Meeting of the Association for Computational Linguistics, 2013: 352-358.

[193] BIÇICI E, WAY A. Referential translation machines for predicting translation quality[C]//[S.l.]: Annual Meeting of the Association for Computational Linguistics, 2014: 313-321.

[194] DE SOUZA J G C, GONZÁLEZ-RUBIO J, BUCK C, et al. Fbk-upv-uedin participation in the WMT14 quality estimation shared-task[C]//[S.l.]: Annual Meeting of the Association for Computational Linguistics, 2014: 322-328.

[195] ESPLÀ-GOMIS M, SÁNCHEZ-MARTÍNEZ F, FORCADA M L. Ualacant word-level machine translation quality estimation system at WMT 2015[C]//[S.l.]: Annual Meeting of the Association for Computational Linguistics, 2015: 309-315.

[196] KREUTZER J, SCHAMONI S, RIEZLER S. Quality estimation from scratch (QUETCH): deep learning for word-level translation quality estimation[C]//[S.l.]: Annual Meeting of the Association for Computational Linguistics, 2015: 316-322.

[197] MARTINS A F T, ASTUDILLO R F, HOKAMP C, et al. Unbabel's participation in the WMT16 word-level translation quality estimation shared task[C]//[S.l.]: Annual Meeting of the Association for Computational Linguistics, 2016: 806-811.

[198] CHEN Z, TAN Y, ZHANG C, et al. Improving machine translation quality estimation with neural network features[C]//[S.l.]: Annual Meeting of the Association for Computational Linguistics, 2017: 551-555.

[199] KREUTZER J, SCHAMONI S, RIEZLER S. Quality estimation from scratch (quetch): Deep learning for word-level translation quality estimation[C]//[S.l.]: Proceedings of the Tenth Workshop on Statistical Machine Translation, 2015: 316-322.

[200] SHAH K, LOGACHEVA V, PAETZOLD G, et al. SHEF-NN: translation quality estimation with neural networks[C]//[S.l.]: Annual Meeting of the Association for Computational Linguistics, 2015: 342-347.

[201] SCARTON C, BECK D, SHAH K, et al. Word embeddings and discourse information for quality estimation [C]//[S.l.]: Annual Meeting of the Association for Computational Linguistics, 2016: 831-837.

[202] ABDELSALAM A, BOJAR O, EL-BELTAGY S. Bilingual embeddings and word alignments for translation quality estimation[C]//[S.l.]: Annual Meeting of the Association for Computational Linguistics, 2016: 764-771.

[203] BASU P, PAL S, NASKAR S K. Keep it or not: Word level quality estimation for post-editing[C]//[S.l.]: Annual Meeting of the Association for Computational Linguistics, 2018: 759-764.

[204] QI H. NJU submissions for the WMT19 quality estimation shared task[C]//[S.l.]: Annual Meeting of the Association for Computational Linguistics, 2019: 95-100.

[205] ZHOU J, ZHANG Z, HU Z. SOURCE: source-conditional elmo-style model for machine translation quality estimation[C]//[S.l.]: Annual Meeting of the Association for Computational Linguistics, 2019: 106-111.

[206] HOKAMP C. Ensembling factored neural machine translation models for automatic post-editing and quality estimation[C]//[S.l.]: Annual Meeting of the Association for Computational Linguistics, 2017: 647-654.

[207] WANG Z, LIU H, CHEN H, et al. Niutrans submission for ccmt19 quality estimation task[C]//[S.l.]: Springer, 2019: 82-92.

[208] KEPLER F, TRÉNOUS J, TREVISO M, et al. Unbabel's participation in the wmt19 translation quality estimation shared task[C]//[S.l.: s.n.], 2019: 78-84.

[209] YANKOVSKAYA E, TÄTTAR A, FISHEL M. Quality estimation and translation metrics via pre-trained word and sentence embeddings[C]//[S.l.]: Annual Meeting of the Association for Computational Linguistics, 2019: 101-105.

[210] KIM H, LIM J H, KIM H K, et al. QE BERT: bilingual BERT using multi-task learning for neural quality estimation[C]//[S.l.]: Annual Meeting of the Association for Computational Linguistics, 2019: 85-89.

[211] HILDEBRAND S, VOGEL S. MT quality estimation: The CMU system for wmt'13[C]//[S.l.]: Annual Meeting of the Association for Computational Linguistics, 2013: 373-379.

[212] MARTINS A F, ASTUDILLO R, HOKAMP C, et al. Unbabel's participation in the wmt16 word-level translation quality estimation shared task[C]//[S.l.]: Proceedings of the First Conference on Machine Translation, 2016: 806-811.

[213] LIU D, GILDEA D. Syntactic features for evaluation of machine translation[C]//[S.l.]: Annual Meeting of the Association for Computational Linguistics, 2005: 25-32.

[214] GIMÉNEZ J, MÀRQUEZ L. Linguistic features for automatic evaluation of heterogenous MT systems[C]//[S.l.]: Annual Meeting of the Association for Computational Linguistics, 2007: 256-264.

[215] PADÓ S, CER D M, GALLEY M, et al. Measuring machine translation quality as semantic equivalence: A metric based on entailment features[C]//volume 23. [S.l.]: Machine Translation, 2009: 181-193.

[216] OWCZARZAK K, VAN GENABITH J, WAY A. Dependency-based automatic evaluation for machine translation[C]//[S.l.]: Annual Meeting of the Association for Computational Linguistics, 2007: 80-87.

[217] OWCZARZAK K, VAN GENABITH J, WAY A. Labelled dependencies in machine translation evaluation [C]//[S.l.]: Annual Meeting of the Association for Computational Linguistics, 2007: 104-111.

[218] YU H, WU X, XIE J, et al. RED: A reference dependency based MT evaluation metric[C]//[S.l.]: Annual Meeting of the Association for Computational Linguistics, 2014: 2042-2051.

[219] BANCHS R E, LI H. AM-FM: A semantic framework for translation quality assessment[C]//[S.l.]: Annual Meeting of the Association for Computational Linguistics, 2011: 153-158.

[220] REEDER F. Measuring mt adequacy using latent semantic analysis[C]//[S.l.]: Proceedings of the 7th Conference of the Association for Machine Translation of the Americas. Cambridge, Massachusetts, 2006: 176-184.

[221] KIU LO C, BELOUCIF M, SAERS M, et al. XMEANT: better semantic MT evaluation without reference translations[C]//[S.l.]: Annual Meeting of the Association for Computational Linguistics, 2014: 765-771.

[222] VILAR D, XU J, D'HARO L F, et al. Error analysis of statistical machine translation output[C]//[S.l.]: European Language Resources Association (ELRA), 2006: 697-702.

[223] POPOVIC M, BURCHARDT A, et al. From human to automatic error classification for machine translation output[C]//[S.l.]: European Association for Machine Translation, 2011.

[224] COSTA Â, LING W, LUÍS T, et al. A linguistically motivated taxonomy for machine translation error analysis [C]//volume 29. [S.l.]: Machine Translation, 2015: 127-161.

[225] LOMMEL A, BURCHARDT A, POPOVIC M, et al. Using a new analytic measure for the annotation and analysis of mt errors on real data[C]//[S.l.]: European Association for Machine Translation, 2014: 165-172.

[226] POPOVIC M, DE GISPERT A, GUPTA D, et al. Morpho-syntactic information for automatic error analysis of statistical machine translation output[C]//[S.l.]: Annual Meeting of the Association for Computational Linguistics, 2006: 1-6.

[227] POPOVIC M, NEY H. Word error rates: Decomposition over POS classes and applications for error analysis [C]//[S.l.]: Annual Meeting of the Association for Computational Linguistics, 2007: 48-55.

[228] GONZÁLEZ M, MASCARELL L, MÀRQUEZ L. tsearch: Flexible and fast search over automatic translations for improved quality/error analysis[C]//[S.l.]: Annual Meeting of the Association for Computational Linguistics, 2013: 181-186.

[229] KULESZA A, SHIEBER S. A learning approach to improving sentence-level mt evaluation[C]//[S.l.]: Proceedings of the 10th International Conference on Theoretical and Methodological Issues in Machine Translation, 2004.

[230] CORSTON-OLIVER S, GAMON M, BROCKETT C. A machine learning approach to the automatic evaluation of machine translation[C]//[S.l.]: Annual Meeting of the Association for Computational Linguistics, 2001: 148-155.

[231] ALBRECHT J S, HWA R. Regression for machine translation evaluation at the sentence level[C]//volume 22. [S.l.]: Springer, 2008: 1.

[232] DUH K. Ranking vs. regression in machine translation evaluation[C]//[S.l.]: Proceedings of the Third Workshop on Statistical Machine Translation, 2008: 191-194.

[233] CHEN B, GUO H, KUHN R. Multi-level evaluation for machine translation[C]//[S.l.]: Proceedings of the Tenth Workshop on Statistical Machine Translation, 2015: 361-365.

[234] OCH F J. Minimum error rate training in statistical machine translation[C]//[S.l.]: Annual Meeting of the Association for Computational Linguistics, 2003: 160-167.

[235] SHEN S, CHENG Y, HE Z, et al. Minimum risk training for neural machine translation[C]//[S.l.]: Annual Meeting of the Association for Computational Linguistics, 2016.

[236] HE X, DENG L. Maximum expected bleu training of phrase and lexicon translation models[C]//[S.l.]: Annual Meeting of the Association for Computational Linguistics, 2012: 292-301.

[237] FREITAG M, CASWELL I, ROY S. APE at scale and its implications on MT evaluation biases[C]//[S.l.]: Annual Meeting of the Association for Computational Linguistics, 2019: 34-44.

[238] BIÇICI E, GROVES D, VAN GENABITH J. Predicting sentence translation quality using extrinsic and language independent features[C]//volume 27. [S.l.]: Machine Translation, 2013: 171-192.

[239] BIÇICI E, LIU Q, WAY A. Referential translation machines for predicting translation quality and related statistics[C]//[S.l.]: Annual Meeting of the Association for Computational Linguistics, 2015: 304-308.

[240] KNIGHT K. Decoding complexity in word-replacement translation models[C]//volume 25. [S.l.]: Computational Linguistics, 1999: 607-615.

[241] SHANNON C E. Communication theory of secrecy systems[C]//volume 28. [S.l.]: Bell system technical journal, 1949: 656-715.

[242] OCH F J, NEY H. A systematic comparison of various statistical alignment models[C]//volume 29. [S.l.]: Computational Linguistics, 2003: 19-51.

[243] MOORE R C. Improving IBM word alignment model 1[C]//[S.l.]: Annual Meeting of the Association for Computational Linguistics, 2004: 518-525.

[244] 肖桐, 李天宁, 陈如山, 等. 面向统计机器翻译的重对齐方法研究[C]//第 24 卷. 北京: 中文信息学报, 2010.

[245] WU H, WANG H. Improving statistical word alignment with ensemble methods[C]//volume 3651. [S.l.]: International Joint Conference on Natural Language Processing, 2005: 462-473.

[246] WANG Y Y, WARD W. Grammar inference and statistical machine translation[C]//[S.l.]: Carnegie Mellon University, 1999.

[247] DAGAN I, CHURCH K W, GALE W. Robust bilingual word alignment for machine aided translation[C]//[S.l.]: Very Large Corpora, 1993.

[248] ITTYCHERIAH A, ROUKOS S. A maximum entropy word aligner for arabic-english machine translation [C]//[S.l.]: Annual Meeting of the Association for Computational Linguistics, 2005.

[249] GALE W A, CHURCH K W. Identifying word correspondences in parallel texts[C]//[S.l.]: Morgan Kaufmann, 1991.

[250] XIAO T, ZHU J. Unsupervised sub-tree alignment for tree-to-tree translation[C]//volume 48. [S.l.]: Journal of Artificial Intelligence Research, 2013: 733-782.

[251] LIANG P, TASKAR B, KLEIN D. Alignment by agreement[C]//[S.l.]: Annual Meeting of the Association for Computational Linguistics, 2006.

[252] DYER C, CHAHUNEAU V, SMITH N A. A simple, fast, and effective reparameterization of IBM model 2 [C]//[S.l.]: Annual Meeting of the Association for Computational Linguistics, 2013: 644-648.

[253] TASKAR B, LACOSTE-JULIEN S, KLEIN D. A discriminative matching approach to word alignment[C]// [S.l.]: Annual Meeting of the Association for Computational Linguistics, 2005: 73-80.

[254] FRASER A, MARCU D. Measuring word alignment quality for statistical machine translation[C]//volume 33. [S.l.]: Computational Linguistics, 2007: 293-303.

[255] DENERO J, KLEIN D. Tailoring word alignments to syntactic machine translation[C]//[S.l.]: Annual Meeting of the Association for Computational Linguistics, 2007.

[256] XIE P C D, SMALL K. All links are not the same: Evaluating word alignments for statistical machine translation[C]//[S.l.]: Machine Translation Summit XI, 2007.

[257] 黄书剑, 奚宁, 赵迎功, 等. 一种错误敏感的词对齐评价方法[C]//第 23 卷. 北京: 中文信息学报, 2009.

[258] FENG S, LIU S, LI M, et al. Implicit distortion and fertility models for attention-based encoder-decoder NMT model[C]//abs/1601.03317. [S.l.]: CoRR, 2016.

[259] UDUPA R, FARUQUIE T A, MAJI H K. An algorithmic framework for solving the decoding problem in statistical machine translation[C]//[S.l.]: International Conference on Computational Linguistics, 2004.

[260] RIEDEL S, CLARKE J. Revisiting optimal decoding for machine translation IBM model 4[C]//[S.l.]: Annual Meeting of the Association for Computational Linguistics, 2009.

[261] UDUPA R, MAJI H K. Computational complexity of statistical machine translation[C]//[S.l.]: Annual Meeting of the Association for Computational Linguistics, 2006.

[262] LEUSCH G, MATUSOV E, NEY H. Complexity of finding the bleu-optimal hypothesis in a confusion network[C]//[S.l.]: Annual Meeting of the Association for Computational Linguistics, 2008: 839-847.

[263] FLEMING N, KOLOKOLOVA A, NIZAMEE R. Complexity of alignment and decoding problems: restrictions and approximations[C]//volume 29. [S.l.]: Machine Translation, 2015: 163-187.

[264] VOGEL S, NEY H, TILLMANN C. Hmm-based word alignment in statistical translation[C]//[S.l.]: International Conference on Computational Linguistics, 1996: 836-841.

[265] D.C. B. Decentering distortion of lenses[C]//volume 32. [S.l.]: Photogrammetric Engineering, 1966: 444-462.

[266] CLAUS D, FITZGIBBON A W. A rational function lens distortion model for general cameras[C]//[S.l.]: IEEE Computer Society Conference on Computer Vision and Pattern Recognition, 2005: 213-219.

[267] GROS J Ž. Msd recombination method in statistical machine translation[C]//volume 1060. [S.l.]: American Institute of Physics, 2008: 186-189.

[268] XIONG D, LIU Q, LIN S. Maximum entropy based phrase reordering model for statistical machine translation[C]//[S.l.]: Annual Meeting of the Association for Computational Linguistics, 2006.

[269] OCH F J, NEY H. The alignment template approach to statistical machine translation[C]//volume 30. [S.l.]: Computational Linguistics, 2004: 417-449.

[270] KUMAR S, BYRNE W J. Local phrase reordering models for statistical machine translation[C]//[S.l.]: Annual Meeting of the Association for Computational Linguistics, 2005: 161-168.

[271] LI P, LIU Y, SUN M, et al. A neural reordering model for phrase-based translation[C]//[S.l.]: Annual Meeting of the Association for Computational Linguistics, 2014: 1897-1907.

[272] CHIANG D, LOPEZ A, MADNANI N, et al. The hiero machine translation system: Extensions, evaluation, and analysis[C]//[S.l.]: Annual Meeting of the Association for Computational Linguistics, 2005: 779-786.

[273] GU J, BRADBURY J, XIONG C, et al. Non-autoregressive neural machine translation[C]//[S.l.]: International Conference on Learning Representations, 2018.

[274] VITERBI A J. Error bounds for convolutional codes and an asymptotically optimum decoding algorithm[C]//volume 13. [S.l.]: IEEE Transactions on Information Theory, 1967: 260-269.

[275] KOEHN P, KNIGHT K. Estimating word translation probabilities from unrelated monolingual corpora using the EM algorithm[C]//[S.l.]: AAAI Press, 2000: 711-715.

[276] OCH F J, NEY H. A comparison of alignment models for statistical machine translation[C]//[S.l.]: Morgan Kaufmann, 2000: 1086-1090.

[277] KNIGHT K. Learning a translation lexicon from monolingual corpora[C]//[S.l.]: Annual Meeting of the Association for Computational Linguistics, 2002: 9-16.

[278] POWELL M J D. An efficient method for finding the minimum of a function of several variables without calculating derivatives[C]//volume 7. [S.l.]: The Computer Journal, 1964: 155-162.

[279] CHIANG D, MARTON Y, RESNIK P. Online large-margin training of syntactic and structural translation features[C]//[S.l.]: Annual Meeting of the Association for Computational Linguistics, 2008: 224-233.

[280] HOPKINS M, MAY J. Tuning as ranking[C]//[S.l.]: Annual Meeting of the Association for Computational Linguistics, 2011: 1352-1362.

[281] OCH F J, WEBER H. Improving statistical natural language translation with categories and rules[C]//[S.l.]: Annual Meeting of the Association for Computational Linguistics, 1998: 985-989.

[282] OCH F J. Statistical machine translation: from single word models to alignment templates[D]. [S.l.]: RWTH Aachen University, Germany, 2002.

[283] WANG Y Y, WAIBEL A. Modeling with structures in statistical machine translation[C]//[S.l.]: Annual Meeting of the Association for Computational Linguistics, 1998: 1357-1363.

[284] WATANABE T, SUMITA E, OKUNO H G. Chunk-based statistical translation[C]//[S.l.]: Annual Meeting of the Association for Computational Linguistics, 2003: 303-310.

[285] MARCU D. Towards a unified approach to memory- and statistical-based machine translation[C]//[S.l.]: Morgan Kaufmann Publishers, 2001: 378-385.

[286] KOEHN P, OCH F J, MARCU D. Statistical phrase-based translation[C]//[S.l.]: Annual Meeting of the Association for Computational Linguistics, 2003.

[287] ZENS R, OCH F J, NEY H. Phrase-based statistical machine translation[C]//[S.l.]: Annual Conference on Artificial Intelligence, 2002: 18-32.

[288] ZENS R, NEY H. Improvements in phrase-based statistical machine translation[C]//[S.l.]: Annual Meeting of the Association for Computational Linguistics, 2004: 257-264.

[289] MARCU D, WONG D. A phrase-based, joint probability model for statistical machine translation[C]//[S.l.]: Conference on Empirical Methods in Natural Language Processing, 2002: 133-139.

[290] DENERO J, GILLICK D, ZHANG J, et al. Why generative phrase models underperform surface heuristics [C]//[S.l.]: Annual Meeting of the Association for Computational Linguistics, 2006: 31-38.

[291] SANCHIS-TRILLES G, ORTIZ-MARTINEZ D, GONZALEZ-RUBIO J, et al. Bilingual segmentation for phrasetable pruning in statistical machine translation[C]//[S.l.]: Conference of the European Association for Machine Translation, 2011: 257-264.

[292] BLACKWOOD G W, DE GISPERT A, BYRNE W. Phrasal segmentation models for statistical machine translation[C]//[S.l.]: International Conference on Computational Linguistics, 2008: 19-22.

[293] XIONG D, ZHANG M, LI H. Learning translation boundaries for phrase-based decoding[C]//[S.l.]: Annual Meeting of the Association for Computational Linguistics, 2010: 136-144.

[294] TILLMAN C. A unigram orientation model for statistical machine translation[C]//[S.l.]: Annual Meeting of the Association for Computational Linguistics, 2004.

[295] NAGATA M, SAITO K, YAMAMOTO K, et al. A clustered global phrase reordering model for statistical machine translation[C]//[S.l.]: Annual Meeting of the Association for Computational Linguistics, 2006.

[296] ZENS R, NEY H. Discriminative reordering models for statistical machine translation[C]//[S.l.]: Annual Meeting of the Association for Computational Linguistics, 2006: 55-63.

[297] GREEN S, GALLEY M, MANNING C D. Improved models of distortion cost for statistical machine translation[C]//[S.l.]: Annual Meeting of the Association for Computational Linguistics, 2010: 867-875.

[298] CHERRY C. Improved reordering for phrase-based translation using sparse features[C]//[S.l.]: Annual Meeting of the Association for Computational Linguistics, 2013: 22-31.

[299] HUCK M, WUEBKER J, RIETIG F, et al. A phrase orientation model for hierarchical machine translation [C]//[S.l.]: Annual Meeting of the Association for Computational Linguistics, 2013: 452-463.

[300] HUCK M, PEITZ S, FREITAG M, et al. Discriminative reordering extensions for hierarchical phrase-based machine translation[C]//[S.l.]: International Conference on Material Engineering and Advanced Manufacturing Technology, 2012.

[301] NGUYEN V V, SHIMAZU A, NGUYEN M L, et al. Improving a lexicalized hierarchical reordering model using maximum entropy[C]//[S.l.]: Machine Translation Summit XII, 2009.

[302] BISAZZA A, FEDERICO M. A survey of word reordering in statistical machine translation: Computational models and language phenomena[C]//volume 42. [S.l.]: Computational Linguistics, 2016: 163-205.

[303] XIA F, MCCORD M C. Improving a statistical MT system with automatically learned rewrite patterns[C]// [S.l.]: International Conference on Computational Linguistics, 2004.

[304] COLLINS M, KOEHN P, KUCEROVA I. Clause restructuring for statistical machine translation[C]//[S.l.]: Annual Meeting of the Association for Computational Linguistics, 2005: 531-540.

[305] WANG C, COLLINS M, KOEHN P. Chinese syntactic reordering for statistical machine translation[C]//[S.l.]: Annual Meeting of the Association for Computational Linguistics, 2007: 737-745.

[306] WU X, SUDOH K, DUH K, et al. Extracting pre-ordering rules from predicate-argument structures[C]//[S.l.]: Annual Meeting of the Association for Computational Linguistics, 2011: 29-37.

[307] TILLMANN C, NEY H. Word re-ordering and dp-based search in statistical machine translation[C]//[S.l.]: Morgan Kaufmann, 2000: 850-856.

[308] SHEN W, DELANEY B, ANDERSON T R. An efficient graph search decoder for phrase-based statistical machine translation[C]//[S.l.]: International Symposium on Computer Architecture, 2006: 197-204.

[309] MOORE R C, QUIRK C. Faster beam-search decoding for phrasal statistical machine translation[C]//[S.l.]: Machine Translation Summit XI, 2007.

[310] HEAFIELD K, KAYSER M, MANNING C D. Faster phrase-based decoding by refining feature state[C]//[S.l.]: Annual Meeting of the Association for Computational Linguistics, 2014: 130-135.

[311] WUEBKER J, NEY H, ZENS R. Fast and scalable decoding with language model look-ahead for phrase-based statistical machine translation[C]//[S.l.]: Annual Meeting of the Association for Computational Linguistics, 2012: 28-32.

[312] ZENS R, NEY H. Improvements in dynamic programming beam search for phrase-based statistical machine translation[C]//[S.l.]: International Symposium on Computer Architecture, 2008: 198-205.

[313] OCH F J, GILDEA D, KHUDANPUR S, et al. A smorgasbord of features for statistical machine translation[C]//[S.l.]: Annual Meeting of the Association for Computational Linguistics, 2004: 161-168.

[314] CHIANG D, KNIGHT K, WANG W. 11,001 new features for statistical machine translation[C]//[S.l.]: Annual Meeting of the Association for Computational Linguistics, 2009: 218-226.

[315] GILDEA D. Loosely tree-based alignment for machine translation[C]//[S.l.]: Annual Meeting of the Association for Computational Linguistics, 2003: 80-87.

[316] BLUNSOM P, COHN T, OSBORNE M. A discriminative latent variable model for statistical machine translation[C]//[S.l.]: Annual Meeting of the Association for Computational Linguistics, 2008: 200-208.

[317] BLUNSOM P, COHN T, DYER C, et al. A gibbs sampler for phrasal synchronous grammar induction[C]//[S.l.]: Annual Meeting of the Association for Computational Linguistics, 2009: 782-790.

[318] COHN T, BLUNSOM P. A bayesian model of syntax-directed tree to string grammar induction[C]//[S.l.]: Annual Meeting of the Association for Computational Linguistics, 2009: 352-361.

[319] SMITH D A, EISNER J. Minimum risk annealing for training log-linear models[C]//[S.l.]: Annual Meeting of the Association for Computational Linguistics, 2006.

[320] LI Z, EISNER J. First- and second-order expectation semirings with applications to minimum-risk training on translation forests[C]//[S.l.]: Annual Meeting of the Association for Computational Linguistics, 2009: 40-51.

[321] WATANABE T, SUZUKI J, TSUKADA H, et al. Online large-margin training for statistical machine translation[C]//[S.l.]: Annual Meeting of the Association for Computational Linguistics, 2007: 764-773.

[322] DREYER M, DONG Y. APRO: all-pairs ranking optimization for MT tuning[C]//[S.l.]: Annual Meeting of the Association for Computational Linguistics, 2015: 1018-1023.

[323] XIAO T, WONG D F, ZHU J. A loss-augmented approach to training syntactic machine translation systems[C]//volume 24. [S.l.]: IEEE Transactions on Audio, Speech, and Language Processing, 2016: 2069-2083.

[324] DAUME III H C. Practical structured learning techniques for natural language processing[M]. [S.l.]: University of Southern California, 2006.

[325] SCHWENK H, COSTA-JUSSÀ M R, FONOLLOSA J A R. Smooth bilingual n-gram translation[C]//[S.l.]: Annual Meeting of the Association for Computational Linguistics, 2007: 430-438.

[326] CHEN B, KUHN R, FOSTER G, et al. Unpacking and transforming feature functions: New ways to smooth phrase tables[C]//[S.l.]: Machine Translation Summit, 2011.

[327] DUAN N, SUN H, ZHOU M. Translation model generalization using probability averaging for machine translation[C]//[S.l.]: International Conference on Computational Linguistics, 2010.

[328] QUIRK C, MENEZES A. Do we need phrases? challenging the conventional wisdom in statistical machine translation[C]//[S.l.]: Annual Meeting of the Association for Computational Linguistics, 2006.

[329] MARIÑO J B, BANCHS R E, CREGO J M, et al. N-gram-based machine translation[C]//volume 32. [S.l.]: Computational Linguistics, 2006: 527-549.

[330] ZENS R, STANTON D, XU P. A systematic comparison of phrase table pruning techniques[C]//[S.l.]: Annual Meeting of the Association for Computational Linguistics, 2012: 972-983.

[331] JOHNSON H, MARTIN J D, FOSTER G F, et al. Improving translation quality by discarding most of the phrasetable[C]//[S.l.]: Annual Meeting of the Association for Computational Linguistics, 2007: 967-975.

[332] LING W, GRAÇA J, TRANCOSO I, et al. Entropy-based pruning for phrase-based machine translation[C]//[S.l.]: Annual Meeting of the Association for Computational Linguistics, 2012: 962-971.

[333] ZETTLEMOYER L S, MOORE R C. Selective phrase pair extraction for improved statistical machine translation[C]//[S.l.]: Annual Meeting of the Association for Computational Linguistics, 2007: 209-212.

[334] ECK M, VOGEL S, WAIBEL A. Translation model pruning via usage statistics for statistical machine translation[C]//[S.l.]: Annual Meeting of the Association for Computational Linguistics, 2007: 21-24.

[335] CALLISON-BURCH C, BANNARD C J, SCHROEDER J. Scaling phrase-based statistical machine translation to larger corpora and longer phrases[C]//[S.l.]: Annual Meeting of the Association for Computational Linguistics, 2005: 255-262.

[336] ZENS R, NEY H. Efficient phrase-table representation for machine translation with applications to online MT and speech translation[C]//[S.l.]: Annual Meeting of the Association for Computational Linguistics, 2007: 492-499.

[337] GERMANN U. Dynamic phrase tables for machine translation in an interactive post-editing scenario[C]//[S.l.]: Association for Machine Translation in the Americas, 2014.

[338] CHIANG D. Hierarchical phrase-based translation[C]//volume 33. [S.l.]: Computational Linguistics, 2007: 201-228.

[339] COCKE J, SCHWARTZ J. Programming languages and their compilers: Preliminary notes[M]. [S.l.]: Courant Institute of Mathematical Sciences, New York University, 1970.

[340] YOUNGER D H. Recognition and parsing of context-free languages in time n3[C]//volume 10. [S.l.]: Information and Control, 1967: 189-208.

[341] KASAMI T. An efficient recognition and syntax-analysis algorithm for context-free languages[C]//[S.l.]: Coordinated Science Laboratory Report no. R-257, 1966.

[342] HUANG L, CHIANG D. Better k-best parsing[C]//[S.l.]: Annual Meeting of the Association for Computational Linguistics, 2005: 53-64.

[343] WU D. Stochastic inversion transduction grammars and bilingual parsing of parallel corpora[C]//volume 23. [S.l.]: Computational Linguistics, 1997: 377-403.

[344] HUANG L, KNIGHT K, JOSHI A. Statistical syntax-directed translation with extended domain of locality [C]//[S.l.]: Computationally Hard Problems & Joint Inference in Speech & Language Processing, 2006: 66-73.

[345] HOPKINS M G M, KNIGHT K, MARCU D. What's in a translation rule?[C]//[S.l.]: Proceedings of the Human Language Technology Conference of the North American Chapter of the Association for Computational Linguistics, 2004: 273-280.

[346] EISNER J. Learning non-isomorphic tree mappings for machine translation[C]//[S.l.]: Annual Meeting of the Association for Computational Linguistics, 2003: 205-208.

[347] ZHANG M, JIANG H, AW A, et al. A tree sequence alignment-based tree-to-tree translation model[C]//[S.l.]: Annual Meeting of the Association for Computational Linguistics, 2008: 559-567.

[348] MARCU D, WANG W, ECHIHABI A, et al. SPMT: statistical machine translation with syntactified target language phrases[C]//[S.l.]: Annual Meeting of the Association for Computational Linguistics, 2006: 44-52.

[349] XUE N, XIA F, DONG CHIOU F, et al. Building a large annotated chinese corpus: the penn chinese treebank [C]//volume 11. [S.l.]: Journal of Natural Language Engineering, 2005: 207-238.

[350] MARCUS M P, SANTORINI B, MARCINKIEWICZ M A. Building a large annotated corpus of english: The penn treebank[C]//volume 19. [S.l.]: Computational Linguistics, 1993: 313-330.

[351] ZHANG H, HUANG L, GILDEA D, et al. Synchronous binarization for machine translation[C]//[S.l.]: Annual Meeting of the Association for Computational Linguistics, 2006.

[352] XIAO T, LI M, ZHANG D, et al. Better synchronous binarization for machine translation[C]//[S.l.]: Annual Meeting of the Association for Computational Linguistics, 2009: 362-370.

[353] KLEIN D, MANNING C D. Accurate unlexicalized parsing[C]//[S.l.]: Annual Meeting of the Association for Computational Linguistics, 2003: 423-430.

[354] LIU Y, LÜ Y, LIU Q. Improving tree-to-tree translation with packed forests[C]//[S.l.]: Annual Meeting of the Association for Computational Linguistics, 2009: 558-566.

[355] GROVES D, HEARNE M, WAY A. Robust sub-sentential alignment of phrase-structure trees[C]//[S.l.]: International Conference on Computational Linguistics, 2004.

[356] SUN J, ZHANG M, TAN C L. Discriminative induction of sub-tree alignment using limited labeled data[C]//[S.l.]: International Conference on Computational Linguistics, 2010: 1047-1055.

[357] LIU Y, XIA T, XIAO X, et al. Weighted alignment matrices for statistical machine translation[C]//[S.l.]: Annual Meeting of the Association for Computational Linguistics, 2009: 1017-1026.

[358] SUN J, ZHANG M, TAN C L. Exploring syntactic structural features for sub-tree alignment using bilingual tree kernels[C]//[S.l.]: Annual Meeting of the Association for Computational Linguistics, 2010: 306-315.

[359] KLEIN D, MANNING C D. Parsing and hypergraphs[C]//volume 65. [S.l.]: New Developments in Parsing Technology, 2001: 123-134.

[360] GOODMAN J. Semiring parsing[C]//volume 25. [S.l.]: Computational Linguistics, 1999: 573-605.

[361] EISNER J. Parameter estimation for probabilistic finite-state transducers[C]//[S.l.]: Annual Meeting of the Association for Computational Linguistics, 2002: 1-8.

[362] ZHU J, XIAO T. Improving decoding generalization for tree-to-string translation[C]//[S.l.]: Annual Meeting of the Association for Computational Linguistics, 2011: 418-423.

[363] ALSHAWI H, BUCHSBAUM A L, XIA F. A comparison of head transducers and transfer for a limited domain translation application[C]//[S.l.]: Morgan Kaufmann Publishers, 1997: 360-365.

[364] WU D. Trainable coarse bilingual grammars for parallel text bracketing[C]//[S.l.]: Third Workshop on Very Large Corpor, 1995.

[365] WU D, WONG H. Machine translation with a stochastic grammatical channel[C]//[S.l.]: Morgan Kaufmann Publishers, 1998: 1408-1415.

[366] J.A.SáNCHEZ, J.M.BENEDí. Obtaining word phrases with stochastic inversion transduction grammars for phrase-based statistical machine translation[C]//[S.l.]: Annual Meeting of the Association for Computational Linguistics, 2006.

[367] ZHANG H, QUIRK C, MOORE R C, et al. Bayesian learning of non-compositional phrases with synchronous parsing[C]//[S.l.]: Annual Meeting of the Association for Computational Linguistics, 2008.

[368] ZOLLMANN A, VENUGOPAL A, OCH F J, et al. A systematic comparison of phrase-based, hierarchical and syntax-augmented statistical MT[C]//[S.l.]: International Conference on Computational Linguistics, 2008: 1145-1152.

[369] WATANABE T, TSUKADA H, ISOZAKI H. Left-to-right target generation for hierarchical phrase-based translation[C]//[S.l.]: Annual Meeting of the Association for Computational Linguisticss, 2006.

[370] GALLEY M, HOPKINS M, KNIGHT K, et al. What's in a translation rule?[C]//[S.l.]: Annual Meeting of the Association for Computational Linguistics, 2004: 273-280.

[371] HUANG B, KNIGHT K. Relabeling syntax trees to improve syntax-based machine translation quality[C]//[S.l.]: Annual Meeting of the Association for Computational Linguistics, 2006.

[372] DENEEFE S, KNIGHT K, WANG W, et al. What can syntax-based MT learn from phrase-based mt?[C]//[S.l.]: Annual Meeting of the Association for Computational Linguistics, 2007: 755-763.

[373] LIU D, GILDEA D. Improved tree-to-string transducer for machine translation[C]//[S.l.]: Annual Meeting of the Association for Computational Linguistics, 2008: 62-69.

[374] ZOLLMANN A, VENUGOPAL A. Syntax augmented machine translation via chart parsing[C]//[S.l.]: Annual Meeting of the Association for Computational Linguistics, 2006: 138-141.

[375] MARTON Y, RESNIK P. Soft syntactic constraints for hierarchical phrased-based translation[C]//[S.l.]: Annual Meeting of the Association for Computational Linguistics, 2008: 1003-1011.

[376] NESSON R, SHIEBER S M, RUSH A. Induction of probabilistic synchronous tree-insertion grammars for machine translation[C]//[S.l.]: Annual Meeting of the Association for Computational Linguistics, 2006.

[377] ZHANG M, JIANG H, AW A T, et al. A tree-to-tree alignment-based model for statistical machine translation [M]. [S.l.]: Machine Translation Summit, 2007.

[378] MI H, HUANG L, LIU Q. Forest-based translation[C]//[S.l.]: Annual Meeting of the Association for Computational Linguistics, 2008: 192-199.

[379] MI H, HUANG L. Forest-based translation rule extraction[C]//[S.l.]: Annual Meeting of the Association for Computational Linguistics, 2008: 206-214.

[380] ZHANG J, ZHAI F, ZONG C. Augmenting string-to-tree translation models with fuzzy use of source-side syntax[C]//[S.l.]: Annual Meeting of the Association for Computational Linguistics, 2011: 204-215.

[381] POPEL M, MARECEK D, GREEN N, et al. Influence of parser choice on dependency-based MT[C]//[S.l.]: Annual Meeting of the Association for Computational Linguistics, 2011: 433-439.

[382] XIAO T, ZHU J, ZHANG H, et al. An empirical study of translation rule extraction with multiple parsers[C]//[S.l.]: Chinese Information Processing Society of China, 2010: 1345-1353.

[383] ZHAI F, ZHANG J, ZHOU Y, et al. Unsupervised tree induction for tree-based translation[C]//volume 1. [S.l.]: Transactions of Association for Computational Linguistic, 2013: 243-254.

[384] QUIRK C, MENEZES A. Dependency treelet translation: the convergence of statistical and example-based machine-translation?[C]//volume 20. [S.l.]: Machine Translation, 2006: 43-65.

[385] XIONG D, LIU Q, LIN S. A dependency treelet string correspondence model for statistical machine translation [C]//[S.l.]: Annual Meeting of the Association for Computational Linguistics, 2007: 40-47.

[386] LIN D. A path-based transfer model for machine translation[C]//[S.l.]: International Conference on Computational Linguistics, 2004.

[387] DING Y, PALMER M. Machine translation using probabilistic synchronous dependency insertion grammars [C]//[S.l.]: Annual Meeting of the Association for Computational Linguistics, 2005: 541-548.

[388] CHEN H, XIE J, MENG F, et al. A dependency edge-based transfer model for statistical machine translation [C]//[S.l.]: Annual Meeting of the Association for Computational Linguistics, 2014: 1103-1113.

[389] SU J, LIU Y, MI H, et al. Dependency-based bracketing transduction grammar for statistical machine translation[C]//[S.l.]: Chinese Information Processing Society of China, 2010: 1185-1193.

[390] XIE J, XU J, LIU Q. Augment dependency-to-string translation with fixed and floating structures[C]//[S.l.]: Annual Meeting of the Association for Computational Linguistics, 2014: 2217-2226.

[391] LI L, WAY A, LIU Q. Dependency graph-to-string translation[C]//[S.l.]: Annual Meeting of the Association for Computational Linguistics, 2015: 33-43.

[392] MI H, LIU Q. Constituency to dependency translation with forests[C]//[S.l.]: Annual Meeting of the Association for Computational Linguistics, 2010: 1433-1442.

[393] TU Z, LIU Y, HWANG Y S, et al. Dependency forest for statistical machine translation[C]//[S.l.]: International Conference on Computational Linguistics, 2010: 1092-1100.

[394] SRINIVAS BANGALORE G B, RICCARDI G. Computing consensus translation from multiple machine translation systems[C]//[S.l.]: IEEE Workshop on Automatic Speech Recognition and Understanding, 2001: 351-354.

[395] ROSTI A V I, AYAN N F, XIANG B, et al. Combining outputs from multiple machine translation systems [C]//[S.l.]: Annual Meeting of the Association for Computational Linguistics, 2007: 228-235.

[396] XIAO T, ZHU J, LIU T. Bagging and boosting statistical machine translation systems[C]//volume 195. [S.l.]: Artificial Intelligence, 2013: 496-527.

[397] FENG Y, LIU Y, MI H, et al. Lattice-based system combination for statistical machine translation[C]//[S.l.]: Annual Meeting of the Association for Computational Linguistics, 2009: 1105-1113.

[398] HE X, YANG M, GAO J, et al. Indirect-hmm-based hypothesis alignment for combining outputs from machine translation systems[C]//[S.l.]: Annual Meeting of the Association for Computational Linguistics, 2008: 98-107.

[399] LI C H, HE X, LIU Y, et al. Incremental HMM alignment for MT system combination[C]//[S.l.]: Annual Meeting of the Association for Computational Linguistics, 2009: 949-957.

[400] LIU Y, MI H, FENG Y, et al. Joint decoding with multiple translation models[C]//[S.l.]: Annual Meeting of the Association for Computational Linguistics, 2009: 576-584.

[401] LI M, DUAN N, ZHANG D, et al. Collaborative decoding: Partial hypothesis re-ranking using translation consensus between decoders[C]//[S.l.]: Annual Meeting of the Association for Computational Linguistics, 2009: 585-592.

[402] XIAO T, ZHU J, ZHANG C, et al. Syntactic skeleton-based translation[C]//[S.l.]: AAAI Conference on Artificial Intelligence, 2016: 2856-2862.

[403] CHARNIAK E. Immediate-head parsing for language models[C]//[S.l.]: Morgan Kaufmann Publishers, 2001: 116-123.

[404] SHEN L, XU J, WEISCHEDEL R M. A new string-to-dependency machine translation algorithm with a target dependency language model[C]//[S.l.]: Annual Meeting of the Association for Computational Linguistics, 2008: 577-585.

[405] XIAO T, ZHU J, ZHU M. Language modeling for syntax-based machine translation using tree substitution grammars: A case study on chinese-english translation[C]//volume 10. [S.l.]: ACM Transactions on Asian Language Information Processing (TALIP), 2011: 1-29.

[406] BROWN P F, PIETRA V J D, SOUZA P V D, et al. Class-based n-gram models of natural language[C]// volume 18. [S.l.]: Computational linguistics, 1992: 467-479.

[407] MIKOLOV T, ZWEIG G. Context dependent recurrent neural network language model[C]//[S.l.]: IEEE Spoken Language Technology Workshop, 2012: 234-239.

[408] ZAREMBA W, SUTSKEVER I, VINYALS O. Recurrent neural network regularization[C]//[S.l.]: arXiv: Neural and Evolutionary Computing, 2014.

[409] ZILLY J G, SRIVASTAVA R K, KOUTNÍK J, et al. Recurrent highway networks[C]//[S.l.]: International Conference on Machine Learning, 2016.

[410] MERITY S, KESKAR N S, SOCHER R. Regularizing and optimizing lstm language models[C]//[S.l.]: International Conference on Learning Representations, 2017.

[411] RADFORD A, WU J, CHILD R, et al. Language models are unsupervised multitask learners[C]//volume 1. [S.l.]: OpenAI Blog, 2019: 9.

[412] BAYDIN A G, PEARLMUTTER B A, RADUL A A, et al. Automatic differentiation in machine learning: a survey[C]//volume 18. [S.l.]: Journal of Machine Learning Research, 2017: 5595-5637.

[413] QIAN N. On the momentum term in gradient descent learning algorithms[C]//volume 12. [S.l.]: Neural Networks, 1999: 145-151.

[414] DUCHI J C, HAZAN E, SINGER Y. Adaptive subgradient methods for online learning and stochastic optimization[C]//volume 12. [S.l.]: Journal of Machine Learning Research, 2011: 2121-2159.

[415] ZEILER M D. Adadelta:an adaptive learning rate method[C]//[S.l.]: arXiv preprint arXiv:1212.5701, 2012.

[416] TIELEMAN T, HINTON G. Lecture 6.5-rmsprop: Divide the gradient by a running average of its recent magnitude[C]//volume 4. [S.l.]: COURSERA: Neural networks for machine learning, 2012: 26-31.

[417] KINGMA D P, BA J. Adam: A method for stochastic optimization[C]//[S.l.]: International Conference on Learning Representations, 2015.

[418] DOZAT T. Incorporating nesterov momentum into adam[C]//[S.l.]: International Conference on Learning Representations, 2016.

[419] REDDI S J, KALE S, KUMAR S. On the convergence of adam and beyond[C]//[S.l.]: International Conference on Learning Representations, 2018.

[420] XIAO T, ZHU J, LIU T, et al. Fast parallel training of neural language models[C]//[S.l.]: International Joint Conference on Artificial Intelligence, 2017: 4193-4199.

[421] IOFFE S, SZEGEDY C. Batch normalization: Accelerating deep network training by reducing internal covariate shift[C]//volume 37. [S.l.]: International Conference on Machine Learning, 2015: 448-456.

[422] BA L J, KIROS J R, HINTON G. Layer normalization[C]//abs/1607.06450. [S.l.]: CoRR, 2016.

[423] HE K, ZHANG X, REN S, et al. Deep residual learning for image recognition[C]//[S.l.]: IEEE Conference on Computer Vision and Pattern Recognition, 2016: 770-778.

[424] QUAN PHAM N, KRUSZEWSKI G, BOLEDA G. Convolutional neural network language models[C]//[S.l.]: Conference on Empirical Methods in Natural Language Processing, 2016.

[425] MIKOLOV T, SUTSKEVER I, CHEN K, et al. Distributed representations of words and phrases and their compositionality[C]//[S.l.]: Conference on Neural Information Processing Systems, 2013: 3111-3119.

[426] MORAFFAH R, KARAMI M, GUO R, et al. Causal interpretability for machine learning-problems, methods and evaluation[C]//volume 22. [S.l.]: ACM SIGKDD Conference on Knowledge Discovery and Data Mining, 2020: 18-33.

[427] KOVALERCHUK B, AHMAD M, TEREDESAI A. Survey of explainable machine learning with visual and granular methods beyond quasi-explanations[C]//abs/2009.10221. [S.l.]: ArXiv, 2020.

[428] DOSHI-VELEZ F, KIM B. Towards a rigorous science of interpretable machine learning[C]//[S.l.]: arXiv preprint arXiv:1702.08608, 2017.

[429] ARTHUR P, NEUBIG G, NAKAMURA S. Incorporating discrete translation lexicons into neural machine translation[C]//[S.l.]: Conference on Empirical Methods in Natural Language Processing, 2016: 1557-1567.

[430] ZHANG J, LIU Y, LUAN H, et al. Prior knowledge integration for neural machine translation using posterior regularization[C]//[S.l.]: Annual Meeting of the Association for Computational Linguistics, 2017: 1514-1523.

[431] STAHLBERG F, HASLER E, WAITE A, et al. Syntactically guided neural machine translation[C]//[S.l.]: Annual Meeting of the Association for Computational Linguistics, 2016.

[432] CURREY A, HEAFIELD K. Incorporating source syntax into transformer-based neural machine translation [C]//[S.l.]: Annual Meeting of the Association for Computational Linguistics, 2019: 24-33.

[433] YANG B, WONG D, XIAO T, et al. Towards bidirectional hierarchical representations for attention-based neural machine translation[C]//[S.l.]: Conference on Empirical Methods in Natural Language Processing, 2017: 1432-1441.

[434] MAREČEK D, ROSA R. Extracting syntactic trees from transformer encoder self-attentions[C]//[S.l.]: Conference on Empirical Methods in Natural Language Processing, 2018: 347-349.

[435] BLEVINS T, LEVY O, ZETTLEMOYER L. Deep rnns encode soft hierarchical syntax[C]//[S.l.]: Annual Meeting of the Association for Computational Linguistics, 2018.

[436] WU Y, LU X, YAMAMOTO H, et al. Factored language model based on recurrent neural network[C]//[S.l.]: International Conference on Computational Linguistics, 2012.

[437] ADEL H, VU N, KIRCHHOFF K, et al. Syntactic and semantic features for code-switching factored language models[C]//volume 23. [S.l.]: IEEE/ACM Transactions on Audio, Speech, and Language Processing, 2015: 431-440.

[438] WANG T, CHO K. Larger-context language modelling[C]//[S.l.]: Annual Meeting of the Association for Computational Linguistics, 2015.

[439] AHN S, CHOI H, PÄRNAMAA T, et al. A neural knowledge language model[C]//[S.l.]: arXiv preprint arXiv:1608.00318, 2016.

[440] KIM Y, JERNITE Y, SONTAG D, et al. Character-aware neural language models[C]//[S.l.]: AAAI Conference on Artificial Intelligence, 2016.

[441] HWANG K, SUNG W. Character-level language modeling with hierarchical recurrent neural networks[C]//[S.l.]: International Conference on Acoustics, Speech and Signal Processing, 2017: 5720-5724.

[442] MIYAMOTO Y, CHO K. Gated word-character recurrent language model[C]//[S.l.]: Conference on Empirical Methods in Natural Language Processing, 2016: 1992-1997.

[443] VERWIMP L, PELEMANS J, HAMME H V, et al. Character-word lstm language models[C]//[S.l.]: Annual Conference of the European Association for Machine Translation, 2017.

[444] GRAVES A, JAITLY N, RAHMAN MOHAMED A. Hybrid speech recognition with deep bidirectional lstm [C]//[S.l.]: IEEE Workshop on Automatic Speech Recognition and Understanding, 2013: 273-278.

[445] GU J, SHAVARANI H S, SARKAR A. Top-down tree structured decoding with syntactic connections for neural machine translation and parsing[C]//[S.l.]: Conference on Empirical Methods in Natural Language Processing, 2018: 401-413.

[446] YIN P, ZHOU C, HE J, et al. Structvae: Tree-structured latent variable models for semi-supervised semantic parsing[C]//[S.l.]: Annual Meeting of the Association for Computational Linguistics, 2018.

[447] AHARONI R, GOLDBERG Y. Towards string-to-tree neural machine translation[C]//[S.l.]: Annual Meeting of the Association for Computational Linguistics, 2017.

[448] BASTINGS J, TITOV I, AZIZ W, et al. Graph convolutional encoders for syntax-aware neural machine translation[C]//[S.l.]: Conference on Empirical Methods in Natural Language Processing, 2017.

[449] KONCEL-KEDZIORSKI R, BEKAL D, LUAN Y, et al. Text generation from knowledge graphs with graph transformers[C]//[S.l.]: Annual Conference of the North American Chapter of the Association for Computational Linguistics, 2019.

[450] MCCANN B, BRADBURY J, XIONG C, et al. Learned in translation: Contextualized word vectors[C]//[S.l.]: Conference on Neural Information Processing Systems, 2017: 6294-6305.

[451] DEVLIN J, ZBIB R, HUANG Z, et al. Fast and robust neural network joint models for statistical machine translation[C]//[S.l.]: Annual Meeting of the Association for Computational Linguistics, 2014: 1370-1380.

[452] SCHWENK H. Continuous space translation models for phrase-based statistical machine translation[C]//[S.l.]: International Conference on Computational Linguistics, 2012: 1071-1080.

[453] KALCHBRENNER N, BLUNSOM P. Recurrent continuous translation models[C]//[S.l.]: Annual Meeting of the Association for Computational Linguistics, 2013: 1700-1709.

[454] HOCHREITER S. The vanishing gradient problem during learning recurrent neural nets and problem solutions [C]//volume 6. [S.l.]: International Journal of Uncertainty, Fuzziness and Knowledge-Based Systems, 1998: 107-116.

[455] BENGIO Y, SIMARD P Y, FRASCONI P. Learning long-term dependencies with gradient descent is difficult [C]//volume 5. [S.l.]: IEEE Transportation Neural Networks, 1994: 157-166.

[456] WU Y, SCHUSTER M, CHEN Z, et al. Google's neural machine translation system: Bridging the gap between human and machine translation[C]//abs/1609.08144. [S.l.]: CoRR, 2016.

[457] STAHLBERG F. Neural machine translation: A review[C]//volume 69. [S.l.]: Journal of Artificial Intelligence Research, 2020: 343-418.

[458] BENTIVOGLI L, BISAZZA A, CETTOLO M, et al. Neural versus phrase-based machine translation quality: a case study[C]//[S.l.]: Annual Meeting of the Association for Computational Linguistics, 2016: 257-267.

[459] HASSAN H, AUE A, CHEN C, et al. Achieving human parity on automatic chinese to english news translation [C]//abs/1803.05567. [S.l.]: CoRR, 2018.

[460] CHEN M X, FIRAT O, BAPNA A, et al. The best of both worlds: Combining recent advances in neural machine translation[C]//[S.l.]: Annual Meeting of the Association for Computational Linguistics, 2018: 76-86.

[461] HE T, TAN X, XIA Y, et al. Layer-wise coordination between encoder and decoder for neural machine translation[C]//[S.l.]: Conference on Neural Information Processing Systems, 2018.

[462] SHAW P, USZKOREIT J, VASWANI A. Self-attention with relative position representations[C]//[S.l.]: Proceedings of the Human Language Technology Conference of the North American Chapter of the Association for Computational Linguistics, 2018: 464-468.

[463] WANG Q, LI B, XIAO T, et al. Learning deep transformer models for machine translation[C]//[S.l.]: Annual Meeting of the Association for Computational Linguistics, 2019: 1810-1822.

[464] LI B, WANG Z, LIU H, et al. Shallow-to-deep training for neural machine translation[C]//[S.l.]: Conference on Empirical Methods in Natural Language Processing, 2020.

[465] WEI X, YU H, HU Y, et al. Multiscale collaborative deep models for neural machine translation[C]//[S.l.]: Annual Meeting of the Association for Computational Linguistics, 2020.

[466] LI Y, WANG Q, XIAO T, et al. Neural machine translation with joint representation[C]//[S.l.]: AAAI Conference on Artificial Intelligence, 2020: 8285-8292.

[467] CHO K, VAN MERRIENBOER B, BAHDANAU D, et al. On the properties of neural machine translation: Encoder-decoder approaches[C]//[S.l.]: Annual Meeting of the Association for Computational Linguistics, 2014: 103-111.

[468] JEAN S, CHO K, MEMISEVIC R, et al. On using very large target vocabulary for neural machine translation [C]//[S.l.]: Annual Meeting of the Association for Computational Linguistics, 2015: 1-10.

[469] HOCHREITER S, SCHMIDHUBER J. Long short-term memory[C]//volume 9. [S.l.]: Neural Computation, 1997: 1735-80.

[470] CHO K, VAN MERRIENBOER B, GÜLÇEHRE Ç, et al. Learning phrase representations using RNN encoder-decoder for statistical machine translation[C]//[S.l.]: Annual Meeting of the Association for Computational Linguistics, 2014: 1724-1734.

[471] SENNRICH R, FIRAT O, CHO K, et al. Nematus: a toolkit for neural machine translation[C]//[S.l.]: Annual Conference of the European Association for Machine Translation, 2017: 65-68.

[472] GLOROT X, BENGIO Y. Understanding the difficulty of training deep feedforward neural networks[C]// volume 9. [S.l.]: International Conference on Artificial Intelligence and Statistics, 2010: 249-256.

[473] AKAIKE H. Fitting autoregressive models for prediction[C]//21(1). [S.l.]: Annals of the institute of Statistical Mathematics, 2015: 243-247.

[474] LI Y, XIAO T, LI Y, et al. A simple and effective approach to coverage-aware neural machine translation[C]// [S.l.]: Annual Meeting of the Association for Computational Linguistics, 2018: 292-297.

[475] TU Z, LU Z, LIU Y, et al. Modeling coverage for neural machine translation[C]//[S.l.]: Annual Meeting of the Association for Computational Linguistics, 2016.

[476] ZHANG B, SENNRICH R. A lightweight recurrent network for sequence modeling[C]//[S.l.]: Annual Meeting of the Association for Computational Linguistics, 2019: 1538-1548.

[477] LEI T, ZHANG Y, ARTZI Y. Training rnns as fast as cnns[C]//abs/1709.02755. [S.l.]: CoRR, 2017.

[478] ZHANG B, XIONG D, SU J, et al. Simplifying neural machine translation with addition-subtraction twingated recurrent networks[C]//[S.l.]: Conference on Empirical Methods in Natural Language Processing, 2018: 4273-4283.

[479] WANG X, LU Z, TU Z, et al. Neural machine translation advised by statistical machine translation[C]//[S.l.]: AAAI Conference on Artificial Intelligence, 2017: 3330-3336.

[480] HE W, HE Z, WU H, et al. Improved neural machine translation with SMT features[C]//[S.l.]: AAAI Conference on Artificial Intelligence, 2016: 151-157.

[481] LI X, LI G, LIU L, et al. On the word alignment from neural machine translation[C]//[S.l.]: Annual Meeting of the Association for Computational Linguistics, 2019: 1293-1303.

[482] WANG Y S, YI LEE H, CHEN Y N. Tree transformer: Integrating tree structures into self-attention[C]//[S.l.]: Conference on Empirical Methods in Natural Language Processing, 2019: 1061-1070.

[483] WANG X, PHAM H, YIN P, et al. A tree-based decoder for neural machine translation[C]//[S.l.]: Conference on Empirical Methods in Natural Language Processing, 2018: 4772-4777.

[484] ZHANG J, ZONG C. Bridging neural machine translation and bilingual dictionaries[C]//abs/1610.07272. [S.l.]: CoRR, 2016.

[485] DUAN X, JI B, JIA H, et al. Bilingual dictionary based neural machine translation without using parallel sentences[C]//[S.l.]: Annual Meeting of the Association for Computational Linguistics, 2020: 1570-1579.

[486] CAO Q, XIONG D. Encoding gated translation memory into neural machine translation[C]//[S.l.]: Conference on Empirical Methods in Natural Language Processing, 2018: 3042-3047.

[487] MI H, WANG Z, ITTYCHERIAH A. Supervised attentions for neural machine translation[C]//[S.l.]: Annual Meeting of the Association for Computational Linguistics, 2016: 2283-2288.

[488] LIU L, UTIYAMA M, FINCH A M, et al. Neural machine translation with supervised attention[C]//[S.l.]: Annual Meeting of the Association for Computational Linguistics, 2016: 3093-3102.

[489] WERLEN L M, RAM D, PAPPAS N, et al. Document-level neural machine translation with hierarchical attention networks[C]//[S.l.]: Conference on Empirical Methods in Natural Language Processing, 2018: 2947-2954.

[490] VOITA E, SERDYUKOV P, SENNRICH R, et al. Context-aware neural machine translation learns anaphora resolution[C]//[S.l.]: Annual Meeting of the Association for Computational Linguistics, 2018: 1264-1274.

[491] LI B, LIU H, WANG Z, et al. Does multi-encoder help? A case study on context-aware neural machine translation[C]//[S.l.]: Annual Meeting of the Association for Computational Linguistics, 2020: 3512-3518.

[492] WAIBEL A, HANAZAWA T, HINTON G, et al. Phoneme recognition using time-delay neural networks[C]// volume 37. [S.l.]: International Conference on Acoustics, Speech and Signal Processing, 1989: 328-339.

[493] LECUN Y, BOSER B, DENKER J, et al. Backpropagation applied to handwritten zip code recognition[C]// volume 1. [S.l.]: Neural Computation, 1989: 541-551.

[494] Lecun Y, Bottou L, Bengio Y, et al. Gradient-based learning applied to document recognition[C]//volume 86. [S.l.]: Proceedings of the IEEE, 1998: 2278-2324.

[495] ZHANG Y, CHAN W, JAITLY N. Very deep convolutional networks for end-to-end speech recognition[C]// [S.l.]: International Conference on Acoustics, Speech and Signal Processing, 2017: 4845-4849.

[496] DENG L, ABDEL-HAMID O, YU D. A deep convolutional neural network using heterogeneous pooling for trading acoustic invariance with phonetic confusion[C]//[S.l.]: International Conference on Acoustics, Speech and Signal Processing, 2013: 6669-6673.

[497] KALCHBRENNER N, GREFENSTETTE E, BLUNSOM P. A convolutional neural network for modelling sentences[C]//[S.l.]: Annual Meeting of the Association for Computational Linguistics, 2014: 655-665.

[498] KIM Y. Convolutional neural networks for sentence classification[C]//[S.l.]: Conference on Empirical Methods in Natural Language Processing, 2014: 1746-1751.

[499] MA M, HUANG L, ZHOU B, et al. Dependency-based convolutional neural networks for sentence embedding [C]//[S.l.]: Annual Meeting of the Association for Computational Linguistics, 2015: 174-179.

[500] DOS SANTOS C N, GATTI M. Deep convolutional neural networks for sentiment analysis of short texts[C]// [S.l.]: International Conference on Computational Linguistics, 2014: 69-78.

[501] WANG M, LU Z, LI H, et al. gencnn: A convolutional architecture for word sequence prediction[C]//[S.l.]: Annual Meeting of the Association for Computational Linguistics, 2015: 1567-1576.

[502] DAUPHIN Y N, FAN A, AULI M, et al. Language modeling with gated convolutional networks[C]//volume 70. [S.l.]: International Conference on Machine Learning, 2017: 933-941.

[503] GEHRING J, AULI M, GRANGIER D, et al. A convolutional encoder model for neural machine translation [C]//[S.l.]: Annual Meeting of the Association for Computational Linguistics, 2017: 123-135.

[504] KAISER L, GOMEZ A N, CHOLLET F. Depthwise separable convolutions for neural machine translation [C]//[S.l.]: International Conference on Learning Representations, 2018.

[505] LIU W, ANGUELOV D, ERHAN D, et al. SSD: single shot multibox detector[C]//volume 9905. [S.l.]: European Conference on Computer Vision, 2016: 21-37.

[506] REN S, HE K, GIRSHICK R, et al. Faster R-CNN: towards real-time object detection with region proposal networks[C]//volume 39. [S.l.]: IEEE Transactions on Pattern Analysis and Machine Intelligence, 2017: 1137-1149.

[507] JOHNSON R, ZHANG T. Effective use of word order for text categorization with convolutional neural networks[C]//[S.l.]: Proceedings of the Human Language Technology Conference of the North American Chapter of the Association for Computational Linguistics, 2015: 103-112.

[508] NGUYEN T H, GRISHMAN R. Relation extraction: Perspective from convolutional neural networks[C]// [S.l.]: Proceedings of the Human Language Technology Conference of the North American Chapter of the Association for Computational Linguistics, 2015: 39-48.

[509] WU F, FAN A, BAEVSKI A, et al. Pay less attention with lightweight and dynamic convolutions[C]//[S.l.]: International Conference on Learning Representations, 2019.

[510] SUKHBAATAR S, SZLAM A, WESTON J, et al. End-to-end memory networks[C]//[S.l.]: Conference on Neural Information Processing Systems, 2015: 2440-2448.

[511] ISLAM M A, JIA S, BRUCE N. How much position information do convolutional neural networks encode? [C]//[S.l.]: International Conference on Learning Representations, 2020.

[512] SUTSKEVER I, MARTENS J, DAHL G E, et al. On the importance of initialization and momentum in deep learning[C]//[S.l.]: International Conference on Machine Learning, 2013: 1139-1147.

[513] BENGIO Y, BOULANGER-LEWANDOWSKI N, PASCANU R. Advances in optimizing recurrent networks [C]//[S.l.]: International Conference on Acoustics, Speech and Signal Processing, 2013: 8624-8628.

[514] SRIVASTAVA N, HINTON G, KRIZHEVSKY A, et al. Dropout: A simple way to prevent neural networks from overfitting[C]//volume 15. [S.l.]: Journal of Machine Learning Research, 2014: 1929-1958.

[515] CHOLLET F. Xception: Deep learning with depthwise separable convolutions[C]//[S.l.]: IEEE Conference on Computer Vision and Pattern Recognition, 2017: 1800-1807.

[516] HOWARD A, ZHU M, CHEN B, et al. Mobilenets: Efficient convolutional neural networks for mobile vision applications[C]//[S.l.]: CoRR, 2017.

[517] JOHNSON R, ZHANG T. Deep pyramid convolutional neural networks for text categorization[C]//[S.l.]: Annual Meeting of the Association for Computational Linguistics, 2017: 562-570.

[518] SIFRE L, MALLAT S. Rigid-motion scattering for image classification[C]//[S.l.]: Citeseer, 2014.

[519] TAIGMAN Y, YANG M, RANZATO M, et al. Deepface: Closing the gap to human-level performance in face verification[C]//[S.l.]: IEEE Conference on Computer Vision and Pattern Recognition, 2014: 1701-1708.

[520] HSIN CHEN Y, LOPEZ-MORENO I, SAINATH T, et al. Locally-connected and convolutional neural networks for small footprint speaker recognition[C]//[S.l.]: Conference of the International Speech Communication Association, 2015: 1136-1140.

[521] CHEN Y, DAI X, LIU M, et al. Dynamic convolution: Attention over convolution kernels[C]//[S.l.]: IEEE Conference on Computer Vision and Pattern Recognition, 2020: 11027-11036.

[522] ZHOU P, ZHENG S, XU J, et al. Joint extraction of multiple relations and entities by using a hybrid neural network[C]//volume 10565. [S.l.]: Springer, 2017: 135-146.

[523] CHEN Y, XU L, LIU K, et al. Event extraction via dynamic multi-pooling convolutional neural networks[C]//[S.l.]: Annual Meeting of the Association for Computational Linguistics, 2015: 167-176.

[524] ZENG D, LIU K, LAI S, et al. Relation classification via convolutional deep neural network[C]//[S.l.]: International Conference on Computational Linguistics, 2014: 2335-2344.

[525] NGUYEN T H, GRISHMAN R. Event detection and domain adaptation with convolutional neural networks [C]//[S.l.]: Annual Meeting of the Association for Computational Linguistics, 2015: 365-371.

[526] LAI S, XU L, LIU K, et al. Recurrent convolutional neural networks for text classification[C]//[S.l.]: AAAI Conference on Artificial Intelligence, 2015: 2267-2273.

[527] LEI T, BARZILAY R, JAAKKOLA T S. Molding cnns for text: non-linear, non-consecutive convolutions [C]//[S.l.]: Conference on Empirical Methods in Natural Language Processing, 2015: 1565-1575.

[528] STRUBELL E, VERGA P, BELANGER D, et al. Fast and accurate entity recognition with iterated dilated convolutions[C]//[S.l.]: Conference on Empirical Methods in Natural Language Processing, 2017: 2670-2680.

[529] MA X, HOVY E H. End-to-end sequence labeling via bi-directional lstm-cnns-crf[C]//[S.l.]: Annual Meeting of the Association for Computational Linguistics, 2016.

[530] LI P H, DONG R P, WANG Y S, et al. Leveraging linguistic structures for named entity recognition with bidirectional recursive neural networks[C]//[S.l.]: Conference on Empirical Methods in Natural Language Processing, 2017: 2664-2669.

[531] WANG C, CHO K, KIELA D. Code-switched named entity recognition with embedding attention[C]//[S.l.]: Annual Meeting of the Association for Computational Linguistics, 2018: 154-158.

[532] LIN Z, FENG M, DOS SANTOS C N, et al. A structured self-attentive sentence embedding[C]//[S.l.]: International Conference on Learning Representations, 2017.

[533] PARMAR N, VASWANI A, USZKOREIT J, et al. Image transformer[C]//abs/1802.05751. [S.l.]: CoRR, 2018.

[534] DONG L, XU S, XU B. Speech-transformer: A no-recurrence sequence-to-sequence model for speech recognition[C]//[S.l.]: International Conference on Acoustics, Speech and Signal Processing, 2018: 5884-5888.

[535] GULATI A, QIN J, CHIU C C, et al. Conformer: Convolution-augmented transformer for speech recognition [C]//[S.l.]: International Speech Communication Association, 2020: 5036-5040.

[536] SZEGEDY C, VANHOUCKE V, IOFFE S, et al. Rethinking the inception architecture for computer vision [C]//[S.l.]: IEEE Conference on Computer Vision and Pattern Recognition, 2016: 2818-2826.

[537] VASWANI A, BENGIO S, BREVDO E, et al. Tensor2tensor for neural machine translation[C]//[S.l.]: Association for Machine Translation in the Americas, 2018: 193-199.

[538] COURBARIAUX M, BENGIO Y. Binarynet: Training deep neural networks with weights and activations constrained to +1 or -1[C]//abs/1602.02830. [S.l.]: CoRR, 2016.

[539] LIN Y, LI Y, LIU T, et al. Towards fully 8-bit integer inference for the transformer model[C]//[S.l.]: International Joint Conference on Artificial Intelligence, 2020: 3759-3765.

[540] XIAO T, LI Y, ZHU J, et al. Sharing attention weights for fast transformer[C]//[S.l.]: International Joint Conference on Artificial Intelligence, 2019: 5292-5298.

[541] VOITA E, TALBOT D, MOISEEV F, et al. Analyzing multi-head self-attention: Specialized heads do the heavy lifting, the rest can be pruned[C]//[S.l.]: Annual Meeting of the Association for Computational Linguistics, 2019: 5797-5808.

[542] ZHANG B, XIONG D, SU J. Accelerating neural transformer via an average attention network[C]//[S.l.]: Annual Meeting of the Association for Computational Linguistics, 2018: 1789-1798.

[543] LIN Y, LI Y, WANG Z, et al. Weight distillation: Transferring the knowledge in neural network parameters [C]//abs/2009.09152. [S.l.]: ArXiv, 2020.

[544] WU Z, LIU Z, LIN J, et al. Lite transformer with long-short range attention[C]//[S.l.]: International Conference on Learning Representations, 2020.

[545] KITAEV N, KAISER L, LEVSKAYA A. Reformer: The efficient transformer[C]//[S.l.]: International Conference on Learning Representations, 2020.

[546] OTT M, EDUNOV S, GRANGIER D, et al. Scaling neural machine translation[C]//[S.l.]: Annual Meeting of the Association for Computational Linguistics, 2018.

[547] BHANDARE A, SRIPATHI V, KARKADA D, et al. Efficient 8-bit quantization of transformer neural machine language translation model[C]//abs/1906.00532. [S.l.]: CoRR, 2019.

[548] SEE A, LUONG M T, MANNING C D. Compression of neural machine translation models via pruning[C]// [S.l.]: International Conference on Computational Linguistics, 2016: 291-301.

[549] HINTON G, VINYALS O, DEAN J. Distilling the knowledge in a neural network[C]//abs/1503.02531. [S.l.]: CoRR, 2015.

[550] KIM Y, RUSH A. Sequence-level knowledge distillation[C]//[S.l.]: Conference on Empirical Methods in Natural Language Processing, 2016: 1317-1327.

[551] CHEN Y, LIU Y, CHENG Y, et al. A teacher-student framework for zero-resource neural machine translation [C]//[S.l.]: Annual Meeting of the Association for Computational Linguistics, 2017: 1925-1935.

[552] DAI Z, YANG Z, YANG Y, et al. Transformer-xl: Attentive language models beyond a fixed-length context [C]//[S.l.]: Annual Meeting of the Association for Computational Linguistics, 2019: 2978-2988.

[553] LIU X, YU H F, DHILLON I, et al. Learning to encode position for transformer with continuous dynamical model[C]//abs/2003.09229. [S.l.]: ArXiv, 2020.

[554] JAWAHAR G, SAGOT B, SEDDAH D. What does bert learn about the structure of language?[C]//[S.l.]: Annual Meeting of the Association for Computational Linguistics, 2019.

[555] YANG B, TU Z, WONG D, et al. Modeling localness for self-attention networks[C]//[S.l.]: Annual Meeting of the Association for Computational Linguistics, 2018: 4449-4458.

[556] YANG B, WANG L, WONG D F, et al. Convolutional self-attention networks[C]//[S.l.]: Annual Meeting of the Association for Computational Linguistics, 2019: 4040-4045.

[557] WANG Q, LI F, XIAO T, et al. Multi-layer representation fusion for neural machine translation[C]// abs/2002.06714. [S.l.]: International Conference on Computational Linguistics, 2018.

[558] BAPNA A, CHEN M X, FIRAT O, et al. Training deeper neural machine translation models with transparent attention[C]//[S.l.]: Annual Meeting of the Association for Computational Linguistics, 2018: 3028-3033.

[559] DOU Z Y, TU Z, WANG X, et al. Exploiting deep representations for neural machine translation[C]//[S.l.]: Annual Meeting of the Association for Computational Linguistics, 2018: 4253-4262.

[560] WANG X, TU Z, WANG L, et al. Exploiting sentential context for neural machine translation[C]//[S.l.]: Annual Meeting of the Association for Computational Linguistics, 2019.

[561] DOU Z Y, TU Z, WANG X, et al. Dynamic layer aggregation for neural machine translation with routing-by-agreement[C]//[S.l.]: AAAI Conference on Artificial Intelligence, 2019: 86-93.

[562] Garcia-Martinez M, Barrault L, Bougares F. Factored neural machine translation architectures[C]//[S.l.]: International Workshop on Spoken Language Translation (IWSLT'16), 2016.

[563] LEE J, CHO K, HOFMANN T. Fully character-level neural machine translation without explicit segmentation [C]//volume 5. [S.l.]: Transactions of the Association for Computational Linguistics, 2017: 365-378.

[564] LUONG M T, MANNING C. Achieving open vocabulary neural machine translation with hybrid word-character models[C]//[S.l.]: Annual Meeting of the Association for Computational Linguistics, 2016.

[565] GAGE P. A new algorithm for data compression[C]//volume 12. [S.l.]: The C Users Journal archive, 1994: 23-38.

[566] KUDO T. Subword regularization: Improving neural network translation models with multiple subword candidates[C]//[S.l.]: Annual Meeting of the Association for Computational Linguistics, 2018: 66-75.

[567] SCHUSTER M, NAKAJIMA K. Japanese and korean voice search[C]//[S.l.]: IEEE International Conference on Acoustics, Speech and Signal Processing, 2012: 5149-5152.

[568] Kudo T, Richardson J. Sentencepiece: A simple and language independent subword tokenizer and detokenizer for neural text processing[C]//[S.l.]: Conference on Empirical Methods in Natural Language Processing, 2018: 66-71.

[569] Provilkov I, Emelianenko D, Voita E. Bpe-dropout: Simple and effective subword regularization[C]//[S.l.]: Annual Meeting of the Association for Computational Linguistics, 2020: 1882-1892.

[570] He X, Haffari G, Norouzi M. Dynamic programming encoding for subword segmentation in neural machine translation[C]//[S.l.]: Annual Meeting of the Association for Computational Linguistics, 2020: 3042-3051.

[571] LECUN Y, BENGIO Y, HINTON G. Deep learning[C]//volume 521. [S.l.]: Nature, 2015: 436-444.

[572] HINTON G, SRIVASTAVA N, KRIZHEVSKY A, et al. Improving neural networks by preventing co-adaptation of feature detectors[C]//abs/1207.0580. [S.l.]: CoRR, 2012.

[573] MÜLLER M, RIOS A, SENNRICH R. Domain robustness in neural machine translation[C]//[S.l.]: Association for Machine Translation in the Americas, 2020: 151-164.

[574] CARLINI N, WAGNER D. Towards evaluating the robustness of neural networks[C]//[S.l.]: IEEE Symposium on Security and Privacy, 2017: 39-57.

[575] MOOSAVI-DEZFOOLI S M, FAWZI A, FROSSARD P. Deepfool: A simple and accurate method to fool deep neural networks[C]//[S.l.]: IEEE Conference on Computer Vision and Pattern Recognition, 2016: 2574-2582.

[576] CHENG Y, JIANG L, MACHEREY W. Robust neural machine translation with doubly adversarial inputs [C]//[S.l.]: Annual Meeting of the Association for Computational Linguistics, 2019: 4324-4333.

[577] NGUYEN A M, YOSINSKI J, CLUNE J. Deep neural networks are easily fooled: High confidence predictions for unrecognizable images[C]//[S.l.]: IEEE Conference on Computer Vision and Pattern Recognition, 2015: 427-436.

[578] SZEGEDY C, ZAREMBA W, SUTSKEVER I, et al. Intriguing properties of neural networks[C]//[S.l.]: International Conference on Learning Representations, 2014.

[579] GOODFELLOW I, SHLENS J, SZEGEDY C. Explaining and harnessing adversarial examples[C]//[S.l.]: International Conference on Learning Representations, 2015.

[580] JIA R, LIANG P. Adversarial examples for evaluating reading comprehension systems[C]//[S.l.]: Conference on Empirical Methods in Natural Language Processing, 2017: 2021-2031.

[581] BEKOULIS G, DELEU J, DEMEESTER T, et al. Adversarial training for multi-context joint entity and relation extraction[C]//[S.l.]: Conference on Empirical Methods in Natural Language Processing, 2018: 2830-2836.

[582] YASUNAGA M, KASAI J, RADEV D. Robust multilingual part-of-speech tagging via adversarial training [C]//[S.l.]: Annual Conference of the North American Chapter of the Association for Computational Linguistics, 2018: 976-986.

[583] BELINKOV Y, BISK Y. Synthetic and natural noise both break neural machine translation[C]//[S.l.]: International Conference on Learning Representations, 2018.

[584] MICHEL P, LI X, NEUBIG G, et al. On evaluation of adversarial perturbations for sequence-to-sequence models[C]//[S.l.]: Annual Conference of the North American Chapter of the Association for Computational Linguistics, 2019: 3103-3114.

[585] GONG Z, WANG W, LI B, et al. Adversarial texts with gradient methods[C]//abs/1801.07175. [S.l.]: ArXiv, 2018.

[586] VAIBHAV, SINGH S, STEWART C, et al. Improving robustness of machine translation with synthetic noise [C]//[S.l.]: Annual Conference of the North American Chapter of the Association for Computational Linguistics, 2019: 1916-1920.

[587] ANASTASOPOULOS A, LUI A, NGUYEN T, et al. Neural machine translation of text from non-native speakers[C]//[S.l.]: Annual Conference of the North American Chapter of the Association for Computational Linguistics, 2019: 3070-3080.

[588] RIBEIRO M T, SINGH S, GUESTRIN C. Semantically equivalent adversarial rules for debugging NLP models[C]//[S.l.]: Annual Meeting of the Association for Computational Linguistics, 2018: 856-865.

[589] SAMANTA S, MEHTA S. Towards crafting text adversarial samples[C]//abs/1707.02812. [S.l.]: CoRR, 2017.

[590] LIANG B, LI H, SU M, et al. Deep text classification can be fooled[C]//[S.l.]: International Joint Conference on Artificial Intelligence, 2018: 4208-4215.

[591] EBRAHIMI J, LOWD D, DOU D. On adversarial examples for character-level neural machine translation [C]//[S.l.]: International Conference on Computational Linguistics, 2018: 653-663.

[592] GAO F, ZHU J, WU L, et al. Soft contextual data augmentation for neural machine translation[C]//[S.l.]: Annual Meeting of the Association for Computational Linguistics, 2019: 5539-5544.

[593] ZHAO Z, DUA D, SINGH S. Generating natural adversarial examples[C]//[S.l.]: International Conference on Learning Representations, 2018.

[594] CHENG Y, TU Z, MENG F, et al. Towards robust neural machine translation[C]//[S.l.]: Annual Meeting of the Association for Computational Linguistics, 2018: 1756-1766.

[595] LIU H, MA M, HUANG L, et al. Robust neural machine translation with joint textual and phonetic embedding [C]//[S.l.]: Annual Meeting of the Association for Computational Linguistics, 2019: 3044-3049.

[596] CHEN S, ROSENFELD R. A gaussian prior for smoothing maximum entropy models[C]//[S.l.]: Carnegie-mellon Univ Pittsburgh Pa School of Computer Science, 1999.

[597] VINCENT P, LAROCHELLE H, BENGIO Y, et al. Extracting and composing robust features with denoising autoencoders[C]//[S.l.]: International Conference on Machine Learning, 2008.

[598] TU Z, LIU Y, SHANG L, et al. Neural machine translation with reconstruction[C]//volume 31. [S.l.]: AAAI Conference on Artificial Intelligence, 2017.

[599] BENGIO S, VINYALS O, JAITLY N, et al. Scheduled sampling for sequence prediction with recurrent neural networks[C]//[S.l.]: Annual Conference on Neural Information Processing Systems, 2015: 1171-1179.

[600] RANZATO M, CHOPRA S, AULI M, et al. Sequence level training with recurrent neural networks[C]//[S.l.]: International Conference on Learning Representations, 2016.

[601] XU C, HU B, JIANG Y, et al. Dynamic curriculum learning for low-resource neural machine translation[C]// [S.l.]: International Committee on Computational Linguistics, 2020: 3977-3989.

[602] WU L, XIA Y, TIAN F, et al. Adversarial neural machine translation[C]//[S.l.]: Asian Conference on Machine Learning, 2018: 534-549.

[603] BAHDANAU D, BRAKEL P, XU K, et al. An actor-critic algorithm for sequence prediction[C]//[S.l.]: International Conference on Learning Representations, 2017.

[604] KAKADE S M. A natural policy gradient[C]//[S.l.]: Advances in Neural Information Processing Systems, 2001: 1531-1538.

[605] HENDERSON P, ROMOFF J, PINEAU J. Where did my optimum go?: An empirical analysis of gradient descent optimization in policy gradient methods[C]//abs/1810.02525. [S.l.]: CoRR, 2018.

[606] EDUNOV S, OTT M, AULI M, et al. Understanding back-translation at scale[C]//[S.l.]: Annual Meeting of the Association for Computational Linguistics, 2018: 489-500.

[607] KOOL W, VAN HOOF H, WELLING M. Stochastic beams and where to find them: The gumbel-top-k trick for sampling sequences without replacement[C]//[S.l.]: International Conference on Machine Learning, 2019: 3499-3508.

[608] SUTTON R, BARTO A. Reinforcement learning: An introduction[M]. [S.l.]: MIT press, 2018.

[609] SILVER D, HUANG A, MADDISON C, et al. Mastering the game of go with deep neural networks and tree search[C]//volume 529. [S.l.]: Nature, 2016: 484-489.

[610] ZAREMBA W, MIKOLOV T, JOULIN A, et al. Learning simple algorithms from examples[C]//[S.l.]: International Conference on Machine Learning, 2016: 421-429.

[611] NG A, HARADA D, RUSSELL S. Policy invariance under reward transformations: Theory and application to reward shaping[C]//[S.l.]: International Conference on Machine Learning, 1999: 278-287.

[612] LI Z, WALLACE E, SHEN S, et al. Train large, then compress: Rethinking model size for efficient training and inference of transformers[C]//[S.l.]: arXiv preprint arXiv:2002.11794, 2020.

[613] LI Z, WALLACE E, SHEN S, et al. Train large, then compress: Rethinking model size for efficient training and inference of transformers[C]//abs/2002.11794. [S.l.]: CoRR, 2020.

[614] EETEMADI S, LEWIS W, TOUTANOVA K, et al. Survey of data-selection methods in statistical machine translation[C]//volume 29. [S.l.]: Machine Translation, 2015: 189-223.

[615] BRITZ D, LE Q, PRYZANT R. Effective domain mixing for neural machine translation[C]//[S.l.]: Proceedings of the Second Conference on Machine Translation, 2017: 118-126.

[616] AXELROD A, HE X, GAO J. Domain adaptation via pseudo in-domain data selection[C]//[S.l.]: Conference on Empirical Methods in Natural Language Processing, 2011: 355-362.

[617] AXELROD A, RESNIK P, HE X, et al. Data selection with fewer words[C]//[S.l.]: Conference on Empirical Methods in Natural Language Processing, 2015: 58-65.

[618] WANG R, UTIYAMA M, LIU L, et al. Instance weighting for neural machine translation domain adaptation [C]//[S.l.]: Conference on Empirical Methods in Natural Language Processing, 2017: 1482-1488.

[619] MANSOUR S, WUEBKER J, NEY H. Combining translation and language model scoring for domain-specific data filtering[C]//[S.l.]: International Workshop on Spoken Language Translation, 2011: 222-229.

[620] CHEN B, HUANG F. Semi-supervised convolutional networks for translation adaptation with tiny amount of in-domain data[C]//[S.l.]: The SIGNLL Conference on Computational Natural Language Learning, 2016: 314-323.

[621] CHEN B, KUHN R, FOSTER G, et al. Bilingual methods for adaptive training data selection for machine translation[C]//[S.l.]: Association for Machine Translation in the Americas, 2016: 93-103.

[622] CHEN B, CHERRY C, FOSTER G, et al. Cost weighting for neural machine translation domain adaptation [C]//[S.l.]: Annual Meeting of the Association for Computational Linguistics, 2017: 40-46.

[623] DUMA M S, MENZEL W. Automatic threshold detection for data selection in machine translation[C]//[S.l.]: Proceedings of the Second Conference on Machine Translation, 2017: 483-488.

[624] BIÇICI E, YURET D. Instance selection for machine translation using feature decay algorithms[C]//[S.l.]: Proceedings of the Sixth Workshop on Statistical Machine Translation, 2011: 272-283.

[625] PONCELAS A, MAILLETTE DE BUY WENNIGER G, WAY A. Feature decay algorithms for neural machine translation[C]//[S.l.]: European Association for Machine Translation, 2018.

[626] SOTO X, SHTERIONOV D S, PONCELAS A, et al. Selecting backtranslated data from multiple sources for improved neural machine translation[C]//[S.l.]: Annual Meeting of the Association for Computational Linguistics, 2020: 3898-3908.

[627] VAN DER WEES M, BISAZZA A, MONZ C. Dynamic data selection for neural machine translation[C]//[S.l.]: Conference on Empirical Methods in Natural Language Processing, 2017: 1400-1410.

[628] WANG W, WATANABE T, HUGHES M, et al. Denoising neural machine translation training with trusted data and online data selection[C]//[S.l.]: Proceedings of the Third Conference on Machine Translation, 2018: 133-143.

[629] WANG R, UTIYAMA M, SUMITA E. Dynamic sentence sampling for efficient training of neural machine translation[C]//[S.l.]: Annual Meeting of the Association for Computational Linguistics, 2018: 298-304.

[630] KHAYRALLAH H, KOEHN P. On the impact of various types of noise on neural machine translation[C]//[S.l.]: Annual Meeting of the Association for Computational Linguistics, 2018: 74-83.

[631] FORMIGA L, FONOLLOSA J A R. Dealing with input noise in statistical machine translation[C]//[S.l.]: International Conference on Computational Linguistics, 2012: 319-328.

[632] CUI L, ZHANG D, LIU S, et al. Bilingual data cleaning for SMT using graph-based random walk[C]//[S.l.]: Annual Meeting of the Association for Computational Linguistics, 2013: 340-345.

[633] MEDIANI M. Learning from noisy data in statistical machine translation[D]. [S.l.]: Karlsruhe Institute of Technology, Germany, 2017.

[634] RARRICK S, QUIRK C, LEWIS W. Mt detection in web-scraped parallel corpora[C]//[S.l.]: Machine Translation, 2011: 422-430.

[635] TAGHIPOUR K, KHADIVI S, XU J. Parallel corpus refinement as an outlier detection algorithm[C]//[S.l.]: Machine Translation, 2011: 414-421.

[636] XU H, KOEHN P. Zipporah: a fast and scalable data cleaning system for noisy web-crawled parallel corpora [C]//Conference on Empirical Methods in Natural Language Processing. [S.l.: s.n.], 2017.

[637] CARPUAT M, VYAS Y, NIU X. Detecting cross-lingual semantic divergence for neural machine translation [C]//[S.l.]: Annual Meeting of the Association for Computational Linguistics, 2017: 69-79.

[638] VYAS Y, NIU X, CARPUAT M. Identifying semantic divergences in parallel text without annotations[C]//[S.l.]: Annual Conference of the North American Chapter of the Association for Computational Linguistics, 2018: 1503-1515.

[639] WANG W, CASWELL I, CHELBA C. Dynamically composing domain-data selection with clean-data selection by "co-curricular learning" for neural machine translation[C]//[S.l.]: Annual Meeting of the Association for Computational Linguistics, 2019: 1282-1292.

[640] ZHU J, WANG H, HOVY E H. Multi-criteria-based strategy to stop active learning for data annotation[C]// [S.l.]: International Conference on Computational Linguistics, 2008: 1129-1136.

[641] ZHU J, MA M. Uncertainty-based active learning with instability estimation for text classification[C]//volume 8. [S.l.]: ACM Transactions on Speech and Language Processing, 2012: 5:1-5:21.

[642] ZHU J, WANG H, YAO T, et al. Active learning with sampling by uncertainty and density for word sense disambiguation and text classification[C]//[S.l.]: International Conference on Computational Linguistics, 2008: 1137-1144.

[643] LIU M, BUNTINE W L, HAFFARI G. Learning to actively learn neural machine translation[C]//[S.l.]: The SIGNLL Conference on Computational Natural Language Learning, 2018: 334-344.

[644] ZHAO Y, ZHANG H, ZHOU S, et al. Active learning approaches to enhancing neural machine translation: An empirical study[C]//[S.l.]: Conference on Empirical Methods in Natural Language Processing, 2020: 1796-1806.

[645] PERIS Á, CASACUBERTA F. Active learning for interactive neural machine translation of data streams[C]// [S.l.]: The SIGNLL Conference on Computational Natural Language Learning, 2018: 151-160.

[646] TURCHI M, NEGRI M, FARAJIAN M A, et al. Continuous learning from human post-edits for neural machine translation[C]//volume 108. [S.l.]: The Prague Bulletin of Mathematical Linguistics, 2017: 233-244.

[647] PERIS Á, CASACUBERTA F. Online learning for effort reduction in interactive neural machine translation [C]//volume 58. [S.l.]: Computer Speech Language, 2019: 98-126.

[648] BENGIO Y, LOURADOUR J, COLLOBERT R, et al. Curriculum learning[C]//[S.l.]: International Conference on Machine Learning: 41-48.

[649] PLATANIOS E A, STRETCU O, NEUBIG G, et al. Competence-based curriculum learning for neural machine translation[C]//[S.l.]: Conference of the North American Chapter of the Association for Computational Linguistics: Human Language Technologies, 2019: 1162-1172.

[650] KOCMI T, BOJAR O. Curriculum learning and minibatch bucketing in neural machine translation[C]//[S.l.]: International Conference Recent Advances in Natural Language Processing, 2017: 379-386.

[651] ZHANG X, SHAPIRO P, KUMAR G, et al. Curriculum learning for domain adaptation in neural machine translation[C]//[S.l.]: Annual Conference of the North American Chapter of the Association for Computational Linguistics, 2019: 1903-1915.

[652] ZHANG X, KUMAR G, KHAYRALLAH H, et al. An empirical exploration of curriculum learning for neural machine translation[C]//[S.l.]: arXiv preprint arXiv:1811.00739, 2018.

[653] ZHOU Y, YANG B, WONG D, et al. Uncertainty-aware curriculum learning for neural machine translation [C]//[S.l.]: Annual Meeting of the Association for Computational Linguistics, 2020: 6934-6944.

[654] LI Z, HOIEM D. Learning without forgetting[C]//volume 40. [S.l.]: IEEE Transactions on Pattern Analysis and Machine Intelligence, 2018: 2935-2947.

[655] TRIKI A R, ALJUNDI R, BLASCHKO M, et al. Encoder based lifelong learning[C]//[S.l.]: IEEE International Conference on Computer Vision, 2017: 1329-1337.

[656] REBUFFI S A, KOLESNIKOV A, SPERL G, et al. icarl: Incremental classifier and representation learning [C]//[S.l.]: IEEE Conference on Computer Vision and Pattern Recognition, 2017: 5533-5542.

[657] CASTRO F, MARÍN-JIMÉNEZ M, GUIL N, et al. End-to-end incremental learning[C]//[S.l.]: European Conference on Computer Vision, 2018: 241-257.

[658] RUSU A, RABINOWITZ N, DESJARDINS G, et al. Progressive neural networks[C]//[S.l.]: arXiv preprint arXiv:1606.04671, 2016.

[659] FERNANDO C, BANARSE D, BLUNDELL C, et al. Pathnet: Evolution channels gradient descent in super neural networks[C]//abs/1701.08734. [S.l.]: CoRR, 2017.

[660] MICHEL P, NEUBIG G. MTNT: A testbed for machine translation of noisy text[C]//[S.l.]: Conference on Empirical Methods in Natural Language Processing, 2018: 543-553.

[661] LIU Y, CHEN X, LIU C, et al. Delving into transferable adversarial examples and black-box attacks[C]//[S.l.]: International Conference on Learning Representations, 2017.

[662] YUAN X, HE P, ZHU Q, et al. Adversarial examples: Attacks and defenses for deep learning[C]//volume 30. [S.l.]: IEEE Transactions on Neural Networks and Learning Systems, 2019: 2805-2824.

[663] YUAN X, HE P, LI X, et al. Adaptive adversarial attack on scene text recognition[C]//[S.l.]: IEEE Conference on Computer Communications, 2020: 358-363.

[664] ROSS S, GORDON G, BAGNELL D. A reduction of imitation learning and structured prediction to no-regret online learning[C]//[S.l.]: International Conference on Artificial Intelligence and Statistics, 2011: 627-635.

[665] VENKATRAMAN A, HEBERT M, BAGNELL J A. Improving multi-step prediction of learned time series models[C]//[S.l.]: AAAI Conference on Artificial Intelligence, 2015: 3024-3030.

[666] NGUYEN K, III H D, BOYD-GRABER J. Reinforcement learning for bandit neural machine translation with simulated human feedback[C]//[S.l.]: Empirical Methods in Natural Language Processing, 2017: 1464-1474.

[667] SENNRICH R, HADDOW B, BIRCH A. Improving neural machine translation models with monolingual data[C]//[S.l.]: Annual Meeting of the Association for Computational Linguistics, 2016.

[668] WU L, TIAN F, QIN T, et al. A study of reinforcement learning for neural machine translation[C]//[S.l.]: Annual Meeting of the Association for Computational Linguistics, 2018: 3612-3621.

[669] SURENDRANATH A, JAYAGOPI D B. Curriculum learning for depth estimation with deep convolutional neural networks[C]//[S.l.]: Mediterranean Conference on Pattern Recognition and Artificial Intelligence, 2018: 95-100.

[670] CHANG H S, LEARNED-MILLER E G, MCCALLUM A. Active bias: Training more accurate neural networks by emphasizing high variance samples[C]//[S.l.]: Annual Conference on Neural Information Processing Systems, 2017: 1002-1012.

[671] STAHLBERG F, HASLER E, SAUNDERS D, et al. Sgnmt-a flexible nmt decoding platform for quick prototyping of new models and search strategies[C]//[S.l.]: Conference on Empirical Methods in Natural Language Processing, 2017: 25-30.

[672] STAHLBERG F, BYRNE B. On nmt search errors and model errors: Cat got your tongue?[C]//[S.l.]: Conference on Empirical Methods in Natural Language Processing, 2019: 3354-3360.

[673] SENNRICH R, HADDOW B, BIRCH A. Edinburgh neural machine translation systems for WMT 16[C]//[S.l.]: Annual Meeting of the Association for Computational Linguistics, 2016: 371-376.

[674] LIU L, UTIYAMA M, FINCH A M, et al. Agreement on target-bidirectional neural machine translation[C]//[S.l.]: Annual Conference of the North American Chapter of the Association for Computational Linguistics, 2016: 411-416.

[675] LI B, LI Y, XU C, et al. The niutrans machine translation systems for WMT19[C]//[S.l.]: Annual Meeting of the Association for Computational Linguistics, 2019: 257-266.

[676] STAHLBERG F, DE GISPERT A, BYRNE B. The university of cambridge's machine translation systems for wmt18[C]//[S.l.]: Annual Meeting of the Association for Computational Linguistics, 2018: 504-512.

[677] ZHANG X, SU J, QIN Y, et al. Asynchronous bidirectional decoding for neural machine translation[C]//[S.l.]: AAAI Conference on Artificial Intelligence, 2018: 5698-5705.

[678] ZHOU L, ZHANG J, ZONG C. Synchronous bidirectional neural machine translation[C]//volume 7. [S.l.]: Transactions of the Association for Computational Linguistics, 2019: 91-105.

[679] LI A, ZHANG S, WANG D, et al. Enhanced neural machine translation by learning from draft[C]//[S.l.]: IEEE Asia-Pacific Services Computing Conference, 2017: 1583-1587.

[680] ELMAGHRABY A, RAFEA A. Enhancing translation from english to arabic using two-phase decoder translation[C]//[S.l.]: Intelligent Systems and Applications, 2018: 539-549.

[681] GENG X, FENG X, QIN B, et al. Adaptive multi-pass decoder for neural machine translation[C]//[S.l.]: Conference on Empirical Methods in Natural Language Processing, 2018: 523-532.

[682] LEE J, MANSIMOV E, CHO K. Deterministic non-autoregressive neural sequence modeling by iterative refinement[C]//[S.l.]: Conference on Empirical Methods in Natural Language Processing, 2018: 1173-1182.

[683] GU J, WANG C, ZHAO J. Levenshtein transformer[C]//[S.l.]: Annual Conference on Neural Information Processing Systems, 2019: 11179-11189.

[684] GUO J, XU L, CHEN E. Jointly masked sequence-to-sequence model for non-autoregressive neural machine translation[C]//[S.l.]: Annual Meeting of the Association for Computational Linguistics, 2020: 376-385.

[685] MEHRI S, SIGAL L. Middle-out decoding[C]//[S.l.]: Conference on Neural Information Processing Systems, 2018: 5523-5534.

[686] STAHLBERG F, SAUNDERS D, BYRNE B. An operation sequence model for explainable neural machine translation[C]//[S.l.]: Conference on Empirical Methods in Natural Language Processing, 2018: 175-186.

[687] STERN M, CHAN W, KIROS J, et al. Insertion transformer: Flexible sequence generation via insertion operations[C]//[S.l.]: International Conference on Machine Learning, 2019: 5976-5985.

[688] ÖSTLING R, TIEDEMANN J. Neural machine translation for low-resource languages[C]//abs/1708.05729. [S.l.]: CoRR, 2017.

[689] KIKUCHI Y, NEUBIG G, SASANO R, et al. Controlling output length in neural encoder-decoders[C]//[S.l.]: Conference on Empirical Methods in Natural Language Processing, 2016: 1328-1338.

[690] TAKASE S, OKAZAKI N. Positional encoding to control output sequence length[C]//[S.l.]: Annual Conference of the North American Chapter of the Association for Computational Linguistics, 2019: 3999-4004.

[691] MURRAY K, CHIANG D. Correcting length bias in neural machine translation[C]//[S.l.]: Annual Meeting of the Association for Computational Linguistics, 2018: 212-223.

[692] SOUNTSOV P, SARAWAGI S. Length bias in encoder decoder models and a case for global conditioning [C]//[S.l.]: Conference on Empirical Methods in Natural Language Processing, 2016: 1516-1525.

[693] JEAN S, FIRAT O, CHO K, et al. Montreal neural machine translation systems for wmt'15[C]//[S.l.]: Conference on Empirical Methods in Natural Language Processing, 2015: 134-140.

[694] GUILLAUME K, YOON K, YUNTIAN D, et al. Opennmt: Open-source toolkit for neural machine translation[C]//[S.l.]: Annual Meeting of the Association for Computational Linguistics, 2017: 67-72.

[695] FENG S, LIU S, YANG N, et al. Improving attention modeling with implicit distortion and fertility for machine translation[C]//[S.l.]: International Conference on Computational Linguistics, 2016: 3082-3092.

[696] YANG J, ZHANG B, QIN Y, et al. Otem&utem: Over- and under-translation evaluation metric for nmt[C]// [S.l.]: CCF International Conference on Natural Language Processing and Chinese Computing, 2018: 291-302.

[697] MI H, SANKARAN B, WANG Z, et al. Coverage embedding models for neural machine translation[C]//[S.l.]: Conference on Empirical Methods in Natural Language Processing, 2016: 955-960.

[698] KAZIMI M, COSTA-JUSSÀ M R. Coverage for character based neural machine translation[C]//volume 59. [S.l.]: arXiv preprint arXiv:1810.02340, 2017: 99-106.

[699] SAM W, ALEXANDER M R. Sequence-to-sequence learning as beam-search optimization[C]//[S.l.]: Conference on Empirical Methods in Natural Language Processing, 2016: 1296-1306.

[700] MINGBO M, RENJIE Z, LIANG H. Learning to stop in structured prediction for neural machine translation [C]//[S.l.]: Annual Conference of the North American Chapter of the Association for Computational Linguistics, 2019: 1884-1889.

[701] EISNER J, DAUMÉ H. Learning speed-accuracy tradeoffs in nondeterministic inference algorithms[C]//[S.l.]: Annual Conference on Neural Information Processing Systems, 2011.

[702] JIARONG J, ADAM R T, HAL D, et al. Learned prioritization for trading off accuracy and speed[C]//[S.l.]: Annual Conference on Neural Information Processing Systems, 2012: 1340-1348.

[703] RENJIE Z, MINGBO M, BAIGONG Z, et al. Opportunistic decoding with timely correction for simultaneous translation[C]//[S.l.]: Annual Meeting of the Association for Computational Linguistics, 2020: 437-442.

[704] MINGBO M, LIANG H, HAO X, et al. Stacl: Simultaneous translation with implicit anticipation and controllable latency using prefix-to-prefix framework[C]//[S.l.]: Annual Meeting of the Association for Computational Linguistics, 2019: 3025-3036.

[705] PERIS Á, DOMINGO M, CASACUBERTA F. Interactive neural machine translation[C]//volume 45. [S.l.]: Computer Speech and Language, 2017: 201-220.

[706] KEVIN G, DHRUV B, CHRIS D, et al. A systematic exploration of diversity in machine translation[C]//[S.l.]: Conference on Empirical Methods in Natural Language Processing, 2013: 1100-1111.

[707] JIWEI L, DAN J. Mutual information and diverse decoding improve neural machine translation[C]// abs/1601.00372. [S.l.]: CoRR, 2016.

[708] DUAN N, LI M, XIAO T, et al. The feature subspace method for smt system combination[C]//[S.l.]: Conference on Empirical Methods in Natural Language Processing, 2009: 1096-1104.

[709] XIAO T, ZHU J, ZHU M, et al. Boosting-based system combination for machine translation[C]//[S.l.]: Annual Meeting of the Association for Computational Linguistics, 2010: 739-748.

[710] LI J, GALLEY M, BROCKETT C, et al. A diversity-promoting objective function for neural conversation models[C]//[S.l.]: Annual Conference of the North American Chapter of the Association for Computational Linguistics, 2016: 110-119.

[711] HE X, HAFFARI G, NOROUZI M. Sequence to sequence mixture model for diverse machine translation[C]// [S.l.]: International Conference on Computational Linguistics, 2018: 583-592.

[712] SHEN T, OTT M, AULI M, et al. Mixture models for diverse machine translation: Tricks of the trade[C]// [S.l.]: International Conference on Machine Learning, 2019: 5719-5728.

[713] WU X, FENG Y, SHAO C. Generating diverse translation from model distribution with dropout[C]//[S.l.]: Annual Meeting of the Association for Computational Linguistics, 2020: 1088-1097.

[714] SUN Z, HUANG S, WEI H R, et al. Generating diverse translation by manipulating multi-head attention[C]// [S.l.]: AAAI Conference on Artificial Intelligence, 2020: 8976-8983.

[715] VIJAYAKUMAR A K, COGSWELL M, SELVARAJU R R, et al. Diverse beam search: Decoding diverse solutions from neural sequence models[C]//abs/1610.02424. [S.l.]: CoRR, 2016.

[716] XIAO T, WONG D F, ZHU J. A loss-augmented approach to training syntactic machine translation systems [C]//volume 24. [S.l.]: IEEE/ACM Transactions on Audio, Speech, and Language Processing, 2016: 2069-2083.

[717] LIU L, HUANG L. Search-aware tuning for machine translation[C]//[S.l.]: Conference on Empirical Methods in Natural Language Processing, 2014: 1942-1952.

[718] YU H, HUANG L, MI H, et al. Max-violation perceptron and forced decoding for scalable mt training[C]// [S.l.]: Conference on Empirical Methods in Natural Language Processing, 2013: 1112-1123.

[719] NIEHUES J, CHO E, HA T L, et al. Analyzing neural mt search and model performance[C]//[S.l.]: Annual Meeting of the Association for Computational Linguistics, 2017: 11-17.

[720] KOEHN P, KNOWLES R. Six challenges for neural machine translation[C]//[S.l.]: Annual Meeting of the Association for Computational Linguistics, 2017: 28-39.

[721] ZHANG W, FENG Y, MENG F, et al. Bridging the gap between training and inference for neural machine translation[C]//[S.l.]: Annual Meeting of the Association for Computational Linguistics, 2019: 4334-4343.

[722] LIN J. Divergence measures based on the shannon entropy[C]//volume 37. [S.l.]: IEEE Transactions on Information Theory, 1991: 145-151.

[723] DABRE R, FUJITA A. Recurrent stacking of layers for compact neural machine translation models[C]//[S.l.]: AAAI Conference on Artificial Intelligence, 2019: 6292-6299.

[724] NARANG S, UNDERSANDER E, DIAMOS G. Block-sparse recurrent neural networks[C]// abs/1711. 02782. [S.l.]: CoRR, 2017.

[725] GALE T, ELSEN E, HOOKER S. The state of sparsity in deep neural networks[C]//abs/1902.09574. [S.l.]: CoRR, 2019.

[726] MICHEL P, LEVY O, NEUBIG G. Are sixteen heads really better than one?[C]//[S.l.]: Annual Conference on Neural Information Processing Systems, 2019: 14014-14024.

[727] MUN'IM R M, INOUE N, SHINODA K. Sequence-level knowledge distillation for model compression of attention-based sequence-to-sequence speech recognition[C]//[S.l.]: IEEE International Conference on Acoustics, Speech and Signal Processing, 2019: 6151-6155.

[728] KATHAROPOULOS A, VYAS A, PAPPAS N, et al. Transformers are rnns: Fast autoregressive transformers with linear attention[C]//abs/2006.16236. [S.l.]: International Conference on Machine Learning, 2020.

[729] WANG S, LI B, KHABSA M, et al. Linformer: Self-attention with linear complexity[C]//abs/2006.04768. [S.l.]: CoRR, 2020.

[730] LIU W, ZHOU P, WANG Z, et al. Fastbert: a self-distilling bert with adaptive inference time[C]//[S.l.]: Annual Meeting of the Association for Computational Linguistics, 2020: 6035-6044.

[731] ELBAYAD M, GU J, GRAVE E, et al. Depth-adaptive transformer[C]//[S.l.]: International Conference on Learning Representations, 2020.

[732] JACOB B, KLIGYS S, CHEN B, et al. Quantization and training of neural networks for efficient integer-arithmetic-only inference[C]//[S.l.]: IEEE Conference on Computer Vision and Pattern Recognition, 2018: 2704-2713.

[733] PRATO G, CHARLAIX E, REZAGHOLIZADEH M. Fully quantized transformer for improved translation [C]//abs/1910.10485. [S.l.]: CoRR, 2019.

[734] HUBARA I, COURBARIAUX M, SOUDRY D, et al. Binarized neural networks[C]//[S.l.]: Annual Conference on Neural Information Processing Systems, 2016: 4107-4115.

[735] ZHOU C, NEUBIG G, GU J. Understanding knowledge distillation in non-autoregressive machine translation [C]//abs/1911.02727. [S.l.]: ArXiv, 2020.

[736] GUO J, TAN X, XU L, et al. Fine-tuning by curriculum learning for non-autoregressive neural machine translation[C]//[S.l.]: AAAI Conference on Artificial Intelligence, 2020: 7839-7846.

[737] WEI B, WANG M, ZHOU H, et al. Imitation learning for non-autoregressive neural machine translation[C]// [S.l.]: Annual Meeting of the Association for Computational Linguistics, 2019: 1304-1312.

[738] GUO J, TAN X, HE D, et al. Non-autoregressive neural machine translation with enhanced decoder input[C]// [S.l.]: AAAI Conference on Artificial Intelligence, 2019: 3723-3730.

[739] WANG Y, TIAN F, HE D, et al. Non-autoregressive machine translation with auxiliary regularization[C]// [S.l.]: AAAI Conference on Artificial Intelligence, 2019: 5377-5384.

[740] MA X, ZHOU C, LI X, et al. Flowseq: Non-autoregressive conditional sequence generation with generative flow[C]//[S.l.]: Conference on Empirical Methods in Natural Language Processing, 2019: 4281-4291.

[741] ŁUKASZ KAISER, ROY A, VASWANI A, et al. Fast decoding in sequence models using discrete latent variables[C]//[S.l.]: International Conference on Machine Learning, 2018: 2395-2404.

[742] RAN Q, LIN Y, LI P, et al. Learning to recover from multi-modality errors for non-autoregressive neural machine translation[C]//[S.l.]: Annual Meeting of the Association for Computational Linguistics, 2020: 3059-3069.

[743] TU L, PANG R Y, WISEMAN S, et al. Engine: Energy-based inference networks for non-autoregressive machine translation[C]//[S.l.]: Annual Meeting of the Association for Computational Linguistics, 2020: 2819-2826.

[744] SHU R, LEE J, NAKAYAMA H, et al. Latent-variable non-autoregressive neural machine translation with deterministic inference using a delta posterior[C]//[S.l.]: AAAI Conference on Artificial Intelligence, 2020: 8846-8853.

[745] LI Z, LIN Z, HE D, et al. Hint-based training for non-autoregressive machine translation[C]//[S.l.]: Conference on Empirical Methods in Natural Language Processing, 2019: 5707-5712.

[746] AKOURY N, KRISHNA K, IYYER M. Syntactically supervised transformers for faster neural machine translation[C]//[S.l.]: Annual Meeting of the Association for Computational Linguistics, 2019: 1269-1281.

[747] WANG C, ZHANG J, CHEN H. Semi-autoregressive neural machine translation[C]//[S.l.]: Conference on Empirical Methods in Natural Language Processing, 2018: 479-488.

[748] RAN Q, LIN Y, LI P, et al. Guiding non-autoregressive neural machine translation decoding with reordering information[C]//abs/1911.02215. [S.l.]: CoRR, 2019.

[749] GHAZVININEJAD M, LEVY O, LIU Y, et al. Mask-predict: Parallel decoding of conditional masked language models[C]//[S.l.]: Conference on Empirical Methods in Natural Language Processing, 2019: 6111-6120.

[750] KASAI J, CROSS J, GHAZVININEJAD M, et al. Non-autoregressive machine translation with disentangled context transformer[C]//[S.l.]: arXiv: Computation and Language, 2020.

[751] FREUND Y, SCHAPIRE R E. A decision-theoretic generalization of on-line learning and an application to boosting[C]//volume 55. [S.l.]: Journal of Computer and System Sciences, 1997: 119-139.

[752] SIM K C, BYRNE W J, GALES M J F, et al. Consensus network decoding for statistical machine translation system combination[C]//[S.l.]: Proceedings of the IEEE International Conference on Acoustics, Speech, and Signal Processing, 2007: 105-108.

[753] ROSTI A V I, MATSOUKAS S, SCHWARTZ R M. Improved word-level system combination for machine translation[C]//[S.l.]: Annual Meeting of the Association for Computational Linguistics, 2007.

[754] ROSTI A V I, ZHANG B, MATSOUKAS S, et al. Incremental hypothesis alignment for building confusion networks with application to machine translation system combination[C]//[S.l.]: Proceedings of the Third Workshop on Statistical Machine Translation, 2008: 183-186.

[755] LI J, MONROE W, JURAFSKY D. A simple, fast diverse decoding algorithm for neural generation[C]//abs/1611.08562. [S.l.]: CoRR, 2016.

[756] WANG M, GONG L, ZHU W, et al. Tencent neural machine translation systems for wmt18[C]//[S.l.]: Annual Meeting of the Association for Computational Linguistics, 2018: 522-527.

[757] ZHANG Y, WANG Z, CAO R, et al. The niutrans machine translation systems for wmt20[C]//[S.l.]: Annual Meeting of the Association for Computational Linguistics, 2020: 336-343.

[758] TROMBLE R, KUMAR S, OCH F J, et al. Lattice minimum bayes-risk decoding for statistical machine translation[C]//[S.l.]: Conference on Empirical Methods in Natural Language Processing, 2008: 620-629.

[759] SU J, TAN Z, XIONG D, et al. Lattice-based recurrent neural network encoders for neural machine translation[C]//[S.l.]: AAAI Conference on Artificial Intelligence, 2017: 3302-3308.

[760] HELD L, SABANÉS BOVÉ D. Applied statistical inference[C]//volume 10. [S.l.]: Springer, 2014: 16.

[761] SILVEY S D. Statistical inference[C]//[S.l.]: Encyclopedia of Social Network Analysis and Mining, 2018.

[762] BEAL M J. Variational algorithms for approximate bayesian inference[C]//[S.l.]: University College London, 2003.

[763] LI Z, EISNER J, KHUDANPUR S. Variational decoding for statistical machine translation[C]//[S.l.]: Annual Meeting of the Association for Computational Linguistics, 2009: 593-601.

[764] BASTINGS J, AZIZ W, TITOV I, et al. Modeling latent sentence structure in neural machine translation[C]// abs/1901.06436. [S.l.]: CoRR, 2019.

[765] SHAH H, BARBER D. Generative neural machine translation[C]//[S.l.]: Annual Conference on Neural Information Processing Systems, 2018: 1353-1362.

[766] SU J, WU S, XIONG D, et al. Variational recurrent neural machine translation[C]//[S.l.]: AAAI Conference on Artificial Intelligence, 2018: 5488-5495.

[767] ZHANG B, XIONG D, SU J, et al. Variational neural machine translation[C]//[S.l.]: Annual Meeting of the Association for Computational Linguistics, 2016: 521-530.

[768] FAN A, GRAVE E, JOULIN A. Reducing transformer depth on demand with structured dropout[C]//[S.l.]: International Conference on Learning Representations, 2020.

[769] WANG Q, XIAO T, ZHU J. Training flexible depth model by multi-task learning for neural machine translation [C]//[S.l.]: Conference on Empirical Methods in Natural Language Processing, 2020: 4307-4312.

[770] XU C, ZHOU W, GE T, et al. Bert-of-theseus: Compressing BERT by progressive module replacing[C]// [S.l.]: Conference on Empirical Methods in Natural Language Processing, 2020.

[771] BAEVSKI A, AULI M. Adaptive input representations for neural language modeling[C]//[S.l.]: arXiv preprint arXiv:1809.10853, 2019.

[772] MEHTA S, KONCEL-KEDZIORSKI R, RASTEGARI M, et al. Define: Deep factorized input word embeddings for neural sequence modeling[C]//abs/1911.12385. [S.l.]: CoRR, 2019.

[773] MA X, ZHANG P, ZHANG S, et al. A tensorized transformer for language modeling[C]//abs/1906.09777. [S.l.]: CoRR, 2019.

[774] YANG Z, LUONG T, SALAKHUTDINOV R, et al. Mixtape: Breaking the softmax bottleneck efficiently [C]//[S.l.]: Conference on Neural Information Processing Systems, 2019: 15922-15930.

[775] KASAI J, PAPPAS N, PENG H, et al. Deep encoder, shallow decoder: Reevaluating the speed-quality tradeoff in machine translation[C]//abs/2006.10369. [S.l.]: CoRR, 2020.

[776] HU C, LI B, LI Y, et al. The niutrans system for wngt 2020 efficiency task[C]//[S.l.]: Annual Meeting of the Association for Computational Linguistics, 2020: 204-210.

[777] HSU Y T, GARG S, LIAO Y H, et al. Efficient inference for neural machine translation[C]//abs/2010.02416. [S.l.]: CoRR, 2020.

[778] HAN S, POOL J, TRAN J, et al. Learning both weights and connections for efficient neural network[C]// [S.l.]: Annual Conference on Neural Information Processing Systems, 2015: 1135-1143.

[779] LEE N, AJANTHAN T, TORR P H S. Snip: single-shot network pruning based on connection sensitivity[C]// [S.l.]: International Conference on Learning Representations, 2019.

[780] FRANKLE J, CARBIN M. The lottery ticket hypothesis: Finding sparse, trainable neural networks[C]//[S.l.]: International Conference on Learning Representations, 2019.

[781] BRIX C, BAHAR P, NEY H. Successfully applying the stabilized lottery ticket hypothesis to the transformer architecture[C]//[S.l.]: Annual Meeting of the Association for Computational Linguistics, 2020: 3909-3915.

[782] LIU Z, LI J, SHEN Z, et al. Learning efficient convolutional networks through network slimming[C]//[S.l.]: IEEE International Conference on Computer Vision, 2017: 2755-2763.

[783] LIU Z, SUN M, ZHOU T, et al. Rethinking the value of network pruning[C]//abs/1810.05270. [S.l.]: ArXiv, 2019.

[784] CHEONG R, DANIEL R. transformers.zip : Compressing transformers with pruning and quantization[C]// [S.l.]: Stanford University, 2019.

[785] BANNER R, HUBARA I, HOFFER E, et al. Scalable methods for 8-bit training of neural networks[C]//[S.l.]: Conference on Neural Information Processing Systems, 2018: 5151-5159.

[786] HUBARA I, COURBARIAUX M, SOUDRY D, et al. Quantized neural networks: Training neural networks with low precision weights and activations[C]//volume 18. [S.l.]: Journal of Machine Learning Reseach, 2017: 187:1-187:30.

[787] TANG R, LU Y, LIU L, et al. Distilling task-specific knowledge from BERT into simple neural networks[C]// abs/1903.12136. [S.l.]: CoRR, 2019.

[788] GHAZVININEJAD M, KARPUKHIN V, ZETTLEMOYER L, et al. Aligned cross entropy for non-autoregressive machine translation[C]//abs/2004.01655. [S.l.]: CoRR, 2020.

[789] SHAO C, ZHANG J, FENG Y, et al. Minimizing the bag-of-ngrams difference for non-autoregressive neural machine translation[C]//[S.l.]: AAAI Conference on Artificial Intelligence, 2020: 198-205.

[790] STERN M, SHAZEER N, USZKOREIT J. Blockwise parallel decoding for deep autoregressive models[C]// [S.l.]: Annual Conference on Neural Information Processing Systems 2018, 2018: 10107-10116.

[791] BATTAGLIA P, HAMRICK J, BAPST V, et al. Relational inductive biases, deep learning, and graph networks [C]//abs/1806.01261. [S.l.]: CoRR, 2018.

[792] HUANG Z, LIANG D, XU P, et al. Improve transformer models with better relative position embeddings[C]// [S.l.]: Conference on Empirical Methods in Natural Language Processing, 2020: 3327-3335.

[793] WANG X, TU Z, WANG L, et al. Self-attention with structural position representations[C]//[S.l.]: Conference on Empirical Methods in Natural Language Processing, 2019: 1403-1409.

[794] CHEN T Q, RUBANOVA Y, BETTENCOURT J, et al. Neural ordinary differential equations[C]//[S.l.]: Annual Conference on Neural Information Processing Systems, 2018: 6572-6583.

[795] GUO Q, QIU X, LIU P, et al. Multi-scale self-attention for text classification[C]//[S.l.]: AAAI Conference on Artificial Intelligence, 2020: 7847-7854.

[796] ETHAYARAJH K. How contextual are contextualized word representations? comparing the geometry of bert, elmo, and GPT-2 embeddings[C]//[S.l.]: Conference on Empirical Methods in Natural Language Processing, 2019: 55-65.

[797] XIE S, GIRSHICK R, DOLLÁR P, et al. Aggregated residual transformations for deep neural networks[C]// [S.l.]: IEEE Conference on Computer Vision and Pattern Recognition, 2017: 5987-5995.

[798] SO D, LE Q, LIANG C. The evolved transformer[C]//volume 97. [S.l.]: International Conference on Machine Learning, 2019: 5877-5886.

[799] YAN J, MENG F, ZHOU J. Multi-unit transformers for neural machine translation[C]//[S.l.]: Conference on Empirical Methods in Natural Language Processing, 2020: 1047-1059.

[800] FAN Y, XIE S, XIA Y, et al. Multi-branch attentive transformer[C]//abs/2006.10270. [S.l.]: CoRR, 2020.

[801] AHMED K, KESKAR N S, SOCHER R. Weighted transformer network for machine translation[C]//abs/ 1711.02132. [S.l.]: CoRR, 2017.

[802] 李北, 王强, 肖桐, 等. 面向神经机器翻译的集成学习方法分析[C]//第 33 卷. 北京: 中文信息学报, 2019.

[803] VEIT A, WILBER M, BELONGIE S. Residual networks behave like ensembles of relatively shallow networks [C]//[S.l.]: Annual Conference on Neural Information Processing Systems, 2016: 550-558.

[804] GREFF K, SRIVASTAVA R K, SCHMIDHUBER J. Highway and residual networks learn unrolled iterative estimation[C]//[S.l.]: International Conference on Learning Representations, 2017.

[805] CHANG B, MENG L, HABER E, et al. Multi-level residual networks from dynamical systems view[C]// [S.l.]: International Conference on Learning Representations, 2018.

[806] DEHGHANI M, GOUWS S, VINYALS O, et al. Universal transformers[C]//[S.l.]: International Conference on Learning Representations, 2019.

[807] LAN Z, CHEN M, GOODMAN S, et al. Albert: A lite bert for self-supervised learning of language representations[C]//[S.l.]: International Conference on Learning Representations, 2020.

[808] HAO J, WANG X, YANG B, et al. Modeling recurrence for transformer[C]//[S.l.]: Annual Conference of the North American Chapter of the Association for Computational Linguistics, 2019: 1198-1207.

[809] QIU J, MA H, LEVY O, et al. Blockwise self-attention for long document understanding[C]//[S.l.]: Conference on Empirical Methods in Natural Language Processing, 2020: 2555-2565.

[810] LIU P, SALEH M, POT E, et al. Generating wikipedia by summarizing long sequences[C]//[S.l.]: International Conference on Learning Representations, 2018.

[811] BELTAGY I, PETERS M, COHAN A. Longformer: The long-document transformer[C]//abs/2004.05150. [S.l.]: CoRR, 2020.

[812] ROY A, SAFFAR M, VASWANI A, et al. Efficient content-based sparse attention with routing transformers [C]//abs/2003.05997. [S.l.]: CoRR, 2020.

[813] CHOROMANSKI K, LIKHOSHERSTOV V, DOHAN D, et al. Rethinking attention with performers[C]// abs/2009.14794. [S.l.]: CoRR, 2020.

[814] XIONG R, YANG Y, HE D, et al. On layer normalization in the transformer architecture[C]//abs/2002.04745. [S.l.]: International Conference on Machine Learning, 2020.

[815] LIU L, LIU X, GAO J, et al. Understanding the difficulty of training transformers[C]//[S.l.]: Annual Meeting of the Association for Computational Linguistics, 2020: 5747-5763.

[816] HE K, ZHANG X, REN S, et al. Identity mappings in deep residual networks[C]//volume 9908. [S.l.]: European Conference on Computer Vision, 2016: 630-645.

[817] OTT M, EDUNOV S, BAEVSKI A, et al. fairseq: A fast, extensible toolkit for sequence modeling[C]//[S.l.]: Annual Meeting of the Association for Computational Linguistics, 2019: 48-53.

[818] LI B, WANG Z, LIU H, et al. Learning light-weight translation models from deep transformer[C]//abs/ 2012.13866. [S.l.]: CoRR, 2020.

[819] WEI X, YU H, HU Y, et al. Multiscale collaborative deep models for neural machine translation[C]//[S.l.]: Annual Meeting of the Association for Computational Linguistics, 2020: 414-426.

[820] SRIVASTAVA R K, GREFF K, SCHMIDHUBER J. Training very deep networks[C]//[S.l.]: Conference on Neural Information Processing Systems, 2015: 2377-2385.

[821] BALDUZZI D, FREAN M, LEARY L, et al. The shattered gradients problem: If resnets are the answer, then what is the question?[C]//volume 70. [S.l.]: International Conference on Machine Learning, 2017: 342-350.

[822] ALLEN-ZHU Z, LI Y, SONG Z. A convergence theory for deep learning via over-parameterization[C]// volume 97. [S.l.]: International Conference on Machine Learning, 2019: 242-252.

[823] DU S, LEE J, LI H, et al. Gradient descent finds global minima of deep neural networks[C]//volume 97. [S.l.]: International Conference on Machine Learning, 2019: 1675-1685.

[824] HE K, ZHANG X, REN S, et al. Delving deep into rectifiers: Surpassing human-level performance on imagenet classification[C]//[S.l.]: IEEE International Conference on Computer Vision, 2015: 1026-1034.

[825] XU H, LIU Q, VAN GENABITH J, et al. Lipschitz constrained parameter initialization for deep transformers [C]//[S.l.]: Annual Meeting of the Association for Computational Linguistics, 2020: 397-402.

[826] Huang X S, Perez J, Ba J, et al. Improving transformer optimization through better initialization[C]//[S.l.]: International Conference on Machine Learning, 2020.

[827] WU L, WANG Y, XIA Y, et al. Depth growing for neural machine translation[C]//[S.l.]: Annual Meeting of the Association for Computational Linguistics, 2019: 5558-5563.

[828] HUANG G, LIU Z, VAN DER MAATEN L, et al. Densely connected convolutional networks[C]//[S.l.]: IEEE Conference on Computer Vision and Pattern Recognition, 2017: 2261-2269.

[829] LI J, XIONG D, TU Z, et al. Modeling source syntax for neural machine translation[C]//[S.l.]: Annual Meeting of the Association for Computational Linguistics, 2017: 688-697.

[830] ERIGUCHI A, HASHIMOTO K, TSURUOKA Y. Tree-to-sequence attentional neural machine translation [C]//[S.l.]: Annual Meeting of the Association for Computational Linguistics, 2016.

[831] CHEN H, HUANG S, CHIANG D, et al. Improved neural machine translation with a syntax-aware encoder and decoder[C]//[S.l.]: Annual Meeting of the Association for Computational Linguistics, 2017: 1936-1945.

[832] SENNRICH R, HADDOW B. Linguistic input features improve neural machine translation[C]//[S.l.]: Annual Meeting of the Association for Computational Linguistics, 2016: 83-91.

[833] SHI X, PADHI I, KNIGHT K. Does string-based neural MT learn source syntax?[C]//[S.l.]: Annual Meeting of the Association for Computational Linguistics, 2016: 1526-1534.

[834] BUGLIARELLO E, OKAZAKI N. Enhancing machine translation with dependency-aware self-attention[C]// [S.l.]: Annual Meeting of the Association for Computational Linguistics, 2020: 1618-1627.

[835] ALVAREZ-MELIS D, JAAKKOLA T. Tree-structured decoding with doubly-recurrent neural networks[C]// [S.l.]: International Conference on Learning Representations, 2017.

[836] DYER C, KUNCORO A, BALLESTEROS M, et al. Recurrent neural network grammars[C]//[S.l.]: Annual Meeting of the Association for Computational Linguistics, 2016: 199-209.

[837] LUONG M T, LE Q, SUTSKEVER I, et al. Multi-task sequence to sequence learning[C]//[S.l.]: International Conference on Learning Representations, 2016.

[838] WU S, ZHANG D, YANG N, et al. Sequence-to-dependency neural machine translation[C]//[S.l.]: Annual Meeting of the Association for Computational Linguistics, 2017: 698-707.

[839] ZOPH B, LE Q. Neural architecture search with reinforcement learning[C]//[S.l.]: International Conference on Learning Representations, 2017.

[840] ZOPH B, VASUDEVAN V, SHLENS J, et al. Learning transferable architectures for scalable image recognition[C]//[S.l.]: IEEE Conference on Computer Vision and Pattern Recognition, 2018: 8697-8710.

[841] REAL E, AGGARWAL A, HUANG Y, et al. Aging evolution for image classifier architecture search[C]// [S.l.]: AAAI Conference on Artificial Intelligence, 2019.

[842] MILLER G, TODD P, HEGDE S. Designing neural networks using genetic algorithms[C]//[S.l.]: International Conference on Genetic Algorithms, 1989: 379-384.

[843] KOZA J, RICE J. Genetic generation of both the weights and architecture for a neural network[C]//volume 2. [S.l.]: international joint conference on neural networks, 1991: 397-404.

[844] HARP S, SAMAD T, GUHA A. Designing application-specific neural networks using the genetic algorithm [C]//[S.l.]: Advances in Neural Information Processing Systems, 1989: 447-454.

[845] KITANO H. Designing neural networks using genetic algorithms with graph generation system[C]//volume 4. [S.l.]: Complex Systems, 1990.

[846] LIU H, SIMONYAN K, YANG Y. DARTS: differentiable architecture search[C]//[S.l.]: International Conference on Learning Representations, 2019.

[847] LI Y, HU C, ZHANG Y, et al. Learning architectures from an extended search space for language modeling [C]//[S.l.]: Annual Meeting of the Association for Computational Linguistics, 2020: 6629-6639.

[848] JIANG Y, HU C, XIAO T, et al. Improved differentiable architecture search for language modeling and named entity recognition[C]//[S.l.]: Annual Meeting of the Association for Computational Linguistics, 2019: 3583-3588.

[849] PHAM H, GUAN M, ZOPH B, et al. Efficient neural architecture search via parameter sharing[C]//volume 80. [S.l.]: International Conference on Machine Learning, 2018: 4092-4101.

[850] CHEN D, LI Y, QIU M, et al. Adabert: Task-adaptive BERT compression with differentiable neural architecture search[C]//[S.l.]: International Joint Conference on Artificial Intelligence, 2020: 2463-2469.

[851] WANG H, WU Z, LIU Z, et al. HAT: hardware-aware transformers for efficient natural language processing [C]//[S.l.]: Annual Meeting of the Association for Computational Linguistics, 2020: 7675-7688.

[852] REAL E, LIANG C, SO D, et al. Automl-zero: Evolving machine learning algorithms from scratch[C]// abs/2003.03384. [S.l.]: CoRR, 2020.

[853] FAN Y, TIAN F, XIA Y, et al. Searching better architectures for neural machine translation[C]//volume 28. [S.l.]: IEEE Transactions on Audio, Speech, and Language Processing, 2020: 1574-1585.

[854] ANGELINE P, SAUNDERS G, POLLACK J. An evolutionary algorithm that constructs recurrent neural networks[C]//volume 5. [S.l.]: IEEE Transactions on Neural Networks, 1994: 54-65.

[855] STANLEY K, MIIKKULAINEN R. Evolving neural networks through augmenting topologies[C]//volume 10. [S.l.]: Evolutionary computation, 2002: 99-127.

[856] REAL E, MOORE S, SELLE A, et al. Large-scale evolution of image classifiers[C]//volume 70. [S.l.]: International Conference on Machine Learning, 2017: 2902-2911.

[857] ELSKEN T, METZEN J H, HUTTER F. Efficient multi-objective neural architecture search via lamarckian evolution[C]//[S.l.]: International Conference on Learning Representations, 2019.

[858] LIU H, SIMONYAN K, VINYALS O, et al. Hierarchical representations for efficient architecture search[C]// [S.l.]: International Conference on Learning Representations, 2018.

[859] WU B, DAI X, ZHANG P, et al. Fbnet: Hardware-aware efficient convnet design via differentiable neural architecture search[C]//[S.l.]: IEEE Conference on Computer Vision and Pattern Recognition, 2019: 10734-10742.

[860] XU Y, XIE L, ZHANG X, et al. PC-DARTS: partial channel connections for memory-efficient architecture search[C]//[S.l.]: International Conference on Learning Representations, 2020.

[861] KLEIN A, FALKNER S, BARTELS S, et al. Fast bayesian optimization of machine learning hyperparameters on large datasets[C]//volume 54. [S.l.]: International Conference on Artificial Intelligence and Statistics, 2017: 528-536.

[862] CHRABASZCZ P, LOSHCHILOV I, HUTTER F. A downsampled variant of imagenet as an alternative to the CIFAR datasets[C]//abs/1707.08819. [S.l.]: CoRR, 2017.

[863] ZELA A, KLEIN A, FALKNER S, et al. Towards automated deep learning: Efficient joint neural architecture and hyperparameter search[C]//[S.l.]: International Conference on Machine Learning, 2018.

[864] CAI H, CHEN T, ZHANG W, et al. Efficient architecture search by network transformation[C]//[S.l.]: AAAI Conference on Artificial Intelligence, 2018: 2787-2794.

[865] DOMHAN T, SPRINGENBERG J T, HUTTER F. Speeding up automatic hyperparameter optimization of deep neural networks by extrapolation of learning curves[C]//[S.l.]: International Joint Conference on Artificial Intelligence, 2015: 3460-3468.

[866] KLEIN A, FALKNER S, SPRINGENBERG J T, et al. Learning curve prediction with bayesian neural networks[C]//[S.l.]: International Conference on Learning Representations, 2017.

[867] BAKER B, GUPTA O, RASKAR R, et al. Accelerating neural architecture search using performance prediction[C]//[S.l.]: International Conference on Learning Representations, 2018.

[868] LUO R, TIAN F, QIN T, et al. Neural architecture optimization[C]//[S.l.]: Advances in Neural Information Processing Systems, 2018: 7827-7838.

[869] XIA Y, TAN X, TIAN F, et al. Microsoft research asia's systems for WMT19[C]//[S.l.]: Annual Meeting of the Association for Computational Linguistics, 2019: 424-433.

[870] RAMACHANDRAN P, ZOPH B, LE Q V. Searching for activation functions[C]//[S.l.]: International Conference on Learning Representations, 2018.

[871] ZHU W, WANG X, QIU X, et al. Autotrans: Automating transformer design via reinforced architecture search [C]//abs/2009.02070. [S.l.]: CoRR, 2020.

[872] TSAI H, OOI J, FERNG C S, et al. Finding fast transformers: One-shot neural architecture search by component composition[C]//abs/2008.06808. [S.l.]: CoRR, 2020.

[873] LI J, TU Z, YANG B, et al. Multi-head attention with disagreement regularization[C]//[S.l.]: Conference on Empirical Methods in Natural Language Processing, 2018: 2897-2903.

[874] HAO J, WANG X, SHI S, et al. Multi-granularity self-attention for neural machine translation[C]//[S.l.]: Conference on Empirical Methods in Natural Language Processing, 2019: 887-897.

[875] LIN J, SUN X, REN X, et al. Learning when to concentrate or divert attention: Self-adaptive attention temperature for neural machine translation[C]//[S.l.]: Conference on Empirical Methods in Natural Language Processing, 2018: 2985-2990.

[876] SETIAWAN H, SPERBER M, NALLASAMY U, et al. Variational neural machine translation with normalizing flows[C]//[S.l.]: Annual Meeting of the Association for Computational Linguistics, 2020.

[877] GUO Q, QIU X, LIU P, et al. Star-transformer[C]//[S.l.]: Annual Conference of the North American Chapter of the Association for Computational Linguistics, 2019: 1315-1325.

[878] FADAEE M, BISAZZA A, MONZ C. Data augmentation for low-resource neural machine translation[C]//[S.l.]: Annual Meeting of the Association for Computational Linguistics, 2017: 567-573.

[879] WANG X, PHAM H, DAI Z, et al. Switchout: an efficient data augmentation algorithm for neural machine translation[C]//[S.l.]: Conference on Empirical Methods in Natural Language Processing, 2018: 856-861.

[880] MARTON Y, CALLISON-BURCH C, RESNIK P. Improved statistical machine translation using monolingually-derived paraphrases[C]//[S.l.]: Annual Meeting of the Association for Computational Linguistics, 2009: 381-390.

[881] MALLINSON J, SENNRICH R, LAPATA M. Paraphrasing revisited with neural machine translation[C]//[S.l.]: Annual Conference of the European Association for Machine Translation, 2017: 881-893.

[882] SHORTEN C, KHOSHGOFTAAR T M. A survey on image data augmentation for deep learning[C]//volume 6. [S.l.]: Journal of Big Data, 2019: 60.

[883] HOANG C D V, KOEHN P, HAFFARI G, et al. Iterative back-translation for neural machine translation[C]//[S.l.]: Annual Meeting of the Association for Computational Linguistics, 2018: 18-24.

[884] LAMPLE G, CONNEAU A, DENOYER L, et al. Unsupervised machine translation using monolingual corpora only[C]//[S.l.]: International Conference on Learning Representations, 2018.

[885] LAMPLE G, OTT M, CONNEAU A, et al. Phrase-based & neural unsupervised machine translation[C]//[S.l.]: Annual Meeting of the Association for Computational Linguistics, 2018: 5039-5049.

[886] CURREY A, BARONE A V M, HEAFIELD K. Copied monolingual data improves low-resource neural machine translation[C]//[S.l.]: Annual Meeting of the Association for Computational Linguistics, 2017: 148-156.

[887] IMAMURA K, FUJITA A, SUMITA E. Enhancement of encoder and attention using target monolingual corpora in neural machine translation[C]//[S.l.]: Annual Meeting of the Association for Computational Linguistics, 2018: 55-63.

[888] WU L, WANG Y, XIA Y, et al. Exploiting monolingual data at scale for neural machine translation[C]//[S.l.]: Annual Meeting of the Association for Computational Linguistics, 2019: 4205-4215.

[889] OTT M, AULI M, GRANGIER D, et al. Analyzing uncertainty in neural machine translation[C]//volume 80. [S.l.]: International Conference on Machine Learning, 2018: 3953-3962.

[890] ZHANG J, ZONG C. Exploiting source-side monolingual data in neural machine translation[C]//[S.l.]: Conference on Empirical Methods in Natural Language Processing, 2016: 1535-1545.

[891] FARHAN W, TALAFHA B, ABUAMMAR A, et al. Unsupervised dialectal neural machine translation[C]// volume 57. [S.l.]: Information Processing & Management, 2020: 102181.

[892] BHAGAT R, HOVY E. What is a paraphrase?[C]//volume 39. [S.l.]: Computational Linguistics, 2013: 463-472.

[893] MADNANI N, DORR B. Generating phrasal and sentential paraphrases: A survey of data-driven methods [C]//volume 36. [S.l.]: Computational Linguistics, 2010: 341-387.

[894] GUO Y, HU J. Meteor++ 2.0: Adopt syntactic level paraphrase knowledge into machine translation evaluation [C]//[S.l.]: Annual Meeting of the Association for Computational Linguistics, 2019: 501-506.

[895] ZHOU Z, SPERBER M, WAIBEL A. Paraphrases as foreign languages in multilingual neural machine translation[C]//[S.l.]: Annual Meeting of the Association for Computational Linguistics, 2019: 113-122.

[896] ADAFRE S F, DE RIJKE M. Finding similar sentences across multiple languages in wikipedia[C]//[S.l.]: Annual Conference of the European Association for Machine Translation, 2006.

[897] MUNTEANU D S, MARCU D. Improving machine translation performance by exploiting non-parallel corpora[C]//volume 31. [S.l.]: Computational Linguistics, 2005: 477-504.

[898] WU L, ZHU J, HE D, et al. Machine translation with weakly paired documents[C]//[S.l.]: Annual Meeting of the Association for Computational Linguistics, 2019: 4374-4383.

[899] YASUDA K, SUMITA E. Method for building sentence-aligned corpus from wikipedia[C]//[S.l.]: AAAI Conference on Artificial Intelligence, 2008.

[900] SMITH J, QUIRK C, TOUTANOVA K. Extracting parallel sentences from comparable corpora using document level alignment[C]//[S.l.]: Annual Meeting of the Association for Computational Linguistics, 2010: 403-411.

[901] MIKOLOV T, LE Q V, SUTSKEVER I. Exploiting similarities among languages for machine translation[C]// abs/1309.4168. [S.l.]: CoRR, 2013.

[902] RUDER S, VULIC I, SØGAARD A. A survey of cross-lingual word embedding models[C]//volume 65. [S.l.]: Journal of Artificial Intelligence Research, 2019: 569-631.

[903] CAGLAR G, ORHAN F, KELVIN X, et al. On using monolingual corpora in neural machine translation[C]// [S.l.]: Computer Science, 2015.

[904] GÜLÇEHRE Ç, FIRAT O, XU K, et al. On integrating a language model into neural machine translation[C]// volume 45. [S.l.]: Computational Linguistics, 2017: 137-148.

[905] STAHLBERG F, CROSS J, STOYANOV V. Simple fusion: Return of the language model[C]//[S.l.]: Annual Meeting of the Association for Computational Linguistics, 2018: 204-211.

[906] TU Z, LIU Y, LU Z, et al. Context gates for neural machine translation[C]//volume 5. [S.l.]: Annual Meeting of the Association for Computational Linguistics, 2017: 87-99.

[907] DAI A, LE Q. Semi-supervised sequence learning[C]//[S.l.]: Annual Conference on Neural Information Processing Systems, 2015: 3079-3087.

[908] COLLOBERT R, WESTON J. A unified architecture for natural language processing: deep neural networks with multitask learning[C]//volume 307. [S.l.]: International Conference on Machine Learning, 2008: 160-167.

[909] ALMEIDA F, XEXÉO G. Word embeddings: A survey[C]//[S.l.]: CoRR, 2019.

[910] NEISHI M, SAKUMA J, TOHDA S, et al. A bag of useful tricks for practical neural machine translation: Embedding layer initialization and large batch size[C]//[S.l.]: Asian Federation of Natural Language Processing, 2017: 99-109.

[911] QI Y, SACHAN D S, FELIX M, et al. When and why are pre-trained word embeddings useful for neural machine translation?[C]//[S.l.]: Annual Conference of the North American Chapter of the Association for Computational Linguistics, 2018.

[912] PETERS M, AMMAR W, BHAGAVATULA C, et al. Semi-supervised sequence tagging with bidirectional language models[C]//[S.l.]: Annual Meeting of the Association for Computational Linguistics, 2017: 1756-1765.

[913] CLINCHANT S, JUNG K W, NIKOULINA V. On the use of BERT for neural machine translation[C]//[S.l.]: Annual Meeting of the Association for Computational Linguistics, 2019: 108-117.

[914] IMAMURA K, SUMITA E. Recycling a pre-trained BERT encoder for neural machine translation[C]//[S.l.]: Annual Meeting of the Association for Computational Linguistics, 2019: 23-31.

[915] EDUNOV S, BAEVSKI A, AULI M. Pre-trained language model representations for language generation[C]//[S.l.]: Annual Conference of the North American Chapter of the Association for Computational Linguistics, 2019: 4052-4059.

[916] HE T, TAN X, QIN T. Hard but robust, easy but sensitive: How encoder and decoder perform in neural machine translation[C]//abs/1908.06259. [S.l.]: CoRR, 2019.

[917] ZHU J, XIA Y, WU L, et al. Incorporating BERT into neural machine translation[C]//[S.l.]: International Conference on Learning Representations, 2020.

[918] YANG J, WANG M, ZHOU H, et al. Towards making the most of BERT in neural machine translation[C]//[S.l.]: AAAI Conference on Artificial Intelligence, 2020: 9378-9385.

[919] SONG K, TAN X, QIN T, et al. MASS: masked sequence to sequence pre-training for language generation[C]//volume 97. [S.l.]: International Conference on Machine Learning, 2019: 5926-5936.

[920] LEWIS M, LIU Y, GOYAL N, et al. BART: denoising sequence-to-sequence pre-training for natural language generation, translation, and comprehension[C]//[S.l.]: Annual Meeting of the Association for Computational Linguistics, 2020: 7871-7880.

[921] QI W, YAN Y, GONG Y, et al. Prophetnet: Predicting future n-gram for sequence-to-sequence pre-training[C]//[S.l.]: Annual Meeting of the Association for Computational Linguistics, 2020: 2401-2410.

[922] WENG R, YU H, HUANG S, et al. Acquiring knowledge from pre-trained model to neural machine translation[C]//[S.l.]: AAAI Conference on Artificial Intelligence, 2020: 9266-9273.

[923] LIU Y, GU J, GOYAL N, et al. Multilingual denoising pre-training for neural machine translation[C]//volume 8. [S.l.]: Transactions of the Association for Computational Linguistics, 2020: 726-742.

[924] JI B, ZHANG Z, DUAN X, et al. Cross-lingual pre-training based transfer for zero-shot neural machine translation[C]//[S.l.]: AAAI Conference on Artificial Intelligence, 2020: 115-122.

[925] YANG Z, HU B, HAN A, et al. CSP: code-switching pre-training for neural machine translation[C]//[S.l.]: Conference on Empirical Methods in Natural Language Processing, 2020: 2624-2636.

[926] VARIS D, BOJAR O. Unsupervised pretraining for neural machine translation using elastic weight consolidation[C]//[S.l.]: Annual Meeting of the Association for Computational Linguistics, 2019: 130-135.

[927] RUDER S. An overview of multi-task learning in deep neural networks[C]//abs/1706.05098. [S.l.]: CoRR, 2017.

[928] CARUANA R. Multitask learning[M]//[S.l.]: Springer, 1998: 95-133.

[929] LIU X, HE P, CHEN W, et al. Multi-task deep neural networks for natural language understanding[C]//[S.l.]: Annual Meeting of the Association for Computational Linguistics, 2019: 4487-4496.

[930] DOMHAN T, HIEBER F. Using target-side monolingual data for neural machine translation through multi-task learning[C]//[S.l.]: Conference on Empirical Methods in Natural Language Processing, 2017: 1500-1505.

[931] DONG D, WU H, HE W, et al. Multi-task learning for multiple language translation[C]//[S.l.]: Annual Meeting of the Association for Computational Linguistics, 2015: 1723-1732.

[932] JOHNSON M, SCHUSTER M, LE Q V, et al. Google's multilingual neural machine translation system: Enabling zero-shot translation[C]//volume 5. [S.l.]: Transactions of the Association for Computational Linguistics, 2017: 339-351.

[933] ZHANG Z, LIU S, LI M, et al. Joint training for neural machine translation models with monolingual data [C]//[S.l.]: AAAI Conference on Artificial Intelligence, 2018: 555-562.

[934] SUN M, JIANG B, XIONG H, et al. Baidu neural machine translation systems for WMT19[C]//[S.l.]: Annual Meeting of the Association for Computational Linguistics, 2019: 374-381.

[935] XIA Y, QIN T, CHEN W, et al. Dual supervised learning[C]//volume 70. [S.l.]: International Conference on Machine Learning, 2017: 3789-3798.

[936] XIA Y, TAN X, TIAN F, et al. Model-level dual learning[C]//[S.l.]: International Conference on Machine Learning, 2018: 5379-5388.

[937] QIN T. Dual learning for machine translation and beyond[M]//[S.l.]: Springer, 2020: 49-72.

[938] HE D, XIA Y, QIN T, et al. Dual learning for machine translation[C]//[S.l.: s.n.], 2016: 820-828.

[939] ZHAO Z, XIA Y, QIN T, et al. Dual learning: Theoretical study and an algorithmic extension[C]//[S.l.]: arXiv preprint arXiv:2005.08238, 2020.

[940] SUTTON R, MCALLESTER D A, SINGH S, et al. Policy gradient methods for reinforcement learning with function approximation[C]//[S.l.]: The MIT Press, 1999: 1057-1063.

[941] DABRE R, CHU C, KUNCHUKUTTAN A. A survey of multilingual neural machine translation[C]// volume 53. [S.l.]: ACM Computing Surveys, 2020: 1-38.

[942] WU H, WANG H. Pivot language approach for phrase-based statistical machine translation[C]//volume 21. [S.l.]: Machine Translation, 2007: 165-181.

[943] KIM Y, PETROV P, PETRUSHKOV P, et al. Pivot-based transfer learning for neural machine translation between non-english languages[C]//[S.l.]: Annual Meeting of the Association for Computational Linguistics, 2019: 866-876.

[944] UTIYAMA M, ISAHARA H. A comparison of pivot methods for phrase-based statistical machine translation [C]//[S.l.]: Annual Meeting of the Association for Computational Linguistics, 2007: 484-491.

[945] ZAHABI S T, BAKHSHAEI S, KHADIVI S. Using context vectors in improving a machine translation system with bridge language[C]//[S.l.]: Annual Meeting of the Association for Computational Linguistics, 2013: 318-322.

[946] ZHU X, HE Z, WU H, et al. Improving pivot-based statistical machine translation by pivoting the co-occurrence count of phrase pairs[C]//[S.l.]: Conference on Empirical Methods in Natural Language Processing, 2014: 1665-1675.

[947] MIURA A, NEUBIG G, SAKTI S, et al. Improving pivot translation by remembering the pivot[C]//[S.l.]: Annual Meeting of the Association for Computational Linguistics, 2015: 573-577.

[948] COHN T, LAPATA M. Machine translation by triangulation: Making effective use of multi-parallel corpora [C]//[S.l.]: Annual Meeting of the Association for Computational Linguistics, 2007.

[949] WU H, WANG H. Revisiting pivot language approach for machine translation[C]//[S.l.]: Annual Meeting of the Association for Computational Linguistics, 2009: 154-162.

[950] DE GISPERT A, MARINO J B. Catalan-english statistical machine translation without parallel corpus: bridging through spanish[C]//[S.l.]: International Conference on Language Resources and Evaluation, 2006: 65-68.

[951] CHENG Y, LIU Y, YANG Q, et al. Neural machine translation with pivot languages[C]//abs/1611.04928. [S.l.]: CoRR, 2016.

[952] PAUL M, YAMAMOTO H, SUMITA E, et al. On the importance of pivot language selection for statistical machine translation[C]//[S.l.]: Annual Conference of the North American Chapter of the Association for Computational Linguistics, 2009: 221-224.

[953] TAN X, REN Y, HE D, et al. Multilingual neural machine translation with knowledge distillation[C]//[S.l.]: International Conference on Learning Representations, 2019.

[954] GU J, WANG Y, CHEN Y, et al. Meta-learning for low-resource neural machine translation[C]//[S.l.]: Conference on Empirical Methods in Natural Language Processing, 2018: 3622-3631.

[955] FINN C, ABBEEL P, LEVINE S. Model-agnostic meta-learning for fast adaptation of deep networks[C]// [S.l.]: International Conference on Machine Learning, 2017: 1126-1135.

[956] GU J, HASSAN H, DEVLIN J, et al. Universal neural machine translation for extremely low resource languages[C]//[S.l.]: Annual Conference of the North American Chapter of the Association for Computational Linguistics, 2018: 344-354.

[957] KOCMI T, BOJAR O. Trivial transfer learning for low-resource neural machine translation[C]//[S.l.]: Annual Meeting of the Association for Computational Linguistics, 2018: 244-252.

[958] JI B, ZHANG Z, DUAN X, et al. Cross-lingual pre-training based transfer for zero-shot neural machine translation[C]//volume 34. [S.l.]: Proceedings of the AAAI Conference on Artificial Intelligence, 2020: 115-122.

[959] LIN Z, PAN X, WANG M, et al. Pre-training multilingual neural machine translation by leveraging alignment information[C]//[S.l.]: Conference on Empirical Methods in Natural Language Processing, 2020: 2649-2663.

[960] RIKTERS M, PINNIS M, KRISLAUKS R. Training and adapting multilingual NMT for less-resourced and morphologically rich languages[C]//[S.l.]: European Language Resources Association, 2018.

[961] FIRAT O, CHO K, BENGIO Y. Multi-way, multilingual neural machine translation with a shared attention mechanism[C]//[S.l.]: Annual Conference of the North American Chapter of the Association for Computational Linguistics, 2016: 866-875.

[962] ZHANG B, WILLIAMS P, TITOV I, et al. Improving massively multilingual neural machine translation and zero-shot translation[C]//[S.l.]: Annual Meeting of the Association for Computational Linguistics, 2020: 1628-1639.

[963] FAN A, BHOSALE S, SCHWENK H, et al. Beyond english-centric multilingual machine translation[C]// abs/2010.11125. [S.l.]: CoRR, 2020.

[964] 黄书剑. 统计机器翻译中的词对齐研究[C]//南京: 南京大学, 2012.

[965] VULIC I, KORHONEN A. On the role of seed lexicons in learning bilingual word embeddings[C]//[S.l.]: Annual Meeting of the Association for Computational Linguistics, 2016.

[966] SMITH S L, TURBAN D H P, HAMBLIN S, et al. Offline bilingual word vectors, orthogonal transformations and the inverted softmax[C]//[S.l.]: International Conference on Learning Representations, 2017.

[967] ARTETXE M, LABAKA G, AGIRRE E. Learning bilingual word embeddings with (almost) no bilingual data[C]//[S.l.]: Annual Meeting of the Association for Computational Linguistics, 2017: 451-462.

[968] XU R, YANG Y, OTANI N, et al. Unsupervised cross-lingual transfer of word embedding spaces[C]//[S.l.]: Conference on Empirical Methods in Natural Language Processing, 2018: 2465-2474.

[969] SCHNEMANN, PETER. A generalized solution of the orthogonal procrustes problem[C]//volume 31. [S.l.]: Psychometrika, 1966: 1-10.

[970] LAMPLE G, CONNEAU A, RANZATO M, et al. Word translation without parallel data[C]//[S.l.]: International Conference on Learning Representations, 2018.

[971] ZHANG M, LIU Y, LUAN H, et al. Adversarial training for unsupervised bilingual lexicon induction[C]// [S.l.]: Annual Meeting of the Association for Computational Linguistics, 2017: 1959-1970.

[972] MOHIUDDIN T, JOTY S R. Revisiting adversarial autoencoder for unsupervised word translation with cycle consistency and improved training[C]//[S.l.]: Annual Meeting of the Association for Computational Linguistics, 2019: 3857-3867.

[973] ALVAREZ-MELIS D, JAAKKOLA T S. Gromov-wasserstein alignment of word embedding spaces[C]// [S.l.]: Conference on Empirical Methods in Natural Language Processing, 2018: 1881-1890.

[974] GARNEAU N, GODBOUT M, BEAUCHEMIN D, et al. A robust self-learning method for fully unsupervised cross-lingual mappings of word embeddings: Making the method robustly reproducible as well[C]//[S.l.]: Language Resources and Evaluation Conference, 2020: 5546-5554.

[975] ALAUX J, GRAVE E, CUTURI M, et al. Unsupervised hyperalignment for multilingual word embeddings [C]//[S.l.]: International Conference on Learning Representations, 2018.

[976] XING C, WANG D, LIU C, et al. Normalized word embedding and orthogonal transform for bilingual word translation[C]//[S.l.]: Annual Conference of the North American Chapter of the Association for Computational Linguistics, 2015: 1006-1011.

[977] ZHANG M, LIU Y, LUAN H, et al. Earth mover's distance minimization for unsupervised bilingual lexicon induction[C]//[S.l.]: Conference on Empirical Methods in Natural Language Processing, 2017: 1934-1945.

[978] HARTMANN M, KEMENTCHEDJHIEVA Y, SØGAARD A. Empirical observations on the instability of aligning word vector spaces with gans[C]//[S.l.]: openreview.net, 2018.

[979] DOU Z Y, ZHOU Z H, HUANG S. Unsupervised bilingual lexicon induction via latent variable models[C]// [S.l.]: Conference on Empirical Methods in Natural Language Processing, 2018: 621-626.

[980] HUANG J, QIU Q, CHURCH K. Hubless nearest neighbor search for bilingual lexicon induction[C]//[S.l.]: Annual Meeting of the Association for Computational Linguistics, 2019: 4072-4080.

[981] JOULIN A, BOJANOWSKI P, MIKOLOV T, et al. Loss in translation: Learning bilingual word mapping with a retrieval criterion[C]//[S.l.]: Conference on Empirical Methods in Natural Language Processing, 2018: 2979-2984.

[982] CHEN X, CARDIE C. Unsupervised multilingual word embeddings[C]//[S.l.]: Conference on Empirical Methods in Natural Language Processing, 2018: 261-270.

[983] TAITELBAUM H, CHECHIK G, GOLDBERGER J. Multilingual word translation using auxiliary languages [C]//[S.l.]: Conference on Empirical Methods in Natural Language Processing, 2019: 1330-1335.

[984] HEYMAN G, VERREET B, VULIC I, et al. Learning unsupervised multilingual word embeddings with incremental multilingual hubs[C]//[S.l.]: Annual Conference of the North American Chapter of the Association for Computational Linguistics, 2019: 1890-1902.

[985] HOSHEN Y, WOLF L. Non-adversarial unsupervised word translation[C]//[S.l.]: Annual Meeting of the Association for Computational Linguistics, 2018: 469-478.

[986] MUKHERJEE T, YAMADA M, HOSPEDALES T. Learning unsupervised word translations without adversaries[C]//[S.l.]: Conference on Empirical Methods in Natural Language Processing, 2018: 627-632.

[987] VULIC I, GLAVAS G, REICHART R, et al. Do we really need fully unsupervised cross-lingual embeddings? [C]//[S.l.]: Conference on Empirical Methods in Natural Language Processing, 2019: 4406-4417.

[988] LI Y, LUO Y, LIN Y, et al. A simple and effective approach to robust unsupervised bilingual dictionary induction[C]//[S.l.]: International Conference on Computational Linguistics, 2020.

[989] SØGAARD A, RUDER S, VULIC I. On the limitations of unsupervised bilingual dictionary induction[C]// [S.l.]: Annual Meeting of the Association for Computational Linguistics, 2018: 778-788.

[990] MARIE B, FUJITA A. Iterative training of unsupervised neural and statistical machine translation systems [C]//volume 19. [S.l.]: ACM Transactions on Asian and Low-Resource Language Information Processing, 2020: 68:1-68:21.

[991] ARTETXE M, LABAKA G, AGIRRE E. Unsupervised statistical machine translation[C]//[S.l.]: Conference on Empirical Methods in Natural Language Processing, 2018: 3632-3642.

[992] ARTETXE M, LABAKA G, AGIRRE E. An effective approach to unsupervised machine translation[C]// [S.l.]: Annual Meeting of the Association for Computational Linguistics, 2019: 194-203.

[993] POURDAMGHANI N, ALDARRAB N, GHAZVININEJAD M, et al. Translating translationese: A two-step approach to unsupervised machine translation[C]//[S.l.]: Annual Meeting of the Association for Computational Linguistics, 2019: 3057-3062.

[994] CONNEAU A, LAMPLE G. Cross-lingual language model pretraining[C]//[S.l.]: Annual Conference on Neural Information Processing Systems, 2019: 7057-7067.

[995] SUN C, SHRIVASTAVA A, SINGH S, et al. Revisiting unreasonable effectiveness of data in deep learning era[C]//[S.l.]: IEEE International Conference on Computer Vision, 2017: 843-852.

[996] DUH K, NEUBIG G, SUDOH K, et al. Adaptation data selection using neural language models: Experiments in machine translation[C]//[S.l.]: Annual Meeting of the Association for Computational Linguistics, 2013: 678-683.

[997] MATSOUKAS S, ROSTI A V I, ZHANG B. Discriminative corpus weight estimation for machine translation [C]//[S.l.]: Conference on Empirical Methods in Natural Language Processing, 2009: 708-717.

[998] FOSTER G F, GOUTTE C, KUHN R. Discriminative instance weighting for domain adaptation in statistical machine translation[C]//[S.l.]: Conference on Empirical Methods in Natural Language Processing, 2010: 451-459.

[999] ZHU J, HOVY E H. Active learning for word sense disambiguation with methods for addressing the class imbalance problem[C]//[S.l.]: Conference on Empirical Methods in Natural Language Processing, 2007: 783-790.

[1000] SHAH K, BARRAULT L, SCHWENK H. Translation model adaptation by resampling[C]//[S.l.]: Annual Meeting of the Association for Computational Linguistics, 2010: 392-399.

[1001] UTIYAMA M, ISAHARA H. Reliable measures for aligning japanese-english news articles and sentences [C]//[S.l.]: Annual Meeting of the Association for Computational Linguistics, 2003: 72-79.

[1002] BERTOLDI N, FEDERICO M. Domain adaptation for statistical machine translation with monolingual resources[C]//[S.l.]: Annual Meeting of the Association for Computational Linguistics, 2009: 182-189.

[1003] CHU C, DABRE R, KUROHASHI S. An empirical comparison of domain adaptation methods for neural machine translation[C]//[S.l.]: Annual Meeting of the Association for Computational Linguistics, 2017: 385-391.

[1004] FARAJIAN M A, TURCHI M, NEGRI M, et al. Neural vs. phrase-based machine translation in a multi-domain scenario[C]//[S.l.]: Annual Conference of the European Association for Machine Translation, 2017: 280-284.

[1005] ZENG J, LIU Y, SU J, et al. Iterative dual domain adaptation for neural machine translation[C]//[S.l.]: Conference on Empirical Methods in Natural Language Processing, 2019: 845-855.

[1006] BARONE A V M, HADDOW B, GERMANN U, et al. Regularization techniques for fine-tuning in neural machine translation[C]//[S.l.]: Conference on Empirical Methods in Natural Language Processing, 2017: 1489-1494.

[1007] KHAYRALLAH H, KUMAR G, DUH K, et al. Neural lattice search for domain adaptation in machine translation[C]//[S.l.]: International Joint Conference on Natural Language Processing, 2017: 20-25.

[1008] SENNRICH R. Perplexity minimization for translation model domain adaptation in statistical machine translation[C]//[S.l.]: Annual Meeting of the Association for Computational Linguistics, 2012: 539-549.

[1009] FREITAG M, AL-ONAIZAN Y. Fast domain adaptation for neural machine translation[C]//abs/1612.06897. [S.l.]: CoRR, 2016.

[1010] SAUNDERS D, STAHLBERG F, DE GISPERT A, et al. Domain adaptive inference for neural machine translation[C]//[S.l.]: Annual Meeting of the Association for Computational Linguistics, 2019: 222-228.

[1011] BAPNA A, FIRAT O. Non-parametric adaptation for neural machine translation[C]//[S.l.]: Annual Conference of the North American Chapter of the Association for Computational Linguistics, 2019: 1921-1931.

[1012] XIA M, KONG X, ANASTASOPOULOS A, et al. Generalized data augmentation for low-resource translation [C]//[S.l.]: Annual Meeting of the Association for Computational Linguistics, 2019: 5786-5796.

[1013] FADAEE M, MONZ C. Back-translation sampling by targeting difficult words in neural machine translation [C]//[S.l.]: Annual Meeting of the Association for Computational Linguistics, 2018: 436-446.

[1014] XU N, LI Y, XU C, et al. Analysis of back-translation methods for low-resource neural machine translation [C]//volume 11839. [S.l.]: Natural Language Processing and Chinese Computing, 2019: 466-475.

[1015] CASWELL I, CHELBA C, GRANGIER D. Tagged back-translation[C]//[S.l.]: Annual Meeting of the Association for Computational Linguistics, 2019: 53-63.

[1016] DOU Z Y, ANASTASOPOULOS A, NEUBIG G. Dynamic data selection and weighting for iterative back-translation[C]//[S.l.]: Conference on Empirical Methods in Natural Language Processing, 2020: 5894-5904.

[1017] WANG S, LIU Y, WANG C, et al. Improving back-translation with uncertainty-based confidence estimation [C]//[S.l.]: Annual Meeting of the Association for Computational Linguistics, 2019: 791-802.

[1018] LI G, LIU L, HUANG G, et al. Understanding data augmentation in neural machine translation: Two perspectives towards generalization[C]//[S.l.]: Annual Meeting of the Association for Computational Linguistics, 2019: 5688-5694.

[1019] MARIE B, RUBINO R, FUJITA A. Tagged back-translation revisited: Why does it really work?[C]//[S.l.]: Annual Meeting of the Association for Computational Linguistics, 2020: 5990-5997.

[1020] YANG Z, DAI Z, YANG Y, et al. Xlnet: Generalized autoregressive pretraining for language understanding [C]//[S.l.]: Annual Conference on Neural Information Processing Systems, 2019: 5754-5764.

[1021] LAN Z, CHEN M, GOODMAN S, et al. ALBERT: A lite BERT for self-supervised learning of language representations[C]//[S.l.]: International Conference on Learning Representations, 2020.

[1022] ZHANG Z, HAN X, LIU Z, et al. ERNIE: enhanced language representation with informative entities[C]//[S.l.]: Annual Meeting of the Association for Computational Linguistics, 2019: 1441-1451.

[1023] HUANG H, LIANG Y, DUAN N, et al. Unicoder: A universal language encoder by pre-training with multiple cross-lingual tasks[C]//[S.l.]: Conference on Empirical Methods in Natural Language Processing, 2019: 2485-2494.

[1024] SUN C, MYERS A, VONDRICK C, et al. Videobert: A joint model for video and language representation learning[C]//[S.l.]: International Conference on Computer Vision, 2019: 7463-7472.

[1025] LU J, BATRA D, PARIKH D, et al. Vilbert: Pretraining task-agnostic visiolinguistic representations for vision-and-language tasks[C]//[S.l.]: Annual Annual Conference on Neural Information Processing Systems, 2019: 13-23.

[1026] CHUANG Y S, LIU C L, YI LEE H, et al. Speechbert: An audio-and-text jointly learned language model for end-to-end spoken question answering[C]//[S.l.]: Annual Conference of the International Speech Communication Association, 2020: 4168-4172.

[1027] PETERS M, RUDER S, SMITH N A. To tune or not to tune? adapting pretrained representations to diverse tasks[C]//[S.l.]: Annual Meeting of the Association for Computational Linguistics, 2019: 7-14.

[1028] SUN C, QIU X, XU Y, et al. How to fine-tune BERT for text classification?[C]//volume 11856. [S.l.]: Chinese Computational Linguistics, 2019: 194-206.

[1029] HA T L, NIEHUES J, WAIBEL A H. Toward multilingual neural machine translation with universal encoder and decoder[C]//abs/1611.04798. [S.l.]: CoRR, 2016.

[1030] BLACKWOOD G W, BALLESTEROS M, WARD T. Multilingual neural machine translation with task-specific attention[C]//[S.l.]: International Conference on Computational Linguistics, 2018: 3112-3122.

[1031] SACHAN D S, NEUBIG G. Parameter sharing methods for multilingual self-attentional translation models [C]//[S.l.]: Annual Meeting of the Association for Computational Linguistics, 2018: 261-271.

[1032] LU Y, KEUNG P, LADHAK F, et al. A neural interlingua for multilingual machine translation[C]//[S.l.]: Annual Meeting of the Association for Computational Linguistics, 2018: 84-92.

[1033] WANG Y, ZHOU L, ZHANG J, et al. A compact and language-sensitive multilingual translation method[C]// [S.l.]: Annual Meeting of the Association for Computational Linguistics, 2019: 1213-1223.

[1034] WANG X, PHAM H, ARTHUR P, et al. Multilingual neural machine translation with soft decoupled encoding [C]//[S.l.]: International Conference on Learning Representations, 2019.

[1035] TAN X, CHEN J, HE D, et al. Multilingual neural machine translation with language clustering[C]//[S.l.]: Conference on Empirical Methods in Natural Language Processing, 2019: 963-973.

[1036] FIRAT O, SANKARAN B, AL-ONAIZAN Y, et al. Zero-resource translation with multi-lingual neural machine translation[C]//[S.l.]: Conference on Empirical Methods in Natural Language Processing, 2016: 268-277.

[1037] SESTORAIN L, CIARAMITA M, BUCK C, et al. Zero-shot dual machine translation[C]//abs/1805.10338. [S.l.]: CoRR, 2018.

[1038] AL-SHEDIVAT M, PARIKH A P. Consistency by agreement in zero-shot neural machine translation[C]// [S.l.]: Annual Conference of the North American Chapter of the Association for Computational Linguistics, 2019: 1184-1197.

[1039] ARIVAZHAGAN N, BAPNA A, FIRAT O, et al. The missing ingredient in zero-shot neural machine translation[C]//abs/1903.07091. [S.l.]: CoRR, 2019.

[1040] GU J, WANG Y, CHO K, et al. Improved zero-shot neural machine translation via ignoring spurious correlations[C]//[S.l.]: Annual Meeting of the Association for Computational Linguistics, 2019: 1258-1268.

[1041] CURREY A, HEAFIELD K. Zero-resource neural machine translation with monolingual pivot data[C]//[S.l.]: Conference on Empirical Methods in Natural Language Processing, 2019: 99-107.

[1042] 洪青阳, 李琳. 语音识别: 原理与应用[M]. 北京: 电子工业出版社, 2020.

[1043] 陈果果, 都家宇, 那兴宇, 等. Kaldi 语音识别实战[M]. 北京: 电子工业出版社, 2020.

[1044] SAINATH T N, WEISS R J, SENIOR A W, et al. Learning the speech front-end with raw waveform cldnns [C]//[S.l.]: Annual Conference of the International Speech Communication Association, 2015: 1-5.

[1045] RAHMAN MOHAMED A, HINTON G E, PENN G. Understanding how deep belief networks perform acoustic modelling[C]//[S.l.]: International Conference on Acoustics, Speech and Signal Processing, 2012: 4273-4276.

[1046] GALES M J F, YOUNG S J. The application of hidden markov models in speech recognition[C]//[S.l.]: Found Trends Signal Process, 2007: 195-304.

[1047] RAHMAN MOHAMED A, DAHL G E, HINTON G E. Acoustic modeling using deep belief networks[C]// [S.l.]: IEEE Transactions on Speech and Audio Processing, 2012: 14-22.

[1048] HINTON G, DENG L, YU D, et al. Deep neural networks for acoustic modeling in speech recognition: The shared views of four research groups[C]//[S.l.]: IEEE Signal Processing Magazine, 2012: 82-97.

[1049] CHOROWSKI J, BAHDANAU D, SERDYUK D, et al. Attention-based models for speech recognition[C]// [S.l.]: Annual Conference on Neural Information Processing Systems, 2015: 577-585.

[1050] CHAN W, JAITLY N, LE Q V, et al. Listen, attend and spell: A neural network for large vocabulary conversational speech recognition[C]//[S.l.]: International Conference on Acoustics, Speech and Signal Processing, 2016: 4960-4964.

[1051] DUONG L, ANASTASOPOULOS A, CHIANG D, et al. An attentional model for speech translation without transcription[C]//[S.l.]: Annual Conference of the North American Chapter of the Association for Computational Linguistics, 2016: 949-959.

[1052] WEISS R J, CHOROWSKI J, JAITLY N, et al. Sequence-to-sequence models can directly translate foreign speech[C]//[S.l.]: International Symposium on Computer Architecture, 2017: 2625-2629.

[1053] BERARD A, PIETQUIN O, SERVAN C, et al. Listen and translate: A proof of concept for end-to-end speech-to-text translation[C]//[S.l.]: Conference and Workshop on Neural Information Processing Systems, 2016.

[1054] GANGI M A D, NEGRI M, CATTONI R, et al. Enhancing transformer for end-to-end speech-to-text translation[C]//[S.l.]: European Association for Machine Translation, 2019: 21-31.

[1055] GRAVES A, FERNÁNDEZ S, GOMEZ F J, et al. Connectionist temporal classification: labelling unsegmented sequence data with recurrent neural networks[C]//volume 148. [S.l.]: International Conference on Machine Learning, 2006: 369-376.

[1056] WATANABE S, HORI T, KIM S, et al. Hybrid ctc/attention architecture for end-to-end speech recognition [C]//[S.l.]: IEEE Journal of Selected Topics in Signal Processing, 2017: 1240-1253.

[1057] KIM S, HORI T, WATANABE S. Joint ctc-attention based end-to-end speech recognition using multi-task learning[C]//[S.l.]: International Conference on Acoustics, Speech and Signal Processing, 2017: 4835-4839.

[1058] SHI B, BAI X, YAO C. An end-to-end trainable neural network for image-based sequence recognition and its application to scene text recognition[C]//[S.l.]: IEEE Transactions on Pattern Analysis and Machine Intelligence, 2017: 2298-2304.

[1059] ANASTASOPOULOS A, CHIANG D. Tied multitask learning for neural speech translation[C]//[S.l.]: Annual Conference of the North American Chapter of the Association for Computational Linguistics, 2018: 82-91.

[1060] BAHAR P, BIESCHKE T, NEY H. A comparative study on end-to-end speech to text translation[C]//[S.l.]: IEEE Automatic Speech Recognition and Understanding Workshop, 2019: 792-799.

[1061] BANSAL S, KAMPER H, LIVESCU K, et al. Pre-training on high-resource speech recognition improves low-resource speech-to-text translation[C]//[S.l.]: Annual Conference of the North American Chapter of the Association for Computational Linguistics, 2019: 58-68.

[1062] BERARD A, BESACIER L, KOCABIYIKOGLU A C, et al. End-to-end automatic speech translation of audiobooks[C]//[S.l.]: International Conference on Acoustics, Speech and Signal Processing, 2018: 6224-6228.

[1063] JIA Y, JOHNSON M, MACHEREY W, et al. Leveraging weakly supervised data to improve end-to-end speech-to-text translation[C]//[S.l.]: International Conference on Acoustics, Speech and Signal Processing, 2019: 7180-7184.

[1064] WU A, WANG C, PINO J, et al. Self-supervised representations improve end-to-end speech translation[C]//[S.l.]: International Symposium on Computer Architecture, 2020: 1491-1495.

[1065] LIU Y, XIONG H, ZHANG J, et al. End-to-end speech translation with knowledge distillation[C]//[S.l.]: Annual Conference of the International Speech Communication Association, 2019: 1128-1132.

[1066] ALINEJAD A, SARKAR A. Effectively pretraining a speech translation decoder with machine translation data[C]//[S.l.]: Conference on Empirical Methods in Natural Language Processing, 2020: 8014-8020.

[1067] KANO T, SAKTI S, NAKAMURA S. Structured-based curriculum learning for end-to-end english-japanese speech translation[C]//[S.l.]: Annual Conference of the International Speech Communication Association, 2017: 2630-2634.

[1068] WANG C, WU Y, LIU S, et al. Curriculum pre-training for end-to-end speech translation[C]//[S.l.]: Annual Meeting of the Association for Computational Linguistics, 2020: 3728-3738.

[1069] SPECIA L, FRANK S, SIMA'AN K, et al. A shared task on multimodal machine translation and crosslingual image description[C]//[S.l.]: Annual Meeting of the Association for Computational Linguistics, 2016: 543-553.

[1070] CAGLAYAN O, ARANSA W, BARDET A, et al. LIUM-CVC submissions for WMT17 multimodal translation task[C]//[S.l.]: Annual Meeting of the Association for Computational Linguistics, 2017: 432-439.

[1071] LIBOVICKÝ J, HELCL J, TLUSTÝ M, et al. CUNI system for WMT16 automatic post-editing and multi-modal translation tasks[C]//[S.l.]: Annual Meeting of the Association for Computational Linguistics, 2016: 646-654.

[1072] CALIXTO I, LIU Q. Incorporating global visual features into attention-based neural machine translation[C]//[S.l.]: Conference on Empirical Methods in Natural Language Processing, 2017: 992-1003.

[1073] DELBROUCK J B, DUPONT S. Modulating and attending the source image during encoding improves multimodal translation[C]//[S.l.]: Conference and Workshop on Neural Information Processing Systems, 2017.

[1074] HELCL J, LIBOVICKÝ J, VARIS D. CUNI system for the WMT18 multimodal translation task[C]//[S.l.]: Annual Meeting of the Association for Computational Linguistics, 2018: 616-623.

[1075] ELLIOTT D, KÁDÁR Á. Imagination improves multimodal translation[C]//[S.l.]: International Joint Conference on Natural Language Processing, 2017: 130-141.

[1076] YIN Y, MENG F, SU J, et al. A novel graph-based multi-modal fusion encoder for neural machine translation [C]//[S.l.]: Annual Meeting of the Association for Computational Linguistics, 2020: 3025-3035.

[1077] ZHAO Y, KOMACHI M, KAJIWARA T, et al. Double attention-based multimodal neural machine translation with semantic image regions[C]//[S.l.]: Annual Conference of the European Association for Machine Translation, 2020: 105-114.

[1078] ELLIOTT D, FRANK S, HASLER E. Multi-language image description with neural sequence models[J]. CoRR, 2015, abs/1510.04709.

[1079] MADHYASTHA P S, WANG J, SPECIA L. Sheffield multimt: Using object posterior predictions for multimodal machine translation[C]//[S.l.]: Annual Meeting of the Association for Computational Linguistics, 2017: 470-476.

[1080] YAO S, WAN X. Multimodal transformer for multimodal machine translation[C]//[S.l.]: Annual Meeting of the Association for Computational Linguistics, 2020: 4346-4350.

[1081] LU J, YANG J, BATRA D, et al. Hierarchical question-image co-attention for visual question answering[C]//[S.l.]: Conference on Neural Information Processing Systems, 2016: 289-297.

[1082] ANTOL S, AGRAWAL A, LU J, et al. VQA: visual question answering[C]//[S.l.]: International Conference on Computer Vision, 2015: 2425-2433.

[1083] BERNARDI R, ÇAKICI R, ELLIOTT D, et al. Automatic description generation from images: A survey of models, datasets, and evaluation measures (extended abstract)[C]//[S.l.]: International Joint Conference on Artificial Intelligence, 2017: 4970-4974.

[1084] VINYALS O, TOSHEV A, BENGIO S, et al. Show and tell: A neural image caption generator[C]//[S.l.]: IEEE Conference on Computer Vision and Pattern Recognition, 2015: 3156-3164.

[1085] XU K, BA J, KIROS R, et al. Show, attend and tell: Neural image caption generation with visual attention [C]//[S.l.]: International Conference on Machine Learning, 2015: 2048-2057.

[1086] YOU Q, JIN H, WANG Z, et al. Image captioning with semantic attention[C]//[S.l.]: IEEE Conference on Computer Vision and Pattern Recognition, 2016: 4651-4659.

[1087] CHEN L, ZHANG H, XIAO J, et al. SCA-CNN: spatial and channel-wise attention in convolutional networks for image captioning[C]//[S.l.]: IEEE Conference on Computer Vision and Pattern Recognition, 2017: 6298-6306.

[1088] FU K, JIN J, CUI R, et al. Aligning where to see and what to tell: Image captioning with region-based attention and scene-specific contexts[C]//[S.l.]: IEEE Transactions on Pattern Analysis and Machine Intelligence, 2017: 2321-2334.

[1089] LIU C, SUN F, WANG C, et al. MAT: A multimodal attentive translator for image captioning[C]//[S.l.]: International Joint Conference on Artificial Intelligence, 2017: 4033-4039.

[1090] REDMON J, FARHADI A. Yolov3: An incremental improvement[C]//[S.l.]: CoRR, 2018.

[1091] BOCHKOVSKIY A, WANG C Y, LIAO H Y M. Yolov4: Optimal speed and accuracy of object detection [C]//[S.l.]: CoRR, 2020.

[1092] YAO T, PAN Y, LI Y, et al. Exploring visual relationship for image captioning[C]//[S.l.]: European Conference on Computer Vision, 2018.

[1093] LU J, XIONG C, PARIKH D, et al. Knowing when to look: Adaptive attention via a visual sentinel for image captioning[C]//[S.l.]: IEEE Conference on Computer Vision and Pattern Recognition, 2017: 3242-3250.

[1094] ANDERSON P, HE X, BUEHLER C, et al. Bottom-up and top-down attention for image captioning and visual question answering[C]//[S.l.]: IEEE Conference on Computer Vision and Pattern Recognition, 2018: 6077-6086.

[1095] ANEJA J, DESHPANDE A, SCHWING A G. Convolutional image captioning[C]//[S.l.]: IEEE Conference on Computer Vision and Pattern Recognition, 2018: 5561-5570.

[1096] FANG F, WANG H, CHEN Y, et al. Looking deeper and transferring attention for image captioning[C]//[S.l.]: Multimedia Tools Applications, 2018: 31159-31175.

[1097] REED S E, AKATA Z, YAN X, et al. Generative adversarial text to image synthesis[C]//[S.l.]: International Conference on Machine Learning, 2016: 1060-1069.

[1098] GOODFELLOW I J, POUGET-ABADIE J, MIRZA M, et al. Generative adversarial nets[C]//[S.l.]: Conference on Neural Information Processing Systems, 2014: 2672-2680.

[1099] EMAMI H, ALIABADI M M, DONG M, et al. SPA-GAN: spatial attention GAN for image-to-image translation[C]//[S.l.]: IEEE Transactions on Multimedia, 2019.

[1100] DASH A, GAMBOA J C B, AHMED S, et al. TAC-GAN - text conditioned auxiliary classifier generative adversarial network[C]//[S.l.]: CoRR, 2017.

[1101] BAR-HILLEL Y. The present status of automatic translation of languages[C]//volume 1. [S.l.]: Advances in computers, 1960: 91-163.

[1102] MARUF S, SALEH F, HAFFARI G. A survey on document-level machine translation: Methods and evaluation[C]//abs/1912.08494. [S.l.]: CoRR, 2019.

[1103] POPESCU-BELIS A. Context in neural machine translation: A review of models and evaluations[C]//abs/1901.09115. [S.l.]: CoRR, 2019.

[1104] MARCU D, CARLSON L, WATANABE M. The automatic translation of discourse structures[C]//[S.l.]: Applied Natural Language Processing Conference, 2000: 9-17.

[1105] FOSTER G, ISABELLE P, KUHN R. Translating structured documents[C]//[S.l.]: Proceedings of AMTA, 2010.

[1106] LOUIS A, WEBBER B L. Structured and unstructured cache models for SMT domain adaptation[C]//[S.l.]: Annual Conference of the European Association for Machine Translation, 2014: 155-163.

[1107] HARDMEIER C, FEDERICO M. Modelling pronominal anaphora in statistical machine translation[C]//[S.l.]: International Workshop on Spoken Language Translation, 2010: 283-289.

[1108] NAGARD R L, KOEHN P. Aiding pronoun translation with co-reference resolution[C]//[S.l.]: Annual Meeting of the Association for Computational Linguistics, 2010: 252-261.

[1109] LUONG N Q, POPESCU-BELIS A. A contextual language model to improve machine translation of pronouns by re-ranking translation hypotheses[C]//[S.l.]: European Association for Machine Translation, 2016: 292-304.

[1110] TIEDEMANN J. Context adaptation in statistical machine translation using models with exponentially decaying cache[C]//[S.l.]: Annual Meeting of the Association for Computational Linguistics, 2010: 8-15.

[1111] GONG Z, ZHANG M, ZHOU G. Cache-based document-level statistical machine translation[C]//[S.l.]: Conference on Empirical Methods in Natural Language Processing, 2011: 909-919.

[1112] XIONG D, BEN G, ZHANG M, et al. Modeling lexical cohesion for document-level machine translation[C]// [S.l.]: International Joint Conference on Artificial Intelligence, 2013: 2183-2189.

[1113] XIAO T, ZHU J, YAO S, et al. Document-level consistency verification in machine translation[C]//Machine Translation Summit: volume 13. [S.l.: s.n.], 2011: 131-138.

[1114] MEYER T, POPESCU-BELIS A, ZUFFEREY S, et al. Multilingual annotation and disambiguation of discourse connectives for machine translation[C]//[S.l.]: Annual Meeting of the Special Interest Group on Discourse and Dialogue, 2011: 194-203.

[1115] MEYER T, POPESCU-BELIS A. Using sense-labeled discourse connectives for statistical machine translation [C]//[S.l.]: Hybrid Approaches to Machine Translation, 2012: 129-138.

[1116] TIEDEMANN J, SCHERRER Y. Neural machine translation with extended context[C]//[S.l.]: Proceedings of the Third Workshop on Discourse in Machine Translation, 2017: 82-92.

[1117] BAWDEN R, SENNRICH R, BIRCH A, et al. Evaluating discourse phenomena in neural machine translation[C]//[S.l.]: Annual Conference of the North American Chapter of the Association for Computational Linguistics, 2018: 1304-1313.

[1118] GONZALES A R, MASCARELL L, SENNRICH R. Improving word sense disambiguation in neural machine translation with sense embeddings[C]//[S.l.]: Annual Meeting of the Association for Computational Linguistics, 2017: 11-19.

[1119] MACÉ V, SERVAN C. Using whole document context in neural machine translation[C]//[S.l.]: The International Workshop on Spoken Language Translation, 2019.

[1120] JEAN S, LAULY S, FIRAT O, et al. Does neural machine translation benefit from larger context?[C]// abs/1704.05135. [S.l.]: CoRR, 2017.

[1121] ZHANG J, LUAN H, SUN M, et al. Improving the transformer translation model with document-level context [C]//[S.l.]: Conference on Empirical Methods in Natural Language Processing, 2018: 533-542.

[1122] MARUF S, MARTINS A F T, HAFFARI G. Selective attention for context-aware neural machine translation [C]//[S.l.]: Annual Conference of the North American Chapter of the Association for Computational Linguistics, 2019: 3092-3102.

[1123] MARUF S, HAFFARI G. Document context neural machine translation with memory networks[C]//[S.l.]: Annual Meeting of the Association for Computational Linguistics, 2018: 1275-1284.

[1124] YANG Z, ZHANG J, MENG F, et al. Enhancing context modeling with a query-guided capsule network for document-level translation[C]//[S.l.]: Conference on Empirical Methods in Natural Language Processing, 2019: 1527-1537.

[1125] ZHENG Z, YUE X, HUANG S, et al. Towards making the most of context in neural machine translation[C]// [S.l.]: International Joint Conference on Artificial Intelligence, 2020: 3983-3989.

[1126] KUANG S, XIONG D, LUO W, et al. Modeling coherence for neural machine translation with dynamic and topic caches[C]//[S.l.]: International Conference on Computational Linguistics, 2018: 596-606.

[1127] TU Z, LIU Y, SHI S, et al. Learning to remember translation history with a continuous cache[C]//[S.l.]: Transactions of the Association for Computational Linguistics, 2018: 407-420.

[1128] GARCIA E M, CREUS C, ESPAÑA-BONET C. Context-aware neural machine translation decoding[C]// [S.l.]: Proceedings of the Fourth Workshop on Discourse in Machine Translation, 2019: 13-23.

[1129] YU L, SARTRAN L, STOKOWIEC W, et al. Better document-level machine translation with bayes' rule[C]// volume 8. [S.l.]: Transactions of the Association for Computational Linguistics, 2020: 346-360.

[1130] SUGIYAMA A, YOSHINAGA N. Context-aware decoder for neural machine translation using a target-side document-level language model[C]//abs/2010.12827. [S.l.]: CoRR, 2020.

[1131] XIONG H, HE Z, WU H, et al. Modeling coherence for discourse neural machine translation[C]//[S.l.]: AAAI Conference on Artificial Intelligence, 2019: 7338-7345.

[1132] VOITA E, SENNRICH R, TITOV I. When a good translation is wrong in context: Context-aware machine translation improves on deixis, ellipsis, and lexical cohesion[C]//[S.l.]: Annual Meeting of the Association for Computational Linguistics, 2019: 1198-1212.

[1133] VOITA E, SENNRICH R, TITOV I. Context-aware monolingual repair for neural machine translation[C]// [S.l.]: Conference on Empirical Methods in Natural Language Processing, 2019: 877-886.

[1134] WERLEN L M, POPESCU-BELIS A. Validation of an automatic metric for the accuracy of pronoun translation (APT)[C]//[S.l.]: Proceedings of the Third Workshop on Discourse in Machine Translation, 2017: 17-25.

[1135] WONG B T M, KIT C. Extending machine translation evaluation metrics with lexical cohesion to document level[C]//[S.l.]: Conference on Empirical Methods in Natural Language Processing, 2012: 1060-1068.

[1136] GONG Z, ZHANG M, ZHOU G. Document-level machine translation evaluation with gist consistency and text cohesion[C]//[S.l.]: Proceedings of the Second Workshop on Discourse in Machine Translation, 2015: 33-40.

[1137] HAJLAOUI N, POPESCU-BELIS A. Assessing the accuracy of discourse connective translations: Validation of an automatic metric[C]//volume 7817. [S.l.]: Springer, 2013: 236-247.

[1138] RIOS A, MÜLLER M, SENNRICH R. The word sense disambiguation test suite at WMT18[C]//[S.l.]: Conference on Empirical Methods in Natural Language Processing, 2018: 588-596.

[1139] MÜLLER M, RIOS A, VOITA E, et al. A large-scale test set for the evaluation of context-aware pronoun translation in neural machine translation[C]//[S.l.]: Conference on Empirical Methods in Natural Language Processing, 2018: 61-72.

[1140] AGRAWAL R R, TURCHI M, NEGRI M. Contextual handling in neural machine translation: Look behind, ahead and on both sides[C]//[S.l.]: Annual Conference of the European Association for Machine Translation, 2018: 11-20.

[1141] WANG L, TU Z, WAY A, et al. Exploiting cross-sentence context for neural machine translation[C]//[S.l.]: Conference on Empirical Methods in Natural Language Processing, 2017: 2826-2831.

[1142] TAN X, ZHANG L, XIONG D, et al. Hierarchical modeling of global context for document-level neural machine translation[C]//[S.l.]: Conference on Empirical Methods in Natural Language Processing, 2019: 1576-1585.

[1143] SCHERRER Y, TIEDEMANN J, LOÁICIGA S. Analysing concatenation approaches to document-level NMT in two different domains[C]//[S.l.]: Proceedings of the Fourth Workshop on Discourse in Machine Translation, 2019: 51-61.

[1144] SUGIYAMA A, YOSHINAGA N. Data augmentation using back-translation for context-aware neural machine translation[C]//[S.l.]: Proceedings of the Fourth Workshop on Discourse in Machine Translation, 2019: 35-44.

[1145] KUANG S, XIONG D. Fusing recency into neural machine translation with an inter-sentence gate model[C]// [S.l.]: International Conference on Computational Linguistics, 2018: 607-617.

[1146] YAMAGISHI H, KOMACHI M. Improving context-aware neural machine translation with target-side context [C]//[S.l.]: International Conference of the Pacific Association for Computational Linguistics, 2019.

[1147] OPPENHEIM A V, SCHAFER R W. Discrete-time signal processing[C]//[S.l.]: Pearson, 2009.

[1148] QUATIERI T F. Discrete-time speech signal processing: Principles and practice[M]. [S.l.]: Prentice Hall PTR, 2001.

[1149] RABINER L R, JUANG B H. Fundamentals of speech recognition[M]. [S.l.]: Prentice Hall, 1993.

[1150] HUANG X, ACERO A, HON H W. Spoken language processing: A guide to theory, algorithm and system development[M]. [S.l.]: Prentice Hall PTR, 2001.

[1151] DONG YU L D. Automatic speech recognition: a deep learning approach[M]. [S.l.]: Springer, 2008.

[1152] MA M, HUANG L, XIONG H, et al. STACL: simultaneous translation with implicit anticipation and controllable latency using prefix-to-prefix framework[C]//[S.l.]: Annual Meeting of the Association for Computational Linguistics, 2019: 3025-3036.

[1153] ZHENG R, MA M, ZHENG B, et al. Speculative beam search for simultaneous translation[C]//[S.l.]: Conference on Empirical Methods in Natural Language Processing, 2019: 1395-1402.

[1154] DALVI F, DURRANI N, SAJJAD H, et al. Incremental decoding and training methods for simultaneous translation in neural machine translation[C]//[S.l.]: Annual Conference of the North American Chapter of the Association for Computational Linguistics, 2018: 493-499.

[1155] CHO K, ESIPOVA M. Can neural machine translation do simultaneous translation?[C]//[S.l.]: CoRR, 2016.

[1156] GU J, NEUBIG G, CHO K, et al. Learning to translate in real-time with neural machine translation[C]//[S.l.]: Annual Conference of the European Association for Machine Translation, 2017: 1053-1062.

[1157] II A G, HE H, BOYD-GRABER J L, et al. Don't until the final verb wait: Reinforcement learning for simultaneous machine translation[C]//[S.l.]: Conference on Empirical Methods in Natural Language Processing, 2014: 1342-1352.

[1158] ZHENG B, LIU K, ZHENG R, et al. Simultaneous translation policies: From fixed to adaptive[C]//[S.l.]: Annual Meeting of the Association for Computational Linguistics, 2020: 2847-2853.

[1159] ZHENG B, ZHENG R, MA M, et al. Simpler and faster learning of adaptive policies for simultaneous translation[C]//[S.l.]: Conference on Empirical Methods in Natural Language Processing, 2019: 1349-1354.

[1160] ZHENG B, ZHENG R, MA M, et al. Simultaneous translation with flexible policy via restricted imitation learning[C]//[S.l.]: Annual Meeting of the Association for Computational Linguistics, 2019: 5816-5822.

[1161] ARIVAZHAGAN N, CHERRY C, MACHEREY W, et al. Monotonic infinite lookback attention for simultaneous machine translation[C]//[S.l.]: Annual Meeting of the Association for Computational Linguistics, 2019: 1313-1323.

[1162] KIM Y, TRAN D T, NEY H. When and why is document-level context useful in neural machine translation? [C]//[S.l.]: Proceedings of the Fourth Workshop on Discourse in Machine Translation, 2019: 24-34.

[1163] JEAN S, CHO K. Context-aware learning for neural machine translation[C]//abs/1903.04715. [S.l.]: CoRR, 2019.

[1164] SAUNDERS D, STAHLBERG F, BYRNE B. Using context in neural machine translation training objectives [C]//[S.l.]: Annual Meeting of the Association for Computational Linguistics, 2020: 7764-7770.

[1165] STOJANOVSKI D, FRASER A M. Improving anaphora resolution in neural machine translation using curriculum learning[C]//[S.l.]: Annual Conference of the European Association for Machine Translation, 2019: 140-150.

[1166] GOKHALE T, BANERJEE P, BARAL C, et al. MUTANT: A training paradigm for out-of-distribution generalization in visual question answering[C]//[S.l.]: Conference on Empirical Methods in Natural Language Processing, 2020: 878-892.

[1167] TANG R, MA C, ZHANG W E, et al. Semantic equivalent adversarial data augmentation for visual question answering[C]//[S.l.]: European Conference on Computer Vision, 2020: 437-453.

[1168] ZHOU L, PALANGI H, ZHANG L, et al. Unified vision-language pre-training for image captioning and VQA [C]//[S.l.]: AAAI Conference on Artificial Intelligence, 2020: 13041-13049.

[1169] SU W, ZHU X, CAO Y, et al. VL-BERT: pre-training of generic visual-linguistic representations[C]//[S.l.]: International Conference on Learning Representations, 2020.

[1170] LI L, JIANG X, LIU Q. Pretrained language models for document-level neural machine translation[C]// abs/1911.03110. [S.l.]: CoRR, 2019.

[1171] GU S, FENG Y. Investigating catastrophic forgetting during continual training for neural machine translation [C]//[S.l.]: International Committee on Computational Linguistics, 2020: 4315-4326.

[1172] CHU C, DABRE R, KUROHASHI S. An empirical comparison of simple domain adaptation methods for neural machine translation[C]//abs/1701.03214. [S.l.]: CoRR, 2017.

[1173] KHAYRALLAH H, THOMPSON B, DUH K, et al. Regularized training objective for continued training for domain adaptation in neural machine translation[C]//[S.l.]: Annual Meeting of the Association for Computational Linguistics, 2018: 36-44.

[1174] THOMPSON B, GWINNUP J, KHAYRALLAH H, et al. Overcoming catastrophic forgetting during domain adaptation of neural machine translation[C]//[S.l.]: Annual Meeting of the Association for Computational Linguistics, 2019: 2062-2068.

[1175] WUEBKER J, GREEN S, DENERO J, et al. Models and inference for prefix-constrained machine translation [C]//[S.l.]: Annual Meeting of the Association for Computational Linguistics, 2016.

[1176] OCH F J, ZENS R, NEY H. Efficient search for interactive statistical machine translation[C]//the European Chapter of the Association for Computational Linguistics. [S.l.: s.n.], 2003: 387-393.

[1177] BARRACHINA S, BENDER O, CASACUBERTA F, et al. Statistical approaches to computer-assisted translation[C]//[S.l.]: Computer Linguistics, 2009: 3-28.

[1178] DOMINGO M, PERIS Á, CASACUBERTA F. Segment-based interactive-predictive machine translation[C]// [S.l.]: Machine Translation, 2017: 163-185.

[1179] LAM T K, KREUTZER J, RIEZLER S. A reinforcement learning approach to interactive-predictive neural machine translation[C]//[S.l.]: CoRR, 2018.

[1180] DOMINGO M, GARCÍA-MARTÍNEZ M, ESTELA A, et al. Demonstration of a neural machine translation system with online learning for translators[C]//[S.l.]: Annual Meeting of the Association for Computational Linguistics, 2019: 70-74.

[1181] WANG K, ZONG C, SU K Y. Integrating translation memory into phrase-based machine translation during decoding[C]//[S.l.]: Annual Meeting of the Association for Computational Linguistics, 2013: 11-21.

[1182] XIA M, HUANG G, LIU L, et al. Graph based translation memory for neural machine translation[C]//[S.l.]: the Association for the Advance of Artificial Intelligence, 2019: 7297-7304.

[1183] HOKAMP C, LIU Q. Lexically constrained decoding for sequence generation using grid beam search[C]// [S.l.]: Annual Meeting of the Association for Computational Linguistics, 2017: 1535-1546.

[1184] POST M, VILAR D. Fast lexically constrained decoding with dynamic beam allocation for neural machine translation[C]//[S.l.]: Annual Meeting of the Association for Computational Linguistics, 2018: 1314-1324.

[1185] CHATTERJEE R, NEGRI M, TURCHI M, et al. Guiding neural machine translation decoding with external knowledge[C]//[S.l.]: Annual Meeting of the Association for Computational Linguistics, 2017: 157-168.

[1186] HASLER E, DE GISPERT A, IGLESIAS G, et al. Neural machine translation decoding with terminology constraints[C]//[S.l.]: Annual Meeting of the Association for Computational Linguistics, 2018: 506-512.

[1187] SONG K, ZHANG Y, YU H, et al. Code-switching for enhancing NMT with pre-specified translation[C]// [S.l.]: Annual Meeting of the Association for Computational Linguistics, 2019: 449-459.

[1188] DINU G, MATHUR P, FEDERICO M, et al. Training neural machine translation to apply terminology constraints[C]//[S.l.]: Annual Meeting of the Association for Computational Linguistics, 2019: 3063-3068.

[1189] WANG T, KUANG S, XIONG D, et al. Merging external bilingual pairs into neural machine translation[C]// abs/1912.00567. [S.l.]: CoRR, 2019.

[1190] CHEN G, CHEN Y, WANG Y, et al. Lexical-constraint-aware neural machine translation via data augmentation[C]//[S.l.]: International Joint Conference on Artificial Intelligence, 2020: 3587-3593.

[1191] BOLUKBASI T, WANG J, DEKEL O, et al. Adaptive neural networks for fast test-time prediction[C]// abs/1702.07811. [S.l.]: CoRR, 2017.

[1192] HUANG G, CHEN D, LI T, et al. Multi-scale dense networks for resource efficient image classification[C]// [S.l.]: International Conference on Learning Representations, 2018.

[1193] FANG J, YU Y, ZHAO C, et al. Turbotransformers: An efficient GPU serving system for transformer models [C]//[S.l.]: CoRR, 2020.

[1194] XIAO T, ZHU J, ZHANG H, et al. Niutrans: An open source toolkit for phrase-based and syntax-based machine translation[C]//[S.l.]: Annual Meeting of the Association for Computational Linguistics, 2012: 19-24.

[1195] LI Z, CALLISON-BURCH C, DYER C, et al. Joshua: An open source toolkit for parsing-based machine translation[C]//[S.l.]: Annual Meeting of the Association for Computational Linguistics, 2009: 135-139.

[1196] IGLESIAS G, DE GISPERT A, BANGA E R, et al. Hierarchical phrase-based translation with weighted finite state transducers[C]//[S.l.]: Annual Meeting of the Association for Computational Linguistics, 2009: 433-441.

[1197] DYER C, LOPEZ A, GANITKEVITCH J, et al. cdec: A decoder, alignment, and learning framework for finite-state and context-free translation models[C]//[S.l.]: Annual Meeting of the Association for Computational Linguistics, 2010: 7-12.

[1198] CER D M, GALLEY M, JURAFSKY D, et al. Phrasal: A statistical machine translation toolkit for exploring new model features[C]//[S.l.]: Annual Meeting of the Association for Computational Linguistics, 2010: 9-12.

[1199] VILAR D, STEIN D, HUCK M, et al. Jane: an advanced freely available hierarchical machine translation toolkit[C]//volume 26. [S.l.]: Machine Translation, 2012: 197-216.

[1200] AL-RFOU R, ALAIN G, ALMAHAIRI A, et al. Theano: A python framework for fast computation of mathematical expressions[C]//abs/1605.02688. [S.l.]: CoRR, 2016.

[1201] ZOPH B, VASWANI A, MAY J, et al. Simple, fast noise-contrastive estimation for large RNN vocabularies [C]//[S.l.]: Annual Meeting of the Association for Computational Linguistics, 2016: 1217-1222.

[1202] ZHANG J, DING Y, SHEN S, et al. THUMT: an open source toolkit for neural machine translation[C]// abs/1706.06415. [S.l.]: CoRR, 2017.

[1203] JUNCZYS-DOWMUNT M, GRUNDKIEWICZ R, DWOJAK T, et al. Marian: Fast neural machine translation in C++[C]//[S.l.]: Annual Meeting of the Association for Computational Linguistics, 2018: 116-121.

[1204] HIEBER F, DOMHAN T, DENKOWSKI M, et al. Sockeye: A toolkit for neural machine translation[C]// abs/1712.05690. [S.l.]: CoRR, 2017.

[1205] WANG X, UTIYAMA M, SUMITA E. Cytonmt: an efficient neural machine translation open-source toolkit implemented in C++[C]//[S.l.]: Annual Meeting of the Association for Computational Linguistics, 2018: 133-138.

[1206] KUCHAIEV O, GINSBURG B, GITMAN I, et al. Openseq2seq: extensible toolkit for distributed and mixed precision training of sequence-to-sequence models[C]//abs/1805.10387. [S.l.]: CoRR, 2018.

[1207] CAGLAYAN O, GARCÍA-MARTÍNEZ M, BARDET A, et al. NMTPY: A flexible toolkit for advanced neural machine translation systems[C]//volume 109. [S.l.]: The Prague Bulletin of Mathematical Linguistics, 2017: 15-28.

索引

M

N